中国风景园林学会 编

U0192192

中国风景园林学会2020年会

论文集

（上 册）

风景园林·公园城市·健康生活
Landscape Architecture, Park City and Healthy Life

CHSLA 2020

中国建筑工业出版社

图书在版编目（CIP）数据

中国风景园林学会 2020 年会论文集：上、下册／中
国风景园林学会编. — 北京：中国建筑工业出版社，
2021.4

ISBN 978-7-112-26021-8

Ⅰ. ①中… Ⅱ. ①中… Ⅲ. ①园林设计－中国－文集
Ⅳ. ①TU986.2-53

中国版本图书馆 CIP 数据核字（2021）第 053258 号

责任编辑：杜　洁
责任校对：李美娜

中国风景园林学会 2020 年会论文集
中国风景园林学会　编

*

中国建筑工业出版社出版、发行（北京海淀三里河路 9 号）
各地新华书店、建筑书店经销
北京红光制版公司制版
北京建筑工业印刷厂印刷

*

开本：880 毫米×1230 毫米　1/16　印张：83¾　字数：3273 千字
2021 年 4 月第一版　　2021 年 4 月第一次印刷
定价：**298.00 元**（上、下册）
ISBN 978-7-112-26021-8
（37086）

中国风景园林学会 2020 年会
论文集

风景园林·公园城市·健康生活

Landscape Architecture, Park City and Healthy Life

CHSLA 2020

主　编：孟兆祯　陈　重

编　委（按姓氏笔画排序）：

王向荣　包志毅　刘　晖　刘滨谊　李　雄

林广思　金云峰　金荷仙　高　翅

目　录

（上　册）

（下 册）

风景名胜区与自然保护地

风景园林规划设计

摘要

公园城市理论及实践

公园城市视角下产业社区的场景营造初探
——以鹿溪智谷兴隆片区概念规划为例

The Scene-Making Patten of Industrial Community in the Park City Context：
A Case Study of the Conceptual Planning of Xinglong Area in Luxi River

康梦琦

摘 要： 随着公园城市理念的提出，成都市产业社区规划将"以人为本"提升到新的高度，尤其是在以创新产业为代表的四川成都天府新区，其发展模式将为公园城市在产业社区层面的实践提供新的思路，具有示范性与超前性。文章通过总结场景营造与产业社区规划在人文精神塑造上的契合点，来推证公园城市和场景理论对产业社区规划的间接传导与直接导向性。本文以鹿溪智谷兴隆片区的产业社区规划为例，依照场景理论提供的学术语法体系构建设计框架，并应用到典型场景的构建策略层面，以此为文化驱动下的产业社区规划提供一种参考。

关键词： 公园城市；场景理论；产业社区

Abstract： With the raise of Park City concept, the Chengdu industrial community planning take "human-oriented" to the next level, especially in Tianfu new distict represented by innovative industries, this development practice is exemplary and advanced, which will provide new ideas for the promotion of Park City at the level of industrial community planning. This paper summarizes the combination of scene construction and industrial community planning in the shaping of humanistic spirit, to prove the indirect transmission and direct guidance of Park City and scene theory to industrial community planning. In this regard, this paper takes the industrial community planning in Xinglong District of Luxi River as an example, constructs the design framework according to the academic grammar system provided by the scene theory, and applies it to the construction strategy level of typical scenes, so as to provide a reference for the industrial community planning driven by culture.

Key words： Park City；Scenario Theory；Industrial Community

引言

"公园城市"这一理念是基于生态文明建设一系列论述系统化、理论化的最新成果，是生态文明新阶段关于城市建设发展模式的全新论述[1]。"公园城市"以"以人本"为初心，具有提升人居品质、转换生态价值、凝聚城市竞争优势的时代意义，且不断被赋予更丰富的理论意义与深层次实践。公园城市在成都市的规划实践领域中，建设重点由"空间建造"转变为"场景营造"，"场景化"成为前沿词语[2]。随着近年来我国产城融合的规划思想不断完善与实践，产业园不再是单一的生产功能，而开始注重产业配套的发展。产业社区作为公园城市实践层面的八大"场景"之一，不但将人文活力塑造作为提升重点，更将企业文化作为城市文化生态圈的重要组成部分。本文聚焦于成都市天府新区的核心产业区，以文化场景营造作为规划设计的思路，为"公园城市"在产业社区规划领域的内涵表达提供一种参考。

1 场景理论与产业社区

1.1 场景理论与城市文化的塑造

早在 20 世纪初，西方规划大师刘易斯·芒福德认为

"城市是社会活动的剧场"，文化是发生在城市空间的戏剧性事件。"场景理论"最早由芝加哥教授特里·克拉克为代表的研究团队提出，意在解决后工业时代，城市在转型过程中面临的一系列问题。随着大量工业撤离出城市中心，服务行业取而代之地占据核心区域，城市逐渐由生产型转为消费型[3]。"场景理论"区别于过去从自然与社会属性层面对城市空间进行研究，而是以消费主义和城市活动为引导，将生活娱乐设施作为载体，文化实践作为表现形式，实现不同区位的价值。文化与价值正是由多元且独特的城市场景所孕育，它尊重人类各异的社会活动，强调城市公众精神的塑造，因此吸引各类人群前来居住、工作、旅行和消费，成为城市发展的驱动力。

其中"场景"源于英文"scene"一词的翻译，它由区域、空间以及网络要素构成，但最关键的则是文化分析和空间美学的加入。在空间设计的语境中，尤其是在城市的公共空间，通过场景设计让人们主观感知到城市文化的包容性、适宜性与可识别性，激发人与人之间的交往活动，进而强化人文与城市空间的共生关系。

1.2 产业社区是人文精神的回归

产业社区一词最早出现在广东省佛山市南海区桂城街道 2010 年 5 月的政府文件中，主要思路是将传统以硬件设施为主的园区设计转换为对企业人员更有关怀感的软性环境营造[4]。产业社区是在产城融合的基础上，具有

"产业"和"社区"的双重属性[5]，即以产业为基础，融入现代社区管理理念与城市生活功能的高阶产业形态。将企业发展与人文精神回归相结合，是产业社区的基本出发点。和传统产业园区相比，产业社区从地理上模糊了产业与城市的边界，着眼于人的聚集属性和切实需求，是城市生产、生活与生态空间有效融合。产业社区的人本导向主要体现在3个方面，自然环境、基础设施以及文化氛围，其中文化氛围是满足企业人员的基本物质需求之后的高级需求，即重视企业精神环境的营造，增加当地人的归属感与凝聚力，从而为社区创造财富与贡献价值，实现双向共赢。

1.3 文化场景的构建是提升产业社区软实力的有效途径

特里·克拉克教授通过对人与空间的互动思考提出"文化场景"理论，城市文化场景包括城市文化构成的两大方面，即城市客观结构与主观认识体系[6]。产业社区的"社区"尺度，目的是通过人口的社会属性将其组织在特定的空间结构，用丰富的社会活动以及共享理念加强企业人才的幸福感和归属感。"社区"正是场景理论实践的最适宜单元。在城市客观结构层面，产业社区除了产业研发设施外，完善了生活、休闲、娱乐等城市综合设施，是多元文化的客观承载体，具有发展成为都市型产业文化场景的前提。产业社区的城市性和无边界性的特征，构成了主观认识体系的多样性人群，即以年轻人居多的企业社群为核心，周边城市居民为辅，作为文化场景的感知主体和消费主体。综上所述，产业社区满足场景理论提供的学术语法体系中的5个基本要素，具有将生产与公共性相协调，企业孵化与人文营造相结合的特征。因此场景理论对产业社区文化资源的审视、整合与创新具有一定的指导性，在强化企业文化给予人的归属感的同时，促进了城市消费，孕育出公共文化价值以及生态文化价值，为后工业时代城市转型发展提供创新文化的驱动力。

2 场景营造下产业社区的构建路径

2.1 公园城市是"场景化"的宏观指导

"公园城市"将公共性作为底板，叠加生态，生活与生产三大功能，是"一公三生"的完整生命体，体现了"生态文明"和"以人为本"的双重发展理念，在城市功能完整与进步的基础上，体现生态空间的有机融合、人文关怀的细致入微、场景故事的感化浸润，强调空间形态、景观风貌与城市文化活动的内在关系。产业社区是由单一产业园到城市新型社区，通过功能用地的平衡来强调"三生"的融合，和公园城市的理念具有较高契合度。在微观层面上，公园城市的规划思路意在实现从"景观形象设计"到"活动场所营造"的转变，公园城市对产业社区的文化营造具有较强的价值传导性。以"场景营造"为手法，是公园城市在产业社区层面的实践途径，即着眼于产业人群不同的需求集聚功能，重视企业环境精神氛围的营造，通过激活产业文化的在地性增加当地人的归属

感与凝聚力，从而塑造产业特色的地域名片。

2.2 产业社区文化场景的构建路径

场景理论是产业社区文化营造的必然导向，应从三点原则出发。首先，从文化生产与消费的角度审视产业社区的文化驱动力。充分挖掘企业的主要文化资源以及次要文化资源，产业文化在区域内具有独特性；强调以特定的企业文化作为主题，将企业独特的生产技术、生产的工艺与流程作为主要的载体，融入新媒介，形成具有观光、科普、教育功能的文化产品，使文化生产与消费需求进行良好匹配。其次应确定社区本土文化资源与企业文化设施、创意活动的内在联系。文化场景的构造不仅是完善社区的基础文化设施，而是用活动策划让更多社区人群参与公共空间中，同时更多地文化符号被吸纳到社区中，形成良性循环。最后，肯定创意人才阶层对场景构造的重要性。文化场景理论鼓励城市创意人才的引入，通过一系列的会展、音乐、美术、教育等企业主题活动策划，壮大公共文化空间，让企业文化更好地融入城市文化生态圈。本文将在3条基本原则的基础上，基于场景理论的3个主维度和15个次要维度（表1），探讨产业社区文化场景营造的具体策略[7]。

蕴涵在场景中的文化价值观维度　　　　表1

3个主维度	15个次维度
合法性 感觉"善" (Legitimacy)	传统主义(Traditionalistic)
	自我表现(Self-expressive)
	实用主义(Utilitarian)
	超凡魅力(Charismatic)
	平等主义(Egalitarian)
戏剧性 感觉"美" (Theatricality)	亲善(Neighborly)
	正式(Formal)
	展示(Exhibitionistic)
	时尚(Glamorous)
	违规(Transgressive)
真实性 感觉"真" (Authenticity)	理性(Rational)
	本土(Local)
	国家(State)
	社团(Corporate)
	种族(Ethnic)

3 产业社区文化场景营造的实践研究

3.1 基地概况

鹿溪智谷是成都市公园城市建设的三大试验区之一，是天府新区的核心产业区、生态服务区的核心区，全域总体规划形成"一区、三镇、多点"的布局。项目位于鹿溪智谷的兴隆片区，总规划面积为154.4hm²，西以成自泸高速为边界线，西南部衔接鹿溪智谷核心区，北部通向智

慧云小镇，南连高铁新城。从生态格局分析，基地位于鹿
溪河上游，兼具良好的水环境资源与自然绿地资源，是沿
河生态服务轴的重要节点（图1）。从总体规划看来，基
地承担了田园微创聚落的职能，是沿河分布的创新产业
群的组成部分（图2）。经过详细的调查研究，目前鹿溪
智谷兴隆片区主要存在生态本底突出但脆弱、城市配套
基础设施薄弱、组团化的发展格局未见雏形、地形与人文
气息不足的4方面问题。从新区发展的角度看，传统农业
发展文脉如何植入创新产业的生长轨迹，实现在地性企
业文化场景的塑造，是此次规划设计的难点。

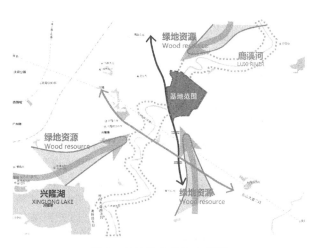

图2　基地周边的生态环境

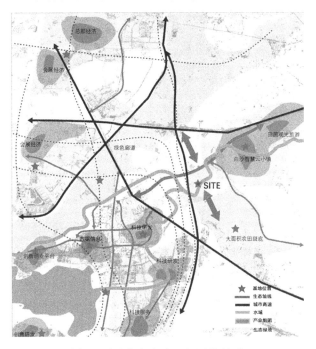

图1　基地与相邻产业组团的关系

3.2　基于场景五要素的初步构建宏观格局

3.2.1　邻里社区——创意科技为核心的食品产业社区

　　通过分析人群的需求，构建产业配比与功能配比。兴
隆片区产业社区规划紧紧围绕"人、城、产"的规划理
念，以市民的需求为核心，将本土化产业与高新科技结
合。随着人们对都市农业的需求日益增加，该项目在食品
工业的未来中心向中西部转移的大背景之下，结合成都
"美食休闲之都"的地域名片，建立以优质生态服务为基
础的食品深加工实验基地，实现食品科技创新与生态休
闲的双重服务链升级。在功能配比层面，建立以农创科技
为核心的产业驱动与服务组团相结合的模式，共同承接
区域定位（图3）。为兴隆片区注入创意阶层与科研人才
为主、本地居民为辅的社群特征。

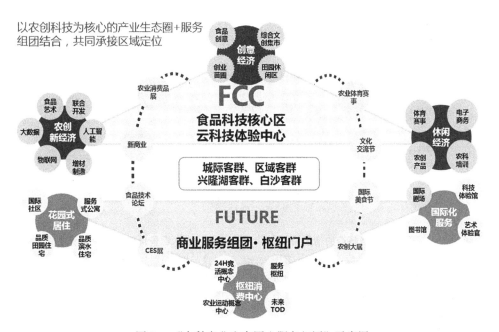

图3　"农科产业生态圈＋服务组团"示意图

3.2.2 物质结构——无边界的慢行都市

产业社区是需要强大的交通体系才能维持人流与货流的基本运转。在站点开发以及交通规划层面，强调与城市人口的对接以及出行方式的多样化，对于鹿溪智谷兴隆片区而言，这能促进对轨道站点进行综合开发和内部交通系统的多层级设计，通过地铁综合体、自行车系统、人行步道、园区轻轨系统构建全方位、多样化的交通出行模式，加强与城市多级中心的联系。空间模式顺应公园城市"园中建城"的宏观格局（图4），梳理基地内部的主要生态资源，包括滨河绿地资源与生态农田资源，在此基础上建立"一带＋三心＋N个微绿地"的公园结构（图5）。通过分散组团的方式以及对容积率的控制，创造

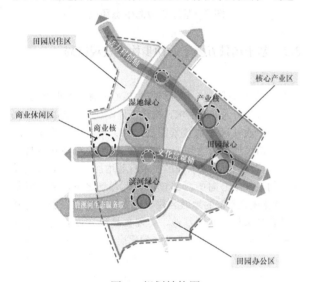

图4　规划结构图

出低密度社区、人性化街巷尺度以及便利的细节设施，还原成都传统慢节奏的生活与包容性强的城市特质。

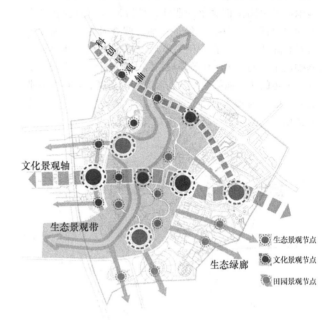

图5　景观结构图

3.2.3 多样化人群——人本导向的功能构建

兴隆片区食品产业社区规划基于就业者、常住者、游客以及原住民的视角，分析他们的主要特征以及空间需求，得出交往、游憩、消费、科教、文化5个方面的需求（图6）。提出构建共享开放的生产及办公空间、怡人的滨河游憩环境、潮流化的城市消费场地、智能化的农业科普基地、参与式的食品文化展览等愿景。

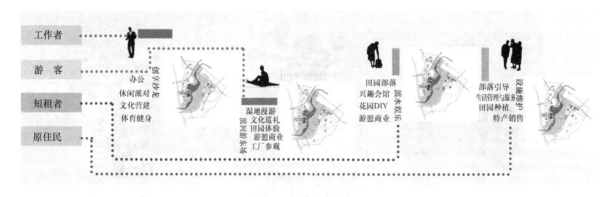

图6　人群需求分析

3.2.4 文化实践活动——基于社交网络塑造的情景演绎

公园城市理念强调空间的精细化营造，通过活动场景的设计来促使人与人之间的美好交往。场景是指"场所＋情景"的设计，在鹿溪智谷兴隆片区的规划中，针对不同人群的特征以及在交往、游憩、消费、科教、文化5个方面的需求，通过叙事性空间节点设计与活动情节的策划来刺激社交活动的发生、促进企业的跨界交流、增强人们的归属感以及对地域文化的认知。

3.2.5 文化场景价值观——多元主体的智慧联合体

食品产业社区不过度追求商业化与政策化，社区遵从平等、共享、开放的多元公共空间文化，为每一位企业人体提供尊重知识、尊重创意、尊重自我实现的平台，通过这种方式使个体在保持独立的同时构建智慧联合体，这种平衡有助于企业的良性发展。从企业角度，让食品行业的创意人才在专业领域获取认同感；从城市角度，为企业人和本地居民在一定城市区域构建地域归属感。

3.3 基于三维度的文化场景语法

依据场景理论提供的学术语法体系，在 5 个要素构建的基础上，针对食品产业社区的初步定为与功能结构，对产业社区的三个文化价值维度进行探讨，结合形态、业态、生态等多种维度，形成基地内的文化场景语法机制。以上"文化场景语法"基于城市公共文化空间的价值观，将其作为城市设计的导向和三类空间类型划分的依据（表2）。本文将对上述梳理出的三类文化场景，进一步探究其构建策略。

食品产业社区文化场景语法构建　　表 2

主维度	次维度	场景营造	空间特征	场景指引
戏剧性	时尚	文艺创作活动与创意集市	在核心产业区内部形成低密度内街格局，形成创意轴线，灵活装配式场地	生产互动场景 科普游览场景
	正式	企业间的正式与非正式交流并存，加强自主交流的机会	企业建筑群紧凑集中，灵活的建筑体块组合与立体绿地网络，打造非正式交往空间	生产互动场景
	违规	原住居民与创新人才共同营造居住氛围，合理分工与跨文化交流	居住组团散居形式的住宅与兴趣沙龙中心	生活休闲场景
	亲善	园区高度的亲和力，搭建员工内部以及外部之间、员工与原住民之间的兴趣沙龙俱乐部	景观节点设计上通过微缩自然景观等手法，拉近日常工作与绿水游憩、健身运动的距离，有利于业余兴趣的培养与心理健康的提升	生产互动场景 生活休闲场景
	展示	将食物试验阶段、生产过程、成品等流程以及食品文化结合园区自然环境特色作为公共展示节点	研发-展示-销售于一体，通过与周边环境资源契合，形成外疏内密，外院内街的格局。产业公园纳入城市公共绿地节点	生产互动场景 科普游览场景
真实性	本土	创新性的本土化，开发鹿溪河湿地和特色林盘风貌，延续上下游的水脉文化，激活河岸多样化的游憩功能；传统美食创新化	形成滨河湿地景观、田中央实验农田景观、露天食物科普园三类生态游园系统	科普游览场景
	种族	兼容多种族、多民族的社群，食品种植技术定期扶贫活动	保留场地的农田斑块，作为食品试验田	生产互动场景 科普游览场景
	社团	互助、互惠、互信的产业共生系统	企业建筑的多中心、院落化、高密度低容积率布局	生产互动场景
	国家	社区支持国际友人入住，搭建跨国交流的平台	结合城市轨道交通与滨水空间，打造文化会展中心	生活休闲场景
	理性	强调食品研发、生产技术的严谨性，定期举办内部与科普意义的食品主题讲座	半院落式的生产与研发建筑设计，结合周边环境资源要素布局对内与对外的功能空间	生产互动场景 科普游览场景
合法性	传统主义	较低传统主义的场域，更多地关注新方式与新观点	传统农田要素的与产学研空间结合	生产互动场景
	功利主义	较低的功利主义的场域，空间作为政策支撑的创新高地和生态示范区，盈利非主要目的	开放化的园区环境，与相邻地区的滨河景观和空间肌理具有较强的连续性	生产互动场景 科普游览场景
	平等主义	非正式的公平交流，非合约式的开放合作关系	产业组团形成外向型与内向型多层次社交空间网络	生产互动场景
	自我表达	充分体现企业员工工作以及业余时间展示自我的机会，丰富的职业分享会以及兴趣沙龙	将健身活力廊，创意集市等文体空间布置在办公用地步行可达之处	生产互动场景 生活休闲场景
	超凡魅力	将食品创新与潮流科技结合，智能化的食品科普系统，交互型的食品实验室	引入智慧导览体系，实现实体空间与虚拟空间的多元化应用	生产互动场景 科普游览场景

3.3.1 生产互动场景

通过对食品科技的产业链进行分析,在保留基地生态功能的基础上,以搭建可低成本、高效率获取研发灵感的社交平台作为设计理念。产业核心区设计将公园城市"园中建社区"的模式作为布局指导,实现鹿溪河公共景观价值与食品产业价值双向增益。功能以食品研发、体验式工厂和农田实验室为主,以点状体块嵌入周边环境要素。在工厂内部设置对外交流型绿地空间,通过景观廊道将生态公园与生产区内部的公共空间有机联系,使生产节点部分纳入游憩体系;将产业办公空间与公园进行一体化设计,实现生态景观与企业文化景观的互相渗透;微绿地多镶嵌于建筑内部与屋顶空间,构建立体的绿地网络,鼓励员工的非正式交流(图 7);建筑设计强调消隐式与无介入性,"表皮"与自然产生积极互动。

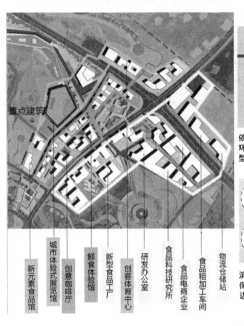

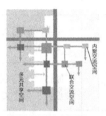
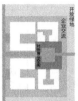
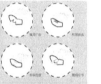

依据农田资源、滨河绿廊等环境资源来布置园区的外向型与内向型功能

形成内街,滨河低密度单体,对农田开放组团式工厂,院落式办公空间的布局

形成多层次社交空间网络,将产业文化对外宣传同时缩短员工与业余生活的距离

产业公园与城市公共空间的无障碍衔接

滨河建筑采用底层通廊形式,保证视线的通透与公园的无边界渗透

创意集市与非正式场所的灵活构建,加强工作者自主社交的机会,加强城市的介入

建筑群体紧凑集约。可以配合不同的企业类型和规模需求实现灵活组织

屋顶绿化,实现立体绿地网络,鼓励员工之间轻松的交流

图 7 核心产业区空间布局策略

3.3.2 生活休闲场景

针对就业人群与周边居住人群"年轻化"的特征,合理开发鹿溪河的滨河游憩功能,定制多元化生活配套服务,通过活动场景的营造促进居民间的美好交往。依托滨河绿地资源、农田景观资源建立具有城市开放性的生态科技公园、滨河湿地公园以及产业科普性的农田景观公园,丰富城市慢性体系;建立以 TOD 枢纽为核心的低密度商业服务组团,紧跟潮流文化,创造丰富的产业衍生品及新型网红空间,符合各年龄层市民对消费品质的需求(图 8);居住组团以林盘散居形式作为空间设计灵感,以底层新川西式建筑为主,内部采取短租民宿俱乐部的形式,让游客、在地居民以及企业员工定期社区类活动,塑造多时段、多人群的交往场景(图 9)。

3.3.3 科普游览场景

科普游览场景是将企业文化对城市范围创意输出,刺激游客以及社区居民进行消费实践的有效形式。规划以食品科普教育与河流保护教育为主线,塑造全龄化、便捷化的智能游览体系,通过智慧移动与云平台的构建、虚拟空间与实体空间结合丰富游览形式(图 10)。例如运用 AR 及 VR 技术让游客及时了解新型食品原料培育的资讯,以及生产流程、营养成分等信息(图 11);

图 8 滨水商业意向图

以滨水开敞绿地为核心外围形成连续且可意向的文化展示慢性系统,文化建筑采用分体、覆土、架空等形式与生态绿地、产业绿地相渗透,将特色空间作为承载平台,引入综艺、快闪活动、音乐节等活动来激发地域文化创新;开发娱乐与健身的新型互动模式,引入节点打卡、能量闯关等客户端方式(图 12),将游览过程与新型健康理念结合。

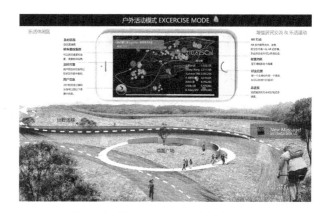

图 12 智慧运动：实时定位与能量闯关

4 结语

本文从场景理论与产业社区各自的内涵和特点入手，通过对城市人文精神的回归的共性，论证文化场景的构建是提升产业社区软实力的有效途径。其次探讨了在公园城市的宏观价值传导下，产业社区的场景构建的基本原则。随后本文以鹿溪智谷兴隆片区的规划设计作为实践案例，从场景营造的五要素与三维度构建了设计框架，并对三类典型场景分析了具体的构建策略。本文的研究将人文环境的塑造作为空间设计的引导，以此为文化驱动下的产业社区规划提供一种参考。

参考文献

[1] 成都市规划设计研究院. 成都市美丽宜居公园城市规划 [R]. 2018.

[2] 成都市建设公园城市专题研究项目组. 公园城市内涵研究 [M]. 上海：同济大学，2018.

[3] 吴军. 城市社会学研究前沿：场景理论述评[J]. 社会学评论，2014(02)：90-95.

[4] 郭勇. 产业发达地区建设都市型"产业社区"的新探索——以广东省佛山市南海区为例[J]. 中共银川市委党校学报，2015，017(001)：69-72.

[5] 陈广汉. 产业升级和发展方式转变的一种模式——基于南海都市型产业社区的研究[J]. 学术研究，2010(11)：2+58-62.

[6] 禹建湘，汪妍. 基于文化场景理论的我国城市文化创新路径探究[J]. 城市学刊，2020，041(002)：23-29.

[7] 盖琪. 场景理论视角下的城市青年公共文化空间建构——以北京706青年空间为例[J]. 东岳论丛，2017，038(007)：72-80.

作者简介

康梦琦，1995年2月生，女，汉族，四川广安，重庆大学硕士研究生在读，研究方向为城市设计理论与实践。电子邮箱：402364375@qq.com。

图 9 民宿俱乐部意向图

高水位：当水较多时，人们可以观赏水景和喷泉   中等水位：当水较多时，人们可以坐在一些台阶上，一些绿色植物也能露出来   低水位：当没有水时，这些台阶完全暴露人们可以在此兴办小型活动

图 10 智慧参与：多种情景模式的共存

图 11 智慧认知：时光数据轴

生活圈导向下公园城市营造思考与实践
——以重庆市永川区为例

Thinking and Practice of Park City Construction under the Life Circle Guidance：
Taking Yongchuan District of Chongqing as an Example

白佳尼　邢　忠　程灿辉

摘　要：在城市建设向更高层面发展的今天，改善人居环境、提升城乡居民生活品质和营造卫生安全的城市空间格局成为风景园林学科的重要议题。新型冠状病毒肺炎的肆虐让与人们生产生活联系紧密的"生活圈"成为焦点。"公园城市"作为一种城市范式回应了人居环境需求，在新时期城市建设中如何将其切实与人民生活衔接、提高公园城市的普惠性值得思考。笔者基于多学科交叉视角，对高质量人居建设导向下的公园城市营造进行了研究梳理与再思考，并提出以人为本、使公园城市建设与居住空间相辅相成的规划思路。以重庆市永川区公园城市规划实践为例进行研究，对基于生活圈的公园城市建设现状进行分析，最后提出基于有效服务居民的"点—线—面"分层次的公园城市营造手法。以期对新时期公园城市理论及实践发展提供借鉴。

关键词：公园城市；生活圈；城市POI数据；慢行交通系统

Abstract：Today, with the development of urban construction to a higher level, improving the human settlement environment, improving the quality of life of urban and rural residents and creating a healthy and safe urban spatial pattern has become an important subject of landscape architecture. The rampaging of new coronary pneumonia makes the "Life Circle" which is closely related to people's production and life become the focus. As a kind of urban pattern, "Park city" has responded to the demand of human settlement environment. How To link it with people's life and improve the universality of park city is worth thinking. Based on the multi-disciplinary perspective, the author studies and rethinks the construction of Park City under the guidance of high-quality human settlements construction, and puts forward the idea of people-oriented planning, which makes the construction of Park City and living space complement each other. Taking the practice of Park City Planning in Yongchuan district of Chongqing as an example, the present situation of Park city construction based on living circle is analyzed, finally, the paper puts forward the "point-line-surface" layering method of Park city construction based on effective service to residents. With a view to the new era of Park City theory and practice of development to provide reference.

Key words：Park City; Life Circle; Urban POi Data; Slow Traffic System

引言——以提升城乡居住品质为目标的公园城市建设

公园城市作为具有多学科前瞻性的人居改善工程，并非一般意义上的建设城市公园，旨在系统的将公园形态与城市空间有机融合，对"市民—公园—城市"三者关系进行空间上的强化连接[1]，体现着"人、城、境、业"的高度统一[2]。公园城市营造的中心就是以人为本，具有全民价值取向[3]。

然而，我国公园城市发展模式至今尚未有统一概念，其营造体系也有待进一步研究[4]。万物互联的时代使社区的功能愈加复合，以社区生活圈为落地载体的社区规划应运而生。生活圈作为城市规划最基本的单元，兼具群体特征与空间属性。在此背景下，公园城市建设更应从细处着手，把握庞大城市治理体系中的基本单元——基层社区[3]，以社区为抓手，塑造真正给予居民幸福感、获得感与安全感的现代化城市。

1　现有相关研究梳理与再思考

1.1　公园城市研究进展

总体来看，我国现有关于公园城市的研究与实践呈现出四大特征：

（1）从公园城市的理念研读逐步转向具体城市的生动实践[1, 5, 6]，已有成都、扬州、西安等数个不同层级城市进行了实践探索。

（2）从宏观城市范式研究逐步转向多层级精细化治理[3, 7-9]，成都市明确将社区作为基本单元纳入公园城市战略中[7]，并在天府新区引入"公园社区"概念[3]。

（3）研究对象逐步扩展为多类型城市[5, 10, 11]，例如科学系统的针对复杂敏感的山地城市提出地域性公园城市营造策略[11]。

（4）从单一学科解读逐步转向多学科参与和多工具运用[12-14]，公园城市建设引入绿地公平[9, 14]、人群健康[8]等研究热点，并采用GIS、InVEST[12]等工具进行研究。

1.2 生活圈及其与公园城市交叉研究进展

公园城市建设起源于城市、着眼于人群、承接于园林[3]，公共性和普惠性是其最为深刻的本质特征[14]。把握公园城市的公共价值取向，建设共商共建共享的现代化城市就意味着公园城市营造是自上而下与自下而上的结合，应始于与人民息息相关的基层社区。2018年底《城市居住区规划设计标准》GB 50180—2018的生效标志着我国社区规划作为国土空间规划的微观层面，由传统居住区模式转入生活圈模式。

总体来看，"生活圈"现有研究与实践可归纳为6类：①生活圈的概念界定与范围划定[15-16]；②生活圈的功能划分与体系构建[17-18]；③以生活圈为载体构建城市结构和地域系统[17-19]；④生活圈视角下城市各类公共服务设施的评价与布局[17, 20, 21]；⑤乡村生活圈的研究与实践[21-22]；⑥以生活圈为标准对城市居住空间与生态环境进行评价[23]。

虽然生活圈和公园城市已成为多类研究热点，但现有关于二者的交叉研究仍相对较少。李羚[7]提出公园城市为社区发展治理搭建起人文关怀的新型模式，并以天府新区华阳街道实践为例探索以国际化社区为依托的公园体系架构；匡晓明[3]提出"公园社区"概念，将其作为体现公园城市建设生态、人文等价值的最基本载体。

综合现有研究，笔者团队于生活圈层面切入城市公园营造研究与实践，以期将全域全要素的国土空间规划落于微观，对"市民—公园—城市"三者进行更好地衔接。

2 高质量人居建设导向的公园城市建设认识

2.1 新时期公园城市建设问题辨析

近年来，许多城市建设工程耗费巨大但效果却不显著，海绵城市建成后城市依旧内涝严重，智慧城市的建设成果也有待验证，对新时期城市系统建设值得再思考。当前公园城市正成为风景园林学科领域高光瞩目的热点议题，仅凭简单的心态去建设与美化城市公园和绿地是不够的，已有学者对公园城市建设进行了反思，顾朝林[24]指出如何有效盘活现有资源，把小微绿地开放给公众是其工作重点，胡洁[24]则认为公园城市不是塑造城市里的绿色孤岛，最大的亮点在于如何有效"连接"。

基于系统论[25]"要素—结构—功能"的基本规律，公园城市建设面临3个关键问题：

（1）要素建设层面：数量变化不能代替整体质量变化

公园并非多多益善，公园数量增加不等于城市品质提升、人民幸福感获得。公园城市建设需以居民可达、就地盘活、特色塑造、文化延续作为出发点，且其建成后生态服务价值、居民服务水平应作为评价标准。

（2）体系架构层面：各层面子系统建设不能各自为战

公园城市就是各类公园一体化的城市，兼具城市系统内部生产、生态、生活等若干子系统，各子系统内部又包含各类元素。公园城市营造宜大处着眼、小处着手，只有多学科、各层面子系统协调建设才能实现和谐运转[26]。

（3）内在属性层面：人民性作为目的与结果属性不能忽视

城市是居民聚集空间，人民性贯穿于公园城市的现状评价、建设过程与服务验收等各环节与过程。真正提升城市人居环境需切实融入人民生产生活、提升人民使用与规划参与度，需营造人民友好的公园街区，强化人民便利的出行方式，确保人民可达的整体网络。

2.2 高质量人居建设导向的公园城市建设

城市作为庞大复杂的系统，其建设策略体系也是系统的[26]。以高质量人居作为出发点，从"需求—空间—实施"三层面进行生活圈导向的公园城市建设实践（图1）。一是厘清居民、城市对公园城市建设的需求，映射满足居民休闲游憩、生态教育和城市幸福宜居、环境友

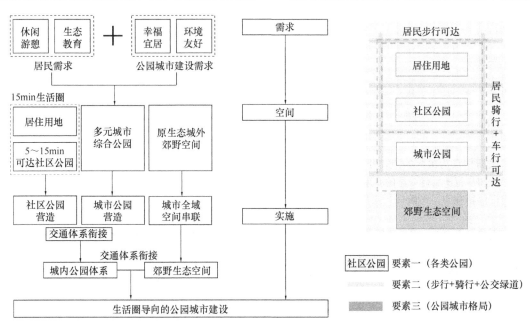

图1 生活圈导向的公园城市建设框架与要素分析

好需求的公园城市空间实体。二是公园城市体系建立，明确空间作为营造对象，包括5～15min可达社区公园、多元化主题城市公园和原生态郊野空间。三是具体实施方法，根据系统建设的整体性与连续性，应包含城内大小公园（要素一）的营造，"慢行＋公交"的交通体系（要素二）的强化，最后结合郊野生态空间保育形成全域互动的公园城市格局（要素三）。

3 基于生活圈的重庆市永川区公园城市现状分析

3.1 重庆市永川区现状概况

永川区属于成渝城市群区域中心城市，其地貌属平行岭谷褶皱区，自古以来拥有浅山多湖的优越生态本底，城市建设先后经历了因山水而生、倚山水而兴，背山水筑城3个阶段，现阶段呈现出城市建设、人民生活与重要山水要素空间相背离发展的局面。

3.2 永川生活圈构建与现状公园城市建设分析

3.2.1 生活圈构建

基于永川区总体规划和《永川区慢行系统专项规划》，从服务人口、步行可达和便于管理3个方面划分永川生活圈：①以居民5～15min步行范围及其所服务的适宜人口规模为主要标准进行划定；②参考国内相关规划标准将生活圈规模确定为3km²左右；③为方便管理结合控规管理单元，将生活圈边界落在主要道路及控规边界上。具体路径为：根据居住区POI点确定居民出行点，运用GIS缓冲区功能绘制5～15min居民出行范围，并以控规单元和主要道路为边界，结合实地调研信息，依托就近原则，最终获得永川中心城区22个生活圈。

3.2.2 结合"生活圈"的公园城市建设现状分析

通过对永川现状城市公园建设进行实地踏勘、无人机航拍；对公园城市服务绩效进行分析，总结发现永川现状公园营造有如下几点仍有提升空间。

（1）公园本底资源良好，但整体布局未考虑居民服务半径。

现状分布13个城市公园和三山四脉郊野景观，城区内部人居绿地指标不足8m²/人，以生活圈为出发点平均步行15min和5min内到达1～2个社区绿地，骑行＋公交30～60min内只能到达2～3个城外景区（表1）。整体来看公园体系布局未充分考虑服务对象和服务半径。

永川城市公园与生活圈通行分析　　　　　　　　　　表1

公园/生态资源	起点生活圈	终点	平均距离	交通方式	换乘次数	单程/往返 (min)	评价
乐和乐都主题公园	9～11，18，17	公园入口	10.7km	大巴/公交＋骑行/步行	2～3次	25/30	良好
黄瓜山森林公园	15，16，20～22	黄瓜山东入口	9.3km	大巴/公交＋骑行	2～3次	23/46	良好
十里荷香郊野公园	13～15，19～20	公园入口	5.5km	大巴＋骑行/步行	3次	13/26	不佳
望城公园	3～6，16	景点处	4.8km	大巴＋骑行/步行	2次	12/24	良好
旺龙湖	1～5，7	景点处	3.4km	大巴＋骑行/步行	2次	9/18	不佳
卫星湖国际度假村	1～5，7	度假村入口	13.9km	大巴＋骑行	3次	32/64	不佳
蔡英岩郊野公园	9～12，17，18	公园入口	7.3km	大巴/公交＋骑行	2次	18/36	不佳
铁岭夏莲	9～12，17，18	景点处	9.4km	大巴＋骑行/步行	2次	23/46	不佳
临江河城内段	8，12～14	公园入口	4.4km	公交＋骑行/步行	2次	11/22	不佳
箕山茶山竹海	9～11，17，18	景区中心	8.5km	大巴/公交＋骑行/步行	3次	21/42	良好
神女湖	9～12，17，18	景点处	7.9km	大巴/公交＋骑行/步行	3次	19/38	不佳
探花湿地公园	1～5，7	公园入口	4.1km	公交＋骑行	2次	10/20	良好

未来应以居民居住点为出起始点，补足步行可达城市内小微社区绿地和步行＋骑行可达的城市公园布设。

（2）公园建设停留在点、面阶段，未能"串线成网"形成良好体系。

道路建设不完善，在"点—线—面"的完整性、连续性和系统性上急需提升，未做到"居住起点—公园终点"和"内联—外引"的公园城市体系串联。对现状服务于公园体系的步行＋骑行＋公交道路进行统计分析，路网密度0.86km/km²，总长度为359.11km，道路公园绿地覆盖率仅36%。

未来应将居民每一天走出家门的居住区设置为起点，针对骑行＋步行＋公交的不同出行方式，落实到起讫点1km、30min时间内的"市民—公园"无缝衔接；内联城区的各类公园绿地，外引城区外围的郊野休闲游憩资源，实现城区内外的系统化无缝换乘接驳与配套设施组合，促进城乡经济的一体化成效发展。

（3）重点城市公园功能定位不明确，未与产业形成契合关系。

现状城市公园未做全域统筹安排（表2），少有分区分类指导，功能特征无针对，特色文化未突出。不同类型城市片区肌理与特色不同，一刀切的建设方式需改善，未来针对慢行特色塑造需要更加针对性、具体化的功能策略；融入本土文化，结合公园周边用地策划优势产业，策划不同特色的城市公园。

城内部分公园现状　　　　　　　表2

序号	名称	类型	规划（hm²）	所在生活圈	沿线重要用地性质	特征描述	现状周边交通方式	总结评价 便捷可达	总结评价 服务设施
1	望城公园	综合公园	48.21	7	教育	城市级综合公园，服务周边住区、学校，沿线慢行交通覆盖较为完善	公交、步行	良好	缺乏
2	桂山公园	综合公园	17.25	5	教育/商业	片区级综合公园，山水条件优越，老城区城市建设现状较为混乱	公交、步行	一般	一般
3	桃花山公园	郊野公园	52.84	2，7	居住/商业	城市外围郊野公园，具有优越的景观条件，沿线快速交通较为便利	公交、骑行	不佳	缺乏
4	探花湿地公园	主题公园	85.53	4，5	居住/康养	城市级专类公园，生态环境优渥，风景优美，具有一定的慢行交通条件	步行、骑行	不佳	缺乏
5	神女湖水体公园	综合公园	48.51	9	居住/教育	城市级综合公园，山水环境品质极佳，沿线旅游交通较为便利	公交、步行、骑行	良好	缺乏
6	兴龙湖水体公园	综合公园	23.77	10，11	居住/商业	片区级综合公园，现状建设条件好，周围交通较为便利，环境品质高	公交、步行、骑行	良好	良好
7	体育公园	主题公园	16.42	14	体育用地	城市级专类公园，沿线交通便利	公交、步行	良好	一般
8	观音山公园	综合公园	20.04	18	教育	片区级综合公园，周边景观资源丰富，利用较为欠缺，交通条件较差	公交	不佳	缺乏
9	旺龙湖水体公园	综合公园	55.49	19	工业/商业	片区级综合公园，建设条件良好，服务于周边工业工作人群	公交	一般	一般
10	跃龙湖水体公园	综合公园	73.04	20	工业/商业	城市级综合公园，景观条件优越，建设条件较差，周边服务设施缺乏	公交	一般	缺乏

资料来源：根据《公园绿地体系定位策划》整理。

4　生活圈导向的"公园永川"营造实践

4.1　"点—线—面"三层次营造手法

立足城市建设的系统性[25]和连续性，从满足人民生活需要和"要素—结构—功能"[24]连接出发，永川公园城市建设需依次从"点—线—面"3个层次进行实践，以营造对人居环境、城市产业发展产生重大影响的绿色开放空间系统。

首先，依托基本生活单元进行"点"营造，增补多样化社区与城市公园；其次，以基本生活单元为出发点进行"线"营造，有效连接"市民—公园—城市"，提供居民感知公园城市的路径；最后，在城内公园建设基础上外引三山四脉，进行"面"营造，奠定整体公园城市格局。从小处着手，"点—线—面"连续性营造永川公园城市，并预测公园城市建设绩效，以便为后期管理与改善提供参考。

4.1.1　"点"营造——多元主题布设"城市公园"

（1）以500m为服务半径增补社区公园绿地

将城市微型公共空间纳入城市公园体系，协调微型公共空间布局与其他建设用地、居民人口分布的关系，结合G3、G1①类用地布设城市各处的中小型开放式绿地，

---

① G1：公园用地，G3：广场用地，A4：体育用地，B3：娱乐康体用地。

服务半径为 500m，共计建成 18 处社区公园（图 4），其中 12 处为现状开放空间改善。

（2）以 2km 为服务半径打造综合城市公园

满足各年龄段市民休闲游憩、娱乐活动、康体运动等基本活动需求；展示绿色城市面貌，保育市区绿地，服务半径为 2km，结合 G1、G3 类用地打造规模面积不小于 10hm² 的综合城市公园。共计建设 7 大综合公园（表 3），其中 5 处为现状公园改善，另 2 处为总规新设城市综合公园。

（3）以生活圈产业为导向策划特色主题公园

依托现有资源，布局健康、文化、体育、科技和旅游五大"幸福产业"，形成具有生活圈产业带动作用及文化品牌效应的特色主题公园。共设立 6 大主题公园（表 3），服务对象为全城并配置便捷直达的交通设施，其中 4 处为现有公园，根据前文生活圈内部产业分析和 A4、B3 类用地分布，分别策划民俗文化类（生活圈 9）、田园康养类（生活圈 2）、乐园类（生活圈 14）和体育健康类（生活圈 16）主题公园。另外 2 处主题公园则根据总规确定为科技智慧类和人才运动类主题公园。

综合公园规划图（例）和整体公园体系布设　　　表 3

名称	公园类型	建设类型	服务半径	起点生活圈	平均距离	交通方式	出行时长 单程/往返（min）
—	社区公园	改善＋新增	500m	—	500m～1.5km	步行为主	(5/10)～(10/20)
兴龙湖公园	综合公园	改善	2km	14～15，19～20	4.7km	骑行＋公交	11/22
望城彩林公园	综合公园	改善	2km	3，6～16	4.8km	步行＋骑行	10/20
山地动步公园	综合公园	改善	2km	17，18	5.7km	步行＋骑行＋公交	13/26
探花科普湿地公园	综合公园	改善	2km	20～22	4.1km	骑行＋公交	9/18
旺龙湖乐活湿地公园	综合公园	改善	2km	9，10，17	6.5km	步行＋骑行＋公交	15/30
中轴公园	综合公园	新增	2km	3，4，7	9.3km	骑行＋公交	11/22
文创艺术公园	综合公园	新增	2km	3，4，6	8km	步行＋骑行＋公交	10/20
民俗文化公园群	主题公园	改善	2km	16	16.6km	骑行＋公交	15/30
温泉田园康养公园	主题公园	改善	2km	20～22	8km	骑行＋公交	10/21
西部欢乐城公园群	主题公园	改善	2km	9～11，17，18	10.7km	公交为主	11/22
卫星湖马拉松主题公园	主题公园	改善	2km	1～5，7	13.9km	公交为主	15/30
高新人才运动公园	主题公园	新增	2km	1，2，7	8.3km	公交为主	13/26
城东生态智慧公园	主题公园	新增	2km	14，15	11.2km	骑行＋公交	15/30

资料来源：《永川城市公园体系规划》。

4.1.2　"线"营造——居民可达架设"棠城绿道"

（1）"市民—公园"步行＋骑行绿道建设

根据现状建设、未来发展潜力在城区内部筛选出 10 处较为重要的公园绿地（包括 6 处城市综合公园、3 大主题公园和 1 处郊野公园），作为城区内部专用慢行交通规划的重要串联资源。分别以"住区—住区""住区—滨水""住区—临山"为起讫点设立老城环城线、滨水线和临山线三类专用骑行＋步行绿道，共计 74.47km；此外，连接社区公园与城市其他大型公园，设置 21.74km 的城内专用绿道（表 4）。

骑行＋步行绿道建设　　　表 4

线路名称		起讫点	概况	长度（km）
环城线	老城线	住区—住区	串联老城区内 2 处综合公园，包括山地动步公园、望城彩林公园	5.51

续表

线路名称		起讫点	概况	长度（km）
滨水线	临江线	住区—滨水	串联老城区及周边临江河支流，包括跳蹬河、麻柳河，穿过探花湿地公园、望城彩林公园、民俗文化公园群	14.22
	汇碧线		串联临江河支流，包括红旗河、郑家河，穿过兴龙湖公园	13.39
	双湖线		串联凤凰湖工业园区的旺龙湖乐活湿地公园	11.05

续表

<table>
<tr><th colspan="2">线路名称</th><th>起讫点</th><th>概况</th><th>长度(km)</th></tr>
<tr><td rowspan="3">临山线</td><td>箕山线</td><td rowspan="3">住区—临山</td><td>环城郊箕山南侧，途经穿过永川民俗文化公园群</td><td>8.86</td></tr>
<tr><td>黄瓜山线</td><td>环城郊黄瓜山东北侧，途经穿过来龙河、古家河</td><td>12.16</td></tr>
<tr><td>蔡英岩线</td><td>环城郊蔡英岩东侧，起于兴龙湖公园，途径穿越彩银燕郊野公园和中轴公园</td><td>9.28</td></tr>
<tr><td colspan="2">步行线</td><td>住区—滨水、临山</td><td>步行串联城内社区公园与城市公园等</td><td>21.74</td></tr>
</table>

资料来源：《永川慢行系统专项规划》。

(2)"市民—公园"骑行+车行绿道建设

为满足城郊主题公园的游客与市民通行需求，附着城市道路设置骑行+公交旅游专线，实现"住区—主题公园"的快速出行，根据居住区分布在城市道路上增设28处慢行换乘点，满足公交停靠需求和骑行道与城市道路的接驳换乘，配置自行车租赁点和公园城市驿站，建设完成后，城内路网密度达1.44，道路至各类公园的可达率增至100%，实现居民出行30min内可达公园10个以上。

4.1.3 "面"营造——内联外引奠定"公园格局"

永川公园城市建设中"面"的营造是指，在城市内部以线联点塑造居民出行友好的公园格局基础上，以自然景观和郊野风貌为主体，对城郊集中建设区以外对城市生态安全格局的形成有重大影响的4处山脉（黄瓜山、云雾山、箕山和蔡茵岩）进行保育为主的郊野公园建设。

以生态红线、森林公园红线和GIS识别的城市建设用地边界为核心，综合基本农田、林地、地形坡度高程等因素，划定城周山体保育范围，在保障生态功能的同时，为城镇居民提供郊外游憩、休闲运动、科普教育等服务的公众开放性公园。

4.2 公园城市规划预期成效

预计永川公园城市建成后，总生态空间绿量增加，城市慢道增加55.3%；城市居民出行30min内可达公园景点10个以上，数量增加63.6%；出行15min内可达城市绿地1～10个，增加65%，实现圈层式见绿享绿。

城市内部公园绿地平均分布，绿地服务功能日臻完善，依托道路绿网，和城郊生态用地共同构建公园城市网络，最终实现开门500m见绿入园的人居理想。

5 总结

基于目前我国如火如荼开展的公园城市建设，本文提出将生活圈作为公园城市营造的基本单元，梳理出"点—线—面"三层级营造与公园城市相关的各空间要素，并以重庆市永川公园城市建设的实践①为例进行讨论，以期为新时期公园城市理论及实践提供借鉴。

参考文献

[1] 吴岩，王忠杰．公园城市理念内涵及天府新区规划建设建议[J]．先锋，2018，04)：27-9.

[2] 史云贵，刘晴．公园城市：内涵、逻辑与绿色治理路径[J]．中国人民大学学报，2019，33(05)：48-56.

[3] 匡晓明．以公园社区规划治理为纽带共建共享幸福城市[N]. 2020.

[4] 刘洋，张晓瑞，张奇智．公园城市研究现状及未来展望[J]．湖南城市学院学报(自然科学版)，2020，29(01)：44-48.

[5] 李焱，鲍南柱，陆金威，等．文化型城市公园吸引力评价及居民幸福感提升方法——以南京市乌龙潭公园为例[J]．当代旅游，2020，18(13)：79-84.

[6] 陈明坤，张清彦，朱梅安．成都美丽宜居公园城市建设目标下的风景园林实践策略探索[J]．中国园林，2018，34(10)：34-38.

[7] 李羚．公园城市社区发展治理的实践与思考[J]．邓小平研究，2019，(06)：105-113.

[8] 苏津．以人群行为心理健康需求为基础的城市社区公园设计探索[J]．天工，2019，(06)：117.

[9] 叶伸，郑德华，陈兵，等．基于服务半径的城市公园绿地空间可达性研究[J]．地理空间信息，2020，18(04)：65-69+7.

[10] 邢龙，王志泰，包玉，等．少数民族多山城市公园绿地景观格局分析与优化——以凯里市为例[J]．山地农业生物学报，2019，38(05)：19-29.

[11] 毛华松，罗评．响应山地空间特征的公园城市建设策略研究[J]．中国名城，2020，(03)：40-46.

[12] 李成，周超，钱巧玲，等．基于InVEST模型的城市公园生态系统服务评估——以扬州市中心城区为例[J]．扬州大学学报(农业与生命科学版)，2020，41(01)：123-126.

[13] 代志宏．基于GIS技术下的城市公园绿地可达性研究[D]．包头：内蒙古科技大学，2019.

[14] 傅凡，靳涛，李红．论公园城市与环境公平[J]．中国名城，2020(03)：32-35.

[15] 柴彦威，李春江．城市生活圈规划：从研究到实践[J]．城市规划，2019，43(05)：9-16+60.

[16] 孙道胜，柴彦威，张艳．社区生活圈的界定与测度：以北京清河地区为例[J]．城市发展研究，2016，23(09)：1-9.

[17] 孙道胜，柴彦威．城市社区生活圈体系及公共服务设施空间优化——以北京市清河街道为例[J]．城市发展研究，2017，24(09)：7-14+25+2.

[18] 吴秋晴．生活圈构建视角下特大城市社区动态规划探索[J]．上海城市规划，2015，04)：13-19.

[19] 袁家冬，孙振杰，张娜，等．基于"日常生活圈"的我国城市地域系统的重建[J]．地理科学，2005，(01)：17-22.

① 本文在《永川公园绿地体系定位策划》和《永川区慢行系统专项规划》的基础上研究，其中后者（内含永川生活圈划定）已被纳入永川"十四五"规划，规划主要参与人：邢忠、乔欣、杨钧月、程灿辉、陈子龙、蒋一心、白佳尼等。

[20] 朱晓东，颜景昕，卢青，等．上海市日常体育生活圈的公共体育设施配置研究[J]．人文地理，2015，30（01）：84-89．

[21] 孙德芳，沈山，武廷海．生活圈理论视角下的县域公共服务设施配置研究——以江苏省邳州市为例[J]．规划师，2012，28（08）：68-72．

[22] 周鑫鑫，王培震，杨帆，等．生活圈理论视角下的村庄布局规划思路与实践[J]．规划师，2016，32（04）：114-119．

[23] 陈青慧，徐培玮．城市生活居住环境质量评价方法初探[J]．城市规划，1987，（05）：52-58＋29．

[24] 公园城市，路在何方[J]．国土资源，2019，（07）：10-13．

[25] 魏宏森，曾国屏．系统论的基本规律[J]．自然辩证法研究，1995，（04）：22-27．

[26] 郭明友，李丹芮．基于系统论的当代公园城市建设几点再思考[J]．中国名城，2020，（03）：36-39．

作者简介

白佳尼，1995 年生，女，汉族，河北，在读硕士，重庆大学建筑城规学院城乡规划系，研究方向为城乡生态规划与设计，baijnmax@163.com。

邢忠，1968 年生，男，汉族，重庆，重庆大学建筑城规学院城乡规划系教授、博士生导师，中国城市规划学会生态规划专业委员会委员，重庆大学规划设计研究院有限公司副总经理。研究方向：城乡生态规划与设计，1178111403@qq.com。

程灿辉，1994 年生，男，汉族，温州，重庆大学建筑城规学院城乡规划系博士研究生，研究方向为城乡生态规划与设计，767402027@qq.com。

聚焦日常景观的社区生活圈与绿地公共性研究^①

Community Life Circle and Green Space Publicity Research Focusing on Daily Landscape

陈丽花　金云峰　万　亿　王淳淳

摘　要：近年居住区建设转向社区生活圈规划，社区生活圈成为公共资源分配和服务优化的空间载体，生活圈居住区公共绿地的配置能较好提升居民日常生活品质。为了有效建设城市社区，总结社区生活圈公共绿地的内涵、价值理念及其规划应对策略十分必要。从解读居住区绿地的相关标准出发，归纳社区公共绿地的内涵指标及价值向度，结果表明：①新标准下转向社区生活圈居住区公共绿地的绿地类别、用地属性、相关细化指标更注重人本性；②社区生活圈居住区绿地具有日常生活性和公共性的价值向度；③社区公共绿地的日常景观规划策略应注重公共品质的日常服务下沉、精准规划下日常使用群体的差异及公共活动的韧性应对。探索社区公共绿地的内涵及规划策略，对实现城市生活空间的优化具有实际指导作用。

关键词：风景园林；绿地；社区生活圈；日常景观；公共性；规划设计

Abstract: In recent years, the construction of residential areas has shifted to the planning of community life circles. Community life circles have become a space carrier for the distribution of public resources and service optimization. The allocation of public green space in the residential areas of life circles can better improve the quality of daily life of residents. In order to effectively build urban communities, it is necessary to summarize the connotation, value concept and planning strategies of the public green space in the community life circle. Starting from the interpretation of the relevant standards of residential green space, the connotation index and value dimension of community public green space are summarized. The results show that: (1) The green space category, land use attributes, and related detailed indicators of public green space in the community living circle residential area under the new standard Pay more attention to human nature; (2) The green space in the residential area of the community life circle has the value dimension of daily life and publicity; (3) The daily landscape planning strategy of the community public green space should focus on the sinking of the daily service of public quality and precise planning. The differences in daily use groups and the resilience of public activities. Exploring the connotation and planning strategy of community public green space has a practical guiding role in realizing the optimization of urban living space.

Key words: Landscape Architecture; Green Space; Community Living Circle; Daily Landscape; Publicity; Planning and Design

1　背景

1.1　时代背景——社区环境品质是实现社区生活高质量发展的关键

社区生活圈规划是当前研究热点[1]。社区生活圈包括居住区附近及其近邻的周边，是居民发生多次、短时、规律性活动（散步、锻炼、就餐、买菜等）的主要日常场所[2]。后疫情时代我国更重视新公共卫生体系的构建，社区公共绿地作为居民生活必需品，其促进健康作用的价值功能凸显出来。

同时，当前我国社会主要矛盾已经转化为人民日益增长的美好生活需要和不平衡不充分的发展之间的矛盾。在国土空间规划大背景下，风景园林学科应致力于关注城市与人和谐自然共生、城市健康的可持续发展以及人民群众日常生活品质提升。

1.2　政策背景——密集出台的国家相关政策指引支撑社区生活圈环境高品质发展

诸多与社区生活圈规划相关的标准、政策法规、建设导则和指南出台。2018年《城市居住区规划设计标准》将居住区建设转向社区生活圈规划。2020年9月自然资源部颁布《市级国土空间总体规划编制指南（试行）》，指南提出社区生活圈应作为城乡空间治理的基本单元，也是网络化城乡空间的基本节点，并在附录中明确公园绿地、广场步行5min覆盖率的约束性指标，让学科更关注市民家门口的各种公共绿地，这也体现国土空间背景下界定社区绿地公共性和生活性的大框架。

2016年《上海市15分钟社区生活圈规划导则》将社区生活圈的概念从学术转向规划实践。随后北京、广州、深圳等大中型城市相应推出建构社区生活圈的政策法规等建设指引。《雄安新区社区生活圈规划建设指南（2020年）》提出将最贴近人们生活的5min社区生活圈作为基本空间单位的城市生活空间。国家相关政策法规的出台大力

①　基金项目：由国家自然科学基金项目（编号51978480）资助。

支撑引领更适宜步行和环境宜居的高品质社区环境建设。

2 社区生活圈公共绿地的解读

2018 年 12 月，住房和城乡建设部颁布《城市居住区规划设计标准》（以下简称新标准）。新标准强调以人为本，与《城市居住区规划设计规范》（2016）（以下简称旧规范）相比，新标准提出社区生活圈居住区内涵及其公共绿地指标有重大调整（表 1）。

2.1 社区生活圈居住区的提出

生活圈概念最早在日本提出，1969 年推出"广域市町村圈"计划中提出定住圈，是以人的活动需求为主导的日常生活规划所遍及的空间规划单元。我国借鉴生活圈相关理论用来配置社区公共服务的规划实践。近年我国城市建设提出坚持以人民为中心、绿色发展的理念要求。2018 年《城市居住区规划设计标准》颁布，提出"生活圈居住区"的概念：生活圈是根据城市居民的出行能力、设施需求频率及其服务半径、服务水平的不同，划分出不同的居民日常生活空间划分成：15min、10min、5min 生活圈居住区和居住街坊。自此以生活圈作为居住空间组织的核心理念取代了沿用多年的居住区、小区和组团（图 1）。

图 1 生活圈居住区分级控制规模

2.2 社区生活圈居住区公共绿地内涵的调整

回顾 2016 年居住区规划规范得知：居住区是根据户数或者人口规模分为居住区—居住小区—居住组团 3 级规模，绿地用地是居住区用地（R）。而新标准根据居民步行时间和距离，规模上分 4 级。另外对公共绿地规划建设作出强条规定，明确新建各级生活圈的居住区配建公共绿地的指标（表 1、表 2），分级集中设置一定规模的居住区公园，创造大小结合、层次丰富的公共活动空间，满足居民不同的日常活动需要。

新版标准与旧版规范对居住区绿地规定的对比[3]   表 1

版本	类别	绿地用地属性	绿地率
旧版规范（2016 年规范）	居住区内绿地包括公共绿地、宅旁绿地、公共服务设施附属绿地和道路绿地	居住区用地（R）中公共绿地（R04）	各类绿地用地面积的总和占居住区用地面积的比率（%）
新版标准（2018 年标准）	15min 生活圈居住区、10min 生活圈居住区、5min 生活圈居住区公共绿地，居住街坊绿地和集中绿地	3 个生活圈的配建绿地属于城市公共绿地，是城市用地的 G1、G3 类用地，不包括市级大型城市公园和广场。居住街坊的附属绿地则属于城市用地分类中的住宅用地	居住街坊内绿地面积之和与该居住街坊用地面积的比率（%），底线为 25%

2.3 公共绿地相关指标细化

2018 年新版标准的生活圈居住区公共绿地相关指标能较精准的评估和校核居住区公共绿地配套情况，如人均公共绿地面积、最小规模和最小宽度，有利于落实和对接城市绿地基本服务到社区基础的政策、措施和项目的建设（表 2）。

新版标准生活圈居住区公共绿地控制指标[3]   表 2

类别	人均公共绿地面积（m²/人）	居住区公园		备注
		最小规模（hm²）	最小宽度（m）	
15min 生活圈居住区	2.0	5.0	80	不包含 10min 生活圈居住区及以下级居住区的公共绿地指标
10min 生活圈居住区	1.0	1.0	50	不包含 5min 生活圈居住区及以下级居住区的公共绿地指标
5min 生活圈居住区	1.0	0.4	30	不包含居住街坊的绿地指标

注：旧区改建无法满足时，可按人均公共绿地面积不低于相应控制指标的 70%。

3 社区生活圈公共绿地价值向度探讨

3.1 绿地的日常生活向度

回顾前人研究，我们认识到生活圈的本质是以人为本开展生活空间的治理。生活圈是根据城市居民的出行能力、需求频率、服务半径划分的居民日常生活空间，有必要解读社区公共绿地的日常生活向度。

国外哲学和社会学家较多关注日常生活理论，法国哲学家 D·萨迪在其著作中《日常生活之实践》提出普通场所的日常空间行动。其后，新马克思主义哲学家赫勒认为日常生活存在于每一个社会中，每个人都有自己的日常生活，并且需要一个能为日常生活提供场所的"日常空间"。英国社会学家吉登斯指出所有社会系统无论其多么宏大，都体现着日常生活的管理。柏林城 20 世纪 80 年代初期在改造整治提出：把内城建设成生活场所的口号。城市规划、建筑学界上城市日常生活空间思想及模式也发展迅速，文丘里认识到建筑的复杂性和矛盾性，亚历山大提出非树形城市结构的概念，以及后期学者林奇总结城市 5 种空间意象类型。城市生活空间为中心的规划思想都在传递一个理念：城市是首先作为生活空间而存在。

社区生活圈理念是彰显我国国家标准政策落实"人民城市人民建"的有力举措。为了开展居住区建设补短板为载体的美好环境建设，2020 年住房和城乡建设部印发《完整居住社区建设标准》，明确完整居住社区是为群众日常生活提供基本服务和设施的基本单元，也是社区治理的基本单元。公共绿地作为生活空间的组成部分，完整社区规定 0.5～1.2 万人口规模，在 5～10min 步行范围内布置至少一个不小于 4000m² 的社区游园，设置 10%～15% 的体育活动场地的公共绿地，以满足居民日常交往休闲[4]，打造日常生活景观。

3.2 绿地的公共性向度

公共性的定义是相对于私有性而言。德国哲学家汉娜阿伦特最早提出"公共领域"，将公共性总结为"公开性、体验差异性、共同性"，公开性体现在环境的公开状态，体验差异性是一种公共过程，是个体间身份差异与观念公示形成之间的矛盾运动过程，共同性是一种公共性中"他者"联系和分离的物质世界，更是一种世界的想象，即"共同体想象"[5]。空间"公共性"的关注对象是"人"及"活动"，聚焦物质空间和公共生活二者间关系，也是空间中具体活动状态，如人本理念、环境行为学和环境心理学等跨学科运用研究屡见不鲜，具有民主以及平等之类的社会内涵，包括公共交往、公共意见和公共意识等内容。探讨社区生活圈居住区绿地公共性向度是研究绿地的公共生活载体以及介质的具体作用。社区绿地公共性向度内涵由公共属性、公共群体、公共活动的"三位一体"构成，聚焦物质空间中人及活动的关系（图 2）。

旧规范规定居住区绿地属于居住区用地（R04）及绿地率底线要求，但缺乏详细绿地建设标准，所以可能会导致绿地数量、布局和品质参差不齐。而新标准明确社区生活圈公共绿地是纳入城市用地的公园与广场用地 G 类，属于公共产品，因此能更有效地保障用地供应，提供居民日常场所来应对一日的娱乐游憩[6]、休闲运动、社会交往等各种活动所构成的行为和空间范围。除了公共用地属性，社区生活圈公共绿地空间公共还包括在空间中的公众参与及公共活动，三者构成绿地公共性向度（图 2）。

从社区生活圈居住区规模分级、居民步行时间、距离及公共绿地指标细化看，参照上海等城市的实践、居住区

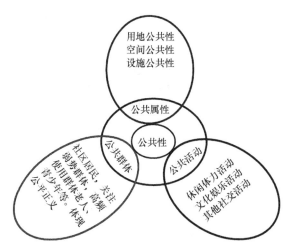

图 2　社区绿地公共性内涵

规划设计标准和国家政策法规，分析得出社区公共绿地并非单指某一种绿地类型，它是在一定公共空间中符合居民公众需求、进行公共活动的公园绿地，满足一定面积规模的城市绿地即可以作为社区公共绿地，常见的有社区公园、游园、绿道、滨江公园、广场等[7]（图 3）。

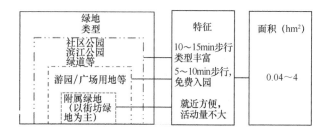

图 3　社区公共绿地类型、特征及规模

4　基于日常景观的社区生活圈下公共绿地规划策略探讨

4.1　社区公共绿地日常景观规划特征

4.1.1　理念特点：规划设计人本意识的转型

风景园林规划强调对情感和需求的理解，在理论体系和规划实践中自始至终贯彻人本的精神。社区公共绿地聚焦邻里感、人的需求、弱势群体的关注等原则[8]，彰显以人民为中心的社区治理理念转型。

首先，人本理念体现满足人的地方归属感。绿地、广场、街道等常作为邻里活动中心，满足市民生活需求，通过塑造个性化、易识别性的场所领域，促使人们形成强烈的地方归属感；其次，关怀和满足人的多种需求，改善物质景观整体环境和体验满意度，强调社区参与机制，尊重公众意见的充分表达，如上海四叶草堂青少年自然体验服务中心在各种类型社区花园的实践中，通过赋权给社区居民，探讨公共参与社区景观营造的方向[9]，提升他们的归属感和主人翁精神。同时，社区生活圈导向更注重对社会弱势群体的关注，从公平正义出发，在规划层次面向群体需求差异精准布局社区公共绿地，微观上精心构建

宜人步行，安全实用的使用设施，拓展弱势群体的生活空间。

4.1.2 理念导引：新生活方式构建下的日常景观

人类的生活方式不仅关注人生、精神、体验等人生价值观问题，更发展至对整个思想世界的探索，如对人类社会、历史的拓展，它具备时间和空间两个维度。生活方式随着时代变化而改变，2020 年人们更关注健康和安全的生活方式，后疫情时代唤醒人们对社区规划的再审视。生活圈规划的核心是以居民的步行能力为尺度范围，社区公共绿地具有离居民最近、面积较小、分布广的特征，具备生态、文化、休闲、娱乐的功能。它是居民疫情期间最主要的日常空间。日常景观培育市民的健康生活方式，保障日常休闲康体需要，快速有效舒缓精神压力，形成社会纽带，增强社区的凝聚力、竞争力和归属感。

4.2 社区公共绿地的日常景观应对策略

4.2.1 公共品质下社区公共绿地日常服务下沉

以日常为导向，根据不同社区的典型需求，结合资源禀赋条件，对社区公共绿地分类引导、差异管控，有针对性地塑造公共绿地日常景观的社区特色。如养老社区、儿童友好社区规划中，应充分做好适应群体新需求新趋势，关注老人、儿童人群的满足，精准配置绿化景观服务设施，丰富拓展服务要素，从绿地形态布局、无障碍设施、慢行交通、色彩、植物造景营造等方面提供多样化的特色服务，强化社区居民的获得感。

4.2.2 精准规划下社区公共绿地日常使用群体的差异

日常景观需重视日常使用群体的差异，根据不同个体、不同社区的差异化需求提供多样化的绿地功能服务。社区公共绿地规划建设需在日常使用群体差异导向下因势利导落实。综合考虑自然、社会和人文因素的影响，将社区人口结构与类型、生活习惯和行为特征，社会经济地位特征等及绿地地形地貌、周围环境、外部交通，以及人文特色等关联性和影响因素落实差异化配置要求。在 15min 社区生活圈考虑绿地布局的优化，与各级公共服务、公共交通的有机衔接；而在 5min 社区公共绿地则精准关注高频使用人群使用的景观设施和活动空间、慢行交通的合理配置，做到面向老人、儿童、弱势群体等多元化绿地空间。

4.2.3 公共安全下社区公共绿地日常活动韧性应对

在这场突如其来的新冠肺炎疫情公共安全事件中，居民日常生活受到影响，社区公共绿地发挥积极的抗疫功能。一方面绿色空间缓解紧张焦虑情绪，成为人们封闭管理期间主要的日常活动场所；另外通过设置临时性设施及多种功能空间，满足居民基本生活需求，减少人群在封闭空间的购物集群压力。此次疫情发生后，社区公共绿地日常活动转向公共安全，做到平灾结合、韧性应对[10]。

5 结语

长期以来我国城市建设存在见物不见人的发展观，限制人的城镇化以及居民的生活质量提高。研究通过社区生活圈这一关注城市生活空间的视角，聚焦社区公共绿地日常景观的形成及应对，体现人本发展。与"精英意识"不同的是，它反映对社区市民意识与归属感，社区公共绿地很大程度上是公众价值和福利的体现。总体而言，当前提出的社区生活圈旨在反思过去政治经济主导的空间规划，而逐渐转向对城市人文环境品质以及公平活力的物质规划与社会规划的融合，探索社区公共绿地的内涵及规划策略，实现城市生活空间的优化具有实际指导作用。

参考文献

[1] 杜伊，金云峰. 社区生活圈的公共开放空间绩效研究：以上海市中心城区为例[J]. 现代城市研究，2018（5）：101-108.

[2] 柴彦威，张雪，孙道胜. 基于时空间行为的城市生活圈规划研究：以北京市为例[J]. 城市规划学刊，2015（3）：61-69.

[3] 住房和城乡建设部. GB 50180—2018 城市居住区规划设计标准[S]. 北京：中国建筑工程出版社，2018.

[4] 马唯为，金云峰. 城市休闲空间发展理念下公园绿地设计方法研究[J]. 中国城市林业，2016（1）：43-46.

[5] 刘欢欢. 拉萨市中心区典型公共空间公共性研究[D]. 重庆：重庆大学，2017.

[6] 金云峰，高一凡，沈洁. 绿地系统规划精细化调控：居民日常游憩型绿地布局研究[J]. 中国园林，2018（2）：112-115.

[7] 金云峰，杜伊. 绿色基础设施雨洪管理的景观学途径：以绿道规划与设计为例[J]. 住宅科技，2015（8）：4-8.

[8] 柯嘉，金云峰. 适宜老年人需求的城市社区公园规划设计研究：以上海为例[J]. 广东园林，2017（5）：62-66.

[9] 金云峰，简圣贤. 泪珠公园 不一样的城市住区景观[J]. 风景园林，2011（5）：30-35.

[10] 李倞，杨璐. 后疫情时代风景园林聚焦公共健康的热点议题探讨[J]. 风景园林，2020，27（9）：10-16.

作者简介

陈丽花，女，同济大学建筑与城市规划学院景观学系在读博士研究生，井冈山大学生命科学学院讲师。研究方向为风景园林规划设计方法与技术、绿地系统与开放空间公园绿地，66625076@qq.com。

金云峰，1961 年生，男，上海，同济大学建筑与城市规划学院景观学系副系主任、教授、博士生导师。研究方向为风景园林规划设计方法与技术、景观更新与公共空间、绿地系统与公园城市、自然保护地与文化旅游规划、中外园林与现代景观，jinyf79@163.com。

万亿，女，同济大学建筑与城市规划学院景观学系在读博士研究生，研究方向为城市绿地与开放空间、区域景观与旅游规划。电子邮箱：wiwilearning@163.com。

王淳淳，女，同济大学建筑与城市规划学院景观学系在读博士研究生，研究方向为城乡绿地规划与社会公平。电子邮箱：cc_working@tongji.edu.cn。

基于城市特征及人群需求分析的深圳公园城市规划策略研究

Research on Urban Planning Strategies of Shenzhen Park City based on Analysis of Urban Characteristics and the Demand of the Population

邓慧弢　于光宇　赵纯燕　黄思涵

摘　要： 历经改革开放 40 多年以来的发展，深圳立足绿化建设与人居环境品质提升，已全面建成"千园之城"，成为一座名副其实的"公园里的城市"，即将迈入共创"公园城市"的新阶段。为了更精准地导出深圳建设公园城市的重点方向，本文剖析了深圳城市特征和人群需求，相应得出深圳人对公园城市生活的切实期待；同时结合深圳目前在生态性、可达性、功能活动、景观风貌和管理运营五大方面存在的问题短板，导出更精准的公园城市建设提升策略。

关键词： 公园城市；城市特征；人群需求；规划策略

Abstract: After 40 years of development of reform and opening up, Shenzhen, based on the greening construction and the improvement of living environment quality, has been fully built into a "city of thousands of parks", a veritable "city in the park". And Shenzhen is about to enter a new stage of creating a "park city". In order to more accurately derive the key direction of building a park city in Shenzhen, this paper analyzes the characteristics of Shenzhen city and the demand of the population, and accordingly obtains the actual expectations of Shenzhen people for park city life. At the same time, combining Shenzhen's current shortcomings in the five major aspects of ecology, accessibility, functional activities, landscape features, and management and operation, a more accurate strategy for the improvement of park city construction is derived.

Key words: Park City; Urban Characteristics; Demand of the Population; Urban Planning Strategies

1　深圳公园城市建设背景

1.1　深圳 40 多年绿化发展奠定良好的基础

深圳改革开放四十多年，筑就了城市与绿色共生发展的世界奇迹。在 1997km² 的土地上，近一半的土地被绿色覆盖，雨水滋润，日照充足，亚热带季风气候让深圳成为适合人类和动植物生长的生态福地，拥有 257km 的悠长海岸，孕育了 3 万个物种在此繁衍生息，深圳山、海、城相依相连的独特城市风貌呈现了多样的景观和生境，也成为 2000 余万人工作的乐土和生活的家园。回顾深圳发展历程，深圳从国家园林城市、国际花园城市、生态园林城市逐步提升为今日的国家森林城市以及世界著名花城。

1.2　从"千园之城"迈入"公园城市"新阶段

深圳从 1983 年起开始筹建公园，如今已构了建自然公园、城市公园、社区公园 3 级公园体系，至 2019 年，公园总数达到 1090 个，提前一年实现"千园之城"建设目标，成为名副其实的"公园里的城市"。

"公园城市"体现了以人民为中心的生态文明思想，是实现可持续发展的理想城市图景。深圳在未来将持续以环境提升为引领，成为全球闻名的公园城市之一。而如今深圳城市建设已步入存量发展时代，空间资源逐步收缩，同时也要弥补高效率城市发展带来的生态欠账问题。因而深圳将以更高起点、更高层次、更高目标规划，探索

高密度"公园城市"建设的新方向。本文将以显深圳特征、知人群需求、补发展短板的工作思路，探索深圳"公园城市"的规划建设方向。

2　深圳城市特征和人群需求分析

2.1　人口特征与年龄结构

2.1.1　特征分析

深圳作为一个年轻的"移民城市"，2019 年深圳常住人口增加 41.22 万人[1]，近年来人口持续净流入已成为一个显著特征。人口密度也在逐年升高，2017 年达 6234 人/km²，福田、罗湖及龙华区常住人口密度远超深圳平均水平（图 1）。

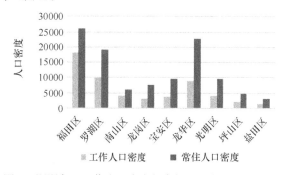

图 1　深圳各区工作人口密度与常住人口密度（人/km²）

从深圳人群年龄结构（图 2）来看，总体呈年轻态

势。18~54岁的人群占总人口近89.7%，2017年，深圳市人口年龄中位数为31.95岁，属于较为年轻的成年型人口结构[2]。同时从图3可见，深圳拥有超过80%的家庭有小孩及青少年（0~18岁），家庭型人口特征逐渐显现。随着人口持续净流入，外地随迁老人也构成了主要的老龄人群，预计2023年深圳即将迈入老龄化社会[3]。

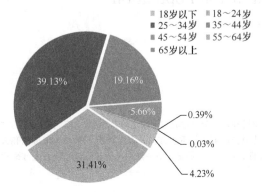

图2 深圳常住人口年龄结构占比

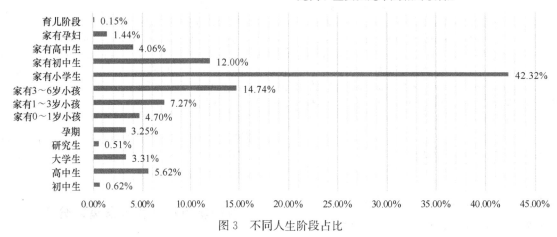

图3 不同人生阶段占比

2.1.2 人群需求

居住在如此人口稠密的高密度城市，深圳人呼唤更多接触自然的机会和更密集的公园分布。深圳拥有趋于年轻化的人群结构，深圳人更向往公共性强、充满活力与趣味、多样化的户外生活。虽然是一座年轻的城市，但深圳仍需要考虑老龄人口的需求，实现全龄友好的建设目标。

2.2 职住分布与人群出行

2.2.1 特征分析

通过对深圳就业密度数据分析，识别出深圳至少有5个就业密度大于3万人/km²的区域，即五大强势的就业中心：高新园、车公庙、福田CBD、华强北、罗湖"金三角"（人民南—东门—蔡屋围）片区[4]。从2019年深圳各区工作人口与常住人口的数据对比可见（图4），各个区的职住情况呈现差异化特征，福田、南山职住比较高，龙岗、宝安及龙华则相对较低。

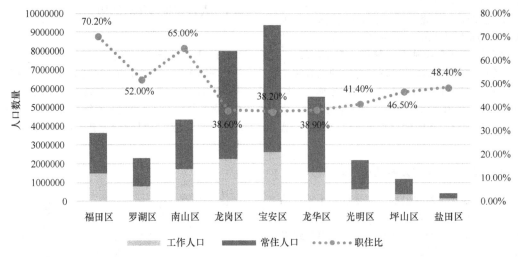

图4 深圳各区工作人口与常住人口

从百度地图慧眼平台关于深圳居民出行的调查来看，88.11%的居民无私家车，说明市民日常出行对公共交通依赖大。城市慢行出行需求旺盛，但出行比例偏低，原因主要在于慢行安全、路线阻隔、环境舒适度不够等。

2.2.2 人群需求

从深圳就业中心分布与人群出行特征来看，深圳的公园布局和功能活动设置宜根据就业和居住型人口体现差异性，从而更好地服务深圳市民。就慢行出行需求而言，大型公园需要更方便公共交通到达，公园周边应提供更舒适无障碍的慢行环境。

2.3 休闲消费与运动健身

2.3.1 特征分析

从图 5 和图 6 所示百度地图慧眼平台统计的各区收入、消费水平人群占比来看，罗湖、福田、南山区的高收入人群占比较多，高消费人群接近 5 成。根据 2011—2017 年深圳居民物质文化生活提高情况可知，市民越来越重视物质文化生活品质（图 7）[5]。

综观城市运动环境、运动人群活跃度、健身场所良性运营度 3 个维度，深圳的城市运动氛围浓厚，全国健身基础设施全国第一，运动参与度全国第三[6]。从 2018 年深圳市国民体质状况公报可看出，近 4 成市民经常参加体育锻炼，近 8 成市民每周至少参加一次体育活动，居住地附近公园是市民健身最受欢迎的场所[7]。可见，时间和场地是影响市民健身的两大限制因素。

在由滴滴出行、大众点评等网站综合评分得出的城市夜生活指数排名中，深圳城市夜生活指数排名第二，仅次于上海，"夜经济"已经成为深圳一个亮眼的城市标签[6]。

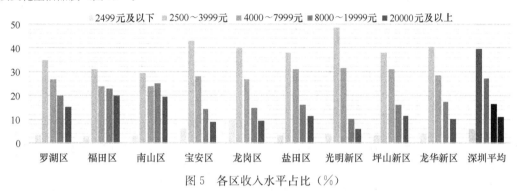

图 5　各区收入水平占比（%）

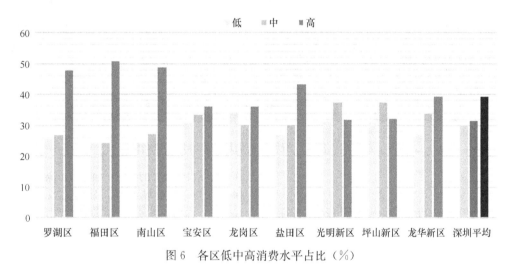

图 6　各区低中高消费水平占比（%）

图 7　深圳居民物质文化生活提高情况（2011-2017 年），2013 年部分数据缺失

2.3.2 人群需求

深圳人群对精致化生活、精细化城市环境及公园整体品质有更高的追求，呼唤更舒适的户外运动场所，更接近居住地和工作地的健身空间。完善公园夜间服务，提供更丰富的夜间活动和消费场所。

2.4 游览偏好与游客到访

2.4.1 特征分析

对比国外知名公园，深圳城市公园品牌吸引力不足。

对比国际城市旅游热点来看，伦敦海德公园、纽约中央公园、新加坡鱼尾狮及海湾公园均是各个城市的热点和品牌（图8）。相对来看，深圳市区莲花山公园虽上榜，但对外来游客的吸引力稍显不足（仅占7.9%），而大梅沙海滨公园、红树林保护区、莲花山公园这样能亲山近海的公园更吸引人。

2018年第一季度来深圳游玩游客37%来自广东，省内游客以广州、东莞、惠州、佛山和珠海居多，主要吸引人群为青壮年。可见来深游客主要分布在华南片区，客源较为单一[8]。

图8　深圳对比伦敦、纽约、新加坡的旅游热点排名情况

2.4.2 人群需求

彰显深圳的山海特色有助于进一步提升城市吸引力。打造更有特色的风貌和体验，提高对国内外游客的吸引力。

2.5 社会组织与公众参与

2.5.1 特征分析

深圳市的社会组织总量逐年增多，且万人社会组织拥有量居全国一线城市之首[9]。社会组织类型丰富，多为教育、社会服务、文化体育类，参与人数众多，以补充基础公共服务、提供社会服务、服务经济发展和丰富群众文化生活为主。

此外也逐渐涌现一批越来越关心城市生态环境、自然连通性及自然教育的组织：如深圳市绿色基金会、大自然保护协会、华侨城湿地、公园之友、红树林基金会（MCF）、深圳市磨房户外运动协会等。

2.5.2 人群需求

深圳社会组织在吸纳就业人口方面展示了巨大潜力，也反映了整体社会文化氛围良好，市民以多种形式参与和支持社会组织的积极性和热情度较高。

2.6 城市特征及人群需求小结

根据上文对深圳城市特征及人群需求的深入分析，可归纳出公园城市的需求特征导向主要为生态性、可达性、功能活动、景观风貌及管理运营5大方面（表1），下文基于此深入剖析深圳的问题短板。

深圳特征及人群需求总结　　　　　　　　　　　　　　　　　　　表1

分析方面	具体内容	主要特征	人群需求	公园城市需求特征导向
人口特征与年龄结构	人口集聚	人口增长快、密度高、活力强	呼唤更多接触自然的机会和更密集的公园分布	生态性
	年龄结构	较为年轻的成年型人口结构	向往公共性强、富有趣味、多样化的户外生活	功能活动

分析方面	具体内容	主要特征	人群需求	公园城市需求特征导向
职住分布与人群出行	职住分布	五大就业中心区突出，各区职住差异大	公园布局和功能活动设置宜根据就业和居住型人口体现差异性	可达性
	人群出行	公共交通依赖，慢行需求旺盛但比例偏低	大型公园更方便公共交通到达，公园周边提供更舒适无障碍的慢行环境	可达性
休闲消费与运动健身	收入与消费	原关内高收入较高，市民重视物质文化生活	对精致化生活、精细化城市环境及公园整体品质有更高的追求	功能活动
	运动休闲	全民健身意识强，城市运动氛围佳	呼唤更健康舒适的户外运动场所，更接近居住地和工作地的城市公共空间	功能活动可达性
	夜间生活	城市夜生活指数较高，并呈现去中心化趋势	完善公园夜间服务，提供更丰富的夜间活动场所	功能活动
游览偏好与游客到访	游览偏好	表现对山林和海岸的明显偏爱	彰显深圳的山海特色有助于进一步提升城市吸引力	景观风貌
	到访人口	主要来自华南，且一半以上是青壮年	打造更有特色的风貌和体验，满足猎奇性需求，提高对国内外游客的吸引力	景观风貌功能活动
社会组织与公众参与	社会群体	社会公益群体众多，具备良好的公众参与基础	应充分结合社会力量，打造"共建共治共享"的城市良性治理模式	管理运营

3 深圳问题短板分析

3.1 生态性：我们与自然还不够亲密

3.1.1 城市生态系统不够稳固

城市生态空间破碎，生态廊道割裂亟待连通。从植物生长状态和覆盖度评价指数来看，各区多低于60分，生物多样性指数低于10分，郁闭度指数低于70分，城市虽绿但总体生态效益不高[10]。此外，城市还面临台风、极端暴雨天气、山体滑坡、城市洪涝灾害等多种极端天气的威胁，生态安全隐患大。

3.1.2 生活中难以接触到自然

全深圳500m见林覆盖度91.21%[11]，但部分自然公园的可达性较差，功能较为单一且吸引力不足。深圳河流与城市关系紧密，但普遍被城市用地侵占和交通设施割裂。部分主干河流驳岸硬质化严重，缺乏足够的服务设施与亲水空间（图9）。此外，从深圳海岸带综合规划的现状分析中，深圳现状亲水海岸线占总长48.3%，但公共空间仅占全市5%。

图9 深圳福田河及龙岗河河岸亲水性较差且空间品质不佳

3.1.3 儿童面临"自然缺失"

据红树林基金会在"城市中的孩子与自然亲密度"的调查结果可见，深圳超过60%的孩子每天的户外活动时间不足1h，其中13.96%具有自然缺失症的某些倾向。经统计，2017年深圳中小学生视力不良率为60.64%[2]，而引起视力不良的重要原因是户外活动的时间不足。

3.2 可达性：公园网络体系仍需要完善

3.2.1 公园布局不够均衡

深圳各区之间以及区内部的公园步行500m半径覆盖情况相差悬殊，存在服务不平衡的现象。现状深圳市公园500m服务半径对居民的覆盖度达65.39%，但从各区对比来看差异较大存在区际失衡，最高罗湖区达97.42%，最低龙华新区仅有35.33%[11]（图10）。

3.2.2 人们到达公园不够便利

目前深圳绿道网络建设相对完善，但与三级公园体系、文化体育设施、公共交通等衔接度不够。其次，绿道安全性和舒适度不高，沿线存在自然环境风险威胁、服务设施不足、设施陈旧存在安全隐患、设计不合理、人车混行等使用因素。

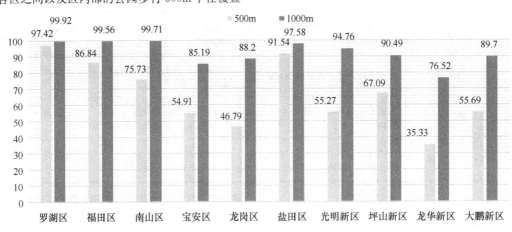

图10　各区公园500m、1000m服务半径覆盖度（%）

3.2.3 公园界面消极且不连续

如图11所示，深圳市中心公园与城市区域看似紧密相接，但广泛存在被道路城市主干道割裂、公园周边慢行系统不连续、出入口较少且分布不均等现象。同时，部分公园与公共设施之间被道路或围墙阻隔，城市公园出现界面消极活力不足等情况。

3.2.4 公园空间利用效率不均衡

选取深圳各区的典型公园为研究对象，通过计算公园空间利用效率（到访人数/公园面积）来衡量公园使用情况。从图12可见，社区公园空间利用效率非常高，而且靠近工作地的社区公园工作日利用效率远高于周末。从城市公园的对比分析来看，所处地段位置好、周边业态活跃的城市公园空间利用效率高，如莲花山公园、荔枝公园等，反之如笔架山公园这样周边缺乏活力功能的公园，利用效率较低。

3.3 功能活动：公园生活丰富性不足

3.3.1 公园服务功能单一

市民对福田区城市公园需要优先改进的方面这一项调查的结果显示（图13），公园普遍缺乏服务及配套设施。45.54%的市民认为公园内需要更丰富的休闲游憩设施，40.21%的市民认为公园应该需要更完善的配套设施。同样也有约1/5的市民认为公园可达性（包括公共交通可达、增加公园出入口、增加停车位等），以及公园内服务功能（休憩、餐饮、主题活动等）需要改进提升[12]。

3.3.2 开展活动相对较少

深圳日常公园活动开展的频次不够密集，内容趋同性较强，音乐演艺类众多，而公共艺术文化展览、体育、自然教育类活动偏少，同时缺少定期活动开展的策划和游线安排。此外各个公园开展活动情况差异较大，市属公园密集，而区属、社区公园等活动较缺乏。

3.3.3 公园整体吸引力还需提升

从闲暇时间最常去福田区的哪类城市休闲空间这一项问题调查结果来看[12]，市民更偏好去商场综合体与大型城市公园。选择去绿道（15.76%）、郊野公园（11.21%）的市民占比相对较少，绿道和郊野公园相对文化体育设施的吸引力较弱。仅有10.64%的市民会选择去家附近的绿地和社区公园，表明家附近的绿地和社区公园对市民的吸引度不够（图14）。

3.4 景观风貌：城市的景观特色还不够凸显

3.4.1 山海特色彰显不充分

深圳有多条山海生态廊道，没有一条是完全无障碍贯通的，被城市建设层层隔断，市民难以实现从山到海的无障碍体验。深圳山林众多，但舒适而多样化的登山路径和山顶观景设施较为缺乏；同时海岸线呈现段落式发展，

图 11　深圳中心公园现状界面分析

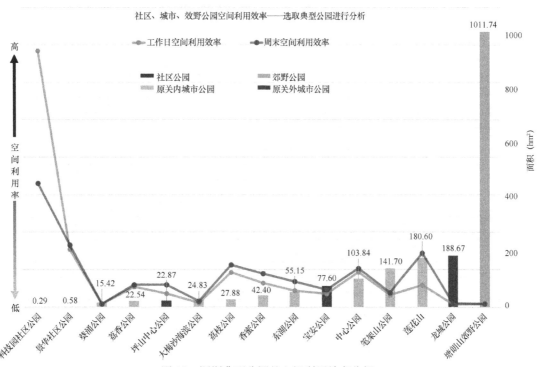

图 12　深圳典型公园的空间利用效率分析

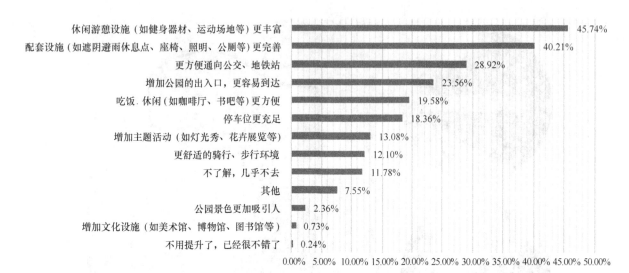

图 13 福田区城市公园在哪些方面需要优先改进

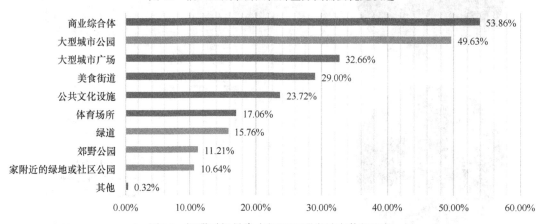

图 14 闲暇时间最常去福田区哪类城市休闲空间

开放空间占比较低，未能形成完整的滨海游览路径，导致深圳滨海特色彰显不足。

3.4.2 花城风貌未形成规模效应

城市花景分布较散，连片成规模的花景仅分布在仙湖、梧桐山、莲花山等少数大型的公园中。城市建筑外立面、屋顶、高架桥等覆绿不足，建设品质不够精细。社区花园建设刚刚起步，市民身边难以欣赏到自然花景。花事活动主要为每年定期举办的花展、花节，频率较低，主题不够丰富。

3.5 管理运营：治理城市的方式亟待优化

3.5.1 建设品质有待提升

通过公园实地调研，发现许多公园缺少人性化设计，

建设施工质量良莠不齐，后续管养方面存在体制不清、品质不佳的情况。

3.5.2 公众参与机制仍不成熟

相较国际城市（图15），纽约几乎实现了全流程公众参与，而新加坡社区花园计划完成度非常高。深圳公园建设及管理阶段公众参与度对比往年有所提升，但参与阶段还需覆盖更广更深，如社区共建花园项目还更需注重其可持续性。

4 深圳公园城市规划建设的策略导向

基于公园城市5大核心方面对问题的详细分析，总结出深圳在各方面存在的差距，因而更加明确未来深圳"公园城市"规划建设可以从5个方向发力（表2）：

问题短板及对应规划策略导向 表2

公园城市5大核心方面	深圳现状主要问题短版	具体问题细项	未来深圳公园城市规划建设的策略导向
生态性	与自然的关系还不够亲密	〉城市生态系统不够稳固 〉生活中难以接触到自然 〉儿童面临"自然缺失"	注重连接和保护自然生境系统，为人们创造更多能亲近自然山林和水岸的体验

公园城市5大 核心方面	深圳现状主要问题短版	具体问题细项	未来深圳公园城市规划 建设的策略导向
可达性	公园网络体系 仍需要完善	〉公园布局不够均衡 〉人们到达公园不够便利 〉公园界面消极且不连续 〉公园空间利用效率不均衡	为人们提供更均衡的公园布局，注重慢 行网络的连通性，让市民更方便到达
功能活动	公园生活丰富 性不足	〉公园服务功能单一 〉开展活动相对较少 〉公园整体吸引力还需提升	让人们能够享受更多样、精致和有趣的 公园生活
景观风貌	城市的景观风 貌不够凸显	〉山海特色彰显不充分 〉花城风貌未形成规模效应	塑造更具特色、更加靓丽的城市风景
管理运营	治理城市的方 式亟待优化	〉建设品质有待提升 〉公众参与机制仍不成熟	发挥共治共建共享的理念，以更精细化、 智慧化的方式提升城市管理效率，开启广 泛参与的公园城市管理新格局

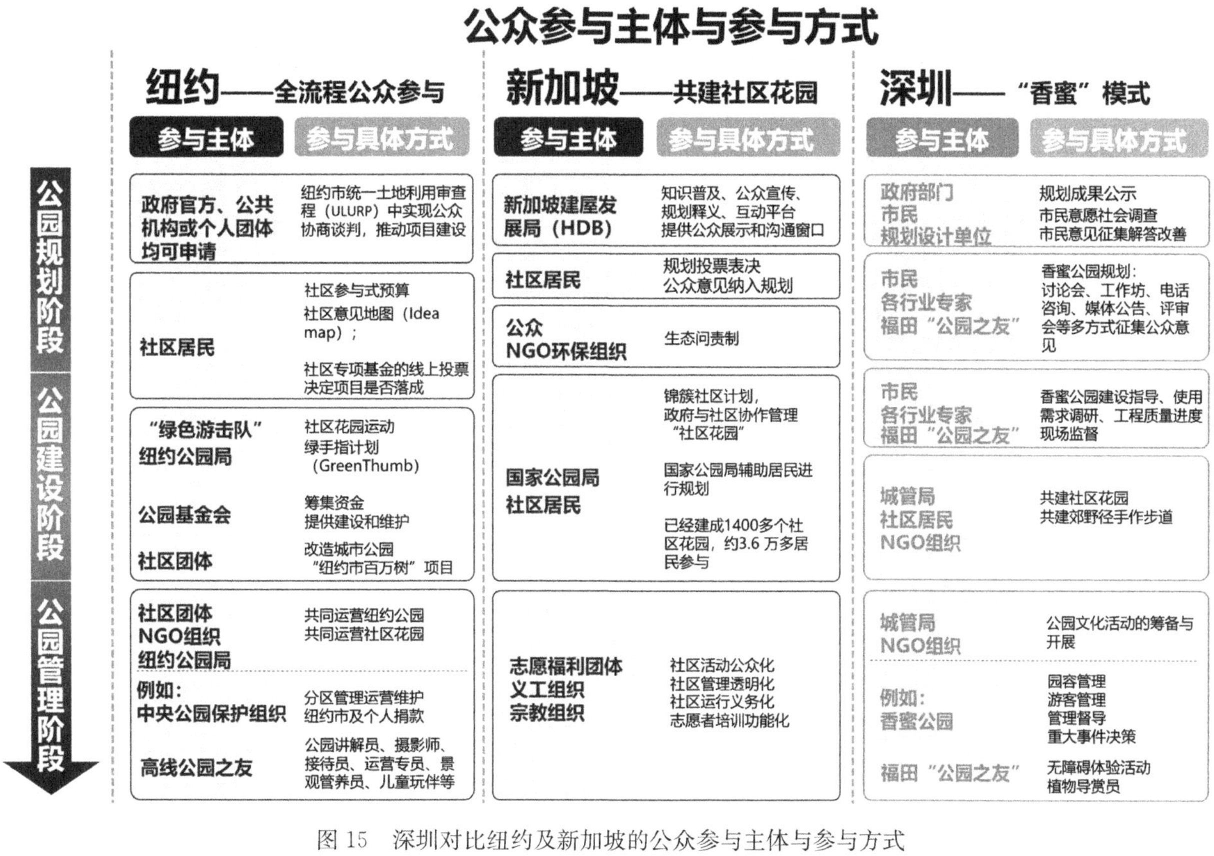

图 15　深圳对比纽约及新加坡的公众参与主体与参与方式

（1）在生态性方面，注重连接和保护自然生境系统，为人们创造更多能亲近自然山林和水岸的体验。关注城市多样性保护，严格保护城市自然资源与生态环境，持续贯通深圳山海城的魅力生态骨架。同时激活城市小微绿地空间，推进优化自然教育，打造人们能触手可及的自然。

（2）在可达性方面，为人们提供更均衡的公园布局，注重慢行网络的连通性。持续优化绿道网络的品质建设，推进碧道、郊野径等慢行系统的建设，让街道的步行体验

更舒适。

（3）在功能活动方面，让人们能够享受更多样、精致和有趣的公园生活。进一步将丰富多样的功能引入公园内，融入不同主题的先锋文化，结合公园绿地开展更多彩的活动。

（4）在景观风貌方面，塑造更具特色、更加靓丽的城市风景。优化花城景观的建设，打造更可持续的立体绿化景观，重点改造城市立面，提升高密度城市空间环境质量。

（5）在管理运营方面，发挥共治共建共享的理念，以更精细化、智慧化的方式提升城市管理效率，开启广泛参与的公园城市管理新格局。扩大社区共建花园的影响力，号召社会各方一起积极参加共建花园的建设和维护工作。制定可操作性强的公园活动组织模式，让公园城市生活更具活力。

参考文献

[1] 深圳市统计局.深圳市2019年国民经济和社会发展统计公报[EB/OL].[2020-04-15].http://www.sz.gov.cn/cn/xxgk/zfxxgj/tjsj/tjgb/content/post_7801447.html.

[2] 深圳市统计局,深圳市妇女儿童工作委员会,深圳市性别平等促进办公室.2017年深圳市社会性别统计报告[EB/OL].[2019-08-16].http://tjj.sz.gov.cn/zwgk/zfxxgkml/tjsj/tjgb/content/post_3084898.html.

[3] 深圳市民政局,深圳市法制办.关于《深圳经济特区养老服务条例（送审稿）》的说明[EB/OL].[2018-10-16].http://www.sz.gov.cn/cn/hdjl/zjdc/201810/t20181015_14282205.htm.

[4] 百度地图慧眼,深规院联合创新实验室.统计了这些大数据,发现深圳有5个市中心[EB/OL].[2019-11-29].http://dy.163.com/v2/article/detail/EV5JJNQ90519CK3E.html.

[5] 深圳市统计局,国家统计局深圳调查队.深圳统计年鉴—2018[M].北京：中国统计出版社,2018.

[6] RET睿意德.璀璨之城——2019深圳夜间消费研究[EB/OL].[2019-03-21].https://www.ret.cn/in-sight/detail?id=2116.

[7] 深圳市文化广电旅游体育局.2018年深圳市国民体质状况公报[EB/OL].[2019-03-28].http://www.sz.gov.cn/cn/xxgk/zfxxgj/tzgg/content/post_1437551.html.

[8] 深圳市文化广电旅游体育局,广东联通.深圳市旅游游客大数据分析季报[EB/OL].[2019-03-28].http://wtl.sz.gov.cn/ztzl_78228/tszl/szslytjsj/.

[9] 深圳市社会组织管理局,深圳国际公益学院.深圳社会组织蓝皮书：深圳社会组织发展报告(2018)[M].北京：社会科学文献出版社,2019.

[10] 深圳市生态环境局.2018年度深圳市环境状况公报[EB/OL].[2019-04-29].http://www.sz.gov.cn/zfgb/content/post_6567910.html.

[11] 国际竹藤中心,国家林业局城市森林研究中心,深圳市城市管理局.深圳市国家森林城市建设总体规划(2016-2025年)(公示稿)[R].2016.

[12] 深圳市城市规划设计研究院.深圳市福田区整体城市设计：公众意愿调查专题报告[R].2019.

作者简介

邓慧发，1993年7月生，女，汉族，四川成都，风景园林硕士研究生，现供职于深圳市城市规划设计研究院有限公司，景观规划师，研究方向为景观规划设计、公园城市规划。电子邮箱：denght@upr.cn，15881125686。

于光宇，1982年3月生，男，汉族，山西太原，学士，现供职于深圳市城市规划设计研究院有限公司，副总规划师、所长、广东省规划协会风景园林分会副会长，研究方向为公园城市规划、景观规划设计。电子邮箱：yugy@upr.cn。

赵纯燕，1986年2月生，女，汉族，重庆，城市规划与设计硕士研究生，现供职于深圳市城市规划设计研究院有限公司，主任工程师，城市规划工程师，研究方向为城市规划、城市设计、景观规划、城市问题研究。电子邮箱：zhaocy@upr.cn。

黄思涵，1992年11月生，女，汉族，福建建瓯，硕士研究生，深圳市城市规划设计研究院有限公司，风景园林中级职称，研究方向为城市景观规划设计、公园城市规划。电子邮箱：huangsh@upr.cn。

初探淄博市全域公园城市建设规划中传导体系的构建

An Elementary Introduction to Establishment of Transmission Systems in Construction Planning of Zibo Park City

董治国

摘　要：以淄博市建设公园城市为背景，通过领悟公园城市理念并分析国内规划传导体系，初次探索并构建具有前沿性、落地性、系统性的公园城市规划传导体系。

关键词：公园城市；传导体系；城市规划

Abstract: Preliminary Study on the Establishment of Transmission System in the Overall Park City Construction Planning in Zibo City Under the background of Zibo City's construction of park city, this paper aims to explore the construction of an advanced, practical and systematic park city planning transmission system in Zibo City through understanding the concept of park city and analyzing the domestic planning transmission system.

Key words: Park City; Transmission System; Urban Planning

1　研究目的

公园城市规划是具有前瞻性、前沿性的人居环境改善工程。目前在淄博市已经开始公园城市规划建设，从规划的实施管理角度出发对公园城市规划中实施环节的传导机制进行统筹研究，针对城市地域类型提出精细化的传导机制是公园城市规划编制、审查和监督规程中面临的核心关键问题。

淄博市公园城市建设理念主要以刘滨谊教授提出的公园城市理念为主，即通过"人、境、业、城、制"5方面建设打破淄博组群式城市的发展限制，促进城市和区域全域共同发展，加强城市和区域联系缓解城市压力，推动区县发展，实现淄博全域振兴发展。

以淄博市全域公园城市规划为研究对象，研究淄博市公园城市规划中传导机制的发展策略，不仅可以进一步完善公园城市的理论体系，也将直接指导国土空间规划的构建，对公园城市规划的实施尤为重要。在未来也可以对同类城市的公园城市规划传导体系编制工作起到一定的借鉴意义，有助于各同类城市在建立公园城市规划传导体系过程中编制更具实际指导意义的传导机制，更好发挥公园城市规划的功能。

2　分析与问题

2.1　我国规划体系特点

（1）我国规划法规体系：分为国家和地方两个层面。国家拥有立法权。地方性城市政府主要进行编制和实施当地的城市规划、并处理相关的行政工作。

（2）我国规划行政体系：先由国务院批准，再到省政府批准，最后各级城市（镇）政府编制并分级审批。

（3）我国规划运作体系：以总体规划为主向下传导专项规划与详细规划。

2.2　国内规划体系存在的问题

（1）上位的规划在内容上的缺失和虚化，导致竖向传导时传导体系呈现失效的情况。

（2）规划内容里只体现出宏观指导的作用，没能形成落地性强的系统结构。规划体系是包括了宏观和微观的全域覆盖总体规划，"大而全"的特征，因而空间约束内容往往"牵一发而动全身"，规划约束效果往往有所折扣。

（3）规划体系中指标内容没能落地，导致规划内容的指导性有限。

（4）规划内容缺少政策和法制保障，部门事权分立也导致横向传导的困难。

（5）传导的内容一般需要文本图集相互印证而确定，当因缺少图集导致传导精准性不足时，各级规划层面约束内容难以精确衡量比对，容易造成上层与下层传导控制内容的不一致现象。

（6）城市规划建设缺少相关的维护平台，随着如今规划的约束强制内容在总体规划中渐渐清晰起来，对其动态性、开放性的要求也渐渐提高，系统平台是急需建设的。

（7）在总体规划约束强制性与技术性内容难以分割并在多级行政事权体系的情况下，弹性标准缺失的现象。规划没能详细区分城市和区县不同管控地域的政策管控意图，不能分区分类实现差异化建设规划的指引。

2.3　解决策略

（1）新建公园城市相关的政府部门。

（2）明确划定边界，比如已经通过研究分析得出各类用地进行划分，针对规划内容和地方情况划分边界范围。

（3）构建规划评估指标体系，比如构建"人、境、业、城、制"五项内容评分的指标体系。

（4）设计应对城市发展不确定性的弹性要求，比如预留一定规模的发展储蓄空间，明确这类地区的启用条件和程序，确保合理合规的调整使用。

（5）提出相关创新政策，如"人"里的公共卫生、健康等相关的法律体系；"境"里的环境保护相关的法律体系；"业"里的人才引进、金融服务等相关的法律体系；"城"里的景观保护、绿化建设等相关的法律体系。针对规划体系有时重技术、轻政策，重编制、轻实施管理的现实问题，可以通过政策补充条件，调整相关程序，体现规划的法定性和公共政策性。

（6）如果在现在的图纸重图示化表达而缺失了图纸的适用条件、实施办法以及图示的政策管理现状的解决办法。应在图纸上补充各类规划的图示内容的技术、管控、变通性的规定和限定，便于从政策和管理上明确图纸的内涵和要求，并为详细规划编制提供可行的指引，促进总体规划到详细规划的连接。

3 淄博市公园城市建设规划传导体系构建

3.1 淄博市公园城市规划传导体系的意义

在过去的实践中，规划横纵传导体系不健全是导致各类规划实施管控问题的重要根源。在构建淄博市公园城市总体规划向详细规划和专项规划的传导过程中，为确保能避免传统规划中出现的问题以及建立自上而下有效的传导机制，需要探索构建"淄博市全域全要素"的公园城市传导体系。

3.2 淄博市公园城市规划传导体系的基本目标

（1）体现战略性，使淄博市公园城市规划的上位规划和下位规划得以落实。

（2）强化公园城市规划的基础作用，使公园城市总体规划统筹和平衡专项规划的需求。

（3）强化公园城市核心内容，分清上下级政府和同级政府部门的事权，明确重点的约束性指标和刚性管控要求，加强淄博市公园城市规划传导的强制性。

（4）强化公园城市理念传导，通过对淄博市公园城市规划的传导，向全国传递公园城市的理念，让更多人认同公园城市理念。

3.3 淄博市公园城市规划传导体系的主要类型

根据刘滨谊教授提出的公园城市理念加上借鉴各级各类规划传导体系的成功经验，在公园城市传导体系中应包含"结构传导、指标传导、分区传导、位置传导、名录传导"5个类型。同时在不同层级、不同类型的规划上，这5项内容具有不同的侧重，在淄博市级层面上强调战略性和策略性，侧重结构和名录传导；在市域以下层级

上，强调实施性和操作性，侧重分区和位置传导；在实施管理上，侧重指标传导。

（1）结构传导：指淄博市公园城市规划在淄博市域内布局形态的反映，体现了淄博市公园城市总体规划对上位规划的战略意图和发展方向的一致，以及对专项规划和详细规划加以落实和强化。

（2）指标传导：指在淄博市域内严格落实淄博市公园城市规划在"人、境、业、城、制"五个维度的评价标准。

（3）分区传导：指加强淄博市域内不同功能区的规划标准，需要注意在不同区域内弹性需求不同的问题。

（4）位置传导：指在淄博市域内具体的地理区位上进行规划建设。

（5）名录传导：指在淄博市域内数量较多、面积较小或难以定位的规划内容无法用图例方式表达，且需要向专项规划和详细规划落实内容时，所采用的列表方式表达。

4 公园城市建设规划横纵向传导体系构建

4.1 公园城市规划与国土空间规划

目前，淄博市正在编制国土空间规划，根据国土空间规划体系框架分析国土空间规划与公园城市规划的关系（图1），公园城市规划属于专项规划，国土空间规划应是公园城市的上位规划。

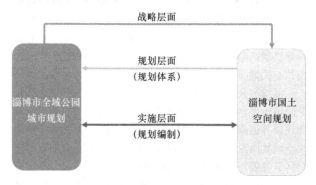

图1 淄博市公园城市规划与国土空间规划的关系

公园城市规划是对国土空间规划的重要技术指导，是城乡空间治理政策体系和技术体系的重要依据。因此，必须正确对待和处理公园城市规划与国土空间规划的关系。

在战略层面，淄博市全域公园城市规划立足于生态文明的前沿，其制定的是淄博未来百年、甚至千年的前瞻性规划；其制定的是指导淄博市城市发展的"开放性"规划，完全不同于国土空间规划的"约束性"规划，也是区别于任何规划的一种远瞻性规划。因此，在战略层面，公园城市规划应是作为顶层设计前瞻指导国土空间规划。

在实施层面，公园城市规划虽然具有前瞻性，但也必须考虑规划的实施性、落地性和可操作性。因此，在实施层面，公园城市规划又必须与国土空间规划无缝衔接，将

公园城市的规划埋念、规划结构、生态格局等规划内容落实到具体的国土空间用地上，成为可操作、可落地的务实性规划，直接为公园城市相关的专项规划和建设实施提供规划和设计的指导。

4.2 公园城市总传导体系

公园城市的传导体系应是在结合传统规划体系基础上，创新出更具前沿性、落地性、系统性的体系（图2）。

4.2.1 公园城市总体规划

淄博市公园城市总体规划与传统的城市规划不同，是公园城市理论和人居环境三元结合所产出的规划，主要通过"人、境、业、城、制"5方面发展指导城市建设，规划范围为淄博市全域，总面积5965km²。目标应在2030年淄博市全面建成公园城市并向好的方向影响淄博市城市规划未来百年、甚至千年的发展。

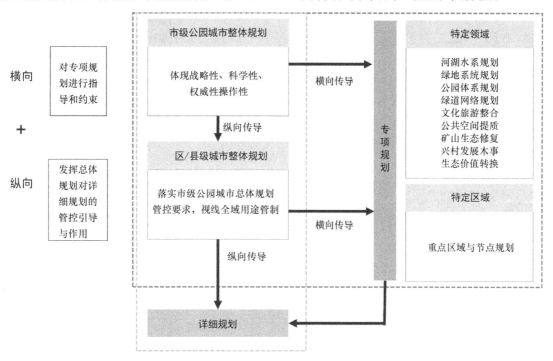

图2 公园城市规划传导体系结构

4.2.2 公园城市专项规划

公园城市专项规划是公园城市总体规划内容的细化，是总体规划的在城市建设中各个领域的展开、深化和具体化。专项规划必须符合总体规划中的内容，并与总体规划相衔接（表1）。

专项规划内容　　　　　　　　　　　表1

规划类型	主要内容
河湖水系规划	市域水系规划、中心城区水系规划、乡村水系规划
绿地系统规划	市域绿地分类(含乡村绿地分类)、中心城区绿地分类
公园体系规划	区域公园体系、城镇公园体系、乡村公园体系
绿道网络规划	市域绿道网络、区县绿道网络、乡村绿道网络
文化旅游整合	全域的旅游资源优化整合
公共空间提质	包括广场、体育、文化、街道(步行街)、滨水空间等
矿山生态修复	关停矿山生态修复、利用
乡村发展模式	包括村落发展模式、产业发展导向
生态价值转化	主要生态功能保护与修复、并转化为其他价值

4.2.3 公园城市详细规划

（1）公园城市控制性详细规划

公园城市控制性详细规划是市级、区县级人民政府根据公园城市总体规划的要求，用以控制建设用地性质、使用强度和空间环境的规划。

根据未来淄博市全域公园城市建设规划的深化和管理的需要，应当编制控制性详细规划，用以控制城市建设的设计并作为城市规划管理的依据，指导修建性详细规划的编制。

（2）公园城市修建性详细规划

公园城市修建性详细规划是以总体规划、专项规划和控制性详细规划的内容为依据，编制用以指导建筑和工程设施建设的规划。

4.3 公园城市规划横向传导体系

淄博市公园城市总体规划与相关专项规划在定位上是指导与服从的关系（图3）。在数量上，是1对n的关系；在规划对象涉及范围与内容深度上，是全面统筹与专类细化的关系；在功能特征上，总体规划侧重战略性、综合性和统筹性，相关专项规划侧重于支撑性、专业性与协调性。因此，淄博市公园城市总体规划与相关专项规划的传递重点应把握总体统筹与分类传导内容，确保对各类相关专项规划的协调传导。同时综合考虑刚性与弹性传导的尺度边界，既要保障总体规划的底线管控与战略意图传导到位，又要留出弹性范围以保证专项规划的深化和调整空间。

总体而言，各类相关专项规划需要服从总体规划制定的战略目标、空间布局、重点项目及管控要求。管控内容在传导体系中的传导方式具体可分为"结构传导、指标传导、分区传导、位置传导、名录传导"5个类型。

图3 公园城市规划横向传导体系

4.4 公园城市规划纵向传导体系

4.4.1 二级公园城市总体规划

"二级"是从纵向看，对应淄博市的行政管理体系，分为两个层级，就是市级和区级/县级。

淄博市全域公园城市建设规划是对市域范围内公园城市规划做出的总体安排和综合部署，是制定淄博市公园城市发展政策、实施淄博市公园城市规划管理的空间蓝图，是编制相关专项规划和详细规划的依据，是一个具有更强实施性的规划，要突出战略性与空间性相结合的特点。

区县公园城市建设规划是对区级和县级实施规划，特别是制定乡村相关规划许可的法定依据，要体现落地性、实施性和管控性，突出土地用途和全域管控，对具体地块的用途做出确切的安排，对历史文化名镇名村保护规划、乡村振兴规划、乡村景观风貌规划进行有机整合。

4.4.2 分级公园城市总体规划纵向传导

淄博市城市总体规划指导区级/县级总体公园城市规划进行编制、实施。区级/县级公园城市规划在市级公园总体规划的框架下，根据当地现状再进行细化的编制控制性详细规划和修建性详细规划（图4）。

4.4.3 各级公园城市总体规划和专项规划对详细规划的传导

在市级和区级/县级总体规划的指导下，各地区再根据当地情况制定用地控制、建筑控制、环境容量控制、交通控制、市政设施建设、公共服务设施建设、生态建设等

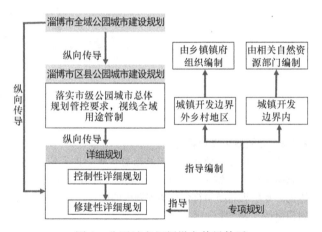

图4 公园城市规划纵向传导体系

内容建设和约束。

专项规划将总体规划细化安排后传导至详细规划，更加完善详细规划的内容，加强总体规划对详细规划的指导作用。

5 结语

本文通过对传统城市规划的特点进行分析，初步构建了淄博市公园城市传导体系。希望此次构建的传导体系能进一步作为未来淄博市全域公园城市建设规划的参考。

参考文献

[1] 刘滨谊. 公园城市研究与建设方法论[J]. 中国园林，2018，34(10)：10-15.

公园城市理论及实践

[2] 汪淳. 面向实施管理的市县级国土空间总体规划传导机制研究.//中国城市规划学会、重庆市人民政府. 活力城乡美好人居——2019 中国城市规划年会论文集（12 城乡治理与政策研究）[C]. 中国城市规划学会、重庆市人民政府，2019.

[3] 刘滨谊. "极端化"与"集和化"——人居环境发展的哲学思考[J]. 中国园林，2019，35(09)：5-14.

[4] 周冬梅，孟晶晶. 城市规划与国土规划管理中的矛盾及措施分析[J]. 住宅与房地产，2020(15)：76.

[5] 党安荣，田颖，甄茂成，等. 中国国土空间规划的理论框架与技术体系[J]. 科技导报，2020，38(13)：47-56.

[6] 窦修刚. 关于淄博市建设全域公园城市的研究与思考[J]. 城市道桥与防洪，2020(08)：215-218＋23.

[7] 李秀秀. 新一轮国土空间规划对区县级国土空间规划的启示——以天津东疆保税港区为例[J]. 中小企业管理与科技（中旬刊），2020(07)：134-136.

作者简介

董冶国，1995 年生，男，汉族，重庆，重庆交通大学建筑与城市规划学院在读研究生，研究方向为城市微气候、公园城市规划。电子邮箱：1013264850@qq.com。

"公园城市"视角下《伦敦环境战略》规划对我国的启示

The Enlightenment of London Environment Strategy to China from the Perspective of "Park City"

何梦雨 孙玉莹*

摘　要："公园城市"是实现城市绿色发展的全新理念，也是能够更好实现人民幸福生活的重要举措。本文从"公园城市"的视角，分析并总结了《伦敦环境战略》的具体实施内容与实施保障机制，认为其最大的特点在于从不同维度提出了相关目标及政策，为伦敦的环境提升提出具体的行动要求；同时提出了新的技术方法，并鼓励多元主体共同参与到伦敦的环境建设中。基于这些举措，本文结合我国当下城市发展的阶段性特征，提出了3项具体措施：重新认识绿色基础设施的重要作用，制定更具实操性的行动策略，鼓励多方参与的合作机制。旨在为我国未来的"公园城市"建设提供一定的借鉴作用。

关键词：公园城市；伦敦环境战略；行动策略；多元主体

Abstract: "Park City" is a brand-new concept to realize urban green development, and it is also an important approach to improve living quality. This article analyzes and summarizes the specific implementation content and implementation mechanism of the "London Environment Strategy" from the perspective of "Park City". "London Environment Strategy" proposed new methods and encouraged multiple stakeholders to participate in the environmental construction of London. Based on these approaches, this article combines the characteristics of the current urban development in China and proposes three specific approaches: re-understand the important role of green infrastructure; formulate practical strategies; encourage multiple stakeholders to participate in the mechanism. This article aims to provide a reference for China's "park city" construction in the future.

Key words: Park City; London Environment Strategy; Implementation Mechanism; Multiple Stakeholder

2018年2月"公园城市"概念的提出，旨在将以往"园在城中"的发展模式向"城在园中"的新方向转变[1]，并提出要重点考虑城市的生态价值，这是解决新时代我国社会主要矛盾的有效途径[2]，也是城市发展在人本理念方面的进一步体现，为我国未来的城市建设与可持续发展提供了新的方向[3]。

2018年5月，伦敦市长办公室发布了大伦敦地区的首部综合环境战略文件《伦敦环境战略》（London Environment Strategy），旨在改善伦敦目前面临的一系列环境问题，包括空气质量低下、公共绿地数量不断减少、水资源缺乏等，并提出在2050年前，要将伦敦的绿化率提高到50%，同时将伦敦打造成为世界首个国家公园城市。

在此背景下，本文基于《伦敦环境战略》（London Environment Strategy），梳理了其中的实施内容与保障机制，最后结合我国当下的城市现状特征及相关问题，给出了相关建议，希望为我国的公园城市建设提供借鉴。

1 "公园城市"的概念

研究发现，由于用地紧缺加上以往认为建设公园是奢侈之举的错误观念，导致我国大多数城市缺乏公共绿地。但随着人们对美好生活需求的增加，对城市的质量要求也越来越高，使得公园绿地对于城市的重要性越来越强，进而推动了城市公园的建设与发展[4]。在此背景下，"公园城市"的理念也应运而生。

相较"田园城市""山水城市""生态城市"等理念，"公园城市"同样关注人与自然的和谐，但有所不同的是，"公园城市"除了注重城市与自然的协调发展外，还强调城市中的公园体系与城市空间结构的耦合协调[5]，更加关注公园与城市之间多层次、多维度的融合与发展[6]。此外，与传统的城市公园建设相比，"公园城市"一改往日自上而下的建设模式，鼓励自下而上的公众参与，使得居民能够参与到公园的建设及运营中。此外，"公园城市"还关注居民的日常生活，强调公园的公共性、开放性以及可达性，能够更好地满足居民的日常活动需求，进而提升城市的吸引力与竞争力[5]。

2 《伦敦环境战略》的实施内容

《伦敦环境战略》整合了伦敦地区目前为止发布的所有相关政策和资料，并阐述了伦敦市长对保护和改善伦敦环境的总体构想，也为市长及其合作伙伴们在协同工作的方面提供了引导。市长提出，伦敦要成为"最绿色的全球化城市"（World's Greenest Global City），这意味着伦敦应该：更绿色（Greener）、更清洁（Cleaner）、为未来做好准备（Ready for the Future）。

2.1 战略发展原则

《伦敦环境战略》中提出了2050年伦敦的发展愿景，然而目前有许多的环境问题需要解决。为改善现状的环境问题，并且引导伦敦环境战略的长期合理发展，市长制定了一系列战略发展原则，主要细分为以下 5 个方面：①改善生活质量，减少不均等分配。需要协调不同领域，共同提出应对环境问题的解决方案，与其他策略联系起来，优先考虑环境的可达性和使用中的公平性。②案例引导，伦敦交通局（TfL）等组织以及市长监督的组织（例如警察局）可以树立榜样并使用新技术。③避免对其他政策领域造成负面影响。④学习国际先进经验，伦敦需要与领先的气候变化和环境机构以及世界其他城市合作，从实践中学习。⑤打破常规，不仅要最大程度地降低未来变更的最严重影响，还旨在保护和改善伦敦的环境。

2.2 战略发展目标

《伦敦环境战略》主要提出了 6 大目标愿景（表 1），从气候变化与能源利用，到垃圾的回收与利用，再到对气候变化的应对以及针对绿色基础设施的规划与建设等方面，日常生活的方方面面，从而提升伦敦的整体生态环境，进而将伦敦打造成"国家公园城市"。

《伦敦环境战略》发展目标　　　　表 1

目标	具体内容
①气候变化与能源	到 2050 年，伦敦将成为一座零碳城市，拥有高效节能的建筑，清洁的交通和清洁的能源
②垃圾	伦敦将成为零垃圾城市。到 2026 年，不会将任何可生物降解或可循环再利用的垃圾进行填埋，到 2030 年，伦敦 65％的城市垃圾将被循环利用
③适应气候变化	伦敦将对恶劣的天气和长期的气候变化影响具有韧性。这将包括洪水，热风险和干旱
④绿色基础设施	将伦敦建设为世界首个国家公园城市，绿色空间占城市面积一半以上，自然环境得到保护，绿色基础设施网络能得到良好的管理，从而造福所有伦敦市民，设法使所有伦敦人受益
⑤空气质量	到 2050 年，伦敦将超过世界任何主要城市的最佳空气质量，这超出了保护人类健康和减少不平等现象的法律要求
⑥噪声	减少朗诵者的生活质量，受到噪声不利影响并促进更多安静和安静空间的人数

资料来源：作者根据"London Environment Strategy"进行整理。

3 实施保障机制

《伦敦规划战略》通过制定目标、明确指标、出台相关政策和提出具体的行动计划来落实这 6 个层面的保障战略。

3.1 与已有规划衔接，落实具体实施策略

在与相关规划的衔接方面，《伦敦环境战略》的内容与 2020 年发布的第三版《伦敦规划 2019》（London Plan 2019）相结合，并连同其他已经发布的伦敦市长战略系列文件与大伦敦地区的总体空间规划相协调，共同保证政策的落实。在伦敦规划和伦敦绿色网格体系中，现行土地利用规划框架有效地保护了城市公园、绿地和自然景观，为伦敦市民提供了休闲游憩空间，同时它还提供了一套相应的标准，并作为策略的核心部分，指导对应的政策和行动计划。

3.2 采用新技术新方法保障政策的顺利实施

不同于以往的政策文件，《伦敦环境战略》利用当下的新技术，提出了 4 个新方法来保证政策的实施，即低碳循环经济、智慧数字城市、绿色基础设施和自然资本核算以及健康街道提案。每个新方法中都提出了更加具体和量化的指标体系，来保证其有效性。

首先通过垃圾回收与再利用减少垃圾的数量，促进市内低碳循环经济发展，同时借助数据分析等手段，更好地支持低碳循环经济。

而在绿色基础设施和自然资本核算部分，主要提出了增加伦敦的绿化覆盖面，保护和改善野生动植物和自然栖息地等政策，其中最重要的是将伦敦的自然资本评估为经济资产，这一做法转变了原有的规划思路。人们需要意识到城市绿色公共空间能够促进市民的身心健康，提高邻里间的关系进而提高社区凝聚力，不应再将绿色基础设施视为负债，而是应改将其看作是一项可以被投资的资产。

最后在健康街道提案中，共有 10 个具体的"健康街道指标"，包括空气洁净度、是否易于通行、驻足和休息场所等客观指标，以及是否感到放松、街道给人的安全感等较为主观的指标，共同对街道的健康程度进行评判。通过每个指标的表现情况可以判断伦敦各个街道的环境水平，进而思考进一步的提升方向。

3.3 多方共同推进战略实施

《伦敦环境战略》提出了多个具体的项目计划，如改善绿色空间和自然环计划、"城市森林"计划、社区参与模式等，确保战略得以顺利实施。在项目计划中，战略提出市长将与多方合作共同推进战略落实，包括与政府各专业部门、开发商、设计师和社区合作，促进绿色建筑环境与伦敦的城市景观的发展，让市民、当地组织和企业积极参与。例如，在社区参与计划中，积极构建"公园之友"网络，以确保当地社区参与有关政府公园管理的决策；与社会企业组织开展"合作公园计划"，这些组织可以负责以非营利目的为主导的公园管理过程[1]。

4 对我国公园城市建设的启示

4.1 对绿色基础设施的重新定义

《伦敦环境战略》中提出，城市的绿色基础设施能够减少气候变化带来的影响，有助于储存二氧化碳，以此提高空气质量与水质，进而促进更加健康的生活方式，减少人们对汽车的依赖，促进步行和骑行的发展。这些影响在经济上是有价值的，但目前很少有人意识到绿色基础设施的经济价值，更多是将其视为一种负债，一种需要承担的成本，而不是一项可以投资的资产。

刘易斯·芒福德认为现代文明与工业的发展虽然能够促进地价上升，但是过度开发也导致了土地在获得经济价值上升的同时失去了其本身的生态价值，这也成为环境危机的根源[3,7]。但通过重新评估公园绿地的价值，转变原有将公园建设看作是一项负担的思想，能够通过打造高质量的绿色公共空间，促进人们的交往以及身心健康水平，吸引更多人群的聚集，从而提升周边的土地价值，实现经济的增长。这样一方面能够实现土地经济价值的增长，另一方反而能够促进其生态价值的提升。

4.2 细化规划内容，制定具体实施行动

如何将"公园城市"这一较为宏观的概念一步步落实下去，是我们需要思考的重要内容。可参考《伦敦环境战略》的做法，首先提出目标愿景，随后根据目标愿景量化出具体的指标体系，再通过需要达成的指标提出相应的实施政策，最后再制定出具体的行动计划。通过这种环环相扣的实施手段，能够很好地将各种较为宏观的目标愿景落实成各项可进行实操的具体步骤。

从"公园城市"的实施层面来看，公园体系需要分为不同层级，各层级的公园通过绿色廊道进行串联形成城市的公园系统[3]。从宏观上来看，要注重区域协调，而中观上则需要强调公园的体系构建，最后在微观层面上则更关注使用人群的需求[5]。基于此，可通过城市总体规划对"公园城市"的建设提出相应的发展目标，对城市中公园绿地的区位、规模以及功能等进行整体规划。并通过控规对各地块的指标进行规划与控制，之后再通过修详规或是城市更新等专项规划对具体地块进行公园设计。通过明确不同层级规划的具体内容，将"公园城市"理念层层落实。

4.3 多方参与的合作机制

"公园城市"理念的最大特点在于打破了传统自上而下的公园建设模式，将以人为本的思想贯穿整个建设过程，鼓励自下而上的公众参与机制，让市民的身份从公园的使用者转变为公园的建设者，同时也是公园的维护者。另外，公园建设是一项需要融合了不同学科的综合性工程，因而不管是从前期的规划与设计还是后期的维护与管理，单一学科背景的决策者无法很好的考虑其中的方方面面[3]，因此需要多元主体的参与，共同促进公园的建设。其中，应大力鼓励社区参与到公园的建设当中，让公园与居民的日常生活能够互相融合。

通过多元主体的共同参与，一方面能够更好地满足不同群体的利益需求，减少不公平现象的发生；另一方面自下而上的参与形式能够增强居民的参与感，尤其以社区为单位的公众参与能够提高邻里之间的关系加强社区凝聚力。

5 结语

随着我国的社会发展进入新阶段，单纯追求经济增长已不再是城市发展的首要目标，在此背景下，城市建设需要更加以人为本，也更加重视绿色公共空间的营造，因此"公园城市"很好地顺应了当下城市的发展理念与方向。本文通过对《伦敦环境战略》的具体内容进行分析与解读，在我国建设"公园城市"的背景下，探讨《伦敦环境战略》对我们当下城市建设的借鉴作用，最后提出相应的建议，旨在为我国的"公园城市"提供一定的参考。

参考文献

[1] 郑宇，李玲玲，陈玉洁，袁媛."公园城市"视角下伦敦城市绿地建设实践[J/OL]. 国际城市规划：1-9[2020-10-09]. https://doi.org/10.19830/j.upi.2019.498.

[2] 傅凡，李红，赵彩君. 从山水城市到公园城市——中国城市发展之路[J]. 中国园林，2020，36(04)：12-15.

[3] 王军，张百舸，唐柳，梁浩. 公园城市建设发展沿革与当代需求及实现途径[J]. 城市发展研究，2020，27(06)：29-32.

[4] 佴语成. 在建设公园城市背景下的青羊区工业废弃地景观改造设计研究[D]. 重庆：四川师范大学，2019.

[5] 柘弘."公园城市"理念下重庆城市生态公园规划设计研究[D]. 重庆：重庆大学，2019.

[6] 李雄，张云路. 新时代城市绿色发展的新命题——公园城市建设的战略与响应[J]. 中国园林，2018，34(05)：38-43.

[7] (美)刘易斯·芒福德. 城市文化[M]. 宋俊岭，李翔宇. 等，译. 北京：中国建筑工业出版社，2009.

作者简介

何梦雨，1994年6月17日生，女，汉族，贵州湄潭，硕士研究生在读，重庆大学，研究方向为城市更新与社区规划。电子邮箱：529297024@qq.com。

孙玉莹，1994年10月6日生，女，汉族，辽宁大连，硕士研究生，比利时天主教鲁汶大学。电子邮箱：yuying.sun@hotmail.com。

公园绿地景观美学评价方法与影响因子研究进展[①]

Research Progress on Landscape Aesthetic Evaluation of Urban Park Green Space

胡汪涵 杨 凡 史 琰 包志毅[*]

摘 要：通过搜索风景园林景观美学评价的中外文献，以公园绿地景观为主要研究对象，从研究方法、影响因子入手对近些年来在城市公园美学景观评价研究进行分析、评述、总结。结果发现：①SBE法、AHP法、模糊综合评价法、SD法、GIS地理信息技术结合法，是现今对城市公园景观美学评价研究的主要运用方法；②人群属性因子和环境元素属性因子是影响城市公园景观美学的两大主要因子。并提出未来城市公园景观美学评价应从人类主观评价向与计算机技术结合的新型客观评价方法转化的展望，以及城市公园景观美学营造与公众满意度结合的未来趋势。

关键词：风景园林美学；公园；美学评价方法；美学影响因子

Abstract：through the search of domestic and foreign literature on aesthetic evaluation of landscape architecture, taking park green space landscape as the main research object, this paper analyzes, comments and summarizes the research on aesthetic evaluation of urban park in recent years from the perspective of research methods and influencing factors. The results show that: ① SBE method, AHP method, fuzzy comprehensive evaluation method, SD method, GIS geographic information technology combination method, is now the main application method of urban park landscape aesthetic evaluation. ② crowd attribute factor and environment element attribute factor are the two main factors that affect the urban park landscape aesthetics. The paper also puts forward the prospect that the future evaluation of urban park landscape aesthetics should be transformed from human subjective evaluation to the new objective evaluation method combined with computer technology, and the future trend of combining the construction of urban park landscape aesthetics with the public satisfaction.

Key words：Landscape Aesthetics；Parks； Aesthetic Evaluation Methods； Aesthetic Impact Factors

美学（aesthetics）是由人类心理感知、思维活动所创造的情感方面的感受，是人类审美与人类活动的哲学概括[2]。景观（landscape）表示的是人类视觉所见到的自然风光、地形、水体以及各种景观要素组成的集合[3]。15世纪至今，景观从最初的自然地表景色逐渐演变成美学、生态学、地理学、植物学等众多不同学科的意义[4]。现在的景观美学大多在景观生态学领域以及视觉风景中体现。景观美学是隶属于美学的一门不可或缺的学科，加上人们对高水平生活的要求，景观美学越来越成为国际前沿的研究重点。

公园作为城市人民休闲游憩的主要区域，其视觉美学对人的身心放松具有至关重要的作用。本文通过对近些年城市公园美学评价相关文献数据进行分析，得出分析方法优劣点以及影响因子重要程度，并分析未来美学评价研究趋势。

1 景观美学评价方法概述

景观美学评价的方法主要有4大学派，3大类[5,8]：4大学派：认知学派、专家学派、心理物理学派、经验学派（表1）。3大类：定性描述法、物理元素知觉法、心理学方法。景观美学的各种方法相辅相成、相互制约、相互影响，但最终目的都是解释景观美学存在的一般规律。

景观美学评价学派比较[5,7,11] 表1

名称	认知学派	专家学派	心理物理学派	经验学派
理论依据	强调景观对人的认知以及情感的意义	将景观分为4元素：线条、形体、色彩、质地来进行分析	将景观客体要素与价值质量之间建立函数关系进行分析	审美过程看作是人的个性、兴趣、志向与情趣的表现
评价内容	"喜欢——不喜欢"引起"趋就——回避"、个体认知构成模型评价体系	风景资源分类、风景质量评价、视觉影响评估（VIA）等	被测人群的审美态度、景观中各元素的测量	以人为出发点的景观美学感受
代表范例	Kaplan风景审美理论模型	美国林务局VMS系统	SBE法和LCJ法	山水意境及历史景观

① 基金项目：基金项目：浙江省科技计划项目（编号 2019C02023）；浙江省自然科学基金（编号 LY19C160007）。

2 国内外文献研究数据概况

2.1 国内研究数据分析

以中国知网（CNKI）中文文献为数据源，检索年限为 2000-2019 年，文献类型为期刊、硕博士论文，共检索出相关文献 128 篇（图 1）。数据收集时间为 2020 年 4 月 6 日，借助知网网站内部分析生成关键词共现聚类可视化分析视图（图 2）。可见 2000～2019 历年景观美学研究文献数量总体趋势是逐渐上升的，对文献关键词共现分析可得出排名靠前的关键词为：城市公园、植物景观、景观类型、景观评价、景度、层次分析法、植物造景等。

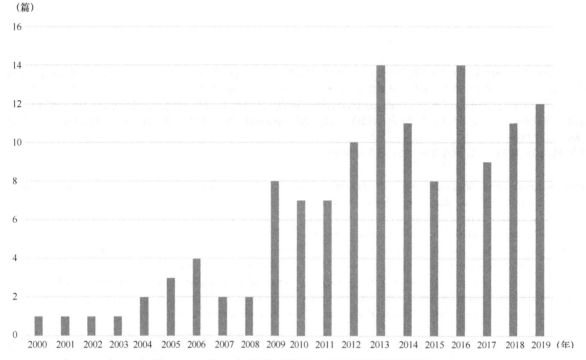

（篇）

图1 2000-2019 年中国知网历年相关文献数量统计分析

图2 2000-2019 年中国知网文献关键词共现
聚类可视化分析视图①

2.2 国外研究数据分析

以 Web of Science（WOB）引文数据中 SCI 核心数据为基础，共检索到相关文献 104 篇检索年限为 2015-2019 年（由于 WOB 核心数据库年限范围仅在 2012-2020 年，故选取近 5 年相关文献作为数据源），文献类型为"期刊"。在文献计量网站上对 106 篇文献进行数量统计（图 3～图 5）并对历年外文文献国家数量以及文献关键词进行分析，可以看出 2015-2019 年外文相关文献数量呈上升态势，常用关键词有：景观评价、视觉质量、景观感知、偏好等，欧洲国家对于美学的研究较为重视，文献数量较多。用科学计量工具 Citespace 对 104 篇文献进行文献共被引分析（图 6）可以看出被引频度较高的文献作者有 Daniel TC、Milcu Al 等。

可以发现国外近 10 年景观评价研究侧重生态性、绿地使用性以及人与自然的关系。而国内研究更加侧重对公园景观客观评价的研究。

① 注：圆圈大小代表关键词出现频度大小，线型粗细表示相连关键词共现频次，灰度代表关键词聚类关系。

公园城市理论及实践

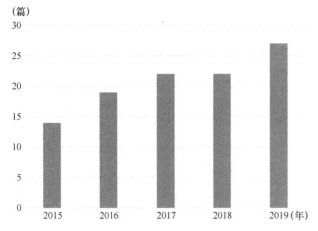

（篇）

图 3　2015-2019 年历年文献发表数量分析

图 4　历年关键词数量分析

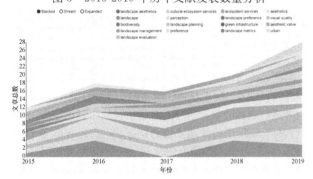

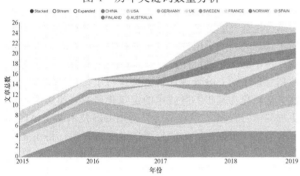

图 5　历年文献发表作者国家分析

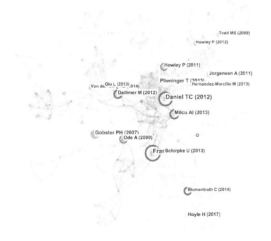

图 6　WOB 文献共被引可视化分析

3　国内外公园景观美学评价方法研究动态

随着园林景观美学方法的日益成熟，在各种学派的竞争之下，心理物理学派所推崇的方法被认为是目前园林景观美学评价最科学最可靠的方法[12]。无论是公园绿地景观评价还是其他类型绿地景观评价，将景观美学评价与数学分析方法结合也是现今运用较为广泛的手段[13]。其中运用最为广泛的评价方法有以下 5 种[14]：①美景度评估法；②层次分析法；③语义差异分析法；④模糊数学综合评价法；⑤地理信息系统以及其他新兴计算机技术运用法。对相关文献研究方法进行出现频度分析并分析其特点（表 2），频度公式：

$$P = N/T$$

式中，N 是各类相关因子出现次数，T 是相关文献总数，P 是影响因子出现频度。

通过对相关文献的分析，可见传统美学评价方法在近 10 年的相关研究中比重仍然较大，而新兴美学研究方法的应用占比还较小。对 5 种方法的特点进行分析，可以发现 SBE 法、AHP 法、SD 法在美学评价的应用中人的主观意识比重较大，而 FCE 法和 GIS 及其他计算机技术强调客观事实对于景观美学的影响。各类方法的优缺点将在下文评价（图 7）。

5 种方法出现频度表			表 2
名称	频度	研究创始人	方法要点
美景度评估法（SBE）	0.47	Daniel TC、Boster	图片评价
层次分析法（AHP）	0.27	Satie	各层因子权重计算
语义差异分析法（SD）	0.05	C. E. Osgood	因子尺度等级分析
模糊数学综合评价法（FCE）	0.08	L. A. Zadeh	因子量化评价
地理信息系统（GIS）以及其他新兴计算机技术运用法	0.14		计算机处理建模可视化分析

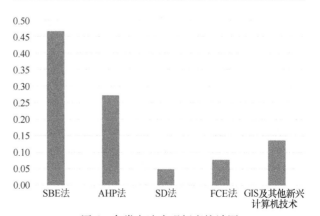

图 7　各类方法出现频度统计图

3.1 美景度（SBE）评估法

美景度（SBE）评估法也可以称作SBE评价方法，最早是由Daniel和Boster两人共同提出的[15]。该方法以照片或是幻灯片作为评价景观美学的媒介，按照事先规定好的评价体系准则，让受调查人群按照评价准则对每张图片进行打分，得出数据进行量化分析最后得出结论。董丽[16]、翁殊斐[17]、王美仙[18]、赵慧楠[19]等人就在其研究中心运用SBE美景度评价法对不同地区的城市公园植物美景度进行研究，得出植物营造最佳方式。Hull和Daniel[20-21]等运用SBE对森林分层结构进行研究，得出结论被测学生的审美与公众审美差别不大，并且天然森林的景观美学价值最高。美景度评价法以人的主观视觉为出发点，该方法可以很好地反映人群对于特定景观的偏好，而美景度评价法对于景观美学的客观反映却稍有欠缺，缺少客观科学结论的支持。

3.2 层次分析法

层次分析法（AHP）是将复杂的目标对象进行分级分层处理，大致可以分为：总目标-子目标-评价准则-影响因子等层次不同层次结构。并通过数学方法求得每个层次对于上一个层次某个目标的优先权重。最后得出各个影响因子对总目标的最终权重[13]。应求是[22]、胡兆忠、薛晓飞[23]、宋爱春[24]、宁惠娟[25]等人运用AHP层次分析法对近代城市公园美景度进行综合评价，得出植物特性、景观艺术的文化性、生态性等对公园绿地景观美学有影响。与美景度评价方法一样，层次分析法的主体依旧是人，但在对各类影响因子的分析中运用数学方法分析，将结论推向客观事实，与美景度相比，说服力更强。

3.3 语义（SD）差异法

语义差异法（Semantic Differential Method）是由C. E. 奥斯古德提（Charles Egerton Osgood）在1975年提出，这种研究方法初期只是广发应用在心理学领域[26]，在20世纪90年代才逐渐在建筑、景观研究领域出现[27]。张慧莹[28]、陈璐[29]等人用SD法对城市公园植物景观美学进行评价，得出城市公园景观美学与植物种类、植物空间营造、植物层次等特性相关。该方法研究的主体也是人对于景观美学的偏好，但与层次分析法不同的是，该方法没有将景观美学因子分层分级列出，而是对于景观因子的优劣尺度进行评价，科学性与层次分析法相比略显不足，故该方法在景观美学领域应用相较于上两种方法较少。

3.4 模糊数学综合评价方法

模糊数学综合评价方法（Fuzzy Comprehensive Evaluation, FCE）是由美国自动控制专家L. A. Zadeh在1965年时提出的。他通过量化的描述以及运算，对某个系统中存在的多个影响因素进行综合评价[13]。李星[30]、廖启鹏[31]等人就在其研究中运用模糊综合评价法对对特

定区域的户外景观进行研究，发现植物景观设计、植被覆盖度、景观优势度、景观连接度等对公园绿地景观美学有较大影响。该方法与以上3种方法不同，它不强调以人的主观意识为出发点，通过科学计算得出特定区域景观优势度，从而判定景观美学程度。该方法虽依据客观事实得出结论，但忽略了人在景观美学中的影响，故在近些年的景观美学研究中应用较少。

3.5 地理信息系统（GIS）运用以及与其他新兴计算机技术运用

近些年，地理信息技术的发展，以及传统景观评价方法存在的缺陷。地理信息系统（GIS）方法和多种新兴计算机技术的方法开始在国外兴起，随后在国内也有越来越多的研究结合了GIS进行景观评价。地理信息系统（GIS）在景观美学评价中的普及是未来的一大趋势。

Tabrizian, Payam[32]就在其研究中详细叙述了GIS中viewscape模型的工作流程。Layton, Robbie Dale[33]运用问卷调查以及GIS建模法，对美国4个社区的1816名参与者进行数据收集，通过GIS得出访问公园的频率与每个参与者家周围的绿地系统的特征相关。Rawal, Sonika Omprakash[34]就在其研究中运用了一种新型方法沉浸式虚拟环境法（IVE），得出自然元素对焦虑情绪有缓解作用。Andrew[35]就在其研究中讨论了3D可视化技术在景观评价中的应用，得出结论3D可视化技术与人的主观评价结合是至关重要的，并且肯定了3D可视化技术在未来对于景观规划的实用性。国内也有学者对GIS技术在景观评价中的应用进行探讨，程洁心[36]就在其研究中对大数据背景下的GIS景观评价方法进行了讨论，将传统定性方法转化为基于GIS技术的定量化研究，使美学评价更加科学。张强[37]就在其研究运用GIS技术结合AHP、SBE美学评价方法对山地公园景观进行评价，得出4个不同等级的公园分区，并对公园景观视觉美学提供建议。

地理信息系统以及计算机技术的应用在现今的景观美学评价中还处于起步阶段，将客观事实与人群主观意识结合起来是该技术的亮点所在，在今后的景观美学研究中，GIS以及新兴计算机技术的应用将会成为景观美学评价的主流方法。

4 国内外公园景观美学评价体系影响因子研究动态

公园绿地景观美学的影响因素，尚未有较为完整的研究。笔者通过对现今植物景观评价研究大致总结出公园绿地景观美学影响因子大致可以分为两大部分：①人群属性因子；②环境元素因子。

通过对相关文献中所涉及的景观因子进行分类统计，共筛选出102篇与景观美学评价影响因子相关文献，对其出现频度进行分类和统计分析（表3），并得出各类影响因子出现的频度高低排序（图8、图9）。

名称	频度	名称	频度	名称	频度
	0.24	先天属性因子	0.14	年龄	0.10
				性别	0.06
				出生地	0.01
人群属性因子		后天属性因子	0.16	教育程度	0.07
				从事工作	0.1
				文化差异	0.04
公园绿地美学评价影响因子	0.80	植物属性因子	0.68	植物种类	0.38
				植物色彩	0.48
				植物生活型	0.14
				植物季相	0.39
				植物覆盖度	0.16
环境元素因子				植物层次	0.39
				植物文化	0.07
		其余环境元素因子	0.23	地形	0.03
				园林水体	0.13
				建筑小品	0.17
				其他	0.02

相关文献中各类影响因子出现频度表 表3

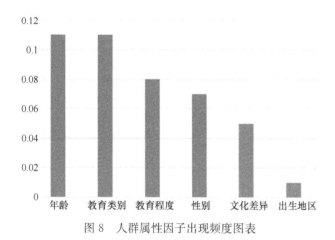

图8 人群属性因子出现频度图表

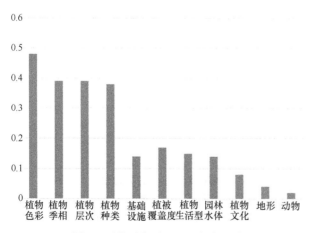

图9 环境元素因子出现频度图表

4.1 人群属性因子

人群属性影响因子主要分先天属性因子与后天属性因子，先天属性因子无法通过人的后天努力改变，如年龄、性别、出生地等。后天属性因子可以通过后天的努力改变，如受教育程度、所学专业相关性、文化差异性等。

4.1.1 人群先天属性因子

人群先天属性因子主要包括被测人群的年龄、性别、地区。上述因子是无法通过人为的后天努力改变的。不同年龄、性别的人群审视景观美学的角度各不相同，因此对人群先天属性对于景观美学影响的研究从未停止过。张娇娇[38]、Zube[39]、Svobodova K[40]、Xu[41]就对不同属性人群对园林景观美学的偏好进行了研究，得出不同年龄、不同性别、不同地区的人群属性对公园景观美学的评价高低有较大影响。年龄结构越年轻，对现代公园景观的接受度较高，而年龄结构较大的人群对于公园景观美学的评价更多是从生态性、文化等方面出发，对传统公园景观美学的认可度较高。

老年人群身心健康是现今我国不可逃避的一个问题，如何营造符合老年人美学偏好的公园景观，是国内外学者研究的一个方向，Wen C[42]、Wang XX[43]就专门针对老年人对于公园景观美学的偏好进行了研究，结果表明老年人群体对公园景观美学有共同的偏好，人与自然的互动程度对老年人偏好影响较大。

4.1.2 人群后天属性因子

人群后天属性影响因子主要包括被测人群的受教育程度、所从事专业（工作）与景观的相关性、文化差异等。受教育程度的高低决定了人群审美的理解力以及对美的事物的判断力。Ronghua[44]、Anne R.[45]、Kalivoda[46]等对人群受教育程度、生活背景等不同人群属性与公园景观美学偏好的影响进行了研究，发现不同人群属性对于特定区域景观美学评价的高低有不同程度的影响。城市公园的美学应基于人群受教育程度而定。基于人群对于公园景观美学的理解力，营造适合当地人群结构的景观至关重要。

文化差异也是一大重要影响因素，Ren[47]就对谢菲尔德大学的中国学生和英国本地学生对于特定景观的偏好进行研究，发现由于文化差异的不同人群对公园景观的喜好也是不一样的。可以看出受教育程度、生活背景、文化差异在公众主观意识中起到了决定性的作用，影响了一个地区，乃至一个国家的审美偏好。

从事工作的专业性被证明对于人群的视觉评价无明显作用，在教育程度相同的水平线上，人群对于优美景观的理解力是大致相同的。Tveit[48]就对景观专业人群与非专业人群之间的景观偏好差异进行了研究，结果表明景观专业学生对视觉景观的敏感度与非专业人士无明显差别。而人群收入，居住位置的不同，影响着人群心理压力，潜移默化地改变着人群的审美偏好。Zhang H[49]在其研究中将人群受教育程度、月收入、居住位置加入公园景观质量影响因素，表明上述因子对人群视觉景观评价也有一定影响。

无论是人群先天属性因子还是人群后天属性因子的相关研究，都是以人为出发点，阐述人在城市公园景观美学中的作用，构建符合特定人群美学偏好的公园景观，是当今研究的重点。

4.2 环境元素因子

公园景观美学另一重要影响因子为环境元素因子，主要可分为①植物属性因子；②地形因子；③水体因子；④景观构筑因子；⑤动物因子。

4.2.1 植物属性因子

植物是构成公园景观的最重要因子，植物在调节人体身心健康方面也具有重要的意义。因此植物在公园中的美景度高低对整个城市公园景观美学的高低有着重要的影响。植物属性中研究频度最高的有植物季相、色彩、种类。徐新洲[50]、何诗静[51]、Ahmet[52]、Ronghua Wang[53]、闫笑[54]、Yang X[55]等人就对城市公园中植物种类、植物数量、植物层次丰富度、植物色彩、植物季相变化、植物层次面积占比进行研究。上述植物属性因子直接决定了公园植物景观的视觉效果，是公众对于公园景观美学评价的最基本要素。

现今随着人群审美能力的不断提高，植物文化对于公园景观美学的影响越来越大，植物的历史、传说等赋予了公园景观的意境，从而提升公园景观美学的高度。陈宇钢[56]、杨科[57]等人在其研究中发现植物景观竖向设计、植物景观文化、植物健康程度等对城市公园景观美学评价有影响。

4.2.2 地形因子

除了植物元素之外，地形、水体、基础设施等对于公园美学也有一定影响。地形作为公园景观的框架是公园空间营造的基础。张强[58]运用GIS技术对城市山地公园进行建模分析，建立游客评价模型，发现地形相对坡度对于人群的视觉评价有影响。地形因素作为影响因子进行分析讨论，大多出现在城市山地公园之中，笔者认为将该地形因素的评价融入公园微地形区域的研究是今后公园美学研究的一个方向。

4.2.3 水体因子

公园中水景元素也是城市公园美学中的一大重要元素，水景对于公众视觉评价也有一定的影响。Koo Min-Ah[59]对公园周边住户对公园满意度的调查，发现水景以及公园洁净程度对人群满意度高低的影响较大。Zahra[60]就在其研究中就人群对于城市公园景观水体偏好进行研究，表明公众对于水体结合草本开花植物的景观满意度更高。公园中的水景营造是除地形营造之外的又一重点，水景结合水生植物进行分析对于城市公园美学提升有重要作用。谭祎[61]对城市湖泊景观进行研究，发现良好的湖水质量对于景观美学有促进作用。

4.2.4 景观构筑因子

景观构筑元素的美观程度对整体上的公园景观美学有影响。Pongsakorn和Linda[62]等人对美国绿色雨水基础设施（GSI）对景观美学的影响进行了研究，结果表明绿色雨水基础设施的设计对景观美学有影响。吴艳芳[63]对高校中景观小品美感度进行了研究，发现景观小品的环境协调性以及个体形态美是影响城市景观美学的重要因素。可见，优美的景观构筑是公园景观美学的点睛之笔。

4.2.5 其他

公园中声景的营造不仅对于城市公园景观美学有提高，还对人群身心健康有一定的促进作用。葛天骥[64]就在其研究中对公园中鸟类声景进行了研究得出了城市公园鸟类声景对于缓解人群心理压力方面有作用，并影响人群对于公园美度的景观偏好。闫明慧[65]发现公园鸟类鸣叫声、风吹植物声等声景对于老年人对公园景观好感度有促进作用。可见公园的景观美学影响因子不仅局限于人群视觉感知，结合人类视听知觉的公园美学评价研究也具有一定的意义。

5 结论与展望

5.1 研究结论

在公园景观美学评价方法的综合整理、分析中可以发现，传统美学评价方法仍是现今主流的公园景观美学评价手段，国内公园景观美学研究基本都是在传统美学评价方法的基础上进行的。基于地理信息技术（GIS）以及计算机技术的城市公园景观美学评价方法在国外发展较快，GIS 等技术的应用是国内景观美学评价研究的未来趋势。

从公园景观美学影响因子的整理、分析可以发现，人群先天属性因子是人群视觉感知的重要影响因素。人群后天属性因子对人群主观视觉美学水平有着决定性作用，受教育程度的高低决定了人群视觉美学的上下限。人群属性因子在公园景观美学的评价中起到了至关重要的作用。

植物因子在公园景观美学具有决定性作用，植物的色彩、形状、植物层次、植物种类等都对城市公园植物景观美学有着重要的推动作用。而公园内的景观构筑因子也是公园景观美学评价的重要影响因子。运用植物塑造视觉空间，给人不同的空间、视觉感受是现今研究的重点。

5.2 未来展望

5.2.1 完善景观美学量化评价体系

传统美学评价方法在景观美学评价中应用已经非常成熟，但各种传统美学评价方法也存在不同的缺点，如何优化传统美学方法，将传统美学评价方法中人群的主观感受通过数字化进程量化是 21 世纪景观美学评价研究的重点[66]。

随着 3S、大数据、计算机建模等科学技术地不断发展，景观美学评价量化的方法日趋成熟，国内外学者也对如何在大数据背景下通过计算机技术对景观美学进行评价，做了多方面的研究和探索[67-68]。刘滨谊就在其研究中对风景园林主观感受与客观量化评价之间的转译原理进行了探究[70]。Anna 也在其研究中对未来公园景观美学研究的方法进行了探讨与分析[71]。

公园景观美学评价方法转变是未来风景园林景观评价的一大趋势，公园景观美学评价将在更科学更客观的基础上，为人与自然的相互促进寻求方法。

5.2.2 以人为本，建立基于游人满意度的城市公园景观

注重人对于公园景观美学的反作用，基于当地公众景观感知创造符合当地特征的公园是现今以及未来一段时间风景园林研究的发展趋势，公园景观美学建设不应仅局限于视觉上的美感、更要与人群满意度、人群健康结合起来，创造既符合人群视觉享受又能促进人群身心健康的公园。

参考文献

[1] 金经元. 《中国自然美学思想探源》粗评[J]. 城市规划，1995(01)：51-54.

[2] Perceptual Landscape Simulations：History and Prospect. 1987, 6(1)：62-80.

[3] Gary R. Clay, Terry C. Daniel. Scenic landscape assessment：the effects of land management jurisdiction on public perception of scenic beauty[J]. Landscape and Urban Planning，2000，49(1).

[4] Terry C Daniel. Whither scenic beauty? Visual landscape quality assessment in the 21st century[J]. Landscape and Urban Planning，2001，54(1).

[5] 刘滨谊. 风景景观工程体系化[J]. 建筑学报，1990(08)：47-53.

[6] Andrew Lothian. Landscape and the philosophy of aesthetics：is landscape quality inherent in the landscape or in the eye of the beholder? [J]. Landscape and Urban Planning，1999，44(4).

[7] 王保忠，王保明，何平. 景观资源美学评价的理论与方法[J]. 应用生态学报，2006(09)：1733-1739.

[8] 俞孔坚. 风景资源评价的主要学派及方法[Z]. 青年风景师（文集），1988.

[9] 王晓俊. 试论风景审美的进化理论[J]. 南京农业大学学报，1994(04)：32-37.

[10] 陈宇. 景观评价方法研究[J]. 室内设计与装修，2005(03)：12-15+114.

[11] 王冰，宋力. 景观美学评价中心理物理学方法的理论及其应用[J]. 安徽农业科学，2007(12)：3531-3532.

[12] 王晓俊. 森林风景美的心理物理学评价方法[J]. 世界林业研究，1995(06)：8-15.

[13] 刘颂，章舒雯. 风景园林学中常用的数学分析方法概览[J]. 风景园林，2014(02)：137-142.

[14] 张国庆，齐童，刘传安，李雪莹. 视觉景观评价方法的回顾与展望[J]. 首都师范大学学报（自然科学版），2017，38(03)：72-77.

[15] Daniel T C, Boster R S. Measuring landscape aesthetics：the scenic beauty estimation method[J]. USDA Forest Service Research Paper RM-167. Rocky Mountain Forest and Range Experiment Station, Fort Collins, CO. , 1976.

[16] 李逸伦. 北京市公园绿地植物群落季相景观评价及其影响因子研究[C]. 中国风景园林学会. 中国风景园林学会 2018 年会论文集. 中国风景园林学会：中国风景园林学会，2018：618-622.

[17] 翁殊斐，陈锡沐，黄少伟. 用 SBE 法进行广州市公园植物配置研究[J]. 中国园林，2002(05)：85-87.

[18] 王美仙，陈婷. 樱花园植物景观设计要点及樱花群落美景度评价研究——以北京和武汉为例[J]. 风景园林，2015(03)：79-86.

[19] 赵慧楠，蔡建国，赵垚斌. 城市公园植物群落特征及多样性和美景度影响机制研究——以杭州西湖周边 4 个公园为例[J]. 中国城市林业，2019，17(05)：43-47.

[20] Bruce H R, Buhyoff G J. The Scenic Beauty Temporal Distribution Method：An Attempt to Make Scenic Beauty Assessments Compatible with Forest Planning Efforts[J]. Forest ence(2)：2.

[21] Daniel T C, Schroeder H. Scenic beauty estimation model：predicting perceived beauty of forest landscapes[J]. 1979.

[22] 应求是，钱江波，张永龙. 杭州植物配置案例的综合评价与聚类分析[J]. 中国园林，2016，32(12)：21-25.

[23] 胡兆忠，薛晓飞，黄晓，张司晗. 无锡近代园林景观评价[J]. 中国园林，2017，33(10)：57-62.

[24] 宋爱春，董丽，晏海. 基于 AHP 的北京地区观赏海棠景观价值评价[J]. 中国园林，2013，29(06)：65-70.

[25] 宁惠娟，邵锋，孙茜茜，单佳月. 基于 AHP 法的杭州花港观鱼公园植物景观评价[J]. 浙江农业学报，2011，23(04)：717-724.

[26] Melton A, Schulenberg S. On the Measurement of Meaning：Logotherapy Empirical Contributions to Humanistic Psychology[J]. Humanistic Psychologist，2008，36(1)：31-44.

[27] 庄惟敏.SD法与建筑空间环境评价[J].清华大学学报(自然科学版),1996(04):42-47.

[28] 张慧莹.基于SD法的城市公园植物景观评价研究——以泰安市东湖公园为例[C].中国城市规划学会、重庆市人民政府.活力城乡 美好人居——2019中国城市规划年会论文集(13风景环境规划).中国城市规划学会、重庆市人民政府、中国城市规划学会,2019:351-358.

[29] 陈璐,陈月华.基于BIB-LCJ法与SD法的杜鹃专类园春季植物景观美学评价[J].湖北农业科学,2016,55(19):4907-4912.

[30] 李星,金荷仙,常雷刚,唐宇力.基于模糊综合评判的杭州养老院户外景观评价[J].中国园林,2014,30(04):100-103.

[31] 廖启鹏,陈茹,黄士真.基于模糊综合评判与GIS方法的废弃矿区景观评价[J].地质科技情报,2019,38(06):241-250.

[32] Tabrizian, Payam. Integrating Geospatial Computation, Virtual Reality and Tangible Interaction to Improve Landscape Design and Research[D]. AnnArbor. ProQuest Dissertations and Theses Full-text Search Platform, 2018.

[33] Layton, Robbie Dale. What Really Matters? The Role of Environmental Characteristics of Nearby Greenspace in Opinions of Park System Adequacy and Predicting Visits to Parks[D]. AnnArbor. ProQuest Dissertations and Theses Full-text Search Platform, 2016.

[34] Rawal, Sonika Omprakash. Impact of Urban Park Design on Recovery From Stress: An Experimental Approach Using Physiological Biomarkers[D]. AnnArbor. ProQuest Dissertations and Theses Full-text Search Platform, 2016.

[35] Andrew Lovett, Katy Appleton, Barty Warren-Kretzschmar, Christina Von Haaren. Using 3D visualization methods in landscape planning: An evaluation of options and practical issues[J]. Landscape and Urban Planning, 2015, 142.

[36] 程洁心.大数据背景下基于GIS的景观评价方法探究[J].设计,2016(01):52-56.

[37] 张强.基于GIS的城市山地公园景观视觉评价研究[D].福州.福建农林大学,2017.

[38] 张姣姣,洪波.不同属性人群对原风景的景观偏好研究[J].风景园林,2018,25(05):98-103.

[39] Zube Ervin H., Pitt David G., Evans Gary W.. A lifespan developmental study of landscape assessment[J]. Zube Ervin H.; Pitt David G.; Evans Gary W., 1983, 3(2).

[40] Kamila Svobodova, Petr Sklenicka, Kristina Molnarova, Miroslav Salek. Visual preferences for physical attributes of mining and post-mining landscapes with respect to the sociodemographic characteristics of respondents[J]. Ecological Engineering, 2012, 43.

[41] Xu, Luo, Wang. Urbanization diverges residents' landscape preferences but towards a more natural landscape: case to complement landsenses ecology from the lens of landscape perception[J]. International Journal of Sustainable Development & World Ecology, 2020, 27(3).

[42] Wen C, Albert C, Von Haaren C. The elderly in green spaces: Exploring requirements and preferences concerning nature-based recreation[J]. Sustainable Cities & Society, 2018, 38: 582-593.

[43] Wang XX, Rodiek, Susan. Older Adults' Preference for Landscape Features Along Urban Park Walkways in Nanjing, China[J]. International Journal of Environment Research and Public Health, 2019, 16(20).

[44] Ronghua Wang, Jingwei Zhao. Demographic groups' differences in visual preference for vegetated landscapes in urban green space[J]. Sustainable Cities and Society, 2017, 28.

[45] Anne R. Kearney. The Effects of Viewer Attributes on Preference for Forest Scenes[J]. Contributions of Attitudes, Knowledge, Demographic Factors, and Stakeholder Group Membership. 2011, 43(2): 147-181.

[46] Kalivoda Ondřej, Vojar Jiří, Skřivanová Zuzana, Zahradník Daniel. Consensus in landscape preference judgments: the effects of landscape visual aesthetic quality and respondents' characteristics[J]. Journal of environmental management, 2014, 137.

[47] Xinxin Ren. Consensus in factors affecting landscape preference: A case study based on a cross-cultural comparison[J]. Journal of Environmental Management, 2019, 252.

[48] Tveit Mari Sundli. Indicators of visual scale as predictors of landscape preference: a comparison between groups[J]. Journal of environmental management, 2009, 90(9).

[49] Hua Zhang, Bo Chen, Zhi Sun, Zhiyi Bao. Landscape perception and recreation needs in urban green space in Fuyang, Hangzhou, China[J]. Urban Forestry & Urban Greening, 2013, 12(1).

[50] 徐新洲,薛建辉.基于AHP-模糊综合评价的城市湿地公园植物景观美感评价[J].西北林学院学报,2012,27(02):213-216.

[51] 何诗静,张辛阳.基于层次分析法的武汉市综合性公园植物景观评价[J].上海农业学报,2019,35(05):46-50.

[52] Ahmet Tuğrul Polat, Ahmet Akay. Relationships between the visual preferences of urban recreation area users and various landscape design elements[J]. Urban Forestry & Urban Greening, 2015, 14(3).

[53] Ronghua Wang, Jingwei Zhao, Michael J. Meitner, Yue Hu, Xiaolin Xu. Characteristics of urban green spaces in relation to aesthetic preference and stress recovery[J]. Urban Forestry & Urban Greening, 2019, 41.

[54] 闫笑.北京城区公园森林景观美景度评价[D].北京:北京林业大学,2019.

[55] Yang X. Structural Quality in Waterfront Green Space of Shaoyang City by Scenic Beauty Evaluation[J]. Asian Journal of Chemistry, 2014, 26(17): 5644-5648.

[56] 陈宇钢,刘伟,王猛,芦建国,岳远征.基于老年人视角的园林植物景观营造的因子分析[J].中国园林,2019,35(08):115-118.

[57] 杨科.成都市综合公园植物群落景观研究[D].成都:四川农业大学,2010.

[58] 张强.基于GIS的城市山地公园景观视觉评价研究[D].福州:福建农林大学,2017.

[59] Koo Min-Ah, Eom Boong-Hoon, Han Ye-Seo. A Study on Use Satisfaction and Image Evaluation of User through Post Occupancy Evaluation in Urban Park-On the 2.28 Memorial Park in Daegu[J]. Koeean Inst Landsccape Archit, 2018, 46(4): 11-20.

[60] Zahra Nazemi Rafi, Fatemeh Kazemi, Ali Tehranifar. Public preferences toward water-wise landscape design in a summer season[J]. Urban Forestry & Urban Greening, 2020, 48.

[61] 谭玮,蔡如.城市湖泊景观美学评价研究——以广州市为

例[J]. 福建林业科技，2017，44(01)：99-103.

[62] Pongsakorn Suppakittpaisarn, Linda Larsen, William C. Sullivan. Preferences for green infrastructure and green stormwater infrastructure in urban landscapes: Differences between designers and laypeople[J]. Urban Forestry & Urban Greening, 2019, 43.

[63] 吴艳芳. 基于 AHP 法的凯里市民族风情园园林小品景观评价[J]. 现代园艺，2019(21)：48-50.

[64] 葛天骥. 基于感知恢复的城市公园鸟鸣声景研究[D]. 哈尔滨：哈尔滨工业大学，2018.

[65] 闫明慧. 基于游憩行为特点的老年人对城市公园声景观的心理倾向研究[D]. 济南：山东农业大学，2017.

[66] 刘滨谊. 风景景观环境-感受信息数字模拟[J]. 同济大学学报(自然科学版)，1992(02)：169-176.

[67] Sepideh Saeidi, Marjan Mohammadzadeh, Abdolrassoul Salmanmahiny, Seyed Hamed Mirkarimi. Performance evaluation of multiple methods for landscape aesthetic suitability mapping: A comparative study between Multi-Criteria Evaluation, Logistic Regression and Multi-Layer Perceptron neural network[J]. Land Use Policy, 2017, 67.

[68] 刘滨谊. 从 30 年演进看数字景观的未来[C]. 中国数字景观国际论坛. 2013.

[69] 杜宏武. 探讨住区休憩空间价值的量化评价方法——基于规划控制与设计视角[J]. 现代城市研究，2016(09)：67-71.

[70] 刘滨谊. 风景园林主观感受的客观表出——风景园林视觉感受量化评价的客观信息转译原理[J]. 中国园林，2015，31(07)：6-9.

[71] Anna Jorgensen. Beyond the view: Future directions in landscape aesthetics research[J]. Landscape and Urban Planning, 2011, 100(4).

作者简介

胡汪涵，1996 年，男，浙江衢州，浙江农林大学硕士研究生在读，研究方向为植物景观规划设计。

杨凡，1984 年，男，浙江龙游，博士，浙江农林大学风景园林与建筑学院讲师，研究方向植物景观规划设计。

史琰，1981 年，女，山东，博士，浙江农林大学风景园林与建筑学院植物景观与生态教研室主任、讲师，研究方向植物景观理论、生态规划设计理论与应用。

包志毅，1964 年，男，浙江东阳，博士，浙江农林大学教授、名誉院长，研究方向为植物景观规划设计。电子邮箱：bao99928@188.com。

基于多种出行模式的城市公园绿地可达性研究

——以石家庄市区为例

Study on the Accessibility of Urban Park Green Space Based on Multiple Travel Modes：

A Case Study of Urban Area of Shijiazhuang City

黄金静　戴　彦

摘　要： 在城市快速建设发展的背景下，对城市公园绿地的可达性进行研究越来越成为城市生态和人居环境品质评价的一项重要指标。本文以石家庄市区为研究对象，基于 POI、AOI 以及开源数据，运用 ArcGIS 平台建立网络分析数据集，根据步行、非机动车和机动车三种出行方式，定量分析不同等级的城市公园绿地的可达性，以及对城市居住区服务覆盖率。在此基础上剖析现状石家庄市区城市公园绿地的分布合理性，从而为新一轮的城市总体规划提供参考。

关键词： 多种出行模式；城市公园绿地；可达性；石家庄市区

Abstract： In the context of rapid urban construction and development, research on the accessibility of urban parks green spaces has increasingly become one of the important indicators of urban ecology and human settlement quality evaluation. This paper takes the urban area of Shijiazhuang city as the research object, based on POI, AOI and open source data, uses ArcGIS platform to establish a network analysis data set, and quantitatively analyzes the availability and the coverage in urban residential areas of urban parks green spaces of different levels according to the three travel modes of walking, non-motor vehicles and motor vehicles. On this basis, analysing the rationality of the current distribution of urban park green spaces in the urban area of Shijiazhuang city, so as to provide a reference for the new round of urban master planning.

Key words： Multiple Travel Modes；Urban Parks Green Spaces；Accessibility；Urban Area of Shijiazhuang City

引言

随着工业化和现代化的不断推进，我国的城市建设水平得到了显著的提升，健康、生态、智慧成为城市发展建设的新方式。截至 2019 年，我国城镇化率达到 60.6%[1]，快速的、粗放式的城市建设方式带来的各类城市问题，影响着居民的生活与健康。2018 年，建设"公园城市"的理念被提出，这一理念表达了"创造良好的人居环境，实现人与自然的和谐共处"的理想。城市中的公园绿地作为建设"公园城市"的重要组成部分，是生态文明思想的重要反映。而公园绿地的可达性成为评估公园的使用效率的主要因素[2]，对人民的获得感、幸福感以及城市的可持续发展产生了重要的影响。

可达性是指通过特定的交通系统从某一设施点到达目的地的难易程度，可用通行时间、空间距离等相关要素来衡量。1959 年 Hansen 首次提出可达性的概念，他将可达性定义为交通系统中各个节点之间相互影响的大小[3]。随后可达性被广泛地应用到交通系统规划、公共设施布局、土地利用规划等领域，成为进行空间选址、布局优化等工作的重要依据。Kwan 将可达性分为两个方面，一方面为个人可达性以体现个人生活品质，另一方面为地方可达性反映某区域被接近的可能性[4]。因此，对城市公园绿地可达性的研究在一定程度上对居民生活品质的提高

具有重要意义。

随着科学技术的进步以及理论研究的发展，关于可达性的研究方式得到了很大的改进和提升。公园绿地可达性研究最早来源于国外，主要以问卷形式进行研究，20 世纪 90 年代地理信息系统引入可达性分析，城市公园绿地可达性的研究精确度得到了提升。随着研究方式的不断完善和发展，各国学者从宗教信仰[5]、人群收入[6]、人口结构[7]以及行为习惯[8]等多角度对公园绿地可达性进行分析和研究，研究领域更为多样化。目前关于公园绿地可达性常用的评价方法主要有缓冲区分析法[9]、引力模型法[10]、统计指标法[11]、两步移动搜索法[12]、网络分析法[3,13]等。其中，网络分析法以实际道路交通系统为基础，以居民的出行时间和距离为衡量标准，来评估居民点到城市公园绿地的可达性，分析结果更加科学。因此，本文以石家庄市市区的城市公园绿地为例，利用 ArcGIS 软件中的网络分析法，基于居民多种出行方式，定量研究城市公园绿地的可达性，对优化城市公园绿地的空间布局，规划城市绿地系统具有重要的意义。

1　研究对象及数据获取

1.1　研究区域概况

石家庄市为河北省的省会城市，下辖 8 区、14 县

（市），总面积为 14530km²，在 2017 年被评为国家园林城市。本文研究范围为石家庄市主城区包括长安区、桥西区、新华区以及裕华区 4 区，总面积 405.03km²，北侧有滹沱河穿过，内部有民心河核心内环水系。目前石家庄市区包括不同类型的公园共 67 个，至 2017 年底石家庄市城市人均公园绿地面积达 15.5m²，城市绿地率 40.9%[14]。在《石家庄市城市总体规划（2011-2020 年）》中，规划在中心城区形成"两廊贯通、三环绕城、绿楔渗透、绿网成荫"的城市绿地布局结构，并将城市公园绿地分为市级综合（专类）公园和居住区级综合公园两类[15]。石家庄市区人口密度最高，绿地系统较为完善，且新一轮的城市绿地系统规划即将开启，因此对市区公园绿地可达性进行研究可为未来城市建设提供参考，进而改善人居环境。

1.2 数据获取

城市公园绿地可达性分析数据来源主要包括《石家庄市城市总体规划（2011-2020）》、百度地图、BigeMap 电子地图以及 Open Street Map（表 1）。通过石家庄市总体规划图，利用 ArcGIS 10.2 提取城市公园绿地以及居住用地范围，此外利用 BigeMap 最新卫星图，对现状城市土地利用数据进行修正。利用百度兴趣点（POI）获取石家庄市公园绿地及其出入口的空间位置数据，并通过石家庄市园林局公开的公园绿地统计进行核对。通过 Python 爬取石家庄市区居住小区范围（AOI）以及城市道路数据，并进行数据的清洗和筛选，结合石家庄市总体规划图划定城市道路等级。最后利用 Open Street Map 获取城市行政区划图，并对以上数据进行分区和筛选。对于城市公园绿地的分类，通过网络和实地调研，划定市级综合（专类）公园和居住区级综合公园两类（图 1）。

数据类型及数据来源   表 1

数据类型	数据来源
城市公园绿地	《石家庄市城市总体规划(2011～2020)》、BigeMap 电子地图
城市居住用地	《石家庄市城市总体规划(2011～2020)》、BigeMap 电子地图
城市公园绿地及其出入口空间位置	百度兴趣点(POI)
居住小区范围	百度兴趣范围(AOI)
城市道路数据	百度地图
城市行政区划图	Open Street Map

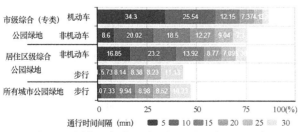

图 1 不同交通方式下公园绿地的服务面积比例

2 研究方法及数据处理

2.1 研究方法

ArcGIS 软件中的网络分析工具是在道路交通系统的基础上，对城市的基础设施进行地理处理以及模型化，主要用于寻找最佳路径，以分析公共设施的空间配置。网络分析法的处理需要构建基本道路交通网络，以城市公园绿地空间位置为中心，以不同等级道路为连接，以道路交叉口为节点，最后将不同道路的通行速度作为阻力。

2.1.1 最小阻抗分析法

采用网络分析法中的最小阻抗分析方式模拟路网，计算城市公园绿地的交通可达性，分析城市公园绿地所处空间位置的交通通行能力。

$$H_i = \frac{1}{n-1} \sum_{j=i(j \neq i)}^{n} (d_{ij}) \quad (1)$$

$$H = \frac{1}{n} \sum_{i=1}^{n} (H_i) \quad (2)$$

公式中：H_i 表示城市公园绿地 i 的可达性；H 表示整个交通网络的可达性；d_{ij} 表示城市公园绿地 i 与居住小区 j 之间的最小阻抗，可表示为距离成本、时间成本等；n 代表交通网络系统中城市公园绿地点的个数。

2.1.2 统计分析法

在简历网络分析模型的基础上，划分多种通行方式，计算不同通行方式的可达性面积，计算不同交通模式下，城市公园绿地的服务面积。

$$城市公园绿地服务面积比 = \frac{有效服务面积}{研究区域居住区面积} \times 100\%$$

2.2 数据处理

首先通过 ArcGIS 10.2 软件，提取石家庄市区道路网结构，建立网络数据集，并通过运算提取道路网交点获得节点。将石家庄市区城市道路进行分级，分为城市快速路、城市主干路、城市次干路和城市支路 4 级。参考国家现行标准《公路工程技术标准》JTG B01-2014，结合城市道路拥堵情况，将 4 级道路的最高行驶速度分别设置为：80km/h、60km/h、30km/h、20km/h。由于在城市中行驶，将通行速度单位转换为 m/min。同时结合《中华人民共和国道路交通安全法（2011 修正）》将非机动车通行速度设置为 15km/h，步行平均速度设置为 5km/h。

其次，结合 POI 爬取的城市公园绿地空间位置数据，根据石家庄市城市总体规划以及网络问卷调查结果，划分市级综合（专类）公园 12 个和居住区级综合公园 58 个，市级综合（专类）类公园面积较大，应将公园出入口位置作为公园通行点，所有城市公园绿地出入口有 110 处。此外，石家庄市区北侧为滹沱河沿岸带状绿地，因此根据绿带各段落名称划分公园绿地，并归纳为居住区级综合公园。

通过 AOI 爬取的居住小区有 2435 个，将居住小区空间位置划分作为居民出发点，计算城市公园绿地对石家庄市区居住小区的覆盖度，并评估城市公园绿地交通通达性。此外，基于步行、非机动车、机动车三种交通方式，计算在不同通行时间内，石家庄市区城市公园绿地对居住用地的整体服务面积。

3 公园绿地可达性统计结果与分析

3.1 公园绿地交通通达性分析

基于现有城市路网，运用最小阻抗分析法，计算石家庄市区所有城市公园绿地出入口到市区所有居住小区的平均时间成本。公园绿地的可达性评价与路网密度、道路等级以及所处空间位置有着密切的关系，公园绿地的可达性，分布于市区中心的公园绿地可达性最好，石家庄市区以北居住区级综合公园较多，但是可达性最低。可达性最好的城市公园绿地平均通行时间为7min，可达性最差的公园绿地平均通行时间为20.2min。

根据《石家庄市城市总体规划（2011-2020年）》，规划居住区级综合公园服务半径为1km，要求在城市中500m见园，300m见绿。通过网络分析法建立公园服务半径，得知在500m的服务范围内，现有城市公园绿地仅能服务1.84%的居住小区，在100m的服务范围内，现有城市公园绿地仅能服务18.52%的居住小区，由于300m范围较小，仅建立300m缓冲区，城市绿地能够服务91.09%的居住小区。城市总体绿化程度较高，但是城市公园建设未能达到石家庄市城市总体规划中的服务范围要求。

3.2 公园服务能力分析

结合相关研究和实地调研情况，对于居住区级综合公园，步行和非机动车为主要的通行方式，且最佳时长在15min内，而市级综合（专类）公园除具有居住区级综合公园的功能外，服务面积最大，机动车成为主要的通行方式之一，最长通行时间可达到30min。因此，本文对不同级别的公园选取不同交通模型进行分析，并以5min为一个时间段，将可达性的时间成本分为6个等级：5min、10min、15min、20min、25min以及30min。

步行是通往所有城市公园绿地最便捷、选择可能性最大的交通出行方式。城市公园绿地可达性等级分布图以及图2中城市公园绿地服务面积比例，石家庄市区城市公园绿地步行可达性较差，30min内可服务居住区面积低于50%，15min内市区所有公园绿地可服务居住区面积为19.29%，在桥西区和裕华区西北部，两个部分步行可达性较高，市区东部可达性整体较差。由于石家庄市区东部存在部分农用地以及村庄，区域整体开发程度较低，城市公园绿地分布较少。

对于非机动车出行方式，市级综合（专类）公园绿地和居住区级综合公园绿地对于居住区整体覆盖程度较高。15min内居住区级综合公园绿地的可达性可服务50%以上的居住区，而市级综合（专类）公园绿地不足50%，可得在15min以内，居住区级综合公园绿地的通达性明显高

于市级综合（专类）公园绿地。然而不同级别城市公园绿地所处区位不同，市级综合（专类）公园绿地所处交通位置较好，因此在30min内市级综合（专类）公园绿地能够服务75%以上的居住区。

市级综合（专类）公园绿地机动车通达性最好，能够服务86.77%的居住区，在30min通行时间内，仅石家庄市区北侧和西南边缘地区公园服务能力不足。在10min以内，市级综合（专类）公园绿地能够服务50%城市居住区。石家庄市动物园、植物园等大型高品质公园分布于城市西北部，且该区域居住区较少，因此虽然市级综合（专类）公园绿地于市区西北部可达性较低，但是对于城市西北部整体生态环境影响较弱。

4 总结

本文基于不同交通模式，对城市公园绿地可达性进行分析，既体现了城市公园绿地的空间分布的重要性，又突出了城市公园绿地服务居民的有效性，对于城市公园绿地的可达性进行研究可以有效地评估城市基础设施空间分布的合理性，也可为未来的城市总体规划提供科学的参考依据。

通过对石家庄市区的城市公园绿地进行评估，可发现各类问题。首先，石家庄市城市总体规划中关于城市绿地系统目标尚未实现，城市公园绿地总体服务能力较低，可适当调整政策内容，同时加强城市绿色基础设施建设。其次，石家庄市区除城市绿地之外，部分地区有农用地分布，在不破坏农田生态的前提下，可利用农作物适当调节局部地区环境。最后，通过调研发现部分公园以广场为主，绿地率较低，美观度单一，可适当种植乔木，增加公园绿化覆盖率。

本文通过个人爬取数据、开源数据收集以及实地调研，评估城市公园绿地的可达性，通过与官方网站数据对比进行数据修正。同时在对城市公园绿地可达性进行评估是为了将城市交通拥堵问题纳入网络分析法阻力设置。因此，本文评估结果与城市公园绿地实际可达性存在一定差异，综合考虑各类影响要素，定量与定性相结合才能对城市生态环境改善起到指导意义。

参考文献

[1] 中国政府网.2020年5月22日在第十三届全国人民代表大会第三次会议上——政府工作报告（文字实录）[EB/OL].[2020-10-01]. http://www. stats. gov. cn/tjgz/tjdt/202005/t20200522_1747505. html.

[2] Wang D, Brown G, Liu Y. The physical and non-physical factors that influence perceived access to urban parks[J]. LANDSCAPE AND URBAN PLANNING, 2015, 133: 53-66.

[3] 李蒙. 基于GIS的公园绿地可达性与服务水平研究——以长沙市岳麓区为例[J]. 地理信息世界, 2020, 27（03）: 100-106.

[4] Kwan M, Murray A, OKelly M, et al. Recent Advances in Accessibility Research: Representation, Methodology and Applications[J]. Journal of Geographical Systems, 2003, 5: 129-138.

[5] Comber A，Brunsdon C，Green E. Using a GIS-based network analysis to determine urban greenspace accessibility for different ethnic and religious groups[J]. Landscape and Urban Planning, 2008.

[6] 岳邦佳，林爱文，孙铖. 基于 2SFCA 的武汉市低收入者公园绿地可达性分析[J]. 现代城市研究，2017(08)：99-107.

[7] 马淇蔚，李咏华，范雪怡. 老龄社会视角下的绿地空间可达性研究——以杭州市为例[J]. 经济地理，2016，36(02)：95-101.

[8] Ostermann F O. Digital representation of park use and visual analysis of visitor activities[J]. Computers, Environment and Urban Systems, 2010, 34(6)：452-464.

[9] 邢晓娟，李翅，董明，等. 基于 GIS 网络分析的城市公园绿地布局研究[J]. 城市勘测，2019(05)：56-62.

[10] 李岚，董成林. 基于 GIS 技术的南京主城区公园布局与可达性研究[J]. 园林，2019(12)：69-75.

[11] 方金林，邹逸江. 基于 RS 的宁波市绿地空间分布的 GIS 初步研究[J]. 测绘与空间地理信息，2012，35(01)：13-19.

[12] 叶伸，郑德华，陈兵，等. 基于服务半径的城市公园绿地空间可达性研究[J]. 地理空间信息，2020，18(04)：65-69.

[13] 赵兵，李露露，曹林. 基于 GIS 的城市公园绿地服务范围分析及布局优化研究——以花桥国际商务城为例[J]. 中国园林，2015，31(06)：95-99.

[14] 石家庄市园林局. 石家庄市园林局 2017 年工作计划[EB/OL]. [2020-10-01]. http：//ylj. sjz. gov. cn/col/1585723853344/2017/03/15/1585811525448. html.

[15] 石家庄市自然资源和规划局. 石家庄市城市总体规划(2011-2020 年)[EB/OL]. [2020-10-01]. http：//zrghj. sjz. gov. cn/sjz/ghjh/cqgh/101556356513418. html.

作者简介

黄金静，1994 年，女，汉，河北，硕士在读，重庆大学建筑城规学院，硕士研究生，城乡规划学，研究方向为村镇空间扩展时空技术。电子邮箱：1245679944@qq. com。

戴彦，1976 年，男，汉，重庆，博士，重庆大学建筑城规学院，副教授，城乡规划学，研究方向为村镇空间扩展时空技术。电子邮箱：3188057@qq. com。

基于对公园城市建设理论与实践的思考

Reflection on the Theory and Practice of Park City Construction

郎　莹　董山平

摘　要：公园城市是适应当前人居环境问题而提出的城市绿色发展新理念，基于对公园城市概念的解读，阐述了公园城市的基本特征，提出了公园城市的践行内容及路径，总结了对公园城市建设的思考建议，以期能够为实现公园城市的发展目标提供参考与借鉴。

关键词：公园城市；绿色发展；城市生态；和谐共生

Abstract: Park city is a new concept of green development which is adapted to human settlement environment problems now. Based on the understanding of its connotation, the paper stated the essential characteristic, the construction content and path, and summarized the suggestions in the construction of park city. so that it could provide reference for realizing the goal of park city.

Key words: Park City; Green Development; Urban Ecology; Harmonious Coexistence

改革开放 40 多年来，我国城市建设取得了显著成就，经济、文化、科技、卫生、教育快速发展。同时，伴随着城市化和工业化进程地加快，生态环境不断遭到破坏，人居环境问题突出。在中国城市如何实现持续健康发展的时代背景下，公园城市理念应运而生。公园城市倡导绿色发展，代表着我国城市未来发展的新方向，也是生态文明战略的重要组成部分。建设美丽宜居的公园城市已成为今天城市人居环境提升及健康发展的迫切需要。

1　公园城市的概念

1.1　概念发展

为适应城市化进程不断变化的新形式，我国曾经历了卫生城市、山水城市、宜居城市、园林城市、生态城市、森林城市、生态园林城市、绿色城市、海绵城市等形式多样、内容丰富的城市建设阶段。公园城市是基于当前人居环境发展问题的高度上提出来的，是以新发展理念推动城市建设和发展的重要决策和战略行动。

1.2　内涵解析

在城市建设发展之路上，园林城市偏重于城市的园林绿化建设，以人均公共绿地、绿地率、绿地覆盖率为评选的基本指标。生态园林城市，在园林城市的基础上强调自然环境生态化，加大了社会生态化的比重，提高了城市的生态功能。公园城市以生态文明引领城市发展，是公园形态与城市空间的有机融合，是城市绿色发展的新模式。倡导构筑山水林田湖城生命共同体、生产生活生态空间相宜、自然经济社会人文相融，人、城、境、业高度和谐统一。相比之下，公园城市的理论与实践，比园林城市更有生态价值，比生态园林城市更有人文意蕴，是中国人居环境发展的新进程。

2　公园城市的基本特征

2.1　城在园中，关系演变

公园城市描绘的城市是一个大公园，城在园中。在以往的城市建设中，园在城中。在城市中建公园绿地，让老百姓身边有公园，城在先；而公园城市，在公园里建城，老百姓生活在公园里，自然在先，公园和城市的关系发生了演变。公园城市具备公园化的形态面貌，且以有生命力的绿色共享空间为城市主要活力因素。

2.2　以人为本，本质体现

当前，我国社会主要矛盾已经转化为人民日益增长的美好生活需要和不平衡不充分的发展之间的矛盾，这同时也是公园城市产生的时代背景。公园城市"公"字当先，寓意共享公共资源、公共服务、公共福利。以人为本，突出人民属性，把创造优良人居环境作为中心目标，突出生态保护和城市美丽宜居，满足人民对美好生活和优美生态环境的向往和需求。

2.3　和谐共生，统筹发展

公园城市以生态文明引领城市发展，将公园形态与城市空间有机融合，构筑山水林田湖城生命共同体。引导城市发展从追求生产价值转向生活价值，从经济导向转向人本导向，体现"绿水青山就是金山银山"理念和"一尊重五统筹"城市工作总要求。生产生活生态空间相宜、自然经济社会人文相融、人城境业高度和谐统一，共生共荣、永续健康可持续发展。

2.4　安全舒适，健康便利

公园城市以构建方便、安全、健康、舒适、优美的绿色空间为目标，在社区尺度上要形成公园社区生活圈。城市居民出门即入花园，交通路网绿色安全，教育、医疗、养老、商业、文化等基本公共服务配套齐全、便利可达。居民生活品质得以提升，获得感、幸福感和安全感切实增强。

3 公园城市的践行路径

3.1 城园融合，形成城市公园体系

公园即城市，城市即公园，建设公园城市不可能一蹴而就，构建城市公园体系是首要任务，也是核心理念。各地可根据城市特色，系统梳理当前公园绿地规划建设情况。以空间规划为引领，以人民为中心，分级分类推进构建公园系统，形成层级分明、类型完善、功能完备、数量达标、分布均衡、品质优良、全民共享的公园体系，形成"出门见绿，步行入园"的公园网络，满足人民对城市基本公共服务及美好生活的需要。如徐州市中心老城区绿地量不足，通过优化城市总规和绿规，市区 5000m² 以上公园数量超过 177 个，城市公园绿地 500m 服务半径覆盖率提高至 90.8%。

3.2 生态优先，构筑山水林田湖城生命共同体

城市由自然系统与人为系统构成，具有拟自然属性，即生态特征。公园城市是自然生态与人类共生的复合生态系统，建设公园城市要立足自然本底，以保护原生态为原则，以人为核心，以满足功能为主要目的，寻求城市建设发展与自然本底延续的平衡。尊重自然，生态优先，按照山水林田湖城是一个生命共同体的理念统筹建设公园城市，实现人与自然和谐共处，城市与山水林田湖和谐共生。如成都东进区统筹山水林田湖城系统整体性保护，织补整合各级生态空间及城乡公共空间，促进城市内外生态联通，城乡生态、生活、生产一体化建设，形成山水林田湖城生命共同体。

3.3 低碳高效，推动绿色发展新模式

公园城市坚持保护优先、低碳高效、创新发展，着力推进绿色生态价值持续转化。以营造高品质生活环境、高质量发展环境为重点，形成资源节约、环境友好、循环高效的生产方式，建立以产业生态化和生态产业化为主体的生态经济体系和绿色资源体系，发展新经济、培育新动能、形成新消费，推动形成转型发展新路径。如成都探索构建绿色低碳可持续发展新格局，让绿色成为普遍形态的高质量发展之路，努力推进经济发展方式绿色低碳转型。明确力争到 2022 年，绿色经济成为现代化经济体系的重要支柱，绿色低碳循环产业体系基本建立。

3.4 传承文化，突显城市地域文化特色

传承优秀传统文化是城市健康永续发展的前提，公园城市提倡城市建设、自然环境与文化底蕴协调发展，继承发扬城市历史文化，通过绿色发展理念传承城市历史文脉，以人文理念创建城市地域特色，促使城市建设与地域文化相融合，实现诗意栖居的优美环境。如济南在城市公园绿地构建多元文化场景和特色文化载体，以文蕴绿，打造绿色文化城市公共空间，丰富居民文化生活，彰显泉城地域文化特色。

4 思考与建议

4.1 摸清城市现状，科学合理规划

公园城市是城市建设的新模式，是新发展理念的全新实践，需要科学研判，长远规划，以规划引领发展，逐步实施。当前，我国各城市的本底现状和城市建设基础不尽相同，各有特色。要切实做好空间规划的基础调查工作，摸清城市的自然资源和历史人文本底，以人为本，关心百姓之所需，科学合理规划，突显城市特色，实现绿色健康发展，人居环境美好。

4.2 以政府为主导，多学科、多专业、多领域、多部门协同参与

公园城市倡导蓝绿灰统筹融合，人城园和谐共荣，是生产生活生态空间相宜、自然经济社会人文相融的复合系统，践行公园城市的发展理念涉及城市建设管理的方方面面。基于我国国情，建设公园城市政府主导是根本，多专业、多学科、多部门、多领域协同参与是保障，各行各业专业人才队伍是基础，形成全社会共谋、共建、共治、全民共享、共发展的长效机制是关键。

4.3 建立动态评估机制，有序推进不盲从

根据公园城市的建设目标，因地制宜，不跟风，不盲从，科学开展城市的规划设计工作，制定切实可行的实施方案，明确责任分工，有序推进项目实施落地。老城区留白增绿、更新提质，新城区夯实基础、绿色发展，无论新建、改建、扩建项目，要从安全、质量、功能、品质等方面落实监管，动态跟踪评估，及时扶正纠偏，科学高效发展。

5 结语

成都基于得天独厚的自然条件践行公园城市理念使其成为全国关注的焦点，西安、石家庄、南宁、贵阳、扬州等城市也都纷纷开始了对公园城市的实践探索。新时代践行公园城市发展新理念，实现美丽宜居城市梦，既是机遇，也是挑战。每个践行者都应尊重事物发展的客观规律，明确定位，及时总结，互通有无，久久为功，共同描绘生态文明的理想蓝图。

参考文献

[1] 中央城市工作会议：把创造优良人居环境作为中心目标 [EB/OL]. (2015-12-22) [2018-04-18]. http://www.chinanews.com/gn/2015/12-22/7683124.shtml.

[2] 刘滨谊. 公园城市研究与建设方法论[J]. 中国园林，2018 (10)：10-15.

[3] 李雄，张云路. 新时代城市发展的新命题：公园城市建设的战略与响应[J]. 中国园林，2018(5)：38-41.

[4] 住房和城乡建设部城市建设司.践行绿色发展服务绿色生活：园林绿化科学发展指南[S].北京：中国建筑工业出版社，2017.

[5] 吴岩，王忠杰，束晨阳，等."公园城市"的理念内涵和实践路径研究[J].中国园林，2018(10)：30-33.

[6] 吴良镛.人居环境科学导论[M].北京：中国建筑工业出版社，2001.

[7] 生态园林城市建设实践与探索·徐州篇[M].北京：中国建筑工业出版社，2016.

作者简介

　　郎莹，1966年6月，女，汉族，北京，国家林业和草原局林产工业规划设计院，工程师，园林规划设计。电子邮箱：497857353@qq.com。

　　董山平，1990年5月生，男，汉族，湖南岳阳，国家林业和草原局林产工业规划设计院，工程师，园林、林业咨询规划设计。电子邮箱：497857353@99.com。

公园城市践行下的城市有机更新战略路径探索

——以成都市新都区中心城区为例

Exploration of Urban Organic Renewal Strategy Path under the Practice of Park City：

A Case Study of Xindu District，Chengdu

李洁莲　　张利欣

摘　要：公园城市思想下，城市更新转向注重生态优先发展的内涵式发展。文章从"公园城市"视角重新认识城市有机更新的问题，在充分剖析其概念、内涵的基础上提出"公园化"功能区与社区、"公园＋"场景营造、"公园绿道"构建等3大有机更新战略，以成都市新都区中心城区为例，指引形成公园社区、共享公园、民生服务、全时经济、公园绿道5大有机更新体系，以多尺度的"环境中享有服务"的复合、共享场景式公园城市空间构建推动实现城市高质量发展、高品质生活。

关键词：公园城市；有机更新；公园化；场景营造；战略体系

Abstract：Under the idea of "park city", urban renewal turns to the conjunctive development that pays attention to ecological first development. The authors analyze the concept of "park city" and propose "Park-oriented" functional area and community, "park ＋" scene construction, "park greenway"construction strategy. Take xindu District of Chengdu as an example, it has formed five organic renewal systems of park community, shared park, people's livelihood services, full-time economy and green network, which promotes the realization of high-quality development, high-quality life.

Key words：Park City；Organic Renewal；Park-oriented；Scene Construction；Strategic System

引言

城市发展从增量主导外延式向增存并重的内涵式发展转变的背景下，以"公园城市"理念引领城市有机更新，推动实现高质量发展、高品质生活是首要和关键。

更新作为促进城市转型的有效手段，我国已有许多城市率先进行了探索并取得一番成效。上海城市更新提出"向存量要空间、向质量求发展"，通过腾笼换鸟转低效存量物业为高效资产，改善城市空间形态和功能。广州城市更新从"三旧"（旧城镇、旧厂房、旧村庄）着手，以优化城市空间、改善人居环境、传承历史文脉、发展社会经济持续系统地推进差异化的城市高质量更新。深圳城市更新以拆除重建和综合整治的"城中村"改造为主，追求城市更新高质量发展。上述城市早期以增量建设用地开发换取快速城市化进程后，当前多依托存量土地开发，以经济效益最大化为前提，提高土地产出率，防止土地蔓延以此保护人居环境。

"公园城市"概念，为城市更新寻找生态优先发展路径指明了新方向，也明确了城市有机更新"生态变资源，资源生态用"的时代新要求。"公园城市"的提出意味着我国未来城市发展面临着构建生态价值的新命题，如何以城市有机更新实现公园城市与城市空间有机融合，加快"美丽宜居公园城市"建设步伐，形成"人、城、境、业"和谐统一的新型城市形态是难题。本文从"公园城市"视角重新认识城市有机更新的问题，并以成都市新都区中心城区为例深入研究，尝试总结公园城市视角下的城市有机更新建设经验，为实现城市有机更新与"两高"提供有力基础。

1 "公园城市"概念解读

1.1 "城市公园"向"公园城市"转变

"公园城市"概念提出之前，城市公园作为城市绿地系统中与市民生活联系最为密切和发挥最大社会和生态效益的绿地，其数量和面积一度成为评价一个城市宜居性和建设生态城市的重要标准之一。指标式的城市公园绿地规划，虽然在某种程度上是均等化分配下的人文关怀体现，但无法反映城市绿地的空间位置，也欠缺对市民使用效率问题的考虑。

而"公园城市"强调生态价值与人文关怀并存，有别于均等化分配，力求满足当前社会主要矛盾下的居民异质化需求。"公园城市"不像城市公园，其建设重点不是要建多少面积、有多少个公园，而是要建立完善的全域公园体系，规划尺度上到区域、下到社区，规划内容大到城市绿道体系、小到口袋公园等，全方位地使公园结构、功能、形态与城市发展战略、城市空间建设、城市场景营造耦合，达到公园城市预期。

1.2 "公园城市"内涵: "环境中享有服务"的复合、共享场景式公园

"公园城市"有"生态文明"和"以人民为中心"两大关键词。"公园城市"通过将城乡绿地系统和公园体系等生态资源作为城乡发展的基础性、前提性配置要素,对其在布局优化、体系构建等方面扩容提质,提升公共服务产品供给的服务品质,从"城市中建公园"到"公园中建城市",发挥其生态价值从而完善城市格局、提升城市竞争力。

在城市经济组织方式上,充分体现人本逻辑,公园城市建设推动传统"产城人"向"人城产"模式转变,以良好的人居环境、完善的城市功能吸纳人才;依托公园城市优美的生态环境,重引经济、重育业态,推动产业转型发展。在公共服务产品供应上,将公园场景打造成为特色。有别于"空间营造""场景营造"围绕公园城市绿色空间,以"公园+"复合共享营建生活、消费、创新等多元场景,让市民在生态中享受宜居、在公园中享有服务。这为我们揭示出了"公园城市"的本质——多尺度的"环境中享有服务"的复合、共享场景式的城市公园化空间。

2 "公园城市"下的有机更新规划战略

"公园城市"概念及其本质为城市更新探索指明了方向,本研究项目正是基于公园城市发展思想的有机更新规划实践路径探索。依据公园城市思想,坚持"生态变资源、存量变资本"的路径,以打造多尺度的"环境中享有服务"的复合、共享场景式的城市公园化空间为目标,以"公园化""公园+""公园绿道"等战略,把生态、生产、生活3方面融入公园城市建设,实现注重区域协调、存量优化的有机更新规划。

2.1 "公园化"功能区、社区

公园化功能区、社区,不是继续建造单一的城市公园绿地,是复合利用、共享营造公园功能区、社区体系。可以说是公园中有功能、功能中有公园,公园中有建设、建设中有公园。

功能区的公园化更新,通过变"空间中的生产—消费"为"空间的生产—消费"[11,12],结合公园传承文化、创新型社会业态,以公园为依托激发、培育新业态,营建消费场景,有组织、大规模地激发消费,促进向消费性城市过渡。更新后的功能区以良好环境品质,结合使用型消费、购买型消费、视觉刺激型消费、情感体验型消费等城市空间商品形成涵盖服务、业态、环境等的一体化"城市级复合公园"。

社区的公园化更新,充分发掘社区中的可利用绿色空间,规划街道、绿道实现通达性和可达性,形成社区的绿色底脉;以环境、设施、业态的复合共享配置,在公园中有机植入多元业态和公共服务,打造"社区中的公园、公园中的社区"。

2.2 "公园+"场景营造

2.2.1 公园+非正规活动,人情化社区

在公园中规训非正规空间变为共享复合利用,打造服务、设施、环境共享生活圈,营造城市街区公园场景,更新共享公园体系。随意、碎片化的非正规经济活动、非正规社会交往活动和非正规游戏锻炼活动,是老旧社区空间生产资料中的核心资源。老旧社区的更新,从交往、经营、环境、交通等能反映老百姓真正诉求的空间入手,结合碎片化绿色空间,实现涵盖民生服务、临聚集市、交往服务等的服务共享,建立体育与休闲设施等的设施共享,打造街道和绿化环境的环境共享,营造零距离"共享"人情化社区。

2.2.2 公园+民生服务,重燃烟火气

依托公园、花园、背街小巷等灰色空间植入缝补、理发、修理、洗衣、废旧回收等民生服务小设施,营造城市"地摊经济"消费公园场景,布局民生服务体系。通过增加固定摊点、玻璃房、遮阳棚等方式实现空间复合利用,增加就业空间供给,有序室外经营,重燃城市烟火气。

2.2.3 公园+全时经济,场景化服务

在公园中打造全时景的业态服务,营造城市消费公园场景,布局全时经济体系。挖掘城市特色美食,延续传统业态,以特色店招、铺面整治等发展特色小店商业经济;围绕共享公园,采取临时摊位、固定分时段摊位等方式,以观光市场、流动夜市带动夜间经济,吸引人驻足并带动消费。

2.3 "公园绿道"网络支撑

结合现状绿色资源本底规划"公园绿道"系统,以自行车专用道、观光电车道、轨道交通、街巷构建公园绿道系统,便利外地人驻足品味、本地人绿色出行。打造自行车专用道,采用高架自行车公园、路面自行车标线、道路彩绘等方式,便利联系城市各功能组团。引入观光有轨电车,采用道路断面改造、交通运营管理系统智能化等方式,即时站点可停,跑步上车。注意与区域绿道的联系,区域内各交通方式构建成体系、成网络的全覆盖"公园绿道"系统。

3 新都中心城区现状特征与更新困境

3.1 更新基调、旋律、历史使命

本文选取成都市新都区中心城区面积共 48km² 的范围作为规划研究对象。作为现代化国际范城北新中心的新都城区,在即将进入从增量向存量发展转型的背景中,"优增量、活存量"是当前新都城区发展的基调,城市更新是当前新都城区建设的旋律。新都肩负在全国率先探索"公园城市"下进行城市有机更新建设的使命。

3.2 "四园三河"的绿色本底

新都区中心城区目前已成规模的有桂湖公园、泥巴沱森林公园、体育公园、行政中心公园四大城市、片区级公园，同时有毗河、锦水河、南门河三大水系的天然支撑，组成新都中心城区良好的绿色资源本底（图1）。但当前缺乏绿色体系与公园系统的构建，公园对社区的有效渗透和服务明显不足。

图1 新都区中心城区现状绿色资源本底

3.3 功能断裂、业态滞后、住区老旧的更新困境

新都区中心城区当前文旅、老工业、物流、高校、行政等六大功能区"乾坤落子"，反映了新都城区历史发展脉络，也明晰了新都主要的几大功能区及中心构成：老城桂湖—宝光寺片区、新城高校片区、新区行政中心区、工业区、物流东区以及泥巴沱森林公园生态片区。虽然有良好的历史底蕴和现状功能，但由于功能区间缺乏联系南北向的轴线关系，老城文化功能与新城生态功能间发生断裂，缺乏联动关系激活要素。并且新都现状功能区、中心的业态以居住、传统小商业为主，缺乏顺应时代、能拉动城市外部经济与内部消费的功能支持。老城社区环境质量不高，建筑、设施老旧，缺乏新业态；新城社区环境较好，但缺乏人行尺度，封闭性较强，共享程度不高。

4 以新都为例的"公园城市"有机更新路径与体系构建

4.1 公园化，营造公园社区体系

"公园化功能区"更新战略落地，增值型、服务共享型、低效用地转型、体验型四大创新型消费业态植入，营造公园化功能区体系（图2）。增值型消费包含桂湖、宝光寺历史文化增值型消费，环高校智力增值型消费以及泥巴沱森林公园生态增值型消费。以文化旅游、知识服

图2 新都区中心城区公园化功能区体系

务、生态旅游等打造城市中心功能区。服务共享型消费涵盖行政服务共享消费与体育服务共享消费。依托新城行政中心和香城体育中心，以综合服务、商务办公、商业配套等复合业态打造服务共享中心功能区。低效用地转型消费以老工业区转型消费、物流区转型消费为主，通过用地腾退转型，实现渐进功能置换，培育新兴产业。体验型消费以锦水河体验型消费为依托，综合发展文化创意、休闲度假、健康养生等，打造体验型消费中心功能区。

"公园化社区"，建立25个公园社区，形成宝光寺、桂湖、高架自行车公园、泥巴沱森林公园四大城市中心功能区，同时依托13个交通枢纽，深入串联25个生活圈共享中心，形成共享生活圈网络体系（图3），带动外部性消费向生活圈渗透的同时，提升生活圈内部的自我造血能力。老城区致力于营造5～10min生活圈，辐射范围为

图3 新都区中心城区共享生活圈网络体系

300～500m；新城区致力于营造10～15min生活圈，辐射范围为500～1000m。

4.2 共享情，更新共享公园体系

在新都中心城区现状"四园三河"的绿色本底基础上，布局占地面积达到2.98km²的25个生活圈共享公园，复合建设社区交往、休闲、文体、民生服务等设施、业态，更新25个集"休闲、服务、业态"为一体的公园社区中心，营造出"社区在公园中、公园在社区中"的有机更新场景（图4）。

图4 新都区中心城区共享公园体系

4.3 民生意，建立民生服务体系

依托20处森林绿道、背街小巷民生服务站，建立20处民生服务设置集散地，形成民生服务体系（图5），设置缝补、理发、修理、洗衣、废旧回收等20处民生服务设施，增加就业空间供给，重拾勤俭节约的社会风气。

图5 新都区中心城区民生服务体系

4.4 全时景，布局全时经济体系

结合公园打造24处特色小店、夜市服务场景，布局全时经济体系（图6），延续传统业态，保留新都的老字号美食：钟兔头、巫嬢土豆、曾锅魁、陈记蒸牛肉等，结合市场、集市打造全时景夜市服务，恢复活色生香的市井烟火场景。

图6 新都区中心城区全时经济体系

4.5 绿联网，构建公园绿道体系

构建满足居民不同日常生活出行的公园绿道体系，设置由"游览自行车道""生活休闲绿道""共享自行车道""观光有轨电车道""锦城绿道"组成的公园绿道体系（图7）。区域上与锦城绿道自然衔接，区域内沿"上南

图7 新都中心城区公园绿道体系

街—下南街—外南街 –外南街—南四支渠"设置 3.8km 长的游览自行车专用道,方便外来游客在宝光寺、桂湖和泥巴沱森林公园之间畅游的同时,能深入体验各生活圈的原真文化。依托饮马河、南门河、锦水河设置生活休闲绿道,与毗河绿道共同承载新都区居民日常锻炼、休闲活动的绿道场景。在各社区共享公园中心与地铁站点之间,以彩色路面、共享自行车道标线限定居民上下班回家惬意展开购物、交往、休闲活动的步行环境。在锦水河路设置观光有轨电车道,串接西北片区。

同时设置串接"宝—桂—泥"的专用自行车道,构建联动"宝光禅修""桂湖花香""高校文化""森林公园生态"的多元文化传承体系,带动外部性消费向生活圈渗透,解决老城文化资源与新城生态资源的功能断裂问题。

5 结语

本文以新都区中心城区有机更新为例,通过以"公园化""公园＋""公园绿道"等理念构建公园社区、共享公园、民生服务、全时经济、公园绿道等有机更新体系,构建多尺度的"环境中享有服务"的复合、共享场景式的城市公园化空间,本质上回答了"公园城市"思想下城市有机更新如何进行的问题。通过这类规划实践的探索,希望为国内其他同类地区提供有机更新规划路径模板与经验。

参考文献

[1] 深圳市城市更新和国土整备局.深圳市拆除重建类城市更新单元规划容积率审查规定-印发稿[G].

[2] 吴林淋.2009—2020年广州城市更新发展及其启示[J].住宅与房地产,2020,(15):222.

[3] 杨华凯.广州城市更新经验的启示[J].上海房地,2018,(07):24-26.

[4] 杨剑敏.上海城市更新政策实施现状分析[J].上海房地,2020,(03):12-14.

[5] 郑时龄.关于上海城市更新的思考[J].建筑实践,2019,(07):8-11.

[6] 包亚明.消费文化与城市空间的生产[J].学术月刊,2006,38(5):11-13.

[7] 季松.消费时代城市空间的生产与消费[J].城市规划,2010,34(7):17-22.

[8] 肖华斌,袁奇峰,徐会军.基于可达性和服务面积的公园绿地空间分布研究[J].规划师,2009,25(2):83-88.

[9] 深圳市规划和自然资源局.深圳市城市更新"十三五"规划(2016-2020)[R].

[10] 本期导读"公园城市":生态价值与人文关怀并存[R].

[11] 陈格霞.城市化进程中土地开发模式梳理分析——以深圳市为例[J].城市建筑,2020,17(15):37-38.

[12] 郑宇,李玲玲,陈玉洁,等."公园城市"视角下伦敦城市绿地建设实践[J/OL].国际城市规划:1-9[2020-12-08].http://doi.org/10.19830/j.wpi.2019.498.

作者简介

李洁莲,1996年4月,女,汉族,重庆市,重庆大学建筑城规学院在读研究生,电子邮箱:765949220@qq.com。

张利欣,1997年7月,女,汉族,云南曲靖,重庆大学建筑城规学院在读研究生,电子邮箱:1452592017@qq.com。

中国北方省域公园城市与旅游经济协同关系研究[①]

Coordination Relationship Between Park City and Tourism Economy in Northern China

李姝晓

摘　要： 通过构建公园城市与旅游经济发展水平的综合评价体系对我国北方 15 个省、自治区、直辖市进行了评价，利用耦合协调度模型和灰色关联度模型，进行了各省公园城市与旅游经济发展协同关系研究。结果表明：公园城市发展持续向好，而旅游经济发展略有波动；公园城市与旅游经济发展存在关联性，但整体表现为极度失调；从时间演化来看，各省的耦合协调度逐年增加，转向中度失调；从空间演化来看，各省耦合协调度变化幅度的空间分布并不均衡，中西部省份较东部增幅更大；在公园城市系统中公园个数及绿地面积与旅游经济关联度高，公园城市系统中各指标与耦合协调度的关联程度与之相似。

关键词： 公园城市；旅游经济；耦合协调；关联度；中国北方

Abstract: Constructing the comprehensive evaluation system of park city and tourism economic development level, then 15 provinces in north China were evaluated by it. The coordination relationship between park city and tourism economic development was studied by using the coupling coordination degree model. And gray correlation degree model was used to explore the influencing factors. The results show that: the development of park city keeps improving, while the development of tourism economy fluctuates slightly. Park city and tourism economic development has a correlation, but the overall performance is extremely unbalanced. From the perspective of time evolution, the degree of coupling coordination in each province increases year by year and turns to moderate imbalance. From the perspective of spatial evolution, the distribution of the variation range of the coupling coordination degree is not balanced, and the increase rate of central and western provinces is greater than that of eastern provinces. In the park city system, the number of parks and the area of green space have a great impact on the tourism economy. Similarly, these indicators also have a great impact on the overall coupling coordination degree, which should be paid attention to in the future development.

Key words: Park City; Tourism Economy; Coupling Coordination Degree; Grey Correlation; Northern China

2018 年 2 月，"公园城市"这一新的发展概念在四川成都被提出，为中国城市新时代高质量发展提供了全新内涵[1-2]。公园城市，强调人与自然和谐共生的生态观，强调以人为中心的价值导向，强调公园形态与城市空间的有机融合，是生产、生活、生态三空间一体的高度融合状态[3-4]。而旅游业作为第三产业，是未来城市发展的巨大推力，与公园城市建设一样，对于城市转型升级和高质量发展起到重要作用[5]。旅游经济发展能够直接推动城市进程，有利于公园城市的建设，而公园型城市的建立，也有利于城市整体景观的升级，推动旅游经济的进步。因此，对于公园城市与旅游经济关系的研究，有助于探索两者目前的发展水平、协调程度和相互作用关系，能够为未来公园城市与旅游经济协同发展提供对策建议。

1　研究方法与数据来源

1.1　研究方法

1.1.1　指标权重与评测

为了能科学地反映中国北方各省份公园城市与旅游经济发展水平，需要为公园城市和旅游经济各项指标进行科学赋值。采用熵值赋权的方法进行标准化处理[6]，公式如下：

$$x_{ij} = \begin{cases} \dfrac{X_{ij} - X_{j,\min}}{X_{j,\max} - X_{j,\min}} & \text{正向指标} \\[2mm] \dfrac{X_{j,\max} - X_{ij}}{X_{j,\max} - X_{j,\min}} & \text{负向指标} \end{cases} \quad (1)$$

式中，X_{ij}——第 i 个样本的第 j 项指标的原始值；

x_{ij}——X_{ij} 标准化后的值；

$X_{j,\max}$、$X_{j,\min}$ 分别为第 j 项指标的最大值和最小值，共有 m 个样本，n 个指标。

由于标准化后会出现 0 值，为满足信息熵中对数运算的需要，将 x_{ij} 向右平移 1 个单位得到 x'_{ij}。

第 j 项指标熵值：

$$H_j = -\frac{1}{lnm} \sum_{i=1}^{m} (P_{ij} \times ln\, P_{ij}),\ P_{ij} = x'_{ij} / \sum_{i=1}^{m} x'_{ij} \quad (2)$$

第 j 项指标权重：

$$w_j = (1 - H_j) / \sum_{j=1}^{n} (1 - H_j) \quad (3)$$

采用线形加权模型[7]，测度公园城市与旅游经济的

①　基金项目：国家自然科学基金项目（41571141）、山西省软科学研究项目（2018041065-1）、山西省哲学社会科学规划项目（2018B072）、山西省高等学校工商管理优势学科攀升计划项目（晋教研 [2018] 4 号）和山西省研究生教育改革研究项目（2019JG129）资助。

综合发展水平，公式如下：

$$U_P = \sum_{j=1}^{n} w_{jp}\, p_j \tag{4}$$

$$U_T = \sum_{j=1}^{n} w_{jt}\, t_j \tag{5}$$

式中，U_P、U_T——公园城市和旅游经济的综合发展水平值；

w_{jp}、w_{jt}——公园城市和旅游经济各指标权重；

p_j、t_j——公园城市和旅游经济各指标的标准化值。

1.1.2 耦合协调度模型

借助物理学中的耦合原理，通过构造公园城市与旅游经济的耦合协调度模型考量二者之间的相互作用关系及发展的协调性[8]，以探索北方 15 个省域的耦合协调水平差异，借鉴廖重斌[9]的研究结果，采用十分法来划分耦合协调度区间及协调等级。公式如下：

$$C = \left[(U_P \times U_T) / (U_P + U_T)^2 \right]^{1/2} \tag{6}$$

$$D = (C \times T)^{1/2},\ T = \alpha U_P + \beta U_T \tag{7}$$

式中，C——耦合度；

D——耦合协调，取值范围均为 0～1，值越大表示耦合及协调程度越高；

T——公园城市与旅游经济发展的综合协调指数，值越大表明二者综合发展水平越高；

α、β——待定系数，由于公园城市与旅游经济两大系统重要性等同，故均取值为 0.5。

1.1.3 灰色关联度模型

灰色关联度模型能够全面分析系统中多因素的相互作用[10]，运用灰色关联度模型对公园城市系统中各指标的关联性进行定量测度。本文的关联分析中，以 2018 年旅游经济情况和公园城市与旅游经济两者耦合协调度分别作为参考数列，将公园城市系统中 7 个指标作为比较数列。公式如下：

$$\xi_{ij}(t) = \frac{\Delta_{(\min)} + \rho\,\Delta_{(\max)}}{\Delta_{ij}(t) + \rho\,\Delta_{(\max)}} \tag{8}$$

式中，$\xi_{ij}(t)$——t 时刻的关联系数，$0 < \xi_{ij}(t) \leqslant 1$，越接近 1，表示关联性越强；

$\Delta_{ij}(t)$——将第 j 个比较数列（$j = 1,2\cdots7$）第 t 时刻的数值与参考数列对应期的差值的绝对值；

$\Delta_{(\min)}$ 和 $\Delta_{(\max)}$——所有 7 个比较数列在第 t 时刻绝对之中的最小者和最大者；

ρ——分辨系数，通常取 0.5。

1.2 综合评价指标体系的构建

根据研究区域实际和数据的可获取性，分别从公园城市规模、城市配套水平两个方面确定了 7 个指标构建了公园城市发展水平综合评价指标体系；从旅游经济规模、旅游服务水平两个方面选取了 8 个指标构建旅游经济发展水平综合评价指标体系（表1）。

公园城市与旅游经济发展综合评价指标体系　表 1

目标	一级指标	二级指标	编号
公园城市 （U_1）	公园城市规模	公园个数（个）	X_1
		公园面积（百万 m²）	X_2
		公园绿地面积（百万 m²）	X_3
		人均公园绿地面积（m²/人）	X_4
	城市配套水平	城市建设用地面积（km²）	X_5
		城市绿地面积（百万 m²）	X_6
		公共厕所数量（座）	X_7
旅游经济 （U_2）	旅游经济规模	国内旅游人次（万人次）	X_8
		入境旅游人次（百万人次）	X_9
		国内旅游收入（亿元）	X_{10}
		入境旅游收入（百万美元）	X_{11}
	旅游服务水平	住宿业企业数量（个）	X_{12}
		住宿业企业营业额（亿元）	X_{13}
		餐饮业企业数量（个）	X_{14}
		餐饮业企业营业额（亿元）	X_{15}

1.3 数据来源

本文以中国北方 15 个省域为分析对象，选取 2010—2018 年公园城市与旅游经济相关数据构建面板数据，其中公园城市相关数据来源于国家统计局官网，旅游相关数据来自《中国旅游统计年鉴》、各省统计年鉴和国民经济与社会发展公报。

2 结果分析

2.1 公园城市与旅游经济综合发展水平分析

2.1.1 基于指标权重的分析

通过熵值赋权法对中国北方 15 个省域的各项指标进行计算（表2）。在公园城市方面，人均公园绿地面积这一指标权重较低，可见目前公园的绿地面积并不能为现有人口提供足够的活动空间，有待加强；从公园城市规模来看公园面积与公园个数权重整体较高，说明这两个指标对公园城市的发展作用显著，尤其在北京、天津等城市建设规划更为合理的经济发达省份，以及黑龙江、吉林、辽宁、青海、新疆等地广人稀的省份更为明显；从城市配套水平来看，公共厕所数量的权重最高，是公园城市建设的强有力支撑，但河北、山西、辽宁、青海、新疆的这一指标权重较低，说明在这些地区公共厕所的建设并没有对公园城市的发展起到明显的作用。在旅游经济方面，入境旅游相对于国内旅游对旅游经济发展的促进作用的更为明显，但吉林、甘肃、内蒙古入境旅游指标权重较低，主要由于地理位置和旅游资源的限制，入境旅游并没有给当地旅游经济发展带来优势；从旅游服务水平来看，整体接待水平不高，亟待改善。

公园城市与旅游经济发展评价指标权重

表 2

指标	北京	天津	河北	河南	山东	山西	陕西	黑龙江	吉林	辽宁	宁夏	内蒙古	甘肃	青海	新疆
X_1	0.0742	0.0825	0.0791	0.0991	0.0841	0.0524	0.0784	0.0648	0.0653	0.0894	0.0694	0.0516	0.0760	0.0562	0.1059
X_2	0.1039	0.0895	0.0516	0.0676	0.0689	0.0434	0.0846	0.1256	0.0975	0.0635	0.0950	0.0482	0.0945	0.1885	0.0882
X_3	0.0697	0.0598	0.0827	0.0665	0.0799	0.0381	0.0666	0.0466	0.0431	0.0373	0.0544	0.0454	0.0715	0.0403	0.0560
X_4	0.0752	0.0570	0.0513	0.0770	0.0666	0.0343	0.0402	0.0453	0.0539	0.0464	0.0632	0.0444	0.0691	0.0302	0.0583
X_5	0.0611	0.0799	0.0750	0.0615	0.0703	0.0514	0.0913	0.0600	0.0567	0.0674	0.0404	0.0543	0.0773	0.0492	0.0485
X_6	0.0804	0.0868	0.0600	0.0591	0.0649	0.0802	0.1007	0.0815	0.1154	0.0438	0.0484	0.0650	0.0623	0.0454	0.0463
X_7	0.0848	0.1069	0.0460	0.1456	0.1032	0.0433	0.0829	0.0894	0.0588	0.0575	0.0431	0.1890	0.0687	0.0368	0.0486
X_8	0.0384	0.0572	0.0712	0.0657	0.0541	0.0779	0.0593	0.0684	0.0611	0.0507	0.0713	0.0802	0.0840	0.0682	0.0919
X_9	0.0736	0.0930	0.0856	0.0701	0.0830	0.1368	0.0612	0.0764	0.0344	0.1399	0.1246	0.0557	0.0728	0.1390	0.1137
X_{10}	0.0481	0.0613	0.0879	0.0647	0.0732	0.0762	0.0570	0.0690	0.0681	0.0299	0.0696	0.0938	0.0878	0.0636	0.0935
X_{11}	0.0651	0.0528	0.0322	0.0469	0.0535	0.1013	0.0626	0.0747	0.0392	0.1274	0.1067	0.0629	0.0498	0.0625	0.0380
X_{12}	0.0692	0.0677	0.0291	0.0715	0.0635	0.0362	0.0564	0.0372	0.1272	0.0490	0.0496	0.0411	0.0630	0.0668	0.0461
X_{13}	0.0385	0.0307	0.0790	0.0400	0.0320	0.0831	0.0516	0.0390	0.0499	0.0650	0.1034	0.0573	0.0445	0.0282	0.0756
X_{14}	0.0788	0.0475	0.0604	0.0267	0.0472	0.0442	0.0652	0.0558	0.0708	0.0587	0.0292	0.0436	0.0429	0.0529	0.0512
X_{15}	0.0391	0.0275	0.1088	0.0379	0.0556	0.1013	0.0419	0.0662	0.0589	0.0739	0.0318	0.0676	0.0357	0.0722	0.0383

2.1.2 公园城市与旅游经济综合发展水平评价

根据式（4）、式（5）分别计算得到 2010—2018 年中国北方 15 个省市公园城市与旅游经济发展水平的综合评价值。总体来看 2010—2018 年中国北方各省公园城市发展势头良好，其综合评价值总体呈逐年上升趋势，其中 2010—2013 年发展较为平缓，2014—2018 年公园城市实现了快速发展（图 1）。自 2012 年党的十八大后，将生态文明建设纳入中国特色社会主义事业五位一体总布局，在社会建设、生态文明建设和全面建成小康社会总体目标的推动下，公园城市发展开始受到重视。2017 年党的十九大对"人民美好生活需要"的关注以及对人与自然和谐共生观念的强调，使公园城市的发展得到极大的推动。

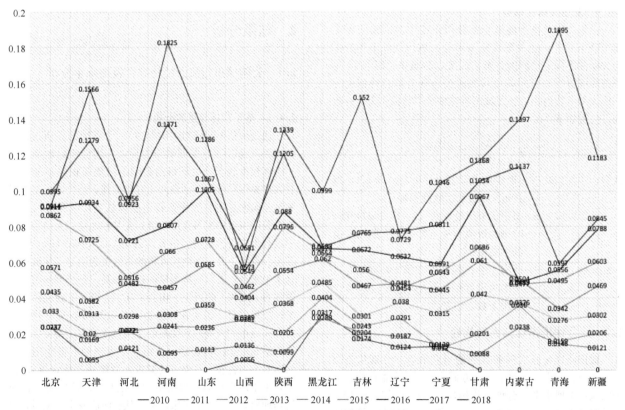

图 1 北方省域公园城市发展综合评价值

从各省市公园城市发展水平来看，呈现两大特点。首先，公园城市发展水平变化幅度很大。在 2010 年，公园城市综合评价指数大于 0 的省市按高低排列依次为：黑龙江、吉林、辽宁、宁夏、北京、河北、山西、天津，2018 年公园城市综合评价指数排名前 5 的省、自治区则变为：青海、河南、吉林、内蒙古、陕西，除吉林外大部分省、自治区的公园城市发展发生了普遍性变化。第二，各省市公园城市发展水平差异很大。其中河南、山东、陕西等地区位条件较好，同时经济发展较快，有利于公园城市的快速发展；而甘肃、内蒙古、青海、新疆等省份、自治区地广人稀，同时受国家政策扶持力度较大，因此公园城市发展速度较快；其他地区，相比这几个省份公园城市发展速度较为缓慢，如天津、山西等个别省市甚至出现负增长。

2010-2018 年中国北方各省旅游经济发展较为波折，其中除陕西、宁夏、甘肃、内蒙古、青海、新疆 6 省、自治区外，其余省市的旅游经济发展均变化不大，且呈现一定的负向趋势，其中北京、天津、山西、黑龙江、吉林、辽宁等地旅游经济发展十分迟缓，倒退趋势明显（图2）。可以发现，受到西部政策支持和"一带一路"等因素的影响，中西部各省旅游经济发展环境得到极大的改善，北京、天津等经济发达地区旅游经济已经达到饱和发展而后趋于后退，东北三省及山西等地则由于经济滞后导致总体发展较为落后，旅游经济的发展也同样受到影响。与公园城市一样，旅游经济总体上也在 2014 年后进入快速发展阶段，可以看出公园城市与旅游经济之间的发展轨迹具有一定程度上的相似性，存在关联关系。

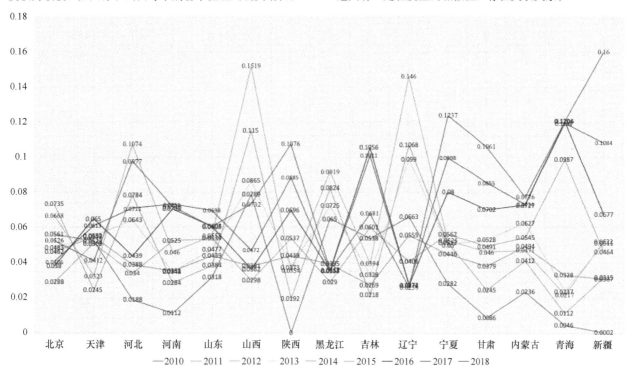

图 2　北方省域旅游经济发展综合评价值

2.2　公园城市与旅游经济耦合协调分析

根据公式（6）（7）可得中国北方各省市公园城市与旅游经济发展的耦合协调度（表3）。总体来看，北方整体区域耦合协调度均值处于 0.1432～0.1679，表现为极度失调。

从时间演化来看，各省市的耦合协调度基本表现为逐年增加，整体上，公园城市与旅游经济耦合协调度逐渐提高，各省市耦合协调度均值从 2010 年的 0.0606 上升到 2018 年的 0.2009，由极度失调转变为中度失调，主与各省市近年来的经济增长和城市发展密不可分；耦合协调度增速呈波动状态，2010—2013 年增速逐渐下降，2013 年后又呈上升趋势，主要由于中国经济增速的放缓和近年来环保、民生等方面国家政策的改变。

从空间演化来看，各省市公园城市与旅游经济耦合协调度变化幅度的空间分布并不均衡。其中，耦合协调度增幅较大的省、自治区依次为青海、新疆、陕西、河南、

甘肃、内蒙古、山东，主要包括青海、新疆、甘肃、内蒙古等西北部经济落后省份、自治区和陕西、河南、山东等中东部经济发展处于中等坚挺状态的省份，这是由于西部经济近些年来的向好发展带动的丰富的旅游资源和日益便捷的交通，带来了旅游经济的增长，同时，受到人口、地理环境和国家政策倾向等因素的影响，公园城市建设也持续跟进，从而形成了公园城市与旅游经济逐步协同耦合的局面，而陕西等地以第二产业为主，逐渐向第三产业转变，具有一定的经济发展活力，因此公园城市和旅游经济能够同时得到发展；增幅小的省市依次为黑龙江、辽宁、北京、山西，主要是黑龙江、辽宁、山西等重工业省份和北京等经济发达地区。对于在过去以第一产业为主的黑龙江等省份来说，受转型升级的影响，经济发展逐渐停滞不前，经济和思想的滞后直接影响了城市公园和旅游经济的发展，对北京等经济发达地区，经济已经发展到高点，发展速度正逐年下降，与之相对的，公园城市和旅游经济也处于发展十分缓慢的阶段。

省份		2010	2011	2012	2013	2014	2015	2016	2017	2018	均值
北京	C	0.4569	0.4294	0.4705	0.4993	0.4972	0.4333	0.4557	0.4615	0.4756	0.4644
	D	0.1350	0.1445	0.1532	0.1514	0.1603	0.1578	0.1715	0.1745	0.1902	0.1598
天津	C	0.2934	0.4915	0.4860	0.4805	0.4919	0.4923	0.4919	0.4496	0.4293	0.4563
	D	0.0921	0.1009	0.1127	0.1442	0.1513	0.1743	0.1974	0.2213	0.1905	0.1539
河北	C	0.4881	0.4137	0.3762	0.4652	0.4971	0.4893	0.4850	0.4946	0.4998	0.4677
	D	0.0868	0.1441	0.1561	0.1479	0.1470	0.1447	0.1677	0.2030	0.2179	0.1573
河南	C	0.0000	0.4334	0.4750	0.4991	0.4957	0.4967	0.4989	0.4764	0.4501	0.4250
	D	0.0000	0.0906	0.1290	0.1279	0.1415	0.1716	0.1942	0.2238	0.2392	0.1464
山东	C	0.0000	0.4191	0.4579	0.4950	0.4949	0.4944	0.4846	0.4890	0.4665	0.4224
	D	0.0000	0.1021	0.1344	0.1438	0.1592	0.1770	0.1977	0.2077	0.2100	0.1480
山西	C	0.2488	0.3075	0.3630	0.4333	0.4998	0.4882	0.4894	0.4917	0.4963	0.4242
	D	0.1025	0.1406	0.1807	0.1581	0.1401	0.1362	0.1493	0.1684	0.1799	0.1507
陕西	C	0.0000	0.4738	0.4819	0.5000	0.4966	0.4905	0.4966	0.4941	0.4970	0.4913
	D	0.0000	0.0830	0.1161	0.1361	0.1570	0.1808	0.1978	0.2272	0.2450	0.1679
黑龙江	C	0.4694	0.4381	0.4606	0.4901	0.4876	0.4613	0.4744	0.4737	0.4404	0.4662
	D	0.1507	0.1561	0.1745	0.1722	0.1573	0.1476	0.1565	0.1570	0.1728	0.1605
吉林	C	0.4297	0.4997	0.4857	0.4995	0.4816	0.4997	0.4875	0.4952	0.4622	0.4823
	D	0.1237	0.1027	0.1244	0.1253	0.1331	0.1703	0.2052	0.2097	0.2255	0.1578
辽宁	C	0.3643	0.3561	0.3723	0.4477	0.4987	0.4992	0.4586	0.4393	0.4398	0.4307
	D	0.1197	0.1495	0.1805	0.1751	0.1607	0.1465	0.1440	0.1518	0.1474	0.1528
宁夏	C	0.4647	0.4098	0.3891	0.4869	0.5000	0.4999	0.4943	0.4973	0.4982	0.4712
	D	0.0978	0.1155	0.1120	0.1409	0.1492	0.1662	0.1854	0.2121	0.2385	0.1575
内蒙古	C	0.0000	0.4818	0.4955	0.4841	0.5000	0.4989	0.4903	0.4883	0.4791	0.4353
	D	0.0000	0.1251	0.1435	0.1558	0.1580	0.1597	0.1727	0.2137	0.2282	0.1507
甘肃	C	0.0000	0.4409	0.4600	0.4967	0.4862	0.4931	0.4937	0.4973	0.4994	0.4297
	D	0.0000	0.0857	0.1233	0.1534	0.1551	0.1703	0.2030	0.2179	0.2359	0.1494
青海	C	0.0000	0.4956	0.4940	0.4986	0.4999	0.4716	0.4649	0.4713	0.4875	0.4315
	D	0.0000	0.0800	0.0964	0.1131	0.1294	0.1869	0.2023	0.2055	0.2749	0.1432
新疆	C	0.0000	0.4478	0.4504	0.4832	0.4890	0.4957	0.4986	0.4961	0.4944	0.4284
	D	0.0000	0.0988	0.1280	0.1401	0.1377	0.1626	0.1911	0.2188	0.2623	0.1488

2.3 公园城市系统指标对共生度影响的关联分析

运用灰色关联度分析法，将北方15个省市作为一个整体，得到2018年公园城市系统中7个指标与旅游经济系统的关联度（ξ_{U2}）和与公园城市与旅游经济二者耦合协调值的关联度（ξ_D）。

公园城市系统中各指标同旅游经济的关联系数（ξ_{U2}）均在0.75以上，关联程度较高，证明了公园城市发展同旅游经济之间的密切关系，其中，公园个数对旅游经济影响最大，公园绿地面积排在第二位，其次是城市绿地面积，主要由于公园可以直接作为旅游目的地，而绿地是游客选择公园作为旅游目的地比较重视的因素，而公园面积和公共厕所数量与旅游经济关联相对较小，这与目前我国公共厕所的低质量较低有关（表4）。公园城市系统中各指标与耦合协调度的关联程度（ξ_D）为0.7773~0.9038，同样表现为高度关联，前后排序与ξ_{U2}相似，仅有人均公园绿地面积升至第3位，公园面积上升至第5位，人均公园绿地面积和公园面积的增加能够进一步推动公园城市建设，同时为实现旅游活动提供更多空间，为公园城市与旅游经济的协调发展作出贡献。

2018 年公园城市与旅游经济共生关联度分析　表 4

关联度	项目	X_1	X_2	X_3	X_4	X_5	X_6	X_7
ξ_{U2}	分值	0.8525	0.7773	0.8276	0.8078	0.7881	0.8111	0.7581
	排序	1	6	2	4	5	3	7
ξ_D	分值	0.9038	0.8239	0.8837	0.8426	0.8113	0.8278	0.7773
	排序	1	5	2	3	6	4	7

3　结论与建议

（1）从权重指标看，大多数省市公园城市各指标权重均值大于旅游经济指标，说明公园城市发展势头良好，其中公园面积对公园城市发展贡献最大，而人均公园绿地面积权重较低；入境旅游对旅游经济贡献最大，而餐饮企业的旅游服务水平较差。因此，各省应在合理规划的基础上扩大公园绿地面积，将绿地建设与人民生活、生态环境、旅游等要素综合考虑，同时利用公园绿地与旅游结合打造城市游憩带和全域旅游、绿色旅游示范区；在建设公园城市的基础上结合当地旅游资源，打造特色旅游品牌，提高当地的国际影响力，以推动入境旅游发展；同时完善城市基础设施和服务设施建设，提高餐饮、住宿等行业的服务水平，不仅有利于城市质量的整体提升，也为旅游发展提供可能。

（2）北方各省市公园城市发展持续向好，但旅游经济发展略有波动，在 2011-2018 年间各省市公园城市发展水平变化很大，水平差异也很大，这主要与各地经济发展趋势和国家政策有关。公园城市与旅游经济发展存在协同关联，2014 年后进入快速发展阶段，二者的综合评价值表现出中西部及偏远省份增速较快，而东北地区以及北京、天津等地发展迟缓的趋势。因此，要正确认识公园城市的建设的整体性，充分考虑其与旅游的耦合关系；国家应统筹全局，对各省市提出针对性举措，继续保持中西部良好发展态势，进一步缩小省市间发展差异。

（3）北方公园城市建设与旅游经济发展整体表现为极度失调。从时间演化来看，各省市的耦合协调度逐年增加，逐渐向中度失调转变，但耦合协调度增速呈波动状；从空间演化来看，各省市耦合协调度变化幅度的空间分布并不均衡，中西部省份较东部增幅更大。因此，应双管齐下，提高二者的耦合协调性，促成其相互促进、共同发展的良好局面，同时关注发展不平衡的问题，对发展迟缓

省市进行帮助扶持。

（4）在公园城市系统中公园个数、公园绿地面积、城市绿地面积对旅游经济影响较大，而公园面积和公共厕所数量与旅游经济关联相对较小；公园城市系统中各指标与耦合协调度的关联程度与之相似，仅人均公园绿地面积和公园面积的影响程度略有上升。因此，为推动地区旅游经济发展，进一步实现公园城市与旅游经济的协调，城市公园个数及其绿地面积应当成为优先建设的重点。

参考文献

[1] 金云峰，陈栋菲，王淳淳，袁轶男．公园城市思想下的城市公共开放空间内生活力营造途径探究——以上海徐汇滨水空间更新为例[J]．中国城市林业，2019，17(5)：52-56＋62.

[2] 郑玉梁，李竹颖，杨潇．公园城市理念下的城乡融合发展单元发展路径研究——以成都市为例[J]．城乡规划，2019(1)：73-78.

[3] 杨雪锋．公园城市的理论与实践研究[J]．中国名城，2018(5)：36-40.

[4] 高菲，游添茸，韩照．"公园城市"及其相近概念辨析[J]．建筑与文化，2019(2)：147-148.

[5] 吴承照，吴志强，张尚武，王晓琦，曾芙蓉．公园城市的公园形态类型与规划特征[J]．城乡规划，2019(1)：47-54.

[6] 燕淑梅，段培鹤．从公园城市体系建设看扬州创新型旅游经济发展[J]．经营与管理，2018(11)：142-144.

[7] 郭亚军．综合评价理论、方法及应用[M]．北京：科学出版社，2006.70-73.

[8] Li Y F, Li Y, Zhou Y, et al. Investigation of a coupling model of coordination between urbanization and the environment. *Journal of Environmental Management*, 2012, 98(1)：127-133.

[9] 汪洁琼，朱安娜，王敏．城市公园滨水空间形态与水体自净效能的关联耦合：上海梦清园的实证研究[J]．风景园林，2016(8)：118-127.

[10] 廖重斌．环境与经济协调发展的定量评判及其分类体系——以珠江三角洲城市群为例[J]．热带地理，1999，19(2)：171-177.

[11] 刘中艳，罗琼．省域城市旅游竞争力测度与评价——以湖南省为例[J]．经济地理，2015，35(4)：186-192.

作者简介

李姝晓，1996 年 3 月生，女，汉族，山东临沂，山西财经大学文化旅游学院硕士生，研究方向为低碳旅游研究。电子邮箱：lishuxiao96@163.com.

中国北方省域公园城市与旅游经济协同关系研究

"公园城市"视角下环城绿色空间的发展回顾与优化探索
——以成都锦城公园为例

The Review on the Development of Green Spaces Around the City and Optimization with the Idea of Park City：
Taking Jincheng Park in Chengdu as an Example

李玉婷　郑巧侬　雷春梅　钱　云

摘　要："公园城市"是新时代生态文明建设在人居环境建设领域的具体实践，这为城市绿色空间的发展建设提出了以人为本、承载城市功能、创造良好景观、营造消费场景等新的要求。本文以成都锦城公园为例，回顾其发展历程，对其实践中规划建设的成功经验进行总结，以及对其发展建设中的现实问题进行剖析，尝试结合公园城市新的视角，提出优化策略框架，以期为国内外其他城市绿色空间规划建设提供参考，共同走"公园中建城市"的可持续发展之路。

关键词：城市绿色空间；公园城市；锦城公园；现实问题；优化

Abstract: "Park city" is a concrete practice of ecological civilization construction in the field of human settlement environment construction in the new era. This puts forward new requirements for the development and construction of urban green space, such as putting people first, carrying urban functions, creating good landscapes, and creating consumption scenes. This article takes Chengdu Jincheng Park as an example, reviews its development history, summarizes its successful planning and construction experience in practice, and analyzes the practical problems in its development and construction, and tries to combine the new perspective of the park city to propose an optimization strategy framework，In order to provide a reference for the green space planning and construction of other cities at home and abroad, and jointly take the road of sustainable development of "building a city in a park".

Key words: Urban Green Space; Park City; Jincheng Park; Realistic Problem; Optimization

1 公园城市的概念及其对绿色空间发展的要求

1.1 公园城市的概念

2018年2月，"公园城市"是在"以人为本"的前提下，实现"一公三生"，即公共生态底板上的生态、生活和生产有机结合[1-2]，高度概括"园在城中"到"城在园中"，"产—园—人"到"人—产—城"的和谐统一的城市形态。由于"公园城市"理念在世界范围内的建设仍处于初期，因此基于前人不断的探索创新，本文认为"公园城市"是公园形态与城市空间的有机融合，是生产、生活、生态空间相宜，自然、经济、社会、人文相融合的复合系统[3-4]。在促进城乡有机融合、诗意栖居的同时创造集约高效、公平公正的活动空间[3,5]。其内涵主要表现在3个方面：以人为本的思想、系统性建构体系、生态服务功能。首先，公园城市应以人为本，拥有良好的绿色基底，构成孕育和服务创新的载体，同时更是共享和开放的平台，即以满足城市居民与乡村居民的不同层次需求为首要目标[2,4,6]。其次，生态服务被认为是公园城市建设中最重要的价值，从生态的角度构建山水林田湖草的生命共同体，形成人与自然发展的新格局[7]。最后公园城市的

系统性非常关键[4]，城市或区域公园作为联结城市空间形态的重要要素与地区文化特色的实体体现，需要形成完整的山、水、城、林自然生态格局系统，实现生态保护与城市发展的相互协调[2,4,6]。

公园城市是面向未来新的城市形态和治理方式的重要探索，其建设不仅强化了城市绿色空间在生态优先发展中的重要作用，也明确了其更好地融入城市生产生活生态的新要求。从建设实践方面来看，成都市率先推进公园城市建设，打造了世界最大城市森林公园（龙泉山城市森林公园）、建设了全球最长绿道系统（天府绿道）以及保留了世界上林盘最密集的地区。到2020年，全成都市森林覆盖率达到40%，城市建成区绿化覆盖率达到45%，人均公园绿地面积达到15m²[8]。之后，扬州、长沙、上海等城市也结合实际陆续开展了公园城市实践[9-11]。

1.2 公园城市对绿色空间建设的要求

传统意义上的绿色空间指在城市内部及周边任何有植被覆盖的区域，它既可以是公园等已开发的具体场所，也可以是待人工利用的绿地[12]。国内学界也认识到绿色空间对城市区域可持续发展产生的重要作用，并从绿色空间的概念、核心内涵和规划策略等方面开展了诸多研究，取得了较多成果[13-16]，但在公园城市建设中对绿色空间规划、建设工程和实施机制等方面还缺乏系统认

识[17]，绿色空间发展滞后于城市建设空间，成为制约城市可持续发展的主要障碍[18-19]。

新时代，公园城市建设如火如荼，绿色空间作为邻里交往的重要场所，市民要求也在不断提高，即在以人为本的前提下，保证生产—生活—生态的平衡，绿地不只是抑制城市发展的阻隔区，而是"承载城市功能的一部分"，既要保证必要的生态服务功能，又要创造良好的景观效果，并承载丰富的城市经济和生活场景，体现"市民—公园—城市"三者关系最优化[20]。

锦城公园是成都中心城区唯一与各主要生态区连接的环状绿色开放空间，也是构成美丽宜居公园城市"山水田城景观系统"的重要结构性要素，其保护与规划建设历时十余年，一直是成都建设践行新发展理念的公园城市示范区标志工程。

2 成都锦城公园规划发展历程

2.1 锦城公园概况

锦城公园范围涉及中心城区 11 个区县，生态用地 133.11km²。它拥有深厚的文化底蕴和优越的自然资源。地势北高南低，西部为平原地区，水网交织；东部为浅丘地区，多坑塘水体。截至 2020 年 7 月，锦城公园的建设进展为已建 22%，在建 24%，未建 54%（图1、图2）。

2.2 锦城公园规划发展阶段

锦城公园前身为绕城公路两侧 500m 绿化隔离带，近十余年来功能内涵不断引进，发展大致经历 4 个阶段（图3）。

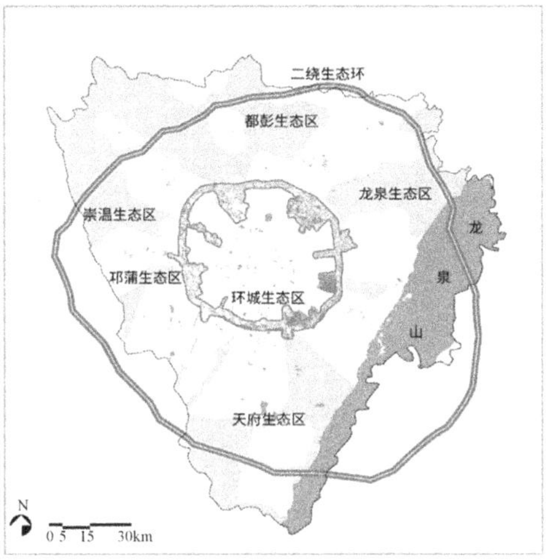

图1　锦城公园周边区域绿色空间　　　　图2　锦城公园建成进展总图

来源：根据《成都市锦城公园生态景观提升研究及技术指引》[22]绘制

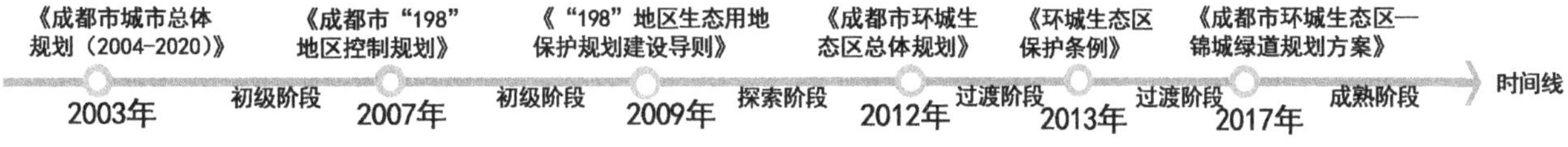

图3　锦城公园规划发展历程梳理图
（图片来源：作者自绘）

2.2.1 应对无序管理：2003-2008 年为了防止城市扩张形成生态屏障

初级阶段：2003 年以前，锦城公园一直作为非城市建设用地没有纳入城市规划管理，土地使用率低下（图4）。至 2003 年，为防止城市"摊大饼"式扩张，《成都市城市总体规划（2004—2020）》划定本区域为"198"地区（中心城区外围 198km² 郊区农村用地），形成中心城区生态屏障。在 2007 年后又陆续出台城乡统筹相关配套政策。

2.2.2 独立统筹规划：2009-2011 年首次对生态空间进行用途管制

探索阶段：为完善城市功能、推动城绿相融，《"198"地区生态用地保护规划建设导则》首次针对生态空间进行

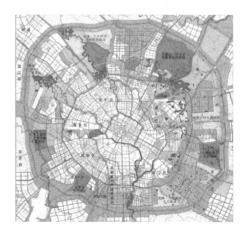

图4　成都市中心城非城市建设用地城乡统筹规划
（图片来源：《成都市环城生态区总体规划》[23]）

严格用途管制，保护中心城区生态屏障的完整性。同时编制《"198"生态及现代服务业综合功能区实施规划》，重点发展文化创意、商务总部经济等现代服务业，进一步提高本地区的设施服务水平，加快了城乡统筹一体化发展（图5）。

图5 "198"生态及现代服务业综合功能区实施规划
（来源：《成都市环城生态区总体规划》[23]）

2.2.3 打牢生态本底：2012-2017年首次对生态区进行立法保护

过渡阶段：本阶段区域建设强度和规模扩大，环境品质不高，生态用地与开发建设用地发展不协调，因此成都市为打牢生态本底，在2012年编制《成都市环城生态区总体规划》（图6），"绿隔"到"绿心"过渡开始。规划沿中心城区绕城高速公路两侧各500m范围及周边七大楔形地块内的生态用地和建设用地所构成的控制区为环城生态区。随后开展专项规划系列研究，最终以各项规划的形式固化各阶段的研究及规划成果，并在全国首次通过立

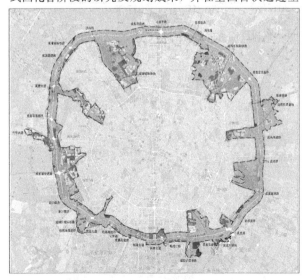

图6 成都市环城生态区总体规划
（图片来源：《成都市环城生态区总体规划》[23]）

法《环城生态区保护条例》对生态区进行保护[18-19,24]。

2.2.4 彰显多元功能：2017年至今实现"绿隔"到"绿心"的建设

成熟阶段：随着城市扩张，环城生态区迎来了新的机遇，开始在总体规划的基础上对锦城绿道进行优化提升（图7），实现从"绿隔"到"绿心"的建设，彰显环城绿色空间多元功能。锦城公园分三期建设，全域规划形成区域级绿道、城区级绿道、社区级绿道三级绿道体系系统[18,25-28]。至2019年锦城绿道一期完工。锦城公园已建成绿道180km，文旅体设施157处，新建及提升生态景观29km²。锦城公园二期建设基于因地制宜、适度改造的原则，更多以景观农业为底，实现与一期工程的差异化设计。如今，锦城公园的生态用地已增至规划总量的93%。

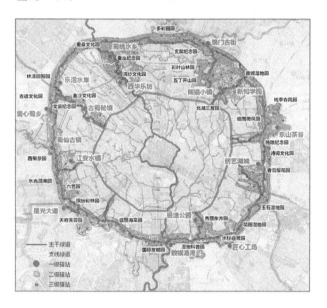

图7 成都市锦城绿道规划及建设方案
（来源：《成都市环城生态区——锦城绿道规划》[29]）

3 锦城公园规划建设经验总结

3.1 保留大尺度生态空间资源，实现生态化价值转型

锦城公园通过前瞻性规划管控、持续十余年的拆迁拆违，在城市中心区域保留了大尺度的生态空间资源，让锦城公园的生态价值进入整体性和系统性转换阶段，其生态保育价值、生态经济价值、生态社会价值和生态文化价值得到大幅度提升。现锦城公园在尊重自然生态本底的基础上积极开展生态修复与维育，注重维护动植物多样性，已建成3湖、4湿地、6片森林、9处特色园（图8），尤其是锦城湖公园、青龙湖湿地公园、大熊猫繁育基地、白鹭湾湿地公园等生态景观保护良好（图9、图10），极大地提高了锦城公园的旅游吸引力，构筑人与自然和谐相处的高品质绿色生态空间。

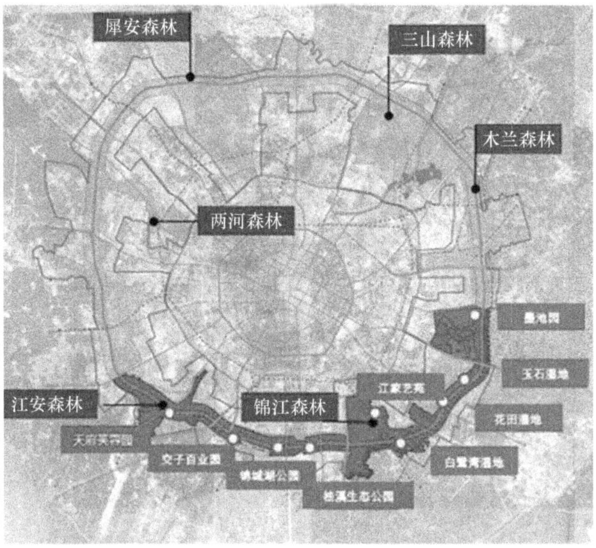

图 8 成都市锦城公园现生态修复与维育情况
（图片来源：《成都市环城生态区总体规划》[23]）

图 9 锦城公园实景
（图片来源：作者自摄）

图 11 从锦城公园南段远眺环球中心
（图片来源：作者自摄）

图 10 锦城湖实景
（图片来源：作者自摄）

图 12 锦城湖公园中的星祥东馆
（图片来源：网络）

3.2 生态保护与场景营造并重，承接城市功能融入

锦城公园通过植入多元业态，高质量推进文农商旅体项目建设。通过融入文化体育、商业商务等城市核心功能，实现环城绿色空间的功能提升与区域价值提升（图11、图12）。绿道 IP 自主孵化、文创艺术品牌打造、智慧平台建设、共享服务融合等新业态、新场景、新模式的创新应用，形成了集聚人气的特色消费场景（图13），除此之外，锦城公园注重对自然资源的梳理和保护，规划三区九段 100km² 的标准农业区，对有价值的林盘聚落坚持"多改少拆"，打造一批示范性精品林盘，形成"林在田中、院在林中"的新型林盘聚落体系。推动锦城公园成为兼具传统自然与文化景观、配套设施和现代服务功能的城市公园。

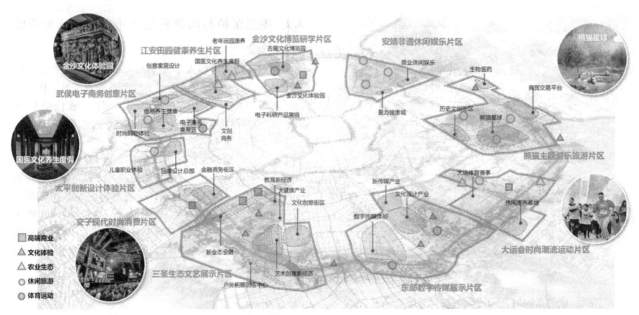

图 13　成都市锦城公园 9 大消费片区
（图片来源：《成都市环城生态区总体规划》[23]）

3.3　首个立法保护控规，实现地块精细化管理

为了加强锦城公园保护，规范环城生态区规划、建设和管理，成都市相继编制《成都市环城生态区总体规划》《成都市环城生态区保护条例》和《成都市环城生态区形态控制研究》，将 133km² 的生态用地进行法定控制，并界标点位控制生态边界（图 14），区内生态用地及建设用地实现控规满覆盖[27-30]。其中，各主管部门按照各自职责负责相关工作，将环城生态区的保护和利用纳入城市总体规划和土地利用规划，制定各类相关规划和配套政策（表 1），建立规划、土地、林业园林、环境保护、水务等方面的统一管理及监督制度，各区段与专项规划相互覆

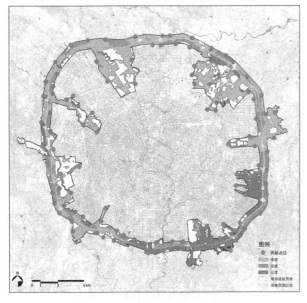

图 14　锦城公园界标点位
（图片来源：根据《成都市环城生态区——锦城绿道规划》[29]绘制）

盖，高效地推动了各项建设和经营活动，统筹协调推进环城生态区保护工作中的重大事项。

3.4　构建绿道建设发展专业化公司，促进一体化发展格局

锦城公园为了构建锦城公园项目"策、投、规、建、营"深度融合的一体化发展格局[31]，成立了成都天府绿道建设投资有限公司和成都天府绿道文化旅游发展股份有限公司，以商业化的手段推进锦城公园总体规划和专项规划内容，让锦城公园成为"开放式多功能的环状生态公园、展现天府文化的蜀川画卷和文体旅商农融合发展的特色载体"，即可进入、可参与、可感知、可欣赏、可消费的高品质城市中心公园[30-33]。

锦城公园相关规划一览表　　　　表 1

总体规划类		
规划编制文件	编制时间	编制单位
《成都市环城生态区总体规划》	2013.1	成都市规划设计研究院、成都市规划管理局
《成都市环城生态区——锦城绿道规划》	2017.9	成都市城乡建设委员会
《锦城绿道二期实施方案》	2018.6	成都市城乡建设委员会
《锦城绿道二期优化方案》	2020.2	成都市规划和自然资源局/成都市公园管理局
区段/片区规划类		
《锦城绿道一期设计方案（南片区一期）》	2017.7	四川省建筑设计院
《锦城绿道西片区总体设计方案》	2017.10	中建西南院
《锦城绿道东片区总体设计方案》	2018.3	成都市建筑设计院

策划运营类		
《锦城绿道文体旅商农融合发展方案》	2018.3	仲量联行＋戴德梁行
《锦城绿道配套设施文化导入策划》	2018.4	清华大学城市品牌研究室
《锦城绿道旅游专项策划方案》	2018.9	来也旅游
《锦城绿道体育专项策划方案》	2019.4	华强体育
《锦城绿道现代都市农业概念方案》	2018.7	成都兴城集团
专项技术类		
《锦城公园生态水利规划》	2020.6	成都市水利电力勘测设计院
《锦城绿道交通专项规划方案》	—	—
《锦城绿道二级绿道标线方案》	—	—
《锦城绿道管线综合专项方案》	—	—
《锦城绿道一级绿道行道树与特色园区》	2018.4	成都市风景园林设计院
《锦城绿道桥下空间利用专项设计方案》	—	—
《锦城绿道排水专项规划方案》	—	—
《锦城绿道标识导视系统方案》	—	—
《锦城绿道绕城高速观景透绿提升方案》	2019.3	兴城绿道公司
《锦城绿道总体用水规划方案》	—	—
《锦城绿道照明方案》	—	—
《国际友城雕塑落地方案》	—	—
《锦城公园特色园方案设计梳理》	2020.4	—

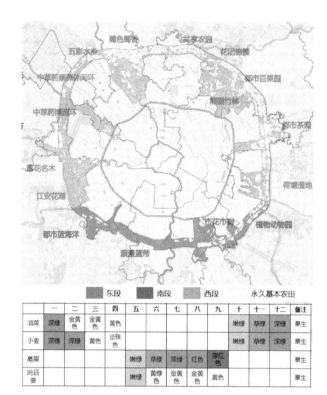

图 15　锦城公园生态农业景观区
（图片来源：《成都市环城生态区——锦城绿道规划》[29]）

图 16　锦城公园二期示范区
（图片来源：《锦城绿道二期优化方案》[34]）

4　锦城公园建设中的现实问题及原因

尽管锦城公园现有相关内容已较为充实，但在实践过程中由于推进速度的问题且缺少可借鉴的相关项目经验，难免出现一系列现实问题。本文将从规划设计、建设工程和管理维护 3 个方面进行分析。

4.1　规划设计方面：规划内容与现状特色不一，宏微观联系较弱

锦城公园现有部分规划内容仅以概念性的说明为主，场地现有特色不清晰，部分规划内容甚至与现状自然基底不一。例如以色彩确定农业景观植物种植，缺少对场地现状植物情况和生态条件的科学分析（图 15）。又如特色园中涉及的"牧场"概念与都江堰灌区生态特征不符（图 16）。

既往规划中多目标、功能、原则性内容，与局部设计联系较弱，无法作为其具体有效、有地域特色的规划设计依据，导致设计趋于同质化。林盘设计方案中多为小建筑群的组合（图 17），忽视了林、田、水、宅 4 个要素共同构成的生态肌理格局。

究其原因，在目前已完成的规划中，第一，对现状基础分析不足，忽视部分地域特色的保留和利用，包括乡土植物群落、现存林盘肌理、坑塘灌渠等（图 18、图 19）；第二，缺乏针对不同地块特点的实质、可操作的引导体系，无法提供明确的设计依据；第三，专项规划的深度远高于总体规划，相互联系薄弱。以上 3 点阻碍了锦城公园生态融合、形态有序、业态多元的发展目标。

图 17 锦城公园某林盘效果图
（图片来源：《锦城绿道西片区第二批景观建筑方案》[35]）

图 19 腾退中的村庄（图片来源：作者自绘）

4.2 建设工程方面：工程建设与基底保护产生矛盾，人工化现象严重

由于锦城公园内建设项目多工期紧任务重，因此部分工程在原有生态基底上又进行了新的"林盘"复现，新"林盘"建设与原林盘基底保护产生了矛盾。北部未建区内部分绿地空间在无序城市化过程中被厂房仓库、房地产项目等侵占，且破坏了原有的自然本底（图20）；而建设进展较快的南部地区，绿地建设公园化、人工化现象严重（图21），缺乏对原有林盘肌理的延续。此变化过程不仅反映了当下城乡空间的无序发展，同时也体现了绿带保护与开发建设的博弈。

图 18 锦城绿道现存林盘肌理（图片来源：作者自绘）

图 20 锦城公园未建区内现状问题（图片来源：自绘）

（a）锦城公园范围内的厂房；（b）拆除中的民宅；（c）拆除中的民宅；（d）拆除房屋的建渣；（e）道路两侧的建渣；（f）断流的灌渠；
（g）道路两侧荒草丛生；（h）拆除中的建筑；（i）撂荒的农田；（j）道路两侧较杂乱

图 21 锦城公园已建区内公园同质化、人工化问题（图片来源：自绘）

（a）南京天香园湿地公园；（b）北京奥林匹克森林公园；（c）台东森林公园；（d）锦城公园现状；

（e）锦城公园现状；（f）锦城公园现状

究其原因，第一，缺乏细致而全面的生态现状调研，对现存自然肌理的修复、维护和利用不足，因此造成了"拆旧补新"的工程模式，与原始良好的生态基底条件和川西地方特色风貌出入较大；第二，在建区局部工程建设的无序与规模过大导致锦城公园范围内绿地空间被挤压，传统林盘景观空间被侵蚀。

4.3 管理维护方面：绿量营建与科学管理断层，投入持续消耗

当下锦城公园未建区内土地多撂荒，出现村庄及林盘特色淡化、水渠断流、植被层次不佳、杂草丛生、污染严重等一系列问题，生境局部开始退化。而建成公园管护投入持续消耗，原有植物群落未得到有效利用，新植的园林植物长势一般（图 22）。不仅增加了施工中绿化废弃物的处理成本，又增加了园林植物的养护成本。

究其原因，锦城公园范围划定较大，建设周期较长，在维护方面，锦城公园多为高消耗的维护管理模式，缺乏对现存林盘资源、灌渠系统、园林植物的持续利用机制，缺乏更经济、智慧的管理策略，使锦城公园的生态共享服务功能未能得到高效发挥。

图 22 锦城公园在建区内相关管理维护问题（图片来源：作者自绘）

（a）在建区内粗糙的植物种；（b）在建区内肌理消退；（c）在建区内肌理消退；（d）在建区内肌理消退；（e）新植的园林植物；

（f）灌渠驳岸未修复；（g）道路周边种植人工化；（h）新植的园林植物；（i）新建的林盘建筑；（j）道路两侧新植的树木

5 公园城市视角下绿色空间发展优化探索

公园城市构想内涵在于以人为本的思想、生态服务功能的需求以及山水林田湖草系统性构建[36-39]。因此，本文以公园城市理念与内涵为核心，针对锦城公园发展问题尝试提出优化探索，以期为国内城市绿色空间营建提供思路。

5.1 规划设计方面：制定科学性质内容，打破各专项规划隔离

第一，是继续深入挖掘川西林盘风貌文化特色，提炼本土特征，并在规划设计方案中予以活用；第二，是补充科学的现状调查，评估资源潜力，完善调整各项规划内容，建立资源导向和居民需求导向的整体性规划，打破专项规划之间的隔离；第三，是根据现状植被、农田、水系特征划定特色区段，制定相应生态指引，具体方法如下：

基于科学的现状分析和完善后的规划内容，针对锦城公园的地表、水系、林草、农田、栖息地、林盘、绿道、眺望系统8大要素分别提出提升策略（图23），将锦城公园生态空间划分为风景游憩型、农业生产型、生境保育型、景观渗透型、修复再生型5大类空间，再细分为18小类（图24），根据不同生态空间不同问题"对症下药"，包括且不限于恢复农田肌理、疏通水网渠系、活化利用林盘、贯通生物迁徙廊道、构建眺望视廊、丰富林草层次等策略，为后续建设工程提供明确指引，彰显生态、文化、社会、经济等多元价值。

图23　锦城公园8大生态要素（图片来源：作者自绘）

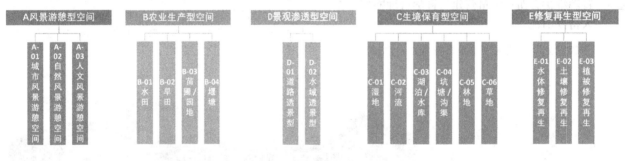

图24　锦城公园生态空间划分
（图片来源：根据《成都锦城公园生态景观提升研究及技术指引》[36]改绘）

5.2 建设工程方面：落实生态景观提升，促进社会融合善治

公园城市建设中绿色空间既能缓解城市中生活环境与自然环境的割裂问题，也有助于促进城乡融合发展。首先，锦城公园建设要改变传统绿量堆砌的建设理念，应充分参考相应生态提升指引，实现从绿量到绿质的改变，注重对水系梳理和对林盘、农田保护和对植群落的营建。其次，梳理空间格局，落实景观提升，避免出现工程建设与基底保护相矛盾的问题，具体措施为未建区应充分尊重、尽量保持现有地表肌理结构；在建区清除废弃建筑渣土，结合现有土地肌理与地形，处理裸露土壤恢复土质；已建区在重要节点恢复自然坡度，在地表破坏处进行植被重建和陡坎处理。最后，建设工程中还应考虑锦城公园作为成都文化传承的良好平台，应相应展示林田水宅的林盘景观风貌和成都特色文化遗产，发挥锦城公园城市客厅的社会交往空间特性，举办特色文化活动，促进社会融合和社会善治（图25）。

图25　建设体系模式图
（图片来源：作者自绘）

5.3 管理维护方面：制定分级分类体系，建立多重保障机制

锦城公园管理维护体系正处在探索期，应针对不同特色绿地区段制定科学的管理体系（图26）。

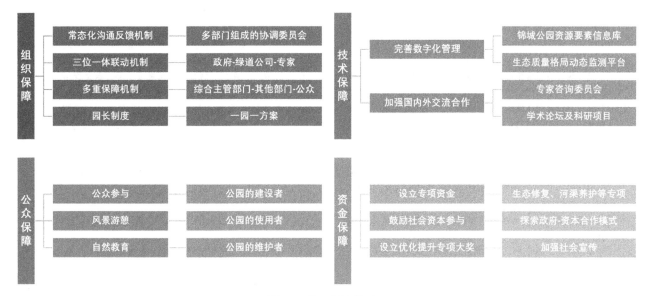

图 26　管理维护体系图
（图片来源：作者自绘）

组织保障方面，成立由多部门组成的协调委员会，就锦城公园规划、设计、实施和维护相关工作建立常态化沟通反馈机制。同时强化"政府—绿道公司—专家"三位一体联动机制，优化锦城公园建设进程；综合主管部门应与各部门的组织、技术、公众、资金等多重保障机制体系相辅相成，推行"园长"制度，以一园一方案的原则，强化对公园管理的监督。

公众保障方面依靠公众的多方合力，充分发动热心民众，加强对湿地、水渠、农田、林盘保护方面知识的宣传教育，推动风景游憩、自然教育和日常养护工作的"一体化"，使人民不仅是公园的使用者，也是公园的建设者与后期维护者。

技术保障方面加快将互联网＋技术广泛运用于公园绿地的智慧管理、智慧服务中[12]，推行建设智慧公园系统，远期建立锦城公园资源要素信息库和生态质量格局动态监测平台，完善数字化管理，同时加强与国内外相关部门、科研院所、大专院校等长期交流合作，建立专家咨询委员会，定期组织学术论坛，共同探讨锦城公园分阶段需重点实施的科技计划与科研项目。

资金保障方面设立专用于锦城公园生态修复、河渠养护、环境保护、执法监管、公众教育等相关的专项基金，由各级财政纳入预算，积极探索政府与社会资本合作模式。设立锦城公园优化提升专项大奖，每年或定期组织评审、颁布并对社会加强宣传。

6　结语

在以生态文明建设为核心的新时代公园城市建设引领下，我国的城市绿地空间面临着新的变革和新的机遇，绿色空间在公园城市建设中具有举足轻重的作用。本文通过对成都锦城公园的规划发展历程的全面评述，总结其建设工程、规划设计、管理维护3大方面的问题。以公园城市的内涵为根本出发点，在规划设计方面制定实操

性质内容，打破各专项系统间的隔阂，在建设工程方面提出改变传统建设理念，提高服务功能水平，在管理维护方面提出制定分级分类体系，建立多重保障机制，希冀能够为当前成都公园城市建设下环城绿色空间优化提供支撑，更能够为当前我国城市绿地空间优化提供一定的科学参考，逐步推动公园城市建设。

致谢：

本文的写作得到了北京林业大学园林学院王向荣院长、董丽副院长的指导，成都市公园城市建设管理局、成都市公园城市建设发展研究院各位领导和同仁的大力支持，以及北京林业大学张晋石、赵晶、魏方、王思元、徐昉等老师的支持和协助。

参考文献

[1] 吴志强. 公园城市：中国未来城市发展的必然选择[N]. 四川日报，2020-09-28(010).

[2] 李雄，张云路. 新时代城市绿色发展的新命题——公园城市建设的战略与响应[J]. 中国园林，2018，34（05）：38-43.

[3] 袁琳. 城市地区公园体系与人民福祉——"公园城市"的思考[J]. 中国园林，2018，34(10)：39-44.

[4] 李金路. 新时代背景下"公园城市"探讨[J]. 中国园林，2018，34(10)：26-29.

[5] 张鑫彦，涂秋风. 公园城市背景下大都市中心城区环公园绿道建设探讨——以上海为例[J]. 中国园林，2019，35（S2）：93-97.

[6] 王军，张百舸，唐柳，梁浩. 公园城市建设发展沿革与当代需求及实现途径[J]. 城市发展研究，2020，27（06）：29-32.

[7] 范锐平. 加快建设美丽宜居公园城市[J]. 公关世界，2018（21）：50-53.

[8] 傅凡，李红，赵彩君. 从山水城市到公园城市——中国城市发展之路[J]. 中国园林，2020，36（04）：12-15.

[9] 吴岩,王忠杰,束晨阳,刘冬梅,郝钰."公园城市"的理念内涵和实践路径研究[J].中国园林,2018,34(10):30-33.

[10] 杨蕾.生态城市建设中的景观生态设计——评《扬州生态文明·扬州公园城市研究丛书》[J].生态经济,2020,36(01):230-231.

[11] 夏捷.公园城市语境下长沙公园群规划策略与实践[J].规划师,2019,35(15):38-45.

[12] 杨振山,张慧,丁悦,孙艺芸.城市绿色空间研究内容与展望[J].地理科学进展,2015,34(01):18-29.

[13] 赵哲,俞为妍,周韵,胡魁.全域绿色空间规划的技术探索——以南京江北新区为例[J].城市规划学刊,2017(S2):229-234.

[14] 庄小静,谢红彬.从棕地到绿色空间:研究现状与进展[J].资源开发与市场,2017,33(08):922-927.

[15] 叶林,邢忠,颜文涛.城市边缘区绿色空间精明规划研究——核心议题、概念框架和策略探讨[J].城市规划学刊,2017(01):30-38.

[16] 王思元.城市边缘区绿色空间格局研究及规划策略探索[J].中国园林,2012,28(06):118-121.

[17] 李志明,邱利.英国绿色空间规划的实践经验及其对中国的启示[J].现代城市研究,2018(11):26-32.

[18] 吕梁.成都市环城生态区规划建设的得与失[J].四川建筑,2016(6).

[19] 杜震,张刚,沈莉芳.成都市生态空间管控研究[J].城市规划,2013(8).

[20] 杨雪锋.公园城市的理论与实践研究[J].中国名城,2018(05):36-40.

[21] 成都市总体规划图集(2016-2035年)[R].成都:成都市规划设计研究院,2016.

[22] 成都市锦城公园生态景观提升研究及技术指引[R].北京:北京林业大学,2020.

[23] 成都市环城生态区总体规划[R].成都:成都市规划设计研究院,2013.

[24] 游添葺,吴桐嘉,高菲.成都市生态保护的探索与实践研究[J].环境科学与管理,2020,45(05):149-154.

[25] 胡斌,白登辉,张学川.智慧绿道系统设计与实践——以成都市锦城绿道为例[J].建筑电气,2019,38(09):17-21.

[26] 王洁.城市绿道文化景观营造策略研究——以成都锦城绿道为例[J].四川建筑,2018,38(06):10-12.

[27] 成都市环城生态区保护条例[N].成都日报,2012-12-31(015).

[28] 王莹莹,马张驰.在锦城公园,邂逅理想新生活[J].城市开发,2020(14):28-31.

[29] 成都市环城生态区——锦城绿道规划[R].成都:成都市城乡建设委员会,2017.

[30] 王洁.城市近郊生态区生态价值转换研究——以成都市环城生态区为例[J].四川建筑,2019,39(06):6-8.

[31] 蔡秋阳,年怡.游百里蜀川胜景,栖万亩诗意田园——公园城市背景下成都市锦城绿道体系营建之思考[C].中国风景园林学会.中国风景园林学会2019年会论文集(上册).中国风景园林学会:中国风景园林学会,2019:361-365.

[32] 吕梁.以生态性为前提的大尺度近郊非建设用地打造初探——基于成都市打造环城生态区工作的思考[J].四川建筑,2014,34(03):4-5+7.

[33] 郑宇,李玲玲,陈玉洁,袁媛."公园城市"视角下伦敦城市绿地建设实践[J/OL].国际城市规划:1-9[2020-09-03].https://doi.org/10.19830/j.upi.2019.498.

[34] 锦城绿道二期优化方案[R].成都:成都市规划和自然资源局,2020.

[35] 锦城绿道西片区第二批景观建筑方案[R].中建西南建筑院,2020.

[36] 赵建军,赵若玺,李晓凤.公园城市的理念解读与实践创新[J].中国人民大学学报,2019,33(05):39-47.

[37] 张云路,高宇,李雄,吴雪.习近平生态文明思想指引下的公园城市建设路径[J].中国城市林业,2020,18(03):8-12.

[38] 史云贵,刘晴.公园城市:内涵、逻辑与绿色治理路径[J].中国人民大学学报,2019,33(05):48-56.

[39] 李晓江,吴承照,王红扬,钟舸,李炜民,成玉宁,杨潇,刘彦平,王旭.公园城市,城市建设的新模式[J].城市规划,2019,43(03):50-58.

作者简介

李玉婷,1996年生,女,汉族,青海,城乡规划学硕士研究生,北京林业大学园林学院硕士在读。研究方向为城市风景环境规划设计。电子邮箱:380578292@qq.com。

郑巧依,1995年生,女,汉族,北京,风景园林硕士研究生,北京林业大学园林学院硕士在读。研究方向为风景园林设计。电子邮箱:zhengqiaoyi@bjfu.edu.cn。

雷春梅,1996年生,女,汉族,四川,风景园林硕士研究生,北京林业大学园林学院硕士在读。研究方向为风景园林设计。电子邮箱:1457260467@qq.com。

钱云,1979年生,男,汉族,江苏,城乡规划学博士,北京林业大学园林学院城乡规划系副教授,研究方向为城市风景环境规划设计。电子邮箱:qybjfu@126.com。

城市滨水公共空间优化途径

——基于新加坡花园城市和成都公园城市滨水公共空间的比较研究

Optimization Approach of Urban Waterfront Public Space：

A Comparative Study on the Waterfront Public Space of Singapore Garden City and Chengdu Park City

付彦荣　张清彦　王诗源　罗言云*

摘　要：新加坡基于花园城市建设启动的滨水公共空间优化，从早期关注城市洪涝和水质问题，到中期为改善水体美观所做的努力，再到以打造富有活力、美丽且清洁的宜居水岸为目标。通过政策和规划的不断更新，耦合"蓝绿基础设施"建设花园与水的宜居城市。成都发达的水网在历史进程中演变了多样的功能和特有的水文化，提供了丰富的滨水公共空间，面向公园城市建设，其滨水公共空间仍面临较大提升需求。本文通过比较分析新加坡和成都滨水公共空间最新优化策略和典型案例，归纳城市滨水公共空间的理念和举措。

关键词：风景园林；花园城市；蓝绿基础设施；公园城市；滨水公共空间

Abstract: The optimization of waterfront public space based on the construction of Garden city in Singapore, from early attention to urban flooding and water quality issues, to efforts to improve the beauty of water bodies in the medium term, to creating vibrant, beautiful and clean livable waterfronts as the goal. Through the continuous update of policies and plans, the blue-green infrastructure is coupled to build a livable city with gardens and water. Chengdu's developed water network has evolved diverse functions and unique water culture in the course of history, providing abundant waterfront public spaces. Chengdu's developed water network has evolved various functions and unique water culture in the course of history, providing abundant waterfront public space. Facing the construction of park city, its waterfront public space still faces great demand for improvement. By comparing and analyzing the latest optimization strategies and typical cases of waterfront public space in Singapore and Chengdu, this paper summarizes the ideas and measures of urban waterfront public space.

Key words: Landscape Architecture; Garden City; Blue-green Infrastructure; Park City; Waterfront Public Space

新加坡是世界知名的花园城市，在20世纪60年代提出建设花园城市至今的50余年间，新加坡通过出台、实施一系列政策与规划推进城市滨水区开发和复兴，整合"蓝绿基础设施"，打造亲水性公共空间，提升城市滨水区活力，带动城市建设和更新。成都是我国西部的重要中心城市，2018年成都全面启动公园城市建设，着力打造践行新发展理念的公园城市示范区。滨水公共空间作为集中体现生态、美学、人文、经济和生活价值的场所，成为成都公园城市建设重要的着力点。新加坡与成都的滨水公共空间建设历程、策略途径和现状等具有一定共性，但也存在差异。本文通过对两个城市滨水公共空间的比较，总结滨水公共空间建设理念和途径，为彼此借鉴以及为国内类似城市的滨水公共空间优化提供参考。

1　新加坡和成都滨水公共空间建设概况

1.1　新加坡滨水公共空间建设概况

新加坡拥有17个水库和超过8000km的水道，包括32条河流。20世纪60年代起，新加坡花园城市建设相关政策逐步实施，为减少洪涝风险，大量建造混凝土运河；在治理水污染方面，对新加坡河等水道进行了治理并对其滨河区域进行了重新开发和改造。20世纪80年代，花园城市建设效果逐步显现，新加坡逐渐意识到城市水体与滨水空间也是城市景观的重要组成，把"蓝色水网"融入城市绿色矩阵中，可以进一步提升宜居水平。此后新加坡着力改善水体的美学外观，提出了重建水网及滨水空间的愿景，并成立了水体设计小组，完成了一系列杰出的河流和湖泊的改造项目，同时还制定了《公园和水体规划》，成为耦合"蓝绿基础设施"的初步探索。20世纪90年代，新加坡建设公园连接器网络，通过慢行网络来连接各类绿地。以加冷河为主要载体，连接碧山公园和加冷滨江公园长9km的加冷公园连接器[1]，成功启发21世纪初新加坡ABC水计划的提出[2]。

1.2　成都滨水公共空间建设概况

成都城市水网的形成和演化已历经3000余年。成都较大的河流约有40条，总长度1486km。历史上，成都的河网水系主要承担灌溉、运输、生产、防洪等功能，也兼有商业、文化和娱乐等功能。20世纪50～60年代，受工业化的影响，河道及滨水空间被建设用地侵占，滨水区域逐步衰落，功能退化，水质污染加剧，水体生态恶化。20世纪80～90年代，出于城市环境提升、投资环境改善等主要目的，成都逐步开展了府南河治理等一系列水体治理和滨水区建设工程。逐步重视城市水系的生态价值和景观价值，通过贯穿城市的水系及滨水绿地构建连接城市内外的生态系统，构建滨水公共空间，满足人们的休闲游憩和亲水需求。2010年以来，结合城市更新和宜居性提升，城市水网质量和周边环境品质不断提升，城市滨水公共空间逐步完善。2018年起，成都以建设"公园城市"为契机，市域水网体系整治和滨水环境建设持续推进。滨水公共空间成为公园城市建设的重点着力点。

2 新加坡和成都滨水公共空间优化途径

在滨水公共空间的建设过程中，新加坡和成都都提出了一系列策略措施，形成与自身发展相适宜的优化途径。相比而言，成都市滨水公共空间建设时间尚短，具体的滨水空间规划和设计规范仍待加强。

2.1 建设花园与水的宜居城市——新加坡ABC水计划

最初，为了实现水源多元供给，应对国家的水资源匮乏问题。新加坡于2006年启动了"ABC（活力Active、美观Beautiful、洁净Clean）"水计划（表1）。《ABC水域设计指南》作为城市设计导则之一为新加坡提供了长期的环境建设指导[3]。近年来，新加坡已初步解决缺水问题，建立了完整的"蓝色网络"，水计划的关注点开始转移到与城市空间设计相融合上，例如"蓝绿基础设施"耦合以及景观、生态、社区一体化的滨水体系构建。

新加坡ABC水计划目标[4]　　　　　　表1

A计划	B计划	C计划
针对亲水活动，创造新的娱乐和社区空间，包含提高大自然可亲近性，注重商业元素地融入以及艺术与文化的呈现	针对滨水驳岸，包含美丽河岸景观的打造和自然岸线的保留，将混凝土水道改造成充满活力和美丽的水景，与城市环境融为一体	针对水质提升和水资源管理，包含雨水管理、水敏感城市设计、湿地技术、生物修复等，并通过开展公共教育来促进更好的人水关系

2.1.1 耦合蓝绿基础设施的雨洪管理

ABC水计划提供了优于传统排水工程的雨水管理模式。在城市化的区域中设置集中式雨水滞留罐、雨水花园、道路生物滞留带，增加屋顶和垂直绿化[5]。以自然化缓坡地形代替混凝土硬质河渠；不易拆除的硬质河渠则采用阶梯退台型石笼植床增加量和河床内壁粗糙度[6]。强调以雨洪管控为基础，实现水系统与城市发展价值、水系统与公众生活的互动[7]。

2.1.2 景观、生态、社区三位一体

ABC水计划构建了景观、生态、社区三位一体的城市水体治理体系，使得水成为宜居城市发展的重要组成部分。随着人口的增长，改善社区周围的景观和设施，提供绿色和蓝色的缓冲区域，能为高密度的生活提供喘息的空间。例如，在最高洪水位线以上设置更多的休闲游憩设施与体育、儿童活动场所，便于社区居民欣赏自然水

景、亲近水体。同时，社区参与也是该计划的重要方面。

2.2 建设美丽宜居公园城市——成都滨水公共空间相关规划

成都的美丽宜居公园城市建设是探索城市可持续新模式的重大决策。滨水空间建设与公园城市发展要求是一致的，突出体现城市的生活价值、人本导向、宜居价值、生态价值和人文魅力。2019年成都编制完成《成都美丽宜居公园城市规划》，对城市滨水空间建设提出相关要求：一是以水生态治理为基本前提，二是结合市域水网和绿道，打造宜居水岸。

2.2.1 水生态治理

公园城市特征之一是突出构筑山水林田湖草生命共同体的生态观，体现"绿水青山"的生态价值。在具体的规划策略中也提出，强化环保治理，营造碧水蓝天净土的优美环境，重拳治水；推进绿色基础设施建设，加强雨污管理，建立河湖生态系统及城市再生的有机平衡体系。

2.2.2 水网与绿道结合

强调市域水网提升行动与绿道建设一体，结合宜居水岸工程增加河道绿化。水网与绿道连接林盘、景点、园区、企业、学校等所有城乡节点，塑造碧水蓝天的优美环境与绿满蓉城的公园绿境以及岷江水润的大美田园。形成全民共享、蓝绿交织的绿网水网，增强市民可进入、可参与性。

此外，2020年成都编制完成《锦江公园总体规划》[8]，推动旧城更滨和锦江沿岸的滨水空间建设。同年，《关于建立公园城市国土空间规划体系 全面提升空间治理能力的实施意见》[9]中提出到年底完善分类专项技术导则，包括《公园城市滨水空间城市设计导则》《成都市河道一体化规划设计导则》等技术规范，可为未来滨水公共空间优化提供指导。

3 新加坡和成都滨水公共空间建设举措

分别选取新加坡的新加坡河、加冷河，成都的锦江、鹿溪河两条河流，归纳滨水公共空间建设的具体举措。

3.1 新加坡河滨水区复兴和加冷河滨水空间整治

新加坡河与加冷河是新加坡最具代表性的水道。新加坡河总长约3.2km，源起中央商业区，是新加坡的经济动脉。加冷河是新加坡最长的河流，总长约10km，流经多个住宅和工业区。不同于受殖民历史影响和商业繁荣的新加坡河，加冷河极具日常生活气息。

3.1.1 新加坡河滨水区复兴

20世纪80年代后，新加坡河水质问题基本解决，开始朝着释放水体和水道全部潜力的方向转变，复兴的重点体现在对滨水区功能的置换和多元一体化的美化改造。

（1）滨水区功能的置换

1985年新加坡颁布了《新加坡河概念规划》，将随着

河运行业日益衰落的滨河码头区域改造成为供人们工作、生活和娱乐的场所。为保证新旧建筑能和谐存在，历史建筑通过功能置换，以适应商业和旅游发展的需要，滨水建筑也适当改造，例如增加人行顶棚，来营造亲水环境。

（2）多元一体化的美化改造

1994年新加坡提出重新划分滨水区域内的用地性质，构建景观系统和开放空间，以及提高新加坡河区域的可达性，进行了大量水、陆、空一体化改造和照明美化工程等。2013年起，《新加坡河流规划区内的城市设计指南》发布并不断更新，提出对于滨水区土地利用、建筑高度、建筑形式、建筑边缘、有顶人行道和车辆通道的要求等。

3.1.2 加冷河滨水空间整治

进入21世纪后，在ABC水计划的指导下，以生态修复、场所复兴、桥接邻里、注入活力为目标的加冷河滨水空间整治，成为滨水空间建设的旗舰项目。

（1）生态修复

原有的混凝土排水渠被恢复为蜿蜒的自然河流。加冷河流经的62km²的公园空间被重新设计，以适应河流系统的自然动态过程。这些河岸提供大面积开敞空间进行各种休闲互动，也可以蓄水滞洪降低径流流量，通过生物和物理作用净化水质，并创造出动植物栖息地。

（2）场所复兴

沿着加冷河两岸布局了新的住宅和工作区，从长远来看，现有的加冷工业区也将被改造成一个具有吸引力的滨水区综合用途区域（图1）。在过渡期间，将先把保存下来的旧加冷机场区腾出作各种体育、康乐及社区用途（图2）。

图1　Kampong Bugis 甘榜武吉士街区[10]

（3）桥接邻里

通过公园与河道景观有机融合，优化公园周边区域环境，并增强了社区联结。公园出入口便捷地与公共交通和本地商业连接。延续加冷公园连接器，新建与河流平行的慢行道路，宽度满足高人口密度下更大的流量需求。从2020年起，在滨河公路的多个关键性位置新建或改进十字路口，以创造更加无缝衔接的步行和骑行体验。

（4）注入活力

加强公众参与，通过2017年"河流穿过它"和"我们的社区"展览，收集了当地利益相关者的想法和反馈，

图2　Old Kallang Airport 旧加冷机场区[10]

旨在将加冷河改造成一条连接人、场所和记忆的河流。加强滨水空间的亲水性打造，营造崭新的水滨休闲、社区活动空间，为河滨和社区注入活力。

3.2 成都锦江公园建设和鹿溪智谷绿道打造

2010年以来，成都水系整治和滨水空间建设进入新的阶段。特别是公园城市建设的启动，为优化城市空间格局，完善滨水公共空间网络和综合功能，提供了新的契机。锦江公园和鹿溪智谷是两个典型项目。

3.2.1 锦江公园建设

锦江是岷江流经成都市区的两条主要河流即府河和南河的合称，贯穿老城区48km，2005年由府南河更名而来。

1992年，成都开展府南河综合整治，具体内容包括防洪治涝功能提升、水质净化、建设滨河绿化带、新建商贸区和居住区、修建雕塑、园林小品、小景园等。改造后，两岸绿带、沿岸建筑和宽阔的道路融为一体，形成一个总面积达23.53hm²的环城公园，滨江环境发生明显改善。

为推进建设新发展理念公园城市示范区，成都启动新一轮锦江整治及滨江区域建设。2019年初编制完成《锦江公园总体规划》，这也是公园城市建设以来的第一个滨水相关规划。规划对锦江滨水区进行再次系统更新升级，提出新的打造策略。

（1）以问题为导向的水生态治理

提水质持续强化水生态治理。以问题为导向，清理整治沿岸工业，推进老旧院落雨污分流改造，全面摸排排污口及问题排水管网。开展河道清淤及黑臭水体治理工程。按河道防洪标准完成锦江生态堤岸的新建和改造。

（2）全域慢行化改造

车退人进，在保留近期机动车通行能力的前提下，塑造20km²沿河慢行空间。强化空间融合，打破滨水空间和街区之间的空间分隔，将慢行通道延伸进入公共交通网络，串联各类开敞空间。

（3）特色文化传承与保护

通过业态升级，植入新兴消费业态，例如融合文化产业，提高文化感知度。提升照明工程，融合成都"夜生

活、夜文化"，挖掘夜间消费新动能。塑造文旅品牌，依托锦江公园形成全线游览路线。

3.2.2 鹿溪智谷绿道打造

鹿溪河为天然山溪河流，是过境市区南部四川天府新区的第二大河流，全长 77.9km（图3）。

为了构建支撑公园城市的生态廊道体系和全域公园游憩体系，四川天府新区展开天府绿道体系建设，鹿溪智谷绿道就是天府绿道依托"山水林田湖"本底建设的一个缩影。作为公园城市建设的示范项目之一，鹿溪智谷绿道打造以高科技服务为核心，融合高端文创，建设生态环境优美、生活配套完善、旅游设施完备的城乡统筹滨水区。

图3 打造中的鹿溪智谷[11]

（1）蓝绿交织的生态格局

鹿溪智谷绿道以鹿溪河为纽带串联了白沙湖、兴隆湖、籍田湖，形成"一河连三湖"的生态体系。最大限度地保持区域整体山水格局的完整性和连续性。全面保护现有自然山体、河流、林带、农田等生态本底。

（2）水生态建设

绿道融入海绵城市理念，两岸引水入园、屯蓄雨洪，形成了上千亩的林下海绵式湿地，增强河道滞洪和下渗能力，并设置内水净化带，保证河体水质。通过水环境监测物联网，实现对鹿溪河及两岸湿地水质的在线监测与实时预警，并智能联动管控系统，保障水质安全。

（3）亲水空间建设

打造人与自然和谐共生的市民乐园，全线布置运动设施，如网球场、荧光夜跑道、儿童趣味沙坑、山地自行车、水上游船等。在文化景观塑造上，保护现有桥梁和河道基底，通过修旧胜旧恢复历史文化风貌，再现鹿溪历史滨水而居的生活场景，体现成都因水而生的水生态历史记忆。

3.3 新加坡与成都滨水公共空间规划建设比较

新加坡华人人口占比较大，同在汉语言文化背景下，新加坡与成都市民在一定程度上有着相似的审美和文化认同感。在滨水公共空间的建设上，则体现为所运用的文化元素的相似性和定位发展方向的一致。新加坡的城镇化率高达100%，2020年成都市常住人口城镇化率也达到77%，两个城市都面临人口增长对城市滨水公共空间供需平衡的影响。

比较两个城市滨水公共空间建设历程，虽然两者在其形成与发展的时间上有巨大差异，但总体的发展路径上有很多相似之处。成都滨水空间更早地具备了公共属性，并承载了丰厚的历史文化底蕴，形成了独特的水文化。而新加坡在城市建设早期就提出了"花园城市"理念，对绿化的重视帮助新加坡缓解城市病，避免在快速发展期间对生活质量和环境的牺牲。因此新加坡滨水公共空间受到快速工业化、城镇化的影响相对较小，对于滨水公共空间的优化更快一步地从保障基本的城市基础设施功能转变为对自然化、亲水性的生态空间的追求。

两个城市的滨水公共空间优化都常常结合城市更新展开，提升周边环境品质，依托水网提高宜居性。如今，花园城市理念下的新加坡正依托 ABC 水计划建设花园与水的宜居城市，约 100 个项目在 20 年内开展。而公园城市理念下的成都滨水公共空间优化将以锦江公园为起点，势在以局部带整体全面开展。

在城市滨水格局的空间尺度上，新加坡的河流从长度和宽度来说较小，而成都则有多条贯穿城市的长河流。但成都和新加坡都有极高的水网密度，为公众提供广阔的滨水空间。以新加坡河对标锦江，两条代表性的河流都作为城市名片来打造世界级滨水区，成为历史文化传承保护、商业与旅游业发展的纽带。而以加冷河对标鹿溪河，两条河流都以修复、保留生态本底为基本要求，打造生境优美、具有较高的生物多样性、丰富的自然亲水体验的滨水区。

4 结论

综上所述，新加坡的滨水公共空间建设经验可为成都所借鉴。一是高度重视水对城市发展的价值，在花园城市建设的推动下持续投入进行水系治理和蓝色网络完善。二是高度注重滨水空间建设及亲水性打造，加强社区与水的联系，持续构建活力场所，满足人们亲水活动的需求。三是将水系统、绿地系统、城市生态格局统筹考虑，注重蓝绿基础设施耦合，构建"水—城—绿"的一体化城市滨水空间结构。

同时，从新加坡和成都滨水空间建设，也可归结出城市滨水空间优化的若干举措，供类似城市滨水公共空间建设参考。一是弹性雨洪管理，改善排水设施的出流条件，提高整个城市防洪滞洪的标准，建设低影响开发技术和绿色雨水基础设施，耦合灰色基础设施，提高滨水空间整体适应性。二是场景营造，在滨水区建设商业、文化、会展等业态，提供观赏滨水风景、感受人文气息、开展文化交流的场所，带动滨水地区经济复兴和旅游业的发展。三是提升景观，将滨水区空间布局、景物设计与文化展示相结合，营造富有场地感和归属感的景观。推动社区景观、城市公园、街道景观与滨水公共空间的一体化设计，营造一体化滨水公共空间。

参考文献

[1] National Parks Board. The Park Connector Network[EB/OL]. (2020-04) [2020-09-21]. https://www.nparks.gov.sg/gardens-parks-and-nature/park-connector-network.

［2］ Khoo Teng Chye. city of gardens and water[EB/OL]. (2016-02-29)［2020-09-12］. https：//www. clc. gov. sg/docs/default-source/urban-solutions/urb-sol-iss-8-pdfs/essay-city-of-gardens-and-water. pdf.

［3］ Public Utilities Board. ABC Waters Design Guidelines[EB/OL]. (2018-07-12)［2020-09-28］https：//www. pub. gov. sg/Documents/ABC＿Waters＿Design＿Guidelines. pdf.

［4］ Centre for Liveable Cities. The Active，Beautiful，Clean Waters Programme：Water as an Environmental Asset［EB/OL］. (2019-09-22)［2020-09-28］https：//www. clc. gov. sg/research-publications/publications/urban-systems-studies/view/the-active-beautiful-clean-waters-programme-water-as-an-environmental-asset.

［5］ 沙永杰，纪雁. 新加坡 ABC 水计划——可持续的城市水资源管理策略［J/OL］. 国际城市规划：1-9［2019-09-12 15：31］.

［6］ 孙帅，陈如一."花园城市"新加坡城市水系综合设计研究［J］. 华中建筑，2013，31（07）：25-29. DOI：10.13942/j. cnki. hzjz. 2013. 07. 016.

［7］ 王竞楠. 城市规划与发展视角下海绵城市多元价值探究——以新加坡 ABC 水计划为例［C］. 共享与品质——2018 中国城市规划年会论文集（08 城市生态规划）. 中国城市规划学会，2018：424-435.

［8］ 成都市规划设计研究院. 锦江公园总体规划. http：//www. cdipd. org. cn/index. php? m＝content&c＝index&a＝show&catid＝85&id＝99［EB/OL］. (2020-07-09)［2020-09-22］.

［9］ 成都市规划和自然资源局. 关于建立公园城市国土空间规划体系 全面提升空间治理能力的实施意见(征求意见稿)［EB/OL］. （2020-09-04）［2020-09-22］ http：//mpnr. chengdu. gov. cn/ghhzrzyj/zmhdzjdcnr/zjdc＿nr. shtml? method＝appDataDetail &groupId＝19097&appId＝21356&dataId＝3502296.

［10］ Urban Redevelopment Authority. Kallang River River of Life Connecting People，Places and Memories［EB/OL］. （2020-09-28）［2020-09-28］https：//www. ura. gov. sg/uol/Corporate/Planning/Master-Plan/Urban-Transformations/Kallang-River.

［11］ 四川天府新区成都科学城管委会. 鹿溪智谷［EB/OL］. （2020-08-13）［2020-09-28］http：//www. cdtf. gov. cn/cdtf/c134131/kxc＿pul. shtml.

作者简介

付彦荣，1975 年 5 月生，男，汉，河北涉县，中国风景园林学会，高级工程师、副秘书长，研究方向为风景园林学科行业发展、规划与设计、绿色基础设施、园林植物应用等。电子邮箱：yanrongfu2003@163. com。

张清彦，1982 年 11 月生，汉，四川泸州，成都市公园城市建设发展研究院（成都市风景园林规划设计院）院长助理、所长，高级工程师，研究方向为公园城市建设发展、风景园林规划设计。电子邮箱：1359679@qq. com。

王诗源，1997 年 4 月生，女，四川泸州，四川大学建筑与环境学院在读硕士研究生，研究方向为风景园林规划设计，绿色基础设施。电子邮箱：729187640@qq. com。

罗言云，1969 年 2 月生，男，汉，四川大竹，博士研究生，四川大学建筑与环境学院，副教授，研究方向为城乡生态与景观规划设计、风景园林规划与设计、绿色基础设施。电子邮箱：luoyanyun3966@163. com。

城市滨水公共空间优化途径——基于新加坡花园城市和成都公园城市滨水公共空间的比较研究

李驹先生近代城市公园实践研究

Study about Li Ju's Modern Urban Park Construction Practice

马含琴　赵纪军*　李景奇

摘　要：李驹先生是中国近代著名园艺学家、园林学家、教育家。在我国近现代变革激烈的时代背景下，李驹先生赴法国留学后回国，展开了早期园林理论和教育探索，积极投身于我国早期城市公园建设实践。目前未有对李驹城市公园建设实践贡献和成就的归纳总结性研究。本文梳理了李驹的求学经历和风景园林相关学术贡献及专业实践，分析其在我国早期城市公园建设中提出的规划设计建议和景观营造手法，对认识我国近代城市公园的形成和发展脉络具有一定意义。

关键词：李驹；近代城市公园；公园体系；绿荫街道；学科教育

Abstract: Li Ju is a famous horticulturist, landscape architect and educator in modern China. Under the background of the fierce changes in modern and contemporary China, Li Ju returned to China after studying in France and developed early landscape theories and educational explorations. He actively devoted himself to the construction practice of early urban parks in China. At present, there is still no summary research on li Ju's contribution and achievement of urban park construction practice. The study summarizes Li Ju's learning experience and relevant academic contributions and professional practices in landscape architecture. It also analyzes Li Ju's planning and design suggestions and landscape construction methods on Early urban park construction. The study is of certain significance to understand the formation and development of urban parks in modern China.

Key words: Li Ju; Modern Urban Park; Park System; Boulevard; Professional Education

　　李驹（1900-1982 年），字超然，广东梅县人，是中国近现代著名园艺学家、园林学家、花卉专家、教育家，是我国近代园艺、园林教育事业及城市公园建设历程中的重要人物，曾在多所大学园艺系、园林系等任教，为我国规划设计了多处著名园林及景区[1]。目前提及李驹先生的文献主要分为两类，一是有关我国近现代城市公园的研究，二是有关我国近代风景园林学科教育发展的研究，但目前仍未有对于李驹先生城市公园相关理论与实践成就的专门研究。鉴于此，本文梳理了李驹先生的求学经历和风景园林相关学术贡献及专业实践，分析其在我国早期城市公园建设中提出的规划设计建议和景观营造手法，以期为认识我国近代城市公园的形成和发展脉络提供参考和借鉴。

1　李驹先生的学术与专业背景

　　李驹先生 1912 年随其兄长李骏一起赴法留学，在完成初、高中课程学习的同时，李驹先生游历了柏林和瑞士的公园和风景区，对造园事业产生兴趣，立志学习园艺专业。1915-1921 年期间，李驹先生先后考入法国南部的农业学校、法国高等园艺学校和法国诺尚高等热带植物学院进行深造，学习造园学和观赏植物学[2]。在留学期间，李驹先生获得了园艺工程师和农业工程师资格[3]。1923 年，李驹先生学成归国，决心用留法国所学改变中国园林落后的现状，为祖国的园林发展作出贡献。

　　我国近代园艺教育开始于 19 世纪末 20 世纪初。李驹先生赴法国学成归国后，供职于园艺与造园学教学科研第一线，成为我国发展近代园艺事业的先驱之一。自 1926 年开始，李驹先生在南京、河南、上海、重庆、成都、北京等地的大学任教，先后任东南大学、河南大学、重庆大学、四川大学、西南农学院、北京林学院等学校的教授兼园艺系、造园系、城市及居民绿化系或园林系的系主任，任教期间主要教授"苗圃学""造园学""花卉学""观赏树木学""植物拉丁学名"以及城市设计相关课程及教学实习[4-8]。值得一提的是，原北京农业大学 1951 年获高等教育部批准成为国内首个成立"造园专业"的学校，归属园艺学系，李驹先生受邀请担任系主任，与汪菊渊先生、余树勋先生等教授共同任教。之后北京农业大学造园专业调至北京林学院[5]，并于 1956 年设置城市及居民区绿化系，李驹先生任该系主任[9]，1964 年该系更名园林系[6]，"文革"期间被撤销，1977 年恢复。由于"文革"之前全国只有北京林学院设置园林专业，改革开放初期园林专业领域领军人物大部分来自由李驹任系主任带领的北京林学院园林系[10]。

2　园艺作为公园实践的基础研究

　　随着我国近代园林建设事业的推进，苗圃学逐渐发展。赴法国留学深造回国后，李驹先生将所学运用于科学研究。1930 年以后，李驹先生曾任浙江省建设厅农业改良总场高级园艺技师[11]。1932 年以后，李驹先生亲自调研了浙江当地杨梅、枇杷、柑橘和青梅等主要果树的分布、品种和栽培情况，在此基础上他编写了《浙江杨梅与枇杷调查报告》，提出了重点培育品种和增产措施[12,13]。

除了亲自参与农村园艺生产的调查之外，李驹先生编写了多部园艺学相关论著。1935 年，李驹先生编著《苗圃学》[14]，书中全面系统地梳理总结了我国古代育苗技术经验，吸收了部分西方现代苗圃学内容。由李驹先生编著的《苗圃学》[14]《植物拉丁学名释义》[15]《行道树的栽植法》[16]等作为近代观赏园艺著作和当时园艺学、造园学等学科的高等教育教材和学习资料，结合了我国的实际情况，具有科学性、时代性和实践性，为我国园林植物的栽培繁殖和管理提供了理论指导。

1929 年初，时任金陵大学园艺系主任的李驹与许复七、吴耕民、胡昌炽、毛宗良、章文才等人以中央大学和金陵大学两所大学园艺系为主体，在南京发起成立了中国园艺学会，推动了国内园艺专业学术活动的积极性[17]。

李驹先生先后在我国多所农科院校任教，与章守玉、程世抚等学者一起建立与完善了我国早期风景园林相关学科的课程体系，包括观赏植物、栽培应用、造园、庭院设计等课程。李驹在教学中运用理论与实践相结合的教学方法，在校内创设实验苗圃基地，亲自带领学生赴各地风景区进行实地考察，注重提高学生的实操能力。李驹先生结合工程实践进行了学科专业建设方面的不断探索，是我国近代多所院校风景园林专业学科课程体系的主要开创者之一，为推动我国早期风景园林学科发展做出了极大的贡献，为我国早期城市公园建设输送了大量优质人才。

3 公园体系的理念

民国时期是我国现代公共园林理论积累和实践探索的一段时期，在此期间城市公园作为城市公共空间的重要组成部分逐渐兴起，成为中国社会近代化的重要标志之一[18]。1923 年以后，李驹先生先后担任上海工部局公园管理处高级园艺技师、北京公园园艺部指导员、南京中山陵园设计委员会委员、南京市公园管理处主任及技工，负责公园的花坛设计、花木配置等工作[19,20]。

任南京公园管理处主任时，李驹先生提出了绿荫街道的概念，并在南京完成了道路绿化改造，为我国近代城市道路绿化建设奠定了基础[21]，为此后将城市公园由林荫道串连成完整的城市公园体系的创新性设想提供了思路。

随着近代城市公园建设的兴起，1938 年李驹上书当时的国民政府，建议将城市公园、绿地纳入城市建设地范畴，将传统风景名胜纳入近代市政体系，为民众建立休闲游乐的公园，并结合文物古迹和风景名胜设置公园绿地，建立国家、省、市、县级以至乡村的公园，形成公园体系，推动了我国公园系统的发展[1]。南京公园建设最早被纳入近代市政建设体系，最终初步形成了简单的城市公园系统。

李驹先后参与设计了开封的龙亭公园、繁塔寺公园、

南城公园，南京的五洲公园、秦淮河公园、中山陵园，重庆大学校园、重庆教育学院校园、杭州湖滨公园、成都少城公园、南郊公园、新都桂湖公园、博济医院庭园、厦门园林植物园等，主持杜甫草堂、昭觉寺等名胜古迹公园的设计和修缮工作[11,22,23]，为多个城市的公园发展作出了不可磨灭的贡献。

4 融汇中西的公园营造

1919 年《浙江新潮》的发刊词中提到生活的幸福和进步是人们应当追求的，这体现了当时人们对美好生活的向往和寄托。由西方引进的公园作为提高人民生活质量的一类园林形式，受到了极力推广，当时的城市公园具有集娱乐、文化、教育、商业、政治功能。李驹先生主要在南京、重庆、成都、杭州、开封等地进行公园建设实践，将留学习得的西方园林艺术及造园手法和理念应用于我国城市公园规划设计当中，以使公园成为综合性的城市娱乐休闲场所为公园的设计目标，促进了公园娱乐的平民化，对我国城市公园的发展起到了极大的推动作用。

提及李驹先生公园建设实践成果的论文主要有《城市公园系统研究》[1]《西方园林艺术对近现代杭州公园的影响》[2]《近代南京城市公园研究》[24]等，其中对于李驹对成都少城公园、杭州湖滨公园和南京玄武湖公园的规划设计及改造有较为详细的描述，可借此追溯李驹先生将西方园林艺术及造园手法应用于我国城市公园建设的实践历程，进而在某种程度上探寻西方园林文化对我国城市公园建设的影响。

以李驹先生设计的杭州湖滨公园为例，它是杭州最早出现的公园[2]。1912 年开始，西方文化的传入促进了杭州公园的出现。当时随着杭州旗营以及城墙的拆除和新市场的兴建，西湖重归杭州，杭州商会建议湖滨仿黄埔滩放宽路线铺设草地，沿湖多种植树木并居中建公园，以便人民闲暇赏景[25]。公园中采用西方的造园手法，建立开放的空间格局，采用硬质铺装，布置花境，建造花坛，铺设西式草坪，设置时代性雕塑小品，增添欧式坐凳、护栏和柱式景观灯[26]，建有音乐亭、凉亭、花房等建筑[27]（图 1、图 2）。湖滨公园标志杭州园林历史进入一个以公园为标志的新的阶段。

20 世纪 30 年代，李驹先生规划设计了成都少城公园（图 3、图 4），采用了西方规则园林的设计布局。现状公园中心仍保留李驹设计的规则园林骨架（图 5），周边改建为中国传统园林形式。

李驹先生还主持了成都杜甫草堂、昭觉寺、开封龙亭公园、繁塔寺公园等寺庙名胜古迹公园的设计与修缮工作，推进了我国早期寺庙园林向城市公园转变。李驹先生围绕寺庙殿宇扩大了园林建设用地，完善了周边的绿化环境，采用西方寺院庭园的布局设计手法，在寺庙周围布置自然式庭园供人们游览和休息，形成了兼具宗教朝拜和观赏游憩功能的寺庙园林格局（图 6）。

图1　1929年之前的杭州湖滨公园
（图片来源：舒新城．西湖百景，1929．）

图2　民国时期湖滨公园
（图片来源：杭州文物管理局，
施奠东．西湖志，1995．）

图3　20世纪30年代的成都少城公园
（图片来源：http：//www．southen．com
中国·成都公众信息网）

图4　20世纪50～60年代成都人民公园（原少城公园）
（图片来源：http：//www．southen．com 中国·成都公众信息网）

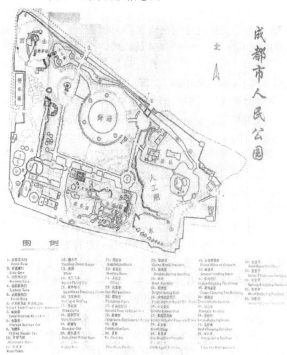

图5　成都人民公园现状平面图
（图片来源：http：//www．cdpeoplespark．com/
中国·成都市人民公园网站）

图6　20世纪80年代末～20世纪90年代初期
开封龙亭公园鸟瞰图
（图片来源：https：//www．sohu．com/a/63655325_363437）

5 公园设施的改良

1928年南京玄武湖正式辟为公园后出现大量游船，然而游船老旧不便出游，1929年南京特别市市政府公园管理处仿照北平北海样式造新船，样式为布篷遮顶，靠背座位10余，居中设绘有棋盘的方桌[27]。然而该式样游船简陋笨重，不便游客休闲尽兴。

为改善公园的游乐休闲体验，时任南京市公园管理处主任的李驹先生对玄武湖公园的游船设施进行了改良工作。1930年，李驹先生制造了两艘精美的游船作为试验，收取费用增添库收。这两艘游船受到了时任市长的肯定，李驹先生决定加制15艘，具体样式是"顶上用西木，板缝处用铁锯、铁钉钉住，缝内嵌麻丝、同游、石灰，川内做藤座位四只，前后两只应用藤戗背，划桨四只，铁叉四只，于铁叉处钉牛皮于桨上，长约一尺六寸，船底有脚踏板，内外颜色临时选择"[28]。改良后的游船多数为湖民所有，出现了湖民高价招揽游客乘船的现象。公园管理处建设码头分配船只，严格限制游船租金[29]，一定程度上控制了游船高价揽客。

在当时的历史背景下，公园成为市民重要的休闲娱乐场所，老旧笨拙的休闲游乐设施逐渐无法满足市民日益增长的游憩需求。李驹对公园游船设施的改良极大地改善了游客的休闲游乐体验感受，也增添了公园水面景色的活力和生气。自此，乘船游湖逐渐成为南京市民时兴的休闲方式。

6 结语

李驹先生提出的建设面向全民开放的公园系统和城市绿荫街道的建议非常具有时代前瞻性，多处公园建设实践是最早吸收西方文化运用到我国城市公园设计的尝试性探索，其公园规划设计实践一定程度上体现了我国近代早期城市公园的规划设计特点。同时，李驹出洋留学的经历和眼界促使他与其他学者将造园学汇入了我国早期园艺学课程教学体系，推动了早期风景园林相关学科的发展和课程体系的完善，为我国早期城市公园的建设培养了大批优秀人才。探究李驹先生在近代城市公园的形成和发展过程中的实践经历，对于认识我国近代城市公园的形成和发展脉络具有一定参考和启发作用。

参考文献

[1] 江俊浩. 城市公园系统研究[D]. 重庆：西南交通大学，2008.

[2] 高杨. 西方园林艺术对近现代杭州公园的影响[D]. 杭州：浙江农林大学，2012.

[3] 张剑. 中国近代农学的发展——科学家集体传记角度的分析[J]. 中国科技史杂志，2006(01)：1-18.

[4] 园艺系[N]. 金陵大学校刊. 1945(4)：12-16.

[5] 发展历史[J]. 风景园林，2012(04)：33-47.

[6] 北京林业大学园林学院. 学院简介[EB/OL]. [2020-08-30]. http：//sola.bjfu.edu.cn/chinese/gaikuang/xyjj/.

[7] 李淑华，李驹. 中国科学技术协会. 中国科学技术家传略

[8] 农学编园艺卷（卷1）[M]. 北京：中国科学技术出版社，1995.

[8] 时赞. 中国高等农业教育近代化研究(1897-1937)[D]. 石家庄：河北大学，2007.

[9] 陈俊愉. 从城市及居民区绿化系到园林学院——本校高等园林教育的历程[J]. 北京林业大学学报，2002（Z1）：281-283.

[10] 刘秀晨. 请关注"北林风景园林现象"[J]. 风景园林，2012（04）：191.

[11] 著名园林学家，公园建设先驱李驹教授[A]. 中央大学校友文选编纂委员会. 南雍骊珠·中央大学名师传略再续[C]. 南京：南京大学出版社，2010：349.

[12] 陈宗良. 慈溪杨梅品种资源概述[J]. 福建果树，1991（01）：61-64.

[13] 李驹. 浙东杨梅与枇杷调查报告[N]. 浙江省建设厅农业改良总场第三号专刊，1938.

[14] 李驹. 苗圃学[M]. 上海：商务印书馆，1935.

[15] 李驹. 植物拉丁学名释义[N]. 中央大学农学院园艺学会刊物——园艺：1937.

[16] 李驹. 行道树的栽植法[N]四川大学农学院刊物——现代农民：1937.

[17] 朱德蔚 等. 中国科学技术专家传略农学编园艺卷2[M]. 北京：中国农业出版社，1999.

[18] 熊月之. 张园：晚清上海一个公共空间研究[J]. 档案与史学，1996(6).

[19] 公园管理处移交接管案[N]. 首都市政公报，1930(62)：67.

[20] 第九十五次市政会议记录[N]. 首都市政公报，1930（55）：2.

[21] 丁绍刚，叶宁. 中国近代农科风景园林孕育与发展[J]. 中国园林，2018，34(12)：68-72.

[22] 陈榕生. 厦门园林植物园三十年[J]. 植物杂志，1990（04）：26-27.

[23] 绿色新闻网. 学府人物李驹：我国近代公园建设先驱[EB/OL]. 2014-04-14 [2020-08-30]. http：//news.bjfu.edu.cn/xfrw/153305.html.

[24] 于静. 近代南京城市公园研究[D]. 南京：南京大学，2013.

[25] 申报[N]. 1914-7-26.

[26] 洪尚之，任鲸. 西湖寻迹[M]. 杭州：浙江摄影出版社，2003.

[27] 南京市公园管理处赁租游艇规则[N]. 首都市政公报，1930(67)：41.

[28] 令拨公园管理处添制游艇第一期款项案[N]. 首都市政公报，1930(65)：10.

[29] 制定玄武湖游船租用规则案[N]. 首都市政公报，1936(167)：74.

作者简介

马含琴，1997年生，女，汉族，安徽，华中科技大学建筑与城市规划学院景观学系在读硕士研究生，研究方向为风景园林规划与设计。电子邮箱：835513914@qq.com。

赵纪军，1976年生，男，汉族，河北，博士，华中科技大学建筑与城市规划学院教授，研究方向为风景园林历史与理论。电子邮箱：jijunzhao@qq.com。

李景奇，1964年生，男，汉族，陕西，硕士，华中科技大学建筑与城市规划学院景观学系副教授，研究方向为风景区与旅游区规划、城市生态规划、乡村旅游规划、乡村与乡村景观规划。电子邮箱：LJQLA@163.com。

李驹先生近代城市公园实践研究

公园城市生态景观建设的评价指标体系构建研究

Research on the Construction of Evaluation Index System for Park City Ecological Landscape Construction

马子豪

摘　要：生态景观建设是整个城市的重要组成部分，也是对居住生活状态、生态保护、休闲游憩、景观体系建设等多种情况集成于一体的公园城市重要开放空间的利用方式。公园城市建设过程中，公园城市的生态景观没有统一的固定标准，构建和谐的公园城市景观建设的评价指标体系对当今城市的空间规划以及开发上都具有极其重要的现实意义。通过一系列国内外学者的研究成果来看，可以对公园城市生态景观的建设从生态性、文化性、景观性、社会性等诸多角度进行综合分析，并将评价分析指标从居住空间布局、生态环境、城市景观、文化体验与公共特征 4 个维度，筛选出 35 个评价指标，使用 TOPSIS 分析法构建出评价模型，进而使公园城市生态景观建设的评价体系具有一定的意义与参考价值。

关键词：公园城市；生态景观；评价指标；体系构建

Abstract: Ecological landscape construction is an important component of the entire city, and it is also a way to use the important open space of a park city that integrates living conditions, ecological protection, leisure and recreation, and landscape system construction. In the process of park city construction, there is no unified fixed standard for the ecological landscape of park city. Building a harmonious park city landscape construction evaluation index system has extremely important practical significance for the space planning and development of today's cities. According to the research results of a series of domestic and foreign scholars, the construction of the park city ecological landscape can be comprehensively analyzed from the perspectives of ecology, culture, landscape, and sociality, and the evaluation and analysis indicators can be analyzed from the urban layout and ecological environment. , Urban landscape, cultural experience, and public features. Through intuitive quantification of the indicators, 35 evaluation indicators are screened out, and the evaluation model is constructed using TOPSIS analysis method, thereby making the evaluation system of park urban ecological landscape construction meaningful And reference value.

Key words: Park City; Ecological Landscape; Evaluation Index; System Construction

引言

城市化进程的快速发展使得生态与环境问题成为世界各国面临的共同难题。在新时代背景下，为寻求人与自然的和谐共生，2018 年 2 月"公园城市"概念被首次提出。纵观我国城市的建构体系，无论是人与自然和谐相处的协调方面，还是城市景观的再次建造方面，都蕴含着深厚的历史文化以及思想底蕴，可以反映出一个城市如何巧夺天工的构造以及怎样与自然共存共荣的"天人合一"的思想[1]。在城市中进行真正的落实，这种落实情况要注意城市建设的每一个建筑物，具体到每一个细节的处理。就是要在不违背自然规律以及自然条件能够承受的条件下，对城市的整体结构进行设计，创造出一个适合于人类居住的生活环境。当今对于公园城市生态景观的内涵理解不同，因此目前我国没有一个统一的指标体系。一些省份根据自己的情况建立了属于其自己的生态景观指标体系，但并不符合公园城市建设实际情况，且对于公园城市生态景观建设情况研究大都为定性分析，定量分析很少，没有一个完整、科学、统一的指标评价体系。本文尽可能选取多个指标来反映当今公园城市建设状况，对选取的指标进行因子分析来确定主体结构，然后利用相关性分析删除相关系数较大的指标，以此来确定最终的指标体系。此外该文采用 TOPSIS 模型分析方法构建生态景观建设评价指标体系，以期为公园城市生态景观建设提供技术支撑。

1 公园城市生态景观建设的基本概念与特征

"公园城市"相关学术著作最早出现于 2010 年，曹世焕等学者根据当时社会背景，以田园城市作为理论基础，提出"建立将风景园林与城市融为一体的公园城市，作为 21 世纪知识信息创新社会的理想城市"[2]，但真正关于公园城市生态景观的定义工作却一直都在进行当中，没有明确的解释，只提出过一个模糊的概括的概念：从生态与形态的耦合关系出发，指出城市设计第一要务应是最大限度利用既有的自然条件[3]。代表着公园城市追求人类与自然的健康发展以及活力体现，也可以概括为在根据生态学的原理基础上，综合社会经济的复合生态系统进行对比，从社会工程、生态工程、系统工程等现代科学与技术方式而构建的社会、经济、文化以及可持续发展的人类自然命运共同体，促进高效经济的生态良性循环的人类居住舒适区。对于公园城市生态景观的概念，中外学者都是以城市原有的自然资源作为基础，可持续发展的理论为指导，可以生态良性循环为目标，创建和谐、文明、富强、绿色的生态文明家园，努力实现城市的自然资源、人口经济、社会文化等复合系统可以和谐有序进行发展，构建的人类的生态文明。

对于公园城市的个性特征来说，生态景观特征是最能体现出一个城市文明的情况，它可以完美的诠释自然及人文景观融合在一起的复合景观，从结构特征出发，公园城市生态景观的建设是一个具有完善的自组织复合的系统，结构具有复杂多样性，大致可以归结于居住区、工业园区、商业区、集中观景区、郊区以及外沿的农业区，甚至还会有一些景观廊道等。此外，公园城市生态景观还会不间断的与外部环境进行交流发展，这种内外同时动态运转的系统可称之为"和谐"。最后从功能特征角度看，不同价值特征的职能城市都是需要美丽的生态环境来支撑，衡量一个城市的功能性强弱是靠这个城市生态景观系统的内外交流情况来决定的，而这种交流是以经济基础为前提条件，凭借人类的聪明和才智进行发挥，建设出最能体现人类文明的、有自己特色的公园城市。

2 公园城市生态景观建设的评价指标及量化

公园城市生态景观建设应该以生态文明性、整体性、协调性、独特性、循环性相对稳定和持续性为原则，以和谐、宜居、优美为目标。从空间尺度来看，生态景观的建设基础可分宏观基础、中观基础和微观基础，不同的建设基础有不同的内涵特质和重点[4]。根据公园城市生态景观建设的总体规划设计需求，可以考虑到当地的自然资源环境特点以及生态景观的建设技术特征，根据当地的相关专业的实际要求，把公园城市生态景观建设评价指标体系划分为具体的4类，分别是居住空间布局评价指标、生态环境评价指标、城市景观评价指标以及文化体验与公共特征标。

量化考核指标体系构建在生态景观建设方面的考核指标采用自上而下的模式进行分解、细化、量化、设定，同时需要实行共同沟通、协商机制，实现构建者参与指标的制定，从而达成目标承诺。首先要确定关键的生态保护行为，然后就要设定量化考核指标，找出关键生态景观建设的行为后，开始建立相应的关键量化考核指标，考核指标体系可以为：测定指标与评定指标结合；单项指标与综合指标结合；相对性指标与绝对性指标结合；统一性指标与自拟性指标结合。指标的量化是对生态景观建设体系评价的关键，这个评价方法的等级标准总结多个城市的工程实践，以及国内外著名城市生态景观建设的工程案例而来。

2.1 居住空间布局评价指标及量化

从古到今，城市的建设速度都是在不断的加快，最初的田园城市在生态景观建造过程中，可能没有城市的土地资源紧张问题，现如今，城市的土地资源紧张问题越发严重，为了可以让这类问题得到有效的缓解，从而使城市的土地资源得到充分的开发利用，景观的空间改造以及

生态空间的重叠就成为现如今城市的开发规划的重中之重，但对于公园城市来说，生态景观建设最主要的就是开发规划问题，要为生态景观性评价带来现实意义。该评价指标主要将城市的建筑构建与城市绿地构建的合理程度作为主要判断指标。

在对城市内部建筑标准确定之后，可以就占地面积展开计算，然后充分考虑城市实际的需求，来对整个建筑使用率进行确定。此外，在对建筑本身进行建造的时候，尽可能的多使用材质好的建造器材，可以将建筑物结构形式以及建筑稳定性作为主要的评价指标。为科学衡量城市各类绿地规划建设水平的高低，该研究采用绿地率、人均公园面积、绿化覆盖率、城乡绿地率5项指标。选择一个合理的居住形式，既可以保证建筑的居住功能，还可以把城市的生态景观进行完美构建。

2.2 生态环境评价指标及量化

随着城市人居文明发展，公园城市发展应实现从传统CBD（中央商务区）、RBD（休闲商务区）向ECD（生态文化中心区）的转换[5]。城市生态系统是由城市居民、周围生物和非生物环境相互作用形成的。城市环境指城市人类活动的各种自然的或人工的外部条件。为了更准确地评价城市生态环境，该评价选择环境健康性、生物活力、生态环境和谐度作为二级指标。

在对于生态环境量化体系中，环境健康性针对非生物环境做出评价，比如：大气环境、水环境、区域噪声、固体污染源影响、电磁辐射源影响等，可借鉴已经有的国家、国际或经过研究确定的标准。生物活力针对城市周围生物做分析，将物种多样性指数、均匀度指数和丰富度指数作为量化指标。生态环境的和谐度是最为重要的，该评价将城市人口密度、第二产业增加值增长率、废旧物资回收利用率和可再生能源使用率作为重要指标。

2.3 城市景观评价指标及量化

公园城市本质内涵可以凝练为"一公三生"，即"公共""生态""生活""生产"高度和谐统一的大美城市形态和新时代城市新范式[6]。为更公平的给居民提供方便、安全、舒适、优美的休闲游憩环境，该研究将城市公共开放空间作为出发点，将公园绿地服务半径覆盖率与城市公共设施绿地达标率作为主要指标进行评判。为提升公园城市内生态景效果，植物景观建设是重要内容，应考虑乡土树种比例、彩叶树种比例、绿地景观与建设用地比例、乔灌草比例等因素。此外，最初田园城市在景观量化方面还体现了人文性，而人文性具有突出的传统居住区景观特色，城市主要是利用生态景观建设来表达情感，成为寄托情怀的载体，在山清水秀之间，可以传递出构建者所想表达的思想感情。

评价指标主要有空间开放程度、植物景观效果、传统居住区景观等，通过定性和定量分析，建立了一套相对完整的评价指标体系，采用因子分析法赋予指标权重，应用模糊数学方法构建评价模型，将健康概念引入城市生态景观研究，从复合生态景观角度评价和辨析城市生态环境问题，为公园城市建设提供决策依据极具现实意义，基

于城市复合生态景观健康内涵，提出用距离指数和协调指数表征系统发展水平和协调状况，构建整合距离指数和协调指数的城市生态景观健康评价模型，并设定了城市生态景观健康状态的评价标准，建立城市生态景观健康评价指标体系[7]。

2.4　文化体验与公共特征指标及量化

公园城市是城市的公园化、诗情化，是诗意栖居的城市[8]，公园城市建设一直都具有城市的风韵以及灵气所在，不仅要传播着城市的底蕴，还要发挥出城市的美化功能，维护着城市的生态平衡，更要承载着城市的文化素养，这样才能在诸多的城市中占据着显著地位。在城市文化中，生态景观文化是一种至关重要的文化，它成为一个城市的特色，具有自己独特的名片，可以直截了当的体现出城市的文化特色。在中国古代早已形成以生态景观建设的特色城市，现如今每年都有很多的旅游者都是以江南水乡的环境情况来反映出其文化底蕴，这种有文化底蕴的古镇是拥有着历史的气息，能给予温情的人性关怀，让人都被这种浓郁的文化底蕴吸引，在古代城市，这种生态景观建设随处可见，关键是其历史文化内涵的特色影响。古为今用，将城市传统文化充分展示，在公园城市的建设中具有深刻意义。

公园城市生态景观评价体系是将文化的体现形式、文化的底蕴以及挖掘深度、文化区分布情况以及文化传播情况等作为评价量化指标。公园城市的生态景观建设成为遗产的文化载体，在某一层面是可以反映出来当地对生态景观建设重视度和这个城市在生态景观建设的成就，这样最后才能成为具有独特信息的文化特色城市。

3　公园城市生态景观建设的评价

3.1　指标权值的确定

公园城市的生态程景观度从居住空间布局、生态环境评价、城市景观评价、文化体验与公共特征评价 4 个维度，筛选出 35 个评价指标构建了评价体系，采用犹豫层次分析法（AHP）由高到低构建 3 个指标层的组合评价指标体系，再按 1～9 标度法原理对各评价指标赋值，最终确定各指标的权重（表 1）。

最终确定的指表体系权重值　　　　　　　　　　　　　　表 1

一级指标	二级指标	权重	三级指标	权重	总权重
居住空间布局（0.500）	城市建筑合理度	0.572	建筑使用率	0.264	0.076
			建筑稳定性	0.142	0.041
			硬化地面控制率	0.596	0.170
	城市绿地合理度	0.428	绿地率	0.189	0.040
			人均公园绿地面积	0.254	0.054
			人均绿地面积	0.135	0.029
			绿化覆盖率	0.213	0.046
			城乡绿地率	0.209	0.045
生态环境（0.297）	环境健康性	0.414	环境空气质量达标率	0.287	0.035
			地表水质状况	0.256	0.031
			区域噪声达标率	0.207	0.025
			固体污染源影响面积（km²）	0.132	0.016
			电磁辐射源影响面积（km²）	0.118	0.015
	生物活力	0.293	物种多样性指数	0.300	0.026
			均匀度指数	0.300	0.026
			丰富度指数	0.400	0.035
	生态环境和谐度	0.293	城市人口密度	0.256	0.022
			第二产业增加值增长率	0.256	0.022
			废旧物资回收利用率	0.239	0.021
			可再生能源使用率	0.349	0.030
城市景观（0.111）	植物景观效果	0.461	乡土树种比例	0.249	0.013
			彩叶树种比例	0.289	0.015
			绿地景观与建设用地比例	0.358	0.018
			乔灌草比例	0.104	0.005

一级指标	二级指标	权重	三级指标	权重	总权重
城市景观 (0.111)	空间的开放程度	0.352	公园绿地服务半径覆盖率	0.563	0.022
			城市公共设施绿地达标率	0.437	0.017
	传统居住区景观	0.187	传统建筑利用率	0.300	0.006
			乡土景观材料使用率	0.300	0.006
			乡土景观色彩面积比例	0.400	0.008
文化体验与 公共特征 (0.092)	文化的底蕴以及 挖掘深度	0.572	文化产业增加值占 GDP 比重	0.476	0.025
			教育、科技、文化支出占财政支出比例	0.524	0.028
	文化区域的分布	0.153	国家级非物质文化遗产的数目（项）	0.358	0.005
			全国重点文物保护单位数（个）	0.642	0.009
	文化传播	0.275	入境旅游者（万人次）	0.476	0.012
			友好城市数（个）	0.524	0.013

3.2 TOPSIS 模型构建

在犹豫层次分析法确定指标权重的基础上，利用 TOPSIS 模型进行最终评价，对其生态景观建设的各个方面进行排序。

（1）建立综合评价矩阵

拟定决策问题有 A_1，A_2，…，A_m 共 m 个待选方案，每个方案有 X_1，X_2，…，X_n 共 n 个衡量方案性能的评价指标，则综合评价矩阵为 $X_{m \times n}$：

$$X_{m \times n} = \begin{bmatrix} x_{I1} \cdots x_{In} \\ \vdots \\ x_{m1} \cdots x_{In} \end{bmatrix} \tag{1}$$

式中，x_{ij}（$i = 1$，2，…，m；$j = 1$，2，…，n）为第 i 个方案中第 j 个评价指标赋值。

（2）数据的预处理

本文采用极值法对原始数据进行标准化处理，得到标准化矩阵 $Y = [y_{ij}] \, m \times n$，需要进行标准化处理。

（3）计算正负理想解：

根据加权规范化后的矩阵确定其各个指标的正负理想解。

正向指标：

$$y_{ij} = \frac{x_{ij} - \min x_{ij}}{\max x_{ij} - \min x_{ij}} \tag{2}$$

负向指标：

$$y_{ij} = \frac{\max x_{ij} - x_{ij}}{\max x_{ij} - \min x_{ij}} \tag{3}$$

式中，y_{ij} 表示标准化后的指标值，x_{ij} 表示第 i 个方案中第 j 个指标的实际值，$\max x_{ij}$ 和 $\min x_{ij}$ 分别表示 j 指标的最大值和最小值。

（4）计算方案集到正负理想解之间的欧式距离

到正理想解的距离以及到负理想解的距离。

$$S_i^+ = \sqrt{\sum_{j=I}^{n} (y_{ij} - y_j^+)^2} \tag{4}$$

$$S_i^- = \sqrt{\sum_{j=I}^{n} (y_{ij} - y_j^-)^2} \tag{5}$$

式中，S_i^+、S_i^-（$i = 1$，2，…，m）分别为评价方案与正、负理想解之间的欧氏距离；y_j^+，y_j^-（$j = 1$，2，…，n）分别为正、负理想解所对应元素值；y_{ij} 为 x_{ij} 经无量纲化处理和权重系数修正后所得值。

（5）计算方案集的贴进度

$$T_i = \frac{S_i^-}{S_i^+ + S_i^-} \tag{6}$$

式中，T_i（$i = 1$，2，…，m）为评价方案与正理想解的相对贴近度值。表示该公园城市生态景观建设评价水平与最优生态景观的贴近程度。贴近度值 $0 \leqslant T_i \leqslant 1$，待选评价方案越趋近正理想解时，$T_i$ 越大越接近 1，公园城市生态景观建设评价水平越高，反之越低。

4 结论

在当代快速城镇化过程中，生态问题越来越受到人类的重视。公园城市，这种观念的引导对于当前中国的城市规划以及建设具有很重要的指导作用，公园城市生态景观建设评价属于多因素、多指标的复杂问题，本文从城市布局、生态环境、城市景观、文化体验与公共特征 4 个维度，筛选出 35 个评价指标，采用 TOPSIS 方法构建了评价模型。该研究属于探索性研究，该评价体系最大限度地减少重复的量化，总体可以够较好地反映公园城市生态景观建设真实水平。但仍需进一步对评价体系、指标权重等相关内容进行系统深入研究，以期对指标体系的合理性和科学性进行验算和完善。

参考文献

[1] 谭瑛. 人与天调，然后天地之美生——《管子》之生态城市思想研究[J]. 规划师，2005(10)：5-7.

[2] 曹世焕，刘一虹. 风景园林与城市的融合：对未来公园城市的提议[J]. 中国园林，2010，26(04)：54-56.

[3] 成实，成玉宁. 从园林城市到公园城市设计——城市生态与形态辨证[J]. 中国园林，2018，34(12)：41-45.

[4] 蔡庆华，唐涛，邓红兵. 生态系统服务及其评价指标体系的探讨[J]. 应用生态学报，2018，14(1)：135-138.

[5] 刘滨谊. 公园城市研究与建设方法论[J]. 中国园林，2018，34(10)：10-15.

[6] 吴志强. 公园城市：中国未来城市发展的必然选择[N]. 四川日报，2020-09-28(010).

[7] 徐后涛. 上海中小河道生态健康评价体系构建及治理效果研究[D]. 上海：上海海洋大学，2016.

[8] 张云路，关海莉，李雄. 从园林城市到生态园林城市的城市绿地系统规划响应[J]. 中国园林，2017，33(02)：71-77.

作者简介

马子豪，1992 年 12 月，男，回族，山西太原，北京林业大学园林学院，从事风景园林历史与理论研究。电子邮箱：375865046@qq.com。

公园城市研究述评
——基于中国知网重要文献的计量分析①

Review of Park City Research：

A Quantitative Study of Important Papers of CNKI

孟庆贺　顾大治＊　王　彬　李　阳

摘　要：近年来公园城市研究广受关注。从中国知网获取研究文献数据，利用计量方法对重要文献进行统计与可视化分析，然后从"公园城市理念及发展研究""公园城市背景下绿地研究""公园城市生态方面研究""公园城市建设与实践研究"4个方面，综述公园城市研究的热点内容。在此基础上总结出"概念新但研究势头足""研究注重理论实践并举""特征与典型化研究突出"3个研究特点，以期为公园城市未来研究提供现状参考。

关键词：公园城市；中国知网；计量分析；述评

Abstract: In recent years, the study of Park City has attracted much attention. The paper gets papers data from CNKI, and makes statistical and visual analysis of important papers by using quantitative methods. The paper summarizes the hot topics of Park City research from four aspects：the concept and development of Park City, the research of green space under the background of Park City, the research of park city ecology, and the research of Park City Construction and practice. On this basis, it concludes three characteristics：the concept is new but the research momentum is sufficient；the research focuses on theory and practice；the research focuses on characterization and typicalization. The paper provides a reference for the future research of Park City.

Key words: Park City; CNKI; Quantitative Study; Review

城市是人类社会经济高度发展的产物，牵扯着人与自然发展的矛盾关系。党的十八大以来，生态文明建设被认为是实现永续发展的重要保障，这一论断体现人与自然关系的时代认知。当前城市发展面临资源、土地、生态环境等困境，城市建设亟待寻找新模式，"公园城市"应运而生。此后关于诸如"一个城市的预期就是整个城市是一个大花园，老百姓走出来就像在自己家里的花园一样"等重要表述相继提出，公园城市成为新时代下城市建设的新理念[1]。学界和业界对公园城市研究如雨后春笋，有关理论与实践研究工作正积极开展。本文基于中国知网数据，选取与公园城市研究有关的重要期刊文献研究成果，利用计量方法分析并总结近年来公园城市研究的主要内容与研究特点，以期为公园城市未来研究提供现状参考。

1　公园城市研究重要文献的数据特征

本文于2020年8月31日在中国知网数据库上按照"篇关摘"条件检索词语"公园城市"，经筛选共有相关文献量262条，从知网的学科分析看主要以城乡规划与风景园林学科为主，占到总数70％以上。以城乡规划与风景园林学科的重要期刊进一步对文献筛选，最终得到82篇相关重要文献，以此作为基础数据开展计量分析。

1.1　研究文献来源

在筛选出的82篇文献中期刊52篇、会议30篇。其中期刊论文来源于风景园林和城乡规划专业期刊，知网复合影响因子多数大于1（图1）；会议论文来源于中国风景园林年会、中国城市规划年会等学科会议（表1）。从发文量看，《中国园林》及中国风景园林年会的公园城市研究文献量达到36篇，占比达43.9％，可见中国风景园林学会在公园城市研究方面发挥着重要推动作用。总体而言，筛选的期刊和会议论文具有较高学科专业性和认可度。

1.2　研究文献数量

文献量变化体现的是对公园城市关注程度与研究速度。82篇文献中有80篇发表于2018年以后，其中2019年发文量较多，有49篇，发文量总体趋势呈增长态势（图2）。2018年到2019年发文量增幅约172％，期刊与会议论文均增加，其中风景园林会议论文、城乡规划期刊与会议论文数量增长明显，一方面反映专业会议能够带动公园城市研究，另一方面也看出城乡规划学科开始聚焦关注公园城市研究。学者对公园城市研究方兴未艾，未来一段时间内公园城市研究将会受到更多关注与青睐。

①　基金项目：教育部人文社会科学研究项目（编号JS2020JYRW0076）；安徽省教育厅人文社会科学研究项目（编号JS2017AJRW0228）。

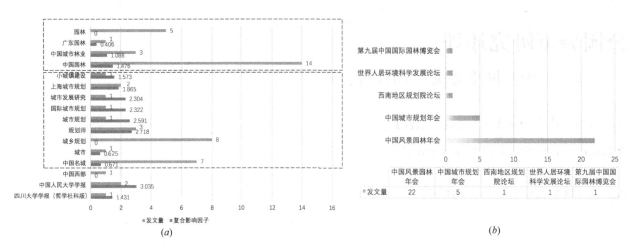

图 1　研究文献的期刊来源（*a*）与会议来源（*b*）

文献关键词数量关系统计　　　　表 1

分类	关键词	频数	中心度	关键词	频数	中心度	关键词	频数	中心度
理念及发展	生态文明	9	0.68	新发展理念	7	0.04	习近平总书记	6	0
	花园城市	3	0	田园城市	2	0.66	山水城市	2	0.3
	园林城市	2	0.53	生态园林城市	2	0	—		
绿地研究	绿地	9	0.26	绿地系统	4	0.22	绿道	2	0
生态研究	生态价值	5	0.16	人居环境	3	0	公共空间	4	0
	生态网络	2	0	城市生态	2	0.16	滨水空间	2	0
建设与实践	成都	15	0.53	天府新区	11	0.31	龙泉山	6	0.62
	公园建设	3	0	海绵城市	2	0.06	—		

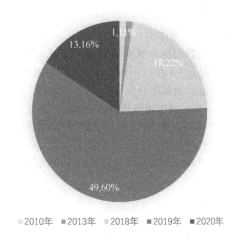

图 2　历年文献数量及变化分析

2　公园城市研究文献的内容分析

　　关键词能直观反映出文献研究的主旨内容。本文利用 Citespace 软件对 82 篇文献的关键词进行计量与可视化分析，根据关键词分析结果（图 3、表 1），将关注内容分为"公园城市理念及发展研究""公园城市背景下绿地研究""公园城市生态方面研究""公园城市建设与实践研究" 4 个方面，以探讨公园城市的研究热点内容。

2.1　公园城市理念及发展研究

　　公园城市作为新概念提出，其内涵、特征、历史发展等内容辨析首先得到广泛关注。在概念内涵研究上，学者梳理各时代风景园林与城市关系演变特点以及公园与城市关系演化，探讨公园城市在新语境下的时代内涵[2]。学者普遍认为公园城市是 21 世纪新的理想型城市，它突出"人—公园—城市"三者生态和谐共生关系，并强调"公园城市为人民"的人本思想[3]。在特征研究上认为公园城

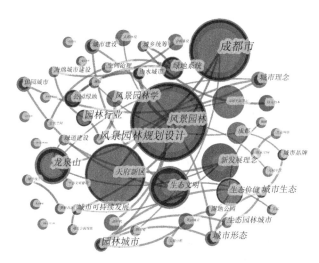

图 3　文献关键词共现关系

市具有人本思想、生态系统观、创新协调发展等特征[4-5]。在历史追溯方面，学者研究公园城市与山水城市、园林城市、田园城市、生态园林城市等历史渊源，指出公园城市是城市园林发展的现代新理念，与各时期城市园林发展一脉相承，其他为公园城市积累丰富理论经验[6]。在形态研究上总结分析公园综合体、生态廊道、城市公园、区域公园等多种公园城市形态类型[7-8]。从关键词共现关系看风景园林学科是公园城市研究的主流学科，积极推动公园城市理念及发展研究。

2.2　公园城市背景下绿地研究

绿地是城市公园重要组成部分，一些学者从公园城市背景下探讨城市绿地建设与发展。从关键词来看，研究内容涉及"绿地空间""绿地系统""绿道"等。绿地空间是城市生态基底，被视为实现公园城市建设的空间载体。从研究范围层面看，学者聚焦在区域生态绿地与城市绿地：区域方面较多关注绿地管控研究，如成都生态绿隔区管控[9]、上海郊野公园规划管控[10]等；城市层面较多关注城市绿色基础设施规划、绿地系统规划、游憩空间布局、城市绿道体系及建设等内容研究[11-12]。从内容看突出公园城市绿地的系统性研究，强调绿地空间的系统价值与规划建设。

2.3　公园城市生态方面研究

建设公园城市是响应生态文明建设战略之大势，公园城市是生态文明理念在城市建设上的最新阐释，可以说"生态"是公园城市的首要代名词。公园城市的生态研究涉及绿色生态价值、城市形态与生态、生态化与开放空间等内容。价值是事物存在的本质属性，公园城市最为突出价值即是绿色生态价值，一些学者以此为角度研究发现，公园城市建设能显著提升城市生态服务功能，其派生价值能促进城市生态建设[13]。城市生态表达可以通过城市形态实现，有学者分析不同时期城市形态与生态空间关系，揭示公园城市形态规划应以自然为底，优化和重组现有城市生态系统，达到"城在园中"的城市形态格局[8]。也有学者将视角聚焦微观空间上研究公园城市生

态化设计策略，如废弃铁路[14]。

2.4　公园城市建设与实践研究

天府新区是当下公园城市"热门代言人"，主要是因为它是公园城市经典实践案例，可以说公园城市理念是在实践中发展提出的。"成都""天府新区"等高频出现，体现成都作为公园城市的重要发源地地位。公园城市在成都的研究与实践上涉及特色小镇规划、公园社区规划、社区修补、河网组织等内容[15-18]，主要结合公园城市理念探索城镇规划与设计的路径方法。此外，上海、南京、深圳等地公园城市建设也受到关注，研究内容涉及公园城市体系构建、景观更新、绿色网络构筑等[19-21]。

3　公园城市研究特征

3.1　概念新研究势头足

"公园城市"概念最早在 2010 年提出[2]，此后对它的关注与研究不多。2018 年提出天府新区建设"要突出公园城市特点"，由此掀开"公园城市"研究浪潮。单从知网近两年发文量看数量增幅较大，此外高校与学科专业学会为推动公园城市研究起到积极有效的作用。可见"公园城市"虽是新兴概念，但有关研究的势头足。公园城市建设符合生态文明建设要求，是城市实现可持续发展的新路径，公园城市研究也是大势所趋。

3.2　研究注重理论实践并举

公园城市研究遵循理论与实践的辩证发展，研究表现为理论与实践研究并举。当前，成都、上海、深圳等地积极开展公园城市建设，很多研究者基于项目实践研究公园城市的规划设计与建设发展等。此外，城市间交流（如成都首届公园城市论坛）也会促进公园城市规划建设与研究等交流借鉴。但从研究发文量看，公园城市理论研究与实践主要集中在近 3 年，有关研究还有较大发展潜力。

3.3　特征与典型化研究突出

公园城市作为新理念提出，相关特征研究较多，如基本内涵、历史发展等，以辨析新理念在当下的时代价值。此外，典型城市与地区研究成为公园城市当下研究热点，天府新区乃至成都成为研究集中关注地。特征化、典型化研究成为公园城市研究初期的特征之一。随着相关研究的深入推进，公园城市理论研究体系会更加丰富，内容更加多元。

4　结语

生态文明建设是我国重要战略布局，是实现可持续发展的重要一环。城市是社会经济文化等高度集合体，寄托着人们对美好生活追求的愿望，城市生态文明建设是其实现永续发展的根本。公园城市的提出，为城市生态文明建设指明建设发展方向，"以自然为底、城在园中"的

美丽人居是城市美好生活的空间载体。本文通过对公园城市研究评述，探讨当前相关研究现状。此外，本文认为公园城市未来研究需要注意以下几点：

（1）根植地域文化，突出城市特色。城市在其历史发展中会形成自己的文化基因，在针对具体区域公园城市研究时要深入挖掘城市历史文化，以自然为骨，文化作魂，建设独居特色的公园城市形象。

（2）衔接空间规划，提升治理能力。应该注重公园城市建设与国土空间规划的衔接问题，确保城市绿色空间"管得住、用得好、得民意"。将城市绿色发展纳入城市治理范畴，突出城市绿色治理研究，提升城市治理的持久能力。

（3）学科融合交叉，发挥新技术优势。公园城市研究与建设应突出系统性，需要多学科融合交叉研究，为其提供科学保障。新技术（如3S、AI、大数据等）为相关研究提供新的思路与技术支撑，能拓宽公园城市研究渠道和研究内容。

参考文献

[1] 李晓江，吴承照，王红扬，钟舸，李炜民，成玉宁，杨潇，刘彦平，王旭．公园城市，城市建设的新模式[J]．城市规划，2019，43(03)：50-58.

[2] 曹世焕，刘一虹．风景园林与城市的融合：对未来公园城市的提议[J]．中国园林，2010，26(04)：54-56.

[3] 刘秀晨．树立园林自信 建设公园城市[J]．中国园林，2018，34(10)：7-9.

[4] 余凤生，孙妹．从城市公园到公园城市[J]．园林，2018(11)：13-17.

[5] 李金路．新时代背景下"公园城市"探讨[J]．中国园林，2018，34(10)：26-29.

[6] 赵纪军，何梦瑶．"公园城市"理念考源[J]．中国名城，2020(03)：25-31.

[7] 吴承照，吴志强，张尚武，王晓琦，曾芙蓉．公园城市的公园形态类型与规划特征[J]．城乡规划，2019(01)：47-54.

[8] 成实，成玉宁．从园林城市到公园城市设计——城市生态与形态辨证[J]．中国园林，2018，34(12)：41-45.

[9] 汪小琦，高菲，刘欣，周妹雯．成都市生态绿隔区管控探索[J]．规划师，2020，36(02)：54-58.

[10] 金云峰，杜伊，周艳，吴钰宾，王俊祺．公园城市视角下基于空间治理的区域绿地管控与上海郊野公园规划实践[J]．城乡规划，2019(01)：23-30.

[11] 郑宇，李玲玲，陈玉洁，袁媛．"公园城市"视角下伦敦城市绿地建设实践[J/OL]．国际城市规划：2020，1-9.

[12] 张鑫彦，涂秋风．公园城市背景下大都市中心城区环公园绿道建设探讨——以上海为例[J]．中国园林，2019，35(S2)：93-97.

[13] 汪诚文，施匡围，李继云，刘金戈，张瑾，吴欣尔．绿色生态价值研究[J]．城乡规划，2019(01)：38-46.

[14] 宋云珊，张云路，李雄．城市废弃铁路生态化有机更新利用策略[J]．中国城市林业，2020，18(02)：73-77.

[15] 罗静茹，侯方堃，何莹琨．"公园城市"语境下的特色小城镇规划初探——以成都市新场镇为例[J]．小城镇建设，2020，38(02)：94-101＋110.

[16] 李后强．公园城市美丽河网体系构建研究——以成都市为例[J]．中国西部，2019(03)：1-9.

[17] 周逸影，杨潇，李果，薛爽，谈静泊．基于公园城市理念的公园社区规划方法探索——以成都交子公园社区规划为例[J]．城乡规划，2019(01)：79-85.

[18] 朱直君，高梦薇．"公园城市"语境下旧城社区场景化模式初探——以成都老城为例[J]．上海城市规划，2018(04)：43-49.

[19] 张浪，李晓策．上海市闵行区公园城市体系构建[J]．园林，2018(11)：2-7.

[20] 张沁瑜，刘源，李婷婷．公园城市理念下的社区景观微更新——以南京市傅厚岗社区为例[J]．园林，2019(06)：24-29.

[21] 蒋华平，侯灵梅，刘少坤．深圳市光明区公园城市规划建设研究[J]．广东园林，2019，41(03)：46-50.

作者简介

孟庆贺，1993年生，男，汉，安徽六安，合肥工业大学建筑与艺术学院硕士研究生，研究方向为城市设计与理论研究。电子邮箱：2936798066@qq.com.

顾大治，1977年生，男，汉，安徽宣城，博士，合肥工业大学建筑与艺术学院，副教授，硕士生导师，研究方向为城市设计与历史遗产保护研究。电子邮箱：2713690465@qq.com.

王彬，1995年生，男，汉，安徽宣城，合肥工业大学建筑与艺术学院硕士研究生，研究方向为城市设计与理论研究。电子邮箱：1755125689@qq.com.

李阳，1995年生，男，汉，安徽宿州，合肥工业大学建筑与艺术学院硕士研究生，研究方向为城市设计与理论研究。电子邮箱：877073859@qq.com.

论公园城市建设的"共性"与"个性"①

On the "Commonality" and "Individuality" of Park City Construction

孟诗棋　赵纪军 *

摘　要：本文提出公园城市建设具有生态性、公共性、文化性、体系化和数字化 5 大"共性",同时通过研究成都、上海、贵阳、扬州、深圳 5 个城市的建设实践,认为公园城市建设路径并非标准化的指标体系,而是根据城市自然禀赋和当地人民的异质化需要,逐步建设成为一座座鲜活独特的生命共同体,促进地方绿色发展,实现在地环境公平,延续本土文脉传承,加强各色城乡共融,推动智慧城市革新,为公园城市"和而不同"的未来形态提供"个性"经验,形成"公园城市"的特色样本。

关键词：公园城市;建设;共性与个性;生命共同体

Abstract: Based on literature research, this paper summarizes the four "commonalities" of Park City construction with ecological security, public welfare, overall system and innovation of the times, and through the study of the construction practices of Chengdu, Guiyang, Yangzhou and Shenzhen, it finds that the Park City construction path is not a standardized index system, but according to the natural endowment of the city and the heterogeneous needs of the local people, and gradually build a living and unique community of shared life, providing "Park City Features Samples" with pioneering significance, park thinking, ecological brand and wisdom advantages.

Key words: Park City;Construction;Commonality and Individuality;Community of Shared Life

"公园城市"是带动城市转型升级的绿色发展理念,以生态文明引领,回归人本逻辑,构建山水林田湖草的生命共同体,形成人与自然发展的新格局。为满足人民对美好生活的需求,普惠公平地提供优质的生态产品与公共产品,提升人民获得感和幸福感。自 2018 年以来,成都市响应公园城市建设新目标,将"建设美丽宜居公园城市"作为战略目标纳入城市总体规划,明确了"三步走"的发展目标,计划到 21 世纪中叶,全面建成美丽宜居公园城市。

许多学者从科学内涵[1]、绿色发展[2]、生活品质[3]、体制机制[4]、地区公园体系[5]和城市品牌价值[6]等方面确立公园城市的实践路径,此外还有从绿色治理体系[7]、环境公平[8]、消费场景[9]等新视角进行的策略探索。公园城市的建设目的在于打造命运共同体[10];建构系统的公园城市的目标与价值体系,并提出城、人、境、业的"三位一体"的结构与实现途径[11];以系统论分析,不同城市之间虽然存在相同的建设目标,却不需要统一的模式[12]。新时代课题下的公园城市建设,区别于以往"园林城市""生态园林城市"等概念,是对工业文明以来城市建设模式发起的一场革命[13],需要以人民为中心,从不同城市的具体视角,营造真正落地的,并且反映多元异质文化的城市新场景。然而在实地建设中,许多城市几乎没有突破绿地系统规划,缺少城市个性的突显。与曹世焕提出的具有引领性的公园城市理念相比,一些城市的本土实践还是对现有园林建设的补充与深化[14]。

因此,只有将公园城市理论应用建设实践,结合地域现实因素,公园城市的营建路径才能逐步完善,进而应对城市人居环境问题。本文以最早开展公园城市建设实践、国家政策倾斜较多、公园城市理论在城市总体规划中发挥重要作用的一批城市为研究对象,包括成都、上海、扬州、深圳、贵阳等若干具有代表性的公园城市建设,总结公园城市建设的"共性"与"个性",以期对"公园城市"规划与建设实践有所启发。

1 "生态性"诉求与地方绿色发展

公园城市建设以生态理念引领城市绿色健康发展。我国土地资源广阔,气候生境类型丰富多样,形成多元的生态环境是地区落实公园城市的绿色基底。成都等地的公园城市建设便是在充分认识生态本底基础上,统筹绿色基础设施,建构联通自然的城市生态安全格局。借力自然,主动发挥具有动态意义的景观基础设施的力量,引领城市健康发展,产业绿色升级,缓解城市病,提高城市应对人居环境问题的韧性能力。

成都发挥雪山天际线、都江堰精华灌区、川西特色林盘等生态本底优势,运用耦合的法则构建"多中心、网络化"的公园城市形态,建设"绿满蓉城,水润天府"的公园城市绿态,规划万里天府绿道景观,复兴活水文化。遵循 EOD 模式,凸显公园城市生态宜居的价值,建构绿色产业体系,打造新的经济增长点。

成都的龙门山、龙泉山、都江堰、川西平原耕地和川西林盘是建设公园城市优良的生态本底,构成了山水林田湖草的生命共同体。通过构建成都市域"两山、两网、两环、六片"的生态安全格局,规划了长达 16930km 的

① 基金项目：国家自然科学基金面上项目（编号 52078227）资助。

"天府绿道"。成都因此成为世界第一个拥有万里绿道公园的城市。成都作为一座拥有原始森林、森林公园、自然保护区等生态资源最多的特大城市，还有拥有包含天然雪山的城市天际线，因此重点塑造观山视域廊道、通风廊道和城市天际线，以期构建出生态宜居的城市新形态。历史上的成都因水而兴，都江堰工程代表了中国传统水利智慧，也是成都公园城市建设的重要生态本底。因此，成都提出继承古代城水关系智慧的活水策略，适应新时代发展以水为脉的城水关系[15]，充分研究水生态文化，将生态系统物化为城市以人为本的公共空间，复活千年河流，以打造未来"公园水城"[16]的城市名片，真正建成"宜居水岸、活水成都"[17]。2019年，成都市基于蓝绿生态本底，提出城市遵循EOD（Ecological Office District，生态引领城市开放模式）①、TOD（Transit-oriented Development，交通引导开发模式）②，合理布局产业功能区和城市街区，通过绿环绿廊主导城市社区等功能布局[20]。可以得出，公园城市模式是一种范围扩大的EOD，其重点在于生态现代化建设[18]，带动地方经济绿色发展。例如，成都构建以中心城区和天府新区为"双核"的半小时轨道交通圈，并与周边区域连通，让绿色出行成为可能，加速绿色产业轨道交通的兴起。

上海在中心城区基于生态条件提出绿道的新形式，提升城市中心的公园绿地连通性；同时在区域绿地管控实践中做出郊野公园的创新性示范，形成法定规划机制，保障了实施公园城市建设的科学性、规范性与可操作性。

上海中心城区用地紧张，同时新增公园距离中心城区较远，缺乏使公园绿地系统发挥更大效能的"生态支点"。因此，上海出现了一种兼具城市公园更新及绿道建设的"环公园绿道"新形式，在有限的空间内，依托公园外围绿地创造出一个全新的带状空间，成为公园的第二界面，缝合了城市公园与城市开放空间的边界。世纪公园是上海中心城区最大的富有自然特征的生态型城市公园。2017年，环世纪公园绿道建成，与已建成的步道形成了内外双线并行的断面形式，同时沿线设置桥梁增强连通性，实现"双道三桥、绿荫环抱"的整体风貌[19]。在补充城市绿道形式的同时，与夜公园开放互补，有效落实了公园城市在大都市中心城区建设。与此同时，上海公园城市建设也立足城乡生态空间发展，郊野公园建设已有一定规模，提出"多层次、成网络、功能复合"的目标，依托湿地、农田等多种自然原生资源确定了5座郊野公园，创造性提出了一种"功能叠合"的规划管控模式[20]。基于生态本底形成农田艺术景观；同时依托"山水林田湖草"资源，提供自然教育场地；通过郊野公园建设，实现农业复合林和水源防护林建设，使其与生态缓冲区结合。

最后为郊野单元规划确立法定规划地位，形成良性运作的生态保护机制。

成都营建"万里绿道公园"，复活历史水城，开展生态现代化建设；上海打造"环公园绿道"，开辟郊野公园，突显城市郊野的生态价值。可见，把握核心的"生态性"，尊重自然生态原真性，保护山水生态基底，是新时代公园城市建设的根本特点，又依托各地域不同的生态本底形成各具特色与个性的绿色发展模式。

2 "公共性"导向与在地环境公平

公园城市建设追求的是最大化地满足人民利益，构建共治、共荣、共享的城市家园。营造具有均等可达性的都市生活圈，通过提供一系列开放亲民的城市公共产品与服务，发挥公园的"公共品属性"[21]。吴志强院士认为，公园城市是体现多元功能复合的城市，由此提出"家园"的概念，"家在公园、生活在公园、生产在公园"[22]。公园城市形成一方水土一方人的共同"家园"，市民成为彼此情感联结的"家人"，增强地域归属感与家园认同感，真正体现以人民为中心，增强人民的生活便利度与获得感。

扬州用公园的规划思维改造城市的结构布局，将公园的运动休闲主题充分融入城市的公共空间中，提供相应的公共化产品和平等化的公共服务设施。扬州以举办大运会为契机，创造性地把城市局部的"奥林匹克公园"扩充为全域整体的"奥林匹克之城"，强化城市的"公共"的公园属性与"公平"的环境福利，探索出一条"分布建，有主题，多功能，两融合"的新模式[23]，即把城市作为一个大公园来规划，体育场馆由集中变分散布局，明确各馆主题和有层次的多元主题，把体育场馆建在公园内，体育场馆与社区活动、城市公共空间相融合。其中，扬州未来最大的中央生态活动区——廖家沟城市中央公园，在万福桥两端，利用斜拉桥的特点建造桥头堡，形成100m高的制高点，市民可以直观地看到城市建设[24]。这体现了市民作为扬州公园城市建设的参与者，平等公平地对城市规划管理者形成监督。廖家沟城市中央公园不仅拉开了公园城市建设的序幕，而且是扬州典型的CEAD（Central Ecological Activity District，中央生态活动区）③。由于缺乏明确的建设标准，不可避免地存在同质化的问题[25]。进一步说明了，扬州公园城市需要在保障公平的同时，满足不同市民的美好生活需求，才能更好地提供公平均等的环境福利。

深圳将山海资源建成自然公园，将园林花景融入道路、街区等城市开放共享的公共空间当中，首创性地提出

---

① EOD（以环境为导向的一体化区域经济发展模式），是指为生态引领城市可持续发展的一种具有商业价值的开发模式，致力于解决城市建设、经济发展与环境的矛盾，实现人与自然的和谐统一。根据生态环境部印发的《关于生态环境领域进一步深化"放管服"改革，推动经济高质量发展的指导意见》，EOD模式推进生态环境治理与生态旅游、城镇开发等产业融合发展，倡导在不同领域打造EOD标杆示范项目。

② TOD（以交通为导向的城市综合开发模式），其特点在于集工作、商业、文化、教育、居住等一体的复合功能，通过土地使用和交通政策来协调城市发展过程中产生的交通拥堵和用地不足的矛盾。

③ CEAD是指在CBD商务功能基础上，适应新经济发展和人的需要，强调文化、休闲、创意和高品质住宅功能以外，突出强化生态功能包括配套公园设施的中央活动区，推动城市中心的功能从单一的生产功能，向生产、生活、生态多种功能的复合转变。

"生活性"景观大道理念，逐步实现"山海连城"迈向"世界级公园城市"的转变。深圳构建地区"一环、两区、九廊、八组团"的城市生态格局，充分利用鹏城植被与海岸资源优势；城市中央以综合公园为基干，152个各具特色的公园形成城市绿色躯干；城区则见缝插绿，便捷的905个社区公园编织成为公园网络。深圳凭借四季有花可赏的气候优势，打造"世界著名花城"的城市名片。其中，深南大道是公园城市背景下道路景观的典范，更是中国景观大道的起源与风向标[26]。大道两侧植物造景以红花植物为主调，常用市花簕杜鹃组景，形成极具亚热带滨海特色的花园景观，营建了"锦绣深圳""凤凰飞羽"等主题花景。深南大道景观逐渐从绿色屏障转变为线性绿色活力空间，100hm²的城市公共空间形成缝合深圳的"超级公园带"，最终成为实践"生活性主干道"理念的线性城市客厅。

扬州建设城市大公园，突显城市空间的运动休闲功能；深圳联结公园与道路，营造出可达性高又丰富鲜活"花漾"风景。在公园城市的"公共性"导向下，保障市民参与城市管理、享受公园的平等权益，同时基于人本主义进一步提升城市生活品质的公共服务与环境福利，为公园城市的生活带来各得其所的便利性与幸福感。

3 "文化性"内涵与本土文脉传承

面临新时代城市转型期的时代需求，公园城市建设充分挖掘本土城市文化，继承营城文化传统，依托城市自然和人文的地域优势，构建诗意栖居的城市理想境界，从地方视角输出新时代中国特色社会主义思想指引下公园城市理论体系的文化解读。

贵阳利用本土乡愁农业文化与阳明心学文化等，赋予贵阳生态文化品牌丰富多元的人文内涵，提出"文化+大生态"的实现路径，突显"爽爽的贵阳"生态文化城市品牌[27]。2015年，贵阳提出"大力实施公园城市工程，打造生态贵阳升级版"[28]。贵阳的县级市清镇市以贵州民俗、农耕文化为基调，建造"乡愁贵州"综合公园，融入乡愁坝上、乡愁田间等富有特色文化。将史前文化、阳明文化、儒家文化、民族民俗文化、红色文化和生态文化等地域文化进行空间布局分析分类，融入公园建设，赋予公园城市历史而具体的文化解读。例如，王阳明始论"知行合一"、悟道法、传心学之地便是贵阳[29]，城市品牌传递出"天人合一、知行合一"的贵州人文精神[28]。贵阳凉爽宜居的气候，独特的喀斯特地貌、丰厚的地域历史文化积淀，有利于塑造贵阳特色的城市生态文化品牌，为创造可识别性高的城市文化IP提供可能。但在文化创新转译方面呈现出不足，没有发挥本土文脉对贵阳公园城市建设的发展带动作用。

成都的天府文化内涵丰富，在公园城市建设中传承天府文脉和传统文化源流，展现包容、创新的文化精神，形成休闲慢活、蜀风雅韵的公园城市文态，重现"花重锦官城"之景。天府成都的城市公园以郊野公园为主，具有宜人的大美田园风光。建立在农业基础上的乡土民俗、巴

蜀文化、美食休闲文化以及花卉文化，吸引了世界各地的游客；世界文化遗产青城山、都江堰和国宝熊猫基地，共同塑造出成都的"天府之国"名片。天府文化具有恋土、包容、外向、创新的特点[30]。成都公园城市示范工程——交子公园是城市核心商务区的一座现代化生态艺术公园，修建了全国首座以交子为主题的金融文化博物馆。这种公园式商圈的概念蕴含了极具成都特色的商贸文化象征，将本土文化特色与公园城市理念很好地融合到建设实践中。

贵阳基于本土文脉塑造城市生态文化品牌，成都挖掘地域遗产传承天府文化内涵。公园城市的"文化性"，是对山水城市理念和中国园林文化的继承发展，是地域历史文化的空间表达，带给当地市民健康身体的同时，也带来更强大的文化自信，塑造一系列彰显地域文化特色，具有中华文化基因的城市典范。

4 "体系化"发展与各色城乡共融

公园城市建设是一项复杂的系统工程，不是"公""园""城""市"的拆分组合，而是系统与要素的关系[31]。各地公园城市建设不应局限于城市局部或建成区，而是放眼全域，完善绿色生态网络。将城市、乡村和自然保护地联合成一个协调运转的多元复合整体，建构大型中心综合公园—社区公园—口袋公园的全域公园体系，并在自然与人文的平衡中发挥"整体大于部分之和"的生态服务功能。

贵阳依托自身的山水城市基础，首倡"千园之城"[28]；整体上规划五位一体的城市绿色发展体系，系统建构公园城市网络；局部公园则重点强调"千园千面""一面一特"与"多园多彩"的个性化特质。2015年，贵阳提出"两环、三脉、五廊、千园"的城市空间布局结构[32]；呈现"山环水抱，林城相融；公园棋布、绿廊环绕"的公园特点。由此，贵阳公园分为"城市—片区—社区"三级，并结合"森林、湿地、山体、社区"构建城市绿色发展体系，将贵阳的山体、郊野、湿地等作为生态基质，以河流水系、绿廊为连接纽带，城市公园作为景观板块，基本形成系统完整的公园网络体。在公园城市的系统性与整体性基础上，提出生态基底控制、山水格局保护、文化遗产保护、城镇绿化、公园系统化五大建设策略，分层级构建贵阳公园城市建设。

扬州建设"泛在"的城乡公园体系，提出"111"公园建设目标[33]，现已形成体系化的公园城市营城模式。遵循"以城为主，城乡联动"的原则，鼓励利用荒滩、荒地建设公园[34]。规划突破了传统行政区划界线，营造出"城园共生"的城市大园林景观[35]。例如扬州提出"111"建设目标，即市民步行10min可到达口袋公园，骑行10min可到达社区公园，开车10min可到达大型中心综合公园。值得注意的是，扬州在公园城市实践当中形成了运用公园思维的营城模式。主要体现为，借鉴中国传统规划思想的新区建设"公园+"模式，将扬州市类比为四合院或南方民居的天井；旧城改造从城市双修视角实行"+公园"模式，"以园聚人"，进而推动"围园而居""围园而

创"，构成脉络清晰的城市组团；而古城保护则采用"十口袋公园"模式[24]，利用扬州明清古城在保护基础上复兴改造。例如，充分利用古城东关街中空置的位置，将其变为口袋公园，象征着古城区的"气眼"。建设时围绕古树、古井建设口袋公园，强调对古城核心价值资源的保护作用。

成都规划"都市绿心"森林公园作为未来城市中心，建构环绕都市的生态绿隔，统筹城乡发展，形成城乡共融的公园城市体系。实践"泛社区"模式，建设三大示范街区，体现成都结合创新产业的"街区制"理念。2018年以来，成都城乡形态从"两山夹一城"转变为"一山连两翼"，形成"一心两翼三轴多中心"的多层次网络化城市空间结构[36]。其中，"都市绿心"龙泉山城市森林公园为城市未来"中心"；绿楔入城，建设环都市生态绿隔区；东部新区与中心城区形成"两翼"[37]。成都统筹城乡发展体系，构建城乡融合发展单元，实现"以人为本"的综合服务功能的提升[38]，让市民真正能够"望得见山、看得见水，记得住乡愁"[41]。成都创造性地提出公园社区建设模式，以"公园＋"为中心，在"公园中建社区"。麓湖国际社区实践"泛社区"示范模式，打破行政规划限制，建构一社多局治理体系，建成首个国际示范社区，形成创新活跃的产业社区公园场景。

不同的城市基于不同的空间布局结构，因地制宜地展开公园城市体系的建设实践。"体系化"突出城市绿地系统、公园体系与城市空间结构的耦合协调，基于各色的城乡形态差异、多元的城市山水文化特点和人民多样的生活需求，形成有地域代表性和推广示范性的公园城市在地化建设模式。

5 "数字化"技术与智慧城市革新

随着大数据时代的国际技术浪潮推动，公园城市建设越来越呈现"数字化"特征。各地引进创新人才与技术经验，运用新时代"互联网＋"思维，在实践中突破理论技术创新，将智慧城市和数字景观研究应用到公园城市的在地化建设当中。公园城市建设中的数字化技术，主要是指互联网、物联网、云计算、大数据和智能终端等技术在营城建设中发挥资源优化和集成作用，让公园城市理念与"智慧生活""智慧城市"的构想在具体实践中融合、创新。

贵阳建设生态文明的国际论坛平台，发挥北京大学（贵州）生态文明研究院与大数据研究院的智库作用，建设大数据公园和智慧生态公园，但在创新意识和技术深度方面仍有一定提升空间。"大数据"是贵州省"十三五"规划的两大发展战略之一。2015年，贵阳打造全国首个"大数据·创客公园"，借鉴苏州工业园和东京杉并动画产业中心，结合本土实际建设形成"大数据＋文化旅游"的公园发展模式[40]，用"1＋N"的产业发展方式突显公园效应，推动居住、工作、休闲、旅游一体化发展。2017年建成的登高云山森林公园也体现数字化技术，设有森林驿站科普馆，采用三维立体设备、电子互动等方式，开展自然科普教育，传播生态文明理

念。可见，贵阳不仅最早提出建设"千园之城"目标，而且很早便引入大数据技术进行公园城市在地化建设，并且已有一定突破。

成都提出公园社区模式的未来构想，构建公园城市的大数据技术应用体系，创造出具有未来意义的城市发展新模式，使得数字化技术深度融合到成都的"智慧生活"当中。2018年，成都建立全国首个公园城市研究院，采用"国际接轨，校地合作"模式[37]。成都构建了系统化的人口研究方法体系，基于百度地图数据、手机用户画像数据、手机信令等时空大数据，得出公园广泛的客源基础及人群年轻化、个性化、高端化的需求特征。以鹿溪智谷公园为例，园内布局七大科技创新产业功能片区。探索未来新区公园社区的发展模式，把鹿溪智谷打造成为"未来城市、智慧生活"的中国西部科学城核心区，搭建机器人服务、虚拟现实等科技公园场景，引入低空飞行、无人驾驶、AI公交等立体交通方式，建造低能耗、高智能的未来建筑。

深圳市依托国家政策与科技高新区支持，发挥5G等技术对于公园城市建设与管理的精细化优势，促进数字化技术与"智慧城市"理念相互融合。回望40年营城历程，深圳先后被授予"国家园林城市""国际花园城市""国家生态园林城市""国家森林城市"称号。2002年，深圳举办"公园建设年"活动。2020年，深圳启动《公园城市规划纲要》研究，以建设一个健康、美丽、野性和人文关怀的国际化公园城市为目标[39]。同年，城管智慧中心在深圳园博园揭牌成立，旨在促进城市管理精细化。进一步说明了深圳不仅拥有远优于全国大部分城市的园林基础，还有国际视野下先进意识的政策引领与5G等技术加持，为深圳建设公园城市带来科技色彩和革新动力。香蜜公园是深圳首个"5G＋"智慧公园，园内设有VR体验馆虚拟游园、清扫机器人、割草机器人、无人保洁船、AI识别与联动报警等5G技术。公园景观基础设施与信息基础设施结合，物联网融合云计算技术，促进人与环境深度互动。可见，数字化技术使公园维护管理更加精准化，为未来公园城市建设带来技术领域的创新示范。

不同的城市具有不同的"数字化"技术条件，根据地方政策支持力度、研究创新能力与技术突破水平的差异性，结合自身实际迎接大数据时代带来的机遇与挑战，建构和智能创新产业结合的绿色发展体系，强化人本逻辑下的信息响应与数据交互能力，为建设智慧公园城市注入技术革新力量。

6 结语

公园城市是适应新时代绿色发展的城市建设模式，具有生态性、公共性、文化性、体系化和数字化五大"共性"。然而具体建设实践中又表现出"和而不同"的地方"个性"，公园城市在一方水土落地而建，成为独具特色的"生命共同体"。许多学者和规划设计专家针对公园城市的新课题，结合规划实践深入研究了公园城市的实现路径，提出了基于不同城市、多尺度、多层次的策略方法体系。

成都打造全域公园体系杰作，建设世界级城市公园旗舰项目[6]，围绕"人、城、境、业"四大维度，塑造城市形态、绿态、文态、业态，建设具有先锋意义的公园城市示范体系。上海建设中心城区的"环公园绿道"与区域绿地的郊野公园实践，丰富了公园城市建设在大都市实践的宝贵经验。贵阳分层建构生态基底控制、山水格局保护、历史文化保护、城市建设绿色化、公园系统网络化"五位一体"的公园建设体系，突显"爽爽的贵阳"城市生态文化品牌。扬州立足公园规划思维，将"城市中建设体育公园"转变为"建设体育公园之城"，在本土实践中开创了新旧地区与古城改造的在地化模式。深圳保留原生态的山林、田园、海岸景观资源，依托花城地域优势与智慧科技的技术优势，积极探索"深派"公园城市建设。公园城市建设密切联系本土实际，充分突显城市优势。可以发现，提高公园城市的建设水平不能依靠一套生态本底、空间形态、地域文化、绿色产业和社会机制等领域并列组合的指标模板和标准体系，而应充分认识建设模式是反标准化的，客观流动和有机生长的，因地制宜和因时而变的。人文化的自然、自然化的人文是鲜活的营造对象，也是最基本的建设引导[14]。公园是城市核心价值资源和战略性资源的保护者，同时公园自身是城市生态系统中的战略性资源，说明公园既是保护城市的有机生命体，又是应当被城市和人民保护的对象。通过公园作为活力要素，激活自然与城市、人民之间的具体联系，才能塑造城市鲜活的现实的个性特色。

因此，公园城市建设的策略体系由"共性"沉淀、提取而来，但实现路径不能被人为地决定，而是城市固有的自然禀赋允许人们去建设一个鲜活独特的公园城市，形成自然天成的城市形态与灵活变化的营建模式，突显城市品牌文化的独特价值，为公园城市提供"个性"经验，提供满足人民异质化需要的"城市特色样本"。

参考文献

[1] 杨雪锋. 公园城市的科学内涵[N]. 中国城市报，2018-03-19(019).

[2] 李雄，张云路. 新时代城市绿色发展的新命题——公园城市建设的战略与响应[J]. 中国园林，2018，34（05）：38-43.

[3] 闫希莹，胡天新，杜澍，等. 公园城市与城市生活品质研究[J]. 城乡规划，2019(01)：55-64.

[4] 赵建军，赵若玺，李晓凤. 公园城市的理念解读与实践创新[J]. 中国人民大学学报，2019，33(05)：39-47.

[5] 袁琳. 城市地区公园体系与人民福祉——"公园城市"的思考[J]. 中国园林，2018，34(10)：39-44.

[6] 刘彦平，何德旭. 公园城市与成都城市品牌价值[J]. 城乡规划，2019(01)：31-37.

[7] 史云贵，刘晓君. 绿色治理：走向公园城市的理性路径[J]. 四川大学学报(哲学社会科学版)，2019(03)：38-44.

[8] 傅凡，靳涛，李红. 论公园城市与环境公平[J]. 中国名城，2020(03)：32-35.

[9] 刘琼. 公园城市消费场景研究[J]. 城乡规划，2019(01)：65-72.

[10] 杨雪锋. 公园城市的理论与实践研究[J]. 中国名城，2018(05)：36-40.

[11] 刘滨谊. 公园城市研究与建设方法论[J]. 中国园林，2018，34(10)：10-15.

[12] 郭明友，李丹芮. 基于系统论的当代公园城市建设几点再思考[J]. 中国名城，2020(03)：36-39.

[13] 赵建军. 公园城市：城市建设的一场革命[J]. 决策，2019(07)：24-26.

[14] 赵纪军，何梦瑶. "公园城市"理念考源[J]. 中国名城，2020(03)：25-31.

[15] 魏新娜，张继刚，周波. 基于古代城水关系智慧的公园城市规划浅析——以成都为例[J]. 城市建筑，2019，16(27)：46-50.

[16] 段瑜，黄川壑，罗捷. 水润天府 活水成都 以水战略为导向的公园城市规划与建设模式[J]. 城市道桥与防洪，2018(09)：57.

[17] 成都市人民政府. 成都市总体规划（2016—2035）[Z]. 2017.

[18] 成都市人民政府. 加快完善成都市产业功能区投融资服务体系的若干政策措施[Z]. 2019.

[19] 罗勇. EOD与公园城市构建[J]. 先锋，2019(09)：21-23.

[20] 张鑫彦，涂秋风. 公园城市背景下大都市中心城区环公园绿道建设探讨——以上海为例[J]. 中国园林，2019，35(S2)：93-97.

[21] 金云峰，杜伊，周艳，等. 公园城市视角下基于空间治理的区域绿地管控与上海郊野公园规划实践[J]. 城乡规划，2019(01)：23-30.

[22] 杨雪锋. 公园城市的理论与实践研究[J]. 中国名城，2018(05)：36-40.

[23] 首届公园城市论坛隆重召开，共论公园城市理论研究与路径探索[J]. 城乡规划，2019(02)：2-5.

[24] 谢正义. 公园城市[M]. 南京：江苏人民出版社，2018.

[25] 管伟，戴广平. 生态文明背景下扬州市中心城区公园体系构建[J]. 江苏城市规划，2019(07)：22-27.

[26] 张一康. "公园城市"背景下道路景观改造设计思考——以深南大道为例[J]. 城市建筑，2019，16(15)：143-144.

[27] 兰义彤. 中国数谷爽爽贵阳的文化名片[M]. 北京：光明日报出版社，2017.

[28] 中共贵阳市委关于制定贵阳市国民经济和社会发展第十三个五年规划的建议[Z]. 2015.

[29] 张明，管华香. 王阳明与贵州贵阳[J]. 教育文化论坛，2019，11(06)：32-39.

[30] 李后强. 天府文化的特质与内涵[N]. 四川经济日报，2018-09-26(005).

[31] 李金路. 新时代背景下"公园城市"探讨[J]. 中国园林，2018，34(10)：26-29.

[32] 贵阳市地方志编纂委员会办公室. 贵阳年鉴2017总第27期[M]. 《贵阳年鉴》编辑部，2017.

[33] 周文，曹国华，苏红. 扬州实施内外兼修 建设公园城市[J]. 城乡建设，2020(16)：10-13.

[34] 扬州市公园条例[Z]. 2017.

[35] 耿玉石. 推进民生工程 建设幸福扬州——扬州城市公园体系建设特点[J]. 现代园艺，2017(02)：149.

[36] 陈明坤，张清彦，朱梅安. 成都美丽宜居公园城市建设目标下的风景园林实践策略探索[J]. 中国园林，2018，34(10)：36.

[37] 郑玉梁，李竹颖，杨潇. 公园城市理念下的城乡融合发展单元发展路径研究——以成都市为例[J]. 城乡规划，2019(01)：73-78.

[38] 张恒. 贵阳率先建设"千园之城"[J]. 当代贵州，2017(10)：36-37.

[39] 文灿.深圳成"公园里的城市"[N].深圳商报，2020，17（10）.

作者简介

孟诗棋，1996年生，女，汉族，湖北，华中科技大学建筑与城市规划学院硕士研究生，研究方向为风景园林历史与理论。电子邮箱：meredith9612@163.com。

赵纪军，1976年生，男，汉族，河北，华中科技大学建筑与城市规划学院教授，博士生导师，研究方向为风景园林历史与理论。电子邮箱：jijunzhao@qq.com。

伦敦成为英国首座国家公园城市策略简析[①]

A brief study on the strategies for making London the first National Park City

莫 非

摘 要：伦敦2019年宣布成为首座国家公园城市。这一理念自2013年提出，通过自下而上的方式在2018年得到伦敦市政府认可，由政府进一步采取软性措施，将国家公园城市的理念纳入伦敦城市规划、环境战略、交通战略，同时通过举办国家公园节，实现了建设国家公园城市的近期目标。本文说明了伦敦成为国家公园城市的环境及政策基础，对国家公园城市的理念起源及发展历程进行了梳理，并分析了政府一年内将伦敦建设成为国家公园城市的软性策略。伦敦国家公园城市的理念创新了国家公园与城市的关系，其概念构思同时关注了市民和政府需求，通过软策略先行，实现了促进公众与自然连接，增强户外游憩、环境教育、绿色经济等社会生态价值。

关键词：伦敦；国家公园城市；环境策略

Abstract：London announced to be the first National Park City in 2019. The notion was initially proposed in 2013, and was promoted by individuals from down to top. It was officially recognized by London government in 2018. Through using soft strategies, it was connected with the London Plan, the London Environment Strategy and the Mayor's Transportation Strategy. Short-term aims of enhancing connections with nature, promoting public health and environmental education were realized through the National Park City Festival. This study analyzed the foundation of establishing the National Park City, and explained the origin of the notion and its evolution. The development of the National Park City created a new relationship between national park and city. Its strategy considered governmental and social needs. Through using soft strategies, the short-term aims of developing the national park city was realized within one year, in terms of enhancing connections between people and nature, encouraging green economy, outdoor recreation and environmental education.

Key words：London；National Park City；Environmental Strategy

引言

国家公园城市，是一种对国家公园与城市关系的新探索。涉及伦敦国家公园城市的研究，并未专门讨论这一理念的起源、发展及如何实现。郑宇等的研究从公园城市的视角，介绍了伦敦国家公园城市及绿色基础设施规划，并对伦敦依托绿地建设，实现绿色经济的策略进行了重点分析，特别提到了伦敦国家公园城市战略中对"软环境"及"硬环境"的重视[1]。英国针对国家公园城市的研究则重点讨论这一策略如何在长期与伦敦绿格绿色基础设施规划并行，并从城市国家公园的角度论述了国家公园城市建立的基础[2,3]。本文通过追溯伦敦国家公园城市理念的起源，从绿地空间及政策环境的角度说明伦敦建设国家公园城市的基础，梳理了从概念提出到伦敦成为国家公园城市的发展过程，重点分析如何通过软性策略，使伦敦在短时间内成为国家公园城市，并产生促进公众健康、环境教育等社会生态价值。

1 伦敦国家公园城市基础

伦敦长期以来对城市绿地的保护与建设，营造了良好的城市环境，这是支撑伦敦成为国家公园城市的空间基础。古德指出，国家公园城市的理念不是凭空产生，而是建立在自中世纪以来，伦敦不断发展的城市园林及自然保护基础上。中世纪晚期及都铎时代建立的皇家园林，19~20世纪的城市花园运动、20世纪上半叶的环城绿带及开敞环境规划与建设，20世纪80年代开始的城市自然保护地的设立等，共同构成了伦敦国家公园城市根基[4]。伦敦的城市绿色空间及生物多样性状况，是伦敦可以与国家公园产生关系的环境基础。

伦敦的城市环境管理思路自20世纪40年代以来发生了根本性转变，从重点关注如何依托技术指标进行空间规划管控，逐步发展为将绿地视为资本，通过绿地管理实现公众健康、环境教育、绿色经济等的综合目标。在1944年版本的伦敦规划中，城市开敞空间的整体规划重点关注以千人指标、绿地率等硬性条件进行空间建设管理。近20年，伦敦已经逐步走向将城市绿地视作绿色资本，通过《生物多样性策略》[5]《伦敦环境策略》[6]《伦敦规划》[7]及《交通规划》[8]等，优化绿地整体结构，建立软硬结合的政策与法规体系，这一政策背景为国家公园城市的提议能够得到政府认可奠定了政策基础。

2 国家公园城市理念的起源与发展

2013年国家地理杂志的探险家Danial Raven Elison

---
① 本研究受上海交通大学文科创新培育项目（项目编号：WKCX1924）资助。

提出“伦敦可否成为一座国家公园城市?”(“What if London were to become a National Park City?”)的设想。Elison表示，这一设想的原点是对伦敦城市生物多样性的思考。他认为伦敦是英国生物多样性程度较高的地区，为什么伦敦不能成为一座国家公园?是因为城市作为国家公园的价值低于乡村，还是因为国家公园的设立中缺少了城市思维?[9]。在此之后，他开始询问一些市民对此设想的看法，并得到了一些积极反馈。Elison强调，从区域景观的尺度来思考，伦敦就像一座国家公园，但它较郊区的国家公园有更多人口居住。伦敦市有近900万人口，14000多种野生动物，以及3000多座公园[10]。

伦敦国家公园城市理念的核心，是如何让更多的市民可以建立与自然的连接，尤其是儿童，以及让更多人以各种方式参与到环境保护与建设中来。2014年开始，建立了大伦敦国家公园的网站(Greater London National Park City)，并开始了伦敦成为国家公园城市的游说活动，得到了部分市民及区政府的支持。市民可以通过国家公园城市章程(图1)[11]，了解这一理念的核心，重点是关注与每个人息息相关的绿地、环境和水质量的提升，创造人人均可享受的国家公园一样的城市，并促进人与自然的连接，尤其是儿童的户外游憩等。通过签署章程，普通民众可以表达自己对国家公园城市愿景的意见。伦敦国

CHARTER OF THE LONDON NATIONAL PARK CITY

OUR VISION IS TO MAKE LONDON A CITY WHERE PEOPLE, PLACES AND NATURE ARE BETTER CONNECTED.

Let's make a National Park City that is rich with nature and where everyone benefits from exploring, playing and learning outdoors. A city where we all enjoy high quality public and green spaces, where the air is clean to breathe and it's a pleasure to swim in its waters. Together we can make London a greener, healthier, wilder, fairer and more harmonious places to live. *Why not?*

The London National Park City is a shared vision and journey for a better life. **Everyone can benefit and contribute every day.**

It is a large-scale and long-term vision that is achievable through many actions. Lots of these things are already happening in London, but by working, learning, sharing and acting together, we can achieve even more.

LONDON NATIONAL PARK CITY*

WE ARE WORKING TOGETHER FOR BETTER:

* LIVES, HEALTH AND WELLBEING
* WILDLIFE, TREES AND FLOWERS
* PLACES, HABITATS, AIR, WATER, SEA AND LAND
* TIME OUTDOORS, CULTURE, ART, PLAYING, WALKING, CYCLING AND EATING
* LOCALLY GROWN FOOD AND RESPONSIBLE CONSUMPTION
* DECISIONS, SHARING, LEARNING AND WORKING TOGETHER
* RELATIONSHIPS WITH NATURE AND WITH EACH OTHER

THIS CHARTER CONFIRMS THAT WE COLLECTIVELY SHARE THE AMBITION, RESPONSIBILITY AND POWER TO DELIVER THESE THINGS AND MORE.

WHAT IS A NATIONAL PARK CITY?

It's a place, a vision and a city-wide community that is acting together to make life better for people, wildlife and nature. A defining feature is the widespread commitment to act so people, culture and nature work together to provide a better foundation for life.

It is a timely cultural choice, a commitment to a sense of place and way of life that sustains people and nature in London and beyond.

This London Charter draws from the principles and aspirations of the Universal Charter for National Park Cities which aims to inspire others to follow London's lead. The National Park City Foundation will work with others to publish a regular State of the National Park City report to highlight actions and progress being made to support the National Park City vision.

By signing this document I/we pledge to play an active role in making the London National Park City a success. Sign below

What if we restored nature wherever we can? What if everybody could lose themselves in nature without leaving the city? What if we shared more knowledge, ideas, tools and experiences? What if there were more beautiful sights, smells, sounds and colours in the city? What if we thought more about those who will be living in the city seven generations from now? What if there was more celebration and spontaneity? What if we did more things to care for the people, places and nature we are interdependent with? What if there was more space for reconciliation? What if we had more balance and harmony within ourselves, our city and globe?

图1 国家公园城市章程

(资料来源：https：//npc-london-charter. netlify. app/)

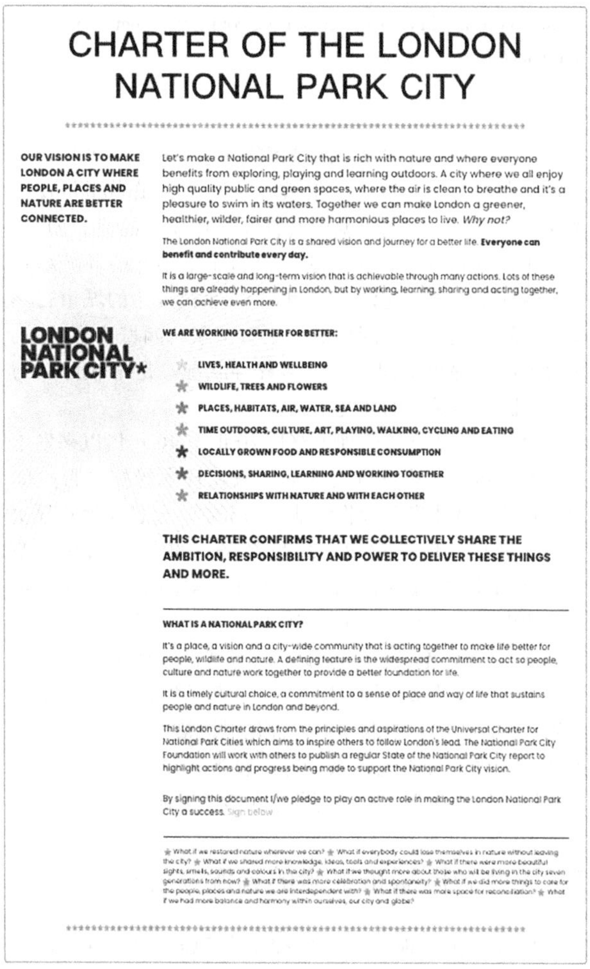

家公园城市的理念进一步向公众进行游说宣传(图2)。2017年，国家公园城市基金会(The National Park City Foundation)组织了一项针对伦敦国家公园城市设计的国际竞赛，进一步征集国家公园城市的设计意向。该竞赛的遴选标准中明确指出，伦敦建设国家公园城市是一项大尺度的长远目标，旨在将城市建设得更加绿色，并帮助更多人可以与城市的遗产产生关联，这也表明了国家公园城市的愿景之一是增强人与自然的联系[12]。该竞赛从全球50多项作品中遴选了4项获奖作品。它们共同的特点是为如何将人们与绿地进行连接提供了思路(图3)。

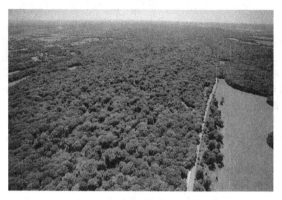

图2 伦敦市从郊区以普林森林向市中心鸟瞰

(资料来源：Geater London National Park City Initiative- London，England Wild Cities. ACamaign for Urbna Wild Nature. 版权归 Luke Massey 所有)

2018年伦敦市长宣布伦敦将建设成为国家公园城市，国家公园城市的建设目标写入《伦敦环境策略》，作为城市环境建设中，绿色基础设施板块的发展目标(图4)，并在2019年的《伦敦规划》中，将国家公园城市的理念纳入城市规划文件中，构建从理念到政策的连接。同时，宣布短期目标是在1年后组织近300项活动，促进公众与野生动物、绿地及水环境的连接，增加公众游憩。

2019年7月，由国家公园城市基金会宣布伦敦成为全球第一座国家公园城市，伦敦市长在市政府召开峰会，表示政府将与国家公园城市基金会合作，采取一系列行动将伦敦变成一个可以使人、场所与自然均更好地连接的城市。7月20～28日，伦敦市举办国家公园城市节，共组织了317项免费活动，覆盖了伦敦全部的行政区域。根据伦敦市政府公布的数据显示，参与国家公园城市节的人数达到9万，并且在活动结束以后有70%的参与者表示更愿意参加户外活动，愿意为促进公众健康及社会凝聚力作出努力[13](图5)。

从结果来看，2018年伦敦宣布建立国家公园城市的目标已基本实现，并且通过国家公园城市节的举办，促进了参与者与城市公园、屋顶花园、水域及滨水空间的联系，并且提升了参与者对参与户外活动、提升健康及社会凝聚力的支持。从活动的组织方面分析，政府主导的项目只有5项，主要与国家大剧院、博物馆、野生动物基金会等机构合作。由各级各类组织与社区组织的项目达到312项，社会力量在推动伦敦国家公园城市建成当中承担了重要角色。

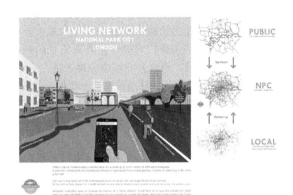

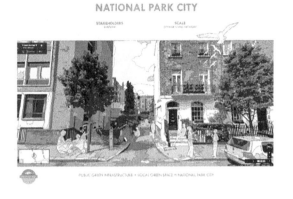

图 3　2017 年伦敦国家公园城市获奖作品之一
（资料来源：https：//www. nationalparkcity. london/imagine）

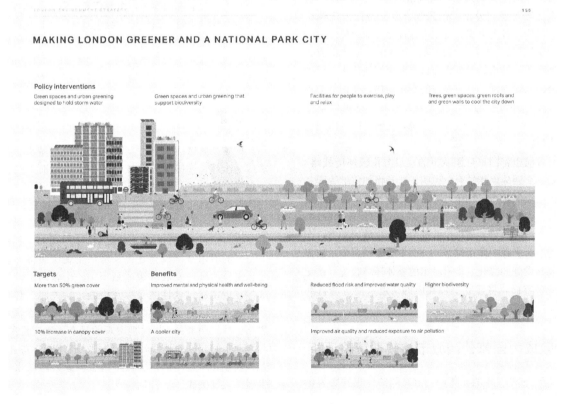

图 4　2018 年出版的《伦敦环境策略》中国家公园城市建设意向图
（资料来源：Mayor of London. London Environment Strategy. London：Greater London Authority Press，2018. ）

伦敦成为英国首座国家公园城市策略简析

（资料来源：https：//www.london.gov.uk/what-we-do/environment/parks-green-spaces-and-biodiversity/london-national-park-city）

图5　2019年伦敦市政府网站发布的国家
公园城市节参与情况

伦敦市政府定义的国家公园城市的总体目标是："鼓励更多人能够享受户外活动的乐趣，以支持伦敦全体市民、商业机构及各类组织，将城市建设得更加绿色、健康和具有野生气息。"作为一座国家公园城市，伦敦将成为一座更加绿色的城市，并且人和自然能更好地连接，保护核心的公园及绿地网络，有多样的野生动物，使得每个孩子都可以在户外游憩与学习中受益，所有人都可以享受高质量的绿地，干净的空气和水资源，人们可以自由地选择走路或者骑行[14]。

同时政府也将国家公园城市的建设与伦敦环境战略、伦敦规划，交通战略相结合，说明了市长将如何推进国家公园城市建设的构想。在伦敦环境战略中，说明了国家公园城市将会保护并改善伦敦的绿色基础设施及自然资本，同时将改善空气质量，使得伦敦成为碳零排放的城市；在伦敦规划中包括保护城市绿带、公园及自然栖息地，加强建筑及公共设施的绿化，促进城市的整体环境收益；在交通设施战略方面，将建立更加健康的街道以促进骑行和步行[15]。

3　伦敦成为国家公园城市的软性策略评析

从2013—2019年的6年间，由民间的设想发展为伦敦市政府认可的环境建设目标，同时得到社会的认可，首先反映出国家公园城市的理念符合城市环境发展的需要。由于伦敦的城市环境建设理念与水平长期居于全球领先

地位，如何创新城市环境战略，进一步提升城市形象，吸引人才和资本是伦敦市政府面临的挑战。国家公园城市这一具有开创新的提议，对树立伦敦高质量的城市环境形象具有积极效果。伦敦公园城市的理念是在宏观层面，与伦敦规划、交通规划、环境战略建立连接，并没有直接涉及绿色基础设施建设的内容，这是其短期内可以推进的重要原因，但也是其未来能否真正促成城市环境积极改变的难点。

关注人与自然及场所的连接，国家公园城市的目标之一是重构人与自然的亲密关系，注重均等的绿地使用，提升儿童的环境教育等内容。政府可以通过活动的举办，如国家公园城市节，来推动这些软性目标的实现。从伦敦的例子可以看出，市民可以通过参加体验式的亲近自然及野生动物的活动，提升与自然的亲密度。体现了政府通过软策略先行，使得公众可以尽早享受环境福利的管理思路。

软硬策略相结合，既重视城市绿地网络空间保护，又重视如何通过软性措施，促进公众游憩及环境教育。在政策制定上，建立尽可能完善的绿地政策体系，将国家公园城市的理念融入到了核心的政策体系中，并不涉及大量的基础设施建设，有效避免和已有政策体系及空间规划的冲突。

给予公众发言权、参与感及主体地位，建立了自下而上、自上而下的双向合作。国家公园城市提出以来，十分重视民众的主体地位，每个人都可以对国家公园城市的愿景提出设想。在宣传国家公园城市理念的过程中，除了最初提出这一理念的倡导者以外，有多种类型的社会组织、机构及政府部门参与，在融资及运营上都体现出了这种多方合作的力量。通过设立绿色基金，予以民间组织以经济支持。民间力量在推动伦敦国家公园城市的发展中起到了关键作用。伦敦市政府1年内300项活动的组织，体现了政府协同多方进行城市绿色环境管理的能力。

4　结语

国家公园城市是一种新的国家公园与城市关系，伦敦成为全球首座国家公园城市采用了自下而上与自上而下相结合的方式。伦敦国家公园城市策略，不仅关注绿地空间改善，也注重如何通过软性措施，促进公众与环境的连接，并进一步促进公众健康、环境教育等综合社会效益的实现。伦敦国家公园城市从提出到初步建成，没有涉及大范围的城市基础设施建设，是在宏观层面将理念融入伦敦整体的环境发展政策体系当中。伦敦的案例提供了如何在近期通过软性的目标及措施，从关注人与环境关系的视角，结合绿地的使用与建设，建立国家公园城市的思路。从长期来看，如何把宏观的具有不确定性的战略，与面向空间建设的硬性政策、法规、技术指标等相对接，兼顾软硬环境策略的落实，是伦敦国家公园城市进一步发展的关键挑战。

参考文献

[1] 郑宇，李玲玲，陈玉洁，等."公园城市"视角下伦敦城市绿

地建设实践[J]. 国际城市规划，2020 (10)，1-9.

[2] Townshend T，Roe M，Davies C，et al. National park city：Salutogenic city？[J]. WIT Transactions on Ecology and the Environment，2018，217：203-211.

[3] Roberts A. London's evolution to a 'national park city'：The green belt，space to build and sustainable transport[J]. Journal of Urban Regeneration and Renewal，2018，12(1)，7-13.

[4] Goode D. London：A National Park City，published on The Nature of Cities，August 16，2015. https：//www. thenatureofcities. com/2015/08/16/london-a-national-park-city/

[5] Mayor of London. Mayer's Biodiversity Strategy[M]. London：Greater London Authority Press，2002.

[6] Mayor of London. London Environment Strategy[M]. London：Greater London Authority Press，2018.

[7] Mayor of London. The London Plan – The Spatial Development Strategy for Greater London[M]. London：Greater London Authority Press，2017.

[8] Mayorof London. Mayor's Transport Strategy[M]. London：Greater London Authority Press，2018.

[9] https：//www. robhopkins. net/2018/04/09/daniel-raven-el-lison-on-what-if-london-were-a-national-park-city/.

[10] https：//www. robhopkins. net/2018/04/09/daniel-raven-ellison-on-what-if-london-were-a-national-park-city/.

[11] https：//www. nationalparkcity. london/timeline.

[12] https：//www. nationalparkcity. london/imagine.

[13] https：//www. london. gov. uk/what-we-do/environment/parks-green-spaces-and-biodiversity/london-national-park-city.

[14] https：//www. london. gov. uk/what-we-do/environment/parks-green-spaces-and-biodiversity/london-national-park-city.

[15] https：//www. london. gov. uk/what-we-do/environment/parks-green-spaces-and-biodiversity/london-national-park-city.

作者简介

莫非，1986 年 6 月生，女，博士，上海交通大学设计学院风景园林系讲师，研究方向为风景园林历史与保护、风景园林教育。电子邮箱：fei _ mo@sjtu. edu. cn。

伦敦成为英国首座国家公园城市策略简析

基于公园城市理论的公园绿地系统连接方式思考

Thinking on the Connection Mode of Park and Green Space System Based on Park City Theory

李倩芸

摘　要：基于公园城市的发展目标——在公园内修建城市，提出连接城市公园绿地系统是构建公园城市的重要途径，对我国现有的城市公园绿地系统进行分析，对城市公园绿地的连接方式进行思考，提出了服务范围连接和空间形态连接的策略。
关键词：公园城市；公园绿地；绿地连接

Abstract: Based on the development goal of the park city-to build a city in the park, it is proposed that connecting the urban park and green space system is an important way to construct a park city. The existing urban park and green space system in my country is analyzed, and the connection method of the urban park and green space is carried out. Thinking, put forward the strategy of connecting service scope and connecting spatial form.
Key words: Park City; Park Green Space; Green Space Connection

1　公园城市

"公园城市"理念和发展模式首次被提出，公园城市不等同于城市公园，与传统的在城市内修建公园不同，"公园城市"是指在公园内修建城市，强调了以人为本的核心思想，具有"一个发展模式，4个基本遵循，三个实践途径，六个价值目标"。

2　公园城市构建方式

清华同衡规划设计研究院副院长胡洁认为公园城市最大的亮点和难点在于"连接"，即将原先土地属性不同、管理部门不同的公园绿地资源进行统筹管理和综合运用。公园城市遵循人民为中心的发展思想，公园绿地作为城市绿地中与居民生活最密切相关的部分，承担了城市居民大部分的日常活动，因此公园绿地系统整体性的构建是公园城市的重要组成。本文仅探讨城市公园绿地的连接方式。

3　公园绿地

公园绿地是城市绿地的重要组成部分，是指城市中向居民开放且可供居民游憩为主要功能的场所，是展示城市整体环境水平和居民生活质量的一项重要指标。

根据《2019年中国国土绿化状况公报》统计（图1、图2），2019年我国城市人均公园绿地面积达14.11m²，公园个数达到16735个，城市公园绿地面积达到72.35百万m²。我国幅员辽阔，地区发展不均衡，不同城市公园绿地发展水平不一致。根据中商产业研究院2019年数据，城市公园数量最多的省份为广东省，共有3512个公园，公园绿地面积89591hm²，公园数量最小的城市为青海省，

仅有41个公园，公园绿地面积为1942hm²。除了区域分布差异大之外，城市内公园绿地存在资源匮乏、分布不合理等问题。

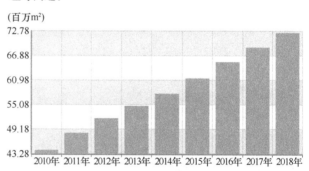

图1　城市公园绿地面积变化

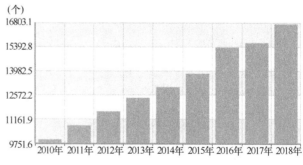

图2　城市公园个数

4　公园绿地系统连接方式

公园绿地的连接探讨可以分为两个层面，一个是非实际空间上的连接，指的是公园绿地之间的服务区域相互连接，另一种连接是实际空间上的连接。

公园城市理论及实践

4.1 服务范围的连接

不同的公园绿地都有着一定的服务范围，通过对城市公园绿地进行分类确定公园绿地的服务半径，通过在城市中建设不同种类的公园绿地达到服务全体城市居民的目的。对于城市公园绿地系统服务范围的无法连接存在两种情况，一种是公园绿地资源匮乏（图3），另一种是公园绿地分布不合理。对于人均绿地面积严重不达标的城市而言，应当首先加强城市公园绿地的建设。有些城市用地极为紧张，可以采用立体绿化的方式增加公园绿地面积。如中国香港采取底层架空为公园绿地系统的建设留出空间，同时给予一定政策上的优惠。

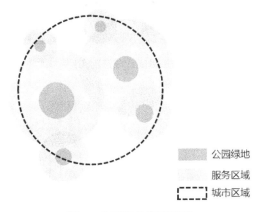

图3 公园绿地资源不足

公园绿地分布不合理会导致城市公园绿地服务效率低下（图4）。有些城市人均公园绿地面积达标，但是由于不合理的布局，造成城市一部分区域绿地资源过剩，一部分地区则绿地资源匮乏。东京、伦敦、巴黎等城市在城市公园绿地规划时都采用了分级规划，对于公园绿地所服务的区域的人口规模和人口结构进行预测，针对不同社区人群的需求匹配不同种类的公园绿地，从而对公园绿地资源进行更合理的配置。针对绿地资源规划不合理的情况，国内已有的研究主要采用以可达性为评价标准，结合GIS、RS等技术手段作为辅助决策工具进行科学合理规划调整，确保公园绿地系统的服务区域囊括城市主要区域，目前研究较少对区域人口结构构成进行研究，难以针对的不同区域人群的不同需求进行特定的公园绿地布局，公园城市遵循以人民为中心的发展思想，针对特定

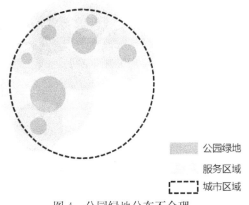

图4 公园绿地分布不合理

人群进行的公园绿地设计将会成为未来的趋势。

4.2 空间形态的连接

城市公园绿地在空间上的连接主要是通过线性的绿色廊道进行的（图5），通过不同规模的绿道将分布在各处的相对孤立的公园绿地进行串联。在绿道的建设案例中最有名的要数纽约高线公园城市绿道（图6）和新加坡规划的公园连接道系统（图8）。

纽约高线公园绿道原本为荒废的高架货运铁路，后在纽约FHL组织的保护下改造成独具特色的城市空中花园，该条绿道的建成带动了曼哈顿西城区的经济发展，绿道沿线建设了大量商业建筑和居住建筑，增加了就业机会，高线公园的建设是保留区域文化特色的前提下复兴区域经济的典范。国内许多地区也有类似的荒废的铁路，例如北京门铁路（图7），该条铁路途经首钢冬奥会场馆，连接城市不同的功能片区。结合铁路打造成北京石景山区城市绿道，能够提升城市空间品质，促进区域经济发展。为了将已有公园连接、使市民更容易到达公园，新加坡于1991年规划了公园连接道系统（图8），通过依附原有的交通网络进行规划，开发城市消极空间，同时给予绿道以多种功能，如娱乐场所、替代性交通通道、动植物自然走廊等，充分打造良好的城市公园绿地系统。总结高线公园和新加坡打造城市绿道的模式可以得出，城市绿道的建设不是粗暴的要求城市为绿道建设让出足够的空间，而是对城市现有消极空间进行充分精细化的利用。

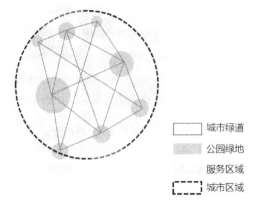

图5 绿道连接

图6 纽约高线公园

图7　京门铁路西黄村段

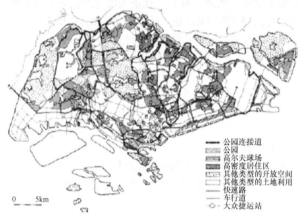

图8　1991年新加坡公园连接道系统

极空间进行精细化利用，增加了城市公园绿地面积，作为城市绿道的一部分，连接了城市内部公园绿地和滨江公园绿地，是一个值得借鉴的案例。

图10　绿之丘改造前工厂

图11　体量削减

重塑消极空间复兴片区的做法在国内也不罕见，上海绿之丘项目（图9），通过改造黄浦江边的废弃工厂，使用立体绿化的方式拉通滨江景观带，向城市腹地打开滨水岸线。废弃的工厂（图10）原本为烟草厂，保留价值低，体量巨大，严重阻挡了滨江景观视线，并且阻挡了规划中的道路，在城市规划中属于应当被拆除的建筑。设计师通过削减朝江和朝向城市侧体量（图11），打破视觉压迫感，拆除底层围护结构为道路规划让出空间（图12），利用现状中烟草仓库北侧规划绿地延伸城市一侧的退台，形成缓坡，接入城市，在坡上覆土种植，建设公园，在坡下布置停车和其他基础服务设施，让人能够在不知不觉间从城市漫步到江岸。绿之丘项目充分对城市消

图12　底层道路空间

5　结语

根据公园城市要在公园中建设城市的目标，公园绿地连接方式不是单一的，而是通过服务范围连接和空间连接共同发展、相互补充的模式，未来公园绿地系统的连接将是在对城市绿地充分利用的情况下，在现有体系上

图9　绿之丘

的完善和补充。公园绿地系统整体性的构架是一个复杂而庞大的工程，涉及公园绿地的运营管理、各个部门的协同合作、法律法规的完善等，本文仅从建筑学的角度进行思考。

参考文献

[1] 刘韩. 城市绿地空间布局合理性研究[D]. 上海：同济大学，2008.

[2] 张庆军. 城市绿道网络规划综合评价[D]. 武汉：华中科技大学，2012.

[3] 张天洁，李泽. 高密度城市的多目标绿道网络——新加坡公园连接道系统[J]. 城市规划，2013，37(05)：67-73.

[4] 李俊果，李朝阳，王新军. 香港大型公共建筑底层架空及启示[J]. 华中建筑，2009，27(12)：25-29.

[5] 章茜茜. 城市公园绿地系统规划研究[D]. 杭州：浙江农林大学，2010.

[6] 章明，张姿，秦曙. 绿之丘[J]. 建筑学报，2020(01)：8-13.

[7] 章明，张姿，张洁，秦曙. "丘陵城市"与其"回应性"体系——上海杨浦滨江"绿之丘"[J]. 建筑学报，2020(01)：1-7.

作者简介

李倩芸，1995年3月生，女，汉族，福建，重庆大学建筑城规学院研究生在读，研究方向为建筑设计及其理论，涉及医疗建筑、养老建筑、住宅。电子邮箱：573243699@qq.com。

基于公众生态文化需求的公园城市研究
——以北京双秀公园园艺驿站网络搭建为例①

Research on Park City Based on Public Ecological Cultural Demand：

The Case Study of Beijing Shuangxiu Park Garden Center's Network

牛牧菁　雷大海　孟繁博

摘　要：本文对于公园城市的探讨，侧重于如何有效利用现有空间，进行织补式微改造模式，形成网络，促生市民的正向环境态度。文中以北京双秀公园园艺驿站网络为例，从驿站网络搭建、管理与运营、公众参与、公众文化活动和环境教育几个方面进行解读，探讨其对公园城市发展的启示。双秀公园园艺驿站网络联动城乡，深入山区，走进社区，突破了政府部门的管理边界和行政边界，是协同发展的有效尝试，整合了首都绿色资源（城市公园、乡村农田、森林保育区），打通绿色惠民的最后1km，增强整个城市的环境资源公平性，其通过与社会机构合作，发展绿色产业。市民在这一城市公共空间中，参与活动、聆听课程、参加建设、塑造了个人的环境身份，建立了与公园的情感联结，形成了对公园认同感的正向激励。

关键词：风景园林；公园城市；公园管理；环境教育；公众参与

Abstract：This article's discussion of the Park City Theory focuses on how to effectively use the existing space, carry out a revitalized model, form a network, and cultivate the pro-environmental attitude of the citizens. The article takes Beijing Shuangxiu Park's Garden Center network as an example, and analyzes the network cooperation, management and operation, volunteer participation, public cultural activities and environmental education, and explores its enlightenment on the development of Park City. The network of Shuangxiu Garden Center connects urban and rural areas, goes deep into mountainous areas, and penetrates into communities. It breaks through the management and administrative boundaries of government departments. It is an effective attempt for coordinated development. It integrates Beijing's green resources (urban parks, rural farmland, forest conservation areas), provides the green service to people, and enhances the equity of the environment and resources for the public. At the same time, it promote the development of green industries through cooperation with social institutions. In this urban public space, citizens participate in activities, listen to courses, and participate in field construction, shaping their personal environmental identity, establishing an emotional connection with the park, and generating positive incentives for park identity.

Key words：Landscape Architecture；Park City Theory；Park Management；Environmental Education；Public Participation

以往关于"公园城市"的实践更加注重新的物理空间的打造及城市整体的规划。而本文侧重于如何有效利用现有空间，使用织补式微改造模式，形成网络，连通城乡。政府通过很小的投入，融入社会资本，推进绿色惠民的公平性发展。同时，本文将人的环境态度对公园城市发展的影响作为重要考量要素，通过策划活动，培养市民的正向环境态度，引导可持续发展行为，为生态文明建设奠定基础。研究利用首都园艺驿站的平台，搭建生态惠民的网络，突破传统的公园体系，融入社区，走进乡村和林区，满足市民生态文化需求，使驿站作为一个传达正向环境认知的场所，弥补人与自然的裂痕。

1.1　公园城市的理论

如何应对生态危机，改善生态环境，形成可持续发展的生存模式，已经成为全人类面临的挑战。工业革命之后，城市中生活的人们越来越脱离自然环境，脱离土地，造成了人与自然"有机关系的破坏"[1]，进而导致人对自然法则的不了解与不尊重。而可持续发展的经济模式，需要建立在尊重自然、与自然协同发展的基础之上。因此，重建人与自然的联结是我们所面临的迫在眉睫的挑战。

党的十八大提出"五位一体"的发展思路，其中"生态文明建设"体现了对这一问题的高度关注。经过几年的逐步发展，2018年"公园城市"的概念一经提出，学界对此进行了深入的讨论。王浩提出的"大统筹、大融合、大聚集"理论，强调城乡统筹发展，关注经济产业发展，多功能聚集[2]。袁琳的文章中指出"公园城市"可以缓解群众的生活品质提升需求和自然资源不平衡的矛盾，可以解决绿地"公平性"的问题[3]。王红扬从城市治理模式的角度探讨了"公园城市"，分析以往的"非现代化"治理方式（"过度依赖政府""过度大投资""一步到位""重速度轻质量""过于部门化"），提出为百姓服务，将公园融入社区，结合展业发展的新型管理模式[1]。这些理论层面的论述，为公园城市的发展提供了清晰的思路。

①　基金项目：中央美术学院校内自主科研，项目编号20KYYB034。

公园城市理论及实践

1.2　首都园林绿化发展阶段

北京绿地体统的建设，一直伴随着城市的发展：从中华人民共和国成立初期的植树造林，恢复封建时期破坏的周边森林资源（第一阶段），到20世纪80年代的美化街道、城区公园建设（第二阶段），又经历了21世纪初的郊野公园建设和各种保护区建设（第三阶段）之后，首都园林绿化工作在保护城市的山水格局，构建城市绿地系统，完善城市绿色基础设施方面，都已经取得了很大的成效[4]。截至2019年，北京森林覆盖率已到达44％，城市绿化覆盖率达到48.46％，人均公共绿地16.4m²[5]。

2008年绿色奥运会之后，北京城市公园的使用者和公众的诉求都发生了很大的变化，公众自发的动植物认知活动开始逐渐在大型公园中出现，市属公园也逐渐展开以动植物科普为主题的课程和活动[6]。自2013年开始，首都绿化委员会办公室先后评选了30家"首都生态文明宣传教育基地"，涉及公园、野生动物救护中心、自然保护区、林场、研究机构、花木公司等[7]，标志着首都生态文明教育工作的重要里程碑，自此首都园林绿化工作进入了发展的第四阶段。前三个阶段关注更多的是绿地系统物理空间规划建设，而第四阶段的重点是建成后如何精细化运营和管理，举办活动以更好地服务市民。"公园城市"的理论中提到的将公园融入社区、结合产业发展、城乡统筹、解决绿色资源公平性等，正是首都园林绿化事业第四阶段发展所关注的问题。

1.3　首都园艺驿站历史

从2015年开始，西城区园林绿化局利用辖区内的疏解整治腾退空间，试点首家园艺驿站，旨在为公众提供园艺活动和课程，普及园艺知识，收到了良好的社会反响。在此基础上，2018年首都绿化委员会办公室开始面向全市推广"首都园艺驿站"。截至2020年6月已有66家挂牌驿站[8]。当时，驿站的功能定位是"扩大公众参与""服务社区建设""传播园艺文化"，目标是培养市民生态意识，促生可持续发展的生活方式，为生态文明社会建设奠定基础[9]。已建成的驿站分为以下3类：中心型驿站（独立运营全年开放）、合作型驿站（与学校、社区、花店、乡村、街道、工会等社会单位合作）和托管型驿站（非独立园艺空间）。起初驿站中开展的活动主要是植物种植与养护，公众可以参加园艺培训，种植技术咨询，接受养护指导，主要参与者是当地的花友会成员[10]；发展到今天驿站承载了更多的市民生态文化需求。

2　北京市民生态文化需求

2.1　参与公园建设与管理

自2008年奥运志愿者招募工作开展之后，北京市掀起了志愿者浪潮。市属公园中最初组建的"公园之友"志愿者队伍，其成员来自公园中的自组织团体（主体是周边社区居民），负责协调各团体间的场地使用，维护公园秩序；动物园还有专门的野生动物爱好者组成的志愿者，承担对游客的保护教育、维持秩序等工作[6]。时至今日，很多公园都搭建了自己的志愿者队伍，成员主要来自周边社区。服务内容包括公园日常维护、维持秩序、参与宣传活动等。志愿者年龄结构也发生了变化，最初老年人居多，现在越来越多的家长希望培养孩子为社会服务的习惯，因此志愿活动以家庭为单位的逐渐增多。这表明，随着市民民主意识和素质的提高，对参与城市公共资源的建设与管理有着日趋增高的热情和诉求。

2.2　参加环境教育活动与课程

北京公园中的环境教育分成两种：一种是公园为教育的主体，研发课程，针对普通游客或是中小学团体；另一类是社会机构为主体，利用公园的场地开展自然教育或科普教育。目前，第二类课程质量优于第一类。主要由于公园的人力资源配置和资金配置都无法和社会专业教育机构相比。然而实际参与人数，第一类远高于第二类。首先，由于公园开展的环境教育大部分是公益性或半公益性，对很多周边居民和随机游客更为实惠；其次，很多公园作为北京教委指定的校外教育基地，承接了大量的北京中小学校外大课堂教学工作。因此，提升公园的环境教育质量，可以普惠大众，对提升公众的生态环保意识甚为重要。

3　北京双秀公园园艺驿站网络搭建实例

3.1　双秀公园园艺驿站简介

双秀公园紧邻北京市区北三环，属于城市核心区（图1）。周边有居住区、高校（北京师范大学）、企业等，属于社区型城市公园。2017年双秀公园整治出租房，疏解腾退多处房屋，对公众开放使用。2019年5月，园中的

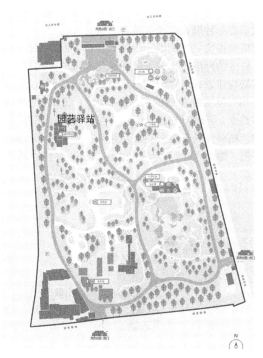

图1　双秀公园

金都园艺生活体验中心开放营业，以销售花卉绿植、开展园艺课程为主。当年 10 月，中心在首绿办审核下，正式挂牌，成为首都园艺驿站中的一员（图 2）。挂牌后的驿站充分利用公园资源，将园艺生活深入到社区群众中。

图 2　双秀公园园艺驿站

3.2　双秀公园驿站网络搭建

北京处于一个有山、有水、有农田、有森林的复杂生态系统中，而生活在城市核心区的人们，很少有机会可以走出钢筋混凝土的环境，感受北京大的生态格局。因此需要一种模式，连通城乡、重建人与土地。双秀驿站网络的搭建，形成城市驿站、乡村驿站、森林驿站及社区驿站的网络，突破了园林绿化系统的管理边界。它的网络构建方式是，与其他几家园艺驿站合作开展课程和活动（包括收费型的和公益性的），将城市居民带到大自然中，同时双秀支持合作驿站的建设。双秀网络的搭建，拓展了其自身的空间，并且打破了城市公园的资源限制，融入了北京大的山水格局。其合作驿站包括：

大兴区采育镇大皮营三村雁泽家园艺驿站（已挂牌，乡村型驿站），于 2019 年 12 月开始筹建，针对的主要客户包括村镇团委、妇联等机构和当地社区居民，开展的活动包括、种植养护知识普及、垃圾分类讲解、花艺插花等手工活动（图 3）；昌平燕子口党群中心（筹建中，乡村型驿站）；门头沟黑山公园园艺驿站（已挂牌，公园型驿站）（图 4）；门头沟京西林场（森林型驿站，林场主要负责植树造林、森林保育，无盈利性砍伐），已开展活动包括森林资源认知、动植物认知、林区防火知识介绍、森林保育讲解等（图 5），使城市居民认知大森林，保护大森林；门头沟滨河小区园艺驿站（筹建中的社区型驿站）。双秀驿站网络实现自然资源共享，一定程度上解决了绿色资源社会公平性问题。

图 3　雁泽家园艺驿站

图4 黑山公园园艺驿站

(a) (b)

(c) (d)

图5 京西林场园艺驿站

3.3 双秀公园园艺驿站运营与管理模式

双秀公园属于企业运营公园，公园门票仅0.2元，且北京市65岁以上老年人免费，门票收入无法平衡运营和维护费用。因此，双秀公园需要园艺驿站作为其创收的来源，这也是双秀公园推进驿站发展的主要动力。作为首都园艺驿站，必须承担规定数量的公益性活动；在此基础上可以开展收费项目。这既普惠市民，也支持了公园的运行，实现双赢。驿站结合社会资源，与自然教育机构合作，利用公园资源和森林驿站资源，开设课程，推进绿色经济及产业发展，同时也能满足周边居民日益增长的环

境教育需求（图6）。

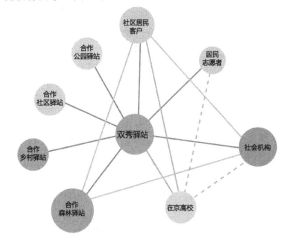

图6 双秀驿站模式图

3.4 双秀公园园艺驿站公众参与

双秀公园志愿者，在驿站接受植物种植和养护培训，参与到公园的建设中。志愿者成员包含各年龄段，其中很多是以家庭为单位，居住在周边社区。志愿者开展的活动，包括地栽倒盆、花境打造、花箱种植、修建施肥、科学灌溉等（图7）。家庭志愿者中的家长，还为孩子们的队伍命名为"双秀公园护花小分队"（图8）。双秀志愿者的建设逐步完善，共分为4类：巡逻服务、门岗服务、绿化服务、清洁服务（图9），每周需完成一定的服务时间。志愿者不仅服务了公园，其在活动中也获得了作为公民，对公共空间建设的参与感，与公园建立了更为深厚的情感连接。

3.5 双秀公园园艺驿站开展的公众文化活动和环境教育

驿站建立到现在的一年多时间，已开展多种课程和活动（图10）。2019年开展了40次，其内容主要为植物认知（占比55%）、手工活动（占比20%），此外园艺和种植也占一定比例。2020年开展61次活动和课程，其中手工活动占比降为38%，植物认知占比为2%，园艺占比升为8%，种植占比为5%。疫情期间还开展了线上活动。今年活动和课程增加了多种新类型，包括自然教育（偏向生态系统及保护）、自然笔记、昆虫和动物认知、动物保护宣传，这些都可归类为环境教育。除此之外，还有城市教育类课程、居民跳蚤市场和音乐课程。由于引入社会机构和高校，课程和活动更为多样化，丰富了周边居民的业余生活（图11）。双秀园艺驿站使公园成为一个富有活力的场所，吸引了在京高校进行研究。高校的介入又带来更高质量的课程和活动，形成一种良性循环。

3.6 双秀园艺驿站网络对公园城市发展的启示

首先，园艺驿站网络的搭建、联动城乡、深入山区、走进社区，突破了政府部门的管理边界和行政边界，是协同发展的有效尝试。同时，整合了首都绿色资源（城市公园、乡村农田、森林保育区），打通绿色惠民的最后1km，增强整个城市的环境资源公平性。这种模式使绿地系统真正和城市融为一体，不仅在物理空间层面上，更在人的使

用和心理层面上，这种融合拓展了"公园城市"的维度。

双秀驿站在人力资源方面有所欠缺，因此需积极与社会机构合作，开展自然教育、动植物认知、种植园艺等活动，发展绿色产业，为公园城市的产业转型，同时也为绿地系统管理和运营，提供了一个可以借鉴的模式。

最后，在驿站的作用下，公园真正成为一个文化场

所，不再是大规模绿化建设形成的"绿色沙漠"，有效利用公共资源。市民在这一城市公共空间中，参与活动，聆听课程，参加建设，塑造了个人的环境身份（Environmental Identity），建立了与公园的情感连接，产生了对公园认同感的正向激励。这种环境身份的塑造也是公园城市应该给予市民的一种城市认同感。

图 7　志愿者活动

图 8　小志愿者护花小分队 LOGO

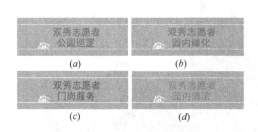

图 9　志愿者分组

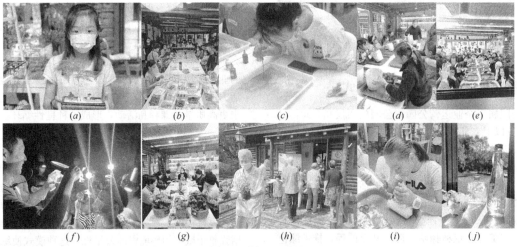

图 10　课程和活动

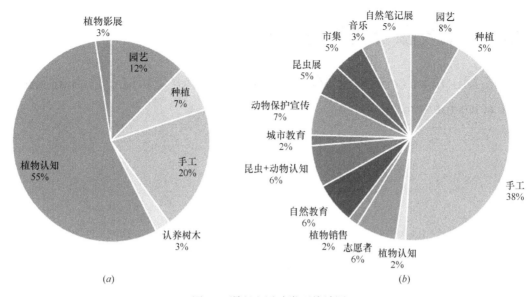

图 11　课程和活动类型统计图

（a）2019 年课程与活动；（b）2020 年课程与活动

4　结语

本文探讨了北京双秀公园园艺驿站网络化发展案例，从公园管理和环境教育的角度，探讨了公园城市的发展模式。双秀的网络搭建初见成效，但在细节上，还有很多可以提升之处。需要指出的是，网络发展是动态的，今后可能有新的驿站和机构加入这一网络，原有合作伙伴也可能退出这一网络，动态平衡才是这一系统的规律，也是系统存活的基础。而公园城市的发展，应该借鉴这种小微织补模式，动态平衡发展，产生最大的社会效应，节约公共资源。

参考文献

[1] 李晓江，吴承照，王红扬，钟舸，李炜民，成玉宁，杨潇，刘彦平，王旭. 公园城市，城市建设的新模式[J]. 城市规划，2019，43(03)：50-58.

[2] 王浩. "自然山水园中城，人工山水城中园"——公园城市规划建设讨论[J]. 中国园林，2018，34(10)：22-27.

[3] 袁琳. 城市地区公园体系与人民福祉——"公园城市"的思考[J]. 中国园林，2018，34(10)：39-44.

[4] 陈向远. 城市大园林[M]. 北京：中国林业出版社，2008：85-94.

[5] 邓乃平. 提升治理能力，增强发展质量，努力实现"十三五"规划圆满收官[C]. 北京：首都绿化委员会办公室"2020年全市园林绿化工作会议"，2020.

[6] 牛牧菁. 应对新时期使用者结构和行为变化的公园分类管理调整方向研究报告[R]. 北京：北京市公园管理中心，2015.

[7] 牛牧菁. 首都园林绿化生态文化示范基地建设研究报告[R]. 北京：北京市园林绿化局，2017.

[8] 首都绿化委员会办公室. 园艺驿站调查表[R]. 北京：首都绿化委员会办公室，2020.

[9] 首都绿化委员会办公室. 首都绿化委员会办公室关于园艺驿站工作情况的报告[R]. 北京：首都绿化委员会办公室，2019.

[10] 首都绿化委员会办公室. 北京 61 家园艺驿站引领首都市民感受绿色健康生活方式[J]. 国土绿化，2020(03)：20-25.

作者简介

牛牧菁，1983 年 12 月生，女，汉族，北京，研究生，中央美术学院，助理研究员，公园管理、环境教育。电子邮箱：1723137159@qq.com。

雷大海，1976 年 3 月生，男，汉族，北京，研究生，中央美术学院，副研究员，城市文化研究。电子邮箱：hardray@qq.com。

孟繁博，1985 年 7 月生，男，汉族，北京，本科，首都绿化委员会办公室，一级主任科员，生态文化宣传教育。电子邮箱：slbmfb@163.com。

公园城市与城乡融合发展互馈机理研究

Research on Mutual Feed-Back Mechanism of Park City and Urban-Rural Integration Development

谭 林

摘 要：基于城与乡两个有机统一体，对公园城市要义进行横向延伸，立足城乡融合发展战略，试图厘清二者互馈关系，为乡村发展和城乡融合提供新的思路。研究发现，公园城市通过要素—组织—生态的复合调控，推动了城乡因子—空间—结构的多维融合，而城乡融合发展不仅是公园城市理念践行的目标结果，还是其重要的驱动力量。进一步从补齐设施短板、统筹生态资源、培育新型业态和加快空间重构4个层面探究了公园城市视角下城乡融合发展的总体路径。

关键词：公园城市理念；城乡融合发展；生态文明建设；乡村振兴；生态价值

Abstract：Based on the city and countryside two organic unity, to horizontal extension of park city essence, based on the development strategy of urban and rural integration, trying to clarify the relationship between feed, provides new thinking for rural development and urban and rural integration, the study found the park city through ecological elements groups of compound control, promote the multi-dimensional integration of urban and rural spatial structure factor, and urban and rural integration development is the goal of city park concept practice as a result, not only is an important driving force to further ecological resources as a whole from the short filling facilities This paper explores the overall path of urban-rural integration from the perspective of park city from the four aspects of fostering new business forms and accelerating spatial reconstruction.

Key words：Park City Concept; Integrated Urban and Rural Development; Construction of Ecological Civilization; Rural Revitalization; Ecological Value

引言

公园城市是当下及以后我国城市发展高级阶段的常态化形态，突出体现了生态文明建设背景下人们对美好生活的追求和城市建设的重要价值引领。自该理念被提出以来，城乡规划学、风景园林学等相关领域专家学者对此进行了大量理论和实证研究，在成都、武汉等地进行了不少实践性探索[1-4]。吴岩等人从"城市—市民—公园"三者关系的优化出发，探讨如何通过提供优质生态产品满足人民需要，促进城市多元转型[5]。或是以城市空间为实践对象，研究如何通过规划公园的手段来优化现有城市空间格局，完善其城市生态化网络结构[6]。或从公园城市价值系统角度出发，对基础价值、主导价值和组织价值在城市空间设计中的转化路径进行讨论[7]。李朦等基于公园城市理念内涵，以云南保山科创新城为例，立足城市产业经济发展，提出实现人—城—产三者协调发展、三生融合的现实途径[8]。还有学者以环公园绿道为切入点，通过个案论述了其外在特征和在大都市中心城区公园城市建设中的实际意义与重要作用[9]。此外，也有学者将公园城市上升到国家和城市治理维度，认为公园城市是城市绿色治理的终极目标，绿色治理同时成为公园城市的治理诉求和路径选择，是我国城市转型发展的新目标[10]。

分析发现既有研究成果大都聚焦于城市—公园—人或城市—产业—公园之间的相关关系，相比而言对乡村的关注较少。事实上，城市与乡村历来都是发展共同体，也存在对立统一关系，不容忽视的现实是我国城乡二元结构特征显著，乡村发展要素流入城市，而城市反哺乡村推力不足，乡村振兴面临诸多现实困境，公园城市理念的提出在增强乡村发展动力和推动城乡融合发展层面起到了重要推动作用。本文的解释框架是着眼于公园城市理念，剖析与城乡融合发展的互馈关系，旨在从其新时代的科学内涵出发，通过公共服务、生态价值、空间重构、产业融合四位一体的具体化理念植入探寻适合城乡融合发展的建设路径。

1 公园城市与城乡融合发展的科学内涵

1.1 公园城市要义再认识

我国社会经济发展已进入新的历史时期，破除城乡二元结构、促进城乡要素积极流动、构建新型城镇化关系成为新时代下的主要前进方向。综合当前我国社会主要矛盾的转变，研究公园城市内涵，需打破单向的城市思维，转而向城—乡两个维度对其进行双向拓展深化。从这个角度来看，乡村自然山水格局和城市发展文化轴线成为联结城乡两个空间系统之间的关键纽带。而无论是乡村还是城市的持续发展都应以"人本"为主体价值观，公园城市理念核心在于"人"，意图打造城—园—人—乡一体化的理想环境。依据居民生活空间距离远近，通过绿道交通联结最近城市生活圈和最远乡村地带，总体上呈环状结构，在绿地布局上，形成"游园—社区公园—综合公园—郊野公园—自然山水"的复合型多层次城乡绿地体系[11]（图1）。作为新型城市发展模式，在空间上加强了同城市绿地与自然山水、乡村人居的联系，形成城市园林与城郊绿色资源的统一系统，有利于优化城市和乡村空间格局[6]。

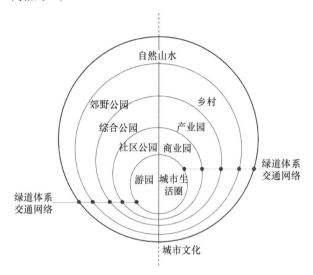

图1　城乡二维视角的公园城市发展模式[11]

其次，公园城市是一项民生工程，强调"大道为公"的发展理念。乡村各项设施建设滞后于城市，因而，加大对乡村资本投入，同时提高村民参与度成为公园城市建设新的导向。而传统的自上而下城市规划模式也应随之改变，以共商共建共享为思路，建立和谐市人关系。以高品质服务、治理、环境满足人民日益增长需求，体现的是该理念的公共性、公平性、共享性。

另外，相对于园林城市、森林城市等不同阶段的城市发展模式来说，公园城市理念的产业经济特质亦更为突显。产业是一个区域永续发展的物质支撑，公园城市着眼于绿色和创新两个发展视角，一是通过其生态价值的转换提供优质生态产品，从而引导消费绿色升级[5]。二是强化科技引领，融入创新发展要素，推动城市产业迈向高端化、精细化，同时以先进科技成果为技术指导，以一产为基础，提升产品附加值和服务值，延长产业链，带动城乡区域发展模式的创新性、绿色化转型。

总之，公园城市理念及其建设需融入城乡二维空间的大环境之下，助力新时代下的城乡融合发展和城市自然的高度协调关系。

1.2　城乡融合发展的内涵

城乡融合发展强调将城市、乡村及其涵盖的所有构成要素被视为整体进行一体化统筹安排，注重城乡互动[12]，避免虹吸效应。以制度创新保障为前提，以城乡空间结构为载体。推动城乡社会、经济、生态等全方位融合发展，实现改革开放现代化成果人民共享成为新时代下新型城乡关系建立和城乡融合发展的核心方向[13]（图2）。

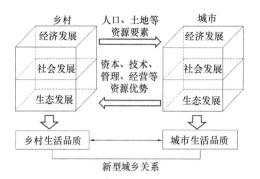

图2　生产要素流动与城乡空间均衡模型的立体表达[12]

一方面，应着眼于乡村服务体系的全覆盖、标准化，逐渐将建设重心转移至乡村地域，尽快补齐乡村文化教育、医疗养老、网络接入等不同程度短板，尤其注重偏远贫困山区的基础设施建设，提升卫星城对周边乡村的辐射力度，更重要的是进一步改革土地与户籍制度，为相关工作的展开提供制度保障。此外，长期以来，我国广大乡村地区环保意识淡薄，生活污染未经过无害处理，化肥、污水等对土地及生态造成了严重损害，在生态文明建设背景之下，城乡生态融应受到重视，在加快对土地、环境治理投入的同时，将优美的田园风光向城市渗透，建立稳定的城乡物质循环链和长效的能量流动机制[14]。再次，城乡融合发展本质是资本、人文等要素在城乡巨系统之间的双向流动。而该过程中的突出壁垒是城乡要素配置失衡和发展权利不等，使得乡村发展受阻滞后于城市化水平。因此，作为城乡融合发展的物质基础[13]，对乡村空间的重组优化是建立城乡地域系统的内在动力。通过重新确立子空间关系，改变要素配置方式，最终促进城乡功能、结构互动，改善城乡格局。最后，经济融合是城乡融合的根本目的，是实现融合发展的物质载体。基于要素的相互交换，引导资金人才等向乡村流入，引入适合乡村发展的规模化产业。通过城乡产业优势互补形成各有侧重、协调发展、有机组合的区域性产业经济体系[14]。

2　公园城市与城乡融合发展的互馈机理探讨

总体上看，公园城市格局的最终形成实质上意味着城乡融合发展地真正实现。二者交互作用，共同演进（图3）。基于城乡融合发展需求，公园城市理念需积极转变运用场景和方式，将其核心要义同乡村发展紧密结合，寻求公园城市的乡村化表达策略，创造乡村振兴条件，实现城乡关系调整，助推城乡融合进程。城乡融合发展可视为具有一定阶段性、动态性和复杂性的发展过程，不同历史时期存在不同融合形式和结果，为公园城市理念的植入方式提供了实操平台，其理念运用的实际成效一定程度上取决于是否符合城乡融合发展的对应需求。

公园城市理念的具体实施是实现城乡融合发展的关键抓手。表现为服务均等、生态协调、空间优化、产业互补的综合性机制。公园城市通过这4种模式，实现对乡村要素—组织—生态的复合调控，实现城乡因子—空间—

结构融合（图3）。将城乡视为统一体，以公园城市注重的物质公平和人文公平思想为价值导向，不断加大人力财力投入，提升公共服务品质，拓宽服务范围，切实满足人民对相关服务设施的需求。其次，从发展观来看，公园城市思想强调自然系统的生态资本和社会资本价值及其价值转化与实现，这表明城乡居民的精神文化需求、人居环境需求、创新生产需求应得到满足[15]，使得生态治理成为重要手段，最终形成和谐生态格局。再次，公园城市通过因子—空间—结构路径实现了乡村内部各空间的再调整，有利于协调乡村人地关系。通过塑造人城高度统一的城市形态加强城乡要素的积极流通，直接促进乡村空间的深层次重组，从而推动城乡空间融合。最后，公园城市以健康绿道等网络实现了城乡的有机串联，不仅增强了乡村区位层面的可达性[16]，而且有利于挖掘生态价值，衍生相关产

业，增加村民获利渠道，提高收入与生活水平。

城乡融合发展既是公园城市理念落实的重要驱动力，也是公园城市理念践行的重要结果和目标诉求。未来我国城乡融合发展面临的是经济水平差距缩小和社会公平正义均衡的综合性融合需求，因而公园城市理念首先需要由局域的城市化模式向全域的城乡模式转型，由单一性的物质空间提升向多元化的精神物质互补转型，其具体践行模式随之发生变革。公园城市理念的细化与具体介入应基于动态发展的不同城乡融合阶段和城市化率的逐年攀升，包括城乡融合初期趋向成熟—中期基本成熟—后期完全成熟等时间节点，针对性地衔接发展需求制定融合策略，实现公园城市的人文化、绿色化回归和城乡系统的多元化、特色化融合。

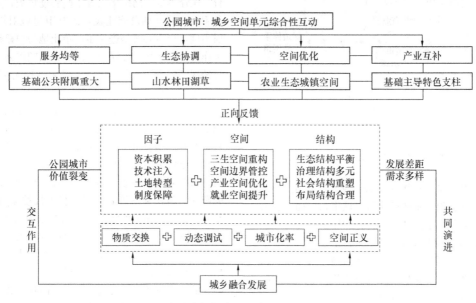

图3　公园城市与城乡融合发展的互馈机制

3　公园城市视角下城乡融合发展路径分析

　　我国城乡融合发展的最显著特征是城乡公共服务平等、城乡生态环境协调、城乡空间形态优化和城乡产业模式互补。未来融合发展过程中面临的多种现实问题会以社会、经济、空间、生态的形式为主要表征，因此，需基于不同融合类型，紧密结合公园城市核心理念，面向城乡融合发展具体方向和需求对其规划路径进行探讨。

3.1　补齐乡村服务设施短板

　　我国乡情复杂，不同地域不同类型村庄在发展过程中的实际存在显著差异，因地制宜地进行分类指导是确定乡村服务设施规划的前提条件。如山地丘陵地区、贫困偏远地区乡村亟须给予更多资金、技术支持建设灌溉、耕作道路、网络等生产生活性设施。此外，需树立城乡居民平等意识，将城市中的高质量、高标准社会服务推向农村，实现全面覆盖，随着村民文化生活日益丰富，文化需求日益增加，城市公共文化资源的供给应进一步提质增量，开发更多文化产品。另外，及时整改过往教育、医疗

规划的失误，2020年暴发的新冠肺炎为此后类似乡村规划提供了诸多启示。同时加强对教育资源的整合，提升乡村教师队伍综合素质。真正实现资源共享、成果共享。

3.2　统筹城乡生态环境资源

　　城乡生态环境关系的本质是城乡空间内部人口、资源与生态、环境的配置关系[17-18]。公园城市主张保护自然、尊重自然、合理利用自然，通过城市内部水系、绿带和外部乡村山体、大田等自然要素有机联系，建立城乡一体生态网络，营造城乡蓝绿交织系统，将水源保护区、生态涵养区等功能区纳入生态红线，以GIS、大数据等进行智能化生态管控[6,11]。与此同时实现多样生态资源的景观化，提升乡村自然生态美学价值和居民审美观。另一方面，聚集乡村环境与生态工程，以生态修复与土地整治为手段，同时斥资规划建设垃圾处理点，结合扶贫计划优先起用贫困户对乡村道路、公共设施等进行周期性维护管理，有效改善乡村人居环境，增强环境承载力。

3.3　培育乡村新型功能业态

　　优化乡村产业结构是城乡产业经济融合的重点[19]。

需要产业规划布局、产品服务、运营管理的多维驱动。公园城市建设营建了优美的自然生态和社会人文环境，有利于吸引高素质人才和小型创意研发空间（图4）。通过建立公园斑块、绿道网络加强城乡关联，充分释放生态价值的裂变效应，催生高端化、生态化、复合化产品。以成都为例，将独具特色的川西林盘与特色镇串联，打造层次丰富的公园子系统，结合现代农业产业园区植入文创、休闲、体验等功能，形成林盘＋园区＋特色镇模式[20]，加速了农业现代化进程和产业融合态势（图5）。

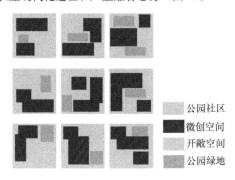

图例：公园社区　微创空间　开敞空间　公园绿地

图4　公园空间下的产园融合格局示意

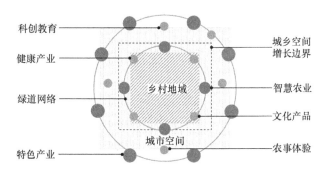

图5　基于绿道网络交通的新型经济增长点

3.4　推动城乡空间组织重构

推进城乡空间融合发展，主要依赖于城乡产业关联、建设用地控制、交通可达性和乡村空间重构。城市建成环境以公园式社区空间、开放式绿色空间、特色化人文空间等培育创意型、数字化等新型、高端经济业态，并通过合理划定三区三线，明晰城乡空间增长边界，注重存量更新发展，塑造宜居、宜业、宜游的城市空间布局形态，同时为乡村人口的空间转移提供更多就业机会，由人口外流导致的闲散抛荒或损害的土地资源可由村集体组织基于村民自愿原则合法流转，结合镇村一级规划，制定成片连线发展战略和产业规划，加强对乡村主要道路的建设和连通性，对其进行规模化、现代化和产业化运营管理，缩小与城市发展差距，促进乡村空间多维重构。同时引绿入城，以自然生态为本底，架构区域性公园系统，优化城市生态空间，加强整体空间联系。

4　结语

公园城市成为人类社会绿色式发展的共识，是城市发展建设的新目标和手段。不仅如此，文章基于国家城乡融合与乡村振兴的双重战略背景，深化了公园城市理念内涵，拓展其应用场景，结合乡村更高的发展要求，以社会、经济、空间、生态角度为切入点，从生态资源、服务设施、功能业态等方面初步建立了公园城市理念下城乡融合发展的转换路径框架，篇幅所限，对于制度体制和具体的融合结果的评价不能全面把握，而其融合过程及内在机制亦十分复杂，后续应做进一步探究。

参考文献

[1] 戴菲，王运达，陈明，黄亚平，郭亮."公园城市"视野下的滨水绿色空间规划保护研究——以武汉长江百里江滩为例[J].上海城市规划，2019(01)：19-26.

[2] 朱直君，高梦薇."公园城市"语境下旧城社区场景化模式初探——以成都老城为例[J].上海城市规划，2018(04)：43-49.

[3] 金云峰，陈栋菲，王淳淳，袁轶男.公园城市思想下的城市公共开放空间内生活力营造途径探究——以上海徐汇滨水空间更新为例[J].中国城市林业，2019，17(05)：52-56+62.

[4] 夏捷.公园城市语境下长沙公园群规划策略与实践[J].规划师，2019，35(15)：38-45.

[5] 吴岩，王忠杰，束晨阳，刘冬梅，郝钰."公园城市"的理念内涵和实践路径研究[J].中国园林，2018，34(10)：30-33.

[6] 李雄，张云路.新时代城市绿色发展的新命题——公园城市建设的战略与响应[J].中国园林，2018，34(05)：38-43.

[7] 范颖，吴歆怡，周波，张钰筠，黄志胜.公园城市：价值系统引领下的城市空间建构路径[J].规划师，2020，36(07)：40-45.

[8] 李朦，翟辉，赵璇.公园城市理念下的总体城市设计研究——以云南省保山市科创新城为例[A].中国城市科学研究会、郑州市人民政府、河南省自然资源厅、河南省住房和城乡建设厅.2019城市发展与规划论文集[C].中国城市科学研究会、郑州市人民政府、河南省自然资源厅、河南省住房和城乡建设厅：北京邦蒂会务有限公司，2019：5.

[9] 张鑫彦，涂秋风.公园城市背景下大都市中心城区环公园绿道建设探讨——以上海为例[J].中国园林，2019，35(S2)：93-97.

[10] 史云贵，刘晴.公园城市：内涵、逻辑与绿色治理路径[J].中国人民大学学报，2019，33(05)：48-56.

[11] 王浩."自然山水园中城，人工山水城中园"——公园城市规划建设讨论[J].中国园林，2018，34(10)：16-21.

[12] 何仁伟.城乡融合与乡村振兴：理论探讨、机理阐释与实现路径[J].地理研究，2018，37(11)：2127-2140.

[13] 戈大专，龙花楼.论乡村空间治理与城乡融合发展[J].地理学报，2020，75(06)：1272-1286.

[14] 徐志明.以城乡融合推动城乡建设高质量[J].群众，2018(05)：43-44.

[15] 吴承照，吴志强.公园城市生态价值转化的机制路径[N].成都日报，2019-07-10(007).

[16] 王军，张百舸，唐柳，梁浩.公园城市建设发展沿革与当代需求及实现途径[J].城市发展研究，2020，27(06)：29-32.

[17] 张海鹏.我国生态环境城乡一体化进展与评价[J].生态经济，2014，30(12)：147-150.

[18] 张英男，龙花楼，马历，屠爽爽，陈坤秋. 城乡关系研究进展及其对乡村振兴的启示[J]. 地理研究，2019，38 (03)：578-594.

[19] 汪厚庭. 中国农村改革：从城乡二元到城乡融合[J]. 现代经济探讨，2018(11)：116-120.

[20] 成都市规划设计研究院. 成都市美丽宜居公园城市规划 [Z]. 2018.

作者简介

谭林，1994 年 12 月生，男，汉族，湖北利川，硕士，西南石油大学南充校区工程学院，助教，研究方向为城乡规划与设计，城乡规划与设计，乡村振兴战略研究。电子邮箱：839556241@qq.com。

陈岚，1974 年 11 月生，女，汉族，四川成都，博士，四川大学建筑与环境学院建筑系，副教授，研究方向为城乡规划与设计，城市设计，景观设计。电子邮箱：844947819@qq.com。

成都公园城市建设背景下西蜀园林遗产保护与利用

Heritage Conservation and Utilization of Xishu Gardens under the Background of Park City Construction in Chengdu

王艳婷　鲁　琳*

摘　要：当前，成都公园城市建设如火如荼。在这一背景下，西蜀园林遗产对打造西南城市优美的传统意境、建设美丽宜居的人居环境具有重要的指导意义。作为促进公园城市建设的有力支撑，西蜀园林当下面临着遗产保护与利用的巨大挑战。本文简述了公园城市的建设背景，回溯了西蜀园林的历史发展与特色，分析了西蜀园林在文化、技艺、美学、精神和生活等多方面的遗产价值，在前期现场调研基础上总结了西蜀园林遗产保护与利用现状，并进一步参考城市历史景观（HUL）方法从基于数据库构建的多方参与、基于遗产价值认知与评估的分类型分等级保护、规划设计中西蜀园林造园理念与手法的借鉴三方面探讨了西蜀园林遗产保护与利用对策。

关键词：公园城市；西蜀园林；遗产保护；成都

Abstract: Nowadays, the construction of Park City in Chengdu is becoming increasingly prosperous. In this context, heritage conservation of Xishu gardens has important guiding significance to create a beautiful and traditional conception of southwest city and build a beautiful and livable human settlement in Chengdu. As a strong support to promote the construction of Park City, Xishu gardens are facing great challenges of heritage protection and utilization. This paper briefly describes the background of Park City construction in Chengdu, traces the evolution and characteristics of Xishu gardens. Then analyzes the heritage value of Xishu gardens from the aspects of culture, skill, aesthetics, spirit and life. Finally sums up the current situation of the protection and utilization of Xishu gardens heritage on the basis of the preliminary field investigation and discusses the conservation strategy of Xishu gardens from following three aspects: multi participation based on database construction, classified and graded protection based on heritage value cognition and evaluation, and the reference of planning and design from Xishu Garden.

Key words: Park City; Xishu Gardens; Heritage Conservation; Chengdu

1 成都公园城市建设背景与挑战

2018年，成都开始全力探索并推进公园城市的建设[1]。截至目前，成都已建成重大生态项目36000亩，除此之外，相关部门与专家已成功举办多次会议并通过多项指导文件和发展方案（表1）。在取得相当成果的同时，作为响应新时代美丽宜居人居环境的一种新理念，成都公园城市建设具有一系列重要的时代价值。一是绿水青山的生态价值，以生态视野在城市构建山水林田湖草生命共同体，打造高品质的绿色空间体系。二是诗意栖居的美学价值，坚持以形筑城、以绿营城、以水润城，将城市整合进一个充满诗情画意的大公园中。三是以文化人的人文价值，成都历史文化悠久，人文场所较多，在城市历史文脉传承和嬗变中留下了独特的地域性文化烙印。四是绿色低碳的经济价值，致力于构建资源节约型、环境友好型、高效多产型的生产方式。五是简约健康的生活价值，着力优化绿色公共服务供给，打造闲适安逸的市井生活，进一步提升人民的生活品质[2]。孕育在西蜀地区，有着几千年历史记忆与文化内涵的西蜀园林具有众多的当代价值，这些价值与成都公园城市建设所包含的时代价值相契合，并始终推动着公园城市建设熠熠生辉。

"湖光山色天府景，流碧夕晖锦城美"，当前的成都公园城市建设已取得显著成效，正如一副赏阅无尽的画卷徐徐展开。但是，在如此亮丽的背景下，如何让成都拥有"诗和远方"的意境，进一步挖掘成都的地域特点，更好地延续历史文化成为当前公园城市建设所面临的巨大挑战。作为最能体现成都悠久历史文化与独特地域性特征的代表，西蜀园林对公园城市所能带来的益处是毋庸置疑的。但它自身所具有的遗产价值并不完全被人们认知。同时，由于建设年代的久远且缺乏相应的保护管理措施，西蜀园林面临着基础设施老化、历史遗迹损坏、生态环境破坏等一系列问题。如何在成都公园城市建设如火如荼的开展过程中正确认识并保护西蜀园林的遗产价值，合理利用其园林文化资源，从而留得住传统风貌与特色，让人们在望得见山、看得见水的同时记得住乡愁，成为当下亟须思考的重要问题。

成都公园城市建设重大事记　　表1

时间	重要事件	事件重要内容
2018.02	习近平总书记来川视察	首次提出"公园城市"理念
2018.03	《成都市城市总体规划（2016-2035年）（送审稿）》审议并通过	提出全面体现公园城市新发展理念，并实现新时代成都"三步走"战略目标

时间	重要事件	事件重要内容
2018.05	公园城市规划专家研讨会在天府新区举行	全国首个公园城市规划研究院——天府公园城市研究院在天府新区挂牌
2018.07	全国首条主题绿道——成都三环路熊猫绿道全线贯通开放	形成成都最长的长达5.1km²的环状"城市公园"
2018.10	《中共成都市委关于全面贯彻新发展理念加快推动高质量发展的决定》《中共成都市委关于深入贯彻落实习近平总书记来川视察重要指示精神加快建设美丽宜居公园城市的决定》通过	通过一系列指导关键词力求全面实现成都公园城市建设高质量发展
2019.03	四川天府新区成都管委会与中国美术学院签订战略合作仪式	共约共建"公园城市文创研究院"
2019.04	首届公园城市论坛"公园城市·未来之城"在天府新区举行	介绍《成都市美丽宜居公园城市规划》，并发布《成都共识》《公园城市—城市建设新模式的理论探索》专著和"1436"发展方案
2019.10	《成都市公园城市街道一体化设计导则（公示版）》发布	提出要打造优先慢行、充满历史文化的安全、特色的街道
2020.01	2020年世界经济论坛年会举行	会议全面推介成都以"美丽宜居公园城市"为主题的理念
2020.11	拟举行"公园城市与健康生活"年会	总结交流公园城市建设理论成果及经验，探讨新时期公园城市发展的方向和目标

2 西蜀园林发展历史与特色

"蜀"最早文献记载于西汉蜀人杨雄《蜀王本纪》："蜀之先，称王者有蚕丛、柏灌、鱼凫、杜宇"。蜀即西蜀，于今四川，因于西方，故称西蜀。西蜀地域范围的演变承载着历史变迁、经济发展和文化传承，最早是由汉人谯纵于公元405年至公元413年建立了"西蜀王国"。据相关考古证明，其中心在于成都平原中部，辐射至四川盆地及邻近地区。《华阳国志 蜀志》曰"其地东接于巴，南接于越，北与秦分，西奄峨嶓。地称天府，原曰华阳"[3]。

西蜀地区资源丰富，气候宜人，是我国农业社会发展过程中经济、文化较发达的地区之一。在这样宜人的环境下孕育了较为发达、朴素的古代园林，即西蜀园林。它在古蜀先秦时得到萌生，其后于秦汉、魏晋南北朝时期得到大力发展。秦汉时期，西蜀地区祠庙增多，寺观园林形成。清初时，吴三桂兵败自杀，清王朝在西蜀的统治得到巩固，西蜀凭借当时得天独厚的天然条件以及强有力的劳动力，迅速发展了经济，后来以望江楼、杜甫草堂、武侯祠等为代表的园林建成，逐渐孕育发展成了西蜀园林，即以祠宇园林、衙署园林、寺观园林为主，宅院园林、陵寝园林为辅的地域特色园林[4]。

西蜀园林至今约3000年历史遗韵，风华绝代于千年沧桑。它随意旷达，飘洒自然，放而不野文而不弱。所谓"各美其美，美人之美，美美与共，天下大同"。它作为现存在于今四川一带的地域园林体系[5]，是中国古典园林的重要支脉，与北方园林、江南园林、岭南园林有同之处，但它又独具风范，和而不同。它既不同于北方园林的雄伟壮观，也不同于江南园林的精巧玲珑，更不同于岭南园林的秀丽精细，可谓是"其差异之处，则在于举凡一堂一屋、一亭一榭、一草一木。"它的造园深受"天人合一"和朴素自然观的传统哲学思想，以及两教融合、道教为主的宗教思想地影响，充分体现情怀西蜀、情思人文、情咏诗意的物质性构建和精神性构建的艺术特征。西蜀园林巧借西南地区川剧文化、茶饮文化、方言文化，并巧妙地融入青瓦、泥墙、稻草、原木等当地特色材料呈现出极具乡野情思的特色乡村园林景观。它作为地域园林，巧于因借、精在体宜，与中国古典园林一脉相承，同时又突显浓郁的地域文化特色，以文秀清幽为风貌，飘逸为风骨，独成一派（图1）。

图1 西蜀名园（从左至右属杜甫草堂、武侯祠、崇州罨画池）

3 西蜀园林的当代遗产价值

基于2015年国际古迹遗址理事会中国国家委员会制定的《中国文物古迹保护准则》中对历史文化遗产的价值确定，在挖掘和考证西蜀园林相关史料（如地方志、古时遗留的园记、园诗和园图等）的前提下，结合实地调研、访谈、调查问卷等公众参与的方式，定性地总结出了西蜀园林在历代发展过程中所具有的对于当代成都公园城市建设发展能起到积极影响的遗产价值，即文化价值、技艺价值、美学价值、精神价值和生活价值。

3.1 文化价值

西蜀园林经久不衰的文化传统不仅受惠于尊学重儒的思想，还与西蜀内外多元的文化交流是息息相关的。作为一种独特的地域文化，西蜀园林充满了原始的朴质和野性，同时具有开放、活跃、包容万物的特点。由于史上元、明、清初年持续进行的移民活动，大量的文人、画家、武将、官员纷纷来蜀宦游、定居、送友人等，在此留下了众多的诗词雅赋。"中国园林，能在世界上独树一帜者，实以诗文造园也"[6]。西蜀园林充分体现诗情画意和氤氲文气。虽少有传世的传记，但应景而成的诗和应诗而生的景却不胜枚举。其中较为著名的文人有杜甫、李白、陆游、苏轼、杨慎、司马相如等，他们的辞赋诗文被千古吟诵，不绝于今。如罨画池中陆游祠内的梅花让人犹记诗人陆游"零落成泥碾作尘，只有香如故"的感叹。杜甫草堂遍植的翠柏正好应了杜甫"丞相祠堂何处寻，锦官城外柏森森"的悠然……这种园林与诗文的互动关系使得园林的人文内涵更加深厚。从物质性造园要素来看，西蜀园林与其他地域园林一样由建筑、山水、石木组成，但它似乎超越了物质层面的东西不断实现着对诗文意境的追求。成都公园城市的建设需要基于地域的园林文化特色，方能感受到这里悠久的历史记忆、多元的文化传统以及文人荟萃的优雅气氛。毫无疑问，西蜀园林自身所具有的文化价值必定会成为成都公园城市长期发展的有力支撑。

3.2 技艺价值

艺匠是华夏文明文化中有关农业文化至关重要的部分，造园师手工艺匠的高超技艺决定了西蜀园林高质量的营造品质。而关于其造园技艺，可从5个方面来讲：

①建筑布置。西蜀园林建筑类型几乎具备了我国古典园林所有的建筑形式，包括亭、台、楼、阁、榭、轩、馆、斋、室等。不同类型的建筑都有自身独特的特征和别样的功能（图2）。建筑色彩多以红色为主，包括墙面、栏杆、木柱等，它不像江南园林中建筑砖石结构运用较多，而是多采用木架构，本着天然去雕饰的原则，随形就势体现出古朴淡雅的简朴特色。②叠山置石。由于地域条件限制，西蜀地区少有可堆砌假山的石材，其石材远远不及江浙一带的园林假山高大玲珑。西蜀园林所用山石通常以卵石、青石、钟乳石、花岗石等代替，虽然这类石块更为常见、廉价，但正因如此，才显得园内布置更加朴实无华。而关于西蜀园林置石的手法也多以手工堆砌为主，这种石堆山的手法既保留了中国古典园林就地凿山的传统，又体现了西蜀人民古朴雅素的风俗，虽较于江南园林来说体量稍小，但透迤连绵，形态各异，十分符合公园城市传统意境的营造（图3）。③花木配置。花草树木是西蜀园林景观营造中永不缺少的要素，用它来衬托建筑和山石理水之景，可以让原本无生命的空间变得有生气（图4）。另外西蜀园林中植物种类的选用参考了植物本身具有的美好寓意，这使得空间功能以及氛围十分协调，如在以纪念性为主的空间内选用了松、竹、梅等能代表文人气质和精神品格的植物；在以观赏性为主的空间内选用了牡丹、桂树、红花檵木等植物；在以居住为主的空间内选用了紫藤、万寿菊等植物。④园林理水。至清、至美、至柔、至善、至博的水，是城市建设的灵与魂。西蜀园林理水技艺包括巧占空间，画意盎然，径绕水折，蜿蜒通幽，楼依水建，刚柔并济，竹水相依，雅致脱俗[7]。该理水方式既从形式美的角度体现了水的美学价值，更在意境上通过与其他造园要素的搭配营造出诗情画意的意境和人文精神的内涵（图5）。⑤园墙设计。西蜀园林园墙设计中最值得一提的便是漏砖墙的设计，它在满足墙体基本功能的前提下，不仅可以起到通风采光、降低空气湿度的作用，还能够增加空间的景深感，促进邻里空间景观的相互渗透，从而扩大游客观景的视线范围。漏砖墙通常用砖瓦构成不同的图案，虽形状较多，但依然有规律可言。其线条通常采用弧形，图案较建筑单体的漏窗更加简洁大方（图6）。

无论是建筑布置、叠山置石还是花木配置、园林理水和园墙设计，西蜀园林较高的造园技艺于成都公园城市建设中山水环境的营造、建筑及构筑物的施工以及植物配置等造园方面均具有一定的指导意义。

图2　西蜀名园特色建筑（从左至右属新都桂湖观稼台、新繁东湖月波廊、崇州罨画池半潭秋水一山房）

图 3　西蜀名园特色假山（从左至右属新都桂湖、崇州罨画池）　　　　图 4　桂湖水景

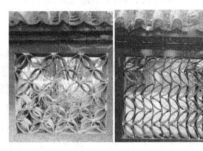

图 5　西蜀名园理水艺术（从左至右属三苏祠、文君井）　　　　图 6　西蜀名园园墙（从左至右属
桂湖、东湖）

3.3　美学价值

　　所谓一方水土养一方人，西蜀自古山清水秀、沃野千里，受农耕水利文化的影响，西蜀乡土气息厚重，百姓性格淳朴，有着浓郁的地域气息和古朴的民俗风情。而河流纵横、水路交织、自古农业发达的特点也深深影响着民间的审美习俗与造园艺术。这种审美观深深影响着当地官员和造园工匠，加之文人墨客的熏陶，西蜀园林宛如一幅水墨画，呈现出自然飘逸的意蕴，古朴清幽的格调，体现出儒家思想体系中的"不远人"。如园林中的建筑造型基本取自于百姓居所。西蜀园林的建筑布局自由开敞，注重

与天地万物之间的交流。建筑造型自然轻盈，注重给游客传递疏朗放松的心情。园内的植物色彩常以略显古朴的深绿色为主，多选用竹与荷花（图 7）。竹虽不粗壮，但坚韧挺拔；虽不惧严寒，但流芳千古；虽有花不开，但素面清幽，十分彰显气节。园林空间也多呈开放性，将整个园林景色融入山水大环境之中，与自然万物保持着良好的互动，体现出最自然的艺术美学特征。

　　不少西蜀园林在要素选择、空间布局等方面均表现出较高的美学价值和创新，西蜀园林营造的艺术风格本身就形成了一种价值体系，与历史、人文、景观等共同影响着城市社会、文化、生态、环境的发展。

图 7　西蜀名园植物景观（从左至右属杜甫草堂、望江楼、望丛祠）

3.4　精神价值

　　东汉顺帝时期至永合六年，西蜀融合阴阳家、五行家、方士、老子和庄子哲学，由张陵和之孙于峨眉共同创建了"政教合一"的道教形态。道教的盛行促成了道观园林的兴盛，同时其"道法自然"的思想也给西蜀园林带来了潜移默化的影响，使园林风格趋于"飘逸疏朗"。

3.5　生活价值

　　唐宋时期作为西蜀园林兴起的重要时期，主要以满足百姓游赏、猎奇、祭祀为主。为提升百姓的生活水平，大部分西蜀园林都是面向公众开放的。另外，官府人员一向勤政为民，愿与民同乐，尤其是节假日，会邀请大量百姓在园内举办各种大、小型活动，由此吸引大街小巷的百

姓前来参观游赏，以表庆祝。俗话说：一切现象都是内在想法的一种表现。西蜀园林始终对外开放的理念也跟园主人内心的心理活动有关。一方面，官员想让普通老百姓在参观游玩之时，能从独具特色的景观中体会到官衙的威严公正，让官员在树立权威的同时，也能让老百姓更加遵纪守法；另一方面，通过场所的提供以及活动的举办参与，使得官民关系更加融洽，同时又体现出以人为本、为人民服务的理念。

另外，作为最适合宜居的大城市之一，成都最突出的特点就是"慢"。西蜀园林修建的茶馆不仅体现出成都慢生活的一种健康心态，也是市民对美好生活品质的追求。大部分西蜀园林修建的茶馆呈半开放型，充分调动自然环境中色、香、风、光、声等要素，结合建筑的围合以及园林景观的介入，为前来放松、舒缓身心的茶客带来丰富的五感享受。尤其从老年人的角度来看，通过茶馆的棋牌活动，借棋友相互之间的交流极大的改善了原本寂寞的生活，并带给他们心理上的归属感。

无论是西蜀园林与生俱来的开放性，还是一种慢生活的场所营造，都致力于提供更为平等、自在、舒心、放松的生活空间，带给市民更好的生活体验。从某种意义上来讲，这种模式极大地反映了市民普遍的情感需求，成为西蜀人民不可抹去的风俗印记。为体现为人民服务的理念，打造闲适安逸的市井生活，在当今公园城市建设当中，这种具有生活意味的特色值得提倡和延续。

4 西蜀园林遗产保护利用现状

由于建设年代久远且缺乏应有的保护管理措施，西蜀园林面临基础设施老化、历史遗迹损坏、生态环境破坏等重大问题，而这种借以山形水系为依托的自然与官家文人共同成就的园林一旦破坏，将很难复原。另外，随着城市快速开发建设，园林外部的城市环境发生了诸如空间结构调整、功能转变、人口数量增减等一系列变化，人们的观念、思潮也随之发生改变，对西蜀园林提出了新的发展要求。经研究团队前期调查，发现西蜀园林保护主要存在以下问题：①基础性资料较为分散，且缺少相应的测绘资料。当前西蜀园林为人知的相关史料较少且分散，没有统一的数据库进行整理和保存。而关于各个西蜀名园的地形、平面或鸟瞰等测绘图纸也不全面，甚至出现已有图纸与当前园林的真实状况不相符等问题。这一现状不仅极大地影响了我们对于西蜀园林发展整体脉络的把握，还有碍于公众对于园林本身遗产价值的正确认知。②园林负荷过重，缺少相应的运营管理。大部分的西蜀名园每逢节假日都会出现人流负荷过重的现象，园内也缺少管理人员对游客秩序的引导以及公共设施的监管。这一现象在极大地降低游客游园体验的同时，也从一定程度加快了现存园林遗迹的破坏程度。③保护方式呆板、保护单位模糊、保护对象不明确，缺少特殊性保护和活态保护。西蜀园林遗产保护目前仍没有明确的保护指导意见和相关文件，其保护措施仍然照搬照抄江南园林、北方园林一些老旧的、一成不变的保护管理办法，缺少针对西蜀园林公共性和地域性变化的特殊的、活态的保护。另外，西蜀

园林遗产保护意识并没有提升到一定高度，导致相关保护单位不够重视，人员任务分配不到位等情况频繁出现，甚至表现出一部分相关执行人员的敷衍，从而大大降低了保护质量。④公众保护意识较差，缺少参与性保护。由于园内园林知识解说内容缺乏，同时大部分的园林缺少趣味性、科普性及参与度高的游客体验活动，导致公众对于园林遗产价值认知不清，相应的参与性保护活动较少，不能激起公众的保护欲。

5 西蜀园林保护与发展策略

基于以上现状分析可以看出，西蜀园林需要兼顾保护与发展的双重目标，其留存至今尤为独特的地域性特征需要人们重新认知，其珍贵的历史、人文、社会等遗产价值需要成熟的保护理论与方法支持。鉴于此，笔者尝试以成都公园城市建设发展为导向，提出西蜀园林遗产保护与发展对策。

5.1 基于数据库构建的多方参与

全面、系统地记录西蜀园林遗产演变及相关社会、历史、艺术、文化信息是展开西蜀园林遗产保护研究工作的前提。在西蜀园林遗产价值认知的基础上，引入数字化技术，建立起包括二维、三维 GIS 空间信息数据在内的可及时更新的西蜀园林遗产数据库，利用数据库平台与人机互动的开放模式实现资源数据化到数据场景化、场景网络化到网络智能化的转变。数据库的信息应尽可能全面反映西蜀园林的历史沿革、布局结构和空间要素，并充分体现园林的特征以及当前保存的情况[8]。西蜀园林数据库的数据可以分为：①文本类数据：历史档案、历史图片、书籍、论文等。②空间类数据：借助 3S、VR、2D、3D、GIS 等技术获得遥感影响类数据、高程类数据、矢量类数据、地质类数据、三维模型数据等。

西蜀园林遗产保护需要广大人民群众的共同参与才有效。在构建好数字化实践平台之后，需要通过多方参与的方式加强对西蜀园林遗产价值的认知和保护效率。一方面，当前公众的保护意识较差，园内也缺乏相应的科普宣传活动。未来可增加科普性及参与度高的游客体验活动，并进一步完善园林文化遗产解说系统，帮助游客及当地百姓迅速了解西蜀园林文化遗产及保护现状，激起他们的保护欲望。另一方面，应将保护与发展的相关行动按优先顺序排列，明确每一个保护与发展对象对应的合作机构及地方管理单位[9]，打破以往任务分配模糊、责任落实不到位的局面。进一步为公共和私营部门不同参与主体间的各种保护与发展活动制定协调机制。协调机制应包括：①合作机制；②管理机制；③资金投入机制；④合理利用机制；⑤信息沟通机制等。最后需要针对以上 5 种机制策划具体的行动内容，并严格按要求落实。每种机制应采取灵活、有效、动态的可持续措施，做好与周围历史街区和建筑等良好的联动效应，实现西蜀园林遗产保护与公园城市建设并重。

5.2 基于遗产价值认知与评估的分类型分等级保护

认清西蜀园林遗产对于成都公园城市建设的重要性，

通过多学科交织的理论与方式详细甄别西蜀园林在历史、文化、艺术、生活等多方面的遗产价值内在及表征。在遵循世界遗产公约评价原则、满足原真性与完整性诉求的前提下，结合西蜀园林独特的地域性特征制定遗产价值评估标准，为后期保护管理或改造利用等实践工作提供可行的参考依据。

在遗产价值认知与评估基础上着手从国家、省市区域层面建立相应的遗产保护方案。通过比较、评估拟定不同层面的重要西蜀名园名录，将遗产价值进行分类和重要程度分级。其中保护类型可分为物质类遗产保护和非物质类遗产保护。物质类遗产包括：①景观类（包括景观透景线、景观的空间格局、植物风貌等）[10]；②建筑与构筑类（包括建筑及构筑物细部构造、材质等）；③遗存遗迹类（包括所有对园林复原有帮助的构件）[11]。非物质遗产包括：①园林文化；②造园思想；③风格特征。关于分等级保护可借鉴城市历史景观（HUL）方法。2005 年 5 月《维也纳备忘录》首次定义了"城市历史景观"[12]，2011 年 11 月《关于城市历史景观的建议书》最终定义了这一概念，将城市历史景观作为一个术语提出，并明确了其作为名词性实体存在和动词性整体方法的双重含义[13]。在 HUL 方法步骤的第四步[14]明确指出要将遗产价值整合进城市发展的大框架中，并标明在规划、设计和开发项目时需要特别注意的遗产敏感区。这里参考该方法，根据西蜀园林遗产价值承载要素面对社会经济发展压力和自然灾害风险的脆弱性影响程度明确保护区等级，并针对不同保护对象实施不同的保护措施，主要考虑保存与修复、更替与更新、重建与创新。

5.3 规划设计中西蜀园林造园理念与手法的借鉴

传统园林描绘了人们心目中理想的生活模式。西蜀园林的营造理念源于自然，启于生活，不拘泥于某一特定形式，而博采众长、兼收并蓄、汇纳百川、不拘一格[15]。其造园更是相当注重相地选址、建筑布局、置石叠山、理水构亭、花木配置和人文内涵[16]。通过绿水、青山（假山）的营造，哲学思想的渗透，人文意境的表露，闲适生活的引入，西蜀园林造园对打造西南城市优美的传统意境、彰显大城深厚的文明气韵、建设美丽宜居的人居环境均具有重要的指导意义[17]。

当前成都公园城市建设越来越注重国际化和多元化的发展态势，各种规划设计思潮不断涌入。如何避免"千人一面"，突出自身所具有的地域优势与文化特色，成为设计师需要着重思考的问题。在结合对目前公园城市建设现状与未来趋势的分析基础上，作为立足于西蜀人民千年传统的一种文化艺术，西蜀园林的营造思路表现出能够在一定程度上改善、优化并推进成都公园城市建设的可能性。通过对公园城市建设中具体实例的分析，推演出西蜀园林造园思路在规划设计中的具体做法，可以在一定程度上发现西蜀地域文化正在其中得到延续与发展，而这种延续更多地体现在空间的层面，并且正在创造一个可持续发展的趋势。一方面，公园城市规划建设与西蜀传统园林文化相结合，有利于营造一个充满历史古韵与时代进步意义的场所；另一方面，通过对西蜀园林造园理念与手法的借鉴，可进一步认知西蜀园林所具有的遗产价值，并对提高遗产保护的意识具有积极的促进作用。

6 结语

2018 年是成都现代化城市建设的新起点，习近平总书记提出了"公园城市"的新理念，这一理念是基于对人类社会发展规律、人与自然关系演进规律、城市文明发展规律的科学把握和深邃洞见；是基于对成都独特生态本底、丰厚文化底蕴、国家战略作用的深切期许和历史嘱托，为全球城市面向未来探索可持续发展新形态提供了"中国智慧"和"中国方案"[18]。两年以来，成都一直致力于实践探索。天府绿道建成了，锦城公园扩大了，重点区域的大气质量加强了，重点流域的水环境质量改善了……成都已在生态方面取得了一定的成效，形成了聚人引人的环境、高速发展的动力源。而如何在当前公园城市建设的关键时期更好的体现出成都丰厚的历史文化底蕴是当下所面临的重要挑战。

谈到文化传承时，遗产才是最好的证物[19]，作为西蜀地区历史文化不可缺少的重要组成部分，西蜀园林遗产是西蜀地区几千年来最富有特色和文化内涵的内容。伴随着成都建设公园城市这一新理念，西蜀园林遗产理应得到妥善的保护，这于成都的发展来讲是至关重要的。基于成都公园城市建设背景下的西蜀园林遗产保护与利用管理制度和方法是当下成都建设的重要研究议题之一，有待于广大专家学者进一步关注与思考。

参考文献

[1] 天府新区：公园城市未来之城 &mdash；中国新闻网 &middot；四川新闻.

[2] 人民日报：加快建设美丽宜居公园城市—观点—人民网.

[3] 钟信. 西蜀古代园林史研究初探[D]. 成都：四川农业大学，2010.

[4] 陈其兵，杨玉培. 西蜀园林[M]. 北京：中国林业出版社，2010.

[5] 孙大江，杨玉培，唐琴，等. 追忆王绍增先生再探西蜀园林[J]. 中国园林，2018，34(02)：70-73.

[6] 闵书. 论中国传统园林的美学构成[J]. 四川建筑，2000(02)：20-21.

[7] Wang Y，Bu A，Xin X，et al. Xishu Celebrity Memorial Gardens under the influence of water culture[J]. Web of Conferences，143.

[8] 周向频，李劲杰. 上海近代公园信息管理系统及三维可视化建构[J]. 上海城市规划，2016(02)：64-71.

[9] Bandarin F，Van Oers R. The Historic Urban Landscape：Managing heritage in an urban century[M]. Chichester：John Wiley & Sons，Ltd，2012.

[10] 周向频. 20 世纪遗产视角下的中国近现代城市公园保护与发展[J]. 中国园林，2013，29(12)：67-70.

[11] 周向频，刘曦婷. 历史公园保护与发展策略[J]. 中国园林，2014，30(02)：33-38.

[12] UNESCO. Vienna Memorandum[R]. Paris：UNESCO World Heritage Centre，2005.

[13] UNESCO. Recommendation on the Historic Urban Landscape[R]. Paris：UNESCO，2011.

[14] 张文卓，韩锋. 城市历史景观理论与实践探究述要[J]. 风景园林，2017(06)：22-28.

[15] 龙轶波，郑杰文. 言蜀者不可不知禅，言禅者尤不可不知蜀——以《蜀中高僧记》为例略探唐宋巴蜀佛教兴盛之因[J]. 重庆文理学院学报（社会科学版），2009，28(01)：111-115.

[16] 杨黎黎. 赵长庚教授学术思想研究（上篇）[D]. 重庆：重庆大学，2010.

[17] 王艳婷，孙大江，姜涛，等. 国内西蜀园林研究状况分析——基于CNKI（1999-2018）的文献计量[J]. 住区，2019(06)：116-123.

[18] 范锐平. 成都，公园城市让生活更美好[J]. 先锋，2019(05)：4-6.

[19] 刘松茯，彭长歆，孙一民，等. "建筑遗产保护"主题沙龙[J]. 城市建筑，2018(01)：6-13.

作者简介

王艳婷，1994年生，女，汉，甘肃酒泉，风景园林硕士，研究方向为风景园林历史理论与遗产保护。电子邮箱：2029997516@qq.com。

鲁琳，1965年生，女，汉，河南正阳，硕士，副教授，研究方向为风景园林规划设计，西蜀园林学。电子邮箱：1015031454@qq.com。

成都公园城市建设背景下西蜀园林遗产保护与利用

基于自然的解决方案与公园城市理论现阶段的比较研究

Comparative Study on Nature-based Solutions and Park City Theories at Present Stage

魏瀚宇 阎 波

摘 要：工业革命以来，人类开展的大量建设大幅度地影响了原本的生态环境稳定，由此引发了众多的环境问题与深层次的社会问题，于是可持续发展理念被提出，成为各地区共同追求的目标。在此背景下，各方积极探索促进环境、社会、经济三者共同和谐发展的应对计划，公园城市理论分别和基于自然的解决方案分别是国内外的最新研究成果。两者都以生态自然观念为本位，以增进人类生存福祉为根本目的，但由于发展背景的不同，现阶段的研究成果存在较大差异，有互相比较研究的前提、空间和价值。因此，本文首先对两种理论的产生背景进行论述，从中得到理论的关键要素形成比较框架；随后据此框架进行详细的比较研究，并结合案例进行论述；最后总结讨论得到该比较视野下，公园城市理论的可能性积极发展方向。

关键词：比较研究；基于自然的解决方案；公园城市

Abstract: Since the Industrial revolution, a large number of constructions carried out by mankind have greatly affected the original ecological environment stability, which has caused enormous environmental problems and deep-seated social problems. Therefore, the concept of sustainability has been proposed and rapidly become the target pursued by all regions simultaneously. In this context, all parties are actively exploring response plans to promote the harmonious development of the environment, society, and economy. The park city theory and nature-based solutions are the latest worldwide researches. Both are based on the concept of ecology and nature, with the fundamental purpose of enhancing human habitation environment. However, due to the different development backgrounds, the current researches are quite different, and they have the premise, space and value for comparative research. Therefore, this paper first discusses the background of the two theories, and obtains the key elements of the theory to form a comparative framework; then conducts a detailed comparative study based on this framework and discusses in combination with cases; finally summarizes and concludes the possible direction of development of the park city theory in this comparative context.

Key words: Comparative Study; Nature Based Solutions; Park City; Enlightenment

近几个世纪内，科学技术得到了飞跃发展，高强度的生产建设正急剧影响着地球原有的生态平衡，由于人类活动引发的环境问题频发，威胁着人类长久的生存福祉，如何实现人与自然的和谐共生是全球的重要议题。为解决这个问题，可持续发展的概念被提出，内涵为环境、社会、经济三者协调的共同发展，成为一个具象的发展目标，并在世界范围内得到了广泛认同，各地区根据具体的发展情况制定了相应的发展计划。基于以人为本的思想，考虑到环境问题是引发思考的源头，国内外在制定可持续发展计划时，都将着眼点置于生态自然上，以塑造美好人居环境为根本目的展开。

在此背景下，国内外相关组织对于人类可持续发展的研究持续展开：在西方国家，基于自然的解决方案（NBS；Nature Based Solutions）是当下普遍推行的行动方案[1]；在国内，公园城市则被认为是将生态治理与城市发展的新模式[2]。对于基于自然的解决方案，目前国外已有一系列相对丰富的研究成果，并在近年来被逐渐引入国内学术界的探讨[3-4]，其中有学者已对该理论概念进行较为详备的叙述，并从中得到促进我国适应性发展的启示[5]。而公园城市的理念发展稍晚，目前的学术研究在理论内涵、发展价值、建设模式等方面积极探索，现已基本明确了其主要的理论内涵与价值，在建设模式上进行了

初步探索，尚需后续更多研究。这两种理论同是作为对可持续发展问题回应的途径，共有基于生态环境的落脚点，以及对美好人居环境追求的根本目标，二者存在比较分析的研究价值。

故本文首先通过对这两种发展途径的理论背景进行梳理、叙述，识别出在这两种理论发展中的主要特点，以此建立出必要的比较研究框架；随后以理论建立的各关键要素为分析视角，对照、分析论述两种理论的综合发展情况；然后对具有代表性的实践案例进行分析研究；最后得到两种理论比较研究的结果，进一步探讨对我国在后续公园城市理论的发展中的启示。

1 理论背景与比较研究框架

基于自然的解决方案早于公园城市理论被提出，现已发展成为一系列平衡环境、经济、社会较为综合的途径，其历史发展进程在已有研究中得到较为详细的叙述（图1）。总体来看，其历史发展进程呈现了从小至大、从单一到复合的规律。该概念的名词在农业问题防治方面首先被提出，继而拓展到其他业态问题上；在拓展、延伸的过程中，由于不同利益群体对其各自特定目标的追求，不同研究主体的描述下存在差异，例如世界自然保护联盟

（IUCN）侧重于对生态环境有效、适应的复原或整治，而欧盟委员会（Europe Commission）则强调利用自然进行各类资源的有效配置，反映出该种理论具有目标导向的性质；因而随着研究的持续深入，各方目标在可持续发展目的的指引下渐渐形成统一，目前解读这一概念所围绕的中心思想走向一致，即：从自然的认知中掌握得到的，且目的是促进环境—社会—经济三者的可持续发展的、根植于各具体背景下的、在景观层面操作的综合性措施。

而公园城市理论的背景发展是与我国整体发展脉络紧紧结合的，随着国家从粗放型转为精细型适应性发展的需要，生态文明建设的理念逐渐明晰并成为国家本阶段的工作重点（图2），于是公园城市理论跟随着生态文明发展的步伐因势产生[6]。相比较之下，公园城市理论是

跟随国家发展整体局势的，其发展进程与前者相反，呈现从宏观到中观的特点。目前此概念可表述为建设生态、生活、生产和谐统一的新时代城市，"三生"分别对应于可持续发展中的3个并行方面。

如本文引言所述，此两种理论同是作为回应可持续发展问题的最新理论，都归结到对环境、社会、经济的平衡问题上。然而由于两种理论不同的发源点，使得理论的成熟扩充相反，呈现出迥异的发展态势，这使得这两种理论的现阶段研究内容形成不同的基本理念构架、核心价值取向；加之两种理论所处时空背景的差异，催生出各具特色的典型模式及突出成果。因此本文从概念框架和实践进程两个方面，选取以上4点作为比较的关键要素，对两种理论进行详细的分析对照。

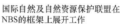

自然保护联盟在联合国气候变化框架公约的立场文件

NBS占世界保护联盟全球项目的1/3

国际自然及自然资源保护联盟在NBS的框架上展开工作

| 2002 | 2005 | 2008 | 2009 | 2010 | 2013 | 2014 | 2015 | 2016 | 2017 |

开始使用NBS的术语

千年生态系统评估

世界银行报告

自然解决方案报告

Biodiversa NBS工作坊

NBS作为欧盟研究和创新项目的核心

影响评价框架支持规划和评价自然解决方案项目

图1　基于自然的解决方案的历史发展[5]

| 1985年河北正定 | 1989年福建宁德 | 2001年福建 | 2005年浙江 | 2008年中央党校讲话 | 2013年5月中共中央政治局第六次集体学习 | 2013年12月中央城镇化工作会议 | 2015年中央城市工作会议 | 2017年党的十九大 | 2018年四川成都 |

宁肯不要钱也不要污染

资源开发要达到社会、经济、生态三者的效益的协调

提出建设"生态省"的战略构想

绿水青山就是金山银山

要牢固树立正确政绩观……不能只要金山银山，不要绿水青山

建设生态文明，关系人民福祉，关乎民族未来

望得见山，看得见水，记得住乡愁

把城市建设成为人与人、人与自然和谐相处的美丽家园……城市建设要以自然为美，把好山好水好风光融入城市

人与自然是生命共同体，人类必须尊重自然、顺应自然、保护自然

要突出公园城市特点，把生态价值考虑进去

图2　公园城市理论产生的背景：生态文明建设理念的发展脉络[6]

2 关键要素的比较分析

2.1 概念框架

2.1.1 基本理念构架

在国内学者对基于自然的解决方案概念的辨析研究中，引用了Eggermont的类型学研究，即将该理论的概

念本质视为不同类型的处理问题方案，分别为更好地利用与保护现有的生态系统、调整现有生态系统、创造和管理新的生态系统[7]。虽然这种分类妥善地描述与覆盖了现阶段解决问题的模式，但考虑到日后可能产生的其他模式，此种以结果表征为区分条件的方式似乎欠妥。而Eggermont提出的另一种以方式—问题—效果为逻辑为架构的概念，其解析更为全面[8]。此种构架方式被称作"伞状的生态关联途径"（图3），强调基于自然的解决方案是一种系统化利用生态相关手段—以应对环境社会挑战—

取得人类生存福祉与生态多样性收益的过程。

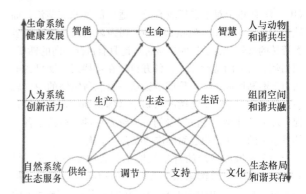

图 5　公园城市生态复合的功能网络体系[9]

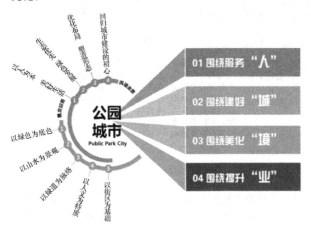

图 3　基于自然的解决方案的理念构架[8]

而公园城市的理念在现有的学术研究中更多情况下是一种概述性的城市建设方法理论，例如在《成都市美丽宜居公园城市规划及规划建设导则》中，对于公园城市的理念架构形成以建设成"人城境业"和谐统一的城市为核心，基于绿色底色、山水景观、绿道脉络、人文特质、街区基础5项要求[6]，进行美好生活建设、绿色发展引领、城市形态塑造的一系列建设思考（图4）。现有的理念构架参照于前者，显得概括性较强，概念之间存在重合稍欠清晰，需要进一步具体化。而在对于公园城市规划特征的细致化研究中，学者描绘了一种生态复合的功能网络体系[9]（图5），该构架虽然表达的是生态复合方面的构造，但其中展示出的三层递进、相互关联影响的特点与基于自然的解决方案的理念构架特点相似，层次清晰、结构严谨，可在此基础上对公园城市的理念构架进行进一步的优化。

过程的应用。此处的自然本位主义并非一味的改造、修复、还原，其强调的是对于自然根本原理的理解、研究、利用，且施用范围是全部人居环境。因而此理论的核心价值是反映在过程中的，强调对于自然的深层次理解与技术利用，持相同观点的学者对此表述为"采用自然力量取代人工技术，作为解决方案中真正做功的核心部分"[7]。

而对于公园城市理念而言，现有的研究大多将其看作是对我国公园—城市关系的新时代解读[10]。在这一理念指导之下，城市内部及其周围对于公园相关的物质空间元素被重新考虑，提出了一系列的公园城市的重置升级策略，对生态基底、城市空间、基础设施、人居文化、特色环境城市的5个综合方面产生积极影响[11]。因此该理念可以理解为是根源于景观都市主义，将城市发展与景观营造高度结合的一种方法，其核心价值在于：响应现阶段的国内城市发现需要，实现对城市及其综合绿化空间的高层次统筹，引发从产—城—人到人—城—产的逻辑转变[6]。这样的价值意义局限在城市空间层面，在适应范畴上比较于前者略显狭窄，欠缺系统性，有导致单调发展的可能；但考虑到公园城市理论所处的具体时空需要，如此宽度的有效范畴适用性尚可，可能对当下面临的问题有较好的针对性。

2.2　实践进程

2.2.1　典型模式

如上述的基本发展进程叙述，基于自然的解决方案的研究发展呈现单一到复杂的推广态势，从解决具体的农业问题延伸到应对其他业态中的问题，从相对简单的水系统拓展到复杂的生态系统，从影响单独状态变化叠加到控制全状态的波动[1]。在此过程中，一种被命名为绿色和蓝色基础设施（GI and BI：Green and Blue Infrastructure）的方法在城市空间的范围中得到广泛应用[15]，形成较为成熟的体系，是现阶段具有代表性的开展方法。绿色和蓝色基础设施指"一种将自然区域与开放空间关联利用产生生态价值，进而为人类和野生动物带来广泛收益的综合网络"[16]。具体到实践层面，以 TO2 组织发布报告中所绘的绿色基础设施在街道和城市空间层面的综合设计原则为例（图6、图7），这种方法将通过对绿植与水体的生态化技术治理，进而在减少交通噪声、降低热辐

图 4　《成都市美丽宜居公园城市规划及规划建设导则》中公园城市的理念构架[6]

2.1.2　核心价值

基于自然的解决方案理念区别于先前的一般生态管理策略，该理念的核心价值在于对其自然本位化的解决

射、局部空气循环、体育活动锻炼、地表水量管理、人群压力释放、以及社会交往方面产生积极影响。

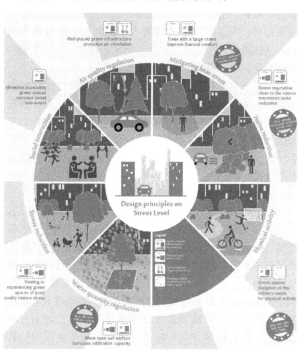

图 6　绿色基础设施在街道空间层面的综合设计原则[15]

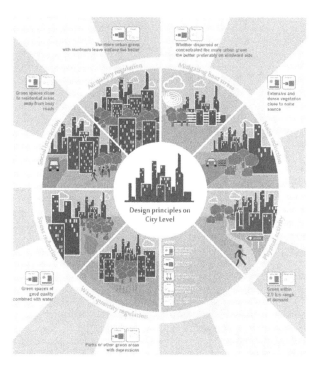

图 7　绿色基础设施在城市空间层面的综合设计原则[15]

在对公园城市建设模式的现阶段论述中，通常将城市空间分为人居环境、基础设施、城市空间、生态基底 4个不同层级看待[7]，讨论时互相重合性较大、容易混合。而在对于公园类型与空间结构模式的研究中，学者将公园城市所涉及的全部公园空间单元总结为区域公园系统、城市公园系统、公园综合体系统、生态廊道系统 4 大类，分别涵盖了城市外围的大型公园空间、城市内部专门化

公园空间、城市内部混合使用公园空间以及中间区域的带状公园空间[17]，这种分类较为清晰有序。另外，从整体的公园城市空间结构来看（图 8），公园城市的组织同样强调相互联系的网络关系，在此方面可与绿色基础设施方法相似；但参考于前者关于技术化设计管理的特征，虽然在此前海绵城市、城市双修的政策中得到体现，但在现阶段的公园空间单元的塑造中还需要明晰。

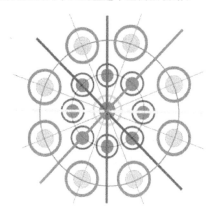

图 8　公园城市的空间结构模式[9]

2.2.2　突出成果

对于基于自然的解决方案，通过 Raymond 等对较为丰富的研究成果包括学术论文与政策文件进行总结统计分析，整理出了一套从 4 个维度对该方案的评估框架（图 9），并以此为基础提出了一套灵活的方案实施流程（图 10）。该评估框架在后续研究中得到有效利用[9,10]，认可度较高。除此之外，针对人类生存福祉的关键点之一，理论的相关研究已拓展到健康化环境的关联上[14,18]，且已初步证实此方案对人居健康的积极作用[19]。而公园城市对应的后续研究正在逐步展开，已对公园城市和城市品牌价值、城市生活品质的个别研究成果呈现，但对于评价与实施具体方法的产生还有较远距离。

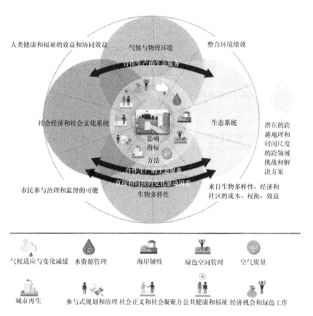

图 9　基于环境的解决方案的评价框架[19]

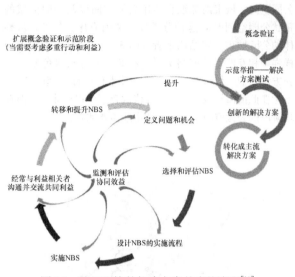

图 10　基于环境的解决方案的实施流程[19]

3　案例研究

3.1　基于自然的解决方案：沃尔塔盆地的水基础设施解决方案

该案例是作为 WISE-UP 关于气候变化和适应可持续

发展进行的单元之一，由世界自然保护联盟牵头，协同其余几个专家组织与高校，在当地政府管理部门的支持下实施的项目。由于沃尔塔持续的人口增长，多变的降雨与地表径流，当地原本不协调的水资源利用承受着很大压力，具体表现为水涝灾害频发、用水短缺和污染、生态多样性消失、水传播病、水生杂草增殖[20]。

在基于自然的解决方案的指导下，该项目从对水资源管理入手，通过科学的技术化措施，细致地展开了涉及环境治理、生态管控、生产生活的综合管理目标（图 11），通过治理河岸与河洲、调整用水存储、管理水电站 3 个综合方面，妥善地解决了当地关键的作物灌溉、环保发电以及城市用水问题[5]。在此过程中，充分体现出了此方案对于生态管理技术的科学化、适应化利用。

此外，该案例还展现出了开展多方合作的积极作用，其中，多方合作体现在研究团体与当地社区之间、跨学科团队之间两方面。研究团体与当地社区的协商，帮助研究人员直观地掌握现有设施的有效性与推测新增设施的可能影响情况；多学科团队的合作将多种技能和视点融合，利于繁杂基础数据的收集、处理和理解，进而优化数据的集成以帮助决策。虽然多方合作的过程在理论方面有重大意义，但这种多方交互的过程也使得权衡决策的过程增大了棘手的复杂性，在有限的分析能力与技术的背景下，大幅影响了工作效率。

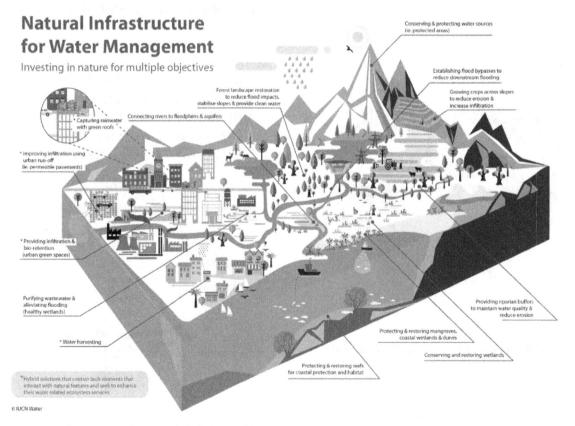

图 11　沃尔塔盆地水资源的系统化管理[20]

3.2 公园城市建设：成都样本

成都作为国内公园城市建设的首个实践案例，积极探索着公园城市的建设方法，为国内城市普遍面临的基于生态文明建设的适应性转型问题提供样本。在市委市政府的部署下，成都市规划局聚集了来自多方权威的研究机构对公园城市相关课题展开研究。目前已形成的理论研究成果，在《成都市美丽宜居公园城市规划（2018—2035年）》及其相应的规划及规划建设导则中提出[6]；而公园城市的空间单元建设，在公园单元所属的具体区域的规划建设文件中有所体现。

成都拥有优良的山、水、田、林优良生态本底，目前主要推行的全城市视野下的规划建设导则促进了城市功能与公园空间的整合，实现了公园空间单元多尺度的基本统一（图12）；而在现行的成都局部区域的规划方案中，各城市公园单元的特殊性未得到展现。但已出现了一批以6大各具特色的公园场景营建试点，虽营建模式主要集中在绿道上，比较单一，但仍是公园城市理论具体化、细节化趋势的积极表现。

图12　成都公园城市空间布局模式[6]

4　总结与讨论

基于自然的解决方案和公园城市理论虽然都以促进可持续发展为共同目标，且都以生态环境治理为开展模式，但两种理论在现阶段的核心价值方面存在根本性差异，在理念构架、典型模式与突出成果3方面虽仍不同但存在有比拟空间。这种差异性特点可归结于两种理论背景中不同的发展着眼点与发展方向，即基于自然的解决方案强调生态技术的系统化利用，表现为从微观到宏观的发展，使其具有相对扎实的技术化实践性和更为广博的环境—社会—经济的全局化视野；而公园城市强调促进向生态文明适应性转型的城市建设，着眼于中观，使得其现阶段的研究较为概念化与单一化。

综合以上对两种理论，现阶段的比较研究分析，对于今后公园城市理论的进一步发展可提出以下几点建议：

（1）公园城市的理念架构框架需要进一步合理分类、组织，例如可在现有研究中生态复合的功能网络体系框架的基础上修改形成。

（2）公园城市的具体细化开展模式应从概念化走向具体化，具体的开展措施应在本着生态文明的基础上充分

地与先进、前沿技术手段结合，同时尽可能地考虑在地性。

（3）公园城市的相关研究应当加速向标准化的评价与实施方面发展，同时也应当注重关于其与人居环境关联研究的细节深度，例如对公园城市建设中人居健康问题进行探索，形成更满足时代需要的有效理论。

参考文献

[1] European Commission. Towards an EU Research and Innovation policy agenda for nature-based solutions & renaturing cities[R]. Brussels：European Commission，2015.

[2] 中国园林. 风景园林与城市的融合：对未来公园城市的提议[J]. 中国园林，2010，26(4)：54-56.

[3] 陈梦芸，林广思. 推动基于自然的解决方案的实施：多类型案例综合研究[C]. 中国风景园林学会2018年会. 2018.

[4] 陈梦芸，林广思. 基于自然的解决方案：利用自然应对可持续发展挑战的综合途径[J]. 中国园林，2019，35(3)：81-85.

[5] 林伟斌，孙一民. 基于自然解决方案对我国城市适应性转型发展的启示[J]. 国际城市规划，2020，035(002)：62-72.

[6] 成都市规划设计研究院. 成都市美丽宜居公园城市规划及规划建设导则(项目报告)[R]. 成都：成都市规划设计研究院，2020.

[7] 陈梦芸，林广思. 基于自然的解决方案：一个容易被误解的新术语[J]. 南方建筑，2019，000(003)：40-44.

[8] Cohen-Shacham E，Walters G，Maginnis S，et al. Nature-based Solutions to address global societal challenges[M]. 2016.

[9] 吴承照，吴志强，张尚武，等. 公园城市的公园形态类型与规划特征[J]. 城乡规划，2019，000(001)：47-54.

[10] 陈明坤，张清彦，朱梅安. 成都美丽宜居公园城市建设目标下的风景园林实践策略探索[J]. 中国园林，2018，34(10)：40-44.

[11] 王浩. "自然山水园中城，人工山水城中园"——公园城市规划建设讨论[J]. 中国园林，2018，34(10)：22-27.

[12] Raymond C M，Frantzeskaki N，Kabisch N，et al. A framework for assessing and implementing the co-benefits of nature-based solutions in urban areas[J]. Environmental Science & Policy，2017.

[13] 俞孔坚. 两种文明的斗争：基于自然的解决方案[J]. 景观设计学，2020，8(03)：4-9.

[14] 吴岩，王忠杰，束晨阳，等. "公园城市"的理念内涵和实践路径研究[J]. 中国园林，2018，34(10)：36-39.

[15] Gehrels H，van der Meulen S，Schasfoort F，et al. Designing green and blue infrastructure to support healthy urban living[R]. Netherlands：TO2 federatie，2016.

[16] ARUP. Cities Alive[R]. London：ARUP，2014.

[17] Benedict M，Mcmahon E. Green Infrastructure：Linking Landscapes and Communities[M]. London：Island Press，2006.

[18] Kabisch N，Bosch M V D，Lafortezza R. The health benefits of nature-based solutions to urbanization challenges for children and the elderly-A systematic review[J]. Environmental Research，2017，159(nov.)：362-373.

[19] Bosch M V D，Sang A O. Urban natural environments as nature-based solutions for improved public health-A systematic review of reviews[J]. Environmental Research，2017，158(oct.)：373-384.

[20] WISE-UP. Water Infrastructure Solutions from Ecosystem Services: Underpinning Climate Resilient Policies and Programmes[R]. Switzerland: IUCN, 2018.

作者简介

魏瀚宇，1996 年生，女，汉族，四川，重庆大学建筑城规学院建筑系硕士研究生，爱尔兰都柏林大学工程与建筑学院建筑规划及环境政策系硕士，研究方向为城市设计、建筑历史。电子邮箱：20145315@cqu.edu.cn。

阎波，男，汉族，重庆大学建筑城规学院建筑系教授，博士生导师，从事地域建筑设计及其理论、地下公共空间整合与空间环境研究。电子邮箱：yanbo@cqu.edu.cn。

"公园城市"理念下旧城公园社区空间布局及基础设施建设探究

——以成都少城片区为例①

Research on the Construction of Space and Facilities Configuration of Old City Park Community under the Concept of " Park City":

Take the Shao Cheng Area of Chengdu as an Example

吴晓奕

摘 要：公园城市建设是实现新时代城市发展的新目标，也是应对疫情时代最好的良剂之一。成都作为公园城市的先行者，在新城与郊区的公园城市体系建设中得到了良好的反馈，而对于承载城市历史文化记忆及健康人居环境需求最大的旧城社区单元，目前多采用微更新手段进行修补，没能有效实现公园城市与健康城市的新要求。本文在建设公园城市的背景下，结合疫情防控对公共健康的要求，以成都市少城片区为例，探究旧城公园社区在空间布局和设施配置上建设现状，并对此问题进行分析提出策略建议，希望为城市的旧城更新建设方法提供有价值的讨论。

关键词：公园城市；公园社区；公共健康；空间布局；基础设施

Abstract：The construction of park city is a new goal to realize urban development in the new era, and also one of the best agents to deal with the epidemic era. As the basic unit of park city, park community is the carrier to create urban spatial form and scene. Chengdu as the pioneer of park city, in the construction of new city and suburb of city park system, got good feedback for the hosting city historical and cultural memory and healthy living environment demand the biggest old city area, many micro update method is adopted to repair a few days ago, failed to effectively realize the demand of the city and the healthy city park. This article under the background of the construction of city park, combined with the requirement of the epidemic prevention and control of public health, less in chengdu city area as an example, explores the old park community construction situation in the spatial layout and facilities configuration, and put forward policy Suggestions for analysis of this problem, hope for the city of the old city renewal construction methods provide valuable discussion.

Key words：Park City；Park Community；Public Health；Spatial Layout；Infrastructure

随着时代的变迁，城市面貌不断被更替，城市建设的理论与实践也在持续更新。新事物与新思想都是延续于前人的智慧并结合时代实际再次发扬光大的结果。从柏拉图的乌托邦到维特鲁威的理想城，从霍华德的花园城市再到 20 世纪的生态城市、山水城市、绿色城市等。随着城市化的进程，城市建设更多旨在解决自然生态环境保护问题、满足对健康人居环境和生活品质的要求，如何兼顾两者已成为当今时代发展所必须面临的挑战。基于此，我国提出了公园城市理论，并在疫情防控背景下一步步推进及探索。

基于对成都城市基底条件的科学把握，提出将成都建设为公园城市的深切期许和历史嘱托。自 2018 年提出公园城市建设理念后，成都就积极投入建设，公园社区作为公园城市的基本单元，是最能体现提升人居环境品质迫切需求的。成都目前已有成功的建设案例，例如交子公园社区规划等，但此类公园社区建设大多都在城市郊区和新区，而对于城市旧城的改造建设仍较为滞后。旧城承

载着城市发展的历史文脉记忆和空间肌理，蕴涵城市生活市井趣味和诗文风俗特征，同时旧城也是成千上万城市居民的栖身之所。目前，我国常采用微更新的手法改造旧城，但在实践中仍存在诸多问题，如何在公园城市理念下真正实现旧城的保护与再生还需思考与探究。本文选取成都市少城片区社区建设为例，通过现场调研等方式，尝试分析旧城目前建设公园社区在空间布局和设施配置上的现状及问题，希望提出部分建设策略建议，引发旧城建设规划相关方面的思考与讨论。

1 相关研究概念

1.1 "公园城市"理念

在新时代的背景下，我国城市生态和人居环境问题迎来发展新阶段，人民对美好生活的向往提出更高要求。建设公园城市的理念应运而生，这也是新时代背景下城

---

① 基金项目：中央美术学院校内自主科研，项目编号 20KYYB034。

市发展建设的必然趋势，是实现"园在城中"向"城在园中"的本质性转换。公园城市的理念如同一个综合体，广泛吸收城市大小规划体系，体现发展的融合性，绿地、公园、公园体系以及城市空间都是相互融合的[1]。因此，公园城市就是建造公园里的城市，在公园中建设城市，是从人群需求出发、构建绿地空间、结合城市空间、综合经济发展而得出的新城市综合概念，是将公园形态与城市空间有机融合的生态命运共同体。建设公园城市就是要利用构建城市绿色生态网络、将生产生活生态空间相融等手法，实现城市与自然共生，并强调以人民为中心、是公众的、具有共享性的、是以满足人民对美好生活的向往为目标的全新理念。

1.2 "公园社区"

国外学者 George Hillery 将"社区"定义为"有共同地理区域，被文化、价值、种族或阶层等联结在一起的一群人"。我国学者费孝通在《社会学概论》中将"社区"定义为"若干社会群体或社会组织聚集在一个地域里，形成一个在生活上互相关联的大集体"[2]。"公园＋社区"是在我国建设公园城市背景下提出的新理念[3]，二者的结合表达的是在公园本底中建设社区，以社区内各类人群的需求为设计依据，营造社区生活生产生态空间的场景，从而实现公园城市人、城、境、业的高度和谐统一的发展目标。

1.3 旧城改造

旧城改造是城市建设项目中至关重要的一环，旧城是一个城市发展变迁的历史见证者，任何一个城市都有其值得回忆的过往[4]。随着城市化的发展，很多城市迫切想要改善老旧城区面貌，越来越多的片区只一味追求功能空间的打造，而忽视了原有景观保护和营造，这一点在旧城建设上体现得淋漓尽致，为了发展商业经济而损害了旧城原有的历史文脉记忆，使得很多旧城呈现"千城一面"的面貌景象，造成旧城文物古迹和特色文化面临泯灭。近年来我国对于旧城社区的改造形式欠佳且较单一，例如拆除传统破旧民居，拆除古城墙、街巷商业化，旧城独具特色的传统风貌与空间格局已不复存在，真实性、完整性较差。如何在积极保护城市历史文化的同时满足现代城市发展和建设的需要，是这类旧城区所要面临的主要问题[5]。目前，我国在旧城改造和整治上多采用微更新的手法，但大多数更新改造仅停留在构建功能空间上，绿化散落，人均绿化率极低。各功能空间难以与旧城脉络特色相融，更无法实现空间和绿网的统一构建，在基础设施配置上也是存在落后、使用率低的情况，在场景营造和景观性上更是亟待提升。

1.4 空间及公共设施配置

空间布局无论是在规划层面还是在景观层面上都是设计的重要表现形式，空间布局体现着城市的发展肌理，是构建城市的基本框架，在社区建设中，承担着骨架网络连接和节点设置排布的引领作用。公共设施在规划设计中是具有共享性和公众性的基础配置，好的空间设施能

提高人们进入空间使用的频率，也能更好地激发使用者人际交往的活力，从而营造更好的社区生活环境。

2 公园城市理念下的成都公园社区空间与设施配置改造建设

2.1 成都建设公园社区背景

成都既是历史文化名城又是省会中心城市，旧城区不仅是传统历史文化保护的重点对象，也是城市的社会、经济和环境建设发展的重心[6]。在建设"公园城市"之际，成都更是大力发展"公园＋"模式，其中"公园＋社区"的公园社区建设受到高度重视，公园社区目前主要以新建在成都南部郊区或新区为主，而近市中心的旧城改造成为成都公园社区改造及重塑的难点项目。由于旧城规划先于新理念下的设计规划，因此实践起来存在很多矛盾，例如创新建设与保护历史印记的矛盾，功能空间与内涵精神如何兼并展现等问题。

公园社区作为公园城市的基本单元，也是景观的基质之一，我们应该重视其建设，以提升居民生活品质为最终目标，从生活居民的角度出发找到改造的关键。

2.2 成都旧城建设公园社区空间与设施配置现状

2.2.1 景观主题模糊，活动空间形式模糊

目前城市旧城建设公园社区还处在前期未完全成熟的阶段，在城市规划层面微更新改造的情况下，简单做了例如街道外部装饰、建筑立面修饰改造等。社区景观主题难以突出，造成"同质化"。在活动空间布局上形式还未成系统，功能单一，未能将活动空间有效划分并设置在社区内，通常会将活动空间按照功能分为运动健身区、娱乐游戏区类、聚会社交区和安静休憩区，各类型空间有相应的设施配置及相应的空间表现形态，但目前建设现状显示，除了简单的亭廊设置和植物围合空间以外，其他的活动空间都是随意放置游憩座椅，或者以空地形式为主，各类场地没有明确功能布局，缺乏景观主题设计，场地间也缺少交流与发生互动的契机。

2.2.2 绿化景观空间破碎度高

老旧社区人口密集，由于建设先于规划，绿化率远未达标、建筑拥挤、交通堵塞成为社区常态，这些原因都迫使绿化生态在老旧社区难以实现，零散的绿地通常呈点状随机分布，常规做法"见缝插绿"也使整个片区绿地无法建立联系，更无绿网结构。除行道树外，应该增添沿街绿化、街旁绿地、宅间绿地等丰富绿色生态网络体系，使社区绿地有机联系，提升环境品质[7]。

2.2.3 设施落后，使用率低

通过现场调研发现各活动空间常见的设施配备情况不容乐观。在旧城社区里面，空间基础设施在数量上不但没能符合基本规范要求，并且现有的基础设施的使用率也不高，许多设施也日渐陈旧甚至存在设施隐患，而新建

的设施没能考虑周边适用人群的实际需求而随意布置，居民与空间设施大多呈被动式的使用模式。

3 成都旧城公园社区空间及配套设施初探——以少城片区为例

3.1 项目现状概况

3.1.1 片区区位及空间肌理

少城位于成都天府广场西北侧，紧靠人民公园（图1）。少城片区自筑城以来就是成都"三城相重"历史格局的重要组成部分，两千年来城名不改、城址不变，是"老成都、最成都"的代表。

图1 少城片区区位示意图（作者自绘）

从1718年到2018年，少城延续300年的59条街巷，犹如鱼骨状排列。这样的排列方式也被完整的保留了下来。少城外围被四条城市道路包围，一条长顺街从少城内部穿过，成为主骨，在南北向上串联各个街道。同时各条街巷作为肋骨垂直于长顺街排布。区域主街与生活街巷的鱼骨状排布关系构建了少城片区的基本格局与本底肌理，构建了城市形态的基本框架。

自清康熙年间起，少城就形成了59条平行街巷结合一条长顺街的"鱼骨状"的肌理格局，并一直延续至今，这也是少城街道空间格局形态的一个鲜明特色。少城的东西走向的平行路网强调了单一方向的平行，而主干路起着联系和转换各方块区域的作用。这种独具特色的平行路网也使体现着少城千年底蕴的城市肌理，也是少城片区城市空间遗存的重要瑰宝。

3.1.2 片区历史文脉特色

少城片区具备雄厚的历史文化资源，是最能体现老成都生活场景气息的文化社区。片区内有成都名片之一的宽窄巷子景区，带动了少城旅游休闲等新业态的发展。同时还有了包括东周出土的船棺遗址、柿子巷砖楼、具有川西民居典型特征的成都画院、城墙遗址、励志社、长顺街118号、实业街防空洞等在内的诸多国家、省、市级文物保护单位，具有非常深厚的历史积淀（图2）。

图2 少城片区历史文脉分布示意图（作者自绘）

整个少城片区划分属于成都市历史文化街区建设控制地带，其中宽窄巷子属于历史文化街区核心保护范围，片区内部90%的区域属于旧城更新改造中的历史文化类的整治提升类别建设，少量属于正在实施的有机更新类与储备开发类（图3）。

图3 少城片区保护单元示意图（作者自绘）

3.1.3 绿地空间布局结构

少城片区属于旧城片区，因此绿地只有少数并呈现点状分布（图4）。主要呈现出两大问题，绿化破碎度高和功能性的缺失。

少城片区目前的绿地主要设置集中在人流较为密集的主干街道旁，主要是在街头形成小游园，但规模都较小且分布不均匀（图5）。通过现场调研的情况来看，绿地的设计主要以植物围合空间为主，游憩设施较少，使用率

图 4　少城片区现状绿地布局示意图（作者自绘）

● 现状绿地区域

图 5　少城片区现状绿地实景图（作者自摄）

不高，有文化主题表达但互动性低，无法实现文化宣传的作用。整个区域绿地数量过少并多呈现点状布局，功能单一，景观特色不明显，并且见缝插针式的微更新改造策略使得片区内无法形成绿地网络系统。虽注重植物空间营造，但缺失活动空间设置，难以实现形成公园社区基质的条件。少城片区主要以居住功能为主，而居民小区内部绿化状况不佳，植物多设置于建筑边角处，仅作为装饰点缀，难以为小区提供良好的生态效益和景观效益。因此，如何在保留居民和谐日常生活场景的前提下对小区与街道进行更新升级，是亟待解决的问题。

少城片区处于西郊河以东，拥有沿河的良好自然资源，却没能很好地利用，未能起到强化该段历史文化特色的作用。应梳理沿岸可利用空间，通过设置座椅器材、维

持积极的底层商业氛围、打造小广场等形式，提升西郊河岸的游憩活力。结合街角空间或广场延伸建造公共活动空间或线性公园，为市民邻里增添例如晨练、健身设施，品茶观花，赏鸟等功能空间。

3.1.4　公共设施配置

本次调研的另一个主要部分是对少城片区公共设施配置现状的探究。以绿色设施和灰色设施两类对社区内部的公共设施进行现状问题分析。

作为全龄共享的绿色设施，主要包含街头小游园、街道立面垂直绿化、街道两侧散布的花台、行道树形成的林荫道等。其中强调植物营造的街头小游园的数量过少且无法成为功能齐全的公共空间，难以作为生态基底，无法承载大量生态过程的基础条件。街道两侧的花台形态简陋并随意设置，缺乏层次变化，未能体现连续性，更加难以形成连续的生态廊道。现状绿色设施与店铺室外座椅结合提供了特定人群的休憩空间，但在针对公众人群中缺乏相应服务空间，并且其中部分花坛设置位置不佳，遮挡了商铺门面，影响了街道面貌良好展现。在街道立面的垂直绿化设计上，以花盆为单位生成人工立体绿化做法造价昂贵，且生态价值不如自然生长的攀缘植物。

现状灰色设施主要体现为导示牌、展览设施、停车场、文化设施等。街道两侧的导示牌与树池基础生态层面考虑不足，强硬的硬质隔断导致绿地连接度不足，展览设施的形式过于生硬，限制了植物的生长空间，在停车场等大空间尺度灰色设施中，绿化严重不足，生态效益低下，也难以为居民提供开门见绿、四季有花的景观体验。少城片区文创区和居民区域空间尺度与灰色设施差距较大，其中文创、景点区多用现代建筑材料和地面铺装，线路埋地，整体风貌尺度宜人，疏密有致，建筑能耗较低，而居民区电力设施位于地面上，阻碍行人通行，架空电线有碍景观视线且使街区风貌杂乱，整体街道风貌不佳。文创区中的公共设施能很好地为居民提供配套完善、方便快捷的公共服务，但部分灰色设施的智能化还处于比较低级的阶段，二维码与显示屏仅显示所处景点的信息（图6），在大数据、构建网络平台方面较为欠缺，信息较为破碎，同时在社区中智能化与物联网的社区管理与社区服务极其匮乏，需要引起重视。而居民区中的灰色设施较为简陋，且置于人行道中，阻碍通行，亟待改造。

图 6　少城片区现状部分公共设施实景图（作者自摄）

3.2 少城片区建设公园社区改进建议

3.2.1 统筹规划，形成空间体系

少城片区整体可划分为商、住两片，可运用统筹管控与分区风貌整治的策略对旧城进行特色风貌保护，因此在公园社区的打造上也应顺应空间功能分布，构建网络并形成体系，以实现"十五分钟公服圈"为打造目标。在商旅片区，例如宽窄巷子景区，作为能充分展现成都老城的历史文脉及地方特色的优势区域，随着宽窄巷子的发展，也在一定程度上带动了少城片区内文化创意产业的萌发。同时，可通过文献资料挖掘更多少城故事，结合宽窄巷子将更多街巷可利用空间串联建造文化空间体系。为了全面化的建设公园城市社区，还应重视老城居住片区，这也是目前建设的难点之一，从居民本身出发，从人的活动空间到场景化营造，再到文化设施构建，都应该注重构建差异化的文化旅游与居住空间，同时与周边旧城内部居民生活空间相融合，不应一味发展商业气息而忽视了老城独具特色的市井趣味。在居民居住的生活片区，在微更新改造的前提下，除了简单的街道市容修饰，更应该注重绿化空间质量的更进，例如加强街道绿化、立体绿化等建设和维护，从而可以显著的提高每个空间单元的绿化水平，将绿化空间注入居民小区，使街道内外形成绿化应和。点线面状绿化相互作用，除了空间形成体系，也同时对片区植被进行统一修整，例如种植成都特色植物芙蓉花、银杏、槐树等本土植物，还原少城街道中的特有行道树，真正实现生活生态与生产活动的统一，体现人、城、境、业的高度和谐统一的发展目标[8]。

3.2.2 重视景观功能与主题空间的叠加，营造各类活动场景

各类绿地构成社区的活动空间，作为使用者进行游憩观赏、沟通交流、知识共享等作用的平台，应适当相邻或相融，而且注重不同活动内容的叠加，丰富空间层次，营造丰富多彩的活动场景，也为非确定性活动的展开创造更多可能。由于不同年龄人群的活动需求类型不同，活动空间的设置也应基于此为依据，例如在疫情防控的背景下，应该更多地关注老弱群体的健康活动空间设计。少城片区居住的老人数量较多，因此，应根据老年人的行为特征，在儿童活动区和运动健身区都应设置真正适合老年人的活动空间，在保障老年人交往的同时也有利于社区的安全防卫。多元化的活动空间能够激发各年龄阶段的人群都参与其中，为人们提供更多的具有活力的行为模式。对空间场的打造包括匹配居民的日常活动需求、空间尺度适宜、受喜爱程度高、适合全龄人群等。在保障道路系统的连贯前提下，将各空间灵活布局，并进行场景叠加，增强互动连接，形成弹性的活动空间。打造可参与可进入的宜居生活场景、有活力有情感的文化记忆场景以及有成都文化特色的旅游消费场景等，实现综合性发展的公园社区[9]。

3.2.3 加强基础设施配置，增强公园社区互动性，体现文化特色

公共设施作为公园社区节点打造的基本要素，良好的设施配置可以诱发居民积极地进入空间参与活动。不同年龄段的人群对于设施体验需求不同，可将片区内部的空间进行功能主题划分后，针对不同的使用目的设置公共设施。例如在文创旅游区域，宽窄巷子、文化宫、奎星楼等区域，主要服务于中青年的游客和居民，因此简单的二维码设置已经不能满足当下时代潮流，为了促进使用者积极地参与互动，应该注入更多更新的科技元素，例如AR体验结合文化展示等，提升智能化建设。在居民生活片区，主要服务对象是老年人和儿童，儿童处于各感官发育阶段，有了多人游戏互动交流，善于观察和探索，认识世界的好奇阶段，因此旧城的老旧设施已经无法承载起孩子的年少趣味生活，因此应该在社区活动空间设置更多的现代化活动器械，让孩子们自发游戏，认知学习。而生活在旧城的老人们，主要活动为个人锻炼、集体交流聚会或与儿童互动，随着城市发展，很多青年人都离开旧城到南部新城工作，造成旧城老人孤独感逐渐增强，身体机能也随着年龄增长下降，因此在考虑老人使用设施安全的情况下，营造以修身养性为主题的活动空间，多注重感官设施的打造。

4 结语

公园社区作为公园城市的基本单元，承担着景观基质的作用，其本质是打造具有人本性的优质健康可持续性生活生产环境。成都作为公园城市建设的先行者，公园社区的建设在新区已经得到了良好的实施反馈，但在旧城范围内，还需要进一步更进规划思路和办法。少城片区作为成都市市井文化最具浓厚的片区，承载着成都的记忆，应该关注如何在保护文脉记忆的同时再生新时代的创新元素，使两者完美相融。本文从绿色空间和设施配置出发，客观分析评价了少城片区现状问题，并粗略提出几点改造建议，希望为少城为旧城更新为公园社区理论营造提供空间载体，期待其建设为后旧城公园社区建设引发思考并提供借鉴[10]。

参考文献

[1] 高重奎. 建设公园城市，共享优美生态[N]. 中国环境报，2018-10-25(003).

[2] 王香春，蔡文婷. 公园城市，具象的美丽中国魅力家园[J]. 中国园林，2018，34(10)：22-25.

[3] 李文茂，雷刚. 社区概念与社区中的认同建构[J]. 城市发展研究，2013(9)：78-82.

[4] 周逸影，杨潇，李果，薛爽，谈静泊. 基于公园城市理念的公园社区规划方法探索——以成都交子公园社区规划为例[J]. 城乡规划，2019，01(01)：79-85.

[5] 吴欣月. 旧城更新中传统文化特色的保护与再生——以成都少城片区为例[J]. 城市与建筑，2017，16：8-13.

[6] 周俭，张松，王骏. 保护中求发展，发展中守特色——世界遗产城市丽江发展概念规划要略[J]. 城市规划汇刊，

2003(2)：32-38，95.

[7] 林雪琼. 浅议旧城区传统风貌的保护与再生[J]. 建筑设计管理，2008(5)：48-50.

[8] 张沁瑜，刘源，李婷婷. 公园城市理念下的社区景观微更新——以南京市傅厚岗社区为例[J]. 园林，2019，06(06)：24-29.

[9] 吴欣月. 旧城更新中传统文化特色的保护与再生——以成都少城片区为例[J]. 城市与建筑，2017，16：8-13.

[10] 朱直君，高梦薇. "公园城市"语境下旧城社区场景化模式

初探——以成都老城为例[J]. 上海城市规划，2018，04(04)：43-49.

作者简介

吴晓奕，1996年6月生，女，汉族，四川德阳，风景园林专业硕士，西南交通大学建筑与设计学院风景园林系。电子邮箱：2314853639@qq.com。

健康效益下城市绿地品质与日常生活空间研究[①]

Research on Urban Green Space Quality and Daily Living Space under Health Benefits

吴钰宾　金云峰[*]　钱　翀

摘　要：城市绿地是居民最主要的日常活动空间之一，有助于提高居民的生活品质，促进身心健康。近年来，城市绿地与公共健康的研究受到广泛关注，城市绿地对居民健康的促进作用体现为通过提供生态调节服务间接影响健康和通过促进健康行为活动直接影响健康，并与分布格局和分级分类、周边空间关联、自身场地特征 3 类绿地品质特征具有相关性。基于城市绿地品质对健康效益的影响机制和特征相关性的讨论，有助于明确绿地规划设计的要点和重点，为健康导向的日常生活空间建设提供指导作用。

关键词：风景园林；城市绿地；日常生活空间；健康效益；空间特征；影响机制

Abstract: Urban green space is one of the most important daily living space, which helps to improve the quality of residents' life and promote physical and mental health. In recent years, the research on urban green space and public health has been widely concerned. The promotion effect of urban green space on public health is reflected in the indirect impact on health through the provision of ecological regulation services and the direct impact on health through health promotion activities, which is related to the distribution pattern and classification, surrounding space association and site characteristics. Based on the discussion of the impact mechanism and characteristic correlation of urban green space quality on health benefits, it is helpful to clarify the key points of green space planning and design, and provide guidance for the construction of health-oriented daily living space.

Key words: Landscape Architecture; Urban Green Space; Daily Living Space; Health Benefits; Spatial Characteristics; Impact Mechanism

日常生活空间是居民发生各种日常活动的场所，其中绿色空间是日常生活空间的重要组成部分，对改善居民健康、维持良好社会关系、提高生活质量具有重要作用。随着城市扩张减缓，基于人本需求的绿色空间品质开始得到重视，近年来，城市绿地与公共健康的研究受到广泛关注，主要集中在绿地积极影响公共健康的机制、绿色空间的规划与政策研究和评价指标体系研究方面。为实现"公园城市"的美好愿景，全面提升居民福祉，城市绿地品质的提升成为日常生活空间构建的重点，本文基于对城市绿地品质与健康效益相关性研究的梳理讨论，以期进一步明确促进健康的城市绿地和日常生活空间规划设计要点和重点。

1　城市绿地促进居民日常生活空间健康效益的机制

获取自然或绿色空间的方式主要有生活在绿化良好的环境中、通过窗户观看大自然和进入附近的绿地，这些方式与绿地如何发挥健康效益的关系存在差异。根据现有研究，城市绿地促进健康的机制主要在于通过提供生态调节服务间接影响健康和通过促进健康行为活动直接影响健康。

1.1　间接影响——提供生态调节服务

绿地通过固碳释氧、净化空气、增加空气负离子浓度、改善环境热舒适性等作用影响人的生理和心理健康[1]。国内外大量研究证实了城市绿地能有效调节生态环境[2]，尤其在减少城市空气污染和调节城市微气候方面效果显著[3-5]。除了传统污染物 NO_2、SO_2 等，城市公园绿地斑块对 PM 2.5、PM 10 等近年来加剧空气污染的细颗粒物浓度有显著缓解作用，并能影响周边一定范围内的颗粒物浓度[3]。绿地植被可以通过蒸腾作用降低地表温度，增加空气湿度，从而缓解城市热岛效应，尤其在夏季对缓解高温有重要作用。

1.2　直接影响——促进健康行为活动

1.2.1　促进体力活动

体力活动（Physical Activity）是维持健康的重要方式之一，体力活动的缺乏是亚健康人群不断增长的重要原因，会增加患上肥胖症和心血管疾病的风险[6]。研究发现户外体力活动提供的健康效果高于室内体力活动，绿地可以作为体力活动的目的地、路径和环境[7]，其高可达性、良好的绿化环境、有吸引力的活动设施等因素能增加居民进入绿地参与体力活动的概率和频率[8]。有研究指出，社会交往更可能是绿地与健康之间相关性的中介因

──────────
①　基金项目：国家自然科学基金项目（编号 51978480）资助。

子[9]，绿地为居民提供了公共社交空间，对提高社会凝聚力、维持个人社会良好关系具有重要意义。

1.2.2 提升心理恢复能力

高密度的城市和高压的城市生活会直接影响居民健康。绿地对人的心理健康的促进作用体现在情绪、认知方面，这可以用 Kaplan 的减压理论（Stress Reduction Theory）和注意力恢复理论（Attention Restoration Theory）来解释，认为自然环境比人工环境更能帮助释放压力、缓解疲劳和恢复注意力[10]，从而促进积极情绪，维持心理健康。虽然目前自然恢复性对健康的作用机制尚待完善，

已有一些研究证明了绿地与压力[11]、抑郁症[12]、情绪障碍[13]等心理问题之间的相关性，绿色空间能为居民带来健康益处。

2 城市绿地品质影响健康效益的空间特征

城市绿地品质特征包括绿地分布格局与分级分类、绿地与周边用地的空间关联特征（绿地可获得性、绿地可达性）和绿地自身场地特征，通过不同路径与发挥健康效益产生关联性（图1）。

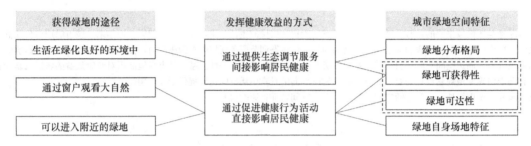

图 1 绿地通过不同路径与健康效益的关联性

2.1 绿地分布格局与分级分类

城市绿地的分布格局指绿地在城市中呈集中或分散式的分布特征，在提供生态调节服务、增加居民参与机会方面有明显影响[14]。有研究指出，集中式的绿地布局、更高的绿地斑块聚集性和联通性增加更有利于减少空气污染[4]和缓解热岛效应[5]，从而发挥生态效能，改善居住环境；同时，在城市高密度地区，小而分散的绿地布局的效率要高于集中式[15]，提高绿地可达性在一定程度上能促进居民日常进入绿地和参与活动的意愿[16]，提升身心健康。绿地分布格局在不同健康导向下呈现出不同空间特征，在规划中还需寻求一个集中和分散之间的平衡点。

构建绿地分级体系提供了一种评估公共绿地分布的方式，不同类型的绿地不能完全相互替代，例如森林公园不能弥补社区公园的缺乏[17]，没有一种绿地类型被认为比另一种价值更低。相反，这些空间相互关联并在城市中形成网络的方式有助于关注更小面积的绿地，反映出哪些地方有足够的公共空间，哪些地方的公共空间受到限制。然而，绿地等级划分及标准的确定不能简单套用成功的案例城市标准，需要结合所在城市人口规模与现行行政管理体系等具体确定[18]（表1）。"生活圈"规划中的分级分类模式为绿地建设提供了规划依据，在此背景下，绿地是依据各级生活圈配套建设的，能更好地满足不同圈层的居民需求[19]（图2）。

不同国家对绿地规模和服务半径的规定　　　　　　　　　　　　　　表 1

国家	绿地类型	绿地规模	服务半径	来源
中国	综合公园	≥50hm²	>3000m	《城市绿地规划标准》GB/T 51346－2019
		20～50hm²	2000～3000m	
		10～20hm²	1200～2000m	
	社区公园	5～10hm²	800～1000m	
		1～5hm²	500m	
	游园	0.2～1hm²	300m	
美国	大型城市公园	>80hm²	1h 车程	《游憩地、公园及开放空间规划标准与导则》(Recreation、Park and Open Space Standards and Guidelines)
	社区公园	>10hm²	1600～3200m	
	邻里公园	<6hm²	400～800m	
	迷你型公园	>0.4hm²	<400m	
韩国	社区公园	3～10hm²	1000m	《城市公园与绿带法案》(Act on Urban Parks、Greenbelts、etc)
		1～3hm²	500m	
		0.15～1hm²	250m	

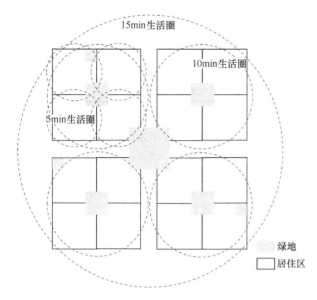

图 2 生活圈圈层绿地配套建设

15min生活圈
10min生活圈
5min生活圈
绿地
居住区

2.2 绿地与周边用地的空间关联特征

2.2.1 绿地可获得性

绿地可获得性是指特定空间单元内（例如人口普查单元）能获得的绿地数量和规模，常用数量、面积、绿地率、人均面积、归一化植被指数等指标来表征，体现了绿地分布的地均平等。由于这种统计方法兼具简易性和普适性，至今仍被广泛使用[20]，我国国家标准和行业规范也一直将其作为衡量绿地建设水平的指标，并设定居民享有绿地的"最低标准"。

绿地可获得性认为该区域内的绿地仅服务于该区域居民，且所有居民能平等地享有绿地服务，并不能真正反映居民的真实使用情况，但研究已经证实，一定区域内绿地的数量和面积与居民健康之间存在明显的正相关关系[6,21]，生活在良好绿化环境中的居民的健康状况明显好于生活在较差绿化环境中的居民[22]。例如，Coutts等的研究发现调查区域内心血管疾病死亡率与规定距离内的绿地量相关，这是因为面积更大的绿地为更多人提供了体育活动机会[6]。Maas等指出 1km 和 3km 半径内的绿地率与健康感知有显著相关性，并普遍存在于城市的各个群体层面[23]。

绿地可获得性的底限指标常常是研究的重点。即使证明了面积较小的绿地也有助于人们的心理健康[21]，但绿地规模的量化仍不明确。有学者发现，随着最小面积为 500m² 的绿地的邻近距离缩短，居民的情绪障碍治疗次数也随之减少[13]；Vogt 等采用 0.5hm² 作为最小阈值并未发现其与健康之间的关联[24]，这或许与研究范围和对象有关，无法直接作为参照。此外，在拥有相同规模绿地的情况下，也无法证明两个 1hm² 的绿地能否补偿一个 2hm² 绿地的效益，或许从可达性角度来看，前者提供更高的可达性对促进居民的健康行为更有意义，而从改善生态环境来看，更大面积的绿地更具健康效益。

2.2.2 绿地可达性

目前流行病学领域已将绿地可达性作为研究城市绿地与公众健康的核心要素[25]，城市绿地通过影响居民的使用行为发挥其健康效益，绿地可达性越高，使用绿地的频率越高，居民各项生命质量的指标越高[22]。许多国家和地区已经将绿地建设纳入城市公共卫生政策，尤其在后疫情时代，人们的生活方式发生转变，绿地对维持公众健康仍具有积极意义。

绿地可达性研究从公共绿地和使用人群的空间关联特征出发，能更准确地识别绿地的服务盲区和评价绿地的服务水平，而且基于人口视角的空间公平（机会均等）也比地域平等更有意义。绿地可达性有两种定义：①空间可达性：居民克服空间距离、旅行时间、路途费用等阻力到达目的地的难易程度[26]；②非空间可达性：绿地风景、活动设施、心理行为等因素吸引居民到访的程度。目前多数研究都以客观可量化的指标来衡量绿地可达性（表2），需要注意的是，绿地可达性的衡量受到选择的距离度量的强烈影响，应谨慎选择[27]。

健康效益下的绿地可达性指标 表 2

指标类型	可达性指标	计算方法
绿地服务范围覆盖的服务对象可获取的绿地服务	绿地服务面积覆盖率	绿地服务范围之和面积/统计空间单元面积
	服务居住用地覆盖率	居住区被绿地服务范围覆盖的面积/居住区面积
	服务人口覆盖率	（一个空间单元内某居住小区被绿地服务范围覆盖的面积×该居住区人口密度）的总和/该单元总人口
	某绿地服务面积内的人均面积指标	某绿地面积/该绿地服务面积内人口
居住地半径范围内可获取的绿地服务	居住小区一定半径范围内的绿地数量	—
	居住小区一定半径范围内的绿地面积	—
	某居住小区半径范围内人均享有绿地面积	居住小区半径范围内所有绿地的人均服务面积指标之和
居住地到绿地的邻近度	居住地到某绿地的距离	—
	居住地到某绿地的时间	—
视线可达性	通过家中窗户看到的绿化水平	窗口绿视率

在绿地可达性研究中，距离的选择尤为重要，一般认为，居住地与绿地之间的距离越大，居民的使用频率越低，并不利于促进健康行为活动。一些研究将 300m 和 1km 作为绿地邻近度的阈值，发现距离居住地 300m 内存在绿地与心血管健康、心理健康指标呈正相关[28]，最邻近绿地在 1km 以上的居民相较于最邻近绿地不到 300m 的居民，健康状况更差，更易受到更大压力[11]。研究还发现，与较短距离（例如 300m、500m）相比，使用较大距

离（例如 3km）作为阈值时，绿地和健康指标之间的相关性更强，因此同样不能忽视更远距离绿地的健康效益。此外，一项研究显示，拥有较高窗口绿视率的住户相比较低绿视率住户表现出更好的情绪调节能力[29]。因此除了在空间上可进入绿地，视觉的可达性同样重要。

2.2.3 居民特征和建成环境对城市绿地与健康效益相关性的影响

城市绿地与公众健康的相关性结果并不等同于因果关系，需要综合考虑多种因素的作用。绿地可获得性和可达性研究认为所有居民的需求和机会是相等的，而实际上不同社会属性的群体对绿地服务的需求和实际可获取服务是不同的，居民特征和建成环境也能对绿地与健康效益之间的相关性产生影响，因此针对同一绿地特征的不同研究会得出差异化的结论。

年龄、性别、家庭情况、经济收入等人口特征和社会经济地位以及城镇化水平、居住密度等建成环境特征影响了居民的出行意愿和绿地使用需求。不少研究表明，低社会经济地位者通常享有更低的绿地可达性，其健康状况也相对较差[30]，但这并不完全成立，上海的研究表明，绿地可达性在社会经济地位不同的街道之间的差异并不大，弱势群体比高社会经济地位居民享有稍高的绿地可达性[31]，这可能是由于各地的社会文化背景、规划建设政策等因素不同造成的。在大城市中，老年人、青少年、贫困群体、低学历人口相对于其他人群更能从居住环境中的绿地中获益[23]，环境正义强调公共服务设施资源应向社会弱势群体倾斜，尽管新增绿地可以使社区更加健康，但同时也会增加住房成本，可能导致乡绅化问题，无法真正惠及低社会经济地位居民。

2.3 绿地自身场地特征与吸引力

尽管绿地与周边用地的空间关联特征是影响居民健康的重要方面，居民的具体行为需求和心理感受更多受到绿地内部环境的影响，也就是仅凭空间上的邻近可能不完全足以吸引居民，绿地的规模、绿化水平、活动设施、安全性等特征都是促进使用的重要因素，同时也更难以量化，难以直接指导绿地的规划设计。目前大多数基于绿地自身场地特征与健康效益的研究主要从绿地的几何特征、绿地质量、绿地管理维护等方面展开[25, 32]（表3）。

健康效益下的绿地自身场地特征指标　　表3

指标类型	绿地自身场地特征指标	
绿地几何特征	面积规模	
	边界形状	
绿地质量	自然度	拥挤指标
	植被特征	植被构成
		植被种类
	生物多样性	可感知的动植物物种丰富度
	活动设施	设施数量
		设施类型（如骑行、运动场地、游乐设施等）

指标类型	绿地自身场地特征指标
绿地管理维护	安全性
	清洁干净
	有管理委员会

在土地资源有限的情况下，优化绿地自身场地特征是促进健康效益发挥的重要手段。目前已有较多研究提出了绿地面积和形状对城市微气候的调控作用，面积更大、形状更简单的绿地对缓解城市热岛更有效[5]。一项针对南京社区公园的研究显示，当社区公园趋于圆形或正方形时，降温效果最显著[33]。更直观、更重要的绿地品质在于绿地提供的自然体验，这是到访绿地的重要动机。绿地的安全和整洁是居民在此发生活动的前提[34]；多样化的活动设施鼓励居民参加体力活动，已有一些城市将设施和活动要求纳入开放空间规划[35]；丰富的植被和生物多样性对促进交往行为、提高心理恢复能力尤为重要[36]，已经广泛应用于医院疗愈景观、社区康复花园等实践中。当绿地面临过高的拥挤程度时，自然体验对于健康的价值降低，而有健康问题的居民更倾向于选择自然度高、郁闭度高的景观[37]，高密度的访问者可能会干扰游憩活动的幸福感，此时分级的人均指标显现出其重要性[38]。

3 结论与讨论

本文总结了城市绿地作为日常生活空间与公众健康的关联性，其促进健康的机制在于通过提供生态调节服务间接影响和通过促进健康行为活动直接影响居民健康，基于不同的绿地空间特征发挥不同的健康效益，并受到居民特征和建成环境特征的影响。这些梳理可以帮助进一步明确绿地建设的要点。

（1）绿地特征与健康效益研究要点。目前相关研究得出的基本结论为：绿地分布格局特征主要通过减少空气污染、缓解城市热岛等途径调节生态环境；绿地与周边用地的空间关联特征对促进居民参与自然体验和体力活动具有重要意义；绿地自身场地特征则是进一步吸引居民在此发生活动，为不同需求的居民提供多样化的空间体验。

（2）绿地空间特征指标研究的限制。绿地分布格局的集中或分散特征在应对不同健康目标时存在矛盾，需要在实际规划中根据当地的环境特征制定具有针对性的布局策略。绿地可获得性和可达性研究中，例如服务半径、步行距离、邻近距离等相关指标阈值没有统一标准，影响因素也更为复杂，不同地区需要更多实证研究，并适当提高儿童和老人可达性标准[39]。绿地自身场地特征的指标量化研究较少，更多的依托其他学科背景对单个要素进行度量，难以直接指导综合化的设计，还需进一步发展。

（3）促进健康的日常生活空间设计。在进入存量规划时代后，绿地内部品质的设计提升更为重要，除了健康导向的自然要素设计，为鼓励居民直接参与自然体验和体力活动，根据社区需求设置适当的运动场地、社交空间、服务设施，设置开放和隐私的场所也尤为重要。此外，设计应考虑增强绿色空间与人的视觉联系，对绿地的边界、观赏面进行设计，为经过而未进入的人群也提供良好的体验。

参考文献

[1] 姚亚男，李树华. 基于公共健康的城市绿色空间相关研究现状[J]. 中国园林，2018，34(01)：118-124.

[2] 金云峰，杜伊，陈光. 生态工程综述——基于"风景园林工程与技术"二级学科的视角[J]. 中国园林，2015，31(02)：89-93.

[3] 戴菲，陈明，傅凡，等. 基于城市空间规划设计视角的颗粒物空气污染控制策略研究综述[J]. 中国园林，2019，35(02)：75-80.

[4] 雷雅凯，段彦博，马格，等. 城市绿地景观格局对PM2.5、PM10分布的影响及尺度效应[J]. 中国园林，2018，34(07)：98-103.

[5] Masoudi M, Tan P Y. Multi-year comparison of the effects of spatial pattern of urban green spaces on urban land surface temperature[J]. Landscape and Urban Planning, 2019, 184：44-58.

[6] Coutts C, Horner M, Chapin T. Using geographical information system to model the effects of green space accessibility on mortality in Florida[J]. Geocarto International：Remote Sensing and GIS in Human Behaviour and Health Research, 2010, 25(6)：471-484.

[7] 马明，蔡镇钰. 健康视角下城市绿色开放空间研究——健康效用及设计应对[J]. 中国园林，2016，32(11)：66-70.

[8] Akpinar A. How is quality of urban green spaces associated with physical activity and health？[J]. Forestry & Urban Greening, 2016, 16：76-83.

[9] Maas J, van Dillen S M E, Verheij R A, et al. Social contacts as a possible mechanism behind the relation between green space and health[J]. Health & Place, 2009, 15(2)：586-595.

[10] 陈筝，翟雪倩，叶诗韵，等. 恢复性自然环境对城市居民心智健康影响的荟萃分析及规划启示[J]. 国际城市规划，2016，31(04)：16-26.

[11] Stigsdotter U K, Ekholm O, Schipperijn J, et al. Health promoting outdoor environments-Associations between green space, and health, health-related quality of life and stress based on a Danish national representative survey[J]. Scandinavian Journal of Public Health, 2010, 38(4)：411-417.

[12] Reklaitiene R, Grazuleviciene R, Dedele A, et al. The relationship of green space, depressive symptoms and perceived general health in urban population[J]. Scandinavian Journal of Public Health, 2014, 42(7)：669-676.

[13] Nutsford D, Pearson A L, Kingham S. An ecological study investigating the association between access to urban green space and mental health[J]. Public Health, 2013, 127(11)：1005-1011.

[14] 周聪惠，金云峰. "精细化"理念下的城市绿地复合型分类框架建构与规划应用[J]. 城市发展研究，2014，21(11)：118-124.

[15] Morancho A B. A hedonic valuation of urban green areas[J]. Landscape and Urban Planning, 2003, 66(1)：35-41.

[16] Veitch J, Abbott G, Kaczynski A T, et al. Park availability and physical activity, TV time, and overweight and obesity

among women：Findings from Australia and the United States[J]. Health & Place, 2016, 38：96-102.

[17] Morar T, Radoslav R, Spiridon L C, et al. Assessing pedestrian accessibility to green space using GIS[J]. Transylvanian Review of Administrative Sciences, 2014：116-139.

[18] 周聪惠，金云峰. 城市绿地系统规划中的等级控制体系框架建构研究[J]. 中国城市林业，2014，12(03)：30-32.

[19] 杜伊，金云峰. 社区生活圈的公共开放空间绩效研究——以上海市中心城区为例[J]. 现代城市研究，2018(05)：101-108.

[20] 刘常富，李小马，韩东. 城市公园可达性研究——方法与关键问题[J]. 生态学报，2010，30(19)：5381-5390.

[21] Ekkel E D, de Vries S. Nearby green space and human health：Evaluating accessibility metrics[J]. Landscape and Urban Planning, 2017, 157：214-220.

[22] 谭少华，洪颖. 居住绿地的使用与城市居民健康的关系研究[J]. 建筑与文化，2015(02)：108-109.

[23] Maas J. Green space, urbanity, and health：how strong is the relation？[J]. Journal of Epidemiology & Community Health, 2006, 60(7)：587-592.

[24] Vogt S, Mielck A, Berger U, et al. Neighborhood and healthy aging in a German city：Distances to green space and senior service centers and their associations with physical constitution, disability, and health-related quality of life[J]. European Journal of Ageing, 2015, 12(4)：273-283.

[25] 董玉萍，刘合林，齐君. 城市绿地与居民健康关系研究进展[J]. 国际城市规划，2020，5：70-79.

[26] 尹海伟，徐建刚. 上海公园空间可达性与公平性分析[J]. 城市发展研究，2009，16(06)：71-76.

[27] La Rosa D. Accessibility to greenspaces：GIS based indicators for sustainable planning in a dense urban context[J]. Ecological Indicators, 2014, 42：122-134.

[28] Triguero-Mas M, Dadvand P, Cirach M, et al. Natural outdoor environments and mental and physical health：Relationships and mechanisms[J]. Environment International, 2015, 77：35-41.

[29] Kuo F E. Coping with poverty - Impacts of environment and attention in the inner city[J]. Environment & Behavior, 2001, 33(1)：5-34.

[30] Rigolon A. A complex landscape of inequity in access to urban parks：A literature review[J]. Landscape and Urban Planning, 2016, 153：160-169.

[31] 沈娅男. 环境正义理念下上海中心城区公共绿地空间布局研究[D]. 上海：华东师范大学，2017.

[32] 干靓，杨伟光，王兰. 不同健康影响路径下的城市绿地空间特征[J]. 风景园林，2020，27(04)：95-100.

[33] 肖逸，戴斯竹，赵兵. 小尺度公园对于城市热岛效应的缓解作用——基于南京市中心城区社区公园的实证研究[J]. 景观设计学，2020，8(03)：26-43.

[34] Kemperman A, Timmermans H. Green spaces in the direct living environment and social contacts of the aging population[J]. Landscape and Urban Planning, 2014, 129：44-54.

[35] 杜伊，金云峰. 城市公共开放空间规划编制[J]. 住宅科技，2017，37(02)：8-14.

[36] Carrus G, Scopelliti M, Lafortezza R, et al. Go greener, feel better？The positive effects of biodiversity on the well-being of individuals visiting, urban and peri-urban green areas[J]. Landscape and Urban Planning, 2015, 134：

健康效益下城市绿地品质与日常生活空间研究

221-228.

[37] 陈筝, 孟钰. 面向公众健康的城市公园景观体验及游憩行为研究[J]. 风景园林, 2020, 27(09): 50-56.

[38] 金云峰, 高一凡, 沈洁. 绿地系统规划精细化调控——居民日常游憩型绿地布局研究[J]. 中国园林, 2018, 34(02): 112-115.

[39] 柯嘉, 金云峰. 适宜老年人需求的城市社区公园规划设计研究——以上海为例[J]. 广东园林, 2017, 39(05): 62-66.

作者简介

吴钰宾, 1996 年生, 女, 浙江, 同济大学建筑与城市规划学院景观学系在读硕士生, 研究方向为风景园林规划设计方法与技术。电子邮箱: 419394401@qq.com。

金云峰, 1961 年生, 男, 上海, 同济大学建筑与城市规划学院景观学系副系主任、教授、博士生导师, 研究方向为风景园林规划设计方法与技术、景观更新与公共空间、绿地系统与公园城市、自然保护地与文化旅游规划、中外园林与现代景观。电子邮箱: jinyf79@163.com。

钱翀, 1995 年生, 女, 浙江, 同济大学建筑与城市规划学院景观学系在读研究生, 研究方向为风景园林规划设计方法与技术、景观有机更新与开放空间公园绿地。电子邮箱: 476760860@qq.com。

基于网络评论的郊野公园景观旅游体验研究

Study on the Tourism Experience of Country Parks Based on Online Reviews

冯　珊　许瑶涵　邵　龙*

摘　要：郊野公园将美丽的自然风光引入城市，满足了现代旅游者们回归自然的迫切渴望，并为他们提供了一个休闲游憩的良好场所。而旅游体验作为旅游中的核心要素，是旅游者不同需求的直接体现。本文通过收集携程与马蜂窝旅游平台网络评论的文本及图像，运用内容分析法，借助软件 Rost Content Mining 6.0 和 NVivo 11 对郊野公园旅游者体验现状进行内容分析，并基于内容分析的研究结果提出建议，为郊野公园的整体发展提供科学的理论依据。

关键词：郊野公园；旅游体验；网络文本分析；图像分析

Abstract: the country park introduces the beautiful natural scenery into the city, meets the urgent desire of modern tourists to return to nature, and provides them with a good place for leisure and recreation. As a core element of modern tourism service, tourism experience is the direct and comprehensive embodiment of the needs of different groups of tourists. This paper collects the text and images of the online reviews of Ctrip and mahoneycomb tourism platforms, and uses content analysis method to analyze the current situation of tourists' experience in country parks with the help of software Rost Content Mining 6 and NVivo 11, and puts forward suggestions based on the research results of content analysis, so as to provide scientific theoretical basis for the overall development of country parks.

Key words: Country Park; Tourism Experience; Network Text Analysis; Image Analysis

1　概述

随着城市居民闲暇出游时间地不断增多，人们的出游观念发生改变，人们不仅局限在本地城市范围内的活动，再渴望回归自然。与城市公园相比，位于市区边缘的郊野公园具有较好的可达性，配套设施比较完善。既具有天然的为动植物提供栖息地的良好生态基础，又具有自然风光和人文资源，可以为旅游者们提供观光游览、教育科普和户外远足等活动的空间，已经逐渐发展成为旅游者们进行休闲娱乐活动的重要载体。

虽然我国郊野公园正在快速的建设、发展和完善，但迄今为止相比于国外郊野公园，我国尤其是内地郊野公园的建设仍处于较低的水平。相关科学研究成果虽然数量众多涉及面广，但对使用者的人性化关注仍不够重视。郊野公园自然风景资源丰富，但仅仅有资源是不够的，对旅游者而言，他们不再仅局限于传统的观光游览、休闲购物，旅游活动中的体验才是他们在旅游中最为核心的一个要素，他们更多地期待相对更具参与性的深度体验活动。为了让郊野公园更好地迎合游客的需求，本文运用内容分析法，通过抓取旅游者网络评论，借助分析软件 Rost Content Mining 6.0 和 NVivo 11 对采集到的网络文本和照片内容进行处理和分析，确定郊野公园旅游者体验现状和存在问题。

2　基础理论

2.1　相关概念界定

2.1.1　郊野公园

郊野公园起源于英国，20 世纪 60 年代开始传入我国香港，至 20 世纪末又由我国香港传入内地，在内地发展十九年后，全国多个主要城市都已经拥有自己的郊野公园。除了能满足旅游者们进行郊野旅游的需求之外，还在保护城市外围区域生态环境及自然资源方面也可以起着积极的作用。我国 2018 年出台的《城市绿地分类标准》CJJ/T 85 - 2017 中是这样定义郊野公园的：具有一定的规模且位于城市边缘地区，具备必要公共服务基础设施，以展现郊野自然风光及其景观为主，具有保护生态、亲近自然、展示科普等功能的园林绿地。

2.1.2　旅游体验

旅游体验指的是在旅游过程中，旅游者与外部的环境、资源等取得暂时性联系，借助于观赏、交互、消费等活动，使其心理获得变化的一个过程。旅游体验产生于其载体对旅游者感官产生的刺激，通过语言、语音、语调、表情、动作等方式表达。所有可以对旅游者感官造成刺激的物质都可以称为体验载体，本文中的体验载体指旅游中的景观要素。游客通过各种不同的体验载体最终获得综合体验。

2.1.3 网络评论

网络评论是指以互联网为媒介的网络用户自主撰写并发布的原创性内容，具体指在虚拟的互联网空间之中，写作、传输、阅读、评论并能形成交互的数据。本文所述中的网络评论，指以图文形式展现的旅游者对于旅游体验的网络评论。通常来讲，旅游者们普遍只会分享自己经历过的真实事件，在没有其他外在因素影响的情况下，不会有刻意夸大或美化的成分，相对而言能保证研究结果的真实性。

2.2 基础理论借鉴

2.2.1 视知觉理论

视知觉理论起源于格式塔心理学，应用于旅游体验中，就是旅游者们能感知到的事物永远比眼睛所能见到的东西大得多；任何一种事物，它的每一个构成部分都和其他部分相关联，每一部分因为它与其他部分具有关系而拥有其特性。由此构成的整体，并不取决于其单独的元素，而可以通过局部过程决定整体的内部特性。本文通过对视知觉理论基本概念的分析理解，可以看出体验的各个过程和要素之间是相辅相成、相互支撑的。归根结底，通过对视知觉基本原则的理解来解析以旅游者为主体的体验过程，就是将旅游者体验的过程和要素分解成以各部分之间最简化的相互关系来理解的过程。

2.2.2 4E 体验分析模型

4E 体验模型基于两个维度交叉构建形成 4 个坐标象限（图 1），在象限模型中，可以分别对各种体验进行定位，对体验的内容进行表达与描述。模型的横轴代表体验者的参与程度水平，而体验者与环境之间的关系体现在模型的纵轴上，受横纵两轴共同作用的影响，体验范围被分为 4 个坐标象限，代表不同的体验经历，共产生体验的4 种范式，即离开旅游者日常环境的逃遁体验、感受不同风光与文化的审美体验、享受交往与活动的娱乐体验和通过刺激获取精神的成长的教育体验。

图 1　4E 体验分析模型

3 研究过程

本节基于相关基础研究和旅游者体验调研获取的相关数据，对研究方法、过程和分析内容进行了系统化的设计。制定研究方案后依据研究流程，确定数据获取网站、进行案例地的选择和网络评论的抓取，得到原始数据，即文本和图像。在对原始数据进行清洗后，借助 ROST CM6.0 和 NVivo 11 软件对清洗后的研究基础数据进行数理化分析。输出结果后，对分析结果进行整理和归纳，明确郊野公园旅游者体验现状存在的问题。

3.1 网络文本与图像数据来源与处理

3.1.1 确定设计方案和主要操作方法

随着互联网的普及，越来越多的旅游者将旅游过程中的感知和评价分享到互联网中，本文中首先确认数据获取的网站，选择 4 个郊野公园作为案例地，之后利用网络爬虫技术对网络文本与图像进行收集。收集数据后再对数据进行预处理，并利用网络文本分析技术和图像编码技术对网络文本与图像进行细致剖析。

3.1.2 数据案例地选择与介绍

当前有关旅游的网站数量众多、参差不齐。通过对携程、去哪儿网、飞猪、途牛、马蜂窝等各大网站进行了解并结合本文研究对象，最终确定了携程（http：//www.ctrip.com/）、马蜂窝（http：//www.mafengwo.cn/）两个网站作为本文样本数据的来源网站。在所选网站携程和马蜂窝的平台上对所有郊野公园的数据量进行对比，按照中国七大地理区位划分每区选取一个数据时间跨度超过 3 年、网络文本数量最高且全部数量高于 100 条的郊野公园，确定 4 个郊野公园作为网络文本的案例地（表 1）。

案例列表			表 1
地理区划	城市名	郊野公园名	文本数	最早数据时间
华东地区	上海市	浦江郊野公园	533	2017 年
华南地区	深圳市	塘朗山郊野公园	287	2014 年
华北地区	北京市	南海子郊野公园	681	2014 年
西南地区	昆明市	昆明郊野公园	181	2011 年

3.1.3 网络数据抓取与预处理

（1）图像数据抓取结果

游记中一共得到 2389 张照片，删除重复、无法辨认以及旅游者自拍的照片，保留 2217 张照片，其中浦江郊野公园有效照片 1026 张、塘朗山郊野公园 136 张，南海子郊野公园 976 张、昆明郊野公园 79 张。

（2）文本数据抓取结果

在了解旅游相关网站的各大特色确定了样本数据来源后，分别到携程网和马蜂窝中搜索各郊野公园，利用八爪鱼爬虫软件对评论和游记进行抓取。整理后，携程网数据 1069 条，马蜂窝数据 613 条，共获得网络文本 1682 篇，总计字数 138843 字。对这些数据进行筛选和"清洗"（表 2）。

取大量完整详细的资料。

3.2 郊野公园旅游者体验分析

3.2.1 郊野公园体验主题特征分析

清洗后数据分布表　　　　表 2

	携程网		马蜂窝	
	网络文本数	字数	网络文本数	字数
浦江郊野公园	342	36677	165	20066
塘朗山郊野公园	111	6387	134	9579
南海子郊野公园	454	29056	175	12959

综上所述，这些数据来源于旅游者自发运用文字和图像记录旅游过程，表达对旅游地点的感受与想法的网络评论，且数据量比较可观。虽然相对于体验发生的时间来说，网络评论的发表具有一定的延迟性，但是能在旅游活动结束后被旅游者最终保留在记忆中的，一定是在旅游体验中让旅游者们感受最深的内容，同时网络评论与调查或访问不同，获取相对比较容易，并且可以一次性获

主题特征就是用简练的词语和句子，将复杂的信息转译成较容易被旅游者们理解和接受的内容。在这一节将运用高频词分析，对郊野公园旅游的体验内容进行提取和归纳后，得到郊野公园旅游体验特征，以便进行后续的分析和研究。得到清洗后的网络文本，将文本导入 ROST CM6.0 软件，进行分词并运用高频词分析模块，筛选出网络文本前 100 的高频特征词（表 3）。词频可以反映词语在整篇文本中体现出来的重要程度，通常词语统计频数出现得越高，说明旅游者对该词的感知就越强。给旅游者留下较深印象的事物或场景往往较多被提及，词语出现的频次越高，反映该事物或场景的体验对于旅游者越突出。

郊野公园网络评论中前 100 高频词汇表　　　　表 3

高频词	频数	排序	高频词	频数	排序	高频词	频数	排序	高频词	频数	排序
免费	237	1	天气	55	26	盛开	36	51	秋天	28	76
生态	192	2	景观	55	27	美丽	36	52	稻田	28	77
停车场	185	3	设施	51	28	梅林	36	53	栈道	27	78
湿地	154	4	特色	50	29	历史	36	54	鲜花	27	79
景色	149	5	收费	50	30	季节	36	55	散步	27	80
面积	138	6	交通	50	31	优美	35	56	休息	26	81
环境	136	7	水库	49	32	水面	35	57	朋友	26	82
门票	121	8	清新	49	33	景区	35	58	儿童	26	83
休闲	115	9	动物	49	34	漫步	34	59	电瓶车	26	84
森林	115	10	地铁	49	35	郊游	34	60	自行车	25	85
风景	111	11	登山	48	36	步道	34	61	种植	25	86
空气	105	12	树木	47	37	游览	33	62	水上	25	87
周末	97	13	露营	47	38	健身	33	63	花园	25	88
麋鹿	92	14	划船	47	39	荷花	33	64	大自然	25	89
漂亮	88	15	分钟	47	40	风光	33	65	桃花	24	90
孩子	83	16	银杏	46	41	野趣	32	66	芦苇	24	91
自然	73	17	烧烤	46	42	路线	31	67	花草	24	92
郊野	72	18	徒步	45	43	湖边	30	68	太阳	23	93
公路	70	19	爬山	45	44	阳光	29	69	跑步	23	94
拍照	69	20	步行	45	45	狩猎	29	70	孔雀	23	95
植物	67	21	锻炼	42	46	山顶	29	71	放松	23	96
景点	65	22	小朋友	41	47	开车	29	72	晚上	22	97
帐篷	60	23	春天	41	48	花展	29	73	建筑	22	98
文化	58	24	野餐	38	49	保护	29	74	湖面	22	99
游玩	55	25	城堡	37	50	下午	28	75	公交	22	100

笔者认为主题特征的归纳总结需要考虑的因素有两项，一是旅游资源，二是旅游者需求。分别从旅游资源和旅游者需求分析，提取郊野公园体验高频词中的共性特征。高频词表中前 10 个词分别为"免费、生态、停车场、

湿地、景色、面积、环境、门票、休闲、森林、风景、空气"。通过这 10 个词可以概括出郊野公园旅游者最为关注的几个方面，首先是"生态、湿地、森林"体现了郊野公园的建设要依托郊外的自然地貌和优越的生态资源；"景

色、面积、环境、森林、风景、空气、休闲"表现郊野公园旅游者来此的需求；而"免费、停车场、门票"则体现旅游者对人性化设施和管理的关注。

针对高频词表前 100 个词为例进行词性分析，这些词中主要有名词、动词和形容词。其中名词占 65%，包括景观资源和基础设施等。景观资源如"湿地、森林、麋鹿、郊野、植物、天气"等显示旅游者对于郊野公园旅游资源的认知是"自然生态，而且拥有特色"，可以作为代表郊野公园的特征进行重点保护和发掘；基础设施如"停车场、公路、设施、交通"等体现出旅游者对旅游中出行距离和时间的关注。动词占比 26%，其中的"拍照、登山、露营、烧烤、健身、狩猎、种植"等，反映出旅游者在旅游过程中多元化的活动内容，体现出郊野公园是可以与同行的人进行多元化活动的场所；而"开车"体现旅游者的出行方式。形容词占比 9%，有"漂亮、清新、美丽、优美、野趣"等，体现郊野公园及其景观资源给旅游者们带来的感受，大多是积极和正面的。

综上所述，郊野公园的主题特征可以归纳为：生态环境良好，自然地形地貌和野生动植物群落丰富，能够营造自然的生物栖息地，实现一定程度的生态效益和生态特征；有着独特的自然山水格局、郊野风貌和人文景观，具有一定的交通可达性，同时具备休闲游览、功能娱乐以及科普教育的条件与场所的景观特征；以及包括了旅游者的食宿、购买旅游产品等确保旅游活动正常进行的条件，为人们进行各种旅游活动提供基础功能。

3.2.2 郊野公园体验场景设置分析

为进一步挖掘词语之间的语义关联性和指向性，文本借助 ROST CM6.0 软件的语义网络功能，将游客对于郊野公园主题特征的感性认知与体验场景联系起来。整个语义网络图以"郊野公园"为中心，"生态""景观"以及由"免费""门票"基础功能为重要节点，形成"郊野公园—体验主题—旅游场景"为中心的网络图关系链（图2）。

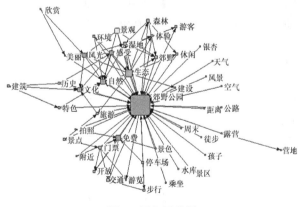

图 2　语义网络图

基于语义网络图对高频词进行分类提炼。首先，将高频词表中的高频词分别划分到生态、景观、基础功能等体验场景当中。同时结合图像分析，通过图片的三层级编码共得出 22 个三级节点、7 个二级节点及 3 大核心节点。进一步展示生态、景观、基础功能及其二级节点的频数与照片示例（表4）。

	节点及图片示例展示	表 4
一级节点	二级节点及图片示例	频数
生态	天相	161
	地景	1023
	动物	67
景观	自然景观	1218
	人文景观	432

一级节点	二级节点及图片示例	频数
基础功能	娱乐功能	11
	服务功能	29

3.2.3 郊野公园体验元素构成分析

景观物质元素即能构成景观的物质个体成分，传统的景观元素分为5类，即道路、地形、植物、水体和构筑物。从图像分析的角度，按照传统景观元素对照片进行重新编码，经过两次开放式编码，再随机选取照片进行理论饱和检验，没有出现新的自由节点，理论上自由节点已饱和，最终5大元素一共生成12个二级节点，16个三级节点（表5）。

3.3 郊野公园旅游者体验现状问题总结

通过上两节的分析，已经将旅游者的体验分解为主题特征、场景设置和元素构成3个部分。在网络文本中，旅游者会通过拥有明确情感态度的词，描述他们对旅游的体验，利用ROST CM6.0中的情感分析模块，可以将旅游者评论中反映的情绪分为积极、中性和消极3个等级。将消极情绪文本与体验的主题特征、场景设置和元素构成3个部分结合在一起，就能总结归纳出郊野公园旅游者体验现状所存在的问题。

郊野公园体验元素构成表 表5

一级因子	二级因子	三级因子
A 道路	AA 平地型游步道	AA1 观景游步道、AA2 健身游步道、AA7 远足游步道、AA8 综合游步道
	AB 台阶型游步道	AB1 观景游步道、AB7 远足游步道
	AC 爬梯型游步道	AC4 探险游步道、AC7 远足游步道
	AD 栈桥型游步道	AD1 观景游步道
B 地形	BA 平坦地形	
	BB 凹地形	
	BC 凸地形	
	BD 微地形	
C 水体	CA 观赏	CA1 河、CA2 湖、CA3 瀑
	CB 娱乐	CB1 划船
D 动植物	DA 动物	DA1 飞禽、DA2 走兽
	DB 植物	DB1 草本、DB2 灌木、DB3 乔木、DB4 真菌、DB5 水生植物
E 构筑物	EA 建筑	
	EB 桥梁	
	EC 景观小品	
	ED 标识牌	

首先对网络文本进行情感分析，将旅游者体验用文本导入，得出情感分布统计表，其中积极情绪（情绪强度5至$+\infty$）共1205条，中性情绪（情绪强度-5至5）23条，消极情绪（情绪强度$-\infty$至5）616条（表6）。

情感词汇分布统计表 表6

名称	积极情绪	中性情绪	消极情绪	发言总数
汇总	1025条	23条	616条	1664条
占比（%）	65.35	1.25	33.41	100

从表6分析结果可以表明，总体来看旅游者对郊野公园的旅游体验以肯定为主，旅游者的积极情感高于消极情感，但旅游者评价中的消极情绪的存在会给郊野公园提供一定的参考和借鉴，故对消极情绪文本进行整理，以便进行后续的研究。

3.3.1 郊野公园的主题特征问题总结

郊野公园的主题特征可以归纳为生态、景观、基础功能3个方面。结合郊野公园旅游体验消极情绪文本，进行归纳总结，可以得出郊野公园的主题特征层面存在的问题有：

（1）生态资源保护意识欠缺

郊野公园作为城市边缘地区绿地的一个重要组成部分，是以对原始生态环境进行保护为初衷的，并在这个基础上，对自然资源进行培育和修复，改善区域环境。对旅游者消极情绪文本中的内容进行查找，可得出"专程来不值得，周边环境特别脏"的表述，由此可见郊野公园建设缺乏科学系统地开发、完善的保护措施和管理规定，不仅无法对区域的自然资源进行保护，反而会导致生态环境恶化。

（2）景观同质化

根据旅游者消极情绪文本中对于景观资源的描写，可得出"园子很大的，有湖有荷花，有动物，但整体比较简陋"的表述。由此可见现阶段的郊野公园缺少对公园范围内自然资源与人文资源的整合，郊野公园的风格也与城市公园大同小异，虽然具有自然性和郊野性，但景观单一化、同质性现象严重，没有体现郊野公园特点和特色。

（3）功能需求缺失

从旅游者需求层面讲，旅游者负面情绪文本中的"体验不佳，景色一般，可玩性低，性价比低"等评价，体现郊野公园休闲游览景观特征的缺失和功能娱乐不足两方面，导致旅游者郊野需求无法被满足。

3.3.2 郊野公园的场景设置问题总结

综合"郊野公园体验场景设置分析"和"郊野公园旅游体验消极情绪文本"郊野公园的场景设置存在自然景观同质化的现象，缺乏特色及人文景观，也缺乏原真性；娱乐活动类型单一；虽设有餐饮服务设施，但自助的餐饮方式更受青睐；缺少居住类服务建筑；景区管理不当，旅游者在非露营区的区域露营；缺乏对于旅游纪念品的开发，致使旅游商品缺乏等问题。旅游者前往郊野公园展开旅游活动的原因，普遍是希望郊野公园能够给他们提供不同于日常生活的体验。故郊野公园的场景设置应该突出其特色，例如野营、野餐的形式，避免出现与生活中类似的场景。

3.3.3 郊野公园的景观元素问题总结

由上文分析可知，郊野公园景观元素依照传统景观元素分类分为5类，即道路、地形、植物、水体和构筑物。通过对现有景观元素构成的分析，可得出郊野公园现有景观元素存在问题如下。

（1）道路：郊野公园中常见的游步道有观景游步道、健身游步道、探险游步道、远足游步道和综合性游步道。相对国外建设较为成熟的郊野公园，国内郊野公园对游步道系统的特色设置重视不足，很少将道路结合资源、活动进行规划。

（2）地形：现阶段郊野公园的地形并没有被充分开发和利用。多数只是在原有地形上进行种植或开设道路，并没有将地形与其他元素或活动相结合，且微地形方面的设计很少。

（3）水体：现阶段郊野公园内对水体的开发多是依托其优美的自然风光进行观赏或是开展简单的活动，如划船等，未对水体元素进行深层次的开发；同时由于旅游者的存在和活动，对水体造成了污染。

（4）植物：郊野公园多建立在自然景观资源丰富的城市边缘地带，其植物结构受人为干扰度较低。郊野公园现阶段存在的主要问题有两点，一是群落结构层次不完整，较多的缺少灌木层；二是和季相变化特色缺乏，从旅游者游览的周期来看，大部分旅游者多会选择春季或秋季前往郊野公园，说明夏冬两季没有突出较明显的季相特征，较为单调。

（5）构筑物：郊野公园内的构筑物按照其用途可以分为游览类构筑物和服务类构筑物。在案例郊野公园中游览构筑物，如游览建筑、景观小品等普遍可以与周围环境协调且具有特色；而服务类构筑物存在较多的问题，首先是游览指引牌、路灯等设施少之又少；基础设施建筑，如卫生间、餐饮服务设施等不足；同时同质化严重，缺乏郊野公园特色。

4 结论与建议

本文抓取旅游目的地郊野公园在携程、马蜂窝等网络中的游记和在线点评，对共计1682条数据，138843字的网络文本，借助ROST CM 6软件分析旅游者对郊野公园的主题特征、场景设置和景观元素的评价，同时对共计2217张照片进行编码，提炼基于照片内容的郊野公园旅游体验，并将文字与图像进行对比分析。综上所述，郊野公园的属性决定其应以生态为主体，需要维护其生态系统平衡和生物多样性。并在在不破坏区域生态环境的基础上，实现保护与开发的合理协调可持续利用，突出生态主题，注重营造富有"野趣"的景观。同时，其景观元素需要充分利用原有水体、动植物、地形地势等，尊重原生态的自然环境，减少人工痕迹，让旅游者充分体验自然之美。

参考文献

[1] 邹统钎，吴丽云. 旅游体验的本质、类型与塑造原则[J]. 旅游科学，2003(04)：7-10.
[2] 姚恩民，田国行. 国内外郊野公园规划案例比较及展望[J]. 城市观察，2016(1)：125-134.
[3] 卢盼盼，冯珊，邵龙. 城市公园旅游资源开发综合评价体系研究[J]. 山西建筑，2018，044(024)：225-226.
[4] 王志芳，赵稼楠，彭瑶瑶，等. 广州市公园对比评价研究——基于社交媒体数据的文本分析[J]. 风景园林，2019(8).

作者简介

冯珊，女，汉族，1963年4月，黑龙江哈尔滨，工学博士学位，哈尔滨工业大学建筑学院，副教授、硕士生导师，研究方向有寒地景观规划设计研究、旅游景观设计研究及景观教育研究。

许瑶涵，女，锡伯族，1994年12月，哈尔滨工业大学建筑学院在读研究生。

邵龙，男，汉族，1962年1月，黑龙江哈尔滨，工学博士学位，哈尔滨工业大学建筑学院，教授、博士生导师，研究方向有工业遗产的保护与利用、现代景观理论、城市历史景观。

公园城市理念下的区域绿色空间规划探索

——以北京市房山区为例

Regional Green Space Planning under the Concept of Park City：

A Case Study of Fangshan District in Beijing

张峻珩

摘　要：公园城市理念强调城市发展要突出生态价值，体现了全域统筹的整体性世界观、两山并举的辩证性发展观、立足人本的人民性价值观，对规划实践提出了新的要求。本文结合对公园城市理念的思考，以《房山分区规划（国土空间规划）（2017—2035 年）》编制中的相关研究为例，探讨和总结了将公园城市理念应用于区域绿色空间规划的研究要点和规划策略。

关键词：公园城市；房山区；房山分区规划；绿色空间；绿地系统

Abstract：The concept of Park City highlights the ecological value of urban development, embodies the holistic world outlook of overall planning, the dialectical development concept of developing two mountains at the same time, and the people-oriented values based on people-oriented, which puts forward new requirements for planning practice. Based on the interpretation of the concept of Park City, this paper discusses and summarizes the research points and planning strategies of applying Park City concept to regional green space planning by taking the relevant research in Fangshan District Planning (land and space planning) (2017-2035) as an example.

Key words：Park City; Fangshan District; Fangshan District Planning; Green Space; Green Space System

引言

2017 年，北京城市总体规划确立了"四个中心"的城市定位和"建设国际一流的和谐宜居之都"的发展目标；同年，党的十九大指出，我国社会的主要矛盾发生转变，社会发展更加关注人民对美好生活的向往。

在这样的背景下，为落实总体规划目标，北京市各分区开始组织编制分区规划，并探索新时代的发展路径。根据总体规划要求，房山区是承接北京中心城区适宜功能和人口疏解的主要地区，未来将以科技创新推动区域转型发展。分区规划的编制将引领房山区进入高质量发展的新阶段，这既对房山区绿色空间规划提出了新的要求，也是房山区借助公园城市理念进行转型发展的契机。

1 分区规划中的公园城市理念

1.1 全域统筹的整体性世界观

公园城市理念是对生态文明生命共同体思想的延展，融入生态整体规划思路，引导城市发展视野从建成区内地块扩大到全域的国土空间要素，通过跨领域研究构建新型三生空间格局。这种整体性的发展模式在房山区有更好的体现，房山区是北京仅有的两个兼有生态涵养区与平原新城的行政区之一，它既是首都的生态屏障与生态休闲区，也是促进京津冀协同发展的重要战略门

户。房山区内有山区、浅山区、平原区，有丰富的山水林田湖草资源，更是世界级的地质公园所在地。区内各类生态空间交织并存，整体呈现出人与自然共融共生的大环境，更需要以公园城市的理念进行统筹全局的规划和发展。

1.2 两山并举的辩证性发展观

公园城市不是简单地将城市公园集合起来，而是将区域内的全部生态环境视作城市的绿色基础设施，使得生产、生活、生态空间形成融合相宜的复合系统。在公园城市理念的指引下，城与绿的城市图底关系互换，整个城市就像是嵌在一个大公园里。从而引领城市发展模式的转变，使城市建设既强调高品质的产业模式转型，也挖掘自然环境的生态价值出路。两山论所体现的生态文明发展观具有明显的辩证性特征，通过对产业与生态的统筹并举，房山分区规划力图谋求人与自然的双赢发展。

1.3 立足人本的人民性价值观

公园城市理念是新型城镇化发展的时代产物，也是带动城市价值转向的风向标，引领城市发展由增量向提质转型。在党的十九大报告中，"以人民为中心"代替"以经济建设为中心"成为新时代发展的立足点，人民对宜居城市生活的向往，为城市发展指出了新的评判标准。房山分区规划从多个角度落实公园城市理念，通过对高品质绿色空间的营造，构建以人为本的宜居城市环境。

2 公园城市理念下的区域绿色空间研究要点

2.1 坚持问题导向，多维度挖掘绿色空间特征

房山区位于北京西南部，地处华北平原与太行山交界地带，其绿色空间研究重点主要在于自然生态、游憩体系和城市环境3个方面。基于以上对公园城市理念的理解，从整体性、辩证性和人民性多维度重新审视房山区的绿色空间，进而提取绿色空间规划中的重点关注问题。

在自然生态方面，房山西承太行余脉，东抵永定水滨，拥有山区、浅山区、平原区三种地貌特征，并集喀斯特、溶洞、峡谷、湿地等地貌特征于一体，山水格局优势明显。全区面积的88%位于北京绿色空间结构中，生态环境质量居于全市第6（图1），具有重要的生态责任。

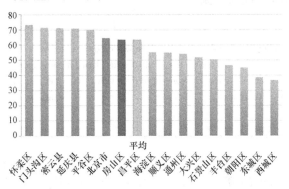

图1　2016年北京市及各区县生态环境质量指数

在游憩体系方面，房山的绿色空间承载了深厚的文化内涵，如周口店猿人遗址、琉璃河燕都遗址、金陵十字寺、云居寺等文旅资源，都是发展房山绿色游憩体系的核心节点。此外，房山区古塔云集，共有唐代至今古塔108座，约占北京地区古塔数量的半数以上，素有"房山古塔冠京师"之誉；房山区也拥有众多运输、朝拜、通商、战争等功能的古道，历史上曾形成贯通山区、浅山区、平原区的交通网络。

在城市环境方面，房山区自金代建城后，一直以双城模式发展至今，未来将形成由良乡、燕房、窦店3个组团共同构成的房山新城。规划后的房山新城被山水环抱，山水与城市的关系体现了人与自然和谐相处的东方意蕴，这种看山望水的山水格局从西周时代的燕都一直传承到今日北京城（图2）。

2.2 坚持结果导向，全要素构建绿色空间格局

房山区拥有优质的山水本底、多元的文化瑰宝、理想的人居格局，绿色空间规划应统筹考虑房山的绿色空间特征，提炼具有指导性的绿色空间规划结构。分区规划以"两山四水，三带三团、多园成网"为主体框架，构建具有房山特色的绿色空间体系。两山为大安山、大房山两条主要山脉，孕育了独特的地质风貌与人文底蕴，是生态保育、生态屏障的关键区域；四水为永定河、拒马河、大石河、小清河四条主要水系，塑造了山水环绕、伴水而居的

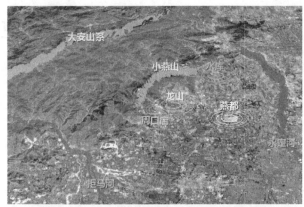

图2　房山山水格局与北京山水格局示意图

生存环境，是生态涵养、水文调蓄的关键区域；三带为三条游憩文化绿带，是支撑北京绿色空间格局、串联多级多类公园绿地、防止建设用地蔓延的重要生态廊道；三团为三个绿色新城组团，是提供绿色游憩空间、改善环境品质的重要空间；多园为多个公园景观绿地，包括风景名胜区、郊野公园、森林公园、湿地公园、地质公园等自然公园体系；成网指四横五纵的区域绿色廊道网络，包括山体廊道、水系廊道和林地廊道。

规划后的房山区兼顾"平原新城"和"生态涵养区"的职责，成为守护自然山水的山水之城、激活城市发展的公园之城、享受宜居环境的宜居之城。人们依山而栖、伴水而居，感受古韵山川，享受宜居新城。"两山四水"的绿色空间结构既是统领绿色发展的指导性原则，也是直接融入分区规划总体空间结构规划的重要绿色支撑，将对实践公园城市理念起到纲举目张的作用。

2.3 坚持目标导向，精细化发展绿色指标体系

从自然的生态需求、城市的生产需求、人的生活需求出发，构建"三个房山"的规划策略集合，并精细化设置绿色指标，引导房山绿色空间发展。其一为山水房山，通过梳理区域生态体系，统筹山水林田湖草，再现城市与山水的对话，相应指标包括森林覆盖率、滨河绿地连通率等。其二为公园房山，通过建立区域游憩体系，打通国家公园、自然公园、城市公园、村镇公园与绿道系统，实现城市与公园的交织，相应指标包括人均公园绿地面积、公园绿地500m服务半径覆盖率、每万儿童拥有儿童公园指数等。其三为宜居房山，通过发展绿色创新理念，重点关

注城市发展的品质化、安全化、全龄化、职业化，展现城市与生命的和谐，相应指标包括林荫道推广率、立体绿化推广率、绿地避难覆盖率、全龄公园设施推广率等。

3 房山绿色空间规划策略

3.1 区域生态体系建设：山水房山

3.1.1 引山入城，改善山与城的空间关系

通过规划自然公园形成自然缓冲带，强化山区生态屏障作用，修复山体与城市边界，重塑山城相依的城市格局。梳理观山廊道，建立城市眺望系统，重点识别大房山与大安山的山体天际线，塑造具有地方特色的城市轮廓。

3.1.2 恢复水系，营造丰富的滨水绿地空间

针对房山区的4条主要水系及其支流，依据滨河绿地的特征划分为3类特征河流。山区河流注重生态保护与水源涵养，城市河流注重河岸恢复与活力营造，郊野河流注重林田格局的优化与滨河湿地的恢复。

3.1.3 优化林地结构，提升森林覆盖率

房山区平原林地较少，山区林地以灌木林为主，森林呈斑块状点缀。针对平原与山区的不同特征，采取对应提升策略构建区域森林网络，以森林用地渗透非森林用地，推进百万亩造林工程，坚守生态涵养使命。平原地区优先完善河流与道路的防护林地，增加林地结构的连续性；山区造林主要以灌木林改造提升为主，通过筛选日照条件、实施便捷性、自然基础、群落条件，确保造林工程的合理性。

3.2 区域游憩体系建设：公园房山

3.2.1 联动国家公园建设，形成首都西南部的世界级游憩格局

协同京津冀发展，强化跨区域公园体系建设，优化首都西南部绿色生态结构。以房山世界地质公园作为重要支点，以京津冀生态过渡带建设为突破口，共同规划建设一批环首都国家公园、森林公园和湿地公园，率先开展环首都国家公园联合建设试点。

3.2.2 建立自然公园体系，突显特色活力主题

结合房山区自然文化特色与城市发展机遇，以自然公园体系为空间载体，有主题、有特色地营造出具有房山特征的3条文化绿带。山水文化绿带位于浅山区及拒马河范围，打造山原交错区特色走廊，重塑山前古道、畿辅襟喉的繁荣景象；城市文化绿带位于大石河与京港澳高速绿楔范围，保护与利用青龙湖、大石河、窦店组团的湿地资源，恢复水脉连通的房山湿地历史环境；生态文化绿带位于永定河与小清河绿楔范围，属于西山永定河文化带下游区域，突出永定河平原段的自然特色。

3.2.3 完善城市公园结构，实现各具组团特色的城绿交织布局

以新城三组团作为规划重点，完善建成区内的绿地系统，以综合公园和社区公园作为主要控制要素，以专类公园作为体系特色，推进房山新城的公园绿地建设，营造多元活力的城市绿色空间。通过明确良乡组团"一心两环"、燕房组团"半山两脉"、窦店组团"一轴多园"的组团内绿色空间结构，有效指导城市绿地的系统性建设，通过控点、连环、优路、营水、织绿5个途径，提升现有绿地结构完整性，形成多层级的城市公园体系。

3.2.4 引导村镇公园发展，保护村镇绿色空间特色

村镇的绿色空间主要依托于其所处的地貌区域，山区村镇突出建成区与山体、河流的安全关系，建设山体防护林与滨水林地；平原村镇突出河道与农田防护林地建设，保护房山平原地区的湿地环境；浅山区村镇兼顾山区村镇与平原村镇的特征与措施。

3.2.5 优化绿道网络，引导绿道系统均布完善

基于房山区原有绿道网络规划，针对房山新城三组团特征，完善绿道网络体系，新增市级绿道与区级绿道，重塑山区古道，补充绿道对窦店组团的带动作用，并强化三组团之间的绿道联系，串联新规划的重要绿地空间，整体上优化房山区的绿道网络。

3.3 城市绿地体系建设：宜居房山

3.3.1 提升绿地环境品质，提高出行舒适度

倡导绿地植物的近自然化改造与建设，引种乡土植物、保留野花野草、丰富植物物种多样性，打造可持续的城市森林。整合小型绿地斑块，提升绿地规模，形成与郊区自然下垫面的温度相当的低温区域，减轻城市热岛效应。提升道路林荫覆盖率，优化慢行出行体验。

3.3.2 推广海绵城市与应急避难场所建设，保障城市公共安全

推广和布局海绵型公园绿地，充分发挥城市绿地、道路、水系等对雨水的吸纳、蓄渗和缓释作用，辅助防治洪涝灾害。强化绿地应急避难场所功能，提升应对灾害能力，现有公园针对避难要求进行提升改造，新规划公园提供完善的避难服务职能。

3.3.3 普及城市公园全龄与智慧设施，提升城市友好程度

满足儿童在安全性、趣味性和舒适方面的特定需求，营造活泼的场地氛围和舒适的场地气候；满足老年人对安全感、舒适度和归属感的特定需求，提高绿地康养能力。强化绿地信息管理系统，建立智慧生态监测预警系统、智慧公园系统、公园惠民系统等智慧服务平台，并将数字技术与遗址公园建设相结合，展现房山文化魅力。

3.3.4 打造特色绿色空间，服务新城高教创新人群

基于现有高教园区，房山产业发展将转向高端创新领域，并引入研究型人才。绿化空间宜增大绿地规模，重点营造安静的游憩环境，并集中布置开敞空间，促进高知人群交流。

4 结语

公园城市理念是当前城市发展的新思路，它既体现了国土空间规划的全域统筹趋势，还反映出生态文明建设的"两山论"辩证思想，也顺应了新型城镇化立足人本的品质化发展需求。在房山分区规划中应用公园城市理念，其根本使命是守护山水林田湖草的生命共同体，主要途径是构建多层级的公园与游憩体系，最终目标是创造以人为本的宜居生活环境。而针对不同城市区域的绿色空间条件，应因地制宜进行规划研究，通过深度挖掘特征，精准构建格局，灵活发展指标，从而制定有针对性和可行性的规划策略，将公园城市理念有效贯彻到区域绿色空间规划中。

参考文献

[1] 赖泓宇，金云峰. 公园城市理念下城市绿地系统游憩空间格局研究探讨[A]. 中国风景园林学会. 中国风景园林学会 2019 年会论文集(下册)[C]. 中国风景园林学会：中国风景园林学会，2019，1.

[2] 郭川辉，傅红. 从公园规划到成都公园城市规划初探[J]. 现代园艺，2019(11)：100-102.

[3] 刘滨谊. 公园城市研究与建设方法论[J]. 中国园林，2018，34(10)：10-15.

[4] 李铁. 公园城市的发展方向[N]. 北京日报，2019-05-20(014).

[5] 吴岩，王忠杰，束晨阳，刘冬梅，郝钰. "公园城市"的理念内涵和实践路径研究[J]. 中国园林，2018，34(10)：30-33.

[6] 苏其圣. 基于公园城市理念下绿空间规划探索——以百色市中心城区绿地系统专项规划为例[A]. 中国城市规划学会，重庆市人民政府. 活力城乡美好人居——2019 中国城市规划年会论文集(08 城市生态规划)[C]. 中国城市规划学会，重庆市人民政府：中国城市规划学会，2019，10.

[7] 杨春. 生态涵养地区高质量发展的规划应对与创新——以北京市生态涵养区五区分区规划编制工作为例[A]. 中国城市规划学会，重庆市人民政府. 活力城乡美好人居——2019 中国城市规划年会论文集(11 总体规划)[C]. 中国城市规划学会，重庆市人民政府：中国城市规划学会，2019，14.

[8] 李秀伟，路林，陈骁，屈永超. 北京分区规划的创新与探索——通州区的实践[A]. 中国城市规划学会，杭州市人民政府. 共享与品质——2018 中国城市规划年会论文集(11 城市总体规划)[C]. 中国城市规划学会，杭州市人民政府：中国城市规划学会，2018，8.

[9] 曹娜，白劲宇. 从"两图合一"到"多规合一"——北京市空间规划编制的探索与思考[A]. 中国城市规划学会，杭州市人民政府. 共享与品质——2018 中国城市规划年会论文集(11 城市总体规划)[C]. 中国城市规划学会，杭州市人民政府：中国城市规划学会，2018，7.

[10] 刘加维，郑洁，刘静波. 基于公园城市理念的绿地系统规划——以资阳市临空区绿地系统规划为例[J]. 福建建筑，2020(05)：30-35.

[11] 金云峰，周艳，周晓霞. 基于国土空间总规专项详规传导的市县级绿地系统专项规划编制研究[J]. 园林，2020(07)：20-25.

作者简介

张峻珩，1988 年生，男，汉族，河北，硕士，北京清华同衡规划设计研究院有限公司，所长助理，研究方向为风景园林规划。电子邮箱：junh28@qq.com。

基于文化遗产保护下的裕固族聚落乡土景观特征解析

——以大草滩村为例①

Analysis of Local Landscape Characteristics of Yugur Settlement Based on the Protection of Cultural Heritage：

Take Da Caotan as an Example

张　琪　崔文河

摘　要：裕固族是少数民族，自古回鹘时期起，就过着逐水草而居的游牧生活，经过多次迁徙与融合之后，其人居环境经历了由帐篷游牧向聚落定居的演变过程，形成了与众不同的乡土文化景观。其独具特色的民族村落是中华民族不可再生的文化遗产，蕴含着民族珍贵的历史记忆与生存智慧。展开区域乡土景观特征的研究，对于该民族聚落的人居环境建设方面具有重要的理论与指导意义。选取该民族典型村落大草滩为研究对象，通过田野调查的方法，解析裕固族聚落的演变历程、生成背景及不同尺度下聚落的景观格局、空间形态与建筑特征，同时汲取聚落蕴含的传统营建智慧及民间民俗文化，以期为保护与活化少数民族文化遗产、促进当地人居环境的可持续发展提供学术参考。

关键词：裕固族聚落；乡土景观；生态智慧；文化遗产

Abstract：Yugur is a very small population minority. Since the ancient Uighur period, they have lived a nomadic life of living by water and grass. After many times of migration and integration, their living environment has experienced the evolution process from tent nomadism to settlement settlement, forming a distinctive local cultural landscape. Its unique ethnic village is a non renewable cultural heritage of the Chinese nation, which contains precious historical memory and survival wisdom of the nation. The research on the characteristics of regional local landscape has important theoretical and guiding significance for the construction of the living environment of the ethnic settlements. Taking Dacaotan village as the research object, this paper analyzes the evolution process, generation background, landscape pattern, spatial form and architectural characteristics of Yugur settlement in different scales through field investigation. Meanwhile, it draws on the wisdom of traditional construction and folk culture contained in the settlement, so as to protect and activate the cultural heritage of ethnic minorities and promote the local people The sustainable development of living environment provides academic reference.

Key words：Yugur Settlement；Local Landscape；Ecological Wisdom；Cultural Heritage

引言

　　"乡土景观"是人居环境学科中的重要话题，相关研究大致可分为农业农田景观研究及乡村聚落景观研究[1]。我国是一个多民族国家，少数民族聚落因其独特的自然环境及人文环境造就了独具特色的地域性乡土景观，是重要的文化景观资源。裕固族是我国56个民族之一，全国仅有1.4万多人，主要集中居住在河西走廊中部祁连山北麓的狭长地带，该地区草原辽阔，是裕固族人民从事畜牧业的天然牧场。近80%的裕固族人民聚居在张掖市肃南裕固族自治县境内的康乐乡、大河乡、明花乡、皇城镇及红湾寺镇，其余主要居住在酒泉市肃州区的黄泥堡裕固族乡。

　　经过多次民族迁徙与融合之后，在古代突厥——蒙古文化的传统基础上，又受到藏传佛教文化、中原汉文化等的影响[2]，裕固族形成了特色鲜明、风格独特的民间民俗文化，其乡土景观特征研究是我们了解裕固族、认识裕固族的途径，同时本文的研究也是促进裕固族聚落乡土景观保护和民族文化传承的重要工作。

1　裕固族聚居历程梳理

1.1　裕固族的历史

　　裕固族先祖回鹘原生活于蒙古高原，曾于744年建立汗国。840年，汗国崩溃，回鹘残部投奔吐蕃统治下的祁连山区和河西走廊地区，先后建立甘、沙州回鹘政权。13世纪初，河西聚居的沙、瓜、肃三州归顺蒙古。以回鹘王室为首的撒里畏兀儿集团，接受了厥王的统治，两个族群在西北一隅杂居混牧[3]，经过融合、发展，形成了今天这样操阿尔泰语系东（蒙古语族）西（突厥语族）部两种母

　　①　基本项目：国家社会科学基金项目"甘青民族走廊族群杂居村落空间格局与共生机制研究"（项目编号：2019BBF02014）；国家民委民族研究项目"多民族杂居村落的空间共生机制研究——以甘青民族走廊为例"（项目编号：2019-GMD-018）。

语的民族共同体——裕固族。

1.2 裕固族聚落演变历程

1.2.1 聚落演变历程

裕固族自古以来就是游牧民族，到 20 世纪 50 年代，都仍以帐篷为主要居所，过着游牧生活。1958 年国家提倡定居以来，裕固族牧民逐渐发展为游牧、半游牧半定居和定居放牧三种生产方式。自 2003 年起，牧民们改变了游牧散居的生活状态，开始集中定居。现如今主要以半游牧半定居和定居放牧为主，部分牧民还同时经营小部分农业、副业等[4]。

1.2.2 聚落分布概况

肃南裕固族自治县境内大部分地区处于祁连山地，山势陡峻，聚落分布独具特色。在草原牧区和部分生产方式为游牧的山区，聚落活动性较大，且生产区与生活区分离，生活性聚落零星分布在牧场附近；而崎岖的山地，几乎无聚落分布。聚落的生产方式多为放牧，草场位于河谷两岸，聚落则位于河流、草滩、林地附近，水资源充足，同时具有一定的防御性。

1.2.3 聚落自然及人文环境

（1）自然气候环境

地处祁连山北麓的肃南裕固族自治县，地势南高北低，海拔 1327～5564m。全县由 3 块不连片的地域组成：东部皇城镇一块，中西部红湾寺镇、马蹄藏族乡、康乐乡、白银蒙古族乡、大河乡、祁丰藏族乡一块，北部明花乡一块。境内地形复杂，由中高山地、峡谷、洪积平原组成，属高寒山地半干旱气候，干旱少雨，但水资源丰富，土壤类型多、结构好，还分布多种植被群落。其独特的自然环境孕育了富饶的草原，为裕固族聚落的发展提供了得天独厚的条件。

（2）民族人文环境

为了适应游牧生产的需要，裕固族历来以帐篷为主要居住方式，至今仍影响深远。西路军的抗战精神始终影响着人们的生活信仰和精神追求。在宗教信仰上主要信仰萨满教和佛教，节日庆典也多与宗教祭祀活动紧密联系。

肃南地区的地形、气候、植被、水文等作为乡土景观的形成基质和背景，不仅对裕固族居住、生活方面起到间接的影响，还直接构成了乡土景观的格局。同样，裕固族长久的信仰、民俗等则决定了乡土聚落、生产生活空间的组织和布局等特征[5]。

2 大草滩村乡土景观特征

大草滩村是一个以裕固族为主体民族的自然村落，位于肃南裕固族自治县红弯寺镇东部 80km 处，平均海拔 3000m 左右，是一个以养羊为主的纯牧业村。裕固族由历史上几个不同民族群体不断融合而成，现今的大草滩村正是在原有的基础之上建立，不仅形成了风格独特的民

俗文化，且在空间格局、街巷体系、建筑文化等方面充分反映着该民族地区乡村聚落的典型特征（图 1）。

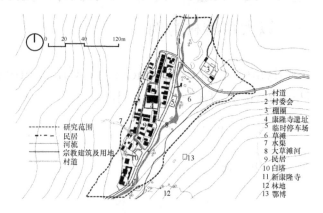

1 村道
2 村委会
3 棚圈
4 康隆寺遗址
5 临时停车场
6 草滩
7 水渠
8 大草滩河
9 民居
10 白塔
11 新康隆寺
12 林地
13 鄂博

研究范围
民居
河流
宗教建筑及用地
村道

图 1　大草滩村平面
（图片来源：作者自绘）

2.1 聚落景观格局特征

从大的尺度看，大草滩村位于山体洼地，与草滩、河流、林地毗邻，景观格局为典型的山脚河谷景观[6]，可归纳为"高山草甸—村庄—河流—草甸—自然山林"的复层结构（图 2）。景观类型以牧业景观、山林景观为主。村庄周围的自然山林与草甸构成了该聚落的生态背景林，背山可阻挡寒流，且采光优越；面水可带来"界水而止"的凉风，而周围的植被可涵养水源，又可调节气候，形成既独具特色又适宜人居的空间环境。

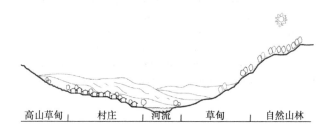

| 高山草甸 | 村庄 | 河流 | 草甸 | 自然山林 |

图 2　大草滩村景观格局剖面示意图
（图片来源：作者自绘）

2.1.1 村落与山体

村落依山而建，山脉环抱着村落，在空间上为村落遮风挡雨，同时也为人们的生产生活提供所需。受山体地形的限制，大草滩村无法向东西生长，只能沿河流方向线性发展，形成了南北走向，呈现东南高、西北低的分布形态，整体呈台地式布局，逐层上升。不但减少建筑在建造中的挖、填土方量，且尽量避免房屋地基对地表结构的破坏所带来的山体滑坡等自然灾害（图 3）。

2.1.2 村落与水系

从平面分布来看，村落整体沿着河流方向呈带状布局，支流水网在村落间贯穿，以保证村民正常的生产生活用水。由于传统的村落中给水排水均靠自流的形式，故而水系格局就奠定了村落规划的格局。

图 3　周边环境概况
（图片来源：作者自摄）

2.1.3　村落与林地

大草滩村东南方向便有大片松柏林，村民的日常生活、修房建屋等都靠山林提供。平面分布上，村落被林地或多或少地包围着，林地呈片状分布在村落周边；纵向布局上，则呈现出山林居上、村庄居下的分布特征。受自然气候影响，大片林地多分布在山坡的阴面，即靠近草滩、河流一侧，而在山坡的阳面，村落背侧几乎无植被生长，表现出独特的地域性特征。

2.1.4　村落与草滩

村子夹于山体与高山草甸之间，河流穿境而过，河边便是草滩，在春夏之际更是尽现"风吹草低见牛羊"的景象。东边的草甸既阻挡冬季寒流侵袭，又与河流形成湿润的气候环境，草滩更成为牧民村落独特的风景。

大草滩村选址讲究，格局完整，顺应自然，四周群山围合，形成有利于藏风纳气的空间[7]。村落建于山体洼地，视线相对封闭，整个村落的布局结构简单明了，被一条潺潺流下的小河从中穿过，河边便是村庄主干道，连接着各家各户，村内的建筑与山形、山势紧密相连。从村落的远处眺望，山体座座雄伟、建筑精巧、层次分明、林近水源，婉如一幅人工与自然巧妙结合的山水画。

2.2　聚落空间形态特征

2.2.1　聚落空间形态

从中观尺度看，纵向上，村落整体沿着东南高、西北低的地势呈带状分布，寺庙居上、民居居下。横向上，大草滩村大体由村委会、康隆寺遗址、民居、新康隆寺建筑群几大部分组成（图4）。其中，新康隆寺建筑群位于村尾，地势最高；村委会及康隆寺遗址位于村头，地势略低；民居位于中心位置，依山面水，视野开阔；东边方向为高山草甸，半山坡上布有用来祭祀的鄂博，类似保护神的含义；东北方向为棚圈，与民居院落分隔开来。

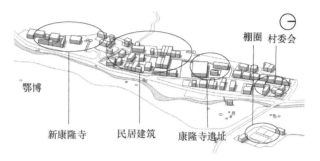

图 4　大草滩村空间布局示意
（图片来源：作者自绘）

2.2.2　遗址与聚落空间关系

原康隆寺始建于清康熙年间，是裕固族最大的藏传佛教格鲁派寺院。1937 年西路军余部转入康隆寺，在与马步芳部骑兵战斗中，康隆寺被烧毁，仅剩残垣，康隆寺遗址便是这段历史留下的遗迹（图5）。

图 5　康隆寺遗址
（图片来源：作者自摄）

从位置分布来看，康隆寺遗址位于民居建筑与村委会建筑群之间，毗邻主干道，与新康隆寺隔民居遥相呼应，遗址及周边空地约占村落总面积的四分之一，整体呈规则对称式布局。从遗址相对村落的关系来看，受地形影响，遗址朝向与周边民居一样，坐西北、面东南，临水而建，遗址略高于路面及周边民居，无视线遮挡（图6）。

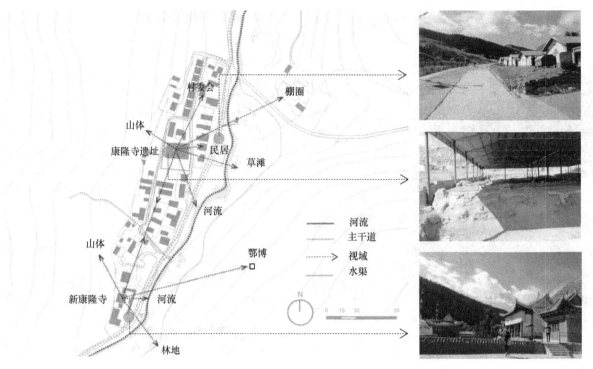

图 6　康隆寺遗址周边视线分析
（图片来源：作者自绘）

2.3　公共空间与建筑特征

2.3.1　公共空间

从微观尺度看，村中公共空间多为寺庙周边、建筑廊下空间、院落开阔地等。这些空间相对开敞，由建筑群或周边建筑围合而成。当地的建筑布局顺应地形，相对自由，公共空间也形态各异，功能多样。公共空间的尺度、比例虽有不同，但皆与当地自然景观及建筑要素融合，既满足了居民的生活需求，又反映出了浓厚的地域文化特征，使公共空间更加灵动丰富。

2.3.2　街巷空间

裕固族是地道的游牧民族，聚落最大特点是就草原聚居，空间形态较为分散。而大草滩村适宜建房的台地面积却十分有限，使得街巷空间变得相对紧凑，多与民居直接相邻或接壤，从调查研究的情况分析，街巷景观与建筑间的关系概括为3种：街巷从建筑正前面而过，与建筑的

入户门成平行关系；街巷从建筑侧面而过，无过渡空间；建筑的三面均有街巷穿过。相对紧凑的街巷布局一方面有更强的引导性，同时也拉近了邻里关系。

2.3.3　建筑特征

（1）民居院落

村落中的建筑大体由民居院落和宗教建筑群两部分组成。民居院落形式各样，大体有一字型、双一型、L型、U型4种类型。院落空间由居民建筑、杂物房、院墙组成。院落及其巷道共同构成民居的自然通风系统，以此来增加室内外的空气流通；院墙可以遮挡风沙，院落前的广场则成为过渡空间，充当防御功能，为居民提供一个安全而又私密的生活空间[8]（图7）。民居主体由门厅、客厅、厨房、卧室组成，客厅居中，卧室居两侧，厨房靠近储物一侧。室内所有的窗框皆朝向院落走廊，以保证在室内能有较为开阔的视野，且在开窗时也能有良好通风效果；房门则皆朝向内侧，以帮助裕固族居民在冬季更好地抵御寒流（图8）。民居主体由门厅、客厅、厨房、卧室

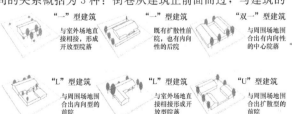

(a)

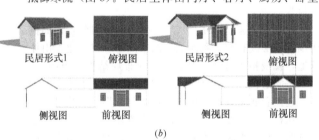

(b)

图 7　民居及院落组合形式解读
（a）院落组合形式；（b）民居形式
（图片来源：作者自绘）

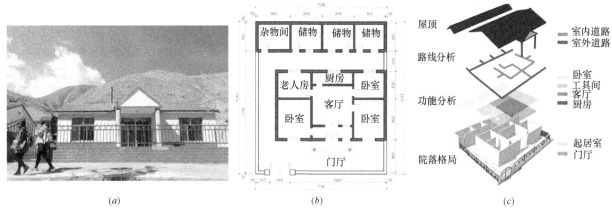

图 8　民居建筑分析

(a) 民居照片；(b) 测绘民居平面；(c) 测绘民居结构

（图片来源：作者自摄、自绘）

组成，客厅居中，卧室居两侧，厨房靠近储物一侧。据调研发现，在国家政策的推动下，村落中的建筑多为近 10 年新建的民居，多为解决牧民定居问题，而未使民族传统文化充分展现出来；在建筑样式和空间组织上，为城市化非生产的建筑特点，而难以很好地满足当地居民牧业生产生活的需要。

（2）牧业民居

此外，如今的裕固族居民除在冬春季居住在土木和砖木结构的房屋外，夏秋季仍以帐篷为家辗转于草原。现在使用的主要是青海藏区的藏式帐篷（图 9），大多用 4 根、6 根或 9 根木柱支撑，篷布用牦牛毛或山羊毛编制，经粗毛线缝制而成，经过一段时间的风吹日晒，更加经久耐用，以保证人们在离居住地较远的牧场放牧时能有所居。游牧文化在裕固族人民心已经根深蒂固，原有帐篷形态也可以在新的民居建设中加以改造利用，使其发展为该民族新的特色建筑。

（3）宗教建筑

村内的宗教建筑主要为新康龙寺建筑群，其采用布局对称的院落结构，歇山式屋顶，突显中国传统式楼阁的特色。主色调选用黄白红三色，既体现宗教建筑色彩，又不至过分浮夸。此外，康隆寺的木雕装饰也十分精美，具独特的艺术风格。原来的康隆寺如今仅剩遗址，周边环境较为杂乱，有大片闲置空地，具有良好的保护利用价值。

大草滩村独特的自然环境和醇厚的民族文化为裕固族聚落乡土景观的形成奠定了基础，而为了在险要的山地环境中生存的裕固族人，又用自己的智慧和渺小却又伟大的力量适应自然环境的发展与改变，他们总结出了具有地域特征的村落选址理念和建筑营建法则，并用自己的双手利用当地的乡土材料在这样复杂的情况下开辟出了适合当地发展且具有民族地域特色的乡土景观格局。

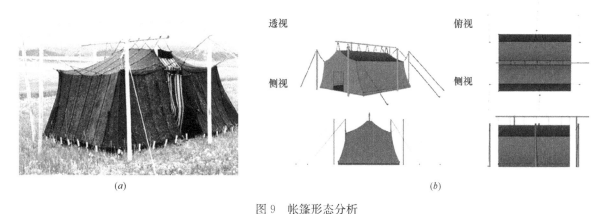

图 9　帐篷形态分析

（图片来源：(a) 引自网络；(b) 改绘自导师 2019 级本科生毕业设计）

3　结语

裕固族是我国的少数民族之一，拥有众多民族特色的建筑、宗教遗存（鄂博、白塔、康隆寺遗址等），其独特的文化与悠久的历史是民族世代相传的共同符号，更是该民族共同团结的象征。通过本文的研究发现，裕固族居民为了适应险要的山地环境，他们探索出了具有地域适应性的村落选址理念和营建法则，形成了蕴含民族地域特色的乡土景观格局，但由于特殊生产生活的需要，裕固族长期以帐篷游牧于草原，并没有本民族特色的民居。现今，村落中的建筑多为后期修建，不能很好地满足居民生产生活，同时还存在民族文化丢失的现象，如何让民族传统文化在聚落建设中得以传承和发展，将是未来研究的重点。本文对裕固族聚落乡土景观特征的挖掘整理、对裕固族乡村可持续发展、民族特色文化保护与延续方面具有重要的借鉴意义。

参考文献

[1] 岳邦瑞，郎小龙，张婷婷，等. 我国乡土景观研究的发展历程、学科领域及其评述[J]. 中国生态农业学报，2012，12：1563-1570.

[2] 李天雪. 裕固族民族过程研究[D]. 兰州：兰州大学，2007.

[3] 安玉军. 裕固族形成史研究[D]. 兰州：兰州大学，2016.

[4] 贺卫光. 现代化背景下裕固族地区生活方式变迁调查研究——以肃南裕固族自治县皇城镇为例[J]. 河西学院学报，2014，30(06)：1-9.

[5] 吴良镛. 人居环境科学导论[M]. 北京：中国建筑工业出版社，2001.

[6] 杨潘. 湖南通道县侗族乡土聚落景观空间解析[D]. 西安：西安建筑科技大学，2014.

[7] 肖竞，曹珂. 文化景观视角下传统聚落风水格局解析——以四川雅安上里古镇为例[J]. 西部人居环境学刊，2014，29(03)：108-113.

[8] 崔文河，王炜，令狐梓燃. 民族地区聚落景观与民居特质保护传承研究——以丝绸之路甘青段为例[J]. 中国名城，2017(12)：74-78.

作者简介

张琪，1995年，女，硕士研究生，研究方向为文化景观与聚落民居。电子邮箱：1727380523@qq.com。

崔文河，1978年，男，博士，副教授，研究方向为文化景观与民族建筑。电子邮箱：hehestudio@126.com。

社会集体记忆在湖南吉首公园城市建设中的实践应用研究

Research on the Practice and Application of Social Collective Memory in the Urban Construction of Jishou Park in Hunan Province

张文英　毛筱芮

摘　要： 在吉首市公园城市建设的过程中，通过梳理吉首市城市空间形态的发展变迁、社会集体记忆的载体和类型，探讨通过记忆的识别和重构、转译和嫁接等手段，将社会集体记忆应用在公园城市的建设过程中。在保持自然生态记忆的基础上，挖掘民族文化记忆，将山水地貌和城市有机结合，形成城郊公园、城市公园、口袋公园以及蓝绿廊道组成的城市公园体系，优化区域城乡形态，以记忆为线索重构公园系列群，以及记忆的嫁接形成城市记忆网络，构建城市空间与生态空间嵌套耦合的公园城市系统，将多民族的文化基因整合到公园建设中，塑造吉首独特的城市风貌。

关键词： 风景园林；公园城市；社会集体记忆；吉首

Abstract: In the process of building Jishou as a park city, we sorted out the development and changes of urban space forms of Jishou, carriers and types of social collective memory, and discussed the application of social collective memory on construction of park city by means of memory recognition and reconstruction, translation and grafting. Based on maintaining the natural ecological memory, we excavated the national cultural memory, organically integrated the landscape and the city to form an urban park system consisting of suburban parks, urban parks, pocket parks and blue-green corridors, optimized the regional urban and rural forms, and used memory as the clue to reconstruct park group, and the grafting of memories to form an urban memory network, built a park-city system in which urban spaces and ecological spaces were nested and coupled, integrated multi-ethnic cultural genes into the park construction, and created an unique urban style of Jishou.

Key words: Landscape Architecture; Park City; Social Collective Memory; Jishou

景观是自然与人文长期相互作用形成的，因此成为社会集体记忆的载体。如何发掘集体记忆，将具有时间深度和空间结构的社会集体记忆作为景观营建的基本原型，进而营造空间和场所，是积极参与城市绿色空间建设和更新的一种重要方式。

2014-2018 年，借 60 年州庆和创建省级国家级园林城市的契机，对湖南省吉首市市域范围中城市公园系统的规划和建设，将自然引入城市，实现区域尺度上自然与城市的深度融合。而集体记忆作为城市景观建设中反映地方性特色的要素，有助于城市意象的恢复，在规划设计中把公园城市系统作为集体记忆附着的载体，从而形成区域中的社会集体记忆骨架，实现城市发展的可持续性。

1　公园城市建设与社会集体记忆

景观具有记忆存储的作用，是人的记忆和空间场所之间结构性联系较为显著的领域[1]。社会集体记忆为不同城市复兴提供了地方性建设的手段，公园城市的建设可以让社会集体记忆全面介入城市复兴中，缓解当前城市建设面临的自然失衡与文化失语的问题。

1.1　社会集体记忆

20 世纪初，莫里斯·哈布瓦赫（Maurice Halbwachs）提出"集体记忆"的概念，被公认为是社会记忆理论的源头，保罗·康纳顿（Paul Connerton）提出了"社会记忆"

的概念，他认为社会能和个体一样具有自己的记忆，并通过纪念仪式和身体实践的方式实现其保持和传递[2]。1992年，朱迪特·帕迪萨克（Judit Padisak）提出生态记忆的概念：群落过去的状态或经验影响其目前或未来生态响应的能力[3]。此后，生态记忆逐渐引起了国内外众多地理学家、历史学家、生物学家的关注，拓展了其应用范围。作为研究生态系统结构和功能的一个新视角，在群落演替、生态恢复、生物入侵和自然资源管理等多个领域中受到重视[4]。德里克·阿米蒂奇（Derek R Armitage）将记忆分为生态记忆和社会记忆[5]。生态记忆的概念与社会记忆相融合，即以生态记忆作为社会生态恢复力的载体时，它为土地利用和城市景观的更新提供了新的方法，通过忆载体的提取和再利用，进而影响城市景观的动态和发展轨迹。生态记忆载体将时间深度与空间结构结合起来，形成了记忆库。随着时间的推移，社会群体和文化可能会建立起一个与生态记忆载体相关的集体社会记忆即社会生态记忆[6]。这一记忆可以通过对过去经验的积累，来帮助和指导目前的实践。

本文立足于城市景观建设，集体记忆概念更倾向于组成城市景观、意象的各类物质与非物质要素。具体分为自然生态记忆、物质文化记忆以及非物质文化记忆 3 部分。自然生态记忆是自然群落在场所中的状态，是来往人群进入场所最直观的体验，并影响未来场所的生态响应能力；物质文化记忆是人类活动在场所中的文化实体留存；而非物质文化记忆是不具有实体的城市历史、精神、文化等感知活动（图1）。

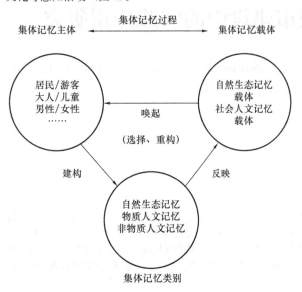

图1　景观营建中集体记忆研究框架

1.2　社会集体记忆的应用策略

通过确认记忆主体，识别记忆类别，再选择不同的重构方式构建集体记忆载体，以期唤起主体记忆，是景观营建中集体记忆的应用方法。

城市景观是被人类重塑过的景观，自然景观是其基础媒介，记忆载体是推动因子，正是通过对过去的了解，才使我们学会如何更好地重塑地方景观，并应用于实践中。

1.2.1　记忆的识别与重构

记忆的识别与重构针对原有场地记忆模糊或隐形的状况，意在不改变记忆原貌的同时，通过调整场所自身以及动态特征呈现完成场地激活。在场所自身调整中，通过新置入或清除部分干扰要素使场地核心记忆得以突显。其中新置入元素可与原有记忆存在关联，亦可以通过制造冲突来进行对比强调，场地原有记忆在与其他元素相互作用中形成统一整体，形成明确清晰的景观意象，并应对未来使用的可变性。

1.2.2　记忆的转译与嫁接

记忆的转译针对原有场地记忆实体消失的状况，意在通过改变场所本身的时空结构、内在逻辑，使得原有记忆隐形显现[7]。记忆的嫁接针对缺少记忆的城市场所，意在通过嫁接记忆载体，使得生态连接性恢复，并重构概念化的景观，从而赋予其社会意义（图2）。

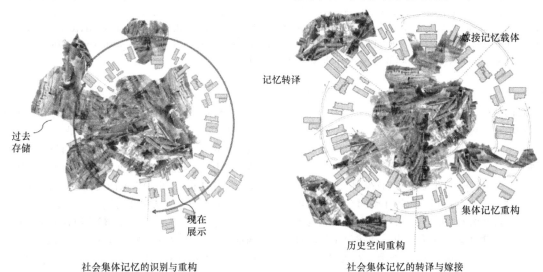

社会集体记忆的识别与重构　　　　社会集体记忆的转译与嫁接

图2　社会集体记忆的应用策略

2　吉首社会集体记忆的类型

吉首市城乡格局受山地复杂地形地貌环境地制约，中心城区在城市中占比较小，因此自然生态记忆的识别从区域与城区两个视野展开。区域视野的自然生态记忆是稳定的。吉首市境内峰峦重叠、沟壑纵横，属中低山丘陵地貌，其自然生态记忆特征主要呈现4种类型：一是峡谷、河滩与农田镶嵌，聚落围绕梯田；二是种质资源丰富的茂密森林景观，聚落沿着等雨量线分布；三是溶洞和石灰岩形成的石林景观；四是大片竹林景观[8]。城区视野的自然生态记忆载体是中心城区的自然地貌单元遗存。在吉首中心城市的不同片区中，峒河、雅溪组团受山体制约较大，且发展较早，城市建设密度大，因此组团内遗存的生态斑块较少，而乾州、经开区、高铁新区发展较晚，受山体制约较小，组团内遗存的生态斑块较多，这些生态斑块多数被城市居民侵占为农田，成为城区主要的自然生态记忆。

作为少数民族聚居地，吉首市广泛分布着民族建筑及苗疆防御体系遗存，反映着这座城市千百年来民族融合的历史，是城市中重要的物质文化记忆。其中民族建筑为依山靠河的吊脚楼与青瓦木板屋。苗疆防御体系原为土筑，后于清代改为青石垒砌，主要分布于乾州古城、喜鹊营与社塘坡乡，以乾州古城保存最为完整[9]。2012年先后完工的矮寨悬索大桥与峒河四桥迅速成为吉首市重要的文化地标，其后几年间，景观桥的建设如火如荼，成为吉首新时代重要的物质文化记忆。

在非物质文化记忆方面，吉首市民族、历史文化记忆丰富。传统民族节日主要包括三月三、四月八、六月六、苗年、斗牛节、姊妹节等，以苗年最为隆重。传统民族活动有百狮会、跳鼓、秋千、拔河、高脚马、抢花炮、踢毽子、赛龙舟、摆手舞、武术等。历史文化记忆主要是以古乾州八景为代表的人文景观记忆[10]。

3 吉首市公园城市建设中的社会集体记忆的应用

自2000年西部大开发以来，吉首发展十分迅速，建成区面积仅用5年即扩张了一倍；由于北部三面环山的地形限制，使吉首的空间重心沿山谷的走向向西南移动（图3），现有公园服务半径远不能覆盖城区，服务设施落后老旧，整体景观呈现破碎化。吉首公园城市的总体规划从区域发展的高度出发，通过城市发展动态分析，保持自然生态记忆，挖掘民族文化记忆，将山水地貌和城市有机结合，形成城郊公园、城市公园、口袋公园以及蓝绿廊道组成的公园城市体系，显山露水，融城透绿，形成"一心、两带、四区、多组团和森林公园环绕"的空间布局结构，优化全域城乡形态，构建城市空间与生态空间嵌套耦合、和谐相融的公园城市系统，将多民族的历史文化基因整合到公园建设中，从而塑造吉首独具韵味的公园城市（图4、图5）。

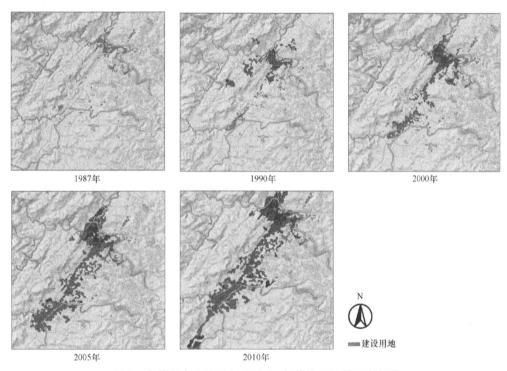

图3 吉首市中心城区 1987-2010 年建设用地状况演变图

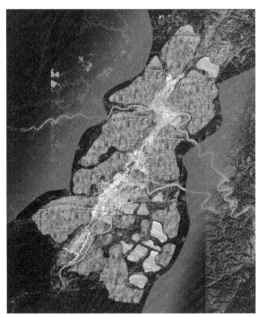

图4 吉首山水格局图

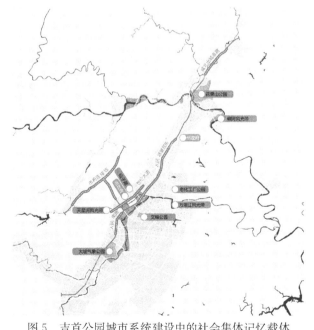

图5 吉首公园城市系统建设中的社会集体记忆载体

3.1 社会集体记忆在吉首城市公园群中的应用

3.1.1 花果山公园——社会集体记忆的综合重构

大型城市公园是多种记忆类型的载体，在建设中采用综合重构的策略，将不同类型的社会集体记忆以丰富的景观类型呈现，并有效组织场地空间，激发内在活力。花果山公园建设前虽然包含诸多记忆因子，但较长时间仅以野外烧烤而著称，其他文化记忆几乎隐形。实际建设中，根据记忆留存的独特性，首先明确以一心阁为汉、苗、土家族团结一心的文化载体，与场地中东北高、西南低的两级陡坡台地格局结合，形成坡、台、峰、谷的游览线路（图6），连接各记忆节点，实现记忆的综合重构（表1）。

花果山公园记忆类别及重构方式　　表1

续表

	记忆的综合重构（花果山公园）		
记忆主体	全市市民		
建设前记忆的识别	自然生态记忆：森林景观 物质文化记忆：知青楼、花圃、一心阁、怪石、烧烤 非物质文化记忆：民族文化、知青文化、野外探险文化		
建设后记忆的读取	自然生态记忆载体：色相丰富的森林景观 社会人文记忆载体：知青文化园、兰圃台地、一心阁文化园、九曲花溪烧烤等		
重构方式	自然生态记忆载体：记忆的展示（建设低干扰的木质登山折廊，补种主题植物） 社会人文记忆载体：综合性重构手法 （1）记忆的转译：知青文化园对知青精神的转译 （2）记忆的嫁接：兰圃台地对城市精神的嫁接 （3）记忆的展示：一心阁文化园以及烧烤文化的展示		

"坡"地建设在原有森林景观基础之上，以自然生态记忆展示为主。"台"地的主要景观为知青文化园与兰圃台，知青文化园是对知青文化进行转译，由于知青这一特定历史时期的产物早已不复存在，通过保留原知青楼的布局、墙体、柱体等重要记忆点，作为知青文化的展览场地，传承场地记忆，发扬知青不怕艰苦的精神；兰圃台地建设在整合花果山原有花圃区资源中，选取吉首市市花兰花作为该区域改造的记忆内核，象征着吉首城市精神中"品若兰"的特质，以嫁接记忆的方式赋予场地神、形，促进场地新生。在"峰"的建设中，以一心阁文化园所代表的民族文化记忆为核心，完善门户、内园、外园的景观体验，形成完整的记忆展示空间。"谷"对应九曲花溪烧烤场，以花果山烧烤文化记忆为核心，结合森林景观这一生态记忆载体进行记忆的重构，形成景观环境优美的新型记忆载体（图7）。

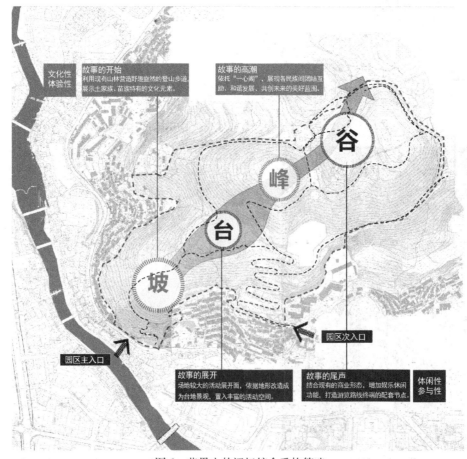

图 6　花果山的记忆综合重构策略

图 7　花果山森林公园建设前后对比照，建设前（左）建设后（右）

3.1.2　大坡公园

针对缺乏记忆因子的大型城市公园，通过单点记忆的多重转译，形成分散全园的景观节点，观者通过动态游线可清晰读取整个公园的核心记忆，完成公园意象的建立。以大坡公园原址建设前仅有的一座国家基准气候监测站为记忆点，将这一记忆信息进行放大延伸，与不同区域的生态记忆载体融合，转译成与气象相关的不同类型的主题园区，形成记忆整体。通过记忆的单点转译，场地中各节点分别与气象体验、气象科普、山川环境、自然生态相关联（表 2，图 8）。

大坡公园记忆类别及重构方式　　　　　　　　　　　　表 2

	记忆的单点转译（大坡公园）		
记忆主体	全市市民		
建设前记忆的识别	自然生态记忆：山地景观 物质文化记忆：国家基准气候监测站 非物质文化记忆：无		
建设后记忆的读取	自然生态记忆载体：色相丰富的山地景观 社会人文记忆载体：二十四节气主题园、山林体验区、风光远眺区、气象科普区等		
重构方式	体验 节气主题园　　　科普 气象科普区 气象 环境 风光远眺区　　　生态 山林体验区		

节气主题园区的建设将气象记忆与体验结合，为游览者提供了沉浸式的气象体验。

气象科普区的建设重点是建立气象科普馆，将气象记忆与实际的科普活动相关联，通过仪器观测、影像播放、气象模拟，让参观者身临其境地了解各种天气现象、普及气象科普知识；风光远眺区的建设，旨在科普气象知识之余，远眺其附近的田野、河流、山川，并在其中感受自然环境与气象之间的关系；山林体验区位于森林茂密的区域，通过森林游线的建设，使游人充分体验户外环境中的阳光雨露。

3.1.3　乾州八景公园群

通过查阅口述历史、地方志、文献等方式追溯场地的记忆，可建立历史人文景观的遗存线索，使人文记忆全面复兴。吉首建设依据《乾州厅志》中乾州八景的描述建立线索，根据可利用的自然生态记忆载体与非物质历史人文景观意象相结合，挖掘出仙岭雾云、武水环青、小桥烟雨 3 处非物质人文记忆，转译成 3 处服务于周边社区、学校的一般城市公园。其中仙子湖公园、文峰公园与市政府大楼、世纪广场构成新的城市中轴线，亦是对乾州古城山水格局轴线的记忆转译（表 3）。

图8　大坡气象科普公园建设前后对比照，建设前（左）建设后（右）

乾州八景公园群记忆类别及重构方式　　　　　　　　　　表3

	记忆的多点转译（乾州八景公园群）
记忆主体	乾州片区市民
建设前记忆的识别	自然生态记忆：仙镇山、文峰山、万溶江、天星河 物质文化记忆：文峰阁及其建筑雕塑 非物质文化记忆：乾州八景（仙岭霁云、武水环青、小桥烟雨）
建设后记忆的读取	自然生态记忆载体：仙镇山、文峰山、万溶江、天星河 社会人文记忆载体：仙子湖公园、文峰公园、小溪桥公园
重构方式	仙子湖公园：仙岭霁云的记忆内核诠释 文峰公园：眺望武水环青之所 小溪桥公园：小桥烟雨的码头记忆转译

资料来源：作者自绘。

　　"仙岭霁云"的记忆内核是享受云卷云舒的闲适生活，通过转译形成仙子湖公园，创建了景观层次丰富的环湖游览路径，满足附近居民、游客、上班族游憩休闲活动需求（图9、图10）。

　　作为明清时期乾州八景"武水环青"背靠之山，文峰山自古以来便是眺望城区之所。在近现代的发展中，文峰山由于附近村落的侵占，逐渐开垦成农田。同时期场地面向乾州古城处设置运送货品的火车南站，割裂了文峰山

图9 乾州八景仙岭雾云图（来源：《乾州厅志》[10]）

图10 仙岭雾云转译——仙子湖实景

与乾州古城的互动关系，在此处建设文峰阁，形成民族一心的物质文化记忆，其文化地位逐渐恢复。建设者将场地扩展成与周边资源形成有效联动的民族非物质文化遗产园，在彰显城市文化视觉地标形象之余，满足附近居民攀登、游憩等活动需求（图11～图14）。

图11 乾州八景武水环青图
（图片来源：《乾州厅志》[10]）

"小桥烟雨"所描绘的是的码头上繁华而匆忙的生活景象，而原先的河流、渡口、船舶、街市已成云烟，现今遗存的码头被开发为小溪桥公园，但因城市中心的变迁失去了往日繁华。在全园升级改造中，对"小桥烟雨"的浓厚历史氛围与码头记忆进行重构，在南部游憩区建设

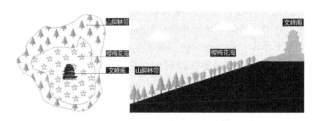

图12 "乾州八景"布局示意

图13 武水环青转译——文峰阁实景

图14 选取具有纹理和质感的当地
千层石，节约资源

景观长廊亭，恢复旧日小溪桥廊桥建设的景观意象，恢复旧日古渡口景观意象。

3.2 社会集体记忆在吉首蓝绿廊道中的应用

3.2.1 峒河风光带

峒河发源于花垣县，全长68.3km，沿途流经丰富的生态资源，沿峒河的绿道建设根据所处区域类型划分为山林型、郊野型及城市型3个段落，各段落采取的记忆重构方式各有侧重。

山林型绿道由于深入生态保育区腹地，其建设以记忆的展示为主，仅修建绿道及简单的服务设施，以客观地呈现区域自然生态记忆。郊野型绿道段连接峒河国家湿地公园、小溪郊野公园和西郊郊野公园，属于城市与山林的过渡地带，因具有丰富的自然地貌单元，以重构自然生态记忆为核心，通过发掘该段落河流缓冲带的角、湾、滩、岛等自然地貌单元作为记忆载体，建设成附着在绿道之上大小不一的生态记忆景观节点，与周围村落融合，形成丰富的生态记忆游线的同时，改善了河岸被农田侵占的原貌，一定程度上恢复了河岸生态系统。城市型绿道段落建设范围从老城区吉首大桥至西郊旧水坝，由于其两岸受城市建设挤压，以及水利工程建设破坏，自然生态记忆载体遗留甚少，以重构社会文化记忆为主，梳理文化资源，开辟生活空间。

峒河根据现有用地条件，分成 4 个部分（图 15）。A 段峒河四桥文化区：与峒河国家湿地公园核心区相接，适应雨季的瞬时雨洪，也是国家湿地涵养水土，净化水质功能的延伸（图 16、图 17）；B 段柳岸花堤休闲区：峒河的西港滨河码头地块，水质良好，被当地人利用为天然泳池；C 段峒水悠游娱乐区：横穿吉首旧城区，受限于紧凑的城市开发，在现有河岸的基础上整理零碎的绿地空间。D 段田园绿韵自然区：用低干预手段，将景观步道延伸到郊野，形成连贯的整体（图 18）。

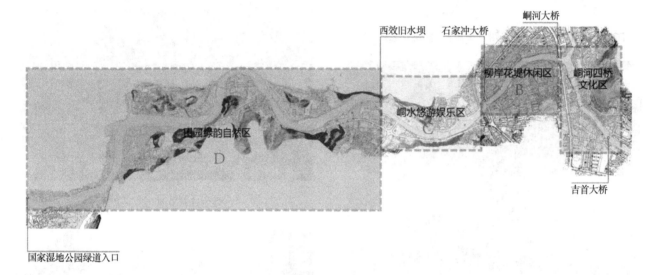

图 15　峒河风光带景观分区图

图 16　峒河风光带建设前后对比照，建设前（左）建设后（右）

图17 艺术家黄永玉创作的"肥""爱""花""醉"4桥沿峒河依次排列

图18 一系列木栈道隐藏在郁郁葱葱的
当地植被之下，与自然融合

3.2.2 万溶江风光带

沿万溶江建设的绿道均位于新老城区，老城区绿道沿途在多年的城市建设与开发中拥有丰富的物质文化记忆，包括乾州古城、吉首美术馆桥、观音寺、喜桥、九合塔、溶江大桥等。新城区开发前为城市荒地，因此仅有自然生态记忆而无物质与非物质文化记忆的传承。

建设后的万溶江老城区滨水绿道两侧呈现两种不同的景观界面（图19），西岸以历史文化记忆为核心，东岸则以自然生态记忆为亮点，两种记忆的交织重构最终转译了历史上以船行商贸为盛的万溶江河道记忆，形成文化生活与文化历史结合的、充满活力的绿色生态廊道。而新城区滨水绿道则以记忆的嫁接为主要建设手法，整合了吉首市丰富的民族文化记忆，应用于具体建设之中（图20～图22）。

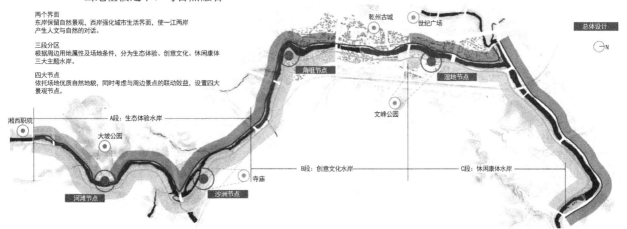

图19 万溶江风光带景观分区图

图 20　万溶江建设前后对比照，建设前（左）建设后（右）

图 21　木质栈道构成连续的步行系统

图 22　居民在石步道洗衣，营造民俗化、
日常化的生活场景

3.2.3　天星河风光带

　　天星河绿道段落曾与万溶江一同为古乾州城的护城河。城市交通道路的建设使得乾州古城缩减，其河道也曾因市政府广场的建设进行改弯修直，成为老城区中"新"的城市河道。因河道两岸多为新建设的居民楼，为实现居民生活性连接为重点，选取河道两岸具有历史记忆的节点进行点状记忆转译，形成一系列景观节点，实现历史与现代生活的交织（图 23）。

图 23　天星河风光带

4 总结

4.1 社会集体记忆在城市公园群中的应用

（1）记忆重构的类型和方式随城市公园体量的增加而呈现多样化

通过多重重构手法对不同类型的记忆进行建设提升，形成多样的可感知的记忆整体。花果山公园通过展示、转译、嫁接，对原场地中不同记忆进行加工，形成连续的整体记忆。

通过一个核心记忆的多重转译，形成分布全园的景观节点；通过动态游线可清晰展示公园的核心记忆，完成公园意象的建立。大型公园对于气象记忆的把握，使得场地最终建设成为气象科普基地。

（2）以历史人文和民族文化记忆为线索重构系列公园群

通过与古乾州城原有山水格局相对应建设成如今的公园群，历史文化线索在多个场地落点，呈现记忆的多点转译，使历史在现代建设中隐形显现。

（3）记忆的嫁接应用在城市口袋公园群的建设中，形成城市记忆网络

口袋公园分布于城市的各个边角地及高密度区域，记忆的嫁接为这些场地引入自然、文化、生活，最终形成覆盖全市的记忆网络。

4.2 集体记忆在绿道建设的应用总结

（1）绿道对自然生态记忆载体的运用最为丰富

郊野型绿道对自然生态记忆载体的运用最为丰富，拥有大量可利用的自然地貌单元作为自然生态记忆载体，同时对河岸生态系统的恢复起到至关重要的作用；山林型绿道要客观地呈现区域公园群特色，因此其对场地的改造利用受限；城市型绿道受城市建设挤压、水利工程建设的破坏，自然生态记忆载体遗留少，呈现破碎化、异质化。

（2）老城区滨水绿道记忆重构类型多样

峒河老城区滨水绿道受两岸传统建筑挤压，以历史文化记忆的展示为核心。万溶江老城区滨水绿道西岸以历史文化记忆为核心，东岸则以自然生态记忆为亮点，以两种记忆的交织重构历史景观；天星河老城区滨水绿道建设则是在建设中丢失了历史文化记忆，通过点状的历史记忆转译，与现代城市生活交织形成活力水岸。

（3）新城区滨水绿道记忆的嫁接和转译形式多样

由于缺乏记忆内涵，新城区滨水绿道记忆的嫁接形式趋于多样。对文化特色的继承创造了丰富的游憩建筑与小品，包括由传统民族建筑延伸的景观亭、廊，由湘西桥文化而建设的，或传统或现代的景观桥；由湘西景观坝文化延伸的不同样式的景观坝（包括阶梯形、莲花形、波浪形、弧形等）；由民族服饰、文化故事等物质或非物质记忆转变的各式各样的景观雕塑。除此之外，通过灯光音乐喷泉展现文化故事，组织大型文化活动传承文化等，提升场地活力。最终使新场地具有文化性与活力

动性。

（4）交通绿道存在记忆的展示

吉首市交通绿道建设虽以自然生态记忆载体的嫁接为主，旨在恢复城市生态系统的连续度，但也蕴涵着记忆的展示重构。由于城市建设大量开山，导致吉首市交通道路均与山体护坡相接，属于吉首市独特的道路景观记忆。因此好的边坡景观设计可使得这一景观特色凸现，极具展示性。

5 结语

集体记忆附着在公园系统之上，形成文化生活网络的覆盖与自然生态网络的覆盖，使景观中文化与自然两部分和谐统一，形成城市意象，应对未来发展。

（1）文化生活网络的覆盖

对具有丰富历史文化的城市公园、绿道中物质文化记忆进行展示提升，非物质文化记忆进行转译展现，使原有文化记忆具有可读性。

新开发的城市公园及绿道根据其建设定位，或转译单个记忆要素嫁接于不同区域形成场地新的文化记忆，或嫁接整个城市最突出的记忆要素与其他城市公园或绿道形成记忆整体。在生活方面，通过相似文化生活在不同区域的记忆展现，以及口袋公园建设对城市进行"针灸"，激活各个尺度、区域的文化生活，与交通绿道相接形成大范围的生活网络，实现生活品质的网络覆盖。

（2）自然生态网络的覆盖

自然生态网络的覆盖在城市中呈现与文化生活网络高度结合，而在区域中呈现独立性。通过对城市中交通道路全面的自然生态记忆嫁接，改善城市生态系统阻断的问题，对滨水绿道中自然生态记忆载体的重构为野生动植物提供良好的自然生境。形成的自然生态网络与区域自然生态系统融合，保障城市生态安全。

城市作为一个开放的系统，自然环境与城市发展之间的关系是当代社会经济综合性发展的重大问题，城市建设只有根植于其历史、文化、地方特色之上，才真正具有生命力。在吉首创园项目中，通过城市设计与集体记忆重构策略，基于地域山水环境、地形地貌、生态记忆本底和民族集体记忆，融合吉首市少数民族文化内涵和创建省级园林城市的需求，以记忆为线索重构公园群、滨水体系、绿色交通，集体记忆附着在公园系统之上，形成文化生活网络的覆盖与自然生态网络的覆盖，实现市域范围内的文化重构及生态系统恢复。

景观规划是一次回溯的旅程，意在恢复人与自然相契的生命方式，寻找风景背后的民族主体。这场追寻之旅不以回到过去为目的，而是试图用过去的生命精神、生命哲学照亮未来。城市建设中的记忆重构不意图将记忆背后承载的生命凝固，而是站在全局性、系统性的角度激活并保护城市中多样且热烈的生命样态。

参考文献

[1] Hoelscher S，Alderman D H. Memory and place：Geographies of a critical relationship[J]. Social & Cultural Geogra-

phy 2004，5(3).

［2］ 保罗·康纳顿. 社会如何记忆［M］. 上海：上海人民出版社，2000.

［3］ Padisak J. Seasonal succession of phytoplankton in a large shallow lake（Balaton，Hungary）—A dynamic approach to ecological memory，its possible role and mechanisms［J］. Journal of Ecology，1992，80(2)：217-230.

［4］ 孙中宇，任海. 生态记忆及其在生态学中的潜在应用［J］. 应用生态学报，2011(03)：3-9.

［5］ Armitage D R，Plummer R，Berkes F，et al. Adaptive co-management for social-ecological complexity［J］. Frontiers in Ecology & the Environment，2009，7(2)：95-102.

［6］ Nonini D M. A companion to urban anthropology［M］. 2014.

［7］ Barthel S，Folke C，Colding J. Social-ecological memory in urban gardens—Retaining the capacity for management of ecosystem services［J］. Global Environmental Change，2010，20(2)：255-265.

［8］ Li G，Zhang B. Identification of landscape character types for trans-regional integration in the Wuling mountain multi-ethnic area of southwest China［J］. Landscape and Urban Planning，2017.

［9］ 石昌麟. 吉首市志［M］. 北京：方志出版社，2012.

［10］ 蒋琦溥. 乾州厅志［M］. 1877.

作者简介

张文英，1966 年 12 月生，女，汉族，陕西渭南，博士，华南农业大学林学与风景园林学院教授、棕榈设计有限公司董事长兼首席设计师，研究方向为风景园林规划设计、城乡规划。电子邮箱：zwy@vip. 163. com。

毛筱芮，1995 年 8 月生，女，汉族，湖南双峰人，硕士，棕榈设计有限公司研发专员，研究方向为风景园林规划设计。电子邮箱：Sherrymao95@126. com。

城市公共空间与健康生活

城市绿地对公共健康的影响机制研究

——近 20 年国外期刊的分析

Research on the Influence Mechanism of Urban Green Space on Public Health：Analysis of Foreign Articles in the Past 20 Years

毕世波　杨　超　陈　明　戴　菲*

摘　要：城市绿地在促进人的健康方面有重要作用。基于 Web of Science 数据库，通过 CiteSpace 与 HistCite 工具，对国外近 20 年与城市绿地和公共健康相关的文献进行分析，提出了基于"访问频次"的绿地对公共健康的影响机制框架。主要分析了绿地是如何作用于公众心理、生理、身体健康及公共交往的。发现：①国外对促进心理健康途径的研究主要集中在绿地缓解压力源与减少心理应激两方面；绿地对生理的影响研究主要通过唾液淀粉酶、内肽啡等生理指标进行；在增进交往方面主要以社区绿地为对象，在距离社区 500m 范围内增加可进入性绿地能有效促进交往，且儿童和宠物是促进社交的重要因素；②国外在通过改善热环境与大气污染、降低暴风雨等自然灾害影响间接促进公共健康方面有丰富成果；③国外研究集中在绿地数量指标且以绿化覆盖率为主，对绿地质量的研究相对少，以可达性为主要指标。

关键词：城市绿地；公共健康；影响机制；访问频次；可视化

Abstract：Urban green space plays an important role in promoting human health. Based on the Web of Science database, through the tools of CiteSpace and HistCite, it analyzes foreign literature related to urban green space and public health in the past 20 years, and proposes a mechanism framework for the impact of green space on public health based on the "frequency of visits". It mainly analyzes how green space affects the public's psychology, physiology, physical health and public communication. Findings：① Foreign research on ways to promote mental health mainly focuses on green space to relieve stressors and reduce psychological stress; the research on the physiological effects of green space is mainly carried out through physiological indicators such as salivary amylase and endorphin; in promoting communication The main target is community green space. Increasing accessible green space within 500m from the community can effectively promote communication, and children and pets are important factors to promote social interaction；② Foreign countries are improving thermal environment and air pollution, reducing storms, etc. The impact of natural disasters indirectly promotes public health, and there are rich results；③ Foreign research focuses on the quantitative indicators of green space and mainly focuses on green coverage. There are relatively few studies on the quality of green space, and accessibility is the main indicator.

Key words：Urban Green Space；Public Health；Influence Mechanism；Frequency of Visits；Visualization

引言

1948 年世界卫生组织首次提出了"健康"的概念，形成了身体、心理和社会交往的三位健康观[1]。1984 年世界卫生组织提出了"健康城市计划"，旨在动员人们积极参加与健康相关的活动，并采取各种方式应对健康问题[2]。至 2016 年，我国审议通过了《"健康中国 2030"规划纲要》，明确强调营造绿色、安全、健康的环境[3]。

城市绿地作为城市空间环境的重要组成部分，是健康城市建设重要环节。对公众生理、心理、社会等方面健康有重要的影响[4]，并日益成为改善精神健康和减轻全球精神疾病负担的有效方法[5]。伴随着 COVID-19 的特殊时期，城市绿地空间（如社区公园）为公众提供了重要的放松身心、缓解焦虑的场所，越发体现出改善公共健康的不可替代的作用。

尽管健康包含生理、心理、身体健康与社交四个方面，也有研究以此提出了整体性绿地影响公共健康的方式。但绿地是如何作用与这四个方面的研究较少。而近年来，中国城市绿地与公共健康的相关研究在城市绿地与不同人群（如居民[6]，大学校园学生[7]、老年人、和少数女性[8]）间的关联性方面取得了一定的成果。基于 CNKI 数据库以"绿地或绿色空间并含健康"进行主题检索后，得到城乡规划、林学、环境及建筑科学 249 篇文献；主要综述文献 4 篇，其中 3 篇以恢复性环境[9]、复愈性绿地[10]、绿地可达性与居民福祉[11]为视角进行了研究。姚亚男则对绿地与公众健康的影响展开了总体论述，并认为"绿地提供生态产品和服务"可能是绿地影响公共健康的作用机制[12]。总体而言，相较于国外研究，中国起步较晚，成果仍显不足，且绿地是如何影响公众身心、生理健康与社会交往的尚未有较系统的专门性研究。而明晰其中的作用机制，对于绿地总体质量的提升及针对不同公众群体的专类绿地空间的理论研究与规划设计实践均有重要指导作用。

鉴于此，借助 CiteSpace 与 HistCite 工具分析国外近 20 年公共健康视野下的城市绿地与公共健康相关的文献，重点梳理城市绿地对公共健康的影响机制。由此，既可借鉴国外研究的成果，又能明晰后续研究过程中可能出现的问题，以为我国城市绿地与公共健康的相关研究提供借鉴与思考。

1 研究方法

1.1 数据来源与获取

本研究中的数据来源具体可分为以下步骤。①为了尽可能不遗漏相关文献，于 2020 年 1 月，通过 Web of Science（WOS）核心数据集，选择较宽泛的 "health and urban green space" 为检索词进行主题检索，文献类型为期刊，语种为英语，时间为 2000-2019 年，获得初步文献数据集；②在线阅读标题与摘要剔除与本研究主题无关的文献，如研究森林或树木等绿地自身健康的文献；③借助 HistCite 检验文献进行查全率和查准率检验，并补充文献。

1.2 研究方法

1.2.1 基于 HistCite 获得经典文献并进行总体分析

通过 HistCite 引文分析工具的 LCR（Local Cited References）① 指标可以发现相关领域的里程碑式的文献，基于此可探讨其发展脉络。参照该工具中 "Cited References" 功能的 Recs（Records）② 数值能确认那些被遗漏的重要文献。由此进行文献再检索，并补充至文献数据集，可最大程度地保证文献的查全率与查准率。本文以 Recs 数值大于 35 为选取标准，补充遗漏重要文献，并绘制 LCR 排名前 30 的文献互引关系图谱。以此对国外绿地与公共健康相关的研究内容进行整体论述。

1.2.2 基于 CiteSpace 进行聚类并分析绿地对公众健康的影响机制

通过 CiteSpace 文献计量统计工具的 LLR 算法对文献关键词、摘要进行聚类，并分别生成关键词聚类图与摘要时间线图，以分析以文献研究的主要内容。由此不仅能弥补仅凭关键词聚类会遗漏部分研究内容的不足，使分析的结果相对全面、准确，还能发现研究主题的时间演化关系。本研究通过两图结合，重点分析绿地对公共健康的影响机制。

2 研究结果

2.1 研究趋势与被遗漏文献分析

笔者共检索相关文献 1053 篇。包含两部分：①通过 "health and urban green space" 共检索 1467 篇文献，相关文献 976 篇；②基于 HistCite 工具发现有大量与研究主题相关的文献未被检索到，其中被引排名前 20 的文献中就有 14 篇被遗漏，占比达 70%。说明 HistCite 确实能有效弥补仅靠检索词检索会遗漏相关文献的不足。将 Recs 大于 35 的 77 篇（因 1999 年仅 1 篇文献且为重要文献，将其纳入分析）补充后进行总体分析（图 1）。

总体而言，2010 年开始出现研究热潮，至 2016 年后，呈突增趋势，至今仍为研究的热点。被遗漏的文献主要出现在 2007-2008、2010-2013 年（图 2），以 LANDSCAPE AND URBAN PLANNING 和 HEALTH & PLACE 主要分布期刊（表 1）。其中被引频次高达 1000 以上的 3 篇。如 Saelens，BE 等于 2003 年发表的 1 篇文章被引次数高达 1202 次[13]，77 篇文献平均被引次数 75 次，文献数量 2 篇以上的期刊 51 篇且平均 5 年影响因子高达 5.09（表 1）。这均说明 HistCite 为查找某领域重要文献提供了便捷有效的方法。

图 1 文献数据获取路径

---

① LCR 表示数据集中的某文献当其中的文献引用的次数，值越高文献越重要。

② Recs：不在数据集中的某文献被当前文献数据集引用的频次。通过 Recs 排序，可确定被遗漏的重要文献。例：Recs 数值为 100，且数值前有 "绿色的十"，意味着该文献被输入文献集中的 100 篇引用，但被遗漏。

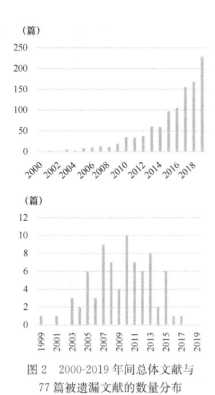

图 2　2000-2019 年间总体文献与
77 篇被遗漏文献的数量分布

77 篇被遗漏文献分布的部分主要期刊　表 1

序号	期刊名称	文献/篇	5 年 IF
1	LANDSCAPE AND URBAN PLANNING	10	7.185
2	HEALTH & PLACE	8	4.2
3	JOURNAL OF EPIDEMIOLOGY AND COMMUNITY HEALTH	5	4.159
4	BMC PUBLIC HEALTH	5	3.182
5	AMERICAN JOURNAL OF PUBLIC HEALTH	3	6.006
6	JOURNAL OF ENVIRONMENTAL PSYCHOLOGY	3	6.07
7	SOCIAL SCIENCE & MEDICINE	3	4.241

2.2　基于 HistCite 的经典文献及其互引关系分析

2.2.1　经典文献及其内容分析

通过高被引文献的互引关系图可以明晰该研究领域的主要学者及其研究内容与发展脉络（图 3）。排名前 30 的文献分布在 1999-2015 年间，整体而言，各研究之间联系紧密，体现出绿地与公共健康的研究目标明确、内容较为统一，是各学者共同关注的问题。其中，Bolund P 为较早探讨城市绿地对公众生活质量影响的学者。探讨了城市绿地的 6 种生态系统服务（空气过滤、微气候调节、降噪、雨水排放、污水处理及娱乐和文化价值）对公众生活的影响，但该研究并未对后来产生持续性的影响。这可能与该研究未直接切入"公共健康"这一主题相关。但不可否认其研究确实与之有着密切的关系，并对后来 Tzoulas K、Lee ACK 等学者的研究起到了一定促进作用。

相较而言，Takano T 与 Hartig T 的研究在绿地与公共健康面则具有开创意义，且为后来的研究奠定了基础。前者探讨了绿地的可步行性与老年人的寿命的关系，后者则研究了自然环境对公众情绪与注意力的影响效应。其与 Maas J、Mitchell R 和 Wolch JR 5 位学者是该领域的主要贡献者，其研究成果在绿地与公共健康的领域具有里程碑的意义，受到广泛重视（图 3）。

2.2.2　以经典文献为主的总体分析

目前，国外绿地对公共健康的影响研究已较系统深入。研究内容方面，就公众群体而言，涉及居民整体、老年人、年轻人、儿童、男女性别等不同的分类方式。在健康方面，除了身体健康（各种疾病为主要体现）外，国外更关注公众心理健康的研究，在情感、精神、注意力、应激反应等方面都有了深入的探讨。绿地指标方面主要包括数量与质量指标。

研究方法以调查问卷与相关、回归分析及比较研究为主。既有多数据组的横向比较研究，又涉及不同时间变

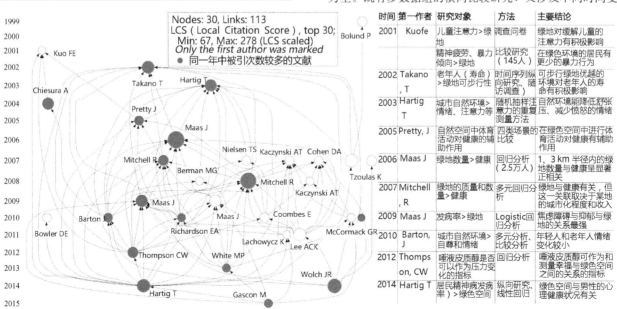

图 3　关键文献及其互引关系发展脉络

化的纵向动态研究，但多围绕着绿地的数量指标与不同对象（如经济水平、农村与城市）的相关性分析、绿地对公众健康影响的尺度效应和不同研究对象（如男女性、不同年龄段公众群体）之间的比较研究。如 Maas J 认为1km 和 3km 半径内的绿地数量与健康呈显著正相关。至于绿地质量指标主要以可达性研究为主，又往往以绿地覆盖率这一数量指标与人口密度、不同人口群体的统计数据进行相关、回归分析，从而判断绿地的可达程度。这一方面说明了绿化覆盖率指标运用的广泛性，其与质量、数量均有着关联；另一方面，也间接说明如美学、安全性、生物多样性等绿地质量指标方面的研究相对较少，这或与此类绿地质量指标难以度量有关（图3）。

2.3 基于关键词与摘要聚类的综合分析

2.3.1 基于图谱的主要聚类分析

通过 CiteSpace 的 LLR 算法对关键词与摘要分别聚类，关键词图谱体现为步行活动、体力活动、热浪、引导注意力、分配不均、绿色运动、邻里场所依恋等14个主要聚类。摘要时间线图的主要内容集中在步行、生物多样性、连通性、环境公正、儿童、居住区绿色空间、注意力、公园冷岛等14个方面（图4）。

2.3.2 基于线图的国外相关研究整体发展情况

通过时间线图可发现早期的研究主题（如积极生活、提升健康等）较为宽泛，近期的研究如儿童、注意力、地表径流等则更具针对性。体现了国外绿地对公众健康的影响研究已由宽泛发展到了如今较具体、深入的阶段。此外，如步行、生物多样性的研究则一直是研究的焦点。环境公正、社区绿地相关研究会在未来一段时间内将被持续关注（图4）。

2.3.3 图谱结合高频关键词的影响机制

基于聚类的结果并结合高频关键词与文献内容分析，可归纳绿地对公共健康的影响途径整体可分为绿地促进公共健康的直接作用机制与绿地改善城市物理环境的间接作用机制，具体影响途径如表2所示。

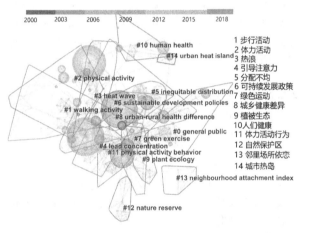

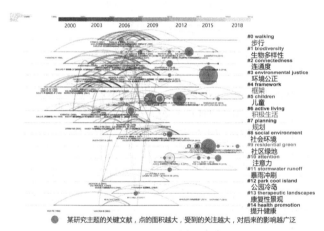

图 4　关键词聚类图与摘要时间线图

聚类主题与关键词及相关文献归纳的主要影响途径　　表2

作用机制		影响途径	主要聚类与关键词
直接机制	绿地促进心理恢复	绿地缓解压力源	儿童、分配不均、环境公正、康复性景观、压力、可进入
		绿地减少心理应激	植被生态、城乡差异、精神健康
	绿地促进生理改善		植被生态、体育活动、绿色运动、注意力恢复、可达性
	绿地促进社会交往提高归属感		邻里场所依恋、社区绿地、公园、社会环境、可进入、可达性
间接机制	绿地改善城市物理空间	绿地提供体育锻炼空间	绿色运动、体力活动、步行、步行、连通性　儿童、生物多样性、可达性
		绿地改善热环境与大气污染	热浪、城市热岛、公园冷岛、大气污染
	绿地降低暴风雨等自然灾害影响		暴雨地表径流、气候变化

3 城市绿地对公共健康的直接作用机制

3.1 绿地促进心理恢复

公众的焦虑、压力和抑郁等心理问题与城市生活环境密切相关[14]。那些生活在绿地空间少、建筑密度高的环境中的居民更容易产生精神健康问题[15]。而城市绿地能恢复精神疲劳，减缓心理压力，被视为对公共心理健康至关重要的资源[16]。总的来说，城市绿地可通过两种途径促进心理健康恢复。

3.1.1 绿地缓解压力源

绿地可缓解如空气污染和噪声等不利于人们心理健康的压力源[17]。一方面，既往研究发现空气污染暴露能导致自闭症障碍风险增加，暴露于各种空气污染物，特别是细颗粒物（以 PM2.5 为主），能导致认知功能障碍、神经发育障碍等疾病[18]，对精神健康有显著的负面影响。研究发现 PM2.5 每增加 $1\mu g/m^3$，会使心理健康程度恶化 3.8%[19]。而树木和草地等植被亦可通过吸附颗粒污染物改善空气质量，从而减少精神压力，促进心理恢复[20]。Wei Xu 等通过对 95 名大学生的研究同样发现雾霾（主要成分 PM2.5）与压力和消极情绪呈显著负相关关系[21]。

另一方面，噪声（尤其交通噪声）能导致负面情绪反应，并带来高度的压力、焦虑、头痛和睡眠障碍[21]。受噪声影响而感受到较高压力的概率比常人高出 1 倍[22]，且交通噪声给生活在绿地较少的社区中的居民带来更大的负面影响[23]。诸多研究确定绿地空间能通过降低噪声和消减颗粒污染来压力缓解，尤其儿童时期的作用更明显，且生活在拥有最低水平绿地的社区中的公众与最高水平的相比，患精神分裂症的风险高 1.52 倍[24]。还有研究认为绿地对男女性不同年龄段的影响是有差异的，不能一概而论，如男性在 41～45 岁时，其心理健康受绿地影响达到峰值，而 20～40 岁的女性心理健康几乎不受绿地影响[25]。

3.1.2 绿地减少心理应激

绿地能直接或间接减少心理应激反应，促进精神能力建设，提高心理健康水平。相对于被建筑物包围的道路空间，沿被梅花树、樱花树或伦敦梧桐树所包围的城市道路短途步行，显著地减少了紧张、困惑和焦虑状态[26]。草坪、公园相较于广场而言同样更能减少心理应激水平[27]。这反映出绿地对减轻心理应激的直接作用，但其中的发生机制尚未有明确的研究。

此外，应更加重视绿地空间的可使用性[28]，因为融入自然更易促进心理放松。如 Lee 等人发现在森林中步行会显著减少交感神经活动，减少心理应激水平，促进精神健康[29]。若在城市尺度，绿地对心理应激的缓解作用则与经济水平有关。在经济发展较好的城市，绿地空间与增进健康有明显的关联，这可能与低经济水平城市的绿地质量（品质与可达性）相对较差有关系[30]。其实质反映出了使用频次在绿地与公共健康中的关键作用。

3.2 绿地促进生理改善

绿地空间及自然植被具有精神唤醒作用[31]，能改善生理水平，促进心理健康。如 Kurt Beil 通过分析实验者是否处于自然环境中时，唾液淀粉酶的前后变化和自我衡量的压力情况，探讨了自然环境的心理恢复效益。视觉刺激与绿地的可使用性是其发挥该作用的主要途径。有研究表明观察植被可以唤起积极的情绪，减轻注意力疲劳并改善大脑情况[32]。说明了绿地的视觉特征（如绿视率指标）的重要性。还有研究认为自然环境能够通过减少心理、生理压力，诱发积极情绪并促进认知变化，改善精

神健康[33]。这意味着在绿地景观营造过程中，应注重其美学效应。

此外，绿地为体育活动提供了友好的环境[34]，能鼓励公众积极参与户外活动[35]。研究证明体育锻炼能通过一系列生理作用，从而促进身心健康。如消除体内过量的激素，从而减轻诸如睡眠障碍、抑郁等问题，还会减少如"皮质醇"等压力激素，增加如"内啡肽"等能使人愉悦的化学物质，从而促进幸福感[36]。换言之，通过绿道绿径、增加体育设施等措施增强绿地对公众参加体育活动的吸引力能有效促进公共健康。

3.3 绿地促进社会交往提高归属感

城市绿地作为一种身份、记忆和归属的场所，通过提供重要的社会和心理福利，使人的生活充满意义和情感[37]。社区环境是居民接触最频繁的场所，其氛围和场所依恋感对于创造可持续的城市环境至关重要，而社区绿地营造是增强社区氛围，提升公众归属感的重要方式，有助于公共健康[38]。对于社区绿地而言，相较于美观特征，人们更希望其中包含能进行休闲活动或与邻居交往场所的空间，清洁度、宽敞度、开放性、基础设施等均影响人们对社区绿地的满意度[39]，且在距社区 500m 尺度范围内增加可进入性绿地空间能明显减少心理困扰和提供更强的社会归属感[40]。

还有研究证明，在陌生的公园空间中，宠物（通常为狗）和儿童往往成为陌生人交往的纽带[41]，且人们到访公园的频率和持续时间与其能提供的社会效益成正相关[42]。因此在规划和设计社区或其他公共绿地空间时应充分考虑那些影响公众逗留时间（如儿童空间）与互动交流的环境因素，以增进场所归属感与幸福感[43]。

4 城市绿地对公共健康的间接作用机制

4.1 绿地改善城市物理空间

4.1.1 绿地提供体育锻炼空间

体育锻炼对身体健康具有重要的促进作用。其对公众心理健康的影响上文已有论述，本小节主要分析对不同人群身体健康的影响。城市绿地的数量与质量能提升公众参加体力活动的频率，从而降低肥胖、缓解心脏疾病及减少心血管死亡风险[44]。但研究发现，绿地对公共健康的益处因人群而异。即不同的人群对绿地空间的偏好不同，且绿地对不同人群的影响也因此有所差别。

对儿童而言，绿化覆盖率高且具有生物多样性、娱乐性、安全性等特征的绿地会更有吸引力，从而能促进儿童行为能力的发展[45]；绿地空间中的活动设施是影响老年人步行时间和户外活动时间的重要因素，通过增加老年人的活动量等作用可延长寿命[46]；对成年人而言，相较于小型绿地，在步行距离之内的大型高质量公园更能促进体育活动[47]，可改善如心血管活性等生理指标，促进健康[48]。此外，有研究认为绿地的安全性是影响女性对绿地使用频率的关键因素。这甚至可能是女性得心血管

疾病和呼吸系统疾病的死亡率高于男性的原因之一[49]。总体而言，高绿化覆盖率、高可达性的绿地空间为不同人群提供了更多体育锻炼的机会，在此基础上美观性会进一步提高绿地对各群体的吸引力[50]，从而促进公共健康。

4.1.2 绿地改善热环境与大气污染

热岛效应与大气污染是城市环境面临的突出环境问题。一方面，高温会使人的体温调节能力失衡，从而导致生理上的热应激，导致更多的疾病甚至死亡[51]。如在美国，热浪使日死亡率增加了大约4%[52]。但热浪导致的死亡受如热浪的强度、在热浪中暴露的时长等多因素的影响。另一方面，相较于带来心理压力，颗粒物在身体健康尤其是引起呼吸系统疾病方面给公众的影响更为直接。还有研究证明颗粒物与热浪综合影响下的天气，导致的死亡风险更高。如Tarik Benmarhnia发现暴露在伴随有较低水平PM10的热浪天气中，死亡风险会增加2%[53]。而绿地能缓解城市热岛效应，降低空气污染物和热浪带来的风险[54]。

具体而言，绿地不仅能降解颗粒物（前文已有论述），而且能通过蒸腾作用促进空气流动、热交换和为房屋提供遮荫空间减少热辐射[55]，降低空气和地表温度。微观尺度，那些有树和草提供遮荫的庭院，白天气温能低2.5℃[56]，也有研究证明0.24hm²的绿地可降低气温高达6.9℃[57]。而在城市宏观尺度，城市绿地（包括公园、树木、绿色屋顶）可以降低城市气温约2~8℃，且在1km²范围内，植被覆盖率位于70%~80%/km²之间时，其降温效果更显著[58]。

4.2 绿地降低暴风雨等自然灾害影响

近年来，暴风雨等极端自然灾害频发，严重威胁人们生命、健康。极端气候（如风暴、洪水和干旱）对粮食生产以及淡水供应和质量产生不利影响，会增加传染病的风险。就台风和暴雨而言，针对韩国的一项调查发现，在95%的置信区间内，死亡率和传染性腹泻在台风其间的发生率分别增加了41.10%和6.90%，暴雨期间提高了3.20%和2.40%[59]。而城市绿地空间可以减少地表径流，降低洪涝风险。Jason A. Byrne等认为绿色基础设施（特别是在高密度城市区）在缓解洪水加剧、降低风速方面有积极的意义[60]。Mentens等人（2006年）对德国绿色屋顶进行了长达16年研究，结果表明径流减少了65%~85%[61]。

5 总结与讨论

HistCite工具提供了一种查找遗漏文献与经典文献的有效途径。通过对国外绿地与公共健康相关文献的梳理。首先，基于HistCite查找的经典文献对国外绿地与公共健康的研究内容与方法作了总体性论述，其从不同维度（如人群分类、年龄分类、性别比较、经济、区位等）进行了针对性的详细的研究，尤其心理健康方面的成果更为丰富；研究方法以调查问卷、回归、多元分析与横、纵向的比较研究为主。其次，主要探究了绿地是如何影响公众生理、心理等健康的。众多研究成果均支持这与公众到绿地空间的"访问频次"密切相关。鉴于此，笔者梳理了绿地影响公共健康的两种基本途径，构建了基于"访问频次"的绿地对公共健康的影响机制框架（图5）。

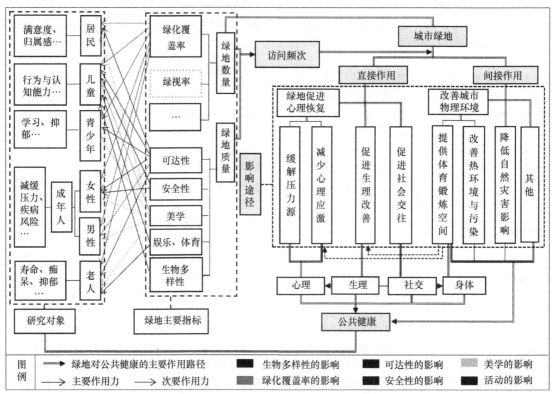

图5 绿地对公共健康的影响机制框架

5.1 绿地促进心理健康的潜在机制仍需研究

虽然构建了基于访问频次的影响机制框架，但公众访问绿地空间后，绿地是如何作用于公众心理健康的至今尚存有争议。如绿地是否通过"增加社会交往提高社会凝聚力"来改善公众心理健康的？对此，MinYang 与 de Vries S 等认为，一定程度上社会凝聚力确实是绿地促进心理恢复的桥梁[62]，然而 Ruijsbroek A 等通过对四个城市的研究后，没有发现任何证据能表明，社会交往是邻里绿地与心理健康之间的潜在机制[63]。当然，这可能与各学者研究的绿地尺度（小花园、城市绿地）、区位（如社区公园、城市公园）等因素相关。但总的来说，在绿地是通过什么样的潜在机制来促进心理健康的有待进一步系统、专门的研究。

5.2 部分绿地指标研究尚需进行

针对既有研究的绿地指标，一方面，绿地的数量指标多以二维的绿化覆盖率为主，有关与视觉相关的如绿视率这一指标的研究相对较少。但视觉是人们接受信息的重要途径，具有显著的精神唤醒作用，因此相关研究应予以强化。此外，绿地数量的三维指标（如三维绿量）与公共健康的相关研究也少有。另一方面，绿地的质量指标主要以可达性为主，其余指标的研究相对模糊，如通过鸟类的统计与不同群体健康间的比较研究确实发现生物多样性与公共健康相关，但生物多样性是一个总体的度量标准，如何研究拥有不同生物多样性水平的绿地空间对公共健康的影响尚需进行[64]。此外尽管国外对不同公众群体展开了较细致的研究，但均是针对绿地的某一或几个指标展开的，这些被选指标之间的关系并未明确说明。因此，建立整体性的指标体系，并系统性地度量不同绿地指标对各群体之健康的影响程度是必要的。因为这有助于绿地规划实践过程中，针对不同人群的需求特征进行绿地空间规划指导，能最大化绿地空间的可使用性与使用频率，具有重要的现实意义。

参考文献

[1] 祝新明. 基于健康城市理念的生活性街道空间问题及优化策略研究[D]. 北京：北京建筑大学，2019.

[2] 梁鸿，曲大维，许非. 健康城市及其发展：社会宏观解析[J]. 社会科学，2003(11)：70-76.

[3] 习近平主持政治局会议审议"健康中国 2030"规划纲要[EB/OL]. ［2016-08-26 日］http://www. xinhuanet. com/politics/2016-08/26/c_1119462383. htm.

[4] 李树华，姚亚男，刘畅，康宁. 绿地之于人体健康的功效与机理——绿色医学的提案［J］. 中国园林，2019，35(06)：5-11.

[5] Engemann, K., Pedersen, C. B., Arge, L., Tsirogiannis, C., Mortensen, P. B., Svenning J. C. Residential green space in childhood is associated with lower risk of psychiatric disorders from adolescence into adulthood[J]. Proceedings of the National Academy of Sciences of the United States of America, 2019, 116(11), 5188-5193.

[6] 徐勇，张亚平，王伟娜，苏金乐. 健康城市视角下的体育公园规划特征及使用影响因素研究[J]. 中国园林，2018，34(05)：71-75.

[7] 刘畅，李树华，陈松雨. 多因素影响下的大学校园绿地访问行为对情绪的调节作用研究——以北京市三所大学为例[J]. 风景园林，2018，25(03)：46-52.

[8] 李佳芯，王云才. 基于女性视角下的风景园林空间分析[J]. 中国园林，2011，27(06)：38-44.

[9] 刘畅，李树华. 多学科视角下的恢复性自然环境研究综述[J]. 中国园林，2020，36(01)：55-59.

[10] 李燕阁，赵警卫. 复愈性城市绿地研究现状与展望[J]. 园林科技，2019(02)：22-25.

[11] 屠星月，黄甘霖，邬建国. 城市绿地可达性和居民福祉关系研究综述[J]. 生态学报，2019，39(02)：421-431.

[12] 姚亚男，李树华. 基于公共健康的城市绿色空间相关研究现状[J]. 中国园林，2018，34(01)：118-124.

[13] Brian E. Saelens, James F. Sallis, Lawrence D. Frank. Environmental correlates of walking and cycling: Findings from the transportation, urban design, and planning literatures[J]. Annals of Behavioral Medicine, 2003, 25(2): 80-91.

[14] Karen McKenzie, Aja Murray, Tom Booth. Do urban environments increase the risk of anxiety, depression and psychosis? An epidemiological study[J]. Journal of Affective Disorders, 2013, 150(3): 1019-1024.

[15] Jun-Hyun Kim, Donghwan Gu, Wonmin Sohn, et al. Neighborhood Landscape Spatial Patterns and Land Surface Temperature: An Empirical Study on Single-Family Residential Areas in Austin, Texas[J]. International Journal of Environmental Research and Public Health, 2016, 13(9).

[16] Iana Markevych, Julia Schoierer, Terry Hartig, et al. Exploring pathways linking greenspace to health: Theoretical and methodological guidance[J]. Environmental Research, 2017, 158: 301-317.

[17] James Peter, Hart Jaime E, Banay Rachel F, et al. Exposure to Greenness and Mortality in a Nationwide Prospective Cohort Study of Women[J]. Environmental Health Perspectives, 2016, 124(9): 1344.

[18] Omar Hahad, Jos Lelieveld, Frank Birklein, et al. Ambient Air Pollution Increases the Risk of Cerebrovascular and Neuropsychiatric Disorders through Induction of Inflammation and Oxidative Stress[J]. International Journal of Molecular Sciences, 2020, 21(12).

[19] Ren Ting, Yu Xinguo, Yang Weiwei. Do cognitive and non-cognitive abilities mediate the relationship between air pollution exposure and mental health? [J]. PloS one, 2019, 14(10).

[20] Pugh Thomas A M, Mackenzie A Robert, Whyatt J Duncan, et al. Effectiveness of green infrastructure for improvement of air quality in urban street canyons[J]. Environmental Science & Technology, 2012, 46(14): 7692-7699.

[21] Wei Xu, Xu Ding, Yulu Zhuang, et al. Perceived haze, stress, and negative emotions: An ecological momentary assessment study of the affective responses to haze[J]. Journal of Health Psychology, 2020, 25(4): 450-458.

[22] Jensen Heidi A R, Rasmussen Birgit, Ekholm Ola. Neigh-

bour and traffic noise annoyance: a nationwide study of associated mental health and perceived stress[J]. European journal of Public Health, 2018: 1050-1055.

[23] Angel M. Dzhambov, Iana Markevych, Boris G. Tilov, Donka D. Dimitrova. Residential greenspace might modify the effect of road traffic noise exposure on general mental health in students[J]. Urban Forestry & Urban Greening, 2018: 233-239.

[24] Engemann Kristine, Pedersen Carsten Bøcker, Arge Lars, Tsirogiannis Constantinos, et al. Childhood exposure to green space-A novel risk-decreasing mechanism for schizophrenia? [J]. Schizophrenia Research, 2018, 199: 142-148.

[25] Thomas Astell-Burt, Richard Mitchell, Terry Hartig. The association between green space and mental health varies across the lifecourse: A longitudinal study[J]. Journal of Epidemiology and Community Health, 2014, 68 (6): 578-583.

[26] Mohamed Elsadek, Binyi Liu, Zefeng Lian, Junfang Xie. The influence of urban roadside trees and their physical environment on stress relief measures: A field experiment in Shanghai[J]. Urban Forestry & Urban Greening, 2019, 42: 51-60.

[27] Xinxin Wang, Susan Rodiek, Chengzhao Wu, et al. Stress recovery and restorative effects of viewing different urban park scenes in Shanghai, China[J]. Urban Forestry & Urban Greening, 2016, 15: 112-122.

[28] D. Nutsford, A. L. Pearson, S. Kingham. An ecological study investigating the association between access to urban green space and mental health[J]. Public Health, 2013, 127(11): 1005-1011.

[29] Juyoung Lee, Yuko Tsunetsugu, Norimasa Takayama, et al. Influence of Forest Therapy on Cardiovascular Relaxation in Young Adults[J]. Evidence-Based Complementary and Alternative Medicine, 2014.

[30] Amano, T., Butt, I., & Peh, K. S. H. The importance of green spaces to public health: a multi-continental analysis. Ecological Applications, 2018, 28(6), 1473-1480.

[31] Hartig, T., Mitchell, R., de Vries, S. et al. Nature and Health. In J. E. Fielding (Ed.)[J]. Annual Review of Public Health, 2014, (35): 207.

[32] Grazuleviciene, Regina, Dedele, Audrius, et al. The Influence of Proximity to City Parks on Blood Pressure in Early Pregnancy[J]. International Journal of Environmental Research and Public Health, 2014, 11(3): 2958-2972.

[33] Kurt Beil, Douglas Hanes. The Influence of Urban Natural and Built Environments on Physiological and Psychological Measures of Stress: A Pilot Study[J]. IJERPH, 2013, 10 (4): 1250-1267.

[34] Hannah Cohen-Cline, Eric Turkheimer, Glen E Duncan. Access to green space, physical activity and mental health: a twin study[J]. Journal of Epidemiology and Community Health, 2015, 69(6): 523-529.

[35] Alcock Ian, White Mathew P, Wheeler Benedict W, et al. Longitudinal effects on mental health of moving to greener and less green urban areas[J]. Environmental Science &

Technology, 2014, 48(2): 1247-1255.

[36] P. Grahn, U. Stigsdotter'Landscape planning and stress' [J]. Urban Forestry & Urban Greening, 2003, 1 (3): 1-18.

[37] Raheleh Rostami, Hasanuddin Lamit, Seyed Khoshnava, et al. Sustainable Cities and the Contribution of Historical Urban Green Spaces: A Case Study of Historical Persian Gardens[J]. Sustainability, 2015, 7(10): 13290-13316.

[38] Jocelyn Plane, Fran Klodawsky. Neighbourhood amenities and health: Examining the significance of a local park[J]. Social Science & Medicine, 2013, 99: 1-8.

[39] Abdullah Akpinar. How is quality of urban green spaces associated with physical activity and health? [J]. Urban Forestry & Urban Greening, 2016, 16: 76-83.

[40] Emily J. Rugel, Richard M. Carpiano, Sarah B. et al. Exposure to natural space, sense of community belonging, and adverse mental health outcomes across an urban region [J]. Environmental Research, 2019, 171: 365-377.

[41] Craig Colistra, Robert Bixler, Dorothy Schmalz. Exploring factors that contribute to relationship building in a community center[J]. Journal of Leisure Research, 2019, 50 (1): 1-17.

[42] Mowen, Rung. Park-based social capital: are there variations across visitors with different socio-demographic characteristics and behaviours? [J]. Leisure/Loisir, 2016, 40 (3): 297-324.

[43] Amine Moulay, Norsidah Ujang, Ismail Said. Legibility of neighborhood parks as a predicator for enhanced social interaction towards social sustainability[J]. Cities, 2017, 61: 58-64.

[44] Emma Coombes, Andrew P. Jones, Melvyn Hillsdon. The relationship of physical activity and overweight to objectively measured green space accessibility and use[J]. Social Science & Medicine, 2010, 70(6): 816-822.

[45] Claire Freeman, Aviva Stein, Kathryn Hand, et al. City Children's Nature Knowledge and Contact: It Is Not Just About Biodiversity Provision[J]. Environment and Behavior, 2018, 50(10).

[46] T Takano, K Nakamura, M Watanabe. Urban residential environments and senior citizens' longevity in megacity areas: the importance of walkable green spaces[J]. Journal of Epidemiology and Community Health, 2002, 56(12): 913-918.

[47] Hua Zhang, Bo Chen, Zhi Sun, et al. Landscape perception and recreation needs in urban green space in Fuyang, Hangzhou, China[J]. Urban Forestry & Urban Greening, 2013, 12(1): 44-52.

[48] Wahida Kihal-Talantikite, Cindy M Padilla, Benoît Lalloué, et al. Green space, social inequalities and neonatal mortality in France[J]. Wahida Kihal-Talantikite; Cindy M Padilla; Benoît Lalloué; Marcello Gelormini; Denis Zmirou-Navier; Severine Deguen, 2013, 13(1).

[49] Elizabeth A. Richardson, Richard Mitchell. Gender differences in relationships between urban green space and health in the United Kingdom[J]. Social Science & Medicine, 2010, 71(3): 568-575.

城市公共空间与健康生活

[50] Giles-Corti, B., et al "Increasing walking-How important is distance to, attractiveness, and size of public open space?" [J] American Journal of Preventive Medicine, 2005, 28 (2): 169-176.

[51] Reid Colleen E, O'Neill Marie S, Gronlund Carina J, et al. Mapping community determinants of heat vulnerability [J]. Environmental Health Perspectives, 2009, 117(11): 1730-1736.

[52] Anderson G Brooke, Bell Michelle L. Heat waves in the United States: mortality risk during heat waves and effect modification by heat wave characteristics in 43 U. S. communities [J]. Environmental Health Perspectives, 2011, 119(2): 210-218.

[53] Benmarhnia Tarik, Kihal-Talantikite Wahida, Ragettli Martina S, et al. Small-area spatiotemporal analysis of heatwave impacts on elderly mortality in Paris: A cluster analysis approach [J]. The Science of the Total Environment, 2017, 592: 288-294.

[54] Alexandra Price, Erick C. Jones, Felicia Jefferson. Vertical Greenery Systems as a Strategy in Urban Heat Island Mitigation[J]. Alexandra Price; Erick C. Jones; Felicia Jefferson, 2015, 226(8).

[55] Diana E. Bowler, Lisette Buyung-Ali, Teri M. Knight, Andrew S. Pullin. Urban greening to cool towns and cities: A systematic review of the empirical evidence[J]. Landscape and Urban Planning, 2010, 97(3): 147-155.

[56] M. Demuzere, K. Orru, O. Heidrich, E. et al. Mitigating and adapting to climate change: Multi-functional and multi-scale assessment of green urban infrastructure[J]. Journal of Environmental Management, 2014, 146: 107-115.

[57] Sandra Oliveira, Henrique Andrade, Teresa Vaz. The cooling effect of green spaces as a contribution to the mitigation of urban heat: A case study in Lisbon[J]. Building and Environment, 2011, 46(11): 2186-2194.

[58] Sadroddin Alavipanah, Martin Wegmann, Salman Qureshi, et al. The Role of Vegetation in Mitigating Urban Land Surface Temperatures: A Case Study of Munich, Germany during the Warm Season[J]. Sustainability, 2015, 7 (4): 4689-4706.

[59] Sunduk Kim, Yongseung Shin, Ho Kim, Haeoyong Pak, et al. Impacts of typhoon and heavy rain disasters on mortality and infectious diarrhea hospitalization in South Korea [J]. International Journal of Environmental Health Research, 2013, 23(5): 365-376.

[60] Jason A. Byrne, Alex Y. Lo, Yang Jianjun. Residents' understanding of the role of green infrastructure for climate change adaptation in Hangzhou, China[J]. Landscape and Urban Planning, 2015, 138.

[61] M. Demuzere, K. Orru, O. Heidrich, et al. Mitigating and adapting to climate change: Multi-functional and multi-scale assessment of green urban infrastructure[J]. Journal of Environmental Management, 2014, 146: 107-115.

[62] Min Yang, Martin Dijst, Jan Faber, et al. Using structural equation modeling to examine pathways between perceived residential green space and mental health among internal migrants in China [J]. Environmental Research, 2020, 183.

[63] Annemarie Ruijsbroek, Sigrid M. Mohnen, Mariël Droomers, et al. Neighbourhood green space, social environment and mental health: an examination in four European cities[J]. International Journal of Public Health, 2017, 62(6): 657-667.

[64] Aerts Raf, Honnay Olivier, Van Nieuwenhuyse An. Biodiversity and human health: mechanisms and evidence of the positive health effects of diversity in nature and green spaces[J]. British Medical Bulletin, 2018, 127(1): 5-22.

作者简介

毕世波，1988年11月生，男，汉族，山东潍坊，在读博士研究生，华中科技大学建筑与城市规划学院，研究方向为风景园林规划与设计。电子邮箱：991807415@qq.com。

杨超，1995年9月生，男，汉族，安徽芜湖，在读硕士研究生，华中科技大学建筑与城市规划学院，研究方向为风景园林规划与设计。电子邮箱：380303746@qq.com。

陈明，1991年9月生，男，汉族，福建福州，博士，华中科技大学建筑与城市规划学院讲师，研究方向为风景园林规划与设计、绿色基础设施。电子邮箱：1551662341@qq.com。

戴菲，1974年3月生，女，汉族，湖北武汉，博士，华中科技大学建筑与城市规划学院教授、博士生导师，研究方向为城市绿色基础设施、绿地系统规划、大气颗粒物。电子邮箱：58801365@qq.com。

文化基因转译视角下的传统风貌区公共空间品质提升策略研究

——以重庆市同兴传统风貌区为例

Research on the Quality Improvement Strategy of Public Space in Traditional Style Districts from the Perspective of Cultural Gene Translation：

A Case Study of Tongxing in Chongqing

蔡卓霖　戴　菲　毕世波[*]

摘　要：传统风貌区以其特有的文化基因承载着历史的发展脉络，其公共空间对增强人们福祉有重要作用。本文从文化基因理论视角探索传统风貌区公共空间品质的更新策略。基于"基因识别与提取—基因重构与转译—基因应用与表达"的整体框架，以重庆市同兴传统风貌区公共空间为例，提出了针对传统风貌区公共空间的"维护—重构—复现—强化—链接"的空间品质提升思路，为传统空间的更新与发展提供思路借鉴与实践启示。

关键词：文化基因；公共空间；传统风貌区；提升策略

Abstract： The traditional style area carries the history with its unique cultural genes, and its public space plays an important role in enhancing people's well-being. This article explores the renewal strategy of public space in traditional style area from the perspective of cultural gene theory. Based on the overall framework of "gene identification and extraction-gene reconstruction and translation-gene application and expression", taking the public space in the traditional style district of Chongqing City as an example, a "maintenance-replacement of the public space in the traditional style district" is proposed. The space quality improvement idea of "construction-reproduction-strengthening-link" provides reference and inspiration for the renewal and development of traditional space.

Key words： Cultural Gene; Public Space; Traditional Landscape Area; Promotion Strategy

引言

传统风貌区是城市历史文化遗产的重要组成部分，是对城市历史文化保护区的拓展[1]。其作为风景园林规划设计与城市遗产保护交叉的重要研究内容，在体现地域文化方面具有突出作用。

目前，针对传统风貌区公共空间更新方面的研究已有众多成果。研究内容主要集中在风貌区建筑保护、肌理修复、交通组织、功能融合与活力塑造等方面[2]。研究视角方面如曾文静以重庆市山城巷为例，从社区营造的视角来探索传统风貌区的保护更新途径[3]；宋凤等基于PSPL调研法提出了公共空间有机增长的微更新策略[4]。此外，如"因子分析法"[5]、空间句法[6]等方法也在传统空间微更新中发挥了重要作用。

然而，传统风貌区之所以有别于其他空间，很大程度上是因为其承载的独特的文化基因，即那些对古镇地域文化、物质空间，对古镇文化的传承起着重要甚至决定性的基本影响因子[7]。通过提取、转化等方式使文化基因融入地域性设计之中，能更有效地塑造地域文化内涵与风格，实现文化传承[8]。已有学者基于文化基因理论在城市风貌营造、历史空间的挖掘与保护、乡村智慧的提取与运用等诸多方面取得了一定的成果[9-11]，证明了文化基因理论在传统空间微更新中的指导作用，但少有研究是针对传统风貌区公共空间进行的。然而通过传统风貌区公共空间为主体的更新，有助于提升公共空间品质，增强人们福祉[4]。因此，本文以重庆市同兴传统风貌区为例，探求文化基因理论在传统风貌区公共空间的更新策略，为相关理论与实践提供思路与指导。

1　相关理论基础

1.1　文化基因理论

"文化基因"本身具有一定的遗传、变异、选择、自我复制的能力和特性[12]，该理论强调对区域文化的基因提取，及在设计过程中完成的遗传突变所促成的区域文化在社会环境中的传承发展。在文化传播过程中，"文化基因"具有需求性、适应性、不确定性、拓展性、周期性[13]，这些特性首先在理论上认同生物学"基因"概念，并对基因传播过程中遗传、变异、复制等属性进行了外延拓展。通过文化基因的传承、突变过程，以地方文化解释地方文化，以地方文化创新地方文化的方式实现区域的自主复兴，在城市发展需求中实现其传承衍生。

1.2 文化基因与公共空间相结合

在文化基因理论发展下，不同学者对文化基因的认识分类存在一定差异，目前的分类方式主要有 3 种：显性文化基因与隐性文化基因、物质文化基因与非物质文化基因、物质文化和行为方式与精神文化基因。总的来看，传统风貌区空间环境可被视为由"可见的"物质形态与"无形的"文化内涵两大系统复合构成的整体[14]。作为可见物质形态的公共空间易被感知，其地方文化异质化所产生的特殊吸引力，使得公共空间被公众青睐，从而被社会进一步感知，进一步强化了其显性基因属性；而生产生活、历史民俗行为虽可见，却不以物质形态显现，因此，属于不可见的基因类型[15]。由于转录载体的缺乏，此类基因特性现在难以表达。本文则以公共空间为载体，对此类"无形的"文化进行翻译表达。由此实现空间内涵赋值，提升公共空间（尤其是文化意蕴与地域属性）品质。

1.3 文化基因转译背景下的传统风貌区公共空间指引框架

在基因转译背景之下，本文的研究思路分为 3 个层次：（1）场地文化基因的识别、提取与梳理。（2）结合场地现状对已提取基因进行重构转译。（3）在重构转译思路下结合场地公共空间特征完成文化基因的应用表达（图 1）。

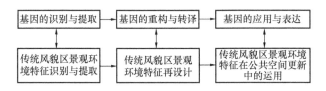

图 1 基于文化基因的传统风貌区研究框架图

2 文化基因理论在重庆市同兴传统风貌区的运用

2.1 同兴传统风貌区概况

2.1.1 区位概况

同兴传统风貌区位于重庆北碚区童家溪镇，规划面积 4.37hm²，东临嘉陵江，与北部新区隔江相望，南与沙坪坝区井口镇接壤，西与重庆大学科技园毗邻。场地镶嵌于南北两侧山体间，童家溪流经场地内部，两街三巷沿地形自由分布，街巷空间尺度宜人。

2.1.2 选址缘由

2014 年重庆市规划委员会二次全会审议通过了《重庆市主城区传统风貌保护与利用规划》，同兴传统风貌区属于风格占比 50% 的 14 个巴渝传统风貌片区之一。且该风貌区老街地势起伏、建筑排布具有明显的巴渝山地特色，是传统风貌区的典型代表。加之其街区内涵的码头文化和场镇文化更是巴渝最具特色的文化。因此，本文将同兴传统风貌区作为研究对象探讨基于文化基因视角的公共空间品质提升策略。

2.1.3 场地公共空间面临的主要挑战

研究区的主要挑战可分为宏观、中观、微观 3 个层次（图 2）。

（1）宏观层面为整个风貌区的外围整体山水安全格局。表现为山水环境颓败破坏、水质污染、动物灭绝、树种多样性锐减、土层土质破坏严重，及由此导致"依山居，傍水生"之格局受强烈冲击，呈现销蚀的现状。

（2）中观层面为风貌区内的街巷线性开放空间。表现为场所空间变异、街巷肌理断裂、街道立面混杂、景观绿化单一、休憩空间缺乏、公共设施不足等问题。

（3）微观层面为邻里、街角等点状公共空间。表现为风貌节点淡化羸弱、邻里空间被侵占、历史节点消失、建筑破旧老化等问题。

2.2 研究途径

本文综合文化基因理论的 3 种主流分类方式，按照物质（显性）与精神（隐性）对场地文化基因进行提取。同时认为显性基因为"看得见"的环境空间特征，即物质基因；隐性基因为"看不见"的文化基因，即精神基因。由此，将同兴传统风貌区文化基因识别提取为 5 大亚类：（1）以山水环境与场所空间特征为主的 2 类物质基因。（2）以生产生活、意识形态与民族历史文化为主的 3 类精神基因。也由此从维护山水环境、重构场所空间、复现生产生活、强化意识形态、链接民族历史这 5 方面来推进研究区文化基因的转译，实现文化基因理论在同兴传统风貌区的应用表达，促使其公共空间的品质提升（图 3）。

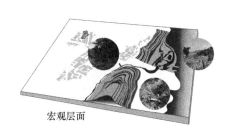
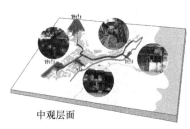
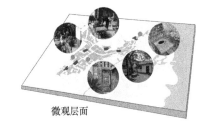

宏观层面　　　　　中观层面　　　　　微观层面

图 2 场地挑战图

图 3　研究框架图

3　文化基因的识别提取

3.1　物质基因识别与提取

3.1.1　山水环境基因

传统风貌区镶嵌于北、东南两侧两山间，傍依嘉陵江，形成山、水、镇相互交融，"1+1+2"（一江、一溪、二山）的空间格局。因此本文将这类"水绕为镇，山以为态"的自然环境格局识别为山水环境基因，具体包括驳岸滩涂、江流溪沟、陡坡山体3部分（图4）。

3.1.2　场所环境基因

研究区街区肌理清晰，呈鱼骨状生长，主街呈"Y"形，宽为4～6m；巷道呈树枝状，宽为1～2.5m；街巷宽高比例约在1：0.5～1：7.5间。街巷立面以传统巴渝、民国及现代建筑3种风格呈现，并配以脊饰、柱饰、门窗雕刻、石雕、木构等各类构件雕刻装饰。此外，戏台、庙坝、茶馆、口井等散落分布于街区中。因此本文将街巷肌理、历史节点、古井古树、街道宽高比例、建筑立面材质等识别为场所环境基因（表1）。

图 4　山水环境、历史文化、意识信仰基因图

场所基因提取表　　　　　　　　　　　　　　　　　　　　　表 1

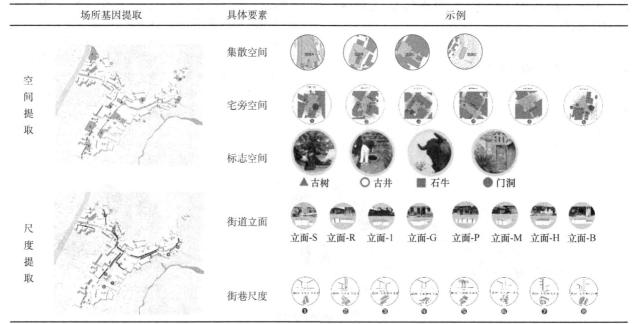

场所基因提取	具体要素	示例
要素提取	材质、颜色提取	**材质** 竹子　瓦片　红砖　江石块　木条　片石　青石板　陶土　铝 **颜色**
	样式提取	**屋顶样式** **结构样式** **装饰样式**

3.2 精神基因识别与提取

3.2.1 历史文化基因

明末清初，同兴紧邻嘉陵江，当地人开行设栈，吸引大量船只停泊，由此形成繁华货运码头。抗战时期，因其自身工业基础，向前线输送材料，使之再次成为嘉陵江上的重要码头。码头兴盛催生场镇发展，每逢1、4、7场镇繁盛，赶集买卖、喝茶看戏等活动丰富多样。因此本文将场镇文化、码头文化等识别为街区历史文化基因（图4）。

3.2.2 意识信仰基因

街区重要思想主要表现为民间信仰与宗教文化。建筑坐北朝南及"北依山，南临池，西接路，东靠江"的理想布局方式是其居住文化的重要体现。而川祖庙、王爷庙

的修建满足居民祈福平安的美好愿景。因此，将当地庙会文化、宗族信仰识别为意识信仰基因（图4）。

3.2.3 生产生活基因

同兴因码头而兴，衍生出大量传统作坊如：榨油、炼铁、酿酒坊等。同时，作为重庆抗战重要工业基地，煤矿厂、炼铁实验室、砖瓦厂等大型工厂曾在此地进行建设。如今此类大型生产活动正快速消退，仅餐饮、摊售等部分中小型商业活跃。

此外，街区中，占绝大多数的中、老年群体及其传统的生活方式维系了积极外向的社群关系，其劳作生产活动与文娱生活行为成为街区最富特色的动态文化基因。故本文将工业、商业、手工业类的街区产业及居民日常休憩活动、游者行为方式等识别为生产生活基因（表2）。

生产生活基因提取表 表2

生产生活基因	下属分类	示例
生产基因	饮食	●渣渣鱼 ●酸菜鱼 ●王烧白 ●布带鱼火锅 ●豆花饭
	工业	▲陶瓷厂 ▲砖瓦厂 ▲煤矿厂 ▲炼铁厂
	中型商业	■榨油坊 ■酿酒坊 ■铁炉铺 ■理发店 ■缝纫铺 ■药铺
	小型商业	■换锁 ■纳鞋 ■烟草售实 ■修脚
生活基因	日常必需	■洗衣 ■晾晒 ■买菜 ■遛娃 ■浇花 ■摘菜 ■挑水 ■耕作
	游憩健身	▲闲聊 ▲晒太阳 ▲钓鱼 ▲广场舞 ▲遛狗 ▲休憩 ▲棋牌 ▲散步 ▲放风筝
	文艺休闲	●闲聊 ●写生 ●打腰鼓 ●诗朗诵 ●清垃圾 ●唱歌 ●电影 ●舞龙 ●竹编

4 文化基因的转译重构

现存的山水环境与场所空间为客观物质具有物理属性，为显性文化基因。而意识信仰、历史文化、生产生活均具有精神属性，为隐性文化基因。且显、隐性基因所具有的不同属性能在一定条件下进行转换表达。本研究在具体设计中将隐性基因以显性基因为载体，完成转录翻译过程，并推进传统风貌区公共空间的品质提升。

具体更新策略为将山水环境、场所空间分成下属的自然、街巷、建筑3类空间，并提供其中的滩涂、集散、建筑实体等9个具体场所，与生产生活、历史文化、意识信仰中下辖的传统美食、码头文化等14个小类进行对应关联，形成场地具体设计思路（图5）。

宏观层面，沟通滨江驳岸与山体公园形成全域景观，微调童家溪走向适当延长以净化水质，延续山水走势设计微地形、水景与此呼应。中观层面，强化街区风貌，加强街区典型符号应用，修缮建筑立面，串接街巷绿化并补给缺失设施。微观层面，以6个宅旁空间为代表，融入标志性符号，凸显街区节点意象（图6）。

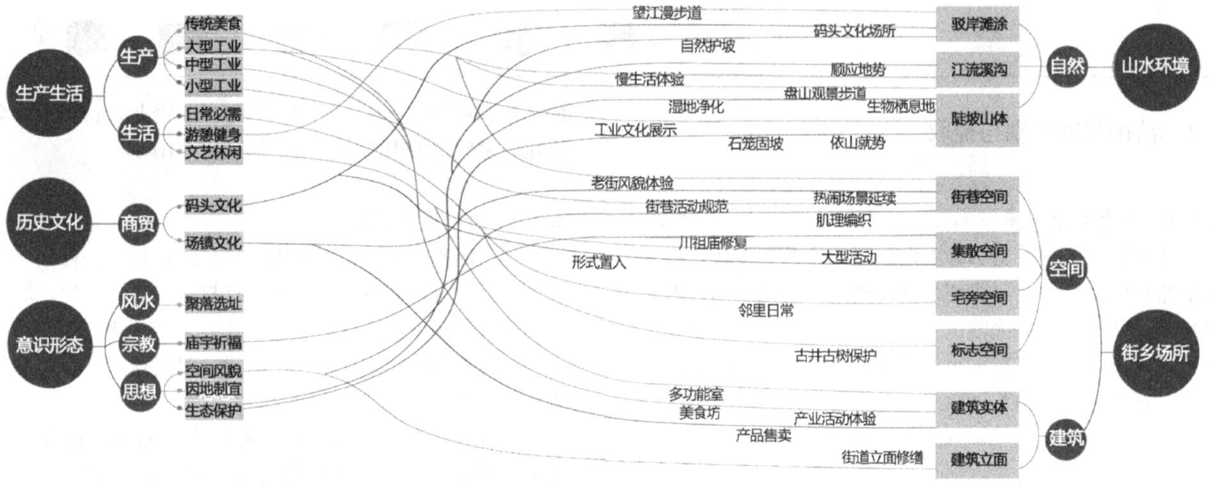

生产生活
生产
生活
传统美食
大型工业
中型工业
小型工业
日常必需
游憩健身
文艺休闲
历史文化
商贸
码头文化
场镇文化
意识形态
风水
宗教
思想
聚落选址
庙宇祈福
空间风貌
因地制宜
生态保护
望江漫步道
码头文化场所
自然护坡
慢生活体验
顺应地势
盘山观景步道
湿地净化
生物栖息地
工业文化展示
石笼固坡
依山就势
老街风貌体验
街巷活动规范
热闹场景延续
肌理编织
川祖庙修复
形式置入
大型活动
邻里日常
古井古树保护
多功能室
美食坊
产业活动体验
产品售卖
街道立面修缮
驳岸滩涂
江流溪沟
陡坡山体
街巷空间
集散空间
宅旁空间
标志空间
建筑实体
建筑立面
自然
空间
建筑
山水环境
街乡场所

图5 公共空间更新策略图

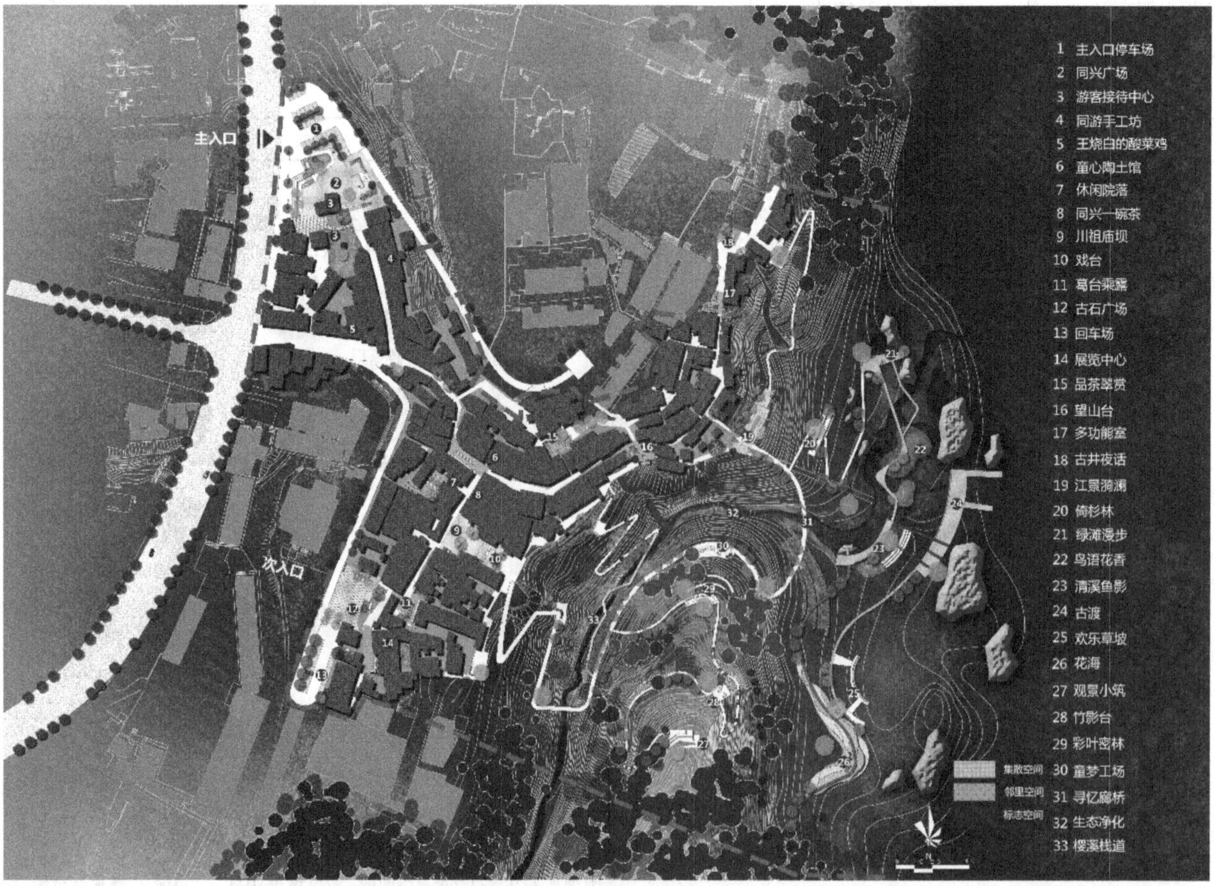

主入口
次入口
1 主入口停车场
2 同兴广场
3 游客接待中心
4 同游手工坊
5 王烧白的酸菜鸡
6 童心陶土馆
7 休闲院落
8 同兴一碗茶
9 川祖庙坝
10 戏台
11 葛台乘露
12 古石广场
13 回车场
14 展览中心
15 品茶翠贯
16 望山台
17 多功能室
18 古井夜话
19 江景漪澜
20 傍杉林
21 绿滩漫步
22 鸟语花香
23 清溪鱼影
24 古渡
25 欢乐草坡
26 花海
27 观景小筑
28 竹影台
29 彩叶密林
30 童梦工场
31 寻忆廊桥
32 生态净化
33 樱溪栈道
集散空间
邻里空间
标志空间

图6 设计总平面图

5 文化基因的应用表达

5.1 宏观层面：塑造景观格局，凸显生态效应

5.1.1 驳岸滩涂设计

驳岸滩涂设计主要体现在营造观景台、设置滨水栈道及丰富生物生境3个方面：（1）研究区地势起伏大，在街区与嘉陵江滩涂过渡带营造观景台（江景漪澜），既衔接两者间的关系又为观景提供最佳视角。观景台材质主要运用江石块、砂土等本土用材以奠定滨江基调。（2）滩涂驳岸地势倾斜大，行进途中设置"Z"形放坡步道与"船形"栈道连接，其间镶嵌多个停泊节点，既丰富游憩体验又能强调码头文化。（3）滨江原址有大量鸟类进行季节性栖息，因此营建部分湿地于栈道穿插处供鸟类栖宿，并配植适宜鸟类生活环境的如风车草、苦草、黑藻等植物，湿地底层以江石、枯木、砖块堆叠，为鱼、水栖昆虫、虾蟹等提供栖息空间，以丰富生物生境，使生态基因回归场地（图7）。

5.1.2 公园驳岸设计

公园驳岸设计主要考虑街区大量中老年群体，营建慢行生活游憩带。具体由驳岸滩涂外扩一条道路与山体衔接，行进途中设计花境（花海）与林道（彩叶密林、倚杉林）丰富调节慢行韵律。其中花境设计多应用美人蕉、石菖蒲、芦苇等湿地植物和多年生草本花卉进行粗放管理；彩叶密林配植注重观花彩叶树种的比例，以乔木混交方式丰富树种多样性；倚杉林种植水杉、朴树、垂柳等植物固沙保土（图8）。

5.1.3 山体公园设计

山体公园设计主要体现在设置连通步道、营造工业氛围与净化水体质量3方面。（1）山体倾斜幅度大，步道设计采用"S"形放坡连接川祖庙坝，使街区与山体贯通。（2）山体周围工业文化基因丰厚，沿途设置"追忆廊桥""童梦工厂"等节点进行叙述，并配以废旧材料拼接的休闲设施和工业小品营造工业文化氛围。（3）山体低洼处有童家溪流经，为优化水质，设计微调溪流走向并将水面扩宽，配植狐尾草、石菖蒲等净化植物，并将覆盖比例控制在水面1/3～2/5，保护自然山水基因（图9）。

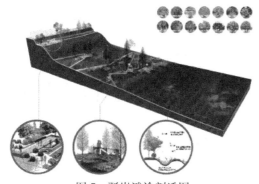

图7　驳岸滩涂剖透图

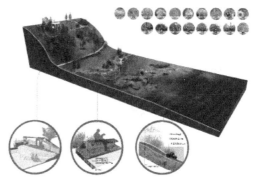

图8　公园驳岸剖透图

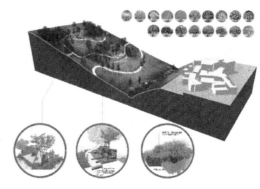

图9　山体公园剖透图

5.2 中观层面：强化街区风貌，完善功能需求

5.2.1 街巷空间

街巷空间设计主要通过修缮建筑立面、串接线性绿化与增强服务设置以强化其传统风貌。具体设计将提取街区黛青色系为基调，将门窗雕刻、脊饰、柱饰等街区典型纹样再现于建筑立面强化其风貌特征。街区内现存多个零散景观，通过建筑表皮立体绿化与街巷点状花坛设置的方式将其串联，以强化街区连通性，增强场地体验与归属感。同时，考虑街区服务设施缺乏问题，还置入休憩、展览、摊贩等设施，不仅能提供休憩空间，而且能为宣传文艺、饮食文化，促进商业活力回归提供条件（图10）。

5.2.2 集散空间

4个集散空间均由2条主街道串连，强化人流疏导，延续生活记忆（表3）。

古石广场设计主要凸显街区标志，展示街区文化。场地位于老街次入口，正中以街区历史标志物"石牛"作为主体进行展示奠定街区基调。因空间局限，设计需迅速将人群从横街导入，故于场地东侧设计本土砖石景墙进行空间界定，在形成游览秩序同时展示街区文化。

川祖庙坝设计主要强化活动基因，留存庙会文化。梳理邻里空间拓宽场地，以增强原址坝坝舞、舞龙、社区宣传等民俗活动开展，延续其集体活动功能。将庙会基因物化形成庙亭，搭建孩童游戏平台，提供游者休憩观景。

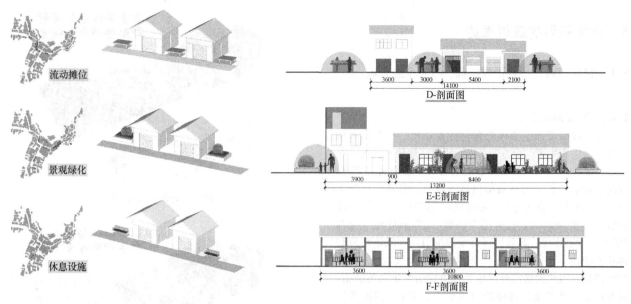

流动摊位

景观绿化

休息设施

3600　3000　5400　2100
14100
D-剖面图

3900　900　8400
13200
E-E剖面图

3600　3600　3600
10800
F-F剖面图

图 10　街巷空间风貌改造图

滨水观景台设计主要沟通街区滩涂，奠定街区基调。观景台连接街道与滩涂，提供最佳观景视线。场地设计应用江石块、砂土、砂枣等滩涂要素，游览滩涂驳岸奠定基调。

同兴广场主要引流疏散，文化宣传作用。主入口广场与公路存在较大高差，设计以退台与无障碍放坡引流，并在中心场地形成视觉聚焦，将人群顺势与街区相接，进行引流疏散。广场中的以码头文化为主的"船形"标志，以类比建筑形式、街巷尺度构成的廊亭、景墙，以传统技艺体验为主的打铁，榨油等互动装置的设置都为街区文化宣传起相应积极作用。

5.3　微观层面：失落空间再生，重拾街区活力

5.3.1　宅旁空间

6个宅旁空间较均匀地散布于街区内，为形成空间舒张口，保证街区肌理关系提供了条件。该类场地主要打造为居民休息交流与棋牌晾晒等日常生活空间。设计首先留存历史场景节点，利用原址植物砌以树池提供停坐空间，复现街区原有生活场景。其余空间构形多采用街区肌理方形和梁祝穿插形式设计，其间场地材质均应用本土砖石、楠竹、斑竹等，与街区风貌呼应（表4）。

集散空间设计列表　　表 3

名称	节点平面、效果图	
古石广场		
滨水平台		
川祖庙坝		
同兴广场		

宅旁空间设计列表　　表 4

名称	节点平面、效果图	
节点一		
节点二		
节点三		
节点四		

名称	节点平面、效果图
节点五	
节点六	

5.3.2 标志性空间

街区内有石牛、门洞、古井、古树四种历史标志元素，设计以凸显历史元素为主。石牛广场设计将石牛挪至场地中心以奠定风貌区基调；对门洞稍作修缮并配植本土植物进行美化修饰，提供休憩打卡点；对古井则首先整治，以恢复取水功能，而后设计休息座椅并配植遮荫树木形成一定场地空间；对树龄达30年以上的古树周边进行植被梳理，多设计微地形或种植低矮植被突出主体树木。此类空间以点状分布于街区内激发游者兴趣，把控行进节奏（图11）。

图11 标志性空间设计图

6 结语

以文化基因为视角构建了传统风貌区公共空间品质提升的框架思路。基于"基因识别与提取至基因转译与运用"的品质提升思路，以重庆市同兴传统风貌区为例，从构建宏观生态安全格局、中观街巷空间整治与微观场所空间营造的多层次视角实现了场地物质与精神基因的应用表达。为公共空间品质的提升提供了思路借鉴与实践应用方面的启示。

参考文献

[1] 闫怡然，李和平. 传统风貌区的价值评价与规划策略——以重庆大田湾传统风貌区为例[J]. 规划师，2018，34（02）：73-80.

[2] 陈蔚，刘美. 重庆市传统风貌区建筑保护整治更新研究[J]. 包装世界，2016(05)：50-53.

[3] 曾文静. 社区营造视角下传统风貌区保护更新研究——以重庆市山城巷为例[J]. 建筑与文化，2017(08)：205-206.

[4] 宋凤，陈业东. 基于PSPL调研法的传统社区公共空间微更新策略研究——以济南将军庙历史文化街区为例[J]. 中国名城，2019(09)：55-60.

[5] 翟洪雯，王久钰，肖洁，冉秦川，郝子轩，徐桐. 基于"因子分析法"的历史文化片区保护更新——以南锣鼓巷片区为例[J]. 城乡建设，2018(09)：39-41.

[6] 解旭东，李卉姗. 基于空间句法的传统商业街区更新研究——以青岛市中山路历史街区为例[J]. 青岛理工大学学报，2017，38(05)：46-50＋85.

[7] 陈倩雯，郝昕奕. 文化基因视角下古镇地域文化的传承路径研究——以开封朱仙镇为例[J]. 城市建筑，2019，16（01）：155-158.

[8] 方新，荣金金. 转译与物化：文化基因视域下的地域性产品设计[J]. 厦门理工学院学报，2020，28(02)：90-96.

[9] 刘文雯. 民族文化基因在城市风貌上的转译与表达路径探索——以崇左市壮族特色风貌研究为例[J]. 居舍，2020(25)：1-2＋20.

[10] 李巍，郭文强，韩佩杰. 文化基因视角下的历史空间挖掘与再生——以甘肃省青城古镇为例[J]. 安徽农业科学，2020，48(02)：257-263.

[11] 张文英. 转译与输出——生态智慧在乡村建设中的应用[J]. 中国园林，2020，36(01)：13-18.

[12] 袁媛. 文化基因视角下太原旧城区历史街区保护与更新研究[D]. 西安：西安建筑科技大学，2013.

[13] 黄豪璐. 基于文化基因理论的传统村落景观传承与更新研究[D]. 福州：福建农林大学，2018.

[14] 李和平，肖竞. 我国文化景观的类型及其构成要素分析[J]. 中国园林，2009，25(02)：90-94.

[15] 裴沛然. 基于文化基因的重庆古镇保护规划策略研究[D]. 重庆：重庆大学，2018.

作者简介

蔡卓霖，1998年生，女，重庆，华中科技大学，研究方向为城市绿色基础设施。电子邮箱：15823243751@163.com。

戴菲，1974年生，女，博士，华中科技大学建筑与城市规划学院教授、博导，研究方向为城市绿色基础设施、绿地系统规划。电子邮箱：58801365@qq.com。

毕世波，1988年生，男，山东省潍坊市，华中科技大学建筑与城市规划学院，在读博士，研究方向为风景园林规划与设计、绿色基础设施。电子邮箱：991807415@qq.com。

基于空间句法的开放公园对社区高活力街道影响研究

Study on the Influence of Open Park on Community High Vitality Street Based on Spatial Syntax

曹凤仪　刘晓光*

摘　要：开放公园与社区高活力街道作为为城市居民提供休闲、交流等公共生活的城市空间，探究这两类空间的影响关系，有助于促进城市居民更便捷高效、更健康地生活。本文运用空间句法理论，选取哈尔滨的4处具有不同特征的开放公园及其周边街区作为研究案例，以研究区域内步行网络作为研究对象。不再单纯地将开放公园视为城市中的绿地斑块，而是将开放公园的内部路网作为"子网"，参与到研究区域步行网络（母网）线段模型的运算中，通过对加入"子网"前后研究区域步行网络线段模型运算结果的变化来探究开放公园对社区高活力街道的影响关系，并对开放空间与社区高活力街道布局关系提出建议，为日后的社区规划或改造提供借鉴与参考。

关键词：空间句法；开放公园；高活力街道；社区规划

Abstract: Open park and community high vitality street are urban space providing public life such as leisure and communication for urban residents. Exploring the influence relationship between these two kinds of space will help to promote urban residents to live more convenient, efficient and healthy. In this paper, four open parks and their surrounding districts with different characteristics in Harbin are selected as research cases, and the pedestrian network in the study area is taken as the research object. The open park is no longer regarded as a green patch in the city, but the internal road network of the open park is taken as a "sub-network" to participate in the calculation of the segment model of the regional pedestrian network (parent network). The influence of the open park on the community high vitality street is explored by studying the changes of the calculation results of the regional pedestrian network segment model before and after the addition of the "sub-network" This paper puts forward some suggestions on the relationship between open space and high vitality street layout, and provides reference for future community planning or reconstruction.

Key words: Space Syntax; Open Park; High Vitality Street; Community Planning

1 研究背景

开放公园是城市居民进行日常休闲娱乐活动的主要场所，开放公园的存在可以提高周边社区居民外出健身的频率、促进邻里之间交往、带动社区活力。同时，在城市社区中存在着许多兼具交通和承载居民日常生活的功能的生活性街道，其两侧的业态构成通常以日常服务设施为主，如便利店、超市、果蔬店等，是城市居民维持日常生活正常运行所必需的，因此相比于社区中的其他街道，它更能够吸引人流，也更具活力。社区内的开放公园与社区高活力街道同样作为社区中的高活力空间，开放公园对社区高活力街道在社区中的空间布局是否会产生影响，从而激发出社区内部更大的活力？近年来国内外学者对于这两类空间空间关系的研究中，主要从提高消费者消费体验[1]、促进社区居民步行出行[2-3]、提高社区经济[4]、邻里满意度[5]等角度进行研究，且大多采用耗时耗力的问卷调查法和观察法。本文从空间拓扑结构的角度，以哈尔滨4处开放公园及周边街区的步行路网为研究对象，探究开放公园对社区高活力街道的影响关系，并为社区中开放公园与社区高活力街道的布局提出建议。

2 研究方法

2.1 空间句法介绍

空间句法由英国伦敦大学学院（UCL）Bill Hillier 教授等人在20世纪80年代提出。其核心为从空间拓扑连接形态的基础出发来分析空间形态对运动和功能的影响。目前空间句法已经广泛应用于建筑、城市规划等多个领域，在风景园林领域中，空间句法主要用于古典园林、特色公园的空间组织特征进行分析，以及城市公园、滨水景观的可达性分析等。

空间句法主要分析方法有轴线分析法、凸空间分析法、视域分析法（VGA法）以及后来由轴线分析法衍生而来的线段分析法。轴线分析法与线段分析法由于契合城市道路特性，在城市、街区尺度的研究中使用较多。在人的运动中，对于路径的选择会同时受到实际距离与路径转弯角度的影响，因此线段模型在轴线模型的基础上加入了米制距离和角度模型。本文选取线段模型作为分析模型。

在空间句法理论中常见的空间形态参数主要有深度值、整合度、选择度、可理解度等。整合度表示在一定半径下，空间系统中某一节点与其他更多节点联系的集聚或离散程度。空间句法中使用整合度作为整体便捷程度，当整合度的值越大，表示该节点在系统中便捷程度越高，可达性越好，越容易聚集人流。选择度表示空间系统中某一节点空间"出现在最短拓扑路径上的次数"，反映了空间系统中某节点空间吸引通过型交通的潜力。选择度高的节点代表其穿行人流潜力较大。国内外许多学者在用空间句法对步行流量进行分析的研究中发现在特定区域内整合度与选择度对居民步行流量的解释度高达60%～70%[6-9]，因此整合度与选择度常作为预测不同尺度空间内居民步行行为流量的指标。我国学者岳要瑞等将某地区的步行流量的高低作为衡量该地区城市居民的活动潜力的标准，通过对研究区域轴线模型进行局部整合度分析，将整合度高的地区作为社区的活力中心[10]。为得到某空间作为目标聚集点与穿过路径的综合潜力，本文将整合度与选择度相乘，形成复合参数值[11]。用于社区高活力街道的预测。利用空间句法软件 Depthmap 中 Attribute 工具，新建参数，其运算公式如下：

(value("T1024 Integration RXXX metric")×{log[value("T1024 Choice RXXX metric")]+2}

其中 RXXX 表示研究搜索半径。

2.2 研究方案设计

空间句法认为空间并不是通过单个空间来工作，而是很多局部空间相互关联，组成一个完整的空间布局。在整个空间系统内，局部空间的改变影响着整个空间布局。以轴线模型为例，在模型中加入任何一根轴线，或任意改变模型中某局部轴线网络都将改变整个模型的网络结构，进而引起网络中运动的变化。开放公园与城市中的其他性质的用地相比，具有开放性和自由性。开放性指城市居民可以随时进入公园并且不会产生阻碍；自由性指居民可根据出行目的自由选择路径，为城市居民步行路径的选择提供了更多的可能。对于城市社区步行网络来说，开放公园的内部路网相当于整个系统网络的"子网"，在研究区域的轴线模型中，加入开放公园这个"子网络"对社区内整个步行网络（母网）会产生怎样的变化，是否对社区功能空间产生影响，是本文主要讨论的问题（图1）。

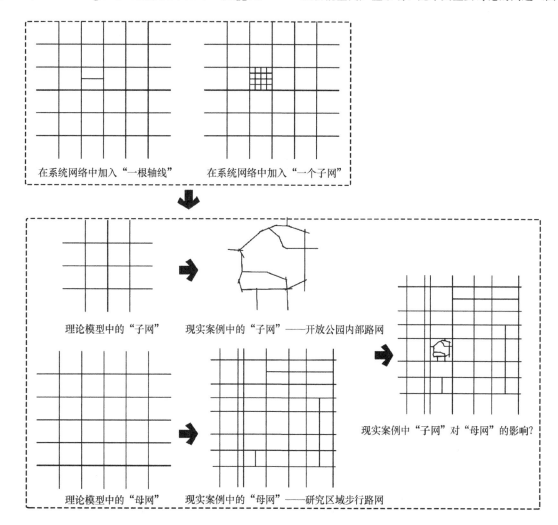

在系统网络中加入"一根轴线"　　在系统网络中加入"一个子网"

理论模型中的"子网"　　现实案例中的"子网"——开放公园内部路网

理论模型中的"母网"　　现实案例中的"母网"——研究区域步行路网

现实案例中"子网"对"母网"的影响？

图 1　现实案例中"子网母网"理论的转译

本文的研究方案：首先构建未加入开放公园内部路网的研究区域步行网络线段模型并进行分析，提取研究区域中复合参数值最高的街道作为活力街道；其次再构建加入开放公园内部路网的研究区域步行网络线段模型进行分析，比较前后提取的社区高活力街道位置变化及空间参数值的变化并分析，最后得出结论（图2）。

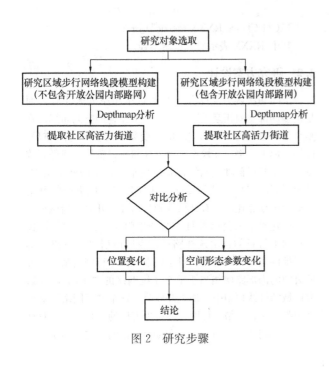

图2 研究步骤

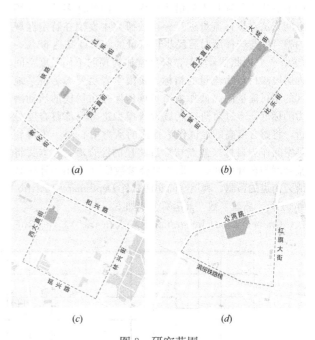

图3 研究范围
(a) 北秀广场；(b) 儿童公园；(c) 清滨公园；(d) 尚志公园

也保证了各种城市功能的多元混合、保持街区活力。本文选取了位于哈尔滨主城区的具有不同特征的4处开放公园及其周边街区作为研究案例，分别为北秀广场、儿童公园、清滨公园以及尚志公园。4个案例街区内主要以居住用地为主，且大多为开放式住区（表1～表2）。

3 空间句法模型建立

3.1 研究区域概况

哈尔滨部分街区的规划属于"小街区、密路网"的开放式街区模式，不仅提供了高效、多样的交通组织，同时

研究案例区位概况			表1
序号	案例名称	所在行政区、街道	研究范围
1	北秀广场	南岗区松花江街道	北与道里区隔铁道相望，东至红军街，南至西大直街，西至教化街
2	儿童公园	南岗区荣市街道	北至西大直街，东至大成街，西至红军街，南至比乐街
3	清滨公园	南岗区和兴街道	北至和兴路，东至林兴街，南至延兴路，西至西大直街
4	尚志公演	香坊区香坊大街街道	北至公滨路，东至红旗大街，南至滨绥铁路线，西至滨绥铁路线

开放公园基本特征概况						表2
案例名称	公园面积	面积规模研究区域面积	面积占比（%）	区位	内部路网结构	出入口数量
北秀广场	0.69	82	0.85	居中	树枝型	4
儿童公园	17.0	167	10.00	居中	套环型	6
清滨公园	3.3	147	2.2	位于一侧	套环型	4
尚志公园	7.4	107	7.00	位于一侧	套环型	4

3.2 研究区域线段模型建立

本次模型绘制以谷歌地图（空间分辨率为2.15m，比例尺为1:5300，地图级别为17级）为参考，根据空间句法中的"最少最长"原则对研究区域的城市各级道路进行轴线图绘制（图4）。本文绘制轴线图的软件工具为Autodesk CAD（以下简称CAD），将绘制完成的轴线图转存为dxf格式导入由UCL大学开发的Depthmap 10软件再生成为线段模型。

在轴线绘制过程中主要遵循以下几个原则：
（1）研究案例范围边界的选择以及"缓冲区"的设置
本文在研究范围的选取中，遵循了空间句法中"选取城市空间的现实边界如高速公路、快速路、宽度较大的主干路以及河流等"作为研究边界，同时为防止位于范围边界的轴线参数会处于失准状态，出现"边界效应"在绘制轴线图时，本文在研究范围的基础上，向四周设置1.2～1.5km缓冲区，排除"边界效应"的干扰（图5）。

城市公共空间与健康生活

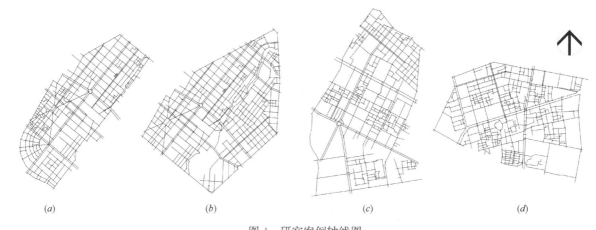

图 4　研究案例轴线图

(a) 北秀广场；(b) 儿童公园；(c) 清滨公园；(d) 尚志公园

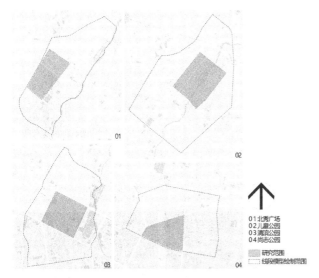

图 5　研究案例范围及轴线模型绘制范围

（2）基于步行视角，研究区域内步行网络模型的构建

在城市中，机动车交通仍然占据着主导地位。机动车流量大、速度快等特点使街区中行人的步行空间割裂、处于非连续状态，因此在轴线绘制过程中，不仅要考虑不同步行形式的步行空间的轴线绘制，同时还要考虑不同等级的城市道路与步行空间交叉口的轴线绘制问题[12]（图6、图7）。

（3）门禁社区、大学校园等半公共空间模型的构建

由于在国内存在较多的门禁社区，其中有许多可步行进入但车辆无法进入的半公共空间。根据戴晓玲（2015）等学者的研究，通过对包含半公共空间模型与不包含半公共空间的模型进行对比分析，结果显示包含半公共空间的模型更能较好地解释步行流量[13]。因此为了确保所绘制的每条轴线均为行人可进入的空间，在绘制时结合了百度街景进行校核筛选。

（4）开放公园内部路网的选择

在传统公园中，主园路与公园出入口相连，开放公园内的主园路可以更好地融入城市步行路网，而连接主园路的二级、三级园路往往串联二级空间为主，难以承担串联系统的作用[14]，因此在绘制开放公园的步行路网时，只绘制将与入口相连的主园路作为公园的步行通道（图8）。

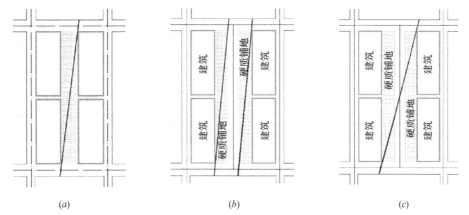

图 6　不同类型的步行空间轴线绘制

(a) 完全步行空间轴线绘制；(b) 机动车道对步行空间影响较大的混合步行空间轴线绘制；

(c) 机动车道对步行空间影响较小的混合步行空间轴线绘制

（图片来源：高祥，《步行视角下广州市北京路历史街区的空间句法规划应用研究》）

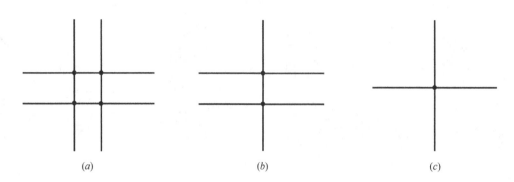

图 7　不同道路等级交叉口轴线绘制

(a) 干道与干道交叉口；(b) 干道与支路交叉口；(c) 支路与支路交叉口

（图片来源：高祥，《步行视角下广州市北京路历史街区的空间句法规划应用研究》）

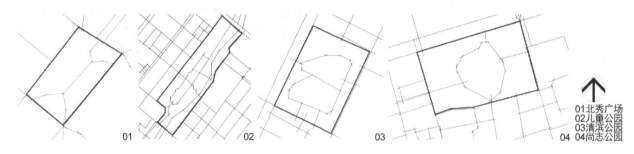

01北秀广场
02儿童公园
03清滨公园
04尚志公园

图 8　开放公园内部路网轴线图

4　基于空间句法的开放公园对社区高活力街道影响分析

4.1　社区高活力街道识别

4.1.1　未加入开放公园内部路网

　　本文主要探讨在人的舒适步行距离范围内研究案例中居民的行为活动，因此主要进行了搜索半径 $R = 400\text{m}$ 时研究区域线段模型的运算，以整合度与选择度相乘形成的复合参数值作为识别社区高活力街道的依据。通过对各案例线段模型的分析结果得出：北秀广场研究区域内社区高活力街道为公司街；儿童公园研究区域内社区高活力街道为建设街；清滨公园研究区域社区高活力街道为中兴街；尚志公园研究区域内社区高活力街道为香坊大街（图 9）。

4.1.2　加入开放公园内部路网

　　通过对加入开放公园内部路网后的研究区域步行网络的线段模型进行分析，得出北秀广场研究区域内社区高活力街道仍为公司街；儿童公园研究区域内社区高活力街道变为龙江街；清滨公园研究区域社区高活力街道变为和兴三道街；尚志公园研究区域内社区高活力街道仍为香坊大街（图 10）。

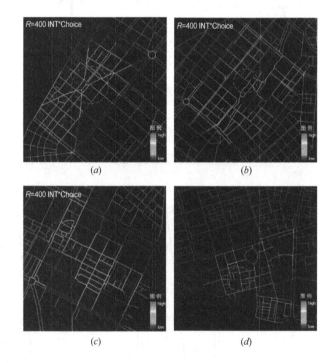

图 9　未加入开放公园内部路网时研究
区域线段模型运算结果

(a) 北秀广场及周边街区；(b) 儿童公园及周边街区；
(c) 清滨公园及周边街区；(d) 尚志公园及周边街区

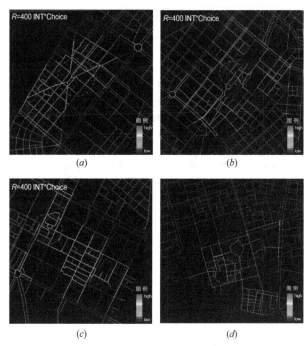

图 10　加入开放公园内部路网时研究区域
线段模型运算结果

（a）北秀广场及周边街区；（b）儿童公园及周边街区；
（c）清滨公园及周边街区；（d）尚志公园及周边街区

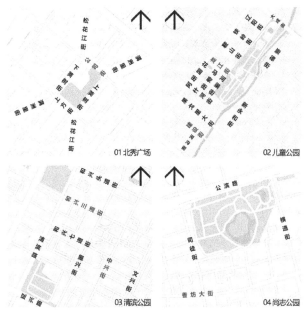

图 11　社区高活力街道

4.2　开放公园对社区高活力街道影响分析

　　通过对加入开放公园内部路网前后各案例研究区域
的步行路网进行线段分析，发现加入开放公园内部路网
前后部分案例的社区活力街道位置发生改变，如在儿童
公园案例中，未加入开放公园内部路网时，研究区域的社
区高活力街道为建设街，加入后则变为龙江街；在清滨公
园案例中，加入公园内部路网前后研究区域的社区高活
力街道分别为中兴街和和兴三道街（表 3）。从这一现象
可以说明，在现实案例中开放公园对社区高活力街道的

布局有很大的影响。

加入开放公园内部路网前后的社区活力街道　表 3

案例名称	北秀广场	儿童公园	清滨公园	尚志公园
未加入开放公园路网	公司街	建设街	中兴街	香坊大街
加入开放公园路网	公司街	龙江街	和兴三道街	香坊大街

　　为了能够更明确开放公园对社区高活力街道的影响，
本文对各个案例加入开放公园内部路网前后社区高活力
街道复合参数值进行了对比分析（表 4）。可以发现，加
入开放公园内部路网后，大多数社区高活力街道的复合
参数值会有一定的提高。如北秀广场研究案例中的社区
高活力街道公司街，由于与北秀公园呈紧邻式布局，在加
入北秀广场内部路网后，北秀广场内部路网直接与公司
街相连，与公司街直接相连的街道数量增加，致使公司街
的复合参数值增长了 54%。与北秀广场案例相同，在清
滨公园的案例中，由于加入了清滨公园的内部路网，其社
区高活力街道由与清滨公园平行布局的中兴街变为与清
滨公园紧邻的和兴三道街。在儿童公园案例中，加入开放
公园内部路网后，其社区高活力街道复合参数值的增长
率高达 64.8%，其社区活力街道的位置也发生了改变，
由建设街变为龙江街。针对这一现象，可以解释为：由于
儿童公园的形状是长宽比较大的矩形公园，面积为
17hm²，占整个研究区域面积的 10%，同时位于研究区域
中间区域，使得儿童公园的存在阻碍了较多的南北向的街
道交通。而加入儿童公园的内部路网后，儿童公园内部的
一条主要道路正好与龙江街相连，作为龙江街的延伸，并
穿过马家沟河，直达对岸街区，这种高效的链接关系，使
得龙江街的复合参数值巨大提高，也因此儿童公园周边街
区的高活力街道由建设街变为了龙江街。从社区高活力街
道空间形态参数的变化可以分析出：当研究区域内某一空
间的空间形态参数值提高到一定程度时，量变将转变为质
变，该区域的社区高活力街道的位置也将发生改变。

加入开放公园内部路网前后社区高活力街道复合参数值　表 4

研究案例名称	社区活力街道名称	IN * Choice (R=400)	增长率 (%)
北秀公园	公司街（未加入）	243306	54.0
	公司街（加入）	374789	
儿童公园	建设街（未加入）	37956.3	3.1
	建设街（加入）	39149.5	
	龙江街（未加入）	24775.3	64.8
	龙江街（加入）	40818.9	
清滨公园	中兴街（未加入）	41488.9	0
	中兴街（加入）	41488.9	
	和兴三道街（未加入）	24504.1	134.8
	和兴三道街（加入）	57533.7	
尚志公园	香坊大街（未加入）	143840	6.5
	香坊大街（加入）	153169	

4.3 开放公园与社区高活力街道布局建议

根据对加入开放公园内部路网前后社区高活力街道的变化进行分析,确定开放公园对社区高活力街道确实存在一定积极影响,并以此对开放公园与社区高活力街道的布局关系提出一些建议。①开放公园与社区高活力街道应尽量紧邻布局。紧邻的布局模式可以使开放公园的内部路网直接与高活力街道相连,提高社区高活力街道的可达性,以及人群穿行的潜力,促进街道活力。②开放公园应在其周边紧邻的街道上多设置出入口,加强开放公园与外部空间的连接。③当开放公园与社区高活力街道无法紧邻布局时,连接开放公园与社区高活力街道之间的道路应尽量直接、疏通,减少转角。

5 结论与展望

本文基于空间句法理论,从现实案例出发,证明了开放公园对社区高活力街道存在影响,通常情况下,开放公园的存在会提升社区高活力街道的活力。当开放公园紧邻社区高活力街道时,开放公园对社区高活力街道的影响最大,在日后社区规划中,开放公园与社区高活力街道应尽量集中布局,以期使二者的活力相互激发,为社区带来更多的经济社会效益。由于本文以实际案例作为研究对象,具有影响因素多、不易控制的缺点,因此无法分析出具体开放公园的哪些特征对社区高活力街道的影响最大。在日后的学习与研究中,笔者将针对这一问题继续深入研究,以期定量地分析出开放公园对社区高活力街道的具体影响因素,为日后社区规划提出建议。

参考文献

[1] Wolf K L. Trees in the Small City Retail Business District: Comparing Resident and Visitor Perceptions[J]. Journal of Forestry, 2005, volume 103(8): 390-395.

[2] Krizek K J J P. Proximity to trails and retail: effects on urban cycling and Walking[J]. Journal of the American Planning Association, 2006.

[3] 鲁斐栋, 谭少华. 城市住区适宜步行的物质空间形态要素研究——基于重庆市南岸区 16 个住区的实证[J]. 规划师, 2019, 35(07): 69-76.

[4] Park J, Kim J. Economic impacts of a linear urban park on local businesses: The case of Gyeongui Line Forest Park in Seoul[J]. Landscape and Urban Planning, 2019, 181: 139-147.

[5] Ellis C D, Lee S W, Kweon B S. Retail land use, neighborhood satisfaction and the urban forest: an investigation into the moderating and mediating effects of trees and shrubs[J]. Landscape & Urban Planning, 2006, 74(1): 70-78.

[6] Hillier B, Iida S. Network and Psychological Effects in Urban Movement[J]. 2005.

[7] 诺亚·瑞弗德, 陆劲. 破碎空间系统中的步行人流和社区形态:马萨诸塞州波士顿实例[J]. 世界建筑, 2005(11): 74-78.

[8] Tao Y. Impacts of Large Scale Development: Does Space Make A Different[J]. Proceedings of the 5th Internationnal Space Syntax Symposium. Techne Press: Delft, Holland, 2005: 211-228.

[9] Alan Penn E A. Configurational modelling of urban movement networks[J]. Environment and Planning B: Planning and Design, 1998: 59-84.

[10] 岳要瑞, 魏皓严. 空间句法对达州市莲花湖片区步行空间网络的研究[J]. 城市建筑, 2012(17): 23-24.

[11] 金达·赛义德, 特纳·阿拉斯代尔, 比尔·希利尔, 等. 线段分析以及高级轴线与线段分析[J]. 城市设计, 2016(01): 32-55.

[12] 高祥. 步行视角下广州市北京路历史街区的空间句法规划应用研究[D]. 哈尔滨工业大学, 2014: 112.

[13] 戴晓玲, 于文波. 空间句法自然出行原则在中国语境下的探索——作为决策模型的空间句法街道网络建模方法[J]. 现代城市研究, 2015(04): 118-125.

[14] 吕圣东, 严婷婷, 周广坤. 重塑城市公园开放性——"开放街区化"的理念和启示[J]. 中国园林, 2020, 36(03): 71-75.

作者简介

曹凤仪, 1996 年生, 女, 汉族, 辽宁盘锦, 在读硕士, 哈尔滨工业大学建筑学院寒地城乡人居环境科学与技术工业和信息化部重点实验室, 研究方向为景观规划研究。电子邮箱: cfy610@126.com。

刘晓光, 1969 年生, 男, 汉族, 黑龙江哈尔滨, 博士, 哈尔滨工业大学建筑学院寒地城乡人居环境科学与技术工业和信息化部重点实验室, 副教授、硕导, 研究方向为景观规划研究。电子邮箱: lxg126@126.com。

基于大众点评数据景观要素提取的城市公共空间公众生态审美感知研究

——以上海世博后滩公园为例

Research on Public Ecological Aesthetic Perception of Urban Public Space Based on Extraction of Landscape Elements from Public Comment Data：

Take Shanghai World Expo Houtan Park as an example

曹　阳　江卉卿

摘　要：在公园城市的建设中，生态系统服务价值往往与美学欣赏之间存在矛盾。通过引入生态审美理论，可以找寻生态系统服务与审美体验在城市公共空间的交叠部分。但现有文献中对生态审美的评价指标研究较少，且有所缺漏。本文通过实地考察、景观要素分类、公众点评语义提取与照片分类等方式，对景观设计中的生态审美价值评价、景观设计如何促进公众生态审美感知展开研究，以探索具有生态服务功能的同时、符合公众审美的城市空间景观设计。

关键词：公园城市；生态审美；评价；景观要素

Abstract：In the construction of park cities, there is often a contradiction between the value of ecosystem services and aesthetic appreciation. By introducing the theory of ecological aesthetics, it is possible to find the overlap between the ecosystem services and aesthetic experience in urban public spaces. However, there are few studies on the evaluation index of ecological aesthetics in the existing literature, and there are some omissions. Through field investigation, classification of landscape elements, semantic extraction of public comments, and classification of photos, this paper conducts research on the evaluation of ecological aesthetic value in landscape design and how landscape design can promote public ecological aesthetic perception, so as to explore the ecological service function and meet the public Aesthetic urban space landscape design.

Key words：Park City；Ecological Aesthetics；Evaluation；Landscape Elements

1　公园城市思想对城市游憩空间景观设计的影响和生态审美理论的引介

城市公共空间同时应具有生态价值和人文价值。人文价值意味着承载市民的公共生活，应当符合公众审美、为人民群众喜闻乐见，但生态服务功能往往与美学欣赏存在矛盾。戈比斯特将之称作"生态-审美冲突"。比如繁茂、修建的草坪和高大、间隔的各种树木，都是居民们理想的公园景观，但这种状况在大多数地区是难以持续的，同龄的单一栽培的植物会因自然灾害或害虫泛滥而遭受惨重损失[2]。

为了解决这一问题，我们引入生态审美理论来找寻生态系统服务与审美体验在城市游憩空间景观上的交叠共通部分，作为设计参考。生态审美理论以生态伦理学为思想基础，旨在将审美诉求和生态知识联合起来，摒弃传统主客二分的审美方式，代之以交融的审美体验过程[2]。戈比斯特[1]认为，对景观设计师琼·艾弗森·纳绍埃尔、路易丝·莫津戈等[4-8]的生态设计元素的研究表明，应用生态美学有助于加深理解设计中的审美表现与生态可持续性之间的关系。与未经过设计的自然环境不同，这些人为创造的和有目的的研究可以唤起人们对生态美学的注意、揭示隐藏在背后的作用和过程并且帮助人们理解和欣赏。芭芭拉·布朗[9]和赫尔曼·普瑞格恩[10]的研究也能得出相似的结论。应用生态美学为理念的设计作品，对人们感知生态审美、拓宽审美对象的范畴能够起到积极的影响，在具体实践中则应落地到景观设计师在景观空间设计时对形态、空间与关系的把握。[3]

通过文献梳理，发现目前对生态审美的评价指标研究较少，仅盖里·弗莱（Gary Fry）等提出了"生态与审美共同点的概念模型"（图1），认为生态景观与视觉景观

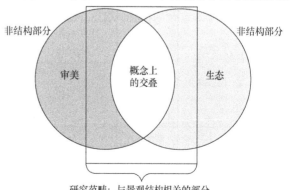

研究范畴：与景观结构相关的部分

图1　与景观结构相关的生态与
审美共同点的概念模型[1,11]

存在研究范畴与核心评价指标的交叠部分[11]；王敏、汪洁琼等提出了生态系统服务与审美体验在乡村景观风貌上的耦合关联[1]与相关评价指标（表1）。

这些指标有以下几个特点：①"水"这一景观要素在目前的生态审美价值评价体系中影响力很大，"表征性""连贯性"与"变化性"的评价都极度依赖"水"的有无；②"栖息动物"要素的缺失，尽管不是所有的景观空间中都会有动物的存在，但能够成为动物的栖息地本身就足以证明其生态价值之高，且动物对人有着极高的吸引力，许多具有"美"的语义的词语都带有动物的存在，如鸟语花香、草长莺飞、鱼翔浅底等；③偏重客观因素而忽略主观因素，这些指标大多是评价景观要素的客观属性，如存在、数量，而并未涉及引发感情变化的能力。审美是人的主观感受，依赖于人类对环境的感知；而好的生态环境能为人提供新鲜空气、绿意盎然的景观，进而使人感到身心放松，缓释压力、愉悦心情。

生态系统服务与审美体验在乡村景观风貌上的耦合关联[1] 表1

生态与审美在乡村景观风貌上的耦合	概念	概念上两者共享的部分		
		维度	景观要素	指标
地域性	自然性	完整性	管理强度	缺乏管理
			结构完整性	植被完整性
			斑块形状	分形维度
			边界形状	水面积的比例
			水	自然要素的存在
		荒野感	自然要素	自然主义
			植被与土地覆盖类型	永久性植被覆盖面积的比例
				荒野的程度
	历史性	历史丰富度	文化要素	历史与文化要素的存在
				线性历史要素的形状与类型
			传统农业构筑物	历史延续性面积的比例
				传统土地利用和格局的存在
	表征性	—	水	水体的存在
				流动水面积的比例
多样性	复杂性	格局的复杂性	线性要素	平坦度
				主导度
				多样性
			地形	形状多样性
		形状的复杂性		尺寸变化度
			土地覆盖	异质性
				边界密度
				集聚度
	变化性	季节变化	水	周期性轮作
			土地利用	随着季节变化的土地覆盖/植被
		与天气相关的变化	土地覆盖/植被	水面积的比例
			天气特征	天气特征的存在
	尺度	开放性	地形	开放土地的比例
			植被	消除障碍的密度
			人造障碍	
服务性	维护管理	积极、仔细的管理	线性的要素（篱笆、小径、林带、边界）	构筑物的条件/维护
				遗弃的程度
				有野草的存在
		保养	植被	管理类型
				管理频率

生态与审美在乡村景观风貌上的耦合	概念	概念上两者共享的部分		
		维度	景观要素	指标
服务性	连贯性	土地利用适宜性	水	有水的存在
			地形	考虑地形与水体之间关系
		完整性	土地利用/植被	考虑自然条件
			边界	
	干扰度*	缺乏连贯性	建设（包括基础设施）	受到干扰的面积比例
			储存	
		破碎	开采	干扰要素的密度
			自然干扰，如火灾	

* 表示干扰度与服务性负相关。

2 工作流程

2.1 研究对象选择

本次研究主要选择对象为上海世博后滩公园，占地 $18hm^2$，是人工湿地和具有生态效益的典范。公园于 2009 年 10 月建成，至今各生态设施运转良好，在居民和游客中都有一定的知名度，针对后滩公园的评论及照片样本量大且较为稳定，故而选取后滩公园作为主要研究对象。

2.2 实地考察结果与整理

实地考察过程中，着重于游客的游憩行为并进行简要的访谈，据此整理出公园内河湿地藻类景观、内河栈道、健身步道、观赏植物景观、水生植物景观、作物梯田、水质稳定调节人工湿地、树阵广场、沿江景观、内河滨水带景观、近自然驳岸湿地、动物栖息地景观，共十二类景观空间要素组成类型（图 2，图 3）。

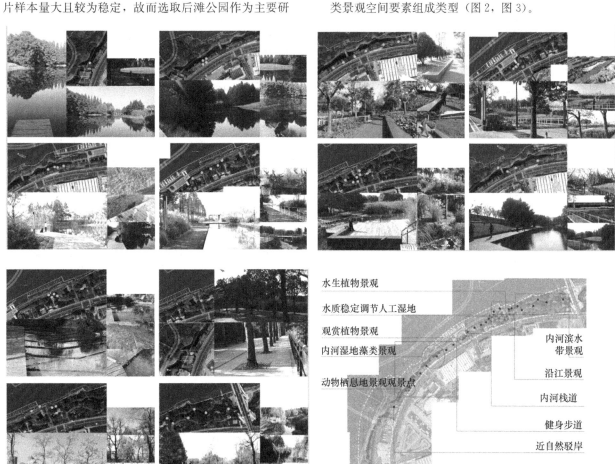

水生植物景观
水质稳定调节人工湿地
观赏植物景观
内河湿地藻类景观
动物栖息地景观观景点

内河滨水带景观
沿江景观
内河栈道
健身步道
近自然驳岸
后滩公园

图 2　后滩公园中十二类景观类型

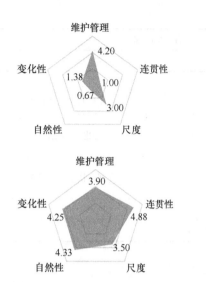

图 3 树阵广场与近自然驳岸湿地生态审美评价对比

使用弗莱[12]等提出的生态审美评价标准进行判断与分辨,在各种景观类型中,有较为类似的类型,也有差距较大的。

现行标准与主观感受的结果一致的情况,如树阵广场与近自然驳岸湿地两类,在连贯性、变化性、自然性方面,差距显著;而树阵广场的审美感受较为人工化,近自然驳岸湿地则富有野趣。

而对于近自然驳岸湿地与动物栖息地景观两类,依据评分标准得出的分数相差不大,而主观感受上,则因为"是否有水鸟、鱼虾存在",使二者在游客停留时长、喜爱度上都有很大的区别。现行标准忽略了部分对于"主观感受上是否符合生态审美"重要的要素,与主观感受的结果是不一致的(图4)。

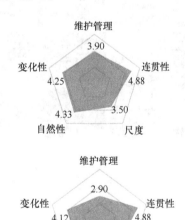

图 4 树阵广场与近自然驳岸湿地生态审美评价对比

因此,接下来的研究重点关注了"主观感受上是否符合生态审美"。

2.3 公众点评与照片采集

为了了解公众长期对于该公园的主观感受,于大众点评网站上采集了近两年以来的相关评论数据。

首先,对各文字点评,进行语义提取,除去与景观评价无关的内容,得出被游客普遍注意到且有正向评价的景观要素有:水质干净、植物种类丰富、可进行活动、有动物栖息、人少、植物色彩丰富、交通方便、设施小品具足、原始自然有野趣、适合科普教育、管理维护良好,共计 11 条。其中,除了活动性、交通、设施小品 3 条以外,与生态审美相关的要素有水质干净、植物种类丰富、有动物栖息、人少、植物色彩丰富、原始自然有野趣、适合科普教育、管理维护良好,共计 8 条。

然后,通过游客上传的照片,结合前一步景观类型整理的结果进行辨认,得出树阵广场、设施小品、景观标志物、栖息动物、湿地藻类、观赏植物、水生植物、作物梯田、人工湿地(即水质稳定调节人工湿地,简称人工湿地)、沿江景观、滨水步道、近自然驳岸、内河滨水带、栈道步道,共计 14 类拍照吸引要素。其中,树阵广场、设施小品、景观标志物、沿江景观、栈道步道 5 类以外,与生态审美相关的吸引要素有栖息动物、湿地藻类、观赏植物、水生植物、作物梯田、人工湿地、滨水步道、近自然驳岸、内河滨水带共计 9 类。

之后统计各类要素出现的频次和特征,并进行分析。

3 数据结果

公众评论数据来源为大众点评网,时间跨度为 2019年 1 月 1 日至 2020 年 9 月 30 日,总计评论数目 1480 条。评论具有季节性的特点,春秋季、"五一""十一"假期评论较为集中,感受普遍较好。与工作日相比,周末与节假日的点评数量明显增加。

2020 年 1 月 20 日至 2 月 29 日,疫情期间公园未关闭,评论总计 34 条;情况好转后,3 月评论 418 条,同比去年 3 月 55 条增加 660%,除了知名度增长以外,呈"报复性游玩"态势,可以看出在特殊情况下公众对生态自然环境的需求和偏好。

3.1 有效性

在频次统计中,将无法提取要素的评论视为无效评论。全部评论中,有效评论数目为 681 条,占总数的 46%,无效评论 799 条,占总数的 54%(图 5)。

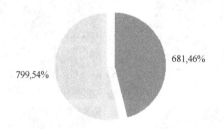

图 5 公众评论有效性统计

无效评论的出现呈现一定规律。例如,夏季气候炎热时集中出现,许多评论仅提及"天气太热、不舒适",而无对于具体景观及生态性的评价。

此外，无效评论占到半数以上也从侧面反映出，迄今为止，公众对于景观和生态系统的还不甚了解，较难恰当准确地做出评价，或还无法认同生态也是美的。例如，夸赞某些并不具有生态效益的景点"生态友好"，或评价生态景观"杂草丛生，没有看头"等。

3.2 语义提取：有效评论中出现景观相关要素的频次

在全部11类要素中，被人提及最多的要素是与生态关联较小的"可进行活动"，计364次；被人提及100次以上的有8类，其中与生态密切相关的要素6类；被人提及次数最少的条目是与生态密切相关的"植物色彩丰富"，计26次（图6）。

可以看出，即使认知度最高的景观要素与生态关联较小，但与生态密切相关的要素受人重视的程度依然很高。近三分之一的人认为动物的存在值得注意。人少、有野趣的出现频次总计超过200，可以认为原始自然的审美取向在如今的公众中有一席之地。

3.3 审美取向：评论照片中出现要素的频次

在全部14类要素中，被人拍摄最多的要素是与生态密切相关的"观赏植物"，计357次；被人拍摄100次以上的有10类，其中6类与生态密切相关；被人拍摄次数在100次以下的全部为与生态密切相关的要素，其中最少的"人工湿地"，仅8次（图7）。

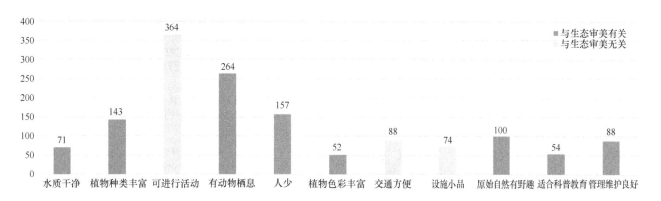

图6　语义提取：有效评论中出现景观相关要素的频次

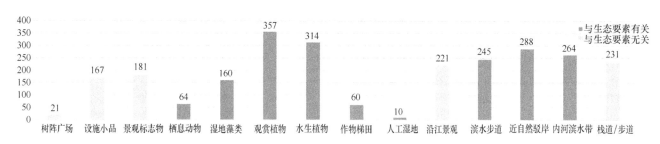

图7　审美取向：评论照片中出现要素的频次

可以看出，公众审美偏好，大多数包含与生态密切相关的要素，其中水岸与植物较典型。相对来说，栖息动物在语义提取中被多次提及，但在照片中出现频次较低。最后，人工湿地与湿地藻类作为生态水处理的重要手段所反映的景观要素，公众并不认为非常美丽，设计师的表达与公众审美出现矛盾。

3.4 其他结论

在语义提取统计中，与生态密切相关的要素频次总计1235次，与生态关联较小的要素频次总计221次。在审美取向统计中，与生态密切相关的要素频次总计1761次，与生态关联较小的要素频次总计821次。可以看出，公众评价中，生态审美被感知到的程度总体较高。但技术含量较高的生态设计手段被感知到的程度普遍较低，还有大量的"伪生态"景观被公众认为是生态的。

4　结论

4.1　公众的生态意识有待提高，"伪生态"仍受追捧

大众点评网站的评论者涵盖学生、外地游客、家长、退休老人等多种类型，比较具有代表性。通过筛选的有效评论未超过半数，无效评论中超过半数的评论者并未意识到公园提供的生态系统服务。此外，有一些评论言及公园的生态效益，却只拍摄了不具备可持续发展能力的"人工生态"景观，如树阵广场、人工观赏植物花境等，而非真正具有生态价值的湿地景观、鸟类栖息地等。

4.2　通过活动设计唤起人们对生态审美的注意

评论中，"可进行活动"都是出现频率最高的要素。

假若在进行城市游憩空间景观设计时增加人与生态互动的设计，如可以触摸的人工湿地跌水、具有科普教育的展示牌、能和风互动的装置等，也许能唤起人们对生态审美的注意，从景观审美和生态系统服务价值的双重角度来看待这些活动。

4.3 水和植物是最直观的景观要素

相比需要一定生态学专业知识基础的斑块形状、边界完整性、土地利用和格局，容易被忽视的管理维护程度，较难传达的历史文化等指标，水与植物是视觉能够直接感知到的要素，且人们对这两者的熟悉度很高，都能够很快从水和植物（或者说绿植）联想到生态。因此，在长三角等丰水地区，生态审美评价指标体系中强调水与植物是较科学的。

4.4 栖息动物是重要的吸引点

研究证实了野生动物能够吸引游客驻足、符合游客审美的猜想。其中又以动物的有无、动物的种类、是否容易被发现、能否发生互动这几点的关注度更高，可以纳入评价标准之中。此外，实地调研中发现，后滩公园在水鸟停泊较为频繁的湖泊和水道附近并没有设置专用于观鸟的景观节点，虽然减少了人类活动对鸟类的干扰，但普通公众无法对动物留影。反映出在观赏动物方面，现行设计未能满足公众的期待。在设计中，可以通过增设生态观鸟亭等方法拉近人与鸟类的距离，同时也能提供科普教育类的生态系统服务。

4.5 应重视"新奇感""趣味性"等主观心理因素的影响

在城市中长大的儿童会因见到新奇的生态景观而感到好奇，产生停留互动的需求；而家长往往因"脏、乱""会破坏环境""危险"等顾虑而阻止孩子，应在设计层面进行正确的引导，鼓励儿童从小培养对生态审美的认知。

无论在景观生态审美价值的评价上，还是在希望生态审美能够被感知的景观设计中，应当充分考虑到现阶段公众对生态审美的接受程度和主观审美价值取向，回答什么是生态的，什么是美的，生态和美如何共存、又是如何被感知到的问题，在此基础上通过科普教育、互动展示等手段"移风易俗"，假以时日，可确有成效地收到成果。

5 反思与不足

本次研究中，所采取的评论来源为大众点评网，而该网站主要用户集中在16～40岁的中高收入人群，且女性占比较高。因此，不能代表全部公众，具有一定的局限性。

此外，要素选择与判断的最初依据来源于现有的评分表格，会出现重复或无法分类的情况。是否有更好的分类方法，是进一步改进研究时应当考虑的问题。

参考文献

[1] 王敏，侯晓晖，汪洁琼. 生态——审美双目标体系下的乡村景观风貌规划：概念框架与实践途径[J]. 风景园林，2017(06)：95-104.

[2] 保罗·戈比斯特，杭迪. 西方生态美学的进展：从景观感知与评估的视角看[J]. 学术研究，2010(04)：2-14＋159.

[3] 程相占. 生态美学与生态评估及规划[M]. 郑州：河南人民出版社，2013.

[4] 汪洁琼，江卉卿，毛永青. 生态审美语境下水网乡村风貌保护与再生——以荷兰羊角村为例[J]. 住宅科技，2020，40(08)：50-56.

[5] Howett C. Systems, signs, and sensibilities: Sources for a new landscape aesthetic [J]. Landscape Journal, 1987, 6 (1): 1-12.

[6] Spirn A W. The poetics of city and nature: Towards a new aesthetic for urban design [J]. Landscape Journal, 1988, 7 (2): 108-126.

[7] Thayer R L Jr. The experience of sustainable landscapes [J]. Landscape Journal, 1989, 8(2): 101-110.

[8] Nassauer J I. Cultural sustainability: Aligning aesthetics and ecology [A]. Nassauer, J I. ed., Placing Nature: Culture and Landscape Ecology [C]. Washington D. C.: Island Press, 1997, 65-83.

[9] Mozingo L. The aesthetics of ecological design: Seeing science as culture [J]. Landscape Journal, 1997, 16 (1): 46-59.

[10] Brown B, Harkness T, Johnston D eds. Eco-relevatory design: Nature constructed/nature reveled [J]. Landscape Journal Special Exhibit Catalog Issue, 1998.

[11] Prigann H, Strelow H, David V eds. Ecological Aesthetics: Art in Environmental Design: Theory and Practice [M]. Boston: Birkhauser, 2004.

[12] Fry G. The ecology of visual landscapes: Exploring the conceptual common ground of visual and ecological landscape indicators[J]. Ecological Indicators, 2009, (5): 933-947.

作者简介

曹阳，1997年11月生，女，汉族，天津，同济大学建筑与城市规划学院风景园林系硕士生在读。电子邮箱 caoxiaohaide@sina.com。

江卉卿，1998年1月生，女，汉族，福建，同济大学建筑与城市规划学院风景园林系硕士生在读。电子邮箱 564072175@qq.com。

基于空间功能的滨水区假日活力影响因素分析[①]

Analysis on Influencing Factors of Waterfront Areas Vitality on Weekend Based on Space Functions

曾明璇　林诗琪　张德顺[*]

摘　要：滨水区职能的转变逐渐使其成为城市生活的重要角色，但一些滨水区的设计由于缺乏与腹地的协同考虑，导致空间活力不足。本文结合城市活力的相关理论，以上海黄浦江沿岸浦东滨江公园和徐汇滨江为例，通过现场调研和数据分析，以空间功能为出发点探讨其与活力之间的关系，得出促进活力的显著性功能要素及其特征。本研究对既有的功能混合度与空间活力相关的惯性结论作出实证检验和补充解读，进而为滨水区的活力提升提供建议。

关键词：滨水区；空间功能；活力

Abstract：Waterfront areas have gradually taken important roles in urban life, as a result of the transformation of their functions. However, the absence of collaborative perspective on waterfront areas and their hinterland in some waterfront designs results in a lack of vitality. Based on the relevant theory of urban vitality, this paper explored the correlation between space functions and vitality through investigation and research in field, taking Pudong Waterfront Park and Xuhui Riverside along Huangpu River as the objects. It is shown that they are not necessarily related, and further draws out the significant functional factors and their characteristics that promote vitality. This study is an empirical test and complementary interpretation of existing conclusion about mixed land use and vitality, thus providing a reference for creating vital waterfront areas.

Key words：Waterfront Areas；Space Functions；Vitality

随着后工业时代的到来，滨水区逐渐由工业、仓储职能向商业、休闲等综合职能转变，滨水公共空间也成为城市生活的重要角色。然而一些滨水公共空间的兴建与改造，虽精心设计，公众使用率却不高，造成资源浪费。

关于影响滨水区活力的因素探讨，针对中、微观滨水绿地层面的自身要素较多。在将滨水绿地外围纳入研究范围的宏观层面，虽指出活力营造与周边区域功能与利用相关[1,2]，但大多停留于定性式论述而缺乏数据和实证支持，既有定量研究较少。且国内外对滨水区的研究往往集中于视觉空间[3-5]、美学形态[6,7]、生态效益[8-10]等方面，对滨水区活力的理性分析和量化相对较少。从周边空间功能角度出发，针对滨水区现状进行的本土化研究同样匮乏[11]。因此，对城市滨水区活力的探索，尚需要更广泛的实证探索与更深入的定量研究。本文以上海黄浦江两个典型滨水区为例，调查其游憩活动数据及其腹地的POI数据，从空间功能角度探究其对滨水区活力的影响，得到两者相互关系，并提取影响活力的显著功能要素，为滨水区的活力提升提供指导。

1　概念界定

1.1　城市滨水区

滨水区（Waterfront）通常指的是毗邻江河湖海等水体的某一区域范围。本文的研究对象具体指城市滨水区，城市滨水区往往是城市中某一个水陆相连的区域的统称，由区域内部的景观绿化、道路桥梁、公共空间、建筑物、构筑物等一系列的要素共同构成。城市滨水区具体空间范围的界定因历史文化、规划结构、发展程度、自然气候等因素的不同，目前在学术界尚无定论。Douglas M等所著的《城市滨水开发》一书指出，一般情况下，城市滨水区跟陆地接壤的一侧的范围界定与地形条件、公路铁路等人工实体障碍基本一致[12]。1972年美国联邦议会制定的《沿岸区域管理法》中，界定陆域部分包括从水际线开始的100ft到5mi不等，或以到相距最近的道路干线为准[13]。目前国内较为公认的界定标准为"200～300m的水域空间范围及与之相邻的距离为1～2km范围的陆域空间，以步行时间计算约为15～20min的步行距离[14]。"

1.2　城市活力

关于活力的概念，不同学者从城市规划角度分别有各自的理解。凯文·林奇在《好的城市形态》一书中这样描述"活力"：一个聚落形态对于生命机能、生态要求和人类能力的支持程度，而最重要的是如何保护物种的延续[15]。该描述更多的是从人类学的角度出发去理解活力的标准。简·雅各布斯在《美国大城市的死与生》中，认为人和人活动及生活场所相互交织的过程，及这种城市

①　基金项目：国家自然科学基金（编号：31770747；城市绿地干旱生境的园林树种选择机制研究）和同济大学教学改革项目。

生活的多样性，使城市获得了活力[16]。扬·盖尔则进一步指出在一个城市中，空间场所活力的根本是"人以及人的活动"[17]。伊恩·本特利等在《建筑环境共鸣设计》中将"活力空间"表述为"包含多种空间使用的功能，具有多样化的公共空间的特性，能够实现多种多样的活动"[18]。国内学者蒋涤非对城市活力进行细分，认为城市活力应由经济活力、社会活力、文化活力三者构成[19]。其中社会活力主要指社会活动活力，亦即社会交往活力；交往行为活力包括公共生活交往、可及性等由人的行为所产生和激发的活力[20]。"滨水区活力"的核心为空间中从事各种活动的人，滨水区的物质环境本身并不能形成活力，而是作为活力产生所依赖的要素而存在。基于以上观点，可以认为滨水区活力属于城市活力中社会活力的一个表现形式，其主要表现为滨水区的各类游憩活动。

1.3 城市空间活力的营造要素

城市空间的物质环境提供了人们活动的场所，是城市活力的容器。自20世纪五六十年代开始，西方学者在城市实践中不断进行现代主义城市理论的反思，从城市、建筑等角度研究了城市空间活力营造的诸多要素，并启发了后期我国的城市活力营造理论研究。

总结国内外学者关于城市空间活力内涵及营造原则的理论研究成果，可归纳影响空间活力营造的6个方面的空间要素（表1）。空间功能与使用是其中十分重要的要素，滨水区周边空间的复合功能与多样化利用，对沿岸的经济发展与活力发挥着正面效应。

城市空间活力的营造要素理论研究归纳　　表1

学者	城市空间活力的相关空间要素					
	空间功能与使用	空间可达性	空间强度与密度	空间形态与尺度	景观与标志	城市社会环境
Jane Jacobs[16]	混合的功能、历史功能空间	—	充分密集的人口	小规模街区	—	—
Jan Gehl[17]	功能混合、多元功能的有机整合	慢行交通可达性，整合且汇聚的路网	—	开放式街区	—	—
Katz[21]	功能混合	步行友好	适宜的建筑密度	形态紧凑	公园景观	健康和谐的城市发展
Mont gomery[22]	混合的功能、功能领域	连通的街道	适宜的密度	细密的肌理、人性化的尺度	绿地与水景、建筑形式与地标	—
Baner Jee[23]	空间功能类型	交通便捷度	建筑规模	—	—	城市社会的和谐
黄骁[24]	功能混合	交通组织系统化	—	尺度营造适宜	空间设计个性化	—
李建彬[25]	功能多样性	—	—	尺度和界面的整体性	舒适的景观	—

2 研究对象、数据获取和研究方法

2.1 研究对象

本文选取两段黄浦江沿岸的滨水区进行分析与对比研究，所选滨水区需公共空间全天开放、与水关系密切、调研可实施。确定了从浦东南路至东昌路长约2.5km的浦东滨江公园和浦东南路—东昌路—陆家嘴环路所围合的其相邻的地块，及从徐汇滨江规划展示中心至余德耀美术馆长约2.2km的徐汇滨江绿地和瑞宁路—龙华中路—宛平南路—云锦路—丰谷路所围合的其相邻地块作为

研究对象。综合考虑土地利用现状和路网结构，将浦东滨江公园及其相邻地块划成5个分区（图1），将徐汇滨江绿地及其相邻地块划成4个分区（图2）。

2.2 数据获取

2.2.1 活动记录

本文测定空间活力表征来源于人群活动的瞬时数据，其内涵为人群活动的瞬时种类、空间位置和数量等信息，由研究人员通过快照法，在双休日各进行三次采集，取其均值为最终结果。并将活动分为三类：观赏活动（观景、摄影）、休闲活动（休息、餐饮散步）以及文体活动（玩耍、健身、遛狗）。

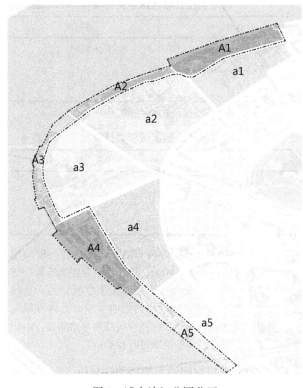

图 1　浦东滨江公园分区

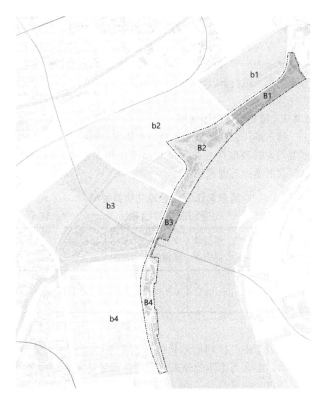

图 2　徐汇滨江绿地分区

2.2.2　地图 POI

地图 POI 数据于 2018 年取自百度地图网站，分别计算滨江绿地与相邻地块各分区内与活力相关的 POI 点数，并将筛选后的 POI 分为 6 类（表 2）。

地图 POI 数据分类				表 2
POI 类别				功能类别
餐饮	宾馆	购物	休闲娱乐	商业
生活服务	汽车服务	医疗		其他
交通设施				交通
金融	公司企业			商务
地产小区				居住
旅游景点				旅游
政府机构				行政

2.2.3　现状用地

参考《城市用地分类与规划建设用地标准》将原始地块数据分为 7 类：R（居住用地）、A（公共管理与公共服务用地）、B（商业服务业设施用地）、M（工业用地）、U（公共设施用地）、G（绿地与广场用地）、TESHU（其他用地）。

2.3　研究方法

2.3.1　指标体系构建

滨水区活力以人的游憩活动为核心，因此活力的剖析可从两个维度展开：活力的外在表征和滨水区活力的构成要素。

滨水区活力的外在表征可通过滨水空间中的人口密度来反映，本研究选用活动记录所得数据；滨水区活力的构成要素包括滨水区的自身特征和周边特征。①功能密度：筛选分类之后的 POI 密度；②功能混合度：筛选分类之后的 POI 混合度；③周边地块性质：现状城市用地分类；④自身特征：基面、岸线、功能、设施。

在考虑数据可获取性的前提下，根据本研究所关注的空间功能问题，具体选择如下指标：功能密度、功能混合度、周边地块性质。

2.3.2　指标体系量化

基于前期对于城市空间活力的影响要素分析，空间的功能与使用被认为是影响要素之一。从中提取功能混合与功能类型两个指标，以滨水腹地区域空间功能与使用为研究对象，探究其与滨水绿地活力之间的关联。为便于后期进行定量研究，将功能混合与功能类型两指标进行量化。由于土地利用图仅在水平层面研究功能的混合度，空间的三维属性决定了功能的考量不能只从水平层面讨论，而 POI 数据具有有效提高数据分析准确性与实时性的优点，故笔者采用百度地图 POI 数据分析空间功能与使用，并将各类 POI 通过数据处理与筛选分为 7 类：商业、商务、居住、旅游、交通、行政与其他。

（1）功能混合度

功能混合度为周边区域与活力相关的 POI 混合度，可用信息熵来计算[26]。

$$\text{Diversity} = -\text{sum}(p_i \times \ln p_i), (i=1, \cdots, n)$$

式中 Diversity 表示某地块的功能混合度，n 表示该地块 POI 的类别数，p_i 表示某类 POI 与所在区域 POI 总数的相对比。

（2）各类功能密度

即各类与活力相关的 POI 点密度。

$$Density = POI\_num / block\_area$$

式中，Density 表示功能密度，POI_num 表示该区域内影响活力的各类 POI 总数，block_area 表示该区域的面积大小。

3 功能、空间、人群的相关性分析

3.1 基于空间功能的活力影响因素分析

由前所述可初步判断，公共空间充满活力的现状与其空间功能的混合利用有一定关联。完成了研究区域的空间活力与功能混合度的量化测度后，利用所得的浦东滨江公园（A 地块）的 5 组数据与徐汇滨江绿地的 4 组数据，验证功能混合度与空间活力相关的惯性结论。为更准确直观地描述二者的相关特性，利用数据可视化与 SPSS 双变量相关性检验来进行数据分析。

首先，由散点图（图 3、图 4）可见，浦东、徐汇滨江区域皆存在一个异常点，使整体不符合正态分布的特征。为更清晰地判读其相关性，暂除异常组 A1 与 B4，使用 SPSS 进行相关性检验。由表 3、表 4 可知，去除个案后，数据呈现比较显著的线性相关。

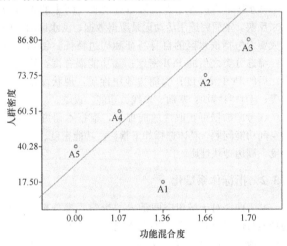

图 3 浦东滨江公园区域散点图

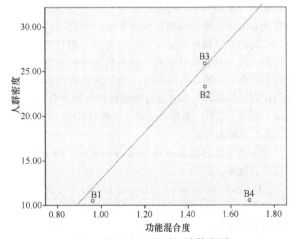

图 4 徐汇滨江公园区域散点图

浦东滨江公园区域相关性检验　　表 3

功能混合度	人群密度
Pearson 相关性	0.959*
显著性（双侧）	0.041
N	4

* 在 0.05 水平（双侧）上显著相关。

徐汇滨江公园区域相关性检验　　表 4

功能混合度	人群密度
Pearson 相关性	0.987
显著性（双侧）	0.103
N	4

上述分析表明空间活力与功能混合度具有一定的相关性，但两者间不必然相关。可作出的合理推断有：空间混合使用中的某些显著性因子激发了空间活力；空间功能与活力间存在间接或隐形的影响关系；受到内部空间其他相关变量影响，例如内部空间品质与功能等。由功能因素出发，将对前两种推断进行检验。

3.2 功能类型与空间活力的相关性分析

由上述空间混合使用中的某些显著性因子激发了空间活力的推断，笔者基于百度地图 POI 数据，将滨水空间的功能提取为商业、旅游、交通、商务、居住、行政五大类，探讨其中是否存在某类功能显著激发了滨水区域的空间活力。实验中选取各类功能密度为自变量，空间活力为因变量进行 SPSS 相关性分析。

3.2.1 浦东滨江公园区域

浦东滨江公园区域相关性结果如表 5 所示，旅游功能密度与人群密度存在显著性较高的正相关，说明旅游功能对人群活力有促进作用。

浦东滨江公园区域功能类型与
空间活力的相关性　　表 5

	商业功能密度	旅游功能密度	交通功能密度	商务功能密度	居住功能密度	行政功能密度
空间活力	0.116	0.863*	0.455	0.096	−0.611	0.657

* $p < 0.1$。

从城市中心区功能运转的角度来看，浦东滨江公园主要为以游客为主体的外来人群提供绿色休闲观光服务，并方便以金融区办公人员为主体的邻近人群的休憩社交活动，是公共绿地的规划功能预期[27]。商务业态在滨水区中的分布，一方面是由于高昂的租金和地价是商务及其相关功能运转的经济来源；另一方面，由于商务楼宇可以成为滨水区的空间制高点，有利于形成标志性建筑集群[28]。

在浦东滨江公园中，旅游功能在 a2、a3 地块中最为集聚，其中，东方明珠、海洋馆、浦江隧道、震旦博物馆等著名景点带来了大量的人流。a1 地块中，场地功能以酒店形式的商业功能与商务功能为主导，场地的公共性、开放性较低，一定程度上导致了场地的冷清。

该区域中人群活力最高的 a2、a3 缓冲区域功能布局存在相似性，在 a2 中，呈现商业 23%、旅游 7%、交通 19%、商务 23% 的功能混合模式；a3 中，呈现商业 23%、旅游 6%、交通 13%、商务 32% 的功能混合模式。二者均以商业、商务为功能主导，其中旅游功能聚集了大量的人流，成为空间活力的触发点之一（图 5、图 6）。

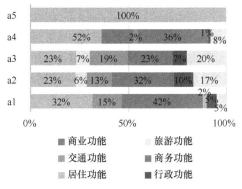

图 5　A 区域各地块功能分布

图 6　陆家嘴区域土地利用

3.3.2　徐汇滨江绿地区域

徐汇滨江绿地区域相关性结果如表 6 所示，商业功能密度与人群密度存在显著性高的正相关，说明商业功能对人群活力有促进作用。

徐汇滨江绿地区域功能类型与
空间活力的相关性　　　　　　表 6

	商业功能密度	旅游功能密度	交通功能密度	商务功能密度	居住功能密度	行政功能密度
空间活力	0.991*	0.584	0.878	−0.25	−0.018	0.553

＊　　p<0.05。

作为城市中心城区的重要功能节点，徐汇滨江的开发以功能定位为导向，研究地块包含以综合国际商务区为定位的 B 地块与滨江核心商业区的 C 地块，滨江的发

展战略为文化先导、整体开发。在徐汇滨江绿地中，商业功能在 b2、b3 地块中最为集聚，其中餐饮、购物的功能有效地提升了周边绿地的空间活力。

b4 地块虽功能混合度较高，但相较于 b2、b3，地块开发强度较低，以狭长的办公用地形成了滨江的屏障，商业功能密度较小，主导的居住功能与场地活力的相关度较低，整体空间由于其功能特征开放性与公共性较低。

该区域中人群活力最高的 b2、b3 缓冲区域功能布局存在相似性，在 b2 中，呈现商业（48%）与商务（17%）主导的功能混合模式；b3 中，呈现商业（44%）商务（23%）主导的功能混合模式。二者均以商业、商务为功能主导，其中商业功能为显著促进人群活力的因子（图 7、图 8）。

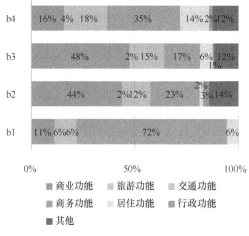

图 7　B 区域各地块功能分布

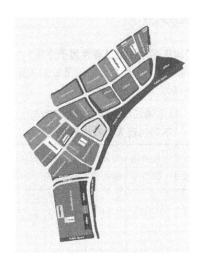

图 8　徐汇滨江区域土地利用

3.3　各类功能类型与不同活动人群密度的相关性分析

由空间功能与活力间存在间接或隐形的影响关系的推断，笔者将不同活动人群密度假定为其中的间接要素，分析是否存在某类功能将显著影响一类的人群活动带动总体的空间活力的增长。在实验中，选取各类功能密度为自变量，各类活动人群密度为因变量进行 SPSS 相关性

分析。

3.3.1　浦东滨江公园区域显著性因子分析

在该区域中，相关性分析的结果如表7所示。显著的促进性因子包括行政功能、居住功能、交通功能与旅游功能。

浦东滨江公园区域功能类型与
不同活动人群密度的相关性　　表7

	商业功能密度	旅游功能密度	交通功能密度	商务功能密度	居住功能密度	行政功能密度
观赏活动	−0.054	0.936**	0.837*	−0.014	−0.839*	0.808*
休闲活动	0.206	0.685	0.167	0.143	−0.37	0.427
文体活动	−0.077	0.839*	0.65	0.024	−0.801*	0.978**

*　$p<0.1$，**　$p<0.05$。

其中，行政功能的相关性存在相关性的结果是因为在腹地区域多数行政功能与旅游功能复合存在。旅游功能带来了大量的游人，促进了观赏活动与文体活动的产生。交通功能由于提高了场地的可达性，同样与观赏活动人群呈现显著正相关。

居住功能方面，陆家嘴区域的住宅小区由于地价较高，只含有较少的高收入阶层，且工种同质化严重，与整个区域人群间的行为连接较弱。但遏制性相关出现的原因与调研数据的欠缺也存在一定的关联，居住者可能更多支撑着场地夜间活力。

3.3.2　徐汇滨江绿地区域显著性因子分析

在该区域中，相关性分析的结果如表8所示。显著的促进性因子包括交通功能与商业功能。

徐汇滨江绿地区域功能类型与
不同活动人群密度的相关性　　表8

	商业功能密度	旅游功能密度	交通功能密度	商务功能密度	居住功能密度	行政功能密度
观赏活动	0.89*	0.125	0.997*	−0.564	0.319	0.671
休闲活动	0.87*	0.779	0.757	−0.344	0.125	0.202
文体活动	0.239	0.727	−0.027	0.758	−0.86	0.727

*　$p<0.1$。

其中，交通功能由于提高了场地的可达性，同样与观赏活动人群呈现显著正相关。

商业功能方面，由于餐饮、购物等多元服务业态支撑了人群到此进行休闲活动与观赏活动等慢行活动或驻留活动。

4　激发空间活力的显著性功能要素

4.1　商业功能

在研究结果中，徐汇滨江绿地区域的商业功能密度与空间活力显著相关，而浦东滨江公园区域却不存在此相关关系。对比二者，浦东滨江公园区域的地块开发强度大程度地高于徐汇滨江绿地区域，其中，商业功能以购物为主导，且多数位于商业综合体内。周边大型的商业综合体具有吸引人群大量在其内部驻留的特性，故较少的人流进入滨江绿地；徐汇滨江绿地区域的商业功能以餐饮、购物为主，购物形式以零售为主，公共性、开放性更强，功能较为灵活，多元服务业态支撑了人群活动，相较浦东滨江公园区域对于周边绿地空间活力更具有促进作用。

公共、开放、多元的商业功能为激发空间活力的显著性功能因子。

4.2　旅游功能

旅游功能与空间活力的相关性也在研究区域存在差异，仅浦东滨江公园区域的旅游功能密度与空间活力显著相关。其原因主要是浦东滨江腹地区域旅游景点具有高集聚性的特征，吸引大量人流，也在一定程度上增加了滨江场地的活力。徐汇滨江腹地区域的景点相较于前者较为小众，且与滨江绿地内景点具有同质性，故在此与活力无显著的相关关系。

异质、高吸引力的旅游功能为激发空间活力的显著性功能因子。

4.3　交通功能

研究结果中，交通功能由于在一定程度上提升了场地的可达性，在两个研究区域的数据分析中皆与观赏人群密度呈现显著性的正相关，促进了观赏活动的产生。由此可得，具有良好可达性的交通功能间接激发了空间活力。

5　结语

本文结合城市活力的相关理论，以空间功能为出发点探讨其与活力之间的关系。通过对于浦东滨江公园区域与徐汇滨江绿地区域的分析，研究对既有的功能混合度与空间活力相关的惯性结论作出实证检验和补充解读，证实了两者间并不必然相关的结论，得出促进活力的显著性功能要素及其特征，包括多元的商业功能、异质的旅游功能与可达的交通功能。功能混合激发空间活力的本质是保证城市生活在时间维度上分布的均衡性和面向多种使用者群体的均衡性。

在实践中，本文的研究成果对提升滨水区域的活力有一定的指导意义。提升商业功能、旅游功能、交通功能的密度与品质不失为提升空间活力的良方；商务功能作为土地的主要的经济来源，与多元商业业态进行复合，由此可避免场地单一化，并在一定程度上提升空间活力；居住功能能够促进夜间的场地活力。

参考文献

[1] 周昊天，阎瑾，赵红红．滨水区活力营造策略探析——以英国布里斯托尔码头区为例[J]．华中建筑，2017，35(02)：89-92.

[2] 韩冬青，刘华．城市滨水区物质空间形态的分析与呈现[J]．城市建筑，2010(02)：12-14.

[3] 郑安生，梁伊任．城市滨水区的视线分析[J]．风景园林，2006(06)：76-80.

[4] 陆兆宸，徐轩轩，张娅薇．基于视觉感知的城市滨水景观设计[J]．城市建筑，2020，17(09)：133-136.

[5] 余祖圣，高静．浅析城市滨水区空间形态[J]．中外建筑，2011，000(009)：94-95.

[6] GABR，Hisham S．Perception of urban waterfront aesthetics along the nile in Cairo, Egypt[J]．Coastal Management，2004，32(2)：155-171.

[7] 颜晓雯，刘伟超．基于形式美学下的城市滨水区驳岸设计方法研究[J]．赤子(上中旬)，2016(19)：55.

[8] Ying S．Planning of Humanistic Ecological Landscape in Urban Waterfront Area[C]//IOP Conference Series: Earth and Environmental Science．IOP Publishing，2020，512(1)：012-042.

[9] Dyson K，Yocom K．Ecological design for urban waterfronts[J]．Urban Ecosystems，2015，18(1)：189-208.

[10] 孙鹏，王志芳．遵从自然过程的城市河流和滨水区景观设计[J]．城市规划，2000(09)：19-22.

[11] 奚文沁，黄轶伦．"全球城市"目标下的滨水区多维度城市设计——以上海南外滩滨水区城市设计为例[J]．城乡规划，2017(02)：83-92.

[12] Wrenn D M，Casazza J，Smart E，et al．Urban waterfront development[J]．St. Mary's LJ，1983，15：555.

[13] 张亚楠．滨水公园景观中的城市公共设施研究[D]．南京：东南大学，2010.

[14] 张庭伟，冯晖，彭治权．城市滨水区设计与开发[M]．上海：同济大学出版社，2002.

[15] Lynch K．Good City Form[M]．Cambridge, MA：MIT Press，1984.

[16] Jacobs J．The Death and Life of Great American Cities[M]，New York：Vintage，1992.

[17] 扬·盖尔．交往与空间[M]．北京：中国建筑工业出版社，2002.

[18] Bentley I，Alcock，Murrian P，et al．Responsive Environment: A Manual for Designers[M]．London：Architecture Press，1985.

[19] 蒋涤非．城市形态活力论[M]．南京：东南大学出版社，2007.

[20] 蒋涤非，李璟兮．当代城市活力营造的若干思考[J]．新建筑，2016(01)：21-25.

[21] Katz P．The New Urbanism：Toward an Architecture of Community[M]．McGraw-Hill，1994.

[22] Montgomery J．Making a city：Urbanity, vitality and urban design[J]．Journal of Urban Design，1998，3(1)：93-116.

[23] Tridib Banerjee．The future of public space[J]．Journal of the American Planning Association，2001，67(1)：9-24.

[24] 黄骁．城市公共空间活力激发要素营造原则[J]．中外建筑，2010，02：66-67.

[25] 李建彬．城市街道空间的活力塑造[D]．哈尔滨：东北林业大学，2010.

[26] 龙瀛，周垠．街道活力的量化评价及影响因素分析——以成都为例[J]．新建筑，2016(1)，52-57.

[27] 赵广文，柴江豪．国外城市滨水区业态布局的经验及借鉴意义——以伊春中心城滨水区规划为例[C]//规划创新：2010中国城市规划年会论文集．2010.

[28] 耿慧志，朱笠，杨春侠．上海陆家嘴中心区公共绿地的城市活力解析[J]．城市建筑，2017(16)：21-23.

作者简介

曾明曦，1996年生，女，广西，在读硕士研究生，同济大学建筑与城市规划学院高密度人居环境生态与节能教育部重点实验室。

林诗琪，1996年生，女，福建，在读硕士研究生，同济大学建筑与城市规划学院。

张德顺，1964年生，男，山东，同济大学建筑与城市规划学院高密度人居环境生态与节能教育部重点实验室教授，博士生导师，IUCN SSC委员、中国植物学会理事、中国风景园林学会园林植物与古树名木专业委员会副主任委员(上海200092)。电子邮箱：zds@tongji.edu.cn。

基于空间功能的滨水区假日活力影响因素分析

深圳社区公园周边土地利用对老年人体力活动频率影响研究①

Research on the Influence of Land Use Around Shenzhen Community Park on the Frequency of Physical Activity of the Elderly

曾子熙　朱　逊　赵晓龙

摘　要：社区公园作为老年人体力活动的主要空间，其效能的有效发挥将有助于和谐老龄化社会及"健康中国"的建设。研究以深圳市福田区社区公园为例，通过问卷调查获取老年人社区公园体力活动数据，利用高德地图数据抓取量化社区公园周边土地利用特征指标，借助 ArcGIS 及 SPSS 进行空间可视化与数理分析，探讨社区公园周边土地利用与老年人体力活动的耦合关系，并阐释耦合机理，研究为社区公园的适老化更新提供实证支撑。

关键词：社区公园；土地混合利用；老年人；体力活动

Abstract：As the main space for physical activities of the elderly, community parks can be used effectively to help build a harmonious aging society and a healthy China. The study takes a typical community park in Futian District, Shenzhen as an example, obtains physical activity data in community parks for the elderly through questionnaire surveys, uses AutoNavi map data to crawl and quantifies the characteristics of land use around community parks, and uses ArcGIS and SPSS for spatial visualization and mathematical analysis, Explore the coupling relationship between the land use around the community park and the physical activity of the elderly, and explain the coupling mechanism based on the behavior sequence theory. The research provides empirical support for the aging and renewal of community parks.

Key words：Community Park；Land Use；Elderly；Physical Activity

体力活动是骨骼肌所产生的任何需要消耗能量的身体运动，这种运动对技能水平没有限制或以娱乐为目的展开，如步行、运动、休闲活动等都可激发[1]。随着我国人口老龄化逐渐加剧及"健康中国"战略发布实施，提高老年人体力活动水平成为公共卫生健康领域研究热点[2]。由于近家的社区公园是老年人进行体力活动的首选之地[3]，因此，健全社区公园体力活动支持体系对构建老年友好型社区及健康城市具有重要意义。

不同地区及尺度的土地利用在不同程度上影响社区体力行为[4]，Kaczynski 证明公园外低土地利用多样性及高设施密度促进体力活动水平[5]，社区不同类型目的地促进诱发老年人体力活动[6-8]。目前，国内老年人体力活动与社区公园的相关研究大多数聚焦于公园内部空间的设计尺度[9-14]，外部层面主要为可达性及绿地规划布局两方面[15-17]，缺少土地利用对体力活动行为研究[18]，本文梳理社区尺度的土地利用特征指标，以深圳市福田区社区公园群作为研究样本与公园中老年人体力活动数据作相关分析，识别促进老年人体力活动水平的社区公园周边土地利用特征因子，进而提出社区公园周边土地利用规划优化策略。

1　研究方法

深圳市福田区作为中心城区位于深圳中部，东起红

岭路，西至华侨城，北接龙华，南临深圳河，与香港以深圳河相隔，坐拥中央商务区，是深圳的行政、文化、金融、信息和国际展览中心。福田区总面积 78.8km²，截至 2016 年，福田区总绿化面积 33.8km²，绿化覆盖率 43.0%，人均公共绿地面积 22.52m²。本研究于预调研阶段参考《2019 年深圳市公园名录》并在现存正常使用的社区公园中选取研究样本，在控制变量（公园内部设施配置、规模形态）情况下尽可能筛选周边土地利用特征差异化且具备一定人流量的社区公园，最终，选取景蜜社区公园、景华社区公园、益田中心广场、北二街街心公园、景田南三街街心公园、中康公园、梅林前门社区公园、狮岭社区公园、清风园 9 个样本公园（图 1）。

图 1　样本公园分布图

① 基金资助：黑龙江省教育科学"十三五"规划课题"大类培养模式下国土空间规划课群体系建设研究"（编号 GJB1320074）；国家自然科学基金面上项目（编号 51878206）共同资助。

城市公共空间与健康生活

根据 425 份预调研问卷，统计出 78.8% 深圳市老年人在社区公园活动前后抵达的公园外部设施与社区公园的理想距离为 300m 以内，故本研究划定社区公园边界往外 300m 作为缓冲区（图 2）。

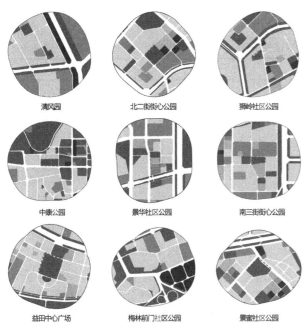

清风园　　北二街街心公园　　狮岭社区公园

中康公园　　景华社区公园　　南三街街心公园

益田中心广场　　梅林前门社区公园　　景蜜社区公园

图 2　样本社区公园 300m 缓冲区土地利用图

2　数据采集与量化

2.1　体力活动数据采集与量化

本文随机选取 2020 年 4 月 30 日～2020 年 5 月 26 日两周中任意 7 天包括工作日及周末，对 9 个社区公园中进行体力活动的中老年群体发放问卷共计 703 份。问卷内容主要包括个人属性、体力活动类型、体力活动频率。其中，划定 45 岁以上为中老年人群体，体力活动频率以月总次数/30 天进行量化。

2.2　土地混合利用指标量化

本文从数量规模混合、空间结构混合以及功能关系混合三个方面描述社区公园周边土地混合利用特征。

在数量规模混合方面，本文依据《深圳市城市规划标准与准则》对用地进行分类，在深圳市自然资源和规划局官网公开文件获取研究样本所在片区的法定图则。在空间结构混合方面，基于高德地图开放 API 接口，实验爬取共计 127845 条 POI 数据，并对 POI 进行类别细分，基于 ArcGIS 计算不同类型设施密度及其与社区公园的平均直线距离。在功能关系混合方面，兼容性核心反映的是不同用地类型的空间外部性，本文参照郑红玉[19]建立的不同用地类型兼容性判断矩阵及兼容性计算公式（表 1）。

土地混合利用指标　　　　　　　　　　　　　　　　　　表 1

一级指标	二级指标	计算公式	指标说明
规模数量混合	用地比例	特定类型用地面积/总面积	用地类型包括住宅用地、商业办公用地、公服用地、绿化用地及市政公用设施用地
	熵指数（混合度）	$E = \dfrac{-\sum(A_{ij}\ln A_{ij})}{\ln N_j}$	A_{ij} 为缓冲区 j 中 i 类用地所占的比例；N_j 为缓冲区 j 中用地类型的数量。熵值为 [0，1]，当区域内只有一种土地利用是，其值为 0；当区域内各土地利用比例相等时，其值为 1
空间结构混合	欧式距离		采用最小邻近距离（minimum distance）是计算某一设施到社区公园的直线距离（欧式距离）；设施类型包括生活服务设施、肉菜场、专卖店、便利店、餐饮店、彩票店、医疗保健设施、宾馆、居住区、公园广场、娱乐休闲场所、政府机构、学校、公司企业、公交站
	设施密度	特定类型设施数量/总面积	一定程度上描述不同类设施的布局情况，具体分类如上
功能关系混合	兼容性	$CDI(j) = 1 - \sum_{i=1 \sim n}\dfrac{n_i}{(n \times 2)}$ $LCDI(f) = \dfrac{\sum_{j=1}^{m} CDI(f)}{m}$	建立 30m×30m 的格栅单元，以 300m 缓冲区作为邻域，依据社区公园用地兼容性矩阵统计各栅格单元关系值，本研究将兼容性用地（住宅、绿化、道路）的关系赋值为 0，有条件兼容性用地（商业办公、公服、工业）赋值为 1，特殊用地赋值为 2。公式中 CDI 是单个栅格单元的兼容值，n 是邻域范围内栅格总数，n_i 代表栅格的兼容性赋值。Nodata 不参与兼容性判断。LCDI 是区域内所有栅格的兼容值平均值，m 是区域内栅格单元总数量

3 数据结果与分析

3.1 社区公园体力活动频率统计

通过将体力活动频率数据输入 SPSS 进行描述性统

计，从活动频率看，景华社区公园的平均活动频率最高，达到每天 1 次，而梅林前门社区公园最低，即 2 周进行 1 次体力活动。按日活动频率极值看，景华社区公园、中康公园、益田中心广场以及景蜜社区公园均含 1 日进行 3 次体力活动情况（表 2）。

老年人体力活动频率描述性统计 表 2

公园名称	活动类型	问卷数	最小值	最大值	平均值
清风园	器材健身、跳舞、散步、羽毛球	80	0.43	2.00	0.8036
北二街街心公园	羽毛球、散步、器材健身	80	0.14	2.00	0.7321
狮岭社区公园	羽毛球、散步	80	0.14	1.00	0.5571
中康公园	羽毛球、散步、跳舞	80	0.14	3.00	0.8482
景华社区公园	器材健身、跳舞、散步	80	0.07	3.00	1.0734
南三街街心公园	羽毛球、散步	64	0.14	1.00	0.6585
益田中心广场	跳舞、器材健身、打太极、散步、打篮球、跑步	79	0.14	3.00	0.9169
梅林前门社区公园	散步、羽毛球	80	0.14	1.00	0.4589
景蜜社区公园	散步、跑步、羽毛球、器材健身、跳舞、打太极	80	0.07	3.00	0.9248

从体力活动调研数据看，深圳市老年人体力活动类型主要包括羽毛球、散步、器材健身、广场舞、太极、打篮球、跑步等 7 类。其中，益田中心广场及景蜜社区公园的活动类型较为丰富，相对而言，狮岭社区公园、南三街街心公园及梅林前门社区公园的活动类型较为单一。

通过不同类型频率分布图可知，各个样本公园中，老年人跳舞频率在所有活动类型中最高，可见集体性活动有助于提高老年人活动频率。而羽毛球类频率最低，限于场地及设施维护等条件（图 3）。

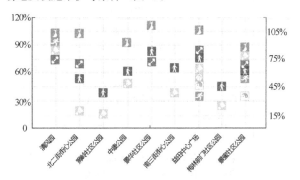

图 3　样本公园不同活动类型频率分布图
竖列代表该类型活动频率，频率＝月参与总次数/30 天，其中 120% 代表频率超过 1 天 1 次，90% 代表几乎 1 天 1 次，60% 代表 2 天 1 次，30% 代表 9 天 1 次

3.2 土地利用特征与频率相关性分析

利用 SPSS 将 703 条有效老年人体力活动频率数据与土地利用指标数据进行相关性分析，得出如表 3 所示结果。

可以发现在 300m 缓冲区内，在规模数量混合指标因子中，住宅、商业、绿化用地比例对老年人体力活动频率产生积极影响，增大住宅面积可增加片区人口数量，进而增加具有体力活动习惯的人群访问社区公园。商业及绿化面积拓宽则可增加社区公园外部环境吸引力。市政设施、工业用地比例以及混合度则对其产生消极影响，研究范围的市政设施主要包括大型停车场等公用设施，拓宽市政设施、工业用地可能降低安全性，由于缓冲区较小，故体力活动频率受混合度影响较为敏感，土地利用混合度过大会导致老年人出行目的选择性更多，从而减少到访公园次数。

在空间结构混合指标因子中，肉菜场、专卖店、超市、彩票店、医疗设施、住宅小区以及学校均对老年人体力活动产生正向影响，以上设施所发生的活动均为老年人的日常活动如买菜、抽奖、保健以及接送小孩等。在社区公园周边设置以上设施有利于老年人安排一条多目的出行链。此外，公园及公交站与体力活动频率呈负相关，

土地利用与频率相关性结果 表 3

		住宅用地比例	商业用地比例	绿化用地比例	市政设施用地比例	工业用地比例	混合度	兼容性	肉菜场密度	专卖店密度
		0.085*	0.184**	0.145**	−0.259**	−0.248**	−0.175**	0.088*	0.108**	0.235**
		超市密度	彩票店密度	医疗设施密度	住宅小区密度	公园密度	学校密度	公交站密度	专卖店距离	肉菜场距离
老年人频率	皮尔逊相关性	0.089*	0.232**	0.157**	0.281**	−0.309**	0.261**	−0.233**	−0.231**	0.075*
		超市距离	便利店距离	彩票店距离	医疗保健设施距离	住宅小区距离	公园距离	学校距离		
		0.193**	−0.179**	−0.121**	−0.115**	−0.341**	0.201**	−0.302**		

*　在 0.05 级别（双尾），相关性显著；
**　在 0.01 级别（双尾），相关性显著。

说明临近设置多个公园及公交站为老年人提供更多附近或远门的活动地点选择，因而降低活动频率。

在功能关系指标因子中，兼容性指标对老年人有积极影响，显而易见，兼容性判断矩阵根据行为之间相关性建立，兼容性高的外部环境，说明行为关联更强，故促进老年人体力活动。

3.3 土地利用对频率影响机理

将以上识别相关的土地利用指标多元回归分析，因

功能关系混合指标因子只有兼容性一个二级指标，而该指标数值通过土地利用图计算得出，故将其并入规模数量混合指标因子影响强度排序中（表4）。

在规模数量及功能关系混合方面，影响因子强度排序依次为住宅用地比例＞市政设施用地比例＞混合度＞兼容性＞绿化用地比例＞商业用地比例＞工业用地比例。

在空间结构混合指标因子中，医疗保健设施密度＞用品专卖店距离＞超市距离＞肉菜场距离＞肉菜场密度＞公园距离＞彩票店＞学校距离（表5）。

规模数量及功能关系混合指标因子影响强度排序 表4

	住宅用地比例	市政设施用地比例	混合度	兼容性	绿化用地比例	商业用地比例	工业用地比例
显著性	0.916	0.812	0.600	0.586	0.461	0.188	0.001

注：因变量，老年人频率。

空间结构混合指标因子影响强度排序 表5

	医疗保健设施密度	用品专卖店距离	超市距离	肉菜场距离	肉菜场密度	公园距离	彩票店距离	学校距离
显著性	0.740	0.371	0.083	0.081	0.057	0.002	0.000	0.000

注：因变量，老年人频率。

4 结论

深入分析可得出，为增加深圳市老年人的社区公园体力活动频率，提高社区公园运动服务效率，内部场地可扩大广场面积供老年人参与跳舞。

在土地利用混合的规模数量方面，社区公园周边用地应以住宅、商业以及绿化用地为主，少量混合其他用地。因为增加社区住宅用地比例，可增大社区常住人口进而增加社区具运动习惯的老年人数量，增加绿化以及商业用地面积，在此，绿化面积指的是道路景观而不是其他公园面积，为的是营造舒适便利的公园外部环境。与此同时，需降低社区公园周边的大型停车场及供电设施等市政用地和工业用地面积，取而代之的是临近公园的中小型停车场及其他兼容性用地。

在空间结构方面，可在社区公园周边设置医疗保健、专卖店、超市、肉菜场、彩票店等老年人日常活动相关设施，有利于各类设施的有效使用，因老年人与学校的关系主要为接送孩子上下学，不是学校使用的主体人群，故学校设施可酌情考虑。另外，社区公园之间距离应该大于300m距离，有利于社区公园充分服务周边人口。

在功能关系方面，社区公园周边应多设置兼容性用地如住宅、绿化、道路，其次是有条件兼容性用地如商业办公及公服用地，这与规模数量混合方面结论一致。

参考文献

[1] 郑权一，赵晓龙，金梦潇，等. 基于POI混合度的城市公园体力活动类型多样性研究——以深圳市福田区为例[J]. 规划师，2020，36(13)：78-86.

[2] 马明，周靖，蔡镇钰. 健康为导向的建成环境与体力活动研究综述及启示[J]. 西部人居环境学刊，2019，34(04)：

27-34.

[3] 黄建中，张芮琪，胡刚钰. 基于时空间行为的老年人日常生活圈研究——空间识别与特征分析[J]. 城市规划学刊，2019(03)：87-95.

[4] 简·雅各布斯. 美国大城市的死与生[M]. 南京：译林出版社，2006.

[5] Kaczynski, Andrew T. Neighborhood land use diversity and physical activity in adjacent parks [J]. Health & place, 2010, 16, 2: 413-415.

[6] Cerin E, Sit C H, Barnett A, et al. Ageing in an ultra-dense metropolis: Perceived neighbourhood characteristics and utilitarian walking in Hong Kong elders[J]. Public Health Nutr. 2014 Jan; 17(1): 225-232.

[7] Barnett A, Cerin E, Cheung M C, . An in-depth pilot study on patterns, destinations, and purposes of walking in Hong Kong older adults[J]. J Aging Phys Act. 2015 Jan; 23(1): 144-152.

[8] Chudyk A M, Winters M, Moniruzzaman M, et al. Destinations matter: The association between where older adults live and their travel behavior[J]. J Transp Health. 2015, Mar; 2(1): 50-57.

[9] Zhu X, Gao M, Zhao W. Does the presence of birdsongs improve perceived levels of mental restoration from park use? experiments on parkways of Harbin Sun island in China[J]. International Journal of Environmental Research and Public Health, 2020, 17(7).

[10] Zhao W, Li H Y, Zhu X, et al. Effect of birdsong soundscape on perceived restorativeness in an urban park. [J]. International Journal of Environmental Research and Public Health, 2020, 17(16).

[11] 陈菲，朱逊，张安. 严寒城市不同类型公共空间景观活力评价模型构建与比较分析[J]. 中国园林，2020，36(03)：92-96.

[12] 叶鹤宸，朱逊. 哈尔滨市秋季城市公园空间特征健康恢复

性影响研究——以兆麟公园为例[J]. 西部人居环境学刊，2018，33(04)：73-79.

[13] 侯韫婧. 基于休闲体力活动的公园空间特征识别及优化模式研究[D]. 哈尔滨：哈尔滨工业大学，2019.

[14] 赵晓龙，徐靖然，刘笑冰，等. 基于无人机(UAV)观测的寒地城市公园冬季体力活动及空间分布研究——以哈尔滨四个公园为例[J]. 中国园林，2019，35(12)：40-45.

[15] 吕强，高文秀，范香. 基于服务范围的社区公园空间布局均衡性研究——以深圳市南山区为例[J]. 建筑与文化，2017(06)：185-187.

[16] 赵晓龙，杨洋，朱逊，等. 基于社会网络中心性模型的城市公园公交可达性研究——以哈尔滨道里区为例[J]. 中国园林，2019，35(08)：49-54.

[17] 汤奕子. 基于PPGIS的哈尔滨冬季绿地体力活动时空偏好研究[D]. 哈尔滨：哈尔滨工业大学，2018.

[18] 宋彦，李青，王竹影. 老年人休闲性体力活动城市社区建成环境评价指标体系及其实证研究[J]. 山东体育学院学报，2019，35(02)：29-35.

[19] 郑红玉. 土地混合利用多尺度测度的理论和方法研究[D]. 杭州：浙江大学，2018.

作者简介

曾子熙，1995年9月，女，汉族，广西南宁，硕士研究生，哈尔滨工业大学建筑学院，风景园林专业。电子邮箱：450677076@qq.com。

朱逊，1979年7月，女，满族，黑龙江哈尔滨，副教授，博士生导师，哈尔滨工业大学建筑学院，寒地城乡人居环境科学与技术工业和信息化部重点实验室，风景园林规划设计及其理论。电子邮箱：zhuxun@hit.edu.cn。

赵晓龙，1971年1月，男，黑龙江哈尔滨，博士，教授，博士生导师，苏州科技大学建筑与城市规划学院，生态导向城市设计及其理论、健康景观规划设计理论与实践。电子邮箱：943439654@qq.com。

墨尔本社区公共开放空间宜居品质提升的导控途径探究

Research on the Guidance and Control Ways of Improving the Livable Quality of Melbourne Community Public Open Space

陈栋菲

摘　要：“宜居性”是社区未来发展的趋势与必然。公共开放空间作为落实社区宜居性的重要载体，意义重大。本文旨在深入研究墨尔本社区公共开放空间在技术与政策层面宜居品质优化的导控途径，认为其本质上是遵循“可达性、舒适性、文化性、活跃性”这四大维度的价值框架。总的来说，总体阶段主要落实可达性层面的相关要素，城市设计可有效弥补总体在舒适性、文化性、活跃性层面导控的不足；政策层面通过制定特色活动政策等，可进一步落实可达性、文化性、活跃性层面在技术手段难以导控的内容。希望本研究可为我国的相关实践提供指导。

关键词：城市更新；社区宜居；公共开放空间；规划导控；墨尔本

Abstract: "Livability" is the trend and necessity of community in the future. As an important carrier of the livability of community, public open space is of great significance. The purpose of this paper is to deeply study the guiding and control approach of Melbourne community public open space on the level of technology and policy to improve the quality of livability. It is believed that the guiding and controlling approach follows the four dimensions of "accessibility, comfort, culture and activity". In general, the overall stage is mainly to implement the relevant elements of accessibility. Urban design can effectively make up for the lack of guidance and control in terms of comfort, culture and activity. At the policy level, the contents that are difficult to control in terms of accessibility, culture and activity can be further implemented by formulating characteristic activity policies. It is hoped that this study can provide guidance for the relevant practice in China.

Key words: Urban Renewal; Livable Community; Public Open Space; Planning Guidance and Control; Melbourne

引言

宜居性是城市发展观的转型方向。对于社区而言，从西方社区相关理论思想演变与国内几轮居住区标准更迭所映射出的内在价值转向来看，尤其是最新版《城市居住区规划设计标准》GB 50180-2018 总则部分提出“为确保居住生活环境宜居适度”的制定目的，均表现出宜居导向的价值所在。公共开放空间作为社区的子系统，是落实宜居性的重要载体，但目前相关研究主要集中于空间的微观营造层面，忽视对其顶层设计的梳理，尤其是对相关导控研究的缺乏[1-6]。

1　宜居性内涵

宜居性概念最初在《宜人与城市规划》（David L. Smith）中被提出。1996 年联合国第二次人居大会提出“人类聚居地”（Livable Human Settlements），指出“宜居性是指空间、社会和环境的特点与质量”。综合目前对公共开放空间宜居性相关观点（William H. Whyte[7]；Jan Gehl[8]；美国 AARP 宜居性指数[9]等），其评判主要涉及空间四大维度，即布局衔接、基础感知、精神认同、活动交往，进一步来说，布局衔接层面，以“可达性”为核心，指协调公共开放空间系统布局的公平与均衡、进入的便捷程度；基础感知层面，以“舒适性”为核心，指空间是否能给人带来舒适的直接感知，包括舒适的感官体验、是否安全等；精神认同层面，以“文化性”为核心，指空间融合社区文脉，塑造场所精神，激发文化认同；活动交往层面，以“活跃性”为核心，指空间活动是否丰富，是否可以吸引多元人群、激发社会交往。其中可达性与舒适性是落实基础性需求（生理、安全），文化性与活跃性则偏向于满足更高层次的需求（归属、尊重、自我实现），四者共同作用，提升公共开放空间生活质量。

2　墨尔本相关导控途径

墨尔本（Melbourne）位于澳大利亚维多利亚州，连续 7 年（2011-2017 年）蝉联经济学人颁布的“全球最宜居城市榜单”榜首，对社区公共开放空间宜居导控具有国际领先的经验。《墨尔本开放空间战略》研究阶段对城市居民的调查显示，公共开放空间是许多人乐于居住在此的原因，公共开放空间多样性与高质量的实现与城市中每一个社区单元的努力密不可分[10]。另外，墨尔本的规划运作机制与我国类似，主要是通过政府规划、政策文件的制定，将其置于整体的规划框架之中，来推动具体项目的实施[11]，具有较强借鉴意义。

2.1　技术衔接层面

2.1.1　战略（总体）规划层面：将“20min 社区生活圈”纳入法定的顶层规划之中，保障社区规划的贯彻执行

2017 年澳大利亚维多利亚州政府制定了新版战略规划——《墨尔本规划（2017‒2050）》（Plan Melbourne 2017‒2050），通过修订《维多利亚州规划条例》（The Victoria Planning Provisions-VPP）中的州规划政策框架，赋予其法定效力。该规划的主题是"宜居"，社区是其核心的六个方面之一，将创建"20min 社区生活圈"作为关键目标，强调高品质公共开放空间的重要性[12]。该层面社区公共开放空间的相关导控主要涉及可达性与舒适性：①可达性层面主要是对空间布局与规模进行管控，并以精细化的方式明确四类空间功能与内涵，包括操场和公园、绿色街道、社区花园、体育和娱乐空间。②提出制定各类空间指标对更新区域进行评估，潜在指标包括树荫等庇护性空间、户外公共座位、可达性等，以进一步指导空间可达性与舒适性的落实[12]。

2.1.2 专项规划层面：具有特色、针对性、执行力、可实施的专项规划，从宏观到微观，层级清晰，社区公共开放空间更新有效落实

墨尔本公共开放空间体系健全、层级清晰。目前共

148 处公共开放空间，总面积约 555hm²，约占该市总面积 15%，面向公众开放，绝大多数社区公共开放空间分布充足[10]。这与其技术成熟的《公共开放空间战略规划》（Open Space Strategy）密不可分，该规划从宏观层面的结构性控制到社区层面的精细化调控，有力促进宜居性的落实。

（1）层级清晰、精细化的空间控制，以步行可达为关键控制指标

2012 年墨尔本政府为墨尔本市中心区（City of Melbourne）制定了最新版《公共开放空间战略规划》（Open Space Strategy），为未来 15 年墨尔本公共开放空间提供总体框架和战略方案。该规划对墨尔本市中心区的公共开放空间网络进行梳理，主要在可达性层面整体管控公共开放空间，关键目标是为社区提供步行距离内的公共开放空间，提出"国家与州—都市—地区—社区—地方"5 级体系（表 1），明晰各级空间特性（涉及布局与规模等层面），并提出各级 500m/300m 步行距离覆盖率的目标，其中社区公共开放空间涵盖了社区级与地方级[10]。

澳大利亚的公共开放空间"5 级"体系　　表 1

空间层级		空间特性		目标
一级	国家与州级	承担墨尔本作为国际性大都市与维多利亚州首府的社会与公共服务职能	（1）大型公共交通换乘中心附近 （2）有典型代表性 （3）有主导性的展示、提升城市景观的作用	500m 步行可达覆盖率 100%
二级	都市级	满足墨尔本大都市区、市中心区、周边区域的市民对休闲、娱乐、文化、运动的功能与设施的需求	（1）有较便利的公共交通换乘站 （2）与区域环境相协调 （3）有主导性的改善市民生活质量的作用	500m 步行可达覆盖率 100%
三级	地区级	满足墨尔本内部行政区居民的相关需求	（1）公共交通与可步行性 （2）规模适宜、数量与体量与该区域的人口规模协调 （3）为地方居民提供高品质、高可达性的公共开放空间	500m 步行可达覆盖率 100%
四级	社区级	以社区为单位，为居民提供邻里交往的空间	（1）便利的步行可达性 （2）生活性 （3）空间体量能容纳多样性的邻里活动	500m 步行可达覆盖率 100%
五级	地方级	为小范围内的居民提供安全、步行可达的空间	（1）步行可达性高 （2）私密性 （3）可开展小型社交性活动	300m 步行可达覆盖率 100%

（2）以"前期分析评估、区域空间管控、社区单元空间管控"三大板块进行落实

具体为：①前期分析评估：基于步行可达性，评估现有区域层面公共开放空间整体空间分布，找出不能满足步行可达性（存在缺口）的区域；②区域空间管控：提出维持和拓展高质量的公共开放空间网络、在步行距离内提供分布式的公共开放空间、在城市更新区增加都市级与地区级公共开放空间的策略，整体性优化墨尔本市中心区公共开放空间的可达性，并对可增加的主要公共开放空间、可增加的小型公共开放空间提出规划指引；③社

区单元空间管控：与区域层面的策略衔接，对墨尔本市中心区各个社区单元进行精细化的规划指引，并提出可操作的空间调试策略，主要落实可达性。以墨尔本 3000 社区（Melbourne 3000）为例，位于中心社区，面积约 2.3km²，公共开放空间主要由绿地、街道、小型公共开放空间组成。该规划面临社区不断增长的居住人口对公共开放空间的潜在需求，在满足区域层面需求的基础上，分析公共开放空间缺口，提出改造利用小型公共开放空间（社区级、地方级），以优化现有的公共开放空间网络，如图书馆前院、教堂前的场地等。另外，还提出舒适性相

关的导控策略，如创造湿润凉爽的空间，缓解城市热岛效应等[10]。

2.1.3 城市设计层面：城市设计导则的精细化导控、社区层面的贯彻落实

（1）颁布《维多利亚州城市设计导则》对公共开放空间进行层级分明、法定化、弹性化的设计控制

维多利亚州政府制定了《维多利亚州城市设计导则》，以支持州与地方政府、城市发展部门营造高品质的城市空间，促进社区互动，使所有年龄和能力的人能轻松过上健康的生活并定期参加体育活动。该导则被纳入《维多利

亚州规划条例》（*The Victoria Planning Provisions-VPP*）（该法律可赋予城市设计导则以法定效应[11]）中规划政策框架内的政策指南[13]，具有法定地位。

导则对公共开放空间在内的六大要素进行导控，其中与公共开放空间的相关导控（表2）主要涉及：可达性（空间出入口的衔接等）；舒适性（户外公共座位、安全、舒适的小气候、良好的视野、庇护性空间、乡土植物、照明设施、步行系统连续等）；文化性（标识系统文化性、文化艺术活动等）；活跃性（空间活动与设施、界面活跃性等）。该导则通过引导性的语言与图示，进行弹性化、留有余地的导控[14]。

《维多利亚城市设计导则》中与公共开放空间相关的要素控制汇总表 表2

相关部分	内涵	控制目标
公共开放空间	街道空间与广场、公园、私有公共开放空间的原则	① 确保所有人能方便、安全地进入和通过 ② 营造迷人而充满活力的空间 ③ 支持与引导空间边界的活动 ④ 确保空间的安全和舒适 ⑤ 确保空间的舒适和愉快 ⑥ 支持空间的地方感与地方特色 ⑦ 确保空间得到充分利用和维护
（1）街道空间和广场	高度可达性的公共空间，是街道系统的延伸	① 营造有吸引力和功能性的街道和广场 ② 确保方便和安全地进入和通过广场 ③ 建立和支持街道和广场边界的活动
（2）公园	绿色公共空间，面积达 1hm²，包括草地，花园和游乐场	① 确保方便和安全地进出当地公园 ② 鼓励广大用户在一天中的不同时间使用 ③ 确保公园用户的舒适性和安全性 ④ 强调公园的地方和特色 ⑤ 确保公园得到良好维护
（3）私有公共开放空间	是私人所有的空间内的区域，提供非正式的娱乐活动，供建筑物居住者和某些情况下的游客共同使用	① 确保空间的可访问性和功能性 ② 为其预期用户提供安全和愉快的空间 ③ 确保空间保护相邻敏感用途的舒适性 ④ 确保空间得到良好维护

（2）结合社区层面人性化的城市设计，对公共开放空间进行综合性、针对性、渐进式的宜居更新

20世纪90年代始，为解决墨尔本3000社区衰退的问题，墨尔本政府就开始联合维多利亚州政府，以该社区为研究与实践载体（后逐渐拓展（图1）），以提高生活品质、塑造宜居性为目标，通过强有力的城市设计管控方法，先后制定了三版《墨尔本人性化空间规划》（Places For People，Melbourne City），有效促进社区公共开放空间宜居性的提升。具体实施中以"细水长流式"的方式，充分挖掘存量空间，以"功能置换、小微修补"为手段来迎合新的需求[14]。其中，前两版的相关优化导控直接影响了其宜居性的提升，具体为：

第一版《墨尔本人性化空间规划》（Places For People，Melbourne City，1994）：1993年，为了提升墨尔本3000社区吸引力，墨尔本市邀请扬·盖尔（Jan Gehl）先生进行了公共空间和公共生活调查，于1994年制定《墨尔本人性化空间规划》（Places For People，Melbourne

City，1994），对该社区内的公共开放空间（街道、城市公园、广场、公共绿地等）以及公共建筑展开了一系列的人性化改造，提出"舒适的步行系统""吸引人在户外停留""提升城市的社会文化交流""一个让人们全天候感到安全的城市""让人感到有趣、具有吸引力的城市"这五个方面的导控目标来提升其宜居水平（表3），相关导控涉及公共开放空间的可达性（步行系统连续、5min 步行可达）、舒适性（夜景照明、舒适的小气候、乡土植物、树荫及覆盖式空间、户外公共座位、空间清洁性、良好的视野、安全性）、文化性（文化艺术品/活动）、活跃性（界面活跃性、特色活动)[15]，以物质环境优化的"硬性策略"的为主。

第二版《墨尔本人性化空间规划》（Places For People，Melbourne City，2004）：2004 版重点对进一步提升空间宜居性以提升城市活力进行研究，相比上版规划，宜居落实更注重空间"软策略"提升、社区与周边的联系、可持续发展。

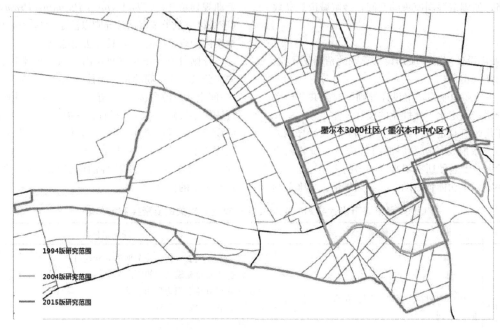

图1　三个版本人性化城市设计的研究范围图

相关导控内容（1994年版）　　　　　　　　　　　　　　　　　　表3

规划目标	控制要素
舒适的步行系统	（1）安全、顺畅的步行道路 （2）缓解10m街道的人行道过度拥挤的情况，并吸引更多活动到更宽的街道 （3）根据气候条件来选择有阳光、荫凉、可遮风避雨的空间 （4）塑造有趣的立面，吸引人停留 （5）为残疾人提供简单安全的可达环境 （6）便于识别的步行环境 （7）有可以漫步与休息的空间 （8）连接重要目的地的人行系统 （9）减少让人们长时间等待来给车辆让行的道路交叉点 （10）空间光线充足，保证白天与黑夜的安全性
吸引人在户外停留	（1）有可站着、坐着、玩耍以及交谈的空间 （2）改造提升现有商业广场、城市广场使用功能，增加空间吸引力 （3）根据气候条件来选择有阳光、荫凉、可遮风避雨的空间 （4）塑造有趣的立面，吸引人停留 （5）住宅、办公场所、娱乐以及社会设施相混合 （6）舒适的户外空间，有三种座位：高质量的公共座位、高质量的户外咖啡厅、广为分布的二级座位，例如台阶、种植箱边缘 （7）基于不同人群的休闲需求，在社区5min步行范围内建设一系列的小型广场、口袋公园
提升城市的社会与文化交流	（1）可以开展街头表演、音乐和小规模商业活动的空间，增加文化、商业、娱乐活动频率，在周末、节假日开展公共活动 （2）有可以让人们在户外坐在一起的空间 （3）避免嘈杂的交通噪声与物理威胁 （4）通过窗户、展示橱窗和可见的室内活动呈现有趣的街道立面
一个让人们全天候感到安全的城市	（1）街道上有其他人存在 （2）土地的混合使用，如商店、办公空间、学校以及住宅的混合 （3）大量有趣的展示橱窗，白天清晰可见、夜晚灯光照明 （4）24h彰显活力的住房 （5）为学生带来生命和活力的学校与大学 （6）美丽、具有吸引力的照明环境 （7）24h混合的城市功能 （8）干净整洁的街道环境

规划目标	控制要素
让人感到有趣、具有吸引力的城市	(1) 多元的人群组成 (2) 美丽的空间与风景 (3) 从细节到街景到远景都具有良好的视觉品质 (4) 保留、尊重、展示有价值的历史环境

其中有 6 大策略与公共开放空间优化直接相关（表4），除了舒适性层面（铺地文化性、户外公共座位、界面活跃性、夜景照明、乡土植物种植等）的更新策略外，还提出了开展公共艺术、融入文化、休闲娱乐功能等"弹性策略"，促进文化性与活跃性的管控。并提出该社区公共

开放空间的改造提升需与相邻的南岸社区、码头社区相联动，提升区域层面的可达性，将人们引导到邻近社区。另外提出"建设可持续发展的社区"，在空间设计、环境氛围、乡土植物等层面提出可持续发展的策略[16]。

相关导控内容（2004 年版）　　　　　　表 4

规划目标	控制要素
拓展行人网络	(1) 增加沿着社区、区域和主干道路的人行道的数量 (2) 根据街道宽度对街道进行分类，如，街道越宽越有规则性，越狭窄越能反映城市区域特征和非正式性 (3) 确保主要人行空间有高质量、透明外墙，以及高标准铺地、街道家具、照明 (4) 确保商场、巷道和其他半公共道路的开放时间，并提升其舒适性 (5) 使用青石板来扩宽小径 (6) 增加休息区域的数量和范围，增加公共座位的数量 (7) 延长午餐时间零售中心街道的封闭时间，必要时保持停车场通行
加强和改善慢行网络	(1) 提升艺术中心广场/圣基尔达路与斯图尔特街/城市道路间的连接 (2) 改善 Yarra 河北岸沿线空间，提供道路与休闲设施，并对香蕉巷、铁路高架桥和蝙蝠侠公园进行升级 (3) 重建 Swanston 和 Victoria 街道交叉口的三角空间，关闭部分街道 (4) 发挥 Albert Square 的"城市门户"作用
将南岸社区与墨尔本 3000 社区连接	(1) 改善海滨公共空间与南岸街道、建筑物、步行路线和其他开放空间之间的视觉联系 (2) 明确街道层级，并提供边缘活动
将码头社区与墨尔本 3000 社区连接	(1) 与城市和水相关的主要公共开放空间链接，并在空间和视觉上强化
将城市的改善扩展到邻近的社区	(1) 合作开发公共开放空间将有助于提升社区互动 (2) 参与咨询，重点关注当地或邻里问题，优先事项和社区成果 (3) 构架可达的开放空间网络，将人们引导到邻近社区 (4) 重新开发未充分利用的街道空间等，为当地创建口袋公园
建设可持续发展的社区	(1) 为居民、上班族和游客提供丰富的高品质设施和体验 (2) 鼓励儿童和青少年参与家庭、社区和社会生活，享受绿色空间 (3) 乡土植物运用 (4) 制定规划框架，将水敏性设计纳入公共开放空间设计中

2.2　政策落实层面

2.2.1　特色活动政策：占道经营

墨尔本"占道经营"政策的提出，大大提升了当地街道的活跃性，目前这样的街道几乎遍及墨尔本市中心社区的各个角落。为了规范、维持公共秩序，墨尔本市政府通过现场调研、公众意见征询，2001 年颁布《街边咖啡馆导则》（Outdoor café guide）（图2），并先后进行两次调整。该导则对相关行为进行了非常详细的规定：如明确适

用对象、提出允许的街道家具（仅允许可移动设施，如桌椅、遮阳伞等）、街道家具放置范围（图 3）等，并制定"许可证管理制度"来进一步规范、约束经营行为[17]。

2.2.2　文化艺术政策

墨尔本街头独具特色的街头艺术文化政策，有效促进了空间文化性提升。如推行街头艺人"持证上岗"政策，街头艺人是一种政府监管下的职业，政府对表演人员、时间、地点、内容进行明确的政策制定，其街头艺人必须有当地的工作许可以及当地市政厅所颁发的卖艺许

图2 《街边咖啡馆导则》

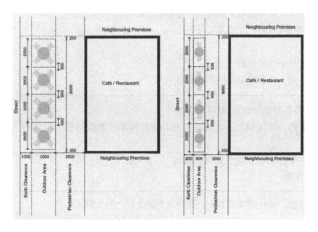

图3 街道家具摆放范围控制示意图

可证；再如，与街头绘画相关的街头公共艺术政策，规定街头画家如果得到建筑业主的允许，可在其外墙上进行涂鸦、彩绘等绘画艺术的创作，若未经许可就私自进行创作，则会触犯当地法律，其绘画作品将会被强制性移除。

3 总结

墨尔本社区公共开放空间宜居导控本质上是以"可达性、舒适性、文化性、活跃性"这四大维度为价值框架，笔者对其导控要素进一步总结：首先，技术衔接层面，总规阶段主要对可达性层面的空间布局与规模（网络构建、类型细化）；舒适性层面的树荫等庇护空间、户外公共座位、照明等进行引导性管控。专项阶段主要对可达性层面的空间布局与规模进行引导性管控，对步行可达覆盖率等进行指标性管控。城市设计阶段主要对可达性层面的空间出入口衔接、步行系统连续、5min步行可达、步行系统拓展（与周边社区联系）；舒适性层面的户外公共座位、安全性、舒适的小气候、良好的视野、乡土植物、照明设施、步行系统连续、夜景照明、树荫及覆盖式空间、空间清洁性、良好的视野；文化性层面对标识系统

文化性、文化艺术品/活动、铺地文化性、公共艺术；活跃性层面对空间活动与设施、界面活跃性、特色活动等进行引导性管控。其次，政策落实层面，通过公共艺术政策来落实文化性层面的涂鸦艺术、街头文化表演等公共艺术活动；通过特色活动政策来落实活跃性层面的占道经验等活动。

通过对墨尔本既有经验研究，对我国的相关优化提出进一步的认识：首先，在技术衔接层面，需以宜居性为核心价值观，充分理解其价值内涵，考虑相关导控要素与现行规划体系的衔接出口。结合我国的规划编制语境，具体可通过法定规划与城市设计的协同作用[18]。法定规划层面，需将相关管控内容与总规及其专项、控规衔接，提升法定效力，需进一步关注社区级公共开放空间，将公共开放空间系统进一步落实到社区层面，在明晰社区生活圈与公共开放空间相关概念内涵的基础上，主要管控可达性的相关要素（如步行可达范围覆盖率、人均水平、空间布局与规模等）。同时，总规层面也可逐渐加强对舒适性等相关要素的管控。城市设计层面，需进一步发挥其对舒适性、文化性、活跃性层面较为"软性"要素的"空间管控"作用。然而，目前城市设计在我国为非法定，执行力弱，为进一步促进宜居导向管控的落实，需逐步探索将相关内容落实到控规。从上海目前经验来看，已开始重视对小型公共开放空间在控规层面的相关管控，主要涉及可达性的相关内容，未来可基于对相关概念的进一步明晰，创新控规编制，探索对宜居性层面的舒适性、文化性、活跃性的内容进行引导性的特色化管控。其次，在政策落实层面，需进一步将空间规划与政策设计结合，如对特色活动、文化艺术等进行政策制定，充分发挥存量语境下公共政策对促进社区文化性与活跃性的作用，其政策设计需考虑与相关地方职能部门相衔接。另外，还需进一步将核心管控内容（相关概念内涵、空间布局与规模等）纳入相关法规，尤其是地方性法规，这是从规划到实施的最有效的有段之一。

参考文献

[1] 蔣芳. 美国开放空间规划控制研究与启示[J]. 国际城市规划，2016，31(04)：84-89.

[2] 杜伊，金云峰. "底限控制"到"精细化"——美国公共开放空间规划的代表性方法、演变背景与特征研究[J]. 国际城市规划，2018(3)：92-97+147.

[3] 黄建云，李杰，王燕霞. 基于休闲活动视角的上海市公共开放空间布局探索[J]. 上海城市规划，2015(01)：15-19.

[4] 王哲，杨晰. 天津滨海新区公共空间规划管理机制研究[J]. 规划师，2017，33(07)：44-48.

[5] 杜伊，金云峰. 城市公共开放空间规划编制[J]. 住宅科技，2017(2)：8-14.

[6] 金云峰，高一凡，沈洁. 绿地系统规划精细化调控——居民日常游憩型绿地布局研究[J]. 中国园林，2018(2)：112-115.

[7] Whyte H W. How to turn a place around[J]. Projects for Public Space Inc, 2000, 225-232.

[8] Gehl J, Svarre B. How to study public life[M]. Island press, 2013.

[9] Public Policy Institute. AARP Livability Index[EB/OL]. [2019-

03-15]. https：//livabilityindex. aarp. org/categories/Neighborhood

[10]　City Of Melbourne. Open space stragety[R]. 2012.

[11]　安怡然，丁晓婷，戴国雯. 国外生态城市发展政策研究——以墨尔本为例[J]. 建设科技，2018(6)：27-30.

[12]　Victoria State Government. Plan Melbourne 2017-2050[R]：98-103.

[13]　Victoria State Government，Department of Environment，Land，Water and Planning. Urban design guidelines for Vivtoria[R]. 2017.

[14]　王祝根，昆廷·史蒂文森，李晓蕾. 墨尔本人性化城市设计 30 年发展历程解读[J]. 国际城市规划，2018，33(02)：111-119.

[15]　The City of Melbourne in cooperation with Jan Gehl. PLACES FOR PEOPLE，Melbourne City，1994[R]. 1994.

[16]　City of Melbourne in collaboration with GEHL ARCHITECTS，Urban Quality Consultants Copenhagen. PLACES FOR PEOPLE，Melbourne City，2004[R]. 2004.

[17]　City of Melbourne. Outdoor café guide[R].

[18]　刘巍，吕涛. 存量语境下的城市更新——关于规划转型方向的思考[J]. 上海城市规划，2017(05)：17-22.

作者简介

陈栋菲，1994 年生，女，上海，上海同济城市规划设计研究院有限公司，助理规划师。

基于环境行为学的山地老旧社区公共空间研究

——以重庆市上大田湾社区为例

Public Space of Old Mountain Community Research Based on Environmental Behavior：

A Case Study of Shangdatianwan Community in Chongqing

戴连婕 刘 骏 黄雪飘

摘 要：随着城市更新工作的逐渐深入，老旧社区公共空间的更新逐渐成为实践和研究的热点。科学地认识其物质空间的使用价值、客观地了解居民的使用需求，是山地老旧社区公共空间改造的重要前提。本研究运用环境行为学的研究方法，采集了上大田湾社区 18 个公共空间中物质空间与居民行为的数据，并用线性回归的方法对物质空间与居民行为的相关程度进行研究。明确了居民对面积较大公共空间、舒适的坐休憩设施、可临时改变的移动设施的需求，以及对运动器械、永久性移动设施及可达性差的公共空间使用率较低。从而提出建构微型公共空间网络体系、优化公共空间设施布局、以公众参与带动空间活力营造的建议。本研究可为以人为本、合理高效地进行山地老旧社区公共空间更新改造提供理论支撑。

关键词：公共空间；山地老旧社区；环境行为学；更新改造

Abstract： With the gradual deepening of urban renewal work, the renewal of public spaces in old communities has gradually become a focus of practice and research. Scientifically understanding the use value of its physical space and objectively understanding the use needs of residents are important prerequisites for the transformation of public spaces in old mountain communities. This study uses environmental behavioral research methods to collect data on the physical space and resident behaviors of 18 public spaces in the Shangdatianwan community, and uses linear regression to study the degree of correlation between the physical space and resident behaviors. The residents' demand for large public space, comfortable sitting and rest facilities, mobile facilities that can be changed temporarily, and the utilization rate of sports equipment, permanent mobile facilities and public space with poor accessibility is low. Thus, it puts forward the suggestions of constructing micro public space network system, optimizing the layout of public space facilities, and promoting the construction of space vitality with public participation. This research can provide theoretical support for people—oriented, reasonable and efficient renewal and transformation of public spaces in old mountain communities.

Key words: Public Space; Old Mountain Community; Environmental Behavior; Renovation

引言

2020 年 7 月，国务院办公厅发布《关于全面推进城镇老旧小区改造工作的指导意见》，对城镇老旧小区改造作了全面部署，力争在"十四五"期末，基本完成 2000 年底前建成的需改造城镇老旧小区改造任务[1]。在城镇老旧小区改造工作推进中，山地老旧社区因其复杂的地形，成为改造工作的难点。山地老旧社区建筑密度大，其公共空间是存在于建筑实体之间的、居民进行公共交往活动的开放性场所[2]，是构建和谐社会网络的重要触媒，对居民的身体心健康有重要意义。

在山地老旧社区研究方面，黄瓴等[3]从文化资源的角度对社区文化景观结构进行理论与实践研究。丁舒欣等[4]从街巷空间整治的角度对山地老旧社区进行理论和实践研究。在社区公共空间研究方面，侯晓蕾[5]、肖洪未[6]等基于实践案例的经验总结对社区公共空间研究更新策略进行研究。王红等运用 AHP 层次分析法对成都市社区公共空间进行理论研究[7]，通过问卷调查确定各指标权重，构建评价体系。既有社区公共空间研究大多基于项目实践，该类研究社区更新上有清晰的逻辑，但在更新设计上的思路却不透明。落实在空间改造上以"老物换新"和"新物建造"为主，缺乏对物质空间使用价值的正确认识。评价体系构建相关研究在指标的选择上以物质空间为主，缺乏对居民行为的关注。在空间的评价上以研究者主观认知为主，得出的结论不能客观地、有所侧重地反映公共空间的问题和需求。

为了客观地了解山地老旧社区公共空间的使用特征和需求，本研究采用环境行为学的研究方法，通过结构性行为观测，统计社区公共空间的居民行为。为研究老旧社区公共空间物质环境与居民行为的关系，运用线性回归的方法对物质环境与居民行为的数据进行分析。线性回归分析是一种研究影响关系的方法，可以准确地计量各个因素之间的相关程度与回归拟合程度的高低[8]，从而科学地认识其物质空间的使用价值，有针对性地总结老旧社区公共空间中存在的问题并提出更新建议。

城市公共空间与健康生活

1 研究对象与方法

1.1 研究对象

渝中区是重庆的主城区,截至 2018 年 11 月,其常住人口 50.44 万人,人口密度 2.51 万人/km²,城镇化率达到 100%,用地类型以居住用地为主,处于建筑、人口和用地功能都高度密集的状态[9],是典型的高密度山地老旧城区。

上大田湾社区位于渝中区上清寺街道,占地 22hm²,建成于 2000 年以前,社区内最大高差约 15m,是典型的山地老旧社区。根据空间形态,社区公共空间可分为线状公共空间和点状公共空间。相对线状公共空间而言,点状公共空间的活动空间较大、设施集中,能更为全面地为居民提供游憩服务。因此,本研究以上大田湾社区中的 18 个点状公共空间作为研究对象(图 1)。

图 1　研究区及样本公共空间分布(作者自绘)

1.2 研究方法

本研究采用实地测绘、行为观测与现场访谈等环境行为学的调查方[10],于 2019 年 10~12 月的晴天在 18 个样本空间进行了数据采集。通过实地测绘,形成老旧社区公共空间物质空间基本数据集。行为观测与半结构访谈主要分为两个部分,第一部分为居民个人信息,包括性别、年龄等内容。第二部分为居民行为观测,本文选取活动时间、活动时刻、活动类型三个维度进行观测。其中,活动时间分为工作日和非工作日。活动时刻是将观测时间 7:00a. m.~7:00p. m. 切分为 12 段,每小时一段。通过录制样本空间每个时间段内 1min 的活动视频,来整理记录居民行为。通过调研,共获得 18 个样本公共空间2 个工作日 2 个非工作日共 3034 人次的行为记录,被观测者以成年人为主(18 岁以下占比 13%,18~40 岁占比9%,40~60 岁占比 37%,60 岁以上占比 41%),其中男性(59%)略高于女性(41%)。在数据处理方面,将人群行为数据中的活动类型根据扬·盖尔《交往与空间》[11]中户外活动的类型进行划分为三类:必要性活动、自发性活动、社会性活动。

2 研究结果

2.1 山地老社区物质空间

在上大田湾社区 18 个点状公共空间研究样本中,面积最大的公共空间为 589m²,最小为 26m²,61% 的公共空间面积小于 200m²。其形状多以近方形的多边形为主,少量公共空间形状较为狭长。

2.1.1 山地老旧社区公共空间设施

山地老旧社区公共空间设施主要包括两大类,休憩设施和运动设施。休憩设施是指为居民提供户外休憩功能的设施,主要包括座椅板凳、廊架等。运动设施是指为居民提供户外运动功能的设施,主要包括运动器械、乒乓球台等。

由于社区公共空间离居民居住住房较近,部分公共空间出现了移动设施,即居民将自家板凳沙发移动到社区公共空间中，对公共空间中的设施进行补充。移动设施可分为两大类，临时性移动设施和永久性移动设施（图2）。临时性移动设施是居民为了临时户外坐憩、户外棋牌等活动的开展，将便携性的桌椅自行移动到公共空间，活动结束后将其带回的移动设施。永久性移动设施是指居民将家中局部破损或老旧的沙发和座椅，永久地放置在公共空间中，使老旧家具继续在公共空间中发挥作用的移动设施。根据实地测绘，样本空间具体设施情况如表1所示。

临时性移动设施

永久性移动设施

图 2　上大田湾社区公共空间中的移动设施（作者自绘）

上大田湾社区公共空间设施情况统计表（作者自绘）　　　　　　表1

样本空间编号	坐憩设施数量（个）	坐憩设施容量（人）	运动设施数量（个）	永久性移动设施（个）	永久性移动设施容量（人）	空间坐憩总容纳量（人）	临时性移动设施
1	6	12	0	0	0	12	有
2	0	0	0	0	0	0	无
3	2	4	1	0	0	4	无
4	4	8	0	2	4	12	无
5	1	0	0	0	0	0	无
6	1	4	0	0	0	4	无
7	2	7	0	0	0	7	无
8	1	2	3	0	0	2	无
9	2	8	2	0	0	8	无
10	2	4	4	0	0	4	无
11	0	0	10	0	0	0	无
12	5	10	0	3	3	13	有
13	2	16	3	0	0	16	有
14	2	8	0	0	0	8	有
15	4	10	3	4	8	18	无
16	5	14	3	4	4	18	无
17	0	0	2	0	0	0	无
18	0	0	3	2	8	8	无

由上表可知，在上大田湾社区公共空间中，有78%的公共空间有休憩设施，56%的公共空间有运动设施，28%的公共空间有永久性移动设施，22%的公共空间有临时性移动设施。

2.1.2　山地老旧社区公共空间绿化

山地老旧社区公共空间面积小、分布零散，绿化多以点状绿化为主（图3）。山地老旧社区公共空间绿化可分为三种类型，第一类是单树池绿化，乔木与树池组合，在创造林下空间的同时保证了绿化占地面积的最小化。第二类是花池绿化，以种植低矮灌木和小乔木为主。第三类是移动绿化，由居民自发进行，在公共空间的墙边、栏杆平台处，自发地进行的盆箱式绿化种植。

在上大田湾社区公共空间中，绿化占公共空间面积的17%。即在山地老旧社区公共空间中绿化空间占比较少。其中，72%的公共空间采用单树池绿化，28%的公共空间采用花池绿化，16%的公共空间中有居民自发地移动绿化。在绿化空间布局中，山地老旧社区公共空间绿化多沿空间边角布置，遵循小空间中绿化"镶边抱角"的原则，使公共空间在有局部绿化的同时，有较为开阔的中心活动空间。

2.2　山地老旧社区公共空间居民行为特征

2.2.1　社区人口特征

上大田湾社区现有常住人口共计10377人，流动人口较多。社区人口各年龄段人口分布比例约为未成年人：成年人：老年人＝1∶4.5∶1.7（图4），老龄化率达到32%。社区居民经济水平偏低，有失业人数60余人；社区整体文化水平相对不高，大部分居民学历为初中及以下。

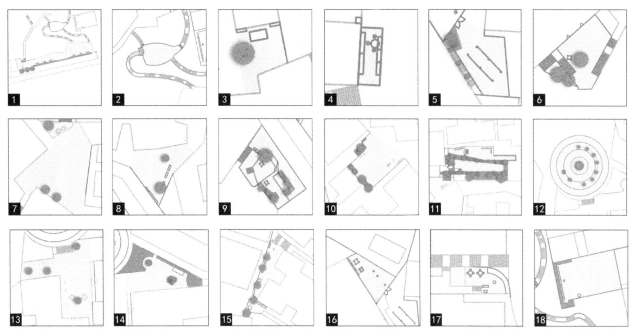

图3　上大田湾社区公共空间绿化平面（作者自绘）

■0~18岁　■18~60岁　■60岁及以上
上大田湾年龄分布

■大专及以上　■高中和中专　■初中以下
社区居民学历分布

■3000以下　■3000~5000　■5000~10000　■10000以上
社区家庭收入分布

图4　社区人口特征数据统计（数据来源：《社区发展规划理论》课程调研小组）

2.2.2　工作日与非工作日的山地老旧社区公共空间行为特征

统计结果显示，社区公共空间中居民活动在工作日与非工作日的差异并不显著，即在老旧社区公共空间中，工作日和非工作日居民活动的年龄结构、活动类型差别不大。

如图5、图6所示，在活动人群的年龄结构成方面，中年及老年人在公共空间活动总人数的占比较大，在80%上下浮动，其非工作日占比略低于工作日占比。就活动人数而言，老年人在非工作日活动人数略低于工作日活动人数，中年人则基本持平。同时，由于非工作日儿童放假，儿童在公共空间中活动的人数和占比均有小幅增长。从图7可知，工作日社会性活动占比约50%，自发性活动占比约15%，必要性活动占比约35%，非工作日各项变化幅度不超过5%。因此，可以得出在的山地老旧社区公共空间中，其居民活动具有日常性。在山地老旧社

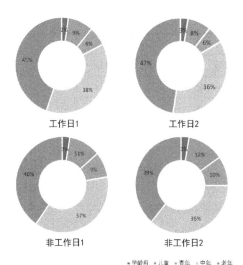

■学龄前　■儿童　■青年　■中年　■老年

图5　上大田湾社区公共空间工作日与非工作日活动人群年龄构成环形图

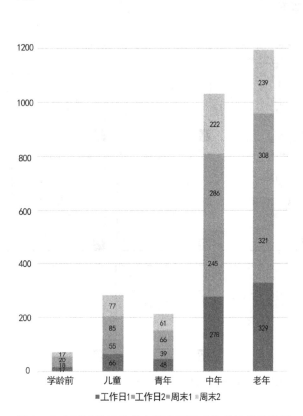

图6 上大田湾社区公共空间人群活动数量柱状堆叠图

区中，其公共空间的空间格局、物质环境、人群构成较为稳定，在不同活动时间的居民行为差异不大。

2.3 山地老旧社区物质空间对居民行为的影响

2.3.1 山地老旧社区公共空间设施对居民行为的影响

为研究老旧社区公共空间设施对居民行为的影响，

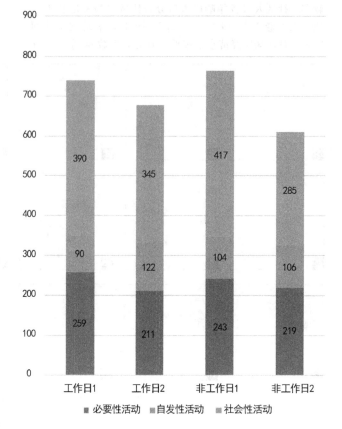

图7 上大田湾社区公共空间人群活动类型柱状堆叠图

运用线性回归分析的方法，对居民行为观测结果与公共空间设施情况进行分析，即将公共空间中的坐憩设施数量、运动设施数量、临时性移动设施（有＝1，无＝0）、永久性移动设施数量分别与单日必要性活动频次、自发性活动频次、社会性活动频次在软件 Stata14.0 中进行一元线性回归，得到结果如表2所示。

上大田湾社区公共空间设施与活动的关联性分析（作者自绘）　　表2

	必要性活动			自发性活动			社会性活动		
	系数	$P>\|t\|$	显著性	系数	$P>\|t\|$	显著性	系数	$P>\|t\|$	显著性
坐憩设施	0.160	0.173	无	0.261	0.008	＊＊＊	1.038	0.028	＊＊
运动设施	1.620	0.139	无	−1.091	0.280	无	−4,128	0.382	无
临时性移动设施	14.607	0.118	无	14.142	0.005	＊＊＊	68.250	0.011	＊＊＊
永久性移动设施	−2.707	0.333	无	0.685	0.629	无	−0.137	0.987	无

注：＊＊＊表示1%的显著性水平下显著，＊＊表示在5%的显著性水平下显著，＊表示在10%的显著性水平下显著。

由上表可知：

（1）坐憩设施对自发性活动和社会性活动均有显著性影响，且系数为正。

（2）运动设施和永久性移动设施对各类活动均无显著影响。

（3）临时性移动设施与自发性、社会性活动的发生均有有较强关联性。

（4）必要性活动不受空间设施情况的影响。

在上大田湾社区公共空间中，坐憩设施对公共空间

中活动的开展有正向影响，即对山地老旧社区公共空间而言，坐憩设施极为重要。山地老旧社区中老龄化水平较高，对户外坐憩设施有较大需求。同时，通过行为观测与现场访谈可知，部分居民在户外坐憩时会自带木板或纸板来改善坐憩环境，即在坐憩设施饰面材料方面，居民对触感温和的材料更为青睐。

通过回归分析可知，在上大田湾社区公共空间中，运动设施对各类活动均无显著性影响。在样本空间 15 中，体育器械密集分布，占用了空间的活动面积，使得空间拥

挤，器械无人使用。样本空间 11 位于楼梯一侧，较低的可达性导致其场地体育器械日使用量为零，11 件运动器材及 324m² 的公共空间均闲置。因此，在老旧社区公共空间中以运动器械为主的运动设施设置模式，既对居民缺乏吸引力，也在一定程度上占用了公共空间面积，限制了居民户外活动的可能性。

临时性移动性设施是居民在熟悉社区公共空间后对公共空间的主动改造，与公共空间自发性与社会性活动的发生有正向的关联性。同时，该行为的发生具有规律性，即居民会在特定的时间段内，携带可移动设施在特定

公共空间进行活动。如在晴朗的下午，上大田湾社区居民会携带桌椅板凳在 1 号空间进行棋牌活动。

2.3.2 山地老旧社区空间绿化对居民行为的影响

为研究老旧社区公共空间绿化对居民行为的影响，运用线性回归分析的方法，将公共空间面积、绿地面积、绿地率分别与单日的必要性、自发性、社会性活动频次在软件 Stata14.0 中进行一元线性回归，得到结果如表 3 所示。

上大田湾社区公共空间绿化与活动的关联性分析（作者自绘）　表 3

	必要性活动			自发性活动			社会性活动		
	系数	$P>\|t\|$	显著性	系数	$P>\|t\|$	显著性	系数	$P>\|t\|$	显著性
空间面积	0.042	0.005	＊＊＊	0.043	0.014	＊＊	0.138	0，042	＊＊
绿地面积	0.077	0.313	无	0.073	0.292	无	0.246	0.450	无
绿第率	13.080	0.657	无	2.642	0.921	无	26.883	0.829	无

注：＊＊＊表示 1% 的显著性水平下显著，＊＊表示在 5% 的显著性水平下显著，＊表示在 10% 的显著性水平下显著。

由上表可知：

(1) 公共空间面积对各类活动均有显著的正向影响。

(2) 公共空间绿化及绿地率对公共空间活动无显著影响。

由回归分析可看出，山地老旧社区公共空间绿化对居民行为影响较小，其面积对居民行为有显著影响。在山地老旧社区中，因其地形起伏和高密度建设，公共空间每日太阳直射时间较短，绿化植物遮蔽功能在老旧社区中效用不大。同时，由于山地老旧社区中绿化缺少管护、观赏性不强，导致了空间绿化对居民缺乏吸引力。从回归分析可知，居民对面积较大的公共空间较为青睐。在调研的 18 个样本空间中，面积大于 400m² 的空间只有两个。面积较大的公共空间，能为不同年龄层次提供户外休憩的场所，形成自发性聚集。自发性聚集人群对必要性活动人群产生吸引，因而驻足观看或交谈。

3 对山地老旧社区公共空间更新的建议

通过以上研究，明确了居民对面积较大公共空间、舒适的坐休憩设施、可临时改变的移动设施的需求，以及对运动器械、永久性移动设施及可达性差的公共空间使用率较低。从而提出建构微型公共空间网络体系、优化公共空间设施布局、以公众参与带动空间活力营造的建议。

3.1 建构微型公共空间网络体系

在老旧小区改造过程中，首先应整合各空间要素布局与高差之间的关系，结合社区公共空间小型化、分散化、可达性差的特点，对使用率较低且面积大于 200m² 的点状公共空间进行重点交通梳理，提高其可达性。并利用建筑与道路的边角地带结合地形打造新的公共空间区域，来提高社区公共空间的人均拥有量和均衡公共空间布局，从而形成连续性和可达性较高的公共空间网络系。

3.2 优化公共空间设施布局

3.2.1 最大化固定设施的可坐性

山地老旧社区居民特别是中老年居民对户外活动的坐憩设施需求较高。传统的石桌椅和木质长凳等坐憩设施的增加会进一步占用自由活动的空间。因此，可以将老旧社区公共空间的树池、花池等固定设施进行改造，通过对树池花池进行增高加宽，使其能在公共空间中充当坐凳或桌子的角色。

3.2.2 为临时性移动设施创造空间

临时性活动设施体现了居民对公共空间的认可和喜爱，临时性活动设施出现的公共空间普遍表现出居民活动频次高、活动类型丰富的特点。临时性移动设施的放置与活动的开展需要一定的空间。根据研究结果分析可知，山地老旧社区的运动器械和永久性移动设施均老旧且使用率低，可对其进行适当清理，为自发的居民户外活动创造空间。同时，可以通过进一步观测空间清理后的居民行为，总结其临时性移动设施布局特征，从而适当地增加固定设施。

3.3 以公众参与带动空间活力营造

政府可以通过与第三方技术支持机构合作[11]，来构建多方参与的机制来推动"自下而上"的公众参与方式，提高社区内部居民的整体归属感。在具体实施方面，可通过向居民征集废旧家具来获取改造材料；通过可移动设施实验来探寻公共空间中设施的合理空间布局；通过组织社区公共空间共建来激活废弃公共空间。

4 总结与反思

本研究从环境行为学的角度对山地老旧社区公共空

间进行研究，通过数据可视化的方法分析山地老旧社区物质空间特征、居民行为特征，并运用回归分析的方法对两者的关联性进行了研究，明确了居民对面积较大公共空间、舒适的坐休憩设施、可临时改变的移动设施的需求，以及对运动器械、永久性移动设施及可达性差的公共空间使用率较低。在山地老旧社区公共空间更新设计中的坐憩设施布局模式、运动设施布局模式及景观绿化提升方法等方面，需要进一步的研究与探讨[12]。

参考文献

[1] 国务院办公厅关于全面推进城镇老旧小区改造工作的指导意见[Z]. 2020.

[2] 朱雯. 高密度城市社区公共空间的初步研究[D]. 武汉：湖北工业大学，2010.

[3] 黄瓴，丁舒欣. 重庆市老旧居住社区空间文化景观结构研究——以嘉陵桥西村为例[J]. 室内设计，2013，28(02)：80-85.

[4] 丁舒欣，黄瓴，郭紫镁. 重庆市渝中区老旧居住社区街巷空间整治探析——以大井巷社区为例[J]. 重庆建筑，2013，12(04)：18-21.

[5] 侯晓蕾，郭巍. 社区微更新：北京老城公共空间的设计介入途径探讨[J]. 风景园林，2018，25(04)：41-47.

[6] 肖洪未. 基于"文化线路"思想的城市老旧居住社区更新策略研究[D]. 重庆：重庆大学，2012.

[7] 王红. 基于AHP层次分析法的成都市养老型社区外部公共空间适老性研究[D]. 成都：西南交通大学，2016.

[8] 陈强. 高级计量经济学及Stata应用[M]. 北京：高等教育出版社，2014：13-15.

[9] 仝昕. 山地城市高密度发展下土地利用优化研究[D]. 重庆：重庆大学，2015.

[10] 许芗斌，夏义民，杜春兰. "环境行为学"课程实践环节教学研究[J]. 室内设计，2012，27(04)：18-22.

[11] 扬·盖尔. 交往与空间[M]. 何人可译. 北京：中国建筑工业出版社，2002.

[12] 黄雪飘，刘骏，谷光灿. 重庆东溪古镇历史街区自主治理的发展策略探究[J]. 建筑与文化，2019(04)：128-129.

作者简介

戴连婕，1995年6月，女，汉族，湖北仙桃，硕士，重庆大学建筑城规学院，研究方向为风景园林规划与设计。电子邮箱：996682099@qq.com。

健康视角下的城市公共空间研究进展

——基于 2000-2020 年英文文献的计量分析

Research Progress of Urban Public Space from the Perspective of Health:

Based on the Quantitative Analysis of English Literature from 2000 to 2020 Rear

丁梦月　胡一可

摘　要： 对城市公共空间与健康相关研究进行长期深入的理论积累，并进行系统梳理与总结，这对推进公共空间研究具有积极意义。本文利用 CiteSpace 文献计量分析工具，对从 Web of Science 数据库筛选的 2000-2020 年 2265 篇与健康相关的城市公共空间英文研究文献进行分析。研究表明：①研究近十年呈现稳步增长态势，成果发表于社会、自然、人文等期刊；②研究主题内涵外延，新技术、新方法的使用推动了研究的定量化发展；③研究视角多元化、与多学科融合是研究趋势。对城市公共空间与健康相关英文文献进行综述总结，以期丰富我国城市公共空间的研究视角与方法体系，为进一步拓展相关研究体系及内容提供参考。

关键词： 风景园林；健康；公共空间；CiteSpace；文献计量

Abstract: Foreign research on urban public space and health has experienced long-term and in-depth theoretical accumulation, and it is of positive significance to systematically sort out and summarize it for promoting the research of public space in China. In this paper, the CiteSpace bibliometric analysis tool is used to analyze 2265 health-related urban public space research literatures from 2000 to 2020, which are screened from the Web of Science database. The research shows that: 1) the research has shown a steady growth trend in recent ten years, and the results have been published in social, natural and humanities journals; 2) The connotation and extension of research topics, and the use of new technologies and methods have promoted the quantitative development of research; 3) Diversification of research perspectives and integration with multiple disciplines are the research trends. This paper summarizes the foreign literature on urban public space and health, in order to enrich the research perspective and method system of urban public space and provide reference for further expanding the relevant research system and content in China.

Key words: Landscape Architecture; Health; Public Space; CiteSpace; Bibliometrics

公共健康问题是推动城市规划理论与实践变革的重要因素之一。早在 19 世纪中叶，由于疟疾、霍乱等传染性疾病引发了一系列城市卫生问题，英国颁布了人类历史上第一部综合性公共卫生法案《公共卫生法》(*The Public Health Act*)，试图通过城市公共空间品质的提升来改善居民的健康状况[1]。此后，世界各国继承并实施这一法案[2]，城市公共空间与健康的关联成为国际共识[3-4]。随着居民健康素养水平的提升，近年来城市公共空间与健康相关研究成果不断涌现[5]。但国内此类研究存在起步较晚、文献数量较少、研究深度不够[6]等问题，且传统研究方法和工具对研究成果的精确度有较大影响。因此，本研究利用 CiteSpace 可视化工具，直观展现近 20 年该领域英文文献研究进展，为国内公共空间与健康相关研究提供参考。

1　数据采集与研究方法

CiteSpace 能够将一个知识领域的演进历程集中展现在一幅图谱上，是目前最流行的知识图谱绘制工具之一[7]。本研究以 Web of Science 核心合集数据库为检索源，采用"主题词"＋"类别"＋"文献类型"的基本检索模式，主题词为"公共空间（Public Space）"或"公共开放空间"（Public Open Space）和"健康（Health）"，检索时间为 2020 年 9 月 26 日，时间跨度自定义为 2000-2020 年，类别为"城市研究（Urban Studies）"，筛选文献类型为"文章（Article）"，共获得 2265 条题录。所使用的工具为 CiteSpace 5.6，部分计量指标的排序和筛选在 Excel 2013 中完成。

2　研究文献数量、发文国家与期刊分布

2.1　文献数量变化

发文量是衡量该领域研究进展的重要指标[8]。从近 20 年城市公共空间与健康相关英文研究文献发表数量年度变化图（图 1）可以看出，与健康相关的城市公共空间研究起步较早，在 2011 年前经历了缓慢发展阶段，最近 10 年发文量稳步增长①，说明"健康"成为城市公共空间研究的热点。

---

① 需要说明的是，由于检索时间为 2020 年 9 月 26 日，所以文中 2020 年的文献数量并不代表 2020 年实际发表文献数量，这可能是 2019 年至 2020 年文献数量下滑的原因。

2.2 发文国家分布

对所筛选文献的发文国家数据进行提取得到发文国家分布图（图2）。从图中看出，该领域的文献主要由美国、英国、中国、澳大利亚、荷兰、加拿大、西班牙①等组成，其中，美国中心性最高，中国已经成为重要参与者。

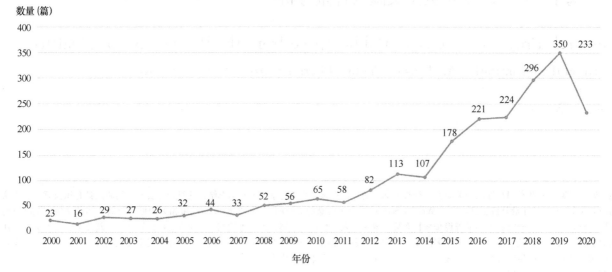

图 1　文献数量的年度变化图

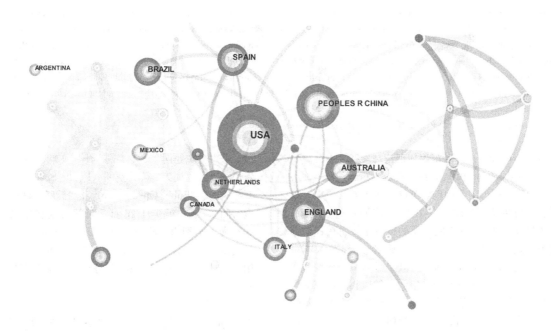

图 2　发文国家分布图

2.3 文献共被引期刊分布

在 CiteSpace 中统计被引期刊发现（图 3）：①成果涉及社会、自然、人文等多学科多类型期刊，说明公共空间与健康课题被多学科广泛探讨；②Environmental Studies、Public Administration、Ecology、Regional & Urban Planning 以及 Geography 5 种刊物的中心性较高（表 1）。此外，排名前 10 的高被引文献见刊于《Landscape and Ur-ban Planning》（4 篇）《International Journal of Urban and Regional Research》（1 篇）《Urban Affairs Review》（1 篇）《Journal of Urban Planning and Development》（1 篇）《Urban Studies》（1 篇）《European Urban and Regional Studies》（1 篇）《Urban Geography》（1 篇）（表 2），说明景观与城市规划学科在一定程度上引领了城市公共空间与健康课题的研究前沿。

---

① 在 CiteSpace 中，中介中心性超过 0.1 的节点被称为关键节点，由紫色圈层表示。图中几个主要国家的中心性分别为：美国（0.43）、英国（0.32）、中国（0.12）、澳大利亚（0.12）、荷兰（0.12）、加拿大（0.12）、西班牙（0.11）。

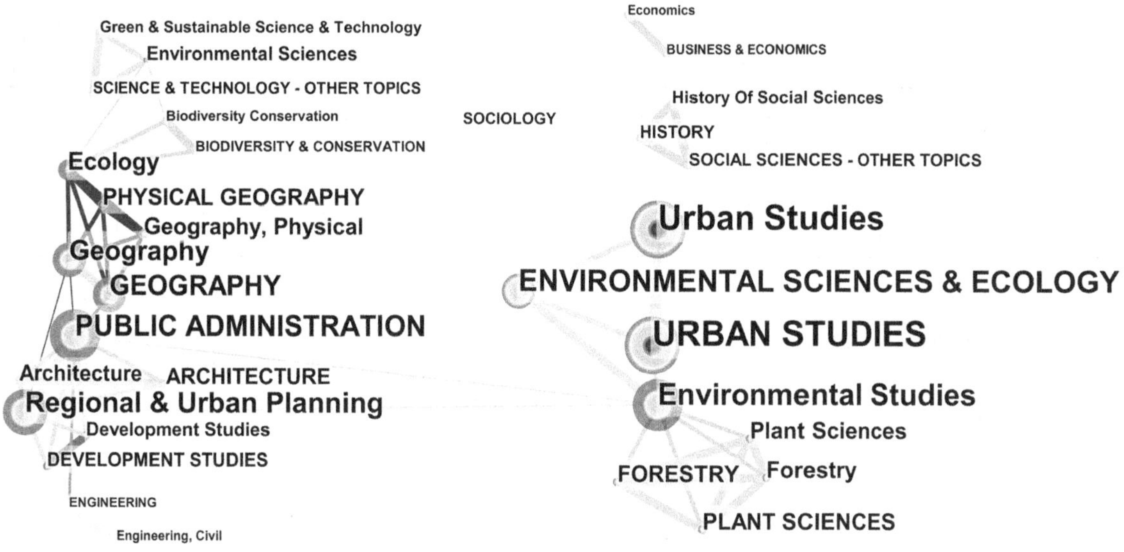

Green & Sustainable Science & Technology

Environmental Sciences

SCIENCE & TECHNOLOGY - OTHER TOPICS

Biodiversity Conservation

BIODIVERSITY & CONSERVATION

Ecology

PHYSICAL GEOGRAPHY

Geography, Physical

Geography

GEOGRAPHY

PUBLIC ADMINISTRATION

Architecture   ARCHITECTURE

Regional & Urban Planning

Development Studies

DEVELOPMENT STUDIES

ENGINEERING

Engineering, Civil

Economics

BUSINESS & ECONOMICS

History Of Social Sciences

HISTORY

SOCIAL SCIENCES - OTHER TOPICS

SOCIOLOGY

Urban Studies

ENVIRONMENTAL SCIENCES & ECOLOGY

URBAN STUDIES

Environmental Studies

Plant Sciences

FORESTRY   Forestry

PLANT SCIENCES

图 3　期刊共现图

期刊中介中心性排序表（前 5 位）　　　　　　　　　　　　表 1

序号	被引频次	中介中心性	期刊名称
1	779	0.52	Environmental Studies
2	619	0.47	Public Administration
3	186	0.38	Ecology
4	619	0.3	Regional & Urban Planning
5	433	0.24	Geography

高频文献统计表（前 10 篇[①]）　　　　　　　　　　　　表 2

序号	第一作者	文献名称	被引频次	发表期刊	发表年份（年）
1	Wolch, Jennifer R	Urban green space, public health, and environmental justice: The challenge of making cities 'just green enough'	882	Landscape and Urban Planning	2014
2	Sheller, M	The city and the car	401	International Journal of Urban and Regional Research	2000
3	Heynen, Nik	The political ecology of uneven urban green space: The impact of political economy on race and ethnicity in producing environmental inequality in Milwaukee	336	Urban Affairs Review	2006
4	Norman, J	Comparing high and low residential density: Life-cycle analysis of energy use and greenhouse gas emissions	330	Journal of Urban Planning and Development	
5	Burton, E	The compact city: Just or just compact? A preliminary analysis	317	Urban Studies	2000
6	Bengston, DN	Public policies for managing urban growth and protecting open space: policy instruments and lessons learned in the United States	290	Landscape and Urban Planning	2004
7	Thompson, CW	Urban open space in the 21st century	273		2002
8	Norton, Briony A.	Planning for cooler cities: A framework to prioritise green infrastructure to mitigate high temperatures in urban landscapes	270		2015

①　被引数据为 WoS 核心数据库 2020 年 9 月 26 日数据。

序号	第一作者	文献名称	被引频次	发表期刊	发表年份（年）
9	Perkmann，M	Cross-border regions in Europe-Significance and drivers of regional cross-border co-operation	268	European Urban and Regional Studies	2003
10	Wolch，J	Parks and park funding in Los Angeles：An equity-mapping analysis	267	Urban Geography	2005

3 研究热点与发展趋势分析

3.1 研究热点分析

3.1.1 关键词分析

关键词共现网络（图4）突出了所选2265篇文章的关键词，是文献核心思想及内容的浓缩与提炼。除了"公共空间"（Public Space）、"城市"（City）和"健康"（Health）之外，出现频率高的关键词还有"绿地空间"（Green Space）"公园"（Park）"社区"（Community）"身体活动"（Physical Activity）"可达性"（Accessibility）"场所"（Place）"治理"（Governance）等，这些关键词在一定程度上体现了近20年城市公共空间与健康研究的热点。

3.1.2 关键词聚类分析

在关键词共现的基础上进行聚类统计（图5），发现研究热点集中在"与健康相关的城市公共空间类型""健康的内涵与测度评价""公共健康与城市治理"3个方面。具体关键词及参数见表（表3）。

3.1.3 突现词分析

关键词突显时区（图6）的整体变化能够直观展示研究的焦点变化。突现词（图7）可以进一步佐证研究前沿。从2000-2011年，研究主要集中在"公共空间""城市""社区""环境政策""城市公园""城市化""治理""绿地空间""身体活动"等，突现词为"空间""城市""公共空间""政治""政策""环境"；2012-2020年，研究焦点为"绅士化""可达性""城市绿地空间""管理""感知""公众参与""城市公园""步行""生活方式""环境正义""城市再生"等，突现词为"景观""邻里""城市化""公共健康""绅士化""绿地空间""管理""可达性"等。

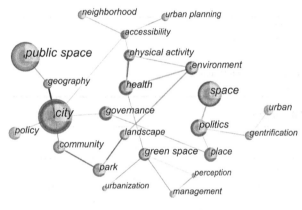

图4 关键词共现网络分析图

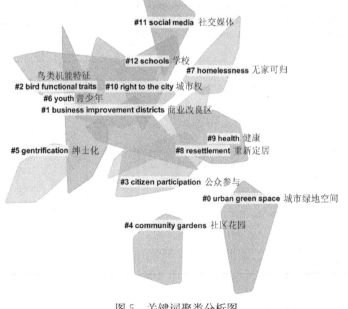

图5 关键词聚类分析图

与健康相关的城市公共空间类型		健康的内涵与测度评价		公共健康与城市治理	
关键词	中心性	关键词	中心性	关键词	中心性
城市绿地空间 (Urban Green Space)	0.01	可达性 (Accessibility)	0.01	收缩城市 (Compact Cities)	0.05
城市公园 (Urban Parks)	0.5	步行性 (Walkability)	0.05	不公平性 (Injustice)	0.05
社区花园 (Community Gardens)	0.05	情绪状况 (Emotional State)	0.05	土地混合使用 (Mixed Land Use)	0.05
城市空地 (Urban Vacant Land)	0.01	公共设施服务 (Public Facilities Services)	0.05	环境正义 (Environmental Justice)	0.5
社区 (Community)	0.05	环境感知 (Environmental Perception)	0.05	土地使用 (Land-use)	0.05
公共开放空间 (Public Open Space)	0.05	安全性 (Security)	0.01	停车管理 (Parking Management)	0.05
建成环境 (Built Environment)	0.05	游客满意度 (Visitor Satisfaction)	0.05	文化响应 (Cultural Responsiveness)	0.05
花园 (Gardens)	0.05	城市绿地空间品质 (Urban Green Space Quality)	0.05	公共政策 (Public Policies)	0.05

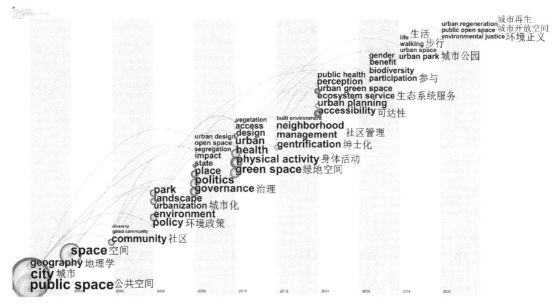

图6　关键词突显时区图

这个演进过程反映城市公共空间与健康研究的几个趋势，即①研究主题内涵外延；②研究范围更聚焦；③研究内容更具体；④研究方法与技术指标更多元；⑤学科融合特征明显。

3.2　研究趋势分析

3.2.1　研究主题内涵外延

在世纪之交，城市公园被广泛认为是自然的代表[9]，而自然环境可达性较好的城市从长远来看会减少健康方面的开支[10]。而后，对自然环境的研究逐渐细化，研究发现，不止城市绿地空间，绿色基础设施[3]、城市蓝色空间（如湖泊、河流、海洋等）[11]也会对居民和城市生态系统健康有显著贡献[12-13]。此外，居住区内的小规模绿地[14]以及私人花园[15]等以往被忽视的小型绿色空间也被证明在补充公共绿地方面对城市生态价值有重要性。与健康相关的城市公共空间内涵从城市公园外延到城市生态系统。

Top 15 Keywords with the Strongest Citation Bursts

Keywords	Year	Strength	Begin	End	2000 - 2020
space	2000	17.6099	2002	2010	
city	2000	6.8763	2002	2007	
public space	2000	11.0033	2004	2009	
politics	2000	4.6622	2008	2014	
policy	2000	4.0699	2010	2012	
environment	2000	7.5828	2010	2013	
landscape	2000	5.6277	2012	2016	
neighborhood	2000	7.5591	2014	2017	
urbanization	2000	6.6589	2014	2015	
public health	2000	6.6589	2014	2015	
design	2000	4.4128	2016	2020	
gentrification	2000	7.4119	2016	2017	
green space	2000	4.7413	2017	2018	
management	2000	7.1878	2017	2018	
accessibility	2000	7.9343	2018	2020	

图 7 突现词分析图

与此同时，"健康"的内涵从身心健康逐渐扩展为囊括"暂时性压力缓解""安全感知[16]"等内容的广义集合体。

3.2.2 研究范围更聚焦

值得注意的是，在高被引文献中，Jennifer Wolch 有两篇入选（表2）。其研究主题从城市公园[9]（2005）转向城市绿地空间[17]（2014），并提出，在精明城市的背景下未来"精明社区"研究应当与健康直接相关[18]。Jennifer Wolch 是加州大学伯克利分校环境设计学院院长，长期致力于区域经济与政策、社会学与疾病等方向的研究，其研究范围聚焦高密度社区，在一定意义上引领领域前沿（图8）。

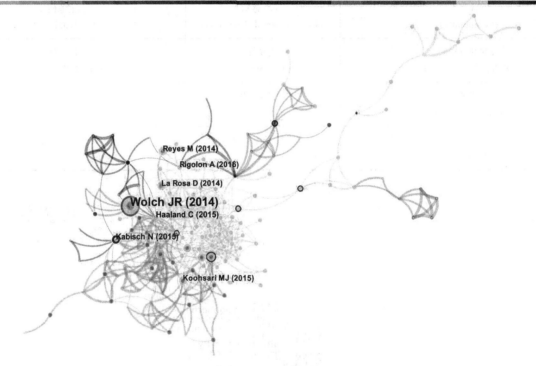

图 8 作者共被引图

3.2.3 研究内容更具体

研究内容从泛化到具体，表现在对行为活动、疾病和人群等研究方面。

行为活动：步行行为一直是研究焦点[19]，研究不仅聚焦于步行行为本身，还关注不同目的的步行，如娱乐步行、锻炼步行、为了到达目的地的步行等[20]。此外，骑行[21]、通勤、园艺[22]等也成为该领域关注的行为类型。

疾病和人群：随着研究不断深入，对建成环境和身体活动之间关系的实证研究急剧增加[23]，且集中在城市绿地空间[24]。这些研究指向肥胖[18]、暂时性压力[16]、抑郁[25]、精神分裂[26]等具体疾病。同时，关注的人群更加细化，如青少年[27-28]、糖尿病妇女[29]、养老院的老年人[30]、高/低血压居民[31]等。

3.2.4 研究方法与技术指标更多元

在新技术的影响下，新研究工具的使用使研究更加定量、精准。根据高频关键词聚类信息表（表3），城市公共空间与健康相关测度评价可以分为可达性、人的行为与感知、空间品质测度三大类。

（1）可达性：城市绿地空间的可达性往往被视为评价公平正义的指标之一[32]，但学界对于如何衡量可达性尚未达成共识[33]，不过具有较强灵活性的参与式制图方法[34]近几年得到广泛应用，包括 PPGIS（Public Participation GIS）、PGIS（Participatory GIS）、VGI（Volunteered Geographic Information Systems）[35-36]等。

（2）人的行为与感知：在人的行为测度方面，通常会开展干预实验，针对人的行为改变环境[37]或通过环境变化来影响人的行为，如建造新的步行路径或延伸原有步行路径[38]。在人的感知测度方面，为了从海量数据中找出与健康相关的因素，多采用多因子分析[39]、回归模型[39-40]等方法进行评估。

（3）空间品质测度：研究表明，居住环境中的绿地数量与体力活动水平几乎没有关系[41]，因此，城市绿地空间的"质量"测度研究成为趋势[42]。城市绿地空间品质多被认为与绿化水平和距离[43]等因素有关。由于卫星图的鸟瞰视角[44]不同于人的地面视角[14]，近年来研究向人视点的水平视角侧重谷歌街景（GSV）、开放街道土地（OSM）等街景照片数据[45-48]，结合归一化差异植被指数（NDVI）[48-49]、卷积神经网络、多层次结构方程模型[14]等方法的使用为定量研究提供了便利。

3.2.5 学科融合特征明显

纵览近20年的文献，城市公共空间与健康研究从只关注物质空间和人的身体状况逐渐向社会、经济、环境[50]、教育、收入[51]、社会阶级[52]、地位、种族[53-54]、气候[55]等综合性社会因素延展，涉及社会学、人文地理学、康复医学、政治经济学、气象学[56]等多学科，多学科互动成为明显趋势。

4 结论与展望

（1）研究主要集中在近十年，呈现稳步增长的态势，英美国家研究较领先，研究成果在社会科学、自然科学和综合性期刊均有发表。

（2）从理论走向实践，紧跟城市发展动态，研究主题内涵外延，研究范围更聚焦、研究内容更具体，新技术、新方法的使用推动了研究的定量化发展。

（3）研究视角多元化，对人和城市双向审视，形成多学科互动的研究趋势。

在市民追求健康生活的背景下，未来国内研究应在技术方法、政策支持以及跨学科合作等方面进行加强。城市公共空间，尤其是城市绿地空间研究应重视不同群体的需求差异，从人和城市双向作用的角度，探讨社区健康生活的营造建设和社会治理政策制定。

参考文献

[1] Barton Hugh, Thompson Susan, Burgess Sarah, Grant Ma-rcus. The Routledge Handbook of Planning for Health and Well-Being: Shaping a sustainable and healthy future [M]. Taylor and Francis: 2015-05-22.

[2] 张利. 主动式健康空间身体、休闲与公共空间的游戏性[J]. 世界建筑, 2016(11): 14-19.

[3] Konstantinos Tzoulas, Kalevi Korpela, Stephen Venn, Vesa Yli-Pelkonen, Aleksandra Kaźmierczak, Jari Niemela, Philip James. Promoting ecosystem and human health in urban areas using Green Infrastructure: A literature review [J]. Landscape and Urban Planning, 2007, 81(3).

[4] 马向明, 陈洋, 陈艳, 李苑溪. 面对突发疫情的城市防控空间单元体系构建——突发公共卫生事件下对健康城市的思考[J]. 南方建筑, 2020(04): 6-13.

[5] 李志明, 张艺. 城市规划与公共健康：历史、理论与实践[J]. 规划师, 2015, 31(06): 5-11+28.

[6] 陈子彦, 邱冰. 国内城市开放空间与公共健康研究现状分析[J]. 南京林业大学学报（人文社会科学版）, 2019, 19(02): 58-66.

[7] 陈悦, 陈超美, 刘则渊, 胡志刚, 王贤文. CiteSpace 知识图谱的方法论功能[J]. 科学学研究, 2015, 33（02）: 242-253.

[8] 刘光阳. CiteSpace 国内应用的传播轨迹——基于2006-2015年跨库数据的统计与可视化分析. 图书情报知识, 2017, (2): 60-74.

[9] Jennifer Wolch, John P. Wilson, Jed Fehrenbach. Parks and Park Funding in Los Angeles: An Equity-Mapping Analysis[J]. Urban Geography, 2005, 26(1).

[10] Catharine Ward Thompson. Urban open space in the 21st century[J]. Landscape and Urban Planning, 2002, 60 (2).

[11] Mireia Gascon, Wilma Zijlema, Cristina Vert, Mathew P. White, Mark J. Nieuwenhuijsen. Outdoor blue spaces, human health and well-being: A systematic review of quantitative studies[J]. International Journal of Hygiene and Environmental Health, 2017.

[12] Daniel Nutsford, Amber L. Pearson, Simon Kingham, Femke Reitsma. Residential exposure to visible blue space (but not green space) associated with lower psychological distress in a capital city[J]. Health and Place, 2016, 39.

[13] Angel M. Dzhambov. Residential green and blue space associated with better mental health: a pilot follow-up study in university students[J]. Archives of Industrial Hygiene and Toxicology, 2018, 69(4).

[14] Yuqi Liu, Ruoyu Wang, Yi Lu, Zhigang Li, Hongsheng Chen, Mengqiu Cao, Yuerong Zhang, Yimeng Song. Natural outdoor environment, neighbourhood social cohesion and mental health: Using multilevel structural equation modelling, streetscape and remote-sensing metrics[J]. Urban Forestry & Urban Greening, 2020, 48.

[15] Anne Mimet, Christian Kerbiriou, Laurent Simon, Jean-Francois Julien, Richard Raymond. Contribution of private gardens to habitat availability, connectivity and conservation of the common pipistrelle in Paris[J]. Landscape and Urban Planning, 2020, 193.

[16] Thomas Campagnaro, Daniel Vecchiato, Arne Arnberger, Riccardo Celegato, Riccardo Da Re, Riccardo Rizzetto, Paolo Semenzato, Tommaso Sitzia, Tiziano Tempesta, Dina Cattaneo. General, stress relief and perceived safety preferences for green spaces in the historic city of Padua (Italy) [J]. Urban Forestry & Urban Greening, 2020, 52.

[17] Jennifer R. Wolch, Jason Byrne, Joshua P. Newell. Urban green space, public health, and environmental justice: The challenge of making cities "just green enough"[J]. Landscape and Urban Planning, 2014, 125.

[18] C. P. Durand, M. Andalib, G. F. Dunton, J. Wolch, M. A. Pentz. A systematic review of built environment factors related to physical activity and obesity risk: implications for smart growth urban planning[J]. C. P. Durand; M. Andalib, G. F. Dunton, J. Wolch, M. A. Pentz, 2011, 12(5).

[19] Garau, Chiara; Annunziata, Alfonso; Yamu, Claudia. A walkability assessment tool coupling multi-criteria analysis and space syntax: the case study of Iglesias, Italy[J]. European Planning Studies, 2020.

[20] BRIAN E. SAELENS, SUSAN L. HANDY. Built Environment Correlates of Walking: A Review[J]. Medicine & Science in Sports & Exercise, 2008, 40(7 Suppl 1).

[21] Yi Lu, Yiyang Yang, Guibo Sun, Zhonghua Gou. Associations between overhead-view and eye-level urban greenness and cycling behaviors[J]. Cities, 2019, 88.

[22] Jolanda Maas, Robert A Verheij, Peter Spreeuwenberg, Peter P Groenewegen. Physical activity as a possible mechanism behind the relationship between green space and health: A multilevel analysis [J]. Bmc Public Health, 2008, 8(1).

[23] Brian E. Saelens, Susan L. Handy. Built Environment Correlates of Walking: A Review[J]. Medicine & Science in Sports & Exercise, 2008, 40(7 Suppl 1).

[24] Yi Lu. Using Google Street View to investigate the association between street greenery and physical activity [J]. Landscape and Urban Planning, 2019, 191.

[25] Matthew H. E. M. Browning, Kangjae Lee, Kathleen L. Wolf. Tree cover shows an inverse relationship with depressive symptoms in elderly residents living in U. S. nursing homes[J]. Urban Forestry & Urban Greening, 2019, 41.

[26] Susanne Boers, Karin Hagoort, Floortje Scheepers, Marco Helbich. Does Residential Green and Blue Space Promote Recovery in Psychotic Disorders? A Cross-Sectional Study in the Province of Utrecht, The Netherlands[J]. International Journal of Environmental Research and Public Health, 2018, 15(10).

[27] Dongying Li, Brian Deal, Xiaolu Zhou, Marcus Slavenas, William C. Sullivan. Moving beyond the neighborhood: Daily exposure to nature and adolescents' mood[J]. Landscape and Urban Planning, 2018, 173.

[28] Linde Van Hecke, Ariane Ghekiere, Jelle Van Cauwenberg, Jenny Veitch, Ilse De Bourdeaudhuij, Delfien Van Dyck, Peter Clarys, Nico Van De Weghe, Benedicte Deforche. Park characteristics preferred for adolescent park visitation and physical activity: A choice-based conjoint analysis using manipulated photographs[J]. Landscape and Urban Planning, 2018, 178.

[29] Hu F B, Stampfer M J, Solomon C, Liu S, Colditz G A, Speizer F E, Willett W C, Manson J E. Physical activity and risk for cardiovascular events in diabetic women. [J]. Annals of Internal Medicine, 2001, 134(2).

[30] Matthew H. E. M. Browning, Kangjae Lee, Kathleen L. Wolf. Tree cover shows an inverse relationship with depressive symptoms in elderly residents living in U. S. nursing homes [J]. Urban Forestry & Urban Greening, 2019, 41.

[31] Angel M. Dzhambov, Iana Markevych, Peter Lercher. Greenspace seems protective of both high and low blood pressure among residents of an Alpine valley[J]. Environment International, 2018, 121.

[32] Jiayu Wu, Qingsong He, Yunwen Chen, Jian Lin, Shantong Wang. Dismantling the fence for social justice? Evidence based on the inequity of urban green space accessibility in the central urban area of Beijing[J]. Environment and Planning B: Urban Analytics and City Science, 2020, 47 (4).

[33] Yang Xiao, De Wang, Jia Fang. Exploring the disparities in park access through mobile phone data: Evidence from Shanghai, China [J]. Landscape and Urban Planning, 2019, 181.

[34] Greg Brown, Morgan Faith Schebella, Delene Weber. Using participatory GIS to measure physical activity and urban park benefits [J]. Landscape and Urban Planning, 2014, 121.

[35] Karl Samuelsson, Matteo Giusti, Garry D. Peterson, Ann Legeby, S. Anders Brandt, Stephan Barthel. Impact of environment on people's everyday experiences in Stockholm[J]. Landscape and Urban Planning, 2018, 171.

[36] Greg Brown, Jonathan Rhodes, Marie Dade. An evaluation of participatory mapping methods to assess urban park benefits[J]. Landscape and Urban Planning, 2018, 178.

[37] Kahn Emily B, Ramsey Leigh T, Brownson Ross C, Heath Gregory W, Howze Elizabeth H, Powell Kenneth E, Stone Elaine J, Rajab Mummy W, Corso Phaedra. The effectiveness of interventions to increase physical activity. A systematic review. [J]. American Journal of Preventive Medicine, 2002, 22(4 Suppl).

[38] David Ogilvie, Matt Egan, Val Hamilton, Mark Petticrew. Promoting walking and cycling as an alternative to using cars: systematic review[J]. BMJ, 2004, 329(7469).

[39] Tan Yigitcanlar, Md. Kamruzzaman, Raziyeh Teimouri, Kenan Degirmenci, Fatemeh Aghnaei Alanjagh. Association between park visits and mental health in a developing country context: The case of Tabriz, Iran[J]. Landscape and Urban Planning, 2020, 199.

[40] Gianluca Grilli, Gretta Mohan, John Curtis. Public park attributes, park visits, and associated health status[J]. Landscape and Urban Planning, 2020, 199.

[41] Jolanda Maas, Robert A Verheij, Peter Spreeuwenberg, Peter P Groenewegen. Physical activity as a possible mechanism behind the relationship between green space and health: A multilevel analysis [J]. Bmc Public Health, 2008, 8(1).

[42] Paul Brindley, Ross W. Cameron, Ebru Ersoy, Anna Jorgensen, Ravi Maheswaran. Is more always better? Exploring field survey and social media indicators of quality of urban greenspace, in relation to health[J]. Urban Forestry & Urban Greening, 2019, 39.

[43] Paula Hooper, Bryan Boruff, Bridget Beesley, Hannah Badland, Billie Giles-Corti. Testing spatial measures of public open space planning standards with walking and physical activity health outcomes: Findings from the Australian national liveability study[J]. Landscape and Urban Planning, 2018, 171.

[44] Helbich Marco, Klein Nadja, Roberts Hannah, Hagedoorn Paulien, Groenewegen Peter P. More green space is related to less antidepressant prescription rates in the Netherlands: A Bayesian geoaddive quantile regression approach. [J]. Environmental Research, 2018, 166.

[45] Yi Lu. Using Google Street View to investigate the association between street greenery and physical activity [J]. Landscape and Urban Planning, 2019, 191.

[46] Yu Ye, Daniel Richards, Yi Lu, Xiaoping Song, Yu Zhuang, Wei Zeng, Teng Zhong. Measuring daily accessed street greenery: A human-scale approach for informing better urban planning practices[J]. Landscape and Urban Planning, 2019, 191.

[47] Yu Ye, Daniel Richards, Yi Lu, Xiaoping Song, Yu Zhuang, Wei Zeng, Teng Zhong. Measuring daily accessed street greenery: A human-scale approach for informing

better urban planning practices[J]. Landscape and Urban Planning, 2019, 191.

[48] Yi Lu, Yiyang Yang, Guibo Sun, Zhonghua Gou. Associations between overhead-view and eye-level urban greenness and cycling behaviors[J]. Cities, 2019, 88.

[49] Ye Liu, Ruoyu Wang, George Grekousis, Yuqi Liu, Yuan Yuan, Zhigang Li. Neighbourhood greenness and mental wellbeing in Guangzhou, China: What are the pathways? [J]. Landscape and Urban Planning, 2019, 190.

[50] Carmona. Place value: place quality and its impact on health, social, economic and environmental outcomes[J]. Journal of Urban Design, 2019, 24(1).

[51] Lorien Nesbitt, Michael J. Meitner, Cynthia Girling, Stephen R. J. Sheppard, Yuhao Lu. Who has access to urban vegetation? A spatial analysis of distributional green equity in 10 US cities [J]. Landscape and Urban Planning, 2019, 181.

[52] Pearsall Hamil, Eller Jillian K.. Locating the green space paradox: A study of gentrification and public green space accessibility in Philadelphia, Pennsylvania[J]. Landscape and Urban Planning, 2020, 195(C).

[53] Alessandro Rigolon, Matthew Browning, Viniece Jennings. Inequities in the quality of urban park systems: An environmental justice investigation of cities in the United States [J]. Landscape and Urban Planning, 2018, 178.

[54] Nik Heynen. The Political Ecology of Uneven Urban Green Space[J]. Urban Affairs Review, 2006, 42(1).

[55] Kate Lachowycz, Andy P. Jones. Towards a better understanding of the relationship between greenspace and health: Development of a theoretical framework[J]. Landscape and Urban Planning, 2013, 118.

[56] Noémi Kántor, Liang Chen, Csilla V. Gál. Human-biometeorological significance of shading in urban public spaces-Summertime measurements in Pécs, Hungary[J]. Landscape and Urban Planning, 2018, 170.

作者简介

丁梦月，1995年3月，女，汉族，河南周口，天津大学建筑学院风景园林学专业在读博士研究生，研究方向为城市公共空间。电子邮箱：dingmengyue1@163.com。

胡一可，1978年9月，男，汉族，辽宁大连，天津大学建筑学院风景园林系副教授、副系主任、博士生导师。研究方向为：①风景园林规划与设计；②城乡公共空间与人群行为；③风景旅游区规划设计。电子邮箱：563537280@qq.com。

意大利米兰 Corso Vittorio Emanuele Ⅱ步行街视觉环境研究

Research on Visual Environment of Corso Vittorio Emanuele Ⅱ Pedestrian Street in Milan，Italy

董莉晶

摘　要：城市街道是人们体验城市环境的重要公共空间，街道上的视觉体验丰富而有趣，良好的街道视觉环境可以改善城市居民的情绪、增加城市活力。本文研究了意大利米兰 Corso Vittorio Emanuele Ⅱ步行街的视觉环境。通过叠合人眼视域范围与街道的空间数据，得出对街道视觉质量和行人视觉体验影响最大的街道界面，针对人眼更关注的街道区域，从主客观两方面入手，分析了街道客观空间环境的特征，如街道高宽比、界面密度、视觉透明度等。同时对与行人主观视觉体验相关的街道视觉元素与人行为活动进行分析，明确视觉环境的特征与行人的视觉体验，总结了街道的视觉环境现状，最后提出了可能的提升改造的几点建议。

关键词：城市街道；视觉环境；视觉体验

Abstract: Urban streets are important public spaces for people to experience the urban environment. The visual experience on the streets is sundry and interesting. A street with good visual environment can improve the mood of urban residents and increase urban vitality. This paper studies the visual environment of the Corso Vittorio Emanuele II pedestrian street in Milan, Italy. By superimposing the human visual field with the spatial data of the street, the street interface that has the greatest impact on the visual quality of the street and the visual experience of pedestrians is obtained. The street area where the human eye pays more attention is analyzed from both subjective and objective aspects. Analyzing features of the spatial environment, such as street aspect ratio, interface density, visual transparency, etc. Analyzing the street visual elements and human behavior activities related to the pedestrian's subjective visual experience, clarifies the characteristics of the visual environment and the pedestrian's visual experience, summarizes the current situation of the street's visual environment, and finally puts forward several suggestions for possible improvements.

Key words: Urban Street；Visual Environment；Visual Experience

1　研究背景

城市街道是人们体验城市环境的重要公共空间，美国杰出城市规划专家凯文·林奇指出"大多数人通过在街上步行或开车来体验城市"，街道空间的体验直接影响个体对城市的感知。另一方面，在人类的所有感官体验中，视觉覆盖了 87%[1]，是目前人类感知最重要的组成部分，可以说人类的视觉感知是对景观环境感知的主要途径。因此，城市街道的景观环境建设，必须重视其视觉环境及感受。本文通过对意大利米兰 Corso Vittorio Emanuele Ⅱ步行街视觉环境的研究，探讨对街道视觉环境研究的方法。

2　研究对象

Corso Vittorio Emanuele Ⅱ步行街坐落在意大利米兰的市中心（图1），自1953年建成后，一直是米兰市最具活力的商业步行街之一，连接了如米兰大教堂（Duomo di Milano）、圣巴比拉广场及圣卡罗大教堂（S. Carlo al-Corso）等市中心的著名历史景点。作为米兰最繁华的街区，街道内入驻了众多商业品牌，人流众多，激发出多样的视觉活动及体验，故择其为欧洲街道视觉环境研究的

典型案例。

该步行街全长约 400m，宽度约 13m（数据来自谷歌地图及实地估测），业态主要包括零售、餐饮、娱乐和百货商店等，两侧建筑均有约高 8m、宽 4m 的拱廊，人们可以自由在廊内购物、社交、通行。

3　研究思路

首先，通过耦合人眼的视野范围数据与街道空间尺度，分析街道内主要的视域范围及特征，聚焦于更具视觉价值的街道界面为主要的研究区域。而后采用主客观结合的方法，一方面从街道的客观物质环境入手，掌握如街道高宽比、界面密度等空间数据，分析建筑立面、路面等视觉要素，掌握街道的空间环境特征；另一方面则从主观上，对街道内人群行为活动及其引发的视觉活动进行分析。最后通过对该步行街主客观的视觉环境分析结论，提出有针对性的可能的视觉环境优化建议及措施。

4　研究内容

研究人眼的视域范围可知，在固定视点的垂直方向上，人眼视域范围为向上 50°、向下 75°，且人眼可在不移动颈部的情况下使视线向上抬起 25°、向下旋转 35°；

在水平方向上，人眼可达到左右 62°的视域范围，且头部可轻松左右转动 35°，超过则会出现颈部应力。以这些人眼视觉数据为标准，在街道的几类典型固定视点上画出垂直视线及水平视线，绘制出垂直及水平方向的视域范围，以较为直观地显示人们在该街道的主要视觉观察范围（图 1、图 2）。

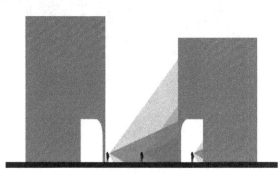

图 1　垂直界面

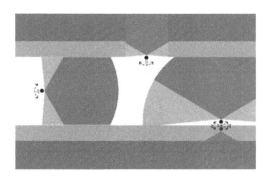

图 2　水平界面

从图 1 的垂直视域范围来看：①对于在拱廊内行走的行人，商店展示橱窗展出最吸引人的视觉点；②对于走在街中央，停留在柱廊一侧观看街道的人来说，建筑物底层是最容易观察和最具视觉吸引的界面；③另外，当行人向柱廊一侧仰望时，更容易看到街道建筑的全貌，人们可以把握这条街的整体景观。

从图 2 的水平视域范围图可以看出：①人眼在水平方向上比在垂直方向上能掌握更多的视觉界面，行人在两侧连拱廊内的视线仅限于橱窗、商铺入口、拱廊顶部，以及街对面的一些视觉对象；②街道中心的行人视野开阔，但由于连拱廊立柱密集，对拱廊内部的观察有限，但仍能看到橱窗和商店标识穿过拱廊；③行人斜靠在柱廊的一侧，左右转动头部可以很容易地获得开阔的视野，抓取街道上大部分的风景。

针对上述分析所得的该街道内较易被感知的视域范围，笔者结合实际调研获取的照片如表 1。

4.1　空间环境与视觉感受

4.1.1　街道高宽比

街道的高宽比是影响街道体验的重要参数，艾伦·雅各布在其《伟大的街道》一书中，通过实例总结出好的街道的高宽比大多在 1∶4～1∶0.4 之间，这种空间具有良好的空间封闭感，能给人以视觉上的安全感[2]。研究外部空间尺度的大师芦原义信，在他的《街道的美学》一书中，也讨论了街道的不同长宽比对人们心理感知的影响，他认为当街道的高宽比为 1 时，高度和宽度平衡，人们在街上的视觉体验最好[3]。

不同视角的场景图　　　　　　　　　　　　　　　　　　表 1

垂直视角场景	水平视角场景
①拱廊内行进方向	①拱廊内橱窗前

②柱廊一侧观看建筑物底层	②街道中心行进方向

垂直视角场景	水平视角场景
③柱廊一侧向街道	③柱廊一侧向街道

Corso Vittorio Emanuele II 街道的高度基本为 20～30m，街道宽度约为 13～15m，除了街道内的教堂区域旁有 25m 宽的广场，其余部分的高度和宽度都均匀分布。笔者选择了四个建筑高度及街道宽度略有变化的位置，绘制剖面图如表 2 所示。四处位置的 D/H 值分别为

0.52、0.55、1.11 和 0.37，总体保持在 0.5 左右。但由于街道两侧建筑底层退后形成了拱廊，实际的空间体验则高于这个值，有较舒适的街道高宽比，笔者实地调研的感受结论亦相似。

街道内不同位置的长宽比　　　　　　　　　　　　表 2

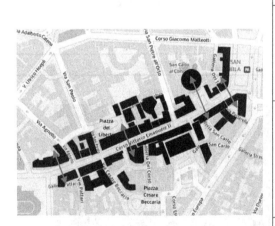

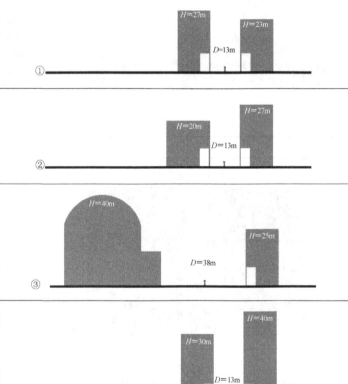

4.1.2　界面密度

界面密度是街道两侧建筑物的投影宽度与街道长度的两倍之比。该数据可以反映街道界面的视觉连续性程度，数值越高，街道越连续，同样长度内的建筑及其形式、风格和色彩越丰富，人们在单位时间内接受的"视觉变化"越多。对于 Corso Vittorio Emanuele II 街道，根据

测量和计算，其界面密度为 0.83，呈现出较连续的视觉界面和丰富的视觉变化。

4.1.3　视觉透明度

立面透明度是指人们通过门窗和栅栏看到两边事物的程度，是人们视觉渗透的基础。Alan B. Jacobs 认为街道立面透明度对于街道中的社会互动和人们心理感知非

常重要，并认为它是最好的街道特征之一。Stamps 强调，人们可以看到事物的开放空间相当重要，空间中的物理和视觉渗透性可以有效地创造一种自信感。许多学者都通过街道立面透明度这一指标来研究街道立面特征。

通过实地调查，了解 Corso Vittorio Emanuele Ⅱ 步行街的几种不同建筑立面的现状（表 3），对比分析了不同透明度立面的视觉感受和视觉透明度。

建筑立面透明度及视觉透明度关系表	表 3

	建筑立面完全透明； 立面材料为玻璃，内立面无柱，外立面窄柱； 视觉上非常透明；透过玻璃墙可以完全看到里面的商店及人群活动，细柱几乎不影响行人视线
	建筑立面相对透明； 立面开玻璃窗，高大拱廊； 视觉上相对透明；通过橱窗可以看到商店里的一些活动，店招一定程度影响了视野
	建筑立面完全透明； 开放的通道是完全透明的，一侧商店是玻璃墙； 视觉上不可逾越；黑暗的通道使视线受阻，宽大外廊柱的遮挡严重影响了人们对廊内的观察

4.2 视觉要素

步行街是一个复杂的视觉综合体，具有密集的景观元素。结合对 Corso Vittorio Emanuele Ⅱ 街的调查，分析了建筑立面、路面、店铺招牌等视觉要素。

对于街道空间而言，建筑是其主要的空间边界。因此，街道建筑立面对形成街道的物理空间和视觉走廊起着重要的作用——在行人方向的景观视觉走廊中，沿街建筑占绝大部分空间表面，其余为路面、天空和街道尽头（图 3）。

商业步行街立面的视觉重要性也体现在商业内容的最大化展示上。在行人视觉高度和舒适的视野范围内，对建筑立面的店面和窗户的关注成为最重要的视觉活动，通过视觉设计的展示窗，成为吸引行人的重要视觉元素。与之相反的是，一些商业广告存在密度过大、位置不当或风格丑陋等问题，产生了严重的视觉遮挡和冲击，对街道景观的视觉质量产生了负面影响。结合对 Corso Vittorio Emanuele Ⅱ 街的观察，笔者选取了一些典型的负面案例来表现负面的视觉效果（图 4）。

图 3 街道两侧的建筑立面视觉场景

蓝色区域的建筑外墙约占总场景的 1/2 面积街道的路面铺装构成了街道景观空间的底层。其材质、色彩、形式的变化，既能增强视觉景观的丰富性，又能与沿街建筑相呼应，铺装的质感也能细化或强化空间效果。

图 4　典型的视觉消极立面示意图

（a）巨型广告占据了街上行人的广阔视野，给人一种压抑消极的视觉感受；

（b）垂挂的商标挡住了行人仰望拱廊的视线，削弱了视觉透明度；

（c）向外悬挂的商标阻碍了看向尽头的视线，影响了视觉连续性

Corso Vittorio Emanuele Ⅱ街道采用均匀连续的地面铺装来控制街道空间的整体感观，在重要地段则通过改变铺装材料和装饰图案的应用，提高街道空间的审美情趣和视觉丰富性，同时对街道和拱廊的不同空间区域给予相应的视觉区别和提示（图5）。

街道上的休息空间和户外座位非常重要，座椅的布置会引发人们停留观看的视觉活动。街上的一些餐馆也在室外设了座位，舒适的环境和宜人的风景使人们可以充分享受闲暇时间，人们坐在座位上的时间总是比喝咖啡的时间长，通过户外座位，人们享受观看他人的乐趣。

笔者调查了 Corso Vittorio Emanuele Ⅱ街现有座位分布，将其为三类：酒吧提供的付费座位、正式座位（长椅）和辅助座位（台阶、低墙和石墩）。图6展示了各种座位的布置及人们的使用情况。街道现有座位分布较为均匀，可达到每百米均有可供人休息停留的位置，带来短暂或长时间的停留和观看的视觉活动。

图 5　街道内主要的铺装效果

（a）视觉上区分人行和自行车空间；（b）风格上与历史建筑相协调（c）小面积内更艺术化的铺装方式；（d）交叉口的圆形铺装纹理

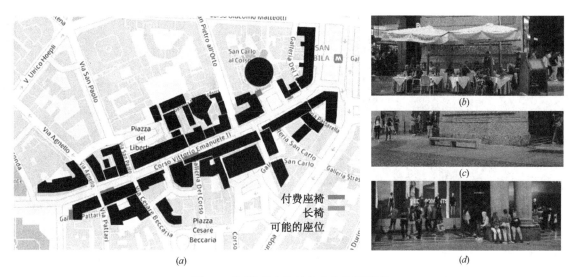

图 6　不同类型座位的分布和使用情况

4.3　人类活动

研究街道内的视觉活动，了解人们的行为是非常必要的。只有当人的活动存在时，才有视觉观察。街道内的人类行为活动具有多样性和复杂性，并在有目的的步行、购物、休息、停留和交流之间进行了重叠和转换。笔者总结了 Corso Vittorio Emanuele Ⅱ 街道内的 3 类活动：步行、休憩和观察，通过照片展示了不同活动状态下行人的视觉特征。

4.3.1　步行

步行是商业步行街上最重要的人类活动，可分为有目的的行走和随意的行走。有目的地的步行行为通常节奏快，追求效率，有明显的规划路线，对街道景观不太重视；随机行走则是一种慢节奏、不连贯的步行运动，行人经常在行走时停下来观看和交谈，行人更容易受到环境的影响[4]。图 7 及图 8 显示了该街道上一些步行者的状态。

图 7　步行经过时，视线被橱窗吸引

4.3.2　休息

对于商业步行街使用者来说，这是一个放松的过程，

图 8　拥挤的街道，视觉注意力在躲避人群

通常发生在步行了一定时间后，遇到适合驻足的地方，欣赏周围风景和过往行人。在此过程中，人从运动状态转向静态，视觉系统不需要关注沿途的信息或寻找方向，从而可以利用更多的能量观察周围的风景，体验环境特征，如图 9～图 11 所示。

图 9　倚在柱廊闲谈或看向商铺

图 10　户外酒吧休憩，看向人行道

图 11　倚靠柱廊休憩，被教堂吸引，
继续观看和交谈

4.3.3　观察

城市最重要和最吸引人的是对城市生活的观察。无论我们走路、站着还是坐下，我们都在继续一项非常常见的活动：观察人们。下图展示了研究街道上典型的观看街道行人（图 12）和展示橱柜的视觉活动（图 13）。

图 12　休息和看向街道对面

5　研究小结

笔者通过 Corso Vittorio Emanuele II 街道的视觉环境研究，了解了该街道视觉环境的特点及视觉活动、体验的特征。总的来说，其街道的空间数据显示出街道具有较为

图 13　看向展示橱窗

舒适的视觉空间环境，美观连续的建筑立面、和谐的铺装及色调、丰富多样的橱窗展示、适宜的休憩座椅、多种多样的行为活动等，使步行其中的人们有较好的视觉体验。

但该街道的视觉景观仍有可改进的方向：①笔者在晴天、雨天、工作日和周末的实地调研中发现，气候环境对该街道的视觉活动有很大的影响：日晒及雨天，行人往往聚集在两边的拱廊里，拥挤的人群、视线使正常的通行都受到影响，街道上的视觉活动大大减少，更难有良好的视觉体验。对此笔者认为，可以提供更多顶部覆盖的公共休憩空间，减少降雨等天气对街道活力的影响，同时更多的座位意味着更多可能的视角和更长的视觉停留时间，这将激发更多的互动、社交、观看等活动，增强街道活力。②其次，笔者发现街道内鲜有植被覆盖，笔者认为可通过垂直绿化、盆栽等方式增加自然要素，缓解各种店面招牌刺激引起的视觉疲劳，为街道提供舒适丰富的视觉环境。③街道内现有店招有杂乱、面积过大、位置遮挡等问题，对行人视觉观察造成了一定程度的影响，建议整顿后恢复连续、协调的视觉体验。④最后，笔者注意到在一些廊内通道的交叉口，灯光昏暗，减少了人们进入及购物的可能性，建议通过增加照明、设计展示橱窗来增加视觉吸引力。

笔者希望通过对欧洲著名街道 Corso Vittorio Emanuele II 的案例研究，能够对国内街道的景观设计及改造提供可以借鉴的帮助和参考。

参考文献

[1] 唐真, 刘滨谊. 视觉景观评估的研究进展[J]. 风景园林, 2015, 09）: 113-120.

[2] 雅各布斯, 王又佳, 金秋野. 伟大的街道: Great Streets [M]. 北京: 中国建筑工业出版社, 2009.

[3] 芦原义信. 街道的美学[M]. 天津: 百花文艺出版社, 2006.

[4] 扬·盖尔. 交往与空间[M]. 北京: 中国建筑工业出版社, 1992.

作者简介

董莉晶, 1994 年 4 月生, 女, 汉族, 陕西西安, 同济大学风景园林学硕士在读, 研究方向为视觉景观评价及景观规划设计。电子邮箱: 543905494@qq.com.

户外观演空间探析

——以韩国为例①

Analysis of Outdoor Performance Space：

Taking South Korea as an Examplec

董璐瑶　朱　捷*

摘　要：随着人们对健康生活理念不断认同，健康生活方式不断普及，户外活动越来越受欢迎。户外舞蹈，作为户外活动的一个热门选择，应当受到关注与重视。但是我国承载舞蹈活动的户外观演空间一直以来并未满足市民的使用需求。而韩国由于对户外舞蹈活动的喜爱，户外观演空间建设完成度高并且形成了多样丰富的户外观演空间，对我国有较高的借鉴意义。首先，本文指出全球户外舞蹈兴起的趋势。其次表明承载舞蹈活动的户外观演空间缺乏相关的研究与建设。第三部分介绍韩国户外观演空间建设经验：分析首尔户外观演空间体系和以山、江河、公园、绿道为不同载体的户外观演空间建设特点。第四部分总结韩国户外观演空间建设对我国户外观演空间建设启示。
关键词：健康生活方式；户外观演空间；韩国首尔

Abstract：With continuous recognition of the concept of healthy life and the popularization of healthy lifestyle, outdoor activities are becoming more and more popular. Outdoor dance, as a hot choice of outdoor activities, should be paid great attention. However, the outdoor performance space carrying dance activities in China never been able to meet the needs of the public. Due to the passion of outdoor dance activities in South Korea, the construction of outdoor performance space is highly completed, and various outdoor performance space has been formed, which has a high reference significance for China. First of all, this paper points out the global trend of outdoor dance. Secondly, it shows that there is a lack of related research and construction in outdoor performance space . The third part introduces the experience of South Korea's outdoor performance space construction：from the outdoor performance space system to the characteristics of outdoor performance space construction with mountains, rivers, parks and greenways. The fourth part summarizes the enlightenment of South Korea outdoor performance space construction to China's outdoor performance space construction.
Key words：Healthy Lifestyle; Outdoor Performance Space; Seoul, South Korea

1　户外舞蹈兴起

随着健康生活方式的普及，人们越来越重视户外活动。2020 年调研公司 NPD 集团提供的数据证实疫情致户外活动更受欢迎[1]。就全球范围来说，户外舞蹈成为人们健康生活的新选项：纽约街头兴起户外舞蹈，全球不少演艺与健身机构都在积极转战户外教授户外舞蹈课程搏一线生机。而在国内，舞蹈一直备受青睐。一直以来，广场舞都是中老年人参与度最高的休闲运动之一。2020 年 3 月中国妇女网联合运动健身平台 Keep 共同发布了女性运动生活报告其中指明疫情期间四成女性开始学习舞蹈类课程[2]。青壮年群体的健康意识与健身理念也因为在各大城市街头随处可见深受欢迎的街舞运动而不断增长。

综上可以发现，无论是在国内外，舞蹈已经成为户外活动的一个热门选择。虽然户外活动丰富多样，每个时代成长起来的群体的健身项目具有独特性，但是就体育锻炼动机、氛围、运动坚持性三个方面来衡量可以发现：舞蹈锻炼群体在锻炼动机、氛围和坚持性之间的共变性非常高，并且锻炼氛围在参与群体体育锻炼动机与坚持性之间起着中介作用[3]。

2　承载舞蹈活动的户外观演空间

2.1　无处安放的舞蹈

舞蹈在户外健康运动中拥有其项目优势，同时其对空间的需求较高。但是相应的场地的建设却被我们一直忽视。首先，舞蹈作为健身项目的潜力还未完全开发，国内外建设都尚不全面。如图 1 所示，人们积极参与的舞蹈活动却被迫占用道路开展。我国近年来因社区广场舞噪声等问题扰民而引发的矛盾冲突时常发生[5]。但是在空间建设中，设计师对这些现象仍旧缺少考虑与关注，场地不足、布局不当、设施配备不全，空间使用体验差，承载户外舞蹈活动的场地建设需要得到重视。

2.2　承载舞蹈活动的户外观演空间

目前我们对开展户外舞蹈的场地分析与研究较少。

①　基金项目：国家自然科学基金面上项目"景观触媒效应下的山地 城市开放空间体系构建机制研究"（编号 51978093）资助。

青年户外瑜伽兴起

纽约街头舞蹈教室

青少年与户外街舞

加州室外舞蹈教室

图 1　户外舞蹈不断兴起 户外观演空间急需建设

甚至没有一个专有的名词来研究这种场地，一直在以广场舞来以偏概全。但是就开展户外舞蹈的场地来分析，活动在城市公园、街头绿地等公共空间中展开，并非仅仅是广场。从场地活动上来看户外舞蹈活动也不仅仅是进行舞蹈，展示演出也是舞蹈活动的一部分。从活动目的来看，户外舞蹈不仅承担人们强身健体的锻炼目的，展示演出也是其动机与动力。总结来说，户外舞蹈活动开展的空间是城市公共空间中进行舞蹈展示演出的场所，而户外观演空间则承担了相应的角色。

2.3　户外观演空间概念解析

户外观演空间往往依附于城市公共空间，或形成具有一定时效性的临时观演，或体量较小。范月定义户外观演空间为："在户外的公共空间中，将实现观演行为作为主要功能构成的场所。[6]"同时认为城市观演空间多种多样，可以与周围场地结合，如城市广场、公园、公共绿地、旅游景区等，以达到功能上的兼容与统一。因此，研究舞蹈影响下的户外观演空间建设，一定能为户外舞蹈持续性良好发展，满足人们的户外活动需求提供可参考的理论和实践价值。

3　韩国户外观演空间建设经验

3.1　韩国舞蹈的展示窗口：户外观演空间

20 世纪下半叶，韩国将美国街舞文化与本土文化相结合，衍化出具有韩国特色的深受大众欢迎的文化形式，创造了极具民族特色的街舞变体文化。不仅如此，传统舞蹈表演和街舞舞台文化借助政府政策的大力支持及演出行业崛起的东风完成了产业化改造，结合韩国社会实际形成了特色发展模式[7]，最终形成了大众所追捧的"韩流"文化。到了 20 世纪 90 年代初，首尔市政府（SMG）加快韩流设施的建设进程，并支持各种舞蹈产业的发展，承认其在经济发展中不可否认的作用[8]。

政府层面调查了首尔资源和设施现状，以确定该市的实际空间使用情况，进而进行空间的建设与活动的组织（图2）。越来越多户外观演空间被创造出来，体系化建设形成群众活动网络，让居民能够方便地接触和参与各种活动[9]。就此户外观演空间建设渗透到人们的生活中，不断提升的空间环境品质增加了市民的参与意愿。政府建设引导下的自发建设进一步完善了群众健身网络的建设。不仅满足了市民的舞蹈活动的日常锻炼、展示、演出的需要，同时也成为展示地区特色文化的窗口[10]。

社区舞蹈锻炼　　　　　　　　　社区文化表演

青年活动演出　　　　　　　　　青年舞蹈活动

图 2　首尔市舞蹈影响下的户外观演空间

3.2　韩国户外观演空间网络建设

　　首尔政府是户外观演空间体系化建设的主体，在进行体系建设时将其分为山、江河、公园、绿道 4 个方面建设[12]。本文通过数据爬取及整理，观演空间各分类下的数量如表 1 所示。

首尔市不同载体下的观演空间数量与分布　　　　　　　　表 1

山江河公园绿道	近邻公园	近邻生活圈近邻公园	500m 以下	1hm² 以上	114
		徒步圈近邻公园	1000m 以下	3hm² 以上	47
		都市地域圈近邻公园	无限制	10hm² 以上	67
		广域圈近邻公园	无限制	100hm² 以上	6
	都市自然公园			10hm² 以上	55
			无限制	5hm² 以上	45

　　总体来看，首尔市室外观演空间在城市中的分布整体上均质化，局部地区集聚。观演空间从自上而下的政府主导到地区自主建设的转变中，活动需求与空间对其建设产生了较大的影响，最终体现出较为清晰的层级递次结构。

　　根据观演空间与绿地的叠合可以发现，山水格局对观演空间的分布其实产生了较大的影响，相对于较难建设的山体来说，观演空间较多的分布于水体沿线。但是，观演空间的分布依托现有的山水脉络等独特风光，让户外观演空间融入自然，城市居民在望得见山、看得见水的自然中开展运动与观演，城市的个性通过山水格局和城市户外观演空间的延伸体现出来[13]。

根据观演的服务对象进行分类，观演空间产生了较为明显的分级，即都市圈级、徒步圈级、近邻生活圈级。徒步圈级、近邻生活圈级观演空间数量多，贴近人们生活。都市圈级的较少，但是在一定程度上成为城市风貌的展示节点。户外观演空间的建设是都市圈级与生活圈级的统筹建设。政府的主导建设与社区的自主建设结合形成户外观演空间的建设体系。

3.3 不同用地类型下的户外观演空间

3.3.1 山地中的户外观演空间

山地中的户外观演空间建设较少，选址上多靠近地形起伏较为平缓的入口等，便于市民的使用。但是由于其地形优势，观演空间的建设仍具有可借鉴的特点。根据坡地的起伏，观演空间形成了坡地型、下沉型、台地型三种较为典型的空间类型。空间尺度受地形限制变化较大，有些空间较小大概为500m²，容纳人数仅为70人左右。但是有些空间尺度较大，适合开展一些较为大型的体育锻炼与演出，可容纳人数也可达到500人以上。典型布置模式如表2所示。

山地中的户外观演空间 表2

观演空间类型		交通组织	空间设计手法
坡地型观演空间		切线式	利用原有坡地地形，观赏空间随地形抬起，既充当了观赏空间，也提供了休憩空间。演出空间只受到一侧的视线关注，使用者心理压力较小，舒适度高
下沉型观演空间		截流式	利用原有山谷地形，观赏空间随地形抬起，演出空间被观赏空间包围，视线上受到关注度较高
台地型观演空间		截流式	利用原有起伏地形，演出空间抬起，视线上俯视观赏者，演出体验较好。观赏者仰视演出空间，传统戏台空间模式下观赏者听觉感受良好，体验感上新鲜感较强

3.3.2 滨水空间的户外观演空间

滨水空间的户外观演空间建设本身具有极大的空间优势。利用下沉式亲水平台、水幕电影剧场、水上游轮演出空间、桥下演出空间的户外观演空间趣味性高。自然环境和人为舞台布景中，虚构性与现实性完美结合。使用者

在进行舞蹈展示等活动时，对环境的满意度较高，而观赏者观赏体验多样。其中观演空间的空间尺度受环境限制，有些线型空间仅宽6～7m，但是也有空间尺度较大，适合开展一些较为大型的体育锻炼与演出，可容纳人数可达到500人以上。其中将滨水空间观演空间的优质布置情况汇总，典型布置模式如表3所示。

观演空间类型		交通组织	用地特征
水广场观演空间		截流式	功能叠加复合，在平日是市民玩耍的场所，当被利用舞蹈等展演活动时，浅水面、旱喷、雾喷等多种水景造景使演出空间达到水舞台的效果，并且相对于水舞台建设来说，舞台布置较为方便并多变
滨水广场观演空间		切线式	已有功能再生，本来就承载了市民活动区功能的滨水广场在被利用舞蹈等展演活动，场地使用率、人流量也随之提升。从而真正提升滨水广场的活力
滨水绿道观演空间		切线式	激活剩余空间，滨水空间的绿道尤其是桥底空间使用率较低，被改造成为滨水绿道展演空间，空间使用受天气影响较小，被分隔的空间为不同类型的活动提供了场所，避免了活动与活动之间的干扰
水中舞台观演空间		切线式	增加环境容量，演出空间不受线型狭长场地的限制。视线上演出空间仿佛悬停于水面之上，极大地营造出奇幻神秘的舞台氛围。观赏效果较好，使用者对环境的满意度较高

3.3.3 公园、绿道中的户外观演空间

公园、绿道中的户外观演空间变化多样。相较于中年人，青壮年的舞蹈习惯也给户外观演空间带来了变化。从使用面积上来说，使用者对空间面积要求较低，从宽度仅为5m的道路到面积较大的草坪广场都可以进行舞蹈等活动。从使用目的上来看，舞蹈等活动展示目的增强，甚至是一种竞技的活动后，户外观演空间也有相应的改变。典型布置模式如表4所示。

观演空间类型		交通组织	用地特征
带状户外观演空间		切线式	功能临时植入，舞蹈时间多变，有时仅持续30min以内。对于使用者来说，绿道等空间可在短时间内完成舞蹈活动的需求

观演空间类型		交通组织	用地特征
带状分隔户外观演空间		切线式	线型分割的空间满足了不同运动群体的使用需要，体量较小的分隔空间恰巧满足多个单人舞蹈。多个分隔空间形成竞技氛围，深受青年群体使用者的喜爱
带状停留户外观演空间		切线式	已有功能再生，可停留的街旁绿地深受青年的喜爱，分隔空间满足运动竞技需求，可停留空间又增加了关注度，满足了展示的需要
带状两侧户外观演空间		穿过式	功能临时植入，社区在组织多个舞蹈活动时，穿过式的交通流线增加了活动体验的丰富性，参与的感受更强，互动性更强
围绕型户外观演空间		切线式	已有功能再生，围绕标志节点进行不同类型的舞蹈活动，一定程度上展示了区域文化
中心型户外观演空间		截流式	功能叠加复合，原本供人休憩的场地在特定时间段成为活动的场所

4 经验借鉴

4.1 重视户外活动需求

从 2030 年首尔规划的一系列政策与议题可以清晰地看出：政府的规划策略从原来的大尺度规划向小尺度的空间更新转变，从政府的城市转变为"人为本"的城市。

不同年龄段的市民舞蹈需求与展示意愿被政府重视，提供良好的户外观演空间建设，引导组织相应活动。满足健康生活需求的空间建设品质不断提升后，人们的参与度提高，公共空间成为城市活力、城市形象、城市特色的展示窗口。最终，关注健康生活需求的建设既满足了市民的需求，也形成了城市特色文化[14]。

城市公共空间与健康生活

4.2 建设户外观演空间体系，政府引导下的自主使用

观演空间从自上而下的政府主导到地区自主建设的转变中：与城市山水格局结合打造重点展示点，利用绿道、邻里公园进行舞台铺设。最终形成网状结构铺设渗透大众生活[15]。户外观演空间体现出较为清晰的层级递进结构。在满足了健康生活使用需要的基础上，也形成了重要的展示节点。

同时政府建立适当的管理制度和程序，即保护计划、承载能力分析、观演管理计划和明确的制度安排。发动社区能动性对运动特色进行分析，打造社区日常活动点，并组织社区活动以保证人们的使用频率。

4.3 户外观演空间的类型多样性与尺度合理性

户外观演空间利用不同空间形成了类型多样的户外

观演空间（表5）。山地中存在坡地型展演空间、下沉型展演空间、台地型展演空间三种不同类型。原有的地形起伏为户外观演空间带来不同的观演体验。滨水空间中水广场观演空间、滨水广场观演空间、滨水绿道观演空间、水中舞台观演空间将自然与观演的互动效果最大化。利用空间的弹性变化、功能的叠加复合、对剩余空间的激活、突破场地限制等手法，观演空间带动了城市公共空间的活力提升。带状分隔、带状停留、带状两侧、围绕型、中心型户外观演空间是游园建设中可以利用的几种形式。

从可容纳人数、活动类型来看，户外观演空间尺度变化较大（表6）。仅 25m² 的小型空间也能承载舞蹈活动。尤其是在因短视频拍摄而导致个人舞蹈兴起的现象下，小型户外观演空间对用地独立，规模较小或形状多样的游园建设来说更为合适。大型的团体与展示活动则需要较大的空间，展示效果相较于小空间来说，给观赏者带来的冲击力更强。

不同类型的户外观演空间 表5

山地户外观演空间			滨水户外观演空间				公园户外观演空间				
坡地型展演空间	下沉型展演空间	台地型展演空间	水广场观演空间	滨水广场观演空间	滨水绿道观演空间	水中舞台观演空间	带状分隔户外观演空间	带状停留户外观演空间	带状两侧户外观演空间	围绕型户外观演空间	中心型户外观演空间

户外观演空间的空间尺度 表6

空间尺度	可容纳人数	活动类型
25m² 以上	1~5人	小型舞蹈运动，个人或小团体舞蹈展示，短视频拍摄
50m² 以上	6~20人	社区舞蹈运动，小型舞蹈团体舞蹈展演
150m² 以上	20人以上	团体舞蹈运动，区域甚至是大型舞蹈比赛

4.4 活动变化下的空间设计手法转变

舞蹈是一种在不断改变与发展的运动。从中老年偏爱的群体型舞蹈广场舞到目前深受青年喜爱的人数较少但有一定竞技心理需求的街舞，户外观演空间不仅是空间尺度在变化，空间布置上也不仅是传统上的聚合型空间，多个分散型户外观演空间形成的空间效果更佳，提升了使用满意度。可以看出，关注人们的使用习惯的变化，满足人们健康生活需求，方能形成更为丰富多变有趣的空间，满足户外运动活动开展的需要，最终成为城市活力的展示之窗。

参考文献

[1] https://www.npd.com/wps/portal/npd/us/news/top-10/sports/.

[2] 田梦迪，谢威．疫情期间四成女性开始学习舞蹈类课程[N]．中国妇女报．2020．

[3] 李国一，杨文波．体育锻炼动机对运动坚持性的影响：运动氛围的中介效应——以广场舞参与群体为例[J]．中国学校体育（高等教育），2016，3（05）：82-87．

[4] 郑仲凡．广场舞在构建健康中国2030体系中的功效探究[J]．南京体育学院学报（社会科学版），2017，31（01）：48-52．

[5] 汪玉涛．社区广场舞与广场周边居民休息冲突成因及对策研究[D]．成都：四川师范大学，2015．

[6] 范月．城市户外公共观演空间研究[D]．南京：南京林业大学，2011．

[7] 黄璐，孙平，马虎．论韩国街舞文化的品格[J]．山东体育学院学报，2006（05）：45-50．

[8] A Study on Characteristics and Regional Distribution of Seoul's Cultural Resources[EB/OL]．[2020-10-01] https://www.seoulsolution.kr/zh-hans.

[9] Cultural Heritage Administration of Korea．2000-2017，"Cultural Properties Almanac."［2020-10-01］https://www.seoulsolution.kr/zh-hans.

[10] Cultural Heritage Administration of Korea．"Korea's Cultural Properties Safeguarding System：Cultural Property Repair，Transmission Education and Safeguarding Activities."［EB/OL］．［2020-10-01］https://www.seoulsolution.kr/zh-hans.

[11] Websites Korea Tourism Organization，http://kto.visitkorea.or.kr/.

[12] 秦北涛．民族文化舞台化传承的真实性和有效性思考——以云南民族地区旅游开发中的音乐表演为例[J]．贵州民族研究，2017，38（5）：89-92．

[13] 黄阳，吕庆华．西方城市公共空间发展对我国创意城市营造的启示[J]．经济地理，2011，08：1283-1288．

[14] 童心．新媒体艺术对展示性公共空间的介入及重塑手段[D]．长沙：湖南大学，2012．

[15] 吴硕贤．城市公共观演空间[J]．时代建筑，1998（02）：

3-5.

[16] 陈军，刘琼琳．中西观演空间的文化比较[J]．华南理工大学学报(自然科学版)，2002(10)：47-50.

作者简介

董璐瑶，1996 年 11 月，女，汉族，安徽阜阳，在读硕士，重庆大学，研究方向为城市设计、风景园林规划与设计。电子邮箱：2766271837@qq.com。

朱捷，1962 年生，男，江苏南京，重庆大学建筑城规学院教授，博士生导师，重庆大学山地城镇建设与新技术教育部重点实验室，研究方向为城市设计、风景园林规划与设计。

基于体力活动的山地社区体育公园健康促进研究

——以重庆都市区为例

Research on Health Promotion in Mountain Community Sports Parks Based on Physical Activity：

Take Chongqing Metropolitan Area as an Example

方子晨

摘　要：近年来社区体育公园的兴起，为居民提供了方便易达的健身活动场所。随着城市用地的紧张以及人们对公共健康的不断重视，社区体育公园促进公众健康的研究具有重要意义。因此，本文通过文献综述法、实地调研法、数据分析法总结具有健康促进作用的体力活动以及促进健康活动的环境特征，并对重庆市已建成的社区体育公园进行健康促进分析。在山地城市复杂的用地条件下，提出了高容量和多活动两种空间模式，明确了不同模式的适用条件和活动配置，以期通过科学的活动选择以及运动容量和运动吸引力的提升，真正实现山地社区体育公园促进公共健康的效用。

关键词：风景园林；山地城市；社区体育公园；健康促进；体力活动

Abstract：In recent years, the rise of community sports parks provides convenient and accessible places for residents to exercise. With the shortage of urban land and people's constant attention to public health, the research on promoting public health by community sports park is of great significance. Therefore, through literature review, field research and data analysis, this paper summarizes the physical activities with health promotion effect and the environmental characteristics of health promotion activities, and analyzes the health promotion of community sports parks in Chongqing. Under the complex land use conditions of mountainous cities, two spatial patterns of high capacity and multi activity are proposed, and the applicable conditions and activity allocation of different modes are clarified, so as to realize the effectiveness of mountain community sports park in promoting public health through scientific activity selection and improvement of sports capacity and sports attraction.

Key words：Landscape Architecture；Mountain City；Community Sports Park；Health Promotion；Physical Activity

引言

为了响应国家"健康中国"战略，以珠海香洲为先，全国多个城市相继开展了社区体育公园的建设探索，以达到促进全民健身、提升城市空间品质的目的[1]。社区体育公园的快速兴起，是由于其用地少、方便易达的特点能够在城市用地紧张的限制条件下，为居民提供"家门口"的运动健身场所。现有的研究多数在探讨社区体育公园规划建设方法和实施管理的经验[1-3]，缺乏对于健康促进和健康效益的理论探索。而山地城市面临着更加严重的土地资源紧缺和用地条件复杂的现状。坡度不定、坡向不一、平缓用地少、分布散等山地特征给建设带来了较大的难度[4]，另一方面由于地形的限制往往又使得山地城市公园的布局自由灵活，空间类型丰富，交通形式多样[5]，山地地形与功能布局形成了相互制约和影响的关系[6]。因此，提升山地社区体育公园的健康促进效率对实现全民健康具有重要意义。

1 健康理念

21世纪以来，缺乏体力活动已经成为影响健康的一种独立高危因素[7]，而城市建成环境通过促进体力活动影响公众健康得到越来越多研究的证实[8-10]。鲁斐栋、谭少华明确了建成环境在宏观、中观、微观3个层面对体力活动产生不同程度的影响，并在街区和建筑尺度分析了建成环境要素、建成环境综合因素和建成环境感知3个方面对体力活动的影响绩效[11]。马明、蔡镇钰通过对绿色开放空间健康效用的研究搭建了健康与设计的联系，分析了绿色开放空间可以作为目的地、路径和运动场所支持居民体力活动的发生，从而促进人们生理、心理和社会健康[12]。城市公园为体力活动提供了场所，环境特征在一定程度上决定了使用者活动的舒适性以及吸引力。目前，针对景观环境特征与运动关联性的研究多集中于定性研究，于淼分析出安全性、可达性、连续性以及路径规划等对步行、跑步和骑行有影响，并提出了慢行体力活动偏好少转折的流畅型运动路线[13]。近两年有学者基于运动容量的视角，通过实证分析的方法，定量化的研究了体力活动的影响因子。其中赵晓龙、侯韫婧发现长度、宽度值、天空可视因子、高宽比值、绿视率、高差等形态特征因子对走跑类休闲体力活动水平有影响，量化了适宜的数值范围并提出了高容量活动空间模式[14]；同时他们分析了歌舞类、太极类空间的偏好特征差异，并发现器械类活动在空间组织特征上没有呈现特定规律[15]。

世界卫生组织（WHO）在 2010 年出版的《关于身体活动有益健康的全球建议》中指出了每周 150min 中等强度体力活动（累计的体力活动量）有益健康。除此之外，研究表明中高强度的体力活动能够带来最大的综合健康效益[11-18]。因此，综合体力活动和建成环境的影响，笔者提出健康促进包括促进健康的体力活动（中高强度体力活动）和促进健康活动的环境特征（表 1）。

不同类型活动适宜的环境特征　　　　　　　　　　表 1

活动类型	空间特征	活动适宜的相关因子布局
走跑类	形态特征	a. 可视且可达的园路长度＜140m 时，随着长度的增加，运动容量显著增加；最佳耦合值为 140m； 尽量减少运动路径频繁被路口打断； b. 宽度＜12m，运动容量呈正相关趋势，并在 12m 达到峰值； c. 天空可视因子呈正相关趋势，受季节影响较大； d. 高宽比值＜2.4 时，随高宽比值的增加，运动容量缓慢增加； e. 绿视率＞75％，可能出现空间过于围合，降低运动意愿； f. 没有高差变化的样本空间内产生显著高的运动容量
	路径形状	跑步：环形/线性；步行：线性为主，环形次之； 流畅少转折型运动路线
太极类	组织特征	静态活动倾向少二级空间，多三级空间的葡萄串式布局；提高植物郁闭围合度，使用面积不宜过大
歌舞类	组织特征	动态展示活动倾向多二级空间，三级空间呈线性布局的串联式布局；减少场地植物郁闭围合程度，使用面积应较大
器械类	组织特征	—

资料来源：表中内容引自参考文献［13-15］
注：太极类、歌舞类、器械类空间形态特征受多因子共同影响[9]。

2　山地社区体育公园用地条件及活动特征

本文以重庆市第一批建设的 24 个社区体育公园为研究对象，调研总结时发现重庆市社区体育公园用地规模整体偏小，以 20000m² 以内的公园尺度为主，规模差异大；近半数公园为狭长形、不规则形状用地；公园用地具有明显的高差和丰富的竖向变化。除此之外，山地复杂的平面形状和空间形态对活动的设置具有极大的限制。

依据《重庆市社区体育文化公园建设导则》（以下简称《导则》）[19]，社区体育公园内的活动按属性分为休闲健身、儿童游乐、日常锻炼、体育运动和山地活动 5 类，休闲健身包含散步、健走等轻量活动，儿童游乐活动为儿童提供了丰富的游乐设施，日常锻炼以歌舞类、太极类、器械类活动为主，体育运动主要为跑步和球类，山地活动则为登山攀岩等。从活动设置情况来看，各公园参照《导则》综合考虑用地情况和面积大小进行活动选择，其中所有公园都设置了休闲健身、日常锻炼、体育运动 3 类活动，87.5％的社区体育公园中休闲活动和体育运动的面积占总活动面积一半以上，个别公园山地活动占比显著（图 1）。从使用情况来看（图 2），体育运动和儿童活动是人们的主要使用目的，日常锻炼及休闲健身次之，山地活动的吸引力最弱。

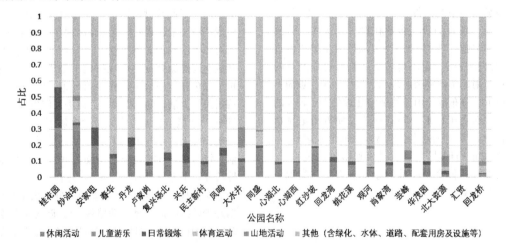

图 1　重庆市 24 个社区体育公园活动空间占比

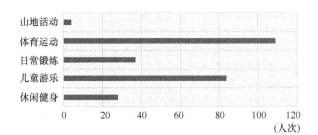

图2　重庆市24个社区体育公园人群活动情况

3　山地社区体育公园活动空间健康促进分析

健康促进包含活动和空间两个层次，其中健康促进活动对使用者产生直接的健康效益，活动类型的设置决定活动空间健康促进的效率。用地特征与活动适宜环境特征的契合，有益于健康促进活动的持续产生，从而促进

使用者达到WHO建议的健康体力活动量。

3.1　健康效率分析

通过查询美国《2011年体育锻炼纲要》能够确定健走、跑步、球类、歌舞类、太极类、爬山、攀岩、滑板等均为中高强度体力活动（表2），其相对应的跑道、球场、多功能健身场地、健身步道、滑板场等具有专业化、标准化、针对性强的特点，能够为使用者提供中等到激烈体育运动的环境支持，如休闲锻炼、一般训练、竞技比赛，因此以上活动空间能够对使用者产生较高的健康促进效率。

对于以提供设施为主要活动方式的儿童游戏场地和健身器械场地，能够明确为使用者带来健康效益的仅有椭圆机项目，因此两类活动空间对使用者产生的健康促进效率较低。

山地社区体育公园常见活动的空间供给指标　　　　表2

山地社区体育公园活动分类	休闲体力活动类型	休闲体力活动空间	代谢当量及强度（METs）
儿童游乐	秋千、攀爬、沙坑、跷跷板、摇摇乐、滑梯、儿童滑索等	儿童游戏场地	—
休闲健身	散步、闲坐、社交	园路	1.3-2.8
	健走	园路	4.8
体育运动	跑步	园路/跑道	7.0
	足球	足球场	7.0
	篮球	篮球场	6.5
	羽毛球	羽毛球场	4.0
	门球	门球场	3.3
	乒乓球	乒乓球场	4.0
	网球	网球场	7.3
	排球	排球场	4.0
	滑板	滑板场	5.0
日常锻炼	太极拳	多功能健身场地	3.0
	武术	多功能健身场地	5.3
	广场舞	多功能健身场地	5.0
	健身器械（单双杠、压腿、拉伸、漫步机、骑马机等）	健身器械场地	—
	椭圆机	健身器械场地	5.0
山地活动	爬山	健身步道	6.3
	攀岩	—	5.8

注：表格颜色越深表示活动强度越高。

经分析发现高强度体力活动空间不一定会产生高健康效益。球类运动虽然能产生较高的代谢当量，但由于活动性质使球场空间可容纳活动的人数较少，相对的，健走、太极拳等活动强度虽然较低，但活动空间可容纳活动

人数较多，相同时间内活动空间的运动容量[15]反而高于一些高强度体力活动空间。因此，高运动容量活动空间能够产生较高的健康效益。

3.2 用地特征契合分析

重庆社区体育公园内健康促进活动可分为3类，即球类、走跑类、太极和歌舞类，分别对各类活动空间进行用地特征契合分析。

3.2.1 球类活动

球类活动受公园面积和平面形状共同影响，公园面积小于6500m² 时，社区体育公园内的活动类型受面积影响较大，此时活动类型较为单一，以乒乓球和羽毛球为主要活动；当公园面积大于6500m² 时，面积的影响减弱，公园的形状指数对活动类型起重要影响作用，当形状指数介于0.79～1.56时，球类活动的种类开始增加，并出现了标准制和非标准制等灵活多样的活动空间。当形状指数过大，即出现狭长形空间时，大型球类活动受限（图3）。

3.2.2 走跑类活动

重庆社区体育公园具有明显的短路径特征，因此跑道是承载跑步和健走的主要活动空间。目前有8个公园设

置了跑道，面积大于6000m²，形状指数介于0.79～1.33之间（图4）。

公园中的园路空间出现较多交叉路口、多转折、局部空间界线模糊的现象，部分跑步道的设计顺地势而为，人群使用时能明显感受到高差变化，这些情况都不利于高运动容量的产生。除此之外，个别公园因起伏地形导致出现坡道和梯道混接现象，影响了人群使用的流畅感。草坪、低矮灌木结合乔木的植物搭配以及地形带来的视线变化使得体育公园园路空间开敞度较高，视线通透性强，也相应地导致了连续线性空间感的弱化，削弱了活动氛围感。

3.2.3 太极和歌舞类活动

社区体育公园日常锻炼活动由器械类和太极歌舞类活动组成，其中仅有5个公园是以太极歌舞为主要锻炼活动。并出现活动设施占据空间较多，或空间开敞度过高易被打扰的现象，二者都会阻碍太极、歌舞类等健康促进活动的发生。

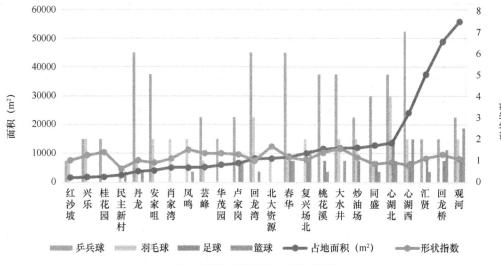

图3 球类活动面积—形状分析图

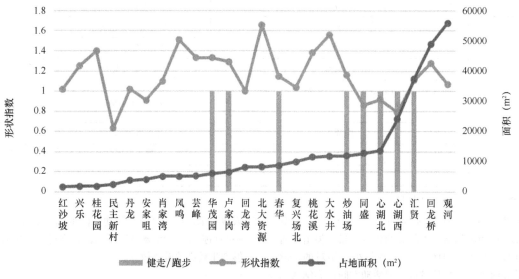

图4 走跑类活动面积—形状分析图

4 优化策略

针对山地社区体育公园提出了两种适宜的健康促进活动设置方式，即高容量空间模式和多活动空间模式。

4.1 高容量空间模式

小型的面积指数较大的社区体育公园宜采取高运动容量的空间模式（图5），即在有限的空间内以可容纳活动人数较多的活动类型为主，搭配其他非标准制、小规模

中高强度休闲体力活动，从而提升社区体育公园的活动空间运动容量。其中太极拳、武术、广场舞、跳绳、羽毛球、乒乓球等都适宜作为微型社区体育公园的活动选择。

4.2 多活动空间模式

大型的面积指数较小的社区体育公园宜采取多活动的空间模式（图6），即全年龄段活动设置，并且在活动强度的选择上需覆盖低、中、高3类强度活动。与此同时，可通过调整活动配比形成基础活动式和主题活动式两种类型的社区体育公园。

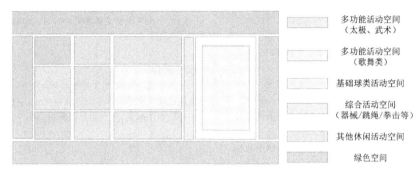

图例：
- 多功能活动空间（太极、武术）
- 多功能活动空间（歌舞类）
- 基础球类活动空间
- 综合活动空间（器械/跳绳/拳击等）
- 其他休闲活动空间
- 绿色空间

图5 高容量空间模式图

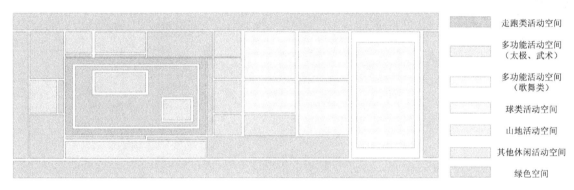

图例：
- 走跑类活动空间
- 多功能活动空间（太极、武术）
- 多功能活动空间（歌舞类）
- 球类活动空间
- 山地活动空间
- 其他休闲活动空间
- 绿色空间

图6 多活动空间模式图

基础活动式社区体育公园注重活动的多样化，球类、走跑类、太极歌舞类等都可作为活动的选择。主题活动式社区体育公园将以某一类活动作为公园主体，降低其他类型活动占比，形成特色鲜明、人群针对性较强的新型社区体育公园模式。相较于平原城市，山地地形能促发更多可能性。如以极限运动为主题的社区体育公园，起伏的地形能够为滑板运动提供天然的碗池和滑道，一方面能够更巧妙地利用地形，另一方面为城市不同运动爱好的人群提供了室外活动场地，增加了运动的吸引力和趣味性。

5 结语

社区体育公园的活动设置和环境特征是影响人们运动健康的直接因素。本文基于体力活动的视角，定性、定量的界定了公园内活动的健康促进的内容，明确了相应活动空间所适宜的组织、形态特征，在山地城市复杂的用地现状上，提出了的两种空间模式，目的是通过高质量的环境设计，科学的干预公众健康，提升人们的运动意愿，达到促进使用者的健康的目的。

同时文章也存在不足，在对山地社区体育公园活动空间的分析中仅考虑了平面形状和规模上影响，未纳入地形高差等其他影响要素，今后可综合山地特征因子进行多维度、全方位的探讨，以期得到更加切合山地的社区体育公园健康促进策略。

参考文献

[1] 潘裕娟，杨峥屏，陈思宁，陈锦清. 小公园大作用——珠海社区体育公园规划建设探索[J]. 城市管理与科技，2019，21(05): 47-50.

[2] 刘臻. 基于"第三场所"理论的城市修补实践——以珠海市社区体育公园为例[A]. 中国城市规划学会、东莞市人民政府. 持续发展 理性规划——2017中国城市规划年会论文集（07城市设计）[C]. 中国城市规划学会、东莞市人民政府. 中国城市规划学会，2017: 12.

[3] 王敏芳，刘玉亭，邱君丽. 社区体育公园规划建设的影响因素与发展策略[J]. 南方建筑，2016(05): 71-76.

[4] 王真真. 基于适应地形的山地城市公园规划的研究[D]. 重庆: 重庆大学，2011.

[5] 廖娟. 山地城市综合公园活动场地设计研究[D]. 重庆: 重

庆大学，2014.

[6]　张建林，段余.论自然地形空间与公园功能空间的耦合性设计——以重庆山地公园为例[J].西南大学学报(自然科学版)，2011，33(10)：154-159.

[7]　李煜，朱文一.纽约城市公共健康空间设计导则及其对北京的启示[J].世界建筑，2013(09)：130-133.

[8]　杨忠伟.人类健康概念解读[J].体育学刊，2004(01)：132-134.

[9]　翁锡全，何晓龙，王香生，林文弢，李东徽.城市建筑环境对居民身体活动和健康的影响——运动与健康促进研究新领域[J].体育科学，2010，30(09)：3-11.

[10]　马明，周靖，蔡镇钰.健康为导向的建成环境与体力活动研究综述及启示[J].西部人居环境学刊，2019，34(04)：27-34.

[11]　鲁斐栋，谭少华.建成环境对体力活动的影响研究：进展与思考[J].国际城市规划，2015，30(02)：62-70.

[12]　马明，蔡镇钰.健康视角下城市绿色开放空间研究——健康效用及设计应对[J].中国园林，2016，32(11)：66-70.

[13]　于淼.深圳市城市公共绿地对户外慢行体力活动的吸引力研究[D].哈尔滨：哈尔滨工业大学，2015.

[14]　赵晓龙，侯韫婧，邱璇，吕飞.基于走跑类运动容量的城市公园园路形态特征研究——以哈尔滨为例[J].中国园林，2019，35(06)：12-17.

[15]　侯韫婧，赵晓龙，张波.集体晨练运动与城市公园空间组织特征显著性研究——以哈尔滨市四个城市公园为例[J].风景园林，2017(02)：109-116.

[16]　张舟，舒平.基于休闲性体力活动的城市绿色空间研究综述[J].风景园林，2020，27(04)：106-113.

[17]　侯韫婧.基于休闲体力活动的公园空间特征识别及优化模式研究[D].哈尔滨：哈尔滨工业大学，2019.

[18]　郭甜，尹晓峰，杨圣韬.2008美国体力活动指南简介[J].体育科研，2011，32(1)：10-15. DOI：10.3969/j.issn.1006-1207.2011.01.003.

[19]　重庆市城乡建设委员会.重庆社区体育文化公园建设导则[R].2018，7.

作者简介

方子晨，1996年3月生，女，汉族，陕西渭南，重庆大学建筑城规学院风景园林专业在读研究生，研究方向风景园林规划与设计。电子邮箱：313664519@qq.com。

睡眠障碍型亚健康人群的景观偏好研究

Study on Landscape Preference of Sub-health People with Sleep Disorders

冯 晴 杨 洁

摘 要： 随着社会经济增速发展及城市化进程加快，亚健康状态成为城市居民的通病，其中，睡眠障碍作为亚健康状态的重要表征之一，与居住环境等景观环境的品质息息相关。同时，在"健康城市"上升为国家策略的背景下，对公共健康有着直接影响的绿色开放空间设计成为当前的研究热点，但现有文献多集中于相关理论范畴，较少研究能辅助构建疏解各类健康问题的适应性景观环境。因此，本文从睡眠障碍型亚健康人群的视角出发，利用德尔菲法、头脑风暴法构建睡眠障碍型亚健康人群的康复支持性景观体系，并以四川省中西医结合医院亚健康中心为载体，通过问卷调研定量把握亚健康人群对于体系中各类景观环境要素的偏好程度，进而探索适应其需求的具有康复支持作用的景观环境。

关键词： 睡眠障碍；亚健康；康复支持性景观；景观偏好动

Abstract： With the rapid development of social economy and urbanization, sub-health status has become a common problem of urban residents. As one of the important indicators of sub-health status, sleep disorder is closely related to the quality of landscape environment such as living environment. At the same time, under the background of healthy city rising to the national strategy, green open space design, which has a direct impact on public health, has become a current research hotspot. However, most of the existing literature focuses on the relevant theoretical areas, and few studies on adaptive landscape environment that can help solve various health problems. Therefore, from the perspective of sub-health people with sleep disorders, this paper uses Delphi method and brainstorming method to construct the rehabilitation supportive landscape system for the sub-health people with sleep disorder. Taking the sub-health center of Sichuan integrated traditional Chinese and Western medicine hospital as the carrier, the preference degree of the population for various landscape environment elements in the system is determined through questionnaire survey, and then explore the landscape environment with rehabilitation support function to meet their needs.

Key words： Sleep Disorders; Sub-Health; Rehabilitation Supportive Landscape; Landscape Preference

1 研究背景

1.1 亚健康问题日益凸显

快速城市化的背景下，经济社会快速转型，各种"城市病"也日益突显。面对环境品质不高、生存竞争激烈、心理压力沉重等突出的现实问题，"失眠""亚健康""脱发""抑郁"等负面词汇的热度居高不下。亚健康（Sub-Health）首次提出于 20 世纪 80 年代中期，是介于疾病与健康之间的一种健康低质量状态，可导致个体自我感受的生理功能、心理功能或社会适应功能有不同程度地下降，但未达到可诊断疾病的标准[1]。WHO①的一项调查显示，真正健康的人仅占 5%，全球 75% 的人口处于亚健康状态[2]。亚健康若处理不当会导致向疾病的转变，已被医学界划定为与艾滋病并列的 21 世纪人类健康头号公敌[3]。

1.2 睡眠障碍是亚健康状态的重要表征

亚健康状态主要表现为身体、心理和情感三方面的状态转变，学者叶芳等论证亚健康状态评定的 7 项一级指标为消化道功能、睡眠、性功能、疲劳、疼痛、情绪、生活快乐和满意度，其中睡眠这一指标重要程度位居第二，

是困扰亚健康人群的第二大不适症状（图 1）[1]。目前睡眠障碍在世界范围内的发病率约为 26.5%，且其中近 50% 的发病现象并未得到足够重视。

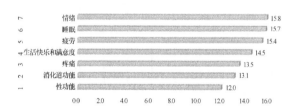

图 1 亚健康评价量表一级指标加权权重值（%）排序
（资料来源：据文献数据整理绘制）

1.3 景观环境支持是疏导睡眠障碍的必要条件

睡眠障碍是一种持续相当长时间睡眠质量发生变化，并引起患者不满的心理状态，无论病因或是表现，心理健康状态都与其密切相关。调查显示，公众的健康状况与日常生活行为有着密切联系，超过了基因、社会、环境甚至卫生保健因素对健康的影响[4]。作为人们日常生活行为的重要物质载体，通过优化城市景观的方式促进公众身心健康成为"健康城市"理念下的重要趋势，适应性的景观环境支持也成为疏导健康问题的必要条件。

---

① 世界卫生组织。

目前，国内外针对亚健康的适应性景观环境设计开始逐渐加强，涵盖城市绿色开放空间、居住区、疗养院、医疗建筑等多个设计领域。刘颂、詹明珠等围绕亚健康问题，介绍其发展概况，分析其解决途径，回顾总结绿色开敞空间与公众健康关系的相关研究状况，并分析总结当前国内面向亚健康群体的城市绿色开敞空间规划设计所存在的问题，探讨应对策略，探索发展方向[5]。此后，进一步总结亚健康群体对绿地的空间特征和景观要素的特殊需求，通过问卷和案例调查，提出多样化的景观空间、具吸引力的小品和设施、整体化多功能设计的住区环境以及具医疗作用的特殊植物配置等住区绿地设计要点[6]；张高超等从园艺疗法的相关研究出发，探讨具有改善人体亚健康状态功能的芳香康复花园的构建方式，并以此为基础进行微型芳香康复花园的设计实践[7]；杨静则从植物、铺装、道路广场、水景观、设施设计以及照明设计等几个方面提出了当代城市居住区保健型景观详细设计的方法体系，对相应保健植物构建相关数据库[8]。

尽管如此，城市景观如何适应不同类型亚健康人群的需求仍是亟待探究的问题。当前睡眠障碍型亚健康人群的治疗方案仍以药物治疗为主，缺乏相应的非药物疏导，景观环境对亚健康状况的康复支持作用并未引起广泛的重视。本文便以此类人群作为研究对象，通过问卷调研定量把握其对于各类景观环境要素的偏好程度，探索适应其需求的景观环境，并将其作为康复支持及辅助医疗的手段，调动医疗、康养、社区等生活场所中的户外开放空间，促进人群身心健康的恢复。

2 研究内容及方法

2.1 景观环境要素筛选及权重确定

根据郑洁等关于康复景观环境构成要素的研究结果[9]，课题组①利用德尔菲法、头脑风暴法将可能对睡眠障碍型亚健康人群存在康复支持性作用的景观环境组成要素归纳为绿化环境、空间环境、交通环境、照明环境、服务设施5个大类，并在此基础上建立睡眠障碍型亚健康人群的康复支持性景观体系（表1）。一级景观环境因子为绿化环境等景观环境要素的大类，共5个；二级景观环境因子为视觉型等各大类景观环境要素的再分类，共24个；三级景观环境因子则为各小类景观环境要素的各方面详细描述性指标，共36个。睡眠障碍亚健康人群的景观偏好可据此体系，通过专家和使用者打分的方式综合统计量化，从而对比得出。

睡眠障碍型亚健康人群的康复支持性景观体系 表1

一级景观环境因子	二级景观环境因子	三级景观环境因子
绿化环境	视觉性	绿视率偏高
		植物的色调偏暖
		植物的饱和度偏低
	听觉性	植物可借以营造声景
		植物可吸引平和虫鸣
	嗅觉性	植物具驱虫效果
		植物具医疗保健效果
绿化环境	触觉性	植物可近距离观察（触摸、闻、看）
	味觉性	植物具食用、药用价值
	参与性	可参与植物种植养护相关活动
空间环境	场地位置	场地位置远离交通要道、物流通道、停车场等噪音场所
	入口空间	材料使用以自然材料为主
	公共空间	公共空间提供积极作业设施
		公共空间提供沟通交流场所
	亲水空间	含具亲水性的公共空间
	景观疗法园	可进行日光浴（并提供遮荫选择）
交通环境	道路系统	人车分流，并避免噪声干扰
		道路划分等级，保证动静空间划分
	步行游线	具运动步道
		具观景走廊
		道路线形流畅明晰
	无障碍通道	无障碍通道
	道路铺装	具保健性（按摩等）

① 课题组成员：四川大学建筑与环境学院2013级风景园林学生冯晴、龙琼、杨晓雯、孙逸凡，及课题指导老师杨洁。

一级景观环境因子	二级景观环境因子	三级景观环境因子
交通环境	道路铺装	具安全性（防滑等）
		色调柔和
照明环境	亮度	照明的亮度偏低
	光源色温	光源的色温偏暖
	灯具	灯具无炫光现象
	灯型	灯型简洁流畅
	空间搭配	开敞型空间搭配扩散型灯具
		半开敞型空间搭配局部照明
		半封闭空间照明配合设施形式
服务设施	安全感	设施具安全感（可倚靠等）
	舒适性	设施体感温度变化小
	互动性	设施具有参与性
	便捷性	设施位置具一定私密性

2.2 景观环境要素植入问卷

本研究中景观环境要素植入景观偏好分析及问卷调查的途径主要依据李克特五级量表的形式通过打分实现。调查问卷分为 3 个部分：调研介绍、受访者基本资料、主体问题。其中，受访者基本资料主要包括性别、年龄、受教育程度、工作性质、职业 5 项。主体问题的设置以睡眠障碍型亚健康人群的康复支持性景观体系中的一级景观环境因子为基础，加设受访者对第三级景观环境因子的打分选项形成，涉及受访者对绿化环境、空间环境、交通环境、照明环境、服务设施 5 大类景观环境要素共 36 小项描述性指标的偏好程度。

2.3 问卷调研与数据回收

利用上文设计的调查问卷，以四川省中西医结合医院亚健康研究中心就医的睡眠障碍患者及以"失眠"相关语汇命名的若干 QQ 群的群成员为问卷调查对象，发放并回收现实及网络有效问卷共 105 份。另外，为确保问卷统计结果的科学性，课题组特邀请四川省中西结合医院亚健康中心的睡眠专科专家填写对照问卷，与患者问卷共同进行数据统计及比对。

本文涉及的数据统计含两个部分。首先是一、二级景观环境因子的权重计算。一级景观环境因子的权重为平均赋值的结果，即 0.2；二级景观环境因子以"服务设施"为例，其计算模型如下：第一步，四川省中西医结合医院亚健康中心的睡眠研究专家对二级评价因子做出重要性排序（表 2）；第二步，若设单位权重为 x，排序的倒序则为 x 的倍数，即 $3x + x + 4x + 2x = 0.2$（表 3）。

问卷统计的具体方法为：第一步，采用李克特五级量表，对问卷中三级景观环境因子的重要性层次即

非常重要、比较重要、无所谓、比较不重要、非常不重要，依次赋值为 5、4、3、2、1，算出受访者对每项所打的平均分；第二步，将受访者对每项所打的平均分与专家的打分分值再次平均，得出二者的平均得分；第三步，将平均得分数据再乘以相应二级景观环境因子所占权重即为最终的综合得分，综合得分的分值高低即可用作失眠人群对各景观要素的偏好程度对比。以下统计结果比对（表 4）在一定程度上可反映受访者对各类景观环境要素的具体偏好程度，指明其设计时的侧重点和方向。

睡眠研究专家对二级景观环境因子的
重要性排序（以"服务设施"为例）   表 2

一级景观环境因子	二级景观环境因子	重要性排序
服务设施	舒适性	2
	便捷性	4
	安全感	1
	互动性	3

二级景观环境因子权重计算结果
（以"服务设施"为例）   表 3

一级景观环境因子/权重	二级景观环境因子/权重
服务设施/0.2	舒适性/0.0600
	便捷性/0.0200
	安全感/0.0800
	互动性/0.0400

一级景观环境因子	权重	二级景观环境因子	权重	三级景观环境因子	受访者打分	专家打分	平均得分	综合得分
绿化环境	0.2	听觉性	0.066	植物可借以营造声景	3.16	1.00	2.08	0.14
				植物可吸引平和虫鸣	3.12	4.00	3.56	0.24
		视觉性	0.050	绿视率偏高	4.41	5.00	4.70	0.24
				植物的色调偏暖	2.98	1.00	1.99	0.10
				植物的饱和度偏低	3.61	1.00	2.30	0.12
		嗅觉性	0.034	植物具驱虫效果	4.14	5.00	4.57	0.16
				植物具医疗保健效果	4.35	5.00	4.68	0.16
		触觉性	0.018	植物可近距离观察（触摸、闻、看）	3.20	5.00	4.10	0.07
		参与性	0.018	可参与植物种植养护相关活动	3.20	2.00	2.60	0.05
		味觉性	0.014	植物具食用、药用价值	2.40	1.00	1.70	0.02
空间环境	0.2	场地位置	0.068	场地位置远离交通要道、物流通道、停车场等噪音场所	4.22	5.00	4.61	0.31
		入口空间	0.053	材料使用以自然材料为主	3.81	4.00	3.90	0.21
		景观疗法园	0.040	可进行日光浴（并提供遮荫选择）	3.94	3.00	3.47	0.14
		公共空间	0.026	公共空间提供积极作业设施	3.58	4.00	3.79	0.11
				公共空间提供沟通交流场所	3.79	5.00	4.40	0.11
		亲水空间	0.013	含具亲水性的公共空间	3.86	3.00	3.43	0.04
交通环境	0.2	道路系统	0.070	人车分流，并避免噪声干扰	4.22	5.00	4.61	0.32
				道路划分等级，保证动静空间划分	4.10	4.00	4.05	0.28
		道路铺装	0.050	道路铺装具保健性（按摩等）	3.31	3.00	3.16	0.16
				道路铺装具安全性（防滑等）	4.25	2.00	3.12	0.16
		无障碍通道	0.050	道路铺装的色调柔和	3.97	3.00	3.49	0.17
				无障碍通道	3.28	2.00	2.69	0.13
				具运动步道	4.21	2.00	3.10	0.09
		步行游线	0.030	具观景走廊	3.69	3.00	3.34	0.10
				道路线形流畅明晰	4.10	4.00	4.05	0.12
照明环境	0.2	亮度	0.068	照明的亮度偏低	4.02	5.00	4.51	0.31
		光源色温	0.053	光源的色温偏暖	3.74	5.00	4.37	0.23
		空间搭配	0.040	开敞型空间搭配扩散型灯具	3.43	1.00	2.21	0.09
				半开敞型空间搭配局部照明	3.34	3.00	3.17	0.13
				半封闭空间照明配合设施形式	3.44	3.00	3.22	0.13
		灯具	0.026	灯具无炫光现象	4.13	5.00	4.57	0.12
		灯型	0.013	灯型简洁流畅	3.77	1.00	2.39	0.03
服务设施	0.2	安全感	0.080	设施具安全感（可倚靠等）	4.02	3.00	3.51	0.28
		舒适性	0.060	设施体感温度变化小	3.71	1.00	2.35	0.14
		互动性	0.040	设施具参与性	3.50	1.00	2.25	0.09
		便捷性	0.020	设施位置具一定私密性	3.43	2.00	2.71	0.05

3 研究结果分析

3.1 人群特征

　　将受调查人群基本信息统计数据可视化处理后发现（图2），回收的105份问卷中，受访者的性别比例基本持平，其中有75.75%的人数年龄在25~45岁之间，70%的人数文化程度为本科，由此可见受调查的睡眠障碍亚健康人群均为文化层次较高的中青年人。其工作单位性质以事业单位及其他（访谈问询得知选择"其他"这一选项以学生及创业、无业状态人士为主）居多，而职业类型中，数据较为突出的则有医疗、互联网、建筑等工作强度大的较高压行业。睡眠障碍的病理分为生理性和心理性两种，生理性的有缺氧、内分泌紊乱等多为中老年人的失眠原因，心理性失眠则主要因压力过大导致[9]。受访者基本资料显示，目前亚健康人群常见的睡眠障碍以压力过大导致的心理性失眠为主。

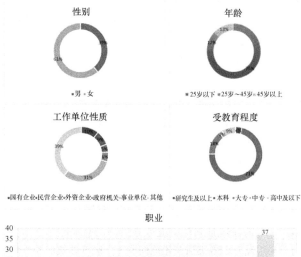

图2　受调查人群基本信息数据可视化

3.2　人群景观偏好

3.2.1　绿化环境

绿化环境这一一级景观环境因子中共包含：二级景观环境因子6项，按重要性排序依次为听觉性（0.066）、视觉性（0.050）、嗅觉性（0.034）、触觉性（0.018）、参与性（0.018）、味觉性（0.014）；以及三级景观环境因子10项，调查问卷统计结果（图3）显示，其综合得分高于0.1的共7项，高于0.15的共4项，高于0.2的共2项，分别为：绿视率偏高和植物可吸引平和虫鸣。另外，具医疗保健效果及具驱虫效果的植物，低饱和度和暖色调、视觉效果温和的植物也受到不少受访者的欢迎。除此之外，调查结果同样显示出受访者对于可营造如"雨打芭蕉"等声景观效果植物的浓厚兴趣。由此可见，人群对于绿化环

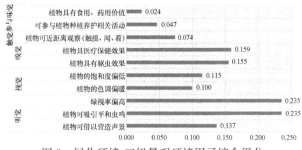

图3　绿化环境-三级景观环境因子综合得分

境的偏好倾向于多感官的调动，除了绿视率应到达一定比重之外，嗅觉、听觉和植物景观的可参与性也应在设计中适当考虑。

3.2.2　空间环境

空间环境一级景观环境因子中共包含：二级景观环境因子5项，按重要性排序依次为场地位置（0.068）、入口空间（0.053）、景观疗法园（0.040）、公共空间（0.026）、亲水空间（0.013）；以及三级景观环境因子6项，调查问卷统计结果（图4）显示，其综合得分高于0.1的共4项，高于0.2的2项，高于0.3的1项。其中，受访者对于场地位置应尽可能远离交通要道、物流通道、停车场等噪声场所的赞同程度最高，对场地的材料选择应以自然材料为主也具有较高偏好程度。另外，受访者普遍赞同场地公共空间应提供可进行日光浴及沟通交流的场所。

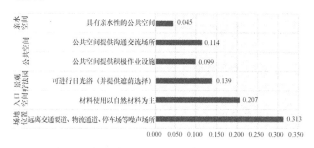

图4　空间环境-三级景观环境因子综合得分

3.2.3　交通环境

交通环境一级景观环境因子中共包含：二级景观环境因子4项，按重要性排序依次为道路系统（0.070）、道路铺装（0.050）、无障碍通道（0.050）、步行游线（0.030）；以及三级景观环境因子9项。受访者对交通环境这一景观环境因子的影响认同度普遍较高，其三级景观环境因子中包含综合得分高于0.1的共8项，高于0.2的2项，高于0.3的1项。调查问卷统计结果（图5）显示，交通环境方面，人车分流这一指标最受受访者重视。除此之外，受访者普遍希望能通过铺装等方式划分道路等级，保证空间的静谧；同时希望园路流线平滑，方向明确，不易迷失；园路铺装色调柔和并具有按摩等保健功效。

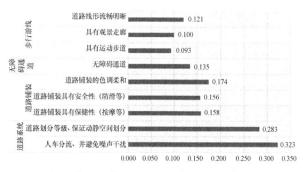

图5　交通环境-三级景观环境因子综合得分

3.2.4 照明环境

照明环境一级景观环境因子中共包含：二级景观环境因子5项，按重要性排序依次为亮度（0.068）、光源色温（0.053）、空间搭配（0.040）、灯具（0.026）、灯型（0.013）；以及三级景观环境因子7项，其综合得分高于0.1的共5项，高于0.2的2项，高于0.3的1项。调查问卷统计结果（图6）显示，睡眠障碍型亚健康人群对于亮度偏低、色调偏暖而无炫光的照明环境呈现较高偏好，与此同时，照明的布置应与空间的开合动静相互照应。

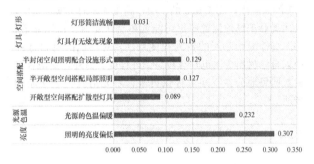

图6 照明环境-三级景观环境因子综合得分

3.2.5 服务设施

服务设施一级景观环境因子中共包含：二级景观环境因子4项，按重要性排序依次为安全感（0.080）、舒适性（0.060）、互动性（0.040）、便捷性（0.020）；以及三级景观环境因子4项，调查问卷统计结果（图7）显示，其综合得分高于0.1的有2项，而高于0.2的仅1项，即座椅等设施应可倚靠以让人产生安全可靠的感受。由此可见，受访者对于服务设施的安全性偏好程度最高，而舒适性、互动性等附加性能的需求不高。

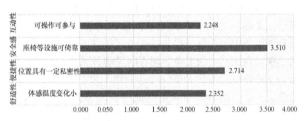

图7 照明环境-三级景观环境因子综合得分

4 结论与讨论

亚健康人群的睡眠障碍多以心理性失眠为主，相比单纯的药物治疗，以景观作为康复支持乃至医疗辅助的手段具有多维现实效益，但具体的设计实践活动则须综合考虑人群的景观偏好及场地条件等多方面因素。本研究通过分析睡眠障碍型亚健康人群对各类景观环境要素的偏好，发现其对睡眠问题的康复支持性景观需求与大众对一般住区景观环境的期待有共通之处，但也存在一

定差异。如睡眠障碍型亚健康人群同样肯定绿视率等绿化环境相关指标的重要性，也对动静、开合清晰的空间环境及人车分流明确的交通环境存在较高需求；但由于睡眠环境的特殊性，人群对静谧、避免噪声干扰且具有温和光源的环境也有相当程度的偏好；在设施方面，人群则较多倾向于其安全性、舒适性而对互动性等无过多要求，以促进身心及时进入利于睡眠的舒缓状态。

以上述研究结果为基础，本文亦尝试提出如下实践建议。

4.1 布局考虑立体化

存量时代来临，城市空间立体化发展。随着城市化的快速发展，政策约束、中心区土地价值的重新认识以及建成区环境改善功能提升的需求，使得城市建设与发展从增量型扩张逐渐转向存量空间的优化焕活[10]。因此，垂直绿化、屋顶花园等重新利用原本常处于荒置状态用地的绿化形式成为解决城市内部用地紧张与绿地建设之间矛盾的绝佳解决方式。睡眠障碍等心理性疾病的医疗、自我疗愈等过程均需要借助良好的外部环境展开[11]，除可借助一般的住区景观环境进行营建外，也应考虑立体化的布局思路，如各类居住建筑的屋顶、医疗建筑的室外环境等碎片空间，在充分利用消极闲置空间的情况下也为更多康复支持性空间的营造创造条件。

4.2 设计重视可达性

健康观念转变，高可达性的绿化空间需求剧增。人们对健康的自主意识不断增强，绿化空间对健康的促进作用以及对康复的支持作用逐渐被证实。城市生活压力造成的各种亚健康、非健康状态对绿化空间的功能提出新的要求，也推动人们对高可达性绿化空间的需求。加之使用人群的特殊性，针对睡眠障碍型亚健康人群的康复支持性景观首先应重视其可达性，如医疗建筑的住院部、康养建筑的疗养区、居住建筑的卧室等入睡场所与康复支持性景观场地的连通性及通行距离、消耗时长，室内外空间、各建筑之间的连通性以及到达方式的便捷无障碍等。

4.3 功能依托医疗手段

医疗模式转变，康复支持性景观成为医疗新趋势。近年来，医疗技术不断进步和发展，医学模式已经从早期的机械医院模式发展成为社会—生物—心理—环境医学模式[7]，医院开始尝试借用外环境设置辅助康复等治疗手段[12]。因此，居住环境等亚健康人群最常接触到的室外景观空间也应依托医疗手段进行针对性的功能布置，提供相应的康复支持措施，加强景观对公共健康的推动作用。

对于睡眠障碍型亚健康人群常见且有效的临床治疗操作技术有TIP睡眠调控技术[13]①，其具体操作原理即进行睡眠环境适应诱导，引导其进入一个"刺激—惊醒—

---

① 低阻抗状态下的睡眠调控技术。

安静—再入睡"的睡眠诱导过程；以往对睡眠的情绪压力则可通过沟通等认知疗法疏导剥离。依据此医疗手段原理，针对睡眠障碍型亚健康人群的康复支持性景观也可结合这个"刺激—惊醒—安静—再入睡"的情绪序列进行场地布置及活动设置，如场地可设计宣泄区刺激情绪、科教区引导认知、舒缓区平复心情、强化区加强引导回归入睡场所，辅助人群在环境中自我疗愈，真正起到康复支持的作用，从而促进公众身心健康。

参考文献

[1] 叶芳. 改进德尔菲(Delphi)法研究亚健康的描述性定义及评价标准[D]. 中国协和医科大学，2008.

[2] Xu XJ, Zeng Q, Ding H, et al. Correlation between women's sub-health and reproductive diseases with pregnancies and labors[J]. Journal of Traditional Chinese Medicine，2014，34 (4)：465-469.

[3] 张远妮，姜虹，许军. 亚健康评定量表评价广州市城镇居民的亚健康状况的信效度[J]. 中国健康心理学杂志，2016，24(10)：1505-1508.

[4] (美)帕垂克·米勒. 为了健康生活的设计——美国风景园林规划设计新趋势[J]中国园林，2005，(6)：54-58.

[5] 刘颂，詹明珠，温全平. 面向亚健康群体的城市绿色开敞空间规划设计初步研究[J]. 风景园林，2010，(4)：90-93.

[6] 刘颂，詹明珠. 面向亚健康群体的住区绿地空间设计要点[J]. 住宅科技，2012，32(10)：6-8.

[7] 张高超，孙睦泓，吴亚妮. 具有改善人体亚健康状态功效的微型芳香康复花园设计建造及功效研究[J]. 中国园林，2016，32(6)：94-99.

[8] 杨静. 当代城市居住区保健型景观设计研究[D]. 大连工业大学，2014.

[9] 郑洁. 杭州疗养院康复景观环境构建的研究[D]. 浙江农林大学，2018.

[10] 陈宏胜，王兴平，国子健. 规划的流变——对增量规划、存量规划、减量规划的思考[J]. 现代城市研究，2015(09)：44-48.

[11] 姜倩. 大型综合性医院外环境康复支持性评价及设计研究[D]. 上海交通大学，2012.

[12] 张文英，巫盈盈，肖大威. 设计结合医疗——医疗花园和康复景观[J]. 中国园林，2009，25(08)：7-11.

[13] 丁庆华，梁学军，甘景梨. 失眠症患者认知行为疗法的研究进展[J]. 中国疗养医学，2018，27(11)：1146-1148.

作者简介

冯晴，1996年5月生，女，汉族，甘肃天水，硕士，重庆大学建筑与环境学院。电子邮箱：fengqing. scu@qq. com。

杨洁，1979年9月生，女，汉族，湖北，博士，四川大学建筑与环境学院，副教授、教研室副主任，研究方向为健康景观。电子邮箱：6559367@qq. com。

福州三坊七巷历史街区街巷空间视觉偏好研究①

Research on Preference of Street Space in Three Lanes and Seven Alleys Historical Block

高雅玲　张铭桓　邓诗靖　黄　河

摘　要： 本研究首先对三坊七巷街巷空间进行眼动实验以获得人们对街道步行空间视觉行为的量化分析，得出人们偏好的五大要素为景观小品、店铺招牌、景观绿化、建筑构造、立面装饰；其次，采取问卷调查法对街区步行空间进行美景度评价，进而得出五大要素与美景度的关联性；最后针对步行空间中各要素提出相应的优化建议。

关键词： 三坊七巷；街巷空间；眼动实验；视觉景观评价

Abstract: This study, first of all, adopts an eye movement experiment on the the Three Lanes and Seven Alleys walking space to carry out a quantitative analysis , in order to get people's preference and, conclude five elements (landscape sketch, shop sign , landscape greening, architectural structure , facade decoration). Besides, it conducts questionnaire survey to conduct the present situation of pedestrian space in the neighborhood and the relationship between the five elements and the beauty of the landscape in the street walking space. In the end, it proposes the corresponding optimization suggestions were put forward for each element of the walking space.

Key words: Three Lanes and;Seven Alleys;Street Space; Eye Tracking;Visual Landscape Evaluation

引言

历史街区作为一座城市历史的重要载体，是城市发展进程中在某一时间与空间节点上的独特记忆，充满了生活气息。1961 年美国规划师简·雅各布施的著作《美国大城市的死与生》中提出街巷空间的交流与生活功能的重要性[1]。随着现代城市街道地不断完善，历史街区的独特性更吸引人们去体验，因此历史街区空间营造逐渐开始注重人的视觉感知。如芦原义信等学者从街道的比例、尺度、绿化、水体等要素研究人的视觉感知特征[2]；谭少华指出街道是人们进行社会交往的重要场所，街道空间营造注重步行过程中视觉与序列转变，使之充满了"人情味"，并从空间形态、街道环境和生态营造 3 个方面提出满足人群情感需求的美丽街道的营造策略[3]；徐磊青等从步行者的角度出发，探讨街道的空间与界面特征对步行者的影响[4]。近几年随着科技的发展，设计相关的技术及辅助技术为街道空间的量化研究提供了支持，有些学者对街道空间形态、建筑形态进行量化计算和研究，尝试建立这些空间属性与人体验的关联耦合作用[5]。而眼动分析技术引入景观规划与设计相关领域为景观感知与偏好研究提供了新的途径，为综合分析街巷空间环境与人的视觉行为提供了便利。

眼动指眼睛获取外界视觉信息时发生的运动，在一定程度上反映个体内在的认知过程[6]在景观偏好研究中通过眼动实验及其分析来探讨眼动与景观偏好的内在肌理。眼动分析是利用眼动技术（Eye Movement Technique）记录人的眼动特征，探索人在不同条件下的信息加工机制，分析人的认知行为[7]。当前眼动分析法主要运用在阅读、媒体、道路驾驶等[8-12]，并逐渐拓展到地图学、地理学、景观学中[13-14]。目前在景观研究应用主要在对景观的视觉感知、空间感知，分析景观要素和空间与眼动行为的相关性。如张昶[15]等河岸景观的绿化树种进行研究、张婕[16]等对书法景观知觉特征的研究、左红伟[17]对历史街区建筑立面"二次轮廓"的研究，得出招牌、灯笼、雨篷、货架台，对人视觉吸引力、郭素玲[18]等对宏村视觉质量评价进行研究，探索利用客观的眼动数据来评估旅游景观的视觉质量（宏村）、王敏[19-20]等通过不同景观类型的照片，分别以广州红砖厂和花城广场为研究对象，得出旅游地空间意义元素以及游客旅游地感知的视觉规律、唐岳兴[21]等分析找到了哈尔滨城市景观的典型特征、任欣欣[22]等将眼动测试与视听评价结合对声音刺激对景观注视特征的影响、刘芳芳[23]分析模拟了城市视听环境，得出人们对景观感知具有时空性和多感官感知相互作用的特征。

本研究以三坊七巷街巷空间为研究对象，为了更好地了解人们在步行过程对街巷空间构成要素的视觉偏好，将眼动分析技术引入到街巷空间视觉体验中，通过眼动追踪仪器记录被试者假想步行于照片场景中的眼动数据，探究其在不同步行空间的眼动特征。在此基础上，结合主观问卷探索眼动行为同景观美景度评价的关联性。

① 基金项目：2018 年国家级大学生创新创业训练项目（201814046001）；2018 年国家级大学生创新创业训练项目（201814046004）；2019 年福建农林大学金山学院应用型学科建设项目（yx190601）。

城市公共空间与健康生活

1 研究区概况、方法与实验设计

1.1 研究区概况

"三坊七巷"位于福州市老城区,占地 40hm²,由三个坊、七条巷和一条中轴街肆组成,分别是衣锦坊、文儒坊、光禄坊;杨桥巷、郎官巷、塔巷、黄巷、安民巷、宫巷、吉庇巷和南后街,是福州历史文化名城的标志性建筑[24]。该街区历史悠久,文化底蕴深厚,现存古民居 270 座,其中有 159 座被国务院认定为全国重点保护单位,被称为"中国明清建筑博物馆"和"中国里坊制度活化石"[25]。三坊七巷除了布局结构与众不同,其历史民居的围墙、雕饰、门、窗等独具特色,且街区中保留了大量的古树,这些具有一定的视觉吸引力有利于进行视觉偏好和视觉景观评价。

1.2 研究方法

本文主要采用眼动分析法、问卷调查法、数理统计方法进行研究:①眼动仪记录被试假想在图片中的街巷空间中步行时,眼睛所表现的生理活动,分析不同空间属性及环境景观的视觉行为反应规律;②问卷调查法获取被试对景观视觉质量的主观评价数据,对问卷结果进行整理计算得出每张实验样本的美景值;③结合眼动结果和主观评价两类数据进行相关性分析,得出眼动行为与美景度之间的关联性。

1.3 实验设计

1.3.1 实验目的

获得被试眼动数据和景观视觉质量主观评价分值。

1.3.2 实验准备

(1)样本选择

研究者于 2019 年 8 月 3 日上午 6:00~9:00,对三坊七巷街巷空间进行调研,场景采集采用拍照方式,使用尼康 D7000 相机,相机视点高度为 1.60m,由同一个拍摄者手持相机位于步行道右侧,与大多行人方向一致,拍摄范围以拍到两侧界面为界限[26]。图片筛选依据本文对历史街区步行空间影响因子进行判定,代表性元素占照片

比例较大且拍摄景深大致一致的照片 20 张,将图片尺寸统一为 1024×768 像素,再向多位专家咨询,最后筛选出 4 个类型,每个类型 2 张代表性图片,共计 8 张(图 1),作为眼动实验样本,其空间元素及特征(表 1)。

图 1 实验样本

(2)被试选择

通过网络招募了福建农林大学在校本科生和研究生共 35 名学生作为被试人员,其中男生 15 名,女生 19 名,平均年龄 24 岁。被试人员裸眼视力和矫正视力均为正常,专业包括园林、风景园林、城市规划。现有研究指出[27],从事环境设计相关专业的人对景观美感的敏感性更高,对环境的辨别能力更好。同时借鉴现有的眼动相关研究[28-32],选择相关专业背景作为的大学生进行眼动测试,所得结果可信度更高。此外,心理学研究范式中认为 30 个被试以上称为大样本实验,因此根据研究内容、类型及研究经费成文,本实验选择 35 位大学生作为被试者[33]。

街巷空间实验样本特征描述		表 1

类型	样本编号	描述
主街	(a)、(b)	步行空间宽敞,建筑立面元素丰富,古树,绿视率较高
宽巷	(c)、(d)	步行空间舒适,建筑立面元素较丰富,绿化形式以盆栽或树池为主
窄巷	(e)、(f)	步行空间较窄,建筑立面以木制、白墙为主,样本 5 绿视率较高,样本 6 无绿化
通道	(g)、(h)	步行空间窄,两侧为白色建筑山墙,可视率低

(3)实验环境

实验地点在学校人因工程实验室,于 8 月 12 日上午 8:00 开始,至 20:00 结束。主要仪器 Eye-Link1000 桌面式眼动仪,眼动采集频率为 1000Hz。台式电脑两台(包括主试机,操控眼动仪软件;被试机,展示样本),另外,准备一台笔记本电脑用于主观评价

时浏览景观图片。

1.3.3 实验流程

被试者进入实验室后，引导被试坐在眼动仪屏幕前约50cm处，主试向被试介绍实验目的、流程和要求（图2）。被试将头部固定于下巴托，尽量保持视线水平，进行校准，校准完毕后，随即播放8张样本，每张样本播放10s，间隔2s，同时眼动仪追踪记录眼动数据，直至样本播放完毕即停止实验。眼动实验结束引导被试进行主观评价问卷填写，对步行空间视觉质量进行打分。

图2 实验流程图

1.3.4 实验数据处理

实验结束后，软件自动形成EDE文件，采用Date Viewer3.1分析软件对实验数据进行处理，提取所有需的眼动指标数据并导入SPSS 17.0进行统计分析，删除两个不完整的数据，最终有效数据为32位被试的眼动数据。

1.3.5 指标选取

（1）眼动指标选取

本研究通过眼动热力图分析归纳街巷空间偏好要素类型，并以此为依据划样本的兴趣区，统计兴趣区（Area of Interest，简写AOI）的首次注视前时间（FIRST _ FIXATION _ TIME，简写FFT）、总注视时间（FIXATION _ TIME，简写FT）、注视次数（FIXATION _ COUNT，简称FC）、单位像素注视时间（FIXATION _ TIME Per pixel，简写AFP）共4个眼动指标（表2）。

眼动指标基本意义　　　　　　　　表2

眼动指标	简写	基本意义
首次注视前时间	FFT	被试者第一次注视某个兴趣区要素之前所经历的时间，反映该要素的吸引力和醒目程度
总注视持续时间	FT	落在兴趣区内所有注视点的时间总和。反映该兴趣区要素的复杂程度和认知加工的敏感性
注视次数	FC	兴趣区内总的注视次数，反映该区域受重视的程度，次数高表明被试对该兴趣区关注程度高
单位像素注视时间	FTP	为排除像素大小对实验结果的影响，选用单位像素平均注视时间分析，反应该要素的复杂程度认知加工的敏感性

（2）主观评价量表设计

使用SBE法构建历史街区景观视觉质的主观评价体系。"美景度"是视觉评价的重要指标，采用里克特7级量表分别描述：-3，很不美；-2，不美；-1，比较不美；0，一般；+1，比较美；+2，美；+3，很美。回收美景度评价表和数据统计过程中，为保证评价数据客观性，进行了适当筛选和处理。步骤如下：（1）对回收的美景度评价表进行检查核对，将无效的评价表剔除；（2）依照以下公式进行标准化处理以消除或减少因评判者的审美态度不同而造成的差异：

$$Z_{ij} = (R_{ij} - R_j)/S_j \qquad \text{（公式1）}$$

其中，Z_{ij}——第j评判者对第i张照片的标准化值；
R_{ij}——第j评判者对第i张照片的美景度值；
R_j——第j评判者对所有照片的美景度值的平均值；
S_j——第j评判者对所有照片的美景度值的标准差。

2 结果与分析

2.1 街巷空间视觉偏好的眼动特征

2.1.1 街巷空间视觉偏好提取

眼动热力图将被试者观察样本时注视点位置和时间以可视化方式呈现，反映被试者在实验样本中注视的总体分布。色彩有变化，色彩深度越深，则该区域注视时间越长，反之则注视时间越短，透明色表表示该区域未被注视[34]。

样本1　　　　样本2
样本3　　样本4　　样本5
样本6　　样本7　　样本8

图3 眼动热力图

热力图反映被试者对不同街巷空间的视觉关注程度。总体上，被试者关注的区域位于视平线上下的范围内，关注程度最高的区域位于灭点的位置。注视点分布与街巷空间属性关系密切。芦原义信在其著作《街道美学》中指出，按空间界面划分，街道空间可分为顶界面，垂直界面，底界面[3]。三坊七巷底界面统一为青石板铺地，路面平坦，视觉连续性好，因此没能引起被试者的关注。但样本8在地界面上出现了一个井盖，打破了地面铺装的连续性，引起了被试者的关注，这同前人研究的结果一致，在画面中突出的元素往往会吸引人的注意。街巷顶界面多以树冠，檐口为主，实验结果发现树冠关注度高于檐口，同时近处的树冠较远处树冠关注度高。街道的垂直界面以建筑立面、院墙、建筑山墙等元素构成，其中建筑立面的构成元素最丰富，因此可以发现样本1、2的关注度较其他样本高，样本1、2为三坊七巷主街，以店铺为主，立面装饰元素丰富包括店铺招牌、灯笼、橱窗等，比较容易引起人的注意力。样本3、4垂直立面以白墙为主，其吸引力较弱，但由门、窗、檐口、码头墙雕花、对联、灯笼、盆栽绿化等元素吸引力较强。

图3结果显示，被试者关注街道界面中变化的元素，如垂直界面上建筑立面上的门、窗、雕花等建筑构造元素，以及灯笼（样本5）、图案等各类装饰元素，特别关注有文字的店铺招牌，导览牌（样本8）等，此外街道环境绿化景观和景观小品，雕塑小品（样本2）、景观灯（样本4、5）也受到关注。因此，从眼动热力图可以归纳出被试者关注街巷空间的5大要素类型（表3）。

视觉偏好要素类型　　　表3

类型	店铺招牌	建筑构造	立面装饰	环境绿化	景观小品
描述	以文字描述宣传店铺的广告形式	门、窗、山墙、建筑雕饰等	灯笼、图案、导览牌等	盆栽、古树、垂直绿化等绿化景观	雕塑小品

2.1.2 街巷空间视觉偏好眼动差异性分析

AOI兴趣区研究是指在数据分析中可以通过对样本与研究相关的视觉区域进行划定进而获取该区域眼动指标的实验研究方法。本实验目视分析眼动热力图提取的5大街巷空间偏好要素类型为依据，在 Date Viewer3.1 眼动分析软件中对样本进行兴趣区划分。将样本中出现在不同位置的兴趣类型进行归类，即兴趣区集合（AOI-GROUP），以此统计分析各兴趣区和兴趣区集合的相关眼动指标[35]。本研究统计首次注视前时间、总注视持续时间、访问次数以及单位像素的注视时间，选取均值作为研究参考项。

将样本提取出的各兴趣区眼动指标进行单因素方差分析得到表4。5个偏好类型在首次注视前时间，总注视持续时间，注视点，单位像素的注视时间这4个眼动指标呈现显著差异，不同偏好要素类型之间差异程度不同。由于视觉感知特征的影响，不同景观要素由于其位置、面积、形状、色彩等不同会产生不同视觉感知和视觉偏差[36]。建筑构造与其他偏好要素类型相比眼动差异程度最大，4个眼动指标同其他4个偏好要素中的2个或3个

要素有显著性差异，建筑构造在首次注视前时间、注视总时间最长，注视个数最多，说明建筑构造的元素不够醒目，初步判断由于这些门、窗、雕花等元素形状变化较大，分布较分散，同时与建筑立面有机融合在一起，但该类型元素包含的信息量大，且被试的兴趣程度高，因此用较长的时间去获取信息，因此建筑构造在三坊七巷街巷空间具有重要意义，体现了历史街区的内涵和特色，对游客吸引力大。绿化景观活化了街区的生机，古树见证了历史，因此街区中的植物也备受关注。实验表明绿化景观在注视时间、注视个数与其他四类偏好元素均显著差异，其注视总时间、注视点与建筑构造要素小相比较但比其他三类要素类型大，表明绿化景观对人吸引力强，色彩鲜艳。但其单位像素注视时间最短，因此不排除绿化景观面积大。景观小品首次注视前时间最短，表明该类型在街巷空间中特征明显，其注视总时间最短、注视点最少，说明景观小品包含信息量少，容易被觉察、识别。这与景观小品的特征相符合，小品造型、色彩在环境中相对突出有特色，且形象直观易于理解。店铺招牌的首次注视时间同建筑构造一样高于其他要素类型，说明店铺招牌不突出，被试者要用较长时间进行搜索，初步分析店铺招牌一般以平面形式为主，同时悬挂于建筑立面上，色彩相对古朴同传统建筑统一。立面装饰注视总时间、注视点较景观小品多，表明立面装饰信息同景观小品容易识别，但由于其在街道空间分布较多且分散。

为排除像素大小对实验结果的影响，选用单位像素平均注视时间分析，单位像素设定为每千像素点，表5显示店铺招牌、景观小品吸引力平均水平明显高于其他类型，且店铺招牌、景观小品、建筑构造、建筑装饰，绿化景观吸引力依次降低。通过单因素方差分析可得景观小品同其余4个偏好类型均显著差异，其他要素间也存在一定的显著差异。但从偏好要素类型的标准差结果显示：店铺招牌和景观小品的标准差明显高于其他类型，分别为0.78和0.71，反映这两类的稳定性较弱，初步分析与被试的偏好程度不一或这两类要素在街巷空间分布较散，体积小有一定关联性。建筑构造和立面装饰标准差较小，分别为0.15、0.22，初步分析两者都属于街巷空间的垂直界面，因此，被试在两类要素上的视觉行为相似。绿化景观的标准差最小为0.09，表明其稳定性好。

视觉偏好类型眼动指标差异性分析　　表4

眼动指标	FFT（s）	FT（s）	FC（个）	AFP（ms）
总体差异性（sig.）	0.010*	0.000*	0.000*	0.000*
偏好类型间差异				
店铺招牌（a）	2.39b	0.52be	1.94be	0.78cde
景观小品（b）	1.44ad	0.25ade	0.83ade	0.71acde
立面装饰（c）	1.98	0.42e	1.48cde	0.22ac
建筑构造（d）	2.39bd	2.06be	8.47bce	0.47ab
绿化景观（e）	1.69	1.24abcd	4.41abcd	0.09ab

注：＊表示在0.05水平上具有显著差异；店铺招牌中的0.52be，0.52表示店铺招牌总注视时间的均值，be表示店铺招牌与景观小品、绿化景观有显著差异，其他值解释方式与此相同。

综上，街巷空间的视觉偏好行为受到人的视觉行为

273

习惯影响，关注视平线周边的要素，特别是空间灭点的位置，对街巷空间的垂直界面关注度较高，因其有较丰富的构成元素，在不同的景观元素中视觉行为表现有差异性。

2.2 视觉偏好与街巷空间视觉质量评价

根据公式（1）计算得到街巷空间视觉质量值（表5），结果显示样本4的美景度值明显高于其他样本，从高到低排序为：4-1-2-3-6-5-8-7。其中样本4评价最高，而样本7最低，结合眼动热力图提取的偏好要素及街巷空间属性特征，初步分析被试者在美景度评价中不仅受视觉偏好的影响，街巷空间的属性特征，如街巷空间两侧建筑界面元素丰富性、空间的开敞性、可视率及绿化形式影响被试者对景观质量的评价。样本4步行空间尺度宜人，左侧垂直界面有木制的入户空间，视线通透性较好，右侧界面有行道树绿化景观，绿视率适中，巷道尽头以"坊"的形式结束，整个空间景观优美，环境舒适，因此将评价高。样本1、2为三坊七巷主街，商业气息较浓厚，两侧建筑立面以商铺为主，装饰元素以店铺招牌、橱窗等为主，绿化景观较丰富，虽然垂直界面景观丰富，视觉关注度高，但由于步行区域宽敞，因此安全感较低，且为商业街，给人较喧闹的氛围，步行舒适性较样本4低。样本3同样本4空间尺度接近，样本3垂直界面的元素丰富性较低，且绿化形式以盆栽形式，绿化较分散，绿视率低，影响了整体的景观效果。样本5，样本6空间尺度一致，但样本6右侧为传统木门的店铺入口，增加了横向视线的延伸性，同时丰富了界面色彩，顶界面有绿色树荫，提升步行空间的舒适性。样本5，无绿化景观，垂直界面以白墙和木质山墙为主，景观效果较生硬。样本7、样本8步行空间较狭窄，以灰、白色为主色彩较单一，样本7垂直界面为院墙，样本8垂直界面为传统民居的码头墙相对样本7直线型山墙更具有特色。

街巷空间视觉质量评价 表5

样本编号	1	2	3	4	5	6	7	8
SBE值	0.267	0.266	0.167	0.785	−0.211	0.103	−0.770	−0.289

3 结论

（1）不同街巷空间表现为不同的眼动特征，街巷空间视觉特点通过眼动数据进行量化和可视化可以清晰展示，通过目视分析眼动热力图可以有效提取街巷空间偏好要素类型，本研究提取了景观小品、店铺招牌、景观绿化、建筑构造、立面装饰5个偏好类型。其次，研究发现注视集中在视平线周围，街巷空间灭点的关注度最高，同时两侧垂直界面构成元素的多样性影响界面的吸引力。因此，历史街区在改造提升过程中，应注重以上5大偏好要素的设计，同时注重人视高度可视区域的空间塑造。

（2）偏好要素类型在眼动指标上存在差异，结果显示建筑构造的吸引力最大，这说明了建筑是历史街的内涵和精神；景观绿化的面积、种植形式影响眼动行为，集中

绿化吸引力较高，分散绿化吸引力较低；景观小品、店铺招牌、立面装饰等元素在街巷空间中体较小，但信息量大，同样吸引人的注意。因此，历史街区保护，首要保护历史建筑，在历史建筑修缮过程中要注重细节的表现，如门、窗、雕花等，其次保护街区内的名木古树，新增绿化要与历史街区空间氛围相统一，避免风格不一致的绿化景观；最后，合理安排店铺招聘、立面装饰、景观小品，提高街巷空间视觉感知的舒适性，避免繁、多、杂的现象。

（3）街巷空间的视觉质量评价受偏好要素类型特征和街巷空间属性特征的影响，其中街巷空间的舒适性在很大程度上影响了街道的美景度，这也说明了当前人对步行空间的需求提高，不仅要求景观优美，还要空间尺度舒适，氛围宜人。因此，历史街区要注重步行空间舒适性和安全感，对于宽敞的步行区域，可以利用树池作为道路中心隔离带划分出上下行步行区域，有效引导游客游览路线，在适当的位置增加公共休憩区域，并保证历史街区的整洁。

本研究尝试通过眼动实验探究被试对历史街区步行空间的视觉行为，且与主观问卷评价相结合，从主客观相结合的方式分析街巷空间偏好类型同视觉质量的相关性，以期为历史街区步行空间量化研究以及保护提供新思路。

参考文献

[1] [加拿大]简·雅各布斯. 美国大城市的死与生[M]. 南京：译林出版社，2006.

[2] [日]芦原义信. 外部空间设计[M]. 北京：中国建筑工业出版社，1985.

[3] 谭少华，韩玲，郭静. 基于情感满足的美丽街道营造策略研究[J]. 西部人居环境学刊，2014，29(04)：79-83.

[4] 徐磊青，孟若希，黄舒晴，陈筝. 疗愈导向的街道设计：基于VR实验的探索[J]. 国际城市规划，2019，34(01)：38-45.

[5] 李欣. 城市空间形态与空间体验的耦合性[J]. 东南大学学报(自然科学版)，2015，45(06)：1209-1217.

[6] Duchowski AndrewT. Abreadth-firstsurveyofeye-trackingap-plications.[J]. Behavior research methods, instruments, computers：ajoural of the Psychonomic Society, Inc, 2002，34(4).

[7] 邓铸. 眼动心理学的理论、技术及应用研究[J]. 南京师大学报(社会科学版)，2005(01)：90-95.

[8] 闫国利，李赛男，王亚丽，刘敏，王丽红. 小学二年级学生汉语阅读知觉广度的眼动研究[J]. 心理科学，2018，41(04)：849-855.

[9] 胡洪瑞，刘龙繁，熊艳，陈宇，蒋文涛，田晓宝. 不同道路环境下驾驶人眼动行为的研究[J]. 生物医学工程研究，2016，35(04)：255-259.

[10] 李宝珠，魏少木. 广告诉求形式对产品反馈的影响作用：基于眼动的证据[J]. 心理学报，2018，50(01)：69-81.

[11] 杨强，魏少木. 广告拟人化对产品态度的影响：基于眼动的证据[J]. 大连理工大学学报(社会科学版)，2019，40(03)：49-55.

[12] 闫国利，何立媛，宋子明. 中文阅读的基本信息加工单元初探[J]. 心理与行为研究，2016，14(01)：120-126.

[13] AntonsonH. M·RdhS，Wiklund M，etal. Effectofsurrou-

城市公共空间与健康生活

ndinglandscapeondrivingbehaviour：Adriving simulator study[J]. Jo urnal of Environmental psychology，2009，29 (4)：493-502.

[14] LucioJVD，Mohamadian M，RuizJP，et al. Visuall-andscape exploration as revealed by eyemovement tracking[J]. La-ndscape & Urban Planning，1996，34(2)：0-142.

[15] 张昶，王涵，王成. 植物种类及视觉面积对河岸景观的影响——以通州运河森林公园为例[J]. 中国城市林业，2019(5)：18-24.

[16] 张捷，张静. 书法景观与城市景观——南京书法景观及书法旅游产品概念规划案例[J]. 城乡建设，2004(3)：43-44+5.

[17] 左红伟，李早，喻晓. 历史街区建筑立面"二次轮廓"的视觉量化研究——以安徽屯溪老街为例[J]. 现代城市研究(01)：96-101.

[18] 郭素玲，赵宁曦，张建新. 基于眼动的景观视觉质量评价——以大学生对宏村旅游景观图片的眼动实验为例[J]. 资源科学，2017，039(006)：1137-1147.

[19] 王敏，江冰婷，朱竑. 基于视觉研究方法的工业遗产旅游地空间感知探讨：广州红砖厂案例[J]. 旅游学刊，2017，032(010)：28-38.

[20] 王敏，王盈蓄，黄海燕，等. 基于眼动实验方法的城市开敞空间视觉研究——广州花城广场案例[J]. 热带地理，2018，38(06)：5-14.

[21] 唐岳兴，邵龙，王茹. 基于城市文脉保护视角的遗产空间网络构建——以哈尔滨中东铁路殖民遗产空间网络构建为例[J]. 中国园林，033(3)：76-81.

[22] 任欣欣，康健. 声景视角下湿地景观视听评价的交互影响[J]. 建筑学报，15(s2)：13-17.

[23] 刘芳芳. 欧洲城市景观的视听设计研究——基于视听案例分析的设计探索[J]. 新建筑，2014(5).

[24] 王炜，林志森，关瑞明. 福州三坊七巷历史街区空间形态及其优化设计研究[J]. 南方建筑，2017，000(003)：106-111.

[25] 刘江，杨玲，张雪葳. 声景感知与历史街区景观评价的关系研究——以福州三坊七巷为例[J]. 中国园林，2019，35(01)：41-45.

[26] 赵琳. 多因影响下的城市道路人行道服务水平评价体系研究[D]. 2015.

[27] 叶鹤宸，朱逊. 哈尔滨市秋季城市公园空间特征健康恢复性影响研究——以兆麟公园为例[J]. 西部人居环境学刊，2018，33(04)：P. 73-79.

[28] DupontL，Antrop M，VanEetvelde V. Does landscape related expertise in fluence thevisual perception of landscape photographs? Implications for participatory landscape planning and management [J]. Landscape&Urban Planning，2015，141：68-77.

[29] 张卫东，梁倩，方海兰. 城市绿化景观观赏性的眼动研究[J]. 心理科学，2009(04)：34-37.

[30] 李学芹，赵宁曦，王春钊. 眼动仪应用于校园旅游标志性景观初探——以南京大学北大楼为例[J]. 江西农业学报，2011，023(006)：148-151.

[31] 王明. 眼动分析用于景观视觉质量评价之初探[D]. 南京：南京大学，2011.

[32] 王君怡，林岚，高华，等. 大学生旅游地图空间符号认知的群体差异研究——基于眼动实验数据分析[J]. 旅游学刊，2016，031(003)：97-105.

[33] 莫雷，王瑞明. 心理学实用研究方法[M]. 广州：广东高等教育出版社，2007.

[34] 顾海荣. 图形认知任务中的视知觉加工层次研究[D]. 上海：华东师范大学，2010.

[35] 吕进来，相洁，陈俊杰，成琳. 基于感兴趣区域特征提取技术的情感语义研究[J]. 计算机工程与设计，2010，31(03)：660-662+666.

[36] 张婷，罗涛，甘永洪，等. 景观元素视觉特性对其感知优先度的影响分析[J]. 环境科学研究，2012，025(003)：297-303.

作者简介

高雅玲，1986 年生，女，漳州龙海，博士研究生福建农林大学园林学院，讲师，研究方向为风景园林规划设计。电子邮箱：gaoyal@126. com。

张铭桓，2001 年 1 月生，男，汉族，福建福鼎，福建农林大学园林学院本科生，研究方向为城乡规划。电子邮箱：287727528@qq. com。

邓诗靖，1998 年 1 月生，女，汉族，福建福州，福建农林大学园林学院风景园林硕士，研究方向为风景园林规划设计。电子邮箱：793390504@qq. com。

黄河，1986 年生，男，汉族，江西樟树，博士，福建农林大学园林学院，讲师，研究方向为风景园林规划设计。电子邮箱：fafuhh@126. com。

上海滨江活力测度与影响因素研究

——以杨浦滨江与徐汇滨江为例

Research on the Measurement and Impact Factors of Shanghai Riverside Park Vitality：

A Case Study of Shanghai Yangpu and Xuhui Riverside Park

耿易凡*　赵双睿

摘　要：城市滨江作为重要的城市开放空间，其活力的营造有利于树立城市形象，取得良好的综合效益。目前对城市滨水空间活力的研究侧重活力理论、设计原则与实践方法，对活力本身特征缺乏考虑，且大部分为定性研究。本文通过百度热力图数据、户外助手行为记录数据，结合实地调研对上海杨浦滨江与徐汇滨江进行动态性、多维度的活力测度，对比分析了两段滨江的活力在时间、空间及活动3个层面上的特征及变化规律，并对其进行横向比较分析。总结了人群和活动的聚集程度、聚集的稳定程度、活动类型的丰富度与强度等衡量城市滨江活力高低的标准，探究了滨江内部环境特征的活力影响因素，最终为营造和提升滨江活力提供策略。

关键词：滨江活力；活力测度；影响因素；活力营造；城市滨水空间

Abstract：Urban riverside, as an important urban open space, whose vitality creation is conducive to establishing the image of the city, and achieving good comprehensive benefits. Current research on the vitality of urban waterfront space focuses on vitality theory, design principles, and practical methods, lacks consideration of the characteristics of vitality itself, and most of it is qualitative research. This article uses Baidu heat map data and outdoor assistant behavior record data, combined with field surveys to measure the dynamic and multi-dimensional vitality of Shanghai Yangpu Riverside and Xuhui Riverside. The characteristics and changes of the vitality of the two sections of riverside in time, space and activity are compared and analyzed, and the vitality of the three levels is compared and analyzed horizontally. This article summarizes the criteria for measuring the vitality of the city's riverside, such as the degree of gathering of people or activities, the stability of the gathering, and the richness and intensity of the type of activity, and explores the factors affecting the vitality of the internal environment of the riverside, and finally provides strategies for creating and enhancing the riverside vitality.

Key words：Riverside Vitality; Vitality Measurement; Impact Factors; Vitality Building; Urban Waterfront

引言

城市滨水空间既是城市的景观资源，又是城市重要功能单元。激发滨水公共空间的活力，从城市角度来看，加强了城市空间与自然水系间的联系；从使用者角度来看，是建构以人为核心的高品质公共空间的有效渠道。多角度探究滨水空间活力影响因素，对于评价公共开放空间活力及指导滨水空间更新策略都有着巨大意义。

城市活力不是一个新概念，却是一个新的研究课题。凯文·林奇[1]、简·雅各布斯[2]、C·亚历山大等都只是从不同角度直接或间接谈到城市活力概念。蒋涤非认为人的聚集、生活使城市具有活力[3]；李德明将"活力"定义为人在空间中的活动[4]。张莹认为城市活力分为外在表征和内在构成两方面，外在表现为人在空间上的聚集程度、活动模式和行为特点[5]，是对使用者活动更具体的阐释。城市滨水活力研究较多集中在活力营造理论、规划设计方法和评价体系研究等方面，对活力本身特征缺乏考虑，且大部分为定性研究。

基于以上的文献研究与思考，本文将城市滨水活力定义为：人在公共空间中的交往活动与聚集行为，强调活力的动态性、多样性。

在活力测度方法方面，由于数据类型、数据精度等大幅度扩展，数据获取方式的增多，研究方法逐渐由定性分析转为定量研究，或"定性＋定量"评估。目前针对城市滨水空间活力测度的研究较少，王鲁帅通过分析黄浦江中段滨水区典型日期的手机信令数据，构建了滨水区时空活力模式[6]，但手机信令数据获取难度较大。实地观察行为记录方法是研究滨水等小尺度空间的传统方法[7]；另外百度热力图所提供的动态大数据被广泛应用[8-9]，但通常应用于较大尺度的城市空间研究中；"两步路"户外助手数据被应用于景区旅游者的行为研究[10]，为本研究的空间活力分布提供了新的测度方法。因为城市滨水活力概念本身具有开放性和混沌性，是一种难以量化的特征，对其的研究也难以有完全量化的结论[11]，但综合的测度有助于进行更动态、多维度的活力特征研究。

在活力影响因素方面，汪海、蒋涤非从感官、社会、经济、文化4个向度，遴选城市公共空间活力影响因子[12]，其中环境、设施等为本文研究滨水活力影响因子提供了借鉴。在城市街道公共空间中，郝新华提出的区位周边地块性质、功能混合度、功能密度等[13]也可作为滨水活力的参考因素。叶宇等提出城市活力营造的关键形态要素中包括足够的功能混合度[14]；张程远强调了POI（兴趣点）密度对城市活力空间的重要作用[9]，而本研究将着重关注于POI与功能因素的影响。

基于此，本文旨在探讨并回答以下问题：其一，如何判断一个城市空间是否充满活力？衡量活力的标准是什么？其二，哪些物质环境的影响因素导致活力的不均匀分布？

本研究聚焦于滨水开放空间这一产生社会活动的重要城市公共空间，通过网络数据，结合实地调研进行活力测度，对比分析两段滨江公共空间的活力在时间、空间及活动3个层面上的特征及变化规律，并对3个层面的活力进行横向比较分析。通过探究滨江内部环境特征的活力影响因素，为营造和提升滨江活力提供策略。

1 方法：时间、空间、活动3个层面的活力测度与分析

1.1 研究对象

本研究以杨浦滨江（秦皇岛路渡口至平定路段，长度3.5km）、徐汇滨江（龙耀路隧道至打浦路隧道段，长度3km）为研究对象。

两段滨江在空间形态、功能上的差异导致了滨水活力的差异。杨浦滨江的活动人数相较徐汇滨江多，几乎处处可以看到来往的人群，但活动类型限于散步、跑步、观景、休憩等；而徐汇滨江的运动活动空间聚集了活力，产生了更多丰富的活动类型。此外，两段滨江都存在活力分布不均匀的问题（图1）。

徐汇滨江

杨浦滨江

图1　现状照片

选取的两段滨江是近年来经过改造的滨江公共空间成功范例，一方面从实证的角度，对3个向度的活力进行测度与分析，另一方面，通过对不同滨江段活力特征的对比分析，研究影响活力的因素发挥了何种作用，为活力的营造与提升策略提供思路。

1.2 研究数据

对比目前主要的活力指标量化方法的优缺点及适用性后，本次研究数据主要选取研究范围内的百度热力图动态数据与户外平台行为记录静态数据两种数据。

1.2.1 百度热力图

百度地图热力图是一款大数据可视化产品，具有动态、连续、易识别的特征，可以较好地反映人们相对的时空间行为规律及变化。此类活力数据样本容量大，活力数据采集过程时效高（图2）。

本次研究采集典型工作日（2019年12月3日）、周末（2019年12月7日）的研究范围内的百度地图热力图数据，截取时间为一天中的7点到22点，以1h为间隔，作为本研究的重要基础数据。

1.2.2 两步路户外助手行为记录

两步路户外助手是一款专业的户外手机应用，广泛应用于日常出行、定向越野、运动记录分析等。此类活力

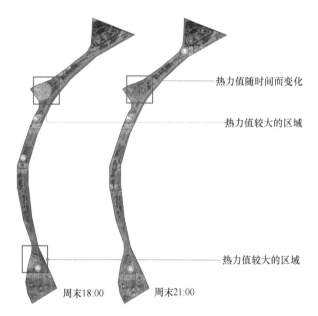

热力值随时间而变化

热力值较大的区域

热力值较大的区域

周末18:00　　周末21:00

图2　百度热力图数据采集方法

数据的采集对象均为进行户外活动人群，且可以突显个体差异，数据精度可达数米。

本次研究采集研究范围的用户公开轨迹、照片标注点、出行日期与时间等相关数据，日期范围为2018年1月1日至2019年12月4日，采集到徐汇滨江段共110条、杨浦滨江共111条公开户外活动行为记录。

2 结果：杨浦滨江与徐汇滨江活力测度及影响因素分析

2.1 活力测度及活力特征分析

2.1.1 动态时间活力

以百度热力图的动态数据为基础，将活力等级对应热力划分为七级，热度从一级至七级逐级递增，二级至七级活力区定义为活力热区[①]。热力图可以反映活力的时、空特征，空间上，其反映的活力分布可以与静态空间活力研究结果相互印证[②]；时间上，统计热力区面积占滨江区域总面积的比例及变化，对比分析得出滨江段活力一天内的变化规律、工作日与周末的变化规律（图3～图5）。

首先在同段滨江不同时间段的对比中，徐汇滨江段动态活力整体较高，白天活力比夜晚高，存在明显的峰值，而横向对比工作日与周末，热度整体趋势相似，周末

图3 户外助手平台行为记录数据采集方法

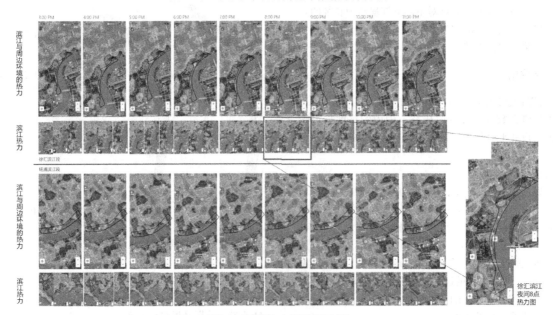

图4 百度热力图数据示例

---

① 一级活力区可能存在活动人群，但是由于基数过小等原因存在误差，未被热力图统计显示。
② 但由于百度热力图精度有限，不以此为研究静态空间活力的数据。

时段极值差较工作日显著。在杨浦滨江段中，活动热力总体较低，且日夜活力变化平稳，横向对比工作日与周末，周末活动热力持续时间较短，极值差比工作日显著。

两段滨江在一天内的动态活力均呈现较大的波动变化，周末相较工作日达到活力峰值的时间均有一定程度的滞后性。徐汇段的时间活力的平均值与峰值都相对较高，但不同于杨浦段的日夜活力基本保持一致，徐汇段在夜间的活力出现相对明显下降（图6）。

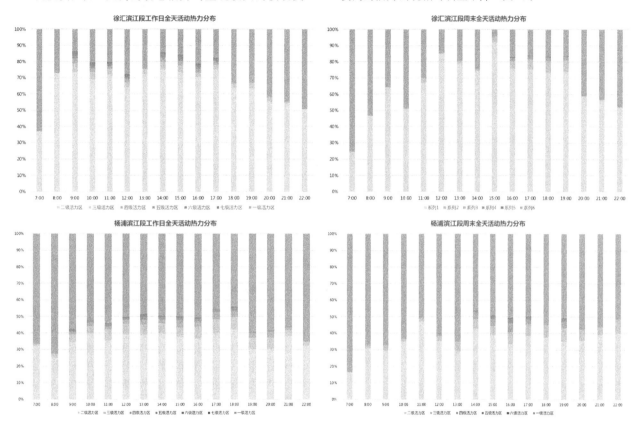

图5　滨江段工作日与周末动态活力

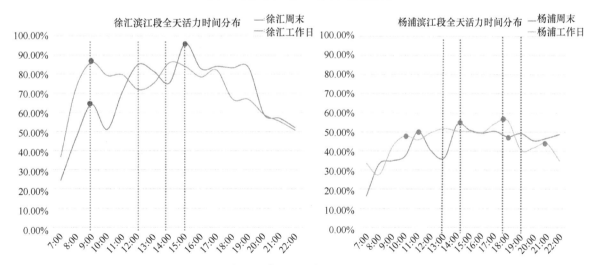

图6　滨江段动态活力对比

2.1.2　静态空间活力

以户外助手平台行为记录数据为基础，将用户原始轨迹点数据导入 ArcGIS 进行叠加分析，通过核密度算法得出滨江活力的空间分布。

徐汇滨江段的静态活力整体活力分布较不均匀，以龙华港为界存在明显南北分极。活力集中分布于北段高频到访地：滑板公园、萌宠乐园、徐汇滨江规划展示中心、攀岩场地周边等。徐汇滨江北段较南段活力高，北段分布特征为高频节点型，南段为低频流线型（图7）。

图 7　徐汇滨江空间活力分布、分级图

杨浦滨江段的静态活力整体活力分布较不均匀，以杨浦大桥为界存在明显东西分极。在东西方向上，西段较东段活力高，活力集中分布于高频到访场地：杨浦大桥、塔吊广场、东方渔人码头周边等（图8）。

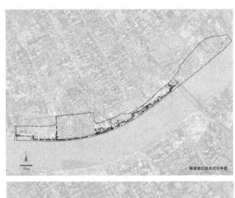

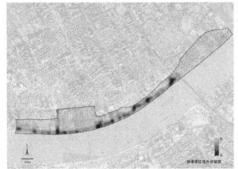

图 8　杨浦滨江空间活力分布、分级图

对两段滨江段的空间活力进行对比，两者共同点在于，近水空间活力相较远水空间均较高，且杨浦滨江更为显著[①]；在沿江方向上活力均有分段的显著差异，活力空间成簇群聚集，非均质不连续。不同之处在于，徐汇滨江段空间活力分布还受到POI分布[②]影响，导致活力差异更为显著。

2.1.3　活动活力及强度

以现场调研、访谈、行为地图等方法，观察并记录统计活动类型、数量、人群等。以运动强度为分类依据，标记出4种滨江人群活动类型：观赏型、休闲型、锻炼型、运动型。

徐汇滨江段的典型活动类型主要是锻炼型和运动型，集中分布于运动场地较多的龙美术馆与滑板广场周边。主要活动人群以青少年居多，有部分中老年用户及家庭使用者。杨浦滨江段的典型活动类型主要以观赏型和休闲型为主，活动类型相对较少，此类活动主要分布于有显著吸引力的构筑或建筑周边，以及设置滨江平台与座椅等设施的区域。主要活动人群为中老年人，有部分青年及家庭使用者（图9）。

根据使用者活动分布图，以代谢当量（METs）[③]作为活力强度的指标，通过ArcGIS的插值分析绘制活动强度分布图。由滨江活动强度分级图可知，杨浦滨江段的活动活力主要沿滨江步道均匀分布；徐汇滨江段的活动活力以北段龙美术馆、滑板公园为主要核心（图10）。

---

①　杨浦滨江因大型工业遗产较多，活力点集中分布于工业遗产外部的近江区域。

②　除文化艺术类场馆外，徐汇滨江北段分布有多处体育休闲类的兴趣点，POI混合度较高。

③　代谢当量（Metabolic Equivalent of Energy 简写为：METs）是指运动时代谢率对安静时代谢率的倍数，是评价运动强度的标准指标。例如休憩或交流的代谢当量为1MET，打篮球则为6MET。

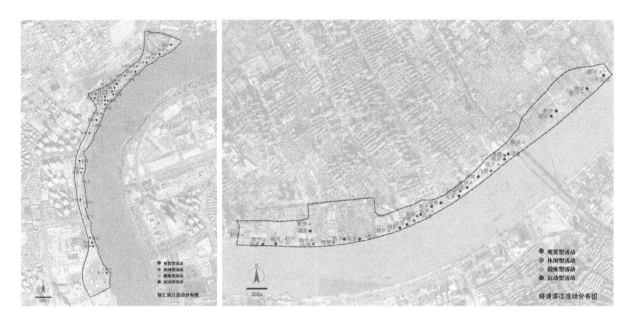

图 9　滨江活动分布图

对比两段滨江，杨浦滨江段的总体活动活力较弱，且无活动核心；徐汇滨江段的活动活力在全段均有分布，活力强度强弱分布较合理。

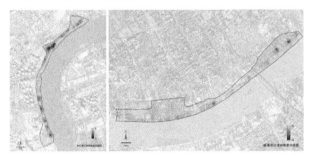

图 10　滨江段活动强度分级图

2.2 影响因素

2.2.1 影响因素选取

以文献阅读、现场调研与数据分析为依据，选取相对重要的滨江物质空间影响因子，包括 POI、功能及其二、三级影响因子①，绘制因子的空间分布图（图 11、图 12）。

2.2.2 影响因素分析检验

采用 Pearson 相关性分析法，将影响因子与空间静态活力做进一步检验可知，POI 的密度对两段滨江空间静态活力都有较大的影响。六类 POI 类型中，公园广场都对空间静态活力影响较大；而功能类型中，两段滨江的文化活力型功能均与空间静态活力相关性较大。

影响因子

POI（兴趣点）	POI类型	大型构筑物（塔吊、大桥…）
		交通设施（轮渡、驿站）
		公园广场（小公园、广场）
		体育休闲（滑板场地、攀岩场地、篮球场…）
		场馆建筑（展览馆、工业遗迹…）
		商场
		餐饮（餐厅、咖啡厅）
	POI密度	
功能	功能类型	历史风貌型
		自然生态型
		文化活力型

图 11　影响因素与检验因子选取

除餐饮外的 POI 类型都与徐汇滨江活力有一定的相关性；而 POI 类型对杨浦滨江影响均不显著，在功能类型上，杨浦滨江段的历史风貌型功能与空间活力相关性低，与滨江的工业历史遗产主题并未产生理想的呼应效果，反而为自然生态型功能的影响占主导（图 13）。

2.3 提升策略

对于徐汇滨江，在时间维度上，建议加强工作时间结束后的夜间活力；空间维度上，由于南北段活力分布差异显著，可从相关性较强的 POI 因素出发，在南段增设多样化兴趣点，营造多活力中心产生联动效应；在活动活力维度上，可结合相关性较强的文化活力类功能，将"文化走廊"的核心从场馆内部延伸至滨江活动带，增设强调文化的景观节点。

<hr>

① 以 POI 分类为基础，选取大型构筑物、交通设施、公园广场、体育休闲、场馆建筑、商场、餐饮 6 种类型的兴趣点作为主要的滨水空间活动吸引因子。参考《黄浦江两岸地区公共空间建设设计导则》将滨江段的功能划分为自然生态型、文化活力型、历史风貌型。

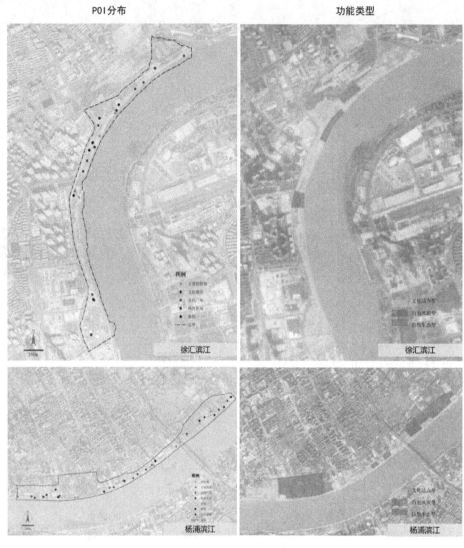

图 12　因子空间分布图

影响因素		相关系数	
		徐汇滨江	杨浦滨江
POI（兴趣点）	POI类型	—	—
	大型构筑物	0.3153	0.2691
	交通设施	—	0.2775
	公园广场	0.4631	0.4633
	体育休闲	0.3575	0.0190
	场馆建筑	0.2086	0.0547
	商场	—	0.1859
	餐饮	0.1429	0.2796
	POI密度	0.5913	0.5566
功能	功能类型	—	—
	历史风貌型	0.3320	0.0488
	自然生态型	0.1094	0.3080
	文化活力型	0.4372	0.3437

0.8-1.0 极强相关
0.6-0.8 强相关
0.4-0.6 中等程度相关
0.2-0.4 弱相关
0.0-0.2 极弱相关或无相关

图 13　相关性分析结果

对于杨浦滨江，在时间维度上，建议在较热活动时段增设有较强吸引力的活动；空间维度上，可增加城市空间与滨江带的联系，并在连接处设置入口广场及吸引物；在活动维度上，由于杨浦滨江段的最高活动强度较弱，建议增设多样化活动场地，吸引更多目的性活动人群。

3 讨论与结论

本文尝试依托网络数据结合实地调研，定量化地探索了滨江活力的特征与影响因素，具有一定的全面性。研究内容上突破了原有的单一或时空双维度的活力研究，构建了3个维度互相关联的网络。将时间活力、空间活力、活动活力3种活力进行横向对比，例如，徐汇滨江段的龙美术馆及滑板公园区域，空间上活力聚集程度高，时间上活力的持续时间长，且活动类型丰富，活动强度高，在3个维度上均呈现出高活力的特征，为市民提供了高质量的交往与活动空间（图14）。

研究表明，杨浦滨江和徐汇滨江的活力在3个向度上

均表现出显著差异。徐汇滨江的动态时间活力、活动活力整体较优，但两段滨江的静态空间活力均存在活力空间成簇群聚集，且非均质不连续的问题。从影响因素来看，不同的活力影响因素对于不同滨江段的影响程度有所差异，但POI均为两段滨江的重要影响要素。

人群在滨水公共空间中的聚集行为与交往活动产生了活力，聚集性、动态性、多样性是其本质特征和直观描述。人群或活动的聚集程度、聚集的稳定程度、活动类型的丰富度与强度等都是衡量滨水公共空间活力高低的标准，而通过动态性、多维度的活力测度有助于进一步的量化分析。由于研究时间和获取数据所限，本次研究存在一些不足：研究数据方面，虽采用多种数据测度方法，但存在数据精度小或采集时效低等缺点，需要通过更广泛的数据收集与分析。另外，影响因素分析方面，本文仅研究了POI与功能类型与滨江活力的空间相关性，考虑到研究范围内的条件等影响，活力的影响因子也并非绝对，例如设施分布与类型、植被覆盖度等，有待进一步充实和考证。

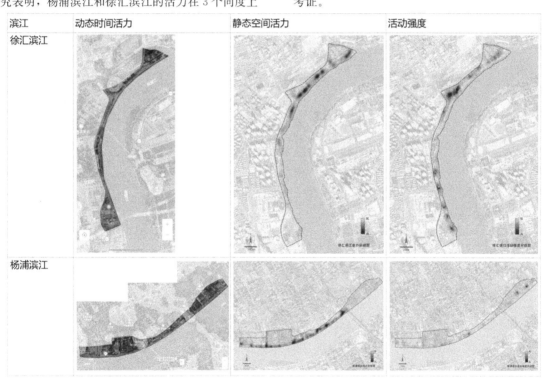

图14　3个维度的活力对比

参考文献

[1] 凯文·林奇. 城市意象. 第2版[M]. 北京：华夏出版社，2011.

[2] 简·雅各布斯. 美国大城市的死与生[M]. 第2版. 江苏：译林出版社，2006.

[3] 蒋涤非. 城市形态活力论[M]. 南京：东南大学出版社，2007.

[4] 李德明. 城市近水性滨水公共空间活力塑造方法研究：[D]. 天津：天津大学，2012.

[5] 张莹. 城市街区活力测度及影响机制研究：[D]. 武汉：武汉大学，2019.

[6] 王鲁帅. 基于手机信令数据的城市滨水区时空活力模式研究——以上海黄浦江中段为例[C]. [2016-9-24]. 沈阳：中国城市规划学会、沈阳市人民政府：中国城市规划学会.

[7] 苏日，程安祺，戴代新. 基于游憩偏好评价的滨江公共空间优化策略：以上海徐汇滨江与虹口滨江为例[C]. [2018-10-20]. 贵阳：中国风景园林学会.

[8] 吴志强，叶锺楠. 基于百度地图热力图的城市空间结构研究——以上海中心城区为例. 城市规划，2016，40(04)：33-40.

[9] 张程远，张淦，周海瑶. 基于多元大数据的城市活力空间分析与影响机制研究——以杭州中心城区为例[J]. 建筑与文化，2017(09)：183-187.

[10] 李达立. 基于两步路平台的武功山旅游者时空行为研究：

[D]. 长沙：中南林业科技大学，2018.

[11] 蒋涤非. 城市活力论——城市设计目标思考：[D]. 上海：同济大学，2005.

[12] 汪海，蒋涤非. 城市公共空间活力评价体系研究[J]. 铁道科学与工程学报，2012，9(01)：56-60.

[13] 郝新华，龙瀛，石淼，王鹏. 北京街道活力：测度、影响因素与规划设计启示[J]. 上海城市规划，2016(03)：37-45.

[14] 叶宇，庄宇，张灵珠，阿克丽丝·凡·内斯. 城市设计中活力营造的形态学探究——基于城市空间形态特征量化分析与居民活动检验[J]. 国际城市规划，2016(01)：26-33.

作者简介

耿易凡，1997 年 7 月生，女，汉族，河北石家庄，本科，同济大学建筑与城市规划学院景观学系，在读硕士研究生，研究方向为中日古代园林史。电子邮箱 gengyifan@tongji. edu. cn。

赵双睿，1997 年 3 月生，女，汉族，陕西西安，本科，同济大学建筑与城市规划学院景观学系，在读硕士研究生，研究方向为垂直森林生态研究。电子邮箱 502465899@qq. com。

疫情期间城市绿地与公众健康网络舆情分析及对策

Network Public Opinion Analysis and Countermeasures on Urban Green Space and Public Health during Epidemic

郭艳欣　应　君*　张一奇

摘　要：通过分析人们在新型冠状病毒肺炎疫情时期对于城市绿地与健康的网络舆情，分析公众对于该议题的认知和态度，为绿地与健康的研究及城市绿地建设和管理提供对策建议。通过清博舆情系统对 2019 年 12 月 30 日～2020 年 3 月 18 日的相关舆情进行分析，舆情传播途径以微信平台为主；网民的情感属性和情绪以中性和赞扬为主；舆情分布地区呈现出由东向西逐渐减弱的空间特征。建议在现有基础上开展更加全面的研究，释放城市绿地的健康能量；利用网络渠道加强对健康生活方式的倡导；针对区域差异采取不同的城市绿地建设方式。

关键词：城市绿地；公众健康；网络舆情；突发疫情；新型冠状病毒肺炎

Abstract：By analyzing people's online public opinions on urban green space and health in the epidemic period of COVID 19, and analyzing the public's cognition and attitude towards this issue, countermeasures and Suggestions were provided for the research on green space and health and the construction and management of urban green space. Through the qingbo public opinion system, the relevant public opinions from December 30, 2019 to March 18, 2020 were analyzed. We Chat platform is the main way to spread public opinion. The emotional attributes and emotions of netizens are mainly neutral and praise. The distribution area of public opinion shows the spatial feature of gradually weakening from east to west. It is suggested to carry out more comprehensive research on the existing basis to release the healthy energy of urban green space. Strengthening the promotion of healthy lifestyle through network channels；Different methods of urban green space construction are adopted according to regional differences.

Key words：Urban Green Space；Public Health；Network Public Opinion；Public Health Emergency；COVID-19

引言

2020 年初的新型冠状病毒肺炎疫情是中华人民共和国成立以来在我国发生的传播速度最快、感染范围最广、防控难度最大的一次重大突发公共卫生事件[1]。回顾历史，19 世纪中叶英国社会被恶劣的城市卫生环境和霍乱等传染病大规模暴发所困境，城市规划第一次以技术工具的角色参与到城市公共卫生的改善中，并应运而生现代城市规划[2]，城市环境作为防治疾病的重要公共卫生手段已成为现代城市治理的共识[3]。2020 年 2 月 25 日，钟南山院士在接受中央电视台采访时指出疫情期间绿色空间开放的必要性及其对人们身心健康的益处[4]。绿地作为城市中重要的健康资源，疫情期间的关注度显著提高。

伴随着移动互联网的普及，网民在疫情期间围绕着绿地与健康问题或事件的讨论形成网络舆情，表达出对于该议题的所有认知、态度、情绪和行为倾向的总和[5]。网络舆情呈现出的大数据环境，具有数据量大、现势性好、信息丰富等优势，能够为绿地与健康研究提供有效的数据源，弥补社会调查数据样本量小和时效性弱的不足，为研究提供新的视角和方法。本研究通过网络舆情大数据，分析公众在疫情时期对于绿地对健康影响的认知和态度，进而为绿地与健康的研究及城市绿地建设和管理提供对策和建议。

1　研究数据与方法

1.1　研究数据

2019 年 12 月 30 日，武汉市卫生健康委员会发布《关于做好不明原因肺炎救治工作的紧急通知》，这是疫情开始引起重视、引发舆论的重要时间节点。2020 年 1 月 20 日，钟南山院士明确表示此次新型冠状病毒肺炎存在人传人的现象，疫情随后进入暴发期。经过近 2 个多月的举国战"疫"，2020 年 3 月 18 日官方数据显示，中国首次无新增本土确诊病例；湖北新增确诊病例、新增疑似病例和现有疑似病例"三清零"，武汉新增确诊病例和新增疑似病例双双降为零，这意味着疫情防控取得阶段性的胜利[6]。根据生命周期理论对网络舆情数据进行阶段划分[7]，本次新型冠状病毒肺炎疫情的舆情演化过程可划分为潜伏期、扩散期、高潮期和衰退期 4 个阶段（表 1），因此本文选取 2019 年 12 月 30 日至 2020 年 3 月 18 日这段时间内有关城市绿地与公众健康的网络舆情作为研究数据，涵盖了本次新型冠状病毒肺炎疫情舆情演化的 4 个时间段。

演化阶段	日期分布
潜伏期	2019.12.30~2020.1.19
扩散期	2020.1.20~2020.2.20
高潮期	2020.2.21~2020.3.17
衰退期	2020.3.18—

1.2 研究方法

本研究数据来源于清博大数据舆情系统,该系统通过监测海内外全网数据,整合传统媒体、门户网站、微信、微博、客户端、论坛、海外媒体等舆情信息,以智能语义分析等技术支撑对网络舆情进行舆情分析[8]。通过在清博舆情系统的方案设置中输入与"疫情""绿地"和"健康"相关的分析词汇,并相应设置了以"绿地""健康"命名的企业如"绿地集团""健康科技股份有限公司"等歧义词和排除词来过滤与本次研究无关的数据,由此得到相应的数据汇总图、情绪走势图、情绪分布图、情感属性图、网络热词图谱等舆情信息。

2 研究结果

2.1 网民关注度总体情况

通过搜索2019年12月30日至2020年3月18日期间以"疫情""城市绿地""健康"为关键词的网络舆情发现,在本次疫情舆情潜伏期期间有关城市绿地与健康的相关信息总数一直处于较低水平,从疫情舆情扩散期开始,信息总数开始波动上升,到2020年2月21日到达舆情高潮期,信息总数达到峰值点为4026条。之后有关疫情的舆情信息总数开始呈波动下降趋势,但与疫情暴发之前的网络舆情相比,城市绿地与健康、疫情相关的舆情仍保持较高的信息量(图1)。

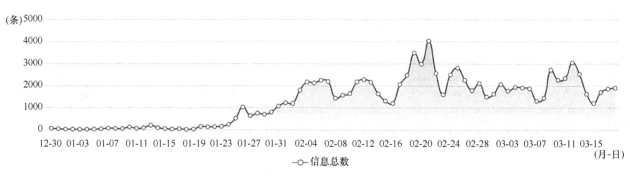

图1 网络舆情数据汇总图

2.2 传播平台分析结果

通过对舆情信息传播平台的分析,发现关于城市绿地与健康、疫情相关的舆情传播途径中微信平台占到最大比重为36.4%,其中微信平台主要依靠公众号的相关文章进行信息的传播。其次便是各大新闻类APP对信息的传播,如百度新闻、腾讯新闻、南方Plus等,比重占到了23.59%。网页对于舆情的传播能力也不容小觑,占19.95%。但是在年轻人中应用较广泛的微博却只占0.76%(图2)。

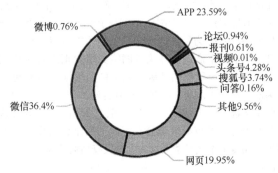

图2 网络舆情平台分布图

2.3 舆情情绪分析结果

对城市绿地与健康、疫情相关的舆情传播中的情绪进行分析,占比最大的为赞扬,占比55.93%;其次为恐惧、喜悦、厌恶等,分别占比23.95%、10.52%、7.44%等(图3)。通过对舆情情绪走势分析也可以发现,赞扬的情绪指数一直高于其他情绪的情绪指数(图4)。

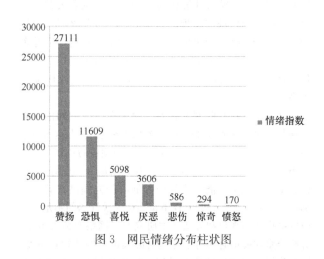

图3 网民情绪分布柱状图

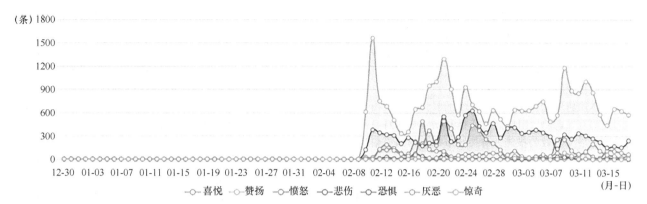

图 4　网民情绪走势趋势图

2.4　网民情感属性分析结果

对网络舆情中带有感情色彩的文本信息进行处理后

归纳出网民的情感属性，中性指数在大部分时期一直远高于正面和负面（图 5）。其中，中性总占比为 73.42%，正面总占比为 24.72%，负面最少，仅占 1.86%。

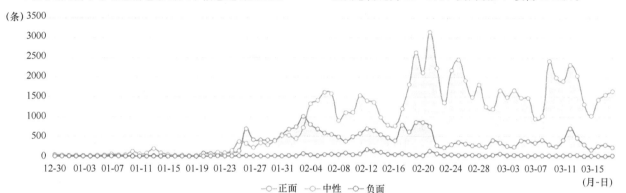

图 5　网民情感属性趋势图

2.5　网络热词图谱及文章类型分析结果

网络热词的尺寸越大，代表网民对该词的关注度越高。对网络热词图谱进行分析，可以了解网民对于相关舆情的主要关注点。当前疫情时期的绿地与健康的网络舆情中关注度较高的词汇依次为疫情、项目、人员、企业、绿地（图 6）。与舆情相关的文章类型中，占比较高的依次为社会、时政、房产和财经，分别占比 52.28%、13.26%、11.03%、8.5%（图 7）。

图 6　热门主题词词云图

2.6　舆论地区分布分析

对当前方案分析到的所有文章的发布者的所属地区和提及的地区进行分析，发布信息数量最高的地区为北京市，较高的依次为江苏省、安徽省、广东省、上海市、河南省。提及地区信息数量最高为湖北，较高的依次为广

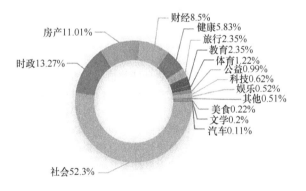

图 7　相关舆情文章类型分析图

东省、江苏省、上海市、浙江省。

3　研究结果与讨论

3.1　从网络舆情信息量分析城市绿地对公众健康的影响

对城市绿地与公众健康及疫情的网络舆情每日信息总数进行分析，发现从 2020 年 1 月 20 日开始，与公众健康相关的城市绿地相关信息总数开始波动上升，2 月 21 日相关信息总数达到峰值点。之后随着人们对于战胜疫

情信心倍增，有关疫情的舆论热度在慢慢消退[9]，但关于城市绿地与公众健康的网络信息量未出现明显衰退。这说明在本次疫情事件中，网络信息除了对疫情本身的关注之外，城市绿地的健康效应也引发了强烈的社会关注，并有可能在今后较长时间里保持热度。

在本次新型冠状病毒肺炎疫情的暴发初期，由于缺少对症的有效药物，阻断病毒传播和增强个体自身免疫力是两个最为有效的措施。有关城市绿地的网络信息在疫情期间的集中涌现，正是因为城市绿地在阻断病毒传播和增强个体自身免疫力这两方面能起积极的作用。城市绿地中的植物通过自身的生理生化特征具有消毒杀菌、阻隔病毒的作用，植物所释放的分泌物具有天然的杀菌效果，如景天科、松柏科植物都能分泌植物杀菌素[10]。城市中的防护绿地对空气中微生物污染的杀菌效应能达到70%以上，乔灌草混交结构绿地防护效益更是可以高达90%，能起到良好的阻隔病毒效果[11]。

西方医学之父希波克拉底曾说过：每个人都有一位自带的"医生"，这个"医生"就是我们自身的免疫系统[12]。伴随着健康意识的增强，人们逐渐从依赖"医疗"向重视提高自身的"免疫功能"和"自愈能力"转变。根据社会—生态理论模型，人们生活和工作的物理环境可促进或抑制健康行为的产生和心理状态的改善，进而影响个体的健康水平[13]。城市绿地中的绿色空间为人们提供了健身活动、社交、身心放松的场所，通过观察和欣赏绿地中的自然景物获得审美满足和缓解精神压力，以及城市绿地使人们提高对了对生活环境的感知和满意度，这些潜在的途径构建了城市绿地与公众健康恢复、免疫力提高的因果解释[14]。

3.2 从网民的情感属性分析公众对城市绿地健康效应的态度

在互联网高度发达的今天，人们借助网络获取信息的同时也通过网络平台表达自己的情感。通过分析网民评论中带有情感倾向的文本信息，我们可以更加直观地了解网民对相关信息的认知和态度[15]。对舆情信息传播平台的分析可以发现，相关信息来源主要依靠各个平台相关文章的发布，人们对于该类信息的获取大多数是被动的，缺少在类似微博的大型社交平台的积极主动讨论和个人意见的表达。在对网民的情感属性分析中发现，疫情时期人们对于城市绿地的健康效应正面态度占比高于负面态度，但是73.42%的网民持中立态度。对于影响网民情感意向的因素主要有两个方面：外界环境和内在动因[16]。

首先从外界环境角度分析，报道对象事物具有多种属性，媒体对某些特定属性进行突出和淡化处理后传达给受众，受众对该事物性质的认识和态度会受到影响[17]。从本次舆情情绪分析中也可见相关舆情的情绪分布是多样的，包含有赞扬、恐惧、喜悦、厌恶等，"赞扬"的情绪占比也仅为55.93%。在过去的几十年里，西方国家大量的实证研究证明城市绿地对公众健康起到积极的作用[18]，如提高人们的整体健康水平[19]、降低死亡率[20]、控制体重[21]、降低慢性病患病率等[22]。但是并非所有的

研究都呈现出一致的结果，有相当数量的研究报告绿地与健康之间弱相关，甚至出现自相矛盾的结果[23]，因此在城市绿地与公众健康的网络媒体信息中呈现出不同属性的报道。除此之外，此领域的研究在我国尚处于起步阶段，缺少以我国国情为背景的实证性研究，这也导致相关报道和文章缺乏强有力的说服力，加之政府和学界在网络媒体对城市绿地健康效应的宣传相对较少，公众对相关知识了解的不足都会导致公众的保守态度。

其次从内在动因角度分析，网民对相关信息的自我审查会影响对议题的情感态度。城市绿地的健康效应因个人因素和其所处社会环境而异。个体的人口特征包括遗传基因、年龄、性别、收入、教育程度、经济社会地位、环境偏好等。社会环境主要包括社会文化、政府政策、社区互动、犯罪率等因素[24]。这些因素在客观上促进或限制了个体接触城市绿地的机会。当网民对城市绿地健康效应进行自我审查时，因个人和环境因素与预期结果不相符或相反时会选择中性或负面的情感态度。

3.3 从网络舆情分布地区分析城市绿地建设水平的区域差异

从对城市绿地与公众健康的网络舆情分布地和提及地分析可见，在疫情期间北京市发布的信息数量最高，这可能与北京曾经是SARS重灾区而且是首都有关。湖北省是此次疫情最严重的地区，所以是被提及最多的地区。其他发布信息量或被提及次数较高的地区为广东、上海、浙江、江苏、安徽、河南等，从整体地域分布来看，呈现出东部向中部向西部逐渐减弱的空间差异特征。这种空间分布差异特征与我国城市绿地建设水平的地域差异特征存在较高的相似性[25]。我国中东部地区因在自然地理条件、经济社会发展水平方面存在的优势，城市绿地建设水平高于其他区域，同时当地民众的环境和健康观念意识较高[26]，所以这些地区在疫情期间在关于城市绿地与健康的网络舆情中表现相对活跃，也间接反映生活在绿地建设水平较高区域的民众对于绿地健康效应的感受更为明显。

大量研究表明城市绿地的建设水平对公众健康、福祉社会产生直接的影响。城市绿地的规模、布局、质量是建设水平的重要体现。绿地的规模是绿地的量级特征，绿地的规模效应有助于改善城市的生态环境质量，例如绿带形成城市的通风廊道影响公众呼吸系统健康[27]。城市绿地布局的可达性对居民使用绿地的意愿与时间安排产生影响[28]。而通过提升绿地中的服务设施、日常维护水平这些措施则可以提高公众在城市绿地使用中的满意度和利用率[29]。

4 对策与建议

通过上述分析，根据本次疫情突发事件中城市绿地与公众健康网络舆情所表现出的特征，从研究方向、实践应用、知识普及等方面提出对策和建议，以期能对今后该领域的研究和实践有所裨益。

（1）自1984年世界卫生组织提出"健康城市"理念

以来，有关城市绿色空间与公众健康的研究已引起众多研究机构的关注。大量研究集中于城市绿地对非传染性疾病的影响，但本次新型冠状病毒肺炎在全球的蔓延暴露出当前城市环境在抵御传染性疾病方面的不足[30]。面对突发疫情时城市环境的脆弱性，需要我们在现有研究的基础上开展更加全面的研究，通过城市绿地提高对慢性疾病和突发性传染疾病的预防和控制，释放城市绿地的健康能量，提升公众健康。

（2）人们的沟通交流方式因信息技术的迅速发展发生了巨大变化，通过网络进行信息的发布与传播已经成为一种生活习惯。在本次城市绿地与公众健康网络舆情的引发过程中，各种网络媒介是主要载体与工具。我们要充分利用网络传播渠道来加强对积极、健康生活方式的倡导，提高城市绿地对健康影响的相关知识的普及程度，使人们产生健康的意识，培养正确的健康理念，通过城市绿地的使用在一定程度上改变固有的不良生活方式与习惯，从而改变人们的健康状况。

（3）2019年党中央、国务院发布《"健康中国2030"规划纲要》，其中提出了实施健康环境促进行动的主要任务，推进健康城市建设[31]。我国城市绿地建设水平存在较大差距，这就决定了政府在利用城市绿地促进公众健康时需直面区域差异，制定符合各地区自身特点的城市绿地建设策略[32]。在城市绿地建设水平较高的东部地区城市，其绿地建设需更由粗放式的增量发展转变为精细化的存量发展方式，探索城市绿地在建设质量上的提升，使公众在绿地的使用过程中有更好的健康体验，中西部城市则应加快城市绿地的规模建设，在增加绿量的基础上逐步提升绿地的健康服务功能。

参考文献

[1] 刘云章，刘于媛，赵金萍. 构筑公共卫生防疫之基："共同体"视角的思考——基于防控新冠病毒肺炎疫情的启示[J/OL]. 西安：中国医学伦理学，2020[2020-09-02]. https://kns-cnki-net.webvpn.zafu.edu.cn/kcms/detail/61.1203.r.20200312.0853.004.html.

[2] 浙江大学规划院. 突发公共卫生事件的规划与设计应对思考——规划在重大公共卫生事件中的响应[EB/OL].（2020-02-12）[2020-4-6]. https://mp.weixin.qq.com/s?biz=MzI3NzQ1OTIyNw==&mid=2247490611&idx=1&sn=0fd6aaa21d3b173075c485c7efcf46aa&scene=21#wechat_redirect.

[3] 吴志强，李德华. 城市规划原理（第4版）[M]. 北京：中国建筑工业出版社，2010.

[4] 刘畅. 钟南山院士来解惑：复工复产如何保护自己，出门玩可以摘口罩了吗？[EB/OL].（2020-02-26）[2020-03-18]. http://news.cctv.com/2020/02/26/ARTIS2N86rolqDQk8mt8y QK1200226.shtml.

[5] 胡鹿鸣. 新媒体时代基于大学生网络习惯的高校舆情工作探析[J]. 中国多媒体与网络教学学报（上旬刊），2020（03）：96-97.

[6] 刘欢. 湖北武汉零新增疫情大考尚未结束[EB/OL].（2020-3-19）[2020-3-20]. http://www.chinanews.com/gn/2020/03-19/9131337.shtml.

[7] 杜洪涛，王君泽，李婕. 基于多案例的突发事件网络舆情演化模式研究[J]. 情报学报，2017，36（10）：1038-1049.

[8] 清博大数据. 常见问题答疑[EB/OL].（2020-03-19）[2020-03 19]. http://home.gsdata.cn/help-yuqing-faq/.

[9] 丁香园. 新型冠状病毒疫情实时动态[EB/OL].（2020-03-18）[2020-03-18]. https://ncov.dxy.cn/ncovh5/view/pneumonia.

[10] 韩志钧，曹阳. 城市管理研究与探索[M]. 沈阳：辽宁大学出版社，2010.

[11] 任启文，徐振华，党磊，王成. 城市道路防护绿地对空气微生物污染的屏障作用[J]. 生态环境学报，2015，24（05）：825-830.

[12] 杨路亭. 自然健康手册[M]. 北京：人民军医出版社，2015.

[13] Sallis, James F. Ecological models of health behavior[J]. Health behavior and health education: Theory, research, and practice (4th ed.), 2008, 465-485.

[14] Kate Lachowycz, Andy P. Jones. Towards a better understanding of the relationship between greenspace and health: Development of a theoretical framework[J]. Landscape and Urban Planning, 2013, 118: 62-69.

[15] 刘钢，张维石. 基于决策树的网民评价情感分析[J]. 现代计算机（专业版），2017，（32）：15-19.

[16] 郭林林，邵秋雨，霍凤宁，王天梅. 不同议题情境下网民意见表达意愿影响因素的实证研究[J]. 电子政务，2018，（06）：43-54.

[17] 郭庆光. 传播学教程[M]. 北京：中国人民大学出版社，2011.

[18] Caoimhe Twohig-Bennett, Andy Jones. The health benefits of the great outdoors: A systematic review and meta-analysis of greenspace exposure and health outcomes[J]. Environmental Research, 2018, (166): 628-637.

[19] Kim de Jong, Maria Albin, Erik Skärbäck, Patrik Grahn, Jonas Björk. Perceived green qualities were associated with neighborhood satisfaction, physical activity, and general health: results from a cross-sectional study in suburban and rural Scania, southern Sweden[J]. Health & Place, 2012, 18(6): 1374-1380.

[20] Christopher Coutts, Mark Horner, Timothy Chapin. Using geographical information system to model the effects of green space accessibility on mortality in Florida[J]. Geocarto International, 2010, 25(6): 471-484.

[21] Dadvand Payam, Villanueva Cristina M, Font-Ribera Laia, Martinez David, Basagaña Xavier, Belmonte Jordina, Vrijheid Martine, Gra.žulevičiene Regina, Kogevinas Manolis, Nieuwenhuijsen Mark J. Risks and benefits of green spaces for children: a cross-sectional study of associations with sedentary behavior, obesity, asthma, and allergy[J]. Environmental Health Perspectives, 2014, 122（12）：1329-1335.

[22] Astell-Burt Thomas, Feng Xiaoqi, Kolt Gregory S. Is neighborhood green space associated with a lower risk of type 2 diabetes? Evidence from 267, 072 Australians[J]. Diabetes Care, 2014, 37(1): 197-201.

[23] Richardson Elizabeth A, Mitchell Richard, Hartig Terry, de Vries Sjerp, Astell-Burt Thomas, Frumkin Howard. Green cities and health: a question of scale[J]. Journal of Epidemiology and Community Health, 2012, 66（2）：160-165.

[24] 张延吉. 城市建成环境对慢性病影响的实证研究进展与启

示［J］. 国际城市规划，2019，34（01）：82-88.

［25］ 刘志强，王俊帝. 基于锡尔系数的中国城市绿地建设水平区域差异实证分析［J］. 中国园林，2015，31（03）：81-85.

［26］ 韩旭，唐永琼，陈烈. 我国城市绿地建设水平的区域差异研究［J］. 规划师，2008，（07）：96-101.

［27］ 王兰，廖舒文，王敏. 影响呼吸系统健康的城市绿地空间要素研究——以上海市某中心区为例［J］. 城市建筑，2018，（09）：10-14.

［28］ Alexis Comber, Chris Brunsdon, Edmund Green. Using a GIS-based network analysis to determine urban greenspace accessibility for different ethnic and religious groups［J］. Landscape and Urban Planning. 2008, 86(1)：103-114.

［29］ Mears Meghann, Brindley Paul, Jorgensen Anna, Maheswaran Ravi. Population-level linkages between urban greenspace and health inequality：The case for using multiple indicators of neighbourhood greenspace［J］. Health & Place，2020，(prepublish)：102284.

［30］ 王兰. 健康城市研究国际网络倡议 International Network for Healthy Cities Studies ［EB/OL］. (2020-03-25)［2020-4-3］. https：//mp. weixin. qq. com/s？ src＝11&timestamp＝1585896996&ver＝2255&signature＝Uk7ozhzxFkd-9spCS1

Tqlcq4kPMZ-MOzGQID3Kx9OF1tAepzcj ＊ HtXH ＊ P Rn B9agg pdsmwqLAGGpQKNPyKZw PtFX6SOjEkF GI-UuoN1m EN AMttbD9LNGFlstgkPmx EAxpj&new＝1.

［31］ 国务院. 国务院关于实施健康中国行动的意见［EB/OL］. (2019-06-24)［2020-4-3］. http：//www. gov. cn/zhengce/content/2019-07/15/content _ 5409492. htm.

［32］ 刘志强，周筱雅，王俊帝. 中国市域建成区绿地率的空间演变［J］. 城市问题，2019(09)：28-36.

作者简介

郭艳欣，1996 年 1 月，女，汉，河南开封，硕士，浙江农林大学，学生，研究方向为园林与景观设计。电子邮箱：luckly _ star _ 1996@163. com。

应君，1976 年 4 月，女，汉，浙江丽水，博士，浙江农林大学，副教授，研究方向为城市绿地与公共健康。电子邮箱：19990016@zafu. edu. cn 。

张一奇，1973 年 6 月，男，汉，浙江金华，硕士，浙江农林大学，副教授，研究方向为风景园林规划设计。电子邮箱：19970010@zafu. edu. cn。

老旧工业社区公园空间特征与运动健康绩效关联性研究

——以哈尔滨为例①

A Study on the Correlation between Spatial Characteristics and Sports Health Performance of Old Industrial Community Parks：

Taking Harbin as an Example

侯韫婧　赵　艺　战美伶　许大为 *

摘　要：后疫情时代，老旧工业社区公园更新面临传承工业文化和支撑公共健康需求双重挑战。本研究以哈尔滨两个老旧工业社区公园为例，总结了哈尔滨工业发展历程，对老旧工业社区公园空间特征与市民运动健康绩效进行了量化关联性研究，阐释了公共开放空间促进公共健康的作用机制，提出了老旧工业社区公园承载公共健康需求的新空间范式，旨在构建主动式健康干预的老旧工业社区空间体系。

关键词：风景园林；老旧工业社区公园；运动能耗；空间特征

Abstract: In the post-epidemic era, the renewal of old industrial community parks faces the dual challenges of inheriting industrial culture and supporting public health needs. Taking two old industrial community parks in Harbin as an example, this study summarizes the course of industrial development in Harbin, and studies the quantitative correlation between the spatial characteristics of old industrial community parks and the health performance of citizens' sports. This paper explains the mechanism of public open space to promote public health.

Key words: Landscape Architecture; Old Industrial Community Park; Sports Energy Consumption; Spatial Characteristics

老工业城市哈尔滨在中东铁路建设、"一五"建设和计划经济等时期，逐渐形成众多以铁路和特大重工业国企为依托的工业社区[1]，且作出了历史性贡献。随着工业全球化和国内经济体制改革，工厂解体或外迁，但是城市中遗存了大量老旧工业社区，出于经济因素等复杂因素，多数居民不愿搬迁，"15min社区生活圈"内社区公园成为户外健身的主要空间载体。工业污染造成的经济衰退和社会困境，高寒地区特殊气候或饮食习惯，造成了居民慢性基础性疾病患病率高的公共健康问题。特别是后新冠肺炎疫情时代，正常生活秩序正逐步恢复，老旧工业社区公园更新应以公共健康为导向，成为传承工业文化和引领社区健康生活行为的新空间范式[2]。

公共健康学科提出运动有助于预防和治疗心血管、糖尿病等慢性病，而免费、临近性高的社区公园作为居民户外运动空间载体，是环境主动干预公共健康的重要切入点。绿色空间对运动相关研究主要从绿地规模布局和绿地设计质量[3]两个层面展开。绿地规模布局层面，研究主要集中在家到绿地距离、临近度、绿地面积[4]、绿地可达性[5]、绿地的拓扑关系[6]、绿地数量等指标促进社区公园的运动总量。绿地设计质量层面①，则分为场地情况、设施情况、自然要素和场地管理四类指标。

面对公共健康新需求，本文将探讨：①特殊历史时期下典型老旧工业社区公园的空间特征与现阶段普通市民

的日常运动健康绩效的数理关系；②公共健康导向下延续工业文脉的老旧工业社区公园优化。

1　哈尔滨工业发展历程及工业社区公园空间特征选取

1.1　哈尔滨工业发展历程

哈尔滨工业发展分三个阶段：初期附属中东铁路，中华人民共和国成立后转型为重工业基地，市场经济时期重工业国企转型。

中东铁路修建时期（1898-1945年），《中俄密约》的签订确定哈尔滨为中东铁路枢纽地。沙皇俄国驻派中东铁路局在哈尔滨城区相继建了大批的铁路家属住区，铁路配件工厂社区和大量的铁路附属的绿色基础设施和建筑[7]。在铁路家属区内多为"铁路人"，具有极高的社区认同感与文化自信。2018年中东铁路入选第一批中国工业遗产保护名录。

新中国工业建设时期（1946-1978年），随着原苏联援建和"南厂北迁"项目，哈尔滨在短期内成为全国重点工业基地，随之新建的大批国营重工业社区成为在城市中封闭独立的混合生产、生活及公共服务等功能的空间实体。重工业国企职工福利高待遇好，工业社区居民社会

---

①　基金项目：受中国博士后科学基金面上项目（2020M670873），黑龙江省哲学社会科学青年项目、中央高校青年教师创新项目（2572020BK03）的资助。

背景同质程度高、社区认同感高。

改革开放以来，随着中东铁路成为历史，虽然部分国企工厂迁出市区，但是大部分原工厂职工仍未搬迁。在部分工业社区新建中仅改建住宅建筑，旧有工业社区公园依旧保留下来。

1.2 工业社区公园空间特征选取

1.2.1 典型时期工业社区公园选取

本文选取两个高活力典型工业社区公园为研究对象：中东铁路时期铁路住宅区社区公园——哈尔滨儿童公园西侧（原铁路花园）和中华人民共和国成立初期重工业国企聚集区工业社区公园——尚志公园，面积均在10hm²左右。

（1）哈尔滨儿童公园（原铁路花园）始建于1925年（图1）。随着东侧儿童公园免费对外开放，公园西侧成为附近铁路住宅区市民使用频率较高的工业社区公园。公园为中轴线布局形式，场内保留了中东时期的铁轨、站台和站前广场等工业元素，且内部多为广场式的开敞场地，广场式的空间也促使人群的行为类型多为广场舞、太极拳等集体类运动。

（2）尚志公园原名香坊公园始建于1958年（图2），位于国营重工业工厂聚集区香坊区，是附近工人使用频率较高的工业社区公园。公园入口处保留了赵尚志英雄模范雕塑的工业符号，且园内多为广场式场地空间。场地内的人群多为国企工人社会同质性较高，集体类如秧歌舞、交谊舞、太极操等为工业社区公园主流运动类型，围观观众众多。

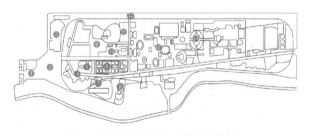

图1 儿童公园西侧（原铁路花园）

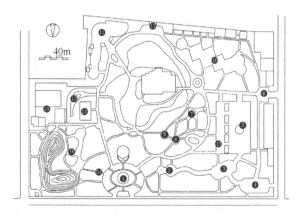

图2 尚志公园（原香坊公园）

1.2.2 工业社区公园空间特征量化

从运动视角，工业社区公园能承载运动的铺装广场或疏林草地空间为分析场地，进行空间特征和运动数据化。其中儿童公园西侧场地空间14个，尚志公园16个。

（1）调研时间

选取2019年过渡季节：早春（4月末）和晚秋（10月末），在非下雪、雾霾天气下，进行2组12日有效观测，包括4次随机周末和8次随机工作日观测。调研时段日落平均为16：15，日落后工业社区公园气温较低、使用者较少。因此调研时段为晨练6：30～8：30，中午9：30～11：30，下午14：00～16：00，以30min为间隔。

（2）空间特征数据采集

中观组织尺度，体现场地相互联系与组合关系，采用Depthmap软件空间句法原理构建凸空间模型，量化连接值、控制值、选择度和集成度。

微观设计尺度，包括空间尺度、空间围合度、植物配置和辅助设施：空间尺度涉及长度、宽度、面积、高度、长宽比、高宽比；空间围合度涉及Rayman模型识别鱼眼RGB图像数据量化的天空可视因子（SVF）；植被配置涉及SegNet语义模型量化视野范围图像的绿视率（VGI）；辅助设施涉及休息辅助设施个数的定量数据。

（3）运动数据采集

"猫眼象限"是中国首个引入人工智能技术并包括分析功能的调研工具。"猫眼象限"是基于照片的识别技术，不但能记录下拍摄照片的定位地址及添加的相关信息还可以识别人流车流和计算相关的环境指标，将空间环境，设施情况与人的行为活动信息整合在一起，从而为调研带来极大的便利[8]。利用"猫眼象限"社区调研系统智能识别市民数量和运动所在场地的空间位置数据（图3）。在观测时段对运动场所进行拍摄，根据运动类型，分为太极拳、太极操、广场舞、唱歌、乒乓球、羽毛球、健身器械等12类标签，拍摄时尽量保证空间内人群运动类型的单一性。

基于体育学科分类标准，工业社区公园分为非运动、太极类、歌舞类、毽球类和器械类五类场地空间。公共健康学科以代谢当量消耗作为运动健康绩效的衡量标准，参照美国运动能量消耗编码表，调研共获得场地运动数据721条（表1）。

老旧工业社区公园运动类型和代谢能量消耗 表1

	类型	项目
1	太极类	太极操（3.8METs）、太极拳（3METs）、气功（3METs）
2	歌舞类	广场舞（5METs）、交谊舞（5METs）、演奏乐器（2.3METs）、合唱（1.8METs）
3	毽球类	踢毽子（3METs）、抽尜（2.5METs）、羽毛球（5.5METs）、乒乓球（4METs）
4	器械类	健身器械（4.5METs）

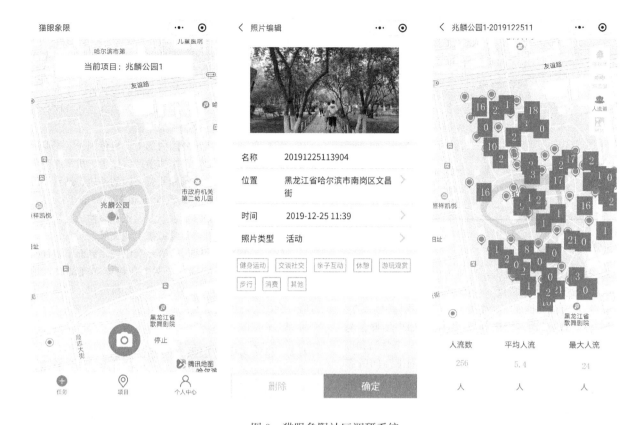

图 3　猫眼象限社区调研系统

2　基于运动健康绩效的老旧工业社区公园空间特征指标体系

2.1　工业社区公园空间特征指标因子提取

以运动健康绩效为标准对 14 个工业社区公园空间特征进行单因子 Pearson 相关分析，（表 2）结果显示高宽比与运动健康绩效负相关，12 个指标显著正相关。

空间特征与运动健康绩效相关性分析结果　　　　　表 2

		连接值	控制值	选择度	集成度	长度值
健康绩效	Pearson	0.415**	0.567**	0.228**	0.348**	0.378**
	Sig.	0.000	0.000	0.000	0.000	0.000
		宽度值	长宽比	高宽比	面积值	绿视率
	Pearson	0.410**	0.046	−0.189**	0.425**	−0.126**
	Sig.	0.003	0.220	0.000	0.000	0.001
		天空可视因子	座椅数量	垃圾桶数量	高度	
老旧工业社区	Pearson	0.312**	0.466**	0.397**	0.242**	
	Sig.	0.000	0.000	0.000	0.000	

＊＊P＜0.01。

3　公园促进运动健康绩效空间作用机制

研究进一步筛除了无运动行为的 281 条空间数据，以 13 个社区空间特征指标为自变量，以运动健康绩效为因变量，建立基于运动健康绩效的老旧工业社区公园空间特征回归实证模型，拟合程度 R2 为 0.523，筛除共线因素，空间特征按影响程度由大到小分别为控制值、集成度、选择度、连接值、座椅数量和高宽比，实证模型表明老旧工业社区公园影响运动健康绩效的空间作用机制呈现出明显的强组织结构性和弱形态景观性（表 3）。

老旧工业社区公园空间特征实证模型　　表 3

自变量	未标准化系数		标准化系数	t	显著性
	B	标准误差	Beta		
（常量）	−267.937	40.498		−6616	0.000
控制值	206.656	29.958	0.930	6.898	0.000
选择度	−0.686	0.059	−0.789	−11.551	0.000
集成度	404.285	61.395	0.850	6.585	0.000
连接值	−82.234	27.627	−0.667	−2.977	0.003
座椅数量	2.362	0.496	0.229	4.764	0.000
高宽比	−45.299	15.513	−0.111	−2.920	0.004

3.1　强组织结构性

组织结构维度影响最大，具体为中心性高（控制值0.930）、可达性高（集成度0.850）和穿越性低（选择度−0.850）和可选择性弱（连接值−0.677）指标因子。

高健康绩效运动多为展示型运动，例如广场舞参与人数众多，能量消耗相对较大，空间表现为中心性高和可选择性弱的空间，具有极高的辨识性并对周围空间的影响性大，非常符合太极操、歌舞类、毽球类等展示人群的行为心理需求。

可达性高的空间便于人群快速集散。工业社区公园一般在固定时间、空间，固定人群会发生固定运动，高可达性空间利于大量人群快速集散。

穿越性低的空间提高了运动人群安全性。场地内运动人群通常将个人物品集中放置，在运动过程中并不会时刻关注，大量陌生人穿越的空间会降低空间安全性。

3.2　弱形态特征性

实证模型表明仅有高宽比形态特征与运动健康绩效成反比，即场地的视觉开阔性有利于提高场地运动健康绩效，且影响程度较弱。原因可能在于：①基于历史原因，哈尔滨老旧工业社区公园场地空间多为广场式，即宜发生群体运动的空间；②运动人群，相比于公园内游览人群，具有强健康、低休憩的行为需求特征，目的性较强的行为导致其对空间的形态体验需求降低。

4　社区公园"体绿结合"空间优化

当社区逐渐褪去工业属性后，公共健康理念需融入老旧工业社区公园的存量改造更新，在传承工业遗产历史的基础上，提出老旧工业社区公园"体绿结合"空间模式设计策略，构建主动式健康干预的老旧工业社区空间体系。

4.1　重塑工业记忆社区体系

现阶段老旧工业社区公园最主要的使用功能是承载居民进行运动和日常社交，特别是面积较小的老旧工业社区公园更新，应该纳入老旧工业社区绿色基础设施更新空间体系中，构建复合功能街道绿道—工业社区公园斑块—社区环境基质的体系，实现承载运动和重塑工业遗产历史记忆的复合功能，挖掘地域特色[10]，提升社区认同感和工业文化自信。

（1）提高工业社区公园外部可达性。街道绿道空间连接职工住宅到工业社区公园，承载步行、骑行等运动健康行为。可以通过提高街道绿道空间的可达性、步行适宜景观性、减少道路、铁路穿越等从外部提高工业社区公园可到达性，改善工业社区职工的生活方式。

（2）增加工业社区公园内部工业特色因子。工业社区公园内部更新可增加铁路本体遗产（站舍、机车库等）或重工业遗产特色因子，例如儿童公园的铁轨、站台，香坊区三大动力工厂电机厂、汽轮机和锅炉厂的生产单元凝练、转化工业文创公园要素，并设置在运动适宜场地，在居民聚集运动的同时，延续城市工业文脉。

（3）改善工业社区污染等社会困境。老旧工业社区与工业生产单元邻近度高，长期工业污染和经济政策地域性调整等因素，造成的经济衰退、环境退化、病痛老龄化等社会困境。可以通过工业社区公园更新改善社区环境，增加工业社区活力。

4.2　建构多中心层级空间系统模式

建构多层级的工业社区公园场所空间系统是体绿结合空间模式的根本前提。本文提出工业社区公园多中心层级空间优化系统模式，建构全范围"多点、全覆盖"的多层级场所中心空间网络，在不同层级上最大程度发挥运动适宜性功能，为不同运动类型的需求营造不同场所的空间格局。

（1）增加拓扑中心空间数量，辐射整体园区。为提高公园的运动承载能力，但又保留其复合使用性，本文提出在保留原有重要工业景观节点中心空间的基础上，增加拓扑中心空间数量。强化重要工业景观节点空间的多元融合，以多种使用功能混合的区域，特别是游览和运动混合区域为重点增补拓扑中心空间数量。

（2）完善场所空间的网络层级。充分利用次级中心空间，建构重要工业景观节点中心空间—次级运动中心空间—小型休息幽静空间的综合多层级工业社区公园空间网络层级。并通过场地形态特征区分空间层级，保留中心空间的开场广场性，对小型休闲空间增加景观要素的丰富性，并充分对接园路路网规划，例如网络平行路网形成的平行中心空间，提高次级运动中心空间的标识性。

5　结论

将公共健康需求融入老旧工业社区公园更新，通过提高运动预防慢性基础疾病发生，工业社区公园空间特征是影响运动健康绩效的直接影响因素。研究总结了哈尔滨中东铁路建城到重工业基地的工业发展历程，建立了典型工业社区公园空间特征与运动健康绩效的数理关系，提出了老旧工业社区公园空间优化策略，推动存量老旧工业社区有机更新，以提升社区绿色基础设施在公共健康中承载效能。

参考文献

[1] 赵志庆，王清恋，张璐．哈尔滨历史空间形成与特征解析（1898-1945 年）[J]．城市建筑，2016(31)：54-57.

[2] 马妍，马琦伟，李苗裔，于沛洋．基于社区生活圈尺度的城市绿色基础设施空间分布与居民就医行为关系研究——以福州市中心城区为例[J]．风景园林，2018.25(08)：36-40.

[3] 马明，鲍勃·摩戈尔，蔡镇钰．健康视角下绿色开放空间设计影响体力活动的要素研究[J]．风景园林，2018.25(04)：92-97.

[4] Kaczynski，A. T.，et al. Are park proximity and park features related to park use and park-based physical activity among adults? Variations by multiple socio-demographic characteristics[J]. International Journal of Behavioral Nutrition and Physical Activity，2014.11(1)：146.

[5] Siu，B. W. Y.，Assessment of physical environment factors for mobility of older adults：A case study in Hong Kong[J]. Research in Transportation Business & Management，2019.30：100-370.

[6] Zhai，Y.，P. K. Baran，and C. Wu，Spatial distributions and use patterns of user groups in urban forest parks：An examination utilizing GPS tracker[J]. 2018.32-44.

[7] 高飞，邵龙．遗产线路视野下的中东铁路工业遗产价值评价与分级——以成高子—横道河子段为例[J]．中国园林，2018.34(02)：100-105.

[8] 赖志宏，王炜，涂思思．基于多元数据的老社区公共空间调研分析方法研究[J]．探索发现，2019(07)：187-189.

[9] 赵晓龙，侯韫婧，赵茹玥，金虹．寒地社区公园健身路径空间运动认知模式研究——以哈尔滨为例[J]．建筑学报，2018(02)：50-54.

[10] 朱怡晨，李振宇．作为共享城市景观的滨水工业遗产改造策略——以苏州河为例[J]．风景园林，2018.25(09)：51-56.

作者简介

侯韫婧，1986 年 8 月，女，汉族，辽宁营口，博士，东北林业大学园林学院讲师，硕士生导师，研究方向为寒地健康景观规划设计与理论研究。电子邮箱：houyj@nefu.edu.cn。

赵艺，2002 年 5 月，女，汉族，黑龙江哈尔滨，东北林业大学园林学院在读本科生，研究方向为寒地健康景观规划设计与理论研究。

战美伶，1995 年 7 月，女，汉族，吉林，东北林业大学园林学院在读硕士研究生，研究方向为寒地健康景观规划所设计与理论研究。

许大为，1962 年 3 月，男，汉族，黑龙江哈尔滨，博士，东北林业大学园林学院教授，博士生导师，研究方向为风景园林规划设计与理论研究。电子邮箱：xdw_ysm@126.com。

老旧工业社区公园空间特征与运动健康绩效关联性研究——以哈尔滨为例

不同类型滨水空间冬季小气候物理因子及人体热舒适度分析

——以上海市浦东滨江为例

Physical Factors of Microclimate and Human Body in Different Types of Waterfront Space in Winter:

A Case Study Of Pudong Riverside in Shanghai

黄洒葎　刘苏燕

摘　要：研究主要对上海市浦东滨江河岸的广场滨水空间、乔灌草滨水空间、草地滨水空间、建筑前滨水空间 4 种空间冬季的空气温度、空气相对湿度、太阳辐射和风速 4 个主要小气候因子的差异进行了比较，并对各测点的人体热舒适度进行了主观和客观评价。结果表明：各测点的空气温度、空气相对湿度、太阳辐射和风速存在明显差异，受访者在植被空间中的人体热舒适感觉优于硬质空间，因此，建议在上海市浦东滨江河岸规划中，优先采用绿地形式。

关键词：滨水带；植被空间；硬质空间；小气候因子；人体热舒适度评价

Abstract: In Shanghai pudong binjiang river waterfront space, halosols deserts waterfront space, square grass waterfront space, the construction of waterfront space four space before the winter air temperature, air relative humidity, solar radiation and wind speed in four main microclimate factor differences, and for each measuring point of the subjective and objective evaluation on the human body thermal comfort. The results show that there are obvious differences in air temperature, air relative humidity, solar radiation and wind speed at each measuring point, and the thermal comfort of the interviewees in the vegetation space is better than the hard space. Therefore, it is suggested that green space should be adopted in the planning of the riverside of Pudong In Shanghai.

Key words: Waterfront; Vegetation Space; Hard Space; Microclimate Factor; Human Thermal Comfort Evaluation

1　研究背景

滨水空间是城市文明和信息的汇集处，也是陆地生态系统和河流生态系统的交界，具有丰富多样的景观。城市河道具备降温增湿及缓解市区热岛效应的效用[1-2]，在城市建设中占有举足轻重的地位。在夏季，滨水空间更是深受游客喜爱。但与此同时，在冬季严寒条件下，滨水空间因其开放性和公用性，利用率极低。作为城市公共空间，滨水空间冬季往往无法为游客提供很舒适的游憩功能。

相关研究结果表明：空气温度是影响人体热舒适度的一个主要因子，通常人体感到舒适的空气温度为 22～28℃[3-8]；太阳辐射是影响人体热舒适度的另一个主要因子[9-10]，冬季人们更愿意待在无遮荫的环境下。空气湿度直接影响人体的热舒适度，当空气相对湿度为 30%～70% 时，人体的热舒适度适宜，尤其在空气相对湿度 40%～50% 时人体的热舒适度最理想[11]。风速也是影响人体热舒适度的重要因子，通常令人舒适的风速应小于 10.8km/h[11-12]。综上所述，根据这些小气候因子可判断人体的热舒适度。

在人体热舒适度评价研究中，多数学者采用主观评价方式调查户外人群的实际热感觉，主要包括调查问卷和访谈等形式[12-14]。按照研究目的，主观评价指标可分为热感觉投票（TSV）、热舒适度投票（TCV）、空气温度感觉投票、湿度感觉投票（HSV）、风速感觉投票（WSV）、太阳辐射感觉投票（RSV）、心情感觉投票等，研究者应根据自身的研究目的和意义选取合适的评价指标[15]。

目前，关于冬季滨水带不同空间对小气候因子和人体热舒适度影响的研究较少。因此本文作者对上海市浦东区河岸滨水不同空间测点的空气温度、空气相对湿度、太阳辐射和风速的日变化进行了比较研究，采用问卷调查法对受访者在不同类型绿地和非绿地测点的人体热舒适度进行了主观评价分析，并据此进行了人体热舒适度的客观评价分析，以明确不同空间类型地对滨水带小气候因子及人体热舒适度的影响，并为滨水带绿地的规划设计提供参考资料。

2　研究区概况和研究方法

2.1　研究区概况

上海市属于北亚热带季风气候区，夏季高温、多雨、湿热，最高日均温约 32℃，极端高温达 40℃，空气相对湿度 72%，盛行东南风，平均风速约 12.2km/h；冬季阴冷、少雨，最低日均温约 1℃，空气相对湿度 66%，盛行西北风，平均风速约 10.8km/h。

实验选取上海市浦东滨江段，东方路到丰和路之间的滨水带（地理坐标为北纬31°24′、东经121°51′），全长2.2km。该段绿化覆盖率约80%，滨水带的东西两岸均为高层办公以及住宅。该滨江段依照空间类型可以分为4个典型空间。广场滨水空间（临水—板石制硬质铺装—开敞空间）、乔灌草滨水空间（临水—乔灌草—半围合空间）、草地滨水空间（临水—草地—开敞空间）、建筑前滨水空间（临水—板石制硬质铺装—半围合空间）。其中，广场滨水空间为人工制成的下垫面（无任何植被）。建筑前空间，建筑的朝向坐南朝北（图1）。

(a)　　　　　　　　　　　　　　　(b)

(c)　　　　　　　　　　　　　　　(d)

图1　上海市浦东滨江试验点照片
(a) 广场滨水空间（临水—板石制硬质铺装—开敞空间）；(b) 乔灌草滨水空间（临水—乔灌草—半围合空间）；
(c) 草地滨水空间（临水—草地—开敞空间）；(d) 建筑前滨水空间（临水—板石制硬质铺装—半围合空间）

2.2　研究方法

2.2.1　测点设置

滨水带样段共选择4个测点，其编号为03（广场滨水空间）、05（乔灌草滨水空间）、08（草地滨水空间）、12（建筑前滨水空间）。

2.2.2　小气候因子测定

于2018年12月12日的9：00至18：00，使用Watchdog小型气象站对上述4个测点的空气温度、空气相对湿度、太阳辐射和风速进行测定，每个测点放置1台气象站，安装高度1.5m，每隔1min记录1次数据。

2.2.3　人体热舒适度调查

使用问卷星网络问卷，在9：00到18：00之间进行对各测点的受访者进行人体热舒适度问卷调查，调查内容包括：性别、年龄、身高、体重、着装、运动情况、热感觉投票（TSV）、热舒适度投票（TCV）、空气温度投票、湿度感觉投票（HSV）、太阳辐射感觉投票（RSV）、风速感觉投票（WSV）、心情感觉投票。共发放调查问卷60份，收回有效调查问卷58份，回收率约97%。

2.3　数据统计和分析

根据各测点上述小气候因子的测定结果及受访者的总体生理指标平均值（结合受访者的性别、年龄、身高、体重、着装和运动情况等，将信息设定为：男性，35岁，身高175cm，体重75kg）、服装热阻1clo和平均新陈代谢率80W/m² （静止不动），采用RayMan1.2软件计算各测点的预测平均投票（PMV）、生理等效温度（PET）和标准有效温度（SET*），并对PMV、PET和SET*值反映的人体感受进行分析[16-17]。采用Excel2007对相关数据进行整理、归纳和统计分析。

3 研究结果和分析

3.1 不同滨水空间冬季主要小气候因子比较

上海市浦东滨江河岸不同类型空间测点冬季的空气

温度、空气相对湿度、太阳辐射和风速的日变化见图2，各测点上述小气候因子的最大值、最小值和平均值见表1。

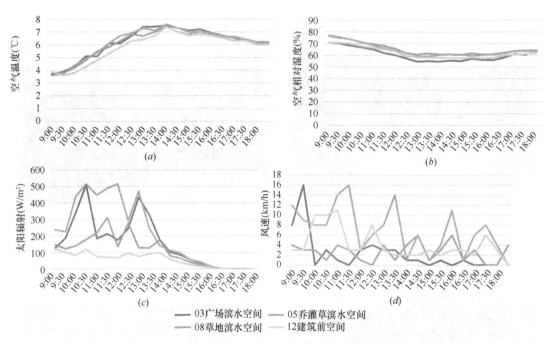

图2 上海市浦东滨江河岸不同类型空间测点冬季空气温度
(a) 空气相对湿度；(b) 太阳辐射；(c) 太阳辐射；(d) 风速

上海市浦东滨江河岸不同类型空间测点冬季空气温度、空气相对湿度、太阳辐射和风速的比较　　表1

测点	空气温度（℃）			空气相对湿度（％）		
	最大值	最小值	平均值	最大值	最小值	平均值
03 广场空间	8	3.7	6.23	71.9	53.2	59.85
05 乔灌草空间	7.4	3.6	6.14	76.9	59.9	65.06
08 草地空间	7.6	3.6	6.28	77.6	57.9	64.23
12 建筑前空间	7.4	3.5	3.7	72.2	56.7	61.83

测点	太阳辐射（W/m²）			风速（km/h）		
	最大值	最小值	平均值	最大值	最小值	平均值
03 广场空间	656	0	190.13	17	1	6.58
05 乔灌草空间	424	0	118.86	12	0	2.54
08 草地空间	583	0	248.08	24	0	6.28
12 建筑前空间	221	0	61.91	18	0	3.7

3.1.1 空气温度比较

实验结果（图2（a）和表1）表明：各测点空气温度的日变化趋势基本相似，总体上呈先升高后降低的趋势。各测点空气湿度的峰值多出现在13：30至14：00时段。各测点空气温度的最大值、最小值和平均值分别为7.4～8℃、3.5～3.7℃和3.7～6.23℃，其中03编号广场滨水空间空气温度的最大值和最小值最高，平均值较

高；而12测点建筑前空间空气温度的最大值、最小值和平均值均最低。

从空气温度的平均值来看，不同滨水空间的4个测点的空气温度由低到高依次是：12建筑前空间、05乔灌草空间、03广场空间、08草地空间。

3.1.2 空气相对湿度比较

实验结果（图2（b）和表1）表明：各测点空气相对

湿度的日变化趋势基本相同，总体上呈先降低后升高的趋势，各测点空气相对湿度的最大值、最小值和平均值分别为 $71.9 \sim 77.6\%$、$53.2 \sim 59.9\%$ 和 $59.85 \sim 65.06\%$，其中 05 乔灌草空间最小值和平均值最高，最大值较高；03 广场空间最大值、最小值和平均值都最低。

从空气相对湿度平均值来看，不同滨水空间的 4 个测点的空气相对湿度由低到高依次为：03 广场空间、12 建筑前空间、08 草地空间、05 乔灌草空间。总体来看，非绿地测点的空气相对湿度比绿地测点的低。

3.1.3 太阳辐射比较

实验结果（图 2（c）和表 1）表明：各测点太阳辐射的日变化趋势基本相似，总体上呈现先升高后降低的趋势且波动变化明显。各测点的太阳辐射峰值多出现在 $10:30 \sim 12:30$ 时段。各测点太阳辐射最大值、最小值和平均值分别为 $221 \sim 656W/m^2$、$0W/m^2$、$61.91 \sim 248.08W/m^2$ 其中，08 草地空间的太阳辐射的平均值最高，最大值较大。

从太阳辐射平均值来看，四个测点太阳辐射从低到高依次为：12 建筑前空间、05 乔灌草空间、03 广场空间、08 草地空间。广场滨水空间因为周边有高层建筑的遮挡，所以在 $11:00 \sim 12:30$ 时段广场空间的太阳辐射因为建筑的遮挡，太阳辐射有所降低。建筑前空间因为一直被建筑遮挡所以太阳辐射持续较低。

3.1.4 风速比较

实验结果（图 2（d）和表 1）表明：各测点的风速日变化趋势基本相似，都是呈明显的波动变化，各测点的峰值多出现在 10:30 至 11:30 时段。各测点风速的最大值、最小值和平均值分别为 $12 \sim 24km/h$、$2.54 \sim 6.58km/h$，最小值均为 $0km/h$。08 草地空间的最大值最高，平均值较高；05 乔灌草空间的最大值和平均值都最低。

从风速平均值来看，不同滨水空间的 4 个测点的风速由小到大依次为：05 乔灌草空间、12 建筑前空间、08 草地空间、03 广场空间。总体来看，有建筑和植物遮蔽的地方风速比开敞的地方风速小。

3.2 不同滨水空间冬季人体舒适度评价分析

3.2.1 人体热舒适度主观评价分析

在上海市浦东滨江河岸不同类型空间测点中，根据热感觉投票（TSV）结果，75.0% 受访者感觉非常冷，23.3% 受访者感觉冷，1.7% 受访者感觉凉，没有受访者感觉不冷不热、暖、热、非常热；根据热舒适度投票（TCV）结果，6.7% 受访者感觉非常不舒适，20.0% 受

访者感觉不舒适，56.7% 受访者感觉一般，16.7% 受访者感觉舒适，没有受访者感觉非常舒适；根据湿度感觉投票（HSV）结果，25.0% 受访者感觉不干不湿，73.3% 受访者感觉潮湿，1.7% 受访者感觉非常潮湿，没有受访者感觉干燥或非常干燥；根据太阳辐射感觉投票（RSV）结果，63.3% 受访者感觉太阳辐射非常弱，16.7% 受访者感觉太阳辐射弱，20% 受访者感觉太阳辐射不强不弱，没有受访者感觉太阳辐射强或者非常强；根据风速感觉投票（WSV）结果，10% 受访者感觉无风，15% 受访者感觉小，11.7% 受访者感觉风速不大不小，10% 受访者感觉风速大，53.3% 受访者感觉风速很大。针对浦东滨江不同类型空间测点，根据五级评分指标（热感觉投票为七级指标）进行评分计算（表2）。

上海市浦东滨江河岸不同类型空间冬季人体热舒适度主观评价统计分析图表　表 2

测点	热感觉投票 TSV	热舒适度投票 TCV	空气温度投票	湿度感觉投票 HSV	风速感觉投票 WSV	太阳辐射感觉投票 RSV
03 广场空间	-2.67	-0.07	-1.67	0.47	1.73	-1.07
05 乔灌草空间	-2.80	-0.27	-1.80	0.93	0.73	-1.80
08 草地空间	-2.60	0.00	-1.67	1.00	1.47	-1.00
12 建筑前空间	-2.87	-0.33	-1.93	0.67	0.80	-1.87

实验结果（表 2）表明：根据滨江冬季小气候热感觉投票结果计算，游客普遍认为：在热感觉投票中：从草地空间、广场空间、乔灌草空间、建筑前空间、热感觉评分依次降低；在热舒适度投票中：从草地空间、广场空间、乔灌草空间、建筑前空间、舒适度依次降低；湿度感觉投票中：从草地空间、乔灌草空间、建筑前空间、广场空间湿度依次降低；其中植被空间普遍湿度较高。风速感觉投票中：从广场空间、草地空间、建筑前空间、乔灌草空间风速依次降低；太阳辐射感觉投票中：从草地空间、广场空间、乔灌草空间、建筑前空间热辐射依次降低；其中开敞空间的热辐射感觉普遍较高。总体来看，游客普遍认为冬季滨江空间中，绿地空间相对最为舒适。

3.2.2 人体热舒适度客观评价分析

依据不同类型空间测点冬季空气温度、空气相对湿度、太阳辐射和风速 4 个主要小气候因子的测定结果及受访者的总体生理指标平均值、服装热阻和平均新陈代谢率计算人体热舒适度客观评价指标值〔包括预测平均投票（PMV）、生理等效温度（PET）和标准有效温度（SET*）〕，结果见表 3、表 4。

上海市浦东滨江河岸不同类型空间基于 RayMan 软件各时段人体热舒适度客观评价分析表　表 3

时间	03-广场滨水空间			05-乔灌草滨水空间			08-草地滨水空间			12-建筑前空间		
	PMV	PET	SET	PMV	PET	SET	PMV	PET	SET	PMV	PET	SET
9:00	-4.5	-2.8	-4.5	-3.8	-0.3	0.7	-4.3	-1.3	-2	-3.7	0	1.5
10:00	-3.7	1.5	1.9	-3.5	0.8	2.3	-3.4	3.6	4.7	-4.5	-2.9	-4.4
11:00	-4.1	-0.4	-1.4	-3.2	1.3	4.3	-3.6	2.4	2.6	-4.3	-2.1	-3.8

时间	03-广场滨水空间			05-乔灌草滨水空间			08-草地滨水空间			12-建筑前空间		
	PMV	PET	SET	PMV	PET	SET	PMV	PET	SET	PMV	PET	SET
12：00	−3.7	0.9	0.4	−2.7	4.4	7.6	−1.8	11.8	13.9	−3.5	0.6	1.7
13：00	−2	10.6	12.7	−3.3	2.3	3.1	−2.7	6.9	8	−3.4	1.3	2.4
14：00	−3.1	3.6	4.2	−3	4.1	5.1	−2.4	6	9	−2.9	3.4	5.1
15：00	−3.8	0.4	−1.1	−2.8	2.8	5.7	−2.7	4.1	7	−3.4	0.9	1.8
16：00	−3.6	0.4	0.2	−3.7	0.1	−0.5	−3.9	−0.3	−2	−3.2	0.3	1.1
17：00	−4	−1	−2.4	−3.6	0	0.6	−3.9	−0.7	−1.6	−3.5	−0.2	1
18：00	−3.3	−0.1	2.6	−2.9	1.6	4.3	−3.8	−0.8	−0.8	−3.7	−0.7	−0.1
平均	−3.58	1.31	1.26	−3.25	1.88	3.32	−3.25	3.17	3.88	−3.61	0.06	0.63

上海市浦东滨江河岸不同类型空间冬季人体热舒适度客观分析　　表4

测点	预测平均投票（PMV）		（生理等效温度）PET		（标准有效温度）SET	
	数值	人体感觉	数值	人体感觉	数值	人体感觉
03 广场空间	−3.58	极冷	1.31	十分冷	1.26	极冷
05 乔灌草空间	−3.25	十分冷	1.88	十分冷	3.32	十分冷
08 草地空间	−3.25	十分冷	3.17	十分冷	3.88	十分冷
12 建筑前空间	−3.61	极冷	0.06	十分冷	0.63	极冷

由表4可见：浦东滨江不同滨水空间测点的 PMV 值均小于0，PET 和 SET 值均大于0。不同空间的4个测点 PMV、PET 和 SET 值从低到高均依次为：12 建筑前空间、03 广场空间、05 乔灌草空间、08 草地空间。说明绿地空间比非绿地空间舒适，相对来说，滨江草地空间最舒适，建筑前广场空间最不舒适。

4　讨论和结论

根据 watchdog 气象站的气象数据收集和分析，并以游客问卷调查验证实验结果。实验发现：在空气温度实验中，气象数据结果表明：开敞空间温度较高，其中带植被的草地空间空气温度更高一些。可见植被具有一定保温作用。该实验结果与游客问卷调查中，游客关于空气温度感受的结论相同；在空气相对湿度实验中，植被空间的相对湿度比硬质空间的相对湿度高。其中乔灌草空间相对湿度最高，可见植被具有增加空气中湿度的功能。而在游客问卷调查中，游客普遍认为植被空间湿度较高，但草地空间高于乔灌草空间，该问卷调查结果与气象站实验结果有出入，一方面是本次研究调查的问卷数量不足，不足以代表所有滨江游客；另一方面是人体感受的相对湿度难以量化；在太阳辐射实验中，气象数据结果表明：开敞空间热辐射度最高、建筑前空间热辐射度最低。其中在半开敞空间中，乔灌草空间的热辐射度高于建筑前空间，可见植物具有吸收太阳辐射的能力。该实验结论与游客问卷调查热辐射感觉投票结论相同；在风速实验中，数据表明：开敞空间风速较高，半开敞空间风速较低。该实验结论与游客问卷调查实验结论相同。

综上所述，上海市浦东滨江河岸不同类型冬季滨水空间中，植物空间测点的 PMV、PET、SET 均高于硬质空间测点。各空间测点的相对湿度差异性不明显，其中开敞空间测点的风速最大。相对于其他空间，受访者在绿地中的人体感觉更舒适。其中，冬季草地空间测点的空气温度、太阳辐射、PMV、PET 和 SET 均高于乔灌草空间测点。因此，冬季滨水空间中，受访者在草地空间中人体感受最舒适。

参考文献

[1] HATHWAY E A, SHARPLES S. The interaction of rivers and urban form in mitigating the Urban Heat Island effect: a UK case study[J]. Building and Environment, 2012, 58: 14-22.

[2] 彭保发，石忆邵，王贺封，等. 城市热岛效应的影响机理及其作用规律：上海市为例[J]. 地理学报，2013，68(11)：1461-1471.

[3] CHEN L, NG E. Outdoor thermal comfort and outdoor activities: a review of research in the past decade[J]. Cities, 2012, 29: 118-125.

[4] LIU W, ZHANG Y, DENG Q. The effects of urban microclimate on outdoor thermal sensation and neutral temperature in hot-summer and cold-winter climate[J]. Energy and Buildings, 2016, 128: 190-197.

[5] PERINI K, MAGLIOCCO A. Effects of vegetation, urban density, building height, and atmospheric conditions on local temperatures and thermal comfort[J]. Urban Forestry and Urban Greening, 2014, 13: 495-506.

[6] TALEGHANI M, KLEEREKOPER L, TENPIERIK M, et al. Outdoor thermal comfort within five different urban forms in the Netherlands[J]. Building and Environment, 2015, 83: 65-78.

[7] 林波荣，李莹，赵彬，等. 居住区室外热环境的预测、评价与城市环境建设[J]. 城市环境与城市生态，2002，15(1)：41-43.

[8] 李华. 人体热舒适性在城市规划领域的研究综述[J]. 四川建筑，2014，34(5)：48-50.

[9] Yang B, Olofsson T, Nair G, et al. Outdoor thermal comfort under subarctic climate of north Sweden: a pilot study in Ume

[10] Sustainable Cities and Society, 2017, 28: 387-397.

[11] Rupp R F，Vsquez N G，Lamberts R. A review of human thermal comfort in the built environment [J]. Energy and Buildings，2015，105：178-205.

[12] Robitu M，Musy M，Inard C，et al. Modeling the influence of vegetation and water pond on urban microclimate[J]. Solar Energy，2006，80：435-447.

[13] PICOT X. Thermal comfort in urban spaces：impact of vegetation growth. Case study：Piazza della Science，Milan，Italy[J]. Energy and Buildings，2004，36：329-334.

[14] Cohen P，Potchter O，Matzarakis A. Daily and seasonal climatic conditions of green urban open spaces in the Mediterranean climate and their impact on human comfort[J]. Building and Environment，2012，51：285-295.

[15] 李俊鸽，杨柳，刘加平. 夏热冬冷地区人体热舒适气候适应模型研究[J]. 暖通空调，2008，38(7)：23-26.

[16] 刘滨谊，梅欹，匡纬. 上海城市居住区风景园林空间小气候要素与人群行为关系测析[J]. 中国园林，2016，32(1)：5-9.

[17] 吴志丰，陈利顶. 热舒适度评价与城市热环境研究：现状、特点与展望[J]. 生态学杂志，2016，35(5)：1364-1371.

[18] 安玉松，于航，王恬，等. 上海地区老年人夏季室外活动热舒适度的调查研究[J]. 建筑热能通风空调，2015，34(1)：23-26.

[19] 曾光，田永铮，赵华，等. 环境因素及综合因素对PMV指标的影响分析[J]. 建筑节能，2007，35(3)：11-16.

[20] Gmez F，Cueva A P，Valcuende M，et al. Research on ecological design to enhance comfort in open spaces of a city (Valencia，Spain). Utility of the physiological equivalent temperature (PET) [J]. Ecological Engineering，2013，57：27-39.

作者简介

黄洒薇，1995年生，女，壮族，广西，同济大学建筑与城市规划学院景观学系在读研究生，研究方向为风景园林规划设计、景观视觉评价。电子邮箱：hsasasalv@126.com。

刘苏燕，1994年生，女，汉族，福建，同济大学建筑与城市规划学院景观学系在读研究生，研究方向为风景园林规划设计。电子邮箱：977824914@qq.com。

不同类型滨水空间冬季小气候物理因子及人体热舒适度分析——以上海市浦东滨江为例

亚热带地区都市型滨水绿道夏季微气候效应与热舒适情况研究

——以广州东濠涌绿道为例[①]

Study on Microclimate Effect and Thermal Comfort of Urban Waterfront Greenway in Subtropical Region in Summer：

Taking Donghao Creek Greenway of Guangzhou City as Example

梁　策　黄钰婷　吴隽宇 *

摘　要：绿道作为城市绿道系统中的一部分，是城市中重要的开放空间类型，对缓解全球气候变暖、热岛效应等气候问题至关重要，本文选择亚热带地区都市型滨水绿道作为研究对象，以广州市东濠涌绿道为例，采用流动观测法，对其夏季微气候效应进行定量研究，并从时空角度阐释绿道的微气候效应变化情况，结合热舒适问卷调研数据，探究各微气候表征因子对热感觉及舒适度的影响，对营造舒适的夏季城市绿道空间、提升城市人居环境有一定借鉴意义。

关键词：微气候效应；绿道；热感觉；舒适度

Abstract：As part of the urban green system, greenway is the important type of open space in a city. It's crucial to alleviate climate problems such as global warming, heat island effect. In this paper, the urban waterfront Greenway in subtropical area is selected as the research object, and the Donghao Creek Greenway in Guangzhou is taken as an example to quantitatively study the microclimate effect in summer by using the flow observation method, and the microclimate effect changes of the greenway are explained from the perspective of time and space. Combined with the survey data of thermal comfort questionnaire, the influence of each microclimate characterization factors on thermal feeling and comfort is explored. It has certain reference significance to create comfortable urban greenway space and improve urban living environment in summer.

Key words：Microclimate Effect；Greenway；Thermal Sensation；Comfort Level

随着城市化快速推进，气候问题日益恶化，与人类活动关系最为密切的"微气候"一词不断被提及，即较小范围内的近地气候状况，具有较强的地域性和可塑性，时常被风景园林领域用来作为空间营造的依据。因此，近几十年来，国内外风景园林学者对于微气候的研究不断深入，集中在城市街区、城市公园、居住区外部环境、城市广场等空间类型，并着重通过探讨户外空间、绿化植被、人群活动三者及微气候效应之间的交互关系研究不同空间环境下的微气候变化机理和改善策略[1]。

微气候作为人居环境品质的重要影响因素，基于微气候角度探讨景观环境的设计理念越发被人重视，而微气候营造的依据和标准是人体舒适度。舒适度包括热舒适、视觉舒适以及嗅觉、听觉舒适，且含有历史、地理、文化、人种等综合的原因，其中热舒适对人体影响最大[2]，因此微气候效应与其热舒适情况之间的关系一直是国内外关注的热点。

而绿道，尤其是都市滨水型绿道作为一种狭长的线性空间模式，能够在有效利用城市废弃地的同时，结合城市河流资源构建城市绿色网络体系，促进城市公共空间的利用以提升城市户外生态环境的品质[3]，为城市居民提供慢行活动的主要场所，是一种适应我国目前城市化发展的韧性景观，对城市气候的改善也有着重要意义。过往与绿道相关的研究，以其功能研究、规划与设计评价、建设及管理[4-6]等方面为主要探究的方向。针对绿道的气候效应方面的研究较少，且以城市尺度的通风廊道[7]研究为主，缺少基于中观乃至微观尺度的气候研究。

因此，针对绿道微气候的研究具有重要的理论指导意义，有助于在微观层面阐释滨水绿道形成微气候效应，能够更真实地反映城市居民对绿道气候的体验和感受。而作为地处我国东南沿海亚热带气候区的诸多城市，在全球气候变暖的大环境下，夏季高温现象频发，致使人们户外活动的舒适度大大降低。基于此，本研究选择夏季极端气候频发的亚热带地区都市型滨水绿道为研究对象，以东濠涌绿道为例，采用流动观测法结合热舒适问卷调研的手段，摒弃传统定点测量的方式，避免点状数据向面域结果拟合过程中产生的误差，动态记录研究范围内绿道各段的微气候数据，与相应的地理信息数据拟合为微气候效应图，揭示绿道微气候因子的变化规律。同时结合

①　基金项目：国家自然科学基金（编号 51978274）。

测试路线中各段落的热舒适问卷数据，对各微气候因子与热感觉、舒适度进行关联性分析，研究绿道的微气候效应及热舒适情况，从量化的角度为未来的绿道实践工程提供相应的理论指导。

1 现场实测

1.1 测试对象介绍

测试场地东濠涌位于广州市内，属于亚热带季风气候区，年平均气温 24～30℃，4～6 月为雨季，7～9 月为高温天气，高温天气一般日间温度可达 32℃，相对湿度可达 80%～90%，年降雨量 2500mm，辐射强度可达 930～1045W/m²。

东濠涌原为明末清初的护城河，据《广州府志》记载："绕城东者，自小北门桥下起，过天关，南过正东门桥，又南过东水关，又南达于江，是曰东濠。"东濠古称文溪，明成化三年引东濠水绕城而过，直出珠江。今日的东濠涌源于白云山南麓麓湖，其自北而南贯穿城区，全长约 4.5km，东风路以南的明涌长 1.9km，东风路以北至麓湖路之间的暗涌长 2.6km。

历史上，东濠涌具有城市防御、排洪泄污及交通运输等多重功能。其水质良好，是当时广州居民的主要供水渠之一。民国时期，濠涌航运作用逐渐减弱以至消失，只保留排水泄洪的功能。同时，由于久不清疏和居民侵占，濠涌日渐浅窄，水流不畅，如遇暴雨兼涨潮，宣泄不及，导致洪涝。1949 年以后，为解决旧城交通堵塞问题，政府对环市路、解放路和东濠涌等进行"两纵三横"的全面改造，于 1993 年建成现在的东濠涌双层高架道路，以疏导广州 CBD 地区与旧城的南北交通，随后为解决麓湖污染问题，东濠涌成为排污纳污的主体。2009 年起，东濠涌作为广州市河涌整治工程的一部分逐步被改造，通过从珠江下游调水补水与在上游增设净水厂的方式，显著地提高了河涌内的水质。与此同时，将东濠涌两侧大量建筑质量较差、受高架桥快速交通影响严重的建筑拆除，改造为沿东濠涌两侧分布的公共绿地。2010 年 2 月，广东省出台了《珠江三角洲绿道网总体规划纲要》，东濠涌纳入省立绿道一号线范围内。

时至今日，东濠涌已成为广州乃至广东省典型的绿道都市滨水型建设范例，全段上层以高架充当顶层，下侧为河涌，沿岸两侧为景观步道，多处活动场地及景观节点穿插其中。

1.2 测试内容

亚热带湿热地区在夏季即 6～9 月气候极端现象最为频繁，因此本文以夏季典型气象日条件为参照，选取 2018 年 8 月 4～5 日、2019 年 8 月 24～25 日进行测试，以温度、湿度、风速、太阳辐射为典型气候因子进行测量。考虑使用频率及极端气候因素，在 4 个时间段（8：00～8：30；11：00～11：30；14：00～14：30；17：30～18：00）内进行微气候实测。每次测试时间约为 30min，测试仪器每隔 2s 记录一次数据。

本研究范围选取东风东路至越秀南路上的东濠涌绿道约 1.5km 进行实测研究，采用实地观测法对沿河两侧的绿道线路进行考察，同时利用流动观测法进行步行状态的微气候物理参数及地理信息数据采集。

以横贯绿道的各街道为主要依据划分各段落，将测量路线全段落共划分 A-C 3 部分，每段再依据段落距离进行各自等分。东濠涌自 A-C 段共 7 段落（图 1）。A 段共分 A-1，A-2 两部分。A-1 位于测量起始部位，西侧临近东濠涌高架入口，南侧紧邻东濠涌博物馆，场地内东侧为下沉式广场，并配有喷泉、跌水池等水景（图 2、图 3）。A-2 段处于疏林草地范围，东侧紧邻东濠涌高架，其下为河涌流淌。实测路线位于河涌与疏林草地交界边缘处，并随后沿过街天桥步入 B 段（图 4、图 5）。

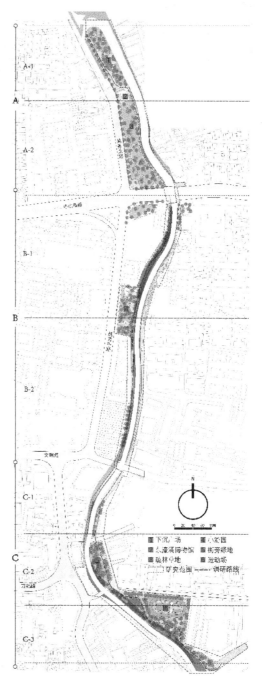

图 1 东濠涌 A-C 段剖面图

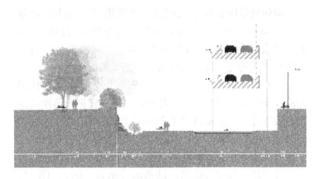

图 2　东濠涌 A-1 段剖面图

图 3　东濠涌 A-1 段现状

图 4　东濠涌 A-2 段剖面图

图 5　东濠涌 A-2 段现状

B 段分为 B-1、B-2 两部分。B-1 段位于东濠涌高架与西侧建筑围挡夹缝处，空间感十分局促，顺受测路线南走进入小游园范围，也是 B 段唯一的面状开放空间（图 6、图 7）。随后进入 B-2 范围，相较于 B-1 而言整体空间感较为相似，西侧为建筑隔挡，东侧则紧邻高架。整段植被栽植情况以列植乔木为主，其中 B-2 多处地域没有植被栽植（图 8、图 9）。

C 段共 C-1，C-2，C-3 三部分，C-1 处于商业建筑与河涌高架交界处（图 10、图 11），C-2 起始为小型改革开放绿地，绿量逐渐增大，植被栽植结构也更加复合化（图 12、图 13）。C-3 段为 1 处小型公园，其内布置有各类球场、慢跑道等健身设施。西侧与高架有一定距离，其间为丛植的各式植被，并架设栈道穿行（图 14、图 15），绿道顺南侧滨河步行街延展。

图 6　东濠涌 B-1 段剖面图

图 7　东濠涌 B-1 段现状

图 8　东濠涌 B-2 段剖面图

图 9　东濠涌 B-2 段现状

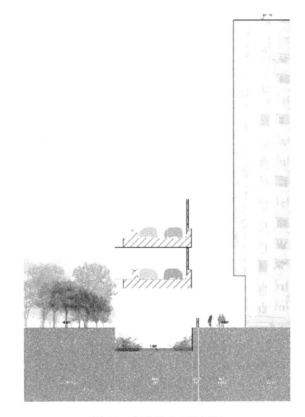

图 10　东濠涌 C-1 段剖面

图 11　东濠涌 C-1 照片

图 12　东濠涌 C-2 段剖面

图 13　东濠涌 C-2 照片

图 14　东濠涌 C-3 段剖面

图 15 东濠涌 C-3 照片

1.3 测试方法

本测试选择流动观测法进行微气候数据的获取。流动观测法最早起源于城市气象学界关于城市热岛的研究。W. Schmidt 等首先用汽车对城市温度场进行动态观测[8]；随后 Sundburg 率先提出"流动观测（Mobile Survey）"这一说法在 Uppsala 进行了热岛强度的测试[9]。此后，流动观测在新加坡[10]、日本[11]、德国[12]、美国[13]等各个国家都有所应用。在我国，李爱贞等[14]在济南市利用流动观测研究了太阳辐射强度；严平使用流动观测辅助测量合肥市热岛强度及绿化的气候效益[15]；郭勇使用流动观测研究了北京市区不同下垫面对城市气候的影响。在风景园林领域，周烨率先使用了流动观测法对寒地公园的健身步道进行了观测，并就植被、地形、水体等具体要素与微气候效应的关系进行了总结梳理[16]。

总体而言，流动观测法能够有效弥补城市气象观测站点不足导致的热岛效应研究误差，并很好地反映街区内的热岛效应现状[17]，便于分析城市温度场断面。而在风景园林空间尺度下，流动观测法可以更佳准确地反映人们游览过程中面临的微气候状况，尤其是以步行为主体的慢行活动，与流动观测法的测试方式恰好一致，而以往定点测量的方式，往往局限于面状区域，对于线性空间适用性一般。因此，本文后续研究采用流动观测法进行实测研究。

1.4 测试仪器

本实验采用仪器如表 1 所示，实验采用 kestrel-5000 进行温度、湿度、风速的参数测量，采用泰仕 TES-132 进行太阳辐射的测量，采用集思宝 G138BD 进行地理信息参数的采集，各仪器设定为 2s 一次数据自动记录。同时，采用 GIS office 进行后续地理信息数据的整理，采用 SPSS 进行问卷结果的统计，并利用 Rhino&Grasshopper 平台进行最终微气候数据和地理信息数据的拟合。

实测仪器选择 表 1

	设备/软件	型号/版本	基本功能/精度
地理信息数据采集	集思宝 GPS 定位仪	G138BD	数据采集：用于记录路径点，定位精度单位<2～5m
微气候数据采集	泰仕太阳辐射测量仪	TES-132	按照设定的时间间隔采集太阳辐射数据
	美国 kestrel 气象仪	NK-5000	按照设定的时间间隔记录温度、湿度、风速值温度：测量精度±0.3℃；湿度：±2%；风速：±3%
数据处理	GIS office		依据时间间隔自动采集地理坐标；移动线路的空间显示；dwg 平台转换
	SPSS	22	问卷结果分析
	Rhino&Grasshopper	Rhino6&Grasshopper1.0	将微气候数据与空间数据进行拟合及建模分析

2 测试结果与分析

2.1 东濠涌微气候效应分析

2.1.1 温度效应分析

由图 16、图 17 看出，4 个测试时间段内温差范围在 28℃～35℃之间，从时间上来看，温度在各个时间段内的测量值由早至晚逐渐增大，早 8：00～8：30 测试时间段内，温度阈值范围 28～31℃，11：00～11：30 及 14：00～14：30 测试时间段内，温度阈值差距不大，在 30.5～33℃范围，傍晚 17：30～18：00 温度阈值范围 32.5～34.5℃。其中温度最高值产生于傍晚 17：00～18：00 的 A-2 段与 B-1 段交界处，为 34.5℃，温度最低值产生于早 8：30～9：00，C-3 段中心处。从空间上考虑，由 A 段至

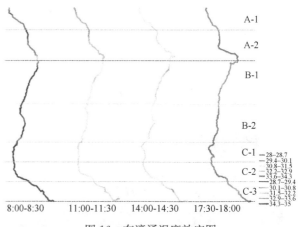

图 16 东濠涌温度效应图

C 段，温度一天中的平均值呈现缓慢下降的趋势，就 A 段而言，由 A-1 至 A-2 呈现逐渐增温的趋势，就 B 段而

言，由 B-1 至 B-2 呈现先降后升的趋势，就 C 段而言，由 C-1 至 C 3 呈现先降后升的趋势。

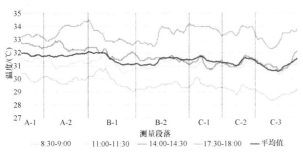

图 17 东濠涌温度统计图

2.1.2 湿度效应分析

由图 18、图 19 看出，4 个测试时间段内湿度范围主要在 55％～90％之间，从时间上考虑，湿度由早到晚呈现逐渐下降的规律，早 8：00～8：30 湿度阈值在 76％～90％范围，11：00～11：30 及 14：00～14：30 湿度阈值差距不大，在 68％～78％范围，17：30～18：00 阈值范围 55％～65％，其中湿度最大值产生于早 8：00～8：30 C-3 段落，为 90％，湿度最低值产生于 17：30～18：00 C-1/C-2 段落，为 56％。在空间方面，由 A-C 平均值变化可知总体趋势呈现缓慢上升的状态，就 A 段而言，由 A-1 至 A-2 呈现先降后升趋势，就 B 段而言，由 B-1 至 B-2 呈现先升后降趋势。就 C 段而言，由 C-1 至 C-2 呈现先升后降趋势，由 C-2 至 C-3 呈现先升后降趋势。

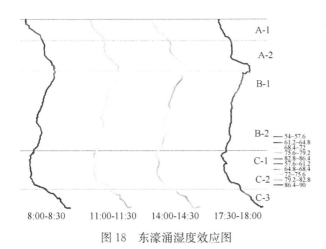

图 18 东濠涌湿度效应图

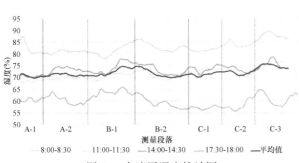

图 19 东濠涌湿度统计图

2.1.3 风速效应分析

由图 20、图 21 看出，4 个测试时间段内风速总体阈值范围处于 0～2.5m/s，从时间角度来看，一天中并无明显变化趋势，就空间角度来看，虽然各段在 4 个时间段时间内均有所差异，但就平均值的总体变化趋势而言差距不大，恒定在 1m/s 上下浮动。

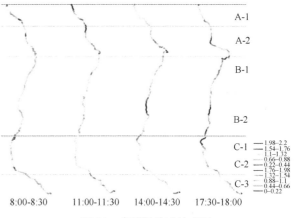

图 20 东濠涌风速效应图

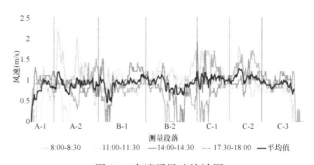

图 21 东濠涌风速统计图

2.1.4 太阳辐射效应分析

太阳辐射值方面，从图 22、图 23 看出，东濠涌绿道太阳辐射范围为 0～400W/m²，从时间角度考虑，由早至晚太阳辐射阈值没有出现明显的增减变化，但就个别时间段而言呈现突变现象。如 8：00～8：30 相较于其余时间段呈现一天中最大的辐射值，高达 400W/m²。一天中最低辐射值 0W/m²，4 个时间段均有此数值。从空间角度考虑则较为复

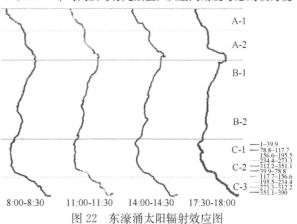

图 22 东濠涌太阳辐射效应图

杂，由 A-C 段出现多种变化，就平均值总体趋势的变化而言，在 A-1 至 B-1 范围内阈值变化较大，在 B-2 至 C-3 范围阈值变化差异较小，但变化趋势不稳定，在 A-1、A-2、B-1、B-2、C-2、C-3 多次出现数据峰值。

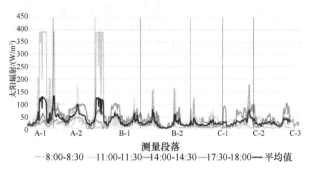

图 23　东濠涌太阳辐射统计图

2.2　热舒适问卷结果分析

在实测数据的同时，对绿道的使用人群进行热舒适问卷调查，共发放 200 份问卷，有效问卷 188 份。本文采用 IBM SPSS STATISTICS 22.0 软件，对问卷基本情况进行分析。问卷设计主要分两部分，第一部分针对受测者基本情况进行调研，包含性别、年龄、活动类型、常来时间段、吸引因素等情况。第二部分针对受测者热感觉、舒适度、各微气候表征因子感受情况及接受程度进行调研。热感觉共分"热""暖""微暖""中性""微凉""凉""冷"共 7 级，舒适度共分"舒服""稍不舒服""不舒服""极不舒服" 4 个级别。对各微气候因子感受状态而言，共分"强""有点强""适中""有点弱""很弱" 5 个级别，接受程度共分"完全接受""刚刚接受""刚刚不接受""完全不接受" 4 个级别。通过各项问题，在了解使用者基本信息的情况下，着重探讨夏季典型气象日条件下使用者在绿道上热感觉、舒适度及对各项微气候表征因子感受度的研究。

2.2.1　热感觉及舒适度总体结果分析

总体来看，由图 24 可看出，舒适度在一天中以"稍不舒适"为主要表现（61.4%），次要表现经过"舒适""不舒适""舒适"的整体变化。在段落分布上，A1 出现较高比例"舒服"（26.5%）的情况，B1、C2、C3 则出现了较高比例"不舒适"的情况（33.3%/20.5%/19.4%）。相较于其他段落，A2 结果展现情况相对复杂，在出现高比例"舒服"（31.8%）的同时，也有部分人选择"不舒服"乃至"极不舒服"的情况。对于热感觉而言，由图 25 可看出，总体以"热"（54%）为主要表现，次要表现经过"中性""暖""中性""微暖"的变化。在段落分布上，整体以"热"为主要表征，其中 B 段相较于其他段落未出现"热"的情况，以"暖""微暖"为表征状态，A 段及 C3 段则出现较为罕见的"微凉"情况。

对热感觉及舒适度进行后续的分析统计，可以发现一天之中热感觉及热舒适的对应关系发生了较大的变化（图 26）。在对"热"这一热感觉的舒适度衡量方面，人

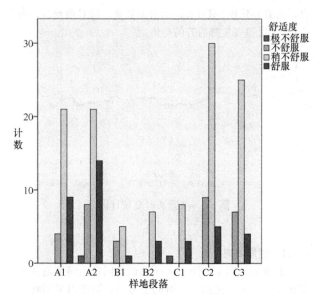

图 24　东濠涌舒适度统计图

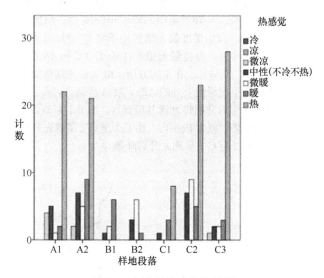

图 25　东濠涌热感觉统计图

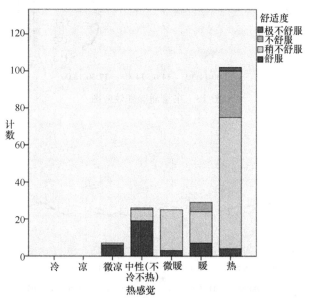

图 26　东濠涌热感觉—舒适度统计图

们有着较大的包容和差异性，从"极不舒适"到"舒适"，"热"能够在一天之中跨越 4 个尺度代表人们的舒适程度。最大的变差情况产生在早 8：00～11：00，涵盖从"极不舒适"至"稍不舒适" 3 个尺度。其次是"暖"及"中性"，在一天中可以由"不舒适"～"舒适" 3 个尺度进行转变，两者最大的反差情况也发生在早晨这一时间段。在其余的热感觉界定结果方面，总体比较清晰，"微暖"主体与"稍不舒适"对应，"中性"及"微凉"的界定方面，主体则对应"舒适"。

2.2.2 微气候因子与热感觉、舒适度统计分析

对问卷结果展示的针对风速、温度、湿度、太阳辐射 4 项表征因子的感受程度与热感觉、舒适度进行统计学分析，采用统计学参数检验方式判断 4 项因子中对热感觉、舒适度影响力最强的因子。在 SPSS 中分别对温度、湿度、风速、太阳辐射与热感觉、舒适度进行平均值比较分析（表2～表9）。

东濠涌热感觉—风速统计表 表 2

			平方和	自由度	均方	F	显著性
热感觉＊风速	组之间	（组合）	11.356	3	3.785	2.478	.063
		线性	9.533	1	9.533	6.242	.013
		线性偏差	1.823	2	.911	.597	.552
	组内		282.559	185	1.527		
	总计		293.915	188			

东濠涌热感觉—温度统计表 表 3

			平方和	自由度	均方	F	显著性
热感觉＊温度	组之间	（组合）	58.407	3	19.469	15.294	.000
		线性	44.371	1	44.371	34.855	.000
		线性偏差	14.037	2	7.018	5.513	.005
	组内		235.508	185	1.273		
	总计		293.915	188			

东濠涌热感觉—湿度统计表 表 4

			平方和	自由度	均方	F	显著性
热感觉＊湿度	组之间	（组合）	4.915	5	.983	.623	.683
		线性	.934	1	.934	.591	.443
		线性偏差	3.982	4	.995	.630	.641
	组内		289.000	183	1.579		
	总计		293.915	188			

东濠涌热感觉—太阳辐射统计表 表 5

			平方和	自由度	均方	F	显著性
热感觉＊太阳辐射	组之间	（组合）	20.763	4	5.191	3.497	.009
		线性	16.149	1	16.149	10.878	.001
		线性偏差	4.614	3	1.538	1.036	.378
	组内		273.152	184	1.485		
	总计		293.915	188			

东濠涌舒适度—风速统计表 表 6

			平方和	自由度	均方	F	显著性
舒适度＊风速	组之间	（组合）	6.934	3	2.311	6.025	.001
		线性	5.093	1	5.093	13.273	.000
		线性偏差	1.842	2	.921	2.400	.094
	组内		70.981	185	.384		
	总计		77.915	188			

东濠涌舒适度—温度统计表 表7

			平方和	自由度	均方	F	显著性
舒适度 * 温度	组之间	(组合)	7.860	3	2.620	6.919	.000
		线性	5.631	1	5.631	14.870	.000
		线性偏差	2.229	2	1.115	2.944	.055
	组内		70.055	185	.379		
	总计		77.915	188			

东濠涌舒适度—湿度统计表 表8

			平方和	自由度	均方	F	显著性
舒适度 * 湿度	组之间	(组合)	4.677	5	.935	2.337	.044
		线性	.023	1	.023	.057	.811
		线性偏差	4.654	4	1.164	2.907	.023
	组内		73.238	183	.400		
	总计		77.915	188			

东濠涌舒适度—太阳辐射统计表 表9

			平方和	自由度	均方	F	显著性
舒适度 * 太阳辐射	组之间	(组合)	3.145	4	.786	1.935	.106
		线性	1.896	1	1.896	4.666	.032
		线性偏差	1.249	3	.416	1.025	.383
	组内		74.770	184	.406		
	总计		77.915	188			

由表2~表9可以看出，对于热感觉这一衡量标准而言，风速、湿度的组间显著性大于0.05，说明不同风速、不同湿度的组合并未对热感觉产生明显差异，而温度、太阳辐射组间显著性小于0.05，具备明显差异性，可以得知，在4个表征因子中，温度、太阳辐射对热感觉标准起到了较大的影响作用。针对舒适度与4大表征因子而言，风速、温度组间差异性小于0.05，说明不同风速、不同温度的组合对舒适度而言具备明显影响力，而湿度、太阳辐射组间差异性大于0.05，说明两者对舒适度并未起到明显影响效果。由此可以得知，温度是影响热感觉、热舒适的主要表征因子，而湿度在本次东濠涌问卷调研过程中对使用者热舒适及热感觉起到的作用较小。

3 讨论

本研究将东濠涌绿道的夏季微气候效应特征与实测时段内发放的热舒适问卷结果进行对比分析后发现，在4项实测微气候表征因子中，温度、风速和太阳辐射对使用人群热感觉、舒适度的都有一定影响且温度因子最为关键，而湿度的影响较小。其中温度、太阳辐射与热感觉呈正相关，与舒适度呈负相关，而风速刚好相反。

在对东濠涌绿道的微气候效应研究中可以发现，就时间而言，日间温度（8∶30~18∶00）整体呈从早到晚上升的趋势，日间风速整体呈较为稳定的阈值，而太阳辐射各时间段的平均值差异较小但就个别时间点易出现突变的现象。而对于空间来说，温度、风速和太阳辐射受周边环境要素如空间开放度、水体状况、植被量的影响较大。空间开放程度高，邻近水体面积大及植被量丰富的情况下，日间环境温度相对较低，风速较大且太阳辐射较低，使用人群的热感觉不明显，舒适度高。

因此在对夏季城市绿道微气候营造实践中，除了通过调整景观要素类型及其布局以降低环境温度是设计需要考虑的主要方向之外，环境风速与太阳辐射也是不可忽略的考虑要素。通过景观手段调节绿道微气候系统中的各个因子并形成良性循环是未来研究的关键：通过增强风速和减弱太阳辐射以达到降低温度的效果，而温差的变化同时会提高环境风速，提升使用人群的舒适度。此外，针对温度因子的设计还需特别考虑日间的温度变化，增强景观介入手段的分时可变性和环境适应性。

4 结语

本文采用流动观测数据与地理信息拟合的方式研究亚热带地区绿道的夏季微气候效应特征，揭示了微气候表征因子中影响人群热舒适的最关键因子——温度，不仅弥补了定点测量对线性空间研究的不足，还补充了微气候理论研究体系中针对绿道这一空间类型的微气候研究，为进一步调节绿道景观形态提供了重点优化方向。

综上所述，在对影响城市绿道微气候效应的要素如空间、水体、植物的设计和布局中，重点关注其对温度的调节机制，并结合一定的遮阳、通风等设计策略可以有效改善亚热带地区夏季城市绿道的热环境状况，提升使用

城市公共空间与健康生活

人群的舒适度。

参考文献

[1] 庄晓林，段玉侠，金荷仙. 城市风景园林小气候研究进展[J]. 中国园林，2017，33(4)：23-28.

[2] 陈睿智，董靓. 湿热气候区风景园林微气候舒适度评价研究[J]. 建筑科学，2013，29(08)：28-33.

[3] Little C. Greenways for American[M]. Baltimore：Johns Hopkins University Press，1990. 7-20.

[4] 周年兴，俞孔坚，黄震方. 绿道及其研究进展[J]. 生态学报，2006，26(9)：3108-3116.

[5] 罗琦，许浩. 绿道研究进展综述[J]. 陕西农业科学，2013，59(2)：127-131.

[6] Smith D S. An overview of greenways：their history，ecological context，and specific functions.

[7] Smith D S ed. Ecology of greenways[M]. Minneapolis：University of Minnesota Press，1993，1-21.

[8] 董韶伟. 重庆市下垫面热效应及城市热岛效应的流动观测研究[D]. 重庆：重庆大学，2007.

[9] Sundborg A. Climatological studies in Uppsala with special regard to the temperature conditions in thr urban area[J]. Geographica 22，1951. Geographical Institute of Uppsala.

[10] Wong N H，Yu C. Study of green areas and urban heat island in a tropical city[J]. Habitat International，2005，29(3)：547-558.

[11] Shuji Y. Detailed structure of heat island phenomena from moving observations form electric tram-cars in metropolitan Tokyo[J]. Atmospheric Environment，1996，30(3)：429-435.

[12] Kuttler W. M.，Barlag A. B. Study of the Thermal Structure of a Town in a Narrow Valley[J]. Atmospheric Environment，1996，30(3)：365-378.

[13] Sun C Y，Brazel A J，Chow W T L，et al. Desert heat island study in winter by mobile transect and remote sensing techniques[J]. Theoretical and Applied Climatology，2009，98(3)：323-335.

[14] 李爱贞，牟际望. 城市晴日太阳辐射的空间变化[J]. 城市环境与城市生态，1994(1)：26-30.

[15] 严平，杨书运，王相文等. 合肥城市热岛强度及绿化效应[J]. 合肥工业大学学报自然科学版，2000，23(3)：348-352.

[16] 周烨. 寒地城市公园健身步道春季微气候效应研究[D]. 哈尔滨：哈尔滨工业大学，2017.

[17] 王志浩. 山地城镇热岛特征与测评方法研究[D]. 重庆：重庆大学，2012.

作者简介

梁策，1996年6月生，男，汉族，山东省泰安市，华南理工大学建筑学院风景园林系硕士研究生，绿道建成环境规划与评估、生态系统服务价值评估研究。电子邮箱：llccbb22@163.com。

黄钰婷，1998年3月生，汉族，浙江省诸暨市，华南理工大学建筑学院风景园林系在读硕士研究生，绿道建成环境规划与评估、生态系统服务价值评估研究。电子邮箱：784428755@qq.com。

吴隽宇，1975年10月生，汉族，广东省广州市，博士，亚热带建筑科学国家重点实验室、广州市景观建筑重点实验室，华南理工大学建筑学院副教授，绿道建成环境规划与评估、生态系统服务价值评估研究。电子邮箱：wujuanyu@scut.edu.cn。

亚热带地区都市型滨水绿道夏季微气候效应与热舒适情况研究——以广州东濠涌绿道为例

寒地城市社区绿地人群社交距离调查与分析[①]

Investigation and Analysis of Social Distance of in Urban Green in Cold Region

贾佳音　朱　逊[*]　胡秋月

摘　要：2019 年年末，新型冠状病毒肺炎（COVID-19）疫情暴发并在全国迅速蔓延，人民群众的人际交往和社交活动受到严重阻碍。本文选择哈尔滨市 3 处社区绿地作为样本，通过行为观察法了解城市社区绿地人群活动社交距离，通过比较人群活动类型和不同社区绿地规模对社交距离的影响，发现绿地规模对社交距离影响较大，同一活动类型社交距离基本相同，不同活动时段社交距离基本相同；近距离亲密社交活动发生在有构筑物的空间，中远距离社交活动发生在开阔场地。

关键词：风景园林；社交距离；社区绿地；绿地规模；行为观察

Abstract: At the end of 2019, the new crown pneumonia (COVID-19) epidemic broke out and spread rapidly across the country, posing a serious threat to the people's interpersonal communication and social activities. This paper selects three community green spaces in Harbin as a sample to understand the social distance of urban community green space crowd activities through behavioral observation. By comparing the type of crowd activity and the impact of different community green space scales on social distance, it is found that the scale of green space has a greater impact on social distance. The social distance of the same type of activity is basically the same, and the social distance of different activity periods is basically the same; close and intimate social activities take place in a structured space, and medium and long—distance social activities take place in open spaces.

Key words: Landscape Architecture; Social Distance; Community Green Space; Green Space Scale; Behavior Observation

社区绿地作为重要的绿色基础设施，是公众日常生活中不可或缺的公共空间环境，对于人群社会交往具有重要的作用[1]。新型冠状病毒肺炎（COVID-19）疫情期间，阻碍了正常的人群社交活动，而科学分析和正确认识社区绿地的性质和功能，是制订后疫情时代社区绿地运行管理策略的基础，对疫情防控和恢复人群社交场所的设计具有积极意义。社区绿地是城市中绿色、有生命的基础设施，具有改善生态、提供休憩空间、塑造景观风貌、避险减灾和文化科普等基本功能[2]。寒地城市冬季寒冷，冬季人们会减少户外活动，增加了产生心理、生理疾病的可能[3]。以哈尔滨为代表的寒地城市社区绿地因为气候特征的影响，普遍具有环境质量较差、环境品质不高、环境景观单调的现状问题[4]。

国内外众多学者在 100 多年前开始研究社交距离测量方法。1992 年 Emory Bogardus 出版了《社会思想史》，社会科学家中出现了使用社会调查和统计分析来描述社会的现象。Bogardus 指出，将社会调查与适当的统计分析相结合可能会得出对于社会生活的重要阶段的种种看法。1933 年，在他的下一本书《四十年的社会距离研究》中，他回顾自己的工作并指出自己在使用社会距离量表和其他方面的成就。正如 Brein 和 Ryback（1971 年）所报道的那样，许多其他学者利用社会距离量表来测量各种各样的社会距离现象[5]。在他的书中，社会距离被定义为个人愿意与自己所在群体之外的其他人互动或相处的程度[6]。他的社会距离量表要求受访者指出自己与他人之间的社会距离[7]。Bogardus 对社会距离的测量一直是对社会各个阶层、职业、宗教、性别、年龄和种族进行无数研究的出发点，他的量表在国内外的许多不同的社交环境和文化中都可以找到。在各种不同的应用中，Bogardus 社交距离量表仍然是最具有影响力的且被广泛应用，这是学术界对其优点的生动见证[5]。

自从 Bogardus 在 1925 年建立社会距离量表以来，还出现了许多关于社会距离及其影响因素的研究。Sherif & Sherif 总结了许多关于社会距离和相关问题的研究结果，Dodd、Prothro 和 Melikian、Prothro 和 Miles、Gray、Thompson 和 Spoerl 的研究也得出了一些重要的结论[8]。社交距离是评估已经被应用于各个学科的测量个人之间的亲密程度的重要工具，并且已经在多个领域得到了应用[9]。本文选取了 3 个社区绿地进行调查分析，对人群社交距离以及活动类型进行行为观察，以期能够为寒地城市社区绿地的设计提供一定的参考。

1　研究概要

1.1　调研样地

本文选取哈尔滨市的 3 个社区绿地（北秀广场、开发区景观广场、宣庆小区花园）作为观察样本。北秀广场位于哈尔滨市南岗区，周围分布多个居住区，人口密度较大，附近商业服务设施较为发达。场地内分布多种健身设

① 基金项目：黑龙江省政府博士后资助项目（编号 LBH-Z17078）；黑龙江省高等教育教学改革一般研究项目（编号 SJGY20190207）共同资助。

施及休憩设施，广场四周为城市道路交通便利。开发区景观广场位于长江路和鸿翔路交叉口处，周边为大量的居住小区，同时其东侧为哈尔滨市著名的标志性建筑——龙塔。宣庆小区花园位于开发区宣庆社区，周边为市中心繁华地段，配置齐全、绿化覆盖高、安静舒适、小区临近开发区景观广场。

图1　北秀广场、开发区景观广场、宣庆小区花园位置及周边关系图

1.2　调研时间和方法

调研在晴朗天气进行，记录人群活动社交距离以及活动类型。北秀广场选择了2020年9月29日（周二），宣庆小区花园选择了2020年9月30日（周三）、10月2日（周五），开发区景观广场选择了2020年9月30日（周三）、10月2日（周五），进行调研。根据人群活动聚集时间，将一天分为5个时间段（7：00～8：00、9：00～10：00、14：00～15：00、16：00～17：00和18：00～19：00）进行调查。

本文采用的研究方法主要为行为观察法，观察并记录人群在不同社区绿地行为活动类型以及社交距离，为空间环境合理的规划设计提供有力保证[10]。行为观察法被广泛运用到社区绿地中使用者的行为调查中，能够了解不同人群在不同时间、空间下的行为差异。调研中观察人群在各个社区绿地中各时间段中的社交距离、活动类型、行为人数，用不同的符号和颜色代表不同行为活动类型，采用现场记录与快速拍照记录结合的方式，最后结合CAD绘图形成行为注记图。

2　调查结果与分析

2.1　群体活动类型与不同时间段的差异

在实地调研和文献检索[11]的基础上，将人群的活动分为3大类。根据调研发现，人群活动类型主要是康体类、文娱类及其他类别。康体类具体的活动内容是打球（乒乓球、羽毛球）、健身操、武术（太极、武器）、健身器材、溜旱冰、踢毽子、陀螺、滑板，文娱类是跳舞（广场舞、交际舞）、唱歌（戏曲）、演奏乐器、下棋打牌、练书法，其他类别是带孩子、聊天（围观）等。此外，在不同的公园样本中，人群的活动内容也不尽相同。

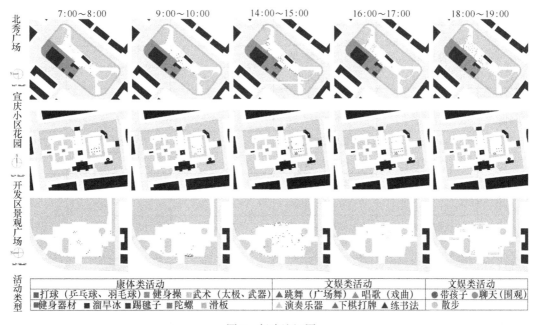

图2　行为注记图

从图中可以观察到一天中不同活动类型的人数变化情况，从而了解各时间段的主导活动类型。北秀广场 7：00～8：00 时段以康体类为主，文娱类和其他类别活动较少，主要是太极、武术、健身器材等动态类的活动。进行太极武术活动的人群在广场中心开阔地带活动，其他活动则较靠近场地边缘。上午和下午两个时间段内的主导活动则变成了文娱类和其他类活动。树荫下的石椅上有多组老年人打牌，外围有一群人在聊天、围观。广场中心的位置是父母带孩子玩耍。夜晚时段主导活动以文娱类（广场舞）和其他类别（聊天围观）为主。广场中心有人跳广场舞，还有人围绕广场舞分散进行聊天和围观活动。进行打牌活动的人群则因为天色暗下来而消失不见。到了 18：00，主导活动由广场舞变为双人交际舞，聊天和围观的人群数量增多。

宣庆小区花园的主导活动为康体类的打乒乓球，花园内设置有 5 个乒乓球桌。据观察，从 7：00 一直到晚上的 19：00 都一直有打乒乓球人群。上午时段的主导活动

是打乒乓球和其周围围观的人群，到了 9：00 有一些使用健身器材的人群。下午时段人群活动类型变化较为明显，出现了打牌和下棋活动，乒乓球的人数也明显增多。从下午到晚上人群活动类型没有发生明显改变，但是活动人数渐渐减少。

开发区景观广场 7：00～8：00 时间段的主导活动类型为康体类的健身操，集中在广场的中心进行活动，此外还有一组溜旱冰的人群，聊天、围观活动人群分布在广场各处。上午时段溜旱冰的人数明显增加，主导活动类型变为康体类溜旱冰。下午时段人数减少，主导活动类型变成了其他类别的带孩子和聊天、围观。活动人群集中在场地边缘的座椅上，老年人围坐在一起聊天、晒太阳。场地中心则是溜旱冰人群和小孩子玩耍。傍晚广场人群活动明显减少，出现了两组滑滑板的群体和一组抽陀螺的活动。到了晚上时间段主导活动变为跳舞，场地上分布着 4 组广场舞和一组交际舞，周围散布一些聊天围观的人群。

不同活动类型社交距离 表1

	活动名称	场地	个体距离（m）	群体距离（m）	活动距场地边缘距离（m）
亲密距离活动	下棋打牌	北秀广场	0.5～1	5	2
		宣庆小区花园	0.5～1	2、20	2
	聊天（围观）	北秀广场	0.5～1	2～10	1～10
		开发区景观广场	0.5～1	2～40	2～20
		宣庆小区花园	0.5～1	2～15	2～5
个人距离活动	健身操	开发区景观广场	1.5～2.5	/	15、30
		宣庆小区花园	1.5～2.5	/	10
	武术（太极、武器）	北秀广场	1.5～2.5	10	4～8
	跳舞（广场舞）	北秀广场	1.5～2.5	40	8～10
		开发区景观广场	1.5～2.5	15～40	5～10
	健身器材	北秀广场	1.5～2.5	3	1～2
		开发区景观广场	1.5～2.5	3	1～2
		宣庆小区花园	1.5～2.5	3	1～2
社交距离活动	踢毽子	北秀广场	2～3	/	5
	陀螺	开发区景观广场	2～3	/	3
	滑板	开发区景观广场	2～3	9	15、25
公众距离活动	打球（乒乓球、羽毛球）	北秀广场	6～8	/	15
		开发区景观广场	6～8	/	5
		宣庆小区花园	2.5～3.5	3	3～7
	溜旱冰	开发区景观广场	8～10	10～15	30
弹性距离活动	带孩子	北秀广场	1～8	2～30	4～10
		开发区景观广场	1～10	2～40	5～20
		宣庆小区花园	1～4	7	2～10

2.2 不同群体活动类型社交距离分析

从表1中可以看出在3处社区绿地中，根据社交距离

的远近，活动大致可以分为5个类型，亲密距离活动、个人距离活动、社交距离活动、公众距离活动和弹性距离活动。

下棋打牌活动和聊天、围观（图3、图4）活动个体的社交距离均为0.5～1m，为亲密距离类型活动，人群之间距离较近，方便进行密切交流。健身操、武术（太极）及跳舞（广场舞）等需要排列成队形的活动的人与人之间的社交距离均为1.5～2.5m，为个人距离类型活动。跳广场舞（图5）活动群体距离要比武术（太极、武器）的社交距离远。这几种活动均位于场地中心开阔位置，根据场地的大小不同，距离场地边缘的距离也不一样。使用健身器材的人群社交距离都为场地健身器材放置的位置，人群社交距离为1.5～2m，群体距离都为3m，距离场地边缘为1～2m。

图3　打牌活动照片

图4　聊天、围观活动照片

图5　跳广场舞活动照片

踢毽子、陀螺、滑板等活动的人群社交距离为2～3m，为社交距离类型活动。其中踢毽子和陀螺群体在距离场地边缘较近的区域活动，而滑板则在场地中间开场区域进行活动。

北秀广场和开发区景观广场的打羽毛球人群和溜旱

冰人群因活动需要较大场地，社交距离为6～8m或8～10m，避免互相冲撞，为公众距离类型。活动分别距离场地边缘15m、5m和30m绕广场的中心活动。宣庆小区的打乒乓球人群（图6）社交距离较近为2.5～3.5m，人群距离场地周边3～7m不等。

带孩子人群（图7）社交距离1～10m，家长跟在孩子身边看护或者任孩子自己玩耍，为弹性距离活动类型。尽管距离远近不一，但是不会超出自己的视线范围，这一类人群分布在场地的各处，距离场地边缘的距离不等。

图6　打乒乓球活动照片

图7　带孩子活动照片

2.3　群体活动类型与不同社区绿地的空间差异

经调查分析，康体类活动主要发生在具有开阔场地的社区绿地中（北秀广场和开发区景观广场），主要是打球（羽毛球）、健身操、武术（太极）、溜旱冰、踢毽子、陀螺、滑板。在观察时发现健身操、武术等活动，一般都是以10～15人的群体进行，并且会吸引围观人群。打羽毛球、溜旱冰、踢毽子、陀螺和滑板等活动也需要较大的空间进行，宣庆小区花园空间较为狭小没有这些活动，只能进行对空间需求较小的打乒乓球活动。健身器材在每个社区绿地中都有设置，每个场地都有此活动图8。

文娱类活动跳舞（广场舞、交际舞）需要较大场地，因此也发生在面积较大的北秀广场和开发区景观广场。下棋打牌活动多发生在构筑物空间，如北秀广场树荫下的一排座椅和宣庆小区构筑物下的桌椅旁，开发区景观广场没有能够提供打牌和下棋的桌椅设施。经观察发现，只有北秀广场发生了练书法的活动。

其他类别的活动（带孩子、聊天围观）3个社区绿地都有发生，其中北秀广场和开发区景观绿地进行这一活

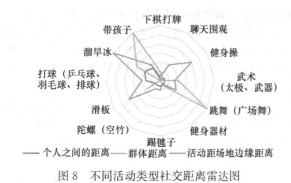

图 8　不同活动类型社交距离雷达图

动类型的人数比宣庆小区花园的多。

3　结论

通过对寒地城市的 3 个不同社区绿地人群社交距离调查分析，得到以下结论。在社区绿地中人群主要的活动类型有打球（乒乓球、羽毛球）、健身操、武术（太极）、健身器材、溜旱冰、踢毽子、陀螺、滑板、跳舞（广场舞）、下棋打牌、练书法、带孩子、聊天（围观）。

同一类型的活动社交距离基本相同，需要大空间进行活动的社交距离会变大，下棋打牌和聊天之类需要近距离交流的活动社交距离较近。群体距离与活动中心距离场地边缘的距离根据社区绿地的空间形态已经面积大小的不同进行变化。

通过对不同时间段和活动类型的差异分析，发现早晨的主导活动大都是康体类活动。上午时段活动类型逐渐变多，根据场地的类型不同主导活动也不尽相同。下午时段的带孩子的人群活动变多，其他类活动成为社区绿地的主导活动。晚间时段主导活动多为文娱类跳舞（广场舞、交际舞）。

通过对不同社区绿地和活动类型的差异分析，发现康体类活动等需要较大空间的活动主要发生在面积较大且具有开阔空间的社区绿地中。文娱类的跳广场舞活动也需要在大空间中进行。下棋打牌活动需要在能提供合适设施的空间进行。其他类活动（带孩子、聊天）在不同广场的不同空间中都能进行。

本研究通过对 3 处社区绿地中人群活动类型和社交距离的调查，并根据不同的时间段和不同社区绿地比较差异性，对寒地城市社区绿地游憩空间设计及优化产生积极的指导意义。

参考文献

[1] 付彦荣，贾建中，王洪成，刘艳梅，李佳滢 . 新冠肺炎疫情期间城市公园绿地运行管理研究[J]. 中国园林，2020（07）：32-36.

[2] Zhang J，Yu Z，Zhao B，et al. Links between green space and public health：A bibliometric review of global research trends and future prospects from 1901 to 2019[J]. Environmental Research Letters，2020，15(6)：63001.

[3] 袁青，冷红 . 寒地城市广场设计对策[J]. 规划师，2004，(11)：59-62.

[4] 徐苏宁，创造符合寒地特征的城市公共空间——以哈尔滨为例[J]. 时代建筑，2007，(06)：27-29.

[5] Parrillo，Vincent N.，Christopher Donoghue. Updating the Bogardus Social Distance Studies：A New National Survey [J]. The Social Science Journal，2005：257-271.

[6] Bogardus，E. S. 1925. Measuring social distance[J]. Journal of Applied Sociology，9：299-308.

[7] Weinfurt，Kevin P.，Fathali M. Moghaddam. Culture and Social Distance：A Case Study of Methodological Cautions [J]. The Journal of Social Psychology，101-110.

[8] Sinha，A. K. P.，Upadhyaya，O. P.. Eleven ethnic groups on a social distance scale[J]. The Journal of Social Psychology，57(1)，49-54.

[9] Min Chen，Jinhe Zhang，Jinkun Sun，Chang Wang，Jinhua Yang. Developing a scale to measure the social distance between tourism community residents[J]. Tourism Geographies，2020：1-21.

[10] 戴菲，章俊华 . 规划设计学中的调查方法 4：行动观察法[J]. 中国园林，2009(2)：55-59.

[11] 杭州春季城市公园老年人行为抽样调查与分析[J]. 楼宇青，金荷仙，张丽 . 中国园林 . 2019(03).

[12] 陈菲，朱逊，张安 . 严寒城市不同类型公共空间景观活力评价模型构建与比较分析[J]. 中国园林，2020，36(03)：92-96.

[13] 叶鹤宸，朱逊 . 哈尔滨市秋季城市公园空间特征健康恢复性影响研究——以兆麟公园为例[J]. 西部人居环境学刊，2018，33(04)：73-79.

[14] Xun Zhu，Ming Gao，Wei Zhao，Tianji Ge. Does the Presence of Birdsongs Improve Perceived Levels of Mental Restoration from Park Use? Experiments on Parkways of Harbin Sun Island in China[J]. International Journal of Environmental Research and Public Health，2020，17(7).

[15] Zhao Wei，Li Hongyu，Zhu Xun，Ge Tianji. Effect of Birdsong Soundscape on Perceived Restorativeness in an Urban Park. [J]. International journal of environmental research and public health，2020，17(16).

作者简介

贾佳音 1997 年 9 月生，女，汉族，黑龙江哈尔滨，哈尔滨工业大学建筑学院，研究方向为风景园林规划设计及其理论。电子邮箱：jiajiayin611@126. com。

朱逊，1979 年 7 月生，女，满族，副教授，博士生导师，哈尔滨工业大学建筑学院，寒地城乡人居环境科学与技术工业和信息化部重点实验室，风景园林规划设计及其理论。电子邮箱：zhuxun@hit. edu. cn。

胡秋月 1996 年 9 月生，女，汉族，广西，哈尔滨工业大学建筑学院，研究方向为风景园林规划设计及其理论。电子邮箱：1968759650@qq. com。

城市建成环境对心理健康影响及相关机制

Impacts of Urban Built Environments on Mental Health and Wellbeing Some Mechanisms to Consider

江湘蓉　William Sullivan

摘　要：本文概括总结城市建成环境及其所影响的心理健康问题。不良设计的建成环境会对心理健康和大众福祉带来负面的影响——拥挤、嘈杂、被污染、缺少植被的环境会导致诸如精神疲劳、长期压力等心理问题。笔者从多个角度分析并展示了建成环境在多大程度上影响人们的幸福感与福祉、恢复了注意力功能、缓解了精神压力、遏制了抑郁症状、预防了愤怒与激进的情绪；并且讨论了导致这些现象背后的机制。最后，笔者提出了一个连接城市建成环境和心理健康的理论模型，并且提出一些可供未来研究的问题。

关键词：建成环境；心理健康；影响机制

Abstract：This paper examines the relationships between urban built environments and mental health. Poorly designed built environments can contribute to negative impacts on mental health and wellbeing. Crowded, noisy and polluted settings that lack vegetation can result in mental fatigue, chronic stress and other mental issues. Authors explain the extent to which characteristics of built environments promote happiness and wellbeing, impact attentional functioning, facilitate recovery from stress, effect depression, and contribute to anger and aggression. The underlying mechanisms that lead to those health outcomes are also discussed. A theoretical framework connecting urban built environments and mental health is proposed and a set of questions for future research are presented.

Key words：Built Environments; Mental Health; Mechanism

1　快速城市化背景下的挑战

随着城市化进程加速发展，全球目前有超过 50% 的人口居住在城市。到 2030 年，这个数字将上涨到 60%，世界 1/3 的人口将住在超过 50 万人口的城市。中国的城市化也已成燎原之势，根据国家统计局数据，2019 年中国城镇人口突破 60%。快速城镇化带来了巨大机遇，但是也产生了很多负面影响，其中就包括城市建成环境对公共健康影响的问题。比如，远离自然的城市生活方式诱发的多种健康问题[1]；城市居住环境威胁公共健康问题[2]。

面对城市化带来的这些挑战，我们积累了丰富的城市建成环境对大众健康——包括心理健康影响的经验。不过，对于建成环境与大众健康影响的循证研究还处于新兴阶段，其中对于心理健康的量化研究更加稀缺，对相关影响机制的研究还相对缺乏。原因之一在于建成环境对公共健康，尤其是心理健康影响的机制复杂且变量丰富。如果没有严谨的定量研究，很难得出准确的循证结果，也就欠缺基于科学依据的环境设计导则，从而无法把建成环境对健康影响的结论应用到城市设计过程中[3]。因此，本文通过梳理近十年的相关文献，总结建成环境对心理健康影响的 4 个方面——注意力功能、精神压力、抑郁症状、愤怒与攻击性，并且提出了一个理论框架来探讨相关的影响机制和未来研究的方向。希望能为学者、设计师、城市管理者提供有理论支撑的实践依据，为建成环境与公众健康这一领域的进一步发展提供新的线索。

2　对心理健康影响的四个方面

关于城市建成环境对心理健康的研究，不应该仅局限于医学角度的治疗与预防；除了没有精神疾病，心理健康也包括内心幸福安宁的状态，即"一个情绪及行为调整都运行相对良好的人当时的心理状态"。总的来说，城市建成环境对人们的幸福感和福祉有显著影响[4]。根据 Merriam-Webster 词典的注释，福祉是一种"快乐、健康、繁荣"的状态[5]，这是一种涵盖了认知功能、压力或抑郁状态、幸福感与生活满意度的健康指标。

Ige 和 Pilkington 等通过分析建成环境对身心健康影响的研究发现，改善通风、提供暖气、稳定供水等可以促进居民的身心健康[6]；另外，如果在建成环境中增加自然因素，也能有效地增加居民的福祉[7-8]。在城郊环境里，密度增加会降低人们对环境质量的评价，从而降低居民的福祉[9]。不过，提供更多接触水景的机会可以促进人们的福祉[10]。在城市环境里，人口密度、住宅类型、到公共服务设施的距离以及植被密度都对居民的幸福感有显著影响[11-12]。另外，公共服务（比如治安、医疗设施、教育资源等）也会对幸福感产生影响[12]。增加目的地的可达性可以有效促进人们对建成环境的体验，从而提升公共福祉[9]。绿化程度高的社区的居民通常拥有更高的生活满意度[13]。街坊邻里环境的美观度和和谐的邻里关系也能提高生活满意度[14]。

总的来说，宜居的环境、适当的密度、可达性、植被与水景都可以影响人们的幸福感、生活满意度和福祉。

表1总结了有利于和不利于心理健康的建成环境，笔者在后文中依次介绍受到建成环境影响的心理健康的 4 个类别，及其相应的影响机制。

建成环境特征对心理健康的影响　　　　表 1

建成环境特征	对心理健康的影响
有利环境因素	
适合步行的街区	抑郁症状减少
充足的供暖、通风和供水	更高程度的福祉
附近的自然环境（包括水景）	更多幸福感，精神压力和疲劳更快恢复，更高质量的生活
到公共设施和服务的距离短	更高的生活满意度
玩耍和休息的空间	更多幸福感
接触阳光	减少季节性抑郁症状
不利环境因素	
嘈杂、拥挤的地方	更高程度的压力和精神疲劳、攻击性和抑郁症状
没有人行道或公共开发空间	更高程度的焦虑和抑郁
荒废的街区	更多情绪障碍和抑郁症状

2.1　注意力功能

注意力是人们面对日常生活工作不可或缺的能力，人们需要集中注意力来处理日常生活环境以及各种机遇和挑战中的各种信息。我们生活中的一切事物——工作、学习、人际交往等都需要依靠人们的主动性注意力——一种自上而下的注意力，一种面对目标或者刺激时集中精力并且抑制其他干扰的能力，也是执行有计划目标时明确思考的能力[15]。然而，人的主动性注意力非常容易疲劳，信息爆炸和无处不在的社交媒体都在时刻消耗这种能力，这也是很多人都在完成了需要自我约束和执行力的工作后感到精神疲劳的原因。当个人们感受到精神疲劳的时候，难以集中专注、记忆力下降或者错过微妙的社交暗示；精神疲劳的人更容易冲动、快速做出决定[16]。

在建成环境对注意力影响的相关研究方面，有一个重要的问题是——什么样的条件能够促进主动性注意力的恢复？目前，研究者已经积累了丰富的科学依据。在美国几所高中进行的一项研究表明，在窗外有绿色植被的教室学习的学生比那些在没有窗户或者窗外没有自然景观的教室的学生有更好地主动性注意力，并且注意力恢复也更快[17]。自然景观的视野还能提高老年人的执行力——一项依赖于主动性注意力的能力[18]。另外，水景也能够促进注意力的恢复[19]。除了自然风景，自然的声音也被发现能够恢复主动性注意力。听到自然声音的受试者比没有听到的在主动性注意力测试中有更好的表现[20]。关于自然环境促进注意力恢复的研究在很多不同人群中都进行过实证，比如癌症病人、大学生、多动症儿童、老年人等。

总之，我们生活在一个时刻要求我们集中注意力的信息量巨大的时代，这对人们的主动性注意力有很高的要求。基于实证经验的建成环境可以有效帮助人们恢复精神疲劳，保持有效的主动性注意力。

2.2　精神压力

建成环境的某些特征可以减少或者增加精神压力——一种源于人们面对挑战和威胁时产生的超过平时能力的反应。短暂的压力可以帮助人们应对临时的困难或者难题，但是长期的精神压力会对人产生各种不良后果。那么，城市建成环境的哪些特征会增加人们的精神压力呢？具体来说，当人们面对不可控的环境时，压力会增加，城市生活不可避免的噪声与交通拥堵常常对居民造成困扰。研究表明，交通的噪声以及房屋装修的噪声都会增加居民的精神压力[21-22]。在一项实验中，受试者在充满机动车和轨道交通噪声的环境中待了 20min 后，唾液中的皮质醇含量显著增加[23]。除了噪声外，车流量也是导致精神压力的一个因素。住在车流量大的区域的居民自评精神压力更高[24]。因此，对于城市居民来说，降低噪声和车流量影响是防止建成环境对精神压力产生负面影响的有效手段，城市管理者应该对此有所考量。

另一方面，建成环境中的自然元素能够降低人们的精神压力。研究表明，拥有大片绿色空间的城市居民的压力值较低[22]。在一项定量研究中，当树木密度从 2% 增加到 62% 时，人们从压力恢复的能力越来越好[25]。树木密度越高，焦虑、紧张、逃避等情绪越少。行道树以外，城市公园、行道树都能有效降低人们的精神压力并且帮助从压力状态中恢复。

2.3　抑郁症状

建成环境里的不利因素（比如高分贝噪声）可以直接导致抑郁症状甚至重度抑郁症[21, 26-27]。不过，良好的睡眠可以缓解噪声带来的影响。一项研究结果表明，对于睡眠质量不好的受试者，噪声与抑郁程度有显著关联；而对于睡眠质量好的受试者来说，噪声与抑郁程度没有显著关联[28]。

抑郁症是一种常见的精神疾病，特指抑郁症状持续两周以上的情况。抑郁症的特征包括愤怒、悲伤、睡眠障碍、失去活力、感受不到价值、丧失兴趣等（WHO，n. d.；NIMH，n. d.）。抑郁症会降低患者的认知水平和工作效率，并且也困难导致重大疾病（比如癌症和心脑血管疾病）[21]。沉思（rumination）和消极情绪被认为是判断抑郁症状的指标[8]。

设计良好的建成环境可以减缓抑郁症患者的症状。适合步行的环境会促进人们运动，从而减少抑郁症状。针对老年女性的研究表明，适合步行的城市环境里，抑郁症状越少[29]。适宜步行的环境通常是由人口密度、目的地距离以及街道连接点数量决定的。适度的拥挤可以增加步行适宜度，目的地的存在也会增加步行性。另外，能够提供安全感的环境也能促进人们的步行活动。在迈阿密一个中等密度（每英亩 12 栋住宅）的环境里，相对高密度的区域的抑郁症状更少，因为适当密度可以促进人们步行出门、增加社交活动的机会，从而有效降低了抑郁症人群数量[30]。

城市公共空间与健康生活

建成环境的其他特征也能影响抑郁症，比如说在破败的社区里，废弃的房屋、犯罪活动、有垃圾的街道都可能会导致抑郁症[31]。自然环境能有效降低沉思和抑郁症，研究表明社区中维护良好的绿地可以有效缓解患者的抑郁程度[26]。当受试者分别在自然环境或者繁忙的城市街道步行 90min 后，自然环境那一组的受试者的自评沉思明显下降[8]。

2.4　愤怒与攻击性

建成环境可以直接影响人们的愤怒感和攻击性。噪声、拥挤度和高温都能增加愤怒感甚至犯罪行为。对于已经被暴力刺激或者挑衅了的人来说，噪声明显降低了他们的利他行为并且加剧了他们之间的紧张对立程度[32]。拥挤也是造成激进行为的因素之一，关于拥挤的评判标准有两种——社会密度与空间密度，其中社会密度是指在一定区域内进行社交活动的次数。相较于空间密度，社会密度对愤怒情绪和攻击性的影响更大。过高的社会密度会迫使人们产生不情愿或者不可避免的交流，从而导致沮丧的情绪或者是比较激进的行为。比如说，监狱里犯人数量增加常常伴随着更多的矛盾与冲突。社会密度也会对儿童的心理状态产生影响。过高的社会密度会降低学龄前儿童、小学生及中学生的合作行为，并且增加他们的攻击性[32]。

对于建成环境密度的研究，其中一个重要的问题是：多大程度算高密度环境呢？其实无论是社会密度还是空

间密度，我们都没有一个具体的数字来评判建成环境是否为高密度。关键是人们在进行不同社交活动的时候，对于发生地点的协调有多少选择。比如说，大多数人能够自由选择在哪里学习、看电视或者娱乐。但是，对于公共空间，比如说地铁空间，人们几乎没有选择或者协调的可能性。这对于建成环境设计的意义在于，如何创造满足人们不同需求的空间；对于选择余地较少的公共空间，如何降低人们感受到的社会密度。

建成环境的质量（比如空气污染）也有可能导致人们的攻击性。在城市环境里，PM2.5 的增长与青少年的过失行为有显著关联[33]。另外，维护得当的建成环境会鼓励人们使用该空间，从而产生更多的人流，最终对犯罪行为产生抑制作用。这个对于使用频率较低的公共空间非常重要，比如地下通道的不法行为有可能会被过往的行人阻止。相关研究表明，改善基础设施（比如增加公共交通的站点、增加照明、更新建筑、建设杂乱的标示）能够降低青少年的暴力行为和犯罪率[34]。增加街道的连接度会鼓励更多步行活动，从而降低犯罪行为[35]。

3　理论框架与影响机制

根据前文的论述，笔者用一个理论模型概括了城市建成环境对心理健康的影响机制（图 1），并具体分析总结了恢复主动注意力、舒缓压力、促进身体锻炼、增进社交活动这 4 种机制。

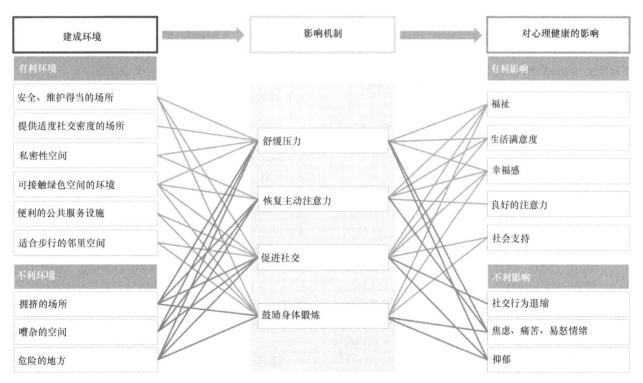

图 1　理论框架
（注：城市建成环境影响心理健康的理论机制，浅灰连线代表正相关关系，黑色连线代表负相关关系。）

3.1 恢复主动注意力

根据史蒂芬·卡普兰和雷切尔·卡普兰提出的"注意力恢复理论"，主动性注意力是一种有限的资源并且容易疲劳[36]。吵闹拥挤的街道、社交媒体、沟通交流、工作中的问题、复杂的决定、微妙的人际关系都会占用主动性注意[15]的原因。另一方面，还有一种受外部刺激吸引但不费力的非主动性注意力，比如人群中暴发的争论、突然响起的火警、窗外的鸟叫声、潺潺的流水声等都能够激发非主动性注意力。正是因为有了主动性和非主动性的共同作用，人们才能应对生活中的各种挑战和刺激。更重要的是，非主动性注意力就像电路开关一样，为主动性注意力提供了恢复的机会[37]。那么什么样的环境能够抓住人们的非主动注意力，而为主动注意力提供恢复的机会呢？

根据注意力恢复理论，魅力性特征（fascination）决定了建成环境是否利于主动性注意力地恢复，这是一种能抓住人们的非主动性注意力的特性。魅力性特征可以来自特定的事物（比如动物、自然场景），也可以来自活动（比如听故事、看电影），还可以投入探索和理解环境的过程[38]。不过值得注意的是，不是所有的魅力性特征都能促进主动性注意力恢复。有一些外部刺激，比如火警，提供的魅力性特征，虽然能够快速地抓住人们的注意力，但是也需要后续投入主动性注意力来应对（比如，寻找逃生路线）。这样的刺激也被称作硬引力（Hard Fascination），虽然它也能像电路开关一样打断人们的主动性注意力，但是并不能为其提供精神疲劳恢复的机会。另外一个对应的概念是柔引力（Soft Fascination），顾名思义，这种特性能够缓缓地吸引人们的非主动性注意力，并且不需要投入新的主动性注意力。通常来说，自然环境（比如，开花的树、流淌的河流、日落），提供的都是柔引力。因此，是否有能够缓缓地吸引人们的柔引力是决定一个环境是否能够促进主动性注意力恢复的关键，现有研究证明自然景观，比如植被、水景都能提供柔引力，从而促进主动性注意力恢复的机会。

3.2 舒缓压力

人们应对压力有 3 种途径——激素调节、心理反应、生理反应。首先，下丘脑—垂体—肾上腺素组成的 HPA 轴掌管着皮质醇的生产，皮质醇属于肾上腺激素，在应对压力时扮演重要角色。面对短暂的压力，人们会分泌皮质醇；长期的压力会持续刺激皮质醇的分泌，从而对人体的免疫系统产生负面影响（Heaney J. 2013），并且还有可能导致心血管疾病及癌症[39]。第二，压力会刺激人们的自主神经系统（Sympathetic Nervous System），从而提高活动水平，比如心跳增快、进入战斗状态等（Richter, & Wright, 2013）。但是，压力也会让人们产生负面情绪以及降低认知功能[40]，长时间的压力甚至可能导致抑郁等心理疾病[39]。第三，压力会改变人们的行为动作，比如逃避、药物滥用、认知水平下降[40]。

其中，关于城市建成环境的特征如何影响人们的精神压力，罗杰·乌尔里希提出了压力舒缓理论论证接触

绿色景观可产生压力舒缓效应[40]。相比于建筑密度低、有更多自然景色的乡村居民，住在高密度、交通拥堵的城市环境里的居民在杏仁核（Amygdala）、周围性前扣带回皮质（Perigenual Anterior Cingulate Cortex，PACC）有更活跃的脑区反应[41]。由于杏仁核和 PACC 都和压力相关，这个结论表明城市建成环境的密度、交通、自然景色会影响脑部与压力相关区域的活动。精神压力的舒缓也体现在心率、皮肤收缩水平、皮质醇水平、血压的降低以及乐观情绪的提升和焦躁程度的降低[42]。

3.3 促进身体锻炼活动

适当的密度并且鼓励步行的建成环境能增加人们的运动量；另外，维护得当、安全的生活环境也能让人们进行身体锻炼活动，从而减缓抑郁症状、控制易怒情绪和攻击性；这是因为身体锻炼活动对人们的福祉和情绪产生了积极影响。通过临床的随机对照试验，身体锻炼活动被证实和抗抑郁药物一样能够有效减缓抑郁症状和精神障碍[43-44]。根据内啡肽猜想，运动增强了内啡肽——一种具有镇痛作用的激素的分泌，从而降低患者的抑郁和焦虑症状甚至产生幸福感[45]。一项基于身体锻炼的研究结果通过验证内啡肽对提供情绪的积极作用[46]，从而证明了内啡肽猜想。

除了那些能够促进身体锻炼的建成环境特征外，自然环境同样能够增强身体锻炼对心理健康的影响。研究证明，在森林里散步能显著增加受试者自然杀伤细胞的活动度和抗癌活性蛋白的数量，降低肾上腺素的分泌，而在缺乏植被的城市环境散步的受试者确没有类似的效应[47]。在绿色覆盖率越大的居民区，由其他社会经济因素造成的健康状况差异也越小[48]。建成环境中的植被能够增强对相关因子对公共健康的促进作用。

3.4 增进社交活动

增强居民和社会群体之间的社交活动是城市建成环境影响公众心理健康的一条重要途径[1]。这是因为，社交活动能够让居住或者工作在相同环境中的人们变得熟识，从而发展出更多的社会纽带，最终提高人们的心理健康水平。研究表明，能够提供多种社交活动可能性的建成环境对人们的休闲满意度有积极作用，并最终影响公众健康和福祉[49]。建成环境的质量、密度、多样性、维护程度、安全性都会对社交活动产生影响[50-53]，人们从社交活动中得到的情感纽带和支持又会提高促进心理健康状态[54]。另外，城市建成环境中的树冠覆盖率也与社交活动正向相关[55-56]。设计良好的建成环境和其中的绿色景观对社会弱势群体以及患病或残疾人士尤其重要[57-58]。

4 结语

总的来说，建成环境中的有些特征（比如树木、公园、便利的设施等）可以促进人们的心理健康，但是对于设计师、规划师还有城市管理这来说，急需回答的问题是如何分配这些有益但是常常稀缺的资源？景观和城市设计如何为社会弱势群体普遍存在的精神压力问题、抑郁

问题和免疫力低下问题提供帮助？对于不同的人群的心理需求，如何通过建成环境的设计作出有效的回应？建成环境通过改变人们行为的方式影响着社会的融合度，那么设计师如何通过有效地设计预防和避免社会信任感缺失、邻里梳理等问题？对于这些复杂又牵扯多个方面的问题，我们应该通过跨学科的合作来增进了解。

本文针对建成环境对心理健康的影响，对相关理论和研究成果进行了梳理和总结。拥挤、危险、嘈杂、破败、自然景观缺失的环境都会不同程度影响人们的心理健康。同时，我们也发现通过建成环境设计来引导使用者行为，从而促进公众的心理健康和福祉。那些为人们创造更多社交活动机会的建成环境，带来的不仅是更紧密的社会连接，同时也会增强人们的幸福感、归属感，最终为整个社会带来更大的福祉。

参考文献

[1] Sullivan, W. C., C. -Y. Chang. Mental health and the built environment, in Making healthy places[J]. 2011, Springer. 106-116.

[2] Sclar, E. D., P. Garau, G. Carolini. The 21st century health challenge of slums and cities[J]. The Lancet, 2005. 365(9462)：901-903.

[3] 刘天媛，宋彦. 健康城市规划中的循证设计与多方合作——以纽约市《公共健康空间设计导则》的制定和实施为例[J]. 规划师，2015. 31(6)：27-33.

[4] 姜斌，张恬，and 威廉，健康城市：论城市绿色景观对大众健康的影响机制及重要研究问题. 景观设计学，2015(1)：24-35.

[5] Dictionary, M. W.. Definition of Well-Being[J]. 2019.

[6] Ige, J., et al. The relationship between buildings and health：a systematic review[J]. Journal of Public Health, 2019. 41(2)：121-132.

[7] Bratman, G. N., J. P. Hamilton, and G. C. Daily, The impacts of nature experience on human cognitive function and mental health[J]. Annals of the New York Academy of Sciences, 2012. 1249(1)：118-136.

[8] Bratman, G. N., et al. The benefits of nature experience：Improved affect and cognition[J]. Landscape and Urban Planning, 2015. 138：41-50.

[9] Kyttä, M., et al. Urban happiness：context-sensitive study of the social sustainability of urban settings[J]. Environment and Planning B：Planning and Design, 2016. 43(1)：34-57.

[10] Gascon, M., et al. Outdoor blue spaces, human health and well-being：a systematic review of quantitative studies[J]. International journal of hygiene and environmental health, 2017. 220(8)：1207-1221.

[11] Yin, C., et al. Happiness in urbanizing China：The role of commuting and multi-scale built environment across urban regions. Transportation Research Part D：Transport and Environment, 2019. 74：306-317.

[12] Hogan, M. J., et al. Happiness and health across the lifespan in five major cities：The impact of place and government performance[J]. Social Science & Medicine, 2016. 162：168-176.

[13] White, M. P., et al. Would you be happier living in a greener urban area? A fixed-effects analysis of panel data[J].

[14] Kent, J. L., L. Ma, C. Mulley. The objective and perceived built environment：What matters for happiness? [J] Cities & health, 2017. 1(1)：59-71.

[15] Kaplan, S. M. G. Berman. Directed attention as a common resource for executive functioning and self-regulation[J]. Perspectives on psychological science, 2010. 5(1)：43-57.

[16] Li, D.. Access to nature and adolescents' psychological well-being[J]. 2016, University of Illinois at Urbana-Champaign.

[17] Li, D. W. C. Sullivan. Impact of views to school landscapes on recovery from stress and mental fatigue[J]. Landscape and Urban Planning, 2016. 148：149-158.

[18] Gamble, K. R., J. H. Howard Jr, D. V. Howard. Not Just Scenery：Viewing Nature Pictures Improves Executive Attention in Older Adults[J]. Experimental aging research, 2014. 40(5)：513-530.

[19] White, M., et al. Blue space：The importance of water for preference, affect, and restorativeness ratings of natural and built scenes[J]. Journal of Environmental Psychology, 2010. 30(4)：482-493.

[20] Abbott, L. C., et al. The influence of natural sounds on attention restoration[J]. Journal of Park & Recreation Administration, 2016. 34(3).

[21] Bosch, M. v. d. A. Meyer-Lindenberg. Environmental Exposures and Depression：Biological Mechanisms and Epidemiological Evidence[J]. Annual Review of Public Health, 2019. 40(1)：239-259.

[22] Ventimiglia, I. and S. Seedat, Current evidence on urbanicity and the impact of neighbourhoods on anxiety and stress-related disorders[J]. Current Opinion in Psychiatry, 2019. 32(3).

[23] Wagner, J., et al. Feasibility of testing three salivary stress biomarkers in relation to naturalistic traffic noise exposure[J]. International Journal of Hygiene and Environmental Health, 2010. 213(2)：153-155.

[24] Yang, T. -C. S. A. Matthews. The role of social and built environments in predicting self-rated stress：A multilevel analysis in Philadelphia[J]. Health & Place, 2010. 16(5)：803-810.

[25] Jiang, B., et al. A Dose-Response Curve Describing the Relationship Between Urban Tree Cover Density and Self-Reported Stress Recovery[J]. Environment and Behavior, 2014. 48(4)：607-629.

[26] Rautio, N., et al. Living environment and its relationship to depressive mood：A systematic review[J]. International Journal of Social Psychiatry, 2017. 64(1)：92-103.

[27] Generaal, E., et al. Not urbanization level but socioeconomic, physical and social neighbourhood characteristics are associated with presence and severity of depressive and anxiety disorders[J]. Psychological Medicine, 2019. 49(1)：149-161.

[28] Sygna, K., et al. Road traffic noise, sleep and mental health[J]. Environmental Research, 2014. 131：17-24.

[29] Koohsari, M. J., et al. Urban design and Japanese older adults' depressive symptoms[J]. Cities, 2019. 87：166-173.

[30] Miles, R., C. Coutts, A. Mohamadi. Neighborhood Urban Form, Social Environment and Depression[J]. Journal of Urban Health, 2012. 89(1)：1-18.

Psychological science, 2013. 24(6)：920-928.

[31] James, P., et al. Built Environment and Depression in Low-Income African Americans and Whites[J]. American Journal of Preventive Medicine, 2017. 52(1): 74-84.

[32] Evans, G. W.. Child development and the physical environment[J]. Annu. Rev. Psychol., 2006. 57: 423-451.

[33] Younan, D., et al. Longitudinal Analysis of Particulate Air Pollutants and Adolescent Delinquent Behavior in Southern California[J]. Journal of Abnormal Child Psychology, 2018. 46(6): 1283-1293.

[34] Cassidy, T., et al. A systematic review of the effects of poverty deconcentration and urban upgrading on youth violence[J]. Health & Place, 2014. 26: 78-87.

[35] Sohn, D.-W., Residential crimes and neighbourhood built environment: Assessing the effectiveness of crime prevention through environmental design (CPTED)[J]. Cities, 2016. 52: 86-93.

[36] Kaplan, S.. The restorative benefits of nature: Toward an integrative framework[J]. Journal of environmental psychology, 1995. 15(3): 169-182.

[37] Corbetta, M. G. L. Shulman. Control of goal-directed and stimulus-driven attention in the brain[J]. Nature reviews neuroscience, 2002. 3(3): 201.

[38] Berto, R., et al. An exploratory study of the effect of high and low fascination environments on attentional fatigue[J]. Journal of environmental psychology, 2010. 30(4): 494-500.

[39] Maddock, C. C. M. Pariante. How does stress affect you? An overview of stress, immunity, depression and disease[J]. Epidemiology and Psychiatric Sciences, 2001. 10(3): 153-162.

[40] Ulrich, R. S., et al. Stress recovery during exposure to natural and urban environments[J]. Journal of environmental psychology, 1991. 11(3): 201-230.

[41] Lederbogen, F., et al. City living and urban upbringing affect neural social stress processing in humans[J]. Nature, 2011. 474(7352): 498-501.

[42] Jiang, B., C.-Y. Chang, W. C. Sullivan. A dose of nature: Tree cover, stress reduction, and gender differences[J]. Landscape and Urban Planning, 2014. 132: 26-36.

[43] Ströhle, A. Physical activity, exercise, depression and anxiety disorders[J]. Journal of Neural Transmission, 2008. 116(6): 777.

[44] Dinas, P. C., Y. Koutedakis, A. D. Flouris. Effects of exercise and physical activity on depression[J]. Irish Journal of Medical Science, 2011. 180(2): 319-325.

[45] Cox, R. H. Sport psychology: Concepts and applications [J]. 1998: McGraw-hill.

[46] Dishman, R. K. P. J. O'Connor. Lessons in exercise neurobiology: the case of endorphins[J]. Mental Health and Physical Activity, 2009. 2(1): 4-9.

[47] Li, Q.. A forest bathing trip increases human natural killer[J]. Department of Hygiene and Public Health, Nippon Medical School.

[48] Mitchell, R. F. Popham. Effect of exposure to natural environment on health inequalities: an observational population study[J]. The lancet, 2008. 372(9650): 1655-1660.

[49] Mouratidis, K.. Built environment and leisure satisfaction: The role of commute time, social interaction, and active travel[J]. Journal of Transport Geography, 2019. 80: 102-491.

[50] Mouratidis, K., Built environment and social well-being: How does urban form affect social life and personal relationships? [J] Cities, 2018. 74: 7-20.

[51] Mouratidis, K. Is compact city livable? The impact of compact versus sprawled neighbourhoods on neighbourhood satisfaction[J]. Urban studies, 2018. 55(11): 2408-2430.

[52] Carmona, M., Place value: Place quality and its impact on health, social, economic and environmental outcomes[J]. Journal of Urban Design, 2019. 24(1): 1-48.

[53] Talen, E. J. Koschinsky. Compact, walkable, diverse neighborhoods: Assessing effects on residents[J]. Housing Policy Debate, 2014. 24(4): 717-750.

[54] Kwag, K. H., et al. The impact of perceived stress, social support, and home-based physical activity on mental health among older adults[J]. The International Journal of Aging and Human Development, 2011. 72(2): 137-154.

[55] Holtan, M. T., S. L. Dieterlen, W. C. Sullivan. Social life under cover: tree canopy and social capital in Baltimore, Maryland[J]. Environment and Behavior, 2014: 0013916513518064.

[56] American Journal of Community Psychology[J]. 1998. 26(6): 823-851.

[57] Donovan, G. H., et al. Urban trees and the risk of poor birth outcomes [J]. Health & place, 2011. 17(1): 390-393.

[58] Thompson, C. W., J. Roe, P. Aspinall. Woodland improvements in deprived urban communities: What impact do they have on people's activities and quality of life? [J] Landscape and urban planning, 2013. 118: 79-89.

作者简介

江湘蓉，1988 年 7 月生，女，汉族，四川成都，景观建筑设计博士，美国伊利诺伊大学厄巴纳-尚佩恩分校在站博士后，研究方向为建成环境与公众健康以及健康城市规划。电子邮箱：jiangxiangrong88@icloud.com。

William Sullivan，美国伊利诺伊大学厄巴纳-尚佩恩分校，教授，智慧健康社区项目（Rokwire）负责人。

基于 CFD 模拟的居住区绿地空间空气质量研究

Modeling Green Space Air Quality in Residential Area

张宇峰　李翠燕　李日毅

摘　要：针对现今居住环境空气质量日益下降及呼吸道传染病流行的状况，本研究主要采取 CFD 模拟的方法，运用空气龄作为评价指标，研究居住区内常见绿地的布局形式对空气质量的影响。研究发现，开敞边界比四周围合型中心绿地的空气龄低，尤其是对角型布置易形成风廊，有利于空气流通；宅间绿地空气龄状况受建筑影响较大，绿化布局避免和建筑形成包围结构，可结合入户道路种植创造风廊，降低空气龄。

关键词：居住区；绿地布局；CFD；空气龄；空气质量

Abstract: Given the declining air quality of the living environment and the prevalence of respiratory infectious diseases, this study mainly adopts CFD simulation method and uses air age as evaluation index to study the impact of different layout forms of green space on space wind environment in the residential area. The results show that the lower the wind speed is, the pollutants are easy to deposit, and the number of air age is larger. The air age of the central green space with open boundary is lower than that of the surrounding central green area, especially the diagonal layout type, which is easy to form a wind corridor for air circulation. The air age of the green space between houses is greatly affected by the buildings, and the surrounding structure should not enclose the greening. The greening can be added into residence entrance planting, creating a wind corridor and reducing air age.

Key words: Residential Area; Green Layout; CFD; Air Age; Air Quality

高速发展的城市化，使得生态环境日益恶化。现较为普遍的高层住宅小区局部公共空间易产生"空气滞留区"、减缓气流交换、滞留污染物，对公共空间活动的居民健康产生危害，不利于呼吸道传染病防治[1]。

居住区空气质量与风环境息息相关。影响风环境的因素众多，传统方法多为通过调整建筑布局和朝向[2-4]、尺寸[5-6]以及设置建筑架空层[7-8]等来优化住区风环境。运用绿地布局手段改善住区风环境也逐渐受到了关注，其布局方式的调整和建筑类似会影响空间风环境[9]，如乔木相当附架空层的建筑，灌木等孔隙率较小的植被相当低层住宅，因此可将绿化布局类比建筑布局研究其对户外公共空间风环境的影响。刘滨谊[10]通过实测与模拟结合的方式对住区内的穿流区、角隅区与涡流区等不良风场集中区域布置植栽来改善行人高度风环境。洪波[11]运用 CFD 模拟的方法主导风向平行绿地布局时，可加速其边缘水平旋涡气流，提高低海拔热空气和高海拔冷空气的对流交换速率，从而获得舒适的室外风环境。因此，绿化的布局方式对户外公共空间的风环境具有重要影响。

而以往大多数只以风速、风压、风速比等风环境指标来评价绿地对住区内人舒适度的影响，对空气质量的研究较少。本文选取空气龄作为空气质量的评价指标。空气龄的提出最初是为了评估室内通风，表示新鲜空气到达室内某个点所需要的时间，近几年该指标被引入城市建成区环境的评估和理想城市的通风模拟实验中。如图 1 所示，空间中的 P 点（泛指研究区域中的每一个点）的空气龄的物理意义就是空气从研究区域边界运动到 P 点所经历的时长（入口处空气龄值为 0）。该指标表征了该点空气的新鲜程度，其值越小越好。

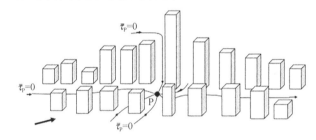

图 1　空气龄在室外风环境研究中的应用示意图[12]

本研究运用 CFD 模拟的方法，确定居住区内几类常见绿地布局对气流的影响，通过空气龄评价绿地空间内外通风换气排除污染物的能力，进而评价绿地空间空气质量的优劣。

1　居住区绿地类型

居住区绿地类型主要分为公共绿地、道路绿地、宅间绿地。公共绿地包括居住公园、组团绿地、中心游园绿地（后简称中心绿地）等。中心绿地常处于开敞空间，该空间以水景或硬质广场作为住区的核心，周围辅以绿地改善环境，与居民的活动最为密切相关。据刘恺希[13]对公共空间绿地布局的分析总结，选取图 2 所示的 3 种典型布局的中心绿地作为公共绿地的代表。道路绿地为居住区内的线型绿地，是居住区"点、线、面"绿地系统中的"线"的部分，选取典型的单排列植搭配灌木作为道路绿地代表（图 3）。宅间绿地指建筑前后两排间的绿地，是居民日常进出及邻里交往的区域。选取3种典型布局作为宅间绿地代表（图4）。本研究将对上述7种典型居住区绿地类型进行风环境分析及空气龄评价。

四周围合型　　　对角布置型　　　两向边界围合型

图 2　中心绿地布局模式

道路绿地

图 3　道路绿地布局模式

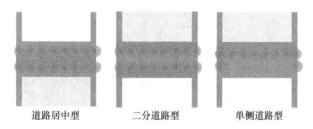

道路居中型　　　二分道路型　　　单侧道路型

图 4　宅间绿地布局模式

2　基于 CFD 的模型与模拟参数设置

本文采用 Phoenics2016 作为居住区绿地布局气流的模拟软件，其中包含了一个 Foliage 模块，可将植物作为多孔介质处理，通过它可以模拟植物对风环境的影响。

2.1　模型建立

由于低矮灌木和草本对于行人高度的室外风环境影响较小，因此在本研究中只考虑乔木和高大灌木对风速的影响。据 Green[14] 的风洞试验结果知，将树冠模型简化为长方体模型并适当调整参数，得到的模拟结果较为准确，且其兼具建模简易、计算快捷、收敛性好等优点。因此，本研究将植物建模为长方体模型，乔木用高 3 m、直径 0.3 m 的圆柱体代替树干，高 7 m、长宽各 3 m 的长方体作为树冠；灌木根据绿化面积群植，高度设为 1 m。树冠采用密植形式，间距设为 0，孔隙率设为 0.5（图 5）。

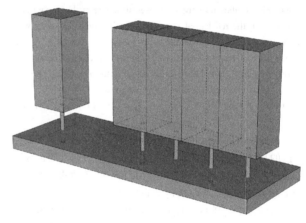

图 5　植物简化模型示意图

基于上述植物模型的确立，将之前确定的 7 种绿地布局模式建立模型，均为简化的三维模型（表 1）。

中心绿地模拟工况详情　　　　　　　　　　　表 1

绿地类型	模型		
	四周围合型	对角布置型	两向边界围合型
中心绿地	研究范围：60m×60m 绿化率：35%	研究范围：60m×60m 绿化率：35%	研究范围：60m×60m 绿化率：35%

绿地类型	模型		
	道路居中型	二分道型	单侧道路型
宅间绿地	 建筑尺度：60×25×40m 宅间绿地尺度：30×60m 宅间道路宽度：4m	建筑尺度：60×25×40m 宅间绿地尺度：30×60m 宅间道路宽度：4m	建筑尺度：60×25×40m 宅间绿地尺度：30×60m 宅间道路宽度：4m
道路绿地	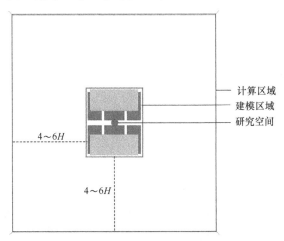		道路长度：100m 道路宽度：9m 绿化带宽度：5m×2m

2.2 计算域设置和网格划分

以建筑高度 H 作为基准，建模区域的边界往外扩展 $5H$ 作为水平计算区域，建筑上方计算区域大于 $3H$（图 6）。

参考其他学者的研究，模型区域的水平方向网格平均尺度为 1m 左右；垂直方向 1.5m 以下人行区域的网格平均尺度控制在 0.5m 以内。模型外的模拟区域网格平均尺度逐渐变大，但网格过渡比不大于 1.3（图 7、图 8）。

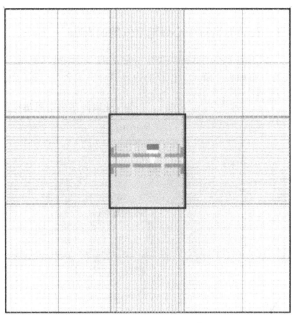

图 7　水平方向网格划分

图 6　建模与计算范围示意图
（图中标注：计算区域、建模区域、研究空间、4~6H、4~6H）

2.3 模拟参数设定

据统计[15]，珠三角区域属亚热带季风气候区，两种主导风向：夏季东南风，平均风速 2.8m/s；冬季偏北风，平均风速 3m/s。受季节的影响，大气污染物浓度表现出

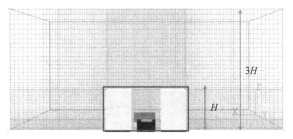

图 8　垂直方向网格划分

春、冬季偏高[16]。为改善居住区室外活动空间空气质量，将珠三角春、冬两季的风向风速作为模拟时的来流边界。

模拟参数的边界设置参照 AIJ 指南[17]，如表 2、表 3

所示。出流面的边界条件假设出流面上的流动已充分发散，已经形成没有建筑物障碍时的正常流动；将出口压力设置为大气压。

边界设定和湍流模型 表 2

湍流模型	Standard k-ε model
差分模式	迎风差分法
入口设定	$U = U_0(Z/Z_0)^a$ $k = 1.5 \cdot (I \times U)^2$ $\varepsilon = C_\mu k^{3/2}/ll = 4 \cdot (C_\mu \cdot k)^{1/2} Z^{1/4} Z^{3/4}/U_0$
网格设定（X，Y，Z）	研究区域取 1m×1m×1m 网格，周边区域适当扩大

其他边界参数 表 3

	短波反射率	长波反射率	蒸发率 ($q \cdot cm^{-2}h^{-1}$)	导热系数 ($W \cdot m^{-2} \cdot K^{-1}$)	密度 ($kq \cdot m^{-3}$)	比热 ($kJ \cdot m^{-3} \cdot K^{-1}$)
建筑	0.35	0.95	0	—	—	—
植物	0.20	0.90	0.45	—	—	—
外墙	0.50	0.95	0	1.00	2150	1465
混凝土路面	0.30	0.95	0	1.16	2000	1000

3 研究结果

3.1 布局类型对中心绿地空气龄的影响

北风向下不同布局类型中心绿地的 1.5 m 处风速及空气龄分布如表 4 所示。植物的边界围合形式会对空间的风场和空气龄造成不同程度的影响。四周围合型的绿地，乔灌木形成了完整的包围结构，造成中间广场气流的阻塞，空气龄较高。另 2 种类型由于空间的开敞，相较于四周围合型，空气龄整体较低。

东南风向下如表 5 所示。与北风向类似，其中对角布置型形成的通道与来流风向平行从而形成风廊，气流运动加快，空气龄整体最低。

北风向不同边界类型的中心绿地风速及空气龄分布 表 4

图例	四周围合型	对角布置型	两向边界围合型

图例	四周围合型	对角布置型	两向边界围合型
Velocity, m/s 3.000000 2.812500 2.625000 2.437500 2.250000 2.062500 1.875000 1.687500 1.500000 1.312500 1.125000 0.937500 0.750000 0.562500 0.375000 0.187500 0.000000			
AGE, s 200.0000 187.5000 175.0000 162.5000 150.0000 137.5000 125.0000 112.5000 100.0000 87.50000 75.00000 62.50000 50.00000 37.50000 25.00000 12.50000 0.000000			

3.2　道路走向对道路绿地空间空气龄的影响

道路走向与来流风向不同夹角下 1.5 m 处风速与空气龄模拟结果如表 6 所示。当道路走向和来流风向水平时，受到植被的导风作用，道路中央气流运动明显加快，但由于道路呈线型，较狭长，因此下风向污染物聚集严重。当来流风向垂直于道路走向时，列植乔木下边缘会形成涡流区，加快气流运动，相较道路走向与来流风向呈 45°夹角的情况，空气龄更低。

不同风向道路绿地风速与空气龄分布　　　　　表6

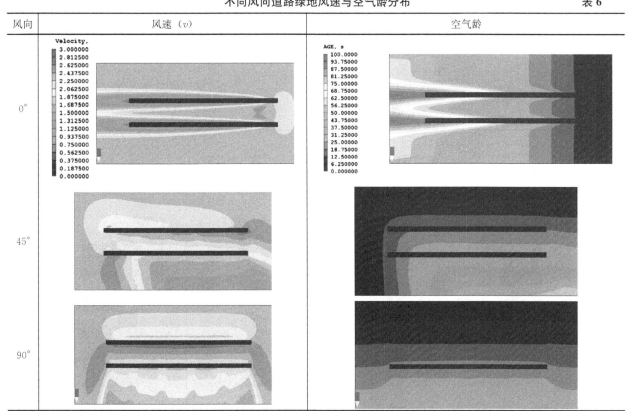

风向	风速（v）	空气龄
0°		
45°		
90°		

基于CFD模拟的居住区绿地空间空气质量研究

3.3 宅间绿地对空气龄的影响

3种宅间绿地布局模式在2种主导风向下1.5m人行高度的模拟结果如表7、表8所示。

当主导风向为北风向时，建筑及其宅间绿地布局朝向垂直于来流风向，建筑遮挡了空气中大部分气流，气流无法进入到宅间绿地中央，因此，3类布局的宅间绿地污染物聚集较为严重，空气龄普遍较高。相较于其他2类布局，二分道路型绿地，北侧道路受建筑遮挡更强烈，气流

堵塞，空气龄较高。道路居中型绿地的人行道路空间，空气龄相对其他两者更好。

当主导风向为东南风向时，建筑形成的风影区较小，相较于北风向，宅间绿地的空气龄整体更低。在形态上，二分道路型和单侧道路型形成了整体包围或半包围的结构，一定程度上阻碍了空气流动。相反，道路居中型绿地的人行道空间形成了1个小风廊，加速空气流动，空气龄状况更好。

北风向下不同宅间绿地布局风速及空气龄分布		表7
道路居中型	二分道路型	单侧道路型

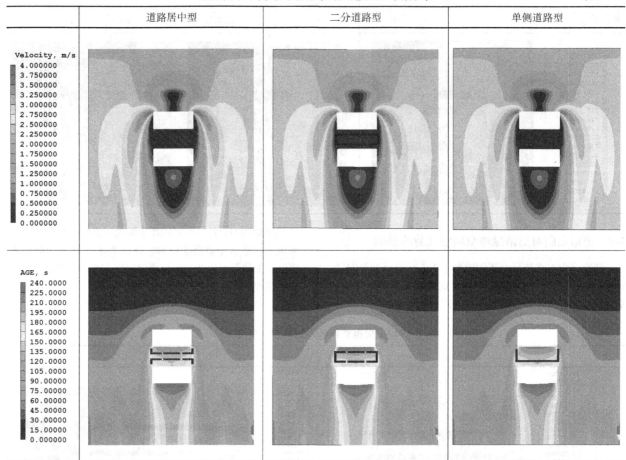

东南风向不同宅间绿地布局风速及空气龄分布		表8
道路居中型	二分道路型	单侧道路型

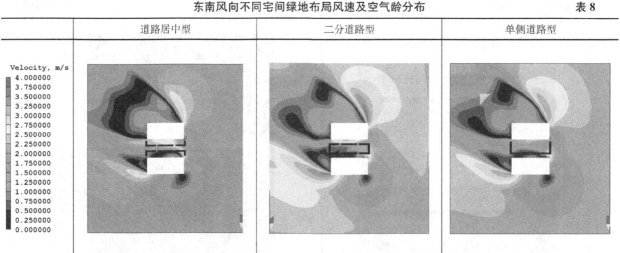

道路居中型	二分道路型	单侧道路型
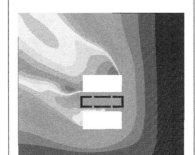	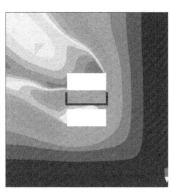	

4 结论与展望

在住区中，居民活动的绿地空间内空气质量会受到不同绿地布局的影响，本研究通过CFD数值模拟的方法分析居住区内几类典型绿地空间对空气龄的影响情况，结论如下：

（1）对比各类风速云图以及空气龄云图，风速较大的地方不易出现污染物聚集，空气龄小。空气龄较大的区域一般处于下风向。

（2）不同边界布局模式会对空间的风场和空气龄造成不同程度的影响。开敞边界的中心绿地比四周围合型中心绿地的空气龄更低，尤其是对角形布置易形成风廊，有利于空气流通。

（3）对道路狭长的绿地，平行于风向时，下风向容易成为污染物集中区域。垂直于风向会取得更好的效果。

（4）宅间绿地空气龄状况受建筑影响较大，绿化布局注意不要和建筑形成包围空间，阻碍空气流动。绿化可结合入户道路种植创造风廊，降低空气龄。

综上，本研究分析了3种居住区典型绿地空间不同布局模式的空气龄状况，在今后的研究中，可以根据本次研究结论对实际案例进行风环境优化，并通过模拟对比，证明调整后的方案确实更有利于降低空气龄，改善住区空气质量。

参考文献

[1] 杨丽. 居住区风环境分析中的CFD技术应用研究[J]. 建筑学报，2010（S1）：5-9.

[2] 杜晓辉，高辉. 天津高层住宅小区风环境探析[J]. 建筑学报，2008（4）：42-46.

[3] Zhang A S, Gao C L, Zhang L. Numerical simulation of the wind field around different building arrangements[J]. Journal of Wind Engineering and Industrial Aerodynamics（S0167-6105），2005，93：891-904.

[4] Blocken B, Carmeliet J, Stathopoulos T. CFD evaluation of wind speed conditions in passages between parallel buildings—effect of wall-function roughness modifications for the atmospheric boundary layer flow[J]. Journal of Wind Engineering and Industrial Aerodynamics，2007，95（9-11）：941-962.

[5] 段宇豪，陈启泉，靳泓，等. 高层住宅间风环境与高层住宅尺寸的关联性研究[C]. 环境工程2019年全国学术年会论文集（下册）. 2019.

[6] You W, Shen J, Ding W. Improving wind environment of residential neighborhoods by understanding the relationship between building layouts and ventilation efficiency[J]. Energy Procedia，2017，105：4531-4536.

[7] 唐毅，孟庆林. 广州高层住宅小区风环境模拟分析[J]. 西安建筑科技大学学报：自然科学版，2001（4）：352-356.

[8] 刘建麟，牛建磊，张宇峰. 建筑架空高度及风向对行人区微气候的影响评估[J]. 建筑科学，2017，33（12）：120-127.

[9] 周树彬. 绿化布局对高层住宅风环境影响的数值模拟研究——以合肥中铁滨湖名邸为例[D]. 合肥：合肥工业大学，2018.

[10] 刘滨谊，司润泽. 基于数据实测与CFD模拟的住区风环境景观适应性策略——以同济大学彰武路宿舍区为例[J]. 中国园林，2018，34（2）：24-28.

[11] 洪波，屈永建. 住区典型宅间绿地布局模式对室外热环境的影响研究[J]. 动感：生态城市与绿色建筑，2014，000（003）：92-97.

[12] Hang J, Sandberg M, Li Y. Age of air and air exchange efficiency in idealized city models[J]. Building and Environment，2009，44（8）：1714-1723.

[13] 刘恺希，刘晖. 基于风环境优化的西安城市开放空间设计策略研究[J]. 中国园林，2018（01）：50-52.

[14] Green S R. Modeling turbulent air flow in a stand of widely-spaced trees[J]. Phoenics，1992，5：293-312.

[15] 中国气象局气象信息中心气象资料室. 中国建筑热环境分析专用气象数据集[M]. 北京：中国建筑工业出版社，2005.

[16] 黄先香，炎利军，植江玲. 佛山灰霾天气候特征及气象要素分析[J]. 广东气象，2017，39（005）：42-45.

[17] Tominaga Y, Mochida A, Yoshie R, et al. AIJ guidelines for practical application of CFD to pedestrian wind environment around buildings[J]. Journal of Wind Engineering and Industrial Aerodynamics，2008，96：1749-1761.

作者简介

张宇峰，1979 年 4 月生，男，汉族，广东广州，博士，华南理工大学建筑学院、华南理工大学亚热带建筑科学国家重点实验室，教授，研究方向为人体热舒适和热适应、建筑与城市热环境、绿色建筑与生态城市。电子邮箱：zhangyuf@scut.edu.cn。

李翠燕，1995 年 4 月生，女，汉族，广西北海，风景园林学硕士研究生在读，华南理工大学建筑学院，研究方向为风景园林规划与设计。电子邮箱：lcy75069778@163.com。

李日毅，1990 年 4 月生，男，汉族，陕西西安，城乡规划博士研究生在读，华南理工大学建筑学院，研究方向为城市风环境。电子邮箱：lriyi80@163.com。

城郊型森林公园绿色锻炼减压效益研究[①]

The Benefit of Relieving Mental Stress on Suburban Forest Park Based on Green Exercise

李房英* 朱哲民 周 璐 胡国敏 钟丽玲

摘 要： 研究主要探究城郊森林公园中4种空间的绿色锻炼减压效益是否具有差异。通过选取福州国家森林公园中4条步行路线，分别进行30min的步行体验，比较在这4类空间中进行绿色锻炼后受试者的压力水平。结果表明：①在减压效益下，4条路线从大到小的排序为：林下空间>水上栈道空间>滨水空间>主干道空间；②复愈性环境恢复力中，魅力值、延展性和ROS指标具有较显著的差异；③复愈性环境恢复力中的魅力值、逃离感、一致性与精神压力指标中的主观生命力显著相关；④当恢复质量越高，受试者在其中进行30min的步行体验后的压力值水平越低。研究结果还表明绿视率相近的空间中，人流量和车辆会对减压效益造成一定负向影响。

关键词： 城郊森林公园；绿色锻炼；空间吸引力；减压效益

Abstract： The main purpose of this study is to explore whether there are differences in the green exercise decompression benefits of the four spaces in the suburban forest park. By selecting four walking routes in Fuzhou National Forest Park, a 30-minute walking experience was conducted to compare the stress levels of the subjects after green exercise in these four types of space. The analytical results have indicated the following findings. ①The decompression benefits of the four routes are ranked from small to small: under the forest > water plank space > waterfront space > main road space; ②In the regenerative environmental resilience, the attractive value, the ductility and the ROS index have significant differences; ③The fascinating value, escape feeling, consistency and resilience of the regenerative environmental resilience are significantly related to the subjective vitality in the mental stress index; ④The higher the recovery quality, the lower the level of stress values after the subject performed a 30 minute walk experience. The results also indicate that in the space with similar green looking ratio, population flow and vehicles will have a negative impact on the efficiency of decompression.

Key words： Suburban Forest Park；Green Exercise；Spatial Attraction；Benefit of Relieving Mental Stress

《国务院关于印发全民健身计划（2016-2020年）的通知》和《"健康中国2030"规划纲要》中提出，为提高人民健康水平，推进健康中国建设，应提倡健康文明的生活方式，并营造绿色安全的健康环境[1-2]；当下，众多市民在城市绿地进行锻炼健身，公园绿地已然成为城市居民健身的主要场所之一；而城郊森林公园作为城市绿地的重要补充，具有丰富的自然风景资源，同时已有众多研究证实森林公园资源环境对人体有更显著的康体效益[3-5]。

绿地环境对人群身心健康复愈最主要的两大影响机制为减压和注意力恢复[6-7]，有研究表明在森林场景中参与体验对情绪调节、减轻压力具有良好的舒缓和镇静功能[6,8-9]；与城市环境相比，自然环境及自然环境照片均更能改善人们的情绪状态、认知能力以及注意力表现[7,10-11]；同时森林植物释放的植物杀菌素以及负离子对人体的呼吸系统、消化系统上的一些疾病具有很好的生理疗效[12-14]。在绿地与人类健康相关性方面，有研究表明生理压力释放效应在自然区域（森林）与建筑环境访视之间存在不同[15]、人们使用城市公园绿地的方式、频率及停留时间产生不同的健康效应[16-18]等。

目前，环境的健康恢复效益评价方法主要有定性分析与定量分析，定量分析方法主要采用压力值、心血管指标（心率、收缩压、舒张压）、脑电波值、皮肤电导值等指标[19]，并使用量表进行问卷调查评估（PANAS情绪量表、ROS恢复质量量表、PRS知觉恢复量表）[20-24]。定性分析主要实地调研、深度访问等，进而评估受试者的情绪状态及感受。在数据分析方面，通常采用描述性统计[25]，借助SPSS统计工具和其他统计方法分析数据，以确保数据解释的科学合理性。

英国学者J. Pretty 2003年首次提出绿色锻炼概念[26]，并且得到了广泛的认可。经过多年的实践和研究，绿色锻炼被定义为：在自然环境中进行的体力活动。因而绿色锻炼的环境要满足自然、绿色的基本要求，相较于城市的硬质活动空间，绿色自然的柔软空间中进行的体力活动具有更好的身心健康效益[4]。关于锻炼及环境之间的健康效益的相关研究中，有结果证实在绿色环境中进行体育锻炼能够改善焦虑、抑郁等心理状态[27-29]，尤其是在多样化的环境中进行体育锻炼时，有利于提升锻炼的兴趣与动力，获得更多的身心健康益处[30-31]。通过相关文献研究梳理发现，绿色锻炼现有研究地点多集中于

① 基金项目：国家林业局森林公园工程技术研究中心科学技术研究项目（编号：PTJH1500211），基于康体活动的森林公园景观资源评价基金项目资助。

城市公园、滨水空间、校园等，较少对城郊型森林公园的研究，而城郊森林公园作为绿地系统的重要补充，有着较为原始的景观及森林活动空间，其空间绿色锻炼的体验感对于提高城市居民进行绿色锻炼的意愿有很大的影响。其次关于绿色锻炼的活动类型，目前绿色锻炼的研究所涉及类型囊括了坐观、步行、慢跑、自行车骑行、园艺、钓鱼、登山等多种活动类型，但目前大多数研究集中于坐观、步行、慢跑。

据此，研究目的是探究城郊型森林公园空间类型对于进行绿色锻炼人群的压力缓解效果差异。本研究以福州森林公园为研究对象，选取4条不同类型的实验路线，让受试者进行步行体验，进行压力缓解的生理心理指标实测，对比体验前后指标的变化，并进行数理统计分析，探索城郊型森林公园中步行锻炼人群的压力缓解的景观环境特征，推动城郊型森林公园绿色锻炼恢复性空间的营造与改善，为规划、设计更益于人群身心健康的森林公园提供理论依据。

1 研究地概况

研究选址为福州国家森林公园，总面积5593.1hm²，距离市中心约10km，交通便利，素有"福州氧吧"之称，是集科研和游览功能为一体的综合性公园。园内景观状况良好，绿色锻炼活动类型丰富。

研究选择福州森林公园内游客可进入并可停留的活动空间，排除可达性不强、空间隐蔽性强的空间，依据空间配置和环境特征，在对空间进行选择时，坚持其景观要素一致性和连续性，同时各空间之间具有较大的差异性和明显的空间分割性。最终选取了主干道空间、林下空间、滨水空间和水上栈道空间4个研究空间中的4条道路作为实验线路。

2 研究假设

研究在结合绿色锻炼的相关理论的基础上，通过调研走访以及实验设计，探究城郊森林公园的绿色锻炼减压效益的影响因素以及不同空间对绿色锻炼体验的满意度的评价。主要包括3个研究假设：假设一（H1）：4条路线之间的减压效益各个指标测量结果具有显著性差异；假设二（H2）：不同路线的复愈性环境恢复力具有显著差异；假设三（H3）：复愈性环境恢复力与受试者的生理指标具有相关性。

3 研究设计

3.1 实验设计

实验路线为主干道空间、林下空间、滨水空间和水上栈道空间这4种空间中具有代表性的4条道路（图1），每条路线分别测量了路线长度和平均绿视率的大小（表1）。

实验路线信息　　　　　　　　表1

	路线1 主干道空间	路线2 林下空间	路线3 滨水空间	路线4 水上栈道空间
路线全长 （km）	2.3	1.8	0.9	3.8
平均绿视率 （%）	75	85	49	23

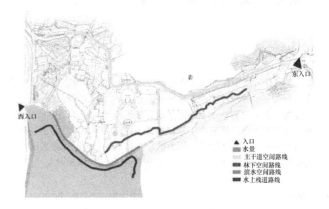

图1　实验路线

实验共招募33名志愿者，为保证实验结果准确性，所有的受试者通过抽签的方式（随机抽样）分组以及按随机抽样顺序进行4条实验路线的体验；步行体验选择在同一天进行，以排除天气、气温、和人群等干扰因素，并要求受试者根据顺序依次在设定好的路线进行步行体验。

在每次的步行体验前，研究人员对受试者的生理指标和心理指标进行第一次测量，得到所有受试者的心理和生理测量基本数据（PANAS、主观生命力量表、血压、脉搏、压力值）。在受试者到达指定实验路线后，要求他们观看一段由消极情绪图片剪辑而成，时长10min的视频。在视频观看过后，研究人员对受试者的生理指标和心理指标进行第二次的测量和收集。每一条路线的步行体验时间安排在30min。在受试者结束该条路线的步行体验后，研究人员要求其在原地静坐休息3min，再进行第三次的心理和生理数据测试（PANAS、主观生命力量表、血压、脉搏、压力值、PRS、ROS），并且根据步行体验做出填写满意度量表评价问卷（图2）。

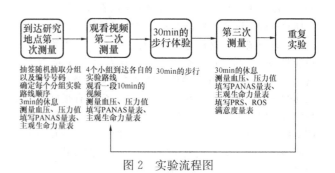

图2　实验流程图

3.2 数据收集方法

本研究生理数据的收集采用华为B5手环进行压力值

测量，该设备的 HUAWEI TruRelax™ 技术已经通过了中国科学院心理研究所的权威测试认证，具有可靠性和便捷性。血压值与脉搏的测量则采用小米的米家 iHealth 智能电子血压计。心理数据测量主要运用了 PANAS 情绪量表、主观生命力量表、恢复质量量表（ROS）、知觉恢复量表（PRS）等进行数据收集。

笔者采用 Spss、Excel 等统计软件对参与城郊型森林公园步行体验受试者的心理和生理数据进行实证分析、方差分析，同时在实证数据基础上得出研究结果并进行分析。

4 结果分析

在进行方差分析前，先对各个指标的前测数据进行差异性检验，确保各指标的基础水平没有显著差异。结果显示各指标组间的前测数据并无显著性差异，由此说明后测的数据可用于方差分析（表 2）。

指标前测数据组间的差异性检验　　表 2

指标	df	F	P
积极情绪	3128	0.105	0.957
消极情绪	3123	0.038	0.990
主观生命力	3128	0.491	0.689
收缩压	3121	1.011	0.390
舒张压	3127	0.231	0.875
脉搏	3122	1.979	0.121
压力值	3128	0.416	0.742

4.1 H1：4 条路线之间的减压效益指标测量结果具有显著性差异

通过前测数据的差异性检验已证明前测数据之间不存在显著性差异，故选择各指标的一组前测数据（CK）作为参考数据，与 4 条实验路线的后测数据进行事后检验，比较每条路线对受试者的生理指标和心理指标的影响。将 CK 与 4 组后测数据进行差异性检验，分析结果（表 3）表明 CK 与后测数据之间存在显著性差异，可以进行方差检验。通过方差检验，结果显示（表 4），在 0.01 的水平上，4 条路线的指标后测数据与前测数据源中的积极情绪、积极情绪、主观生命力、舒张压、脉搏以及压力值均有显著的差异。而在 0.05 的显著性水平上，所有的指标对于前测数据都有显著性差异，表明经过 30min 的步行体验后，受试者的心理状态以及生理状态均发生了改变。从以上数据分析结果可知，4 条线路减压效益存在显著差异，减压效益程度排序为：林下空间＞水上栈道空间＞滨水空间＞主干道空间。

实验路线与 CK 之间各指标方差分析统计结果　表 3

指标	df	F	P
积极情绪	3127	10.958	0.000**
消极情绪	3123	9.708	0.000**
主观生命力	3128	6.811	0.000**
收缩压	3121	9.119	0.000**
舒张压	3126	2.814	0.027*
脉搏	3122	6.387	0.000**
压力值	3128	6.491	0.000**

注：* 表示 $P<0.05$，** 表示 $P<0.01$。

4 条实验路线与 CK 之间各指标方差分析统计结果　　　　　　表 4

指标	路线 1-CK		路线 2-CK		路线 3-CK		路线 4-CK	
	均值差异	显著性	均值差异	显著性	均值差异	显著性	均值差异	显著性
积极情绪	4.40	0.18	14.00**	0.00	9.03**	0.00	9.87**	0.00
消极情绪	−4.30**	0.00	−4.78**	0.00	−4.82**	0.00	−5.01**	0.00
主观生命力	6.39*	0.02	7.85**	0.00	8.82**	0.00	9.03**	0.00
收缩压	−10.32**	0.00	−14.12**	0.00	−2.56	0.75	−9.50**	0.00
舒张压	−5.32	0.06	−4.59	0.12	−0.13	1.00	−4.29	0.16
脉搏	−2.71	0.91	−11.45**	0.00	−5.29	0.09	−6.39*	0.03
压力值	−2.48	0.72	−10.21**	0.00	0.27	1.00	−6.64	0.32

注：* 表示 $P<0.05$，** 表示 $P<0.01$。

从场地的实地调研中发现，路线 1、路线 3 连接的空间人流量相较于路线 2 和路线 4 大很多，故即使在路线 1 主干道空间的绿视率高达 75% 的情况下，其减压效益却明显比林下空间低。推测原因可能是福州国家森林公园中主干道人车未分流，当受试者在进行实验的过程中，观光电瓶车和一些工作车辆会不定时的经过受试者身边，再加之主干道的人流量较大，故而出现了路线 1 即使在绿视率很高的情况下，其减压效益却差强人意。同理，在路线 3 滨水空间和路线 4 水上栈道空间之间的减压效益差异可能也是由于这两个空间之间的活动人流不同。路线 3 沿路上有较多福州国家森林公园的景观节点，例如榕荫观鱼、八一水库、植物园等景观节点，其活动人流量也是 4

条实验路线中最多的一条。从压力值这个指标可以看出，受试者在路线 3 进行 30min 步行体验后，其压力值没有明显得改善，与观看负性情绪视频后的压力水平基本持平，甚至发生了轻微的上升。因此可以认为空间中的活动人次以及是否能够使受试者处于非打扰的状态对该空间的减压效益具有很大的影响。

4.2 H2：不同路线的复愈性环境恢复力显著差异

描述性统计结果来看（表 5），路线 2 林下空间的复愈性环境恢复力最高，路线 3 滨水空间的复愈性环境恢复力略低于路线 2 林下空间，路线 1 的复愈性环境恢复力最低。

**4 条实验路线环境恢复力得分
描述性统计分析** 　　　　　　　表 5

	路线 1 (N=30)	路线 2 (N=33)	路线 3 (N=31)	路线 4 (N=31)
	M (S.D.)	M (S.D.)	M (S.D.)	M (S.D.)
魅力值	3.2±1.53	3.90±1.34	4.19±1.29	3.9±1.75
逃离感	2.31±1.49	2.82±1.60	2.58±1.40	2.65±1.45
一致性	2.98±2.98	3.2±1.61	3.21±1.44	3.56±1.50
延展性	3.17±2.13	4.65±1.51	4.42±3.10	3.56±1.89
ROS	2.87±1.12	3.61±1.53	3.46±1.31	3.74±1.31

假设二目的在于验证受试者在经过 30min 步行后对不同环境的复愈性环境恢复力的评价是否存在显著性差异，对各个指标的测量数据进行单因素方差检验，结果显示（表 6）在显著性为 0.05 的水平上，4 条路线之间的延展性水平具有显著性差异，其他指标之间不具备显著性差异，但是魅力值和 ROS 指标接近 0.05 的显著性水平。故而将魅力值、延展性和 ROS 指标进行事后检验。

**不同实验路线间复愈性环境恢复力指标
方差分析统计结果** 　　　　　　表 6

指标	df	F	P
魅力值	3121	2.438	0.068
逃离感	3121	0.623	0.602
一致性	3121	0.831	0.480
延展性	3121	3.091	0.030*
ROS	3121	2.541	0.060

注：* 表示 $P < 0.05$，** 表示 $P < 0.01$。

4.2.1 魅力值

在 0.05 显著性水平上，路线 1 和路线 2 具有显著性差异，与路线 3 和路线 4 之间不存在显著性差异。路线 3 和路线 4 之间不存在显著性差异。魅力值包含路线是否迷人、是否有许多有趣的事物以及是否不会感觉无聊 3 项指标。路线 3 上分布了福州国家森林公园中主要的景观节点，不仅有水景，还有景观雕塑以及特色性的植物景观，同时路线 3 的魅力值最高且超过了 4 分，因此可以认定路线 3 滨水空间相较于其他路线的景观设计在一定程度上更具有趣味性（表 7）。

魅力值事后检验 　　　　　　　　表 7

	平均值±标准差	Duncan	
		0.05	0.01
路线 1 主干道空间	3.2±1.53	a	A
路线 2 林下空间	3.90±1.34	ab	A
路线 3 水上栈道	3.9±1.75	ab	A
路线 4 滨水空间	4.19±1.29	b	A

4.2.2 延展性

在 0.05 显著性水平上，路线 1 和路线 3、路线 2 之间的延展性具有显著性差异，与路线 4 之间不存在显著性差异。路线 4 与路线 3、路线 2 之间存在显著性差异。路线 1 和路线 4 之间不存在显著性差异。延展性主要是表示空间的尺度是否让受试者感觉舒适，从表中也可以看出，路线 2 的延展性最高，但是路线 2 的道路宽度为 1.5m，在这 4 条实验路线中并不是最宽的。通过实地体验以及受试者的访问后，可认为虽然路线 2 在 4 条路线中并不是最宽的，但是对于受试者单人进行步行体验，尺度是适宜的，即使偶尔与人擦肩而过，也不会产生不适感。而且路线 2 中大部分是林下空间且未种植灌木，是受试者能够自由进入的林下草坪活动空间，因此给人的舒适感最好（表 8）。

延展性事后检验 　　　　　　　　表 8

	平均值±标准差	Duncan	
		0.05	0.01
路线 1 主干道空间	3.17±2.13	a	A
路线 4 水上栈道	3.56±1.89	ab	A
路线 3 滨水空间	4.42±3.10	b	A
路线 2 林下空间	4.65±1.51	b	A

4.2.3 ROS（恢复质量）指标

在 0.05 显著性水平上，路线 1 和路线 3、路线 2 之间的恢复质量具有显著性差异，与路线 4 之间不存在显著性差异。路线 4 与路线 3、路线 2 之间存在显著性差异。恢复质量量表测量的是空间的治愈感以及是否让使用者的感觉能从日常压力中恢复过来。从结果分析来看，路线 4（3.74±1.31）的恢复质量最高，路线 2 的恢复质量（3.61±1.53），但是只比路线 4 低了 0.1 分，基本持平，路线 1 的恢复质量（2.87±1.12）最低（表 9）。

ROS 事后检验 　　　　　　　　　表 9

	平均值±标准差	Duncan	
		0.05	0.01
路线 1 主干道空间	2.87±1.12	a	A
路线 3 滨水空间	3.46±1.31	ab	A
路线 2 林下空间	3.61±1.53	b	A
路线 4 水上栈道	3.74±1.31	b	A

4.3 H3：复愈性环境恢复力与受试者的生理指标具有相关性

假设三的研究目的在于探讨复愈性环境恢复力与受试者的生理指标变化之间是否存在相关性，将复愈性环境恢复力的魅力值、逃离感、一致性、延展性、ROS指标与生理指标的舒张压、收缩压、脉搏、压力值进行相关性分析。

结果分析（表10）表明复愈性环境恢复力中的魅力值、延展性、ROS指标与精神压力指标中的收缩压、脉搏、压力值显著相关，魅力值与收缩压呈显著正相关（$r=0.195^*$，$P<0.05$），ROS指标与收缩压呈显著正相关（$r=0.200^*$，$P<0.05$），延展性与脉搏呈显著负相关（$r=-0.188^*$，$P<0.05$），ROS指标与压力值呈显著负相关（$r=-0.194^*$，$P<0.05$）。魅力值与ROS指标与收缩压之间存在着显著正相关的关系，也就是说魅力值越高的空间，受试者经过步行体验后，收缩压也会伴随着升高。

恢复质量量表测量的是空间的治愈感以及是否让使用者感觉能从日常压力中恢复过来。结果显示当恢复质量越高时，受试者在其中进行30min的步行体验后的压力值水平越低。与精神压力指标中的收缩压、脉搏、压力值显著相关，魅力值与收缩压呈显著正相关（$r=0.195^*$，$P<0.05$），ROS指标与收缩压呈显著正相关（$r=0.200^*$，$P<0.05$），延展性与脉搏呈显著负相关（$r=-0.188^*$，$P<0.05$），ROS指标与压力值呈显著负相关（$r=-0.194^*$，$P<0.05$）。

复愈性环境恢复力与生理指标相关性分析　　表10

	收缩压	舒张压	脉搏	压力值
魅力值	**0.195***	0.087	−0.063	0.066
逃离感	0.050	0.077	−0.113	−0.093
一致性	0.159	0.162	−0.161	−0.022
延展性	0.128	0.013	**−0.188***	−0.080
ROS指标	**0.200***	0.163	−0.140	**−0.194***

注：$*$ 表示$P<0.05$，$* *$ 表示$P<0.01$。

5 讨论

研究通过对城郊森林公园4类空间步行体验的减压效益的数据进行对比分析发现，4类空间效益排序为：林下空间＞水上栈道空间＞滨水空间＞主干道空间。在减压效益下，魅力值越高的空间，收缩压也会伴随着升高。在魅力值较高的空间中刺激源（景观建筑、雕塑小品、水景等）较多，因此对受试者的心情可能具有刺激作用，进而提升受试者的收缩压值。复愈性环境恢复力中，魅力值、延展性和ROS指标具有较显著的差异。从相关性分析的结果可以看出，当延展性越高时，空间尺度的舒适度越高，受试者在此空间感受到的刺激源越少，内心越趋向于平静，故而脉搏越低。当恢复质量越高时，受试者在其中进行30min的步行体验后的压力值水平越低。魅力值与精

神压力指标中的收缩压、脉搏、压力值显著相关，魅力值与收缩压呈显著正相关，ROS指标与收缩压呈显著正相关，延展性与脉搏呈显著负相关，ROS指标与压力值呈显著负相关。

研究中4条线路受试者压力均值呈下降趋势，与前人研究结果一致，进行森林景观空间体验可以减轻人群压力[11-13]。此外研究结果还表明在绿视率相近的空间，空间中活动人数的多少以及车辆对减压效益存在负向影响，例如林下空间和主干道空间之间，但是其复愈性环境的减压效果随着活动人次的增加和车辆经过的干扰而降低，同时其环境恢复质量也明显下降。福州国家森林公园中不同类型空间的人流量存在着明显的差别，而人流量越小的空间，受干扰程度越小，其减压效果越好，对受试者的生理和心理恢复有更加积极的影响，因此园内恢复、疗愈场所的设置应尽量避开人流大、车行道等干扰因素多的空间。

研究中，压力水平测量所使用测试仪器的局限，未对受试者进行更多的生理指标进测量，且受试者年龄段相对集中，可能忽视了不同年龄段人群对景观体验偏好的差异，从而对压力缓解产生不同的影响。今后的研究中可以尝试更多年龄段及不同生理指标进行实验探究，以更好地探明城郊森林公园中不同空间类型的减压效益。

参考文献

[1] 国务院.国务院关于印发全民健身计划(2016—2020年)的通知[EB/OL].北京：国务院办公厅，2016[2020-02-02]. http://www.gov.cn/zhengce/2016-10/25/content_5124174.htm.

[2] 国务院."健康中国2030"规划纲要[EB/OL].北京：国务院办公厅，2016[2020-02-02]. http://www.gov.cn/zhengce/2016-10/25/content_5124174.htm.

[3] 吴丽华，廖为明.森林声景保健功能的初步分析[J].江西林业科技，2009(04)：31-32.

[4] 杨勇涛，孙延林，吉承恕.基于"绿色锻炼"的身体活动的心理效益研究[J].天津体育学院学报，2015，30(03)：195-199.

[5] 王轶浩，凯旋，薛兰兰等.重庆城郊森林植被调控大气PM2.5和PM10的时空效应[J].生态环境学报，2016，25(10)：1678-1683.

[6] ULRICH R S, SIMONS R E, LOSITO B D, et al. Stress recovery during exposure to natural and urban environments [J]. Journal of Environmental Psychology, 1991, 11(3)：201-230.

[7] KAPLAN S. The restorative benefits of nature：Toward an integrative framework[J]. Journal of Environmental Psychology, 1995, 15(3)：169-182.

[8] PARSONS R, TASSINARY L G, ULRICH R S, et al. The view from the road：implications for stress recovery and immunization[J]. Journal of Environmental Psychology, 1998, 18(2)：113-140.

[9] CARPENTER M. From "healthful exercise" to "nature on prescription"：the politics of urban green spaces and walking for health[J]. Landscape and Urban Planning, 2013, 118(2)：120-127.

[10] BAMBERG J, HITCHINGS R, LATHAM A. Enriching green exercise research [J]. Landscape and Urban Plan-

ning. 2018，178：270-275.

[11] ULRICH R S. View through a window may influence recovery from surgery[J]. Science，1984，224(4647)：420-421.

[12] Li Q，KOBAYASHI M，WAKAYAMA Y，et al. Effect of phytoncide from trees on human natural killer cell function [J]. International Journal of Immunopathology and Pharmacology，2008，22(4)：951-959.

[13] 蒋晓崎，王奎龙. 负离子对净化空气及人体健康的作用 [J]. 今日科技，2004，(2)：49-50.

[14] 左磊，郝美华. 空气负离子对空气消毒及支气管哮喘治疗的探讨[J]. 中华医学实践杂志，2005，4(1)：30-31.

[15] TYRVÄINEN L，ANN O A，KALEVI K，et al. The influence of urban green environments on stress relief measures：A field ex-periment [J]. Journal of Environmental Psychology，2014，38：1-9.

[16] 谭少华，郭剑锋，江毅. 人居环境对健康的主动式干预：城市规划学科新趋势[J]. 城市规划学刊，2010，(04)：66-70.

[17] 刘正莹，杨东峰. 为健康而规划：环境健康的复杂性挑战与规划应对[J]. 城市规划学刊，2016，(02)：104-110.

[18] 彭慧蕴. 社区公园恢复性环境影响机制及空间优化——以重庆市主城区为例[D]. 重庆：重庆大学，2017.

[19] 赵欢，吴建平. 复愈性环境的理论与评估研究[J]. 中国健康心理学杂志，2010，18(01)：117-121.

[20] HARTMANN P，APAOLAZA-IBÁÑEZ V. Beyond savanna：An evolutionary and environmental psychology approach to behavioral effects of nature scenery in green advertising[J]. Journal of Environmental Psychology，2010，30(1)：119-128.

[21] HARTIG T，EVANS G. W，JAMNER，L D，et al. Tracking restoration in natural and urban field settings[J]. Journal of Environmental Psychology，2003，23(2)：109-123.

[22] KORPELA K，YLÉN M，TYRVÄINEN L，et al. Determinants of restorative experiences in everyday favourite places[J]. Health & Place，2007，14(4)：636-652.

[23] HARTIG T，KORPELA K，EVANS G W & GÄRLING T. A measure of restorative quality in environments. Scandinavian Housing and Planning Research[J]. 1997，14：175-194.

[24] 黄丽，杨廷忠，季忠民. 正性负性情绪量表的中国人群适用性研究[J]. 中国心理卫生杂志，2003，(01)：54-56.

HUANG L，YANG T Z，JI Z M. Applicability of the positive and negative affect scale in Chinese[J]. Chinese Mental Health Journal，2003，(01)：54-56.

[25] HANSMANN R，HUG S，SEELAND K. Restoration and Stress Relief Through Physical Activities in Forests and Parks[J]. Urban Forestry & Urban Greening，2007，6(4)：213-225.

[26] PRETTY J，GRIFFIN M，PEACOCK J，et al. A countryside for health and wellbeing：the physical and mental health benefits of green exercise[J]. 2005.

[27] BARTON J，PRETTY J. What is the best dose of nature and green exercise for improving mental health? A multi-study analysis[J]. Environmental Science & Technology，2010，44(10)：3947-3955. http：//dx. doi. org/10. 1021/es903183r.

[28] 关恒伟，周帅，王蕾等. 基于城市近郊森林生态康养模式的策略——以宁夏森森林康养示范区规划为例[J]. 中国园林，2018，34(S1)：53-57.

[29] BARTON J，WOOD C，PRETTY J，et al. Green exercise：Linking nature，health and well-being[J]. London and New York：Routledge. 2016，26-36.

[30] JO H K，MCPHERSON G. Carbon storage and flux in urban residential green space [J]. Journal of Environmental Management，1995，45(2)：109-133.

[31] BENJAMIN M T，WINER A M. Estimating the ozone forming potential of urban trees and shrubs[J]. Atmospheric Environment，1998，32(1)：53-68.

作者简介

李房英，1971年生，女，汉族，福建连城，福建农林大学园林学院风景园林系主任、副教授，研究方向为健康和可持续景观。电子邮箱：68100265@qq. com。

朱哲民，1996年生，男，汉族，福建长汀，福建农林大学风景园林学在读硕士研究生，研究方向为健康和可持续景观。

周璐，1993年生，女，汉族，福建宁德，福建农林大学风景园林学硕士研究生，研究方向为健康和可持续景观。

胡国敏，1994年生，男，汉族，福建南平，福建农林大学风景园林学在读硕士研究生，研究方向为健康和可持续景观。

钟丽玲，1995年生，女，畲族，福建三明，福建农林大学风景园林学在读硕士研究生，研究方向为健康和可持续景观。

公园徒步系统的空间句法凸空间模型适用性讨论
——基于 VGI 数据验证

Discussion on the Applicability of Space Syntax Convex Space Model of Park Hiking System：
Based on VGI Data Verification

李家康　陈　坚

摘　要：本研究提出运用自发地理信息（Volunteered Geographic Information，简称 VGI）数据，产生公园徒步行为可视化结果，并对空间句法模型的凸空间法建立的公园空间关系图进行验证，比对轨迹、点密度同空间句法的整合度（Integration）、穿行度（Choice），结果证明整合度与穿行度总体上均能表达实际徒步行为，穿行度更佳。接着，描述两者之间的异同点，讨论产生差异的影响因素：空间界面与行为心理、徒步活动场地即道路本身。最后，阐述了研究的局限和展望。

关键词：VGI 数据；空间句法；凸空间；验证；异同点及原因

Abstract：This research proposes to use volunteered geographic information data to produce visualized results of park hiking behavior, and to verify the park spatial relationship map established by the convex space method of space syntax, and to compare the track and point density with space syntax's integration and choice. The results prove that the integration and choice on the whole can express the actual hiking behavior, and the choice is better. Next, describe the similarities and differences between the two results, discuss the influencing factors of the differences：the spatial interface and behavioral psychology, and the hiking activity venue, which is the road itself. Finally, the limitations and prospects of the research are explained.

Key words：VGI Date；Space Syntax；Convex Space；Verification；Similarities and Differences

1　研究背景

空间句法运用于城市公园中，从空间组构①（Configuration）的角度去衡量公园的空间关系，如从规划尺度研究公园的可达性[1]；应用空间句法的参数作为指标，评价城市公园空间组织特征及提出优化策略[2]；结合问卷调查、现场观测法从需求侧与空间句法结果进行对比研究[3]；通过截面人流计数法对空间句法模型结果进行回归分析、模型校验[4]等。

文献中空间句法模型在公园的应用占绝大多数，但关于适用性的讨论却较少。以往对空间句法模型验证过程中，主要采用空间句法公司运用的截面人流计数法[5]，需耗费大量人力、物力进行现场观测，主观计数，且采集好的数据在时间、季节跨度等方面带来的问题都无法忽视。

本文提出运用自发地理信息（简称 VGI）数据作为现场人流计数的代替方法，通过 Arcgis10.5 平台进行可视化，与空间句法结果进行对比研究，最后实地调研验证是否合理。VGI 数据源自真实用户上传，数据包含不同年份、一年四季、全日的不同时段，且随着时间的推移数据量不断增大，能够节省调研成本，符合目前数据化设计的趋势。

2　研究方法

（1）获取两步路户外助手上晓港公园的 VGI 徒步轨迹、拍照点数据，经过数据筛选、分类、转化，导入 Arcgis10.5 平台上进行点、线密度分析的可视化。

（2）借助空间句法软件 DepthmapX 完成对晓港公园凸空间②的建立，计算其整合度、穿行度。

（3）比对两者之间的异同点。通过 VGI 数据的可视化对空间句法的结果进行检验，判断其结果能否较好地对实际情况进行表达。

（4）分析两者之间的异同点，并进行原因解读。

---

① 空间组构即一组整体性的关系，其中任意一关系取决于与之相关的其他所有关系。

② 凸空间指空间内部任意两点的连线均在空间内。

3 公园空间句法模型

3.1 空间句法理论

空间句法（Space Syntax）源自伦敦大学的 Bill Hillier 及 Julienne Hanson 教授，于 20 世纪 70 年代提出[6]。其希望形成建筑学域内部自洽的分析性理论，对于空间规律从模糊的转变成可言说、可描述的，其核心的经典理论是空间组构。

3.2 运用的空间句法参数

主要运用整合度与穿行度。整合度（Integration）来源于深度[1]（Depth）概念，在排除元素数目、对称性的影响后，求倒数所得[1]。整合度可以衡量空间的可达性，整合度越高，空间的可达性越好，作为节点越可能吸引人的到达。穿行度（Choice）代表出现在最短拓扑路径上的次数和，可以衡量空间被经过的潜力。

3.3 公园凸空间的建立

研究对象是位于广州市海珠区的综合公园晓港公园（16.7hm²），建成于 1975 年，公园全天的使用程度高，共 4 个大门，周边 1km 内包括地铁站、居住区、学校、医院、大型商业。一条马涌河穿园而过，形成两岛一堤的结构。研究于 2020 年 8 月至 10 月，选择工作平日、周末、节假日全天对公园展开实地调研。公园的凸空间分成道路、节点两部分。

3.3.1 建模规则

（1）道路建模

公园道路作为完整的凸空间，不论道路等级，均计入。在道路徒步时，若没有分叉路，那么就不存在选择关系，因此仅在道路与道路相交时打断；道路长度小于 3m，则作为活动场地的一部分；道路导向封闭区域时，目的地不可进入，因此不计入[7]。公园道路的边界存在草地、矮灌木、围护结构等，在一定程度上形成了空间限定，实地调研发现较少存在跨越草地的行为，因此以道路本体作为凸空间，铺装过渡的草地作为边界。

（2）节点建模

① 竹林 竹林底面为硬质铺地广场，竹林点缀其间，视线没有被完全遮挡，空间的流动性好，将其作为一个整体来考虑。存在高差处，将竹林分成两个凸空间。

② 运动场 公园内部有羽毛球场、乒乓球场，由于其外部存在围合结构，空间封闭，因此分别建模。

③ 健身设施 此处代指健身设施的配置场地，由于中间有明显的道路空间分割，因此其将场地分为两部分，且道路分别建模。

④ 儿童活动设施 公园东北侧配置大量儿童活动设施，由于收费且封闭，不计入。

⑤ 尽端空间 尽端空间作为目的地，其作为完整的一部分，不区分道路与节点。

图 1 晓港公园航拍图

---

① 深度指到达目的空间所要经过的拓扑步数。

图 2　场地现状

(a) 道路边界；(b) 竹林；(c) 运动场；(d) 健身设施；(e) 儿童游乐设施；(f) 尽端空间

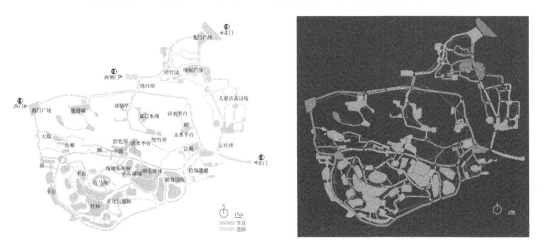

图 3　公园凸空间

4 公园 VGI 徒步数据

4.1 VGI 数据

自发地理信息（简称 VGI）指区别于传统制图机构和遥感技术以外的第三种地理信息收集方法，其方法结合了 Web2.0、集体智能、新地理的元素[8]。通过装有 GPS 的手机、跟踪位置的车辆、数码相机或携带的监测传感器，个体可以将其对特定地理要素的理解以携带位置的方式上传到网络。

4.1.1 VGI 数据的客观性

VGI 数据作为一个潜在的数据源，将地理信息的收集外包给普通公众，每一个用户即一个"传感器"，使得数据能够及时更新，节约时间、经济成本[9]。数据覆盖不同年份、四季，包括每日的不同时段，能较好解决时间、

季节跨度带来的影响。

4.1.2 VGI 数据的来源

VGI 数据来源包括公共版权数据、社交网站打卡数据、用户协作编辑的开放地图数据、GPS 路线数据等，本研究使用的是 GPS 的轨迹数据及公共版权数据中的拍照点数据。

4.2 数据获取、筛选及分类

从两步路户外助手平台上，获取了用户上传的 GPS 轨迹数据及拍照点数据，共获取晓港公园 140 条数据，导入 91 卫图助手①进行筛选，剔除不经过园内、在园内时长占总时长过少、轨迹过短、轨迹出现漂移 4 类，最后得到 104 条轨迹，360 个点数据。依照时间早上 5～7 点（卯时）、上午 7～11 点（辰巳时）、中午 11～13 点（午时）、下午 13～17 点（未申时）、傍晚 17～19 点（酉时）、晚上 19～23 点（戌亥时）进行划分如下：

VGI 数据来源 表 1

VGI 数据来源	可获得数据	可应用前景
公共版权数据	文本数据	出行动机
	拍照点及照片数据	景观偏好
社交网站打卡数据	打卡点数据	时空分布
用户协作编辑的开放地图数据	轨迹数据、POI 数据	行为模式、时空分布
GPS 路线数据	轨迹数据	行为模式

数据时段划分 表 2

公园名称	早上 05～07	上午 07～11	中午 11～13	下午 13～17	傍晚 17～19	晚上 19～23	总计	
晓港公园	3	29	8	24	23	17	104	轨迹
		174	88	78	20		360	拍照点

4.3 数据可视化

通过 ArcGIS10.5 平台，将轨迹、点数据落位到卫星图上。若计算实际距离，可进行坐标转换。借助密度分析②工具，指定好一个邻域，以便进行线、点密度分析，计算出各输出像元周围像元的密度。

从线密度分析结果看：①早上 5 点至 7 点，人流集中于晓桂桥、西门入口及西侧沿路的平台、东门入口处的榕树平台 3 处，未形成环路；②上午 7 点至 11 点，北门增加一处核心活动点，东侧儿童活动区人流量剧增，过云桂桥，全园串联起最大的徒步环线；③中午 11 点至 13 点，集中于桂花岗、湖中双岛、游艇部存在零星的分散人群，

未形成活动环路；④下午 13 点至 17 点，热点同上午，但密度较低；⑤傍晚至晚上，徒步环路集中于中部小环，密度随时间的推移逐步提升，晚上 8 点达到峰值，东侧儿童活动区人流量骤减。

从点密度分析结果看：①上午人群集中于北侧的清竹园，其连廊、置石小品，空间变化丰富；其次是东侧的儿童活动区；②中午人群集中于北门广场的水景旁；西门附近的沧海遗礁景区，其遮荫条件好，俯瞰且视域开阔，均有分布；③下午 13 点至 17 点，人群被吸引于湖心岛及沿岸区域，依靠设施，面向湖面视域开阔，遮荫条件好；④傍晚 17 点至 19 点，核心位置在北门广场，同时在西门入口广场及东侧马涌河沿岸均有集聚情况。

---

① 91 卫图助手是一款遥感影像及高程下载软件。
② 密度分析是通过输入离散点、线数据来计算其落在搜索区域内的总和，然后除以搜索区域面积，从而得到一张表达各像元的密度值得栅格图。

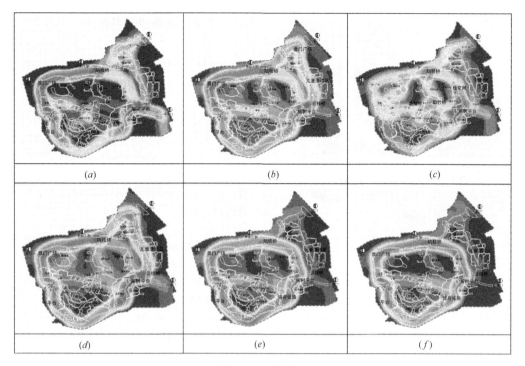

图 4 线密度分析

(a) 05～07 点；(b) 07～11 点；(c) 11～13 点；(d) 13～17 点；(e) 17～19 点；(f) 19～23 点

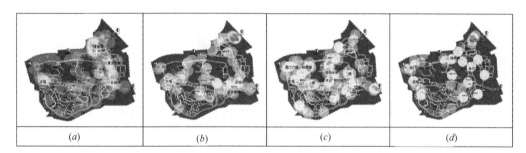

图 5 点密度分析

(a) 07～11 点；(b) 11～13 点；(c) 13～17 点；(d) 17～19 点

5 讨论

5.1 凸空间模型与徒步数据可视化的异同

轨迹、拍照点叠加同空间句法的参数进行对比研究。轨迹依公园主环线进行，公园东北侧及中部，均有环线形成；拍照点集中于北门入口广场、东门云桂桥、西门广场3个位置。自始至终，北门入口广场均作为拍照节点，一定程度上反映人群的停留情况及景观偏好。下午，人群倾向于石马岗景区，此地为硬铺广场，局部点缀高大的粉单竹，提供荫蔽且未影响底界面的活动条件。

通过比对空间句法的计算结果可知：①整合度对徒步行为轨迹的总体解释力良好；全园的徒步路径集中于中部环线，中部岛屿及南侧沿岸也形成了徒步路径。但在北门入口及东侧儿童活动区整合度奇低，同轨迹密度不符；②穿行度同实际轨迹结果更为相似。但在东侧榕树广场处同轨迹结果出现差异，北门广场穿行度较低，同实际不符。

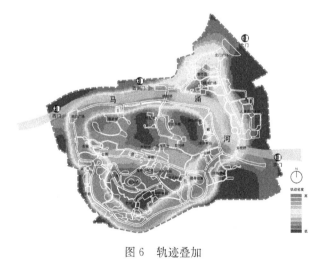

图 6 轨迹叠加

综上，结果印证了穿行度衡量运动通道的潜力可以被运用在城市公园之中，整合度在衡量主要徒步路径上也可使用。

图 7　拍照点叠加

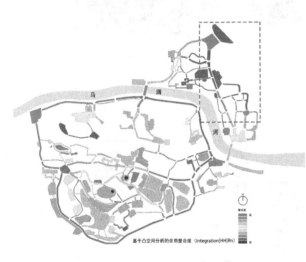

图 8　整合度（Integration ［HH］Rn）

图 9　穿行度（Chioce ［Norm］Rn）

5.2　产生差异的影响因素

5.2.1　空间界面与行为心理互致

风景园林设计要素中，植被、水体、道路及铺装作为设计要素，所产生或实或虚的空间顶、竖、底界面，在界面的变换中，通过对人视线的遮蔽与吸引，从而影响人的感知，能够产生看与被看、"街道眼"监视、瞭望与庇护等效能，在一定程度上影响人的行为，使得无论是宽广的主园路，还是"深深"的岛屿空间，均有较高的人群密度。在空间句法模型分析之后，应叠加行为心理、空间界面要素的影响。

5.2.2　徒步活动场地即道路本身

徒步活动产生的场地就在公园的线性空间中。根据可供性①理论，场地空间给人的使用及活动的产生创造了条件，人对空间或空间要素的不同使用方式，反作用于空间的功能属性。晓港公园一大特征就是纵横交错的道路，让使用者能自由地开展徒步活动。基于此，公园道路此时演变成产生徒步活动的节点空间。徒步就发生在其上，对于道路相交处打断的方式，需综合考虑，成为节点后是否应该被打断，或是以道路宽度为依据，一方打断另一方，而非全打断。

6　结语

本研究提出一种方法，通过网络获取的 VGI 徒步数据，借助 ArcGIS10.5 平台进行可视化，将其结果对空间句法的凸空间模型进行验证，为空间句法应用于城市公园研究中提供支撑。结果表明，凸空间模型的整合度、穿行度大体上均能表达实际徒步情况，穿行度更佳。从空间界面与行为心理、徒步活动场地即道路本身两个方面探讨了差异产生的影响因素。

研究过程中缺少公园的 CAD 图纸，建立凸空间存在难度，需多次现场对比、取舍，造成一定误差；VGI 徒步数据虽有上百条，数据量仍不够大，但随着用户的增多及分享习惯的建立，数据量将与日俱增，VGI 数据在城市公园的应用前景是可预见的。

参考文献

[1]　王静文，雷芸，梁钊.基于空间句法的多尺度城市公园可达性之探讨[J].华中建筑，2013(12)：74-77.

[2]　翟宇佳.基于凸边形地图与轴线地图的城市公园空间组织分析[J].南方建筑，2016(04)：5-9.

[3]　李晶，胡一可.基于空间句法理论的开放式景区优化研究——以天津水上公园为例[J].中国园林，2018，34（S2）：128-133.

[4]　黄基传，赵红红.基于空间句法的城市公园空间结构分析研究[J].华中建筑，2019，37(8)：62-65.

①　可供性（Affordance）由吉布森提出，设计预设的功能空间且建造出来后，其物理属性就是可供性。

[5]　Al-Sayed K，Turner A，Hillier B. Space syntax methodology [M].London，England：Bartlett School of Architecture，UCL，2014.

[6]　(英)比尔·希利尔，(英)朱利安妮·汉森. 空间的社会逻辑 [M]. 杨滔等译. 北京：中国建筑工业出版社，2019.

[7]　Yujia Z，Perver K B. Trail configurational attributes and visitors' spatial distribution in natural recreation area：The 12th International Space Syntax Symposium[C]. 2019.

[8]　Goodchild M F. Citizens as Voluntary Sensors：Spatial Data Infrastructure in the World of Web 2.0[J]. International Journal of Spatial Data Infrastructures Research，2007.

[9]　李德仁，邵振峰. 论新地理信息时代[J]. 中国科学(F 辑：信息科学)，2009，39(06)：579-587.

作者简介

李家康，1995 年 1 月生，男，汉族，江西南昌，华南理工大学硕士研究生在读，研究方向为风景园林规划与设计。电子邮箱：ljkhnyx@163.com。

陈坚，1972 年生，男，汉族，四川成都，华南理工大学博士，华南理工大学建筑学院风景园林系讲师，研究方向为风景园林规划与设计、现代建筑形式发展的技术逻辑。电子邮箱：335344759@qq.com。

公园徒步系统的空间句法凸空间模型适用性讨论——基于VGI数据验证

青岛近代园林公共活动变迁及其动因研究（1897-1938 年）

Research on the Changes and Motivation of Public Events Happened in Qingdao Modern Landscape（1897-1938 Year）

李见哲　张沚晴　蒋　鑫　王向荣[*]

摘　要： 作为一个完全在近代殖民背景下发展形成的城市，青岛经历了多个历史时期，社会性质和统治政府不断变化，这种变化直接影响了青岛的城市建设，使得青岛园林在中国近代园林中有着鲜明的独特性。本文通过历时性的对比分析，以 1897～1938 年青岛园林公共活动变迁为线索，总结出统治决策、社会思潮、服务受众、功能需求四种驱动因素。希望以此检视青岛近代园林管治与公共服务的发展变化，并为当代园林公共服务提升提供借鉴。

关键词： 青岛；近代园林；公共活动；变迁；驱动因素

Abstract: As a city developed completely under the background of modern colonialism, Qingdao has gone through 7 historical periods. The nature of society and the government have undergone changes frequently. These changes were reflected in the urban construction of Qingdao, making Qingdao's landscape different from other modern Chinese landscape. The article researches on the public events happened in Qingdao landscape from 1897 to 1938. Finally, we summarize 4 driving factors: ruling decisions, social thoughts, users and functional requirements. We hope to explore the development of management and public services of Qingdao modern landscape and provide a reference for the improvement of contemporary landscape architecture.

Key words: Qingdao; Modern Landscape; Public Events; Transform; Driving Factors

1897 年以前，青岛地区仅是一处海滨集镇，人烟稀少，林木稀疏，几乎没有园林，更无"公园"的概念[1]。1897 年，德国强占（以下简称"德占"或"德占时期"）胶州湾，开始了对青岛的殖民建设。在此后的 40 年里，青岛共经历了 5 个历史时期——清代建制阶段（1891-1897 年）、德占时期（1897-1914 年）、一次日占时期（1914-1922 年）、北洋政府时期（1922-1929 年）、国民政府第一次统治时期（1929-1938 年）[2]，统治政权经历了清王朝、外国殖民政权、中国政府三阶段变化，社会性质发生两次转变。青岛园林的发展变迁见证着西方园林思想与我国近代社会发生的融合和碰撞，本文选取这一历史时期，以青岛园林的公共活动变迁为线索，讨论其背后的驱动因素，以此检视青岛近代园林管治与公共服务的发展变化。

1　相关研究综述

关于青岛近代园林的发展，刘敏[3]、周金凤[4]等人对德占时期的青岛园林展开了研究，分别就历史变迁、规划设计思想等方面展开了论述，马树华[5]、王丽洁[6]等人对一次日占时期公园展开了研究，侯淳萌对青岛近代城市公园历史变迁进行了系统梳理，上述研究较好的呈现了青岛近代园林的发展历程。此外，许多学者也对近代青岛的社会生活展开研究，曲洁对 1912-1937 年青岛的文化娱乐消费活动进行了研究[7]，马树华对近代青岛文化空间与市民生活展开了研究[8]，上述研究较好地反映了青岛的市民生活。

虽然相关研究对青岛园林公共活动有所提及，但是尚且缺乏重点关注与系统梳理。园林中的公共活动一方面再现了园林的管治与公共服务情况，另一方面对应于当时的历史背景、社会思潮、生活方式，因此，对青岛近代园林公共活动变迁的研究意义重大。

2　1897-1938 年间青岛园林发展概述

德占以后，青岛正式作为城市开始发展，根据其统治政府可分为德日占时期和北洋—国民政府时期两大阶段。

德占时期，统治者在青岛引入了先进的规划理念，青岛园林随之起步。一方面为改善生态环境，青岛进行了大规模造林活动；另一方面，城市公园得以出现和发展。1914 年，青岛进入一次日占时期，日本政府对青岛进行了一系列文化改造，城市公园的数量与规模进一步增加。截至 1922 年，公园、街头三角地、练兵场、各类炮台、海水浴场和规划公园等达 24 处。

1922 年后，中国政府收回青岛，从北洋政府至国民政府统治时期，社会状态稳定，许多林地被改造成为公园，园林得到极大发展。公园数量明显提升，20 世纪 30 年代，市内和乡区公园扩展为十多个，公园分布更加均衡，旅游业蓬勃发展，青岛成为著名的旅游城市。

3　1897-1938 年间青岛园林公共活动发展变迁

青岛的园林经历了从最初大规模造林到成体系的功

能复合的绿地系统的根本性转变，其承载的公共活动也发生了明显变化。根据园林公共活动特征的变化，1897-1938 年间青岛园林公共活动的发展可分为萌芽期、生成期、发展期、全盛期。

3.1 萌芽期：活动类型的丰富（1897-1914 年）

德占时期是青岛园林公共活动的萌芽期，现代园林活动开始出现，类型逐渐丰富，存在明显的华洋分割现象。青岛园林的发展与造林密切相关，由造林过渡到造园。因此，公园绿地的建设内容也以增加绿量为主，园林活动较为初级。随着一系列旅游开发活动，如第一海水浴场的开放、汇泉跑马场的开辟等，使青岛园林公共活动的类型逐渐丰富起来。以中山公园为例，1908 年，"苗圃、林区及公园里的道路又扩建了，修了一些公园通道和水平山径，此时便有人将其称作森林公园"[10]，到 1912 年，"公园内有池沼，游戏场和赛马场等设备一应俱全"[10]（图 1、图 2）。

图 1　德军士兵在崂山郊游喝啤酒
（图片来源：纪录片《青岛城记》）

图 2　汇泉赛马场（图片来源：青岛旧影[11]）

同时，华人与洋人在活动场所、时间、方式上均有明显区别。中国人的园林公共活动是以唱戏、划船等民俗文化活动为代表的传统文化娱乐活动，场所以天后宫为主。每年除夕、元宵节等传统节日，天后宫均有庙会，内容涵盖吃喝玩乐；农历三月十五的祭海仪式上则举行帆船比赛，随后在沙滩上跳胶州秧歌。外国人则从事以西方体育文化为主体的现代文化娱乐活动，如打网球、看跑马比赛、爬山、游泳、举办帆船比赛等，而海水浴场、跑马场等娱乐场所起初是不允许国人进入的。

3.2 生成期：文化属性的置入（1914-1922 年）

一次日占时期，园林的游憩属性开始增强，园林活动类型更加丰富，同时，一系列具有文化殖民属性的公共活动的置入，成为这一时期园林公共活动的新特征。1914 年日本占领青岛后，为服务于生活在青岛的日本军民，一方面，日本政府明确了园林的功能——"以游览修养、娱乐、运动和放置城市纪念设施为主要目的"的普通公园和"以风景林、水源涵养林为主"的森林公园，对公园进行建设美化、完善植物景观、增建园林设施。另一方面，对园林进行文化塑造。1914 年，中山公园改名旭公园，在公园的北部建起"忠魂碑"及游览大道，并在碑前和大道两侧栽植日本樱花。1919 年，若鹤山（今贮水山）上的青岛神社竣工（图 3），《青岛神社及忠魂碑近况》中对青岛神社的公共活动进行了记录。"在春季和秋季的祭祀活动中，青岛全市几百名小学生、中学生、女学生在教师的带领下集合，日本中学四五年级学生，穿正装参加，合计约两百人"，而一般的日本人则通过神社表达对结婚、生产、疾病恢复的信仰[12]。

图 3　青岛神社前的公共活动[图片来源：海外神社（跡地）に関するデータベース[13]]

日本殖民当局在实际建设中依然体现出种族隔离的政策，中国人依然不是现代园林公共活动的主体。这一时期形成了小规模的春季赏花活动，但仅限于日本侨民，一般市民并无赏花习俗。

3.3 发展期：服务群体的扩大（1922-1931 年）

1922 年，北洋政府收回青岛，彻底摈弃了德日占时期社会阶层的分级与种族歧视，青岛普通居民才真正享受到城市公共园林。1922-1927 年间，为丰富机厂员工的生活，胶济铁路局在四方机厂附近修建了四方公园，"面积不甚广，而花木道路极为修整，累土为山，引水成沼，植荷其中，颇多野趣"[14]。传统与西式活动快速融合，在第一公园，"游园活动开始普及……前来观花的不仅有市区的市民，李村、沧口、崂山等近郊农民也蜂拥而至[2]"。许多中国游客来到汇泉跑马场观看赛马和博彩，中山公园小西湖被改造为溜冰场，现代体育活动逐渐传播（图 4）。

图 4　小西湖举办溜冰大会（图片来源：青岛旧影[11]）

3.4　全盛期：旅游活动的繁荣（1931-1938 年）

青岛园林公共活动的全盛始于 1931 年市长沈鸿烈执政以后，沈鸿烈希望将青岛全面发展成一个"居住、工商、游览城市[15]"，进一步修缮公园，开辟运动场等公共设施。"市内五号码头，船坞，平民住所，平民学校及其他小学，此外尚有栈桥，海滨公园，水族馆，体育场，高尔夫球场，种种设备，可谓集近代都市之精华，应有尽有……见沈市长施政，自都市以至乡村，处处都能努力建设，面面俱到，由此种种，实足以表现中华人民共和国之新气象[16]"。

同时，青岛在沈市长的带领下，着力发展旅游业：修缮崂山景区、寺观建筑，修筑市区至崂山的公路；重修栈桥，开辟新的海水浴场；增加市内风景点。1935 年出版的《青岛名胜游览指南》，记载了市区乡区的公园、风景区数十处，标志着近代青岛旅游业的发展成熟[17]。

4　1897-1938 年间青岛园林公共活动变迁的驱动因素

对比青岛园林公共活动发展的不同时期，可以发现其变化表现在园林场所、活动主体以及活动内容上，统治决策、社会思潮、服务受众、功能需求是变化发生的驱动因素。政府决定园林建设活动，并直接影响园林的服务受众，而统治者与使用者的功能需求又影响园林公共活动的具体内容。此外，统治政权的更迭间接导致了社会思潮的变化，社会思潮作为隐性因素，影响着园林活动的选择倾向。

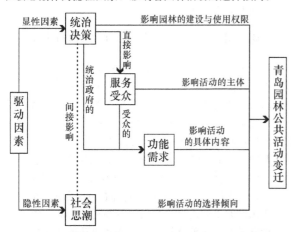

图 5　驱动因素对园林公共活动的影响机制

4.1　统治决策

统治决策是影响青岛园林公共活动的显性因素。青岛 1900 年实施了中国最早的城市规划，使得青岛的城市建设始终有章可循。政府的决策直接决定了园林选址、功能与内容。德占时期，始于造林的园林建设决策导致园林较为粗犷，活动较为初级；而一次日占时期的文化改造政策，导致包括建设青岛神社在内的一系列园林改造活动，文化祭拜、赏樱花等活动得以出现。同时，华洋分置的城市规划使得公园几乎不覆盖华人区，是德日时期园林活动华洋割裂的重要原因。北洋政府以后，彻底摒弃了种族隔离的相关政策，才使得广大市民成为青岛园林的享有者。

4.2　社会思潮

园林公共活动的具体内容受社会思潮影响。德占时期，德国人开展了一系列以西方体育运动为主的现代园林活动，其与德国人过去的生活习惯直接相关，而这一时期中国人的园林活动以唱戏、庙会等传统民俗活动为主；一次日占时期，日本文化的进入带来了第一次社会思潮的变化，逛神社、赏樱花成了外国人新的活动形式。虽然中国人对上述活动参与甚少，但是外国人的生活方式也潜移默化地影响了青岛市民的价值取向，中国收回青岛以后，青岛市民快速接受了西方文化娱乐活动，赏樱活动几乎成为新的生活习俗，现代体育融入市民生活。

4.3　服务受众

服务受众的变化影响园林公共活动的主体。青岛园林的使用者经历了从德国人到德日等外国人再到全体市民的转变，不同的使用主体有着不同的活动喜好，园林内的公共活动也由观看跑马比赛向神社参拜、樱花会再到公园游憩、溜冰等大众化的活动转变。

4.4　功能需求

来自园林建设者与使用者的功能需求不断发生转变。德占时期园林的主要功能是改善环境，因此对活动内容较少关注；日占时期明确了"以游览修养、娱乐、运动和放置城市纪念设施为主要目的"的功能定位，园林活动类型变得丰富多样起来，同时，建设者文化输出的需求，使这一时期产生了以神社为中心的特定活动；北洋政府时期以后的园林则更加适应普罗大众的功能取向；公园、风景区承载旅游功能以后，又有了新的对应的园林活动形式。

5　结论

综上，1897-1938 年间青岛变化的社会状态影响着园林的发展变迁，也直接造成了园林公共活动的多元变化：青岛园林公共活动在主体上逐渐实现大众化，从服务少数外国人向服务全体市民乃至广大旅游者转变；内容上融入中国、德国、日本文化，类型更加丰富多样。统治决策、社会思潮、服务受众、功能需求是这一变化的驱动因素。时至今日，园林公共活动仍然是社会风气与人民生活的呈现，为了更加健康向上的人民生活，需要更加公平的园林服务、兼容并包的文化导向、回应需求的园林建设。

参考文献

[1] 侯淳萌. 青岛近代城市公园的历史变迁与特征研究[D]. 青岛：青岛理工大学，2019.

[2] 青岛市史志办公室. 青岛市志(园林绿化志)[M]. 北京：新华出版社，1997.

[3] 刘敏，张安. 青岛德租时期城市园林规划与设计探析[J]. 中国园林，2019，2019，35(12)：117-122.

[4] 周金凤. 青岛德占时期租借地园林[D]. 北京：北京林业大学，2004.

[5] 马树华. 从中山公园樱花会看近代青岛公共文化空间与市民生活样式的衍变[J]. 东方论坛：青岛大学学报，2012(06)：12-17.

[6] 王丽洁. 一次日占时期青岛城市公园景观特征研究(1914-1922年)[D]. 青岛：青岛理工大学，2018.

[7] 曲洁. 民国时期青岛的文化娱乐消费初探(1912-1937)[D]. 青岛：青岛大学，2013.

[8] 马树华. "中心"与"边缘"：青岛的文化空间与城市生活(1898-1937)[D]. 上海：华中师范大学，2011.

[9] 青岛市档案馆藏. 青岛地图通鉴[M]. 济南：山东省地图出版社，2002.

[10] 青岛市档案馆. 青岛开埠十七年——胶澳发展备忘录全译[M]. 北京：中国档案出版社，2007.

[11] 阎立津. 青岛旧影[M]. 北京：人民美术出版社，2004.

[12] 江本砚. 藤川，昌树. 中国青岛における贮水山公园の形成と变容[J]. 日本建筑学会计画系论文集，2013.

[13] 海外神社（跡地）に関するデータベース http://www.himoji.jp/database/db04/permalink.php？id=1115.

[14] 袁荣叟. 胶澳志·民社志·游览[M]. 青岛：青岛华昌大印刷局，1928.

[15] 李茜. 沈鸿烈与近代青岛城市规划(1931-1937)[D]. 武汉：武汉理工大学，2012.

[16] 来青考察者之批评[J]. 青岛画报第14期，1935.

[17] 青岛市工务局. 青岛名胜游览指南[M]. 青岛：青岛市工务局，1934.

作者简介

李见哲，1998年生，男，硕士研究生，研究方向为风景园林规划设计。电子邮箱：15632579976@163.com。

张沚晴，1995年生，女，硕士研究生，研究方向为风景园林规划设计。电子邮箱：596395898@qq.com。

蒋鑫，男，博士研究生，研究方向为风景园林规划设计。电子邮箱：947809848@qq.com。

王向荣，1963年生，男，博士，教授，研究方向为风景园林规划设计。电子邮箱：wxr@dyla.cn。

中心城市区划发展差异视角下的都市农业空间格局特征研究

——以东京都市民农园为例[①]

Study on the Urban Agricultural Form and Spatial Distribution Characteristics from the Perspective of the Difference of Urban Zoning Development：

A Case Study of Tokyo's Allotment Garden

戴　菲　李姝颖　苏　畅

摘　要： 都市农业是现代城市中的一类重要且特殊的绿色空间类型。相关研究表明，都市农业的发展有利于应对中心城市生态保护与城市建设之间冲突，缓解城市居民精神压力，同时有利于农田保护和农业发展，且缩小城乡发展差异。本文以日本东京都市民农园为研究对象，利用空间及量化分析的方法，探究其空间格局特征与城市区划发展差异之间的相关性。结果表明：①市民农园在与中心城区邻近的新城新区基本呈团状，在中心城区边缘呈密集散点状，在新城新区边缘和岛屿地区呈稀疏散点状。②市民农园在空间格局存在的差异与城市人口密度和耕地面积差异有显著关系。③市民农园数量和规模与城市人口密度呈非线性关系，人口密度较低时，二者随人口密度的增大而增加扩大，当人口密度增加至一定程度市民农园数量减少，规模减小。④耕地面积对市民农园数量影响更大，且在不同类型的区划范围内影响不同。对于中心城市地区市民农园数量的影响大于中心城市周边地区，对岛屿地区几乎没有影响。

关键词： 都市农业；市民农园；东京都；区划发展差异；空间格局

Abstract： Urban agriculture is an important and special type of green space in modern cities. The related research shows that the development of urban agriculture is beneficial to deal with the conflict between ecological protection of central cities and urban construction, alleviate the mental pressure of urban residents, and benefit farmland protection and agricultural development, and narrow the difference between urban and rural development. This paper takes Tokyo Metropolitan Rural Park as the research object, and uses the method of spatial and quantitative analysis to explore the correlation between its spatial pattern characteristics and the difference of urban zoning development. Firstly, we found that the town farm garden is basically a mass in the new urban area adjacent to the central urban area, a dense scattered point at the edge of the central urban area, and a rare evacuation point at the edge of the new urban area and the island area. Secondly, differences in the spatial pattern of urban agricultural parks are significantly related to the difference of urban population density and cultivated land area. Thirdly, the population density is low, the population density increases and expands with the increase of population density. When the population density increases to a certain extent, the number and scale of urban agricultural parks decrease. Finally, cultivated land area has a greater impact on the number of rural parks, and in different types of zoning. The impact on the number of rural parks in central urban areas is greater than that in the surrounding areas of central cities, and has little effect on island areas.

Key words： Urban Agriculture；Allotment Garden；Tokyo；Regional Development's Difference；Spatial Framework

都市农业一词诞生于 19 世纪 50 年代的美国，指的是主要依托都市田园和生态资源，与农业生产、农业经营活动、农家生活等相联系，为都市地区人们提供休闲体验和旅游的场所[1]。"都市农业"可以从两个方面进行解读：一是城市发展角度，即该产业是解决各国城市"荒漠化"问题的积极探索[2]，二是人居角度，其也是城市经济发展到特定水平后，人们生活、生产中不可缺少的重要组成部分[3]。现阶段关于"都市农业"的研究，多以某一具体城市为对象纵向展开[4-6]，而对于其存在于不同发展水平的城市范围内空间分布特征进行横向研究较少；对于都市农业单一实践案例研究较多[7-11]，多维度、整体性研究较少。因此，文章以中心城市区划发展差异为视角，采用量化及空间分析的手段，对东京都市民农园形态及空间分布特征进行研

究。东京都是被认为是日本具代表性的城市农业地区[12]，而市民农园是都市农业中成本低、普适性高、应用广泛的农业形态。本研究将以东京都作为研究对象，并着眼于都市农业与城市区划发展差异之间的相关性特征进行总结，同时，本研究将有利于为不同发展程度城市提供参考数据，以制定相适应的都市农业发展计划，更好地为都市农业建设提供借鉴。

1　日本都市农业与市民农园

1.1　日本都市农业的发展历程

日本都市农业的发展大致可划分为 5 个时期：萌芽

① 基金项目：国家自然科学基金面上项目"消减颗粒物空气污染的城市绿色基础设施多尺度模拟与实测研究"（编号 51778254）和中央高校基本科研业务费（HUST 编号 2020kfyXJJS022）共同资助。

期、形成期、发展期、巩固期、全面发展期。

1960 年前为萌芽期：1930 年，在日本的《大阪府农业报》都市农业作为地理名词首次出现，随后在《农业经济地理》中作为学术名词出现并得到进行首次界定[13]。1960-1970 年为形成期：伴随日本经济的飞速发展，城市急速膨胀，农田资源越短缺，都市农业开始受到重视，国家颁布《生产绿地法》等政策，为都市农业获得发展空间带来契机。1980-1990 年为发展期：日本都市农业思想基本形成，在政府政策扶持和民间农业团体推动下掀起了农村休闲的热潮。1990-2000 年为巩固期：该时期的日本进入新的城市扩张期，都市农业面临严峻挑战。1991 对《生产绿地法》的修订使其发展得以巩固[14]。2001 年至今为全面发展期：人们开始重视都市农业除经济功能以外的生态、教育等其他功能，科技力量的注入，也使都市农业获得崭新的面貌。

1.2 日本市民农园概念

日本都市农业主要有 8 种形式：市民农园、农业公园、民宿农庄、银发族农园、观光农园、自然休养村、农村留学、体验农业[15]，市民农园属于居民自治型的都市农业[16]，本文对其相关定义的核心进行总结：指土地所有者、土地承包者或政府在城市内部、近郊或更远地区将土地进行有序开发及划分，出租给工薪阶层家庭和市民。在租用期间，承租者以休闲的方式栽植花、草、蔬菜、果树或进行庭院式经营，以享受耕种与体验田园生活的乐趣。

1.2.1 日本市民农园概念的提出

日本市民农园提出最早在 19 世纪 20 年代，该时期的日本国力鼎盛，经济发展较快，城市人口不断增加，公园绿地的建设也活跃起来。以此为契机，市民农园被介绍到日本，并在 1933 年以"分区园"的名义被划分在"公园绿地"当中[17]。因此，日本市民农园最初的主要功能是为市民休闲娱乐提供场所，后来因为战乱的影响，一些市民农园的主要功能转变为粮食供给，一些逐渐衰败。

1.2.2 日本市民农园的发展与实践

日本市民农园的形成和发展与其国民经济的高度发展和城市化程度不断提高是密切相关的[18]。20 世纪 60 年代，日本战后的迅速复兴和经济高速增长带来了产业和人口向大城市地区的集聚[19]，城市绿地比例不断缩小，城市居民逐渐远离自然生态。在此背景下，市民农园成为城市居民享受自然乐趣、体验农耕生活的选择，其功能也随着农业发展和经济结构转变更加多样。

目前，日本市民农园建设已相对成熟，且在持续发展。从 1979 年到 2009 年其数量从 737 增加到 3596 个，城镇地区农园占比降低，农村、山村农园占比提高，这对促进农地利用、加强城乡交流有重要意义[20]。同时，日本市民农园类型较多，可根据其位置与便利程度、所有者与经营者，租用者对象的不同进行划分（表 1），这表明日本市民农园已经基本满足不同类别的城市居民的不同使用需求。

日本市民农园类型归纳[18]　　　　　　　　　表 1

分类方法 类型	位置与便利程度	所有者与经营者差异	法律依据	租用者特征
1	近邻型市民农园	日本农业协同组合经营型市民农园	《特定农地贷付法》	家庭农园
2	日归型市民农园	地方公共团体经营型市民农园	《市民农园整备促进法》	学童农园
3	滞在型市民农园	个人经营型市民农园	农园租用合同	高龄农园
4	—	民间企业或非营利性组织经营型市民农园	—	残疾人农园

东京都作为日本首都所在地，城市起源早，历史久，城市发展迅速且水平差异较大，从而影响其市民农园发展早、历史久、规模大、类型多，以此作为研究对象具有代表性。

2 东京都市民农园概述

2.1 东京都概况

东京都是日本首都，也是世界超级大都市之一，行政区域包括东京都 23 区、多摩地区、伊豆群岛、小笠原群岛及日本最南端和最东端等地区，整体呈东西向带状。其中 23 区为中心城区，多摩地区为发展中的新城。

东京都人口约 1349 万人（截至 2015 年 10 月），约占全国总人口的 11%，面积约 2191km²，占全国面积的 0.6%，人口密度为全国之首[22]，且不断接近高龄社会，

整体呈现人多地少、劳动力缺乏的特点。

日本的耕地面积较小，且从 20 世纪 60 年代开始从 566 万 hm² 减少到 2015 年的 402 万 hm²；受到城市化的强烈影响，东京都耕地面积和农业人员也大幅减少，因此对于农地的保护和利用紧迫而必要，由此促进了东京都市民农园的发展。

2.2 基于区划发展差异的东京都市民农园概况

东京都 23 区是以古代江户城为中心逐步发展起来的高密度都市区，总面积约 626.7km²，占东京都总面积的 28.6%，约 926 万人口，占东京都总人口 70.8%，因此土地资源紧张，土地价值高。特别是以国际金融和政治中枢为主要职能的中心区以及商务办公、娱乐等第三产业为主的周边新城，几乎没有可进行农耕体验的用地；远离中心区、以住宅为主要功能及所处位置土地资源相对丰富的地区则可有效利用有限农地，发挥大城市优势，适当

开展市民农园的建设。

在多摩地区，由于适宜的气候和自然环境，农业仍作为基本产业经营，因此市民农园在该地区的大量建设不仅为身处拥挤不堪的都市的居民提供农耕体验的机会，也有效改善当地劳动力不足的问题；岛屿地区虽适宜发展农业，但当地居民需求较少，且受土地面积和交通的限制，分布较少。

3 东京都市民农园空间格局特征分析

3.1 东京都市民农园现状分析

相比日本其他几个重要城市，东京都虽耕地面积最少、人口最多，但更重视耕地的开发和利用（图1）。

东京都市民农园共 349 个，占全国市民农园总数 12%。多摩地区分布较多，市民农园总面积及农田面积较大，但分布在 23 区的市民农园农田面积占比及平均农园的农田面积更大，这体现了由于土地资源稀缺而对其充分利用的特点；多摩及岛屿地区市民农园总区划数较多，平均农园的区划数较少；二者平均区划面积基本相似，均在 20m² 左右（表2）；大部分城市的市民农园面积在 500m-1500m² 区间，所提供的市民农园平均区划数几乎全部集中在 20-110 区间，大部分集中在 50-80 区间（图2、图3）。

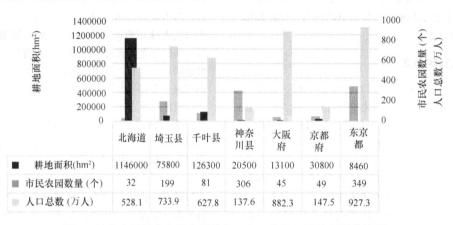

	北海道	埼玉县	千叶县	神奈川县	大阪府	京都府	东京都
耕地面积(hm²)	1146000	75800	126300	20500	13100	30800	8460
市民农园数量（个）	32	199	81	306	45	49	349
人口总数（万人）	528.1	733.9	627.8	137.6	882.3	147.5	927.3

图1　日本主要城市市民农园数量、人口总数、耕地面积统计图
（资料来源：农林水产省、世界农林业普查、维基百科）

东京都市民农园现状分析1　　　　　　　　　　　　　　　　表2

区域	农园数量（个）	面积				区划			
		总面积（m²）	总农田面积（m²）	农田面积占总面积比例（%）	平均农田面积（m²）	总区划数（个）	占总区划数比例（%）	平均区划数（个）	平均区划面积（m²）
东京都23特别区	135	230738	198211	85.9	1468.2	8853	40.9	66	22.4
多摩及岛屿地区	214	308416	244913	79.4	1144.5	11877	59.1	60	20.6
总和	349	539154	443124	82.2	1269.7	20730	100	62	21.3

资料来源：农林水产省。

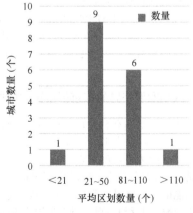

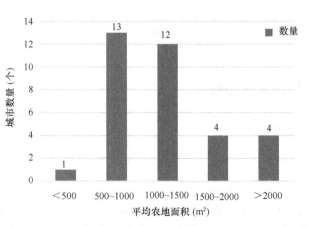

图2　东京都市市民农园平均区划数情况统计　　　图3　东京都市市民农园平均农地面积情况统计
（资料来源：农林水产省）　　　　　　　　　　　　（资料来源：农林水产省）

东京都市民农园主要分布在城郊附近，以日归型农园为主，经营方式多为集体经济发挥主导作用，市、村、町等相关部门开设，由政府引导农户参与。其中已有服务于残障人士、高龄者、儿童等特定人群的区划设置，目前以服务高龄者为主，其余两种类型中，23特别区对残障人士设立区划更多，多摩及岛屿地区对儿童设立区划更多，但均处于起步阶段（表3）。目前大多数市民农园以服务当地居民的为主，少数可供外来者租用；建设水平参差不齐，大多不具备管理者和指导员，超过一半以上设有种植农产品设施及农具存储设施，少量休息设施、非机动车停车场、厕所等基础设施，个别设有停车场（图4）。

东京都市民农园现状分析2　　　　　　　　表3

区域	特定人群使用区划数（个）				占总区划数比例（%）
	供残疾人	供高龄者	供儿童	总计	
东京都23特别区	13	507	0	520	5.9
多摩地区及岛屿地区	1	971	2	974	8.1
总和	14	1478	2	1494	14

资料来源：农林水产省。

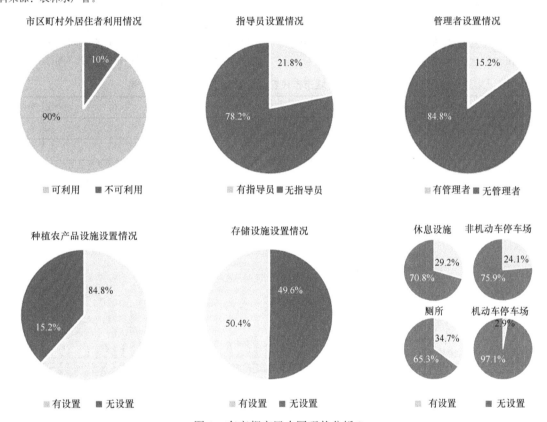

图4　东京都市民农园现状分析3
（资料来源：农林水产省）

东京都市民农园的建设，从数量、规模、类别、设施设置相较于大多数国家地区都更加完备，但在特殊群体的使用、内部设施建设及管理方面还有待进一步发展。

3.2　分布形态分析

整体来看，市民农园在东京都23特别区边缘呈密集的散点状分布，东京都中部地区即多摩地区的东部城市分布最多，呈团状，向西逐渐减少，多摩地区的西边城市呈稀疏的散点分布。在23区东侧与千叶县邻近的地区、北侧与埼玉县邻近的地区、南侧与神奈川县相邻的地区分布也呈不同密集程度的散点分布。

3.3　城市发展差异要素影响分析

市民农园在练马区数量最多，其次为江户川区、八王子市、世谷田区，23特别区中部、多摩地区北部瑞穗町、最中部国立市、最南部狛江市没有分布，多摩地区最西部和岛屿地区几乎没有分布；市民农园在练马区设置区划最多，其次为江户川区、八王子市、府中市。

3.3.1　人口密度影响分析

东京都人口密度在20000～25000人/km²范围内的城市全部处于23特别区中心位置，几乎没有可供市民休闲的农田，因而没有市民农园分布，但城市居民对市民农园较大需求，于是带动了周边土地资源更多、人口密度相对更低的城市市民农园的发展；人口密度＜100 人/km² 的地区多为岛屿地区，由于当地居民生活环境亲近自然，生活压力较小，因此对市民农园的需求量很低，市民农园总数很少，仅在人口密度相对较大的新岛村和离城市地区距离较近的奥多摩町各分布一处；人口密度在 100～1000 人/km² 的城市仅有日之出町，设有 5 个市民农园；人口密度在 1000～5000 人/km² 范围内城市市民农园总数虽处于中等位置，总区划数较低，但平均数量均为最高，说明其分布较均衡且规模较大，从城市人口密度这一指标来看，较为适宜建设市民农园。人口密度在 5000～10000 人/km² 范围的城市数量较多，且基本属于多摩地区中部城市，该类城市市民农园数量较高，总规模较大，但平均城市的市民农园总量和规模都较小；人口密度在 10000～15000 人/km² 范围内城市主要为 23 特别区最东部、最南部的边缘城市和与其临近的其他城市，该类地区人口密度极高但仍能保留一定农田的城市，市民农园总量达到峰值，规模也相对较大；人口密度在 15000～20000 人/

km² 范围内城市全部属于 23 特别区，虽然市民农园总数量较高，但规模较小，主要分布在西部与市区临近的城市，中心城市没有分布（表 4）。

3.3.2 耕地面积影响分析

耕地面积的大小主要决定一个城市是否有发展市民农园的空间，在一定城市范围内影响市民农园的分布数量和规模。

东京都 23 特别区范围内，总耕地面积较小，分布极不均衡，中心城市几乎没有耕地，因此没有市民农园分布，周边练马区、世谷田区、足立区、葛饰区、江户川区对耕地适度保留，利用大城市优势，承担起 23 特别区范围内城市居民的全部耕种活动，整体市民农园的数量较为可观；多摩地区范围内，总体耕地面积较大，与市民农园的总数量基本呈正相关，对于岛屿地区来说，耕地面积不是市民农园分布情况的主要影响因素。整体来看，市民农园的规模基本都维持在一定范围内，区划数量基本在 50～100 区间，受耕地面积影响较小（图 5～图 6）。

东京都不同人口密度城市市民农园数量和市民农园区划数量 表 4

人口密度（人/km²）	＜100	100～1000	1000～5000	5000～10000	10000～15000	15000～20000	20000～25000
城市数量（个）	11	1	5	16	13	10	5
市民农园总数（个）	2	5	64	98	115	63	0
城市平均市民农园数（个）	0.18	5	12.8	6.1	8.8	5.7	0
总区划数（个）	39	300	3036	6069	7378	4841	0
城市平均区划（个）	4	300	607	379	568	484	0

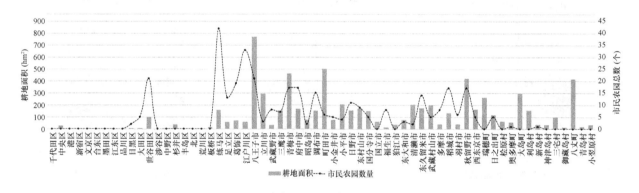

图 5 耕地面积和市民农园数量

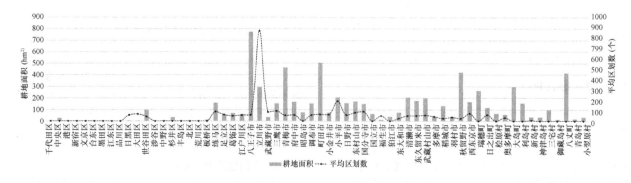

图 6 平均区划数关系图

3.4 城市区划发展差异与市民农园空间格局的相关性分析

选取人口密度和耕地面积作为城市区划差异的具体指标，探究其与市民农园空间格局的关系。

人口密度一方面影响可利用农田的面积，间接影响市民农园数量，另一方面也可决定城市居民对市民农园的需求量大小而直接影响其数量。对东京都来说，人口密度小于 5000 人/km² 时，人口密度的增长加剧城市居民对于市民农园的需求，人口密度和市民农园的数量和规模呈非线性关系；当人口密度持续增长时，城市对耕地的剥削会抑制市民农园的发展，当人口密度达到 20000～25000 人/km² 甚至更多时，使得城市的耕地几乎消失，市民农园也呈零分布状态。

耕地面积是一个城市发展市民农园的先决条件，不同城市的耕地面由于其先天的耕地条件和城市发展带来的影响，存在巨大的差异。除岛屿地区外，本身耕地面积较大或目前仍保留较大耕地面积的城市，市民农园分布更多，但耕地面积的大小一定程度上对规模影响较小。

4 总结

面对当下环境污染、亚健康等日益凸显的社会问题，都市农业成为城市健康发展、绿色发展的必然产物，符合现代化城市发展趋势，对于建立优美的城市已经成为一种内在的需要，其多样化的农业形态有利于使传统的"城市中有花园"改为"城市建在花园中"[23]，以创造人与自然和谐的环境。

研究基于中心城市区划发展差异视角，对东京市民农园空间格局特征进行量化，从其现状、分布特征、数量规模进行分析，并总结出其与城市人口密度与耕地面积的关系，初步得出以下结论：

（1）市民农园主要有团状和散点状两种分布形式，其中散点型分为密集散点型和稀疏散点型。在与中心城区邻近的新城新区基本呈团状，在中心城区边缘呈密集散点状，在新城新区边缘和岛屿地区呈稀疏散点状。

（2）市民农园在空间格局存在的差异与城市人口密度和耕地面积差异有显著关系。

（3）市民农园数量和规模与城市人口密度呈非线性关系，人口密度较低时，二者随人口密度的增大而增加扩大，当人口密度增加至一定程度市民农园数量减少，规模减小。

（4）耕地面积对市民农园数量影响更大，对规模影响较小，且在不同类型的区划范围内影响不同。对于中心城市地区市民农园数量的影响大于中心城市周边地区，对岛屿地区几乎没有影响。

后续研究可逐步探究更多城市发展差异指标与都市农业的其他农业形态空间格局之间的联系。相关研究有利于不同发展水平的城市为都市农业的发展创造条件，制定相适应的都市农业计划，使其更好介入都市建设，在有限的土地上将生产、生活、生态融合起来，从而为建设健康人居环境过程发挥重要而积极作用。

参考文献

[1] 毛联瑞. 关于都市农业与观光农业的协同发展研究[J]. 山西农经，2020(16)：36-37.

[2] 关故章，杨泽敏，孙金才. 都市农业的发展概况[J]. 安徽农业科学，2004(03)：559-562.

[3] 韦一，李冉. 都市型观光农业区的创新发展新路径——以《祥源·幸福农场概念规划》为例[J]. 安徽建筑，2019，26(04)：15-16.

[4] 陈芳，冯革群. 德国市民农园的历史发展及现代启示[J]. 国际城市规划，2008(02)：78-82.

[5] 工藤豊. わが国における市民農園の史的展開とその公共性[J]. 日本建築学会計画系論文集，2009，74（643）：2043-2047.

[6] 王晓雪. 北京市民农园发展状况调查分析与研究[D]. 北京：北京林业大学，2012.

[7] 罗雅丽. 西安市都市农业结构演变及其优化研究[D]. 西安：西北大学，2018.

[8] 方志权. 日本的都市农业[J]. 上海农业科技，1997(01)：47-48.

[9] 王佳运. 黑龙江省都市农业园现状调查及发展对策研究[D]. 大庆：黑龙江八一农垦大学，2019.

[10] 李曼钰. 北京市典型都市农业园景观服务供需及偏好影响因素[D]. 北京：中国地质大学(北京)，2018.

[11] 马宇然. 乡村振兴战略背景下都市型现代农业的可持续发展研究——以北京市昌平区为例[J]. 科技和产业，2020，20(04)：125-128.

[12] 飯塚遼，菊地俊夫. 東京都における都市農業の立地形態の変容[C]. 日本地理学会発表要旨集 2017 年度日本地理学会春季学術大会. 公益社団法人日本地理学会，2017：100348.

[13] 万滿颖. 国外都市农业的发展及对中国城乡规划的启示[A]. 中国城市规划学会. 多元与包容——2012 中国城市规划年会论文集(15. 城市规划历史与理论)[C]. 中国城市规划学会：中国城市规划学会，2012：8.

[14] 周维宏. 论日本都市农业的概念变迁和发展状况[J]. 日本学刊，2009(04)：42-55+157.

[15] 程杰. 日本：镶嵌式的"绿岛农业"[J]. 中国信息界，2013(04)：50-54.

[16] 孙艺冰，张玉坤. 国外的都市农业发展历程研究[J]. 天津大学学报(社会科学版)，2014，16(06)：527-532.

[17] 工藤豊. わが国における市民農園の史的展開とその公共性[J]. 日本建築学会計画系論文集，2009，74(643)：2043-2047.

[18] 周玉新. 日本市民农园的经营模式研究[J]. 世界农业，2007(11)：42-46.

[19] 新保奈穂美，斎藤馨. 計画者と利用者からみた「都市の農」の変遷に関する考察[J]. ランドスケープ研究，2015，78(5)：629-634.

[20] 赵芳. 日本的农地利用及其促进对策[J]. 现代日本经济，2002(05)：35-38.

[21] 东正则，李京生. 日本的市民农园[J]. 小城镇建设，2018(04)：58-61.

[22] 东京都政府. 日本概况 [EB/OL]. (2017－9－23). http://www.metro.tokyo.jp/.

[23] 姜乃力. 都市农业是城市可持续发展的必然选择[J]. 农业经济，2003(05)：20-21.

作者简介

戴菲，1974年生，女，湖北，博士，华中科技大学建筑与城市规划学院教授，研究方向为城市绿色基础设施、绿地系统规划。电子邮箱：58801365@qq.com。

李姝颖，1998年生，女，汉族，河北邢台，华中科技大学建筑与城市规划学院景观学系在读硕士研究生，研究方向为风景园林规划设计、绿色基础设施。电子邮箱：476631920@qq.com。

苏畅，1990年生，男，汉族，内蒙古呼和浩特人，博士，华中科技大学建筑与城市规划学院讲师，研究方向为风景园林历史理论、风景园林规划与设计。电子邮箱：suchang_la@hust.edu.cn。

无人驾驶汽车背景下城市共享街道空间设计初探

Study on the Design of Urban Shared Street Space in the Context of Autonomous Vehicles

李娅琪　裘鸿菲*

摘　要：近年来共享空间理论在街道设计中的运用逐渐得到重视。而无人驾驶技术的出现将使得城市街道空间发生变化，共享街道空间的设计也需要与时俱进。本文基于共享空间理念，通过文献分析法对现有的共享街道设计现状进行了概述，并总结了现有的共享街道设计所面临的局限性，从探究无人驾驶背景下的城市街道空间可能产生的直接变化为出发点，提出对于无人驾驶汽车背景下的共享街道空间设计的更新策略为：人车空间再定义，服务基础设施再定义，增强包容性设计，创造经济效益，强化街道空间景观，并思考了未来共享街道空间设计可能面临的挑战为健康出行的挑战、街道生活的挑战以及管理的挑战。以期为未来城市共享街道发展提供参考。

关键词：无人驾驶汽车；共享街道空间；城市设计

Abstract: In recent years, the application of shared space theory in street design has been paid more and more attention. The popularization of driverless technology will change the urban street space, and the design of shared street space also needs to keep pace with the times. Based on the concept of shared space, this paper summarizes the current situation of shared street design through literature analysis, and summarizes the limitations of the existing shared street design. From exploring the possible direct changes of urban street space under the background of driverless as the starting point, this paper puts forward the renewal strategies of shared street space design under the background of driverless vehicle , which are: a. redefinition of pedestrian and vehicle space; b. redefinition of service infrastructure; c. enhancement of inclusive design; d. creation of economic benefits; e. enhancement of street space landscape, and consideration of possible challenges of shared street space design in the future, including challenges of healthy travel, street life and management. In order to provide reference for the future development of urban shared streets.

Key words: Autonomous Vehicles；Shared Street Space；Urban Design

交通是影响城市空间形态重要因素，城市主导交通方式的技术特性与城市空间形态的交通需求相互作用反馈，因而造成在交通演变的各个阶段，城市空间呈现不同形态。19 世纪末，铁路的出现刺激了新的城市增长；20世纪，私家车的出现加快了城市的郊区化进程，促进了城市扩张，形成了现有的以机动车为主导的城市街道空间设计模式，在这一模式下，弱势的道路使用者与机动车是相分隔的，为了保障城市交通运行效率，机动车所占有的街道空间逐渐侵占城市居民活动和非机动车运行的空间，街道作为城市中最重要的公共活动场所，逐渐失去了活力，成为纯粹的"道路"。

近年来，随着无人驾驶技术研究的进步，无人驾驶汽车正逐渐进入市场。美国早在 2017 年便已通过了自动驾驶汽车法案，我国也即将在江苏省苏州市建立长江智能驾驶产业示范区，试运营无人驾驶车辆（图 1）。未来无人驾驶汽车地普及已是一种确定的方向[1]，国外许多学者都肯定了这一趋势，并且对无人驾驶对社会各方面可能带来的影响展开了研究与探讨[2-3]。而国内学者虽认可无人驾驶的发展趋势，有关无人驾驶的研究却多聚焦在技术手段与交通策略上，关于无人驾驶在城市规划设计上的影响研究却较少[4,26]。

无人驾驶交通模式对城市结构产生的最为直观的影响体现在城市街道空间上，现有的研究认为无人驾驶车

图 1　苏州试运营的无人驾驶巴士
（图片来源：https://mp.weixin.qq.com/s/
L9zgPjgY3ixJgGKcRMUSNQ）

辆的发展会增加城市道路网络的容量，减少城市停车场的空间需求，街道空间中的道路基本设施可能会被拆除，从而产生新的空间需求[4-5]。这些新的变化显然会重新定义现有的街道空间，相应地，现行的街道设计策略也需要进行适应性的调整。

近年，"共享空间"的概念作为城市街道的一种新设计手法，早已在国外得到了推荐与应用（图 2），而在国内乃是起步状态。相比较于传统的以汽车为主导的街道空

间，共享街道空间更强调人在街道空间内活动的流畅性[6]，在其具体的设计中往往会以降低汽车的行驶效率为代价，且在实施上有着诸多局限性。无人驾驶交通的特性将会使得"共享街道空间"设计理念具有现实意义与普适性。与之相适应，"共享街道空间"的设计策略同样也需要根据交通模式的改变而进行更新。

探究在无人驾驶交通背景下的城市共享街道设计，既可以推动我国共享街道设计理念的贯彻，又能够为未来无人驾驶城市的街道空间设计提供参考与思路，并且能够更好地推动我国关于无人驾驶对城市空间形态变化的研究。

(a)　　　　　　　　　　　　　　　　　　(b)

图 2　共享空间的实例

(a) 英国布莱顿新路；(b) 美国华盛顿码头

1　共享街道空间概述

1.1　公共街道空间设计现状

共享空间理念起源于 1963 年科林·巴奇纳所写的报告《城镇交通》的出版[7]，在 1965 年的尼克·波尔（Niek de Boer）教授[8]提出的乌纳夫原则（Woonerf Principle）中得到发展与深化。共享空间理念运用于街道空间的中心理念是重视街道中的使用者的感受，当街道行人与街道其他元素发生矛盾时，优先考虑行人的权益[9]。

根据现有的共享街道空间（shared street space）设计机动车与行人之间的分隔分为两类，分别为路面共享街道（shared space street）与稳静化街道（traffic calming street)[7]。在国外有些学者会将"路面共享街道"这一概念与稳静化街道区分，等同于共享街道空间（称之为 shared street)[9]。但本文中的共享街道空间采用了更广义的定义，即基于人本优先、削弱机动车主导性理念的街道设计策略，因此笔者认为路面共享街道与稳静化街道都属于共享街道空间的实现策略。二者都遵循了乌纳夫原则的中心思想，衍生出不同的设计策略，概述如下。

1.1.1　路面共享街道

路面共享街道即机动车道与人行道不做分隔设计的街道，行人、机动车与非机动车共享街道路面。美国交通部提出了路面共享街道的 6 个设计要点：①限制行车速度与视野；②应用礼仪性交叉口；③设计过渡区域；④连续铺装与无路缘路面设计；⑤设计宜人的空间；⑥路旁停车场与卸货空间不干扰行人活动[10]（图 3）。

而路面共享街道理念受到一定的批判，主要的观点是对于老年人或有听力障碍及视力障碍的人来说，他们

图 3　波士顿路面共享街道

（图片来源：https：//globaldesigningcities.org/
publication/global-street-design-guide）

在这种街道上会感到不安全，因为他们看不到或听不到车辆运动或运动的声音，特别是自行车的运行[11]。另一种观点是，路面共享街道的设计给非机动车行驶人群带来了麻烦，尤其是当机动车和非机动车单向行驶时，非机动车行驶者可能会被邻近的机动车吓到。此外，当所有人都占据相同的空间时，非机动车行驶者需要更加小心行人[12]。第三种批评在态度上更为主观，认为街道使用者不喜欢没有熟悉的道路元素的街道，如路边石、十字路口、标志等。

1.1.2　稳静化街道

基于传统街道交通模式，将行人、机动车行车道与非机动车行车道分隔开来，使用物理或政策管理手段限制

机动车的主导地位的设计模式。其主要的设计策略有：①交通稳静化（限制行车速度、改变道路线形、安装路障等）[13-17]；②自适应道路（驾驶者针对不同分类的道路会有不同的符合预期的驾驶行为）[18-21]；③道路瘦身（减少机动车道占有的空间面积）[22-23]（图4）。

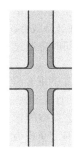

图4 稳静化街道模式图
（图片来源：https://globaldesigningcities.org/
publication/global-street-design-guide）

稳静化街道设计的主要目标是改善驾驶行为带来的负面影响，但大部分交通稳静化街道仍然将空间主要分配给机动车辆，并未通过明确的设计鼓励人在街道中的公共活动行为[24]，并没有完全移除行人与机动车之间的隔离因素。

1.2 目前共享街道空间设计的局限性

现有的设计策略在实现共享街道空间的价值核心上有一定的局限性，主要可归纳总结为以下3点：

（1）共享街道空间不能覆盖城市全部街道

因为现在的共享街道空间中的机动车效率是比较低的，而城市的人对交通高效率的要求将限制共享街道空间的覆盖范围，以城市居民活动为主导的街道空间，只可在特定区域设置，这也导致城市交通（特别是公共交通）连续性问题与限制使用人群。从世界范围内的实际项目来看，共享街道空间多选址在居住、商业为主导的街区之中[6]。

（2）共享街道空间的社会公平性与目标导向的冲突

现有的设计手段很难在行人自由与社会特殊群体的安全性之间取得平衡，由机动车驾驶的特性决定，行人并不能在没有隔离、标识措施的街道空间中获得安全感，特别是对于社会中的老人、幼童以及有身体障碍的人群来说，这种不安全感限制了他们在街道空间中的活动。而如果要保障行人、非机动车、机动车使用者的安全，目前的有效手段还是设置竖向障碍隔离。

（3）对共享街道空间使用者的素质要求

现有的共享街道空间设计是基于感知风险实现的，是通过街道环境设计提高使用者的警惕性，使他们的驾驶与活动行为更加谨慎，以规避交通事故。可以说，共享街道空间的成功依赖于街道使用者的个体行为选择，对使用者的素质是有要求的。

以上所提及的几点之所以难以平衡，是因为机动车驾驶模式的特性。机动驾驶从某种意义上是一种个人行为，虽然受到统一的交通规范的管制，但仍需要每个驾驶者根据驾驶规则进行判断，并不是城市协调管理。

2 无人驾驶汽车背景下的街道空间变化

无人驾驶交通体系对于城市的影响是复杂的，目前可以预见的直接影响大多是积极的，但是许多学者预测了间接影响，如出行诱导导致的行车需求膨胀问题、用户普适性的问题、城市加速扩张发展的问题等[25]。因为间接影响的难以确定性，在本文中只考虑无人驾驶交通体系对城市街道空间及街道生活的直接影响，归纳为以下几个方面。

（1）道路结构

会缩小交通道路面积，机动车占有的道路资源更少。以无人驾驶车辆市场设计导向来看，无人驾驶车辆自身的空间占比会缩小，行车间距也会缩小[26]，并与自动道结合，机动车道通行效率将得到较大的提升。这意味着无人驾驶汽车应用后的道路能够在较少的机动车道空间内保障较高的通行效率。随之而来，道路结构也会发生转变，街道中属于人的空间会更多（图5）。

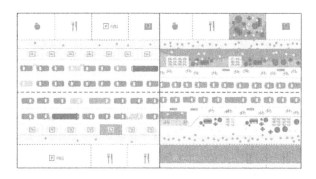

图5 旧金山智慧城市道路规划（左）；
未来基于无人驾驶汽车的道路规划（右）
（图片来源：Cail Smith. Turning Transportation Challenges and Opportunities Presented to the City of Vancouver by Autonomous Vehicles. School of Community & Regional Planning，UBC，2016（8）.）

（2）出行模式

共享出行成为出行方式的主流，无人驾驶技术的发展将会加速共享移动服务的发展[27]，共享移动服务可以加快无人驾驶汽车的开发[28-29]。二者相辅相成必然会导致共享出行成为必然的发展趋势，人们的出行习惯会发生变化。

（3）人车服务基础设施

城市停车场面积、汽车服务用地面积减少，新类型的服务基础设施的产生。共享出行交通的发展将减少城市中的私人车辆，而无人驾驶车辆能够取消配合建筑的附属停车场。从而减少车辆的停车空间，并且在停车空间的用地部署上有更多的选择。共享车辆的经济运营（统一管理）减少了传统车辆维修产业占据的城市空间，而随着清洁能源汽车的发展成熟，加油站也将逐渐被体量更小的充电桩所取代。与此同时，共享出行交通也会衍生出新的人车服务空间需求，如乘车空间、运营中心、汽车管理中心、智能停车与维护空间等[30]（图6）。

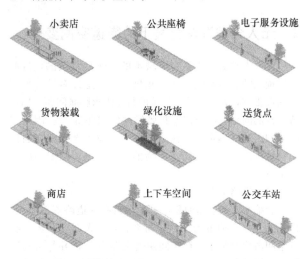

小卖店　　公共座椅　　电子服务设施

货物装载　　绿化设施　　送货点

商店　　上下车空间　　公交车站

图 6　未来无人驾驶街道空间的功能需求
（图片来源：Designing Cities edition. Blueprint for autonomous urbanism. New York：NACTO，2017.）

（4）生活方式

步行与非机动车行需求的削弱、街道包容性的增加。无人驾驶车辆，特别是共享出行交通的低成本、高效率与较强的包容性可能会引发更多用车需求，另外其随叫随到的便捷性可能会减少步行与非机动车辆交通的需求[31]，这有可能会影响街道空间的非机动车使用人数与城市居民的健康，从而影响街道活力。从另一个角度来说，无人驾驶汽车相对于行人的安全性（智能规避交通事故与行人优先的绝对执行）与无人驾驶车辆本身对使用者的包容性能够增加城市街道的包容性，使从前难以参与街道公共活动的特殊人群也能在无人驾驶环境的街道空间内开展活动，并且促进更多公共空间包容性设计的发展。

3　无人驾驶汽车背景下的共享街道空间设计

3.1　设计策略的更新

无人驾驶技术的普及可以在根源上改变交通局限性，使得共享街道空间更好地实现，在无人驾驶汽车发展的背景下，共享街道空间设计也需要更新、变化。

（1）人车空间再定义：传统的共享街道空间虽然降低了人车空间之间的隔阂，但二者仍然有着明确的空间界限。而在无人驾驶交通模式中，无人驾驶汽车的智能规划路线与车速、规避行人、上位控制等特性可能使得人车空间的界限变得更模糊，其功能定位也需要再定义。

（2）服务基础设施再定义：共享出行交通衍生出带新功能的基础设施（如候车空间、车辆充电桩、车辆紧急处理空间等）往往与人联系紧密。在设计时，高效的多功能结合空间是未来设计的导向。在设计共享街道空间时，还应当考虑将用车人群与活动人群进行空间区分，结合不同用地内街区进行布置。

（3）增强包容性设计：无人驾驶汽车有利于老人、儿童、身体残障人群的出行，在此背景下，共享街道空间应加强对于特殊群体的人性化设计，在交通上保证无障碍通道的顺畅，在公共空间中针对特殊人群的社交需求设计"平等空间"，在景观基础设施上充分考虑便捷性与安全性要求，创造包容性更强的街道环境。

（4）创造经济效益：当街道空间的共享性能够在城市范围内得到好的展现，可以利用街道空间增加经济效益。街道的活跃能带来经济收益，在设计街道空间时应通过空间管理引导街道经济，增强街道活力。

（5）强化街道空间景观：对于无人驾驶汽车的乘客而言，街道景观是"沿途风景"，是对城市特色的直观反映。无人驾驶背景之下，共享街道空间留给人的公共空间增多，人们对于街道的景观性的需求也会加强，应当重视街道景观的作用。

3.2　可能面临的挑战

（1）健康出行的挑战：共享车辆出行的便捷性也会减少步行与非机动车行的需求，更高的交通效率会带来更高速的生活节奏，这些会导致城市居民的健康问题。如何通过街道空间设计来引导人们采用健康的出行方式，将会成为共享街道空间设计的一个挑战。

（2）街道生活的挑战：目前城市的发展呈现高度集约化的趋势，未来交通方式的转变是否会遏制或加强这种集约化趋势是值得探讨的问题。但在集约化发展条件下的邻里社会生活的削弱与邻里关系的淡漠会影响人们进行户外街道生活的意愿，如何在高度集约的城市中通过街道空间设计鼓励邻里的交往，鼓励人们参与街道生活是街道空间设计可能面临的挑战。

（3）管理的挑战：新的交通策略需要制定新的管理政策，这些都是尚未确定的。预估在未来无人驾驶背景下的共享街道空间中，管理也许会面临诸多挑战，例如如何处理偶然人车冲突，如何处理街道空间中的私人领域与公共领域的关系，如何处理街道空间人流交通与物流交通的关系，以及如何制定不同街区的交通行驶策略等。这一切挑战都只能在不断实践中才能得到解决与完善。

参考文献

[1] Medina-Tapia, Marcos. Francesc R. Exploring paradigm shift impacts in urban mobility：Autonomous Vehicles and Smart Cities [J]. Transportation research procedia. 2018，33：203-210.

[2] Blau, M. Driverless vehicles' potential influence on bicyclist facility preferences [J]. International journal of sustainable transportation，2018，12(9)665-674.

[3] Crayton, T. J. Autonomous vehicles：Developing a public health research agenda to frame the future of transportation policy [J]. Journal of Transport & Health，2017，6：245-252.

[4] 徐小东，徐宁，王伟. 无人驾驶背景下的城市空间转型及城市设计应对策略研究 [J]. 城市发展研究，2020，27(01)：44-50.

[5] May, A. D.，Shepherd, S.，Pfaffenbichler, P. & Emberger G. The potential impacts of automated cars on urban transport：An exploratory analysis [J]. Transport

Policy，2020.

[6] Kaparias，I.，Wang，R. Vehicle and pedestrian Level of Service in street designs with elements of shared space[J]. Transportation Research Record，2020.

[7] Auttapone K.，Douglas J. W.，Roger D.，魏贺，刘斌. 城市环境中共享(街道街道)空间概念演变综述[J]. 城市交通，2015，13(03)：76-94.

[8] Karndacharuk，A.，Wilson，D. J.，& Dunn，R. A review of the evolution of shared (street) space concepts in urban environments[J]. Transport reviews，2014，34.2：190-220.

[9] 张云. 城市街道空间营造研究[D]. 中国美术学院，2016.

[10] Department for Transport. Local transport note 1/11：shared space street[M]. 2011.

[11] Carmona，M.，Tiesdell，S.，Heath，T.，& Oc，T. Public places urban spaces (2nd ed.)[J]. Burlington：Elsevier Publications. 2003.

[12] MacMichael，S. Oxford Circus gets shared space crossing as naked streets momentum grows[M]. 2009.

[13] Ewing R. Traffic Calming：State of Practice[M]. Washington DC：Institute of Transportation Engineers，1999.

[14] Ewing R，Brown S. U. S. Traffic Calming Manual[M]. Reston：American Planning Association，2009.

[15] Ewing R，Brown S，Hoyt A. Traffic Calming Practice Revisited[J]. ITE Journal，2005，75 (11)：22-28.

[16] Lockwood I. ITE Traffic Calming Definition[J]. ITE Journal，1997，67(7)：22-24.

[17] Transportation Association of Canada. Canadian Guide to Neighbourhood Traffic Calming[J]. Ottawa：TAC，1998.

[18] Charlton S G，Mackie H W，Bass P H，Hay K，Menezes M，Dixon C. Using Endemic Road Features to Create Self-Explaining Roads and Reduce Vehicle Speeds[J]. Accident Analysis and Prevention，2010，42(6)：1989-1998.

[19] Mackie H W，Charlton S G，Bass P H，Villasenor P C. Road User Behaviour Changes Following a Self-Explaining Roads Intervention[J]. Accident Analysis and Prevention，2013，50：742-750.

[20] Theeuwes J. Vision in Vehicles VI：Self-Explaining Roads：Subjective Categorisation of Road Environments[J]. Amsterdam：NorthHolland，1998.

[21] Theeuwes J，Godthelp H. Self- Explaining Roads[J]. Safety Science，1995，19(2/3)：217-225.

[22] Huang H，Stewart R，Zegeer C. Evaluation of Lane Reduction "Road Diet" Measures on Crashes and Injuries[J]. Transportation Research Record：Journal of the Transportation Research Board，2002，1784：80-90.

[23] Rosales J. Road Diet Handbook：Setting Trends forLiveable Streets[J]. New York：Parsons Brinckeroff，2006.

[24] Biddulph M. Street Design and Street Use：Comparing Traffic Calmed and Home Zone Streets[J]. Journal of Urban Design，2012，17(2)：213-232.

[25] Smith，B. W. Managing autonomous transportation demand [J]. Santa Clara L. Rev.，2012，52：1401.

[26] 王维礼，朱杰，郑莘蓂. 无人驾驶汽车时代的城市空间特征之初探[J]. 规划师，2018，34(12)：155-160.

[27] Thomas，M.，Deepti，T. Reinventing carsharing as a modern and profitable service[J]. 2018.

[28] Gurumurthy，K. M.，Kockelman，K. M. Analyzing the dynamic ride-sharing potential for shared autonomous vehicle fleets using cellphone data from Orlando，Florida. Comput [J]. Environ. Urban Syst. 2018，71，177-185.

[29] Stocker，A.，Shaheen，S. Shared automated vehicles：Review of business models[J]. 2017.

[30] Narayanan，S. Emmanouil C. and Constantinos A. Shared autonomous vehicle services：A comprehensive review[J]. Transportation Research Part C：Emerging Technologies 2020，111：255-293.

[31] Medina-Tapia，M.，Robusté，F. Exploring paradigm shift impacts in urban mobility：Autonomous Vehicles and Smart Cities[J]. Transportation research procedia 2018，33：203-210.

作者简介

李娅琪，1997年7月生，女，汉族，湖北荆州，硕士在读，华中农业大学园艺林学学院风景园林系，研究方向为城市人居环境。电子邮箱：liyaqistrong@163.com。

袁鸿菲，1962年生，女，汉，上海，博士，农业部华中都市农业重点实验室，华中农业大学园艺林学学院教授，博士生导师，研究方向为风景园林规划设计及其理论。

面向微气候的疫情背景下铁路客运站站前广场微气候景观优化研究

Study on Microclimate Optimization of Railway Station Square under Epidemic Situation

李奕霖　陈睿智

摘　要： 随着疫情的暴发，城市公共空间微气候的健康安全尤为重要。疫情背景下的铁路客运站（以下简称火车站）站前广场成为人们候车休息的主要场所，如何保证铁路客运站站前广场候车微气候的安全性和舒适度，已成为重要议题。结合国内外研究现状，以郑州铁路客运站站前广场为例，针对疫情后站前广场的功能特点和存在问题，结合广场温度、湿度和风速的实测，通过模拟分析提出郑州火车站站前广场微气候优化的景观策略，缓解火车站内部候车人员密集的压力，提升旅客户外候车的热安全性和热舒适性。

关键词： 微气候；景观优化设计；站前广场；微气候优化设计

Abstract: With the outbreak of Coronavirus, health and safety of microclimate in urban public space is particularly important. After the epidemic, the square in front of the railway station has become the main place for people to wait for buses and rest. How to ensure the safety and comfort of the micro-climate in the square in front of the railway station has become an important issue. Combining with research status both at home and abroad, and zhengzhou railway passenger station square as an example, according to the functions and characteristics of the station square after the outbreak and the existing problems, combining with the square of the measured temperature, humidity and wind speed, the zhengzhou train station square micro climate is presented by simulating analysis optimization strategy of landscape, reduce the stress of waiting the train station within dense, raised the thermal safety of passengers outdoor waiting and thermal comfort.

Key words: Microclimate；Landscape Optimization Design；Station Square；Microclimate Optimization Design

新型冠状病毒肺炎疫情（以下简称"新冠肺炎"）暴发后，让我们开始重新审视现有的公共空间在灾害情况下是否能保持安全且舒适的功能，铁路客运站站前广场是人流汇集与流通的重要公共场所，疫情初期，铁路客运人流与去年同期相比大幅下降，但是随着交通恢复，人流量强度增大走势明显[1]。大量人流汇聚火车站建筑大厅不利于疫情控制，部分候车人员自愿停留在客运站站前广场，因而导致站前广场的承载需求发生巨大变化，原有广场的座椅，候车安全距离、舒适度均已经无法满足当前疫情下的候车现状。为应对疫情影响，切实保障旅客候车的安全性、健康性和舒适性，应充分利用火车站站前广场已有空间，提高大型流动性场所候车人员舒适度，有利于引导站前广场由交通集散流通空间向舒适、疫情防灾的场所转变[2]。基于以上分析，研究以郑州铁路客运站站前广场为例，采用 ENVY-met 软件模拟验证，构建基于微气候健康舒适和人流安全为前提条件的铁路客运站站前广场景观改善方法。从而提高疫情防控背景下郑州火车站候车的安全性、健康性和舒适性。

1　研究方法

1.1　研究对象

郑州火车站站前广场始建于 2005 年，现有面积157200㎡。本研究选取火车站站前广场中部广场（测点一）和树阵广场（测点二）为研究对象，火车站中部广场是人流前往火车站大厅的主要区域，在火车站进站大厅的入口前，火车站南部树阵广场供人们集散休息使用，但目前由于大量候车人员滞留在站前广场，已无法满足候车人员的候车安全性和舒适度[3-4]。

1.2　研究框架

为改善火车站站前广场以适应疫情下的候车变化，首先对火车站站前广场进行微气候现场实测，分析夏季（2020 年 7 月）研究对象的基本微气候特征和热环境参数的变化规律，为微气候模拟软件的校核和量变模拟提供基础数据（图 1）。其次是微气候模拟软件的选取与校验，目的是验证本研究选用的数值模拟软件和模拟设定值，在对火车站站前广场进行微环境模拟时的可靠性及敏感性。再次对火车站站前广场进行景观要素的改善模拟，受到疫情后火车站微气候改善优化模式。最后是根据郑州火车站日均客流量规划出安全人行通道，剩下的空间再进行休憩空间规划。这个休憩空间就满足微气候的舒适性、健康性、安全性。

1.3　微气候现场实测

微气候现场实测于 2020 年夏季，对郑州火车站站前广场进行测量，郑州的高温天气多集中在 7 月～8 月，测量日选择在 7 月一段连续的高温天气，并连续测量 3 天，

分别为 7 月 6 日、7 月 7 日、7 月 8 日连续晴天，天空无
云或少云。

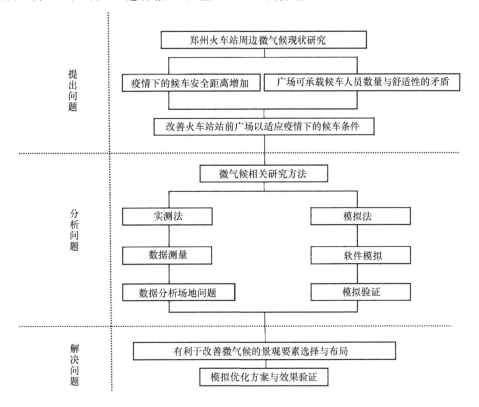

图 1 研究框架

在郑州火车站站前广场空间的中部广场和树阵广场
下，共设置测量点 2 个（图 2），以定点观测为主。测点
二位于站前广场前的树阵广场内，位于小乔木下，地面为
硬质铺装，有规整种植的小乔木遮荫，没有建筑物遮荫。
测点一位于站前广场中部广场位置，灰色硬质铺装，广场
上没有植物覆盖，没有建筑物阴影。

图 2 郑州火车站测点位置图

在各测点设置温湿度自计议，风速仪，从 8：00～
17：00 逐时记录距地 1.5m 高度处的空气温度（T）相对
湿度（RH）和风速（W）。主要考察疫情后大量人员聚集
站前广场后场地候车的适宜情况。

1.4 模拟软件的选取

选用 ENVI-met 作为模拟分析软件，该软件可以对火
车站站前广场微气候环境的影响因子进行全面的数值
模拟。

2 结果与分析

2.1 夏季郑州火车站站前广场小气候实测结果

2.1.1 空气温度

将郑州火车站站前广场内各测点测试日内的 8：00～
17：00 空气温度实测值进行整理分析，得到白天广场各
测点温度值，通过比较可以发现：在夏季，树阵广场附近
热舒适度较佳；中部广场的温度始终较高，大部分时段高
于气象温度。

2.1.2 相对湿度

相同的气温下，人体的热舒适感可以通过适宜范围
内的相对湿度来提升，将火车站广场各测点相对湿度平
均值与气象数据对比后发现：在夏季，带有草坪的树阵广
场下方平均相对湿度值最高，有效缓解闷热感。而以硬质
铺装为主，没有植物覆盖，没有建筑物阴影的空旷中部广
场相对湿度偏低。

整体来看，夏季测点二树阵广场内热环境综合效果
优于中部广场。树阵以及草坪和灌木围合的环境对日间
微气候起到了夏季降温控湿及避风的作用。

2.2 数据分析

2.2.1 温湿指数

温湿指数（I）是由俄国学者提出的有效温度演变而

来的，它综合考虑了温度和湿度对人体舒适度的影响[5]。

$$I = T - 0.5(1 - RH) \times (T - 14.4)$$

式中，I 为温湿指数，保留一位小数；T 为平均气温（℃）；RH 为月平均相对湿度（%）

舒适度等级指数范围[5]　　　　　表1

舒适度等级	温湿度指数范围	舒适度评价	户外提示
D	≤11.0	极不适宜，寒冷	尽量减少户外活动
C	(11.0，14.0]	不适宜，冷	注意保暖防护
B	(14.0，16.0]	较适宜，偏凉	早晚需加衣服
A	(16.0，23.0]	适宜，舒适	适合户外旅游
b	(23.0，25.0]	较适宜，偏热	中午需要防暑
c	>25.0	不适宜，热	注意降温防暑

2.2.2 温湿度计算

经计算测点二3天平均温度35℃，测点一平均温度37℃；测点二相对湿度47.4%，测点一相对湿度43.6%；测点二平均风速0.1m/s，测点一平均风速0.5m/s。

可得出测点一温湿指数为30.5，测点二温湿指数为29.5。

2.2.3 温湿指数分析

火车站广场测点一二的温湿指数均不适合候车人员长时间停留，舒适度等级为c级，温室指数范围>25.0，候车功能并不能在广场上实现，长时间滞留后人体会感觉很热，极不适应，并很可能发生中暑等问题（表1）。当疫情来临时，大量游客滞留在站前广场，其微气候热安全性和热舒适性均不达标，若作为户外候车空间，亟须进行景观改造，改善微气候。

3　模型建立与模型校验

根据测绘核实的火车站广场CAD图纸，进行ENVI-met建模（图3）。水平建模网格为400m×400m，垂直建模网格为60格（网格单位为1m）。随着ENVI-met的广泛应用，大量研究工作已基本可以证明ENVI-met模型在不同气候区域以及针对多种尺度的城市空间类型的有效性[6]。

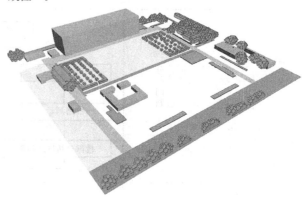

图3　郑州火车站站前广场ENVI-met建模图纸

ENVI-met的模拟结果能基本反映站前广场在夏季各测点空气温度、相对湿度的日变化规律以及测点间的差异。气温模拟值的变化比较平缓，由于现场天空云量的变化，实测数值会出现一些波动（图4）。同时相对湿度的模拟结果也基本可以反映了中部广场及树阵测点的增湿效应。

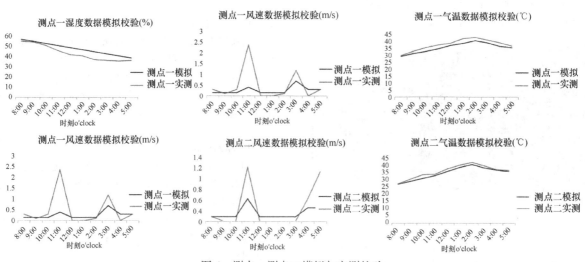

图4　测点一测点二模拟与实测校验

根据已有研究，若模拟值与实测值对比，温度平均值≤1.5℃、相对湿度平均值≤5%、风速平均值≤0.3m/s，且输出结果的空间分布特征和时间变化特征与现实基本吻合，则可认为该软件的微气候环境模拟有效[6,7]。经过数据比较得出，本研究所建立的模型能够较准确地描述郑州火车站站前广场的微气候环境。

4　面向微气候改善的景观优化策略

4.1　景观优化要素的选择

已有研究表明，水体在景观中有明显的增湿降温效应，水体的布局和存在是影响场地温度湿度最重要的因素，因此在郑州火车站树阵广场和站前广场候车区域适度增加水体面积，可以达到降温增湿的效果。在植被方面，乔木通过密集的枝叶遮阳从而影响周围，同等情况下，较为密集的乔木枝叶改善温度的效果较好，其次是灌木，草坪相对差一些[9-10]。因此，本研究将水体面积、植被作为景观要素的重点改善对象，从而优化改善场地微气候。

4.2 优化要素的空间布局

目前的郑州火车站站前广场中，中部广场属于人员通行空间，是大量人流穿行的客流通道，这一部分的客流通道应该予以保留，但中部广场温度过高，可以列植大型乔木给通行人员适当遮荫，广场南部为人群活动区域，有大量人员在此地进行滑冰、放风筝等活动，所以此区域应该划定为非微气候改善区，对其可以不做改动，保留大片的活动空间。火车站的树阵广场是候车休息的地方，但由于疫情原因，需要对其进行扩大与改善，在尽可能保留原有乔木的同时进行删减，增加其边缘乔木数量，内部种植

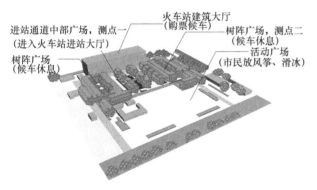

图 5　微气候优化的景观模型图

高度适宜的小乔木予以遮荫，树阵广场与中部广场植物选用郑州本地常绿枝叶密集型植物广玉兰，大叶女贞，望春玉兰，桂花，红叶石楠，小叶女贞等[11]，种植面积约7000m²，种植形状为 U 字形、I 字形，并且通过对站前广场风向的分析，预留通风口。优化后的微气候舒适区面积为 24000m²，提升了候车舒适度和可容纳人口。

4.3 水体景观要素空间布局

现有郑州火车站前广场硬质铺装占比 94%，绿地占比 6%，水体占比 0%，优化方案选择在树阵广场和中部广场减少铺装占比来增加水体。树阵广场内部采用半围合型的水体，动水为主，U 字形布局，水体面积约1000m²，以增加候车区湿度并降温。在中部广场采用顺应人流通行方向的条状水池，为 I 字形，水体面积400m²，结合列植的乔木给行人通行时遮荫（图5）。

4.4 优化模拟结果

微气候优化效果检验完成优化方案制定后，使用 ENVI-met 微气候模拟软件对改善后广场微气候进行模拟验证。量化分析优化方案对站前广场舒适度的影响程度，并用温湿度指标来验证模拟优化的效果实现了广场候车的可能。

使用 ENVI-met 微气候模拟软件对广场进行模拟改善，在适当增加绿地面积、水体面积并合理进行绿地划分与布局后，经计算得出测点一与测点二温湿指数均达到了 b 级范围 24.21 和 23.36，达到较适宜的程度，测点一和测点二热舒适度得到了有效的降温，湿度明显改变防止了候车人员干燥过热产生中暑等问题，并且场地改善后引导了风流，使原先堵塞的风环境通畅起来。可证明优化方案有效改善了场地的候车热舒适性和热安全性[12]。

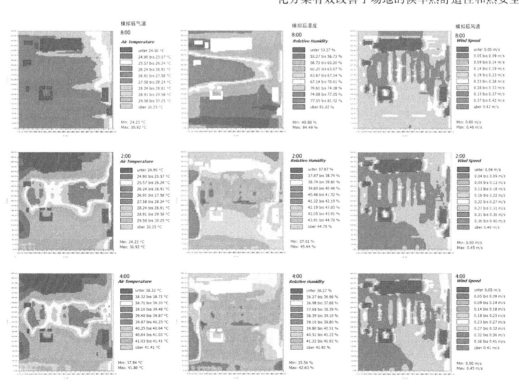

图 6　测点一、测点二风速温度与湿度优化改善效果

5 结论

疫情之后对全国铁路客运站站前广场的微气候进行优化有助于增强广场应对灾害时期的防灾功能。研究结果表明，通过模拟优化站前广场微气候，可有效提高场地候车舒适度，从而实现候车人员在站前广场停留的可能性，从而有效降低候车大厅内人员密度，缓解疫情传播。

参考文献

[1] 詹金凤.铁路应对新冠疫情策略分析及建议[J].理论学习与探索，2020(02)：29-32.

[2] 张凌菲，崔叙，王一诺，喻冰洁.铁路客站广场微气候优化方法研究——基于疏散安全和热舒适兼顾的设计探索[J].中国园林，2019，35(03)：86-91.

[3] 杨洮.郑州火车站对周边地区的影响(1904—1937)[J].洛阳师范学院学报，2016，35(07)：31-34.

[4] 孙明，郝冰洁.基于防灾减灾理论的城市广场公共安全规划研究[J].山西建筑，2017，43(12)：8-9.

[5] 杨丽桃，尤莉，邱瑞琦.内蒙古旅游气候舒适度评价[J].内蒙古气象，2019(06)：24-27.

[6] 熊瑶，张建萍，严妍.基于气候适应性的苏州留园景观要素研究[J].南京林业大学学报(自然科学版)，2020，44(01)：145-153.

[7] 熊静芸.气候变化背景下旅游地气候舒适度变化及其与客流量相关性研究[D].重庆：四川师范大学，2020.

[8] 岳志安，邹惠芬，马云龙.居住小区水体对微气候的作用分析[J].建筑与预算，2020(06)：61-63.

[9] 林波荣.绿化对室外热环境影响的研究[D].北京：清华大学，2004：61-62. LIN B R. Studies of greening's effects on outdoorthermal environment [D]. Beijing：Tsinghua University，2004：61-62.

[10] 张倩，王天鹏.郑州市小学教学楼夏季室内热环境研究[J].河南科技学院学报(自然科学版)，2020，48(01)：20-24.

[11] 付夏楠.乡土植物在郑州城市公园中的景观应用分析[J].园艺与种苗，2020，40(04)：19-21.

[12] 刘滨谊，李凌舒.基于热舒适提升的广场空间形态量变模拟分析[A].中国城市规划学会、重庆市人民政府.活力城乡 美好人居——2019中国城市规划年会论文集(13风景环境规划)[C].中国城市规划学会、重庆市人民政府：中国城市规划学会，2019：13.

作者简介

李奕霖，男，西南交通大学建筑与设计学院在读硕士，研究方向为适应气候的设计。电子邮箱：1021891593@qq. com。

陈睿智，女，西南交通大学建筑与设计学院副教授，硕导，研究方向为生态景观。电子邮箱：crz@home. swjtu. edu. cn。

基于 PSPL 方法的城市公共空间的分析与研究

——以北京 CBD 景华北街街道空间为例

Analysis and Research of Urban Public Space Based on PSPL Method：
Take the Street Space of Jinghua North Street，CBD，Beijing as an Example

刘德嘉

摘 要：城市公共空间作为重要的市民活动活动场所，逐渐受到人们的关注，其空间品质会直接影响市民公共交往质量，本文基于 PSPL 的研究方法，结合北京 CBD 区域公共空间现状和实地调研所得数据，梳理出场地问题并结合实际提出北京市景华北街朝阳门外大街街道公共空间优化策略，以期为城市中心区公共街道空间的改造提升提出新思路。
关键词：北京 CBD；PSPL；公共空间；街道；改造提升

Abstract：Citizens in the city's public space as an important activity, is becoming more and more attention, its quality directly affects the quality of citizens public communication space, this article, based on the research methods of PSPL, together with the present situation of public space in Beijing CBD area and the data from field investigation, comb out problems and put forward the Beijing city north street ChaoYang Men Wai street public space optimization strategy, so as to the street of the city public space to upgrade new ideas are put forward.
Key words：Beijing CBD；PSPL；Public Space；Street；Renovation and Promotion

引言

北京商务中心区（CBD）是指西起东大桥路、东至东四环，南起通惠河、北至朝阳北路之间 7km² 的区域，是众多世界 500 强企业中国总部所在地，也是多元化的商务中心。自 2000 年启动建设以来，经过 20 年的发展已成为北京最具活力的商务区之一，然而其外部公共空间已不能满足人们的日常工作交往等需求，存在诸多矛盾与问题。

1 研究方法

公共空间公共生活（PSPL）调研方法由丹麦扬·盖尔教授于 1968 年创建，最初在丹麦首都哥本哈根应用，并经不断完善延伸到伦敦、纽约、悉尼、墨尔本等世界各地，在我国重庆、上海等城市已有成功实践。

PSPL 调研法由 4 种方法构成，即地图标记法、现场计数法、实地考察法和访谈法。该方法旨在通过了解和掌握人们在公共空间中的活动与行为特点，探究空间环境与公共生活之间的关系，为公共空间设计和改造提供依据，从而创造满足市民生活需要的高品质公共空间。

这套调研方法的目的在于通过了解人们在公共空间中的活动与行为特点，定性与定量结合分析成果，为公共空间的设计与改造提供依据，从而达到创造高品质公共空间、满足市民开展公共生活的需要。主要包括 3 个方面的内容：公共空间分析、公共生活调查以及总结与分析[1]。

城市公共生活水平决定于有多少人参与公共活动和参与的这些人在场地中停留多久，而不是单纯的在于某一时刻空间的某一时段内有多人聚集。判断城市品质并不是看有多人步行在街上，而是去关注他们是否在城市中倾注时间，站在那里做一些事情，看一些事情或者坐在那里与其他也许并不认识的人一起享受城市环境[2]。

2 研究区域概况

2.1 周边环境概况

调研场地选址为北京市朝阳区景华北街朝阳门外大街，道路等级为城市支路，街道两端分别相接三岔路口和十字路口。周边环境用地性质较为统一，主要为居住区用地、商业用地以及办公用地。场地北侧为朝外 SOHO、万通中心以及朝外化石营小区；南侧为新城国际，西侧为东大桥东里小区及尚都国际购物中心，东侧为环球金融中心及财富购物中心[3]。

调研场地两侧街道有众多便利店、咖啡厅、快餐店、餐厅等，各类服务设施齐全，人群较为聚集。调研场地周边交通交通环境便利，北侧为朝外门大街（40m），东侧为金铜西路（15m），东侧为金铜东路（22m），场地位于中部景华北街（12m）[4]。

2.2 场地空间现状

景华北街是由 1 条车行道、2 条绿化带组成的"一板二带式"道路，这种形式最为常见。优点是用地经济、经济、管理方便较整齐。但是景观比较单调，人流、车流混乱，容易发生交通事故。

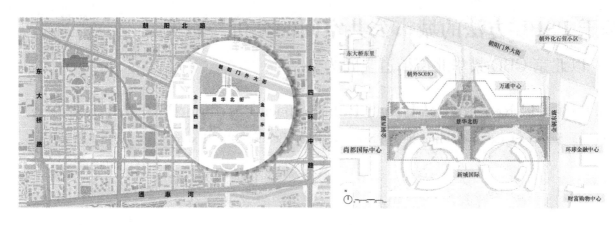

图 1　场地周边环境概况

图 2　调研选点

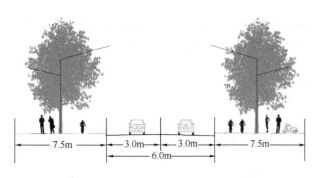

图 3　景华北街道路断面形式

场地现状空间类型单一，大多为简单硬质铺装与绿地。硬质空间主要为底商前广场、雕塑广场、绿地间硬质空间；绿色空间包括中心广场绿地及路测种植绿地，核心为朝外 SOHO 中间的多块状绿地，但景观性与参与性较差。

图 4　现状主要空间类型

2.3　基础设施现状

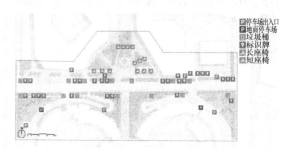

图 5　基础设施现状分布图

2.3.1　照明

照明系统氛围道路灯与园林灯，灯具设计较为统一，数量较多，但夜晚亮度较低。

图 6　照明系统图

2.3.2　垃圾桶

垃圾桶数量较多，大致均匀地分布在道路两侧，且较为方便，大部分垃圾桶有专门吸烟点，也有少数设置了多功能且较美观的垃圾桶。

2.3.3　标识牌

标识牌多为市政交通引导标志，比如路牌、停车场、人行横道指示等，办公大楼指示牌占少数。

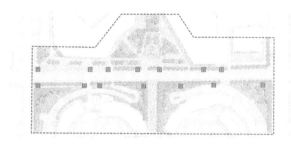

图 7 垃圾桶分布图

2.3.4 座椅

场地座椅设置的形式比较单一，冬天较冷，遮蔽性不强，与广场绿地的关系不好。

3 要素分析

3.1 流量分析

3.1.1 人流量分析

工作日早高峰(8：00～9：00)晚高峰(18：00～19：00)、吃饭时间（11：00～13：00）&（17：00～18：00）行人数量多；休息日吃饭时间和下午（12：00～16：00）行人数量多。

3.1.2 自行车流量分析

工作日早高峰（8：00～9：00）、晚高峰（18：00～19：00）、吃饭时间（11：00～13：00）（17：00～18：00）自行车数量多；休息日商场开业时间（10：00）、吃饭时间（11：00～13：00）（17：00～18：00）自行车数量多。

3.1.3 电动车流量分析

工作日电动车数量在吃饭时间（11：00～13：00）（17：00～18：00）数量多；休息日电动车数量在吃饭时间（11：00～13：00）（17：00～18：00）数量多。

3.1.4 机动车流量分析

工作日吃饭时间（12：00～13：00）数量多；休息日AB点机动车数量最大值在（18：00～19：00），C点最大值在（12：00～13：00）。

图 8 标识设施分布图及实景照片

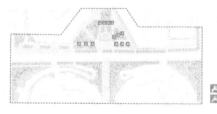

图 9 座椅分布图及实景照片

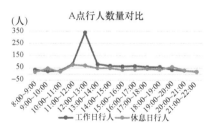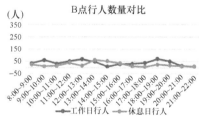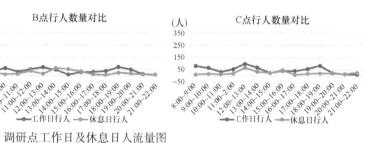

图 10 调研点工作日及休息日人流量图

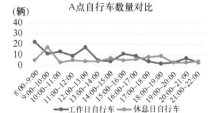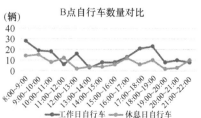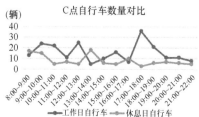

图 11 调研点工作日及休息日自行车流量图

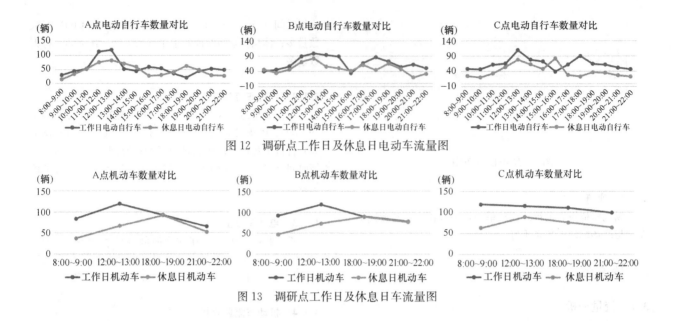

图12 调研点工作日及休息日电动车流量图

图13 调研点工作日及休息日车流量图

3.1.5 流量比较分析

综合来看，该路段主要出行方式是电动车，其次是步行，自行车最少。据调研，电动车主要为外卖员交通工具，自行车主要为共享单车。电动车和自行车所占比例休息日大于工作日，步行所占比例工作日大于休息日。

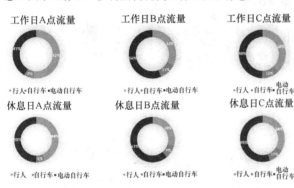

图14 各交通工具流量占比图

3.2 噪声水平分析

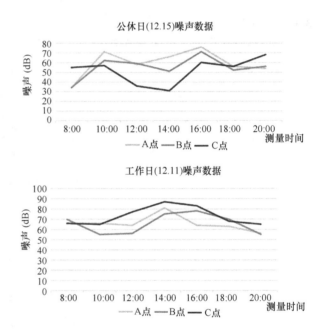

图15 相同日期不同测量点位噪声水平

3.2.1 采集方式

采集工具：分贝测量仪 APP

选取工作日与休息日各一天，每两小时在选定测量点位进行测量，每次持续 1min。检测实时噪声值和一段时间内的平均值与峰值，并能给出实时折线图，进行分析。

3.2.2 横向比较

北京市交通要道白天平均噪声水平 75.8dB（A），超过国家标准 5.8dB（A）；夜间平均噪声水平为 73.8dB（A），超过国家标准 18.8dB（A）（夜间为 22 点至凌晨 6 点）。

工作日 12：00～16：00 为街道嘈杂时段，街道上的噪声最高达 87dB（A）；其他时刻噪声也在 56dB（A）以上；平均噪声为 68.09dB（A），符合标准。公休日16：00为街道嘈杂时段，街道上的噪声最高达 76dB（A）；平均噪声为 55.38dB（A），也符合标准。

总体而言，工作日噪声值高于公休日，说明此街道受通勤或公休不同时间的影响较大。

3.2.3 纵向比较

三点平均噪声值相当于走在闹市中。最大噪声值为工作日 C 点位 14：00 的 87dB（A），相当于汽车穿梭于马路上。

三点位相比，C 点工作日与公休日噪声数值差异最大，主要集中在 12：00～16：00 时间段，差值最大可达 56dB（A）。这一时段 C 点受工作—公休不同时间的影响最大。

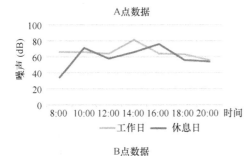

A点数据

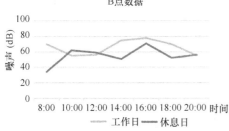

B点数据

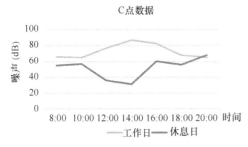

C点数据

图16 不同日期同一测量点位噪声水平

3.3 停留活动分析

3.3.1 实地调研方法与数据录入

选择在一个工作日，每两小时进行一次停留活动统计。标出停留活动的地点，并统计该时间段内停留人数。

3.3.2 结果分析

工作日在中段绿地广场停留的人群主要集中在CBD底商门前或街边，究其原因，大多是生活需要，而几乎没有人专为休闲而停留在中央绿地空间；相比于工作日，休息日增加了在中心绿地广场上活动的人群，大多是在较为暖和的午后家长与孩子一同。总体来讲，该绿地空间较缺乏活力。

3.4 行人访谈分析

3.4.1 访谈目标

调查街道现有问题，准确了解行人的需求，从而制定相应的改进措施。

3.4.2 访谈问题

（1）请问您对这条街道的现状设施满意吗？对哪些地方不满意，有何建议？

（2）请问您对这条街道的空间划分满意吗？您希望的空间划分是怎样的？

（3）您希望未来的街道是什么样的，对未来街道的改造有何建议？

3.4.3 采访人群

常驻人群20人：保安5人、CBD职员7人、底商店主8人；路过人群30人：行人10人、外卖配送人员15人、路边停车的机动车司机5人。

3.4.4 统计结果

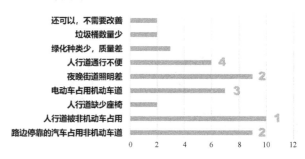

图17 行人访谈问题及关键词结果

3.5 首层立面分析

3.5.1 城市更新中对建筑首层立面评分体系

非常积极

友好

混合

消极

不活跃

图18 建筑首层立面评分体系
（图片来源：《人性化的城市》）

（1）非常积极：小单元，多门（每百米 15～25 个门）；在功能上有较高多元性，没有"盲单元"，有较少"消极单元"；立面线条富有特色，立面主要采用纵向划分，有好的细节设计和材质。

（2）友好：相对的小单元（每百米 10～14 个门）；在功能上体现一定的多元性，较少有"盲单元"和"消极单元"；有立面线条，很多细节。

（3）混合：单元大小混杂（每百米 6～10 个门）；功能上略带多元性，有若干"盲单元"和"消极单元"；略带立面线条，较少细节。

（4）消极：大单元很少有门（每百米 2～5 个门），功能上几乎一成不变，很少乃至没有细节。

（5）不活跃：大单元，很少有或没有门（每百米 0～2 个门），功能上没有任何变化，整齐划一的立面，没有细节。

3.5.2 立面分析

（1）路南侧首层立面：友好

通透可见，吸引视线，引导交流，助于刺激消费，增加街道活力；夜晚保证灯光，创造良好温暖行走环境。

尺度亲切感：$D/H>1$（注：D 为路宽，H 为立面高度），空间的封闭性减弱，开放感强。

图 19　路南侧首层立面实景

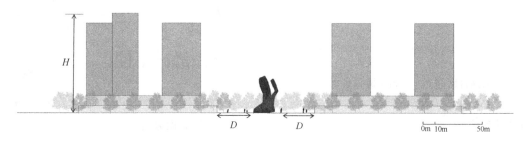

图 20　路南侧首层立面

（2）路北侧首层立面：混合

立面较为封闭，活力不足；装饰缺乏趣味性与艺术性；夜晚照明不足。

尺度亲切感：$D/H<1$（注：D 为路宽，H 为立面高度），空间封闭感强，缺口产生出入口的感觉。

图 21　路北侧首层立面实景

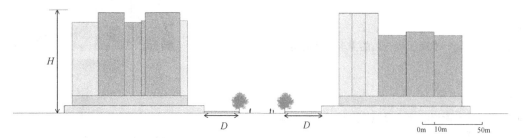

图 22　路北侧首层立面

4 结果与分析

4.1 公共空间品质的评价标准

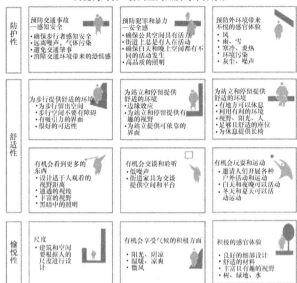

图 23 公共空间品质的评价标准
（图片来源：根据扬·盖尔 PSPL 方法改绘）

从承载和支持使用活动这一公共空间的核心功能出发，结合城市公共空间品质内涵，城市公共空间品质主要体现在构成城市公共空间的所有要素在舒适性、防护性和愉悦性 3 个层面[5]。

防护性层面，主要包含预防交通事故、预防犯罪和暴力以及预防外环境带来不悦的感官体验。舒适性层面，主要包含为市民步行、站立和停留提供舒适的环境，使市民有机会看到更多的东西、有机会交谈和聆听、有机会玩耍和运动。愉悦性层面，主要包含尺度、气候以及积极的感官体验。

4.2 结果分析

图 24 优化策略图

5 街道公共空间优化策略

5.1 交通停放空间改造

经过调研结果分析可得，非机动车混乱停放是这一街道空间堵塞的重要原因——以快递车和外卖电动车为主。因此有必要对市政道路及建筑前的街道空间进行改造，给予更好的街道品质[6]。

5.1.1 策略一：设立快递柜

一定数量的快递柜可以缓解工作日快递车长期停放于机动车的状况，同时也方便使用人群的存取。

图 25 优化策略图 1

5.1.2 策略二：工作日划分专用停车区域

工作日用餐高峰时段，作为外卖人员临时停放车辆以及等候取餐人员区域。

图 26 优化策略图 2

工作日其他时间，作为快递人员卸货、送货停留点。

图 27 优化策略图 3

5.2 边界空间改造

对城市人群产生不良视觉效果的边界空间特点：边界介质材料过于冰冷生硬，给人距离感；边界空间尺度过大，给人压迫感。边界空间的改造有助于提升视觉亲切感[7]。

5.2.1 策略一：引入绿色植物介质

将街边挡墙替换成低矮灌木，此种优化设计方法可以改变边界空间给人带来的距离感，给人带来生机与活力[8]。

5.2.2 策略二：引入过渡空间

在人行道及沿街建筑间引入过渡空间，包括小绿地或公共设施，调节边界空间尺度，提升视觉亲切感[9]。

设施带+步行通行区+建筑前区+沿街建筑

图28 引入过渡空间

5.3 交往空间改造

扬·盖尔在著作《人性化的城市》一书中，根据人的行为与环境的关系，驻足空间设计可以被归纳总结为两个效应：边缘效应和凹进效应。具有场所感的空间是与能给人群提供可以停坐的空间环境是分不开的[10]。

5.3.1 策略一：调整座椅位置、数量及材质

考虑到人群的边缘效应，于靠城市路一侧边缘，设置停坐靠椅，供人停坐。使中心广场座椅数增加至6～7个，为人们提供充足的停坐环境。并替换原有的舒适性差的大理石座面为隔热性能好的木质材料。

5.3.2 策略二：提供多样的休息及交流空间

空间设计凹进效应，对各广场边缘处的绿化带开设凹口，并在凹口中布置休息座椅，供需要私密交流的人群使用。设立形成复合式交往空间，为办公人群提供空间进行交流。

5.3.3 策略三：优化夜景照明

在照明不足的步行区域增设路灯，提供适宜的夜间行走条件。

设施带+步行通行区+开放公共空间+沿街建筑

图29 调整座椅

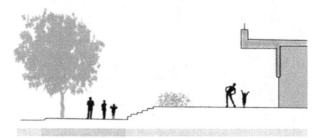

人行道+多样休息交流空间+沿街建筑

图30 提供多样的休息及交流空间

6 结语

城市公共空间作为重要的市民活动场所，与人们的生活及健康息息相关，而街道作为每天都要接触的公共空间，其重要性不言而喻。本文基于PSPL的研究方法，结合实地现状及调研所得"有温度"的数据，梳理场地问题并提出交通停放空间、街道边界空间以及交往空间的优化策略，以期为存量时代的街道空间质量提升提供一定的参考。

致谢

在此感谢李晓溪、王馨羽、朱樱、岳凡煜、郭雅婷在调研中的辛勤工作与付出。

参考文献

[1] 扬·盖尔. 人性化的城市[M]. 欧阳文. 徐哲文译. 北京：中国建筑工业出版社，2010.

[2] 扬·盖尔. 交往与空间[M]. 何人可译. 北京：中国建筑工业出版社，2002.

[3] 邵韦平，刘宇光. 北京CBD核心区总体设计与公共开发[J]. 建筑创作，2011(08)：101-107.

[4] 陈一新. 中央商务区（CBD）城市规划设计与实践[M]. 北京：中国建筑工业出版社，2006.

[5] 孙靓. 城市步行化——城市设计策略研究[M]. 南京：东南大学出版社，2012.

[6] 王建国. 现代城市设计理论和方法[M]. 南京：东南大学出版社，2004.

[7] 孟彤. 城市公共空间设计[M]. 武汉：华中科技大学出版社，2012.

[8] 林玉莲，胡正凡. 环境心理学[M]. 北京：中国建筑工业出

版社，2000.

[9]　高亦兰，王海. 人性化建筑外部空间的创造[J]. 华中建筑，
　　　1999(1)：101-104.

[10]　克莱尔·库珀·马库斯，卡罗琳·弗朗西斯[M]. 人性场
　　　所——城市开放空间设计导则. 俞孔坚，孙鹏，等译. 北
　　　京：中国建筑工业出版社，2010.

作者简介

刘德嘉，1997年生，女，汉族，陕西西安，北京林业大学园
林学院风景园林学在读硕士研究生，研究方向为风景园林理论与
规划设计。电子邮箱：527111005@qq.com。

基于 Cadna/A 环境噪声预测分析的机场降噪景观布局与营建策略研究[①]

——以北京新机场军用航线北绿地为例

Study on Airport Noise Reduction Landscape Layout and Construction Strategy Based on Cadna / A Environmental Noise Prediction Analysis：
Take Beijing New Airport Military Route North Green Space as an Example

刘煜彤　李科慧　陈泓宇　李　雄[*]

摘　要：在城市化带来的环境问题中，噪声已成为影响城市居民身心健康的主要因素之一，绿色空间已被证实是有效的降噪途径。目前风景园林视角下的降噪研究多针对陆地交通，较少涉及航空噪声的优化改善。研究探讨机场噪声的合理解决途径，以北京新机场军用航线北绿地为例，提出基于Cadna/A环境噪声预测分析的机场降噪景观布局与营建策略研究框架，具体包括"降噪目标识别—基本结构布局—最优模式营建—降噪—游憩功能复合" 4 个步骤，希望为机场环境建设与功能景观优化提供借鉴意义。

关键词：飞机噪声；降噪；机场景观；Cadna/A 软件

Abstract：In the environmental problems brought about by urbanization, noise has become one of the main factors affecting the physical and mental health of urban residents. At present, the research on noise reduction from the perspective of landscape architecture focuses on land traffic, but less on the optimization and improvement of aviation noise. Taking the North Green Space of the military route of Beijing new airport as an example, the research framework of airport noise reduction landscape layout and construction strategy based on Cadna / a environmental noise prediction analysis is proposed, which includes four steps: noise reduction target identification, basic structure layout, optimal mode construction, noise reduction and recreation function combination. Hope to provide reference for airport environmental construction and functional landscape optimization.

Key words：Aircraft Noise; Noise Reduction; Airport Landscape; Cadna / A Software

1　背景

1.1　机场噪声的危害及特点

随着我国民航运输业的快速发展，空中交通在带给我们便捷的同时，也衍生出一系列严重的环境问题，其中最严重的当属航空噪声污染。由于机场噪声的噪声级别高、影响范围广、地形限制小、非稳定态、低频噪声大以及可叠加等特征[1]，较于一般的道路、铁路交通噪声危害更大，严重影响着机场周围居民的正常生活作息以及身心健康。因此大力倡导机场可持续性发展，进行机场噪声评估分析与降噪策略研究是十分有必要的。

1.2　风景园林作为有效的降噪途径

噪声控制主要可从噪声源、传播途径、噪声接受方 3 个环节展开。在声源处可通过降低激励力、减小系统各环节对激励力的响应等措施来控制噪声，也可通过隔声、吸声、消声等技术干扰声的传播途径，或者通过佩戴耳塞等方式来保护听觉系统。植物作为经济、生态同时具有审美愉悦的声屏障，其减噪能力已被很多研究人员证实。此外地形声屏障、声景设计也是现实生活中常用的景观降噪手段。目前景观学界的降噪研究主要针对陆路交通噪声，基本没有涉及航空噪声领域[2-4]。同时，在研究结果上，多是从植物营建手段切入，得出具体的林带宽度、郁闭度、配置方式以及植被类型等推荐模式，较少讨论景观降噪手段的多类型组合与空间落位布局[5-6]，因此本文希望对以上研究空白进行拓展与补充。

1.3　机场景观的辩证思考与表达

噪声、净空限制、飞机起落等多种不利因素确实将机场及其周边范围变成一个环境与人矛盾激化的空间。但是从景观的包容性与辩证视角来看，限制条件同样带给了机场环境一种最独特的景观潜质：噪声有无向趣味声景转换的可能？净空限制又何尝不是创造了一种超大尺度的大地艺术条件？航线穿越提供了俯仰互望的动态联系，飞机起落能否作为一种文化景观？如何通过风景园林的手段介入场地，艺术化回应机场极具潜力的环境景观

① 基金项目：国家自然科学基金（31670704）："基于森林城市构建的北京市生态绿地格局演变机制及预测预警研究"和北京市共建项目专项共同资助。

特征，科学化承载降噪功能与游憩使用的和谐统一，是本研究的核心出发点。

2 研究方法

2.1 研究场地概述

北京新机场位于北京市大兴区南端、北京南中轴延长线之上[7]，承载着展示国家形象、践行生态文明理念的重要使命。其建设规模属世界之最，远期规划建设跑道共7条，飞机起降密度高，机场噪声大、区域噪声控制难度高。此次研究场地介于新机场和临空经济区服务保障区之间，主要服务人群是西侧规划社区的居民，其东南侧紧邻机场跑道，军用飞机航线穿过场地，有较高的噪声污染以及景观游憩需求，具备研究问题的典型性。整体场地东西长2.6km，南北长1.3km，总面积2.83km²。

2.2 Cadna/A环境噪声预测软件原理及使用方法

Cadna/A软件可以用于计算、评估、预测、显示噪声污染。以国际标准《户外声传播衰减的计算方法》及我国《环境影响评价技术导则噪声环境》等标准则为计算原理，适用于多种噪声源的研究。模型共包括声源模型和声传播模型2个子模型，考虑速度、坡度、声屏障、地形、建筑物、气象条件适用于隔声设施的效果评价。广泛应用于绿色建筑、工业厂房、变电站、交通（公路/铁路/机场）环评及城市规划等噪声项目。

飞机模块的使用方法主要是通过对地形环境、机场跑道、机场飞机机型、飞行架次等噪声影响因素数据的录入，以及对接导入DXF、GIS等地图数据文件，对噪声源的辐射和传播产生影响的物体进行定义，模拟生成出较大尺度范围内的机场噪声垂直分布与水平分布等级图。

2.3 研究框架

研究从景观手段消减噪声的机理出发，基于机场噪声模拟验证与机场景观特征挖掘，提出基于Cadna/A环境噪声预测分析的机场降噪景观布局与营建策略研究框架，具体包括"降噪目标识别—基本结构布局—最优模式营建—降噪—游憩功能复合"4个步骤（图1）。首先是通过机场噪声评价与《声环境质量标准》的对比，明确场地的噪声污染等级同时确定目标降噪值；第二步，对机场净空高度限制进行准确的空间落位，并结合文献梳理类比总结植物降噪、地形降噪、声屏障以及声景设计等降噪手段的特征与适用条件，得到场地降噪类型组合的基本结构布局；第三步基于Cadna/A模拟校验分析探讨比例分配、植物空间以及竖向设计的降噪最优营建模式；最后通过设计成果复核与分析划定场地内的低噪小环境指引活动场地的选址以及耦合设计声音等级的游憩类型布局，完善降噪—游憩的功能复合，实现兼具科学性与艺术性机场景观营造。

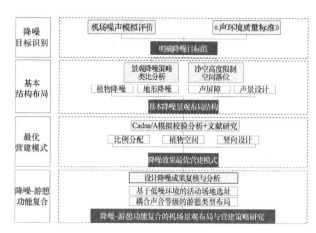

图1 规划框架与路线

3 策略与分析

3.1 噪声分析与降噪目标值确定

研究场地及周边临空新城居民区受到的噪声影响主要来源于紧邻场地南部的北京新机场军用航线。对比普通民用航线，军用机场内飞机飞行航线更加复杂且单位距离上军用飞机所产生的噪声级别更高。依据北京新机场环境测评报告等材料，在Cadna/A软件平台录入地形环境、机场跑道、飞机机型、飞行架次等数据模拟出场地机场噪声等值线图。如图2所示，场地内最大噪声达到130dB，最小噪声为75.4dB，从东到西沿梯度降低，场地外的临空新城居民区噪声等级也达到70dB以上，有极高降噪需求。研究以我国《声环境质量标准》为依据，综合考虑世界卫生组织（WHO）、美国联邦航空管理局（FAA）等相关声环境组织的研究，认为在机场周围地区评价飞机噪声对居民区影响最小标准限值应为55dB。降噪目标包括两个方面：①端头降噪——为达到居民日常生活声环境标准，西端居民区区域应至少降低15dB。②内部降噪——规划绿地邻近住区有必要提供声级适宜的园林内部环境，承载居民日常游憩活动且能作为飞机俯瞰视角下的良好景观载体。

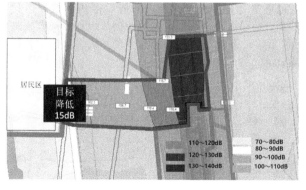

图2 场地机场噪声等值线图

3.2 净空高度限制下的基本降噪景观布局结构

场地范围受到两种净空高度规定的限制，限高高度随着离机场距离变化而变化。机场北侧属于端净空范围，场地内限高大部分在0～15m，机场西侧属于侧净空范围，场地限高在20m以下（图3）。

通过文献研究总结归纳植物降噪、地形降噪、声屏障以及声景设计的特征与适用范围：①植物降噪——作为相对低廉和具有审美愉悦的声屏障，具有经济、长远、环保等优点，有益于人的身心健康和城市环境可持续发展。最大的减噪量为10dB左右，能见度低于11m的浓密灌木，逾量衰减超过1.1dB（A）；能见度在15m以上的乔木和灌木，逾量衰减为0.8～1dB（A）；能见度超过27m的稀疏乔木，逾量衰减小于0.8dB（A）[8]。绿地群落结构的降噪能力依次为：乔灌草＞乔木类＞灌木类＞草坪类。②地形降噪——目标降噪量5dB左右，地形的营造

可以利用现有场地的废料，协调土方，同时结合植物的营造，方便简洁，具有较大的生态效益，高度一般在2～3m。③声屏障——通过人工吸声材料或隔声材料的隔声墙等，降噪效果良好，但是营造价格高，且美观性不强。降噪量一般为5～12dB，高度大多为2～6m。④声景营造要求场地现状具有良好的条件，如水流声、鸟声等，只能小范围的降低噪声对人们生活的影响，不能起到主要的降噪作用。综上，研究最终主要选择植物与地形两种方式构成降噪结构的基本骨架，以净空高度为控制要素引导布局（图3）：净空高度20m以上范围，以植物为主，布局乔灌草结合地形；净空高度20m以下范围，以地形为主，可增添灌草或地被。

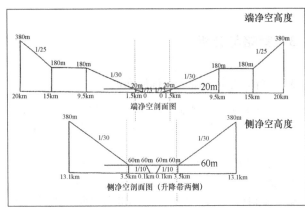
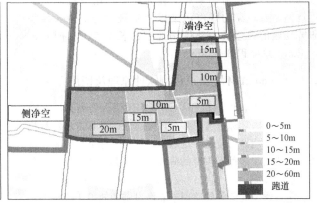

图3　场地净空限制范围

3.3　基于软件模拟分析的降噪效果最优营建模式探析

利用Cadna/A环境噪声分析探究植物与地形的比例、尺度、间距、高度、角度以及郁闭度等营建细节，指导场地降噪的最优模式形成。

3.3.1　比例分配

声音的衰减不是一个线性叠加的关系，降噪过程中存在噪声衰减极限值，对此希望借助软件模拟探索植物与地形最合理的组合比例，分析后得到当植被占比20％，地形占比80％时，场地西侧居民点降噪效果最佳（图6），同时可在局部节点辅助加入声屏障增补降噪效果。

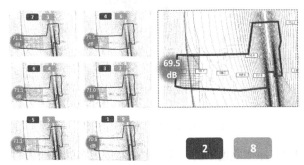

图4　降噪模式组合比例分配分析图

3.3.2　植物空间

考虑降噪结构及景观搭配，种植体系可规划分为密林区、疏林区以及地被区。密林区在净空限高20m以上，占总面积的20％，主要植被类型为降噪效果较佳的针阔混交林；疏林区在净空限高5～20m，主要植被为疏林草地及花海；地被区净空限高0～5m，主要植被为低矮灌木及冷季型草坪。以文献研究结合软件模拟的方式明确植物种植策略：

（1）种植宽度——林带40m宽结合多排种植将达到最高效、经济的降噪效果（图5）。

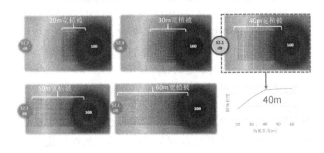

图5　降噪种植宽度分析图

（2）郁闭度——不同植物群落结构构成的不同的水平郁闭度是植物降噪的重要内因之一，郁闭度大于0.6的复层结构绿地具有更好的减噪效应，额外衰减量为（1.5～

2.2dB）/10m[9]。

（3）针阔比——在机场噪声频率所处250Hz以下频段，阔叶树的降噪效果要优于针叶树，常绿针叶与落叶阔叶树数量比例为3：7左右[10]。

3.3.3 竖向设计

（1）地形布局角度——通过软件模拟验证地形排布角度垂直声源方向降噪效果达到最佳（图6）。地形整体布局角度基本按照噪声等值线方向排布，场地东侧竖向设计为规则防噪堤形式，是净空高度在5m以下的主要降噪形式。场地西侧竖向设计地形为自然式，配合植物形成良好森林景观（图7）。

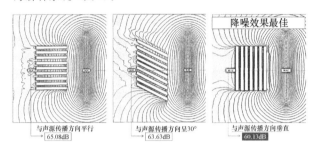

图6　降噪地形角度分析图

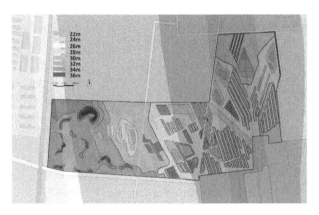

图7　降噪地形布局图

（2）起伏与间距——模拟发现地形起伏对终端降噪效果影响不大，但可在场地中出营造低噪小环境形成活动场地。同等高度情况下，起伏地形形成多排间隔阵列，防噪堤间距在2～4m之间时营造的小环境内降噪效果较为良好（图8）。

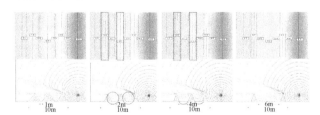

图8　降噪地形宽度与间距分析图

3.4 降噪-游憩功能复合的机场景观体系完善

设计后，由于场地中植被、地形、声屏障等降噪屏障

作用，机场对场地西侧居民点的噪声影响降低了20dB（图9），满足既定的居民区日常声环境优化目标。场地内部形成了较多低噪小环境，可以用于功能活动选址，结合不同大小的声场级别，设置不同分贝下适宜的游憩类型。

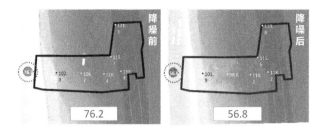

图9　降噪设计前后声环境等级对比图

3.4.1 高分贝区——艺术互动型

以观赏飞机为特色景观，起伏防噪堤形成韵律的大地艺术，矮堤之间搭建野趣的步行系统。同时可以策划心理解压活动，随着飞机起降的巨大声音高唱或呐喊进行情绪释放，有助身心健康。

3.4.2 中分贝区——运动休闲型

地形与地形之间承载多类型的独立运动场，如滑板场、网球场等类型，形成活力、开放的疏林休闲区。

3.4.3 低分贝区——声景森林型

密林中设计小型跌水、林下花园、森林剧场等空间，结合多类型的声学知识科普教育，营造安静舒适的声景森林。

参考文献

[1] 张莺.机场噪音评估与缓解策略[J].电脑迷，2018(01)：170＋214.

[2] 巴成宝，梁冰，李湛东.城市绿化植物减噪研究进展[J].世界林业研究，2012，25(05)：40-46.

[3] 艾锦辉，魏镇欢，刘文文，等.城市行道绿带减噪植物种类与配置模式筛选[J].四川林业科技，2019，40(04)：28-33.

[4] 孙翠玲.北京市绿化减噪效果的初步研究[J].林业科学，1982(03)：329-334.

[5] 赵丽娜，段大娟，张涛.石家庄市公园绿地中乡土树种的应用研究[J].安徽农业科学，2012，40(05)：2824－2825＋2831.

[6] 许宵云.福州市城市道路及植物群落的降噪特性研究[D].福州：福建农林大学，2018.

[7] 北京晚报.北京社科联提议在新机场周边建"京津冀副中心".（2014-09-22）［2018-05-07］.http：//www.kaixian.tv/gd/2014/0922/9647309.html.

[8] 袁玲.公路林带声衰减量及其应用研究[D].西安：长安大学，2009.

[9] 刘磊.不同类型城市绿地降噪效果研究综述[J].科技创新与应用，2012(23)：123.

[10] 李冠衡，熊健，徐梦林，等.北京公园绿地边缘植物景观降噪能力与视觉效果的综合研究[J].北京林业大学学报，2017，39(03)：93-104.

作者简介

刘煜彤，1996年10月生，女，回族，天津，北京林业大学园林学院在读硕士研究生。研究方向为风景园林规划设计与理论。电子邮箱：904020067@qq.com。

李科慧，1995年2月生，女，汉族，山西太原，北京林业大学在读硕士研究生。研究方向为风景园林规划设计与理论。电子邮箱：likehui0223@qq.com。

陈泓宇，1994年7月生，男，汉族，福建霞浦，北京林业大学园林学院在读博士研究生。研究方向为风景园林规划设计与理论。电子邮箱：297511736@qq.com。

李雄，1964年生，男，汉族，山西，博士，北京林业大学副校长、园林学院教授。研究方向为风景园林规划设计与理论。

基于 SWAT 模型的森林湿地景观格局构建对水质的影响研究[①]

——以东三更生村森林湿地公园为例

Impact of Forest Wetland Landscape Pattern on Water Quality Based on SWAT Model:

A Case Study of the Dongsangengsheng Village Forest Wetland Park

吕英烁　郑　曦

摘　要：景观格局通过改变营养物质浓度及空间分布而影响水质净化效果，探讨景观格局变化对水质净化的影响对于提升土地利用的效率、减缓城市化对水体的危害、营造健康安全生活具有重要意义。本文以大兴机场旁东三更生村所在流域为例，设定了不同比例与布局方式的十个森林湿地情景，利用 SWAT 模拟了不同格局对水质净化的影响，探究影响水质净化的主导景观指数。结果表明：湿地的净化功效最大、森林湿地次之、林地最小。最大净化效率高达 74.82％；森林湿地整体景观斑块形状复杂度、破碎度降低，斑块蔓延度增加，能有效提高水质净化功效；森林湿地各类型斑块聚合度、最大斑块面积的增加也将提高净化水质效率，最大增加 16.38％。本研究通过 SWAT 模拟分析得到森林湿地格局与水质净化二者变化特征的相互关系，为构建水质净化型森林湿地格局提供参考。

关键词：森林湿地；景观格局；水质净化；SWAT 模型

Abstract：Landscape pattern affects the water purification by altering the spatial distribution of nutrient accumulation. It is of great significance to explore the impacts of landscape patterns on water purification for improving the efficiency of land use, reducing the harm of urbanization to water body, and building a healthy and safe life. This paper takes the river basin of Dongsangengsheng Village near Daxing Airport as an example. Ten forest wetland scenarios with different proportions and layouts were set. SWAT was used to simulate the effects of different patterns on water purification. The dominant landscape indexs affecting water quality purification was explored. The results showed that the purification efficiency of wetland was greater than that of forest wetland and forest land, and the maximum purification efficiency was 74.82％. The reduction of patch shape complexity and fragmentation degree and the increase of patch spread degree in the landscape of forest wetland can improve the water quality purification efficiency. The increase in the degree of patch aggregation and the maximum patch area of each type of forest wetland will also improve the efficiency of water purification, with a maximum increase of 16.38％. In this study, the relationship between the change characteristics of forest wetland pattern and water quality purification was obtained through SWAT simulation analysis. So as to provide reference for improving the water purification efficiency of forest wetland.

Key words：Forest Wetland; Landscape Pattern; Water Purification; SWAT

引言

随着城市化进程与经济的快速发展，许多城市河道的水体污染和生态退化问题十分突出，不仅不利于城市人居环境的安全，也严重影响城市的健康形象。

水体污染的控制和管理主要包括引水换水、循环过滤等物理方法[1]、中和沉淀、电渗析等化学方法[2]，土地利用结构优化[3-5]、植物修复[6-7]等生态方法。其中土地景观结构的优化通过改变水体物理、化学及生物属性，引起自然过程如径流、蒸散等的改变，从而使营养物质及其累积浓度的空间分布也呈现出不同的特征[8-10]。这种方式从源头减少了污染物的产生，并在其运移过程中不断被阻截、吸收，促进其转化为无害形态，被认为是改善和净化水质非常经济且有效的措施[11]。

森林湿地是指地表过湿或积水的地段中，以湿生、沼生植物为主组成的森林植物群落，其生态系统具有净化水质等重要水文功能[12-13]。其中森林通过降低地表径流过滤颗粒态污染物，利用叶面吸收溶解态污染物等去除污染物[14]。湿地通过重力作用，加速悬浮颗粒物沉淀、促进溶解态污染物的吸附与络合等，达到水质净化功效[15]。目前关于森林湿地的研究多集中在群落结构[16]、退化植被恢复[17]、生态系统的界定[18]等既有资源的保护方面，缺少对于未来规划的森林湿地景观格局构建的研究，即如何控制森林、湿地的配比与布局方式，从而提高某种森林湿地生态系统的服务能力。

本文以东三更生村规划的森林湿地为例，设定了 6 种不同比例、4 种不同结合程度的森林湿地情景，采用

---

①　基金项目：国家重点研发计划："村镇乡土景观绩效评价体系构建"（2019YFD11004021）。

SWAT 模型模拟，研究了不同情景下森林湿地格局与水质净化功效的变化关系，总结了影响水质净化效果关键的景观格局特征。

1 研究区域概况

东三更生村坐落于河北省廊坊市九州镇，南临永定河排水河道天堂河，其周边的规划绿地是京廊滨河长廊——"一河两岸"工程的重要节点，也是北京市绿色空间结构规划中提及的河北地区"结合永定河进行生态修复，以营造大尺度森林湿地景观的森林湿地半环"中的重要组成部分。

为配合新机场的建设，将天堂河向北改移、整治并于2016年底正式通水。因机场大量污水的排放、航空物流区人口增多、周边农田面源污染等多种因素，天堂河水质常年为劣Ⅴ类[19]，亟须进行以流域为单元的水质源头治理。研究范围东西以流域为界、南北以道路为界，共约 414.3hm²。

2 研究数据与方法

2.1 主要数据及来源

本文采用世界土壤数据库提供的 1：100 万土壤数据（HWSD），经过投影坐标转换、范围裁切、重采样，得到研究区的土壤数据库。查询得出研究区域内土壤类型为潮土。并利用通用土壤流失方程（USLE）与 SPAW（Soil Plant Air Water）模型建立了土壤物理属性表。

利用格点数据插值的 CFSR（Climate Forecast System Reanalysis）数据构建了气候属性数据库，包含降水、日最高气温、日最低气温、太阳辐射、风速、相对湿度和天气发生器数据等。

2.2 水质净化模拟情景

中性景观模型（Neutral Landscape Models）因能产生一系列相似统计性特征的景观格局，为研究的重复试验提供理论支持。其中应用较为广泛的 SimMap[20]，基于 Windows 可视化界面，通过必要性参数值的设定即可快速得到期望的景观格局图，成为研究景观格局与过程相互关系的有效工具[21]。

2.2.1 不同景观类型占比下的情景设定

为研究森林湿地中各景观类型占比对水质净化效果的影响，本研究在保留河道与建设用地外，按照所占面积比例设置了林地 100%、湿地 20%林地 80%、湿地 40%林地 60%、湿地 60%林地 40%、湿地 80%林地 20%以及湿地 100% 6 种不同的情景。又根据相关研究，SimMap 的聚集程度参数 P 约在 0.4 与 0.55 之间的情况下可以代替真实景观[21]，越接近 0.55 真实性越好[22]，所以在生成不同比例景观格局的模拟中，设定 P=0.55，不仅可生成较为真实的景观情景，也可规避聚集度对该研究的影响。图 1 为生成的 6 种不同情景的土地利用图。

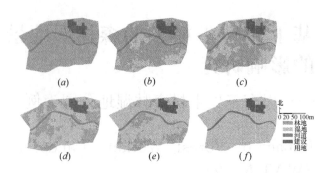

图 1 不同景观类型占比下土地利用图
（a）情景 1：100%林地；（b）情景 2：20%湿地 80%林地；（c）情景 3：40%湿地 60%林地；（d）情景 4：60%湿地 40%林地；（e）情景 5：80%湿地 20%林地；（f）情景 6：100%湿地

2.2.2 不同景观布局下的情景设定

选取湿地 20%、林地为 80%的固定占比，调整聚集程度参数 P 以研究森林与湿地不同布局方式对水质净化功效的影响。共生成 P=0.40、P=0.55、P=0.60、P=0.70（极端情景下）4 种土地利用（图 2）。

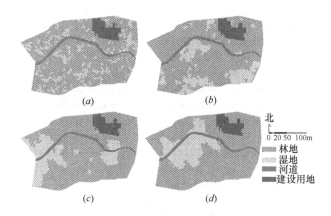

图 2 不同景观聚集度下土地利用图
（a）情景 1：P=0.40；（b）情景 2：P=0.55；（c）情景 3：P=0.60；（d）情景 4：P=0.70

2.3 研究方法

2.3.1 景观格局分析

景观指数是景观生态学中量化景观格局的常用研究方法[9]。根据相关研究[23-24]，在景观水平上选取了分维数（PAFRAC）、斑块密度（PD）、蔓延度（CONTAG）这 3 个景观指数，在类型水平上选取面积比例（PLAND）、最大斑块面积指数（LPI）、聚集度（AI）、散布与并列指数（IJI）。根据不同情景的土地利用图，在景观格局计算软件 Fragstats4.2 平台中进行运算。

2.3.2 SWAT 模型构建

将 30m 精度的 ASTERDEM 数据与河流水系数据集导入 SWAT 软件中，提取和修正河网形态，划定流域边界。经过软件运算，本研究区域共划分成 69 个子流域。

城市公共空间与健康生活

提取河流长度、坡度、高程、子流域面积、最长汇流路径等流域特征后与上述气象数据、土地利用数据、土壤数据等相关联，进一步划分出219个水文响应单元（HRUs）。先计算各个水文响应单元的污染含量，然后汇总到各子流域，最后由子流域汇总到流域出口，共同构建了SWAT分析模型（图3）。为研究2.2中不同情景下净化效果的差异性，选取了典型年份的降雨数据（2018年），用来模拟相同降雨条件下不同情景的污染含量。

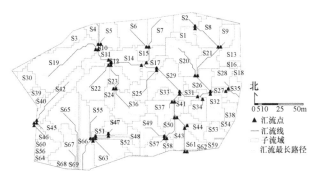

图3 SWAT概化模型

2.3.3 相关与回归分析

选取7月典型暴雨季，分别进行不同情景下流域污染含量的统计。利用统计分析软件SPSS进行相关性分析，得出景观格局指数与污染量之间的关系，探讨影响净化效果的关键性景观指数。

3 结果与分析

3.1 不同情景下的景观格局变化

3.1.1 不同景观类型占比情景下的景观格局变化

图4表征了不同情景下景观水平指数PAFRAC、PD、CONTAG的差异，这3项指数分别代表了斑块形状的复杂度、破碎度和团聚度。因模拟情景时SimMap模型中P值的设定，景观斑块的分维数指数与团聚度几乎保持不

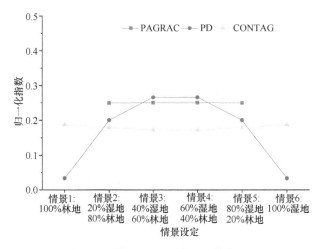

图4 不同情景下景观水平指数变化图

变，斑块密度随湿地与林地面积的变化，出现先增大后减小的趋势。图5为不同情景下的类型水平指数PLAND、LPI、AI和IJI的差异，林地与湿地的PLAND、LPI、IJI指数随景观类型面积占比的变化而变化，如PLAND$_{林地}$与LPI$_{林地}$、IJI$_{林地}$随情景的设置呈直线式减小，PLAND$_{湿地}$、LPI$_{湿地}$与IJI$_{湿地}$呈直线式增大。林地与湿地斑块的聚集度除面积占比为0外，也因模拟情境中P值的设定而基本保持不变，符合本节模拟设置的要求。

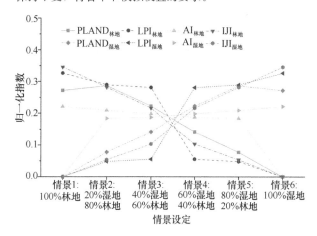

图5 不同情景下类型水平指数变化图

3.1.2 不同景观布局情景下的景观格局变化

图6表征了森林为80%，湿地为20%占比下不同布局的景观水平指数的差异。随着湿地斑块分布越来越聚集，团聚度指数CONTAG逐渐升高，斑块形状PAERAC指数逐渐降低、斑块密度PD也有了很大程度的降低。图7为类型水平的指数变化，因各类型的面积不变，所以林地与湿地的PLAND指数保持不变。LPI$_{林地}$与AI$_{林地}$呈现波动变化，与湿地斑块布局位置有关；LPI$_{湿地}$与AI$_{湿地}$指数则因湿地斑块的逐渐聚集而出现明显增长趋势。受到类型斑块数量的影响，林地与湿地的IJI指数均在增长。

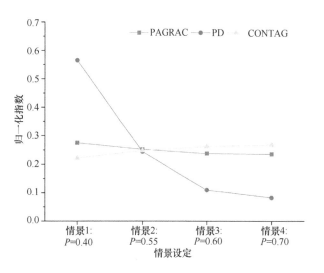

图6 不同情景下景观水平指数变化图

3.2 不同情景下的水质净化效果

3.2.1 不同景观类型占比情景下的水质净化效果

由于缺乏出入边界水质监测的准确数据，根据北京市水务局发布的新天堂河水质类别及新机场、东三更生村规划人口数量[19]，设定入流污染物的初始条件。图 8 为 6 种情景下各个小流域总氮（TN）浓度分布及产量，表 1 为水质数据变化统计。图 8 (a) 为纯林的水质净化情景，7 月 TN 总产量为 81.782kg，流域污染平均含量为 1.573mg/L，出口处 TN 浓度为 2.029mg/L，对比《国家地表水环境质量标准》GB 3838-2002 可知仍为 Ⅴ 类水。随着湿地面积的增大，净化效果逐渐增强，情景 2、3、4 的出口浓度分别为 1.689mg/L、1.499mg/L、1.078mg/L 位于 Ⅳ 类水与 Ⅴ 类水之间，情景 5 为 0.870mg/L 达到 Ⅲ 类水标准。当场地全为湿地时，氮污染风险最小，汛期 TN 总产量减小为 19.959kg，河流出口处污染浓度为 0.511mg/L，接近于 Ⅱ 类水标准，比纯林净化效果增强 74.82%。

3.2.2 不同景观布局情景下的水质净化效果

图 8 为森林湿地不同布局情景下总氮（TN）浓度分布及产量，表 2 为水质数据统计。随着聚集度参数 P 的增大，湿地斑块的破碎度降低，净化效果逐渐提高，出口处浓度由 1.734 mg/L 降低至 1.450mg/L，净化效果共增强 16.38%。

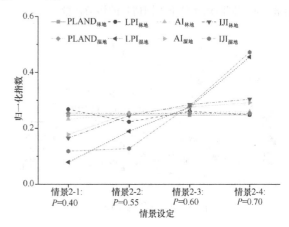

图 7　不同情景下类型水平指数变化图

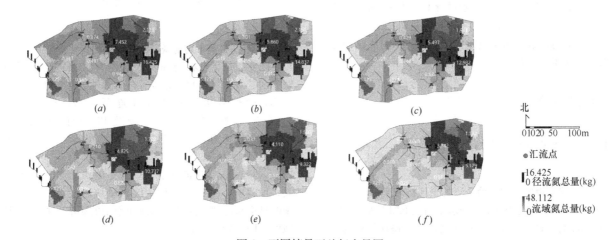

图 8　不同情景下总氮含量图

(a) 情景 1：100%林地；(b) 情景 2：20%湿地 80%林地；(c) 情景 3：40%湿地 60%林地；
(d) 情景 4：60%湿地 40%林地；(e) 情景 5：80%湿地 20%林地；(f) 情景 6：100%湿地

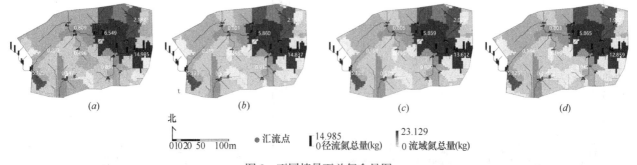

图 9　不同情景下总氮含量图

(a) 情景 1：P=0.40；(b) 情景 2：P=0.55；(c) 情景 3：P=0.60；(d) 情景 4：P=0.75

不同情景水质数据统计

表1

	情景1： 100%林地	情景2： 20%湿地 80%林地	情景3： 40%湿地 60%林地	情景4： 60%湿地 40%林地	情景5： 80%湿地 20%林地	情景6： 100%湿地
TN流域平均值（mg/L）	1.573	1.299	1.176	0.827	0.658	0.384
TN河流出口值（mg/L）	2.029	1.689	1.499	1.078	0.870	0.511

不同情景水质数据统计　　表2

	情景1： P=0.40	情景2： P=0.55	情景3： P=0.60	情景4： P=0.75
流域平均TN值（mg/L）	1.334	1.299	1.198	1.117
河流出口TN值（mg/L）	1.734	1.689	1.542	1.452

3.3 森林湿地景观格局与水质净化效果的关系

不同情景的景观指数与汛期总氮（TN）的拟合曲线与相关性系数见图10。水质净化效果与森林湿地景观水平上的 PAFRAC、PD、CONTAG 均有一定的相关性，其中分维数指数、斑块密度指数呈负相关，与蔓延度指数

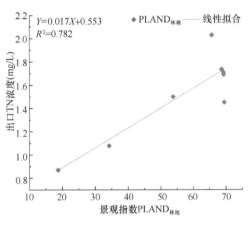

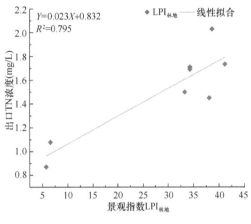

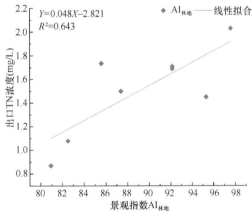

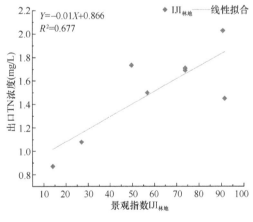

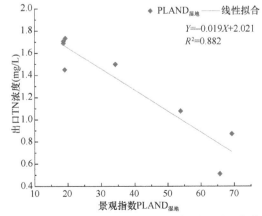

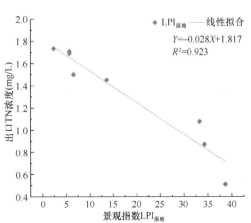

图10 不同情景的景观指数与汛期总氮（TN）的关系图（一）

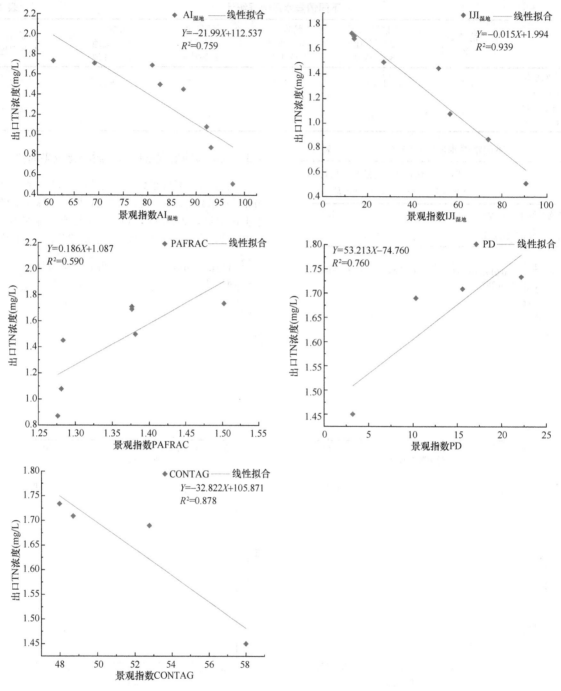

图 11 不同情景的景观指数与汛期总氮（TN）的关系图（二）

呈正相关，也就是说森林湿地整体景观斑块形状的复杂度与破碎度的降低、聚合度的增加，有利于净化效率的提高。在景观类型水平上，林地与湿地面积的增加对于污染风险的降低有积极作用，与湿地最大斑块面积、斑块聚集度、并列度指数存在较强正相关，即应避免湿地斑块的破碎化，较为完整、具有一定连通性的湿地生态系统能更好地发挥净化水质的功效。

4 结论

本文设定不同比例与布局方式的森林湿地情景，通过 SWAT 水文动态模拟及相关性分析明确了森林湿地景

观格局特征对水质的影响，主要结论有：

（1）湿地与林地对水质净化均有积极作用，且湿地＞森林湿地＞林地的净化效果。其中湿地比林地净化效率高 74.82%。在规划设计时可根据污染强度合理设置湿地、森林的比例，从而达到水质净化的作用。

（2）森林湿地整体景观中斑块形状越简单、破碎度越低、蔓延度越高，将越有利于水质的净化。应控制人类参与活动对景观斑块大小、形状复杂度的影响，重视景观的整体连通性，利于控制污染物和其扩散。

（3）森林湿地中各景观类型面积的增加均能有效降低污染风险，且各类型斑块聚合度、最大斑块面积的增加将提高净化水质的效率，约能提高 16.38%。在排放污染的

源头，相同比例湿地的集中化布局可以更高效地完成水质的净化。

参考文献

[1] 李川，易威，王坚伟. 景观水体的净化方法[J]. 中国资源综合利用，2009，27（02）：31-32.

[2] 夏邦天，邹斌，赵昱，周伟华. 污水处理技术的方法原理、问题与发展趋势[J]. 中国科技信息，2010（05）：22-23.

[3] 蔡莹，杨旭，万鲁河，吴相利，曹原赫，王雪微，于博，赵程. 北方寒冷地区冻融期河岸缓冲区土地利用结构对河流水质的影响[J]. 环境科学学报，2019，39（03）：679-687.

[4] 徐小峰. 小流域土地利用结构变化对河流水环境的影响研究[D]. 苏州：苏州科技大学，2018.

[5] Lane C R , Autrey B C . Phosphorus retention of forested and emergent marsh depressional wetlands in differing land uses in Florida, USA[J]. Wetlands Ecology & Management，2016，24(1)：45-60.

[6] 张亚娟. 城市污染景观水体植物净化修复方法研究[J]. 环境科学与管理，2019，44（10）：65-70.

[7] 龚梦丹. 沉水植物对水体水质净化效果的研究[J]. 环境与发展，2020，32（02）：95-97.

[8] Turner M G, Gardner R H. Landscape ecology in theory and practice[M]. New York：Springer，2001.

[9] 邬建国. 景观生态学：格局，过程，尺度与等级[M]. 景观生态学：格局、过程、尺度与等级. 高等教育出版社，2007.

[10] 刘怡娜，孔令桥，肖燚，郑华. 长江流域景观格局与生态系统水质净化服务的关系[J]. 生态学报，2019，39（03）：844-852.

[11] 岳隽，王仰麟，李贵才，吴健生. 基于水环境保护的流域景观格局优化理念初探[J]. 地理科学进展，2007（03）：38-46.

[12] 刘启波，张贵，毛克俭，叶霖. 流域湿地森林生态系统界定研究[J]. 中南林业科技大学学报，2016，36（09）：119-122.

[13] Hunter R, Lane R, Day J, et al. Nutrient removal and loading rate analysis of Louisiana forested wetlands assimilating treated municipal effluent[J]. Environmental Management，2009，44(5)：865-873.

[14] de Mello K，Valente R A，Randhir T O, et al. Effects of land use and land cover on water quality of low-order streams in Southeastern Brazil：Watershed versus riparian zone[J]. Catena，2018，167：130-138.

[15] 高超，朱继业，窦贻俭，张桃林. 基于非点源污染控制的景观格局优化方法与原则[J]. 生态学报，2004（01）：109-116.

[16] 徐庆，潘云芬，程元启，方建民，姜春武. 安徽升金湖淡水森林湿地适生树种筛选[J]. 林业科学，2008，44（12）：7-14.

[17] 倪志英. 大小兴安岭退化森林湿地过渡带群落恢复与重建途径及模式研究[D]. 哈尔滨：东北林业大学，2007.

[18] Lang M, McCarty G, Oesterling R, et al. Topographic metrics for improved mapping of forested wetlands[J]. Wetlands，2013，33(1)：141-155.

[19] 北京水务局 http：//nsbd. swj. beijing. gov. cn/dbssz. html.

[20] Saura S, Martínez-Millán J. Landscape patterns simulation with a modified random clusters method[J]. Landscape ecology，2000，15(7)：661-678.

[21] 王绪高，李秀珍，贺红士，胡远满. 中性景观模型与真实景观的一致性[J]. 应用生态学报，2004（06）：973-978.

[22] Li, X. Z. , He, H. S. , Wang, X. G. , Bu, R. C. , Hu, Y. M. , Chang, Y. 2004. Evaluating the effectiveness of neutral lanscape models to represent a real landscape[J]. Landscape and Urban Planning 69 (1)：137-148.

[23] Shen Z Y, Hou X S, Li W, et al. Relating landscape characteristics to non-point source pollution in a typical urbanized watershed in the municipality of Beijing [J]. Landscape and Urban Planning，2014，123：96-107.

[24] 张徽徽，李晓娜，王超，赵春桥，史瑞双. 密云水库上游白河地表水质对不同空间尺度景观格局特征的响应[J/OL]. 环境科学：1-12[2020-10-07]. https：//doi. org/10. 13227/ j. hjkx. 202003250.

作者简介

吕英烁，1994 年生，女，山东，北京林业大学风景园林学在读硕士研究生，研究方向为风景园林规划设计与理论。电子邮箱：763622757@qq. com。

郑曦，1978 年生，男，北京，博士，北京林业大学园林学院教授，研究方向为风景园林规划设计与理论。电子邮箱：zhengxi @bjfu. edu. cn

山地公园夏季休闲活动与微气候热舒适关联研究

——以重庆市电视塔公园为例①

Researching on the Relationship between Summer Leisure Activities and Microclimate Thermal Comfort in Mountain Parks：

A Case Study of Chongqing TV Tower Park

钱　杨　张俊杰*　郭庭鸿　杨　涛　肖佳妍　宋雨芮

摘　要： 如何营建山地景观，创造更受市民欢迎的活动场地，成为山地公园规划设计的重要课题。本文以重庆市璧山区的山地公园——电视塔公园为例，探讨夏季山地公园中市民的活动强度、活动类型与微气候舒适度的关系。研究结果表明：①该公园中市民活动类型为：健身运动＞儿童活动＞休闲＞文化娱乐＞观赏游乐。②无论是工作日还是休息日，微气候舒适度（WBGT 值）最低时，市民在公园活动总人次达到最大。③市民在公园进行的团体性活动可降低其对微气候的感知。

关键词： 山地公园；夏季；休憩行为；热舒适

Abstract： How to build the mountain landscape and create a more popular activity site has become an important topic of mountain park planning and design. This paper taken the TV Tower Park in Bishan District, Chongqing City as an example, and discussed the relationship between the activity intensity, activity type and microclimate comfort in summer. The research results showed that：①The types of civic activities were：fitness sports＞children activities＞leisure＞cultural entertainment＞watching and amusement. ②Whether it was a working day or a rest day, when the micro-climate thermal comfort value (WBGT) was the lowest, the total number of public activities in the park reached the maximum. ③Citizens' group activities in the park could reduce their perception of microclimate.

Key words： Mountain Park；Summer；Resting Behavior；Thermal Comfort

　　城市公园是市民进行休闲活动的重要场所，公园内绿地存在一定的降温增湿作用，也对城市的周边环境产生一定影响[1]。山地城市的地形地貌复杂，城市建设用地紧张。充分合理地利用土地建立的山地公园作为市民可以亲近自然的场所，在山地城市的城市绿地系统中占有较大的比重。山地公园的规划建设和改造对于城市环境的改善具有重要作用，可作为推进"公园城市"理念实施的重要手段。

　　重庆是我国著名的"火炉"城市，其夏天地表温度常高于 60℃。在这种出门都觉得难以忍受的高温天气下，据观察，重庆市一些山地公园的使用率仍较高。研究是何种因素引发了这种现象，对于充分利用山地城市土地、提高城市公园利用率具有重大意义。通过舒适的微气候环境的营造以激发市民的休闲活动意愿，以提升城市公园公共健康效能，推动"健康中国"的实施。赵晓龙等研究了春季哈尔滨城市公园休闲体力活动与微气候热舒适之间的关系[2]。而关于山地公园微气候热舒适的研究相对较少[3]。本文以重庆市璧山区的山地公园电视塔公园为例，探讨夏季山地公园中市民的活动强度、活动类型与微气候舒适度的关系，可为营建山地公园夏季微气候适宜的休闲活动空间提供参考。

1　电视塔公园场地特征

　　电视塔公园位于重庆市璧山区中心秀湖片区北部组团，修建于 2008 年，占地面积 6.94hm²，被定位为区域性、开放性、以休闲游览、体育健身和娱乐文化为主的综合性文化休闲公园，也是市民茶余饭后休闲健身的首选公园。该公园曾于 2019 年进行改造升级，改建运动设施，并增设沙坑等儿童游乐设施。

　　作为山地公园，电视塔公园在山麓、山腰和山顶分别开辟有活动场地。根据公园场地所处的位置不同，可将其划分为山麓空间、山腰空间和山顶空间 3 种不同的山地空间。山麓空间主要位于山地与平地的过渡带，坡度较小，地势平缓，开敞度较低，空间较封闭，景观视线较差。山腰空间位于山顶与山脚的斜坡地形上，至少有一面的空间围合，属于半开敞空间，景观视线一般。山顶空间位于山顶处，属于开敞空间，空间通透，景观视线良好[3]。

　　①　基金项目：重庆市社会科学规划项目"步行者视角下山城桥下空间景观的 POE 及优化研究"（编号 2020QNYS78）、重庆市教育委员会人文社会科学研究规划项目"基于老年人视角的社区体育公园使用后评价及设计策略研究"（项目编号 20SKGH089）和重庆交通大学大学生创新创业训练计划项目"重庆市商务办公区的舒压性景观调查与设计策略研究"（编号 X202010618048）共同资助。

2 研究内容及方法

2.1 观测地点

在电视塔公园中选取市民活动较多的 8 个活动场地，以公园外车行道为对照进行观测（图 1），包含山麓空间、山腰空间和山顶空间 3 种不同的山地空间类型。观测点特征见表 1。

①车行道 ③体育场 ⑤电视塔 ⑦童趣园 ⑨葵林小憩
②乒乓球场地 ④露天剧场 ⑥树池广场 ⑧海棠春争

图 1 电视塔公园观测点位置

观测点特征 表 1

观测点平面图	观测点空间类型	观测点空间特征	使用者活动情况	场地照片
车行道（对照）	开敞空间	位于山麓，车行道沥青铺地，人行道硬质铺地	人行路过	
乒乓球场地	封闭空间，四面围合，$D/H=4\sim6$	位于山腰，两面上坡地形（L 形）[4]，塑胶铺地，四周被乔木围合	以乒乓球运动为主；林下休息、闲聊为辅	
体育场	封闭空间，四面围合，$D/H=8\sim10$	位于山腰，两面上坡地形（L 形）[4]，塑胶铺地。场地两侧被坡地包围，另一侧被乔木围合。场地边缘设置座椅	场地中心以篮球、羽毛球运动为主；场地边缘倚靠座椅、树干休憩	
露天剧场	半开敞空间，三面围合，$D/H=5\sim7.5$	位于山腰，三面上坡地形[4]，硬质铺地。场地边缘设有儿童游乐设施和座椅	场地中心以锻炼、跳舞为主；场地边缘以休憩、儿童活动为主	

观测点平面图	观测点空间类型	观测点空间特征	使用者活动情况	场地照片
电视塔	开敞空间，D/H = 6~7.5	位于山顶，硬质铺地，场地边缘设有健身器材和座椅	以休憩、锻炼、弹奏乐器为主	
树池广场	覆盖空间，四面围合，D/H=6	位于山腰，场地中央有一棵大树，四周被小乔木围合。树池边缘可充当座椅	以锻炼（跳舞、太极）、棋牌和休憩为主	
童趣园	半开敞空间，两面围合，D/H=5~12	位于山腰，两面上坡地形（L形）[4]，硬质铺地，场地边缘设有座椅	场地中心以锻炼（跳舞、太极）为主，场地边缘以休憩为主	
海棠春争	开敞空间，D/H=5~8	位于山腰，硬质铺地，边缘设置座椅	场地中心以跳舞为主，场地边缘以休憩为主	
葵林小憩	封闭空间，四面围合，D/H=4~8	位于山麓，植被软质铺地，草坪和景观亭被植物围合	以休憩、私密交谈为主	

2.2 研究时间选择

根据典型气象年的气象参数确定观测月份，结合天气预报预定观测日期[5]，于2020年8月21日（工作日，最高温度35℃）、8月22日（休息日，最高温度38℃）连续2天晴热天气进行测试。

2.3 实验仪器与测量气象参数

仪器的选用与精度：采用NK-5500手持综合气象仪测定风速（精度±3%，分辨率0.1m/s）、空气温度（精度±0.5%，分辨率0.1℃）、环境辐射平均温度（精度±0.5%，分辨率0.1℃）以及相对湿度（精度±2%，分辨率0.1%RH）等微气候参数；采用TES-1333太阳辐射仪（精度±5%，分辨率0.1W/m²）测定太阳辐射强度；采用JTRO4黑球温度测试仪（精度±0.5%，分辨率0.1℃）测定环境辐射温度。实验测试高度为1.5m，与成人头和颈部的高度接近。每间隔1.5h测定1次微气候数据。其中NK-5500每30s记录1次，连续测定5次取平均值。测试时间为7：30至21：00。

2.4 游人数量

采用行为注记法对每个观测点不同时段的停留人数、活动类型作统计和归纳（对照点车行道未进行人数统计），观测时间为3min。通过访谈记录了各类活动的使用者年龄及场地使用情况。连续2天内共记录1112名游人，访问180人次。

2.5 数据处理

根据测量的气象参数，采用WBGT指标，结合观察的游人停留时间分析微气候热舒适与夏季休闲活动的关系，结合观察与访谈内容分析游人活动与微气候热舒适的关系。

WBGT最初是为减少美国军队户外训练的热伤亡事故而提出的[6]。本文拟采用林波荣博士提出的WBGT平衡式计算微气候热舒适度值[7]，其单位为℃。

$$WBGT = -4.871 + 0.814T_a + 12.305RH - 1.071v + 0.0498T_{mr} + 0.00685SR^{[8]}$$

式中：T_a 为空气温度，℃；T_{mr} 为环境平均辐射温度，℃；v 为风速，$m \cdot s^{-1}$；SR 为太阳辐射强度，$W \cdot m^{-2}$；RH 为相对湿度，%。

3 观测结果与分析

3.1 活动人数与活动类型的分析

根据 2 天内 9 个观测点的市民数量与活动类型的统计图（图 2、图 3）可知，市民偏向的电视塔公园的活动类型为：健身运动（502 人次）＞儿童活动（217 人次）＞休闲（180 人次）＞文化娱乐（145 人次）＞观赏游乐（68 人次）。公园内 7：30～10：30 和 16：30～21：00 两个时间段活动的人次最多，多为健身运动和文化娱乐活动，可能是有组织的社交让游人更乐意在山地公园场地内活动。休息日相比工作日，从事公园活动的人次更多，其中健身运动和儿童活动的人次增加显著。

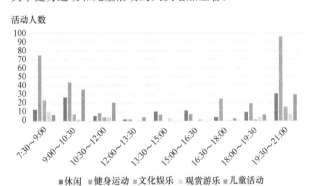

图 2 休息日市民数量与活动类型统计

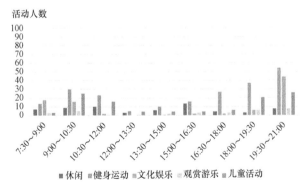

图 3 工作日市民数量与活动类型统计

3.2 微气候舒适度（*WBGT* 值）与游人量相关性分析

无论休息日抑或工作日，7：30～10：30 和 18：00～21：00 时间段各观测点人数基本为全天最多，其余时间段观测点人数相对较少（图 4、图 6）。同时，如图 5 和图 7 所示，在停留人数较多的时间段，对应观测点的微气候

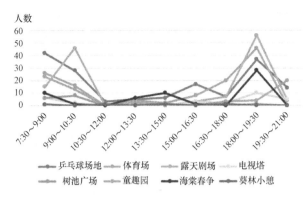

图 4 休息日观测点停留人数统计

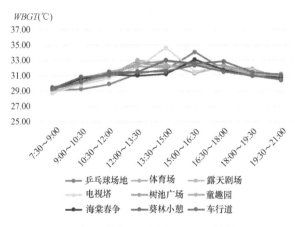

图 5 休息日观测点 *WBGT* 统计

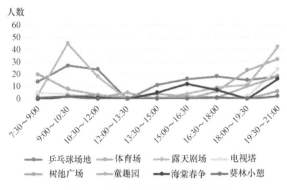

图 6 工作日观测点停留人数统计

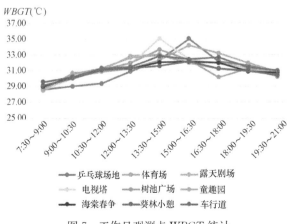

图 7 工作日观测点 *WBGT* 统计

山地公园夏季休闲活动与微气候热舒适关联研究——以重庆市电视塔公园为例

舒适度值（WBGT 值）也较低，其余时间段观测点的 WBGT 值均相对较高。分析可知，WBGT 值与场地停留人数呈负相关，即 WBGT 值越高，在公园场地停留的人数越少。

在午餐时间段 12：00～13：30，场地停留的人数较少。在工作日，市民晚上活动的时间段集中在 19：30～21：00，可能由于工作日下班时间较晚所致。13：30～18：00，各观测点的 WBGT 值均较高，但该时间段在公园活动的游人数并非全天最少，在乒乓球场地和海棠春

争仍有一定数量的游人活动。由此可知，在游人活动需求较强的情况下，体育运动和休闲活动场地即使在 WBGT 值较高的情况下也对市民具有吸引力。

3.3 微气候舒适度（WBGT 值）与休闲活动类型的关联

将游人进行的活动强度划分为低强度活动、中低强度活动、中等以上强度活动共 3 种不同的活动强度类型（表2）。

基础数据采集点及活动类型所占百分比 　　表2

活动类型所占百比（%）	基础数据采集点	观测点1 乒乓球场地	观测点2 体育场	观测点3 露天剧场	观测点4 电视塔	观测点5 树池广场	观测点6 童趣园	观测点7 海棠春争	观测点8 葵林小憩
低强度活动	静坐休憩	18	17	12	50	49	19	58	80
	棋牌	0	0	0	0	25	0	5	0
	育儿	2	1	51	0	0	25	2	0
	宠物	0	0	2	11	0	5	0	20
中低强度活动	太极	0	0	0	5	20	0	0	0
	舞蹈	0	0	13	0	0	6	50	35
中等以上强度活动	球类运动	80	82	0	0	0	0	0	0
	设施健身	0	0	22	34	0	6	0	0

在乒乓球场地观测点，中等及其以上强度活动（乒乓球）较受游人欢迎，在 WBGT 值达到 35℃时，2 天中均有游人在此运动。在休息日，多数游人选择在 WBGT 值较低的时间段在此活动，而在工作日除了 12：00～13：30 时间段，均有一定数量的市民在此运动（据访谈，为单位团建活动）。说明该观测点游人活动与微气候热舒适度的关联性不强（图8、图9）。

在体育场观测点，中等以上强度活动（篮球、羽毛球）较受市民喜爱，低强度活动（休闲聊天）受中等及其以上强度活动影响较大。休息日观测点的 WBGT 值与中等及其以上强度活动人数基本呈负相关；而工作日的白天由于市民工作，人数较少（图10、图11）。

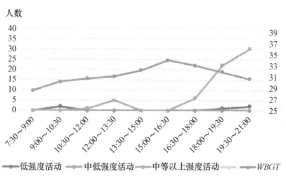

图10　工作日体育场活动类型与热舒适相关性特征

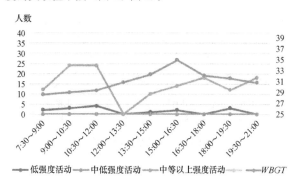

图8　工作日乒乓球场地活动类型与热舒适相关性特征

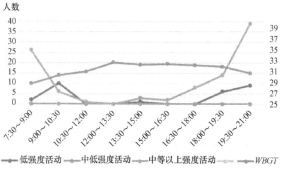

图11　休息日体育场活动类型与热舒适相关性特征

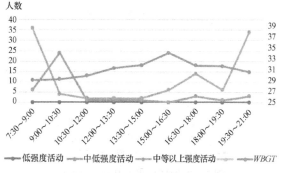

图9　休息日乒乓球场地活动类型与热舒适相关性特征

在露天剧场观测点，低强度活动（育儿、静坐休憩）更受游人的喜爱，可能与天气炎热、场地设有儿童游乐设施有关，进行中低强度活动（舞蹈、太极）的也有一部分人群。无论工作日抑或休息日，WBGT 值与低强度和中低强度活动人数基本呈负相关（图12、图13）。

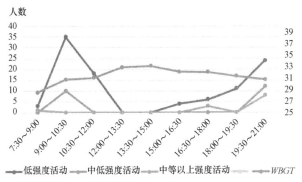

图 12　工作日露天剧场活动类型
与热舒适相关性特征

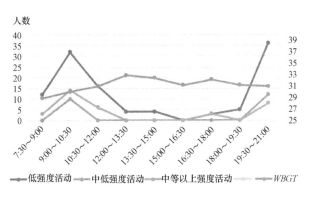

图 13　休息日露天剧场活动类型与热舒适相关性特征

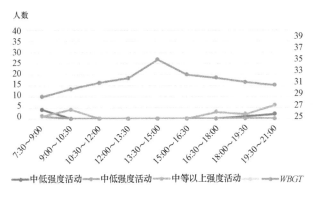

图 14　工作日电视塔活动类型与热舒适相关性特征

电视塔观测点位于山顶，空间开敞，夏季太阳辐射强度大进行活动的人数较少，低强度活动（静坐休憩、吹笛）相对受市民喜爱（图14、图15）。

在树池广场观测点，进行低强度活动（棋牌、静坐休憩）的游人较多。该观测点的 WBGT 值与低强度活动的人数基本呈负相关（工作日7：30～10：30时间段除外）（图16、图17）。

在童趣园观测点，工作日的早晚、休息日的早上进行

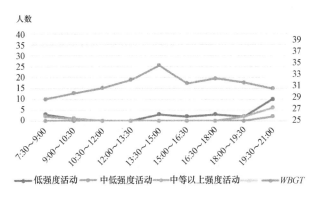

图 15　休息日电视塔活动类型与热舒适相关性特征

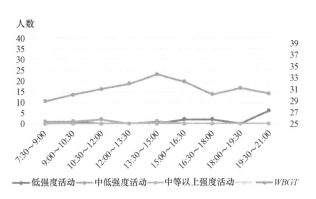

图 16　工作日树池广场活动类型与热舒适性相关特征

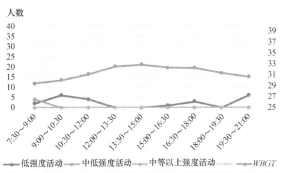

图 17　休息日树池广场活动类型与热舒适性相关特征

低强度活动（静坐休憩、育儿）的游人也较多，游人倾向于 WBGT 值较低的时候在此活动。工作日的早上和休息日的早晚，WBGT 值较低时，较多游人在此进行中低强度活动（跳舞）（图18、图19）。

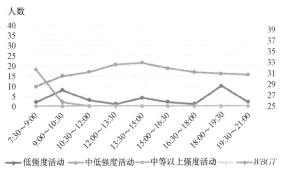

图 18　工作日童趣园活动类型与热舒适性相关特性

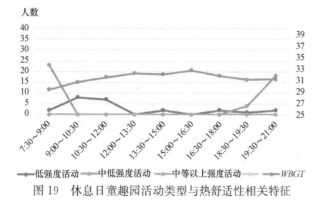

图 19 休息日童趣园活动类型与热舒适性相关特征

在海棠春争观测点与葵林小憩观测点，低强度活动（静坐休息、睡觉）更受游人的欢迎，但低强度活动人数与WBGT值关联性不大，人数也较少，可能受游人的随机活动动机影响（图20～图24）。

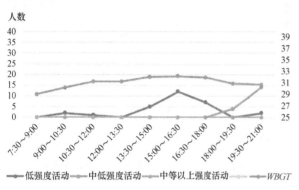

图 20 工作日海棠春争活动类型与热舒适性相关特征

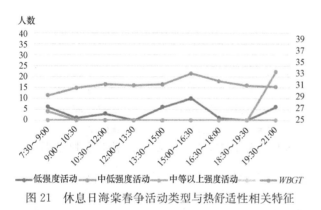

图 21 休息日海棠春争活动类型与热舒适性相关特征

人数

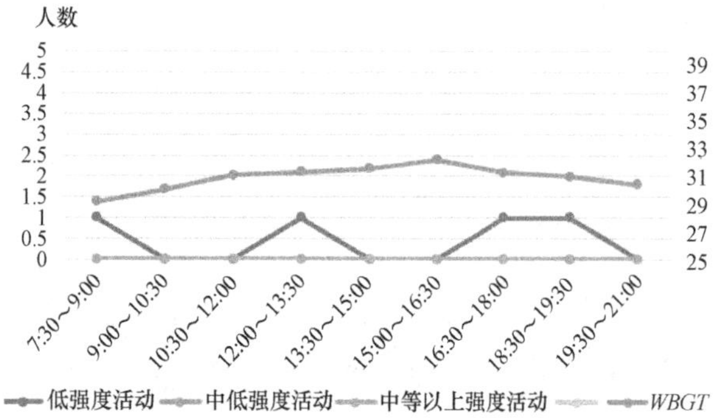

图 22 工作日葵林小憩活动类型与热舒适相关性特征

人数

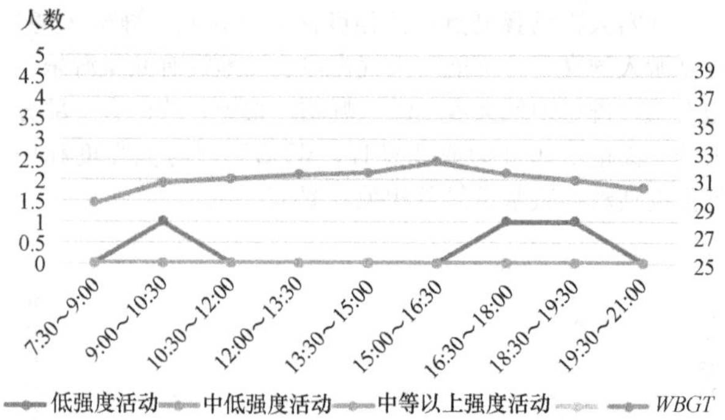

图 23 休息日葵林小憩活动类型与热舒适相关性特征

4 结语

测量了重庆市璧山区电视塔公园8个观测点的微气候舒适度，结合记录的游人流量与游人活动类型进行分析，得出以下结论：

第一，山地公园内，对于设有运动设施可供中等以上强度活动（篮球、羽毛球、乒乓球等）的场地，即便微气候热舒适度（WBGT值）达到35℃，场地上仍有市民活动。说明了对于中等以上强度活动，活动场地上运动设施的设置对游人的活动意愿有较大影响。

第二，无论工作日还是休息日，在WBGT值较低时，市民在公园场地进行活动的人数相应也较多。除设施较为完善的场地（乒乓球场、童趣园等），其余场地的活动人数受微气候热舒适度影响较大，即WBGT值＞32℃时，场地上停留的游客较少。

第三，中低强度活动（舞蹈）和中等以上强度活动（乒乓球、篮球）伴有较强的团体性、社交性等特征。即WBGT值较高时，游人活动的主观意识为主导，减少其对微气候热舒适度的感知。

综上，建议在山地公园规划设计或改造时，可在开敞的休闲活动空间中增设遮荫植物或设施、饮用设施等，增强炎热天气下的舒适性，体现规划设计者对人性的关怀，提高炎热天气下山地公园的使用率。

参考文献

[1] 朱思媛，晏海，邵锋，等. 杭州城北体育公园夏季小气候温湿效应研究[J]. 风景园林，2018，25(5)：110-114.

[2] 赵晓龙，卞晴，侯韫婧，等. 寒地城市公园春季休闲体力活动水平与微气候热舒适关联研究[J]. 中国园林，2019，35(4)：80-85.

[3] 冯秋霜. 基于微气候适应的绵阳山地公园活动空间规划策略研究[D]. 绵阳：西南科技大学，2019.

[4] 王婷，张建林. 重庆山地公园凹地形空间植物景观设计探析[J]. 西南师范大学学报（自然科学版），2018，43(11)：92-98.

[5] 陈睿智，董靓，马黎进. 湿热气候区旅游建筑景观对微气候舒适度影响及改善研究[J]. 建筑学报，2013，(S2)：93-96.

[6] Standardization I O F. Hot environments estimation of the heat stress on working man, based on the WBGT-index[J]. Iso Ref，1982，7243.

[7] 刘铨.地块肌理——土地划分的形态学[J].建筑师,2018,
(1):74-80.

[8] 林波荣.绿化对室外热环境影响的研究[D].北京:清华大
学,2004.

作者简介

钱杨,1998年生,男,汉族,重庆,重庆交通大学建筑与城
市规划学院在读本科生,研究方向为风景园林规划与设计。电子
邮箱:2207542572@qq.com。

张俊杰,1984年生,男,汉族,广西柳州,博士,重庆交通
大学建筑与城市规划学院讲师,研究方向为风景园林规划与设
计。电子邮箱:junjieliuzhou@163.com。

郭庭鸿,1986年生,汉族,男,甘肃景泰,博士,重庆交通
大学建筑与城市规划学院讲师,研究方向为风景园林健康效益评
价及康复景观设计。电子邮箱:445059493@qq.com。

杨涛,1999年生,男,汉族,重庆,重庆交通大学建筑与城
市规划学院在读本科生,研究方向为风景园林规划与设计。电子
邮箱:1833014580@qq.com。

肖佳妍,1999年生,女,汉族,重庆,重庆交通大学建筑与
城市规划学院在读本科生,研究方向为风景园林规划与设计。电
子邮箱:634671364@qq.com。

宋雨芮,1999年生,女,汉族,重庆,重庆交通大学建筑与
城市规划学院在读本科生,研究方向为风景园林规划与设计。电
子邮箱:1453090067@qq.com。

城市环境压力与地表温度的尺度相关关系[①]

——以武汉市主城区为例

The Scale Correlation between Urban Environmental Pressure and Surface Temperature：

Taking Wuhan City as an Example

阮梦婕　关艺蕾　朱春阳[*]

摘　要：本研究对武汉市主城区范围进行 30～3000m 尺度的正方形网格划分，分析不同尺度网格内的 4 项环境压力指数（硬质下垫面面积、交通道路长度、NDVI、人口密度）与地表温度的相关关系，结果表明：①硬质下垫面面积、交通道路长度、NDVI、人口密度与地表温度呈现极显著相关关系（$p<0.01$），其中，3000m 尺度网格范围内的硬质下垫面面积、交通道路长度与地表温度相关性最显著（$R^2=0.431**$、$0.230**$）；900m 尺度网格范围内的人口密度与地表温度相关性最显著（$R^2=0.180**$）；30m 尺度网格范围内的 NDVI 与地表温度相关性最显著（$R^2=0.233**$）；②不同环境压力指数与地表温度的相关关系均表现出尺度的连续性，合理调控硬质下垫面面积、交通道路长度、NDVI、人口密度能够有效改善城市热岛效应。

关键词：空间尺度；城市环境压力指数；地表温度；相关关系

Abstract：This study divides the main urban area of Wuhan into square grids with the side length ranging from 30～3000m, and the correlation of four environmental pressure indexes (hard underlying area, traffic road length, NDVI and population density) and ground surface in different-scale grids were analyzed. The results show that：① Hard underlying area traffic road length, NDVI, population density were most significantly correlated ($p<0.01$) with the land surface temperature, Among them, the correlations between hard underlying surface area, traffic road length and land surface temperature within the 3000m-scale grid were the most significant ($R^2=0.431**$, $0.230**$); the correlation between population density and land surface temperature in the 900m-scale grid was the most significant ($R^2=0.180**$). The correlation between NDVI and land surface temperature in the 30m-scale grid range was the most significant($R^2=-0.233**$). ② The correlation between various environmental pressure indicators and land surface temperature shows continuous scale ranges, reasonable regulation of the hard underlying area and traffic road length can improve the urban heat island effect.

Key words：Spatial Scale; Urban Environmental Pressure Index; Land Surface Temperature

随着我国城市化进程的迅速推进，城市人口增加，城市建成面积扩张，城市生态环境承载的压力也不断增大，城市环境问题已成为国内外学者共同关注的焦点。快速城市化进程对城市地表覆盖、局部地区气候等均产生了影响[1-2]，导致自然景观和环境的显著变化，引发诸如热岛效应、空气污染等一系列严重的生态问题，阻碍了城市的可持续发展，对人居环境产生了较大影响[3-4]。城市热岛效应（UHI）是城市化对城市小气候产生影响的最重要的表征，是反映城市生态效应的重要内容，通常使用地表温度（LST）来研究各种气候条件下的 UHI[5-7]。以往大量研究表明，城市不透水面和 NDVI 是影响城市热岛效应空间分布特征的关键指标[8-10]。城市道路对城市热岛效应的影响作用亦不可忽视，其热贡献指数达到了 95% 以上[11]。此外，城市人口密度也是形成城市热岛、导致城市最低气温上升的主要影响因素[12]。

以往大量研究主要集中在探究何种类型环境因子对地表温度具有影响作用及其影响程度，但缺乏针对地表温度与环境影响因子间的尺度相关关系的研究。本研究通过设定多个研究尺度，定量分析城市环境压力指数与地表温度之间的尺度相关关系，量化城市环境压力因子对城市地表温度的影响程度及关键尺度，研究结论将为城市建成和环境规划提供科学的理论依据，对改善城市生态环境，提高人居环境质量具有重要的意义。

1　研究区域概况与研究方法

1.1　研究区域概况

武汉市（113°41′～115°05′E，29°58′～31°22′N）地处中纬度地带，位于华中江汉平原的东部，长江中下游地区，是中国中部地区最大的城市。城市建成区面积 628.1km²，现辖区包括江岸区、江汉区、硚口区、汉阳区、武昌区、青山区、洪山区等。至 2019 年年末全市常住人口 1121.20 万人。武汉市地形属残丘性河湖冲积平

①　基金项目：国家自然科学基金项目（31870700，31500576）；中央高校自主创新基金项目（2662018JC047）。

原，山丘、湖泊与陆地相间，水系纵横交错。气候属北亚热带季风气候，常年雨量丰沛、日照充足、雨热同季，年均降水量约为1250mm，年均气温15.8～17.5℃，是典型的夏冷冬热地区，夏季人体舒适度较差。本文的研究范围选择城市热岛效应集中体现的武汉市主城区。

1.2 研究方法

本文选取硬质下垫面面积、交通道路长度、NDVI、人口密度作为主要城市环境压力指数，通过遥感影像、土地利用分布以及统计年鉴等数据获取，其中，地表温度与NDVI的提取，使用ENVI 5.3对2019年7月Landsat 8、OLI/TIRS多光谱遥感影像进行大气校正法反演地表温度，首先对影像进行辐射定标、大气校正、图像融合和裁剪的预处理，利用第4、5波段计算NDVI，利用第10波段反演地表温度。硬质下垫面面积的提取，使用ENVI classic对2019年7月Spot 6遥感影像进行预处理和目视解译，识别出武汉市主城区主要土地利用类型，将其分为绿地、硬质下垫面和水体3种地物类型，结合实地调研校正数据。交通道路长度数据使用Arcmap 10.0对武汉市主城区内分布的各级别交通道路数据进行叠加计算，结合实地调研校正数据。人口密度数据使用Arcmap 10.0对武汉市主城区各街道人口密度矢量点数据进行克里金插值处理，得到人口密度分布数据。各指数处理结果如图1（a～e）所示。

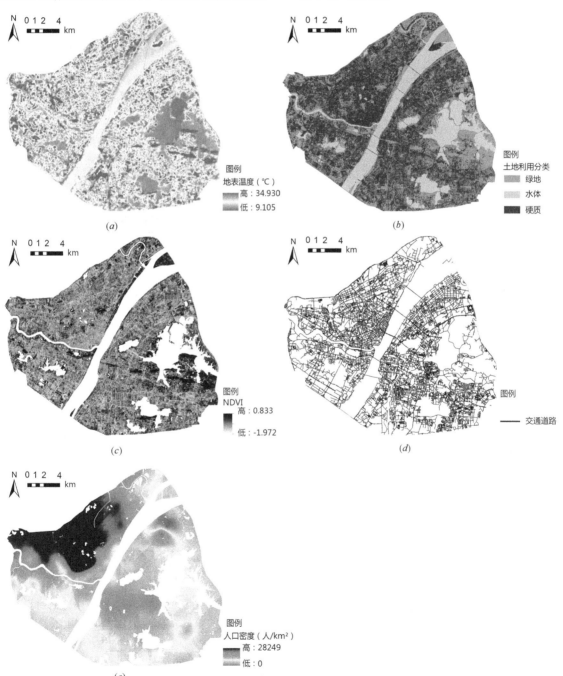

图1 地表温度分布图以及各环境压力指数分布图

（a）地表温度分布图；（b）土地利用分类图；（c）NDVI分布图；（d）交通道路分布图；（e）人口密度分布图

2 结果与分析

2.1 研究区域不同尺度格网划分以及数据提取

地表温度具有空间动态属性，在不同的研究尺度下，其展现的规律也有所差异。本研究设定研究尺度分别为以 30m、60m、90m、150m、300m、450m、600m、900m、1200m、1500m、3000m 为边长的正方形网格[13]，使用 Arcmap 10.0 将武汉市主城区划分成为以上尺度为边长的正方形网格作为研究样方，采用分区统计工具和相交工具对不同尺度下，各网格内的地表温度（℃）数据和环境压力指数［硬质下垫面面积（m²）、交通道路长度（m）、NDVI、人口密度（人/km²）］数据进行提取，并且对不同尺度网格内的地表温度数据进行可视化处理。

2.2 城市地表温度空间分布特征

从不同尺度网格内地表温度分布图，可以看出武汉市主城区高温区主要分布在城市工业区、大型商圈以及人口密集的居住区等，东北部青山区范围内由于武钢厂房一带分布较为密集，城市热岛效应最为明显，西南部沿江地带以及其他大型工商业区域形成了多个小型热岛中心，而东湖、长江等大型水体构成了城市低温区域，形成了冷廊和冷岛[14]。

2.3 不同尺度网格内各环境压力指数与地表温度的相关关系

分析不同尺度网格内各环境压力指数与地表温度的相关关系（表 1），可以得出，地表温度与 4 种环境压力指数均表现出显著的相关关系，并且在不同的尺度下体现了明显差异。

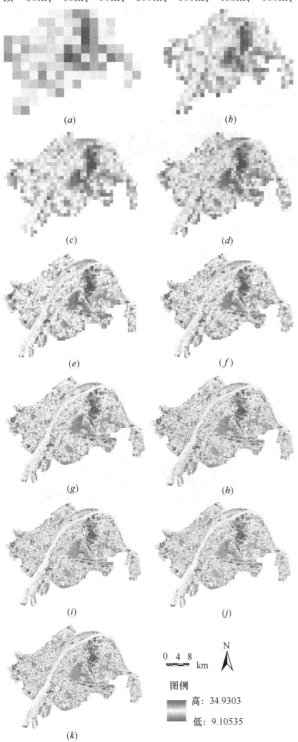

图 2　不同尺度网格内地表温度分布图
(a) 3000m；(b) 1500m；(c) 1200m；(d) 900m；(e) 600m；
(f) 450m；(g) 300m；(h) 150m；(i) 90m；(j) 60m；(k) 30m

双变量线性相关性分析　　　表 1

环境压力指数 网格尺度	与各环境压力指数相关系数 R²			
	NDVI	人口密度（人/km²）	硬质下垫面面积（m²）	交通道路长度（m）
3000m	−0.119	0.011	0.431 **	0.230 **
1500m	0.079	0.129 **	0.314 **	0.204 **
1200m	0.007	0.074 *	0.339 **	0.192 **
900m	0.128 **	0.180 **	0.312 **	0.210 **
600m	0.072 **	0.135 **	0.329 **	0.202 **
450m	0.052 **	0.151 **	0.338 **	0.190 **
300m	0.021 *	0.126 **	0.345 **	0.171 **
150m	−0.002	0.134 **	0.345 **	0.130 **
90m	−0.006 *	0.140 **	0.341 **	0.109 **
60m	−0.229 **	0.007	0.273 **	−0.001
30m	−0.233 **	0.003	0.180 **	0.000

*．在 0.05 级别（双尾），相关性显著；**．在 0.01 级别（双尾），相关性显著。

从相关程度和范围来看，硬质下垫面面积与地表温度的相关关系最强，R² 值较大，分别为 0.180～0.431，且尺度范围最广，在 30～3000m 尺度网格范围内与地表温度均呈极显著正相关（p＜0.01）；交通道路长度与地表温度的相关关系次之，R² 值分别为 0.109～0.230，在 90～3000m 尺度网格范围内均与地表温度呈极显著正相关（p＜0.01）；人口密度与地表温度的相关关系亦较强，

城市公共空间与健康生活

R^2 值分别为 0.003～0.180，在 60～900m、1500m 尺度网格范围内与地表温度呈极显著正相关（$p<0.01$），在 1200m 尺度网格范围内与地表温度呈显著正相关（$p<0.05$）；NDVI 与地表温度在不同尺度网格范围内的相关关系表现出明显差异，R^2 值分别为 0.006～0.233，在 30～60m 尺度网格范围内与地表温度呈极显著负相关（$p<0.01$），在 90m 尺度网格范围内与地表温度呈显著负相关（$p<0.05$），在 300m 尺度网格范围内与地表温度呈显著正相关（$p<0.05$），而在 450～900m 尺度网格范围内与地表温度则呈极显著正相关（$p<0.01$）。

根据 R^2 值的大小来看，硬质下垫面面积与地表温度 R^2 在 30～3000m 尺度网格范围内表现出随网格尺度增大而增大的趋势，在 3000m 尺度网格范围达到最大值，为 0.431；交通道路长度与地表温度 R^2 在 90～3000m 网格范围内也随网格尺度增大而增大，在 3000m 尺度网格范围达到最大值，为 0.230；人口密度与地表温度 R^2 在 30～1500m 尺度网格范围内整体呈现先增大后减小的趋势，在 900m 尺度网格范围达到最大值，为 0.180；NDVI 与地表温度 R^2 在 30～900m 总体呈现先减小后增大的趋势，在 30m 尺度网格范围达到最大值，为 0.233。各环境压力指数与地表温度相关关系表现出明显的尺度效应。

3 结论与讨论

3.1 结论

本文对武汉市主城区建立 30～3000m 尺度范围的网格，对不同尺度范围各网格内的环境压力因子和地表温度进行相关性分析，得出以下结论：

（1）30～3000m 大部分尺度范围网格内的硬质下垫面面积、交通道路长度、人口密度与地表温度呈现极显著正相关关系，是导致城市热岛效应的主要环境压力指数，这 3 项指数的分布与武汉市主城区热岛效应分布体现出空间一致性，与以往研究结果相一致。

（2）本研究中 NDVI 与地表温度仅在 30～90m 尺度范围网格内表现出负相关关系，其在 R^2 达到最大值时呈现极显著负相关关系，这与以往研究结果是吻合的，然而不同尺度范围内 NDVI 与地表温度的关系尚不明晰。

（3）硬质下垫面面积、交通道路长度、人口密度与地表温度的极显著相关关系体现在特定尺度范围，且不同环境压力指数与地表温度的相关关系均表现出尺度的连续性。其中 3000m 尺度网格范围内的硬质下垫面面积、交通道路长度与地表温度相关性最显著（$R^2=0.431^{**}$、0.230^{**}）；900m 尺度网格范围内的人口密度与地表温度相关性最显著（$R^2=0.180^{**}$）。30m 尺度网格范围内的 NDVI 与地表温度最显著（$R^2=-0.233^{**}$）。4 种环境压力因子与地表温度的相关关系均表现出明显的尺度效应，合理调控硬质下垫面面积和交通道路长度能够改善城市热岛效应。各项环境压力因子与地表温度最显著相关的尺度范围可以作为城市规划调控措施的理论参考依据。

3.2 讨论

本文探究不同尺度下城市环境压力指数与地表温度的相关关系。研究结果表明，硬质下垫面面积、交通道路长度、人口密度与武汉市主城区地表温度呈现显著正相关关系，与以往大量研究结果相一致。本文在此基础上，对不同尺度下城市环境压力指数与地表温度的相关关系进行量化，结果表明，3000m 尺度网格范围内的硬质下垫面面积和交通道路长度、900m 尺度网格范围内的人口密度、30m 尺度网格范围内的 NDVI 与地表温度的相关关系最强。本研究结论可以作为合理调控城市建成环境的理论参考，从而在城市建成环境规划过程中提供因地制宜的策略。本研究还存在一些亟待解决的问题，不同尺度范围内的 NDVI 与地表温度的相关关系尚不明晰，作者考虑到地表温度的影响机制较为复杂，可能同时受到其他强相关环境压力指数的交互作用，导致不同尺度范围内 NDVI 对地表温度的影响并未显现出来，还需进行进一步探究。

参考文献

[1] 张慧霞. 基于景观格局的广州市边缘区生态压力研究——以番禺区为例[J]. 热带地理，2010，30(03)：221-226.

[2] 沈威. 长江中游城市群城市生态承载力时空格局及其影响因素[J]. 生态学报，2019，39(11)：3937-3951.

[3] Yan Zhang. On the spatial relationship between ecosystem services and urbanization: A case study in Wuhan, China[J]. The Science of the Total Environment，2018，637-638(OCT. 1)：780-790.

[4] 滕明君. 快速城市化地区生态安全格局构建研究[D]. 武汉：华中农业大学，2011.

[5] 李双成. 中国城市化过程及其资源与生态环境效应机制[J]. 地理科学进展，2009，28(1)：63-70.

[6] 彭少麟. 城市热岛效应研究进展[J]. 生态环境，2005，14(4)：574-579.

[7] Chen Xiaoling. Remote sensing image-based analysis of the relationship between urban heat island and land use/cover changes[J]. Remote Sensing of Environment，2006，104(2)：133-146.

[8] 刘焱序. 城市热岛效应与景观格局的关联：从城市规模，景观组分到空间构型[J]. 生态学报，2017，37(23)：1-12.

[9] 李鹍. 基于遥感技术的城市布局与热环境关系研究——以武汉市为例[J]. 城市规划，2008，(05)：75-82.

[10] 周正龙. 福州主城区热岛效应与不透水面的关系及时空变化分析[J]. 福建师范大学学报（自然科学版），2019，35(1)：19-27.

[11] 曾胜兰. 道路建设对成都市热岛效应的影响[J]. 生态环境学报，2014，23(10)：1622-1627.

[12] Chung U. Urbanization effect on the observed change in mean monthly temperatures between 1951-1980 and 1971-2000 in Korea[J]. Climatic Change，2004，66 (1-2)：127-136.

[13] Jiong Wang. Characterizing the spatial dynamics of land surface temperature - impervious surface fraction relationship. International Journal of Applied Earth Observation and Geoinformation[J]. 2016，45(Mar)：55-65.

[14] 谢启姣. 武汉主城区热环境特征对城市建设的响应[J]. 测绘科学，2020，45(8)：145-163.

作者简介

阮梦婕，1995 年生，女，汉族，湖北武汉，华中农业大学在读硕士研究生，研究方向为园林植物景观。电子邮箱：2014076038@qq.com。

关艺蕾，1997 年生，女，汉族，广东深圳，华中农业大学在读硕士研究生，研究方向为园林植物景观。电子邮箱：983391297@qq.com。

朱春阳，1983 年生，男，河北卢龙，博士，华中农业大学讲师，研究方向为园林植物与绿地规划。电子邮箱：zhuchunyang@mail.hzau.edu.cn。

公园城市导向下城市风廊规划设计对策

——以济南市中心城区为例

The Design Countermeasures of Urban Wind Porch Planning under the Guidance of Park City：

Taking Jinan Central Urban Area for Example

施俊婕　肖华斌

摘　要：面对日益突出的全球变暖、热岛效应等城市气候问题，优化城市风热环境成为维系居民身心健康、提升城市居住条件的重要手段，构建城市风廊、加强城市空气流通对于降低城市整体温度、改善城市风环境大有裨益。当前生态城市发展至新阶段，"公园城市"作为新型城乡人居理想环境建构模式应运而生，其发展理念对城市风廊规划提出新要求。为了进一步推进城市风廊建设，"公园城市"理念为风廊规划提供了新视角和新基础。本文以济南中心城区为研究区域，基于城市冷热岛识别筛选风廊作用空间与补偿空间，结合现有风廊规划，在公园城市导向下提出优化城市风热环境、促进风廊科学规划的新对策。

关键词：公园城市；城市风廊；冷热岛识别；济南中心城区

Abstract：In the face of increasingly prominent urban climate problems such as global warming and heat island effect, optimizing urban wind-heat environment has become an important means to maintain residents' physical and mental health and improve urban living conditions. Constructing urban wind porch and strengthening urban air circulation are of great benefit to reduce the overall urban temperature and improve urban wind environment. With the development of eco-city to a new stage, park city, as a new ideal environment for urban and rural living, emerges at the historic moment, and its development concept puts forward new requirements for urban wind porch planning. In order to further promote the construction of urban corridors, the concept of park city provides a new perspective and a new foundation for the planning of urban corridors. In this paper, Jinan central urban area is taken as the research area, based on the identification and selection of the functional space and compensation space of air gallery based on the urban cold and hot island, combined with the existing wind porch planning, and under the guidance of park city, the new countermeasures of optimizing the urban air and heat environment and promoting the scientific planning of wind porch are proposed.

Key words：Park City; Urban Wind Porch; Cold and Hot Island Identification; Jinan Central Urban Area

引言

随着城市化进程的不断推进，全球变暖、热岛效应等一系列问题愈发严重，全球地表温度和空气温度升高在城市地区表现尤为突出，城市居民的身心健康受到高温环境的严重威胁。高温导致城市居民热中风和热死亡概率不断上升，严重威胁城市居民身体健康，城市环境热舒适问题已不容忽视[1]。热舒适度的影响因素包括气候环境、空间要素和人体心理与行为等[2]，其中气候环境要素包括太阳辐射、大气温度、相对湿度和风速等因子[1]，而大气温度和风速之间也存在不可忽视的内在关系。

风作为城市气候的主导因子之一，具有调节不同气候因子和促进能量物质交换的功能[3]。对于城市居民个体来说，恰当合适的风速是增加人体热舒适的重要条件，但是从城市的角度入手，提升城市整体风速、促进空气流动能够加强城市中心区域与边缘地带的空气流通，降低城市热岛区温度，缓解城市热岛效应。合理的城市风廊规划是缓解城市热岛效应、促进居民热舒适和优化城市风热环境的有力手段。其中，公园、水体等绿地作为城市风廊主要的冷源地，识别其形成的城市冷岛是风廊规划的重要环节。

国内公园与城市的关系演变至今，"公园城市"理念凝聚了新时代城乡规划的生态文明观和城市治理观[4]，为城市风廊规划和建设提供了崭新的角度和方向。基于此，本文以济南中心城区为研究区域，通过城市冷热岛识别的途径筛选风廊作用空间与补偿空间，在现有风廊规划的背景下，从公园城市建设角度为未来风廊规划提出建议，以达到优化济南中心城区气候环境、提升居民热舒适的目的。

1　理论基础

1.1　公园城市

早期"园林城市"理念偏重于园林绿化建设，多以人均公共绿地、绿地率等作为基本评价指标；与之不同，"公园城市"更具有人文意蕴，强调城乡统筹发展，由注重园林绿化指标转换到关注良性城市生态循环系统的形成[5]。公园城市建设积极落实"以人民为中心"的发展思路，以水系廊道、绿地廊道、道路绿带等为纽带有机连接城市内外部，着力体现公共性和开放性[4,6]。公园城市建设的核心在于"公"，即为了形成面向公众、公平共享的城市绿地格局[6]。

1.2 通风廊道

城市通风廊道概念源于气候学的"局地环流"理论，是指城市中利用风的流体特征、具备廊道形态的城市通风路径，多与城市中绿地、开敞空间、水系等生态资源以及道路相结合[3,7-9]。城市风廊主要由作用空间、补偿空间和空气引导通道三个部分组成，其中作用空间是指城市中存在通风问题、空气污染较为严重的区域，补偿空间是指作为城市风廊空气来源的冷源地[9]。排除主导风向等自然不可控因素，空气补偿通道的人工布局主要需要结合作用空间和补偿空间的地理位置[9]，与城市冷热岛识别息息相关。国外发达城市对于城市风廊的规划与控制已较为成熟，但难以直接运用于国内城市，当前国内的风廊规划尚处于起步阶段，城市设计视角下的风廊规划研究极具现实意义[10]。

1.3 公园城市导向下风廊建设原则

"公园城市"的"公"强调公共生活和公共交往，"园"侧重于绿色生态系统，"城"反映城市空间与人居生活，"市"体现产业经济活动。公园城市的发展理念为"绿色、共享、协调、创新、创新"[4]，与城市风廊规划中构建开放网络、限制冷源地建设、控制用地功能等对策相对应，对此本文提出公园城市导向下城市风廊的建设原则与具体对策（表1）。

公园城市发展理念导向下城市通风廊道建设原则与具体对策　表1

公园城市发展理念	城市风廊建设原则	风廊规划具体对策
绿色	风廊沿线布局的生态化	强化绿色开敞空间管控，保护结构性风廊补偿空间
共享	风廊冷源地的网络化	结合"生活圈"的理念，构建新型城市风廊网络建设
协调	城乡风廊区域的协调性	控制城乡交界处空间形态，推动城乡区域风廊体系构建
创新	城市建筑风貌的突破性	优化建筑组群布局方式，塑造美丽怡人的城市景观风貌
开放	开敞公共空间的串联性	串联风廊上公共开敞空间，保持开敞空间的连续性

2 研究区概况

2.1 基本介绍

济南中心城区位于济南市域中南部，核心为古城区

及商埠区，东部以东巨野河为边界，西部边界至南大沙河以东，南部以南部双尖山、兴隆山一带山体及济莱高速公路为边界，北部边界则至黄河及济青高速公路。中心城区总面积1022km²，至2020年人口规模可达430万人，整体呈现"东西带状组团式"布局[11]。济南市为大陆性季风气候，夏季主导风向为西南风，冬季则盛行东北风。

2.2 绿地现状

济南中心城区绿地点线面交织，错综复杂，公园绿地、单位附属绿地、郊野绿地等通过绿廊连为一体，结构布局表现为"三环三横四纵、多楔多点多线"[12]。中心城区北部地势整体较为平缓，山体多集中于南部和西部，因而中南部和西部大型城市绿地较多，类型也较为丰富，有山体公园、湿地公园、综合公园等。泉系的存在，使得济南中心城区水系发达，丰富了中心城区的绿地类型，彰显了济南市与众不同的文化特色。

3 研究方法与数据来源

3.1 数据来源

通过比较各类卫星影像数据，选取Landsat8 OLI_TIRS第34和35条带第122列中云量少、地表情况明晰的数字卫星影像作为数据源，其采集时间为2019年6月7日2点48分，数据精度为30m，云量分别为2.52%和3.74%。该卫星影像获取时天气晴朗微风，当日最高温度32℃，最低温度22℃，且地面干扰较少，图像质量较好。进行地表温度反演时，采用ENVI 5.1软件和ArcGIS 10.4软件处理影像数据。

3.2 地表温度反演

进行地表温度（TS）反演时，选用最为成熟且运用最为广泛的算法之一的单窗算法[13]。首先对Landsat8影像第十波段（热红外波段）B10进行辐射定标，在计算NDVI值后对植被覆盖度Fv进行计算，计算公式如下：

$$Fv = [(NDVI - NDVISoil)/(NDVIVeg - NDVISoil)]$$
$$(1)$$

（1）式中，裸土或无植被覆盖区域的NDVI值NDVISoil根据经验取0.70，完全被植被所覆盖区域（纯植被像元）的NDVI值NDVIVeg则取0.05。在（1）式的基础上进一步计算卫星传感器接收到的热红外辐射亮度值L_λ，计算公式如下[14]：

$$L_\lambda = [\varepsilon B_{(TS)} + (1-\varepsilon)L\downarrow]\tau + L\uparrow \quad (2)$$

（2）式中，ε为地表比辐射率，TS为地表真实温度（K），$B_{(TS)}$为黑体热辐射亮度，τ为大气在热红外波段的透过率。根据（2）式，可推导温度为T的黑体在热红外波段的辐射亮度$B_{(TS)}$的计算公式为：

$$B_{(TS)} = [L_\lambda - L\uparrow - \tau(1-\varepsilon)L\downarrow]/\tau\varepsilon \quad (3)$$

依据普朗克公式函数，计算地表温度TS时计算公式如下：

$$TS = K_2/\ln(K_1/B_{(TS)} + 1) \qquad (4)$$

（4）式中，K_1、K_2 为常数，由卫星传感器参数设置决定，对于 Landsat8 OLI _ TIRS 影像 K_1 取值为 774.89W/（$m^2 * \mu m * sr$），K_2 取值为 1321.08K。

3.3 城市冷热岛识别

为了高效研究不同温度区域的空间特征，在对地表温度进行热岛强度分级时选择均值-标准差法[15]，该方法相对于传统的等间距法更加科学地表征了城市热岛的空间分布和温度分异。在地表温度反演的基础上，取 μ（地表温度的均值）、$\pm 0.5std$（标准差）、$\pm 1.5std$ 为级别间值，共划分低温区、次中温区、中温区、次高温区、高温区和特高温区 6 个级别。其中济南中心城区地表温度的均值为 35.1℃，标准差为 3.1℃，最终的热岛强度分级见表2。

济南中心城区冷热岛强度分级表　　表2

冷热岛温度分级	划分规则	温度范围（℃）
低温区	$TS < \mu - 1.5std$	23.3～30.5
次中温区	$\mu - 1.5std \leqslant TS < \mu - 0.5std$	30.5～33.6
中温区	$\mu - 0.5std \leqslant TS < \mu$	33.6～35.1
次高温区	$\mu \leqslant TS < \mu + 0.5std$	35.1～36.7
高温区	$\mu + 0.5std \leqslant TS \leqslant \mu + 1.5std$	36.7～39.8
特高温区	$TS > \mu + 1.5std$	39.8～48.9

4 结果与分析

4.1 城市冷热岛格局

通过中心城区夏季地表温度反演，分析得到济南市城市冷热岛格局，中心城区内平均地表温度为 35.1℃，温度差值达 25.6℃，呈现西低东高、南低北高的格局。东部城区地表温度均值最高，主城区次之，西部城区地表温度整体较低。其中，东部城区的唐冶片区、孙村片区、章锦片区、郭店片区，主城区的王舍人片区、雪山片区、长岭山片区、盛福庄片区整体地表温度偏高；西部城区及主城区的美里湖片区、腊山片区、九曲片区、千佛山片区整体地表温度偏低。

遥感分析结果与绿地现状布局呈现一定的相似性，即主城区西部和南部及西部城区因综合公园、风景区、广场、山体公园等大型公共绿地较多，绿化率较高，地表温度均值偏低；主城区东部及东部城区公共绿地多呈分散布局，数量偏低，且工业用地居多，地表温度整体偏高。

4.2 城市冷热岛空间分布

采用均值-标准差法对济南中心城区地表温度进行分级，可得济南中心城区冷热岛分布图。特高温区、高温区、次高温区等热岛区面积占比 52.5%，多分布于工业用地集中区域，如东部城区、主城区东部以及西部城区北

部；中温区、次中温区等过渡区面积占比 40.8%，顺应济南市城区建设，主要分布于主城区中西部以及西部城区中部；低温区等冷岛区面积占比 6.7%，集中分布于西部城区边缘及主城区西部边缘地区，其冷岛空间的形成与植被覆盖度高密切相关（表3）。在热岛区内，特高温区面积占比 9.3%，高温区面积占比 54.7%，次高温区面积占比 36.0%，高温区和次高温区面积远超特高温区，即现状热岛主要表现为中低强度热岛，建立良好的通风廊道能够有效疏散城市热岛热量，缓解城市热岛效应。

济南中心城区冷热岛面积分布表　　表3

冷热岛温度分级	面积占比（%）	所属区域	面积占比（%）
低温区	6.7	冷岛区	6.7
次中温区	24.9	过渡区	40.8
中温区	15.9		
次高温区	18.9	热岛区	52.5
高温区	28.7		
特高温区	4.9		

高强度热岛主要分布于东部城区的郭店片区、孙村片区、章锦片区，以及主城区的王舍人片区、雪山片区；冷岛主要集中于主城区的峨嵋片区、太平河片区、美里湖片区、华山北片区，以及西部城区的平安片区。与绿地现状相符，济南中心城区中东部城区和主城区东部的降温需求整体偏高。

5 讨论与结论

5.1 讨论

根据济南市规划局公示的《济南市通风廊道构建及规划策略研究》，济南市现有风廊体系由三个等级、14 条通风廊道组成[16]。其中，贯穿或紧挨济南中心城区的一级通风廊道共 3 条，分别以黄河、玉符河和东巨野河为基础，玉符河风廊贯穿中心城区西部，黄河风廊紧挨中心城区北部边界，东巨野河风廊紧挨中心城区东部边界。二级风廊以城市水系和交通主干为依托，依据其重要性可分为关键二级廊道和一般二级廊道，贯穿济南中心城区共有 4 条关键二级通风廊道和 5 条一般二级通风廊道。

现有规划中，济南中心城区内部的风廊分布较为均匀，间距基本均等，未能考虑城市热环境降温需求的差异性。对于中心城区来说，中东部和东部降温需求较高，匀质的风廊不能满足需求，而西部整体温度偏低，设置过多风廊收益较低。其次，规划通风廊道受限于中心城区轮廓形状，多为南北走向，东西走向的廊道以贯穿整个城区为主，走势较为刻板机械。另外，现有规划风廊未能结合济南市主导风向，通风效率较低。最后，规划中关键风廊集中分布于西部和中部，东部以一般风廊为主，整体布局与现状城市冷热岛的空间分布和降温需求有所偏差，风廊等级未能匹配需求等级。

5.2 对策与建议

在现有风廊规划的基础上，结合济南市城市冷热岛格局分析，在公园城市导向下对济南中心城区风廊规划提出以下5点建议。

5.2.1 推进风廊生态建设，保护风廊补偿空间

城市绿地等绿色开敞空间作为城市风廊的重要补偿空间，在风廊规划建设中具有突出地位，应从构建风廊源头上增加绿地数量和提升绿地品质，以求为城市风廊提供充足连续的冷空气。结合济南中心城区西部和南部山体众多、绿地群布的空间布局，增强山地冷源保护，并严控山前通风地带的开发建设强度，突出其重要冷源地作用。推进风廊沿线绿地生态建设，保证风廊补偿空间绿地数量，降低人工硬质界面占比。

5.2.2 优化风廊空间网络，匹配供给与降温需求

结合街区尺度"社区生活圈"的共享理念，以满足供需匹配为目标优化新型城市风廊网络，在宏观尺度上实现风廊补偿空间供给与作用空间需求相适应。对于济南中心城区，降低城市地表温度的高需求区主要位于东部城区和主城区东部，东部通风廊道应适当增多，密度也应相应提升。因此，将原有的二级关键通风廊道大辛河—龙鼎大道风廊改为二级关键通风廊道工业南路—龙鼎大道风廊，增加东部片区风廊密度。中心城区中部降温需求中等，适当减少风廊数量，降低风廊密度，如将原有的二级关键通风廊顺河高架—趵突泉路—广场西沟（舜耕路）风廊和原有的二级一般通风廊道腊山河（腊山河西路）—京台高速风廊合并改为二级一般通风廊道济齐路—纬十一路—阳光新路—兴济河。降温低需求区主要分布于中心城区西部，原有的二级一般通风廊道北大沙河风廊不做改动，以维系西部地区空气流通。

5.2.3 协调城乡区域，严控交界处空间形态

由于城市建筑和整体布局的封闭性，城市内部地区极易形成热空气内循环流；而乡村地区人工建设强度相对较低，农田、山体等绿地资源丰富，是城市风廊的优质冷源地。统筹城市地区与乡村地区，以通风廊道作为媒介加强连通，有利于打造科学合理的风循环。在规划城市风廊时，贯穿城市作用空间和乡村补偿空间，实现城乡地区的相互协调、相互依赖和相互补充。济南中心城区农田多分布于西部城区西南侧和东部城区东北侧，应严格控制其与城市相交处空间形态，加大农田保护力度，降低农田周围人工开发力度和建筑建设强度。

5.2.4 优化城市建筑布局，调整风廊局部走势

对于风廊沿线城市景观风貌的塑造，打破原有建筑组群布局方式限制，结合城市特色文化革新建筑组群空间形态。另外，顺应城市原有肌理，在多种用地类型构成图底关系的基础上优化风廊走势。对于济南中心城区来说，南北向宽度远小于东西向跨度，东西向通风廊道数量较多不可避免，但考虑到现有城市冷热岛布局，灵活多变

地规划风廊可以有效提高城市空间通透度。原有二级关键通风廊道小清河风廊不仅满足了中心城区东西走向，贯通东部热岛区和西部冷岛区，而且考虑了夏季主导风向西南风，予以保留。为了顺应济南市夏季主导风向，改为工业南路—龙鼎大道风廊使得原有的二级关键通风廊道大辛河—龙鼎大道风廊成为西南—东北走向，夏季通风散热的效率得到一定程度的提高。

5.2.5 串联开敞公共空间，合理安排风廊等级

突出城市风廊空间开敞性的特征，串联空气补偿通道上公园、广场、道路等公共开敞空间，构建连续畅通的城市风廊空间体系。同时，根据沿线开敞空间内在特性，相应调整风廊等级，实现公共空间开敞性与风廊等级的耦合。针对中心城区东部胶济铁路和绕城高速的路幅宽度和交通流量，将原有的胶济铁路线风廊由二级一般通风廊道调整为二级关键通风廊道，绕城高速风廊由二级一般通风廊道调整为二级关键通风廊道。在西部低需求区，调整玉符河风廊等级，由一级通风廊道改为二级关键通风廊道。原有的一级通风廊道黄河风廊和东巨野河风廊走势沿主要河流，降温增湿功能显著，不做改动。经十路风廊作为贯穿中心城区东西部的重要道路，由二级关键通风廊道调整为一级通风廊道，有利于加强热岛区和冷岛区的联系。

5.3 总结

本文以"公园城市"理论指导城市风廊系统规划，通过识别城市冷热岛，从风廊作用空间和补偿空间视角提出风廊规划设计对策，研究角度较为新颖，但是仍存在以下三点问题需要改进：（1）对于卫星反演得到的地表温度及城市冷热岛能否真实反映近地面大气温度及城市居民体感温度还需要进一步的研究验证；（2）对于提升城市风热环境中大气温度与风速之间存在的相关关系及量化表达需要构建科学的数学模型，并需要大量的实测数据进行验证；（3）"公园城市"理论在城市风廊系统规划中的应用仍停留于理论层面，如何在实践中推行和落实仍需加以考量。

参考文献

[1] 刘滨谊，魏冬雪．场地绿色基础设施对户外热舒适的影响[J]．中国城市林业，2016，14（05）：1-5.

[2] Chen L，Ng E．Outdoor Thermal Comfort and Outdoor Activities：A Review of Research in the Past Decade [J]．Cities，2012(2)：118-125.

[3] 王凯．城市绿色开放空间风环境设计和风造景策略研究[D]．北京：北京林业大学，2016.

[4] 吴岩，王忠杰，束晨阳，刘冬梅，郝钰．"公园城市"的理念内涵和实践路径研究[J]．中国园林，2018，34（10）：30-33.

[5] 成实，成玉宁．从园林城市到公园城市设计——城市生态与形态辨证[J]．中国园林，2018，34（12）：41-45.

[6] 李雄，张云路．新时代城市绿色发展的新命题——公园城市建设的战略与响应[J]．中国园林，2018，34（05）：38-43.

[7] 应文，刘芳，戴辉自．风热环境优化导向的湿热气候区城

市设计研究——以重庆忠县水坪组团城市设计为例[J]. 建筑与文化, 2014(12)：121-123.

[8] 洪亮平, 余庄, 李鹍. 夏热冬冷地区城市广义通风道规划探析——以武汉四新地区城市设计为例[J]. 中国园林, 2011, 27(02)：39-43.

[9] 何倩婷. 基于城市绿地系统的中心城区通风廊道构建研究[D]. 广州：广州大学, 2019.

[10] 吴婕, 李晓晖, 聂危萧, 雷狄. 总体城市设计视角下的风廊模拟技术与规划应用[A]. 中国城市规划学会、杭州市人民政府. 共享与品质——2018中国城市规划年会论文集(05城市规划新技术应用)[C]. 中国城市规划学会、杭州市人民政府：中国城市规划学会, 2018：12.

[11] 济南市规划局. 济南市城市总体规划(2011年-2020年)[Z]. [2016-08-29].

[12] 济南市城市园林绿化局. 济南市城市绿地系统规划(2010年-2020年)[Z]. [2012-12-03].

[13] 景高莉. 城市冷岛对周边热环境的降温规律研究[D]. 北京：中国地质大学(北京), 2017.

[14] 胡德勇, 乔琨, 王兴玲, 赵利民, 季国华. 单窗算法结合Landsat8热红外数据反演地表温度[J]. 遥感学报, 2015, 19(06)：964-976.

[15] 陈松林, 王天星. 等间距法和均值标准差法界定城市热岛的对比研究[J]. 地球信息科学学报, 2009, 11(02)：145-150.

[16] 济南市自然资源和规划局. 济南市通风廊道构建及规划策略研究[Z]. [2018-08-23].

作者简介

施俊健, 1995年8月生, 女, 汉族, 上海崇明, 最高学历本科, 山东建筑大学建筑城规学院风景园林系在读研究生, 研究方向为风景园林规划与设计。电子邮箱940318938@qq.com。

肖华斌, 1980年12月生, 男, 汉族, 博士, 山东建筑大学建筑城规学院副教授、硕士生导师, 研究方向为地景规划与生态修复。电子邮箱shanexiao@qq.com。

公园城市导向下城市风廊规划设计对策——以济南市中心城区为例

明代文人山水园林绘画中的健康思想研究[①]
——以文徵明山水园林画作为例

Research on the Healthy Thoughts of the Literati Landscape Paintings in Ming Dynasty：
Taking Wen Zhengming's Landscape Painting as an Example

苏晓丽　王彩云　秦仁强[*]

摘　要： 风景园林学作为关注社会群体生存环境、生活方式和心理健康的学科，近年来也开始以健康为导向进行理论和实践探讨，尤其是将传统园林营造与养生相结合的研究为中国特色园林康养体系另辟蹊径。山水园林绘画作为描绘古典园林景致、生活场景和反映传统山水美学的直观视觉材料，将为研究古典园林健康思想提供重要补充。本文以文徵明山水园林绘画为切入点，结合画中题跋以及园记、园诗等，从时间、空间和心理3个方面解析明代文人"画中烟云供养"的健康观，以期充实以健康为视角的风景园林研究，并对当代健康园林景观设计提供借鉴。

关键词： 风景园林；明代园林山水画；健康思想；文徵明

Abstract： As a discipline that focuses on the living environment, lifestyle and mental health of social groups, landscape architecture has also begun to conduct theoretical and practical discussions with health in recent years, especially the study of combining health idea and into Chinese characteristic gardens takes a different approach for health care system with Chinese Characteristics. Landscape garden painting, as an intuitive visual material that depicts classical garden scenery, life scenes and reflects traditional landscape aesthetics, will provide an important supplement to the study of classical garden health ideas. This article takes Wen Zhengming's landscape painting as the point, combines the inscriptions in the painting, garden notes, garden poems, etc., to analyze the Ming Dynasty literati's health concept of "landscape for keeping in good health in paintings" from the three aspects of time, space and psychology. This study is expected to enrich the landscape garden research from the perspective of health and provide reference for contemporary healthy garden landscape design.

Key words： Landscape Architecture; Ming Dynasty Landscape Painting; Healthy Idea; Wen Zhengming

引言

当前全球正面临着疾病流行、传染病持续蔓延等的挑战[1]，风景园林学作为高度关注现代社会群体生理健康、生存环境以及生活场景交互和心理健康的技术与艺术学科[2]，能够通过设计和规划调剂人们的生活方式，心理状态以及与自然之间的关系，解决时代快速发展中的人地关系以及物质与精神的失衡问题[3]。因此以健康为视角的风景园林理论与实践探索也成为近年来的焦点议题，其在健康景观衍变、风景园林与公共健康关系、园林要素与类型对人体健康影响以及古典园林的健康思想研究等方面成果显著，并渐成系统。尤其是古典园林与传统医学文化相结合的研究，为缓解全球健康问题和探索东方传统园林健康思想另辟蹊径。如张学玲等以清代皇家园林为例，从环境决策、园址营建和园居生活三个方面对古典园林的健康思想进行研究[2]；高伟对《遵生八笺》中顺时合序、天人相应的中国传统养生智慧观进行探讨，并总结了四季养生方法[4]；虞芝灵从晚明文人养生思想切

入，就其园居生活及园居空间养生特征进行解析[5]等，这些研究都为当代人居环境建设提供了有别于西方科学范式的理论性参考。而山水园林绘画作为描绘古典园林景致、生活场景和反映园林之境与山水美学的直观视觉材料，体现了画者理想的生活形态和园居空间，以此为切入点探讨其中蕴含的健康思想，将为研究东方传统人居智慧提供重要补充。

1　明代园林山水画与健康思想

1.1　山水园林绘画与健康思想的关联性

山水园林绘画以魏晋时期宗炳的"畅神""卧游"说为发端，经隋唐时期荆浩"代取杂欲"主张的发展，至宋明已转向对"得意""适意"的抒情写意品格和完美人格的追求，形成纯粹文人化艺术的同时使山水画"养生观"得以成形[6]。一方面，绘画在创作姿势、执笔运腕等与气功、太极拳有相似的肌体调节功能，益于命体调节，而肆意挥洒的创造过程也使画者气血顺畅，身心俱通；另一方

①　基金项目：文章系中央高校基本科研业务费专项资金资助项目（项目批准号：2662020YLPY025）。

城市公共空间与健康生活

面，园林山水画重在养神，"能以笔墨之灵，开拓胸次，而与造物争奇者，莫如山水"（唐寅《六如居士画谱》），山水本为陶冶性情之佳境，于此质有而趣灵的场景之中卧游，自可神思畅达，心胸开拓而身无滞碍；同时"仁智之乐"的山水精神将医学养生之首的"德"蕴于山水形质之中，使人之性情得以净化熏陶，浩然之气生耳[7]。由此形体之养、精神之畅，皆于山水烟云之中，因而有明代董其昌言："画中烟云供养，可享大耋之年"；清代画家张庚言："古有观《辋川图》而病愈，睹《云汉图》而热生者"，由此可见园林山水绘画可使人延年益寿的思想在传统养生观中早已形成共识。

1.2 明代山水园林绘画与健康思想

明代造园活动空前繁盛，凡家累千金，必营一园，同时文人"闲"而"雅"的生活美学和以此形成的山川游览、诗酒酬唱、焚香品茗等的生活模式[8]，使得以山水园林为题材的绘画也随之兴盛，尤以吴门画派为代表，通过对理想园居的创作表达和现实世界的写实纪游达到身心俱养的目的。文徵明作为吴门画派领军人物，"年九十而卒"，是明代文人画家中最为长寿者之一，其在屡试不第后，寄情于烟云丘壑，筑园并痴于作画，直至最终"便置笔端坐而逝"。文徵明于绘画中畅游园林，寄情山水，抒发不仕之郁结；于书桌画案旁静心凝神，内敛精神，颐养性情。其画作中反映的传统养生智慧、理想生活模式和对园居环境的倾向性选择，对明清时期的园景营造、文人生活风尚和园林山水画的发展均有深远影响，进而对现代园林景观营造和生活方式改善等具有重要的借鉴意义。因此本文以文徵明山水园林绘画为切入点，结合画中题跋诗词以及园记、园诗等，对其隐含的健康思想进行解析。

2 明代文人园林山水画中的健康思想解析

治未病是中国传统健康观的核心理念之一[11]，养生作为治未病的主要途径，是指通过适时适地适人和适度锻炼，辅以食疗并修身养性，实现颐养生命、增强体质、预防疾病的目的，从而延年益寿[4]。其强调适宜时间、空间、行为的结合养护身体，同时修身养性，实现身体与环境的协调以及身心平衡，因此养生与现代健康概念异曲同工，都注重于保持躯体的、环境的、行为的和心理的互相适应和协调的良好状态[12]，因此本文从时间、空间和心理三个方面对文徵明山水园林绘画进行探析。

2.1 时间：四时合序、天人相应

东方传统智慧将人与自然环境作为整体看待，认为四时阴阳之变，会影响人体五脏六腑和心理状态，因此"智者之养生也，必顺四时而适寒暑，和喜怒而安居处，节阴阳而调刚柔"[13]，此在明代山水园林绘画主题表现中也不例外。

"春三月，此谓发陈，天地俱生，万物以荣"，正是人体顺应春阳生发之气，化生精气血津之时[14]，应"夜卧早起，广步于庭，被发缓形，以使志生"，通过节奏和缓的户外舒展运动，促进人体新陈代谢，使气血调畅、精神愉悦。文徵明在春天三月所作园林山水画作，以描绘茶事、春山烟水和桃源之境为多，画中人物常于涧谷之间、平林之中或亭阁虚敞之处，得曲水流觞、展卷吟咏、对坐弄琴之雅趣；行坐卧观瀑、策杖泛舟、林间踱步之幽事，均为养性逸事。如《燕山春色图》绘层峦远岫、烟水环绕、松下茅屋、两人抚琴长谈、一人书案静坐（图1）。此图虽为文徵明"坐语家山风物"的寄意之作，但也反映了其在万物生气之时的养生思想。首先屋门虚敞可以吐故纳新、通自然之气；其次抚琴不仅可刺激手指神经，带动全身经络，且琴之五音有助于调节身体平衡，使气血和畅，同时也可清心乐志，愈幽忧之疾①；另外清明至谷雨时节，邀几好友，于山水茂林间，煮茶品茗也是文徵明春季养生的重要活动，其时春醒病消，旋摘新芽，试煮清泉，可通全身不畅之气，满足春日需养肝、清湿热、防病气、养生气的身体需求，如《惠山茶会图》纪写了清明时节，文徵明与王宠等茶会于惠山之情景，松林之中有茅亭泉井，诸人冶游其间，或围井而坐、展卷吟咏，或踱步林间、观景相谈（图2）。通过这些舒缓怡情的活动，可使气血通畅，避免春季疲累，湿寒入体。

图1 《燕山春色图》
（图片来源：引自故宫书画图录（七））

① 欧阳修在《送杨寘序》中曰："予常有幽忧之疾，退而闲居，不能治也。既而学琴……久而乐之，不知其疾在体也。"

图 2 《惠山茶会图》

（图片来源：引自 http://image109.360doc.com/DownloadImg/2018/01/1616/122052819_5_20180116042331547.jpg）

"夏三月，此谓蕃秀，阴阳交合"，届时天阳地热相互交合，人体阳气外发，气血运行旺盛，暑邪易侵，因此需养心调神，无厌于日而使气得泄，其所处空间"惟宜虚堂净室，水亭木阴，洁净空敞之处，自然清凉。更宜调息净心，常如冰雪在心，炎热亦于吾心少减"[9]。文徵明夏季所作山水绘画多以消暑为主题，绝壑飞泉、梧竹松荫、清亭虚榭为主要的环境配置（表1），如《长林消夏图》中杨柳摇曳，梧桐成荫、清溪蜿蜒、假山高列，文人三三两

文徵明夏季部分绘画统计 表1

画作名称	画作内容	题跋
绝壑高闲轴	老树凌云，飞瀑喷雪，一叟跌坐石上，童子捧书侍，一叟拄杖立	己卯（西元一五一九年）四月望徵明写绝壑高闲。钤印二。文徵明印
乔林煮茗图轴	两树斜偃，三两湖石，一人倚树观石，童子旁侧煮茶	不见鹤翁今几年，如闻仙骨瘦于前。只应陆羽高情在，坐荫乔林煮石泉……奉寄如鹤先生。丙戌（1526年）五月
松壑飞泉轴	松涛韵壑，瀑布悬崖	余留京师，每忆古松流水之间，神情渺然……四月十日徵明识
仿董源林泉静钓图轴	树荫独钓	嘉靖丙申（1536年）仲夏日，徵明做董北苑林泉静钓图，钤印二，文徵明印
茂松清泉轴	松林之下，临水而坐，置琴于旁，益友清谈	嘉靖壬寅（1542年）四月廿日徵明筆。下有文徵明印，衡山二印。
松阴曳杖图轴	山泉林屋，沿溪长松数株。有二人行，前者倚杖	嘉靖甲辰（1544年）四月既望，徵明制
临赵孟頫空岩琴思轴	松林悬瀑，下有人临溪抚琴	嘉靖丙午岁（1546年）六月望，长洲文徵明，结印三。文徵明印，衡山，停云
松下听泉图轴	层岩耸翠，松林悬瀑，下有人临溪独坐	一雨垂垂两日连，坐令五月意萧然。置身如在重岩底。耳听松风眼看泉。五月十八日在雅歌堂看雨，书此就题，文壁，后有文徵明印
溪亭客话轴	高崖悬瀑，绿树阴阴，岩底两人茅亭静坐，观水相谈	绿树阴阴翠盖长，雨余新水涨回塘。何人得似山中叟，对语溪亭五月凉。徵明
绿荫清话轴	高山耸立，树木葱郁，山下二人临溪对坐，恬静优雅	碧树鸣风润草香，绿阴满地话偏长。长安车马尘吹面，谁识空山五月凉。徵明
云壑观泉图	群山浩荡，瀑布如练，松林草亭之中，文人观瀑，两童子侍立	嘉靖辛卯夏四月
水榭消夏图	高峰林立，树木葱郁，人于松荫水阁中独坐观景、夏日清谈	绕池芳草燕差差，满院清荫树陆离。坐久不知西日下，心闲吟绿夕阳诗。徵明
清亭消夏图	两山之间溪流蜿蜒而下，茅屋隐逸于树荫之中，中有两老者对坐交谈，另一老者持杖漫步水畔	高树阴阴翠盖长，两徐新水涨回塘。何人得似山中叟，共领溪亭五月凉
碧梧修竹图轴		碧梧修竹晚亭亭，长夏茅堂暑气清。虚室卷帘容燕入，小窗欹枕看云行。千年白苎歌仍在，九转丹砂药未成。风定日沉山寂寂，隔林时听乱蝉声。徵明
雅士闲居图	群山远映，烟波浩渺，叶繁花盛的郊野之景，人们或钓鱼、行舟、观景、送别	嘉靖丙辰（1556年）七月
松石高士图	松林中有茅亭泉井，诸人冶游其间，吟咏、散步、品茗	春来日日雨兼风，雨过春归绿更秾，白首已无朝市梦，苍苔时有故人踪……辛卯（1566年）五月十日徵明

画作名称	画作内容	题跋
五月江深图轴	江边松叶繁茂，枝干虬曲，一人独坐高阁远眺山水，下有童子煮茗	小阁秋晴宿酒醒，自开新茗带云烹。夕阳忽动疎疎影，落木潇湘生远情。丙申五月九日徵明写赠子寅文学
寒林高逸图	枯木舒挺、一人策杖观景	丙午仲夏
溪山深雪立轴	高山积雪、崖壁空庭	旭日初晴丽绛霄，天宫有意散琼瑶……楼台一望舒吟兴，终胜骑驴在灞桥。嘉靖三年(1542年)夏六月既望题于玉兰堂中，长洲文徵明

两，悠游庭园，晤对濯足，纳凉消夏（图3）。其中松与泉的组合是文徵明夏季所绘画作的主要题材，如《松下观泉》《松下听泉》《松壑飞泉》《临赵孟頫空岩琴思》等均以松林悬瀑，临溪抚琴、独坐、清谈为场景（图4、图5）。松声、涧声、琴声，展卷而揽或游于其中，均可使人顿生凉意，消暑降温，还可怡养性情，增益身心，以致文徵明画中自题"每忆古松流水之间，神情渺然"；另外其也常描绘冬景以达消暑的目的，如夏季所作《溪山深雪图》《寒林高逸图》，前者高山积雪、崖壁空庭；后者枯木舒挺、策杖观景，于此冬日之境中，自可退暑气而生静气，忘炎暑之灼体（图6、图7）。除文徵明外，张宏的《尧峰积雪》也曾绘写尧峰冬季之景，但其题跋却言："漫图苏台十二景以消暑，愧不能似"，可见绘冬景降温的精神消暑之法已成为明代画家共识。

秋三月，谓容平之际，此时阳气渐敛，阴气始生，应以"收""和"为贵，安宁志性、收敛神形、调养肺气、使秋气平、肺气清。文徵明秋季所作画作以幽居高隐、读书对弈、奴役风月、策杖悠游等养性活动和林泉秋霁等高闲旷达之景为主题。《吴山秋霁图》描绘峻岭逶迤，茅亭村舍和小桥流水，其间有人或策杖而行，或江滨垂钓，优游自得；《石湖泛月图》《中庭步月图》等均以三五友人，或秋夜泛舟、对坐清谈、浅酌低吟；或闲庭信步、月下酾酒、共赏明月为主要内容（图8、图9），而赏月不仅可活动颈

图5 《松壑飞泉》
（图片来源：引自故宫书画图录（七））

图6 《溪山深雪图》
（图片来源：引自 http：//blog.sina.com.cn/s/blog_14b3d4d590102x117.html）

图3 《长林消夏图》
（图片来源：虚白斋藏）

图4 《松下听泉图》
（图片来源：引自故宫书画图录（七））

图7 《寒林高逸图》
（图片来源：引自 http：//image109.360doc.com/DownloadImg/2018/01/1623/122090441_2_20180116113437381.jpg）

图8 石湖泛月图
（图片来源：引自 http：//www.360doc.com/content/18/0108/19/22751477_720293648.shtml）

椎、舒筋提神，且怡情养性、舒胸畅怀；此时文徵明也多摹写菊竹石泉等，以怒气画竹，运笔挥洒竹之精神，可排除胸中怒气，而画菊对年事已高之人，则有滋润肺腑功效。

图9　中庭步月图
（图片来源：引自 http：//www.szmuseum.com/wzmzl/tyg/3008.html）

冬季为紧闭坚藏之季，重在养藏之道，需祛寒就温，同时藏神于内，静养内收，使情志安宁。文徵明冬季画作以描写雪景为主，如《雪归图轴》《画雪景轴》（三幅）《湖山雪骑图》等，兼以焚香煎茶、读书赏画、独钓寻

梅等阳性活动，以达到静居养道、养阴养藏的目的。其所作诗句"地炉残雪后，禅榻晚风前""炉香欲歇茶杯覆，咏得梅花苦未工"等均写其于岁暮床榻之前，煮雪煎茶、吟咏梅花的情景；园冶中也述"暖阁偎红，雪煮炉铛涛沸。渴吻消尽，烦顿消除"，可见冬日暖阁中煮雪吟诗，可消除烦忧，静养心性，因此也有隋炀帝观"梅林雪景"治病之说；同时雪冰清玉洁，是文人情趣寄托和人格的化身，如《关山积雪图》（图10）以留白的方式渲染雪色，描绘了一个雪满山中，跋涉行旅，万籁俱静，一尘无染的清白世界，并在题跋中言："（古之高人逸士）然多写雪景者，盖欲假此以寄其孤高拔俗之意耳"，通过画雪景寄托画者"孤高拔俗"的人格品性，以达怡养性情、安宁精神之效。

2.2　空间：山林亭阁、健康园居

中国传统绘画讲求内心体验和直观感悟，提倡"写意""传神""气韵""意境"等超越客观真实表象限制的独特绘画准则[15]。因此文徵明山水园林绘画实质上是其在真实场景基础上的园林景观重塑，并体现着明代文人的健康人居思想。其作品常以烟霞云壑为背景，以屋后丛竹，庭前松植，湖石偃卧、敞亭面水为主要语言（图11），并认为此园居之境可使人远尘离俗①、爽然顿释。其中水可以改善环境微气候，且具有治疗作用，如袁中道在《游桃源记》中曰："乃知泉石之能疗病也"；同时观水、听水也可使人目色清明、神清气爽，如"尘翳天浴清，云衣水洗净……一片碧玲珑，俯仰澄心性""山色因心远，泉声入目凉""风篁类长笛，流水当鸣琴"等均体现了古人对于水益于身心健康的认识。

图10　关山积雪图局部
（图片来源：引自 http：//www.360doc.com/content/16/0414/11/18783098_550505861.shtml）

图11　东园图卷
（图片来源：引自 http：//image109.360doc.com/DownloadImg/2018/01/1616/122052819_1_20180116042324297.jpg）

---

① 文徵明在《玉女潭心经记》曰："……与水石相蔽亏，周游其中，若去尘寰，历异境。"

植物作为园林中的主要元素，能够减缓心跳速度、改善情绪、缓解压力，具有促进身心健康的功效[16]。文徵明画作中的植物以竹松为范式，宅园停云馆和玉磬山房中也均植有松竹①，由此可见其对园居植物的倾向性选择。首先松竹可以分泌菌素，杀灭病原体并净化空气，并具有疏通经络、增强器官的生化功能，能起到辅助治疗的作用[17]；同时从"听松声，可豁烦襟""琤琮成韵，使人忘倦""有白皮古松数十株，风涛倾耳，如置身岩壑……至九十余乃终"等也可看出松风竹韵具有消除忧虑、延年益寿的功效，另外松竹的生物特性因与人之精神品质相联系而具有高洁、坚贞等品象征意义，是文人寄托其人格理想的主要媒介，余此之中触目游赏，自然可超然俗尘，畅神养神。

建筑作为文人日常居处，其虚静的环境有助"谢医"。文徵明画作中的建筑多以虚堂、净室、茅亭为主，一般面水而设，可吐故纳新、通自然之气；且功能多样，为品茗习文、珍玩鉴赏、焚香鼓琴、对弈弄乐等的静养之所，于此之中，聚气敛神、修身养性，可达平心忘疾的康养功效。同时画作也注重对建筑内部陈设的描绘，以体现文人怡养心神的理想境界，如《真赏斋》（图12）中的堂屋"真赏斋"内的画桌上置有瓶、盂、书函，卷轴，堂内主客对坐，正展卷评赏，一童侧立捧卷侍候。周围环境幽美，苍松当阳，翠竹依流，透孔湖石点缀于树丛掩映处，远山数抹透迤凌空，近山点簇柔密，斋前溪流清澈，是文徵明对明代文人理想健康园居的真实写照。

图 12 真赏斋图
（图片来源：引自 http://image109.360doc.com/DownloadImg/2018/01/1617/
122057173＿2＿20180116051523220.jpg)

2.3 心理：以画为寄、洗心乐志

《鬼谷子·权》中载："忧者，闭塞而不泄也"，心绪之忧郁闭塞使气难以外泄，是导致人体健康的重要因素，而要排除这种恶性情绪，最佳方法就是要"节宣其气"，使气宣泄通畅[18]，并"忘情去智，恬澹虚无，离事全真，内外清净"（高濂《遵生八笺·清修妙论笺》），达到"神自宁矣"的养神境界。绘画作为中医养生和康复学的主要内容，"学画所以养性情"（王昱《东庄论画》），使人"望之心移，即之消忧"（黄钺《二十四画品》）"通性情，释忧郁"（王原祁《麓台画跋·仿设色大痴》），具有独特的宣泄和养神功能。文徵明曾十次参加科考，均屡试不第，后经举荐入朝为官，然其间经历"嘉靖新政"，目睹官场腐败后辞官回乡，开始"杜门不复与世事，以翰墨自娱"（王世贞《文先生传》）的隐居生活。从"平生寸心赤，持此报明王"的宏图抱负（王宠《宜山雅人集》）到"远志出山成小草，神鱼失水困沙虫"的矛盾、愤懑和绝望，其间文徵明心理变化巨大，并擅以诗画艺术传其感怀、节宣其气。如《燕山春色》图为文徵明在京任职间所作，通过将燕地景致与太湖山水影像的叠合，以寄托乡思来缓解出仕之后的忧郁，并表达对致仕理想的逐渐淡化。而同样

具有寄托乡思之意图的返乡之后的画作《松鹤飞泉》图，则与前者表现的疏简极不相同，其画面繁密深秀，上部分为密实高耸山体与层叠而下的瀑泉，山腰处一高士观泉；下部分众人或坐或立于松林水旁，体现悠游生活场景。画面体现的是文徵明慰劳自我、排遣宣泄、怡情养神的精神之寄，可以视为疏解他在不遇的情状下请求避世隐居的避世山水[19]，同时这幅画作"凡五易寒暑始就，五日一水，十日一石"，是其以画为替，对自我理想山水的斟酌营造和陶然于山光水色的体现。除《松鹤飞泉》外，《关山积雪》图也经"或作或辍，五易寒暑而成"，《千岩竞秀》也为其"三易岁朔"的长期经营，因而石守谦说文徵明可能是画史上留下耗时作品最多的画家，在其自北京辞官返乡之后不久，长时间缓慢完成一幅作品已逐渐成为一种明显倾向[19]。可以说文徵明回乡之后精细思致的绘画风格转变，与其意将山水绘画作为心有所专、志定凝神的养生之道和以画为寄、老于林泉的生活态度不无相关②。另外从文徵明返乡之后"重山泉瀑＋水际高士"的山水绘画图式和画作题识中，可以看出其隐士心态和摒却杂欲的洗心之意。重山叠压的匡庐式山景的幽深构图，体现了幽居避世之心境，与瀑泉的山水组合有"峻岭崇山带茂林，激湍婉转断尘埃"（《山水》轴中题识）的去尘和

① 《文徵明集》中载："旧岁王敬止移竹数枝，种停云馆前"，并在拆除停云馆时写《岁暮撤停云馆有作》言："最是夜深松竹影，依然和月下空除。"
② 清人曹庭栋《养生随笔（老老恒言）》曰："心不可无所用，非必如槁木，如死灰，方为养生之道。唯专则虽用不劳，志定神凝故也。"

"叠高山供道眼，千寻飞瀑净尘心"（《幽鹤鸣琴》图的题诗首联）的与道合一、洗心净心之用，而于水际或山腰的文人高士也具有体现高士节操、寄情明洁的乐志之意。因此可以说文徵明于意境清幽的园居环境中斟酌画中烟云，以适慰半生失意，又在纸上烟云中卧游泉壑，以寄托忧思、洗心怡身，最终达到乐志养神、澄怀观道的哲学高度。

3 结语

面对当下快节奏的生活方式和环境污染、人居环境质量下降以及由此引发的一系列生理和心理健康问题，系统地进行园林康养景观建设和通过设计促进健康积极生活，是风景园林面临的时代使命。而传统医学养生理论、健康人居智慧和营建观念对当代人居环境建设具有深刻启示作用，相应的思想与西方的亲自然说、瞭望—庇护理论等有异曲同工之处，因此东方传统人居智慧与现代人居设计的结合，将是未来"医养结合"背景下园林景观建设的必然要求。本文以明代最为长寿的文人画家文徵明的山水园林绘画为主要研究对象，结合画中题跋以及园记、园诗等，从时间、空间和心理三个方面对明代文人"画中烟云供养"健康思想进行解析，发现其画作主题与作画时间体现了东方四时合序、顺时养生的生活模式；画作中烟霞云壑、丛竹庭松、敞亭面水的语言形式反映了传统理想园居空间；文徵明以画中的理想生活模式和园居空间为情感寄托和精神慰藉，最终达到乐志养神的生活境界。因此可以说"画中烟云供养"这一养生模式正是东方传统人居智慧的具体呈现，并将会对建设陶冶情操、颐养精神的山水健康人居环境发挥重要作用。

参考文献

[1] [EB/OL]. https://www.sohu.com/a/152992494_99917829.
[2] 张学玲，李雪飞. 中国古典园林中的健康思想研究——以清代皇家园林为例[J]. 中国园林，2019(6).
[3] 杨锐. 风景园林学的机遇与挑战[J]. 中国园林，2011.
[4] 高伟，李沂蔓. 遵生营境——以《遵生八笺》为例探讨中国传统养生智慧中的健康人居环境思想[J]. 中国园林，2018，034(007)：69-73.
[5] 虞芝灵. 晚明江南园林典型园居空间的养生特征解析[D]. 广州：华南理工大学，2018.
[6] 李俊. 论中国封建王朝更替与山水画不同风格之形成[J]. 绍兴文理学院学报，2011，31(003)：101-104.
[7] 王英璟. 中国画养生功能研究[D]. 济南：山东大学，2019.
[8] 韩雪岩. 吴门画派山水画之"仿"研究[D]. 北京：清华大学，2008.
[9] 高濂. 遵生八笺[M]. 北京：人民卫生出版社，1994.
[10] 杨奕望，吴鸿洲. 明末市隐陈继儒泼墨挥毫语养生[J]. 中医药文化，2006(04)：11-11.
[11] 吉良晨. 治未病——中国传统健康文化的核心理念[J]. 环球中医药，2008，000(002)：7-8.
[12] 张铁民. 论健康[J]. 中国健康教育，1992，(8)：3-5.
[13] 姚春鹏译注. 黄帝内经[M]. 北京：中华书局. 2009，07.
[14] 隋月皎，鞠宝兆.《黄帝内经》四时养生理论探析[J]. 中国中医药现代远程教育，2015(16)：14-15.
[15] 冯民生. 中西传统绘画空间表现比较研究[D]. 北京：中国社会科学出版社，2006.
[16] 李树华. 园艺疗法概论[M]. 北京：中国林业出版社，2011.
[17] 钱能志. 遵义市城区城市森林结构与生态功能研究[D]. 南京：南京林业大学，2005.
[18] 金学智."美意延年"——绘画养生功能简论(艺术养生学系列论文之二)[J]. 文艺研究，1996(06)：125-145.
[19] 石守谦. 风格与世变[M]. 北京：北京大学出版社，2008.

作者简介

苏晓丽，女，汉，甘肃环县，华中农业大学园艺林学学院博士在读，研究方向为风景园林历史与理论、山水美学。电子邮箱：1757009929@qq.com。

王彩云，女，汉，华中农业大学园艺林学学院教授，研究方向为风景园林历史与理论、园林花卉等。

秦仁强，男，汉，河南信阳，华中农业大学园艺林学学院副教授，研究方向为风景园林历史与理论、山水美学。

安妮·斯本与磨坊河项目启示：一种潜在的闲置地更新方式

Anne Spirn and the Mill Creek Project Revelation：A Potential Way to Vacant Land Regeneration

孙　虎　侯泓旭　孙晓峰 *

摘　要：随着城市化进程加快，城市更新也开始注重现有的"存量土地开发"，不少闲置地成为城市更新的重要依据，其中包括社区闲置地、街头限制空间和临时空间等多种类型。闲置地的开发模式将对未来城市更新起示范作用并可能带动更多的城市更新。本文从安妮·斯本及其在磨坊河的案例入手，分析其"自下而上"的闲置地更新模式，并对相关闲置地类型、特点进行总结。讨论该模式在开发、设计及对社区认同感重构方面的对我国闲置地开发的启示，尝试对我国未来城市闲置地更新策略提供借鉴和参考。

关键词：闲置地；安妮·斯本；社区更新；城市更新；旧城改造

Abstract：With the acceleration of urbanization, urban regeneration has also begun to pay attention to the 'existing land development', many vacant land has become an important basis for urban renewal, including community vacant land, street restricted space and temporary space and other types. The development model of vacant land will be a model for future urban renewal and may lead to development of urban regeneration. This paper starts with Anne Spirn and her case in the Mill River, analyzes its "bottom-up" vacant land updating mode, and summarizes the relevant vacant land types and characteristics. This paper discusses the enlightenment of the model to the development of vacant land in China in the aspects of development, design and reconstruction of community identity, and tries to provide a good example and reference for the regeneration strategy of vacant land in the future of China.

Key words：Vacant Land；Anne Spirn；Community Regeneration；Urban Regeneration；Urban Renewal

引言

随着我国城市的开发由"增量开发"转为"存量开发"，闲置地成为盘活城市存量土地、老旧社区更新、城市更新与转型的重要依托[1]。本文将根据景观设计师安妮·惠斯顿·斯本（Anne Whiston Spirn）对维持生命社区的研究，从闲置地使用及磨坊河项目两方面，探索对我国社区闲置地的开发模式，希望可以有助于我国的城市更新，最大限度地挖掘现有社区闲置地的潜力，为社区更新提供一种可行的方式。

1　安妮·斯本的闲置地更新案例研究及启示

安妮·惠斯顿·斯本（AnneWhiston Spirn），著名景观设计师，前宾夕法尼亚大学景观设计与地区规划系主任，现为麻省理工学院景观设计与规划系教授。她一直都致力于社区景观的研究，并将其称为 Life-sustaining Community（维持生命社区）[2]。她认为人类的生存取决于人类自身我们周边景观的适应，而社区景观则是关系城市生态和人类健康的重要工具。以下，将通过安妮·斯本（Anne Spirn）在磨坊河项目中的思考与实践，评析她在闲置地更新模式中的探索，并尝试总结这种更新模式带来的启示意义。

1.1　安妮·斯本与磨坊河项目简述

原有的磨坊河（Mill Creek）的景观可以看作是 20 世纪城市政策、规划和设计失败的缩影[3]，但安妮·斯本及其团队为之付出的努力，让磨坊河项目成为环境公平和探索闲置地开发模式的经典案例。安妮·斯本在磨坊河的工作和研究持续了 18 年，从 1987 到 1991 年，她为西费城景观规划的"绿色项目"提出了地下河是不可忽视的力量，也是一种待开发的资源，她进而提出解决泛滥平原，从塑社区的提案。1992-1993 年她尝试在费城西部城市规划公布前，引起人们的重视。1994 年，西费城城市规划出台，虽然安妮·斯本的意见并没有被政府采纳，但她依旧从 1994-2001 年都还在持续针对磨坊河进行相关研究。1995 年，团队建立了磨坊河居民能够访问的数据库，也开始对闲置地的研究，并把它作为一种资源和恢复城市自然环境和重建社区内部邻里关系的一个手段。1996-2001 年，她在磨坊河当地的中学开了一门有关磨坊河及城市发展的相关课程，希望学生们可以了解过去到规划未来，并积极地引导他们参与到社区和城市的发展之中，用教育的方式来唤醒民众对社区环境公平及城市设计的意识。可以说，磨坊河项目经历了从尝试说服政府的自下而上，到闲置地本身的探索，再到通过景观教育来改变公众等多种方式，并最终走向了"绿色改造"之路。

1.2 安妮·斯本在磨坊河项目的闲置地更新模式的探索

1.2.1 "自下而上"的开发模式

磨坊河部分社区本来不应该存在，政府在没有考虑地形、地势和磨坊河过往的景观历史变迁的基础之上，在不适宜建设的区域建设的住宅区经常被洪水淹没，导致建筑结构早到严重的破坏，这威胁到了人们的生命和财产安全，很多居民不得不离开家园。1987-1991年，安妮·斯本提出了对磨坊河社区，需要控制现有的河道填埋，而将现有的磨坊河空置、废弃的土地作为重塑磨坊河社区邻里关系的资源，以满足居民的需求和解决磨坊河逐渐衰败的问题，即使用磨坊河的闲置地，通过改造这一类闲置地的方式来"以点带面""自下而上"的对磨坊河进行更新。在这期间，她试图以此来说服城市规划委员会和费城水务局。1991年她的团队向政府提出提案，并在西费城景观项目（West Philadelphia Landscape Project）报告中阐述个体、小团体和当地组织在社区营造和城市设计方面，具有跟政府部门和土地开发商一样重要的地位。也就是说，安妮·斯本一开始的思路就是尝试从小的尺度进行更新，通过小空间上的调整跟时间的双重配合，以达到满足居民需求并进行社区更新的目的。

但可惜的是，在1994年费城西部城市规划发布时，政府并没有提到被掩埋的泛滥平原即将带来的危险，而采用了为低收入家庭提供住房补贴的方式继续建设社区。安妮·斯本的控制河道填埋，利用闲置土地进行更新的等建议在1994年并没有得到政府的采纳。这无疑是令人失望的，正如英国建筑师约翰特纳[4]曾提过的，"最合适的住房环境，应该是有住户自己建造和管理的，而不是通过政府自上而下的公共住房计划"。事实上，安妮·斯本的建议是具有创造性和前瞻性的，在多年以后，这种"自下而上"的开发模式也证明是有效的。而一开始没有被采纳也反映出"自下而上"这种具有综合性的策略和手段，在实施过程中将经历一段协商和博弈的过程。

1.2.2 闲置地"社区花园"更新模式

安妮·斯本也并非只提及策略上的"自下而上"，她闲置地的探索和不同的闲置地更新方法是可行且易行的。"自下而上"的策略让安妮·斯本在一开始就将闲置地试作一种开发资源，她认为一种社区闲置地的物理情况，都从不同的角度反映了这个地方的社会、经济、环境等问题。而通过修补和缝合这些闲置空地，为思考健康社区发现更多的可能。在安妮·斯本的理念中，社区闲置地并不如一般人眼中是被忽视，衰败和绝望的象征。而是另一种机会和资源。在磨坊河最初开发的时候，住宅非常密集，院子很小几乎没有操场或公园。街道就变成了孩子们唯一可以去的游乐场。而目前大量存在的闲置地，则提供了很多许多潜在的机会。它们可以被更新利用为新庭院、花园、操场和游乐场、露天市场、户外手工工作区、路边停车场、社区中心、健康中心等，而这种更新手段不仅转化了闲置地的用途，还可以变身为社区发展和重构人与环境的催化剂。

安妮·斯本在磨坊河案例中所关注的社区花园建设的重点，放在社区这种的闲置地（Vacant Land）之上，她认为空地应当是城市社区更新的重要资源，可以通过不同的方式进行改造。通常，社区当中空地的区位、尺寸、形状、物理条件和拥有者将影响这块空地未来的发展情况。安妮·斯本将空地根据类型分为许多类型，每一种类型都给出潜在的设计方式。

闲置地类型，特点及示意图[5]　　　　　　　　　　　表1

闲置地类型	特点	示意图
缺失空地 （MISSING TOOTH）	众多规整的地块之间的缺失的规则地块（看起来就像人的牙齿缺了一块的形状，或是钢琴键少了一个）这种类型的空地多见于城市旧改空间。这些空间往往跟周边的现有住房的关系比较紧密，同时甚至可能周边的现有住宅已经开始使用这块空地	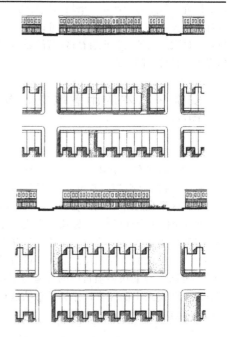
拐角地 （CORNER LOT）	一排规则建筑的边角或者临近道路拐弯的地方形成的拐角区域，通常这个区域会存在一些不确定性（如车行交通或是其他影响），但它拥有更好的视野和视觉效果。相比缺失空地，拐角地拥有更好的开发机会（因为拐角的土地权属比较明确，通常只有一个），并且，在拐角地的投入可以带来更大的回报	

闲置地类型	特点	示意图
连接地 （CONNECTOR）	连接地是位于建筑和道路之间的空地，通常会紧挨一个或者一排建筑，有的时候会在街道的两侧出现大量的连接地，会被用作线形公园或是其他的空地。如果有房子紧挨，可能会被用作这个房子旁边的花园，又或者会变成通道或是公共花园	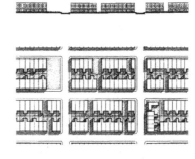
地块空地 （VACANT BLOCK）	整个被道路切割的地块。一个地块空地通常是一个公共区域，视野和可达性都是最佳的，所以人们对它的形象则特别敏感。这一类的地块空地往往两边（或以上）被街道紧临，或是直接权属于跟它相近的一个地块	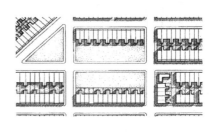
蜂窝乳酪 （SWISS CHEESE）	这种空地通常出现在不同的街区（面积比例低于建筑的时候），形状通常不规则，在街区的内部形成通道或是其他的公共空间。通常这种类型可以由上述的四种空地组成，也可以看作是以上空地的集合	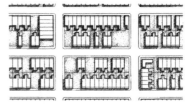
多个连续空地 （MULTIPLE CONTIGUOUS VACANT BLOCKS）	它的形式几乎囊括了城市社区更新会遇见的空地类型，或者说是蜂窝乳酪的组合，是一种更大型的闲置地系统	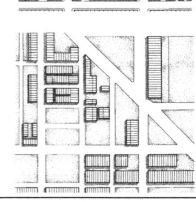

以上这些闲置地的形式几乎囊括了城市社区更新所会遇见的闲置地类型，相比全盘推翻的重新设计，这种闲置地的微更新将比重新设计或是重建一个城市社区景观更高效，节约和容易令人接受。同时，这样的社区景观更新方式更有助于场地跟原有的使用者（或居民）创造更多的联系，也是一种化解社会和经济问题的社区更新手段。而这种模式又是低成本和可复制的，既满足成本控制的大原则，又达到了符合社区居民需求的"社区更新"状态，还能增加社区的活力，是一种健康和可持续的社区发展途径。同时，安妮·斯本的经验也告诉我们，了解了无论项目大小，可实施性和可持续性是至关重要的。在衰退后的闲置空地上，如果仅依靠公共机构是无法有效的填补这些缺失地带，这意味着需要对这个地方非常熟悉的当地公众、组织和机构的共同努力才能实现。

1.2.3 通过教育唤醒公众意识

从上文我们可以看出安妮·斯本在闲置地更新模式上不仅有策略上的革新，也有针对不同闲置地的更新和设计模式，同时，当地民众在这其中所扮演的重要角色也不言而喻。在1996-2001年间，她在苏兹伯格中学开展了关于磨坊河的项目，在这期间有数百名学生的参加。该项目分为4个部分：阅读景观、提出景观变化、景观改善和记录这些建议和成就。这 4 个部分整合为一个为期四周的暑期项目，在每一个学期开展。

社区与城市规划设计是一个跨越空间和时间维度的长期工作，它离不开公众的参与和协助，这意味着"以教育唤醒公众意识"有助于社区与城市规划工作，也更有利于该地区社区的可持续发展。安妮斯本选择苏兹伯格中学，因为这里的学生年龄（11～13 岁）已经有独立的思想和想象能力，但同时又并不具备太多的景观规划类专业知识，这无疑是符合普通民众的状态的。课程安排老师带学生去磨坊河郊区的环境中观察、研究，尝试了解历史对这片土地的影响，并试图让他们理解发生在这片土地的变化，以及未来会可能发生的变化。这种并以孩子们最熟悉的日常环境为出发点的景观类教学，如在苏兹伯利中学的前门可以看到旧泛洪区露台的高低，面向阿斯彭农场附近的村民区又可以观察到餐厅和健身区位于洼地等。通过这些体验，学生可以认识到环境与居住之间的关系，并引导他们参与讨论。每节课程结束后，每组有两名学生向全班同学汇报他们的发现，利用课本、统计表、地图和照片等，引导和鼓励学生通过发现景观的变化去自主发现问题并尝试寻找答案，从而促使他们进一步思考。

这种鼓励学生从多方面的角度去了解社区的方法为唤醒社区年轻民众提供了极大帮助，不少学生可以从历史、经济、社会等层面对磨坊河进行多维度的分析，还形成了许多不少让专业人士都刮目相看的优质报告。1998年起，苏兹伯格中学在磨坊河的项目尝试得到了地方，国家，和国际的认可，并在次年开展了一系列关于磨坊河的研究课程和工作坊。安妮·斯本在当地人的支持下的苏兹伯格中学景观课程取得了很好的成果，唤醒了基层居民对这片土地的认知，社区里的居民开始用积极的眼光去看待家园，开始意识到社区和环境的重要性。

令人欣慰的是，2009 年费城水利局终于在新的规划中明确表示，要通过生态方式减少下水道水流量，用诸如社区花园等手段的"绿色改造"代替长期以来粗暴的拆除或重建等"灰色改造"。磨坊河不再是"低地"（the bot-tom，这里是一语双关的词汇，即代表了磨坊河社区过往是在河滩至上建设，又意味着这个社区的居民位于社会的底层），而成为"自下而上"策略更新社区花园景观，同时通过"景观"概念影响公众，进而影响整个社区发展的经典案例。

2 安妮·斯本的闲置地更新模式的启示

安妮·斯本在闲置地更新模式中的探索是有重要意义的。她不仅从策略上提及了将社区闲置地当作一种资源，进行更新优化进而带动社区发展的"自下而上"理念；还提出了针对社区闲置地的更新策略，保证这种更新方式的可行与可控；同时，她将整个闲置地更新上升到了社区健康发展跟社区居民关系重构的范畴，这对社区可持续发展有及其重要的意义。

这种模式对我国社区尺度的闲置更新也有重要的启示意义，主要体现在对综合系统的开发模式，闲置地的更新与开发设计方法和社区认同感的重构三个方面，综合

统筹后，则可能是一种弥补健康社区领域在社区闲置地更新范畴中的方法。

2.1 综合、系统的开发模式

当安妮斯本考虑到改造社区环境时，从来不是片面的，单一角度的思考问题。而是通过一种更为系统的角度试图去理解社会，经济，环境等因素的影响下的社区更新方法。在这种综合模式下，她才创造性地提出了"自下而上"将闲置地转为可供更新利用的资源的方式。而我国在社区闲置地的更新之中，对健康社区的营造，也可以尝试将侧重点不再局限于如小区内的生活配套设施更新这类的物理环境的更新，转为寻求一种整体视角的社区闲置地更新模式。我们已经有不少针对社区闲置地更新的案例，完成了"实践自证"。我们现阶段的工作就可以尝试将经过了自我验证的"实践"，通过公众、社区、公益组织和政府的多方努力下进行"模式总结"，形成一种导则式的综合、系统的开发模式。这种综合、系统的开发模式应当具备一定的强制性，但又拥有足够的弹性以指导社区规划师或是社区居民自己对社区闲置地进行开发和更新，并"自下而上"地将原有的"消极灰空间"转为创更多积极的"绿色"社区空间，最终营造符合我国发展特色的健康可持续社区，也对我国许多城市的"边角空间"的利用有极大意义[6]。安妮·斯本的在磨坊河的实践案例给出了跳出"自上而下"的框架可以带来的积极效果，我们也应该在我国的社区闲置地更新中，借鉴这种综合开发模式。而政府及管理部门，也可以由"管理型"往"经营型"进行转变，寻求更为积极的多方协调空间管治策略[7]。

2.2 闲置地更新的设计方法

闲置地这种"消极灰空间"被视作一种"资源"的方式应该被重视，同时也应该有相应的更新与开发的设计方法。在我国虽然有对社区闲置地的探索，如社区花园和城市微更新，但更多的设计方法是不可复制的，或是说，这种更新是把闲置地当作"设计项目"而非可加以利用的"机会"。安妮·斯本的著作 *Vacant Land：A Resource For Reshaping Urban Neighborhoods* 中，她的做法是用图文并茂的方式，解释这些闲置地的类型，并提及它们可能会被用于开发的形式和方法，而并特别具体的设计案例介绍跟设计方法的介绍（避免建成项目合集的更新手册方式）。所以，我国从业者也应当积极针对一定区域闲置地的更新和设计方法，这对挖掘土地潜力有很大帮助[8]，形成一定的体系上的，可推广的更新手册，用以指导具体的闲置地实践。

2.3 社区认同感的重构

社区认同感的重构社区的环境，可以促进社区的健康发展，社区环境的同时也可以更好的调节现有社会问题。安妮·斯本在磨坊河的项目中已经证明了通过对环境的认知和参与社区建设，这一系列的过程改变了当地的居民的生活态度。他们学会用积极的眼光去看待家园，通过自己的力量，希望把社区建设得更好，从而让磨坊河

城市公共空间与健康生活

变成一个拥有健康人际关系的可持续社区。这不仅需要时间，也需要更积极的公众参与和一系列的保障公众参与机制的配合。在我国的社区闲置地更新之中，也可以为当地居民提供更全面的参与机会以提高当地居民的积极性。这既可以避免设计过程中，设计师在听取各方意见不足或偏颇或导致的"过度设计"问题，还能最大限度地保留未来的开发可能性。

针对中国的许多旧城市空间都面临社区和城市更新的现状[9]，我国社区更新的工作是十分繁重的。同时，并不是所有的社区都有财力和能力可以聘请社区规划师，所以在中国会有很大一部分社区景观的更新工作甚至只能通过以居民为主的方式完成。而一个健康和可持续的社区景观营造，需要的正是重构社区中居民对社区的认同感，这对社区闲置地的更新，社群关系的提升、社会融合度及社会资本（经济）的运作方向都有及其重要的意义。

3 结论

闲置地是城市发展中一种极其容易被忽视的土地资源，安妮·斯本在磨坊河项目的经验，可以在国内的社区闲置地更新过程中给予我们更多的启示，但依旧不能完全解决我国社区闲置地发展存在的问题。"自下而上"的发展策略应当得到鼓励，更系统的开发模式，精准的设计策略和社区居民认同感的重构机制也应当多措并举。这一系列措施将长期的助力于社区景观的发展和社区凝聚力的提升，并可能影响关乎未来社区、未来城市发展的方向。这也要求我们设计师在设计的时候，将更多的精力放在细节、倾听和生活之上，这才能更好地将社区"消极灰空间"转为"老百姓喜闻乐见"的绿色空间。

参考文献

[1] 陈士丰，史抗洪，杨忠伟. 基于"灰色用地"理论下的萎缩型边缘区土地动态控制规划的实践探索[J]. 现代城市研究，2017(04): 68-74+81.

[2] Spirn A W. granite garden[J]. 1984.

[3] Spirn A W, 邢晓春. 重建磨坊河: 景观知识普及、环境公正及城市规划与设计[J]. 国外城市规划，2006，21(6): 3-12.

[4] Turner J F C. Housing by people: towards autonomy in building environments[M]. Marion Boyars，1976.

[5] Spirn A W. Vacant Land: A Resource for Reshaping Urban Neighborhoods[M]. 1990.

[6] 邓蜀阳，刘丹. 探讨城市生活中的"边角空间"利用[J]. 南方建筑，2006，000(009): 7-9.

[7] 董楠楠. 联邦德国城市复兴中的开放空间临时使用策略[J]. 国际城市规划，2011(05): 109-112.

[8] 陈蔚镇，刘荃. 城市更新中非正式开发景观项目的潜质与价值[J]. 中国园林，2016，32(05): 32-36.

[9] 郭磊. 城市中心区高架下剩余空间利用研究——以上海市为例[D]. 上海: 同济大学，2008.

作者简介

孙虎，1975年4月生，男，汉族，山东，风景园林硕士，南京林业大学风景园林学院兼职教授，广州山水比德设计股份有限公司董事长、高级工程师，研究方向为景观规划与设计。电子邮箱：Sunhu@gz-spi.com。

侯泓旭，1992年12月生，女，汉族，黑龙江，城市设计硕士，广州山水比德设计股份有限公司，创新研究院理论研究专员。电子邮箱：Hou.hongxu@gz-spi.com。

孙晓峰，1986年9月生，男，汉族，安徽，新闻学学士，广州山水比德设计股份有限公司创新研究院副院长。电子邮箱：Sunxf@gz-spi.com。

新型冠状病毒肺炎疫情背景下居家心理压力及公园景观照片的缓解作用[①]

Psychological Pressure at Home and the Relief Effect of Park Landscape Photos under the Background of COVID-19

孙思杰　刘文平

摘　要：自新型冠状病毒肺炎（COVID-19，以下简称"新冠肺炎疫情"）暴发以来，居家成为防止疫情扩散的主要措施之一，但长时间的封闭空间生活引起了居民极大的心理压力。为了解疫情期间居民居家心理压力以及公园景观照片对压力的缓解作用，在 2020 年 2 月 29 日～3 月 10 日期间，以武汉市主城区居民为研究对象，通过网络问卷调研等方法研究居民居家心理压力及不同类型公园景观照片的缓解作用，揭示压力缓解的影响因素。结果显示，居民承受了较高的心理压力，且女性心理压力普遍高于男性；公园景观照片能够明显缓解居民的心理压力；多数居民认为林荫类、滨水类与湖景类景观照片有助于居家心理压力的缓解，其中，林荫类景观的压力缓解作用最高；具有中等程度绿视率与天空开阔度的景观照片的压力缓解作用最高。

关键词：风景园林；居家心理压力；压力缓解；景观照片；COVID-19

Abstract: Since the outbreak of COVID-19, staying at home has become one of the main measures to prevent the spread of the epidemic, but long-term closed space life has caused great psychological pressure on residents. In order to understand the psychological pressure of residents at home during the epidemic and the relief effect of park landscape photos, from February 29 to March 10, taking the residents in the main urban area of Wuhan City as the research object, and the residents' psychological pressure at home and the relief effect of different types of park landscape photos were studied through online questionnaires, revealing the influencing factors of stress relief. The results show that residents have suffered from high psychological pressure, and female's psychological pressure is generally higher than that of males; park landscape photos can significantly relieve the psychological pressure of residents; most residents believed that the landscape photos of tree-lined, waterfront, and lake views are helpful for the relief of psychological pressure at home. Among them, tree-lined landscapes have the highest stress relief effect; the stress relief of the landscape photos with moderate green visibility and sky openness is the highest.

Key words: Landscape Architecture; Psychological Pressure at Home; Stress Relief; Landscape Photo; COVID-19

2020 年 1 月 23 日，为抗击严峻的新冠肺炎疫情，湖北省将突发公共卫生应急响应级别调整为一级。为防止疫情的进一步扩散，武汉市疫情防控指挥部于 2020 年 2 月 11 日发布第 12 号通告，要求武汉市小区实行封闭管理。但长时间处于同一个封闭环境使得市民的身心压力剧增，并出现焦虑、紧张等不良情绪，严重威胁着人们的身心健康。

已有研究发现，人与自然环境接触能够有效减轻精神压力与疲劳[1]。自然环境能够促进人们缓解精神压力，即使仅观看包含植被与水等自然要素的媒体影像（如照片、视频）也可以[2]。如宋瑞等人利用公园不同区域的照片研究发现不同感知属性的绿地对压力的缓解作用不同[3]；赵警卫等人通过录制视频来探讨城市绿地对普通民众精神压力的缓解作用[4]。从压力缓解作用的影响因素来看：植被、水体、开阔度、绿视率等特征对日常生活工作人群的压力是具有缓解作用的，且压力缓解作用的首要景观特征包括草地覆盖的面积以及乔灌木数量等[5-6,8-11]。同时，场景熟悉度与压力缓解作用也有一定的相关性[7]。目前，自然环境对压力的缓解作用研究成果还

较少，已有的研究多是基于日常生活中普通民众的压力测试与具有不同景观特征的自然环境的压力缓解作用，但新型冠状肺炎疫情下的人们可能承受长期且显著的心理压力，公园景观是否对这类人群压力有缓解作用也是未知的。

本研究以武汉市为例，通过对武汉市中心城区居民居家心理压力及缓解作用调研，揭示居民居家心理压力概况及不同类型景观和景观特征对压力的缓解作用，以期为 COVID-19 疫情防控下的人群压力缓解提供参考和理论支撑。

1　研究对象与研究方法

1.1　研究区概况

武汉市辖 7 个主城区和 6 个远城区，常住人口 1089.29 万人（2018 年），其中主城区常住人口 665.58 万人。根据武汉市卫生健康委员会公布的疫情情况以及疫情防控指挥部社区疫情防控组公布的第二批无疫情小区、

① 基金项目：中央高校基本科研业务费专项基金资助项目（编号 2662019PY046）。

城市公共空间与健康生活

社区、村（大队）名单，截至 2020 年 3 月 8 日，武汉市累计报告新冠肺炎确诊病例 49948 例，其中主城区累计确诊病例 38109 例，全市 7000 多个小区中有疫情小区有 4000 多个，约占 58%。

1.2 公园景观照片获取

截至 2018 年年底，武汉市主城区拥有免费开放的综合公园 32 个。为使调研使用的景观照片具有广泛的代表性，首先从主城区 32 个综合公园中筛选出年游客量大于 100 万人次的公园（15 个），然后结合其所在辖区随机选取了 7 个综合公园作为景观照片的来源（表 1、图 1）。将景观分为有水与无水的，其中，水面占比较大的为湖景类，水面占比较小的为滨水类，没有水面的为其他类。其他类中硬质地面占比较大的为广场类，硬质地面占比较小的包含乔木为主的林荫类、草坪为主的草坪类与乔灌草多种均衡搭配的植物景观类（表 2），除了硚口公园由于公园面积较小，景观类型较少，只选取了广场类、林荫类与植物景观类之外，其他公园都选取以上 6 种景观类型。每个公园每个类型的绿地景观选择三个不同景点且人工目视绿视率差异较大的场景。为了减小外界环境如光线等的影响，照片拍摄时间选择在 6～8 月晴朗天气时的 9：00～17：00 间，同时保持 1.5m 的统一高度与水平角度，并且避免拍摄到人、车等非景观要素。

样本公园名单　　　　表 1

公园名称	区位	年游客量（万人次）	景观类型（表 2）
月湖公园	汉阳区	125	1、2、3、4、5、6
青山公园	青山区	180	1、2、3、4、5、6
硚口公园	硚口区	200	1、4、6
四美塘公园	武昌区	266	1、2、3、4、5、6
沙湖公园	武昌区	340	1、2、3、4、5、6
解放公园	江岸区	530	1、2、3、4、5、6
汉口江滩	江岸区	1000	1、2、3、4、5、6

资料来源：《2015 年武汉年鉴》。

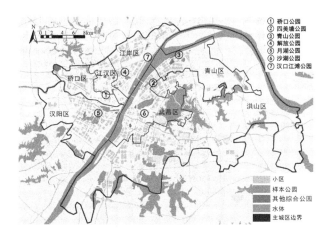

图 1　武汉市主城区样本公园与小区分布

6 种景观类型　　　　表 2

景观类型	类型描述	典型照片
1. 广场类	硬质地面为主，少量植物，天空开阔度较高	
2. 滨水类	水与陆地交界处，水面较小，天空开阔度一般	
3. 湖景类	以大片水面为主，天空开阔度较高	
4. 林荫类	植物以乔木为主；有部分硬质地面；天空开阔度较小	
5. 草坪类	草坪为主；硬质地面很少；天空开阔度不定	
6. 植物景观类	乔灌草多种；有部分硬质地面；天空开阔度一般	

1.3 问卷调研

利用问卷网平台建立网络问卷，并在武汉本地通过微信公众号、微博等网络平台发放，发放时间为 2 月 29 日～3 月 10 日，共收回问卷 300 份，其中有效问卷 293 份，有效问卷回收率达 97.67%。问卷内容分为 4 个部分：公园景观视频；压力缓解评价与压力自测；曾经到访的公园；个人基本背景包括性别、室内盆栽数量等。其中，每一个公园的照片单独制作为一个视频，照片出现的顺序均为广场类、滨水类、湖景类、林荫类、草坪类以及植物景观类，每张照片的播放时长均为 5 秒，并配以相同的舒缓音乐。压力缓解作用评价借鉴 Han 构建的复愈性环境量表[12]，包括身心放松、心情愉悦以及平静等感受的发生频率；压力水平自测借鉴复愈性环境量表的负向描述，依据发生以下 3 类事情的频率计算压力水平：焦虑不安、压力和心情沉重、易怒。曾经到访的公园选择项为以上样本公园与都没去过。室内盆栽数量分为：0、1～6盆、6～10 盆以及 10 盆以上。

1.4 数据处理与分析

为了解人群居家心理压力概况以及景观照片的压力缓解作用及其影响因素，需要计算居家心理压力水平、压力缓解作用以及景观特征、人群特征之间的关系。首先利用 excel 曲线拟合分析压力缓解作用与居家心理压力均值，计算不同性别人群的压力均值与压力缓解均值及其标准差；然后统计人群选择的不同景观类型数量以及对应的压力缓解均值；最后做出不同压力缓解分段下的景观特征视野占比均值柱形图、不同室内盆栽数量对应的人群压力均值折线图以及去过与没去过样本公园的人群压力缓解均值柱形图。

居家心理压力水平用压力自测三部分的平均分表示，分数越大表示压力越高；压力缓解作用三部分的平均分作为压力缓解作用，将其分为5个水平：1~2分、2~3分、3~4分、4~5分，其中每个分段除了1~2分段包含1分与2分外，其余分段只包含后者，分数越大表示压力

缓解作用越大。

依据武汉综合公园常见的自然要素与现有研究，确定景观特征包括乔木、灌木、草、水体、硬质地面以及绿视率与天空开阔度，其中，绿视率以照片中绿色所占的面积占比表示，天空开阔度以天空面积占比表示。乔灌草、水体、天空与硬质地面要素利用Photoshop以人工目视解译的方式划分，以直方图来计算景观要素像素。绿视率利用OpenSCVL（Open Source Computer Vision Library）识别计算照片中的绿色，因HSV色彩模式相较于其他色彩模式来说更接近人眼的感受，所以利用HSV色彩模式区分照片的绿色，色相取值范围为35~77（图2）。

(a)　　　　　　　　　　　　*(b)*

图2　OpenSCVL处理照片前后对比图

2 结果分析

2.1 居家心理压力及景观照片总体缓解作用

居民居家心理压力整体偏高，均值约为2.64分。公园景观照片对居民有明显的缓解作用，当压力值最小时，压力缓解值也最小为3.80分（图3）；在压力值小于4.00分前，压力缓解作用明显，压力值大于4.00分后，缓解作用不明显，总体上压力缓解作用随着压力水平的上升先升后趋于下降。在统计男性与女性人数的压力水平后（表3），我们发现整体压力平均值为2.6371分，女性压力均值稍大于男性，其标准差稍小于男性的，说明女性更易处于高压力，并且照片对女性的缓解作用也明显高于男性，其标准差也稍小于男性的，说明女性更容易缓解压力。

不同性别的人居家心理压力与压力缓解作用　　表3

性别	居家心理压力		压力缓解作用		N
	均值	标准差	均值	标准差	
男	2.5687	1.17755	4.012	.9928	119
女	2.6839	1.07157	4.116	.9164	174
总计	2.6371	1.11528	4.073	.9478	293

2.2 不同景观类型与特征对居家心理压力的缓解作用

景观类型与压力缓解作用的分析结果显示，多数居民认为湖景类、滨水类以及林荫类景观照片对他们的居家心理压力缓解有帮助，其中林荫类景观照片的缓解作用最大，湖景类景观照片的缓解作用最小，意味着人们偏向于选择有水面以及高大乔木的水景与林荫路来缓解压力。整体来看，广场类与草坪类景观照片的压力缓解作用最大，湖景类景观照片的压力缓解作用最小（图4）。不

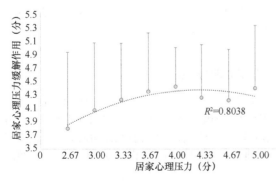

图3　压力缓解作用与居家心理压力关系

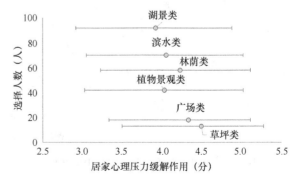

图4　不同景观类型的压力缓解作用

同景观类型对不同性别的压力缓解作用的分析结果显示，广场类景观对男性的压力缓解作用更高，植物景观类、林荫类、湖景类与草坪类对女性的压力缓解作用更高，但滨水类对男性与女性的压力缓解作用相当（图5），意味着即使是植被较少、硬质地面较大的广场也能够很好地缓解男性的居家心理压力，而植被较多或是含有大片水面的景观更能够缓解女性的居家心理压力，含有一定水面以及植被的滨水类景观对不同性别之间的压力缓解作用几乎无差异。

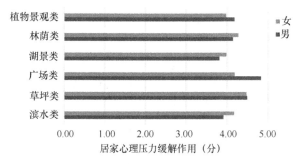

图5　不同景观类型对不同性别的压力缓解作用

压力缓解作用与景观特征的分析结果显示（图6），压力缓解作用任一分段下的绿视率都维持在一定数值范围内（24%～28%）；天空开阔度在压力缓解作用的3～4分段达到最高值，在最高分段又下降了，说明中等程度的天空开阔度的景观照片更利于居家心理压力的缓解；景观要素中，乔木与草的视野占比较高，但乔木视野占比与草的视野占比变化趋势相反，且压力缓解作用最高分段下的草的视野占比最高，乔木的视野占比最小，说明高视野占比的草坪景观比高视野占比的乔木景观更利于居家心理压力的缓解；灌木、硬质地面与水面的视野占比都较小，其中，灌木与硬质地面视野占比没有明显变化趋势，但水面视野占比随着压力缓解作用上升而下降。

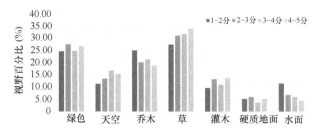

图6　不同压力缓解作用下的景观要素视野占比

2.3　室内盆栽数量与熟悉场景对居家心理压力的缓解作用

室内盆栽数量与压力均值（图7）分析结果显示，室内盆栽对居家心理压力有着明显的缓解作用，同时，压力整体上随着室内盆栽数量的增加而减少，在0～6盆以及10盆以上数量的盆栽区间时，压力缓解作用明显。熟悉场景与居家心理压力的缓解分析结果显示，熟悉场景的人群压力缓解均值高于不熟悉场景的人群，这意味着场景熟悉度对人群压力缓解作用有着积极作用（图8），即熟悉场景的人群在观看场景照片时比第一次观看场景

的人群更能够缓解压力。

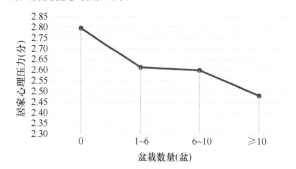

图7　室内盆栽数量与居家心理压力的关系

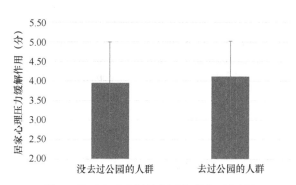

图8　是否去过选择的公园人群的压力缓解

3　结论与讨论

3.1　公园景观照片能够明显缓解居民居家心理压力

在疫情背景下，武汉居民居家心理压力整体偏高，尤其是女性。而公园景观照片能够明显缓解居民居家心理压力，特别是女性，但缓解作用随着压力的增加先升后降。这意味着当压力达到较高水平后，仅依靠绿色景观照片已经不能很好地缓解压力了；同时，女性的心理健康更脆弱，因其生理特征、多重社会角色的冲突以及传统文化的束缚[13]。因此，在面临类似新冠肺炎疫情的突发公共卫生事件时，应该更多关注女性的心理状态，及时缓解女性压力。

3.2　林荫类、滨水类与湖景类景观照片有助于居民居家心理压力的缓解

多数居民认为湖景类、滨水类与林荫类景观照片有助于缓解压力，其中，林荫类景观照片的压力缓解作用最大。一方面，水景是能够缓解压力的重要景观要素，包含水面的景观具有平静安逸性以及眺望性，而在构建压力缓解作用为主的环境时，平静安逸性、眺望性等性质的空间环境更受人们的喜爱[3]。另一方面，林荫类景观中的乔木等自然景观要素能够有效缓解压力[9]，同时，林荫路常常在晴天会带给人一种阳光斑驳的感受，而令人愉悦的自然光线也许是最容易接触的压力缓解因素[14]，虽然在本研究中未具体研究阳光的影响，但这可能是更多人选择林荫类景观的原因之一。整体来看，具有开敞性的草坪类与广场类景观效果最好，前人已有较多研究显示开

敞草坪具有很好的压力缓解作用[5,15]，而具有较少植被的广场类也具有较好的缓解作用可能是因为较高的天空开阔度以及具有较为丰富的设施有关，例如雕塑等，因为丰富的设施数量能够促进场景的熟悉度[16]，而压力缓解作用又与场景熟悉度有关[7]。因此，在居家时，男性可以通过观看熟悉的广场类或水景景观照片来缓解居家心理压力，而女性可以选择观看熟悉的植物类或水景类景观照片。

3.3 具有中等程度绿视率与天空开阔度的景观照片更能够缓解居家心理压力

中等程度的绿视率（24%～28%）与天空开阔度（11%～18%）更能够缓解居家心理压力，这与空间开敞度有一定的关系，因为当绿视率过高时，乔灌木的密度大就会造成空间的封闭感，而封闭感反而会让人产生恐惧和压力[17]。同时，中等程度的绿视率最能够缓解压力也与姜斌关于中等程度绿视率24%～34%最能够缓解压力的研究结论相符[18]；而高视野占比草坪与中等视野占比乔木搭配的疏林草坪能够很好的缓解居家心理压力，进化论中也提到能够缓解压力的环境元素包括散开的树木和广阔的草地；灌木的视野占比基本不变有一部分原因是拍摄的照片中灌木的视野占比本身就比较小，即与公园的植物配置有一定的关系；水面视野占比随着压力缓解作用的上升而下降可能与林荫类景观在高分段下的数量占比逐渐增加有关。室内盆栽的数量越多，压力越小，这与植被等自然要素能够有效缓解压力有关[14]。因此，可以通过在室内多放置盆栽来缓解压力。

在日常生活中，心理健康很容易被忽视，但只有在心理健康的状态下，人们才能更高效地发挥自己的潜能。而新型冠状肺炎疫情下的人群可能承受着长期显著的心理压力，所以针对不同人群的心理特征与生活环境，科学搭配景观要素，设计出更加适宜城市居民在突发公共卫生事件下缓解压力的景观是很有意义的，特别是居住区周边容易接触到的自然景观。但本研究未对人群与熟悉的公园景观的压力缓解作用之间进行细致探讨，未来可以基于场景熟悉度进行压力缓解作用的相关研究。

参考文献

[1] Maller, C, Townsend, M, Pryor, A, Brown, P. & St Leger, L. Healthy nature healthy people: "contact with nature" as an upstream health promotion intervention for populations[J]. Health Promotion International, 2005, 21(1), 45-54.

[2] Hansmann R, Hug S, Seeland K. Restoration and stress relief through physical activities in forests and parks[J]. Urban Forestry & Urban Greening, 2007, 6(4)：213-225.

[3] 宋瑞，牛青翠，朱玲，高天，邱玲. 基于绿地8类感知属性法的复愈性环境构建研究——以宝鸡市人民公园为例[J]. 中国园林，2018，34(S1)：110-114.

[4] 赵警卫，夏婷婷. 城市绿地中的声景观对精神复愈的作用[J]. 风景园林，2019，26(5)：83-88.

[5] Nordh H. Quantitative methods of measuring restorative components in urban public parks[J]. Journal of Landscape Architecture, 2012, 7(1)：46-53.

[6] 何琪潇，谭少华. 社区公园中自然环境要素的恢复性潜能评价研究[J]. 中国园林，2019，35(08)：67-71.

[7] Terry Purcell. Why do Preferences Differ between Scene Types? [J]. 2001, 33(1)：93-106.

[8] 李燕阁，赵警卫. 复愈性城市绿地研究现状与展望[J]. 园林科技，2019(02)：22-25.

[9] 朱晓玥，金凯，余洋. 基于压力恢复作用的城市自然环境视听特征研究进展[C]. 中国风景园林学会：中国风景园林学会，2018：423-426.

[10] 彭慧蕴，谭少华. 城市公园环境的恢复性效应影响机制研究——以重庆为例[J]. 中国园林，2018，34(09)：5-9.

[11] Cohen S, Kamarck T, Mermelstein R. A Global Measure of Perceived Stress[J]. Journal of Health and Social Behavior, 1983, 24(4)：385-396.

[12] HAN K T. A Reliable and Valid Self-rating Measure of the Restorative Quality of Natural Environments[J]. Landscape & Urban Planning, 2003, 64(4)：209-232.

[13] 叶文振. 中国女性心理健康：现状、原因与对策[J]. 马克思主义与现实，2010(05)：165-168.

[14] 王哲，蔡慧. 医疗环境中的景观疗愈因子及其规划[J]. 中国医院建筑与装备，2018，19(01)：98-102.

[15] 康宁，李树华，李法红. 园林景观对人体心理影响的研究[J]. 中国园林，2008，(7)：69-72.

[16] 刘颂，徐弘婧. 城市公园环境熟悉度对景观偏好的影响研究——以上海市梦清园为例[J]. 中国城市林业，2018，16(01)：30-33.

[17] 蔡雄彬，谢宗添，林萍. 城市公园不同景观场景对人心理造成的影响[J]. 广东园林，2012，34(04)：75-78.

[18] Jiang B, Chang C, Sullivan W. A dose of nature: Tree cover, stress reduction, and gender differences. [J]. Landscape and Urban Planning, 2014(132)：26-36.

作者简介

孙思杰，1995年，女，土家族，湖北恩施，华中农业大学园艺林学学院风景园林系在读研究生。研究方向为视觉景观。电子邮箱：252320334@qq.com。

刘文平，1987年，男，汉族，山西大同，博士，华中农业大学园艺林学学院风景园林系副教授，研究方向为大数据与景观服务时空流动、生态系统服务与绿色基础设施、地景规划。

大运河公共空间服务绩效研究[①]

——以杭州运河文化广场为例

Research on the Service Performance of the Grand Canal Public Space：
Taking Hangzhou Canal Cultural Plaza as an Example

唐慧超　刘　璐　洪　泉*　吴　凡

摘　要：在大运河文化带建设的时代背景下，运河沿线公共空间品质提升越来越受到重视。以杭州运河文化广场为例，借助"猫眼象限"智能化调研工具，结合访谈、拍照等方法，从使用强度、人群构成、活动类型3方面对场地服务绩效进行定量分析，总结场地空间特征与服务绩效的关系。提出运河文化广场服务绩效与硬质铺装面积、遮荫情况、休憩设施设置等内部空间要素密切相关。针对杭州运河文化广场提出合理引导活动人群、增设休憩设施、加强夜间照明等提升策略，并进一步为大运河公共空间品质提升、大运河文化带建设提供参考。

关键词：大运河；公共空间；服务绩效；杭州

Abstract: In the context of the construction of the Grand Canal Cultural Belt, the improvement of the quality of public spaces along the canal has received more and more attention. Taking Hangzhou Canal Cultural Plaza as an example, with the help of the "cat's eye" intelligent research tools, combined with interviews, photography and other methods, quantitative analysis of plaza service performance from three aspects: intensity of use, crowd composition, and activity types, and summarizes the space characteristics and services of the venue Performance relationship. It is pointed out that the service performance of the Canal Cultural Plaza is closely related to the internal space elements such as hard pavement area, shading condition, and rest facilities. Aiming at Hangzhou Canal Cultural Plaza, it proposes the promotion strategy of rationally guiding the crowd, adding recreational facilities, and strengthening night lighting, and further provides reference for the improvement of the quality of the Grand Canal public space and the construction of the Grand Canal Cultural Belt.

Key words: Grand Canal; Public Space; Service Performance; Hangzhou

1　研究背景

2017年6月，习近平总书记就大运河文化带建设做出重要批示，要求切实把大运河保护好、传承好、利用好。大运河文化带建设成为重要的时代命题。随后，大运河沿线省市纷纷展开相关工作。北京、杭州、苏州、扬州等地纷纷出台相关政策、编制规划、制定行动计划，沿线城市将共同打造大运河文化带。以杭州为例，2018年1月杭州市拱墅区政府发布《拱墅区文化发展规划（2018-2021）》，计划于2021年建成中国大运河文化带发展先行示范区，对运河沿线的文化资源再升级、再创新，同时，新建一批大型公共文化基础设施，着力完善公共文化服务体系。大运河流经北京、天津、河北、河南、山东、安徽、江苏、浙江8省市27座城市，拥有丰富的河岸类型，众多聚落人居空间和生活、生产活动，当下面临着空间品质优化和整治的突出问题，具体体现在沿岸空间宜居性不强，缺乏以人为本空间品质的塑造，缺乏高品质的公共空间，缺乏活力[1]。而对大运河沿线公共空间的空间服务效益进行研究，是大运河文化带建设的重要基础工作。

城市空间通过承载公共生活获得意义，人们在空间中的行为特征是影响空间质量和增加空间活力的决定性因素[2]。而在现实规划工作中，往往由于调研与管理难度，无从得知人们的使用感受及空间使用效率，相关规划普遍局限于面积、绿地率和覆盖率等指标性控制手段，无法真正体现以人为本的规划理念[3]。本研究将借助"图示与图析"的社会调查方法[4]，以及规划设计智能化调研工具——"猫眼象限"调研分析系统[5]，辅以访谈、拍照，以杭州运河文化广场为例，分析其服务绩效，并提出针对性的改进策略。

2　研究对象与方法

2.1　研究对象

杭州运河文化广场位于杭州市拱墅区，是杭州运河文化带南端节点与杭州城北市民重要的活动场地。场地周边的高密度居住空间、便捷的公交系统、丰富的商业及

---

①　基金项目：教育部人文社会科学研究青年基金项目（16YJC760050）；浙江省公益技术研究计划项目（LGF19E080015）；浙江省重点研发计划项目（2019C02023）；国家级大学生创新训练项目（201910341028）。

公共服务设施为广场提供了使用人群基础。将其作为典型案例进行研究，对解决大运河沿线公共空间面临的普遍问题，提升运河空间的品质，促进大运河文化带的建设有着重要的现实意义。

广场位于拱宸桥东，内部设有牌坊、亭台楼阁、音乐喷泉等设施，通过浮雕、桥梁、古建筑等景观展现古运河历史风韵，代表了城北中心形象。场地内最大的建筑是京杭运河博物馆，位于中心广场南侧。广场地下有两层，包含博物馆临时展厅、地下商场、车库等。该广场是杭州城北集运河文化、娱乐、商贸和旅游于一体的主要滨水公共空间之一[6]。

2.2 研究方法

借助城市象限开发的"猫眼象限"智能化调研工具，采用行为注记法（图1、图2），结合访谈、拍照等方法，从使用强度（使用高峰的瞬时使用人数）、人群构成、活动类型3方面对场地服务绩效进行定量分析，总结场地空间特征与服务绩效的关系。

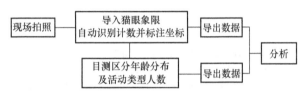

图1　地图标记及行为注记流程

图2　猫眼象限工具使用步骤

结合场地预调研情况，将使用人群分为儿童(14岁以下)、青年(14～30岁)、中年(31～60岁)、老年(60岁以上)，使用活动类型分为休息、康体、娱乐、散步、通行5类。为减少天气对人活动的不利影响，最终选择在天气晴朗，温度适宜人外出的节假日、非节假日进行数据采集，即2018年4月7日(清明假日)、4月8日(周一)、5月3日(周五)、5月5日(周日)的上午(9：00～9：30)、

下午(15：00～15：30)、晚上(19：00～19：30)人流量相对较大的时段。

3　研究结果与分析

3.1　节假日与非节假日的服务绩效对比

研究数据发现，5月3日、5月5日的活动人数与4月7日、4月8日相比，节假日或非节假日不同时段的人数分布趋势较为相似，故取两组节假日与非节假日统计数据的平均值，进行分析（图3）。

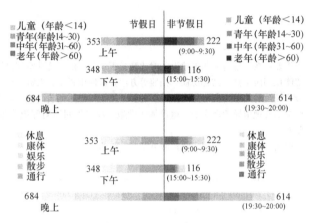

图3　节假日与非节假日的广场日均使用人群及活动类型对比

节假日中3个调查时段的瞬时使用人数由少到多依次为：早上、下午、晚上，且早上与下午使用人数差距不大，均在400人左右，而晚上的使用人数上升为白天的2倍。由于节假日新增部分外地游客与家庭式出游的人群，其中以中年人居多，活动类型也以通行为主，所以白天时段的中年人占比更大，通行人群数量也更多。与非节假日相比，3个时段的使用人群数量均有所增加，因为在白天，特别是下午气温相对较高，日照较强，娱乐休闲活动受到限制，但必要的通行人群未受影响，所以节假日下午较非节假日的使用人群增量最为明显。

在非节假日，白天下午的运河广场多为必要的通行人群，而在非节假日中游客与中年人比例降低，故非节假日的下午是瞬时使用人数最少的调查时段，上午稍多，使用人数最多的时段仍是晚上。

综上可知节假日比非节假日使用人数多，但无论节假日或非节假日，均为晚上使用人数最多。节假日内的人群年龄分布与活动类型较为均衡，而非节假日的广场使用人群主要以中老年为主，活动类型也多为康体、休息和通行。

3.2　节假日与非节假日的人群分布对比

以2018年4月7日为例（图4），节假日的人群空间分布在上下午较为相似，呈东西通行人数多，南北两侧停留空间人数少的特点，早上偶尔有周边中小学生群体集中参观运河博物馆，儿童年龄段占比有所增加。到晚上通行人数减少，东西侧较大的硬质空间集中了多数跳广场舞、做操、写地书及停留休息观看的中老年群体，产生了空间拥挤、通行不畅的问题，能明显感受到活动空间及休息场所的单一与不足。

以2018年4月8日为例（图5），非节假日广场内早上与下午只有零星分布的通行人数，而两侧停留空间基本为固定停留的中老年群体，与节假日相比并无较大差别，其中下午时段因为阳光西晒，且停留空间多为东侧滨水区域，故人群规模降至最低。由于非节假日的使用人群中减少了非本地居民的旅游人群，到晚上能空余出部分通行空间，能明显感受到这些空间被本地中老年居民替代，康体活动及休息观看人群的占比明显增加。

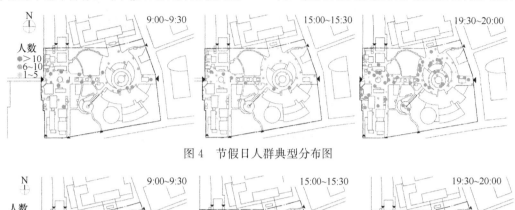

图4 节假日人群典型分布图

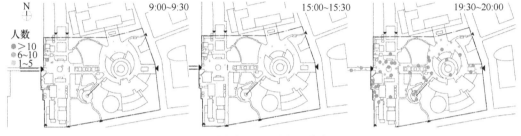

图5 非节假日人群典型分布图

3.3 服务绩效的主要影响因素

无论是节假日还是非节假日，场地使用强度都是晚上远大于早上与下午，且早上与下午通行人数占比较高，活动类型多样性不及晚上，故在此主要分析晚间时段内服务绩效的主要影响因素。

3.3.1 空间尺度及硬质铺装面积

空间尺度的适宜性、硬质铺装面积与场地活动强度呈正相关。水景广场是广场内硬质铺装面积最大的区域，活动人数最多，场地容纳了8个较具规模的运动团体，相应活动多为广场舞、轮滑、羽毛球等康体运动（图6、图7）。浮雕广场面积仅次于水景广场，其空间较为规则，除了1组广场舞群体外，其余多为写地书、抖空竹等娱乐活动（图8）。写地书活动群体是运河广场内极具特色的活动（图9），参与者多为老人，也有少量青年、少年儿童加入，书写者群体大多从水池中为海绵笔沾水，在离水池不远的地方进行书写。水渠景观路是连接以上两个主要活动空间的主要道路，较为宽阔的路面除了承担对应的通行人流，也容纳了写地书、玩水枪等休闲娱乐人群（图10），这类人群多分布在道路中靠近水渠的一侧，一定程度上阻碍了人流的正常通行，但也侧面反映出晚间广场活动承载压力较大的问题。

3.3.2 活动者及休憩设施对观赏者的吸引

场地活动对观赏者的吸引力远大于休息设施。休息设施只有位置得当才能为人群停留提供条件，若摆放不得当则无法引人停留，并限制了空间内其他活动的开展。笔者通过现场调研发现，广场休息设施包括了非正式座椅与正式座椅，前者主要是可供休息的水池、花池边缘等地，且分布位置恰好位于人群规模最为集中的水景、浮雕广场处，而正式的座椅都散布在沿河休闲空间（图11、图12），其座椅使用情况受其所属空间的人群活动影响较大。当场地中有一定规模的康体运动发生时，那么场地中观看者也会相应增多（图13），内部为数不多的座椅就成为极受欢迎的设施。反之，若该场地不适宜活动，则内部

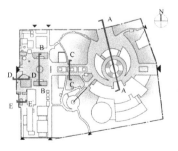

图6 运河广场主要活动
空间剖面位置图

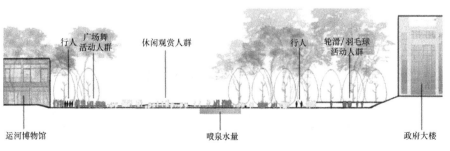

图7 水景广场使用人群剖面A

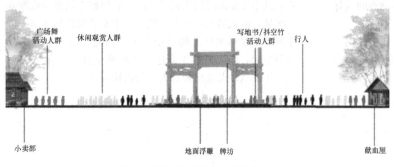

图 8　浮雕广场使用人群剖面 B

图 9　浮雕广场写地书的人群

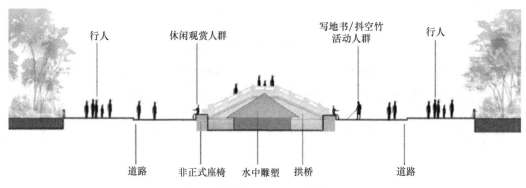

图 10　水渠景观使用人群剖面图 C

座椅对游人吸引力较弱。沿河休闲空间中，活动人群规模较大的有两处（图11、图12），活动以交谊舞为主。因场地面积不大，跳舞人群几乎占据了整个场地空间，场地边缘又无充足的座位，导致周边停留观赏的人群无处可去，只能停留在台阶、花坛边这些并不适宜停留的地方（图14）。

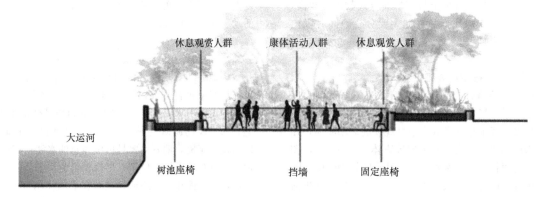

图 11　沿河休闲空间使用人群剖面图 D

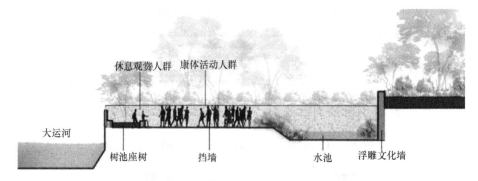

图 12　沿河休闲空间使用人群剖面 E

图 13　水景广场的活动者与观赏者

图 14　沿河休闲空间 D

3.3.3　遮荫情况

在晴天的白天里，硬质场地的遮荫情况与服务绩效密切相关。遮荫情况越好，特别是在树荫下，使用人群也越有停留的趋势。由于运河广场内部座椅多为水池边的

非正式座椅，周边无遮荫设施，在白天光照下几乎无人停留，场地以通行集散活动为主。而广场西侧紧邻大运河，河面宽阔，傍晚西晒情况较为明显，人群也因遮荫需求从固定式树池座椅转移到了背光的花坛边（图15）。

图 15　西晒下花坛边聚集的人群

3.3.4　照明设施对活动的影响

晚间的运河广场是空间使用活跃度最高的时段，晚间活动场地的照明条件越好，越能吸引使用人群停留开展活动。晚间运河广场内除了水景广场、浮雕广场两个活动场地，其余活动场地均存在不同程度的照明不足问题，因为人群多在此类场地聚集发生交谊舞等强度较大的康体活动，容易发生碰撞危险。设置的固定座位也几乎都是绿色的装饰草坪灯，不能提供很好的照明条件，不能吸引人群在此类场地休息，造成较低的服务绩效。

4　结论

4.1　改进策略

运河广场主要服务对象为周边居民，其中以中老年康体人群与儿童娱乐人群居多，广场内部空间应考虑更贴合以上群体的使用方式，以综合提高广场服务绩效。

（1）合理引导活动人群

部分地书书写者为方便取水，集中在水渠景观两侧，而该区域也是通行人流最为集中的区域，因此产生空间拥堵的情况。管理者可通过提供书写水源，将书写者引导至不影响人流通行的区域，从而提升书写者及通行者的空间使用体验。

（2）增设休憩设施

基于场地中人们的行为特征，结合台阶、花坛增设休憩设施，打破现有规则封闭式绿化现状，增设可移动座位，使休闲活动与绿地相结合，同时增加休闲空间的遮荫率，也远比安放固定座位要实际与高效。

（3）加强夜间照明条件

运河文化广场的沿运河一侧的活动空间与休闲座椅地段，几乎都存在照明不足的问题。加强场地中夜间照明条件，能为使用人群带去更好的使用体验，也能够吸引人流，为夜间拥挤的活动空间分担压力。

4.2　研究不足

本研究调研时间集中在 4～5 月，为杭州地区的春、夏季，在调研的时间区段选择上有一定的局限，希望在今后的研究中可以弥补其余季节的调研空白，并增加调研次数，使结果更加科学完整。

运河文化广场是杭州运河沿线公共空间建设较为突出的场地，具有典型代表作用，探讨广场的空间特征与其服务绩效的联系，以期为运河沿线公共空间品质建设与提升提供参考。

参考文献

[1]　王建国，杨俊宴．历史廊道地区总体城市设计的基本原理与方法探索——京杭大运河杭州段案例[J]．城市规划，2017，

41(08)：65-74.

［2］ 苏光子.基于使用行为维度的公共空间调查研究——以北京三里屯太古里为例［J］.中国园林，2015，31(12)：75-79.

［3］ 罗明，王蔚炫，陈玉飞，等.宁波公共空间规划评估与规划对策［J］.规划师，2018，34(7)：110-115.

［4］ 仇静，刘恺希."图示与图析"社会调查方法的遗址环境公共空间使用情况研究中的应用——以西安钟鼓楼广场为例［J］.中国园林，2018，34(S1)：39-41.

［5］ 王腾，茅明睿，崔博庶.规划设计智能化调研工具——"猫眼象限"调研分析系统的特点与应用［J］.景观设计学，2019，(2)：112-115.

［6］ 傅岚.基于历史演化研究的杭州滨河公共空间优化策略［C］.规划60年：成就与挑战——2016中国城市规划年会论文集(06城市设计与详细规划).2016，(2)：12-29.

作者简介

唐慧超，1984年生，女，汉族，天津，硕士，浙江农林大学风景园林与建筑学院，讲师，美国康奈尔大学访问学者，研究方向为风景园林规划与设计、景观绩效评价。电子邮箱：tanghc@zafu.edu.cn。

刘璐，1995年生，女，汉族，河南许昌，本科，浙江农林大学风景园林专业2018届毕业生，南京林业大学风景园林学在读硕士研究生，研究方向为风景园林规划与设计。电子邮箱：1261720695@qq.com。

洪泉，1984年生，男，汉族，浙江淳安，博士，浙江农林大学风景园林与建筑学院，副教授，美国康奈尔大学访问学者，研究方向为风景园林规划与设计、园林历史与理论。电子邮箱：hongquan@zafu.edu.cn。

吴凡，1999年生，男，汉族，浙江湖州，浙江农林大学风景园林学本科生，研究方向为风景园林规划与设计。电子邮箱：1606931969@qq.com。

城市社区公园景观健康绩效评价研究[①]

Study on Landscape Health Performance Assessment of Urban Community Park

陶　聪　李佳芯

摘　要：本研究建构了城市社区公园景观健康绩效评价指标体系和评价方法，并对上海4个社区公园进行了实证研究。研究发现市区社区公园的景观健康绩效明显优于郊区社区公园，而老社区公园又优于新建社区公园，同时揭示出郊区社区公园和新建社区公园存在的问题。研究进一步验证了社区公园景观健康绩效评价结果与公园使用者健康自评结果具有很高的一致性，证实了社区公园景观健康绩效评价方法的可靠性。

关键词：社区公园；景观健康绩效；评价指标；环境调节绩效；社会服务绩效

Abstract: The assessment index system and evaluation method of Landscape Health Performance of urban community parks were constructed, and an empirical study was made taking four community parks in Shanghai as examples. The results showed that the landscape health performance of downtown community park is significantly better than that of suburban community park, and the old community park is better than the new community park. At the same time, it revealed the problems of suburban community park and new community park. The study further verified that the landscape health performance of community park and the results of park users' self-rated health were highly consistent, which confirmed the reliability of landscape health performance evaluation method of Community Park.

Key words: Community Park; Landscape Health Performance; Assessment Index; Environmental Regulation Performance; Social Service Performance

1　研究背景

现代城市生活节奏快，社会竞争压力大，居民健康问题日趋严重，各种慢性病呈不断攀升的趋势[1-2]。研究表明，城市公园绿地可以有效提升周边居民参与身体锻炼的概率，增进居民社会交往，改善人群健康水平[3-4]。社区公园是我国城市公园绿地的重要组成部分，最为贴近城市居民的日常生活，与居民的生活品质密切相关[5]，理应承担更多的改善周边居民生活品质，促进健康生活方面的职责。但是，我国当前城市社区公园存在环境品质不高、设施简陋、交往空间不足等问题[6-7]。在对上海、杭州、昆明等大城市的12个社区公园进行调查发现使用者满意度普遍较低，上海市社区公园的平均满意度仅为46.4%，杭州市为56.2%，昆明市为51.7%，社区公园没有充分发挥其功能效益。

当前"推进健康中国建设"已成为实现人民健康与经济社会协调发展的国家战略。面对我国城市社区公园普遍存在上述问题、不利于促进居民健康生活的现象，本研究引入"景观绩效"概念，针对健康目标，展开对城市社区公园景观健康绩效的研究。

"景观绩效（Landscape Performance）"是2009年由LAF提出的概念[8]。景观绩效的理想目标就是要追求环境、社会和经济3方面的平衡，获得综合绩效的最大化[9]。但相关研究发现这3方面并不总是可以共融的，所以，在景观绩效评价时，根据不同的景观项目也会对3个方面有所侧重[10]。

景观绩效研究近年来在国内外兴起，以定量化评价为特征，可以使规划设计的作用有据可依，提升了风景园林规划设计的科学性[11-12]。但是，景观绩效研究还不成熟，评价指标还不全面，没有形成普适性的评价体系。景观绩效评价指标的选择往往以数据可获得性为重要依据，不同的项目评价指标差异很大[11]，一般对生态指标和经济指标关注较多，而对社会指标关注不足。另外针对健康的景观绩效研究还很少看到。

对城市社区公园进行景观健康绩效评价研究，可以让人们了解社区公园在促进公众健康方面的实际效益，以及存在哪些不足，从而更好地完善公园，为社区使用者提供更高效的服务，提升社区公园周边居民的健康生活水平，促进"健康中国"国家战略的顺利推进。因此，城市社区公园景观健康绩效的研究具有重要意义。

2　社会公园景观健康绩效评价方法

2.1　社区公园景观健康绩效评价指标体系建构

在我国，社区公园作为城市公园绿地的一类，是指为一定居住用地范围内的居民服务，具有一定活动内容和设施的集中绿地[13]。一般规模较小、数量多分布广、可达性强、使用频率高、是最贴近城市居民日常生活的公园

① 基金项目：国家自然科学青年基金（编号51708343）"基于健康目标的大城市社区公园景观绩效评价和优化研究"。

绿地。

相关研究证实,公园绿地具有促进使用者健康的作用,常去公园的居民,慢性病发生率明显低于平时不去公园的居民[14-15]。从以往研究看[15-16],公园绿地对大众身心健康的作用主要体现在两方面:一是环境调节,公园绿地可以改善微气候环境、增加负氧离子浓度、降低噪声、改善空气质量、美化环境,从而提高使用者舒适性、缓解压力、促进身心健康;二是社会服务,可以为周边居民提供健身、休闲和社交的场所,促进大众体力活动,提供社交机会,改善人际关系,愉悦心情,进而改善使用者健康状况。因此,本研究从社区公园绿地在环境调节和社会服务两方面建构景观健康绩效评价指标体系(表1)。环境调节绩效,包括微气候调节、环境改善、环境美化3方面;社会服务绩效,可以通过公园使用人数、休憩设施水平、活动空间丰富度等方面反映。

社区公园景观健康绩效评价指标体系 表1

健康绩效维度(权重)	评价指数(权重)	评价指标(权重)	评价方法
社区公园景观健康绩效	环境调节绩效(0.5)	小气候调节绩效(0.2)	温度调节绩效(0.1)	社区公园内监测点的温度平均值与公园外对照点的温度平均值的差值
			太阳辐射调节绩效(0.1)	社区公园内监测点的太阳辐射平均值与公园外对照点的太阳辐射平均值的差值
		环境改善绩效(0.2)	负氧离子浓度提升绩效(0.1)	社区公园内监测点的负氧离子浓度平均值与公园外对照点的负氧离子浓度平均值的差值
			噪声调节绩效(0.1)	社区公园内监测点的噪声平均值与公园外对照点的噪声平均值的差值
		环境美化绩效(0.1)	环境美化绩效(0.1)	采用问卷法,根据被试者对社区公园环境美化效果的评价平均值确定环境美化绩效
	社会服务绩效(0.5)	公园使用效率(0.125)	公园使用率(0.125)	公园实际使用总人数/公园游人容量
		公园休憩设施水平(0.125)	公园休憩设施水平(0.125)	休憩设施容纳总量/公园游人容量
		活动空间丰富度(0.25)	活动场地丰度(0.125)	活动场地面积/公园总面积
			公园路网密度(0.125)	道路的总长度/公园总面积

2.2 评价指标的无量纲化与综合评价

社会公园景观健康绩效评价指标评估值的单位和量级不尽相同,为了便于横向比较和加权计算,需要对各指标评价值进行无量纲化。本研究主要采用比例压缩法,将各评价指标值都转化到0~100之间,公式为:

$$T = T_{\min} + \frac{T_{\max} - T_{\min}}{X_{\max} - X_{\min}}(X - X_{\min}) \quad (1)$$

式中:T为各景观健康绩效评价指标变换后的标准化值;X为原始数据,$X_{\max}$,$X_{\min}$为每个景观健康绩效指标以往相关研究/规范/实测值的最优值和最差值;$T_{\max}$,$T_{\min}$为目标数据的最大值、最小值,本文$T_{\max}$取100,$T_{\min}$取0。

然后通过对各指标标准化值进行逐级加权计算来获得社区公园景观健康绩效综合评价值P,即:

$$P = \sum_{i=1}^{n} W_i h_i \quad (2)$$

其中,W_i为第i项指标/指数的评价值标准化值,h_i为第i个指标/指数的权重,本研究对各指标做等权处理(表1),n为指标个数。

通过加权计算后社区公园景观健康绩效综合评价值,值域范围在0~100之间。根据综合评价值可以得到社区公园景观健康绩效等级状况,共分为5个等级,0~20分为很差,20~40分为较差,40~60分为中,60~80分为良,80~100分为优。

3 城市社区公园景观健康绩效实证研究

3.1 研究对象

为了解不同区位和建设年代的城市社区公园景观健康绩效的差异情况,本研究选择上海市区的松鹤公园(老)、华山绿地(新),上海郊区的闵行公园(老)和新成公园(新)等4个社区公园作为研究对象,4个社区公园的基本情况(表2)。

上海市四个社区公园基本情况 表2

公园名称	公园面积(hm²)	建设年代(年)	区位	
松鹤公园(老)	1.41	1986	杨浦区	市区
华山绿地(新)	3.95	2001	长宁区	
闵行公园(老)	6.06	1988	闵行区	郊区
新成公园(新)	4.67	2003	嘉定区	

3.2 数据获取方法

对于社区公园温度、太阳辐射、负氧离子浓度、噪声4个环境调节绩效指标数据的获取，主要通过实地监测方法：在每个社区公园内均匀确定9个监测点，在社区公园外4个方位各设置1个对照点（图1~图4）。监测日期分别为2019年7月29、30日、8月16、17日，都为晴间多云天气，气温都在30℃以上。观测时间是10:00、12:00、14:00、16:00。气温、太阳辐射、负氧离子浓度、噪声的测试位置都在距地面1.5m处。对于环境美化绩效指标的数据获取，主要通过问卷法，每个公园随机抽取100位使用者对社区公园环境美化效果以百分制进行打分，计算被试者平均分作为社区公园的环境美化绩效值。

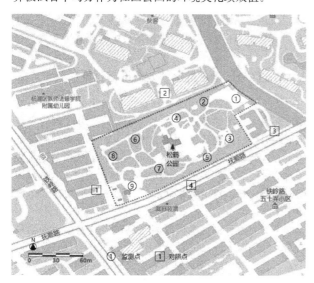

图1　松鹤公园监测点示意

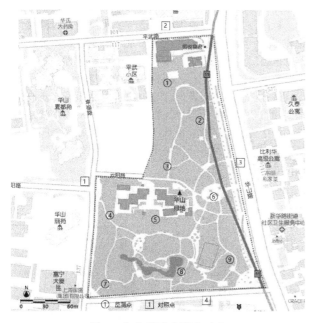

图2　华山绿地监测点示意

社会服务方面，公园使用人数，通过每个门口统计进出人数进行统计；休憩设施容纳量主要通过实地调查进

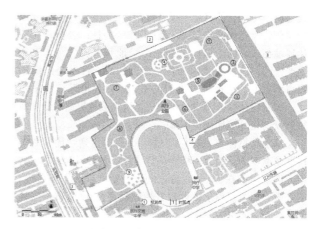

图3　闵行公园监测点示意

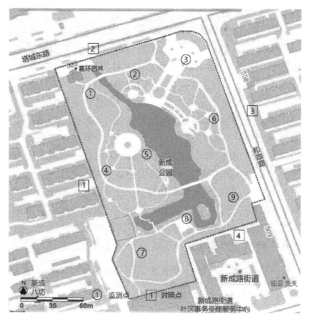

图4　新成公园监测点示意

行统计；社区公园活动场地面积和园路长度的计算，主要通过CAD软件实现。

3.3 评价结果与分析

（1）环境调节绩效评价结果

从环境调节绩效评价结果看（图5），松鹤公园和华山公园两个位于市区的社区公园的温度调节绩效、太阳

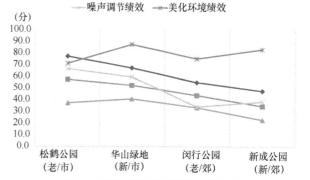

图5　社区公园环境调节绩效评价结果

辐射调节绩效、负氧离子提升绩效、噪声调节绩效都要高于闵行公园和新成公园两个位于郊区的社区公园；而美化环境绩效，两个新建公园华山绿地和新成公园高于两个老公园。这主要是因为位于市区的两个社区公园绿地覆盖率更高、植被种植更为茂密，所以环境调节效果更佳；而新建社区公园设计更现代，植物栽植更追求景观效果所以美化环境作用更明显。

从单项指标看，美化环境绩效基本达到"优"的等级，而温度调节绩效、噪声调节绩效、太阳辐射调节绩效的分值基本都在 40～80 分之间，处于"较好"和"中"的等级；而负氧离子浓度提升绩效则都在 40 分以下，处于"较差"等级。

总的来说，环境调节方面，社区公园的美化环境绩效＞温度调节绩效＞噪声调节绩效＞太阳辐射调节绩效＞负氧离子浓度提升绩效。

（2）社会服务绩效评价结果

从社会服务绩效评价结果看（图 6），位于市区的老社区公园松鹤公园的社会服务绩效各项指标基本都在 80 分以上，处于"优"的状态，明显高于其他 3 个社区公园，而同样是位于市区的华山绿地，休憩设施配置和公园使用率高于郊区公园，但是在活动空间丰富度（场地丰度和路网密度）方面并没有优于郊区社区公园。这主要是因为市区人口密度高，公园绿地紧缺、需求高，因而市区社区公园的利用率很高，相应的休憩设施也一般较为密集；由于老社区公园更注重实用性，往往具有丰富的活动空间，而新建公园更注重景观形象和空间效果，活动空间的功能丰富性欠佳。同样的，位于郊区的闵行公园（老）社会服务绩效整体要略高于新成公园（新）。

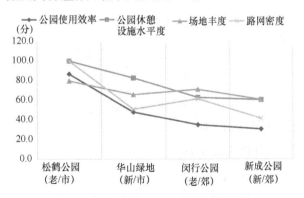

图 6　社区公园社会服务绩效评价结果

从单项指标看，除了松鹤公园的社会服务绩效都为"优"外，其他社区公园的休憩设施水平、场地丰度和路网密度的评价值都在 40～80 分之间，绩效主要处于"中""较好"两个等级；而公园使用效率，位于郊区的闵行公园和新成公园在 40 分以下，处于"较差"的等级。

可以看出，社会服务绩效方面，市区的社区公园比郊区的社区公园有较明显优势，而老社区公园又要优于新建社区公园。

（3）社区公园健康绩效综合评价结果

从社区公园景观健康绩效综合评价结果看（图 7），松鹤公园＞华山绿地＞闵行公园＞新成公园。从环境调节绩效看，虽然位于市区的松鹤公园和华山绿地略高于

另外两个郊区的社区公园，但是优势不明显；而社会服务绩效看，位于市区的松鹤公园明显高于其他 3 个公园。总的来说，市区社区公园景观健康绩效高于郊区公园，老社区公园健康绩效高于新建公园。

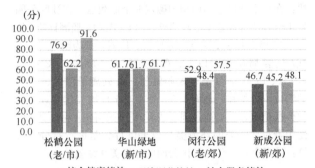

图 7　社区公园景观健康绩效综合评价结果

3.4　社区公园景观健康绩效验证与讨论

为了验证社区公园健康绩效评价结果的可靠性，本研究还引入自测健康评定量表（Srhms），可以较为直观地反映居民的健康状况[17]。自测健康评定量表分生理健康、心理健康和社会健康 3 个方面，共 48 个条目，每个条目的分值为 0～10 分，分别表示健康状况由差到好。为便于横向比较，对所有单项和综合项都以平均分表示健康水平。

本研究做自测健康研究时将测试者分两组，一组是常去社区公园人群（每周去公园 3 次及以上，每次 1h 以上），另外一组选择平时基本不去公园的人群作为对照组。两组参与问卷的人员，性别、年龄呈均匀分布。两组人群自测健康结果平均值的差值，可反映社区公园对使用者健康提升效益。

社区公园景观健康绩效应该与公园使用者的健康促进作用相一致。通过将社区公园景观健康绩效评价结果与社区公园使用者自测健康评定结果的一致性分析，可检验社区公园景观健康绩效评价方法的可靠性。

从社区公园使用者的自测健康评定结果看，新成公园＞闵行公园＞华山绿地＞松鹤公园（图 8）。也就是郊区的社区公园使用者健康状况优于市区的社区公园使用者，这似乎与前文中分析得出的城市社区公园的景观健康绩效结果相违背。

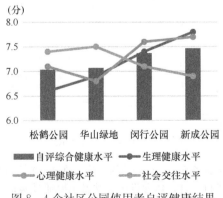

图 8　4 个社区公园使用者自评健康结果

进一步，通过社区公园使用者与非公园使用者的健康状况的比较，可以发现，无论平时是否去公园，郊区的居民的健康状况普遍高于市区的居民（图9），这与城市郊区环境更接近自然，居民生活压力也相对小有一定关系。然而，社区公园使用者与非公园使用者的自测健康差值（健康提升绩效）看，发现松鹤公园＞华山绿地＞闵行公园＞新成公园，这与社区公园健康绩效评价的结果较为一致（图9）。对自评健康提升绩效与综合景观健康绩效作回归分析（图10），二者呈现很强的线性相关关系（R^2 为 0.97）。由此证实，本研究提出的社区公园景观健康绩效评价方法有较好的可靠性。

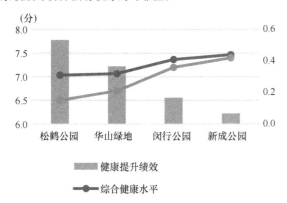

图9 4个社区公园使用者与非使用者健康水平对比

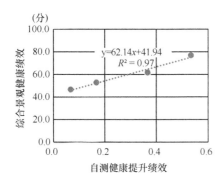

图10 自测健康提升绩效与景观健康绩效回归分析

4 结论

本研究建构了城市社区公园景观健康绩效评价指标体系和评价方法。并以上海4个社区公园为案例，对社区公园健康绩效评价方法进行了实证研究。研究中社区公园景观健康绩效评价结果与公园使用者自测健康结果反映的公园对使用者健康的提升效果有很高的一致性，证实了社区公园健康绩效评价方法的可行性和可靠性。

从案例研究发现，城市市区社区公园的景观健康绩效明显优于郊区社区公园，这一方面是由于城市中心区人口密度高，公园使用需求高，政府对于社区公园的建设较为重视，一般绿化覆盖率较高，休憩设施和活动场地较

为丰富，所以社区公园的使用率较高；另一方面也反映出城市郊区社区公园受重视不足，在公园绿化种植、休憩设施配置方面都存在不足，路网密度和活动场地丰富度较低，社区公园建设较为粗糙难以满足市民的使用需求。从新老社区公园比较看，城市老社区公园的景观健康绩效高于新建社区公园。新建社区公园一般较为追求景观美学效果，而老社区公园更为注重功能实用性，所以新建社区公园的环境美化绩效优于老社区公园，但整体景观健康绩效不如老社区公园。

城市社区公园景观健康绩效评价研究可以量化分析社区公园的居民健康促进方面的效益，并可揭示社区公园在环境调节和社会服务方面存在的具体问题，可为社区公园的规划设计和建设提供依据，提升规划设计的科学性。

参考文献

[1] World Health Organization. New horizons in health[M]. Geneva：1995.

[2] 国家卫生和计划生育委员会. 中国居民营养与慢性病状况报告2015[R]. 北京：国家卫生和计划生育委员会，2015.

[3] Gidlof-Gunnarsson A，Ohrstrom E. Noise and well-being in urban residential environments：The potential role of perceived availability to nearby green areas[J]. Landscape and Uuban Planning. 2007，83(2-3)：115-126.

[4] Bell J F，Wilson J S，Liu G C. Neighborhood Greenness and 2-Year Changes in Body Mass Index of Children and Youth[J]. 2008，35(6)：547-553.

[5] Plane J，Klodawsky F. Neighbourhood amenities and health：Examining the significance of a local park[J]. Social Science & Medicine. 2013，99(SI)：1-8.

[6] 骆天庆，傅玮芸. 人口老龄化背景下的社区公园活动空间和游憩设施配置上海实例研究[J]. 风景园林. 2016(04)：96-101.

[7] 于冰沁，谢长坤，杨硕冰，等. 上海城市社区公园居民游憩感知满意度与重要性的对应分析[J]. 中国园林. 2014(09)：75-78.

[8] 李明翰，布鲁斯·德沃夏克，罗毅，等. 景观绩效：湿地治理系统和自然化景观的量化效益与经验总结[J]. 景观设计学. 2013(04)：56-68.

[9] Luo Y，Li M. Does Environmental，Economic and Social Benfits always Complement each other？ A Study of Landscape Performance：Council of Educators in Landscape Architecture[Z]. Austin，Texas：2013.

[10] 罗毅，李明翰，孙一鹤. 景观绩效研究：社会、经济和环境效益是否总是相得益彰？[J]. 景观设计学. 2014(01)：42-56.

[11] 福斯特·恩杜比斯，瑟·惠伊洛，芭拉·多伊奇，等. 景观绩效：过去、现状及未来[J]. 风景园林. 2015(01)：40-51.

[12] 林广思，黄子芊，杨阳. 景观绩效研究中的案例研究法[J]. 南方建筑. 2020(3)：1-5.

[13] 骆天庆，李维敏，凯伦. C. 汉娜. 美国社区公园的游憩设施和服务建设——以洛杉矶市为例[J]. 中国园林. 2015(08)：34-39.

[14] Maas J，Verheij R A，de Vries S，et al. Morbidity is related to a green living environment[J]. J Epidemiol Community Health. 2009，63(12)：967-973.

[15] 李立峰，谭少华．主动式干预视角下城市公园促进人群健康绩效研究[J]．建筑与文化．2016(07)：189-191.

[16] Markevych I, Schoierer J, Hartig T, et al. Exploring pathways linking greenspace to health: Theoretical and methodological guidance[J]. Environmental Research. 2017, 158: 301-317.

[17] 许军，王斌会，胡敏燕，等．自测健康评定量表的研制与考评[J]．中国行为医学科学．2000(01)：69-72.

作者简介

陶聪，1982 年 10 月生，男，浙江嘉兴，上海交通大学设计学院助理研究员，研究方向为健康景观、风景园林设计、城镇风貌。电子邮箱：taocong@sjtu.edu.cn。

李佳芯，1986 年 5 月生，女，满族，辽宁，上海交通大学博士生，研究方向为风景园林设计、空间叙事。电子邮箱：JiaXinLi@sjtu.edu.cn，496436069@qq.com。

城市公园的可达性对游客流量影响分析

——以纽约曼哈顿岛为例

The Impact of Accessibility on Visits in Urban Parks：

A Case Study of Urban Parks in Manhattan

田　卉

摘　要： 在 COVID-19 疫情大流行期间，开放的城市公园是为数不多人流增长的地方之一。在保持安全的社交距离下，城市公园为人们锻炼身体、放松身心提供了绝佳的场地。但是公园绿地的分布不均以及缺乏，导致游人聚集的事件时有发生，从而增加了疫情传播的风险。本研究关注曼哈顿城市公园的类型以及分布情况，运用改进后的空间句法（SDNA 模型）进行建模分析，从道路系统的全局和局部接近度，对不同类型的城市公园进行了可达性的定量评价，并与实际观察的人群聚集数据做参照对比。结果表明：第一，曼哈顿岛上的大部分区域在步行 10min 范围内可以到达公园，但是中城区公园数量不足；第二，步行尺度下，局部中心区域（曼哈顿下城区）的公园可达性较高；车行尺度下，全局中心区域（曼哈顿中城区）的公园以及中央公园可达性较高；第三，发生人群聚集事件比例最大的是社区公园，邻里公园次之。研究发现，在曼哈顿局部中心，可达性高的城市公园与发生人群聚集的公园分布较为一致，这也验证了公园的局部可达性会影响人群在步行范围内对公园的选择。本文分析了公园可达性与游客流量的关系，为管理部门对游客流量的预估和游客的出行选择提供一个新的视角，有助于在疫情期间降低人群在公园集聚的风险。

关键词： 空间句法；SDNA 模型；城市公园类型；可达性分析；公园人群聚集

Abstract: During the breakout of COVID-19 pandemic, open urban park is one of the few places where visits increase. Within safe social distancing, urban parks provide vital space for people to exercise and relax. However, unequal and inadequate distribution of green spaces results in crush of visitors in some parks, which increases the potential risk of spreading epidemic. This research focuses on various categories of urban parks and their distributions in Manhattan Island, and utilizes advanced technique of Space Syntax, sDNA model to analyze the global and local closeness of road network. Then it relates the result to locations of parks, evaluates their accessibilities, and compares the accessibility with parks crowds data to verify its accuracy. The results tell that: At first, the most areas in Manhattan are covered within 10-minute walkable service of nearby urban parks, except of Midtown. In addition, the walkable accessibility is higher in parks in local core area (Downtown) while the vehicle accessibility is higher in parks in the global core area (Midtown) and Central Park. Lastly, community park and neighborhood park are the places where crowds are most likely to come. In summary, urban parks in local core area with high accessibility is consistent with the places where crowds are recorded. It verifies local accessibility of urban parks does affect people's choice within walking distance. This paper analyzes the relationship between accessibility of park and visitor flow and provides a new vision for management office to control crowds and visitors to choose destinations, which is helpful to decrease the risk of park crowds.

Key words: Spatial Syntax; SDNA Model; Urban Park Category; Accessibility Evaluation; Parks Crowds Data

　　城市公园对于城市环境的改善作用毋庸置疑：它们可以净化空气污染、吸收二氧化碳等温室气体、降低热岛效应、储存并净化雨水，以及为野生动物提供重要的栖息地。同时城市公园也提升了市民的生活质量，为居住在拥挤城区的人们提供了锻炼健身以及放松心情的场所。此外，维护良好、运转正常的公园还可以提高周围社区的经济收益[1]。

　　纽约市作为美国的经济与文化中心，吸引了大量的人口在此工作和居住，也是全美人口最多的城市。根据 2020 年 7 月的人口普查数据，纽约市人口将达到 877 万人。其中曼哈顿是纽约市 5 个行政区中人口最密集的行政区，预计人口密度在 2020 年会达到 27346 人/km²[2]。高密度的人口和有限的土地导致了纽约市的人均绿地面积低于美国其他大城市的平均水平。美国国家游憩与公园协会（NRPA）建议的每千名居民 2.5～4.2 英亩（约

10117～16997m²）开放空间的建议标准[3]，而纽约市社区级别的平均开放空间比率为每千名居民 1.5 英亩（约 6070m²），且分布不均。纽约市规划部门也在努力提升开放空间的数量和利用率，目标是每千名居民拥有 2.5 英亩（约 10117m²）开放空间，使每个纽约人从居所出发 10min 步行就可以到达附近的开放空间[4]。

　　2020 年初，新型冠状病毒肺炎（COVID-19）的传播为城市公园的使用提出了严峻的挑战。在疫情暴发期间，纽约城市公园作为为数不多依旧开放的公共空间吸引了大量的游人使用并出现人群聚集。一些游客在公园内不遵守间隔 2m 的社交距离[5]，遭到公园管理人员的干预，甚至引起警方的出动。本研究关注曼哈顿城市公园的类型以及分布情况，并试图探讨道路系统对人流到达公园的导向影响以及人群在公园聚集的相关因素，希望对游人在疫情下的出行以及管理部门控制人流的关注地点有

一定参考作用。

1 研究背景

17 世纪，曼哈顿岛从南端开始发展，城市以自由发展的有机形态为主。19 世纪初，城市的道路网格已经由南向北发展到休斯顿街，西至格林威治村，构成了曼哈顿岛下城区的主要部分，街道格局基本保持至今。1811 年勘测专员发布了总体规划方案，将网格道路的规划扩展到曼哈顿岛其他区域，规划于 1845 年基本成型[6]。1878 年中央公园的嵌入改变了曼哈顿上城原本的规划格局，形成了最大的合并街区。自此以后，曼哈顿的路网结构没有再经历重大改变[7]。

一些学者已经用空间句法（Space Syntax）的研究方法分析了曼哈顿城市形态的演变，如比尔·希列尔（Bill Hillier）等在 "The city as one thing"[8] 和许晖在《细分网格在弹性城市设计中的应用》的探索[9]。马敬然等在《弹性网格：曼哈顿城市形态及合并街区特征研》[7]文章中则研究了曼哈顿的网格道路在不同发展阶段的整合情况，以及合并街区对均质网格的影响。这些研究为我们提供了充分的背景资料，但是较少关注道路系统对城市公园以及开放空间的导向影响。张琪等人在《基于空间句法的武汉市旅游景点可达性评价》中使用了道路与旅游景点相关联的方法来分析景点的可达性[10]，不过更多停留在理论方面地尝试，缺乏实际情况的对比。因此本文尝试利用空间句法的分析方法来关联道路的连接度与城市公园的可达性，并结合人群聚集的数据作为参照，来验证道路对公园可达性的影响，为游客出行选择以及游客流量的预测提供一个新的视角。

2 研究对象和方法

2.1 研究对象

美国城市公园的分类标准主要参照美国国家游憩与公园协会（NRPA）制定的 "Park, Recreation, Open Space and Greenway Guidelines"[4]，其中核心类型为迷你公园、邻里公园、社区公园和区域公园[3]。每个城市根据自身实际情况来制定各自的城市公园分类体系。参照 NRPA 核心公园类型以及场地的用地性质，纽约市的核心城市公园类型可以分为三角地/广场（对应迷你公园）、邻里公园、社区公园以及旗舰公园（对应区域公园）。纽约市开放数据（NYC Open Data）显示，曼哈顿岛上用地属性为公园的场地中，三角地/广场 64 个、邻里公园 61 个、社区公园 23 个以及旗舰公园 1 个[11]。

2.2 研究方法

空间句法（Space Syntax）由比尔·希列尔（Bill Hillier）及其研究团队于 20 世纪 70 年代提出，目前已经广泛应用于建筑学、交通学、地理学等多个领域。空间句法是一种反映空间客体和人类直觉体验的空间构成理论，其本质就是通过把大空间分割为小空间，并且用拓扑图

的形式直观表达出来，而后从中导出一系列形态分析变量、测度空间关系的远近，从而清晰、精确地揭示空间之间的复杂关系[12-13]。

线段模型（Segment）是空间句法的一种模型分析方法，以城市路网数据为基础、以路网偏转角度为权重、描述空间之间相互关系的模型。该模型考虑了路网偏转的角度对居民出行的影响，其分析结果更符合城市设计人员对道路的理解，且建模及计算效率更高，已经成为空间句法在城市空间研究和规划运用的主流模型[14]。

在空间句法的实践基础上，英国卡迪夫大学地理与规划学院于 2013 年开发的一款高级空间分析软件空间网络分析（Spatial Design Network Analysis，以下简称 SDNA），该模型旨在改进空间句法对大尺度城市和区域的建模分析能力，其模型与线段模型类似。研究中使用的相关参数如下。

2.2.1 搜索半径（R）

表征计算某路段在道路网络中的拓扑参数时考虑的空间范围。此处将 $R=N$（无限远）视为全局尺度计算的搜索半径，表达整个曼哈顿岛内的机动车运行范围；将 $R=400\text{m}$（5min 步行距离）和 $R=800\text{m}$（10min 步行距离）视为局部尺度的分析半径，表示人们步行到附近场地的运动范围。

2.2.2 整合度/接近度（Integrity/Closeness）

对应线段模型中的整合度，SDNA 中表达为接近度，反映了网络中某个空间在搜索半径内与其他空间集聚或离散程度，接近度越高，代表空间越集聚，该空间的拓扑可达性和中心性也越强，对区域出行的交通流具有更大吸引力。SDNA 算法中的接近度公式如下：

$$NQPDA(x) = \sum_{y \in Rx} \frac{p(y)}{d(x, y)}$$

注：$p(y)$ 为搜索半径 R 内节点 y 的权重，在连续空间分析中，$p(y) \in [0, 1]$，在离散空间分析中，$p(y)$ 取值为 0 或 1；$d(x, y)$ 为节点 x 到节点 y 的最短拓扑距离；$NQPDA(x)$ 为接近度。

2.2.3 标准化角度穿行度/双阶段中间度（NAChoice/Two Phase Betweenness）

SDNA 中的中间度通常用于衡量路网被搜索半径内通过的概率，中间度越高代表路网的通过性越强，相应地承载着较多的通过性人/车流。对应线段模型中的标准化穿行度，SDNA 的算法中使用搜索半径内的节点总数进行参数的标准化，得到双阶段中间度（Two Phase Betweenness, TPBt）参数[15]。

$$OD(y, z, x) = \begin{cases} 1, & x \text{ 位于 } y \text{ 到 } z \text{ 最短路径上} \\ \dfrac{1}{2}, & x \equiv y \neq z \\ \dfrac{1}{2}, & x \neq y \equiv z \\ \dfrac{1}{3}, & x \equiv y \equiv z \\ 0, & \text{其他情况} \end{cases}$$

$$TPB_t(x) = \sum_{y \in N} \sum_{z \in R_y} OD(y, z, x) \frac{P(z)}{Links(y)}$$

注：$OD(y, z, x)$ 为搜索半径 R 内通过节点 x 的节点 y 与 z 之间最短拓扑路径；$TPB_t(x)$ 为节点 x 的穿行度；$Links(y)$ 为每个节点 y 搜索半径 R 内的节点总数。

本研究将运用 SDNA 模型方法结合 GIS 技术，来分析曼哈顿岛网格道路系统下的城市公园和开放空间的可达性，得到可达性较高的各类城市公园的分布地点，再进一步对比公园人群聚集的数据，探讨空间句法在分析公园可达性以及预测游客流量的可能性。在需要保持社交距离的情况下，正确的模型预测可以对游人选择公园目的地以及管理部门对于人流控制的关注地点提供一定参考。

3 曼哈顿岛城市公园的可达性分析

3.1 核心类型城市公园的服务半径覆盖范围

曼哈顿岛"小街廓、密路网"的道路尺度对行人非常友好，人们到附近地点的主要交通方式也是步行。为了发挥曼哈顿岛土地最大的商业价值，多数的小型公园坐落在道路交错形成的边角地段，如三角地/广场；而一些中型公园则分布在不适合商业建设开发的沿河边缘，如多数的社区公园。根据 NRPA 指南，小型公园（三角地/广场和邻里公园）应距离居住区步行 5min 可达的范围内，即服务半径为 400m；而中型和大型公园（社区公园和旗舰公园）应距离居住区步行 10min 可达的范围内，即服务半径为 800m[4]。从公园入口步行可达范围分析可以得出，曼哈顿岛上的大部分区域都可以步行到附近的公园，但是中城有空白区域不在公园服务半径之内，即该区居民、工作人员无法在舒适步行距离中抵达附近的城市公园。中城区大部分是商业区，该区域的公园主要是沿着百老汇大道（Broad Way）及其两侧分布，服务附近工作的员工以及旅游、购物的游客，在数量上有所欠缺。

3.2 道路系统和公园的全局/局部可达性

曼哈顿的下城区（Downtown）即炮台公园到 14 街，是殖民者最早开发的区域，也是网格道路系统开始的地方。根据 2.2 所述方法计算得到下城区的局部接近度最强，形成局部的城市中心。中央公园的东南侧以及北侧的局部接近度也略高于其他区域，形成了新的次级局部城市中心。将道路的局部接近度与周边公园做空间关联后可以得到各个公园的局部可达性，反映了行人在步行 10min 内到达某个公园的难易程度。道路局部接近度较强的区域附近所在公园，游人的步行可达性较强。因此下城区的局部中心区域，可达性高的公园最为集中。

1878 年建成的中央公园影响了后期城市的发展导向，在全局车行范围内，中城（Midtown）形成了整个曼哈顿岛的城市中心，并且沿着中央公园东西两侧的道路延伸出新的次级城市中心[7]。网格道路的发展和机动车、地铁等高速交通工具的引入使得城市中心增多，并向北发生了转移。将曼哈顿岛的道路全局接近度与公园做空间关联后可以得出各个公园的全局可达性，即游人从岛上任意

一个地方到达某个公园的难易程度，是较大尺度下对各个公园的可达性的测度，即各个公园的车行可达性。分析 2.2 的模型可以得到，中城区（14 街～56 街）的城市公园以及中央公园在车行尺度下的可达性最好。不同于局部可达性强的公园主要服务附近的居民，车行尺度可达性更好的公园的使用者还包括慕名而来的外地游客，如中央公园、23 街的麦迪逊广场公园、42 街的布莱恩公园等。

4 公园人群聚集的观察数据对比分析

公共场所人群聚集的发生一般要满足两个条件，即在有限的面积内汇聚大量的人流。公园的可达性影响了人流对目的地的选择，而公园的场地面积以及道路、设施的布局影响了人流在其中的行动速度。

4.1 公园类型

在 COVID-19 疫情期间，纽约市公园维护和管理处的工作人员记录了他们在公园工作时遇到的人群聚集事件。数据显示，从 3 月底到 7 月底期间，4 个三角地/广场出现了人群聚集，占同类型公园总数的 6%；20 个邻里公园出现了人群聚集，占同类型公园总数的 33%；11 个社区公园出现了人群聚集，占同类型公园总数的 48%；旗舰公园没有出现人群聚集的报告[16]（图 1）。

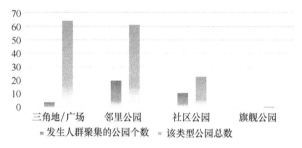

图 1 不同类型公园发生人群聚集的比例

发生人群聚集事件比例最大的是社区公园，邻里公园次之。由于 COVID-19 的疫情发展，曼哈顿岛的外地游客数量剧减，因此公园的服务对象主要是当地居民。社区公园和邻里公园具有一定面积的休闲社交场地和娱乐活动设施，在缺乏其他户外活动的疫情期间，该类公园就成为居民主要前往的目的地。街头三角绿地和广场的面积较小，虽然平时使用率极高，但是疫情期间却少有人群聚集。它们很难像中型、大型公园那样为人们提供有效的场所来锻炼身体、休闲娱乐以及隔离城市喧嚣，对人流的吸引力因此降低。曼哈顿岛上唯一的旗舰公园（区域公园）是中央公园，其全局（车行）可达性较高，而局部（步行）可达性中等。但是疫情期间，人们出行尽量避免使用公共交通，所以造访中央公园的人流大大减少。中央公园的面积宽广且园路繁多，游人可以在其中流畅的通行，减少聚集的概率。目前还没有发生人群聚集的报告。

4.2 分布特点

从公园人数聚集报告的分布图来看，聚集发生次数较多的公园集中在曼哈顿下城区，以及东南沿河地带和部分

西北沿河地带。空间句法分析得出的公园可达性与观察到的人群聚集情况在局部城市中心（下城区）和次级城市中心（中央公园北侧）的分布较为一致。因为城市内部的公园可达性主要受到道路因素以及行人的行走规律影响，可达性高的公园来访人流较大，更容易发生聚集行为。

由于曼哈顿是一条狭长的岛屿，部分城市边缘的公园其实距离局部城市中心也很近。虽然它们所处的道路整合度较低，导致其理论上的可达性低，但是实际上这些局部城市中心附近的公园内游人流量并不低。如东河公园（East River Park）和崔恩堡公园（Fort Tryon Park）都发生了多次人群聚集事件。曼哈顿岛特殊的地理位置决定了城市边缘的公园多是滨水公园，沿河景观具有特殊的观赏价值，对游人的吸引力也使道路对其可达性的影响降低。远离城市局部中心的滨水公园可达性较低，理论数值与实际情况一致，发生人群聚集的情况较少，如河滨公园以北（Riverside Park North）和切尔西水边公园（Chelsea Waterside Park）。

5 结论与反思

空间句法计算模型下的公园可达性是影响公园内游人流量的因素之一。在比较模型计算结果和实际观察数据后，作者发现，在步行尺度下，城市局部中心区域及附近的公园可达性较高，游客流量就较大，呈正相关；反之，远离城市局部中心的区域，公园的可达性低，对人流的吸引力也会减少。这个结论在一般的内陆城市比较适用，对于沿河/沿海且尺度较小的城市，城市边缘有特殊景观价值的公园需要根据具体情况再做分析。

公园的规模以及内部设施和道路系统则是影响人流滞留、聚集的重要因素。文中观察数据显示，出现人群聚集事件的主要是位于城市局部中心及附近的社区公园和邻里公园。在这些公园内部，具体的发生地点则集中于运动场地、园路和休憩座椅区[16]。在 COVID-19 疫情期间，纽约市进入了公共卫生紧急状态，已经禁止进行高风险运动（如橄榄球、篮球、排球等），并暂时拆除了活动设施，但是场地的使用依旧需要工作人员更多的监管[17]。公园中一些小径的宽度低于 2m，游人很难保持安全的社交距离，这种情况下公园管理部门可以设置标识，将过窄的园路定义为单向行走，来缓解人流的聚集情况。对于座椅比较密集的休憩区，公园管理人员可以暂停一些座椅的使用功能，使它们每个都可以保持安全社交距离。

本文利用空间句法的模型对曼哈顿城市公园的可达性进行了计算，并验证了可达性是作为公园发生人流聚集的一个重要影响因素，这为 COVID-19 疫情流行下的公园出行和管理提供了新的角度。游人可以选择避开可达性高的公园出行，而管理部门也可以提高对这些公园的监管来避免人流聚集的事件频繁发生，从而减少疫情的传播。

公园内游人密集的景象凸显了城市中没有足够、完善的开放空间这一事实。对于人流的预测和管理可以在短期内缓解游人聚集的风险，但在长期保持社交距离的未来，增加不同规模和用途的公园并加强它们之间的连接，分流使用人群才是治标更治本的方法。这些都是后疫情时代值得风景园林工作者探讨的问题。

参考文献

[1] Design Trust for Public Space and the City of New York[J]. High Performance Landscape Guidelines 21st Century Parks for NYC. [2020-07-20]. https：//www.nycgovparks.org/greening/sustainable-parks/landscape-guidelines.

[2] World Population Review[J]. Manhattan Population 2020. [2020-07-20]. https：//worldpopulationreview.com/boroughs/manhattan-population.

[3] Mertes J D, Hall J R. Park, Recreation, Open Space and Greenway Guidelines[J]. Washington DC：Urban Land Institute, 1996.

[4] NYC Mayor's Office of Environmental Coordination, The City Environmental Quality Review Technical Manual (2014 Edition)[J]. [2020-07-20]. https：//www1.nyc.gov/site/oec/environmental-quality-review/technical-manual.page.

[5] Centers for Disease Control and Prevention. Social Distancing, Quarantine, and Isolation[J]. [2020-07-20]. https：//www.cdc.gov/coronavirus/2019-ncov/prevent-getting-sick/social-distancing.html.

[6] Ballon H. The Greatest Grid：The Master Plan of Manhattan, 1811-2011[J]. New York：Columbia University Press, 2012.

[7] 马敬然, 王浩锋. 弹性网格：曼哈顿城市形态及合并街区特征研究[J]. 国际城市规划, 2020, 35(1)：62-70.

[8] Hiller B, Vaughan L. The city as one thing[J]. Progress in Planning, 2007, 67(3)：67-69.

[9] 许晖. 细分网格在弹性城市设计中的应用[D]. 北京：清华大学, 2011.

[10] 张琪, 谢双玉, 王晓芳, 等. 基于空间句法的武汉市旅游景点可达性评价[J]. 经济地理, 2015, 35(8)：200-208.

[11] NYC Open Data, Open Space (Parks)[EB/OL]. [2020-07-30]. https：//data.cityofnewyork.us/Recreation/Open-Space-Parks-/g84h-jbjm.

[12] Hiller B, Hanson J. The Social Logic of Space[J]. Cambridge：Cambridge University Press, 1984.

[13] 段进, Hiller B. 空间研究 3——空间研究与城市规划[M]. 南京：东南大学出版社, 2007.

[14] Hiller B, 盛强. 空间句法的发展现状与未来[J]. 建筑学报, 2014(08)：60-65.

[15] 古恒宇, 孟鑫, 沈体雁, 等. 基于 SDNA 模型的路网形态对广州市住宅价格的影响研究[J]. 现代城市研究, 2018, (06)：2-8.

[16] NYC Open Data, Social Distancing：Parks Crowds Data[J]. [2020-07-30]. https：//data.cityofnewyork.us/dataset/Social-Distancing-Parks-Crowds-Data/gyrw-gvqc.

[17] Empire State Development Corporation. Reopening New York Sports and Recreation Guidelines[EB/OL]. [2020-07-30]. https：//www.governor.ny.gov/sites/governor.ny.gov/files/atoms/files/SportsAndRecreationSummaryGuidance.pdf.

作者简介

田卉, 1986 年 1 月生, 女, 汉族, 天津, 路易斯安那州立大学景观硕士, 天津大学硕士学位, 现创办私人工作室, 美国马萨诸塞州注册景观建筑师, 研究方向为城市空公共间、屋顶花园、医疗景观设计。电子邮箱：htian.la@gmail.com。

基于风环境模拟的宣城彩金湖生态片区空间形态优化研究

Spatial Morphology Optimization of Xuancheng Caijin Lake Ecological Area based on Wind Environment Simulation

王　彬　李永超　孟庆贺　杨震雯　张婉玉　潘世东

摘　要： 城市风环境对于城市公共空间环境品质和健康城市建设具有重要影响。本文从城市规划设计的角度，探索了一条不同尺度下通过风环境模拟反馈来优化城市空间形态的方法路径，提出不同尺度下风环境模拟应该关注的目标和重点。同时建立"空间形态设计—风环境模拟反馈—空间形态优化—风环境评价—空间形态管控"的规划建设管理全过程系统性设计思路，并在宣城市彩金湖片区规划设计中加以实践检验，为健康城市与公共空间规划设计提供有益借鉴。

关键词： 风环境模拟；空间形态；健康城市

Abstract: Urban wind environment plays an important role in urban public space environmental quality and healthy urban construction. From the perspective of urban planning and design, this paper explores a method path to optimize urban spatial form through wind environment simulation feedback at different scales, and puts forward the targets and emphases that should be paid attention to in the simulation of wind environment at different scales. At the same time establish "space form design, wind environment simulation feedback, spatial configuration optimization, evaluation of wind environment space form controls" the planning and construction management of the whole systemic design idea, and promote the urban Mosaic gold lake area planning to practice in the design of test, for health beneficial references for urban and public space planning and design.

Key words: Wind Environment Simulation; Spatial Form; Healthy City

1　城市风环境与空间形态

城市空间的风环境品质是城市空间环境品质的重要组成部分，从宏观尺度来说，城市的风环境会影响城市的生态安全格局，会对城市污染物扩散，城市热岛效应带来重要影响，从而影响人们的健康生活。从微观尺度来说，不同风速、风压会给生活在城市中的人们带来不同的感官效果，会影响人们对于空间环境的选择，从而导致城市空间的使用频率和人气。因此，城市风环境对于人们的健康生活和城市公共空间的活力具有重要的影响。

1.1　城市风环境模拟

1.1.1　宏观尺度下的风环境模拟

从城市和区域等宏观尺度来看，主要从城市整体生态廊道构建层面来考虑城市风环境，重点模拟城市在30m左右高度的风环境。吕圣东在相关研究中指出：城市重要生态廊道的风速在3～5m/s之间时，可以在较大限度上将郊区气流引入城市内部，增加空气流动性，有利于城市空气污染物的扩散，缓解城市热岛效应。宏观尺度下的城市风环境模拟以区域生态格局为基础，确定地块内生态廊道和斑块位置范围，对范围内空间形态进行引导和控制。通过对生态廊道布局与整合的同时，实现城市的自然通风通透性。

1.1.2　微观尺度下的风环境模拟

微观尺度下的风环境模拟一般上是指具体地块尺度下的风环境模拟，主要考虑城市空间环境品质的提升。从行为舒适度、热舒适度和空气质量舒适度三个层面对范围内空间形态进行引导和控制。

（1）行为舒适度

行为舒适度评价是主要根据风速以及湍流强度来判断行人对室外风速是否舒适的主观感知，重点考虑城市1.5m左右城市风环境。目前关于人体行为舒适度的评价方法主要有相对舒适度评估法、风速比评估法、风速概率统计评估法、超越风速概率评估法。在我国《绿色建筑评价标准》GB/T 50378－2019 中规定，在城市空间内的行人高度 1.5m 处的风速数值大小不应超过 5m/s。

（2）热舒适度

热舒适度通常是基于风速、温度等条件综合判断，更主要的是通过调节风速来提高热舒适度。我国香港中文大学吴恩融在深入了解与香港特区气候相似地区的热舒适度研究成果之后，结合香港特区的风速、温度、太阳辐射等实测数据，对香港特区热舒适度展开系统性研究，最后建立了香港特区室外热舒适评估表。

（3）空气质量舒适度

城市风环境通过影响空气污染物的扩散来影响城市的空气质量舒适度，在避免严重空气污染方面发挥重要作用。相关研究表明，城市大颗粒空气污染物主要聚集在 15m 左右高度，PM2.5 等主要聚集在 80～150m 左右高度，因此对于空气质量舒适度主要考虑两个高度层次的影响。空气质量舒适度主要是通过风速调节，当城市风况不利于大气扩散时，城市中可能会出现高浓度污染地区，要防止风速过低形成污染空气滞留区。在污染气象研究中规定小于 1m/s 的称为静风。根据污染物扩散研究，当大气中污染源排放率控制不变时，风速是影响空气质量的关键因素。

1.2 风环境模拟的空间形态响应

城市风环境的变化除了当地气候条件影响之外，城市的空间形态对于城市特别是城市内部的风环境具有重要影响。想要营造城市内部良好的风环境，保证生活在城市中的人们健康生活，在规划设计方案完成后需分别在宏观尺度和微观尺度下选择管控依据、确定风环境模拟的方式与类型，并针对模拟结果提出对特定区域范围的空间形态响应方式和管控要素（图 1）。

1.2.1 宏观尺度下的风环境模拟与管控

宏观尺度下的城市风环境模拟主要以衔接城市整体生态安全格局和城市生态廊道为主要依据，按照响应的要求选择模拟类型为 30m 高度下的风环境模拟。根据环境模拟结果，识别出相应需要管控的区域范围，并提出在建筑高度、建筑密度和容积率三个层面的控制要求。同时提出建筑高度组合、街道走向引导层面的引导要求。

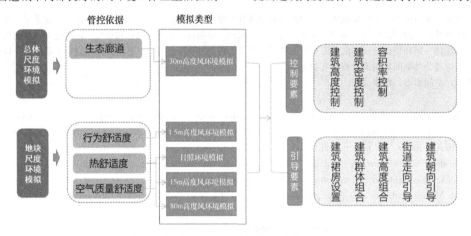

图 1　风环境模拟的空间形态响应流程图

1.2.2 微观尺度下的风环境模拟与管控

微观尺度下的城市风环境模拟主要考虑城市内部公共空间的风环境模拟，重点考虑行为舒适度，模拟 1.5m 高度的城市风环境；考虑城市公共空间热舒适度，模拟 15m 高度的城市风环境，兼顾城市光热环境；考虑城市空气质量舒适度，针对大颗粒空气污染物的集聚，模拟 15m 高度的城市风环境，针对 PM2.5 等空气污染物的集聚，模拟 80m 高度的城市风环境，识别出相应需要管控的区域范围，并提出在建筑高度、建筑密度和容积率三个层面的控制要求。同时提出建筑裙房设置、建筑高度组合、建筑群体组合、街道走向引导和建筑朝向引导层面的引导要求。

2　彩金湖片区风环境模拟与空间形态优化

2.1　彩金湖片区简介

彩金湖片区位于宣城市城区西南部，东南接文教创意产业园区和高教园区、西北连宣城经开区，面积约 11.07km²，是城市空间拓展的重要区域。该区域内山、水、林、田等生态资源丰富，景观环境优良，同时还处于宣城市兰山-彩金湖生态发展带和景观绿廊的重要节点区域，是构建宣城市大生态格局的重要组成，是创建安徽（绿色）发展创新试验区的绝佳平台（图 2）。规划希望充分发挥彩金湖片区生态这一优势，打通生态廊道，遵循宣城市山水空间形态，扩展生态廊道，融入宣城生态网络大格局，加快打造绿色空间、绿色产业、绿色制度、绿色文化"四个样板"，力争在打造生态文明"安徽样板"中走在全省前列。

图 2　彩金湖片区区位图及现状用地图

2.2　片区总体尺度下的风环境模拟与空间形态响应

2.2.1　实验数据

模拟实验选择 2018 年宣城市夏季气象数据作为主要

实验气象条件，根据宣城市夏季气候特点，选择风向为东南风，输入风速为 5m/s。同时将彩金湖片区三维模型作为城市空间基础分析模型。

2.2.2 环境模拟

将彩金湖片区三维模型导入 ECOTECT 环境模拟软件进行环境模拟，按照模型的实际大小将整体三维空间划分为 $100 \times 80 \times 50$ 个三维分析网格进行环境模拟。由模拟结果可以发现（图 3），彩金湖片区平均风速在 3m/s 左右，南北向的通风廊道清晰可见。

图 3　彩金湖片区三维风环境模拟结果

2.2.3 提出管控区域和要求

按照宣城市生态网络规划要求和环境模拟结果，依据通风廊道位置划定通风廊道的三级控制区域（图 4），其中一级控制区域宽度为 100m，二级控制区域宽度为 250m，三级控制区域宽度为 500m，在一级控制区域内禁止任何建设，在二级控制区域内建筑高度不高于 10m，建筑密度不大于 35%，容积率不大于 1，引导控制街道走向与通风廊道夹角不超过 30°，建筑高度组合由内向外递增，沿通风廊道方向保持一致。在三级控制区域内建筑高度不高于 30m，建筑密度不大于 40%，容积率不大于 1.5，建议引导街道走向与通风廊道夹角不超过 30°，建筑高度组合建议沿通风廊道方向保持一致（表 1）。

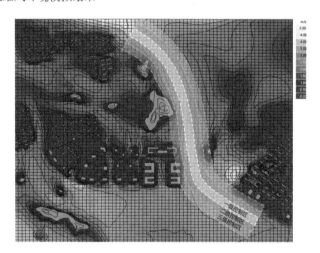

图 4　通风廊道三级控制区域示意图

三级通风廊道管控要求表　　表 1

	引导性指标		控制性指标		
	街道走向	高度组合	建筑高度	建筑密度	容积率
一级控制区	沿通风廊道方向	禁止建设	禁止建设	禁止建设	禁止建设
二级控制区	与通风廊道夹角不超过 30°	由内向外递增，沿通风廊道方向高度保持一致	不高于 10m	不大于 35%	不大于 1
三级控制区	建议与通风廊道夹角不超过 30°	建议沿通风廊道方向高度保持一致	不高于 30m	不大于 40%	不大于 1.5

2.3 微观尺度下的风环境模拟与空间形态响应

微观尺度下的风环境模拟主要关注建筑群体组合对于局部空间环境品质的影响，通过风环境的反馈模拟来调整建筑群体空间组合，可以通过调整建筑空间组合改善局部风热环境、通过调整建筑裙房设置改善局部风热环境和通过调整建筑高度组合改善局部风热环境，以达到宜人的空间环境品质。

2.3.1 不同空间形态下的风环境模拟

首先分别以公共建筑和居住建筑为核心提取出 8 个基础分析模块（图 5），其中居住建筑组合分为五类：行列式布局、行列式＋围合式布局、行列式＋散点式布局、混合高度行列式布局和混合行列式布局。将公共建筑组合分为三类：围合式布局、行列式＋围合式布局和集中式布局。分别将各基础分析模块导入 ECOTECT 环境模拟软件模拟不同建筑布局下的与风环境状态，以此为基础针对性调整整体建筑布局方案。

2.3.2 基于行为舒适度模拟的空间形态优化

基于行为舒适度主要模拟 1.5m 高度的城市空间风环境，经过风环境模拟后发现，彩金湖片区现 1.5m 高度整

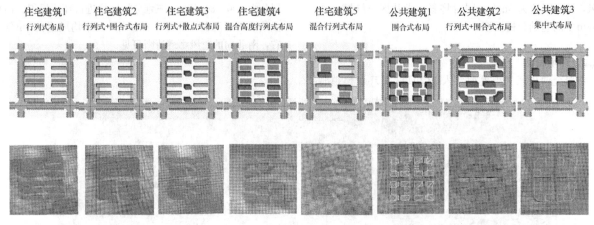

| 住宅建筑1 | 住宅建筑2 | 住宅建筑3 | 住宅建筑4 | 住宅建筑5 | 公共建筑1 | 公共建筑2 | 公共建筑3 |
| 行列式布局 | 行列式+围合式布局 | 行列式+散点式布局 | 混合高度行列式布局 | 混合行列式布局 | 围合式布局 | 行列式+围合式布局 | 集中式布局 |

图5　不同建筑组合方式下的风环境模拟结果

体通风条件较好，仅有两处由于建筑群体组合不佳导致发生局部风速过高的情况，按照各基础分析模块的环境分析结果，调整原方案的建筑高度、建筑裙房位置和长度、建筑朝向和建筑围合方式等方法对原方案做出局部的调整与优化（图6）。

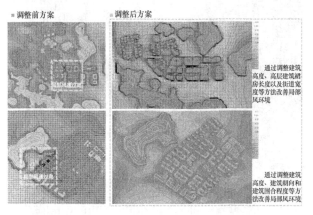

图6　基于行为舒适度模拟的空间形态优化示意图

2.3.3　基于热舒适度模拟的空间形态优化

热舒适度模拟在基于风速判断的基础上还需同时考虑日照累积量和热环境分布的结果，在调整过程中可通过对风环境的调整来改变局部空间的热舒适度。彩金湖片区现热环境较好，日照累积量和热环境分布均匀，未有明显的热岛斑块和冷链地区（图7）。

2.3.4　基于空气质量舒适度模拟的空间形态优化

相关研究表明，扬尘等大颗粒污染物主要分布在10m高度空中，PM2.5主要分布在80~150m高度空中并且在秋冬季节最容易引起空气污染物的聚集，对空气质量影响最大。因此选择在宣城市冬季风气象条件下分别对彩金湖片区15m和80m高度的风环境进行模拟分析。经过冬季风环境模拟后得知彩金湖片区大部分区域15m高度冬季风风速在2m/s以下，容易导致扬尘等大颗粒污染物聚集。80m高度冬季风通风条件较好，有利于污染物的扩散（图8）。因此需要针对性对15m高度的建筑群体组合、建筑朝向、裙房设置和街道朝向等方面进行调整。

通过多尺度，多目标的风环境模拟和空间形态优化的响应，使得优化后的彩金湖片区规划设计方案整体空间环境品质得到较大提高，优化后方案整体风环境较好，南北走向通风廊道分布合理，除山体影响外无明显静风区。东西方向截面通风环境顺畅，高层建筑空间组合合理，能够满足不同需求下对风环境的需求（图9）。

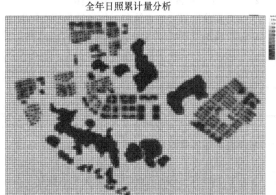

图7　彩金湖片区全年日照累积量和热环境分布图

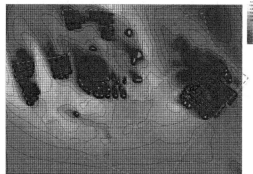

15m高度冬季风环境模拟图　　　　　80m高度冬季风环境模拟图

图8　15m 和 80m 高度冬季分环境模拟结果

东西方向截面风环境良好，南北走向通风廊道分布合理，除山体影响外无明显的静风区

南北方向截面通风环境顺畅，高层建筑空间组合合理，未形成明显的静风区

图9　优化后彩金湖片区风环境模拟截面图

3　彩金湖片区空间形态管控

在设计层面完成对整个片区的空间形态优化后，形成彩金湖片区城市设计优化方案，为使在今后开发建设过程中能够使得方案能高完成度的落实，避免由于建设过程中缺乏管控而出现新的风环境品质较差的区域，因此需要精确地识别优化后方案静风易发区和静风影响区作为重点管控区域（图10），针对不同区域的特点分区分类提出相应的管控要求。

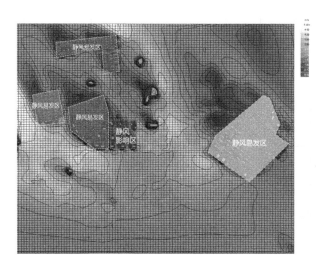

图10　彩金湖片区空间形态管控分区示意图

3.1　静风易发区的管控

静风易发区是指容易产生静风区的区域，这类区域一般为居住建筑的集聚区，由于居住建筑集聚区一般规模较大，常以行列式的强排为主，建筑密度偏高，由于前后及周边建筑的干扰容易阻断风的穿过，从而形成静风区。通过风环境模拟精确的识别出彩金湖片区的四处静风易发区，在静风易发区中控制建筑高度小于80m，其中裙房高度小于15m。建筑密度不大于 40%，容积率不大于 1.5。同时引导鼓励行列式布局，减少围合式布局，建筑朝向与主导风向夹角在 30°以内，建筑裙房连续长度不宜超过 60m（表2）。

静风易发区管控分类表　　　表2

空间形态引导		建设指标控制	
引导方式	引导内容	引导方式	控制指标
建筑布局引导	鼓励行列式布局，减少围合式布局	建筑高度	建筑高度小于80m，其中裙房高度小于15m
建筑朝向引导	与主导风向夹角在30°以内	建筑密度	不大于40%
建筑裙房引导	与风向夹角大于30°的建筑裙房不宜超过60m	容积率	不大于1.5

3.2　静风影响区的管控

静风影响区是指由于自身建筑形态对风环境的干扰而容易导致其周边区域容易产生静风区的区域，其本身不一定容易产生静风区。这类区域一般为大量高层建筑聚集的公共建筑组团。通过风环境模拟精确的识别出彩金湖片区的1处静风影响区。在静风影响区中建筑密度不大于35%，容积率不大于2。同时引导鼓励行列式布局，减少围合式布局，建筑朝向与主导风向夹角在30°以内，建筑裙房连续长度不宜超过50m（表3）。

静风影响区管控分类表			表 3
空间形态引导		建设指标控制	
引导方式	引导内容	引导方式	控制指标
建筑布局引导	鼓励行列式布局，减少围合式布局	建筑高度	—
建筑朝向引导	与主导风向夹角在30°以内	建筑密度	不大于35%
建筑裙房引导	与风向夹角大于30°的建筑裙房不宜超过50m	容积率	不大于2

4 结论

良好的城市风环境有利于提升城市公共空间环境品质，有利于健康城市的营造，对为人们提供健康生活的公共空间具有重要意义。在健康城市与公共空间的规划设计应把风环境模拟反馈优化作为一项不可忽视的工作。

本文从城市规划设计的角度，探索了一条不同尺度下通过风环境模拟反馈来优化城市空间形态的方法路径，提出不同尺度下风环境模拟应该关注的目标和重点。同时建立"空间形态设计—风环境模拟反馈—空间形态优化—风环境评价——空间形态管控"的规划建设管理全过程系统性设计思路，并在宣城市彩金湖片区规划设计中加以实践检验，为健康城市与公共空间规划设计提供有益借鉴。

参考文献

[1] 王宇婧. 北京城市人行高度风环境 CFD 模拟的适用条件研究[D]. 北京：清华大学，2012.
[2] 刘丽珺，吕萍，梁友嘉. 基于 CFD 技术的河谷型城市风环境模拟——以兰州市城关区为例[J]. 中国沙漠，2013，33（06）：1840-1847.
[3] 叶钟楠，陈懿慧. 风环境导向的城市地块空间形态设计——以同济大学建筑与城市规划学院地块为例[A]. 2010城市发展与规划国际大会论文集[C]. 中国城市科学研究会，2010：5.
[4] 刘超，陈蔚镇，许鹏，张量，张锟. 风环境模拟在城市空间形态优化中的应用研究——以上海崇明陈家镇实验生态社区为例[A]. 中国城市规划学会. 城市时代，协同规划——2013中国城市规划年会论文集(09-绿色生态与低碳规划)[C]. 中国城市规划学会，2013：19.
[5] 杨涛，焦胜，乐地. 围合式高层住区空间布局的风模拟比较与优化——以长沙为例[J]. 华中建筑，2012，30（07）：81-83.
[6] 顾大治，王彬. 城市高度形态模型构建及管控体系研究[J]. 城市发展研究，2019，26(12)：68-76+85.

作者简介

王彬，1995 年 6 月生，男，汉族，安徽绩溪，硕士，安徽省交通规划设计研究总院股份有限公司，城市规划师，研究方向为城市规划与设计。电子邮箱：1755125689@qq.com。

李永超，1989 年 8 月生，男，汉族，安徽宣城，硕士，安徽省交通规划设计研究总院股份有限公司，工程师，注册城乡规划师，副所长，研究方向为城市规划与设计。电子邮箱：287420678@qq.com。

孟庆贺，1993 年 4 月生，男，汉，安徽六安，合肥工业大学建筑与艺术学院硕士研究生，从事城市设计与理论研究。电子邮箱：2936798066@qq.com。

杨震雯，1997 年 8 月生，女，汉族，安徽合肥，合肥工业大学建筑与艺术学院在读硕士，风景园林设计与理论。电子邮箱：834587995@qq.com。

张婉玉，1995 年 9 月生，女，汉族，安徽潜山，贵州大学管理学院硕士研究生，研究方向为乡村振兴。电子邮箱：1427031636@qq.com。

潘世东，1986 年 8 月生，男，汉，安徽舒城，研究生，安徽省交通规划设计研究总院股份有限公司，工程师，土地利用规划及评价。电子邮箱：119184899@qq.com。

汉口中山公园的变迁研究：动因、功能与格局

Study on the Change of Hankou Zhongshan Park: Motivation, Function and Pattern

王佳峰　戴　菲　毕世波

摘　要： 中山公园对中国近代城市公园发展有着特殊意义。以汉口中山公园为研究对象，通过梳理，将其分为传统私家园林时期、传统公园变动时期、现代公园过渡时期和现代城市综合公园时期。基于此，从历史公园演化的动因、功能与格局的新视角探究城市历史公园变迁的内在规律。研究发现社会历史事件作为主要驱动因子催动了从私人享用场所—政治教化场地—休闲游憩场所—如今的休闲游憩与文化教育结合的场所的职能转换。体现了城市历史公园文化意蕴的积淀过程，也折射了公众对当今城市公园承担的文化教育功能的迫切需求。由此，可为深刻理解城市历史公园的变迁与时代关联提供借鉴，也能为当今城市公园的实践提供参考。

关键词： 中山公园；城市历史公园；景观格局；空间职能转换；驱动力

Abstract: Zhongshan Park is of special significance to the development of modern Urban parks in China. Taking Hankou Zhongshan Park as the research object, it is divided into traditional private garden period, traditional park change period, modern park transition period and modern urban comprehensive park period through combing. Based on this, this paper explores the internal law of the evolution of urban historical parks from a new perspective of the motivation, function and pattern of the evolution of historical parks. The research finds that social and historical events, as the main driving factors, push the functional transformation from private places of enjoyment—political inculcation—leisure and recreation places—now places of leisure and recreation combined with cultural education. It reflects the accumulation process of the cultural implication of urban historical parks and also reflects the urgent demand of the public for the cultural and educational function of urban parks. Therefore, it can be used for reference to deeply understand the changes of urban historical parks and their relationship with The Times, as well as to provide reference for the practice of urban parks today.

Key words: Zhongshan Park; Urban Historical Park; Landscape Pattern; Spatial Function Transformation; Driving Force

城市公园是一个城市中市民休憩的开放性空间，中山公园作为在中国历史上独具特色的城市公园，其数量多、分布广、影响大。据统计，民国以来，新建和改建的中山公园有200多座，至今仍有67座遗存[1]。它承载着一个城市一个世纪的社会记忆，其所蕴含的历史事件、历史人物、设计手法在体现特定时期造园艺术、展现城市历史底蕴方面具备重要作用，是多个城市的历史公园的重要代表。

汉口中山公园，是全国重点城市历史公园、全国百家历史名园之一[2]。当前有关汉口中山公园的研究集中在空间重组[3,4]、管理维护[5,6]、史料解读[7,8]等方面，景观格局与功能方面的研究文献相对缺少，但是对城市历史公园动因、功能和空间格局的分析，不仅有利于明晰城市历史公园承载的文化价值，而且对于现代城市公园的建设，特别在探寻丰富其内涵与塑造景观格局方面能给予重要的启示。

鉴于此，本文从历史的维度探究其动因、功能与格局变迁，并通过史料记载理解其角色变更，为城市历史公园研究提供借鉴与参考。

1　汉口中山公园概况

汉口中山公园位于湖北省武汉市解放大道旁，始建于1928年，因缅怀孙中山而以"中山"命名。最早可追溯到1910年的私人园林，后又经过自然灾害、日军侵占、建国扩建等事件，面积不断扩大，至今占地32.8万 m^2。

本文根据其发展历程将其分为4个时期：传统私家园林时期、传统公园变动时期、现代公园过渡时期、现代城市综合公园时期。探寻汉口中山公园在不同历史阶段的变动，理解其改造动机、场所功能和景观格局的转变。

2　汉口中山公园历史变迁

百余年的历史变迁中，汉口中山公园经历了翻天覆地的变化。社会事件及时代背景是推动中山公园由私人享用场所—政治教化场地—休闲游憩场所—如今的休闲游憩与文化教育结合的场所的职能转换的重要驱动力。景观格局在保留历史文化的基础上，逐渐接受现代公园设计理念、融入人民日益增长的精神文化需求而得以完善优化。动因、功能与格局的三者之间的关系串联起中山公园变迁主线（表1）。

汉口中山公园百年历史变迁表　表1

时期	动因	功能	整体格局	具体举措
传统私家园林时期（1910-1927年）	租界经济发展、土地投资积累财富，为建园提供了物质基础	私人游乐、精神享受政治贿赂	北山南水格局下的传统古典主义园林	山、水、溪、岛、喷水池和茶社组成的自然美景

时期	动因	功能	整体格局	具体举措
传统公园变动时期（1928-1948年）	①改善城市生态和面貌；②加强全民精神体质；③修复日军破坏的公园	休闲健身、政治宣扬教化、日常游憩	中西混合式风格、四大功能分区（西园景区、湖山景区、几何式花园区和运动区）	引入游泳池、运动场等运动设施，新建中山碑、中山亭、受降堂等建筑物
现代公园过渡时期（1949-1977年）	满足人民日益增长的精神文化需求	体育活动、文艺演出户外展览、爱国集会	分为前中后三大片区，以自然式风格为主	举办群体性集会活动、菊花展，建动物园
现代综合公园时期（1978至今）	公园管理模式转变，致力于发展园林绿化事业、满足人们参观游览需求	市民休闲游憩、弘扬历史文化，爱国主义教育基地	三大片区：前区（园林景观区）、中区（人文纪念区）、后区（林荫游乐区）	迁出动物园，建立儿童游乐场，展览馆，保留修复历史元素，兴建孙中山夫妇雕像，举办爱国主义教育活动

3 传统私家园林时期（1910-1927年）

3.1 土地开发诱导下的园林首现

汉口中山公园的前身是西园，由"地皮大王"刘歆生所建。1861年开埠后，汉口租界一带迅速发展，外商纷至沓来，刘歆生将资金投入购买土地中，而后，他由购买土地发展到运土填地、筑路修街、开发房地产[9]，积累了大量的财富，为西园的建造提供了物质基础。

3.2 休闲享受场所

随着土地开发积累了大量的资金，休闲享受需求也应运而生，刘歆生兴建西园别墅与西园，西园紧邻别墅西侧，属于私家宅园范畴，面积约2000m²。

3.3 南山北水的传统园林布局

初建的西园园内要素简单，山、水、喷水池和茶社。主体结构以山水为主，形成北山南水格局。主山棋盘山高大险峻，理水以桥和岛划分空间，植被覆盖度高。向北扩建后，西园以太湖石和片黄石构筑大型假山，与周围的溪、岛、桥、亭等织就了一幅自然美景[11]，是典型的中国古典园林景观。

4 传统公园变动时期（1928-1948年）

4.1 历史事件驱动下的全面修复

1928年城市环境卫生脏乱引起的社会问题、1931年

汉口特大洪水自然灾害和1945年民族战争历史事件既对中山公园产生破坏，又成为功能、格局变动的助推力。

（1）强健国民导向。随着武汉近代民族工业兴起，人口大量流入导致城市基础设施不堪重负，生活环境杂乱肮脏，公共卫生压力巨大，与此同时，民众赌博、吸食鸦片不良习惯致使社会面貌落败。为谋求社会福利，加强全民精神体质，提升民族精神意志，当时的汉口市政府提议："大多数城市都有许多供市民休闲娱乐的公园，汉口气候干燥，山林不多，尚无公园，可将西园扩充为市中唯一大公园"。随后，成立"汉口市第一公园办事处"，委派从英国留学归来的建筑专家吴国柄负责[8]。

（2）修复公园导向。1931年，汉口遭遇特大洪水，中山公园损失惨重。据《申报》报道："因雨量过多，堤防溃决，致酿成空前未有之奇灾，连日阴雨、仍未停止、江水暴涨[12]"。灾后，政府派遣吴国柄对公园重建修复。

（3）政治宣扬导向。抗日战争时期，中山公园沦为日军军营，整个公园破坏惨重，公园内的湖西一带及外侧人行道植被全部砍伐折断[12]，园内屋宇亭阁桥梁，破坏不堪，园内湖泊沼淤严重[13]。帝国主义入侵激起了广大民众的爱国之情，政府利用中山公园的政治渊源与缘起理念进行宣传教育成为此阶段改造的主要动机。

4.2 功能补充：健身利民和思想教化

工程扩建的主要目的在于强身健体、提高民族精神面貌，同时，借"中山"名号灌输意识形态。1930年，除在西园挖湖堆山、兴建规则式花园、中西式建筑物，实行绿化工程[14]外，也初次在园中引进运动设施，如游泳池、标准化运动场提高国民体质。1931年水灾后，修复后的运动场区设施内容更为全面，包括篮球场、足球场、棒球、高尔夫球场、溜冰场以及看台等[14]，并配置人性化的配套服务设施。

1945年，日军撤离武汉后，中山公园交由武汉市伪政府所管，园内恢复工作由中山公园管理事务所领导。管理所对园内房屋、亭台、桥路、植被、花木进行恢复，修建后的景观格局基本保持原有面貌。此时，园中除了具备政治意味的中山亭、中山碑等，为激发民族情感，政府还融入日本投降的事件改建的受降堂[15]，此后，各种政治活动也相继在中山公园发生，中山公园成为政治活动要地，政府通过景观空间及建筑部署渗透更多的政治符号和意味，中山公园成为教化宣扬的载体。

4.3 格局变动：中西合璧到四大分区

1930年，建成后的中山公园面积达到12.5hm²，以原有的传统山水为基础，同时采用西方园林设计要素与规则式布局，整体呈现中西合璧的混合式风格。吴国柄对遭遇水灾后的中山公园进行重建，园林分区愈发清晰，分为原西园景区、湖山景区、几何式花园区和运动区（图1）。原西园景区保持原有格局，湖山景区（图2）在原有基础上新增了中山亭和桥梁；几何式花园区中，以模纹花坛配合欧式喷泉，以圆形为中心进行组织但整体不对称，显示出在中山背景下的地域性运用；运动场区设施内容更为全面（图3）。

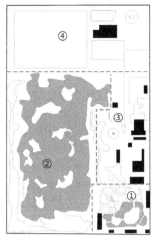

图1 1930年中山公园平面图
（来源：根据童乔慧，卫薇《汉口城市化建设的
先行者：忆吴国柄先生》——新建筑改绘）

①原西园景区
②湖山景区
③几何式花园区
④运动区

图2 1930年中山公园湖山景区
（来源：1930年《新汉口》报纸）

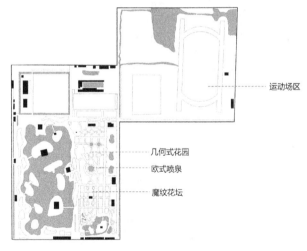

运动场区

几何式花园

欧式喷泉

魔纹花坛

图3 1943年中山公园平面图
（来源：根据童乔慧，卫薇《汉口城市化建设的先行者：
忆吴国柄先生》——新建筑改绘）

5 现代公园过渡时期（1949-1977年）

5.1 人本主义导向下的兴建改建

1949年中华人民共和国成立，随着社会意识形态的变更与西方设计理念的引入，公园成为现代文明与社会公平的象征，公园设计理念立足于人本思想，新建及改建了一批面向大众的园林。为满足人民的休憩需求与丰富文化生活，中山公园建设考虑将为全民服务的思想带进

公共绿地的规划设计中[16]，公园的公共服务导向性质得到加强。

5.2 主体功能：群体活动

中华人民共和国成立后，各类活动与集会在中山公园进行，不断丰富着市民的公共生活，从体育类活动（妇女体育表演大会、世界青年体育表演）到文艺演出展览，再到爱国集会，中山公园的活动广度和深度不断丰富着，与市民的日常生活愈发紧密联系起来。

5.3 空间格局：三大分区

中华人民共和国成立初期，中国学习苏联城市建设经验，园林自然也受计划指导下的编制，接受苏联城市绿化与园林艺术理论，按照城市规模确定城市绿地、建筑采用苏式风格、建设动物园植物园等[17]。

中华人民共和国成立后中山公园扩大项目由陈俊渝教授主持，公园的总体规模得到大规模扩充，达32.8hm²，空间分为前中后三区（图4）。前区仍保持中华人民共和国成立前中西合璧基本形式不变。中区减少硬质铺装场地，增加绿地，偏向于自然式园林，并新建园中园"撷翠园"，每年举行全市性菊花梅花展览，丰富市民生活[4]。后区以大片林地为主体，并建立动物园，品种有60余种，主要来自于北京动物园支援和专业人员下乡收购[18]。

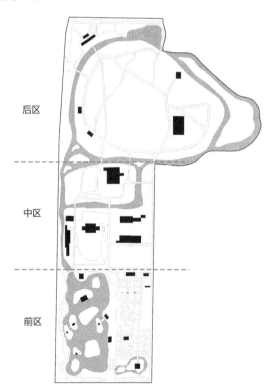

后区

中区

前区

图4 中华人民共和国成立前期
中山公园平面图
（来源：根据刘思佳《汉口中山公园
百年回看》——武汉文史资料改绘）

6 现代城市综合公园时期（1978至今）

6.1 演进动力：建立现代化城市游憩体系

为发展园林绿化事业，更好地满足人民群众参观游览需要，建立现代化的城市游憩体系，中山公园使用功能有了较大调整。"山水城市"在20世纪90年代成为我国城市绿地建设的重要名片，为响应园林与城市相融合理念，提升城市功能和生活质量，1998年武汉市政府发布关于《市人民政府加快我市山水城市建设的若干政策通知》，园林绿化有了较大改动，此次调整由专业团队：武汉城市规划设计院和园林建筑规划院共同设计，这次改造奠定了如今我们所见的中山公园面貌。

6.2 功能强化：分区明确、植入文化

为响应现代城市游憩体系的要求，武汉市园林局刊发文件，将原有动物园从中山公园迁出；与此同时，武汉市园林院关于儿童游乐中心建设也做了请示，北部景区建立过山车等游乐项目。撷翠园在1998年拆除，原址上建立中山公园展览馆。动物园与公园分离、游乐园与公园结合以及修建新型展馆，均说明中山公园在改革中不断协调功能分区，不断朝着现代化的城市综合公园奋进，以高质量的环境服务于民，满足市民的娱乐、教育、休闲需求。

中山公园在发展过程中不断融入历史与政治元素，在当今社会，发扬中华民族优秀文化、进行社会主义教育尤为重要。在新时代，中山公园正以这种科普教育和爱国主题的内涵出现。中山公园拥有众多历史建筑物、构筑物，如意大利风格张公亭、罗马风格四顾轩、传统假山棋盘山、三跨石混结构落虹桥。在扩建过程中，曾发现受降碑和被日军所毁的双龙残片，后邀请专家进行修复（图5），中山公园成为了解中外优秀园林文化和中国历史文化的重要窗口。爱国主义的特色在新时代也得到彰显，2009年，孙中山夫妇铜像在胜利广场落成，进一步加强了公园的政治氛围营造；2010年，抗战胜利65周年纪念活动在中山公园举行，随后中山公园被评选为爱国主义教育基地和社会主义核心观主题公园。科普教育场所与爱国教育基地建设使中山公园在新时代的主题特色性越发显著，成为武汉地区城市历史公园传承及创新的典范。

图5 汉口中山公园内部的历史文物（图片来源：作者自摄）

6.3 公园格局：三大片区深入化发展

此时的中山公园分为南中北三个区域（图6），由于人群来向、设施类型、园林风格不同，在使用过程中形成了南部以老年人为主，北部以少年儿童为主，人群在空间上的集聚差异化大，体现出综合公园以功能为主导的分区思维。南部区域仍承袭场地基础，保留棋盘山、四顾轩、茹冰等历史要素，形成以东方山水景观为主，西方规则式为辅的中西合璧风格。中部区域的运动区转变为历史文化区，以两条轴线构成中区的主体结构，主轴以中山广场—音乐喷泉构成时代轴，次轴则以落虹桥—园史馆—受降堂—受降碑构成历史轴，两轴平行分布，既凸显了公园的纪念性意义，又满足了综合公园的多样化需求。北部区域仍为生态游乐区，分布着40多项游乐项目，道路

密度增大，是由杉科、樟科植被构成的疏林绿荫空间，水体经过疏浚后面积扩大。2001年，武汉市委对全园完成了拆迁、贯通、亮化、碧水、景点设施、管理服务六项改造工程，改造后的公园焕然一新，真正体现了市委市政府"更绿、更美、更贴近市民"的改建设想[8]。

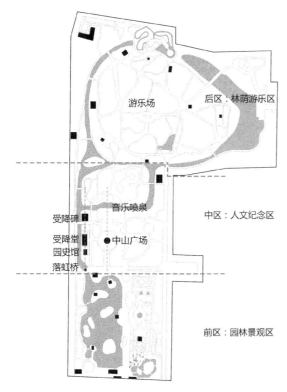

图6　2019年中山公园平面图
（根据（同济大学建筑系园林教研室编《公园规划与建筑图集（第一集）》北京：中国建筑工业出版社，1986）图纸改绘）

7　结语

　　基于汉口中山公园相关史料，探讨了其功能、格局的变迁与主要驱动力。总结了其格局由北山南水古典式布局—中西混合式风格—三大功能片区的发展脉络。社会历史事件作为主要驱动力推动了汉口中山公园功能与格局的变迁。从私家园林西园到在纪念孙中山热潮的契机下，转化为面向大众的公共园林；后经过自然灾害与民族战争，其规模逐渐扩大；最后在计划经济和改革开放背景下，其功能和分区得以完善，呈现出如今的城市综合公园面貌。以汉口中山公园为例，为城市历史公园的研究提供了新视角，也为其他城市公园在相应时代背景下的空间格局营造与功能赋予提供了思考。

参考文献

[1] 王东青. 中国中山公园特色研究[D]. 北京：北京林业大学，2009.

[2] 湖北省武汉市中山公园[EB-OL]. https://baike.sogou.com/v64347902.htm? fromT itle＝％E6％AD％A6％E6％B1％89％E4％B8％AD％E5％B1％B1％E5％85％AC％E5％9B％AD.

[3] 陈蕴茜. 空间重组与孙中山崇拜——以民国时期中山公园为中心的考察[J]. 史林，2006，(01)：1-18.

[4] 达婷，谢德灵. 汉口中山公园空间结构变迁思考[J]. 建筑与文化，2014(11)：156-158.

[5] 胡俊修，姚伟钧. "谋市民之福利"：汉口中山公园(1929-1949)的追求与管理之难[J]. 江汉论坛，2011(03)102-107.

[6] 汪志强，胡俊修，闵春芳. 近代市政设施中的公共管理之难—以汉口中山公园(1929-1949)为表述对象[J]. 湖北行政学院学报，2017，(06)：82-86.

[7] 张天洁，李泽. 从传统私家园林到近代城市公园——汉口中山公园(1928年—1938年)[J]. 华中建筑，2006，(10)：177-181.

[8] 刘思佳. 汉口中山公园百年回看[J]. 武汉文史资料，2010，(09)：39-45.

[9] 杨志超. 老汉口城市建设的奠基人——地皮大王刘歆生传略[J]. 湖北文史，2004，(12)：166-176.

[10] 邓正兵，潘丹. 刘歆生与武汉城市建设[J]. 人文论谭，2012(00)：260-268.

[11] 武汉市中山公园编. 中山公园沧桑——纪念武汉市中山公园七十周年[R]. 武汉：武汉中山公园，1998.

[12] 汉口特别市政府. 中山公园之整理[Z]. 市政概况，1941.

[13] 董乔慧，卫薇. 汉口城市化建设的先行者——忆吴国柄先生[J]. 新建筑，2011，(02)：134-137.

[14] 胡俊修，李勇军. 近代城市公共活动空间与市民生活——以汉口中山公园(1929-1949)为表述中心[J]. 甘肃社会科学，2009(01)：178-181.

[15] 王绍增. 30年来中国风景园林理论的发展脉络[J]. 中国园林，2015，31(10)：14-16.

[16] 李铮生. 城市园林绿地规划设计[M]. 北京：中国建筑工业出版社，2019.

[17] 吕学赶，唐仁民. 汉口中山公园动物园的片段回忆[J]. 武汉文史资料. 2006，(09)：4-8.

作者简介

　　王佳峰，1996年生，男，湖北宜昌，华中科技大学建筑与城市规划学院在读硕士生。电子邮件：1252924118@qq.com。

　　戴菲，1974年生，女，湖北，博士，华中科技大学建筑与城市规划学院教授，研究方向为城市绿色基础设施、绿地系统规划。

　　毕世波，1988年生，男，山东潍坊，华中科技大学建筑与城市规划学院研究助理，研究方向为风景园林规划与设计、绿色基础设施。电子邮箱：991807415@qq.com。

社区公园夏季游客数量及活动类型与微气候热舒适度关联研究①

——以重庆渝高公园为例

Study on the Relationship between the Number of Summer Tourists，Activity Types in Community Parks and the Thermal Comfort of Microclimate：

A Case Study of Chongqing Yugao Park

肖佳妍　张俊杰*　宋雨芮　罗融融　陈洪聪　杨　涛　钱　杨

摘　要： 社区公园是城市绿地中的一个重要的组成部分。重庆作为中国的"火炉城市"之一，夏季民众外出活动的频率和时长减少。本研究以重庆渝高公园为研究对象，运用行为注记法和访谈法，研究夏季微气候热舒适度与游客数量及活动类型的关系。结果表明，当WB-GT值（热舒适度）<30℃时，游客在该场地内的舒适度较高，游客数量多，活动类型丰富；当WBGT值≥30℃时，游客数量与WBGT值呈反比关系，以安静的活动为主。本文研究结果为社区公园改善微气候舒适度，提高夏季社区公园的场地使用率，提升市民在夏季的活动质量提供参考。

关键词： 微气候热舒适度；社区公园；游憩行为；活动类型

Abstract: Community park is an important part of urban green space. Chongqing, as one of the hottest cities in China, the frequency and duration of people going out in summer are less. This study takes Chongqing Yugao Park as an example, the relationship between the thermal comfort of microclimate and the number of tourists, the types of activities in summer by using behavior annotation and inquiry recording were studied. The results showed that when WBGT value (thermal comfort) was less than 30℃, the comfort degree of tourists in the site was higher, the number of tourists were more and the types of activities are more rich; when WBGT value was more than 30℃, the number of tourists was inversely related to WBGT value, and quiet activities were the main ones. The results of this paper will provide reference for community parks to improve microclimate comfort, improve the site utilization rate and enhance the quality of activities in summer.

Key words: Microclimate Thermal Comfort; Community Park; Recreational Behavior; Activity Type

引言

社区公园是指用地独立，具有基本的游憩和服务设施，主要为一定社区范围内居民就近开展日常休闲活动服务的绿地。作为城市中不可缺少的组成部分，它是许多民众短暂出行的优先选择。由于其距离社区较近、免费对外开放等原因，社区公园的使用率较高。重庆是中国的"火炉城市"之一，在夏季大环境炎热的前提下，公园内的微气候变化对游客的游玩感受有重要的影响。夏季社区公园如何营造舒适的微气候环境，提高民众进行户外运动的频率，增大活动强度，成为提高社区公园公共健康效能的、推动"健康中国"实施的重要问题。

微气候（micro-climate）是在具有相同的大气候特点的范围内，由于下垫面条件、地形方位等各种因素不一致而在局部地区形成的独特气候状况。社区公园小气候通常会随场地内的遮荫率（植物覆盖率）、湿度、面积大小等因素而变化。据有效研究表明，公园绿地能有效降低空气温度、增加湿度、减小风速和改善人体舒适度。在夏季高温炎热的天气里，公园内的温度明显低于公园外的温度，对人体舒适度的影响达显著水平。

本研究以游客数量较多的重庆渝高公园为例，旨在探究微气候热舒适度与其游客数量及活动类型的关联，可为夏季社区公园改善微气候舒适度提供参考。

1　渝高公园概况与研究方法

1.1　研究对象场地与人群特征

渝高公园位于重庆市九龙坡区科园三街，公园占地面积约4.55万 m^2，是重庆九龙坡区年接待游客量最大的社区公园。该公园在1998年建成并使用，现园内植物茂

① 重庆市社会科学规划项目"步行者视角下山城桥下空间景观的POE及优化研究"（编号2020QNYS78）、重庆市教育委员会人文社会科学研究规划项目"基于老年人视角的社区体育公园使用后评价及设计策略研究"（项目编号20SKGH089）、重庆交通大学大学生创新创业训练计划项目"山地城市人行道植物空间小气候环境与人体舒适度研究——以重庆市学府大道与渝南大道为例"（编号X202010618039）和重庆交通大学大学生创新创业训练计划项目"'健康中国'战略下老年群体对社区体育公园的使用需求与设计对策研究"（编号X202010618044）共同资助。

密，动物物种较丰富，建有健身区、广场、致远亭、荷花池、长廊等活动场所或景点。公园面积虽小，但由于周围1km内仅有这一处较大的公共绿地，故使用频率较高。

经过多日观察访问，公园使用者多为老年人，其次是儿童，青年人最少，大多为附近居民。老年人多在此停留半天至一整天，儿童多由家长陪同，青年人多在此等候、乘凉，或散步休息。

1.2 研究方法

1.2.1 观测地点

研究选取渝高公园内游客停留数较多的7个观测点（图1），每个点之间的距离大致相当，以道路作为对照观测点，其特征见表1。

图1 渝高公园平面图及观测点

①健身区 ②北门广场
③树阵广场 ④致远亭
⑤南门广场 ⑥道路
⑦池中亭 ⑧池边廊

渝高公园观测点情况表　　表1

序号	观测点	观测点特征	观测点照片
1	健身区	位于北门入口附近，两侧植被茂盛，植物形成覆盖空间，整个场地呈长条状。活动面积约50m²	
2	北门广场	整体面积较大，广场内栽植树阵，形成覆盖空间，整个场地长宽较均等。活动面积约80m²	
3	树阵广场	整体面积较小，但场地内的树阵具有座椅的功能，且植物形成覆盖空间，故游客在此停留的数量较多。活动面积约40m²	

续表

序号	观测点	观测点特征	观测点照片
4	致远亭	致远亭位于南门入口不远处，是园内的标志性亭子。亭内设有休息座椅，较多游客在此停留。活动面积约25m²	
5	南门广场	广场两侧有高大的乔木，形成覆盖空间。场地功能较多，可用于打羽毛球、跳广场舞等。活动面积约70m²	
6	道路	道路两侧有行道树，但行道树较矮小，且绿化率低，不足以形成覆盖空间	
7	池中亭	该亭子位于荷花池中间，可坐于亭内观看到三个方向的湖面景色。周围植物多茂盛。相较于公园内的其他观测点，湿度较大。活动面积约20m²	
8	池边廊	廊位于水池的一侧。周围植物茂密。由于廊顶遮荫，且有休憩设施，故游客停留数量较多。活动面积约45m²	

1.2.2 观测时间

根据典型气象年气象参数并结合天气预报,预定观测日期,选择8月份温度较高的两个晴天进行测量。由于游客在上班日和休息日的活动时间与类型不尽相同,故在休息日(2020年8月22日)和工作日(2020年8月28日)分别进行测量,气象站数据显示最高气温达38℃。测量时间为早上8:00至晚上18:30,各观测点每隔90min观测一次。

1.2.3 观测工具及记录方式

选用以下仪器在同一时段分别观测不同观测点的气象要素:采用Kestrel5500手持综合气象仪测量风速(风速精度±3%,分辨率0.1m/s)、空气湿度(精度±0.05%,分辨率0.1℃)、环境辐射平均温度(精度±0.5%,分辨率0.1℃)及空气湿度(精度±2%,分辨率0.1%RH),每隔30s测一次,取5次的平均值;采用TES-1333太阳辐射仪测定太阳辐射强度(精度±5%,分辨率0.1w/m²),取东西南北4个方向的平均值;采用JTRO4黑球温度测试仪测定环境辐射温度(精度±0.5%,分辨率0.1℃),每隔30s测一次,取4次的平均值。实验测试高度为1.5m。

1.2.4 现场观测和问卷处理

公园内的8个观测点以环境行为学的行为注记法记录观测点的人数和行为,同时采用访谈法现场调查游客来到公园、在该观测点停留和离去的原因,以及在公园内停留的时间。每时段每观测点随机询问3名游客,得到有效访谈结果332份,有效率98.85%。

1.2.5 数据处理

建立数据库整理第一手观测数据。根据测量的气象数据,采用WBGT指标,结合游客停留时间、游客行为和询问调查结果,分析社区公园夏季游客数量及活动类型与微气候热舒适度的关联性。

WBGT是综合评价人体接触作业环境热负荷的一个基本参量,单位为℃。本文采用林波荣博士的WBGT指标[6]:

$$WBGT = -4.871 + 0.814T_a + 12.305\varphi - 1.071v + 0.0498T_{mr} + 6.85 \times 10^{-3}SR$$

式中:T_a为空气干球温度,℃;φ为相对湿度,%;SR为太阳辐射强度,W/m²;T_{mr}为环境平均辐射温度,℃;v为风速,m/s。

2 观测结果

2.1 游客流量分布

如图2和图3所示,8月22日和8月28日渝高公园各个点的游客停留数整体趋势大致相同,但8月22日(休息日)的游客总数明显大于8月28日(工作日)的游客总数。且从年龄段来看,老年人的数量远大于中青年人

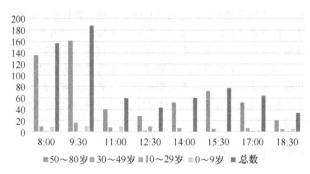

图2 休息日游客人数

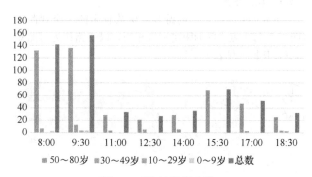

图3 工作日游客人数

和儿童,青年人是渝高公园内人数最少的群体。无论工作日抑或休息日,早上8:00~9:30都是公园内人数最多的时间段,11:00~12:30为一天内游客总量的低谷,在下午15:30左右为另一个人数小高峰。

据调研得知,公园内的游客以老年人为主,老年群体常结伴而来,可能是由于公园距离居住区较近、免费开放及温度较舒适等原因。不少老年人会在公园内停留一整天,仅在午饭和晚饭时段离开公园,活动以健身和棋牌为主。据访谈得知,公园内的游客几乎居住在附近,对公园的评价良好,对园内微气候体验良好。

2.2 使用者行为活动类型

休息日和工作日各观测点的游客活动类型及各活动的人数如图4和图5所示。渝高公园内游客的活动类型主要有休息、聊天、赏景、棋牌等静态活动,以及广场舞、健身、拍手操、羽毛球等动态活动。从总数上来看,进行静态活动的游客较进行动态活动的游客多,可能跟天气炎热有关。

无论工作日抑或休息日,棋牌都是游客进行最多的活动,进行羽毛球活动的游客最少,且仅在南门广场进

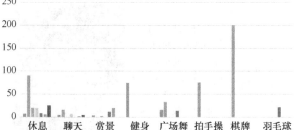

图4 休息日游客活动类型及其人数

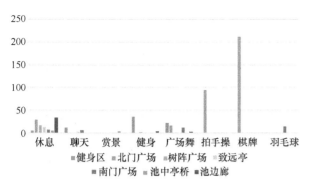

图 5　工作日游客活动类型及其人数

行。总体来说，两天内进行各项活动的使用者比例差别不大；但活动人数上工作日较休息日少，且工作日时休息人数占总活动人数比例减少。

2.3　微气候舒适度统计

根据对渝高公园微气候舒适度的观测和记录，统计出公园的 WBGT 曲线，如图 6 和图 7 所示。从图中可看出，道路的 WBGT 值在所有时段均最高，北门广场的 WBGT 值在大多数时段相对较低。所有观测点在 11：00 之前的 WBGT 值均相对较低，游客体感较舒适；在 15：30～17：00 的 WBGT 值均较高，游客体感较炎热。

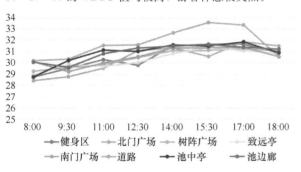

图 6　休息日渝高公园 WBGT 值曲线

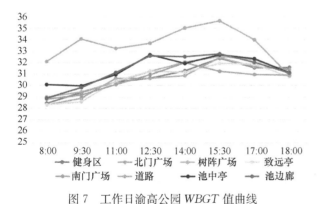

图 7　工作日渝高公园 WBGT 值曲线

2.4　微气候舒适度与游客量相关性分析

两天中各观测点在各个时间段的游客数量如图 8 和图 9 所示。总体来说，北门广场和健身区的游客最多，致远亭的游客最少，原因可能与场地的面积大小及场地内的微气候舒适度有关。从时间段来看，中午 11：00～14：00 的人数最少，原因可能是该时段的温度较高、WBGT 值

较高，较不适宜人们活动，且附近居民午间回家吃饭休息。下午 14：00～17：00，公园内活动人数有所增加，部分人群返回公园进行活动。

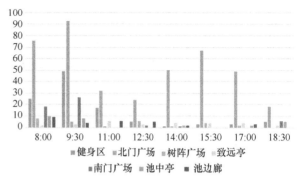

图 8　休息日景点人数统计

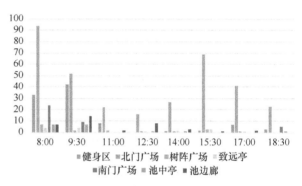

图 9　工作日景点人数统计

从两天的 WBGT 统计结果和观测点人数统计结果来看，当 WBGT＜30℃时，观测点的游客量较多；当 WBGT 值≥30℃时，观测点的游客量急剧下降，遮荫较好的观测点（如北门广场）成为公园内游客的聚集地，WBGT 值较高的观测点（如池中亭）的游客量与 WBGT 值呈负相关。

2.5　微气候舒适度与游客活动类型相关性分析

渝高公园各观测点各时段游客进行动、静活动数量如图 10 和图 11 所示。其中动态活动包括健身、广场舞、拍手操、拍照、散步等；静态活动包括休息、聊天等。

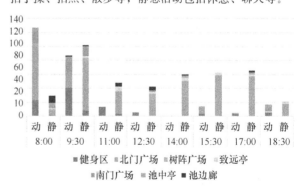

图 10　休息日游客活动类型

结合图 6 和图 7 可以看出，当 WBGT 值＜30℃时，游客更倾向于进行较剧烈的活动；当 WBGT 值≥30℃时，进行较剧烈活动的游客明显减少，除健身区等部分观测点进行动态活动的人数比静态活动多之外（由其场地功

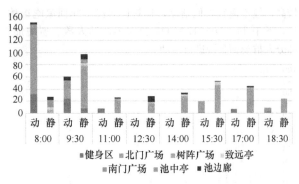

图 11　工作日游客活动类型

能决定），大部分观测点的游客以静态活动为主。

3　讨论

结合以上结果分析可知：夏季，社区公园内植物覆盖率高，太阳辐射弱的场地 WBGT 值更低，游客数量较多，游客体感较舒适，以静态活动为主。当场地 WBGT 值＜30℃时，植物覆盖率高，湿度较低，太阳辐射弱，游客总数较多，动态活动多于静态活动，游客体感舒适；当场地 WBGT 值≥30℃而＜32℃时，游客总数急剧减少，进行动态运动的游客大幅度减少，进行静态活动的游客相应增加，体感较不舒适；当场地 WBGT 值＞32℃时，体感不舒适，游客较少在社区公园场地内停留。

场地的游客数量与微气候舒适度有关系较密切，如池边廊 WBGT 值相对较高，故游客人数也相对较少。除此之外，也与场地的面积大小有关。例如北门广场面积较大，WBGT 值也相对较低，故游客人数相对较多；而树阵广场面积较小，虽 WBGT 值相对较低，但游客人数也相对较少。

4　结语

研究社区公园夏季微气候热舒适度能对社区公园的场地使用率起到至关重要的作用。改善微气候舒适度能吸引更多游客，增加游客活动强度，改善游客的使用感受。根据重庆渝高公园的 7 个主要活动观测点进行观测，得出以下结论：

第一，夏季高温时，微气候舒适度（WBGT 值）与游客数量呈负相关，WBGT 值越高，游客总量越少，进行动态活动的游客越少，进行静态活动的游客越多，但少数场地游客的活动类型被场地的功能和性质制约，不符合该规律。而 WBGT 值较低时，游客活动类型受微气候舒适度影响程度较低。

第二，当 WBGT 值＞31℃时，游客体感较不适，但公园内的舒适度也相较公园外高，故也能吸引部分游客。社区公园可通过增加场地植物覆盖率，塑造风廊、加强通风性，减少水体面积降低空气湿度等措施改善园内场地夏季微气候舒适度。

参考文献

[1] 陈睿智，董靓．基于游憩行为的湿热地区景区夏季微气候舒适度阈值研究：以成都杜甫草堂为例[J]．中国园林，2016，32(1)：5-9.

[2] 赵晓龙，卞晴，侯韫婧，等．寒地城市公园春季休闲体力活动水平与微气候热舒适关联研究[J]．中国园林，2019，35(4)：80-85.

[3] 刘燕珍，陈琳，许志敏，等．福州高架桥下植物景观空间微气候舒适度评价[J]．中国城市林业，2020，18(2)：46-50＋100.

[4] 龙学文，陈丹，车生泉．基于GVT的公园游憩偏好分析及管理对策——以上海世纪公园为例[J]．中国园林，2020，36(5)：50-63.

[5] 屠荆清．空间组成对使用者行为影响之研究——以台北市大安森林公园为例[J]．风景园林，2017，(11)：113-117.

[6] 林波荣．绿化对室外热环境影响的研究[D]．北京：清华大学，2004.

[7] 郭君仪，彭历，李彬．社区公园典型植物群落冬季小气候适宜性研究[J]．山西建筑，2018，44(32)，216-217.

[8] 张德顺，丽莎·萨贝拉．上海3个公园园林小气候的人体舒适度测析[J]．风景园林，2018，25(8)：97-100.

[9] 成泽虎，冯义龙．公园不同活动空间夏季小气候和空气质量特征研究[J]．园林科技，2019，(3)：11-14.

[10] 杜万光，王成，包红光，等．夏季典型天气下公园绿地小气候环境及对人体舒适度的影响[J]．生态与农村环境学报，2017，33(4)：349-356.

作者简介

肖佳妍，1999年生，女，汉族，重庆，重庆交通大学建筑与城市规划学院在读本科生，研究方向为风景园林规划与设计。电子邮箱：634671364@qq.com。

张俊杰，1984年生，男，汉族，广西柳州，博士，重庆交通大学建筑与城市规划学院讲师，研究方向为风景园林规划与设计。电子邮箱：junjieliuzhou@163.com。

宋雨芮，1999年生，女，汉族，重庆，重庆交通大学建筑与城市规划学院在读本科生，研究方向为风景园林规划与设计。电子邮箱：1453090067@qq.com。

罗融融，1991年生，女，汉族，重庆，硕士，重庆交通大学建筑与城市规划学院讲师，研究方向：风景园林规划与设计、环境行为与心理。电子邮箱：344057347@qq.com。

陈洪聪，1997年生，男，汉族，重庆，重庆交通大学建筑与城市规划学院在读本科生，研究方向为风景园林规划与设计。电子邮箱：634671364@qq.com。

杨涛，1999年生，男，汉族，重庆，重庆交通大学建筑与城市规划学院在读本科生，研究方向为风景园林规划与设计。电子邮箱：1833014580@qq.com。

钱杨，1998年生，男，重庆，重庆交通大学建筑与城市规划学院风景园林专业在读本科生，研究方向为风景园林规划与设计。电子邮箱：2207542572@qq.com。

北京旧城区复合风貌的道路交叉口景观视觉和谐度量化评价
——以东四十条桥到车公庄桥路段为例

Quantitative Evaluation of Landscape Visual Harmony at Road Intersections with Compound Style in Beijing Old Town：

Taking the section from Dongsishitiao Bridge to Chegongzhuang Bridge as an example

肖睿珂　李　雄

摘　要：景观视觉量化评价是将人对周围环境的视觉主观认识通过数字指标进行客观化的过程。北京旧城区内道路风貌类型复杂，在道路交叉口难以形成有机协调的视觉景观。本文以东四十条桥到车公庄桥路段的7个十字道路交叉口为例，依据道路交叉口视域特点与人体视觉系统的特性，提出了5个影响道路交叉口视觉和谐度的指标进行视觉量化评价，并建立景观视觉和谐度的评价体系。在量化评价结果的基础上，本文总结了东四十条桥到车公庄桥路段道路交叉口视觉协调情况，进而针对北京旧城区道路交叉口的景观视觉提出对应的优化策略。

关键词：景观视觉评价；量化指标；道路景观；和谐度

Abstract：Landscape visual quantitative evaluation is the process of objectifying people's subjective visual perception of the surrounding environment through digital indicators. The roads in Beijing Old Town exhibit various and complex styles, and it is difficult to form an organic and coordinated visual landscape at road intersections. This paper takes 7 cross road intersections from Dongsishitiao Bridge to Chegongzhuang Bridge as examples. Based on the characteristics of the field of vision of the road intersection and the characteristics of the human visual system, this paper proposes 5 indicators that evaluate the visual harmonious degree of the road intersection, and establishes an evaluation system for the visual harmony of the landscape. Based on the quantitative evaluation results, this paper summarizes the visual coordination of road intersections between Dongsishitiao Bridge and Chegongzhuang Bridge, and then proposes corresponding optimization strategies for the landscape vision of road intersections in Beijing Old Town.

Key words：Landscape Visual Evaluation；Quantitative Indicator；Road Landscape；Harmonious Degree

1　研究背景

城市道路是城市中的主要交通途径和通道，也是维持社会文化延续性的主要物质空间[1]。道路交叉口更是车辆与行人汇集、转向和疏散的必经之地，景观重要性不言而喻。

本文将对北京旧城区复合风貌的道路交叉口进行景观视觉和谐度评价。北京旧城区一般指原城墙遗址内呈"凸"字形状的东城区与西城区。自近代以来，北京旧城区域城市主干道的改建重修工作频繁，同时长期的时代更迭与人文变迁，导致其内部的主干道景致复杂多变，杂糅不一。

道路两旁建筑作为道路上视觉的重要元素和焦点，极大地影响街道风貌，成为道路风貌的关键因素。旧城区内主要有4种风格的建筑——第一类为古代明清皇家建筑或传统民居合院；第二类为受近代西方复古主义、折中主义建筑风格影响的近代建筑；第三类建筑为新修建的现代风格大楼；第四类建筑是为配合旧城古代风貌而修建的仿古式现代楼宇，因与传统古代建筑有较明显差别，故而单分一类。相对应的，旧城区内的4种主要建筑风格分别形成了4类主要街景风貌（图1）：

古代历史风貌街景　　近代风貌街景　　现代风貌街景　　仿古风貌街景

图1　4种类型风貌街景

（1）古代历史风貌街景，如南北长街、地安门外大街等；

（2）近代风貌街景，如东交民巷、西交民巷等；

（3）现代风貌街景，如长安街、西单北大街等；

（4）仿古风貌街景。

这4类风貌街景在旧城区中纵横交联，穿插错落，导致旧城主干道路交叉口常会出现两类乃至三类风貌混合的街景，视觉观赏体验较差，为旧城区的风貌控制带来了不少的挑战。

为了客观、定量地对旧城区道路交叉口视觉和谐度进行评估，本文建立了视觉和谐度量化评价体系。该体系借鉴了已有工作中对单张照片景观属性量化指标的有效性研究[2]，进一步计算出同一交叉口多张照片量化指标的标准差以表征视觉和谐程度，再利用层次分析法对多个指标的标准差进行加权求和，得到最终的视觉和谐度指数，对进一步的分析及优化策略的选择具有很好的参考意义。

2 研究样本选取

2.1 研究样本选取

随着社会的发展，城市在原有基础之上对旧城传统道路格局做了适当调整，使主干道原有布局逐渐趋向"一环三纵五横"的空间结构[3]。东四十条桥到车公庄桥路段为"一环三纵五横"结构的最北横向街道，接景山公园北，横跨什刹海，其与南北向的主要道路形成了共7个十字道路交叉口，是二环内街景风貌最复杂的主干道之一。对于方位正南正北的道路十字交叉口而言，对其街道风貌影响最大的为东北、东南、西南、西北方的4块城市用地的风貌。经过调研，平安里西大街—赵登禹路、平安里西大街—新街口南大街、地安门西大街—德胜门内大街、地安门西大街—地安门外大街、地安门东大街—交道口南大街、张自忠路—东四北大街、东四十条—东直门南小街这7个十字交叉口均有复合风貌街景的情况，将其自西向东依次编号便于研究（图2）。

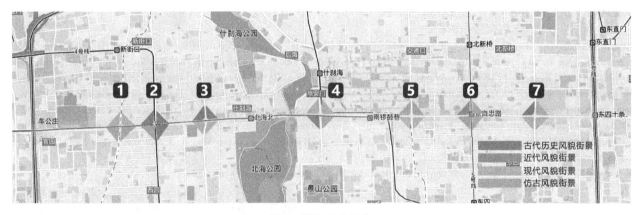

图2　研究对象区位

2.2 图像获取

景观视觉研究定量分析需要精确的数据，借助数字图像代替人的眼球视野进行一系列的数据处理具有明显的优越性。而图像中物体的组成占比与相机的俯仰角度有很大的关系，利用能显示控制图像的偏航角与俯仰角的腾讯街景具有很好的可操作性和科学性。人的视野夹角通常为120°，选取俯仰角为0°的腾讯街景能近似模拟人的正常视野。

为了方便比较以获取十字路口的景观视觉和谐度，避免拍摄距离对于图像内容的干扰，对于一个拥有东、南、西、北4个路口的主干道十字路口，均在位于距拍摄路口相垂直道路的较远街线的35m处（大约为研究路口对向的人行斑马线处）以0°俯仰角依次获取同一时间从东、南、西、北4个方向拍摄的图像（图3）。7个研究对象共收集28张数字图像进行理论分析（图4）。

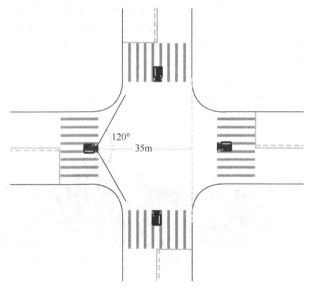

图3　图像获取示意图

	南路口	西路口	北路口	东路口
1 (平安里西大街—赵登禹路)				
2 (平安里西大街—新街口南大街)				
3 (地安门西大街—德胜门内大街)				
4 (地安门西大街—地安门外大街)				
5 (地安门东大街—交道口南大街)				
6 (张自忠路—东四北大街)				
7 (东四十条—东直门南小街)				

图 4　道路交叉口实景图片

3　研究方法

3.1　视觉感受指标的提取

景观视觉感受是人为的主观认知，将景观视觉感受量化具有很大的复杂性和挑战性，本文结合参考学者韩君伟于2018年根据步行街道景观视觉评价研究提出的景观视觉量化方法，针对北京旧城区主干道十字交叉口的特点加以完善，归纳出一套适合于该区域的景观视觉量化评价指标。

3.1.1　视觉熵

熵最初是被用来描述热力学中的混乱程度，近年则用视觉的信息熵——视觉熵来描述人眼对视觉信息的主观度量[4]。本文则结合其提出的计算方法来计算旧城交叉口视觉熵值。为避免影像中的机动车影响研究结果，计算视觉熵时遮挡影像中下半部分道路与车辆。

3.1.2　色彩指数

数字图像获取的色彩数据多为RGB模式，将其转化符合人眼感知特性的HCV颜色模型更契合本研究目的。经现场调研，所涉及均为沥青路面，对道路色彩影响忽略不计，为避免影像中的机动车影响研究结果，算色彩指数时同样利用遮挡后的影像进行。

3.1.3　天空开阔指数

天空开阔指数指人在某一观察点上，进入视野的天空面积占视锥面积的比例。由于视觉边缘畸变可忽略不计，因此天空面积与图像全面积之比可近似表征天空开阔指数。

3.1.4　天际线变化指数

天际线是城市与天空之间的轮廓，主要由城市建筑形成整体结构。天际线变化指数指某一区域内天际线变化的频率与振幅。

3.1.5　路面宽度

对于道路景观来说，根据近大远小的透视原理，路面将占据人不小的视野，对人的视觉感受产生不小的影响。道路宽度以测量道路红线的宽度为准。

3.2　景观视觉和谐度评价标准与依据

和谐度是系统之间或系统内部要素之间在发展过程中彼此和谐一致的程度，体现了系统由无序走向有序的趋势，是协调状况好坏程度的定量指标[5]。通常标准差能反映一个数据集的离散程度。计算多个景观单元的各视觉量化指标的标准差，在一定程度上能体现各指标的离散状况。笔者结合道路交叉口景观特点和各指标数据特点，以各指标对人视觉和谐影响程度为依据用层次分析法（AHP）确定各指标权重（表1）。

景观视觉量化评价指标权重　　表 1

	天际线变化指数	天空开阔指数	色彩指数	视觉熵	道路宽度	指标权重
天际线变化指数	1	3	1	5	5	0.358
天空开阔指数	1/3	1	1/3	3	3	0.155
色彩指数	1	3	1	5	5	0.358

	天际线变化指数	天空开阔指数	色彩指数	视觉熵	道路宽度	指标权重
视觉熵	1/5	1/3	1/5	1	1	0.064
道路宽度	1/5	1/3	1/5	1	1	0.064
$\lambda_{max}=5.056,\ CI=0.014,\ CR=0.0125<0.1$						

根据上表中确定的指标权重，计算最终道路交叉口景观视觉和谐度指标如下：

$$S=\frac{1}{0.358\,C_1+0.155\,C_2+0.358\,C_3+0.064\,C_4+0.064\,C_5}$$

式中，S 为景观视觉和谐度指数，C_1、C_2、C_3、C_4、C_5 为该道路交叉口 4 张街景照片天际线变化指数、天空开阔指数、色彩指数、视觉熵、路面宽度的标准差。

4 研究结果与分析

将东四十条桥到车公庄桥路段 7 个十字道路交叉口的 4 个方向共 28 个影像进行视觉熵、色彩指数、天空开阔指数、天际线变化指数、路面宽度 5 个指标定量测算，而后将同一个交叉口的 4 个方向影像一起进行景观视觉和谐度评价，得到表 2。

景观视觉和谐度评价表　表 2

道路交叉口编号	天际线变化指数标准差	天空开阔指数标准差	色彩指数标准差	视觉熵标准差	道路宽度标准差	视觉和谐度总分
1 号	0.1020	0.1246	0.1773	0.3423	0.0018	7.0590
2 号	0.0202	0.0279	0.1094	0.1387	0.0011	16.7135
3 号	0.0785	0.0819	0.1169	0.3105	0.0012	9.7140
4 号	0.0262	0.0237	0.1307	0.2595	0.0013	13.0207
5 号	0.0636	0.0479	0.1387	0.2092	0.0014	10.6905
6 号	0.0199	0.0198	0.0642	0.1850	0.0006	22.1053
7 号	0.0826	0.1310	0.0524	0.3000	0.0005	11.3409

由表 2 可知，研究的东四十条桥到车公庄桥路段 7 道路交叉口中，景观视觉和谐度指标得分依次为：6 号交叉口＞2 号交叉口＞4 号交叉口＞7 号交叉口＞5 号交叉口＞3 号交叉口＞1 号交叉口，其中最高的为 6 号道路交叉口（张自忠路—东四北大街），指数为 22.11，景观视觉和谐度指标最低的为 1 号道路交叉口（平安里西大街—赵登禹路），指数为 7.05。

同时，将 7 个交叉口以街景风貌类型为研究出发点进行景观视觉和谐度的类比与分析，绘制直方图（图 5），可得以下分析：

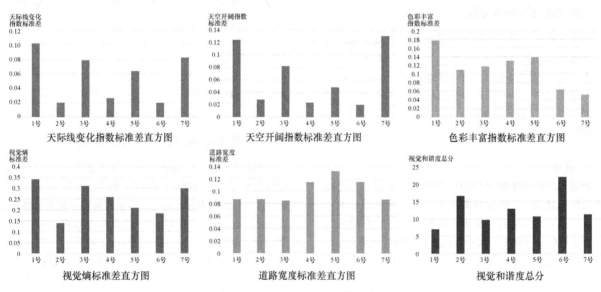

图 5　景观视觉指标标准差直方图

（1）交叉口四角为现代风貌街景与仿古风貌街景复合的 1 号交叉口（平安里西大街—赵登禹路）与 5 号（地安门东大街—交道口南大街）在景观视觉和谐度评价中均指标较低，四个路口方向影像的色彩指数标准差、天空开阔指数标准差与天际线变化指数标准差较大。结合道路影像来看，色彩不够和谐的主要原因在于修建于这个两交叉口的仿古建筑所刷涂红漆过于鲜艳而无章法，与周围主色调为蓝灰色的现代建筑格格不入。而仿古建筑一般不超过 3 楼，与超高层的现代建筑距离过近导致天际线变化指数标准差与天际线变化指数标准的差距较大（图 6）。

（2）交叉口四角为现代风貌街景与古代历史风貌街景复合的 3 号（地安门西大街—德胜门内大街）与 7 号（东四十条—东直门南小街）交叉口在景观视觉和谐度评价中均指标较低，4 个方向影像的天际线变化指数标准差、天空开阔指数标准差和视觉熵标准差较大，而色彩指数的标准差则较小。结合道路影像来看，形成古代历史风貌街景的建筑多为一层传统清代民居合院，青砖砌筑围墙色彩浅灰，其旁边的现代建筑外饰面也趋为浅灰色，色彩和谐度较高，但其天际线轮廓与民居合院的则相去甚远，现代建筑的装饰元素丰富也使画面的复杂程度相差较大（图 7）。

图 6 现代风貌街景与仿古风貌街景复合的 1 号与 5 号交叉口部分影像

图 7 现代风貌街景与古代历史风貌街景复合的 3 号与 7 号交叉口部分影像

（3）交叉口四角为古代历史风貌街景与仿古风貌街景复合的 2 号（平安里西大街—新街口南大街）与 4 号（地安门西大街—地安门外大街）交叉口在景观视觉和谐度评价中均指标较高。结合道路影像来看，这两个交叉口旁的仿古建筑色彩选用较协调，建筑高度也合适，与其旁边的传统古代建筑能很好地融合，是良好的仿古建筑修建范例（图 8）。

（4）6 号（张自忠路—东四北大街）交叉口是 7 个交叉口中唯一一个拥有近代风貌街景的，虽然此交叉口是近代风貌街景、仿古风貌街景与现代风貌街景三类复合情况，但它在景观视觉和谐度评价中指标最高。结合道路影像来看，6 号交叉口附近的近代建筑高度适中，色彩偏褐灰色，仿古建筑色彩控制较和谐，位于此路口的现代建筑也均为中层，因而视觉感受比较良好舒适（图 9）。

图 8 古代历史风貌街景与仿古风貌街景复合的 2 号与 4 号交叉口部分影像

图 9 6 号交叉口部分影像

5 优化建议

综合以上讨论与分析，旧城内的街旁建筑很大程度上影响了道路交叉口的景观视觉和谐，因此针对北京二环内旧城区交叉口的建筑风貌规划提出以下建议：

（1）当交叉口出现现代风貌街景与仿古风貌街景复合情况时，现代建筑的建筑高度不宜过高，最好控制在 6 层以下，而仿古建筑外立面色彩应以浅灰为主，配以少量的朱红点缀即可，切忌出现大面积鲜红色或明黄色。

（2）当交叉口为现代风貌街景与古代历史风貌街景融合时，为避免影响视觉较大的天际线变化过大，重点需要控制现代建筑的高度，避免超高层现代建筑修建于古代传统建筑附近。

（3）当交叉口出现古代历史风貌街景与仿古风貌街景复合情况时，一般仿古建筑不会过高，能较容易地与古代传统建筑高度保持统一，因此控制此类交叉口的建筑色彩成为重中之重，色彩古朴自然的仿古建筑更能毫不违和地融入古代历史街区中。

6 结语

本文基于景观视觉的量化指标，构建了景观视觉和谐度量化评价体系，通过对北京旧城区东四十条桥到车公庄桥路段的主干道道路交叉口进行评价，得出针对北京旧城区街道复杂风貌情况下十字路口的视觉优化建议。保证视觉质量的关键在于建筑风貌的整改，力求色彩协调、高度相近、风格统一。同时，在公园城市理念下，旧城区的整体规划应充分协调好发展与保护的平衡点，以保证旧城区历史风貌街景的延续为导向，以处理好新旧城区之间的耦合关系为目标，使北京旧城区拥有悠久历史与现代文明交汇的舒适人居环境。

参考文献

[1] 贾秉玺. 基于视觉特性的城市道路景观设计[D]. 北京：北京林业大学，2010.

[2] 韩君伟，董靓. 街道景观视觉评价量化指标及其有效性分析[J]. 西南交通大学学报，2015，50(04)：764-769.

[3] 王飞. 北京旧城城市主干道地理色彩研究[D]. 北京：北京建筑大学，2016.

[4] 车亮亮，李悦铮，韩雪. 近代城市历史文化街区物质文化景观协调度研究——以大连旅顺太阳沟为例[J]. 安徽农业科学，2012，40(13)：7804-7806.

[5] 余付蓉. 基于腾讯街景的长三角主要城市林荫道景观视觉评价[D]. 上海：上海师范大学，2019.

作者简介

肖睿珂，1997年生，女，汉族，四川泸州，北京林业大学园林学院在读硕士研究生，研究方向为风景园林规划设计与理论。电子邮箱：995237706@qq.com.

李雄，1964年生，男，汉族，山西，博士，北京林业大学副校长、园林学院教授，研究方向为风景园林规划设计与理论。电子邮箱：bearlixiong@sina.com.

基于三维可达性的中西方高密度街区开放空间服务特征及公共性比较[①]

——以广州珠江新城和纽约曼哈顿为例

Comparison of Service Characteristics and Publicity of Open Space in High-density Neighborhoods Based on Three-dimensional Accessibility：

Taking Pear River New Town in Guangzhou and Manhattan in New York as Examples

江海燕　梁挚呈　肖　希　吴玲玲

摘　要： 充足便利的开放空间是增强城市活力、满足居民美好生活需求的重要载体，然而存量发展阶段高密度城区公共开放空间因人口数量和质量增加导致了新供需矛盾。本文以广州珠江新城和纽约曼哈顿为例，采用网络开源数据与实地调研相结合建立 3D 街区模型和开放空间数据库，通过 3D-GIS 可达性计算比较服务特征和公共性。结果表明：在珠江新城核心区拥有比曼哈顿约克维尔更高的地块平均绿地率、更大规模的公有和附属开放空间条件下，二者拥有比例相近的、同样较低的公有公共开放空间服务水平，但私有公共（附属）开放空间服务水平曼哈顿优势明显，曼哈顿约克维尔私有公共空间有效补充了公有公共空间的不足，且曼哈顿开放空间公共性效应均优于珠江新城核心区。研究通过精准评价和识别三维空间供需潜力、揭示公共效应影响因素，为我国高密度街区开放空间供给提供思路和方法。

关键词： 开放空间；三维可达性；服务水平；公共性

Abstract： Sufficient and convenient Open Space is an important carrier to enhance urban vitality and meet the needs of residents for a better life. However, the high-density urban Public Open Space in the stock development stage has caused new supply and demand contradictions due to the increase in population and quality. The article takes Guangzhou Pearl River New Town and Manhattan, New York as examples. It uses network open source data and field research to establish a 3D block model and Open Space database, and compares service characteristics and publicity through 3D-GIS accessibility calculations. The results show that the core area of the Pearl River New City has a higher average green space rate than Yorkville of Manhattan, and a larger-scale Public and Affiliated Open Space. The two have similar proportions and the same low Public Open Space services. However, Manhattan has obvious advantages in the service level of Privately Owned Public (Affiliated) Open Space(POPOS), with its service adequacy (accessibility below 5 minutes) reaching 91.46%, which is nearly 30% higher than the core area of Pearl River New Town; in addition, through matching public ownership-degree of complementarity of Private and Public Open Spaces found that POPOS in Yorkville of Manhattan effectively supplemented the shortcomings of Public Open Spaces, with an open space service adaptation area of 81.71%, while the proportion of Pearl River New Town was only 3.89%. A further comparison of planning, design, and construction management indicators such as area, location, type, opening hours, supporting facilities, and signboards found that Manhattan's effect on the publicity of Open Space in the above six aspects is better than that of Pearl River New Town core area. The research provides ideas and methods for the refined supply, quality and efficiency of Open Space in my country's high-density neighborhoods by accurately evaluating the service level of small and micro-scale Open Spaces in high-density cities, accurately identifying the supply and demand potential of three-dimensional space, and accurately revealing public effects.

Key words： Open Space；3D-GIS Accessibility；Service Ability；Publicity

引言

充足便利的开放空间是增强城市活力、满足居民美好生活需求的重要载体。存量优化发展阶段高密度城区可建设用地供给有限，人口还在不断向大城市集聚，且新的经济、业态、技术和生活方式使城市居民对公共开放空间产生更高要求[1]。针对公共开放空间供给不平衡、不充分，不能满足人口数量和质量两方面增加导致的新供需矛盾这一共性难题[2-3]，我国风景园林、城市规划、建筑学等与城市建设密切相关的学科、行业和政府部门，纷纷展开了研究和实践：风景园林学科、生态学聚焦于附属绿地的挖潜增质[4-5]；城市规划通过非独立占地公共空间重构公共空间体系[6-8]；建筑学从地块退缩空间、建筑公众空间及内部私有空间等方面增加公共性[9-11]；市政交通从共享街道进行统筹[12-14]。国外通过私有公共开放空间

① 基金项目：国家自然科学基金面上项目：基于协同理论的城乡边缘区开放空间规划与实施研究（51478124）；国家自然科学基金青年项目：基于城乡互动发展的乡村生产性景观发展策略研究——以珠三角基塘为例（51708127）。

(Privately Owned Public Open Space，简称 POPOS）作为公有公共开放空间的重要补充，以甄别所有权、建设管理权与使用权进行利益交换机制设计，统一了因用地类型、空间位置、权属性质等产生的分割问题[15-17]。政府从法规和制度设计层面有力地推动了私有空间的公共化，实践领域产生了丰富类型和数量可观的私有公共空间，重塑了城市、街道和建筑景观，客观上改善了城市空间品质、居民公共生活和社会公平[18-21]。

西方这种针对公共开放空间不足创立的公私交换机制以美国的容积率奖励模式为代表。美国纽约为保证有足够的开放空间将更多新鲜空气和阳光引入街道，1916年的《区划条例》采用"交易式"经济手段，以提供开放空间（公共利益）来换取建筑层数的增加（私人利益）[15]。随着 1961 年纽约市第二版区划条例正式生效，POPOS 进入迅速发展期。至 2005 年，仅曼哈顿就有 530个 POPOS，总面积超过 85 英亩[22]。世界各大高密度开发的城市如美国的洛杉矶和芝加哥、加拿大的多伦多和蒙特利尔、日本的大阪和神户、新加坡等也纷纷效仿[16-17,23-24]。

不仅如此，为了保障私有公共开放空间的质量，西方学者持续对其公共性展开了研究，并不断发展公共性评估内容、指标和方法，包括从日常使用[25]、建设完成前后变化以及利益相关方权责分配三大视角评价公共性[26]；评价方法则包括过程比较法、估值法、模型评估法和利益/权利分配评估法，其中模型评估法又包括三轴模型、六轴模型、星形模型、空间指数模型等[20,27-28]。国内则主要以介绍国外方法为主，现阶段还较少实证研究[29-30]。

论文基于以上中西方在开放空间规划政策、制度和研究深度的差异，选择中西方两个典型的高密度街区——广州珠江新城核心区和纽约曼哈顿约克维尔为案例地，采用 3D-GIS 可达性空间分析方法，精准评估和比较两个典型垂直街区服务半径为 200～350m 的、更贴近人们工作和生活尺度的小微型开放空间服务水平差异，剖析影响其差异的基本原因；并通过比较二者开放空间的质量即公共性，进一步从设计、管理和制度层面深入剖析影响公共开放空间数量和质量的因素，为我国高密度街区开放空间供给提质增效提供思路和方法。

1 研究范围与研究方法

1.1 研究范围

选取广州珠江新城核心区和纽约曼哈顿约克维尔为研究对象。珠江新城核心区位于广州新中轴线上，是天河 CBD 的主要组成部分；研究区域东为冼村路、西为广州大道中、南临珠江海心沙岛、北为黄埔大道西，面积约为 2km²（含花城广场 0.4km²），常住人口与工作人口密度达 11.43 万人/km²（百度慧眼平台 2020 年 1 月数据）。纽约曼哈顿约克维尔（Yorkville, Manhattan, New York），以伊斯特河为东界、东 79 街为南界、第三大道为西界、东 96 街为北界形成研究区域；区域面积为 1.4km²，以市政道路为边界划分地块，区域内共有 83 个地块，地块

平均面积为 1.3hm²，其中 83 号地块为公园绿地。

这两个街区在城市中的区位、功能、面积、人口结构相近，均位于大城市的中心商务区，为典型的高层高密度街区，都是中高产阶级人群聚集区，在社会经济、城市形象、公共服务等各方面都是所属国家和城市的窗口。通过两个街区的比较，希望获得不同政策背景下开放空间规划设计的借鉴启示。

1.2 研究数据

珠江新城核心区基础数据主要通过高清航空影像图和实地调研获取，曼哈顿通过航空影像图和 MASNYC 网站获取（表 1，图 1）。珠江新城以市政道路为边界划分地块，研究区域内共有 90 个地块，地块平均面积为 1.5hm²（不含花城广场），其中 27、37 和 90 号地块为公园绿地（公有开放空间）。研究区共有 58 个附属开放空间，平均面积为 1556m²，面积最大的有 8000m²，最小的仅有 120m²。开放空间的分布为东密西疏，东部为商业办公建筑，西部为居住、公共服务和商业办公建筑，附属开放空间的分布与商业办公建筑有较大的关联性。纽约曼哈顿约克维尔目前共有 31 个私有开放空间，且部分空间还有多种 POPOS 类型。私有开放空间平均面积为 554m²，面积最大的有 1845m²，最小的仅有 79m²。约克维尔的 POPOS 大多利用街头巷尾的可利用空间进行改造和布置，虽然占地面积都不大，然而数量较多，分布较均匀，大多数都是具有休憩设施和绿化遮荫的空间，少数具有娱乐观赏设施，方便居民在空间内停留休息。

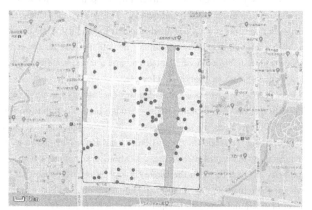

图 1 广州珠江新城区核心区（左）和纽约曼哈顿约克维尔（右）开放空间分布图

珠江新核心区与曼哈顿约克维尔基本指标一览表		表 1
	珠江新城核心区	曼哈顿约克维尔
人口密度（万人/km²）	11.43	2.70
街区面积（hm²）	189.7	138.9
地块数量	90	83
地块平均绿地率（%）	34	26
公有开放空间数量	3	2
公有开放空间总面积（hm²）	29.79	4.91
私有开放空间数量	58	35
私有开放空间总面积（hm²）	9.03	2.25
地块平均私有公共空间面积（hm²）	0.16	0.07
建筑平均高度（m）	77.47	22.93

1.3 研究方法

通过建立供给水平和公共性两个维度的指标体系，比较两个街区开放空间服务特征和公共性特征。其中，供给水平评价指标通过 3D-GIS 可达性指数进行计算，公共性通过网络开放数据和实地调研获取的数据、照片进行定量和定性结合的评价（表 2）。

评价指标一览表		表 2
评价内容	评价指标	研究方法
供给水平	公有空间稀缺度、私有空间充足度、公有—私有空间互补度	街区单元 3D 建模、3D-GIS 可达性计算
公共性	位置、设施、开放时间、标志牌	网络开放数据、实地调研

街区单元 3D 建模和 3D-GIS 可达性计算技术路线如图 2：① 通过高清影像图和多角度现场实拍照片，CAD 绘制开放空间分布图，导入 ArcGIS 生成开放空间分布模

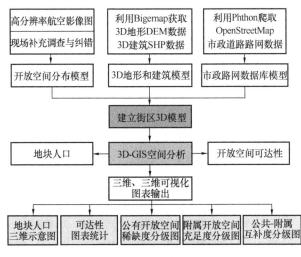

图 2 技术路线图

型；② 利用 BIGEMAP 导出建筑 SHP 模型和地形 DEM 数据，导入 ArcGIS 生成 3D 地形和建筑模型；③ 利用 Python 爬虫技术爬取 OpenSpaceMap 路网数据，在 ArcGIS 中建立网络数据库；④ 开放空间、地形和建筑、路网共同在 ArcGIS 生成街区 3D 模型，作为 3D-GIS 量化分析、三维可视化模拟的基础；⑤ 利用 GIS 计算每栋建筑不同高度到达开放空间的最短时间；⑥ 输出不同类型开放空间供给差异以及公有-附属空间互补度差异的可视化地图。本文利用街区 3D 模型数据，按照建筑高度分成低层建筑（10m 以下）、多层建筑（11~24m）、高层建筑（25~100m）、超高层建筑（100m 以上）四类，分析建筑不同楼层到公有开放空间和附属开放空间的可达性。

2 两个街区开放空间供给服务水平比较

2.1 公有开放空间供给稀缺度

（1）曼哈顿上东区公有开放空间服务水平总体较低

街区内主要以 29 号、83 号地块作为公有开放空间，分别是位于北部区域的 Ruppert Park 和东部区域的 Carl Schurz Park。总体上看，公有公共开放空间服务水平较低，不足五分之一的建筑面积为公有公共开放空间低稀缺服务水平（图 4 上）。具体而言，可达时间在 5min 以下占比为 17.08%，低稀缺的地块主要集中在东部面积较大的 Carl Schurz Park 周边；建筑到公园所需时间 5~10min 的较高稀缺类型占比 54.88%，主要分布在中部和西北部；街区内西南区域的地块大部分表现为极高稀缺，建筑到公园所需时间超过 10min 占比为 28.05%，接近三成。

（2）珠江新城核心区公有开放空间服务水平与曼哈顿相近，但服务效率偏低

珠江新城核心区 27、37 和 90 号地块为公园绿地（公有开放空间），分别是花城广场及广州大道东侧公园。比较而言，珠江新城公有开放空间供给服务水平与曼哈顿上东区相近，3min 以下服务建筑面积占比为 23.25%，高于曼哈顿上东区；但珠江新城在公有公共空间面积占绝对优势（比曼哈顿多 24.88hm²）的条件下，其 10min 以上服务等级为极高稀缺的建筑面积占比 29.07%，反而还高于曼哈顿上东区 28.05%（图 3 下）。原因一方面整体大面积的公共开放空间不利于服务效率的提高，另一方面珠江新城建筑高度明显高于曼哈顿，这也影响了其服务水平。

（3）两个街区随着建筑高度增加，服务水平均逐渐降低

比较而言，珠江新城核心区在 3min 以下（极充足）和 10min 以上（极稀缺）服务水平受建筑高度影响更大，而曼哈顿则差异不明显（图 4）。具体表现在 3min 以下服务水平珠江新城从地面 22.09% 骤减到超高层 9.03%，而曼哈顿则从 9.76% 小幅减少到 7.32%；10 分钟以上服务水平珠江新城从地面 19.77% 增加到超高层 29.07%，而曼哈顿则从 23.17% 增加到 28.05%。这种现象主要受平均建筑高度因素的影响。

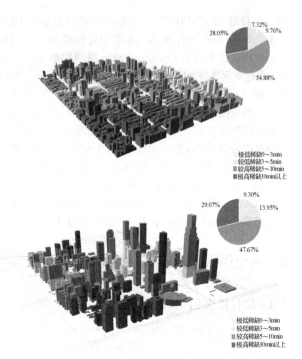

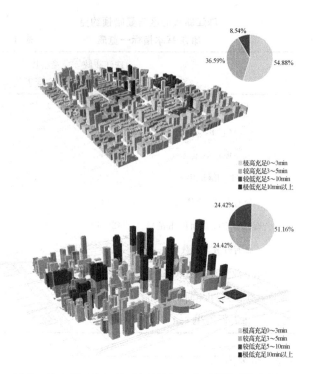

图3 曼哈顿（上）和珠江新城区（下）公有开放
空间稀缺度可视化地图

公有开放空间供给度统计对比
珠江新城核心区/曼哈顿约克维尔

■0～3min ■3～5min ■5～10min ■10min以上

	地面	低层	多层	高层	超高层
	19.77 23.17	19.77 24.39	19.77 24.39	24.42 28.05	29.07 28.05
	44.19 45.12	44.19 46.34	45.35 48.78	46.51 54.88	47.67 54.88
	13.95 21.95	15.12 19.51	15.12 17.07	15.12 9.76	13.95 9.76
	22.09 9.76	20.93 9.76	19.77 9.76	13.95 7.32	9.30 7.32

图4 珠江新城和曼哈顿开放空间供给稀缺度比较

2.2 附属开放空间供给充足度

（1）曼哈顿上东区私有开放空间总体服务水平较充足

其中54.88%的建筑面积为3min以下的极高充足类型，36.59%为3～5min的较高充足类型，仅8.54%表现为5～10min的较低充足（图5上）。

（2）珠江新城核心区附属开放空间的服务水平总体上与曼哈顿上东区差距较大

在3min以下的极高充足水平与曼哈顿上东区相当，但在3～5min较高充足水平比曼哈顿低了12.17%，而5～10min较低充足水平又高了15.88%。在珠江新城附属开放空间平均占比、面积和个数远大于曼哈顿上东区的情况下，服务水平反而低于曼哈顿上东区（图6下）。其原因一方面主要是受建筑高度影响，珠江新城核心区的建筑，其超高层对于地面的附属开放空间可达性十分低。另一方面是曼哈顿私有开放空间分布更均匀，随着建筑楼层升高，其可达时间更多是由0～3min增加至3～

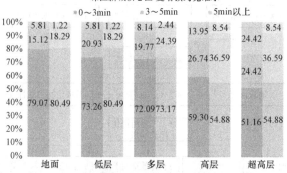

图5 曼哈顿（上）和珠江新城（下）附属开放空间
供给充足度可视化地图

5min。可达性由极高充足水平转为较高充足水平。而珠江新城核心区的附属开放空间主要集中于商业建筑周边，居住建筑本可以在3～5min抵达附属开放空间，但随着我建筑楼层升高，可达时间则增加至5～10min，由较高充足水平转为较低充足水平。

（3）曼哈顿所有类型建筑服务水平明显高于珠江新城

从不同建筑高度的服务水平来看，两个街区都随着建筑高度增加服务水平有所降低（图6）。但整体上看，曼哈顿所有类型服务水平都高于珠江新城，尤其是多层、高层和超高层。尽管上东城空中花园数量少于珠江新城，但由于其建筑高度均不超过150m，平均高度（23.93m）远低于珠江新城核心区，其受影响程度反而大大降低。因此，建筑高度是影响开放空间服务水平的重要因子，需要适当数量和位置分布的空中花园弥补高度造成的不足。

附属开放空间供给度统计对比
珠江新城核心区/曼哈顿约克维尔

■0～3min ■3～5min ■5min以上

	地面	低层	多层	高层	超高层
	5.81 1.22	5.81 1.22	8.14 2.44	13.95 8.54	8.54
	15.12 18.29	20.93 18.29	19.77 24.39	26.74 36.59	24.42 36.59
	79.07 80.49	73.26 80.49	72.09 73.17	59.30 54.88	51.16 54.88
					24.42

图6 珠江新城附属开放空间和曼哈顿私有公共
开放空间供给充足度比较

2.3 公有—附属供给互补度

（1）曼哈顿约克维尔绝大部分为适配区，主要由私有公共开放空间补充

其低稀缺高供给（溢出区）占比为 13.41％，高稀缺低供给（不足区）占比为 4.88％，其余 81.71％ 为适配区（图 8 上）。特别是在公有公共空间不足的情况下，私有公共开放空间高供给占比达 78.05（高稀缺高供给），有效补充了公有公共空间的不足，从占地面积上看，起到了"四两拨千斤"的效果。

（2）珠江新城核心区绝大部分为错配区，需要多种途径进行公共化调配

如图 7 下所示，仅有 3.49％ 为公共低稀缺、附属低供给，可以看作供给自我平衡区；其他 96.51％ 的建筑面积都属于高配或低配的失配区。其中，有 19.77％ 的建筑面积属于公有低稀缺—附属高充足区域，也就意味着这些区域建筑为开放空间供给溢出区，即这些附属绿地为联合公共化的潜力供给区；有 55.81％ 为公有高稀缺—附属高充足，即这些附属绿地为就地公共化的潜力供给区，通过适宜的场所设计和设施配套，具有大幅度提高开放空间供给效率的潜力；有 20.93％ 为公有高稀缺—附属低供给，为供给不足区，需要通过街区附属绿地指标联合公共化完成转移补充。

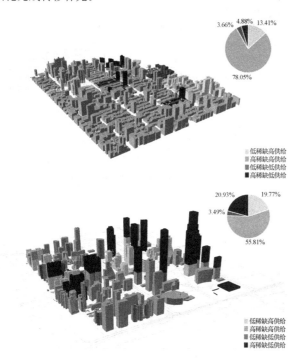

图 7 曼哈顿（上）和珠江新城（下）公有—附属开放空间互补度可视化地图

（3）附属绿地服务效应随建筑高度增加而降低，曼哈顿则相反

随着楼层增加，珠江新城核心区高稀缺高供给类型比例从 60.47％ 减少到 55.81％，而曼哈顿约克维尔则由 68.29％ 增加到 78.05％（图 8）。这进一步说明曼哈顿约克维尔私有公共空间布局的合理性。

开放空间互补度统计对比
珠江新城核心区/曼哈顿约克维尔

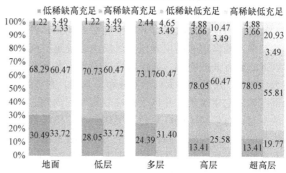

图 8 珠江新城和曼哈顿开放空间互补度比较

3 私有开放空间公共性的比较

除了公有开放空间以外，两个街区建筑附属开放空间都发挥了绝对主导的社会服务功能。这些附属开放空间在表现类型、设施配套、所处位置、管理政策等方面均存在较大差异，这些差异无疑会对它们公共服务能力也就是公共性产生影响。开放空间要发挥公共服务的社会效应，需要至少满足以下条件：一是要有足够的休闲设施和休憩空间；二是要对所有人开放；三是要有足够合理的开放时间。如果这些空间仅以简单的附属绿地和硬质空间存在，则无法达到公有开放空间同样的社会效应。

（1）面积对公共性的影响

从人口分布图对比可以看出（图 9），曼哈顿约克维尔的地块人口密度大部分在 3200 人/km² 以下，而珠江新

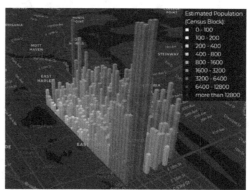

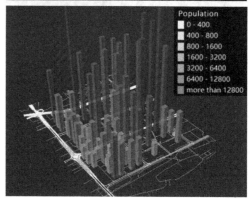

图 9 曼哈顿（左）和珠江新城（右）人口分布图

城核心区许多地块人口在 6400 人/km² 以上，人均私有开放空间相对更小，不足以满足居民需求。

（2）位置对公共性的影响

曼哈顿约克维尔的私有开放空间分布均匀，各地块上建筑多为低多层和高层建筑，居民能在较短时间内到达就近的私有开放空间。珠江新城核心区的私有开放空间数量更多，尺度也较大；然而分布不均匀，东多西少，西部区域住宅建筑集中片区无法在较短时间内到达私有开放空间；而东部区域许多超高层建筑即使位于低稀缺高供给的地块，楼层较高的居民也无法在较短时间内到达私有开放空间。珠江新城位于建筑内的开放空间有 20 个，占比 34.48%；而曼哈顿位于建筑内有 2 个，占比 5.71%，显然建筑内开放空间由于可识别性差（使用或熟悉建筑的人才知晓）、可进入性差（门禁管理）导致公共性降低（图 10、图 11）。

图 10 曼哈顿约克维尔东 88 街住宅广场

图 11 珠江新城保利 108 公馆小区内庭院

（3）表现类型对公共性的影响

珠江新城在统计出的 58 个附属开放空间中，有 18 个是加宽的人行道、8 个是骑廊。如珠江新城地铁站 B1 出口处的加宽人行道，虽有树池座椅等休憩设施，但是道路较狭窄，且此处人流量大，遮荫设施不足，汽车与行人形成的噪声对居民舒适度影响较大，居民难以在此处停留较长时间。这两类公共性较弱的空间类型占比 41.38%；而曼哈顿上东区骑廊只有 1 个，占比仅 2.86%（图 12、图 13）。从表现类型上看，后者比前者整体公共性明显要高。

图 12 曼哈顿诺曼底宫廷公寓住宅广场

图 13 珠江新城富力君悦大酒店加宽人行道

（4）配套设施和管理对公共性的影响

休憩设施的密度、数量、摆放位置和具体形式等都会影响公共性（图 14、图 15）。珠江新城带休闲座椅的开放空间占比较高，达 74.13%；而曼哈顿较低，占比 57.58%。

图 14 曼哈顿东 85 街住宅广场

（5）开放管理

珠江新城还有 11 个尚未对外完全开放，包括空中平台、空中花园、屋顶花园以及私家庭院，这些开放空间公

城市公共空间与健康生活

图 15　珠江新城广州周大福金融中心街角公园

共性较低；曼哈顿同类型只有 4 个，占比明显更低。

（6）标志牌

曼哈顿具有显著的、统一 LOGO 的私有公共开放空间标识牌（图 16）。标识牌写明开放时间、面向所有人开放等信息，而且要放在醒目的位置，以增强其可辨识性，这大大提高了人们使用该类空间的自由度，因而比没有标识牌、没有清晰标明该类空间使用权属的珠江新城同类空间公共性更高（表 3）。

图 16　纽约 POPOS 标识牌统一 LOGO

珠江新核心区与曼哈顿约克维尔
开放空间特征一览表　　　　　　　表 3

	珠江新城核心区 （58）	曼哈顿约克维尔 （35）
类型	广场 3 个、街角公园 9 个、加宽人行道 18 条、骑廊 8 条、庭院 8 个、空中花园 3 个、屋顶花园 7 个、空中平台 1 个、空中走廊 4 条	广场 19 个、街角公园 1 个、住宅广场 13 个、骑廊 1 个、无奖励空间 1 个、限制性空间 1 个、空中花园 1 个

	珠江新城核心区 （58）	曼哈顿约克维尔 （35）
位置	建筑内场地 20 个、建筑外场地 38 个	建筑内场地 2 个、建筑外场地 33 个
设施	监控设施 5 个、休憩设施 43 个	监控设施 7 个、休憩设施 19 个
开放性	24 小时开放 47 个、限时或不开放 11 个	24 小时开放 31 个、限时或不开放 4 个
标识牌	无表达是公共开放空间的标识牌	有统一 LOGO 的私有公共开放空间标识牌

4　讨论与启示

（1）在珠江新城核心区拥有比曼哈顿上东区更高的地块平均绿地率、更大规模的公有和附属开放空间条件下，二者拥有比例相近的、同样较低的公有公共开放空间服务水平；但私有（附属）开放空间服务水平曼哈顿优势明显，且其私有公共空间有效补充了公有公共空间的不足，其开放空间服务适配区远远大于珠江新城。研究表明开放空间明确的公共性质、合理的位置布局对服务水平的影响大于面积的影响，特别是建筑高度普遍较高时，空中花园的位置至关重要。

（2）进一步比较面积、位置、类型、开放时间、配套设施和标识牌等规划设计、建设管理指标发现，曼哈顿在以上 6 个方面对开放空间公共性的效应均优于珠江新城核心区。西方国家早在 1916 年就开始实施私有公共开放空间奖励制度，随后近百年的发展过程中，针对 POPOS 快速发展及各个环节出现的私有化倾向，其"公共性"效果受到政府和学术界的广泛关注和反思，学者们加强了 POPOS 在社会包容（排斥）、社会公平等正向和负向影响及其机制的研究。这些针对 POPOS 批判性的研究推动了相关法律条例修订、设计标准制定、工作程序规范、网站建设和管理监控等。比较而言，我国建筑附属空间和附属绿地开放化还仅是业主个人行为，远没有上升到国家法律法规和政策制度层面。由于缺乏顶层设计，学术层面的研究也比较庞杂，缺乏统一的理论、延续性的研究方向和方法，这不利于事实上大量存在的、公私模糊空间的发展和管理。

（3）本研究在以下两方面还需要加强：一是在研究方法上，3D-GIS 可达性在垂直空间上只考虑了空中花园、电梯交通时间的影响，还可以进一步结合建筑内部出入口布局、建筑与建筑之间连廊布局等因素，更精确模拟垂直方向和水平方向的最优路径；公共性影响评价也只是采用简单的定性和定量描述结合的方法，还可以进一步结合现场观察，建构公共性评价指标体系，进行定量化的相关性研究。研究内容上，开放空间服务水平仅评估了供给端，还缺乏对需求端人口数量、人口密度、人口结构、需求偏好、行为模式等方面的比较，这一定程度会影响供需匹配的结论。

（4）本研究可以用于建成环境开放空间供需匹配评估，也能用于城市设计、建筑设计的方案评估，快速识别错配的建筑空间和小微空间的供需潜力，指导小微开放空间精准匹配和供给，为我国高密度街区开放空间提质增效提供思路和方法。

参考文献

[1] 李希如. 人口总量平稳增长，城镇化水平稳步提高[OL]. 国家统计局，2019-01-23. http：//www.ce.cn/xwzx/gnsz/gdxw/201901/23/t20190123_31337743.shtml.

[2] 李方正，董莎莎，李雄，等. 北京市中心城绿地使用空间分布研究——基于大数据的实证分析[J]. 中国园林，2016，(9)：122-128.

[3] 王敏，朱安娜，汪洁琼等. 基于社会公平正义的城市公园绿地空间配置供需关系——以上海徐汇区为例[J]. 生态学报. 2019，39(19)：7035-7046.

[4] 杨玲，吴岩，周曦. 我国部分老城区单位和居住区附属绿地规划管控研究——以新疆昌吉市为例[J]. 中国园林，2013，(3)：55-59.

[5] 李方正，李雄，钱云等. 山地城市附属绿地开放适宜性评价研究[J]. 风景园林，2016，(4)：110-115.

[6] 杨晓春，司马晓，洪涛. 城市公共开放空间系统规划方法初探——以深圳为例[J]. 规划师，2008，24(6)：24-27.

[7] 丁启安. 基于多方合作的城市公共空间建设新思路——通过私有公共空间提高城市品质的策略研究[C]. 持续发展理性规划——2017中国城市规划年会论文集（07城市设计），2017.

[8] 何芳，谢意. 容积率奖励与转移的规划制度与交易机制探析——基于均等发展区域与空间地价等值交换[J]. 城市规划学刊. 2018，(3)：50-56.

[9] 何镜堂，梁志超，包莹. 科技园区公共交往空间设计探索[J]. 建筑学报，2009，(7)：80-82.

[10] 周理. 广州珠江新城核心区建筑公众空间的可持续设计管控策略研究[D]. 广州：华南理工大学，2018.

[11] 言语，徐磊青. 地块公共空间供应系数与效用研究：以上海14个轨交地块为例[J]. 时代建筑，2017，(5)：80-87.

[12] Auttapone Karndacharuk，Douglas J. Wilson，Roger Dunn著，魏贺，刘斌译. 城市环境中共享(街道)空间概念演变综述[J]. 城市交通，2015，13(3)：76-94.

[13] 上海市规划和国土资源管理局，上海市交通委. 上海市街道设计导则[OL]. 2016. http：//www.shgtj.gov.cn/zcfg/zhl/201610/t20161019_696909.html.

[14] 胡峰，许海榆，赖永娴等. 广州市城市道路全要素设计手册[M]. 北京：中国建筑工业出版社，2018.

[15] 于洋. 纽约市区划条例的百年流变(1916—2016)——以私有公共空间建设为例[J]. 国际城市规划，2016，31(2)：98-109.

[16] 黄大田. 利用非强制型城市设计引导手法改善城市环境——浅析美、日两国的经验，兼论我国借鉴的可行性[J]. 城市规划，1999(6)：40-43.

[17] 邢娜，邵健伟. 公共？私有？有关香港户外公共空间公众参与的讨论[J]. 设计艺术研究，2014(3)：6-13.

[18] Whyte，W. H. The Social Life of Small Urban Spaces[M]. Washington，D. C.：Conservation Foundation. 1980.

[19] Kayden，J. S.，NYCDCP & NYMAS. Privately owned public space [M]. New York：John Wiley&SonsInc，2000.

[20] Németh,J. Defining a Public：The Management of Privately Owned Public Space[J]. Urban Studies，2009，46(11)：2463-2490.

[21] Heeyeun Yoon，Sumeeta Srinivasan. Are They Well Situated? Spatial Analysis of Privately Owned Public Space，Manhattan，New York City [J]. Urban Affair Review，2015，51(3)：358-380.

[22] Schmidt，S.，Nemeth，J. & Botsford，E. The evolution of privately owned public spaces in New York City[J]. Urban Design International，2011，16(4)：270-284.

[23] 香港特別行政區政府發展局.「私人發展公眾休憩空間」(POSPD)顧問研究報告[R]. 2011.

[24] 新加坡重建局. 私人拥有的公共场所(POPOS)设计指南和良好实践指南 [OL]. 2017. https：//www.ura.gov.sg/Corporate/Guidelines/Circulars/dc17-02.

[25] Smith simon，G. Dispersing the crowd：bonus plazas and the creation of public space [J]. Urban Affairs Review，2008，43(3)：325-351.

[26] Aye Thandar Phyo Wai，Vilas Nitivattananon，Sohee Minsun Kim. Multi-stakeholder and multi-benefit approaches for enhanced utilization of public open spaces in Mandalay city，Myanmar. Sustainable Cities and Society[J]. 2018，37：323-335.

[27] George Varna，Steve Tiesdell. Assessing the Publicness of Public Space：The Star Model of Publicness[J]. Journal of Urban Design. 2010，15(4)：575-598.

[28] Németh,J，Stephen Schmidt. The Privatization of Public Space-Modeling and Measuring Publicness[J]. Environment and Planning B：Planning and Design，2011，38：5-23.

[29] 王一民，陈洁. 国外城市公共空间公共性评价研究及其对中国的借鉴和启示[J]. 城市规划学刊，2016，(6)：72-82.

[30] 言语，徐磊青. 地块公共空间供应系数与效用研究：以上海14个轨交地块为例[J]. 时代建筑，2017，(5)：80-87.

作者简介

江海燕，1973年生，女，汉族，湖北京山，博士，广东工业大学建筑与城市规划学院，副院长，教授，研究方向为开放空间规划与设计、生态修复规划与设计。电子邮箱：jianghy2002@163.com。

梁挚呈，1996年生，男，汉族，广东广州，建筑学硕士生，广东工业大学建筑物城市规划学院。电子邮箱：1360465804@qq.com。

肖希：1988年生，女，汉族，山西太原，博士，广东工业大学建筑与城市规划学院，讲师，研究方向为高密度城市开放空间研究。电子邮箱：xiaoxi@gdut.edu.cn。

吴玲玲：1976年生，女，汉族，浙江余姚，博士，广东工业大学建筑与城市规划学院，讲师，研究方向为城乡规划与设计。电子邮箱：wulingling_gz@126.com。

湿热地区冬季室外休憩空间热环境适老化设计要素研究
——以华南理工大学教工生活区为例[①]

Study on the Design Elements of Outdoor Thermal Environment Suitable for Aging in the Hot and Humid Area in Winter：

Case Study of the Residential Area of South China University of Technology

方小山　谢诗祺

摘　要：我国人口老龄化越加严重，适老化设计在热环境层面的研究还需进一步探索。本文以样本量集中、老龄化程度较高的广州市华南理工大学教工生活区为研究案例，选择气候温和适宜外出活动的冬季进行微气候实测和问卷调研，运用 SPSS 软件量化老人主观感受，并结合环境变量数据，以期探索湿热地区冬季室外休憩空间热环境的适老化设计要素。研究主要结论如下：①大部分老人认为冬季华工教工生活区室外休憩空间的环境偏凉且满意度较高，太阳辐射偏弱是造成老人不满意的主要原因；②热感觉投票（TSV）与生理等效温度（PET）模型关系式：$TSV=0.08PET-1.75$，冬季热感觉的中性阈值范围为 $15.63\sim28.13℃$，中性值为 $21.88℃$，每一热感觉标尺的变化对应 $12.5℃$ 的 PET 的变化，较同气候区混合年龄层范围更广；③乔木冠层覆盖率、天空视角系数以及植物种植方式均对场地内热环境产生较大影响；④活动类型可能影响老人对太阳辐射的需求。

关键词：热环境；适老化；设计要素；高校生活区

Abstract: Aged population is growing rapidly in China. Study related to the thermal living environments and thermal comfort of older people needs to be focused. This paper takes South China University of Technology as a case study, which has concentrated sample and a high aging degree. And the microclimate recording and questionnaire investigation have been done in winter, which is more suitable for outdoor activities. By the application of SPSS software, we quantified the feeling of the elderly, and explored the design elements of outdoor thermal environment suitable for aging in the hot and humid residential areas in winter according to the microclimate data . The main conclusions are as follows: ①Outdoor space in research areas gained great satisfaction in winter among most of the elderly, and solar radiation is the most important factor result in dissatisfaction ; ②The model between Thermal Sensation Vote (TSV) and Physiological Equivalent Temperature(PET)is as follows: $TSV=0.08 PET-1.75$, the neutral threshold range of thermal sensation in winter is $15.63\sim28.13℃$ and the neutral value is $21.88℃$. The change of each thermal sensation scale corresponds to the change of PET at $12.5℃$, which is wider than the range of mixed age in the same climate zone; ③Canopy coverage , planting pattern of trees and the sky view factor significantly affect the thermal environment significantly; ④The type of physical activity may affect the elderly's demand for solar radiation.

Key words: Thermal Environment; Suitable for Aging; Design Element; Residential Area in College

引言

自 20 世纪末进入老龄化社会以来，我国老龄化程度持续增加，且研究证明经常使用室外环境对老年人生理和心理均有积极作用[1-2]，因此室外公共空间的适老化设计一直是研究的热点。然而目前适老化设计研究侧重于无障碍设计和建筑空间设计[3]，就热环境层面进行的研究并不多。而现有室外热环境的研究结论多是基于混合年龄层[4-8]，老年人对于热环境的感知、满意度与生理反应与年轻人具有一定的差异[9-10]，因此老年人的热环境改善策略可能不同于非老年人。同时，我国幅员辽阔，不同

气候区具有不同的人群舒适度[11]，使得其他气候区的研究结果无法直接沿用。广州地处湿热地区，相比寒带和温带，冬季气候温暖更适宜老人使用室外空间。因此，在老年人对室外热环境感受和评价的基础上探索影响其使用空间热环境要素的研究，有助于营造高品质的适老化室外空间，具有理论价值和现实意义。

另外，有研究表明单位社区已成为城市老年人的主要居住空间，构成当今老龄化空间的基底[12]。因此，本研究以华南理工教工生活区为研究案例进行探索，以期为湿热地区冬季室外热环境的适老化营造提供科学依据和技术参考。

①　基金项目：十三五国家重点研发计划课题（2017YFC0702905）：既有居住建筑适老化宜居改造关键技术研究与示范；国家自然科学基金资助项目（51878286）。

1 热环境实测

1.1 研究场地及测点布置

华南理工大学高校单位社区是在计划经济时期，依托教育职能以高校为主体而建设的高校教职工的工作生活区域[13]，包括华南理工大学教学区和师生生活区。自2015-2019年，社区内常住人口中60岁以上的老人占比从14.72%增长至17.3%，相较国际老龄化标准，其老龄化趋势明显（表1）。

本文以空间使用频率、类型差异性、代表性及测点分散度为原则选取测点如图1所示。但由于4、5号测点使用人数较少且大多为短暂路过问卷可信度不高，因此最终本研究选取了空间使用率较高，数据收集较为完整并且能够形成对照性的1、2、3、6号测点进行研究，梳理最终选择的测点空间特征如表2所示。

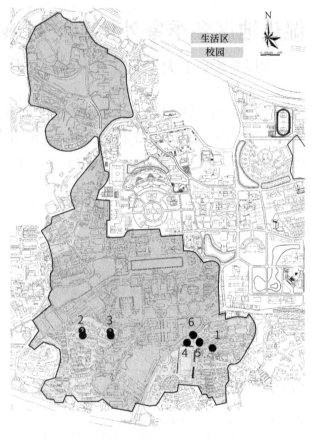

图1 华南理工大学住宅小区分布及测点位置
（图片来源：图纸自绘）

华南理工大学社区人口年龄结构表　　表1

年龄段（2019年）	总数（人）	占比（%）
0～20	4768	21.4
20～40	8112	36.4
40～60	5555	24.9
60+	3850	17.3
年龄段（2015）	—	占比（%）
60+	—	14.72

注：2019年数据来源华南理工大学社区居委会，2015年数据来源于参考文献[13]。

测点现状空间特征及照片　　　　　　　　　　　　　　　　　　表2

测点编号	1	2	3	6
测点位置	居民楼之间的活动场地	居民楼之间的活动场地	中心绿地	住区边缘小广场
空间总面积（m²）	701	446	3820.3	1136.79
乔木冠层覆盖率（%）	62.9	100	49.3	67.2
有无遮阳构件	无	无	无	无
绿地率（%）	22.1	14.73	86.63	39.24
树木高度（枝下）	20m（7m）	18m（6m）	24m（10m）	22m（9m）
树木间距（m）	5	3	6	—
种植模式	围合式	矩阵式	行列式	点式
叶面积大小	综合	综合	综合	综合
天空视角系数	0.546	0.468	0.577	0.764
照片				
平面图				

1.2 测试仪器

德国德图 Testo 480 多功能测量仪采集的数据完整、采集频率较小，因此本研究实测采用该仪器记录空气温度（T_a）与相对湿度（RH），风速（v_a）与黑球温度（T_g）（表3）。所有测试仪器的测量范围、精度、采集频率、布置位置均符合相关规定[14]。

测试仪器及精度 表3

仪器型号	测量参数	测量范围	仪器精度	采集频率
Testo 480 多功能测量仪	空气温度（T_a）	$-20\sim+70℃$	$\pm0.5℃$	1min（自动）
	相对湿度（RH）	$0\sim100\%$	$\pm1.8\%$	1min（自动）
	风速（v_a）	$0.4\sim50m/s$	$\pm0.2m/s+1\%$测量值	1min（自动）
	黑球温度（T_g）	$0\sim120℃$	一级精度	1min（自动）

1.3 问卷设置

本次研究的问卷共设置3个部分，包括对老年人基本信息的收集、对热环境的主观评价如热舒适等以及对热环境参数偏好评价，问卷所涉各标尺[15-16]（图2）。

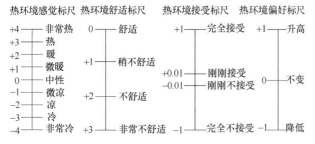

图2 ASHRAE标准规定的感觉、舒适、热接受度、热环境参数偏好标尺[15-16]

1.4 测试背景条件

本研究根据广州历年气象统计数据（1981-2010年）选取1月中旬连续3天的非雨天（表4）进行调研，但由于11号突发大风影响了人群活动，同时由于实验仪器续航时间不足，需要在非活动高峰时间段内（每日12：00～2：30）回收充电。因此最终本文采取1月12、13日7：30～11：30，15：00～19：30的数据进行分析，与老人主要活动时间较为吻合，天气较为稳定（图4）。

调研日期及天气状况 表4

调研日期	天气	空气温度	风速
2020-01-11	晴转多云，大风	22.8～12.8℃	0.95m/s
2020-01-12	晴	17.9～10.7℃	1.78m/s
2020-01-13	晴	19.8～11.5℃	1m/s
历年气象统计数据（1981-2010年）	降水	空气温度	—
12月	29.3mm	11.8～20.8℃	—
1月	44.1mm	10.7～18.7℃	—
2月	71.1mm	12.5～19.2℃	—

注：数据来源广州市气象台 www.tqyb.com.cn/。

1.5 实测结果

调研共收集到问卷166份，以年龄、问卷及数据获取完整性为原则，选取1、2、3、6号测点的有效问卷共计136份，有效率81.9%。每30min对各个测点进行人数统计和位置标记，以获取逐时人流图，并对实测获得的热环境参数数据取平均值，获取各参数逐时变化图。

基于以上数据，本文将从活动类型、活动量大小以及活动时长三个方面叙述华工教工生活区老年人活动特征。首先，活动类型以带小孩等代谢量较大的活动为主（图3）；其次，参考ISO 8996（2004）[17]标准，梳理活动量大小（表5），得出本研究涉及的老年人平均活动量为110.96W/m²，不同测点活动量差异较大（表6），这是由于测点的功能和现有设施决定的。最后，表明老人冬季室外活动活跃时间为上午10：00～11：30，下午16：00～18：00（图4）。基于热环境参数数据，在冬季老人活跃时

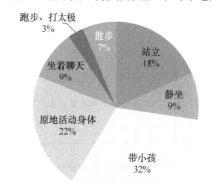

图3 华南理工大学教工生活区老年人活动情况

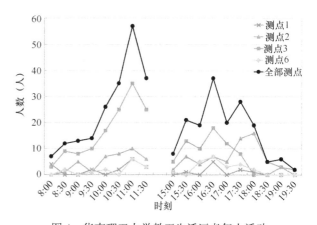

图4 华南理工大学教工生活区老年人活动时间与人数关系

间段的平均空气温度范围为 14.87~19.02℃；相对湿度范围为 50.04%~57.78%；黑球温度为 16.92~20.72℃；风速为 0.22~0.50m/s（图5）。

活动量大小及衣阻大小设定[17-18]　表5

活动类型	活动量（W/m²）
静坐	60
站立	70
坐着聊天	65
散步	115
原地活动身体	125
带小孩	150
打太极、跑步	165

服装类型	衣阻（clo）	服装类型	衣阻（clo）
运动袜 \ 连裤袜	0.02	长袖衬衫	0.25
普通单鞋 \ 凉拖	0.02	长袖运动衫	0.34
靴子	0.1	薄毛衣	0.25
内衣内裤	0.04	厚毛衣	0.36
背心夏	0.04	厚西装	0.44
T恤	0.08	羽绒服	0.65
内搭裙	0.15	薄外裤	0.15
秋衣	0.2	厚外裤	0.26
秋裤	0.15	冬季长袖连衣裙	0.33
短袖衬衫	0.18		

各个测点活动量及衣阻大小　表6

测点	测点1	测点2	测点3	测点6	总体
活动量（W/m²）	126.76	116.35	110.22	90.64	110.96
衣阻（clo）	1.04	1.11	1.12	1.02	1.07

2 老年人室外热环境需求分析

2.1 老年人对热环境的定量评价

根据老年人热感觉投票（TSV）分布（图7），仅 5.9% 的人投票为非冷，可知大部分的老年人感知为偏凉。运用 SPSS 软件建立老年人冬季热感觉模型（图6），以 1℃PET 的间隔进行分组，得到 TSV 与 PET 的关系式为：

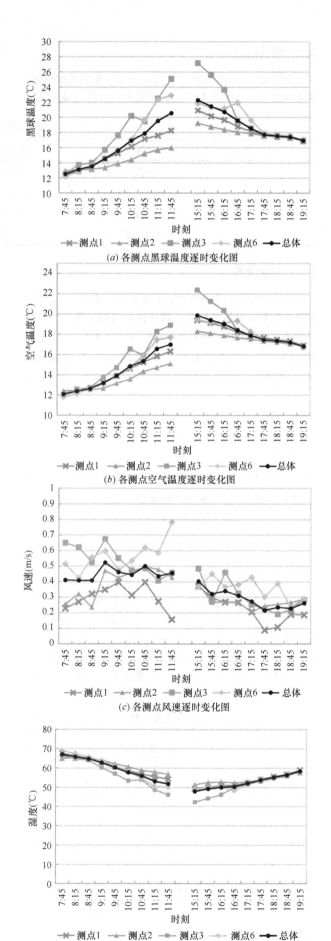

(a) 各测点黑球温度逐时变化图

(b) 各测点空气温度逐时变化图

(c) 各测点风速逐时变化图

(d) 各测点湿度逐时变化图

图5　各测点热环境参数逐时变化图

TSV=0.08PET−1.75（公式 1，R^2=0.565）

当 TSV 取 0 时，即获得冬季的中性值为 21.88℃，取 TSV 正负 0.5 的区间，得到冬季热感觉的中性阈值范围为 15.63～28.13℃，每一热感觉标尺的变化对应 12.5℃的 PET 的变化。横向对比湿热地区住区混合年龄层冬季调研结果可知老年人的中性值较混合年龄层的 15.6℃高，每一标度对应的 PET 变化区间也比混合年龄层的 5.6℃[5]的范围大，这说明老人需要一个更加温暖的环境，并且老年人在冬季对于热环境的变化感知并不敏感，天气波动程度较大时容易受到侵害，这与其他相关研究的结果一致[19-20]。

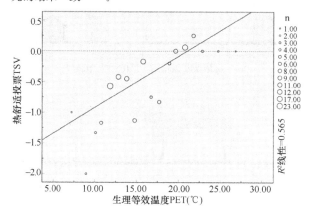

图 6　华南理工大学社区老年人冬季室外热感觉模型

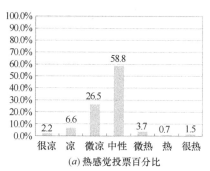

(a) 热感觉投票百分比

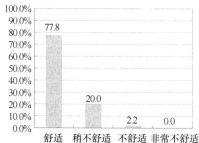

(b) 热舒适投票百分比

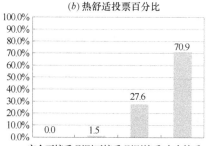

(c) 热接受投票百分比

图 7　热感觉、热舒适、热接受率投票分布

根据老年人热舒适投票分布图和热可接受投票分布图（图 7）可知，大部分老年人对研究范围内的热环境较为满意。同样运用 SPSS 软件尝试建立模型，但热舒适投票 TSV 均小于 0.5，无法获得有效回归。分析其原因一为测试期间广州气候温和，各个热环境因子在问卷期间都在老人完全接受与舒适的范畴内；原因二为本次测试获取的样本量有限。

2.2　老年人对热环境不满意的原因分析

从总体的热环境偏好来看（图 8），老年人普遍对风速、湿度的偏好要求较低，但希望辐射增强的人数占比超过了不变的人数占比。抽取投票为非舒适的人群，通过对其偏好的分析（图 9）了解其不舒适的原因，结果显示主要问题为太阳辐射不足且空气温度较低。

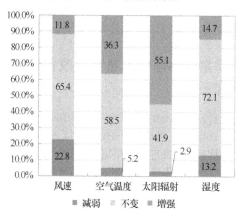

图 8　各测点热环境参数偏好投票分布

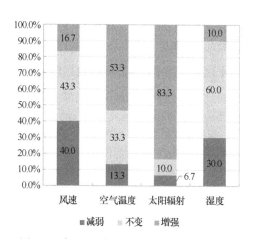

图 9　不舒适人群热环境参数偏好投票分布

利用 SPSS 软件将曝晒感及热感觉同时与热环境因子进行相关性分析（图 10），结果表明黑球温度与曝晒感相关性较强，且呈显性正相关，提高黑球温度能够有效提升老人的曝晒感。黑球温度又称实感温度，在医学上间接地表示了人体对周围环境所感受辐射热的状况[21]，本文也将以黑球温度表征太阳辐射的强弱。此外，回归结果还表明热感觉与空气温度和黑球温度也呈现显性正相关关系，可以认为这两者是主要影响热感觉判断的因素。结合偏好的分析，冬季华工教工生活区室外休憩空间由于空气温度和黑球温度的较低，导致老人曝晒感偏弱和热感觉偏凉。

湿热地区冬季室外休憩空间热环境适老化设计要素研究——以华南理工大学教工生活区为例

		热感觉	曝晒感	T_a	RH	v_a	T_g
热感觉	皮尔逊相关性	1	.070	.400**	.127	-.369**	.385**
	Sig.（双尾）		.421	.000	.142	.000	.000
	个案数	136	135	136	136	136	126
曝晒感	皮尔逊相关性	.070	1	.264**	-.259**	.063	.295**
	Sig.（双尾）	.421		.002	.002	.469	.001
	个案数	135	135	135	135	135	135

**. 在 0.01 级别（双尾），相关性显著。

图 10　热感觉、曝晒感和热环境因子相关性分析

通过对比老年人与混合年龄层人群的热感觉中性值、阈值区间，以及对老年人偏好投票的分析，总结老年人的热环境需求主要为两个方面：其一是需要温暖且热环境稳定的室外休憩空间。其二是需要增强太阳辐射和空气温度。

3　冬季室外休憩空间热环境改善设计要素研究

基于上文所述，由于各个测点的平均风速、湿度差异较小且整日逐时风速均在 1m/s 以下［图 5（c）、图 5（d）］，因此下文将着重对太阳辐射、空气温度以及各个测点的 PET、空气温度稳定性进行比较分析。

使用本次调研获取的基础数据，即测得的热环境各因子逐时数据、老年人平均身高 1.61m、平均体重 59kg、平均活动量 111 W/m²、平均衣阻 1.1 clo、平均年龄 69 岁，代入在 Rayman 中计算获得 PET 的逐时变化图（图 13）以及各测点的 PET 和空气温度的平均值和标准差来表示热环境的波动程度（表 7）。

3.1　乔木冠层覆盖率明显影响场地热环境

通过对比各测点黑球温度及空气温度逐时变化图（图 5a、图 5b）、标准差表（表 7），并结合测点的空间特征（表 2）和现有文献的研究成果[22-23]发现：4 个测点的乔木冠层覆盖率大小为测点 3＜测点 6≈测点 1＜测点 2，而黑球温度、空气温度、波动情况均呈现测点 3＞测点 6＞测点 1＞测点 2 的趋势，也就是乔木覆盖率越小，场地接收的太阳辐射量越多，使得黑球温度越高，热环境波动越大；而紫外线对空气的加温也导致空气温度变高。基于 PET 的计算方法以及空气温度受辐射量影响原理[21]，空气温度和 PET 的也就产生了较大的波动。

此外，需要说明的是测点 6 的两个温度值在下午出现短暂的下跌后又再次上升的原因是场地外侧的树木投影移出了测点，场地获得西晒使得黑球温度和空气温度重新上升，这从侧面说明乔木冠层覆盖及其与阳光入射角度的重要性。

3.2　天空视角系数显著影响场地内太阳辐射量和热环境

天空视角系数 SVF（Sky View Factor）定义为某表面发出的热辐射中由天空接受的比例，是影响表面长短

波辐射的重要因素[32]。使用 Rayman 软件计算各个测点天空视角系数（表 2），可知测点 1、6 的乔木冠层覆盖率相近，但测点 6 的天空视角系数远远大于测点 1，原因是测点 1 位于两栋居民楼之间，而测点 6 周边建筑低矮且距离较远（图 11），下文也将叙述到两者种植方式也不同，因此测点 6 的空间更为开阔，使得场地内纳入有更多的太阳辐射，同时也使得热环境的波动也较大。

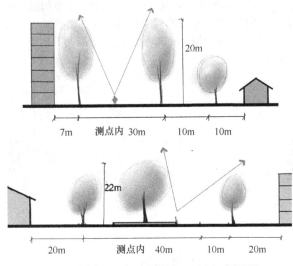

图 11　测点 1（左）和测点 6（右）剖面图

3.3　植物种植方式是影响场地内太阳辐射量和热环境波动程度的重要因素

由图表（表 7）可以看出测点 1 和测点 6 的乔木冠层覆盖率相似，同时 PET 和空气温度的平均值数据也较为接近，但测点 6 比测点 1 的 PET 的标准差也要高出 0.5，空气温度的标准差也要更高。分析原因是测点 6 采取的是点植，场内乔木均投影在计算面积内，四周较为空旷，对太阳辐射阻挡较少，同时缺失了能够遮挡冷风的屏障，因此导致了更高的黑球温度和空气温度（图 5（c）、图 5（d）和更显著的热环境波动（表 7）。而测点 1 采取的是围合式种植方式，四周乔木冠层为计算在使用面积内均可在任何时段对场地的太阳辐射、空气温度和风速产生影响（图 12）。由此推测不同的种植方式也将对黑球温度、空气温度的大小和热环境稳定性起到一定的影响。结合上文所述，老年人对环境的变化并不敏感，而测点 3 在 1h 内 PET 最大下降幅度已达到 4.9℃，如果一味地为了满足老年人对太阳辐射的需求来提高黑球温度，可能会恶化热环境的稳定性（图 13）。

各测点 PET、空气温度平均值即标准差　表 7

	测点 1	测点 2	测点 3	测点 6
PET 平均值	15.27	14.11	16.09	15.02
PET 标准差	2.64	2.52	3.88	3.14
空气温度平均值	16.06	15.50	16.92	16.32
空气温度标准差	2.35	2.19	2.85	2.53

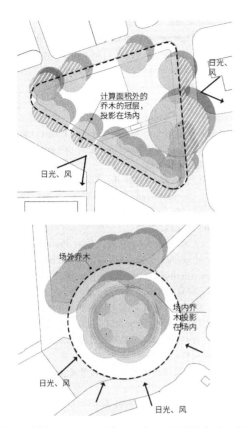

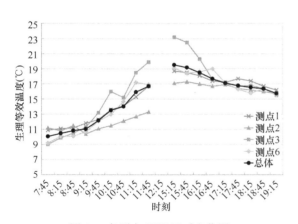

图 12　测点 1（左）测点 6（右）种植模式对比分析

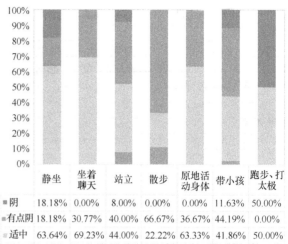

	静坐	坐着聊天	站立	散步	原地活动身体	带小孩	跑步、打太极
■阴	18.18%	0.00%	8.00%	0.00%	0.00%	11.63%	50.00%
■有点阴	18.18%	30.77%	40.00%	66.67%	36.67%	44.19%	0.00%
□适中	63.64%	69.23%	44.00%	22.22%	63.33%	41.86%	50.00%
□有点晒	0.00%	0.00%	8.00%	11.11%	0.00%	2.33%	0.00%

(a)

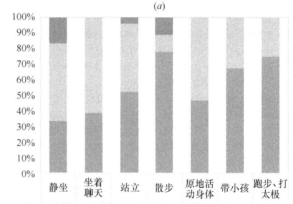

	静坐	坐着聊天	站立	散步	原地活动身体	带小孩	跑步、打太极
■减弱	16.67%	0.00%	4.00%	11.11%	0.00%	0.00%	0.00%
■不变	50.00%	61.54%	44.00%	11.11%	53.33%	32.56%	25.00%
□增强	33.33%	38.46%	52.00%	77.78%	46.67%	67.44%	75.00%

(b)

图 14　不同活动类型太阳辐射感觉及偏好

（a）不同活动类型太阳辐射感觉图；（b）不同活动类型
太阳辐射偏好图

图 13　各测点 PET 逐时变化图

3.4　活动类型一定程度上影响老人对太阳辐射的主观感受

在问卷的过程中发现，不同的活动类型也影响着老人对太阳辐射的要求和感受。通过对不同活动类型的辐射及辐射感觉投票的统计（图 14），图表显示活动代谢量越大的活动诸如带小孩等，太阳辐射感越偏阴，老人也越希望太阳辐射能够增强。这与其他研究得到的结论相反[24-25]，推测原因一是在本次调研过程中，活动量较大的老人出汗量较大，在冬季偏冷的室外环境中希望能够获得更多太阳辐射来进行取暖；原因二则是问卷量有限，不同的活动量之间未能有更充足的热感觉数据。原因三是不同活动类型的老人根据活动本身特性的需要，所偏好的场地空间形态和要素也不一样，因此导致了感受上的偏差。

4　结语与讨论

为探索湿热地区冬季室外休憩空间热环境适老化设计要素，本研究以样本量较多代表性较强的华南理工大学教工生活区为例，对其进行冬季微气候实测和问卷调研，通过量化关系，数据对比及综合分析，得到主要结论如下：①大部分老人认为冬季华南理工大学教工生活区室外休憩空间的环境偏凉且满意度较高，且太阳辐射偏弱是造成老人不满意的主要原因；②热感觉投票（TSV）与生理等效温度（PET）模型关系式：TSV＝0.08PET－1.75，冬季热感觉的中性阈值范围为 15.63～28.13℃，中性值为 21.88℃，每一热感标尺的变化对应 12.5℃的PET 的变化，较同气候区混合年龄层范围更广；③乔木冠层覆盖率、天空视角系数以及植物种植方式均对场地内热环境产生较大影响；④活动类型可能影响老人对太阳辐射的需求。

本研究目前仅以个案为例，在问卷量等方面存在一定的局限和不足，后续研究应该在获取完整实验数据的基础上，加强剖析力度，并纳入对其他季节的考虑，以提高研究的科学性。

致谢：感谢华南理工大学建筑节能中心提供测试仪器支持，感谢参与问卷调研的老人家的配合，感谢所有参与调研成员的辛苦付出。

参考文献

[1] Ju H. The relationship between physical activity, meaning in life, and subjective vitality in community-dwelling older adults[J]. Archives of Gerontology and Geriatrics, 2017, 73: 120-124.

[2] 王祥全, 王晓峰. 户外活动对长春市城市独居老人主观幸福感水平的影响[J]. 医学与社会, 2012, 25(08): 69-71.

[3] 周燕珉等. 住宅精细化设计[M]. 中国建筑工业出版社, 2008.

[4] 方小山. 亚热带郊野公园气候适应性设计[M]. 中国建筑工业出版社, 2019.

[5] 李坤明. 湿热地区城市居住区热环境舒适性评价及其优化设计研究[D]. 广州: 华南理工大学, 2017.

[6] 李日毅, 张宇峰, 吴杰等. 湿热地区城市住区微气候与设计[J]. 南方建筑, 2018(01): 24-30.

[7] 罗健萍. 岭南庭园热舒适阈值探索研究[D]. 广州: 华南理工大学, 2016.

[8] 李丽, 陈绕超, 孙甲朋等. 广州大学校园夏季室外热环境测试与分析[J]. 广州大学学报(自然科学版), 2015, 14(02): 48-54.

[9] Schellen L. Differences between young adults and elderly in thermal comfort, productivity, and thermal physiology in response to a moderate temperature drift and a steady-state condition[M]. Wolf Medical Publical Ltd, 1981.

[10] 方小山, 胡静文. 湿热地区老年人夏季室外热舒适阈值研究[J]. 南方建筑, 2019(02): 5-12.

[11] 陈睿智, 董靓. 国外微气候舒适度研究简述及启示[J]. 中国园林, 2009, 25(11): 81-83.

[12] 谢森, 周素红. 就地老化与居住迁移: 广州市中心城区老龄化地域空间格局的变化及动因[J]. 规划师, 2014, 30(10): 96-103.

[13] 刘玲. 高校单位社区属性特征演变及其动力机制[D]. 广州: 华南理工大学, 2017.

[14] ISO 7726. Ergonomics of the Thermal Environment-Instruments for Measuring Physical Quantities[S]. International Organization For Standardization G, 1998.

[15] ISO1055. Ergonomics of the Thermal Environment-Assessment of the Influence of the Thermal Environment Using Subjective Judgement Scales[S]. International Organization For Standardization G, 1995.

[16] Ashare55. Thermal Environmental Conditions for Human Occupancy[S]. Ashrae A G, 2010.

[17] ISO 8996. Ergonomics of the Thermal Environment-Determination of Metabolic Rate[S]. International Organization For Standardization G, 2004.

[18] ISO 9920. Ergonomics of the Thermal Environment-Estimation of Thermal Insulation and Water Vapour Resistance of a Clothing Ensemble[S]. International Organization For Standardization G, 2007.

[19] Taylor N A S, Kim A N, Parkes D G. Preferred room temperature of young vs aged males: the influence of thermal sensation, thermal comfort and affect[J]. Journals of Gerontology. (4): M216.

[20] 杜晨秋. 环境温度变化对人体热调节和健康影响及其分子机理研究[D]. 重庆: 重庆大学, 2018.

[21] 薛思寒, 肖毅强, 王琨. 湿热地区景观要素配置对园林热环境的影响研究[J]. 中国园林, 2018, 34(02): 29-33.

[22] 林波荣. 绿化对室外热环境影响的研究[D]. 北京: 清华大学, 2004.

[23] 沈蕾. 岭南地区郊野公园游客活动区植物遮荫效果研究[D]. 2015.

[24] 杜晓寒, 石玉蓉, 张宇峰. 广州典型生活性街谷的热环境实测研究[J]. 建筑科学, 2015, 31(12): 8-13.

[25] 王剑文. 基于居民行为活动的武汉居住区室外热舒适性研究[D]. 武汉: 华中科技大学, 2019.

[26] 张丝雨. 武汉市绿色开敞空间遮荫环境热舒适研究[D]. 武汉: 华中农业大学, 2018.

作者简介

方小山, 1975年生, 女, 汉族, 广东普宁, 博士, 华南理工大学建筑学院副教授, 博士生导师, 国家一级注册建筑师, 国家注册城市规划师, 研究方向为地域景观与亚热带气候适应性设计, 电子邮箱 10947132@qq.com。

谢诗祺, 1995年生, 女, 汉族, 湖南湘潭, 硕士, 华南理工大学研究生, 研究方向为亚热带气候适应性设计与适老化设计, 邮箱 705523482@qq.com。

从《吴友如画宝》看城镇空间中公共活动的健康意义①

Research into Health Significance of Public Activities in Urban Space from the Perspective of Wu Youru's Pictures Treasure

许家瑞　姜昊岑　景延飞　刘庭风 *

摘　要： 吴友如是晚清远近闻名的画家，曾在《点石斋画报》《飞影阁画报》任主笔，记录描绘海内外新闻，以民间题材最为真实传神。以 1983 年上海古籍书店版《吴友如画宝》为研究对象，梳理出 464 张描绘城镇空间的画报，进而分为郊野、园林、院落与街巷 4 类空间，发现其中以公共活动为主题的画报为 270 张，绝大多数以民俗为载体，具有陪护居民身心健康的意义。在此基础上，提出后疫情时代的中国城市公共空间设计和建设不能忽视本土风貌和心理健康因素。

关键词：《吴友如画宝》；城镇空间；公共活动；民俗；身心健康

Abstract: Wu Youru is a well-known painter in late Qing Dynasty. He was used to be a chief writer in 'Dianshizhai pictorial' and 'feiyingge pictorial', recording and describing news at home and abroad, with folk themes as the most authentic and vivid. Taking 'Wu Youru's Pictures Treasure' published by Shanghai Ancient Book Bookstore in 1983 as the research object, this paper sorted out 464 pictorials depicting urban space, and further divided them into four types of space: countryside, garden, courtyard and street. It was found that 270 pictorial papers of them take public activities as the theme, and most of them take folk customs as the carrier, which has the significance of accompanying the physical and mental health of residents. On this basis, it is proposed that local features and mental health should not be ignored in China's design and construction of urban public space in the post epidemic era.

Key words: Wu Youru's Pictures Treasure; Urban Space; Public Activities; Folk Custom; Physical and Mental Health

2020 年春，新冠肺炎（COVID-19）疫情肆虐全球。健康要素再次成为城市建设领域关注的热点。回顾"公共健康""健康城市"等相关研究：刘滨谊、郭璁等学者率先在 2006 年引进了西方国家的理论体系，探讨美国"设计下的积极生活"计划，指出了运动和社交等公共活动对城市健康问题有巨大影响，并与设计息息相关[1]，兼顾居民身体与心理两方面健康因素；林雄斌、杨加文进一步分析，表明北美都市区中"建成环境—体力活动—健康"之间存在显著的互动关系[2]，但我国在这方面的理论、技术和方法还不成熟；丁国胜、蔡娟等介绍了多国建立健康影响评估体系（HIA）的经验[3]，包含有对身体活动与精神健康之间的考量，但都较为依赖西方国家的现有理论，并没有从历史层面梳理总结我国的发展状况。2013 年，中国城市发展研究会课题组发布了《中国健康城市评价指标体系以及 2013 年度测评结果》，表明城市规划界致力于通过规划设计改善建成环境，增加公共活动空间，降低居民的患病风险，优化居民的身心健康。

天人合一、生态宜居、健康卫生的生活环境自古以来是中华儿女建城营境的追求。先民们在与非健康的对抗中逐渐摸清了防范方法和治疗对策，要么抵御外部，要么提升自我，主要从"环境""身体""心理"三方面着手：环境注重干净和卫生，身体注重提升和防御，心理注重安慰和振奋。结合一年二十四节气的变化，进而形成了多种多样的佳节盛日和公共活动，也产生了各异的民俗文化，

有很强的生活气息及时代特点，始终扎根于民众心间。然而，目前西方话语体系下的城市公共空间营造理论发展较快，而国内搭载本土风貌的公共活动逐渐消失，景观内涵的健康意义逐渐单薄。

《吴友如画宝》搜集自《点石斋画报》与《飞影阁画报》，全本共十三集、1296 张，是一部由晚清著名画家吴友如亲笔描绘记录光绪年间海内外大小事宜的画报合集。其诞生在一个疫病频发的年代，但也正是中国资产阶级走上历史舞台，改良运动日趋活跃的时期[4]。研究其画报所描绘城镇空间中的公共活动，结合晚清社会对健康生活的追求与当下城市建设的状况进行分析，能够明晰吴友如作为画师对健康因素的观念与态度，有助于对后疫情时代的中国城市公共空间规划设计产生新的启示。

1 《吴友如画宝》的民俗纪实与矛盾思想

吴友如，出生年不详，1894 年 1 月 17 日去世[5,6]。日本大村西崖《中国美术史》中提及吴友如"以点石斋画报之风俗画知名[7]"，关于其生平记述，杨逸《海上墨林》"吴嘉猷"词条有载："吴嘉猷，字友如，元和（今吴县）人，幼习丹青，擅长工笔、人物、山水、花卉、鸟兽、虫鱼，靡不精能。曾忠襄延绘克复金陵功臣战绩图，上闻于朝，遂著声誉。光绪甲申，应点石斋书局之聘，专绘画

① 天津市研究生科研创新项目（项目编号 2019YJSB170）资助。

报，写风俗纪事画，妙肖精美，人称"圣手"，旋又自创《飞影阁画报》，画出嘉猷一手，推行甚广，今书肆汇其遗稿重印，名曰：《吴友如画宝》"[8]。

本文研究《吴友如画宝》为1983年上海古籍书店版，1908年上海瑞文书局石印版重制，加有谢国桢题记与郑逸梅引言，分为《古今人物图》《古今百美图》《海上百艳图》《中外百兽图》《中外百禽图》《海国丛谈图》《山海志奇图》《古今谈丛图》《风俗志图说》《古今名胜图说》《花卉》《满清将臣图补遗》《画宝补遗》。其中，大多作品是民生大众的生活画面或市井阶层的新闻。鲁迅先生评价"吴友如画的最细巧，也最能引动人……最擅长的倒在作'恶鸨虐妓''流氓拆梢'一类的时事画，那真是勃勃有生气，令人在纸上看出上海的洋场来"[9]。龚产兴也评价"最大的成就是描绘了清末社会各阶层的众生相，淋漓尽致，入木三分。达官显贵、巨商大贾、地主农民、流氓地痞、才子佳人、睿智顽鲁、老鸨妓女、贩夫走卒无不形神毕肖，如灯取影"[10]。

所以，吴友如的作品根植于民间，是以图为主、以文为辅的纪实性作品，记述了救死扶伤、为民尽心的医生事迹，例如《奇方奏效》《拔管灵方》《治癫狗咬神方》等，在一定程度上宣扬了基于民间偏方的医疗方法。然而他的作品中存在着多种健康知识的矛盾：他既认同《治伤妙手》中传统健康意识的体现，又愿意宣传《西医妙计》中医疗方法；既抨击《拽神捡药》《道淫遭谴》《卖假药》中不对症下药、唯利是图的恶人，批评《道淫遭谴》《名医授首》《庸医龟鉴》中刚愎自用、误人性命的庸医，却又在《乞者名医》《乞儿治病》中宣扬乞丐反能治病疗伤的坊间传闻。

这种矛盾来源于吴友如的出生与经历。他出身贫寒，自小受清代统治者及地主士大夫们的思想影响。因绘画的一技之长应聘成为《点石斋画报》主笔，在接触到上海"开风气之先"的花花世界后，被王韬等改良主义思想者的熏陶，既痛恨他国侵略者，却也愿意向西方学习先进的科学技术。然而，1886年夏，吴友如应曾国荃之召至南京绘《克复金陵功臣战绩图》，还是体现了他无法脱离皇天思想的本真，这就是他的作品中既同情人民的疾苦，却又反对人民反抗清朝统治的斗争，既抨击贪污残暴的地方小吏，却又竭力颂扬清代统治的天威洪福的原因[4]。

2 《吴友如画宝》城镇空间中的公共活动

民俗纪实性反映吴友如作品的真实性，矛盾思想特征表明了吴友如对晚清特定社会环境的体会与历史发展的考量。尽管晚年的吴友如更加追求绘画的"艺术性"，退出《点石斋画报》转而开办《飞影阁画报》，专注仕女花鸟、风景名胜的表达，但民俗母题类画报仍然在其生平作品中占比达2/3。在这些民俗母题类画报中，经过梳理发现了464张描绘城镇空间的画报，描绘记录了郊野、园林、院落和街巷不同的景观风貌空间。其中，发现270张画报以公共活动为主题，活泼生动的展现了晚清光绪年间光怪陆离的各地民俗。

2.1 郊野空间中的公共活动

《吴友如画宝》中描绘郊野空间的画报有137张，其中的公共活动主要是游览、体验、商业集会与宗教活动。如《无量寿佛》结合有登高、远望与祭拜，另有游览者探奇《大字勒石》。以商业、渔业主导的公共活动有《石狮会》中的石狮交易、《慧山观鱼》《温泉》《鱼兆丰年》中的捕捞。结合节气变化、典故含义而有特定时间的活动有《灵池洗眼》《采青受挫》《纸鸢遣兴》等。

在《灵池洗眼》（图1）中，"客乃鼓桂棹驾兰桨，绕武林而来焉。时则轻烟拂渚，清风徐来，换船酒舸，微茫破雾。忽有唱李峤影摇江浦月香引棹歌风之句者，娇声婉转若远若近，惜未得一枝长笛倚窗而和之。推窗一望，则见翩翩少女两两三三着荷芰之衣，运明珠之腕，摘红娇、撷翠婉，双角、四角盈满筠篮，而远眺烟雨楼，斜阳一角激射波心"[11]，描绘了一幅乘船游览扬州曲江，追忆西汉枚乘，湖光山色忽见少女采摘菱角的画面。

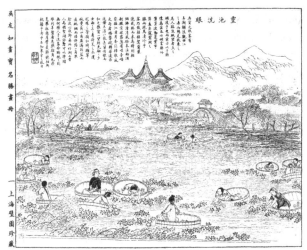

图1　《灵池洗眼》

2.2 园林空间中的公共活动

《吴友如画宝》中描绘园林空间的画报有41张，其中的公共活动主要是游览、游玩与艺术创作活动。晚清上海地区经营性私家园林兴起，《豫园赏菊》《愚园园记》（图2）《张园灯舫》《风筝会》等成为公共人群之所好。愚园在静安寺路（今南京西路）北，赫德路（今常德路）西，1888年宁波商人张氏建园33.5亩，同年建成对外开放，因较少特色而于1898年易主，次年改名为和记愚园复开[12]。"绕长廊，穿曲径，登高陟幽，游览一遍。择僻静处所少憩。忽闻约阁筑橐声，询之则园主人购得西园故址，将扩而大之也。维时红男绿女，结伴来游，鬓影衣香，时掩映于兰池桂树之间"[11]。吴友如提及的西园在静安寺东，1887年李逸仙招股建西园公司，投资建成营业性园林西园，因缺乏特色而于次年出售，1890年并入愚园[12]。如今上海只存愚园路，这个曾经名赫一时的经营性私家园林也永远地留在了历史尘埃之中。

而城市中其他的公共园林区域亦有活动。《汉印出土》描绘了金陵（今南京）武侯祠旁湖心亭外游览活动时掘出

图2　《愚园园论》

汉代印章，《虚题宝做》描绘了扬州小金山夏时，一众公子模仿"江州司马青衫湿"的闹剧，《孤竹游记》则描绘了唐山滦南探访孤竹城故址的活动。最后是艺术创作活动，代表是《平泉结社》（图3），"吴清卿河帅自回籍守制后，读礼之暇，恒以著作自娱，而又兼及于书画爱假地，于顾氏怡园结一书画社焉"[11]。吴清卿则是吴大澂，"怡园画社"则是晚清苏州著名的画社。后来画社中不少人到上海发展，成为"海派"画家的骨干力量。

图3　《平泉结社》

2.3　院落空间中的公共活动

《吴友如画宝》中描绘院落空间的画报有150张，其中的公共活动主要是集会、商业与宗教活动。天津城数里处有《蟠桃会》，引得女性纷至沓来，为的是"却病延年，长生不老"。《鬻子于神》（图4）生动再现了佛山地区的传统习俗：每年七月初七，父母引领孩童到康公主帅庙诣神，并给儿女带上纸枷锁，借此求得神灵庇护茁壮成长[13]。天津府城学泮池则引来诸多学子，但求鱼跃龙门，求得好学识。北京善果寺也有《数罗汉》的庙会活动。

以上的题材画报都意图描绘一个安乐祥和的世界，然而吴友如矛盾的思想也在此体现：他深知诸多太平的

图4　《鬻子于神》

状况都是假象，家国仍然处于风雨缥缈之中，于是描绘有《龟叫》《虎首鱼身》等发生在集会活动时的怪异现象，但同时对清廷怀有感恩之情，描绘有《仙蝶呈祥》《神龙入池》等发生在集会活动时的祥瑞现象。若评价他是粉饰太平，他却又描绘《仁民爱物》《巾帼须眉》等落到实际的地方行为：在疫病灾难面前，地方官员与大户人家共进退，接济民众，鼓舞人心。

2.4　街巷空间中的公共活动

《吴友如画宝》中描绘院落空间的画报有136张，其中主要的公共活动是游行、集会、商业与宗教活动。游行类活动大多涉及政治、婚俗、丧葬、祈求福祉与送瘟驱疫，以《走马上天表》《送瓜祝子》《溺情背礼》《龙灯祈雨》《铜鼓驱疫》等为代表。五羊城正月十五的《铜鼓驱疫》（图5），是当时番禺令杨惕马拜请真武大帝与广利洪胜王携铜鼓出巡四境，图中铜鼓"凸脐束腰，廓外无底，古翠皱黛，辰砂点斑，诚神器也"。民众参与后心理层面受到了极大的鼓舞和安慰，吴友如评价道："杨公此举可谓爱民如子矣"。

除游行外，商业驱动的集会引得购买活动空前高涨，《磨子会》《卖大馒头》等吸引了众多市民的围观。另有

图5　《铜鼓驱疫》

《烛龙戏水》中广东珠江端午节民俗集会活动，《慧童宣讲》则记录了粤东新城昭义公所前宣讲善书因果，为"国家培植之美才"。宗教活动在街巷空间中也始终存在，《白刃可舞》与《听命于神》（图6）两张画报同属潮州"上刀山"民俗，但吴友如在文字描述中立场却大相径庭。《白刃可舞》偏于介绍猎奇，《听命于神》则偏于讥讽民众对于疫病恐惧而胡乱信奉宗教的行为，表达了对此类迷信活动的嗤之以鼻。

图6　《听命于神》

3　《吴友如画宝》中公共活动的健康意义

《吴友如画宝》城镇空间中公共活动的多种多样，全方位的展现了晚清光绪年间的风貌，也体现了吴友如矛盾的思想状态：首先，来自民间的他受到皇权与民俗的影响，始终信奉神灵宗教的力量和积德行善的做人准则；其次，久居上海的他受到改良思想的冲击，使得他逐渐怀疑民俗的真实性和准确性，并且努力接受西方先进技术；再次，受到曾国荃应召的他，从来没有丢弃过对清朝皇权的臣服，所以在民俗真实性和准确性被先进技术冲击到动摇家国安定的时候，他选择的是重新粉饰；最后，他在受到晚清正统绘画界长期质疑其新闻风俗画风格及题材后，回归艺术性，只专注绘画技巧。在分析吴友如矛盾的思想状态之后，发现其画报中的公共活动始终具有身心健康两个方面的意义。

3.1　身体健康

古人将各类草药入食、入酒，将草药与茶叶结合服用，以在气候变化剧烈的时节提升自身的"卫气"。同时在四季进行与游览结合的体力活动，例如上巳日的洗濯郊游和重阳节的登高望远，主要针对的是民众的身体健康。在《吴友如画宝》中，大量针对身体健康的公共活动集中在郊野空间和园林空间。

《采青受挫》描绘了粤中奇特风俗，"至更阑人静潜入人家菜圃中窃取菜蔬谓之曰：'采青'"[11]，画报中行此风俗人物颇多，有男有女，有老有少，本意为讨取吉利，若

有争执则太煞风景。《纸鸢遣兴》（图7）则描绘了闽中重阳日之风俗，都人士女都在乌石山、于山和屏山上竞放风筝。登高、对酒、谈心已经成为古人陶冶情操的过去式，吴友如评价道："别绕意兴，乐其所乐"。

图7　《纸鸢遣兴》

《张园灯舫》（图8）《风筝会》描绘的都是上海张园。张园原名格龙别墅，在麦特赫司脱路（今泰兴路）南，1872年由英商格龙租得辟为花园洋房，1878年建成，占地20余亩；1882年无锡人张鸿禄（字叔和）购地建为商业园林，取晋张翰"秋风起，思莼鲈"典故而名味莼园，园广70余亩，1885年售票入园[12]。吴友如描述张园"从苏州招来灯舫一艘，点缀池亭，大为生色。舫中榜人女，年仅二八，面映红莲，歌缠金缕，且善持觞政，工于应酬，以故车马盈门，生涯极盛，诚不数暮雨潇潇一曲，为白香山所流连赏识"[11]，另外张园多隙地，还在园中举办《风筝会》，引来中外游人。

图8　《张园灯舫》

吴友如在描绘具有身体健康意义的公共活动不带有主观色彩，均是以游览参与者的角度叙述。画报中上海周边的郊野、园林景点他都亲自体验过，很赞同这些与游览结合的体力活动，认为民众都能在这些活动中找到快乐。他还认为应根据民众的需求不停地对旧民俗改进提升，

城市公共空间与健康生活

3.2 心理健康

在医术发展之前，古人面对疫病的应对方法为"巫术"。随着中医和中医药的发展，使得傩舞逐渐向喜庆、祈福等娱乐方面转变，是为正向的民俗文化。而在科学技术不发达的古代，祭祀神明给人带来的心理上的安慰和振奋是极大的，仪式化活动化的演绎属于色彩浓厚的民俗文化。吴友如深知民俗对于心理健康的两面性，一方面严厉抨击损害人民利益的迷信行为，另一方面则希望以画报传播战胜病魔的社会正能量，当然这只是存在于阶段性的医学战胜疫病的基础之上。在《吴友如画宝》中，大量针对心理健康的公共活动集中在院落空间和街巷空间。

《大送船》（图9）中描绘浙江温州农历九月十五亥时于城北门外大江焚化大号船一艘，二号船四艘，事后由城西北方蜿蜒回城，封闭城门，点灯回庙而后各散，是为古代送瘟驱疫活动中的详细记录之一。《建醮奇观》（图10）中描绘广州风俗每于秋天设坛建醮以祈福泽、以消疫病，虽然花费巨大，却毫不吝啬，其设醮之所以"高搭彩拥""层楼山亭水榭""上以蟠龙口衔万火之灯盘旋至地下不十余丈"，如果街巷太窄，则拆毁举办活动再复建。"以绚烂胜则锦簇花团，以幽雅胜则山奇石秀，更有紫绢以为人物故事者……游人嘈杂声彻夜喧闹不绝于耳"[11]，足以见得其规模之大、影响之深。

图9 《大送船》

1894年，广州暴发大规模鼠疫，相较于同期香港特区发生的鼠疫，广州在各方面均被不良民俗所拖累，死伤惨重。就如同吴友如的多幅作品一样：花重金拜神而不是隔离病人（《偶像治病》），拘泥于孝道，停尸于棺而不隔离掩埋，听信庸医割肉尝便（《割臂疗亲》）、尸虫治病（《尸虫愈病》）的胡话而导致全部丧命的事情屡屡发生。针对心理健康的民俗只有在疫情得到控制的情况下才会收到成效，成为有价值、有意义的鼓励。而管控的疏忽和不在意往往使得瘟疫背景下滋生诸多不良的民俗，走入迷信和陋习的误区。

图10 《建醮奇观》

4 结语及启示

疫病频发背景下，大众健康显得尤为重要。吴友如作为晚清远近闻名的画家，他运用画笔记录了所处时代的公共活动，思索了其中的身心健康意义，表达了自我的矛盾心理，描绘了一个"城镇空间—公共活动—健康意义"的互动关系。通过《点石斋画报》《飞影阁画报》展现给了大众，在那个改良运动兴起的时代引发了社会剧烈的回应。

杨瑞、欧阳伟、田莉认为流行病学与城市规划学科随时代发展没有进行交叉研究，反而越来越远，学科分化更细[14]。目前"公园城市""健康城市"等城市建设方针正逐步稳健实施，如果因为疫情原因格外重视疫病防治、户外通风与身体健康，我们的城市公共空间建设有可能会进入一个只有"自然与人"对话的误区。

城市公共空间因有人群聚集的活动才有生气。吴友如构建的互动关系给予了我们启示：构建绿色自然的城市生态环境，融入以人为本的设计关怀，加强纪念性景观的比重，考量各地域正面形象的民俗与社会活动的基本需求，打造更多的社交空间与精神凝聚空间，构建"健康意义—公共活动—设计建设"的互动关系，是一条保障民众身心健康、景观富有本土内涵的可行性出路。

参考文献

[1] 刘滨谊，郭璐. 通过设计促进健康——美国"设计下的积极生活"计划简介及启示[J]. 国外城市规划，2006（02）：60-65.

[2] 林雄斌，杨家文. 北美都市区建成环境与公共健康关系的研究述评及其启示[J]. 规划师，2015（6）：12-19.

[3] 丁国胜，蔡娟. 公共健康与城乡规划——健康影响评估及城乡规划健康影响评估工具探讨[J]. 城市规划学刊，2013（05）：48-55.

[4] 俞月亭. 我国画报的始祖——点石斋画报初探[J]. 新闻研究资料，1981（05）：149-181.

[5] 邬国义. 近代海派新闻画家吴友如史事考[J]. 安徽大学学报（哲学社会科学版），2013，37（01）：96-104.

[6] 三山陵，段睿珏. 吴友如和《点石斋画报》——硬笔画和石板印刷[J]. 上海鲁迅研究，2018（02）：146-157.

[7] 大村西崖. 中国美术史[M]. 陈彬龢译. 商务印书馆，1928.

[8]　杨逸著，陈正青.上海滩与上海人：海上墨林[M].上海：
　　　上海古籍出版社，1989.

[9]　鲁迅.鲁迅全集第2卷[M].北京：人民文学出版社，1958.

[10]　龚产兴.吴友如简论[J].美术研究，1990(03)：30-32.

[11]　(清)吴友如绘.吴友如画宝[M].上海古籍书店，1983.

[12]　刘庭风.中国园林年表初编[M].上海：同济大学出版
　　　社，2016.

[13]　张剑光.三千年疫情[M].南昌：江西高校出版社，1998.

[14]　杨瑞，欧阳伟，田莉.城市规划与公共卫生的渊源、发展与
　　　演进[J].上海城市规划，2018(03)：79-85.

作者简介

许家瑞，1991年生，男，湖北宜昌，天津大学建筑学院风景园林学在读博士研究生，中级工程师，研究方向为园林历史文化。电子邮箱348300969@qq.com。

姜昊岑，1997年生，女，山西临汾，天津大学建筑学院风景园林学在读硕士研究生，研究方向为园林历史文化。

景延飞，1997年生，女，山东济南，天津大学建筑学院风景园林学在读硕士研究生，研究方向为园林历史文化。

刘庭风，1967年生，男，福建龙岩，博士，天津大学建筑学院风景园林系教授，博士生导师，天津大学园林文化研究所所长，中国风景园林学会理论与历史专业委员会副主任，教育部基金评审专家，天津市市政规划建筑项目评审专家，内蒙古乌海市规委会专家，亚洲园林协会学术部部长。研究方向为中国园林历史与理论、景观画论、园林哲学、风景园林规划设计。

非正规经济视野下的流动摊贩选址特征与建议
——以广州市长湴村为例

Characteristics and Suggestions for the Location of street-stall Vendors from the Perspective of Informal Economy：
Taking ChangBan Village in Guangzhou as an Example

杨嘉妍　方小山　李敏稚

摘　要：在新冠肺炎疫情的冲击下，"地摊经济"这一非正规经济再次走进我们的视野。摊贩空间在节省城市运作成本的同时，亦带来诸多负面影响，研究此非正式空间特征及其选址策略对城市健康可持续发展尤为重要。现有关于流动摊贩选址的研究多关注人流量单一因素，缺少对经济因素与非经济因素的双向考量。以广州市长湴村流动摊贩空间为例，应用扬·盖尔"公共空间—公共生活调研法"，对多方参与者进行半结构式访谈和问卷调查，总结各方需求，明晰摊贩选址特征。从市场因素、距离因素、管制因素以及社会因素4个角度，提出流动摊贩选址建议。为未来城市管理模式改进及城市更新提供参考。

关键词：非正规经济；流动摊贩；选址特征

Abstract: Under the impact of the COVID-19 pandemic, the informal economy of the "floor economy" has once again entered our field of vision. Vendor space saves urban operating costs and also brings many negative effects. Research on the characteristics of this informal space and its location suggestions are particularly important for the healthy and sustainable development of the city. Existing research on the location of mobile vendors mostly focuses on the single factor of human flow, and lacks a two-way consideration of economic and non-economic factors. Taking the mobile vendor space in Changhuan Village, Guangzhou City as an example, using Yang Gale's "Public Space-Public Life Research Method", semi-structured interviews and questionnaire surveys were conducted with multiple participants to summarize the needs of all parties and clarify the location of vendors. From the four perspectives of market factors, distance factors, control factors and social factors, suggestions for the location of mobile vendors are put forward. Provide reference for future urban management model improvement and urban renewal.

Key words: Informal Economy; Street Vendors; Location Characteristics

引言

非正规经济已成为世界城市化发展中的普遍现象[1]。流动摊贩是非正规经济研究领域和国际劳工组织关注的重要对象，也一直是发展中国家城市化进程中的城市管理难题[2]。规划管制和控制成为限制和边缘化非正规经济的核心手段时，从城市和空间规划角度来理解非正规经济十分重要[3]。与其他城市空间相比，由于缺乏强有力的管制约束，流动摊贩空间呈现多样性、自由性、自发性和动态性的特点，在缓解城市就业压力的同时，致使城市原有空间结构和景观格局发生改变[4]，超出传统城市规划的设计预期[5,6]。

在城市空间健康可持续发展中，流动摊贩空间治理不容忽视。针对流动摊贩空间治理，各国采取不同措施，相较最初的"杜绝"，如今的摊贩空间治理更具包容性。韩国对摊贩实行分类分区管理，新加坡成立小贩工会制度，美国的摊贩空间由警察管辖[7]。经济社会在新冠疫情的冲击下，地摊经济与流动摊贩再度涌现，我国经历了"禁止摆摊""疏堵结合"，到当下的政策鼓励。不少城市已采取以"疏"为主的摊贩治理措施，于城市空间布置疏导区，但疏导区与流动摊贩特性存在矛盾[8]，且不能全部满足非正规摊贩经济的内在需求[9]，多数摊贩依然活跃在疏导区之外并自主选址。通过分析流动摊贩及其他使用者的行为逻辑和空间感受，探讨在多维因素影响下的流动摊贩选址特征，并提出选址策略建议，是本文研究重点。

1　研究对象概况

1.1　研究方法与长湴村概况

广州市长湴村紧邻天河客运站，便捷的交通和低廉的房价让这里聚集大量低收入人群。村内外来人口较多，人口流动性大，文化教育程度低，村内也"漂泊"着大量流动摊贩。作为典型的"一线天"城中村，长湴村公共空间环境逼仄，流动摊贩活动给长湴村带来活力的同时，对公共空间的占据问题同样突出（图1）。

以长湴村为例，采用半结构式访谈，问卷调查以及扬·盖尔"公共空间—公共生活调研法"结合的综合方法进行长时间观察。问卷对象包括流动摊贩和居民，访谈对象包括本地居民、流动摊贩、城市管理者和正规营业者等相关参与者。了解多方现状活动空间与利益需求，进一步明确流动摊贩选址特征，并提出多维因素影响下的选址策略建议。

图1 长湴村区位以及实景照片
（图片来源：作者自摄并自绘）

1.2 流动摊贩概况

村内摊贩从各地流向长湴村，并以流动摆摊为生。现有疏导区位于村西侧的长兴街，下午4点后开放，单个疏导棚占地约9m²，共计80个。尽管设立了疏导区，多数摊贩依然自主选址。较为活跃的流动摊贩有拉货摊、水电工摊、水果摊、蔬菜摊、卖报摊、收废品摊和早点摊（图2），进行商品售卖、停业休息、休闲娱乐、停放摊位等主要活动。高峰活动时间为早间和傍晚，摊贩空间呈现时空流动状态。多数摊贩具有自觉保持环境卫生的意识，并表示需要与政府管理机构和谐相处的机会。

图2 长湴村流动摊贩空间现状
（图片来源：作者自摄并改绘）

1.3 各方参与者概况

各方参与者与摊贩互动时，活动类型多样，对摊贩群体及其空间持有不同态度。城市管理者定时巡逻，在疏导区开放时段较多关注摊贩空间。城市管理者对摊贩空间管制效率较低，多数城管认为摊贩空间在人流量高峰期间对交通安全易造成负面影响。按规缴租的正规营业者对摊贩活动的态度较消极。流动摊贩无需缴租，居民也很乐意购买其商品，直接影响到正规营业者的经济利益。居民除了在摊位购买商品，也会进行聊天娱乐和生活通勤等活动。居民认为流动摊贩的存在具有现实意义，认可摊贩带来的生活便利，但不希望摊贩在家附近选址，并期待城市能有更好的管理模式。

可见，流动摊贩空间节省了长湴村运作成本，同时也面临着法律管制、城市管理、城市空间结构的约束。居民对流动摊贩空间抱有支持但希望在管理层面提升的态度，城市管理者和正规营业者对流动摊贩空间较为抵触。

2 流动摊贩选址特征

2.1 流动摊贩选址感知特征

从视觉、听觉与嗅觉感知流动摊贩选址空间特征。摊贩选址空间色彩以灰色、蓝色、黄色为主，视觉色彩较为统一，货物的不同色彩赋予每个摊贩空间不同性格。流动摊贩选址空间一定程度上影响了村内景观视线和美学体验。在听觉感知方面，早晚人流高峰时期噪声稍大，尤其是早点摊与水果摊；在午间休息时间，待工及休息的拉货摊与水电工摊噪声稍大。在嗅觉感知方面，大部分摊贩空间没有异味，这与摊贩主自觉的卫生意识息息相关。总结各方面空间感知，流动摊贩选址空间品质总体较差，并影响村内景观感知体验。

2.2 流动摊贩选址构成特征

从地面、顶面、边界分析流动摊贩选址空间要素特征。摊贩选址空间的地面元素较为统一，多为水泥地，占地约 $2m^2$。顶面元素和边界要素较多样，摊贩多选择树下、伞棚、屋棚等顶面遮阳遮雨，选择路牙、台阶、墙面作为边界。出于摊贩休憩娱乐和售卖摊桌椅布置的空间需求及不稳定的买家人数，流动摊贩选址空间中的卖家使用空间、售卖摊占地空间以及买家使用空间在规模与形式上均具有较大弹性（图 3）。其中，水果摊和早点摊

较为不固定，收废品摊流动性更大；拉货摊和水电公摊工作时间不定。从选址外环境来看，流动摊贩往往寻找背靠面来确保内心的安全感，多数背靠建筑立面或者电线杆等标志物。可见，流动摊贩选址空间构成具有较高弹性和自由度，并寻求空间心理安全感。

| 卖家使用空间 + | 售卖摊占地空间 + | 买家使用空间 |
| 休憩娱乐 | 布置桌椅 | 人数不定 |

图 3 流动摊贩空间构成
（图片来源：作者自绘）

2.3 流动摊贩选址分布特征

流动摊贩选址分布在长湴村各个角落（图 4），较为混乱无序。树下、塘边、祠堂前广场及村口、路口是流动摊贩进行售卖活动最多的选址区域，多为人流较为集中的空间。建筑台阶和菜市场则是摊贩进行休憩活动时较常选址的空间。流动摊贩选址占用大量公共空间，影响村内空间品质，并在一定程度上侵犯部分正规商贩的营业空间。

可见，流动摊贩选址具有多样性、自由性、灵活性和易变性的特征，空间感知体验较差，构成要素多样，选址分布较为无序，占用公共空间，引发空间使用矛盾，影响城市空间品质。

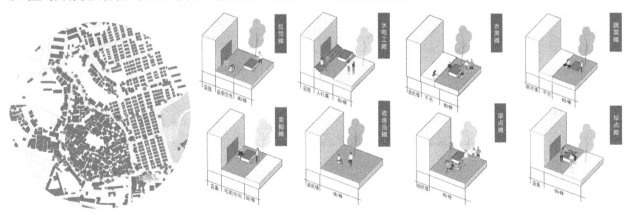

图 4 流动摊贩选址分布长湴村各个角落
（图片来源：作者自绘）

3 流动摊贩选址对策建议

作为市场经济活动，摊贩在选址过程中，并没有脱离现代区位论的思想，依然是经济和非经济因素并行作用的结果。在已有研究中，人流量是流动摊贩选址过程中的核心因素，摊贩买卖过程中的距离成本、城市管理的管制措施、社会多方参与者也影响摊贩的选址[10-14]。在多因素综合影响下，流动摊贩的选址处于不断向平衡

状态靠拢的动态过程[15]。本文从市场因素、距离因素、管制因素和社会因素 4 个角度对流动摊贩的选址策略提出建议。

3.1 市场因素影响下的选址策略

与正规经济相同，非正规经济亦属于商业设施，其选址势必遵循顾客导向原则[16]。市场因素是流动摊贩空间最直接的选址因素，人流量大小、人流分布的形态和市场性质影响下的选址是摊贩期待的最理想状态。

3.1.1 人流量

流动摊贩选址考虑的首要因素是人流量。人流量随时空变化呈现不同状态，摊贩亦顺势而动（图5）。以摊贩较为活跃的长涩南大街为例，傍晚时分，人、车、活动

座椅增多，相对热力值最大，活力值最高，此时段中流动摊贩涌现最多。在空间层面上，长涩南大街的西侧村口，中部两处祠堂空间热力值最大，摊贩相对活力值最高（图6）。

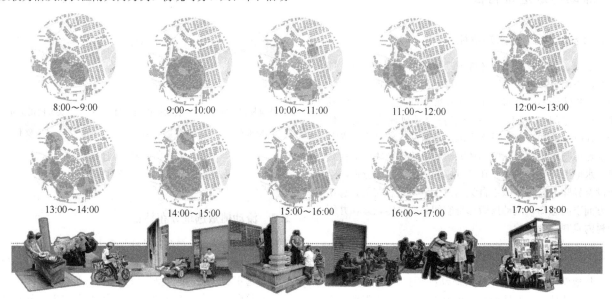

图5　长涩村村域相对人流量
（图片来源：作者自绘）

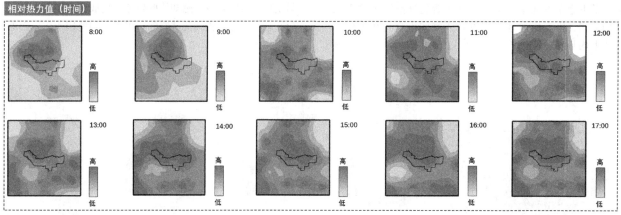

图6　长涩南大街相对人流量
（图片来源：作者自绘）

3.1.2 人流分布

出入口、移动通道及集散地是流动摊贩选址所倾向的人流集聚分布形态类型，同时交通需求较大（图7）。长湴村的出入口以及主要街道的交叉口是流动摊贩主要选择的人流出入口，长湴东大街和长湴南大街是摊贩选址中最为典型的人流移动通道，祠堂附近的硬质广场及村中散布的树下空间是主要的人流集散地。

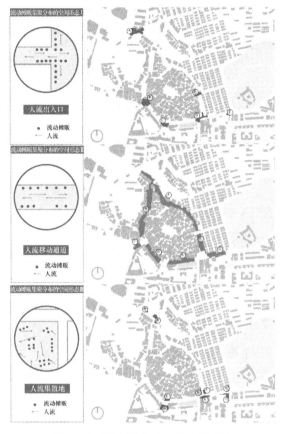

图 7　流动摊贩集聚分布的空间形态
（图片来源：作者自绘）

3.1.3 市场性质

市场性质包括消费者的消费能力和消费需求。在适应人流量和人流分布变化的同时，摊贩寻求的意向消费人群大多为低收入居民，并根据这类人群动向进行选址。例如，清晨，居民通勤经过长湴地铁站，流动摊贩常守在通往地铁的道路售卖肠粉等早餐。当一部分流动摊贩前往更靠近地铁站的区域进行摆摊，多为搜寻新市场，例如长湴村之外上下地铁的人群。

3.2 距离因素影响下的选址策略

在占主导地位的市场因素影响下，距离因素是流动摊贩选址中进一步重要考量因素，涵盖交通方式、交通成本、活动流线以及活动区域。

3.2.1 交通方式与成本

流动摊贩的交通工具一般选择人力三轮车、电动三轮车以及手推摆摊车。使用手推摆摊车和人力三轮车的摊贩常选择距离货源较近的区域进行摆摊。使用电动三轮车的摊贩多前往较远的区域进行摆摊，例如地铁站附近，选址分布弹性较大。出于节省摆摊成本的需求，摊贩常在某个区域固定摆摊或小范围流动摆摊。

3.2.2 活动流线与区域

流动摊贩的活动占据了长湴村街道空间，在正规商铺店面和居住区中夹缝求生。休憩活动区域主要位于祠堂前广场、池塘广场及散布于村中的树下空间。进货区域主要位于长湴村南端的长湴农贸市集，一部分流动摊贩直接从自家正规商铺中拉货进行流动售卖。摊贩主要绕旧村外环街道活动，长约1km，可理解为摊贩的"15min生活圈"部分摊贩穿梭于新村街巷街道。疏导区活动流线则位于长湴村西侧。根据活动流线与活动区域，流动摊贩的"15min生活圈"的南部与东部是摊贩在距离因素影响下的重点选址区域（图8）。

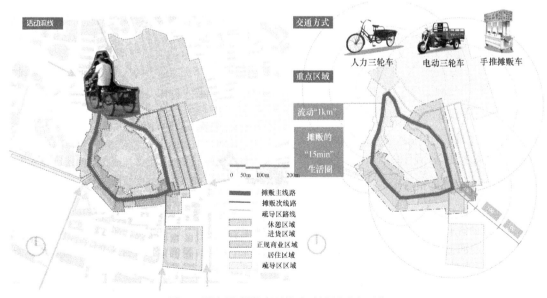

图 8　距离因素影响下的流动摊贩重点区位
（图片来源：作者自绘）

3.3 管制因素影响下的选址策略

在空间规范方面，疏导区内摊贩位置具有固定性，受行政效力约束[17]。自主选址的流动摊贩必然需考虑城管的管制。管制在时间和空间上均呈现不连续的特点，导致摊贩在强弱管区之间变动位置，有学者将此过程称为纳什均衡[18]。

3.3.1 管制时间

城管对摊贩的管制根据时间出现有无和强弱管制的差异。在长滘村，上午8：00～11：00以及下午2：00～5：00 2个时间段中，城管管制力度较强，此时流动摊贩会从原区域转移或撤离。中午12：00～下午2：00及晚上6：00后分别属于弱管制时间段和管制缺失时间段，正是流动摊贩大量出现的时段（图9）。

3.3.2 管制空间

管制时间不平衡势必导致摊贩在强弱管区之间变动位置。在长滘村中，旧村的外环街道及与村口连接的街道属于强管制区域，新村街巷街道属于弱管制区域。出于强管制区域和弱管制区域的差异，可在强弱管区过渡段区域进行设计改造，为摊贩的区域转移及撤退提供便利，从而避免摊贩空间转移对街道造成干扰（图10）。

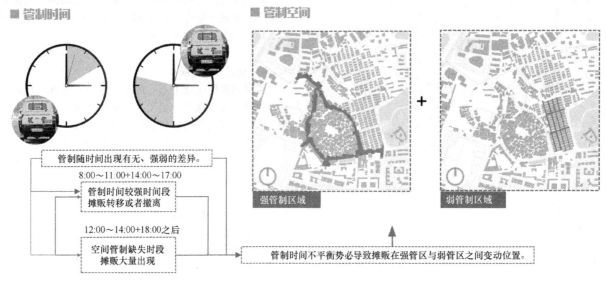

图9 流动摊贩管制时空不平衡
（图片来源：作者自绘）

图10 管制因素影响下的流动摊贩过渡区选择
（图片来源：作者自绘）

3.4 社会因素影响下的选址策略

社会因素主要来源于相关利益主体的干预，摊贩自身的竞争合作及居民的需求面对正规经营空间，摊贩空间对竞争合作需作出空间上的回应。在摊贩自身空间使用中亦存在复杂关系。此外，根据新旧居住区不同特点，需针对性进行更新，避免对居民生活产生影响。在社会因素影响下的选址更现实。

3.4.1 相关利益主体的干预

正规商铺与流动摊贩间的矛盾较为明显，除了分配消费者，摊贩亦抢占了正规商铺的街道店面空间。正规商铺在长滘村分布较广，通常使用居住楼底层和街道空间，主要为餐饮类、便民类、服务类店铺及几处综合商铺。对于流动摊贩，来自南部旧村居住区的店铺竞争较为激烈，北部新村居住区的店铺竞争较弱，分布着综合商铺的南端区域是几乎无竞争力的区位。对此，可分别设立协同发展街道、互助发展街道以及无须摊贩的街道（图11）。

3.4.2 摊贩之间的竞争合作

摊贩自身之间也面临竞争与合作的关系，体现在个体与群体两个方面。个体摊贩在空间使用的竞争中，往往遵从先到先得的原则分配空间，为了争夺优质区域，一些个体摊贩采取联合手段来霸占某一区域。在经济合作方面，除了基于乡缘关系的族裔合作，摊贩也会选择商品种类互补的合作伙伴。可见，摊贩需要较广阔的室外空间来自主有序分配空间。长滘村北部的长滘新村花园与农田、南部的长滘村怡乐园与池塘，这4处开放空间可考虑划分部分给摊贩，赋予摊贩在长滘村能自主分配空间的权力，进而促进摊贩之间的和谐交流与共同发展（图12）。

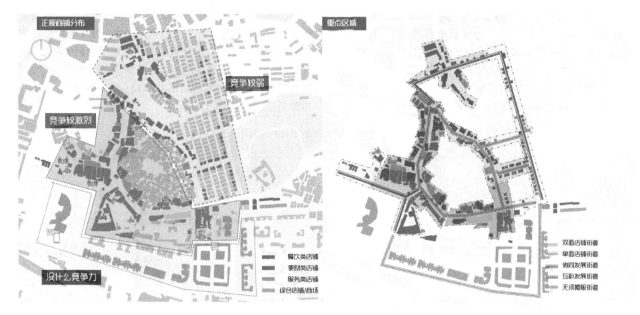

图 11　正规商铺影响下的流动摊贩竞争合作区选择

（图片来源：作者自绘）

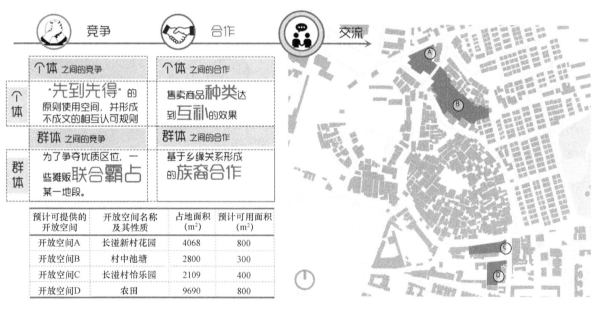

预计可提供的开放空间	开放空间名称及其性质	占地面积（m²）	预计可用面积（m²）
开放空间A	长湴新村花园	4068	800
开放空间B	村中池塘	2800	300
开放空间C	长湴村怡乐园	2109	400
开放空间D	农田	9690	800

图 12　摊贩自身竞争合作影响下的开放空间区域选择

（图片来源：作者自绘）

3.4.3　居民的需求与诉求

居民对流动摊贩态度较为矛盾，赞许摊贩为生活提供便利的同时，希望摊贩尽可能在自己的居住环境一定距离之外进行摆摊活动，即邻避主义。考虑新旧村居住区的不同排布方式，需进行不同形式的选址和空间设计。在棋盘排列型的新村居住区附近，考虑对街巷沿街界面进行改造；而在组团聚集型旧村居住区内，对街巷的外围进出口进行设计（图 13）。为居民提供便利的同时，摊贩亦需自觉维护卫生环境，探寻在社区的自我新角色，与居民共生于长湴村。

综上所述，整合分析市场因素、距离因素、管制因素

图 13　居民要素影响下的新旧居住区设计区域选择

（图片来源：作者自绘）

与社会因素，得到较为系统的摊贩空间选址机制（图14、图15）。首先，将市场规模和市场性质作为主要因素考虑，结合摊贩距离成本以及日常活动流线与区域，得到最为理想的流动摊贩选址分布。其后，考虑到管制时间和空间的不平衡，进行空间分时段变化；在更为现实的社会因素中，面对正规营业者的相关利益，以及摊贩自身之间的

性质，进行合理的竞争与合作选择，根据摊贩自身的商业性质选择竞争与合作相对应的区位，并开放4处户外公共空间以供摊贩合理自主分配场地；面对居民的邻避主义，在给居民带来日常便利的同时，不影响其生活空间质量，针对新旧村不同肌理进行街巷入口以及街道改造，使得摊贩更适应社区空间发展。

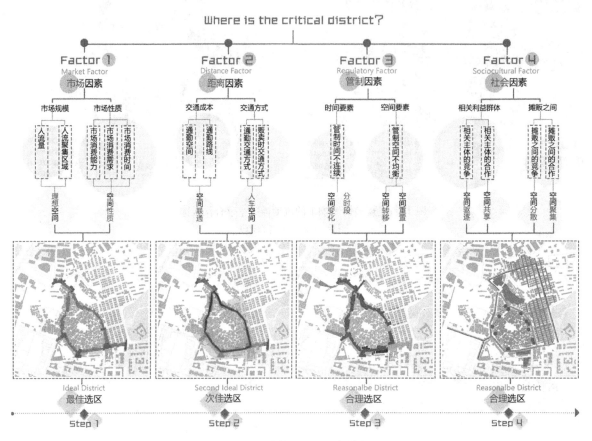

图 14　流动摊贩选址机制分析
（图片来源：作者自绘）

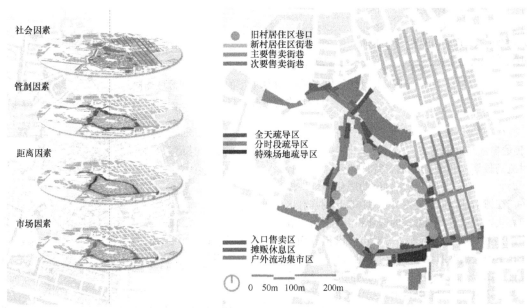

图 15　四大要素影响下的流动摊贩选址建议
（图片来源：作者自绘）

4 结语

流动摊贩空间一定程度上节省了城市运作成本，较为弹性自由，但也面临法律管制、城市管理、城市空间结构的约束。针对流动摊贩空间引发的矛盾冲突与环境安全问题，各地陆续采取流动摊贩正规化疏导等替代性空间治理模式，但实际效果不甚理想[19]。流动摊贩在自成体系的空间选址过程中，占用城市其他功能空间，导致城市空间秩序混乱。

流动摊贩在我国政策鼓励中再次引起关注，为了维持城市空间健康可持续发展，流动摊贩空间的选址规划尤为重要。流动摊贩选址受较为理想化的市场因素和距离因素以及较为现实理性的管制因素和社会因素影响。在后期的城市更新中，需要保护城市肌理、规范流动区域范围、优化街道布局以及整合空间关系。

对综合因素影响下的流动摊贩选址进行规划后，维持城市空间秩序的前提下，流动摊贩微空间设计拥有更多可能性。长湴村毗邻高校，学生同样是流动摊贩的重要消费群体，在后续空间设计中，可考虑基于学生化影响下对摊贩空间改造实行多方主体合作机制[4]。通过轻介入更新的设计手段，对微空间进行人性化改造、环境适应性设计、文化塑造提升以及智能交互设计等。此外，流动摊贩参与下的城市管理模式需要进行更新，将摊贩与居民、管理者以及城市的需求达到平衡，发挥流动摊贩自治力量和民主协商的力量。

参考文献

[1] 黄耿志，薛德升. 中国城市非正规就业研究综述——兼论全球化背景下地理学视角的研究议题[J]. 热带地理，2009，29(4)：389-393.

[2] Wongtada N. Street vending phenomena：A literature review and research agenda[J]. Thundebird International Business Review，2014，56(1)：55-75.

[3] 卡洛琳·斯金纳，凡妮莎·沃尔森，甘欣悦，刘一瑶. 发展中国家城市的非正规经济——挑战规划的窠臼[J]. 国际城市规划，2019，34(02)：23-30.

[4] 方小山，秦雅楠. 学生化影响下大学城保留村商业空间发展策略研究——以广州大学城贝岗村为例[J]. 现代城市研究，2018(08)：109-114.

[5] 尹晓颖，闫小培，薛德升. 国内外对非正规部门的政策[J]. 城市问题，2010(08)：79-84.

[6] 秦波，孟青. 我国城市中的街头商贩：政策思辨与规划管理[J]. 城市发展研究，2012，19(02)：83-87+93.

[7] 李桂峰，罗丽玲，李婷，阳信生. 基于域外经验的我国城市流动摊贩综合治理机制建构研究[J]. 决策探索（下），2019(04)：87-88.

[8] 黄耿志，薛德升，徐孔丹，杨燕珊，陈昆仑. 中国大城市非正规公共空间治理——对城市流动摊贩空间疏导模式的后现代反思[J]. 国际城市规划，2019，34(02)：47-55.

[9] 黄耿志，李天娇，薛德升. 包容还是新的排斥？——城市流动摊贩空间引导效应与规划研究[J]. 规划师，2012，28(08)：78-83.

[10] Maureen H M. Streetvending in peruvian cities：The spatio-temporal behavior of ambulantes[J]. Professional Ge-ographer，1994(4)：425-438.

[11] McGee T G，Yeung Y M. Hawkers in Southeast Asian Cities：Planning For The Bazaar Economy[M]. Ottawa：International Development Research Centre，1977.

[12] Thant K K，Julia D G，Gisèle Y，et al. Informal workplaces and their comparative effects on the health of street vendors and home-based garment workers in Yangon，Myanmar：A qualitative study[J]. BMC Public Health，2020，20(1).

[13] 张延吉，张磊，吴凌燕. 流动摊贩的空间分布规律及其影响因素——以北京市甘露园社区为例[J]. 城市问题，2014，(08)：81-85.

[14] 原明清. 武昌区老旧社区非正规经济活动的空间特征及影响因素研究[D]. 武汉：华中科技大学，2019.

[15] 黄耿志，薛德升，金利霞. 城市流动摊贩的微区位选择机制——基于广州市200个摊贩访谈的实证研究[J]. 人文地理，2016，31(01)：57-64.

[16] 梁峥. 城市动态小微零售空间的设计研究[D]. 上海：东华大学，2018.

[17] 刘慧敏. 国内流动摊贩问题研究综述[J]. 改革与开放，2017(20)：95-97+100.

[18] 张延吉，秦波，吴凌燕. 正规商业与流动商贩的空间分布关系及其影响因素[J]. 人文地理，2014，29(5)：121-126.

[19] 吴传龙，孙九霞，邓家霖. 旅游地流动摊贩的空间生存状态及其影响机制[J]. 人文地理，2020，35(04)：146-153.

作者简介

杨嘉妍，1997年生，女，汉族，上海，研究生，华南理工大学建筑学院风景园林系，广州市景观建筑重点实验室，研究生在读，研究方向为地域景观与亚热带气候适应性设计。电子邮箱：Morgan_young@163.com。

方小山，1975年生，女，汉族，广东普宁，博士，华南理工大学建筑学院风景园林系，广州市景观建筑重点实验室，副教授，博士生导师，国家一级注册建筑师，国家注册城市规划师，研究方向为地域景观与亚热带气候适应性设计。电子邮箱：10947132@qq.com。

李敏稚，1979年生，男，汉族，广东广州，博士，华南理工大学建筑学院风景园林系，广州市景观建筑重点实验室，副教授，硕士生导师，研究方向为城市设计。电子邮箱：liisthebest@126.com。

北京老城区居民自发园艺活动特征及其健康影响研究
——以大栅栏为例

Research on the Characteristics of Spontaneous Gardening Activities and the Effects on Health in the Old City of Beijing:

Illustrated by the Case of Dashilanr Area

杨 璐 张龄允 李 倞

摘 要：中国的城镇化发展给公共健康造成了一系列消极影响，而园艺活动对改善公共健康水平具有积极促进作用。本研究聚焦北京老城社区，以大栅栏街道为研究对象，运用调查问卷、SF-36 健康调查表和 SCL-90 症状自评量表，对其居民的自发式园艺活动特征及健康状况进行调查和评估，然后利用卡方检验和方差分析探究居民既有的自发式园艺活动是否已经对居民身心健康产生影响。研究结果显示：①老城社区老龄化问题严重，从事园艺活动与否的居民在人群特征上并没有明显区别；②老城区居民从事园艺活动具有时间短、频率高、强度低的特征，以盆栽种植为主，倾向于种植观赏类植物；③空间不足是居民放弃园艺活动的主要原因，多数居民会选择院落空间中的地面空间进行园艺活动；④大栅栏地区既有的居民自发式园艺活动可以在一定程度上缓解焦虑情绪，当园艺活动的达到一定时间和强度时，其缓解焦虑情绪的作用会增强。而目前既有的自发式园艺活动对居民的生理机能、精力、社会功能、健康变化、躯体化和其他项目的评分均无显著影响。最后，本研究为以改善健康为导向的老城区居民园艺活动推广与实施提出了 4 点建议。

关键词：公共健康；老城区；社区园艺；健康影响；风景园林

Abstract: The development of urbanization in China has brought a series of impacts on the public health of residents. Gardening activities have a positive effect on improving public health. This study focuses on the community of old city of Beijing, and takes Dashilanr area as the research object to investigate the characteristics of spontaneous gardening activities and health status of residents. The SF-36(the MOS item short from health survey, SF-36) and SCL-90 (Symptom Checklist 90, SCL-90) were used to evaluate the mental and physical health of gardening residents. Chi-square test and variance analysis were used to explore whether spontaneous gardening activities of residents have an impact on their physical and mental health. The results show that: 1) The aging problem of the community in the old city is serious, and there is no obvious difference in population characteristics between the residents who engage in spontaneous gardening activities and those who do not; 2) The spontaneous gardening activities of residents in the old city are characterized by short time, high frequency and low intensity. The planting form is mainly potted, and residents tend to choose ornamental plants; 3) Insufficient space is the main reason why residents give up gardening activities. Most residents choose the ground space in the courtyard for gardening activities; 4) In the Dashilanr area, existing residents' gardening can relieve their anxiety to some extent. When gardening reaches a certain amount of time and intensity, its anxiet-relieving effect is enhanced. However, the existing spontaneous gardening activities have no significant influence on the residents' physiological function, energy, social function, health change, somatization and other items. Finally, this study puts forward four suggestions for the promotion and implementation of spontaneous gardening activities in the old urban residents with the goal of improving their health.

Key words: Public Health; Old City; Community Garden; Health Effect; Landscape Architecture

1 研究背景

目前，如何改善城市居民的公共健康是国际研究的焦点。城市化在带来全球经济迅速发展的同时，也随之产生人口密度上升、环境污染、居民工作生活压力激增、社会邻里关系衰退等一系列问题，给城市的长期可持续发展带来影响。研究显示，肥胖、高血压、糖尿病、冠心病等慢性疾病正在给城市居民健康带来严重影响[1]。因此，包括中国、美国、欧洲、日本、新加坡在内的许多国家和地区都提出了相应的城市公共健康改善计划[2]。2016 年 8 月，中国提出《"健康中国 2030"规划纲要》，要求把健康摆在优先发展的战略地位[3]，并于2019 年 7 月发布《健康中国行动（2019-2030 年）》，围绕疾病预防和健康促进两大核心，强调以治病为中心向

以人民健康为中心转变[4]。2020 年伊始，全球暴发 COVID-19 疫情，改善公共健康成为中国发展过程中亟待解决的重要问题。

近年来，国际上开始提倡与日常工作生活相结合并接触自然的身体活动方式以改善身心健康。这种方式被认为由于更容易开展从而可以更好地坚持下来，并利用了人类对自然的先天亲近感[5]，在缓解压力[6]方面效果显著。园艺活动（家庭园艺、社区花园）作为一种能够提供自然参与感和生活化的身体活动方式，开始被越来越多的城市居民所喜爱。从国际研究来看，园艺活动是改善老年人健康的一种非常有益的身体锻炼形式[7]，60 岁以上老年人可以通过园艺活动达到中等强度的身体锻炼进而改善身心健康[8,9]。从事园艺活动可以提高 50 岁以上成年人的生活满意度，同时还可以提高身体锻炼水平[10]，并且园艺活动在降低总胆固醇、血压、死亡率，增强心理

城市公共空间与健康生活

健康和促进社会融合等方面都具有一定的功效[11,12]。从国内研究来看，园艺活动的健康改善效益已经开始被关注。国内研究已证实了园艺干预对高龄老人、精神病患者、自闭症儿童、高校学生等特殊群体的健康改善作用[13-16]；也开始从欧美、日本等引进园艺疗法理念[17]，探索康复性景观的设计方法[18]。

相比较而言，受到空间和文化习惯等因素影响，国内自发式家庭园艺活动方式与国际存在较大不同。以北京老城社区为例，胡同是北京老城区的特色所在，胡同院落虽然空间有限，但自发式的园艺活动在这里也十分普遍。例如在北京市西城区大栅栏街道，胡同中的绿色空间类型主要包括街道绿化、门前绿化、街旁绿化、口袋花园等小型绿化空间，其占地面积小，但绿化形式和组织模式往往多种多样。根据居民自发参与程度，可大致分为两种组织模式：一是居民完全自发，具有面积较小、形式灵活多样的特点；二是政府或社区主导下的居民自发式参与，主要由政府或社区组织，居民志愿参与到建造和维护中[19]。对于居民完全自发的园艺活动产生的绿色空间，虽然受空间限制影响而面积小、分布散乱，但却是胡同绿色微更新中不可或缺的重要力量。

尽管在实验模拟下，中国也已经开展了部分园艺活动与健康关系的研究，但是针对北京老城社区目前自发园艺活动现状和其改善公共健康方面的有效性，以及园艺活动如何最大限度发挥改善身心健康功能，风景园林师在实践中如何推广园艺活动仍存在研究的空白，而且理论与实践的融合有着重大意义。本研究聚焦北京大栅栏地区，以社区居民自发园艺活动为研究对象，通过调查园艺活动的普及程度、人群特征、开展形式和植物种植喜好等内容，分析自发式园艺活动的基本特征和活动开展的空间特征，并探究居民从事园艺活动与身心健康的关系，以改善社区公共健康为目标，结合自身文化和老城区空间特征，为引导居民开展园艺活动提供建议和工作方向，并为北京其他老城社区提供可借鉴经验。该领域研究对在国内推广园艺活动，助力"健康中国"目标实现具有重要价值。

2 研究对象与方法

2.1 研究对象

本次研究以北京市西城区大栅栏街道为研究对象。大栅栏街道位于北京正阳门的西南侧，面积约 1.26km²。居住人群以本地中老年和外来务工人员为主，平均年龄为 46.5 岁，本地人约占 52%，其平均年龄为 52.5 岁，65 岁以上的老年人约占 20%[20]。从收入水平来看，这里的居民普遍是中低层收入者，以退休的老年人以及从事城市服务行业的人群为主[21]。该区域在北京老城社区中具有一定代表性。

2.2 研究方法

本次研究采用实地调研和问卷访谈相结合的方式，对大栅栏街道中除煤市街、前门大街等 14 条主要商业街

之外的其余胡同进行调研普查（图 1）。调研时间为 2019 年 7 月 6 日至 7 月 9 日和 2019 年 10 月 18 日至 10 月 19 日。由于当地居民中老年人居多且受教育程度普遍较低，因此，调研采用由采访者提问记录的问卷访谈形式。本研究共调查院落 466 个，受访者总计 509 人，回收有效问卷总计 508 份，回收率 99.8%。利用 Excel 进行数据统计，运用 IBM SPSS Statistics 25 软件，采用卡方检验和单因素方差分析对园艺活动数据和居民健康状况调查评分结果进行分析。

图 1　调研区域

2.3 数据搜集

访谈问卷包括 4 个部分：①受访者基本信息，包括年龄、性别、婚姻状况、经济收入、文化程度、职业状况等人口社会学特征；②受访者开展自发园艺活动情况，包括是否种植植物、对植物的喜好、植物种植形式以及种植过程中遇到的问题等；③受访者开展自发式园艺活动的空间类型及特征；④受访者的健康状况调查，包括生理和心理健康。生理健康调查采用 SF-36 健康调查简表[22]，根据文献研究和前期预调研，选取可能与居民自发式园艺活动相关的生理机能[7]、精力[23]、社会功能和健康变化四组测量指标；心理健康调查采用 SCL-90 症状自评量表[24]，选取可能与居民自发式园艺活动相关的躯体化、焦虑[25]和其他三组测量指标。

3 数据分析与结果

3.1 从事与不从事自发式园艺活动的人群特征比较

从表 1 可以看出，在大栅栏街道老龄化问题严重，60 岁以上居民的占比为 58.07%，远超过了 1982 年联合国提出的老年型人口中 10% 标准。其中从事园艺活动的居民占比 57.28%，略多于不从事园艺活动的居民。两组样

本在人口社会学特征方面并无显著区别，只是在年龄、性别、职业状况、空闲时间方面略有差异：高龄老年人、女性和退休人员在从事园艺活动样本中的占比略高；每天具有 4h 以上空闲时间的居民更愿意开展园艺活动（表 1）。

大栅栏街道居民人群特征　　　　　　　　　　　　　　　　表 1

项目	类别	从事园艺活动		不从事园艺活动		总样本	
		人数（人）	百分比（%）	人数（人）	百分比（%）	人数（人）	百分比（%）
年龄	30 岁以下	7	2.41	12	5.53	19	3.74
	30～45 岁	34	11.68	29	13.36	63	12.40
	46～60 岁	80	27.49	51	23.50	131	25.79
	61～75 岁	121	41.58	96	44.24	217	42.72
	75 岁以上	49	16.84	29	13.36	78	15.35
性别	男	107	36.77	85	39.17	192	37.80
	女	184	63.23	132	60.83	316	62.20
婚姻状况	未婚	14	4.81	16	7.37	30	5.91
	已婚	245	84.19	176	81.11	421	82.87
	离异丧偶	32	11.00	25	11.52	57	11.22
受教育程度	初中及以下	136	46.74	103	47.47	239	47.05
	高中	108	37.11	82	37.79	190	37.40
	大专	25	8.59	17	7.83	42	8.27
	本科	22	7.56	15	6.91	37	7.28
职业状况	退休	216	74.23	156	71.89	372	73.23
	在职	44	15.12	32	14.75	76	14.96
	自由职业	31	10.65	29	13.36	60	11.81
月收入情况	1000 元以下	18	6.19	15	6.91	33	6.50
	1000～3000 元	74	25.43	52	23.96	126	24.80
	3000～5000 元	155	53.26	112	51.61	267	52.56
	5000 元以上	44	15.12	38	17.51	82	16.14
每日空闲时间	小于 2h	23	7.90	33	15.21	56	11.02
	2～4h	35	12.03	28	12.90	63	12.40
	4～6h	34	11.68	23	10.60	57	11.22
	6h 以上	199	68.38	133	61.29	332	65.35
是否长期居住	是	285	97.94	202	93.09	487	95.87
	否	6	2.06	15	6.91	21	4.13
合计		291	100	217	100	508	100

3.2 老城区居民自发式园艺活动现状分析

本次调研中，有 75% 的受访居民表示有意愿从事园艺活动，但真正从事园艺活动的人数占比为 57%。有 90 位居民喜好但未从事园艺活动，主要原因有 3 个，可种植空间不足是首要原因，可种植时间不足和由于技术能力不足导致植物成活率低也是被提及的主要原因（图 2(a)）。

对从事园艺活动的受访者访谈结果分析显示，在"种植形式和种植容器"的选择上，89.35% 的居民倾向于选择盆栽种植形式，20.27% 和 12.03% 的居民会选择立体绿化和地面种植（图 2(b)）；种植容器以花盆为主（图 2(c)）；对于"植物种类"的选择，居民喜欢观叶类和观花类植物的人数较多，占比为 42% 和 32%（图 2(d)）；在"自发园艺活动"方面，约 60% 的居民每次园艺活动的时间为 10min 以下（图 2(e)），一半以上的居民自发园艺活动频率为每周 5 次以上（图 2(f)），园艺活动以浇水这一简单的养护工作为主（图 2(g)），少部分居民会进行施肥和搬运工作，园艺活动中的困难主要表现为种植空间不足和植物成活率低、易枯死（图 2(h)）。

3.3 老城区居民自发式园艺活动空间特征分析

大栅栏街道分布着大量北方传统合院式民居建筑，为了适应城市的发展和居民生活的需求，这里院落和街道曾经发生了大量的自发性建设，逐渐形成了高密度、低容积率的空间形态，公共空间和院落空间也受到很大程度的侵占和压缩[26]。本次调研过程中发现，空间不足是居民放弃园艺活动的首要原因，在这种高密度空间中，大栅栏地区居民自主进行园艺活动的空间主要有 3 种类型：建筑室内空间、院落空间和街道、社区花园等公共空间。其中院落空间是居民进行自发园艺活动最主要的空间类型。根据院落中园艺活动发生的空间位置，又可以将院落空间中的园艺活动空间分为：地面空间、墙面空间和空中空间 3 种类型（图 3）。根据调研数据可知，绝大多数居民会选择地面空间进行园艺活动，其次为墙面空间（图 4）。大栅栏地区多为带有院落的合院式建筑，庭院的地面空间自然会成为居民进行园艺活动的首选。但是大栅栏地区杂院众多，一个院落中往往会居住多户居民，这样的院落空间便不再具有私人空间的属性，而是成为多户居民共有的公共空间。这种现象导致了居民人均占有的院落地面空间较小，墙面空间和空中空间就成了居民的第二选择。

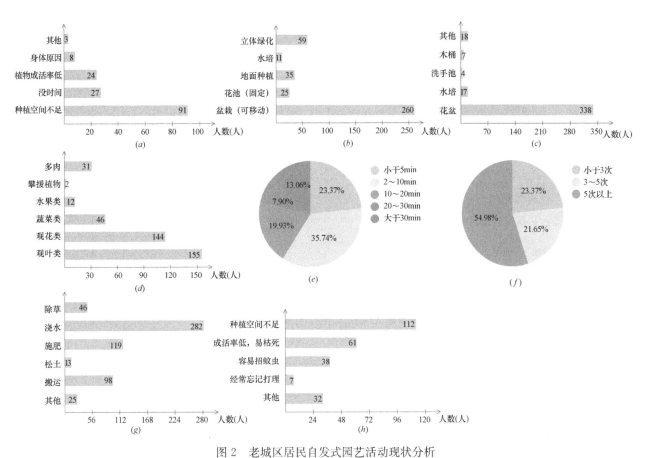

图 2　老城区居民自发式园艺活动现状分析

(a) 居民不从事园艺活动的原因；(b) 种植形式；(c) 种植容器；(d) 植物种类；(e) 每次园艺活动的时间；

(f) 每周园艺活动的次数；(g) 园艺活动类型；(h) 园艺活动中遇到的困难

图 3　大栅栏地区居民自发式园艺活动典型空间类型

3.4　老城区居民自发式园艺活动对健康状况的影响

　　已有研究表明，园艺活动可以发挥改善身心健康的作用，但是由图 2 (e) 和图 2 (f) 可知，大栅栏地区既有的自发式园艺活动的时间较短，且活动类型多为浇水等较简单、低强度的园艺活动。为了探究既有的自发式园艺活动是否已经对居民的身心健康产生影响及会产生怎样的影响，我们根据《身体活动 METs 表》，将老城区居民最常进行园艺活动类型分为静态行为、低强度、中等强度 3 个强度等级[27]。根据世界卫生组织《关于身体活动

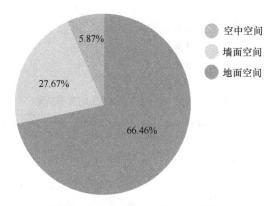

图4 院落空间中居民自发式园艺活动的空间类型

有益健康的全球建议》（成年人每周应至少完成150min 中等强度的身体活动的标准[28]）和园艺活动类型—强度对应表[27]，将所有参与调研的居民分为3组；组1：不从事任何园艺活动；组2：从事低于"每周150min 中等强度"标准的园艺活动；组3：从事等于或高于"每周150min 中等强度"标准的园艺活动（下文中"组1""组2""组3"不再作单独说明）。首先采用卡方检验排除人口社会学因素（性别、年龄、生活习惯等）对身心健康状况的干扰，然后利用单因素方差分析对居民健康状况调查评分结果进行分析，探究各组之间健康评分结果的差异（表2）。

园艺活动类型—强度对应表[27] 表2

	代谢当量（METs）	具体活动
静态行为活动	1.5	站姿或步行浇水
低强度活动	2.3	园艺，60岁以上老年人，使用容器
	2.0	种植盆栽，移植幼苗
中等强度活动	3.5	铲土，浇灌，堆土
	3.0	施肥，播种幼苗
	3.3	搬运花盆或工具
	3.5	灌木和树木修剪

3.4.1 卡方检验

在508例有效样本中，组1不从事园艺活动217例，组2从事低于"每周150min 中等强度"标准的园艺活动266例，组3从事等于或高于"每周150min 中等强度"标准的园艺活动25例。通过 X^2 检验，均 $P>0.05$（表3），因此各组样本之间人口社会学因素的差异无统计学意义，组间具有可比性。

卡方检验 表3

项目		园艺活动情况			X^2	P
		组1	组2	组3		
性别	男	85	95	12	1.772	0.412
	女	132	171	13		
年龄	30岁以下	12	7	0	6.435	0.577
	30~45岁	28	34	1		
	46~60岁	52	72	7		
	61~75岁	96	109	12		
	75岁以上	29	44	5		

项目		园艺活动情况			X^2	P
		组1	组2	组3		
婚姻状况	未婚	16	12	2	2.425	0.650
	已婚	176	224	21		
	离异及丧偶	25	30	2		
受教育程度	初中及以下	102	127	10	0.923	0.988
	高中	83	96	11		
	大专	17	23	2		
	本科	15	20	2		
职业状况	退休	157	193	22	4.283	0.360
	在职	32	41	3		
	自由职业	28	32	0		
月收入	<1000 元	14	18	1	1.435	0.964
	1000~3000 元	52	69	5		
	3000~5000 元	113	139	15		
	>5000 元	38	40	4		
每日空闲时间	<2h	33	22	1	12.031	0.051
	2~4h	28	33	2		
	4~6h	23	34	2		
	>6h	133	177	22		
体育锻炼	坚持体育锻炼	51	74	6	1.208	0.547
	无体育锻炼习惯	166	192	19		

3.4.2 单因素方差分析

以各项健康评分为因变量进行组间单因素方差分析。从表4、表5中可以看出，当因变量为生理机能、精力、社会功能、健康变化、躯体化和其他时，组间 Sig 均大于0.05，即各组之间的健康评分没有显著差异。当因变量为焦虑时，组间 $Sig=0.007$，按照0.05的显著性水准，组间焦虑评分存在显著差异（表4）。组1和组2间的 $Sig=0.013$，按照0.05的显著性水准，组1和组2间的焦虑评分存在显著差异，组1和组3间的 $Sig=0.012$，按照0.05的显著性水准，组1和组3间的焦虑评分存在显著差异（表5）。从图13中可以看出，组1、组2和组3的焦虑得分依次递减，说明日常从事园艺活动就会在一定程度上缓解居民的焦虑情绪。当园艺活动的达到一定时间和强度时，园艺活动缓解焦虑情绪的作用会有所提升。

主体间的效应检验 表4

因变量	源	Ⅲ型平方和	df	均方	F	$Sig.$
生理机能	修正模型	273.751	2	136.876	0.362	0.696
	截距	1436638.51	1	1436639	3799.87	0
	Group	273.751	2	136.876	0.362	0.696
	误差	190928.217	505	378.076	—	—
	总计	4036950	508	—	—	—
	修正后总计	191201.969	507	—	—	—
精力	修正模型	1500.388	2	750.194	2.617	0.074
	截距	1047140.71	1	1047141	3652.219	0
	Group	1500.388	2	750.194	2.617	0.074
	误差	144790.36	505	286.714	—	—
	总计	2871850	508	—	—	—
	修正后总计	146290.748	507	—	—	—

因变量	源	Ⅲ型平方和	df	均方	F	Sig.
社会功能	修正模型	534.676	2	267.338	2.208	0.111
	截距	2751702.03	1	2751702	22723.83	0
	Group	534.676	2	267.338	2.208	0.111
	误差	61152.086	505	121.093	—	—
	总计	7440625	508	—	—	—
	修正后总计	61686.762	507	—	—	—
健康变化	修正模型	1488.52	2	744.26	0.573	0.564
	截距	406869.373	1	406869.4	313.208	0
	Group	1488.52	2	744.26	0.573	0.564
	误差	656015.171	505	1299.04	—	—
	总计	1831875	508	—	—	—
	修正后总计	657503.691	507	—	—	—
躯体化	修正模型	0.249	2	0.125	0.017	0.983
	截距	32570.633	1	32570.63	4417.677	0
	Group	0.249	2	0.125	0.017	0.983
	误差	3723.262	505	7.373	—	—
	总计	92618	508	—	—	—
	修正后总计	3723.512	507	—	—	—
焦虑	修正模型	40.248	2	20.124	5.07	0.007
	截距	21848.988	1	21848.99	5504.7	0
	Group	40.248	2	20.124	5.07	0.007
	误差	2004.422	505	3.969	—	—
	总计	64086	508	—	—	—
	修正后总计	2044.669	507	—	—	—
其他	修正模型	2.754	2	1.377	0.655	0.52
	截距	11632.844	1	11632.84	5534.867	0
	Group	2.754	2	1.377	0.655	0.52
	误差	1061.378	505	2.102	—	—
	总计	33241	508	—	—	—
	修正后总计	1064.132	507	—	—	—

多重比较　　表5

因变量	(I)组	(J)组	平均值差值(I-J)	标准误差	显著性	95%置信区间 下限	95%置信区间 上限
生理机能	1	2	0.759	1.779	0.670	−2.736	4.253
		3	−2.519	4.107	0.540	−10.587	5.550
精力	1	2	−2.056	1.549	0.185	−5.099	0.987
		3	−7.603	3.576	0.034	−14.629	−0.577
社会功能	1	2	1.350	1.007	0.182	−0.630	3.320
		3	−2.920	2.324	0.210	−7.480	1.650
健康变化	1	2	−2.970	3.297	0.369	−9.440	3.510
		3	2.660	7.612	0.727	−12.300	17.610
躯体化	1	2	−0.050	0.248	0.855	−0.530	0.440
		3	−0.040	0.573	0.948	−1.160	1.090
焦虑	1	2	0.450	0.182	0.013	0.100	0.810
		3	1.060	0.421	0.012	0.230	1.890
焦虑	2	3	0.610	0.417	0.146	−0.210	1.430
其他	1	2	−0.130	0.133	0.319	−0.390	0.130
		3	0.090	0.306	0.759	−0.510	0.700

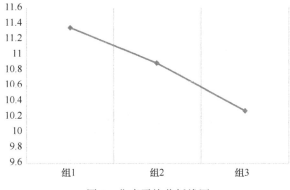

图5　焦虑平均分折线图

4　结论与建议

4.1　结论

（1）通过人群特征比较，可以发现是否从事园艺活动的人群特征差异并不明显，但是老城社区人口老龄化较严重，并且60岁以上人群健康改善需求显著。因此，老城社区是推广以改善健康为导向的老城区居民园艺活动时需要重点关注的目标受益区域。由于低年龄段儿童无法配合调查，成为本次研究的遗漏人群。

（2）在园艺活动特征方面，老城区居民日常进行园艺活动存在时间短、频率高的特征，以浇水等低强度的园艺活动为主。绝大多数居民会选择盆栽种植这种简单、方便移动的种植形式，并且比较倾向于选择观赏类植物进行种植。无种植空间和植物成活率低是老城居民在园艺活动中遇到的主要困难。

（3）在园艺活动空间特征方面，虽然老城社区院落空间有限，空间不足是居民放弃园艺活动的首要原因，但是院落空间中的地面空间依然是居民进行自发式园艺活动的首选，其次为院落空间中的墙面空间。

（4）在老城区居民自发式园艺活动对健康影响方面，从园艺活动的时间和强度统计结果中可以看出，虽然多数居民在家中进行自发式园艺活动，但是这些居民中绝大多数人从事园艺活动的时间短、强度低。从单因素方差分析结果可以看出，从事园艺活动的居民焦虑水平明显更低。即使没有达到"每周150min中等强度"园艺活动标准，从事园艺活动对于缓解居民焦虑情绪的作用就已经显现。当园艺活动的达到一定时间和强度时，对居民的焦虑情绪改善作用会增强。可能由于居民既有的自发式园艺活动的时间和强度普遍偏低，既有的自发式园艺活动对居民的生理机能、精力、社会功能、健康变化、躯体化和其他的得分并没有显著影响。但是由于每周从事150min以上中等强度园艺活动的样本数较少，每周从事150min以上园艺活动是否会带来更显著的焦虑情绪改善作用需要在今后的工作中进一步验证。

4.2　以改善健康为导向的老城区居民园艺活动推广实施建议

4.2.1　提高园艺活动参与度，拓展参与人群

在本次调研中不难发现，日常进行自发式园艺活动

的多为 60 岁以上老年人，中青年人占比较少。通过走访询问，我们发现儿童群体的园艺活动参与度也较低。为此，不论是设计师还是社区工作者，在推广园艺活动时应该考虑各个年龄阶层的需求，充分调动各类人群的园艺活动积极性，实现全民参与。

4.2.2 选择适合老城区的园艺模式并寻求专业化指导

针对老城社区庭院空间特色，设计更加灵活、低成本、模块化的种植容器，筛选更加适合的观叶、观花植物，并提供专业技术支持或成立社区园艺互助组织，提高居民种植成活率和种植效果，是今后促进老城社区园艺活动开展需要重点关注的方向。

4.2.3 挖掘老城区中的立体空间及公共空间

大栅栏地区的院落往往为杂院，且院中乱搭乱建现象严重。受制于空间不足，部分居民具有从事园艺活动的意愿，但无法有效开展。可以通过社区空间挖潜建设公共社区花园和发展立体绿化等方式吸引更多的居民参与园艺活动，为开展更高强度的园艺活动寻求空间上的可能。

4.2.4 通过多样化活动和空间设计提升园艺活动健康效益

从本次调研结果来看，从事园艺活动的居民焦虑感明显较低，自发园艺活动的心理改善功能已经显现，当园艺活动达到一定的强度和时间时，园艺活动的焦虑情绪改善作用会增强。因此，为了发挥园艺改善社区居民身体健康的功能，在社区园艺活动推广中，需要重点引导居民提高养护时间和从事园艺活动的强度，探索结合中国园艺活动特色实现中等强度运动的科学方法。在园艺活动设计时，可以通过开展多样化的空间设计及活动设计，例如增加园艺工具和种植容器的重量、设计更丰富的园艺活动路径来提升园艺活动的时间和强度，以最大限度的发挥园艺活动改善身心健康的功能。

在城市现代化发展的今天，推广园艺活动不仅是为了在拥挤的城市里找到可以填充绿色空间的缝隙，更重要的是向城市居民推广一种更加健康自然的生活方式，从根本上改善身心健康状况，实现"健康中国"的建设目标。

参考文献

[1] 袁茂阳. 公共卫生问题、城市化与健康城市之间的联系[J]. 中国卫生标准管理，2019，10(03)：5-8.

[2] Tulchinsky T H, Varavikova E A. The New Public Health, Third Edition[M]. San Diego：Elsevier，Academic Press，2014.

[3] "健康中国2030"规划纲要[R/OL]. (2016-10-25) [2020-03-30]. http：//www. gov. cn/xinwen/2016/10/25/content_5124174. htm.

[4] 健康中国行动推进委员会. 健康中国行动（2019-2030年）[R/OL]. （2019-07-15）［2020-03-30］. http：//www. gov. cn/xinwen/2019/07/15/content_5409694. htm.

[5] Wilson, Edward O. Biophilia[M]. Cambridge：Harvard University Press，1984.

[6] Starkweather A R. The effects of exercise on perceived stress and IL-6 levels among older adults[J]. Biological Research for Nursing，2007，8(3)：186-194.

[7] Park S A, Shoemaker C A, Haub M D. Physical and psychological health conditions of older adults classified as gardeners or nongardeners[J]. Hortscience，2009，44(1)：206-210.

[8] Park S A, Shoemaker C A, Haub M D. A preliminary investigation on exercise intensities of gardening tasks in older adults[J]. Perceptual and Motor Skills，2008，107（3）：974-980.

[9] Park S A, Shoemaker C, Haub M. Can older gardeners meet the physical activity recommendation through gardening？[J]. HortTechnology，2008，18(4)：639-643.

[10] Sommerfeld A J, Waliczek T M, Zajicek J M. Growing minds：Evaluating the effect of gardening on quality of life and physical activity level of older adults[J]. HortTechnology，2010，20(4)：705-710.

[11] Walsh J M E, Rogot Pressman A, Cauley J A, et al. Predictors of physical activity in community-dwelling elderly white women[J]. Journal of General Internal Medicine，2001，16(11)：721-727.

[12] Armstrong D. A survey of community gardens in upstate New York：Implications for health promotion and community development[J]. Health & Place，2001，6（4）：319-327.

[13] 高云,黄素，陆钰勤. 园艺疗法对慢性精神分裂症的康复效果分析[J]. 中国医药科学，2016，6(07)：202-205.

[14] 吴志雄，邱鸿钟. 园艺疗法在培养大学生积极心理品质中的作用[J]. 保健医学研究与实践，2013，10（01）：94-96.

[15] 郭成，金灿灿，雷秀雅. 园艺疗法在自闭症儿童社交障碍干预中的应用[J]. 北京林业大学学报（社会科学版），2012，11(04)：20-23.

[16] 雷艳华，金荷仙，王剑艳. 康复花园研究现状及展望[J]. 中国园林，2011，27(04)：31-36.

[17] 修美玲，李树华. 园艺操作活动对老年人身心健康影响的初步研究[J]. 中国园林，2006(06)：46-49.

[18] 李树华. 尽早建立具有中国特色的园艺疗法学科体系（上）[J]. 中国园林，2000(03)：15-17.

[19] 蒋鑫，徐昕昕，王向荣，林箐. 居民自发更新视角下的北京胡同绿色空间微更新研究——大栅栏片区的探索[J]. 风景园林，2019，26(06)：18-22.

[20] 杨东，任雪冰，张伟一. 历史街区"互助更新"改造模式的思考——以北京大栅栏历史街区为例[J]. 华中建筑，2014，32(09)：160-166.

[21] 赵卫华，周芮. 社区失落还是社区解放：传统老旧社区邻里关系变迁研究——以北京大栅栏街道为例[J]. 开发研究，2016(04)：163-171.

[22] Ware J E, Jr, Sherbourne C D. The MOS 36-item short-form health survey (SF-36). I. Conceptual framework and item selection[J]. Medical Care，1992，30(6)：473-483.

[23] Wood C J, Pretty J, Griffin M. A case-control study of the health and well-being benefits of allotment gardening[J]. Journal of Public Health，2016，38(3)：E336-E344.

[24] Derogatis L R, Lipman R S, Covi L. SCL-90：An outpatient psychiatric rating scale—preliminary report[J]. Psychopharmacology Bulletin，1973，9(1)：13-28.

[25] Hassan A, Chen Q B, Jiang T. Physiological and psychological effects of gardening activity in older adults[J]. Ger-

iatrics & Gerontology International, 2018, 18（8）：1147-1152.

[26] 郭陈斐. 北京大栅栏街道：PSPL 调研与大数据相结合寻找"京味"胡同空间[J]. 北京规划建设，2020(01)：3-10.

[27] Ainsworth B E，Haskell W L，Herrmann S D，et al. 2011 Compendium of Physical Activities：A second update of codes and MET values[J]. Medicine and Science in Sports and Exercise，2011，43(8).

[28] 世界卫生组织. 关于身体活动有益健康的全球建议[EB/OL]. [2020-03-30]. https：//www. who. int/dietphysica-lactivity/factsheet _ recommendations/zh/.

作者简介

　　杨璐，1995 年 1 月，女，汉族，山东枣庄，在读硕士研究生，北京林业大学，研究方向为风景园林规划设计、社区营造和公共健康。电子邮箱：909038503@qq. com。

　　张龄允，1996 年 8 月，女，汉族，山东淄博，在读硕士研究生，北京林业大学，研究方向为风景园林规划设计、社区营造和公共健康。电子邮箱：1378373838@qq. com。

　　李倞，1984 年 6 月，男，汉族，河北石家庄，博士，北京林业大学，副教授、硕士生导师，研究方向为绿色基础设施、生态网络规划和设计、社区营造和公共健康。电子邮箱：liliang@bj-fu. edu. cn。

北京老城区居民自发园艺活动特征及其健康影响研究——以大栅栏为例

公园城市理念下城市公共空间再挖掘
——以重庆市三处典型地下公共空间为例

Re-excavation of Urban Public Space Under the Concept of Park City：
Taking Three Typical Underground Public Spaces in Chongqing as Examples

杨若琳　朱维嘉

摘　要： "公园城市"理念的提出为我国城市发展提供了新的理念和方向。地下空间长期以来作为城市公共空间的重要补充，缓解了城市资源匮乏和人居环境恶化等现实问题，目前地下空间的物质环境已满足人类活动的基本需要，地下空间的空间品质提升成为一个亟待考虑的问题。本文基于环境行为学理论，采用文献归纳法和实地调研法，对重庆市三处典型地下公共空间，分别是沙坪坝区杨公桥地下公共空间、沙坪坝区三峡广场地下公共空间以及渝中区石油路好吃街地下公共空间进行公共空间品质与使用者行为模式的分析，以期能够为现存既有地下公共空间的更新优化以及未来城市新建地下公共空间的建设提出一些有益建议，从而更好满足广大群众的美好生活需要。

关键词： 公园城市；公共空间；地下空间；环境行为学；空间特性；行为模式

Abstract： The proposal of the "Park City" concept provides a new concept and direction for the development of my country's cities. Underground space has long been an important supplement to urban public space and has alleviated practical problems such as lack of urban resources and deterioration of human settlements. The physical environment of underground space has met the basic needs of human activities, and the improvement of the spatial quality of underground space has become an urgent consideration. problem. Based on the theory of environmental behavior, this article uses literature induction and field investigation methods to analyze three typical underground public spaces in Chongqing, namely, the Yanggongqiao underground public space in Shapingba District, the underground public space of Three Gorges Square in Shapingba District, and the oil road in Jiulongpo District. Street underground public space, analyze the quality of public space and user behavior patterns, in order to provide some useful suggestions for the renewal and optimization of existing underground public space and the construction of new underground public space in the future, so as to better meet the needs of the general public. A good life needs.

Key words： Park City; Public Space; Underground Space; Environmental Behavior; Spatial Characteristics; Behavior Model

引言

城市快速发展引发了各式各样的"城市病"，交通拥挤，资源紧缺。近年来，从"园林城市"到"城市双修"，再到"公园城市"，这些理念为我国城市发展提供了新的理念和方向，体现了国家对城市生态文明建设的重视。

城市中的空间资源随着城市不断发展变得日益紧缺，极端的供不应求带来最直接的影响便是城市地下空间开始展现其应有的价值。据《中国城市地下发展蓝皮书2019》统计，中国地下空间开发利用虽然较晚，但发展速度领军世界，地上空间与地下空间的立体融合不断出现，供城市居民活动的公共空间开始向地下蔓延。

对于地下空间方面的研究，国内外已经有了很多成果。地下空间长期以来作为城市公共空间的重要补充，缓解了城市资源匮乏和人居环境恶化等现实问题，开始进一步与地上空间产生联系，公共属性不断增强，并进入城市公共空间系统。既有研究从宏观到微观多是从地下空间的整体发展趋势，对城市的意义以及使用需求进行研究，没有将地下空间与公共活动空间品质需求联系起来作为主要研究对象。

1　相关概念

1.1　公园城市理念

"公园城市"作为一个新名词，很多人对其都有不同的认识，一些地方政府常把"公园城市"和"城市公园"划上等号。城市公园只是城市中的多种景观类型中的一种形式；它始于欧洲近现代历史背景的城市绿地形式，持续恶化的人居环境与严峻的社会健康危机是现代城市公园出现的最直接原因[3]。公园城市实际意义是公园的范畴大于城市范畴（图1）。公园中包含着城市，城市作为一种景观形式存在于公园之中。

图1　城市公园与公园城市
（图片来源：作者自绘）

1.2　城市公共空间与地下公共空间

城市公共空间往往是人为活动最为密集的"节点"，

指的是在城市中，面向公众开放，供公众用来进行公共交往、休憩娱乐和举行各类活动的开放性场所，其重点是公众参与[4]。

地下公共空间是城市公共空间的一部分，属于城市空间的范畴。城市空间按层次的不同可以划分为地面空间、上部空间和地下空间，地下空间包含所有地表以下、以土体或岩体为主要介质的空间领域[5]。不同于地上公共空间，地下空间与外部环境的接触较少，使用者易感受到空间封闭和消极，主要是因为地下空间与地面城市表达要素的具有差异。由于地下公共空间中城市要素不足，导致其在可识别性等层面表现不佳，很难促进公共活动的发生。

2 研究区域概况

重庆，山地城市的典型代表，位于我国西南部。城市空间沿山脉、河流起伏，空间结构由"一城五片、多中心组团"构成。重庆城市地下空间具有悠久的发展历史。在山地特殊自然环境的背景下，重庆的地下空间主要成因可以概括为：①与轻轨结合形成地下空间；②利用山地下的凹槽形成地下空间；③在山体中开挖通道形成地下空间（图2）。

图2　重庆地下空间成因
（图片来源：作者自绘）

3 研究方法与研究对象

3.1 研究方法：环境行为学

环境行为学（Environment Behavior Studies）属于环境心理学研究内容的一部分，主要对外界物质环境和人的行为之间的相互关系与相互作用进行研究。本文从人的基本需求出发，采用行为观察研究方法，以人的行为、需求和环境三者之间的关系为切入点，讨论空间的环境与人的相互影响，将空间和人作为主要讨论对象，以空间为主体的问题，通过对空间中的水平、垂直空间界面分析，从而来对其空间特性的进行分析；以人为主体的问题，通过对个人空间进行分析从而对地下空间对人的影响进行分析。

3.2 研究对象

目前我国地下公共空间主要沿地下交通枢纽布置，集中于城市中心，按功能可以分为三类：纯商业型、纯交通型、商业与交通混合型。同时，为使轨道交通站点与城市商业相互连通，地下空间常与附近商业直接联系，引导人流。

本文从功能性质和区位要素出发，选取重庆三处典型的地下空间，探讨其自身空间品质与城市公共空间的关系，分别为沙坪坝区三峡广场地下公共空间、杨公桥立交地下公共空间、渝中区石油路地铁站好吃街地下公共空间（图3）。

图3　重庆三处典型地下公共空间
（依次为三峡广场地下购物中心、杨公桥地下公共空间、石油路好吃街　图片来源：作者自摄）

3.2.1 三峡广场地下公共空间

沙坪坝区三峡广场是重庆"一主六副"中的重要副中心，是一典型的山地城市商圈。始建于1997年，集商贸、文化、景观、休闲于一体[7]。

其地下空间类型主要为纯商业型，地下商场与下沉广场一体建设，位于醒目的三峡广场纪念碑上。内部空间特征按照不同的功能将空间划分为若干独立单元（图4），再通过交通空间连接起来，为单元式的空间模式。

3.2.2 杨公桥立交地下公共空间

杨公桥立交位于重庆市沙坪坝区。在沙区范围内，杨公桥立交系统因为连接多条高速的内环节点，贯通南北

东西，有效地缓解了城市的拥堵情况；连接本地主要的高校和商业区，以及西永工业区；很大程度上还充当着各区经济发展的共同纽带，一度成为沙区的重要门户。俯视杨公桥立交就能发现其实它是典型的八字形立交桥，平地而起、凌空架桥、纵横交错。杨公桥立交下有着多处地下过街道供行人穿行（图5）。

3.2.3 石油路好吃街地下公共空间

石油路好吃街位于重庆市渝中区，在轨道交通1号线石油路站与龙湖时代天街之间，作为一处联系轻轨站点和商业综合体的综合式地下空间，其功能特征为交通和商业结合（图6）。

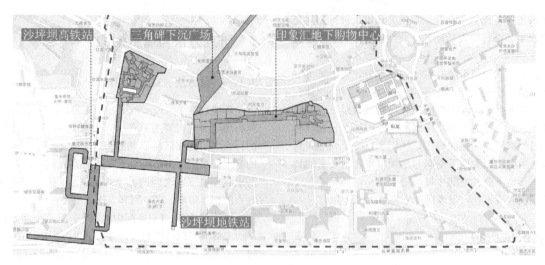

图 4 三峡广场地下空间示意图
（图片来源：作者自绘）

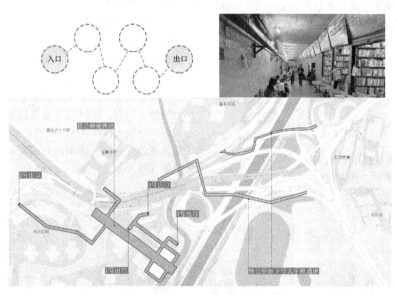

图 5 杨公桥立交地下空间示意图
（图片来源：作者自绘）

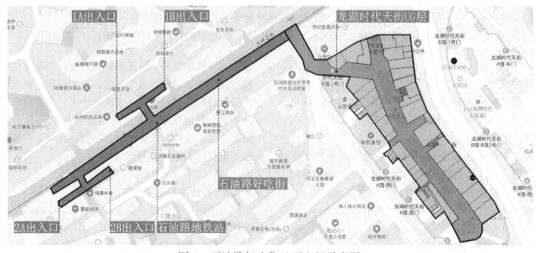

图 6 石油路好吃街地下空间示意图
（图片来源：作者自绘）

4 空间品质分析

4.1 内外空间组织形式

4.1.1 外部空间联系

三峡广场地下公共空间与外部空间的组合方式分为两种：①首先由三峡广场地上步行街进入下沉广场，通过下沉广场过渡地上地下空间（图7）；②通过与轻轨出入口与结合，轻轨出入口同时作为地下轨道交通的出入口，也作为地下公共空间的出入口（图8）。

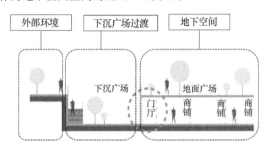

图 7　下沉广场作为过渡
（图片来源：作者自绘）

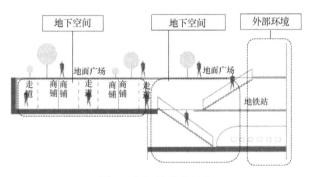

图 8　与轻轨站点结合
（图片来源：作者自绘）

杨公桥立交地下公共空间与外部空间的组合方式较为传统，地上空间通过台阶进入地下空间，再从另一侧的台阶离开（图9）。石油路好吃街的与外部空间的组合方式主要由两种形式构成：①以扶梯和楼梯直接联系到室外街道平面；②以地上商业的前广场作为过渡，再通过扶梯进入（图10）。

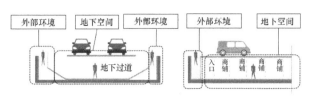

图 9　杨公桥立交地下空间与外部空间组合方式
（图片来源：作者自绘）

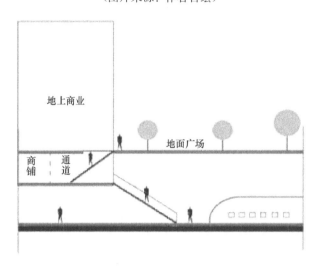

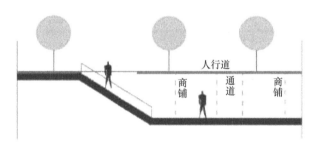

图 10　石油路好吃街与外部空间组合形式
（图片来源：作者自绘）

4.1.2 内部空间界面

三处地下公共空间的内部空间并无特殊差异，以水平界面、垂直界面对内部空间界面进行分类，对三处案例进行内部空间界面总结（表1），得出山下广场与杨公桥立交地下公共空间均使人感到压抑、拥挤和烦躁，且不适感突出，石油路好吃街内部空间界面稍显杂乱，但总体使用感觉优于前两处案例。

内部空间界面（表格来源：作者自绘）　　表1

名称		A	B	C
		三峡广场地下公共空间	杨公桥地下公共空间	石油路好吃街地下公共空间
水平空间界面	地面	600mm×600mm 黄色釉面砖	300mm×300mm 灰色水泥砖	800mm×800mm 浅黄色釉面地砖
	顶棚	格子顶棚	铝板顶棚	浅木色格栅
垂直空间界面	墙面	风格多元	白色瓷砖	风格多元

4.2 行为模式影响要点

4.2.1 内部空间要素

在三峡广场地下公共空间挑选两处节点来探讨内部的空间要素对人流驻足的影响（图 11）。

A:商场购物区节点
B:靠近出口区节点

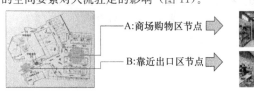

图 11　三峡广场地下商场内部节点
（图片来源：作者根据相关资料整理绘制）

两处节点中给定 A、B、C 三种限定因素：A：商铺店面是否开放；B：地图指示牌是否存在；C：是否有阻挡物。当走道中没有阻挡物（图 12），大部分人会选择在店面开放的商铺前停留，这种现象体现了人对空间美观的需求。空间是否美观直接影响了人们行动的选择。当走道中出现限定要素 C 即存在阻挡物时（图 13），不论商铺店面开放与否，人都会选择快速的通过，这种现象表现出人的行为的防御性。这种防御性体现出人们对于舒适距离即舒适性的要求，所以在考虑地下空间尺度时，也应考虑人与人相互作用的因素。

店铺
4500
走道
3000
店铺
4500
走道
3000
店铺
4500

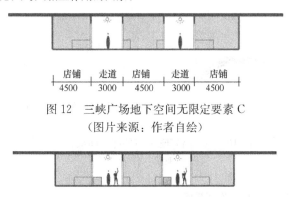

图 12　三峡广场地下空间无限定要素 C
（图片来源：作者自绘）

店铺
4500
走道
3000
店铺
4500
走道
3000
店铺
4500

图 13　三峡广场地下空间存在限定要素 C
（图片来源：作者自绘）

在杨公桥立交地下公共空间中，同样挑选两处节点来探讨其内部的空间要素对人流驻足的影响（图 14）。

两处节点中同样分别给定 A、B、C 三种限定因素：A：光照是否充足；B：墙面是否有导视标签；C：是否有阻挡物。当走道中有阻挡物（图 15），无论是否有 A、B 两个限定因素，人们都会选择快速的通过，这种现象表现出人的行为的防御性。当走道中出现限定要素 A 即光线不充足时，不论存在限定要素 B、C，人也会选择快速通过或不愿进入（图 16）。

在好吃街中，同样挑选了两处节点来探讨其内部的空间要素对人流驻足的影响（图 17）。

同样分别给定 A、B、C 三种限定因素：A：排队人群或阻挡物；B：导视标签；C：店内照明情况。当走道

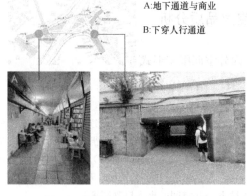

A:地下通道与商业
B:下穿人行通道
A

图 14　杨公桥立交地下空间节点
（图片来源：作者根据相关资料整理绘制）

600
2000
600
4500
休憩人群
走道
商家外摆
商铺

图 15　杨公桥走道中存在阻挡物
（图片来源：作者自绘）

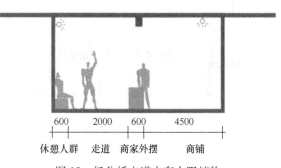

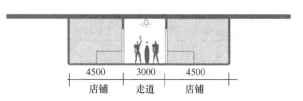

4500
3000
4500
店铺
走道
店铺

图 16　好吃街走道中有阻挡物或排队人群
（图片来源：作者自绘）

中有阻挡物或者排队人群时，如图 17 所示，无论是否有 B、C 两个限定因素，人们都会选择快速的通过，这种现象表现出人的行为的防御性。当走道中出现限定要素 C 即店铺内照明光线不充足时，不论存在限定要素 A、B，人也会选择快速通过或不愿进入。

4.2.2 个人空间波动

本文讨论的个人空间以人与人之间的距离作为判断标准。交往双方的人际关系以及所处情境决定着相互间自我空间的范围。美国人类学家爱德华·霍尔划分了 4 种距离，各种距离都与对方的关系相称，即：公共距离、社交距离、个人距离、亲密距离。根据一天中时间的变化可以得出，三峡广场地下商场作为典型的地下商业空间，上午 9：00 不会出现大幅度的个人空间（人与人之间距离）波动。而在饭点，例如 12：00、18：00，会有大量人群涌入，短时间内个人空间被极速压缩（图 18）。

杨公桥立交地下公共空间作为典型的纯交通型地下空间，大部分人在其中停留的时间很短，个人空间（人与人之间距离）在上下班高峰时会存在较大波动（图 19）。

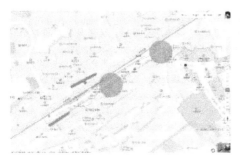

图 17　好吃街节点

（图片来源：作者根据相关资料整理绘制）

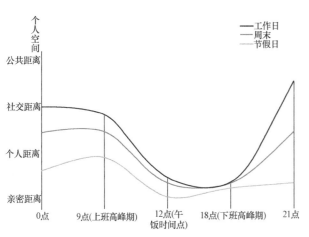

图 18　三峡广场个人空间变化曲线

（图片来源：作者自绘）

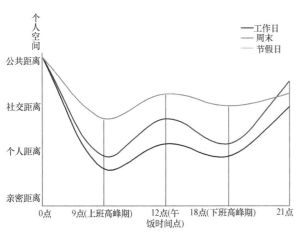

图 19　杨公桥个人空间变化曲线

（图片来源：作者自绘）

好吃街作为连接时代天街和石油路地铁站的一处空间，作为交通与商业结合型地下空间，在上下班高峰是会出现大量的通勤人员，会在短时间内较大幅度降低个人空间（人与人之间距离）。在之后的时间中，人的个人空间始终保持在较低的水平，可以得出这一段空间中人流量一直很大（图20）。

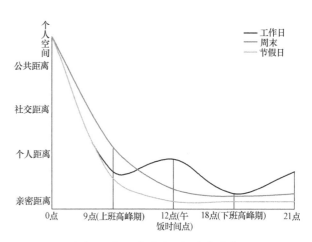

图 20　好吃街个人空间变化曲线

（图片来源：作者自绘）

5　城市地下公共空间品质提升原则

5.1　整体性原则：注重整体感观打造

在地下公共空间的营造与建设中，应注重整体的空间感观。环境要素在一个地下空间起到的作用是潜移默化、互相成就，需统筹考虑。人的行为是不确定的，环境要素的整合决定了一个空间里人的行为的普适规律，地下空间作为未来城市空间的重要组成部分，其设计就必须符合人性化设计的要求，人性化的地下空间环境设计应该从地下环境对人的心理、生理的影响入手，从城市整体格局和细部空间来塑造良好的空间环境。

5.2　综合效能原则：功能空间协调立体

地下公共空间在建设与更新时需考虑功能空间复合化。地下公共空间本身应与地上城市公共空间保持协调，以满足地上地下功能组团间的联系，并产生于地上公共空间相同的可供使用者交往的场所。便利的地下流动空间保证了公共空间之间的流畅性，其中流畅的步行网络是重中之重。

5.3　以人为本原则：注重微观层级体验

随着工程技术的进步，在正常的地下空间活动中，公众的生理健康没有太大的问题，但在心理健康方面，尤其是公众对地下空间负面的情感态度，可能引发个体在地下空间活动时较强的心理压力。因此通过优化空间设置，注重微观层级的体验，改善公众在地下空间活动时可能产生的心理担忧显得十分重要。本文中的案例都有效利用了交通人流，交通人流在微观层级上的体验更加注重空间的可达性与穿透性，步行者更愿意在可达性强并且具有一定空间体验的地下空间进行活动。设计者应该合理组织地下空间的"语言"，使其能够引起人们的共鸣，在更深层次上与城市进行交流，成为整个城市系统中的有机环节。

6 结语

"公园城市"的提出是对过去几十年我国"绿色"城市建设成果的肯定，也是对未来"绿色"城市建设的展望。它代表着我国城市可持续发展模式的新阶段，同时也代表着在城市建设中坚持"以人为本"的思想。城市地下空间作为城市高速发展背景下一处极有价值的空间资源，近年来以其独有的特点被人们所关注，优化城市地下空间对城市开放空间的发展乃至"公园城市"的建设起到至关重要的作用。

参考文献

[1] 范文莉. 当代城市地下空间发展趋势——从附属使用到城市地下、地上空间一[J]. 国际城市规划，2007，100(6)：53-57.

[2] 史云贵，刘晴. 公园城市：内涵、逻辑与绿色治理路径[J]. 中国人民大学学报，2019，33(5)：48-56.

[3] 桑晓磊，黄志弘，宋立垚，等. 从城市公园到公园城市——海湾型城市的韧性发展途径——厦门案例[C]. 中国风景园林学会2019年会论文集(上册). 北京：中国建筑工业出版社，2019，288-294.

[4] 朱宇诗. 公共空间导向的城市中心区地下空间优化研究[D]. 重庆：重庆大学，2018.

[5] 吴亮，陆伟. 城市地下空间的场所性初探[J]. 城市建筑，2011(5)：127-128.

[6] 雷升祥，申艳军，肖清华，等. 城市地下空间开发利用现状及未来发展理念[J]. 地下空间与工程学报，2019，15(4)：965-979.

[7] 彭雨轩. 基于交通视角的山地高密度中心城区地下公共空间的多维整合——以重庆沙坪坝三峡广场为例[J]. 建筑与文化，2018，177(12)：102-103.

作者简介

杨若琳，1994年8月生，女，满族，辽宁北宁，硕士研究生在读，重庆大学建筑城规学院，研究方向为建筑设计及其理论。电子邮箱：rorooasis@foxmail.com。

朱维嘉，1995年10月生，男，汉族，江苏苏州，硕士研究生在读，重庆大学建筑城规学院，研究方向为建筑设计及其理论。电子邮箱：964552463@qq.com。

城市公园夏季微气候舒适度研究[①]

——以重庆市沙坪公园为例

Study on Summer Microclimate Comfort of Urban Parks：

A Case Study of Shaping Park in Chongqing

杨　涛　张俊杰[*]　罗融融　钱　杨　宋雨芮　肖佳妍　范川华

摘　要：本文以重庆市沙坪公园为例，研究城市公园中空间的围合度、景观要素以及公园使用者情况与公园空间微气候舒适的关系。结果表明，树阵林荫空间舒适度最高，WBGT 数值波动较小；四周开敞型的建筑空间舒适度次之；而只有一面围合的相对开敞空间和临水围合空间的舒适度最差。该公园夏季仅有林荫空间适宜活动，主要以老年人棋牌活动为主，应适量增加适宜多年龄层人群活动的舒适的微气候空间。研究结果为炎热天气提高城市公园利用率、改善公园舒适度、更好地服务使用者提供参考，推进"公园城市"理念的实施。

关键词：微气候舒适度；使用者行为；空间围合度；景观要素

Abstract: Taking Shaping Park in Chongqing as an example, this paper studies the relationship between the space enclosure, landscape elements, park users and the microclimate comfort of urban parks. The results showed that the comfort degree of tree array shade space was the highest, and the WBGT value fluctuates less; the comfort degree of open building was the second; and the comfort degree of relative open space with only one side enclosed and the adjacent water enclosed space was the worst. In this park, there were only shade space suitable for activities in summer, mainly for chess and card activities of the elderly, and a comfortable microclimate space suitable for activities of people of multiple ages should be appropriately added. The research results provided references for improving the utilization rate of urban parks in hot weather, improving the comfort level of parks, better serving users, and promoting the implementation of the concept of "park city".

Key words: Microclimate Comfort; User Behavior; Space Closure; Landscape Elements

我国城市化进程稳步提升，城市人口密度增加，对城市公园提出了更高的要求，其不仅要满足基本的游憩娱乐要求，还需为城市居民提供生态宜人的空间环境。城市公园中除了气温、风速、相对湿度、太阳辐射强度等基本的微气候参数影响环境舒适度外，不同的空间围合程度和景观要素等也会影响微气候环境。而微气候舒适又是影响公园中人群使用情况的重要因素，一定程度上决定着市民的游憩质量。多年来在风景园林方面对于微气候舒适度的研究逐年增加，发展显著，从最初定性的描述或凭借经验公式进行讨论，到后来有了一定的实验数据以定量分析环境舒适度，再到如今对微气候热舒适评价指标的探讨研究[1]。微气候的研究意义在于可以指导景观设计者更好地设计布置场地景观要素和活动空间，创造出更加有利于人们使用的公共活动空间。

夏季炎热天气下，公园在某些时段的活动人数有所下降，改善这些场地的微气候条件有利于提高公园的利用率。重庆市属于亚热带季风性湿润气候，夏季炎热，为传统的"火炉"城市，极端气温最高可以达到 43℃[2]。本文通过实地观测重庆市沙坪公园，总结出公园中不同空间的围合程度、景观要素以及公园使用者情况与公园空间微气候舒适度的关系，为公园改善微气候的相关设计提供数据支撑和理论依据[3]，推进"公园城市"理念的实施。

1　研究区概况及样地选取

1.1　沙坪公园概况

沙坪公园位于重庆市沙坪坝区，最初建于 1957 年，是重庆市一级达标公园，占地面积 17.2hm²，绿地率达76％，是一个以植物造景为主，集游览、休闲、娱乐、健身、餐饮、住宿为一体的综合性群众文化公园。

1.2　样地选取

通过前期对相关研究领域的文献进行查阅整理，结合现场预调研，在沙坪公园中共选取 13 个观测点（以观测点 1 车行道为对照），如图 1 所示。观测点包含了具有不同景观要素的开敞空间、半开敞空间和覆盖空间（公园内常见的 3 种空间类型），并将半开敞空间按 D/H 值[4]细分为了 1～3 面围合的空间（D/H＞3 的面为开敞面，D/H≤3 的面为围合面）（表 1）。

①　重庆市教育委员会人文社会科学研究规划项目"基于老年人视角的社区体育公园使用后评价及设计策略研究"（项目编号 20SKGH089）、重庆市社会科学规划项目"步行者视角下山城桥下空间景观的 POE 及优化研究"（编号 2020QNYS78）、重庆交通大学大学生创新创业训练计划项目"健康中国战略下老年群体对社区体育公园的使用需求与设计对策研究"（编号 X202010618044）和重庆交通大学大学生创新创业训练计划项目"山地城市人行道植物空间小气候环境与人体舒适度研究——以重庆市学府大道与渝南大道为例"（编号 X202010618039）共同资助。

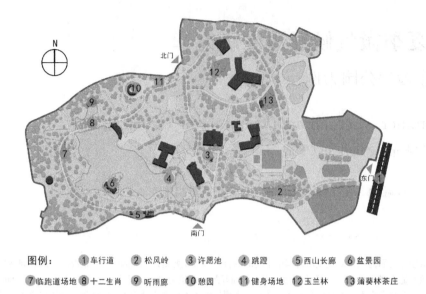

图例： ①车行道 ②松风岭 ③许愿池 ④跳蹬 ⑤西山长廊 ⑥盆景园
⑦临跑道场地 ⑧十二生肖 ⑨听雨廊 ⑩憩园 ⑪健身场地 ⑫玉兰林 ⑬蒲葵林茶庄

图1 沙坪公园观测点位置

各观测点情况 表1

序号	观测点	观测点平面图	观测点空间类型	观测点特征	观测点照片
1	车行道		开敞空间	沥青铺地与硬质铺装为主，结合低矮的树池	
2	松风岭		覆盖空间	树阵下为硬质铺地，散布石制桌凳	
3	许愿池		半开敞空间，3面围合，$D/H=1-4$	硬质铺地围合的水池中有一亭子	
4	跳蹬		半开敞空间，1面围合，$D/H=2$（临水侧无法计算 D/H 值）	临近水边，自然卵石铺地，有较大的石墩可供休憩	
5	西山长廊		覆盖空间	长廊两边美人靠可坐，硬质铺地，一侧植被茂盛、一侧靠近主园路	
6	盆景园		半开敞空间，3面围合，$D/H=2-4$	场地多面被亭廊、植物围合，园内展有盆景，硬质铺地，有少量遮荫	

序号	观测点	观测点平面图	观测点空间类型	观测点特征	观测点照片
7	临跑道场地		半开敞空间，1面围合，D/H＝3-6	场地周围有低矮灌木，石凳可坐，硬质铺地，少量遮荫，视线开阔	
8	十二生肖		覆盖空间	面积较大的硬质铺地，布置十二生肖石雕，有大树遮荫，视线开阔	
9	听雨廊		覆盖空间	木制长廊，处于荷花池旁，内设美人靠	
10	憩园		覆盖空间	环形长廊，硬质铺地，石凳可坐，顶部三角梅遮荫，视线较封闭	
11	健身场地		半开敞空间，3面围合，D/H＝1-3	塑胶铺地，布置有健身设施、座椅和饮水点，少量遮荫	
12	玉兰林		覆盖空间	石制桌凳，硬质铺地，大部分场地可遮荫	
13	蒲葵林茶庄		覆盖空间	供应茶水、休闲座椅，硬质铺地，蒲葵遮荫	

2 研究方法和研究内容

2.1 观测时间

选择8月份连续两天晴天之后的晴天进行实地测量，于2020年8月23日（休息日）和8月24日（工作日）两天测量，并观察记录公园使用者情况。气象站数据显示，两天最高气温均高达38℃。观测的时间段为太阳辐射、温度和湿度相对较高的8：00～18：30[5]。

2.2 观测工具

测量仪器的选用与精度：Kestrel5500手持式综合气象仪测量风速（精度±3％，分辨率0.1m/s）、空气温度（精度±0.5％，分辨率0.1℃）和相对湿度（精度±2％，分辨率0.1％RH）。采用TES-1333太阳辐射仪（精度5％，分辨率0.1W/m²）测定太阳辐射强度[6]。采用JTR04黑球温度测试仪（精度±0.5℃，分辨率0.1℃）测定环境辐射温度[5]。

2.3 数据来源和数据处理

2.3.1 使用者数量及活动情况

采用环境行为学中的行为注记法，于选定的观测时间在每个微气候观测点上对场地的人数做统计和归纳（对照点车行道未进行人数统计），同时通过观察访谈记录了各类活动的使用者年龄和使用情况。

2.3.2 气象数据

实地测试时保持测量仪器在高度1.5m处，每间隔1.5h测定1次。其中Kestrel5500每30s记录1次仪器数据，连续测定5次取平均值。对所测得的数据进行整理建立第一手数据库，根据整理的数据采用基于热平衡关系通过物理气象参数评估户外热环境的WBGT平衡式来计算表示热舒适的综合指标。

WBGT指标最初是由Yaglou和Minard提出的，其目的是为了减少美国军队在户外训练的热伤亡事故[6]。本文拟采用林波荣[7]的WBGT平衡式计算微气候舒适度值。WBGT的单位采用国际标准单位℃，指标在不大于30℃时微气候舒适度为宜人，计算公式如下：

$$WBGT = -4.871 + 0.814T_a + 12.305RH - 1.071V + 0.0498T_{mr} + 0.00685SR$$

式中：T_a为空气干球温度，℃；RH为相对湿度，%；V为风速，m/s；T_{mr}为环境平均辐射温度，℃；SR为太阳辐射强度，W/m^2。

3 研究结果

综合2天的观测人数（图2、图3）可以看出，人们主要集中在早上8：00～9：30时段来公园进行各类活动，此时公园温度较低，WBGT指标基本集中在30℃左右，

人体环境感受较为舒适。这段时间的活动多以各年龄层的人群晨练、老年人棋牌为主，主要集中在十二生肖、健身场地、憩园、松风岭、玉兰林和蒲葵林茶庄等场地（表2）。除憩园、松风岭、玉兰林和蒲葵林茶庄全天保持较高的人数以外，其余场地都在9：30之后出现了骤降，且一直维持在一个较低的状态。

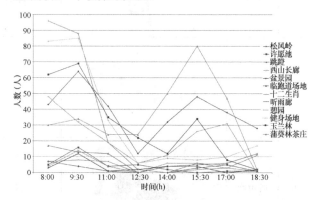

图2 休息日各观测点人数

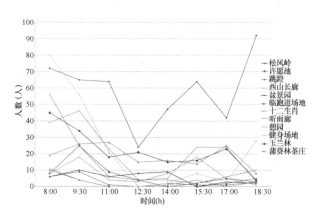

图3 工作日各观测点人数

各观测点使用人群与活动情况　　　　　　　　　　表2

	观测点	观测点平均使用人群年龄、活动情况	
1	车行道	主要：人行路过	次要：拍照、等候
2	松风岭	主要：老年人下棋打牌、座谈、休憩	次要：家庭聚会
3	许愿池	主要：中青年拍照、游赏	次要：老年人健身操
4	跳蹬	主要：小孩玩水、亲子游	次要：中青年人游玩
5	西山长廊	主要：老年人座谈、乐器演奏	次要：青中年人休憩
6	盆景园	主要：青中人年游赏、拍照	次要：休憩
7	临跑道场地	主要：老年人晨练、遛鸟	次要：路过、休憩
8	十二生肖	主要：中老年人广场舞、亲子游、拍照	次要：跑步路过、休憩
9	听雨廊	主要：老年人乐座谈、乐器演奏	次要：拍照、游玩
10	憩园	主要：老年人座谈、休憩、纳凉	次要：等候
11	健身场地	主要：中老年人器械健身、健身操	次要：青中年人羽毛球
12	玉兰林	主要：老年人下棋打牌、座谈	次要：休憩、家庭聚会
13	蒲葵林茶庄	主要：中老年人座谈、喝茶、休憩	次要：青年人玩手机

图4和图5可知，公园两天中早晚的WBGT指数均较低，12：30～15：30时段WBGT指数较高。8月23日WBGT指数均值较8月24日高，大部分时段的数值都高于30℃。综合两天WBGT指数来看，车行道（对照）、

盆景园、临跑道场地、跳蹬的值较高，十二生肖、健身场地和许愿池次之。西山长廊、憩园和听雨廊的WBGT指数较低，环境舒适度较好，而舒适度最宜人的是蒲葵林茶庄、玉兰林和松风岭。

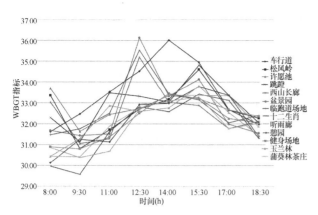

图4　8月23日各观测点WBGT指数

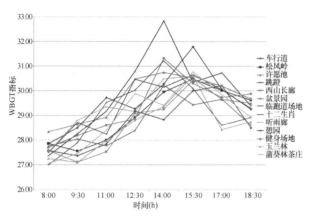

图5　8月24日各观测点WBGT指数

4　讨论

4.1　空间围合度、景观要素与微气候舒适度（WBGT值）相关性分析

8月24日WBGT平均数值低于8月23日的原因是由于24日天空云层较多，全天太阳辐射强度较低。而8月23日的8：00时刻显示出的WBGT值较高的原因是公园工作人员在早晨洒水导致空气中的相对湿度增加，此时公园环境呈轻微湿热状态。

其中所测量的2天里，8月24日14：00只有一面围合的跳蹬的WBGT值明显高于其他观测点，原因是测量当天云层变化明显，天空在14：00测量跳蹬时天空无云，太阳辐射强度高达270.83W/m²，整个空间基本属于太阳直射状态[8]（图6）。加之临近水边，水体使得空气中相对湿度较高，场地环境比较湿热[9]。车行道（对照）全天基本没有遮荫，太阳辐射一直保持在比较高的状态，加之大量汽车尾气的排放导致其温度较高，使得环境舒适度较差。盆景园虽是四面围合的场地，但是其D/H值较高，周边围合的植物、建筑较低矮，遮荫效果并不明显。同时，较多分支点低的乔灌木[10]导致通风效果较差，且由于植物蒸腾和靠近水域，场地内的相对湿度较高，致使其WBGT数值较高，人体感受不佳。临跑道场地空间只有一面围合，相对开敞，遮荫较少太阳辐射较强，但其周围没有可以阻挡风的低矮建筑和植物，通风情况较好，以硬质铺装为主的下垫面使得空气湿度也较低，虽然其WBGT数值较高，但在相同气候条件下，其舒适度会略高于前面三者。

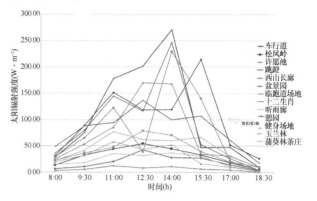

图6　8月24日各观测点太阳辐射指数

十二生肖观测点虽有高大乔木覆顶，但由于乔木呈一排列植状态，在太阳有照射角度倾斜时，此地的遮荫效果明显降低。健身场地和许愿池虽有三面被植物围合，但植物距离场地中央较远，仅有一面的D/H值较低，故遮荫效果一般。加之许愿池的水分蒸发，导致空气湿度增加，WBGT指数也随之增高。

沙坪公园内的建筑多偏向中国古典园林的风格，四面开敞以方便游客观景。本研究中的西山长廊、憩园和听雨廊便是如此，西山长廊、听雨廊的挑檐以及憩园屋顶茂盛的三角梅起到了很好地遮荫效果，开敞的建筑样式使得空气流通顺畅，3个观测点内部的环境感受较好。但是听雨廊位于水边，环境湿度较高且其周边三面被植物围合[11]，风很难通达长廊内部，使得其WBGT指数相较于西山长廊和憩园略高。

蒲葵林茶庄、玉兰林和松风岭，这三个观测点的共同空间特征是有高大植物冠层覆盖，阳光被其阻挡，无法到内部的活动场地。同时，场地内的植物都是分支点较高的乔木，植物蒸腾作用降低空气温度，开敞的林下空间形成了良好的通风廊道，空气流通及降低了空气湿度，使得人群活动空间凉爽宜人。

4.2　微气候舒适度（WBGT值）与使用者人数、年龄和使用情况相关性分析

健身场地的器械和开阔的活动空间为游人提供了进行器械健身和健身操的场地，十二生肖场地提供了宽敞的广场舞空间。可进行棋牌活动的有松风岭、玉兰林和蒲葵林茶庄。而这段时间憩园内人数较高的原因可能是其处在健身场地旁，阴凉的环境和大面积的长凳为锻炼的市民提供了舒适的休息场所。

10：00～12：00段天气渐趋炎热，晨练活动的人群逐渐离开。憩园人数虽然也有降低，但是其平稳后的人数却相对较高，可能由于憩园较为阴凉，且能够为游人提供休息交谈的场所。而以老年人棋牌为主的场地人数仍然维持在一个较高数值，可能是由于退休后的老年人时间较充裕，喜欢活动强度较低的棋牌活动，且场地的微气候

环境仍然保持舒适状态[12]。

蒲葵林茶庄、玉兰林、松风岭和憩园的全天平均人数显著高于其他观测点，工作日和休息日的上午、下午均有人流高峰期，只在中午前后有一些轻微降低。实地调研访谈时发现，在这些观测点中的很多老年人基本整天都固定在此活动，只是在中午吃午饭期间短暂离园，也说明了舒适的微气候以及合适的公共设施能够很好地吸引使用者。

同样设有建筑的观测点西山长廊和听雨廊由于建筑体量较之憩园更小，因此全天平均活动人数较少，仅观察到少量人群进行交谈和乐器演奏等活动。当以西山长廊和听雨廊作对比，全天在西山长廊活动的人数略高于听雨廊，虽然听雨廊靠近风景优美的荷花池，但人们还是更加青睐环境较为舒适的西山长廊。

盆景园是整个公园内造景最为丰富，同时还拥有特色盆景展示的景点，但是由于其环境舒适度较差，导致其仅在上午相对凉爽的时间段有一定人数，之后人气便持续低迷。与此类似的还有许愿池、跳蹬和临跑道场地观测点，人们都只是集中在凉爽的上午进行拍照、玩水和晨练遛鸟等活动，之后场地内活动人数也较少。

5 结语

通过分析重庆市沙坪公园的空间围合度、景观要素以及公园使用者情况与公园微气候舒适度之间的关系，总结出我们今后在湿热地区公园规划设计时应注意以下几点：

第一，通过对景观要素与微气候舒适度相关性的分析可以得出，改善空间热环境主要在于遮荫以及通风。建筑、高大的乔木都有良好的遮荫作用，且开敞的建筑形式如亭、廊等以及分支点较高的高大乔木都会形成风道，使得环境更加舒适。而围合度较高的建筑、分支点较低围合度较高的植物却不利于改善夏季环境舒适度。水体的蒸发作用和植物的蒸腾作用都会降低环境温度，但是同时也会增加空气中的相对湿度，若空气中的湿气没有及时被风带走，便会使得环境呈湿热状态，降低舒适感。

第二，通过对空间围合度与微气候舒适度相关性的分析可得出，开敞空间无法遮荫以及围合度较高的空间不利于空气流通，所以对于改善夏季热环境有负面的影响。而覆盖空间因顶部覆顶，四周较开敞的特点使得其不仅能够遮挡大量的太阳辐射，内部开敞的空间还能形成良好的通风廊道。

第三，通过对使用者人数、年龄和使用情况与微气候舒适度相关性的分析，可得出沙坪公园的主要使用人群是老年群体，人群高峰主要集中在上午的凉爽时段，该时段除老年人活动外，还吸引年轻人晨练、拍照以及儿童戏水等。待气温上升，园内WBGT指数升高，则主要以老年人在热舒适较适宜的林下空间进行活动强度较低的交谈、棋牌等活动。当园内景点WBGT指数过高，让人难以忍受时，即便景点风景优美也难以让游客逗留。

参考文献

[1] 董靓，焦丽，李静. 成都市望江楼公园微气候舒适度体验与评价[J]. 城市建筑，2018(33)：77-81.

[2] 卢杰，赵艺. 近40年重庆夏季气温变化的特征分析[J]. 青海气象，2016(01)：44-48.

[3] 张德顺，丽莎·萨贝拉，王振，等. 上海3个公园园林小气候的人体舒适度测析[J]. 风景园林，2018(08)：97-100.

[4] 屠荆清. 空间组成对使用者行为影响之研究——以台北市大安森林公园为例[J]. 风景园林，2017(11)：113-117.

[5] 陈睿智，董靓. 基于游憩行为的湿热地区景区夏季微气候舒适度阈值研究——以成都杜甫草堂为例[J]. 风景园林，2015(06)：55-59.

[6] 刘燕珍，陈琳，许志敏，等. 福州高架桥下植物景观空间微气候舒适度评价[J]. 中国城市林业，2020(02)：46-50+100.

[7] 林波荣. 绿化对室外热环境影响的研究[D]. 北京：清华大学，2004.

[8] 陈凯旋，叶沐涵，蒋文斌，等. 校园不同景观空间小气候舒适度研究——以福建农林大学为例[J]. 林业调查规划，2020(04)：119-124.

[9] 卞晴，赵晓龙，王松华. 水体景观热舒适效应研究综述. 北京：中国风景园林学会，2015年会，2015-10-31.

[10] 陈睿智. 城市公园景观要素的微气候相关性分析[J]. 风景园林，2020(07)：94-99.

[11] 许敏. 城市公园绿地不同景观空间热舒适研究[D]. 陕西：西北农林科技大学，2019.

[12] 张佳妮，张禄，陆广普. 城市公园小气候舒适度与游人行为关系分析——以浙江省湖州市为例[J]. 湖州师范学院报，2017(11)：93-101.

作者简介

杨涛，1999年生，男，汉族，重庆，重庆交通大学建筑与城市规划学院在读本科生，研究方向为风景园林规划与设计。电子邮箱：1833014580@qq.com。

张俊杰，1984年生，男，汉族，广西柳州，博士，重庆交通大学建筑与城市规划学院讲师，研究方向为风景园林规划与设计。电子邮箱：junjieliuzhou@163.com。

罗融融，1991年生，女，汉族，重庆，硕士，重庆交通大学建筑与城市规划学院讲师，研究方向为风景园林规划与设计、环境行为与心理。电子邮箱：344057347@qq.com。

钱杨，1998年生，男，汉族，重庆，重庆交通大学建筑与城市规划学院在读本科生，研究方向为风景园林规划与设计。电子邮箱：2207542572@qq.com。

宋雨芮，1999年生，女，汉族，重庆，重庆交通大学建筑与城市规划学院在读本科生，研究方向为风景园林规划与设计。电子邮箱：1453090067@qq.com。

肖佳妍，1999年生，女，汉族，重庆，重庆交通大学建筑与城市规划学院在读本科生，研究方向为风景园林规划与设计。电子邮箱：634671364@qq.com。

范川华，1996年生，男，汉族，重庆，重庆交通大学建筑与城市规划学院在读本科生，研究方向为风景园林规划与设计。电子邮箱：634671364@qq.com。

桥阴空间文创商业利用及其景观改造策略研究①
——以成都市人南高架桥为例

Analysis on the Commercial Utilization of Space under the Viaduct and its Landscape Reconstruction Strategy in Chengdu：

Taking the Rennan Viaduct in Chengdu as an Example

杨 鑫 杨 茜 殷利华*

摘 要：城市高架桥下空间大量闲置和低效利用的问题已开始引起人们的重视。桥阴空间融入文创型特色商业利用，为激活桥下公共空间活力，提升复合经济提供了新的可能。本文首先对国内外高架桥下商业利用相关研究进行文献综述，分析提出文创商业利用模式的可行性，再选取我国成都人南高架桥下场地进行实践性探索应用，针对空间特质从"场所空间""场所氛围"以及"附属环境"层面提出相应策略，以期实现桥下空间文创商业化及其景观改造的探索途径，为今后我国桥下空间商业利用及改造提供参考范式。

关键词：城市高架桥；桥阴空间；文创商业；设计实践；景观提升

Abstract：People have begun to pay attention to the problem of a large amount of idle space and inefficient utilization under urban viaduct. The integration of the space under viaduct with cultural and creative characteristics provides a new possibility for activating the vitality of public space under the bridge and promoting the composite economy. This paper first reviews the relevant research on commercial utilization under viaduct at home and abroad, analyzes the feasibility of cultural and creative business utilization mode, and then selects the site under Rennan viaduct in Chengdu for practical exploration and application, and puts forward corresponding strategies from the aspects of "place space", "site atmosphere" and "subsidiary environment" according to the spatial characteristics, so as to realize the cultural and creative space under the bridge The exploration ways of commercialization and landscape transformation provide a reference paradigm for commercial utilization and transformation of space under bridges in China in the future.

Key words：Urban Viaduct；Space under the Viaduct；Cultural and Creative Commerce；Design Practice；Landscape Enhancement

引言

为协调城市发展与交通的问题，从 20 世纪末开始，我国的大中城市开始大量建设城市高架桥，从而也产生了大量的桥下空间[1]。国内桥下空间利用方式简单分类有仓库、交通、绿化等[2,3]，而以日本为代表的发达国家对城市桥下文创商业利用及景观改造进行了大量的实践和探索[4]。

国内以成都为代表的城市率先探索桥下空间新的利用模式和景观构建方式[5]。城市高架桥下文创型商业利用空间，是指将文创型商业模式植入城市高架桥下的复合型空间。当代城市复合型功能空间利用变成一种趋势，文化艺术逐渐走向大众化[6]，文化与商业相结合的桥阴空间利用模式也具有可能性。文创商业融合了现代创意，以商业空间为载体，以经济带动文化的传播与发展，凸显新奇独特的场所体验感，包含特色餐饮、创意衍生品零售、展览和体验空间等多种形式[7]。桥下文商空间模式不仅集约利用了城市公共资源，同时能够提供集艺术欣赏、

购物、餐饮于一体的全时性消费体验。

1 桥阴空间文创商业利用进展

1.1 理论探讨

我国当前对于桥下空间中商业利用研究较为缺乏，其中的文创商业利用模式更是鲜有耳闻。国内学者初步将桥下商业空间模式按规模分成商业街和独立商铺两类，并分布于平行式桥下空间中[8]。对桥下空间与周边环境进行调研与分析，提出现代商业步行街、新型化菜市场的设计策略[9]，或结合区域需求引入城市书房、文创体验店、特色零售等小型特色文化商业业态来丰富区域功能特色[10]。国外学者强调要关注高架桥周边土地的利用形态、街道尺度与桥下空间的关系，对比总结美国、法国、日本等国桥下空间改造利用的不同策略[11,12]。其中城市高架桥特色商业空间的营造是日本桥下空间常见的利用模式之一[13]，桥下文创型商业模式的典型案例也大多出现在"寸土寸金"的日本，桥下商业街区绵延而且各种类

① 本论文相关研究得到导师殷利华副教授主持的国家自然科学基金项目——《桥阴海绵体空间形态及景观绩效研究》（项目批准号：51678260）、华中科技大学院系自主创新研究基金项目——《桥阴海绵体空间形态及景观研究》（项目批准号：2016YXMS053）、教育部 2019 年第二批产学合作协同育人项目（项目批准号：201902112040）的共同资助。

型毗邻其中[14]。

1.2 实践应用

我国大多数桥下空间改造对于符合城市个性和地域特色的文创型商业利用并未过多涉及。国外具有代表性的案例有：巴西圣保罗市在 3km 长的 Minhocão 高架桥下中设计了文化、食品、服务和商店 4 个功能模块；美国北爱达荷州高架桥下出现跳蚤市场，以及加利福尼亚州卡尔弗桥下公园小集市（图 1）。其中改造后的"中目黑下"文创商业空间颠覆了人们对桥下空间阴暗消极的负面印象（图 2），成为东京目黑区文化创意的发源地，同时促使周围绿道空间发展成为当地赏樱名所。国外的商业活动越来越多的出现在桥下空间之中，桥下商业利用的范式也逐渐形成。

图 1
(a) 巴西圣保罗 Minhocão 高架桥下功能模块组合；(b) 美国北爱达荷州桥下跳蚤集市；(c) 加利福尼亚卡尔弗桥下公园小集市
（图片来源： (a) www.gooood.hk/triptyque-revitalizes-3km-of-urban-marquise-in-sao-paulo.htm；(b) www.visitnorthidaho.com/event/under-the-freeway-flea-market/；(c) www.mp.weixin.qq.com/s/gLI-UGmdd-sgEu_G24YIAg)

图 2 "中目黑下"商业空间前后改造对比
(a) 改造前；(b) 改造后
（图片来源：www.g-mark.org/award/describe/45337?token=Jnpq6yr4oh)

2 成都市高架桥下文商利用

2.1 桥下空间利用概况

城市交通的高速发展促使成都市陆续修建了 40 多座大型高架桥，由此产生了大量的桥下空间。从空间利用的角度来看，成都市桥下空间主要包含绿化利用、休闲利用、交通利用、市政利用以及少量商业利用等模式，丰富了桥下空间的复合性功能。为了体现城市文化特色，成都市还结合独特的市井文化在桥下空间中营建了 10 余处主题文化园。

2.2 桥下文化空间特征

老成都民俗公园（图 3a）成功在成都掀起了改造利用桥下空间的热潮，例如体现川剧变脸文化的苏坡高架桥（图 3b）、代表科学技术文化发展的羊犀高架桥（图 3c）等体现着独具地域特色的川蜀文化[15]。成都市桥下主题文化园具有个性化的特点：成都市是我国著名川文化之都，结合地域传统历史文化与市民日常生活习俗，它的高架桥下空间无疑也显现出了明显的地域特质，即景观个性[16]。同时还呈现规模化的特点：老成都民俗公园占地约 3.3 万 m²，羊犀科技长廊公园占地 5.5 万 m²，川剧艺术长廊公园占地面积 18 万 m²。营建的 10 余处桥下主题文化园均具有一定占地规模。

(a)　　　　　　　　(b)　　　　　　　　(c)

图 3 成都市桥下主题文化园（图片来源：作者自摄）

2.3 文创商业结合利用现状

文化园建成之初确实成为成都市桥下空间活力最高的场所，为数不多的具有地域特色的商业行为也聚集于此，例如人南高架下艺术商城（图4）。然而其单一的商业模式并不能为桥下商业创造持续性的生机与活力。近年来，桥下文化园的活力度持续下降，大量的基础设施处于闲置状态，桥下商业经济效益极差。同时桥下空间的破碎化、可达性较低及其郁闭的环境也在削减桥下文化园的吸引力，亟待科学有效改造的手段使其重新焕发生机和活力。

图4　人南高架桥下商业空间（图片来源：作者自摄）

3　成都人南高架桥下文商空间改造设计

3.1　基地简介

人民南路高架桥（简称"人南高架"）位于成都市武侯区二环路高架与人民南路高架的交叉口，地处成都市繁华的CBD中心区域。人南高架下老成都民俗公园成为全国首个城市桥下文化园，展现成都的历史变迁和民俗风情。

老成都民俗公园位于人南高架桥、二环线高架桥及其辅路共6条高架路和2条地下辅路的交汇处（图5）。全园主要分为主跨桥民俗文化、老街老桥文化、文化经营、园艺观赏、小品陈列、健身等六大区域。桥下商业区位于二环线南三段高架桥下，与南北二环路高架桥各相距8m。桥上为双向6车道，桥下东西向不通机动车，桥下空间宽度约23m，高度约4m。

图5　老成都民俗公园所处位置卫星图
（图片来源：Google Earth Pro）

3.2　桥下商业空间及景观特质分析

人南桥下商业空间景观特质中主要优势在于：①地处商业与住宅汇集区，老成都民俗公园吸引市民进入桥下空间活动，为商业性活动提供基础；②商业空间被绿地包围，东西向不通机动车，减少了外界交通干扰（图6、图7）。其主要劣势在于：①空间宽度极大，无分离采光缝，桥下采光差（图8、图9）；②净高度较低，色彩单调，整体空间感受压抑；③商业业态单一，不具备地域特色；④东西向空间被割裂（图10），不同区域间人群通行较为困难。

除此之外，成都市大多数桥下文化园都处在高架桥交汇处，对比国外典型桥下文创商业模式而言，外部空间环境优化也是我国桥下商业改造的关键所在[17]。

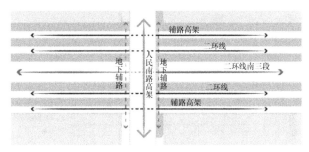

图6　老成都民俗公园上交通现状

图7　桥下人南艺术商城外部空间

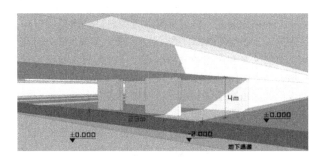

图8　人南艺术商城空间尺度

图9 桥下大体量商业建筑

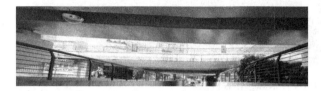

图10 桥下商业空间与地下辅道全景

4 文创商业利用景观改造策略

考虑基址现状和实际可操作性，作者拟保留其原有的功能划分，充分利用其空间优势，同时基于对人南桥下空间特质的分析，设计将从"空间形态""空间氛围""附属环境"3个层面制定策略对商业空间进行改造（图11）。

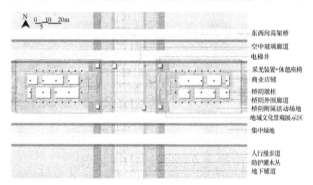

图11 人南桥下文创商业空间改造平面图
（图片来源：作者自绘）

4.1 空间形态策略：重组桥下空间尺度

在桥体本身结构无法改变的前提下，设计将充分利用桥下两侧附属空间，同时在桥下设计过渡的廊道空间，打破原有空间结构，重组桥下商业空间的尺度。

当临街商店面宽（W）比街道宽度（D）小且反复出现时，空间就会显得有生机[18]，故在桥体两侧间隔4m布置反光镜采光装置，将外部自然光线通过镜面光反射的原理导入桥下空间内部，结合汇水装置，解决大部分时间无法自然采光和雨水收集的问题。同时在底部增设与景观墩柱结合的休憩座椅（图12）。采光装置、景观柱和休憩设施共同组成的结构单元，可以在竖向上重新划分桥下空间尺度（图13、图14）。

由于人南桥下空间宽度较大，将原有的建筑外墙打破，将外围的桥下空间改造成为连接外部环境和内部商业空间的廊道空间（图15）。过渡的灰空间不仅可以增加

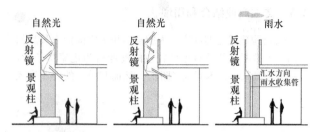

图12 反光镜采光装置和汇水装置剖面示意图

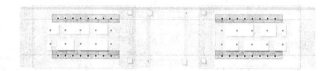

图13 结构单元平面布置图

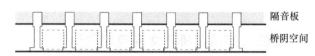

图14 结构单元重组立面空间尺度
（图片13～图片15来源：作者自绘）

内部采光，减小商业性空间的 D/H，更是将原有呆板的商业空间打通，增强空间流动性（图16）。

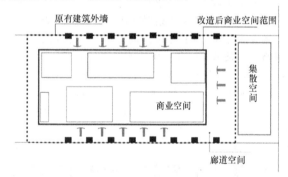

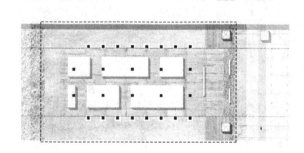

图15 拆除外墙重组桥下商业空间序列

图16 桥下文创商业空间改造效果图

4.2 商业氛围策略：重塑可持续性地域商业场所

4.2.1 可持续性的两个阶段

第一阶段，为提升商业品质，将人南桥下现有艺术商城改造成"复合型商城"。除消费购物外，纳入社交、游憩、餐饮等各种商业活动类型和服务设施，如使人能长时间驻足的复合型书店和其他成都独有的特色店铺，尽可能将周边市民以及到成都的游客吸引到这里，使这里成为成都的首推消费地。同时将建筑柱网结构与墩柱相结合，注入壁画以及景观浮雕等元素，延续人南文化园的景观特色（图17）。

图17 人南民俗公园浮雕壁画景观元素

第二阶段，在商业重组完成的基础之上纳入"大数据＋"服务，提供免费网络服务，以便记录分析来往人群的类型和偏好，定期对其业态和服务设施更新换代，以维持其生命力，成为可持续发展的地标式场所。

以上两个阶段决定了空间商业氛围的改造是一个长期且动态的过程，需要政府和民间力量的积极合作，协同保证措施的有效实施。

4.2.2 地方文化的融入

通过对成都沙湾高架桥、苏坡高架桥、羊犀高架桥等几座典型桥下文化空间总结分析可知，桥下空间物化的地域文化类型主要包括：神话传说、川蜀戏曲、科学技术、民俗文化[19]。结合复合型商业模式，将民俗文化、神话传说、川蜀戏曲以及科学技术4种不同主题的地域文化，分别融入商业空间的人群主要汇集区来重塑商业场所的地域性[20]（图18）。同时增加互动景观装置，突出体现特色的地域性商业场所。

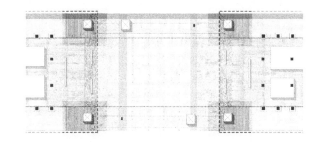

图18 商业空间人群主要集散区域分布图
（图片来源：作者自绘）

4.3 附属环境策略：重构桥下功能空间连通性

重构桥下功能空间连通性主要包括三个要点：①在梁板两侧结合颗粒物吸附装置设置隔离板，在桥下墩柱等竖向支撑结构表面覆盖减震材料，将噪声、污染和震动逐渐消纳，为桥下活动提供更适宜的空间环境[21]；②在桥上通行不对桥下活动造成较多干扰的前提下，连通不同高架桥下的功能空间（图19）；③加强南北向桥下活动空间的联系，由于地下辅道对东西部商业空间的隔离，在两者间构建空中玻璃廊道，解决东西向高架下活动空间的交通阻隔问题，让其他活动人群能便捷到达商业空间中活动（图20）。

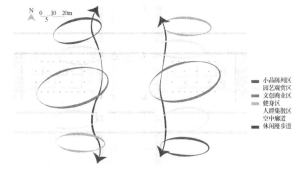

图19 加强桥下功能区域之间的连通

图20 空中玻璃廊道示意图

5 结语

桥阴空间特殊的空间属性能够为便利的商业提供相

对舒适的栖息空间，带动了城市局部的商业活动，同时弥补了高架桥对城市景观破坏产生的环境问题。在社会价值层面，针对我国大量闲置桥下空间提出空间景观优化的文创型商业思维策略，响应了当前我国"文化自信"的强力号召。

文章探讨了桥下文创型商业模式及其景观营造策略在我国成都市桥下空间中的实践与应用的策略建议。设计实践中选取的城市和改造基址均具有特殊性，不同类型的桥下空间改造措施仍旧处于初步探索阶段，不同因素可能会产生不同影响[22]，仍需要更多的探索研究和智慧贡献来总结经验。同时，研究都建立在桥下空间的交通便达、噪声、振动等环境负面影响均可控或可忽略，周边居民素质高[23]，且对文创商品有更多需求等前提的"理想模型"基础上，会与国内实践甚至推广还有较长时间和条件差距。

参考文献

[1] 殷利华. 基于光环境的城市高架桥下绿地景观研究[D]. 武汉：华中科技大学，2012.

[2] 李鹏，李娜，包满珠. 武汉、上海、重庆三市中心城区高架桥绿化比较研究[J]. 中国园林，2015(10)：96-99.

[3] 路妍桢. 城市高架桥下剩余空间的优化利用[J]. 安徽农业科学，2016(08)：182-185.

[4] 汪辉，刘晓伟，欧阳秋. 南京市高架桥下部空间利用初探[J]. 现代城市研究，2014(01)：19-25.

[5] 殷利华，秦凡凡. 城市高架桥下空间形态与利用方式研究——以郑州市为例[J]. 华中建筑，2019，37(10)：69-74.

[6] 亦真. 当文创遇上新商业时代——邂逅一场奇思妙想的冒险[J]. 互联网周刊，2017(21)：16-17.

[7] 董薇，刘吉晨. 文化产业商业模式创新[M]. 北京：中国传媒大学出版社，2014.

[8] 李晓晨，吴松涛，吕飞. 国外城市畸零空间利用模式及启示——以高架桥下空间为例[J]. 低温建筑技术，2020，42(06)：12-16+21.

[9] 邹松，古容娣. 城市桥下空间的多维度功能设计策略研究——以广州海印大桥设计改造为例[J]. 城市建筑，2019，16(30)：46-49.

[10] 钱任飞. 温州市建成区高架桥下空间综合开发利用研究[J]. 居舍，2019(20)：178-179.

[11] Savvides A . Regenerating urban space：Putting highway airspace to work[J]. Journal of Urban Design，2004，9(1)：47-71.

[12] Haydn F，Temel. Temporary Urban Space—Concepts for the Uses of City Spaces[M]. Basel：Birkhauser，2006：90-91.

[13] 木下雅史. 高架下空间及土地利用形态研究[C]. 1999年度第34次日本都市计划学会学术研究论文集，1999.

[14] 野海，彩树，吉田，等. 東京都23区の鉄道高架下空間における形態と周辺都市との関係性の研究(都市と教育環境の変容，建築計画I)[J]. 学術講演梗概集. E-1，建築計画I，各種建物・地域施設，設計方法，構法計画，人間工学，計画基礎，2010.

[15] 廖嵘，张玉清. 锦官城外桥下园——成都市立交桥下园林景观建设成就与特色分析[J]. 中国园林，2007(07)：36-42.

[16] 王今琪. 利用地域特色创造景观个性[D]. 北京：北京林业大学，2005.

[17] 郭英龙. 高架桥底层色彩的选择——以上海中山北路高架桥曹杨路—武宁路段底层为例[J]. 艺术探索，2009(01)：134，137.

[18] 芦原义信. 街道的美学[M]. 尹培桐(译). 天津：百花文艺出版社，2006.

[19] 中国艺术研究院·中国非物质文化遗产保护中心. 非物质文化遗产普查手册[M]. 北京：文化艺术出版社，2007.

[20] 王靖，张伶伶，武威，等. 文化主题性与城市空间特色——一个区域城市设计的两种文化思考[J]. 建筑学报，2010(08)：98-100.

[21] 陈帆，杨玥. 城市"灰空间"——机动车高架桥下部空间改造利用研究[J]. 建筑与文化，2014(12)：118-120.

[22] 李威宜. 失落空间——城市高架桥景观设计的研究[D]. 武汉：湖北工业大学，2012.

[23] 张文超. 轨道交通高架区间沿线空间利用模式研究[D]. 北京：北京交通大学，2012.

作者简介

杨鑫，1995年，男，汉族，湖南新邵，硕士研究生，华中科技大学，硕士生，研究方向为绿色基础设施及工程景观。电子邮箱：yxlands@sina.com。

杨茜，1994年，女，汉族，湖北孝感，硕士研究生，武汉绿风科技工程有限公司，景观设计师，研究方向为绿色基础设施及景观设计。

殷利华，1977年，女，汉族，湖南宁乡，博士研究生，华中科技大学，副教授，研究方向为绿色基础设施、工程景观及植景规划设计。电子邮箱：yinlihua2012@hust.edu.cn。

老旧社区公共空间适老性更新策略研究

——以北京市丰台区朱家坟小区为例

Research on the Renewal Strategies for the Adaptability of Public Space in Old Community：

A Case Study of Zhujiafen Community in Fengtai District，Beijing

杨　峥　杨玉冰　王韵双　王沛永

摘　要：随着我国人口老龄化程度加重及风景园林理念与技术的发展，将新兴智慧技术融入城市老旧社区公共空间适老性景观提升势在必行。笔者通过对朱家坟小区及周边进行深入调研，总结社区内中老年住户的活动需求及场地现存问题，以智慧园林营建的视角对老旧社区公共空间的功能、设施以及运行机制提出适老宜居、多维智慧、可持续的更新策略。旨在通过本次设计的探究，为日后老旧社区公共空间景观与功能的现代化适老性更新提供参考，为社区内老年住户安全、便捷、舒适地参与户外活动提供场所与平台。

关键词：老旧社区；智慧营建；适老性；景观更新

Abstract：With the increasing aging of our country and the development of landscape architecture concepts and technologies, it is imperative to integrate emerging smart technologies into the public space of urban old communities to improve the age-appropriate landscape. Through an in-depth investigation of the Zhujiafen community and its surroundings, the author summarizes the activity needs of the middle-aged and elderly residents in the community and the existing problems of the venue, and proposes the functions, facilities and operating mechanism of the public space in the old community from the perspective of smart garden construction Residential, multi-dimensional wisdom, sustainable update strategy. The purpose of this design is to provide a reference for the modernization of the public space landscape and function of the old community in the future, and to provide a place and platform for the elderly residents in the community to participate in outdoor activities safely, conveniently and comfortably.

Key words：Old Community；Smart Construction；Elderly-Oriented；Renovation of Landscape

引言

　　我国在 20 世纪末已进入老龄化社会，老龄化形势日益严峻。俗称"单位大院"的老旧社区建设于 20 世纪 80 年代左右，多为企事业单位配套家属宿舍区，住户主要是如今已从青壮年职工转变为企业离退休老人的原住居民[1]。在居家养老的大背景下，这类社区的公共空间的景营建难以满足当前老年住户的需求。"智慧园林"是指将自然智慧、人文智慧、科技智慧融入风景园林规划设计到营建管理各过程之中，以实现多维度、多方位、多媒体地发挥风景园林各功能。传统的风景园林建设方法、管理模式已难以适应日新月异的风景园林发展，将新兴智慧技术融入风景园林工作势在必行[2]。

　　笔者以典型的"单位大院"——北京市丰台区朱家坟小区为研究对象，通过实地考察、问卷调查以及厂区发展历史资料的收集整理，剖析老年居民在社区公共空间的景观、功能和历史人文关怀等方面面临的特征问题，基于此提出智慧园林理念引导的适老性更新策略，力求为此类小区进行现代化的适老性更新提供理论支持和实践参考。

1　调研概述

1.1　场地概况

　　调研场地位于丰台区长辛店街道朱家坟社区中心地区，分为南、北两个地块——北侧用地为朱家坟三里（建设于 20 世纪 70 年代）、云岗路与蟒牛河之间的三角地，对面路口设有"北方车辆"石碑。南侧为朱家坟四里（建设于 20 世纪初）东侧边角地，正对该地区最大的菜市场（图 1）。场地紧邻城市交通干道，南北两端各有一处过河桥梁，2018 年南北两地块之间的狭长地带完成"留白增绿"工程，但其周边环境景观凌乱，环境品质有待提升。

　　作为北方车辆集团的家属区，朱家坟小区住户主要为工厂职工及其家属，周边有幼儿园、学校、菜市场等较为完备的公共服务设施。始建于 1946 年的北方车辆集团历经 70 余年的发展历程，为本地区留下了"老兵工精神""群钻精神"等宝贵的人文历史财富。

1.2　调研方法

　　本次调研采用问卷调查和实地调查相结合的方式进行。在调研期间，共回收 231 份有效问卷调查，受访者皆为朱家坟小区住户。同时结合北方车辆集团历史资料查阅、厂区参观以及周边片区走访，深入了解该片区的业态、设施、社会结构和集体文化的变革进程。通过对朱家坟小区老年人在户外活动空间的活动内容及空间现状进行实地观察和记录，重点关注社区的家庭结构、老年人户外活动的参与情况、交往意愿以及对厂区的集体记忆等方面，根据社区中老年群体对户外活动空间的需求和评价，为后续的更新策略提出和方案设计依据。

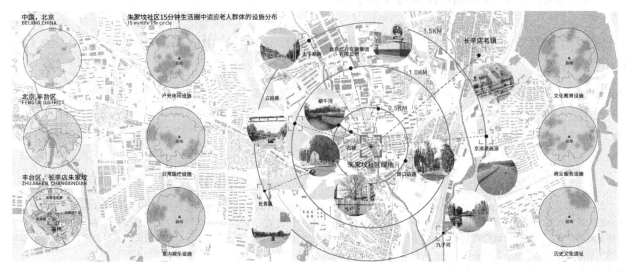

图1 区位概况

2 现状评价与问题分析

2.1 调研数据量化分析

从调研及回收的213份有效问卷统计结果数据分析可知：朱家坟小区的老年群体具有如下特征：

超过半数的受访者是或曾经是北方车辆集团的职工，年龄45～60岁的人数最多，约占受访总人数的一半。从居住模式上看，大约有三分之二的受访者平日里承担照顾孙辈的责任，携孙居住使得老年人的活动范围和时间受到很大限制。大部分北方车辆厂退休居民每天都会到户外活动空间停留1～2h，主要集中在早8：00～11：00进行晨练和晚7：00～8：00饭后遛弯。受访居民普遍提出场地绿化不足、景观质量不高、配套设施不够完善等问题，这使他们的活动大多局限在散步和广场舞两种方式，受访者提出希望能在这里进行更丰富、更有趣的活动，能与其他人产生更多互动交流。

2.2 社区公共空间现存问题分析

2.2.1 场地内外交通欠顺畅

设计场地西侧紧邻城市交通干道，东侧紧邻蟒牛河滨河道路，场地内部标高与滨河道路之间存在约半米的高差，以混凝土挡土墙作为空间边界（图2）。缺乏无障碍设施，甚至没有尺度合宜的台阶，不方便老年住户进出场地。

2.2.2 绿化量少，景观效果差

调查问卷中，约32%的受访者认为社区公共空间现存主要问题存在于景观方面；约21%的受访者认为植物

图2 设计场地现状

景观不够丰富，总体绿化不足；约17%的受访者认为植物景观养护不到位，现有绿化质量不高；还有约24%的受访者认为空间的整体景观设计缺乏特色，不够吸引人

驶足停留。笔者进行实地调研时发现，朱家坟小区周边的绿化用地多为片区内的边角地块，面积小且布局分散，无法形成"点、线、面"的有机系统。南北两地块之间虽然已经完成留白增绿工程，但植物景观营造主要以大面积草坪搭配行道树的模式存在，仅能满足基本的绿化需求，而未能营造宜人的植物景观（图3）。

图3　中间绿地"留白增绿"成果

2.2.3　设施种类少，缺乏维护

老旧小区由于住户的老龄化程度较高，相比于普通小区需要数量更多、更灵活的休憩设施以满足老年群体的使用需求。在朱家坟小区及周边绿地进行实地调研时，笔者发现，由于坐憩空间及休憩设施不足，部分老年人外出休闲需要自备座椅。

调查问卷显示，朱家坟小区住户对于户外活动空间不满意的原因主要来自于健身设施种类少且破损严重（约占21%）以及照明设施维护不到位（约占23%）这两方面。老旧小区在规划建造时讲求经济集约，户外场地有限、缺乏适于不同年龄层次人群使用的活动设施，公共活动空间已不能满足现代社会住户的日常需求，却又不具有整体改建大修的条件。在有限的公共活动空间中，以锻炼身体为主要目的的受访者占比高达四分之三，而这其中，大部分人只能选择慢跑散步等受场地条件限制较小的方式。

2.2.4　场地空间功能单一，场所历史记忆缺失

随着生活水平的提高，老年人对于户外活动的需求更加新颖多样。通过调查随访我们发现，朱家坟小区中老年住户在户外聊天交往时，大多集中在小区门口、沿街隔墙附近，静态活动场地的缺乏为老年人出门活动带来安全隐患。由于朱家坟小区中有大量老年住户携孙居住，孩子们需要室外游戏空间，照看孙辈的退休老人则需要在儿童活动设施周边休憩。然而周边住户的活动只能集中于南北两场地已完成"留白增绿"工程的小公园。该公园内部没有设置专门的儿童活动区，也缺乏较大的硬质场地为广场舞、健身操等聚集交往活动提供场所。目前来看，朱家坟小区的活动空间呈现高度混杂的状态，这导致不同年龄层的居民无法顺利开展相应的户外活动，彼此容易在行为、声音、视觉上构成干扰。

老年人随着年级的增长，视力和记忆力的逐渐减退，辨识能力下降，更倾向于能够生活在熟悉的环境之中以获得强烈的安全感。此外，老社区住户的同构性不仅有利于形成和睦的邻里关系，也提升了老年人参与社区事务的积极性[3]。然而目前，朱家坟小区已经建成的公共空间在营建风格上趋同于一般街头绿地的设计，而缺失了对场所历史记忆的景观化表达。对于朱家坟小区而言，社区的居民不同于一般现代住区中的"孤独的、原子化的人"[4]。依托于北方车辆厂的单位化生活风味、熟人社会的交往网络以及代与代之间的精神传承是朱家坟小区的人文核心。目前的社区公共空间更新中忽略了对车厂历史文化带原真性的保护，对于厂区离退休老人的精神人文关怀有所欠缺。

3　老旧小区社区公园适老性更新策略

3.1　增设无障碍设计

在朱家坟小区的智慧适老更新方案中，我们提出将北方车辆集团的兵工文化融入无障碍设计的景观表达之中。场地内外景观草阶皆由步行坡道串联，使公共活动空间形成连续的系统。细部设计，将北方车辆厂的历史时间轴嵌入地面铺装、挡土墙增设造型景观灯以及步行道设置完备的排水系统等方式，实现提高步行道安全性、凸显场地人文情怀。

3.2　结合功能与空间的有效绿化

在有限的公共活动空间中，植物景观的营造在满足基本绿化需求的同时，兼具使用功能，力求对空间利用的最大化。在设计时，我们将参与式种植模式引入公共空间，不同于常见的划定种植片区的"自留地"形式，而是在场地内划定社区园艺片区，在其中设置多种规格的"种植盒子"（图4）——种植高度灵活多变，可以相互叠加组合，构成适宜不同人群活动尺度的种植空间。该种植模式不仅可以丰富绿化景观，还为小区住户提供亲近自然的机会，通过共同劳作加强邻里交流，让居民成为自然的参与者，同时也是生活的创作者。

在"种植盒子"印上二维码，社区居民通过手机扫码即可获取作物的相关科普知识和种植要点。对于需要看护孙辈的老年人，在进行户外劳作时，可以将自己的技能经验告知孙辈，激活老年人"被需要"的心理特质，助其实现自身价值，以达到促进社区内代际交流的目的。

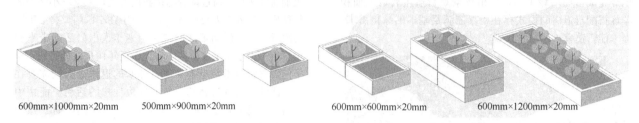

| 600mm×1000mm×20mm | 500mm×900mm×20mm | | 600mm×600mm×20mm | 600mm×1200mm×20mm |

图4　"种植盒子"

3.3　适合老年人休憩与智慧锻炼设施

我们放置多个易于折叠拼合的可收纳座椅以及将轻质滑轨座椅在运动步道沿线设置。将 C 型钢轨嵌入场地铺装，不仅可以作为铺装和景观草坪的分界线，还可作为步道两侧轻型木质座椅的滑道。老年人在户外活动时，无论是聚集交流还是分散静坐，都可根据需要沿运动步道灵活挪动座椅位置（图5）。滑轮和轨道元素将老兵工厂的工业景观元素有机地组织到社区的空间环境中，在空间更新时，保证了原住民群体，尤其是离退休老人与户外活动空间的良好沟通，保存了老旧小区"历史人文空间的自明性"[5]。

我们引入上肢螺旋训练器、下肢行走训练器、伸脊架等更加针对离退休老人身体机能特殊性的户外健身器材。这类器材具有康复理疗功能，且运动量适中。随着智能手机、运动手环在高龄人群中的普及，户外运动产品智能化、运动科学化的"互联网＋户外健身"模式将大大提升周边居民的健身体验（图6）。

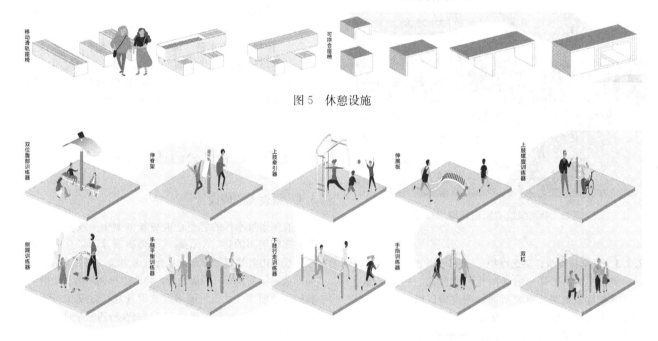

图5　休憩设施

图6　老年康养健身器材

3.4　场地复合功能与景观公平性

为能全天候、高效率地对有限的社区绿地加以利用，实现各年龄层居民共享公共活动空间，突出对老年居民特殊需求的照顾以促进景观公平，在设计时，我们采取利用移动装配式设施来划分空间的策略，力求为有限的场地赋予更多功能。

南侧场地设置有较大面积硬质铺装，白天可放置轻型材质的书页展板，用于社区定期举行摄影展、书画展等活动，促进社区文化交流；夜晚撤掉展板，开敞平坦的小广场可满足居民进行广场舞、健身操等聚集交往活动。

休憩场地设置"交流盒子"智能廊架（图7），廊架棚顶以太阳能板百叶天棚帘代替常见的铝合金棚顶，可根据季节调节角度，夏季阻挡太阳直射光，为场地提供阴凉；冬季允许部分太阳直射光进入，为老年住户提供避风的晒太阳场所。廊架的可调节太阳能顶棚能有效避免传统廊架季节性闲置的状况发生，同时，产生的电能可为场地内其他用电设施提供电力支持。

"交流盒子"内部放置易于折叠拼合的可收纳座椅，场地中聚集老年居民较多时，其侧面的围合格栅绕立柱向外翻折，以围合更大的坐憩空间，接纳更多居民坐憩交流；当与之相邻的社区农园开展农事活动时，格栅回收，恢复"盒子"的状态，将更多的铺装场地用于社区住户聚集活动（图8）。

图 7　书页展板

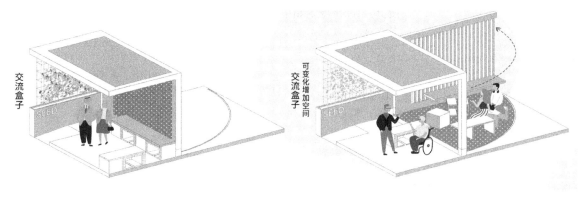

图 8　"交流盒子"

3.5　"互联网＋"可持续社区服务系统

设计时，将打造智慧、安全、高效、可持续的智慧适老社区绿地为目标，将社区园艺种植作为核心，运用"互联网＋"技术，把生产运营、康养健身、代际交往等多方面联系起来，实现社区层面环境、人文、社会三者的有机结合，在社区内部构成可持续发展的闭合系统，进而推动整个社会的可持续发展进程。

社区园艺种植流程主要有 6 个环节——材料准备、技术科普、责任认养、种植参与、养护管理、成果收获。整个社区园艺服务系统的运作进程划分为 3 个阶段，管理者主要指社区居委会，他们为系统的持续运作提供基础生产资料，并总体把控资源的分配和回收；老年住户作为参与社区园艺的主体，在种植时反馈自己的意见和感受，以推进管理者技术进行策略调整；相关志愿者团体则主要为居民的种植活动提供理论和技术指导，保证生产活动科学有效，使整个种植流程能够持续下去。管理者、社区居民和相关志愿者的合作贯穿始终，各自承担相应职责，共同推动整个系统的可持续运作。

在种植活动进行期间，将园艺种植与社区管理系统相关联，最终成果收获后，通过社区住户交流心得、反馈意见，提高居民对社区事务的参与度，让每个居民都能够参与社区共建，切实体会到自身的意见建议得到反馈落实的全过程（图9、图10）。

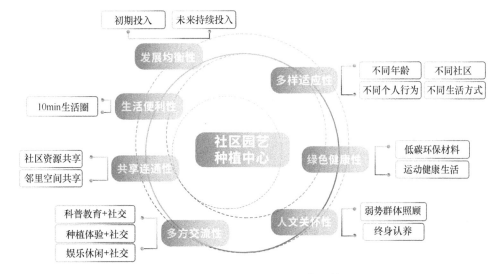

图 9　社区园艺种植中心运作机制

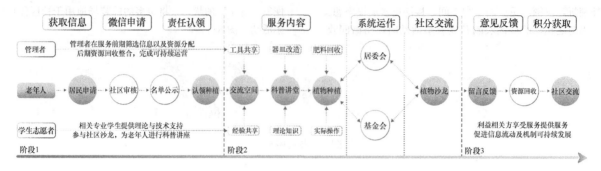

图 10　社区园艺种植中心运作阶段流程

4　结语

综上所述，在我国人口老龄化程度日益加深且科学技术飞速发展的情况下，老旧社区公共空间在进行适老性更新时，首先要增加无障碍设施，保证场地内外交通顺畅形成体系；其次，由于场地面积受限，在绿化和配套设施的设置上，充分利用现代技术手段，满足不同年龄层住户使用需求的基础上，注重对老年群体的需求考量，基于时间维度，复合多种功能，力求最大化利用场地，营造多变空间；再次，历史记忆是联系老年住户与社区的精神纽带，在公共空间更新时，强调营造场所精神，设计细节处处体现人文关怀；最后，加强公众参与程度，提高社区自治管理水平，推动老旧社区公共空间实现共享可持续的发展。

参考文献

[1] 何凌华. 老龄化背景下老旧小区环境改造的适老性设计研究[C]. 中国海南海口：城乡治理与规划改革——2014 中国城市规划年会，2014.
[2] 王丹宁. 智慧园林理论及应用方向探究———以园林博览会为例[J]. 园林，2015（12）：46-48.
[3] 庄洁琼. 西安城市老社区居住环境适老性研究——以红专南路、长延堡东仪及新园社区为例[C]. 中国山东青岛：城市时代，协同规划——2013 中国城市规划年会，2013.
[4] 田毅鹏，漆思. "单位社会"的终结——东北老工业基地"典型单位制"背景下的社区建设[M]. 北京：社会科学文献出版社，2005.
[5] 殷楠. 适老性引导的工业遗产社区保护改造策略研究——以太原市矿机宿舍为例[C]. 中国海南海口：城乡治理与规划改革——2014 中国城市规划年会，2014.

作者简介

杨峥，1994 年生，女，汉族，山东济南，硕士研究生，北京林业大学园林学院，研究方向为风景园林工程与技术。电子邮箱：yangzheng_bjfu@163.com。

杨玉冰，1997 年生，女，汉族，四川乐山，硕士研究生，北京林业大学园林学院，研究方向为风景园林规划设计。电子邮箱：651006772@qq.com。

王韵双，1995 年生，女，汉族，贵州兴义，硕士研究生，北京林业大学园林学院，研究方向为风景园林规划设计。电子邮箱：646226440@qq.com。

王沛永，1972 年生，男，汉族，河北定州，博士，北京林业大学园林学院，副教授，研究方向为风景园林工程与技术。电子邮箱：bjupywang@126.com。

近 30 年国内康复景观研究现状与趋势[①]

——基于 Citespace 可视化分析

Research Status and Future Trends of Domestic Studies on Therapeutic Landscape in the Past Three Decades：

Based on CiteSpace Visualization Analysis

游礼枭　张绿水*　刘　牧

摘　要：本研究以中国知网（CNKI）1990-2020 年间收录的 1066 篇国内康复景观研究文献为对象，借助 CiteSpace 软件绘制知识图谱，从发文量与时间、研究机构、发文作者、发文期刊及关键词等方面，对国内康复景观的研究现状进行了可视化分析。研究结果表明，近 30 年国内康复景观研究的热点主要聚焦于康复景观的健康效益研究、康复景观的康复机制研究、康复景观的适用人群研究和康复景观规划设计研究 4 个方面。结合高频关键词的变化、社会科技的进步、风景园林学科的发展需求，笔者预测了今后国内康复景观研究的 2 个趋势，以期为后续的相关研究提供参考与借鉴。

关键词：康复景观；CiteSpace；知识图谱；研究现状；风景园林

Abstract: The research obtained 1066 related documents of domestic therapeutic landscape from China National Knowledge Infrastructure (CNKI) from 1990-2020, and used Citespace software to draw and analyze the visual knowledge map of research institutions, authors, periodical, key words and so on. The results show that the domestic therapeutic landscape research in the past three decades mainly focuses on four aspects: health benefit research of therapeutic landscape, rehabilitation mechanism research of therapeutic landscape, applicable population research of therapeutic landscape and therapeutic landscape planning and design research. Combined with the change of high frequency keywords, the progress of social science and technology, and the development demand of landscape architecture, the author predicts two trends of therapeutic landscape research in China in the future, in order to provide the reference and reference for the subsequent related research.

Key words: Therapeutic Landscape; Citespace; Knowledge Map; Research Status; Landscape Architecture

康复景观（Therapeutic Landscape）是与治疗或康复相关的景观类型，指那些被与治疗或康复相关的物质的、心理的和社会的环境所包围的场所，它们以能达到身体、精神与心灵的康复而闻名[1]。康复这个词意味着具有恢复或保持健康的能力，与景观或花园这些词结合起来就得出能恢复或保持健康的环境的概念[2]。健康不仅意味着不生病，而是指人们的生理机能及精神状态处于相对稳定的状态。康复景观就是通过参与者与其产生有效互动，以此来维持参与者身体上和精神上的健康效能，并产生促进作用，提升参与者的健康与福祉。康复景观涵盖的景观类型广泛而多样，可以存在于园林绿地之中，也可以衍生于具有疗养性质的景观之中，其类型包括康养花园、疗养花园、康复花园、疗愈花园、复健花园、冥想花园、园艺疗法园等。康复景观之中，物理和建筑环境、社会条件和人类感知结合起来，产生有利于治愈的环境和氛围[3]。

在后疫情时代，人们对康复景观的研究热情被再度点燃。基于此，本文通过系统收集康复景观研究的相关文献，借助 CiteSpace 软件绘制康复景观规研究知识图谱，梳理出 1990-2020 年间国内康复景观的研究现状与进展，以期为后续的相关研究提供参考与借鉴。

1　数据来源与研究方法

1.1　数据来源

以"康复景观""康复花园""园艺疗法"等 9 个词汇为主题词，1990 年 1 月 1 日-2020 年 1 月 1 日为时间区间，在中国知网（CNKI）文献数据库检索得到 1215 篇中文研究文献，人工剔除会议论文、报纸、专利、标题不符等相关性较弱的文献，最后获得 1066 篇有效样本文献。

1.2　研究方法

CiteSpace 是一款用 Java 语言开发的信息可视化软件，主要根据文献引文与被引文的关系，挖掘引文空间的知识聚类和分布，并且提供其他相关信息的合作和共现分析功能，从而方便研究者获取其研究领域的研究热点及研究趋势[4]。由于 CiteSpace 在处理海量文献数据方面具有显著优势，加之该软件操作简单、可视化清晰，因此成

　①　江西省社会科学规划项目"老龄化社会背景下南昌市城市绿地休闲空间优化设计研究"（编号 18YS07）、江西省教育厅科技计划项目"基于 GIS 的南昌市关键生态资源生态敏感性评价研究"（编号 GJJ190234）、江西省教育厅科技计划项目"南昌地铁时代背景下的城市地下空间景观构建模式初探"（编号 GJJ160365）共同资助。

为研究者广泛使用的文献计量分析软件。

本研究将 1066 篇样本文献以 Refworks 格式导入 CiteSpace 软件并进行处理，其中 Time Slicing 设置为 1990-2020，Years Per Slice 设置为 1，Pruning 区域勾选 "Pruning sliced networks"，Node Types 区域根据研究需要分别勾选 "Author" "Institution" "Keywords"，其他区域为默认值，运行合成可视化知识图谱并进行分析。

2 研究现状分析

2.1 发文量与时间分析

从图 1 可知，近 30 年我国康复景观研究大致可分为 3 个阶段。1990-2007 年为康复景观研究的萌芽期，康复景观虽然在 1990 年就已经引起国内学者的关注，但此时学术界对其关注度不高，总发文量较少。2008-2014 年为康复景观研究的形成期，发文量逐年递增，年均发文量达到 49.5 篇，发文量的年均增长率达到 19.8%，表明研究者逐步重视康复景观相关研究。2015-2020 年为康复景观研究的发展期，发文量显著攀升，年均发文量高达 155.6 篇。特别是 2017 年党的十九大报告明确提出实施"健康中国"战略之后，其发文量增长速率明显加快。由图 1 可知，国内康复景观研究总体呈上升趋势，这表明近 30 年来康复景观得到了国内学者的持续关注，康复景观已经成为国内风景园林学术界的重要研究热点。

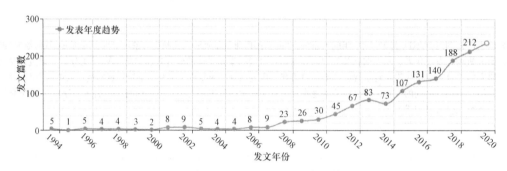

图 1　1990-2020 年康复景观研究文献数量年度分布图

2.2 研究机构分析

分析研究机构有助于探查康复景观研究领域的前沿机构。利用 CiteSpace 软件，Node Types 区域勾选 "Institution" 为节点类型，运算绘制研究机构可视化知识图谱（图 2）。图谱中节点的字体大小表示发文量的频次，连接线的粗细表示合作关系的强度：字号越大，发文量越高；连接线越粗，研究机构之间的合作关系越密切。如图 2 所示，图中节点松散，节点总体连线极少，说明康复景观研究机构之间的合作不够密切。其中，研究机构合作较为密切、合作发文量较高的主要有浙江农林大学、杭州市园林文物局和浙江诚邦园林股份有限公司；清华大学、中国农业大学和国家林业局林产工业规划设计院；南京林业大学、天津大学和西南林业大学等。总体而言，高等院校是康复景观研究领域的中坚力量，但也有不少医疗机构、设计公司投身康复景观研究。同时，研究机构间的合作受地域因素影响较大，未能真正形成跨地域、跨学科的合作研究。

图 2　研究机构知识图谱

2.3 发文作者分析

分析作者合作网络有利于探查康复景观研究领域中核心作者的合作关系及紧密程度。在 CiteSpace 软件 Node Types 区域中勾选节点类型"Author"，运算绘制作者合作可视化知识图谱（图3）。从图3可以看出，节点总体呈现多而分散的状态，表明大多数作者间的合作无关联性。同时可以看出，国内康复景观研究的核心作者形成了5个发文量较高的学术团体；即由清华大学的李树华、刘博新、姚亚男等组成的园艺疗法研究团体；由浙江农林大

学的金荷仙、林冬青、王声菲等组成的康复花园、养老机构及植物景观对于人体健康影响的研究团体；由南京林业大学的季建乐、杜欣玥、郭超宇等组成的医疗机构景观、养老机构景观对于人体康复影响的研究团体；由南京军区鼓浪屿疗养院的冯瑞华、林珊、王俊等组成的景观疗养提高疗养质量的研究团体；由河北农业大学的张培、王倩、张丽芳等组成的园艺疗法改善大学生心理健康状况的研究团体。总体看来，康复景观研究领域作者间合作关系不够紧密，多为同一机构内的合作，缺乏跨地域、跨机构、跨领域的协同合作学术共同体。

图3 作者合作知识图谱

2.4 发文期刊分析

对检索到的国内文献进行期刊来源分析，提取发文量排名前10的期刊，并对其影响因子进行统计。从表1可以看出，国内相关文献大多集中发表在风景园林、康复医学、农林科技类期刊，且发文期刊的影响因子总体偏低，仅《中国园林》《风景园林》《广东园林》的影响力较大，高质量的研究成果较少。

研究文献分布期刊统计表		表 1
期刊名称	文献数量	影响因子
中国疗养医学	54	0.241
现代园艺	52	0.104
中国园林	34	1.476
园林	29	0.130
农业科技与信息（现代园林）	23	0.125
中国医院建筑与装备	20	0.334
中国花卉园艺	16	0.117
建筑与文化	13	0.275
风景园林	11	1.441
广东园林	8	0.406

3 研究热点与主题分析

3.1 研究热点分析

高频关键词代表着研究热点，多个关键词同时出现被称为关键词共现。对关键词共现产生的中心性进行分析，可以说明关键词对研究发展所起的控制作用，进而判断研究热点[5]。在 CiteSpace 软件 Node Types 区域中勾选节点类型"Keywords"，运算绘制高频关键词共现可视化知识图谱（图4）。图中节点大小代表关键词出现的频率，节点越大，频率越高，与主题的相关性就越大；节点的颜色深浅代表相关研究的时间远近，颜色越深，表示研究的时间越近；颜色越浅，时代越久远。总体来说，康复景观研究领域关键词间的关联强度较高，研究分支发散。在 CiteSpace 中，中心性超过 0.1 的节点称为关键节点。提取中心性排名前10的高频关键词（表2），可将其归纳为3种类型。第一种类型的关键词是"园艺疗法""康复景观"和"康复花园"。作为康复景观相关研究的统领关键词，其内容上学科融合、涉及面广泛，形式上研究手段丰富多样。其不仅是研究重点，还辐射出"疗养院""医院"等关键词，因此中心性和频次都较高。第二种类

型的关键词是"景观设计""规划设计"和"风景园林"。随着人们健康意识的持续提升，园林绿地促进人体健康方面的研究受到越来越多研究者的关注。第三种类型的关键词是"老年人"和"园艺活动"。这类关键词体现了康复景观的受众和具体活动类型，使得康复景观可以更有针对性的发挥其促进健康功能。虽然这类关键词中心性及频次相对较低，但其是拓展康复景观相关研究的重要节点。

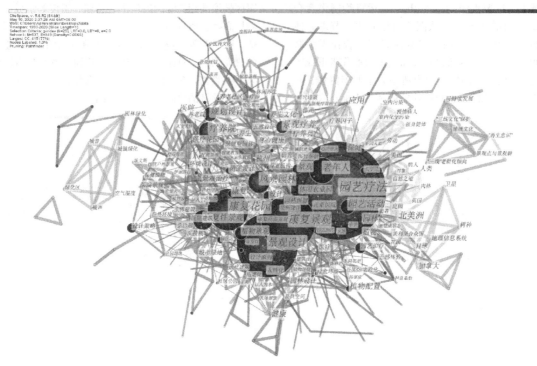

图4　高频关键词知识图谱

高频关键词中心性排序表				表2	
关键词	中心性	频次	关键词	中心性	频次
园艺疗法	0.43	271	疗养院	0.12	27
康复花园	0.27	90	老年人	0.10	35
景观设计	0.19	105	风景园林	0.09	36
康复景观	0.17	101	景观疗养	0.08	26
规划设计	0.15	25	园艺活动	0.07	31

3.2　研究主题分析

时间线视图主要侧重于勾画聚类之间的关系和某个聚类中文献的历史跨度，并给每个聚类赋予合适的标签[6]。在高频关键词知识图谱基础上，通过聚类算法生成知识聚类，然后点选"Show Terms by LLR"对数似然率算法，再选择Control Panel面板"Layout"中的"Timeline View"生成高频关键词聚类时序图谱（图5），以此来表征康复景观的研究主题。图谱中平行轴线代表不同聚类，序号数字越小，表示聚类中包含的关键词越多；节点大小同样代表关键词频次，节点位置代表关键词首次出现；节点颜色从浅到深的变化，表示关键词随时间从早期到近期的共现关系。

根据高频关键词聚类时序图谱，可将康复景观研究归纳为康复景观的健康效益研究、康复景观的康复机制研究、康复景观的适用人群研究和康复景观规划设计研究4大主题。

3.2.1　康复景观的健康效益研究

康复景观的健康效益研究主要围绕健康的3个方面，即生理健康、心理健康及社会健康开展相关研究。康复景观通过提供休闲娱乐场地，鼓励市民进行健身锻炼，进而降低参与者发生部分慢性疾病的风险。康复景观不仅有助于参与者消减心理疲劳、缓解压力，还可以通过创造和增加社会资本来提高居民的社会健康水平。李树华归纳了园艺疗法对人们精神、身体以及技能诸方面的功效[7]，论证园艺疗法对人们的生理、心理健康具有促进作用。修美玲等通过测定实验前后老年人的情绪、脉搏和血压变化，证明园艺操作活动对老年人的身心健康具有积极作用[8]。季建乐等通过设计营造医疗场所中有益身心健康的康复景观，探索医疗场所绿地的康养功能[9]。陈璐瑶等从社区绿地对人群生理、心理及社会健康的促进作用角度，证实良好住区绿地环境是缓解住区居民健康的有效途径[10]。相关研究发现，城市绿地有利于增加社会联系及社会接触、提高社会资本，从而使个体可以更加容易地从社会网络中得到信任与支持，克服个人无法独自解决的问题，产生一系列积极的健康作用。不仅如此，对于康复景观的保健作用[11-13]、园艺治疗功效[14-16]、促进身心健康[17-20]等相关研究也日趋深入、丰富，反映康复景观研究主题正不断拓展与完善。

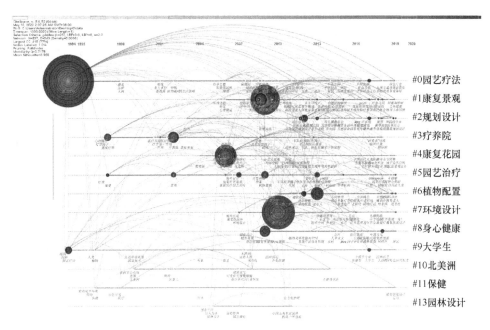

图5　高频关键词聚类时序图谱

3.2.2　康复景观的康复机制研究

　　根据对样本文献的梳理分析，发现康复景观促进居民身心健康的机制可以概括为 3 个方面，即促进体力活动、舒缓精神压力和减轻精神疲劳。相关研究已经从不同的角度解释了康复景观如何缓解参与者的压力和改变他们的情绪，进而促进人们的健康。李树华在国内首次提出建立具有中国特色的园艺疗法[21]，参与者通过园艺操作，不仅能够促进体力活动，还可以降减缓心跳速度、改善情绪、减轻疼痛，对病人康复具有很大的帮助而无任何副作用[22]。余洋等通过分析绿色空间内体力活动的健康效用，探索公众健康与绿色空间设计的联系[23]。段艺凡等通过探索康复景观中五感体验与人们健康的关联性，探讨了如何营造有益于人体身心健康的绿地环境[24]，达到舒缓精神压力的作用。张高超等通过对压力目标人群的康复实验，证明了纳卡地亚康复花园有明显的康复作用，实验人群的身体和精神状态有显著改善[25]。黄蔷薇等通过运用园艺疗法对住院心理疾病患者进行对照实验，论证了园艺疗法对心理疾病患者的焦虑情绪具有明显改善作用[26]。郭富要以杭州三家疗养院的植物景观为研究对象，探索了植物景观与人体健康的关系，证实了植物景观能够降低消极情绪、减轻精神疲劳，从而改善人体健康[27]。相关研究表明：积极情绪能够降低个体的心理易感性，使个体更好地应对负性或压力事件，积极情绪与身心健康和社会交往存在相互促进的关系[28]。

3.2.3　康复景观的适用人群研究

　　本研究主题有针对性地探讨了康复景观的适用人群，探讨了不同类型人群对康复景观的需求差异，有助于更加精准地发挥康复景观的健康效益。孙晶晶以儿童患者为研究对象，开展室外环境影响儿童病患心理特征变化的相关研究，总结了儿童患者对于环境的感知和需求更

加特殊和敏感[29]。张加轶等从自闭症儿童的诉求角度出发，提出康复花园、园艺疗法是传统疗法的有益补充，构建了新型儿童自闭症康复花园辅助治疗模式[30]。梁广东等通过探索大学生心理健康教育，论证了园艺疗法可以促进大学生树立积极向上的人生追求[31]。刘博新通过对养老机构康复景观的相关实验，证实了庭园活动能够改善老年人身心健康，且景观空间特征在一定程度上影响康复效果[32]。刘睿琦等通过分析相关研究文献，验证了康复花园对阿尔茨海默症的预防、情绪干预和心理治疗具有显著的辅助疗效[33]。此外，有关亚健康人群[34,35]、残疾人士[36]、精神疾病患者[37]等康复景观受众人群的研究正逐渐受到研究者的关注。

3.2.4　康复景观规划设计研究

　　康复景观规划设计研究主题大多是从园林绿地促进人体健康效益角度出发，结合各类人群的行为特征、绿地需求，提出相应的设计原则与策略。张文英等通过归纳总结康复景观的理论及实践，提出康复景观的循证设计[38]。郭庭鸿等总结出由"探寻证据，运用证据，总结成果"3个环节组成的康复景观循证设计过程[39]，从而为康复景观的设计提供科学依据和实证基础。崔晓燕提出安全性原则、空间和设施丰富性原则、可见性原则、舒适性原则、亲和性原则等康复景观设计原则[40]，用以指导康复景观设计实践。赵晶等从中国古典园林的布局选址、空间营造和人性化设计等方面出发，探索其对于现代医疗机构景观设计、改造提升等的启示作用[41]。刘志芬认为对于综合医院，科学而人性化的园林环境规划设计能最大限度地发挥其对人体生理、心理、社会等多方面的健康效益[42]。邢彩霞从保健植物景观营造方面探究医疗园林的规划设计理论[43]，王俊以养生文化为切入点探讨现代养生园林规划设计理念和方法[44]。综上所述，国内学者对于康复景观规划设计及优化策略的探索内容复杂多样，

涉及面广，融合了植物学、康复医学、环境心理学、生态心理学等多学科知识，体现了康复景观研究的全面性、创新性和融合性。

4 研究趋势与展望

4.1 研究趋势

通过对国内 1990-2020 年间的 1066 篇康复景观相关文献的整理分析，笔者发现该研究领域呈现以下两个趋势：

4.1.1 研究内容由单一转向多维

从关键词和研究主题来看，康复景观研究涉及的研究内容由早期的单一转向为多维。早期研究是以"园艺疗法""康复花园"等关键词为引领，展开对老年人、养老机构的研究。随着时代的发展，研究者对康复景观相关研究不断深入，研究受众不再局限于老年人，陆续开展了对儿童、亚健康人群、精神疾病患者等受众的研究；研究场地也逐渐向公园绿地、居住区绿地、医疗机构附属绿地等扩张；并引入植物学、康复医学、心理学和社会学等众多学科领域的知识，研究维度正逐渐扩展。

4.1.2 研究方法由定性转向定量

从研究机构和研究内容来看，康复景观的研究方法由早期的定性分析转向为更加科学、直观的定量分析。由于统计学的不断发展，研究方法也从早期的文献研究法、问卷调查法、访谈法等定性研究方法转向借助先进仪器（如电子血压计、脑波测定仪）和辅助软件（如 SPSS、SAS），再通过数据构建模型（如 Rayman 模型、Kano 模型、POE 分析法、IPA 分析法、AHP 层次分析法）进行量化分析，使得研究更加具有实证性、客观性、明确性和科学性。

4.2 研究展望

随着人们健康意识的持续提高，康复景观正受到越来越多群体的关注。探索康复景观是何物、在何处、对什么有益，以及如何设计和营造高效的康复景观，始终是康复景观研究领域最本质、最值得深入探究的议题。结合高频关键词的变化、社会科技的进步、风景园林及相关学科的发展，笔者预测以下两个方面将成为今后康复景观的研究热点。

4.2.1 以先进技术和实验手段为着力点，探究康复景观促进人体身心健康的机理机制

城市绿地具有美化城市外观、改善生态环境、游憩文教等直接功能，但其促进运动、调节人们身心健康的间接功能却未引起足够重视。深入探究康复景观促进人体身心健康的机理机制，有利于推广普及康复景观理念，提高康复景观影响力。

先进的观测手段、科学的仪器设备能够更好地帮助研究者探究康复景观对人体身心健康影响的效能和机制，

从而为康复景观规划设计奠定理论基础。为避免由于研究对象的个体偏好和限制（如经济状况、教育背景等）而导致的研究结果偏差[45]，研究方案可以采用实验对比方法[46,47]，或使用生理多导仪和脑电仪等先进仪器，从定性和定量两方面来精确衡量康复景观对人体身心健康的影响，使研究结果更加精准[48]。

4.2.2 以多学科交叉融合为突破口，创新康复景观的研究视角

随着时间的推移、学科的发展，将诸多相关学科的知识和理念融合到康复景观研究之中，深层次挖掘康复景观研究领域的研究内容和应用范畴，既满足人们的健康需求，又符合新时代的创新要求。

将更多相关学科融入康复景观研究当中，有利于突破现有的研究局限，创新康复景观的研究视角。如结合景观生态学，构建康复景观环境评价体系[49]；结合康复医学、康复心理学、行为心理学，探究康复景观设计新理论、新方法[50]，进一步丰富康复景观的研究内容和理论体系。

参考文献

[1] Allison W. Therapeutic Landscape: The Dynamic Between Place and Wellness [M]. Lanham, New York, Oxford: Unversity Press of America. Inc, 1999.

[2] 帕特里克·弗朗西斯·穆尼，陈进勇. 康复景观的世界发展[J]. 中国园林，2009，25(8)：24-27.

[3] Wil G. Lourdes: Healing in a place of pilgrimage[J]. Health and Place，1996，2(2).

[4] 李杰，陈超美. CiteSpace: 科技文本挖掘及可视化[M]. 北京：首都经济贸易大学出版社，2016.

[5] 顾至欣，张青萍. 近20年国内苏州古典园林研究现状及趋势——基于CNKI的文献计量分析[J]. 中国园林，2018，34(12)：73-77.

[6] 陈悦，陈超美，刘则渊，等. CiteSpace 知识图谱的方法论功能[J]. 科学学研究，2015，33(02)：242-253.

[7] 李树华. 尽早建立具有中国特色的园艺疗法学科体系(下) [J]. 中国园林，2000(04)：32.

[8] 修美玲，李树华. 园艺操作活动对老年人身心健康影响的初步研究[J]. 中国园林，2006(06)：46-49.

[9] 季建乐，包梦菲，张青萍. 基于JCI标准的医疗场所景观设计——以"归巢"老人康复中心为例[J]. 园林，2019(10)：66-71.

[10] 陈璐瑶，谭少华，戴妍. 社区绿地对人群健康的促进作用及规划策略[J]. 建筑与文化，2017(02)：184-185.

[11] 吴克宁. 探索城市园林绿地的新功能——植物保健园规划设想[J]. 中国园林，1995(02)：40-41.

[12] 黄谦，徐峰. 中外保健型园林的现状及比较[J]. 北京农学院学报，2010，25(04)：51-54.

[13] 张俊玲，王晶. 保健型园林中景观元素的保健作用[J]. 现代农业科技，2011(24)：265.

[14] 尹冬梅，陈发棣. 园艺疗法发展趋势探讨[J]. 江西科学，2008(01)：170-174.

[15] 魏钰，朱仁元. 为所有人服务的园林——芝加哥植物园的启示[J]. 中国园林，2009，25(08)：12-15.

[16] 刘博新，严磊，郑景洪. 园艺疗法的场所与实践[J]. 农业科技与信息(现代园林)，2012(02)：5-13.

[17] 黄筱珍. 从康复花园到健康景观——基于健康理念的城市景观设计[J]. 民营科技，2008(01)：155.

[18] 张慧. 康复花园景观设计方法研究[D]. 大连：大连工业大学，2013.

[19] 沈子茜. 我国小型公共空间中康复性花园营造的研究[D]. 北京：中国林业科学研究院，2013.

[20] 薛青亮，王先杰. 公园中的康复景观设计初探[J]. 北京农学院学报，2015，30(01)：104-108.

[21] 李树华. 尽早建立具有中国特色的园艺疗法学科体系(上)[J]. 中国园林，2000(03)：15-17.

[22] 李树华. 园艺疗法的特征[J]. 园林，2013(11)：12-17.

[23] 余洋，王馨笛，陆诗亮. 促进健康的城市景观：绿色空间对体力活动的影响[J]. 中国园林，2019，35(10)：67-71.

[24] 段艺凡，张延龙. 康复景观视野下的五感体验园林景观营造[J]. 西北林学院学报，2017，32(03)：284-288.

[25] 张高超，刘洋，汤晓敏. 面向压力人群的康复景观——纳卡地亚森林康复花园设计特色及其启示[J]. 上海交通大学学报(农业科学版)，2017，35(02)：61-67.

[26] 黄蔷薇，周丹. 园艺疗法对住院心理疾病患者焦虑情绪的影响[J]. 临床护理杂志，2012，11(05)：4-6.

[27] 郭要富，金荷仙，陈海萍. 植物环境对人体健康影响的研究进展[J]. 中国农学通报，2012，28(28)：304-308.

[28] 董妍，王琦，邢采. 积极情绪与身心健康关系研究的进展[J]. 心理科学，2012，35(02)：487-493.

[29] 孙晶晶. 注重心灵感知的儿童康复景观设计[J]. 中国园林，2016，32(12)：58-62.

[30] 张加轶，郭庭鸿. 自闭症儿童康复花园园艺疗法初探[J]. 四川建筑，2014，34(06)：57-60.

[31] 梁广东，石凌云. 园艺疗法在大学生心理健康教育中的运用探析[J]. 锦州医科大学学报(社会科学版)，2018，16(01)：60-62.

[32] 刘博新. 面向中国老年人的康复景观循证设计研究[D]. 北京：清华大学，2015.

[33] 刘睿琦，叶喜，王国贤. 基于园艺疗法的阿尔茨海默病康复花园景观设计研究[J]. 锦州医科大学学报(社会科学版)，2019，17(03)：51-53.

[34] 张高超，孙睦泓，吴亚妮. 具有改善人体亚健康状态功效的微型芳香康复花园设计建造及功效研究[J]. 中国园林，2016，32(06)：94-99.

[35] 万柯. 基于园艺疗法的城市青年亚健康康养花园设计研究与应用[D]. 绵阳：西南科技大学，2019.

[36] 王宁. 城市康复景观规划探析[D]. 南京：南京农业大学，2014.

[37] 高云，黄素，陆钰勤. 园艺疗法对慢性精神分裂症的康复效果分析[J]. 中国医药科学，2016，6(07)：202-205.

[38] 张文英，巫盈盈，肖大威. 设计结合医疗——医疗花园和康复景观[J]. 中国园林，2009，25(08)：7-11.

[39] 郭庭鸿，董靓，孙钦花. 设计与实证——康复景观的循证设计方法探析[J]. 风景园林，2015(09)：106-112.

[40] 崔晓燕. 康复景观规划设计研究[D]. 咸阳：西北农林科技大学，2014.

[41] 赵晶，宋力. 中国古典私家园林对现代医院康复景观设计的启示[J]. 沈阳农业大学学报(社会科学版)，2011，13(04)：492-496.

[42] 刘志芬. 综合医院园林环境研究[D]. 北京：北京林业大学，2011.

[43] 邢彩霞. 医疗园林之保健植物景观营造研究[D]. 福州：福建农林大学，2016.

[44] 王俊. 基于养生文化的现代养生园规划设计研究[D]. 青岛：山东建筑大学，2014.

[45] Zijlema W L，Stasinska A，Blake D，et al. The longitudinal association between natural outdoor environments and mortality in 9218 older men from Perth，Western Australia[J]. Environment International，2019，125：430-436.

[46] Salbach N M，Barclay R，Webber S C，et al. A theory-based，task-oriented，outdoor walking programme for older adults with difficulty walking outdoors：Protocol for the Getting Older Adults Outdoors（GO-OUT）randomised controlled trial[J]. BMJ Open，2019，9(4).

[47] Ojala A，Korpela K，Tyrväinen，et al. Restorative effects of urban green environments and the role of urban-nature orientedness and noise sensitivity：A field experiment[J]. Health & Place，2018.

[48] 刘博新，李树华. 基于神经科学研究的康复景观设计探析[J]. 中国园林，2012(11)：47-51.

[49] 郑洁，俞益武，包亚芳. 疗养院康复景观环境评价指标体系的构建[J]. 浙江农林大学学报，2018，35(05)：919-926.

[50] 齐岱蔚. 达到身心平衡[D]. 北京：北京林业大学，2007.

作者简介

游礼枭，1997 年生，男，福建政和，江西农业大学 2019 级在读硕士研究生，研究方向为园林规划设计历史与理论。电子邮箱：759919410@qq.com。

张绿水，1976 年生，男，江西鄱阳，博士，副教授，江西农业大学园林设计研究院副院长，研究方向为园林规划设计历史与理论。电子邮箱：zhanglvshui@sina.com。

刘牧，1985 年生，男，黑龙江哈尔滨，博士，江西农业大学讲师，研究方向为林业信息技术。电子邮箱：529860276@qq.com。

近30年国内康复景观研究现状与趋势——基于Citespace可视化分析

社会空间背景下广场舞影响的人群心理变化
——以清河地区为例

The Psychological Changes of The Crowd Affected by The Square Dance Under The Background of Social Space：
Take Qinghe Area as an Example

翟启明　史诗雨

摘　要：本次研究以空间社会学与声景设计学为基础对广场舞扰民现象相关人群进行研究，探究广场舞扰民现象成因及解决办法。应用大数据 GIS 技术，综合图示、表现与度量，描述并解析广场舞活动场所在广场舞团体影响下的现实声景变化。通过问卷调查与走访剖析不同人群与广场舞群体间的交流，比对现实声景变化，分类探究空间社会性是否对人群心理声景存在影响。最后进行论证总结，为今后从城市公共空间健康生活角度进行设计规划及管理提供参考。

关键词：城市公共空间；广场舞；声景；空间社会性；人群心理变化

Abstract: Based on the sociology of space and the science of soundscape design, this research conducted a study on the related populations of the phenomenon of square dance disturbing people, and explored the causes and solutions of square dance disturbing people phenomenon. The research first identified and classified the public activity space and activity crowd in Qinghe area, and divided the square dance activity place in Qinghe area. Applying big data gis technology, comprehensive illustration, performance and measurement, describe and analyze the real soundscape changes of the square dance venue under the influence of the square dance group. Through questionnaire surveys and interviews, we analyze the communication between different groups of people and square dance groups, compare the changes in the real soundscape, and classify and explore whether the spatial sociality has an impact on the crowd's psychological soundscape. Finally, the argumentation and summary will provide references for future design, planning and management from the perspective of healthy living in urban public spaces.

Key words: Urban Public Space；Square Dance；Soundscape；Spatial Sociality；Crowd Psychology

广场舞作为一种简单易学并且较为安全的体育活动，兼具两方面影响[1]。一方面，广场舞对城市生活环境的负面影响（即噪声扰民）日益突出；另一方面，各种针对广场舞扰民的"恶性抵制"也在同步增加[2]。越来越多的学者开始从声景设计、社会空间等角度研究广场舞噪声[3]，通过创造美好公共活动空间的方法[4]，来达到消除广场舞噪声负影响的目的，创造更加健康美好的人居环境。

1　理论概述

1.1　什么是声景

声景研究与传统的噪声控制研究不同：声景研究主要聚焦于人、听觉、声环境与社会之间的相互关系，寻找能动地削弱乃至消除声音负效益的方法[5]。目前，关于声景的研究日益增加，各路学者以"人—声音—环境"三者之间相互关系及其相关问题为切入点，将声景设计与人居环境科学、人类文化学、声学、噪声控制、景观环境设计等领域结合起来进行研究[6]。由于广场舞对城市生活环境的负面影响主要为噪声扰民[7]，因此从声景研究的角度对广场进行分析可以定性定量的展现其负影响。

1.2　什么是空间的社会性

自爱德华·W·苏贾提出了理论的"空间化"[8]后，

不断有学者对空间的社会性进行研究。目前，按照大部分学者的总结，空间的社会性理论主要基于两种学说：一种是"城市社会学"，另一种是关于"空间与社会"的基本理论[9]。并且这两种学说都遵循一个共同的前提，即空间是人类社会生活的产物。由此在探讨城市公共空间时，必须将人类的活动以及人群心理变化纳入研究范围[10]。

本次研究以"城市社会学"为理论基础，引入社会学思维。将空间的社会性定义为，空间的"联通性"和"排他性"[11]。"排他性"指空间本身是具有排他性的，一个主体只能占据一个空间，其他主体若想占据同一个空间，必然会发生社会互动。空间也因其占有者而具有了社会性。"联通性"指个人与空间的相互作用或者说互动，也就是指人们在社会行动的过程中能够获取并且加以使用的可能性。在行动的过程中的联通性不仅包括生理的可使用性，还包括心理的可进入性。商业中心将广场舞空间规定为"不受欢迎者"或者"禁止入内者"，但广场舞空间并不像商业中心对其定义的那样受到排斥和限制[12]。

2　研究地区与研究方法

2.1　研究地区和数据来源

研究选取清河地区 3 个代表性的广场舞空间（华润五

彩城、清河燕清体育公园、清河毛纺路16号院）作为研究对象。数据来源于实地调研和访谈。

选取清河地区作为进行研究广场舞空间的主要区域，原因主要有：①参与广场舞的人数较多，具有研究的普遍意义。②广场舞空间较为丰富，吸引大批人群参与广场舞，具有研究的典型性。

2.2 研究方法

在研究过程中，除了采用文献阅读法、实地勘察及问卷访谈等一般社会调查方法外，还根据公共活动空间空间性质进行空间分类[13]，并运用空间社会学将广场舞团体与周边人群的关系分类。通过建立假说进行论证。在声景部分，采用基于大数据GIS处理系统的声压级分布图及声景地图绘制方法。

3 清河广场舞活动空间及声景变化研究

3.1 清河广场舞活动空间性质研究

根据公共活动空间性质可以将清河广场舞空间划分为私人空间、自然占据空间、共有资源空间和纯公共空间（表1）。

广场舞活动空间及人群分类　　　　　　　　　　　　　　　　　表1

空间类型	分类类型	广场舞开始前	广场舞开始后	空间性质	声景影响下的人群
城市居民广场	私人空间	私人空间	私人空间	有强烈联通性	小区居民
城市公共广场	共有资源空间	共有资源空间	自然占据空间	有排他性和少量联通性	行人、周边居民、锻炼者、休憩者
城市公园	纯公共空间	纯公共空间	纯公共空间	有强烈联通性	行人、锻炼者、休憩者

城市居民广场以毛纺路16号院为例。这一类空间在广场舞开始前后均属于私人空间，主要活动人员以小区居民为主，人员之间具有强烈的联通性（图1）。

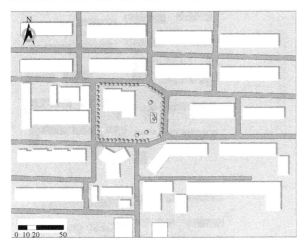

图1　毛纺路16号院平面图

城市公共广场以华润五彩城为例。这一类空间在广场舞开始前属于共有资源空间，各类群体均可在该空间进行活动。在广场舞开始后转变为自然占据空间，当广场舞团体占据空间时，周边人群除参与广场舞活动外，很难与广场舞群体形成联系，因此空间具有排他性和少量的联通性（图2）。

城市公园以清河燕清体育公园为例。这一类空间一直属于纯公共空间，各类群体均可在该空间开展各项活动，空间具有强烈的联通性（图3）。

3.2 清河广场舞影响下的声景变化研究

广场舞声景变化的研究，采用了网格定点法。应用大数据GIS技术，综合图示、表现与度量，描述了广场舞活动场所在广场舞团体影响下的现实声景变化，绘制出广场舞开始前后声压级地图和声景地图[14]。

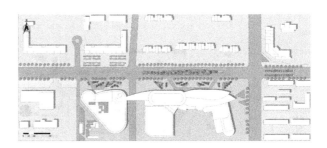

图2　五彩城商业广场平面图

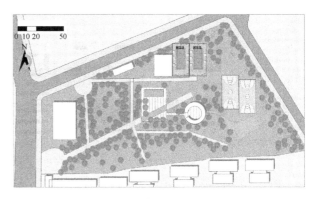

图3　燕清体育公园平面图

声压级地图，采用2m×2m网格定点法，对声音分贝进行测量并绘制声压级分布图。声景地图采用20m×20m网格定点法，对声音分贝进行测量并运用的插值分析方法绘制声景地图[15]。

广场舞开始前后，场地声音变化显著（图4，图5）。但在声景地图对比中，研究发现广场舞团体在空间上产生的声音传播范围和影响程度都相对有限。客观层面上广场舞团体在跳广场舞时对声景的确造成了一定的负影响，但无论是传播范围还是影响程度都相对有限。由此假设人们对于广场舞的抵制，可能出于心理原因（图6～图8）。

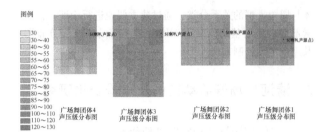

图4 五彩城城市公共广场广场舞声压级分布图

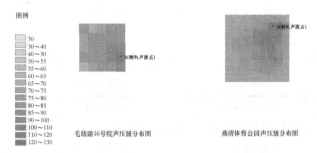

图5 城市居住区和城市公园广场广场舞声压级分布图

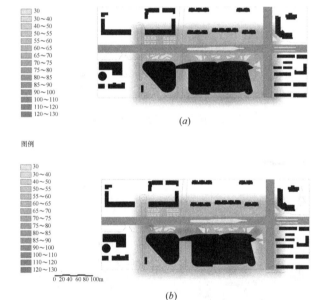

图6 五彩城商业广场广场舞开始前后声景地图

(a) 开始前；(b) 开始后

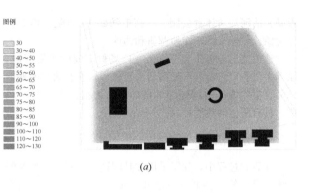

图7 燕清体育公园广场舞开始前后声景地图

(a) 开始前；(b) 开始后

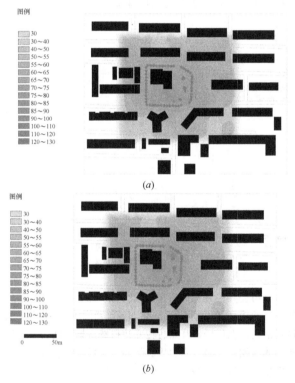

图8 毛纺路15号院广场舞开始前后声景地图

(a) 开始前；(b) 开始后

为初步验证假设，对华润五彩城、清河燕清体育公园、清河毛纺路16号院的广场舞组织者及周边居民进行了简单访谈，最终选取不满程度最高的五彩城商业广场作为测量对象。在五彩城商业广场广场舞开始前后，进入附近居住建筑内部，分别测量从1～6层，广场舞开始前后窗边分贝变化。对比日常常见的几种声音类型的分贝（商场交谈声：70～80dB；汽车鸣笛：75～85dB；儿童嬉戏声：70～85dB）可得，建筑内部的声音按照楼层基本呈现一个从低到高的变化，其中6层在开窗的情况下受到广场影响最大，但其分贝在客观层面上理应属于人群可接受的范围内，并不构成噪声。在建筑内部关闭窗户后，分贝大幅降低，接近广场舞始前（表2）。

广场舞伴奏音乐开始前后居民住宅楼各楼层的分贝数　　表2

楼层	开始前		开始后	
	窗外1m (dB)	室内（开窗）(dB)	窗外1m (dB)	室内（开窗）(dB)
1层	51.8	43.3	59.4	51.3
2层	51.5	43.7	58.8	52.5

楼层	开始前		开始后	
	窗外 1m (dB)	室内（开窗）(dB)	窗外 1m (dB)	室内（开窗）(dB)
3 层	51.1	43.4	59.6	53.4
4 层	51.6	43.4	59.9	53.8
5 层	51.2	43.7	60.5	54.1
6 层	51.3	43.5	61.0	54.6

4 清河广场舞活动空间及声景变化研究

通过对清河地区广场舞活动空间空间性质和声景的研究，初步探究出：

（1）广场舞团体占据空间以后，形成了空间的排他性，除了参与进广场舞以外，周边进行活动的人群很难与广场舞团体进行空间上的交流。

（2）广场舞团体在跳广场舞时对声景的确造成了一定的负影响，但无论是传播范围还是影响程度都相对有限。

（3）广场舞团体占据公共空间之后，空间的排他性对人群心理产生了负面影响。

根据初步研究，对广场舞影响下的人群心理变化的原因进行了假设：广场舞团体占据了空间以后，形成了空间的排他性，造成了部分人群的排斥心理；由于空间的排他性造成的人群排斥心理，使得人们对声音的容忍度降低并将广场舞团体的声音判定为噪声。随后对两个假设进行了严密论证。

4.1 广场舞团体占据空间使部分人群产生排斥心理

对假设一的论证主要采用词频统计法。

研究团队将广场舞声景影响下的人群分成 5 类——小区居民、行人、周边居民、锻炼者、休憩者。针对不同类别的人群进行访谈，最终进行词频统计得出（表 3）：城市居民广场和城市公园的主要活动人群对于广场舞的排斥心理较少，仅有少量行人认为音乐声过大过吵；城市公共广场产生排斥心理的人群较多，主要以行人和周边居民为主。

广场舞影响下的各类人群词频统计　表 3

声景影响下的人群	词频统计	具有排斥心理人群	词频统计
小区居民	没事儿、热闹、无所谓	无	—
行人、周边居民、锻炼者、休憩者	热闹、活跃、解闷、锻炼、组织、无所谓	行人、周边居民	吵闹、堵人、烦、俗气
行人、锻炼者、休憩者	热闹、活力、有组织、锻炼、有意思、欣赏、无所谓、安全、没影响	少量行人	音乐太吵、声音太高

对比词频统计和访谈结果，研究发现：

私人空间——城市居民广场以及纯公共空间——城市公园由于空间特性，广场舞团体占据空间不会引发大量人群的排斥心理。私人空间各个团体间有着强烈的联通性，广场舞团体成员通常为小区居民，邻里关系良好，因此周边居民认为他们在小区公共空间内活动并未造成不良影响。纯公共空间有强烈的联通性，不同人群可以在公园里进行自由活动，因此其他群体未对广场舞团体产生排斥心理。

城市公共空间被广场舞团体占据之后转化为城市共有资源空间，周边居民和行人原本想要进行的活动会因广场舞团体占据无法进行，无法与广场舞团体形成较好的联通，形成排斥心理。

4.2 排斥心理判定广场舞声景为噪声

假设二的论证主要采用访谈调研法和问卷调研法。有效问卷 116 份：居民 55 人、行人 37 人、广场舞团队成员 7 人、锻炼者 6 人、休憩者 14 人。

主要调研目的是调查人们在某个环境中感到的声音是否有主观性。调研发现：当周围存在喜欢的声音时，受到声音的正面影响的人占到绝大多数。82 位即 71% 被调查者，认为该声音对其有正面影响，能提高其学习和工作的效率。当周围存在不喜欢的声音时，116 位问卷调查者均表示会受到负面影响。

接着研究团队将上述问题转化为广场舞问题。对排斥广场舞进行了调研。通过访谈和问卷调研发现：具有排斥心理的人，将广场舞产生的声音划定为噪声。而具有联通性的人群，对广场舞声音的容忍度较高，将其判定为普通人群活动声未受到负面影响。

4.3 人群对广场舞声音的容忍度随参与度提升而提升

假设二证明人们感受到的声音是有主观性的，因此排斥心理会影响其对声音的容忍度。在此结论基础上，进行参与式调研，引导他人参与广场舞，对参与者进行访谈及问卷调查。将受到广场舞影响的人群根据参与程度分为 5 类。将参与程度按照 0~5 进行划分，对声音的容忍度按照 1~5 进行分级。样本特征描述统计：有效问卷 116 份：抵制广场舞 30 人、社会角色性参与 25 人、游人欣赏性参与 34 人、周边活动性参与 20 人、直接加入性参与 7 人。调查发现：无论是在广场舞旁边活动，还是直接加入广场舞（甚至于有所交流）都能极大的提升声音容忍度。

根据问卷结果，建立模型，建立线性回归方程：

$Y=0.952X+1.043$，由方程可得 $a>0$，即参与度与容忍度之间正相关。

通过模型验证出：声音容忍度与参与性程度之间存在正向相关关系。参与度越强，人群对于广场舞声音的容忍度越强。

模型	非标准化系数		标准系数	t	Sig.	B 的 95.0% 置信区间		共线性统计量	
	B	标准误差	试用版			下限	上限	容差	VIF
1（常量）	1.043	0.072		14.427	0.000	0.900	1.187		
参与程度	0.952	0.036	0.925	26.401	0.000	0.880	1.023	1.000	1.000

a. 因变量：声音容忍度。

模型汇总ᵇ 表 5

模型	R	R 方	调整 R 方	标准估计的误差	更改统计量					Durbin-Watson
					R 方更改	F 更改	df1	df2	Sig. F 更改	
1	0.925ᵃ	0.855	0.854	0.482	0.855	696.995	1	118	0.000	1.822

a. 预测变量：（常量），参与程度。

b. 因变量：声音容忍度。

5 结语与展望

5.1 结语

研究发现：由于空间的社会性，广场舞团体在占据空间时会造成排他性，使得部分人群心中产生排斥心理。由于排斥心理，人群对于广场舞声音的容忍度降低并感受到负面影响。提升人群和广场舞团体的联通性，无论是在广场舞旁边活动，还是直接加入广场舞团体（甚至有所交流）都能极大的提升声音容忍度。参与度越强，联通性越强，人群对于广场舞声音的容忍度越强，可以有效削弱声音的负面影响。

5.2 展望

在城市设计和管理中，城市规划设计者及管理者往往通过提升或放大城市的正效益来应对城市的负效益，但部分负效益往往来源于人群的心理排斥。本次研究为城市的公共空间设计和管理提出了一个新的思路，即通过提升人群对于公共空间或者在公共空间活动人群的参与度，可以有效的削弱甚至消除一定的负效益。为了创造更好的人居环境，城市公共空间的设计者和管理者应该将各类人群的参与度和心理变化纳入考虑范围，创造出参与度更强的城市公共空间。

参考文献

[1] 赵铮. 广场舞的影响及管理研究[D]. 咸阳：西北农林科技大学，2015.

[2] 张信思，刘明辉，赵丽娜. "广场舞矛盾"与城市公共文化空间的规划管理[J]. 中国园林，2014，(08)：112-115.

[3] 王玉. 空间视角下的广场舞研究[D]. 上海：华东师范大学，2015.

[4] 高洪墨. 基于多视角的广场舞现象及对策分析[D]. 大连：大连理工大学，2015.

[5] 李国棋. 声景研究和声景设计[D]. 北京：清华大学，2004.

[6] 刘江，康健，霍尔格·伯姆，等. 城市开放空间声景感知与城市景观关系探究[J]. 新建筑，2014，(05)：40-43.

[7] 孟琪. 广场舞活动对城市开放空间声景观的影响[A]. 中国声学学会. 2016 年全国声学学术会议论文集[C]. 中国声学学会，2016.

[8] Space and spatiality：What the built environment needs from social theory[J]. Bill Hillier. Building Research & Information. 2008(3).

[9] 林聚任. 论空间的社会性——一个理论议题的探讨[J]. 开放时代，2015(06)：135-144+8.

[10] 曹志刚，蔡思敏. 公共性、公共空间与集体消费视野中的社区广场舞[J]. 城市问题，2016，(04)：96-103.

[11] 刘长喜，陈心想. 排他性与联通性：社会参与对普遍信任的影响[J]. 社会学评论，2017，5(03)：19-33.

[12] 周芳，方新普. 全民健身中广场舞流行的社会学分析[J]. 乐山师范学院学报，2015，(02)：104-107+130.

[13] 沈满洪，谢慧明. 公共物品问题及其解决思路——公共物品理论文献综述[J]. 浙江大学学报(人文社会科学版)，2009，39(06)：133-144.

[14] 吴颖娇. 声景观评价方法和典型区域声景观研究[D]. 杭州：浙江大学，2004.

[15] 孙崟崟，朴永吉，朱文倩. 城市公园声景分析及 GIS 声景观图在其中的应用[J]. 西北林学院学报，2012，(04)：229-233+246.

作者简介

翟启明，1995 年生，男，汉，江苏，北京林业大学园林学院硕士研究生在读，研究方向为城市规划设计与理论。电子邮箱：676323724@qq.com。

史诗雨，1996 年生，女，汉，四川，四川农业大学风景园林学院硕士研究生在读。电子邮箱：635069929@qq.com。

公共空间树荫下人群 PM2.5 健康风险评估
——以三峡广场为例

Health Risk Assessment of PM2.5 Among People Under Shade Trees in Public Space:
Take the Three Gorges Square for Example

张 浩

摘 要: PM2.5作为空气污染的主要成分,是造成慢性疾病的主要元凶之一,严重威胁着人群健康。根据前人的研究,公共空间中的绿植对PM2.5具有阻滞作用,从而造成了树荫下PM2.5浓度的累积,同时,树荫空间又是人群喜爱并且聚集的地方,高污染浓度和人群的汇集势必会造成更加严重的健康危害。本文以三峡广场为研究对象,选取了8个不同类型的树荫空间进行PM2.5浓度的实测和人群活动记录,进而对人群的PM2.5健康风险展开评估与研究工作,对于探究绿植布局形式和人群健康之间的关系具有一定的价值。

关键词: 树荫空间;PM2.5;健康风险;三峡广场

Abstract: PM2.5, as the main component of air pollution, is one of the main culprits of chronic diseases and poses a serious threat to people's health. According to previous studies, green plants in public space have a blocking effect on PM2.5, resulting in the accumulation of PM2.5 concentration under shade trees. At the same time, shade space is a favorite and gathering place for people. High pollution concentration and the gathering of people are bound to cause more serious health hazards. This paper takes the Three Gorges Square as the research object, selects 8 different types of shade Spaces to conduct PM2.5 concentration measurement and crowd activity record, and then carries out assessment and research on the PM2.5 health risk of the crowd, which is of certain value for exploring the relationship between the layout of green plants and the health of the crowd.

Key words: The Shade Space; PM2.5; Health Risk; Three Gorges Square

引言

随着城镇化的推进,日益严重的环境污染问题,一直以来威胁着人群的健康。其中PM2.5作为空气污染的主要成分之一,会对人体的呼吸系统、心血管系统、神经系统等造成不同程度的影响,是哮喘、心肺损伤、系统性炎症等病情的主要元凶[1]。

对PM2.5污染的健康风险研究,首先需要对污染物的暴露量进行评估,PM2.5的暴露浓度和PM2.5的暴露相关参数(人群的呼吸速率、暴露的时间)决定了人群的PM2.5摄入量[2,3]。城市公共空间是城市人群的主要活动场所,一方面,其中的绿植布局形式,会对空间内PM2.5的浓度分布造成一定的影响[4-6],另一方面,绿植的布局及其公共设施的设置,也会引导人群展开不同类型的活动[7,8],从而造成不同的呼吸速率和暴露在PM2.5污染环境中的时间,最终影响人群的PM2.5暴露剂量。

本文通过对城市中不同绿植布局形式的树荫下空间进行PM2.5污染物浓度的实地测量,以及对人群活动行为进行观察和记录,分析公共空间中,树荫下PM2.5浓度空间分布、人群数量、活动类型以及活动时间等,从而对人群的PM2.5暴露风险进行评估与研究。

1 实验过程

1.1 研究对象

重庆市作为典型的山地城市,受山体阻隔和高强度建设活动的影响,使得常年平均风速低,不利于城市街谷中的污染物扩散。本次的研究对象是位于重庆市沙坪坝区的三峡广场,它是城市文教资源集中的区域,周边聚集了众多的高校、中小学以及各种教育机构,从而导致了三峡广场人流密集。三峡广场的商业及生活氛围浓厚,对其展开实验研究具有重要的意义与价值。

本文选取三峡广场8个不同类型(树阵布局、公共设施、规模大小等差异)的树荫空间(图1、图2)进行PM2.5浓度实测以及人群活动的统计工作。

1.2 实测方法

测量时间:选在人流量较大的周末时间段,于2020年9月26日(星期六)进行测量,收集早上9:00到晚上20:00时间段内的PM2.5浓度数据以及人群的活动信息。

图 1　三峡广场范围及各测量点布局
（来源：作者自绘）

测量仪器：测量 PM2.5 浓度的仪器采用博朗通 SMART-126S 空气监测仪（图 3），这是一种常用的空气监测仪，拥有激光 PM2.5 传感器，测量数据准确、反应灵敏。

测量方式：每个类型的树荫空间布置 3 个 PM2.5 浓度的测量点位（图 4），分别为树荫下空间（a 点）以及树荫两侧空间（b 点、c 点）。每间隔 1h 对 3 个测量点位进行一次数据的读取并记录。为了减少外界因素的干扰，每次连续读取 3 个 PM2.5 的浓度数值，并取其平均值作为当前时刻的 PM2.5 浓度值。人群的活动信息则采用计数的方式进行统计，对不同时间段人群的活动类型及其数量信息进行收集。

| 1号测点 | 2号测点 | 3号测点 | 4号测点 |

| 5号测点 | 6号测点 | 7号测点 | 8号测点 |

图 2　各测量点现状照片
（来源：作者自摄）

图 3

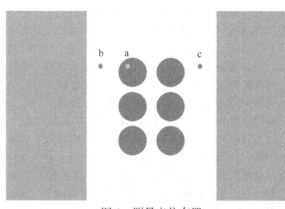

图 4　测量点位布置

2 实测结果及分析

2.1 树荫下空间 PM2.5 浓度分布

2.1.1 PM2.5 的总体分布特征及变化趋势

三峡广场各个测量点的树荫下 PM2.5 浓度日变化趋势，以及与距离三峡广场最近的刘家院空气质量监测站的数据对比如图 5 所示。可以看出，PM2.5 浓度的总体变化趋势呈现缓慢升高—骤降—再升高的特点。从早上 9：00 起，当日的 PM2.5 浓度便处于一个较高的值，达到了 $160\mu g/m^3$ 左右，其中峰值（3 号点）达到了 $168\mu g/m^3$。到中午前，PM2.5 浓度值基本保持不变，部分测量点

（2 号点、3 号点、7 号点）稍有降低，4 号点缓慢提升，但总体变化幅度不大。13：00～14：00 时间段内，多数测量点的 PM2.5 浓度值达到当天日间的峰值，其中 3 号点峰值高达 $189\mu g/m^3$。之后一直到 17：00 点，总体 PM2.5 浓度值开始降低，但 18：00 点之后又开始回升。

与刘家院空气质量监测站的 PM2.5 浓度数据进行对比，可以看到三峡广场整体的 PM2.5 浓度远远高于监测站的浓度值，这是由于相比三峡广场密集的人群活动，监测站远离繁华的市区，受到人的活动影响较小，因此两者 PM2.5 浓度差距也较大。

对比各测量点的日平均 PM2.5 浓度值（图 6）可以发现，除 6 号点外，其他点位树荫下空间 PM2.5 浓度处于 $143\sim149\mu g/m^3$ 的范围内，属于轻度污染，而 6 号点（$152\mu g/m^3$）则属于中度污染。

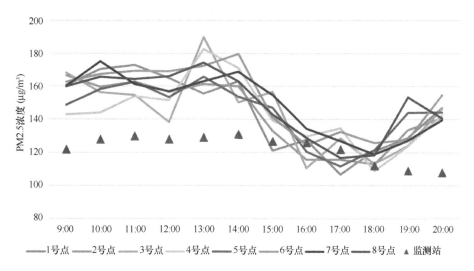

图 5　各测点树荫下空间 PM2.5 浓度日变化趋势
（来源：作者根据测量数据整理绘制）

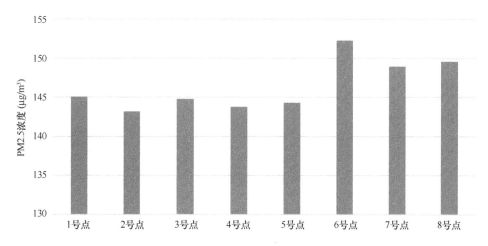

图 6　各测点树荫下日平均 PM2.5 浓度值
（来源：作者根据测量数据整理绘制）

2.1.2 PM2.5 与绿植布局方式的关联性

公共空间内不同形式排布的树阵会对 PM2.5 浓度造成一定影响，对 8 个测量点分别进行分析：

（1）1 号点、2 号点、3 号点为绿地＋乔木的组合形式，并在绿地空间四周布置有休闲座椅。乔木分别以冠径较小（4m）的 2 株、4 株或者一大（9m）一小（4m）冠径的方式进行组合。

对比 1 号点、2 号点、3 号点的 a（树荫下空间）、b（树荫外空间）、c（树荫外空间）的 PM2.5 浓度值可以看出，1 号点树荫下空间的 PM2.5 浓度全天都高于树荫外空间（图 7(a)），说明绿植没有起到对空气的净化作用，反而在局部区域提高了污染物的浓度。造成该现象的原因主要是该测量点有东北—西南方向的风道，而树阵的排列方向为南北向，而不是顺应风道的布局，树阵及其下部的绿地花坛空间的排列阻隔了风的流通（图 7(b)）。绿植叶冠对污染物的阻滞作用明显，污染物随着重力作用向树荫下空间沉积，进而造成了高污染物浓度。

相比之下，2 号点的树荫下空间同外部空间的污染物浓度较为一致（图 8(a)），部分时段树荫下空间的 PM2.5 浓度略低于外部空间。其原因主要是 2 号点处于广场的风口处，风的流通性较好，并且 2 号点一大一小冠径的乔木组合形式，呈现出绿植稀疏布局的特点，对风的阻隔作用不明显（图 8(b)）。

3 号点由于是 4 株乔木成四方形布置的形式，虽然冠径较小，但是布局紧密，并且枝下高度仅有约 1.8m，通透性弱，整体上对风的阻隔作用较大，因此 3 号点树荫下空间 PM2.5 浓度明显高于外部空间（图 9(a)）。

（2）4 号点为单株乔木＋硬质铺地的组合形式，树荫下无休闲设施，乔木冠径较大（8.4m）。通过图 10(a) 可以看出，在 12：00～17：00 以及 19：00 以后的时间段内，4 号点树荫下空间 PM2.5 浓度明显高于外部空间浓度，其他时间段则基本保持一致。造成这一现象的原因是 4 号点单株乔木的大尺度冠径，对风的阻隔作用明显，使得污染物在树冠聚集并且沉降，从而造成了树荫下空间与外部空间的浓度差。

（3）5 号点、6 号点、7 号点、8 号点均为规整的树阵排列布局方式，其中 5 号点为两列南北向布置，冠径 4m，布局稍显紧凑；6 号点为 3 列东西向布置，冠径 3m，布局较为稀疏；7 号点为 4 列南北向布置，冠径 7.8m，布局紧凑；8 号点为 2 列东西向布置，冠径 2.5m，布局稀疏。4 个测量点树荫下均布置有一定数量的休憩设施。

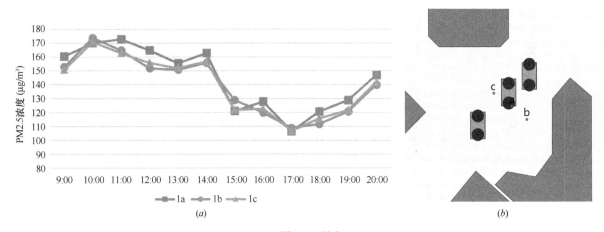

图 7　1 号点
(a) PM2.5 浓度日变化趋势；(b) 测点布局

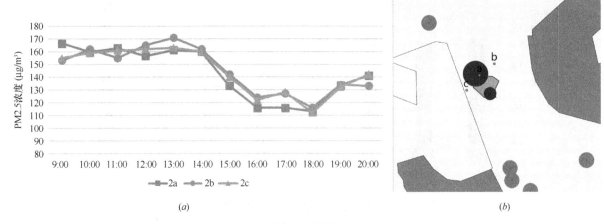

图 8　2 号点
(a) PM2.5 浓度日变化趋势；(b) 2 号点测点布局

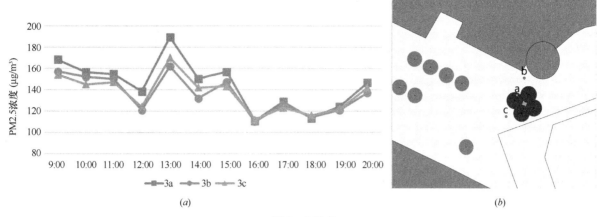

(a)

(b)

图9　3号点

(a) PM2.5浓度日变化趋势；(b) 测点布局

（来源：以上图片均由作者根据测量数据整理绘制）

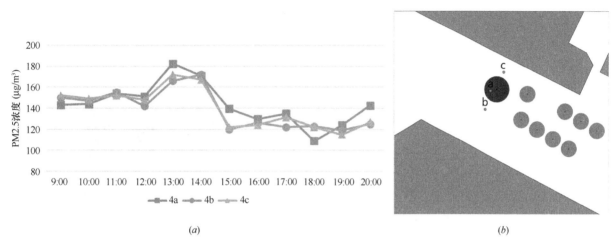

(a)

(b)

图10　4号点

(a) PM2.5浓度日变化趋势；(b) 测点布局

（来源：作者根据测量数据整理绘制）

通过图12(a)与图13(a)可以看出，6号点与7号点的树荫下空间PM2.5浓度高于外部空间浓度，7号点是因为密集的排列方式和大冠径乔木的原因导致的，6号点冠径小、布局稀疏，但是由于西侧有一处地下通道出入口（图15），约3m高的墙体形成了风道的阻隔，阻挡了

东西方向中部位置风的流通，因此使得该树阵空间污染物浓度较高，而两侧的b、c测量点因为没有受到地下出入口墙体阻隔的影响，因此污染物浓度相对较低。

5号点与8号点的污染物浓度如图11(a)与图14(a)所示，可以看出，树荫下污染物浓度与外部空间几乎无差

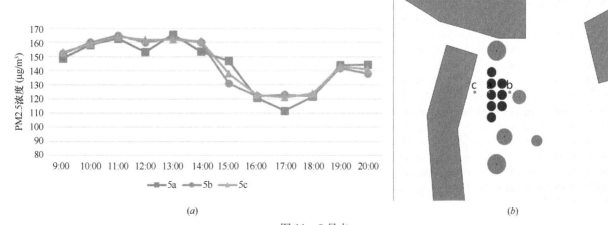

(a)

(b)

图11　5号点

(a) PM2.5浓度日变化趋势；(b) 测点布局

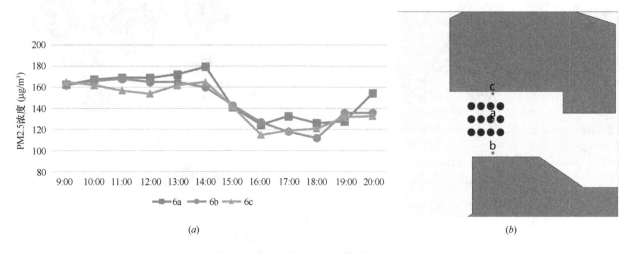

图 12　6 号点

(a) PM2.5 浓度日变化趋势；(b) 测点布局

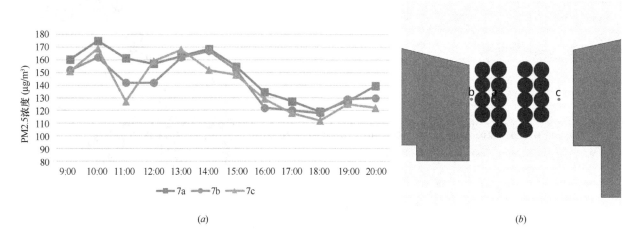

图 13　7 号点

(a) PM2.5 浓度日变化趋势；(b) 测点布局

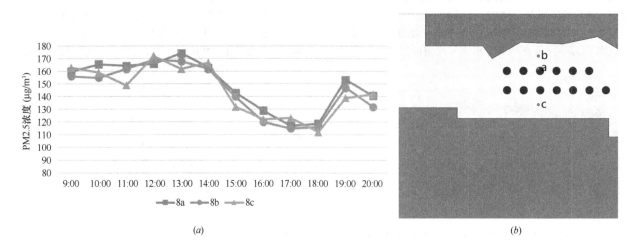

图 14　8 号点

(a) PM2.5 浓度日变化趋势；(b) 测点布局

(来源：以上图片均由作者根据测量数据整理绘制)

图15 地下通道出入口墙体阻隔了风的流通
（来源：作者自摄）

异，这是一方面由于两个测量点的位置并无风道阻碍物，空间外界通风良好；另一方面由于乔木的冠径较小，对风的阻隔作用较小，因此在树荫下空间没有形成大量污染物的聚集。

2.2 不同树荫下人群活动分析

2.2.1 人群数量及其密度

三峡广场的 8 个测量点的人群数量及其变化如图 16、图 17 所示，其中 7 号点由于充足的休憩设施以及开阔平坦的硬质铺地，因此聚集了大量人群进行广场舞、棋牌等娱乐活动。其变化趋势为从午后开始增加，一直到下午17：00 左右达到人数的峰值，然后开始下降。除 7 号点外，其他测量点位人群数量相对较少，在 0～70 人之间浮动，全天总的人群累积量不超过 500 人。

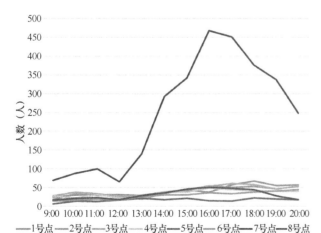

图16 8 个测量点人群数量变化趋势
（来源：作者根据记录数据整理绘制）

由于每个测量点研究区域的不同，实际的研究范围也不一致，因此对比各个测量点的人群密度，能够更加直观地展现各个测量点的人群聚集程度。通过现场测量的

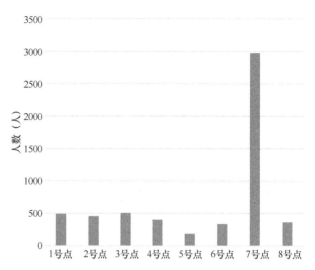

图17 8 个测量点累积人数
（来源：作者根据记录数据整理绘制）

方式，获得各个研究区域的面积，结合测量点累积人数数据，绘制人群密度分布图（图 18）。从图中可以看出，7号点虽然人群活动基数大，但由于开阔的空间，其人群累积密度与其他测点相差不大。6 号点与 8 号点因为树阵排布稀疏、叶冠单薄以及周边空间的舒适程度不足，导致停留的人群较少，加上开阔的空间面积，使得人群累积密度处于较低的值。

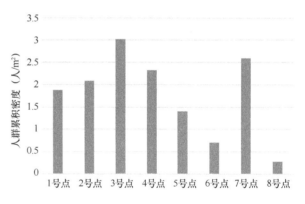

图18 各测量点人群累积密度分布
（来源：作者根据记录数据整理绘制）

2.2.2 人群活动类型

本次研究根据活动的呼吸量以及停留时间，大致将人群的活动分为休憩、穿梭、交谈以及跳舞 4 种类别。8个测量点位各自的人群活动类型及其一天之内的变化如图 19 所示。

（1）1 号点位于三峡广场东北处入口，人流较多，而2 号点位于广场中心下沉广场一侧，靠近广场中心雕塑和水体，并且两个测量点的树荫下休憩设施完善，因此 1 号点、2 号点人群活动以休憩为主。

（2）3 号点树荫下空间面积较小，能提供的休憩设施有限，4 号点树荫下空间为硬质铺地，无休憩设施，所以3 号点、4 号点的休憩、交谈活动相对较少。另一方面，

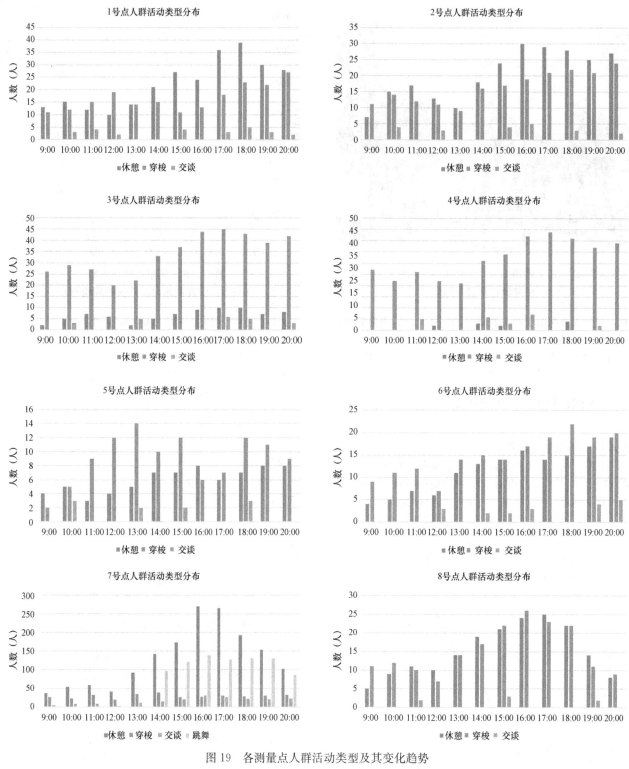

图19 各测量点人群活动类型及其变化趋势
（来源：作者根据记录数据整理绘制）

由于3号点、4号点所在的街道连接了地铁1号线出入口与三峡广场，因此其穿梭人群量较大；

（3）5号点同3号点一样，树荫下休憩设施有限，无法提供大量的休憩服务。6号点由于位置不佳，位于地下通道出入口的墙体背侧，空间舒适度不高。8号点则是因为位于三峡广场的东南角，街道两侧商业店铺较少，同时街道尺度过大，空间过于空旷，导致人们不愿意在此长时间停留。因此5号点、6号点、8号点的休憩人群数不同

程度地低于穿梭人群数，同时也低于1号点、2号点的休憩人群数量。

（4）7号点因为良好的空间位置、茂盛的乔木、充足的休憩设施、开阔平坦的硬质铺地等原因，吸引了大量中老年人群在此进行广场舞、下棋、打牌等娱乐活动。其中以棋牌娱乐活动为主。根据现场的记录，平均一处树荫下高峰时刻能聚集20多人进行活动，跳舞活动则主要在下午至晚间时间段进行。

3 人群的 PM2.5 健康风险评估

3.1 计算过程

对于 PM2.5 的健康风险评价（图 20），首先需要确定 PM2.5 的浓度，然后计算并确定人体的 PM2.5 暴露量[9]（对于之后的内剂量评价、人体反应研究、危险度等步骤本文不作考虑）。而 PM2.5 的暴露评价又可分为内暴露评价法和外暴露评价法，本文采用外暴露评价法中的场景评价法，通过暴露浓度（PM2.5 浓度）和 PM2.5 暴露参数（暴露时间、人体活动的呼吸频率）来对 PM2.5 的暴露量进行评估。

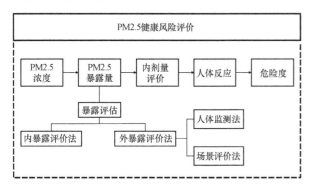

图 20　PM2.5 健康风险评价过程
（来源：作者自绘）

郭胜利[10]以及[11]曾艳等通过研究，证明了时间-活动模式可以很好地反映人体暴露于 PM2.5 中的频率与持续时间，微环境中 PM2.5 的暴露剂量为：

$$I = C_m \cdot BR \cdot T_m$$

式中，I 为微环境中人体的 PM2.5 暴露剂量，μg；C_m 为微环境中 PM2.5 的浓度，$\mu g/m^3$；BR 为人群呼吸速率，

m^3/min；T_m 为微环境中停留的时间，min。

C_m 可由实测数据所获得，本文以每个测量点的日平均 PM2.5 浓度值作为 C_m 值。BR 主要由年龄、健康状况以及活动类型等因素决定[12]，由于个人年龄、健康状况等数据现场难以获取，本文以人群的活动类型为主要的呼吸速率影响因素。结合刘平等[13]的研究成果，可根据休憩、跳舞、交谈、穿梭等不同的活动行为，来确定人群的呼吸量（图 21）。

省市	休息	坐	轻微运动	中度运动	重度运动	极重度运动
重庆	5.2	6.2	7.8	20.7	31.1	51.8
四川	5.4	6.4	8.1	21.5	32.2	53.7
贵州	5.5	6.6	8.2	21.8	32.8	54.6
云南	5.4	6.5	8.1	21.6	32.4	54.1
西藏	5.3	6.4	8.0	21.3	32.0	53.3
合计	5.4	6.4	8.0	21.4	32.1	53.5

图 21　我国西南地区人群短期呼吸量（单位：L/min）
（来源：刘平，王贝贝，赵秀阁，等. 我国成人呼吸量研究 [J].
环境与健康杂志，2014，31（11）：953-956.）

由于空间中的活动类型是多样的，仅用一种活动类型来计算空间中人群的 PM2.5 暴露剂量是不够全面的，因此本文根据各个测点内活动类型所占的比例，来计算各测量点总的 PM2.5 暴露剂量。以 I_x 作为空间中进行各种活动时的 PM2.5 暴露剂量：

$$I_x = C_m \cdot BR \cdot T_m \cdot Q_x$$

式中，Q_x 为各个测量点中各种活动类型的占比，各测量点的 PM2.5 综合暴露剂量为各种活动进行时的 PM2.5 暴露剂量之和。通过计算与整理，得到各个测量点人群活动类型占比、呼吸频率及其平均持续的时间（表 1），并结合 PM2.5 的日均浓度计算得到各个测量点的 PM2.5 综合暴露剂量（图 22）。

人群活动占比及其平均活动时间（来源：作者自绘）　　表 1

| 活动类型 | 1 号点 | | | 2 号点 | | | 3 号点 | | | 4 号点 | | |
	休憩	穿梭	交谈	休憩	穿梭	交谈	休憩	穿梭	交谈	休憩	穿梭	交谈
活动占比	0.54	0.4	0.06	0.53	0.43	0.04	0.15	0.8	0.05	0.02	0.94	0.04
呼吸量（L/min）	5.2	7.8	5.2	5.2	7.8	5.2	5.2	7.8	5.2	5.2	7.8	5.2
活动时间	平均 30min	平均 0.5min	平均 5min	平均 30min	平均 0.5min	平均 5min	平均 30min	平均 0.5min	平均 5min	平均 30min	平均 0.5min	平均 5min

| 活动类型 | 5 号点 | | | 6 号点 | | | 7 号点 | | | | 8 号点 | | |
	休憩	穿梭	交谈	休憩	穿梭	交谈	休憩	穿梭	交谈	跳舞	休憩	穿梭	交谈
活动占比	0.37	0.57	0.06	0.41	0.53	0.06	0.53	0.12	0.07	0.28	0.49	0.49	0.02
呼吸量（L/min）	5.2	7.8	5.2	5.2	7.8	5.2	5.2	7.8	5.2	20.7	5.2	7.8	20.7
活动时间	平均 30min	平均 0.5min	平均 5min	平均 30min	平均 0.5min	平均 5min	平均 30min	平均 0.5min	平均 5min	平均 60min	平均 30min	平均 0.5min	平均 5min

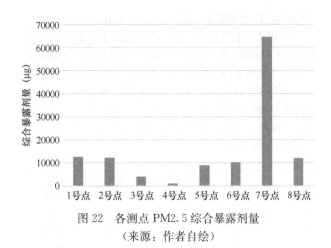

图 22　各测点 PM2.5 综合暴露剂量
（来源：作者自绘）

3.2　PM2.5 综合暴露剂量分析

可以看出，在 8 个测量点日均 PM2.5 浓度值基本一致的情况下，7 号点树荫空间的 PM2.5 综合暴露剂量远远高于其他树荫空间。这主要是因为人们在此空间内长时间逗留（约有 53% 的休憩活动），以及段时间内较大的呼吸量（约占 28% 的跳舞娱乐活动），从而造成了 7 号点树荫下人群的高 PM2.5 吸入量，最终导致了高 PM2.5 的综合暴露剂量。而 4 号点的 PM2.5 综合暴露剂量低，主要是因为该空间树荫下为硬质铺地，缺乏休憩设施，约 94% 的"穿梭"活动行为呈现出人们不在此空间长时间停留的特点，从而使得该空间的 PM2.5 的综合暴露剂量非常的低。同样的，3 号点也是由于休憩设施不充足，停留的人群较少，而"穿梭"活动占比达到了 80%，也造成了低 PM2.5 综合暴露剂量的结果。

3.3　降低 PM2.5 综合暴露剂量的优化策略

3.3.1　降低 PM2.5 浓度

通过改变树阵的布局方式，如改变其方向，减小布局密度，适当修剪枝叶以减小冠径、增加叶冠的通透性等方式，降低树阵中绿植对风的阻隔作用，从而减少 PM2.5 的聚集，达到降低树荫空间 PM2.5 浓度的效果。

3.3.2　减少人群停留时间

可以通过拆除空间内的部分休憩设施，减少人群停留量，并且避免设置桌子等可供人群进行棋牌活动的设施，从而防止人群在空间内长时间的停留。

3.3.3　合理的活动引导

在平坦开阔的空间上布置雕塑小品，或者添加零散布局的小水体，还可以通过改变地面铺砖的形式来引导人群不要在该空间内进行广场舞、轮滑、滑板等娱乐运动，从而减缓此空间内人群的呼吸量。

4　结语

城市空间中，影响人体健康的要素除了人为设计的

空间而带来的污染物浓度的变化，另一方面，更多地受到空间中人自身活动的影响。作为城市规划师、建筑师或者是景观设计师，不仅要考虑如何去设计建筑、布局街道和景观绿化来美化空间、控制污染物的扩散，营造绿色健康的公共环境，还必须考虑如何对人群的活动加以引导。尤其是对于人群密集、活动频繁的城市热点空间，在进行空间设计时，如何平衡其美观、活力与健康之间的关系是关键点也是难点所在。采用量化的研究方法，寻找人群活动与空间中污染物布局之间的耦合关系，从而找到公共空间布局的最优解，是本文可以延展的研究方向，同时对于构建城市健康公共空间也具有重要的意义。

参考文献

[1] 郭新彪，魏红英. 大气 PM2.5 对健康影响的研究进展[J]. 科学通报，2013，58(13)：1171-1177.

[2] 张莉，王五一，廖永丰. 城市空气质量健康风险评估研究进展[J]. 地理科学进展，2006(03)：39-47.

[3] 刘帅，宋国君. 城市 PM2.5 健康损害评估研究[J]. 环境科学学报，2016，36(04)：1468-1476.

[4] 李亦晨，胡纹. 三峡广场树阵景观空间布局对污染物的扩散影响实测研究[A]. 中国风景园林学会. 中国风景园林学会 2019 年会论文集（上册）[C]. 中国风景园林学会：中国风景园林学会，2019，7.

[5] 周妹雯，唐荣莉，张育新，马克明. 街道峡谷绿化带设置对空气流场及污染分布的影响模拟研究[J]. 生态学报，2018，38(17)：6348-6357.

[6] 洪波，王娅楠. 基于实测与数值模拟的景观绿化对大气 PM2.5 浓度影响研究[J]. 动感（生态城市与绿色建筑），2017(02)：30-35.

[7] 李斌. 环境行为学的环境行为理论及其拓展[J]. 建筑学报，2008(02)：30-33.

[8] 马凤阳. 基于大众行为的城市邻街广场景观设计研究[D]. 西安：西安建筑科技大学，2012.

[9] 于平，谭海萍，向明灯，李良忠，张宗尧，石小霞，郭庶. PM2.5 暴露评估方法的研究进展[J]. 环境与职业医学，2018，35(09)：861-866.

[10] 郭胜利，王希，黄军. 基于时间-活动模式下各类微环境中人体 PM2.5 暴露评价研究进展[J]. 科学技术与工程，2014，14(27)：128-134.

[11] 曾艳，张金良，王心宇，赵茜，帕拉沙提，刘玲，秦娟. 应用时间-活动模式估计儿童个体 NO_x 暴露水平[J]. 环境科学研究，2009，22(07)：793-798.

[12] 王宗爽，武婷，段小丽，王晟，张文杰，武雪芳，于云江. 环境健康风险评价中我国居民呼吸速率暴露参数研究[J]. 环境科学研究，2009，22(10)：1171-1175.

[13] 刘平，王贝贝，赵秀阁，段小丽，黄楠，陈奕汀，王丽敏. 我国成人呼吸量研究[J]. 环境与健康杂志，2014，31(11)：953-956.

作者简介

张浩，1995 年生，男，汉族，四川南充，重庆大学，研究生在读，研究方向为城市设计、城市风环境。电子邮箱：skyhum@163.com。

基于新冠防疫期景观偏好的居住区绿地规划[①]

Thinking on Green Space Planning of Residential Areas Based on Landscape Preference of COVID-19 Anti-epidemic Period

李雨奇　刘佳雯　胡雨婕　梁天傲　章　莉[*]

摘　要：绿地是城市用地的重要组成部分，是城市居民休闲、娱乐、交往的主要户外空间。众多研究证明，绿地有助于提升居民的身心健康。然而，2020年初新冠肺炎疫情突然席卷了武汉市。为控制新冠病毒无序蔓延，武汉市及湖北省内的众多城市都采取了全封闭的防控措施。本研究借助线上问卷调查，旨在探究新冠疫情期，湖北省封闭管理下居民对绿地的心理需求以及绿地对人们焦虑情绪的调节作用。结果显示，问卷调查武汉市居民大多数处于中等焦虑状态；开阔的滨水空间、草地空间和坡地空间能给人们带来积极的心理提示，产生愉悦感进而受到焦虑中居民的偏好；居民更偏好于黄色和粉色植物和中等比例的彩色植物景观。

关键词：绿地；焦虑；新冠肺炎；景观偏好；居住区绿地

Abstract：Green space is an important part of urban land and the main outdoor space for urban residents to relax, entertain and social. Many studies have proved that green space helps to improve the physical and mental health of residents. However, the novel coronavirus suddenly outbreak in Wuhan in early 2020. Lockdown had been taken in Wuhan and other cities in Hubei province to prevent the COVID-19 epidemic and many residents were required to live at home. With the help of online questionnaire, this study aims to explore the landscape preference of lockdown residents in Hubei province. The results showed that the majority of Wuhan residents were in moderate anxiety state. The open waterfront space, grassland space and slope space could bring positive psychological effects, produce pleasure and then be favored by residents in anxiety. Residents prefer yellow and pink plants and a moderate proportion of color plant landscapes.

Key words：Greenland；Anxiety；COVID-19；Landscape Preference；Residential Greenland

绿地在城市生活、生产中不可或缺，不仅承担着改善生态环境、防御自然灾害、美化城市风貌的功能，也为城市中居民提供休闲、娱乐、交往的户外空间[1]，有助于改善城市居民的身心健康。早在19世纪的英国，人们就已经意识到绿地有益于公众健康，当时伦敦下议院保护协会和国家卫生协会等各种组织都呼吁在拥挤的住宅中开发和建设公园，并把这些绿色空间称为城市的"肺"[2]。绿地对公众健康的积极作用主要表现为绿地有助于公众的身心健康。城市绿地提供较为舒适宜人的散步、骑行和活动空间，而且优美、良好的户外环境能延长人们的户外活动时间，进而有利于提升人们的生理机能，促进生理健康的良性发展[3,4]，有效降低患心血管疾病、肥胖症和死亡的概率[5,8]，有研究表明，绿色空间中的健身活动比室内的健身活动效果更佳[9]；再者，绿地提供了舒适的户外社交空间，有助于提升人们的幸福感[10,11]；研究表明，经常到户外绿地活动有利于缓解疲劳、恢复活力、提高注意力、增强满足感、愉悦感[12,13]，进而有效改善公众压力[14-16]、调节"抑郁"情绪[17-19]。

2020年初，新型冠状病毒（COVTD-19）突袭武汉，以前所未有的病毒性、传染性席卷了整座城市。为控制新冠病毒的无序蔓延，1月23日武汉出城高速封闭，市内地铁公交停运；2月11日武汉市新冠肺炎疫情防控指挥部发布通知，全市范围内居住区封闭式管理，社区要求每户居民三天可以外出一人，采购生活物资一次；但是三天

后，即2月14日起社区管控升级，除需就医人士和防疫情、保运行等岗位人员外，严禁社区居民自行外出购物，居民物资实行集中配送，武汉市各小区进入全封闭管理状态。与武汉同样处于疫情高风险地区的湖北其他城市，也逐步启动了封城、封住区的全封闭管理措施。至此，湖北省大多数居民进入了完全居家生活的状态，住区环境成为唯一可进入的户外绿色空间，在提倡少出门的防疫政策下，城中居民每日能享受的户外就是从窗户或阳台眺望小区，小区绿地成为封闭管理下的唯一可触及的绿色空间。

然而，现有的居住区绿地规划设计主要是针对常态下居民日常活动进行规划设计，并没有涉及非常态下居住区绿地对人们精神调节方面的作用。笔者团队在武汉市住区全封闭管理实施14天后（2月29日）进行随机线上问卷调查，旨在探究新冠疫情期，湖北省封闭管理下居民对绿地的心理需求以及绿地对人们焦虑情绪的调节作用，为后疫情期城市绿地尤其是居住区绿地规划设计的优化、提升提供实践依据。

1　研究方法

1.1　线上问卷调查

由于疫情的限制，问卷全部采取线上调查与发放的

①　基金项目：中央高校基本科研业务费专项基金（编号2662018JC045），华中农业大学园艺林学学院大学生科技创新基金项目（2020YLSRF22）。

形式。问卷制作主要利用问卷星平台进行操作，通过微信朋友圈及QQ空间等网络渠道进行问卷的转发和扩散，面向全省居民进行自愿调查。

1.2 问卷设计

本次问卷设置分为3个部分，共10个问题（详见附录）。第一部分是关于个人基本信息的收集，包括居住地、性别、年龄等；第二部分是调查防疫期居民的焦虑程度、焦虑原因及出行情况。问卷中将焦虑程度划分为3个等级，并用数值表示焦虑程度：低焦虑度（0、1、2、3）、中焦虑度（4、5、6）、高焦虑度（7、8、9、10）；将居民出行分为5种情况：每日外出、1~3日外出一次、每3日外出一次、1~2周无外出及2周以上无外出；其中焦虑原因是多选，其他是单选。第三部分是进行城市绿地景观空间类型、植物色彩及彩色植物比例对缓解焦虑作用的调查，每个方面设置了不同的场景供公众选择，其中空间类型是单选，植物色彩及彩色植物比例是多选（表1）。

图片编号及其涉及的控制变量　　表1

	设计变量	编号（图1）
景观空间类型	坡地空间	A1
	停留休憩空间	A2
	儿童娱乐空间	A3
	草地空间	A4
	林地空间	A5
	健身休闲空间	A6
	广场空间	A7
	滨水空间	A8
景观特质 花灌木比例	高比例（60.45%）	B1
	中比例（35.47%）	B2
	中低比例（16.54%）	B3
	低比例（1.19%）	B4
植物色彩	黄色系	C1
	粉色系	C2
	紫色系	C3
	红色系	C4
	白色系	C5
	绿色系	C6

1.2.1 景观空间类型

根据现有城市绿地空间特征，将景观空间分为2类：第一类以软质场地为主，以场地的自然程度、绿化面积、自然要素等为依据，选取4组场景，分别为：滨水空间、林地空间、草地空间和坡地空间；第二类以硬质场地为主，以活动类型、硬质面积、人工设施等为依据，选取4组场景，分别为：停留休憩空间、儿童娱乐空间、健身休闲空间和广场空间。共选取8组不同的空间类型，且都以绿色为主调、以大致相同的拍摄角度为观测方向，排除色彩、视觉角度对于空间类型选择上的影响。

1.2.2 植物色彩

基于Color Impact对主要色系进行区分，选取6组不同植物色彩的场景，分别为：粉色系、白色系、黄色系、绿色系、蓝紫色系和红色系，同样在观测角度、主要色彩的占比等方面大致保持一致，排除其他因素的干扰。

1.2.3 彩色植物比例

利用Color Impact将花灌木色彩划分为高占比（≥51%）、中占比（31%~50%）、中低占比（11%~30%）、低占比（0~10%）4个层级，以此为依据选取4组不同场景，同时在植物配置的数量、形态以及位置等方面尽量保持一致，排除其他因素的影响。

1.3 问卷发放与数据回收

利用上文设计的调查问卷进行调研，于2月29日至3月2日以网络发放233份，收回有效问卷233份，其中，武汉地区问卷118份。对问卷收集的数据，利用统计学知识进行整理，根据题目类型，利用SPSS、Color Impact等软件进行定量分析，统计各选项特征及之间的关系并绘制数据分析图。

2 结果分析

2.1 受访人员基本情况

调查结果显示（图2），线上填写问卷的233人中，

图1　不同类型的景观特质

武汉市居民共 118 人，非武汉市居民（城镇及乡村）115 人，本次研究以城镇居民为主。问卷结果显示，受访者男性占比 37.34%；女性占比 62.66%；66 岁以上 2 人、18 岁以下 4 人、31~40 岁 8 人、41~66 岁 33 人，大多数样本集中在 18~33 岁，有 186 人。

由以上数据可知，受访者主要是集中在 18~33 岁的中青年城市居民，其中填写问卷的女性数量大致为男性的 2 倍，而武汉市受访者主要集中在洪山区和武昌区，均属于疫情防控初期的高风险地区。

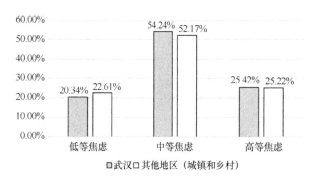

图 3　不同地区焦虑程度

受访人员基本情况　　　　　表 2

社会特征	分组	人数（人）	百分比（%）
性别	男	87	37.34
	女	146	62.66
年龄（岁）	0~18	4	1.72
	18~30	186	79.83
	31~40	8	3.43
	41~66	33	14.16
	≥66	2	0.86
生活环境情况	城镇	205	87.98
	农村	28	12.02

2.2　焦虑程度分析

面对本次新冠肺炎疫情，不同人群表现出不同焦虑程度（图 2）。在受访的 233 份问卷中，处于低焦虑度、中焦虑度、高焦虑度的受访者分别为 21.46%、53.22%、25.32%。因此，问卷调查时，大多数人群处在中等焦虑程度，属于心理的正常反应。调查结果显示，受访者焦虑程度呈现正态分布，居民焦虑表现属正常社会现象，本次问卷结果具有研究意义。调查结果也显示（图 3），相比于其他城镇和乡村地区，武汉作为疫情中心，中等焦虑人数占比稍高，且中、高等焦虑人数占比接近 80%，新冠肺炎疫情对于人们心理健康影响较大，这也表明疫情的严重性和相对蔓延程度影响了人们的心理状况。

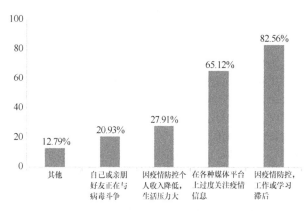

图 4　焦虑原因分析

2.3　新冠防疫期居民的景观偏好

2.3.1　景观空间类型

结果显示，受访者对于开阔水面的景观偏好度最高，其次是草地空间、坡地空间和林地空间，而停留休憩空间、健身休闲空间、儿童娱乐空间以及广场空间在偏好中则占有较小的比例（图 5）。由此可见，相比人工痕迹较重的硬质场地，受访者更加喜欢具有山林湖泊辽阔视野的自然软质场地。

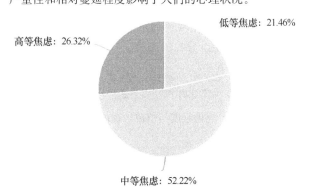

图 2　焦虑程度

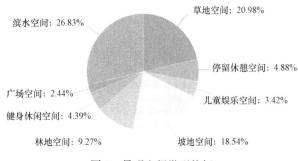

图 5　景观空间类型偏好

受访者产生焦虑原因不尽相同（图 4），但主要集中在因全封闭疫情防控措施导致如学习、工作相对滞后，打破原先的正常生活，产生了焦虑情绪；也有部分受访者表示过多关注了媒体平台上的疫情信息，进而产生了焦虑。

新冠肺炎防疫期，因防控要求居民需居家隔离。74.6% 受访者处在较低的外出状态即"一周以上无外出"，这表明大多数居民不得不长时间围于相对封闭的城市居住空间中。图 6 表明不同外出情况受访者的景观空间类型偏好，结果显示，受访者对自然软质场地的偏好在一定程度上随着外出频率的降低而上升，这体现出人类亲近自然的天性。而对于"大约三日一次的必要日常采购，其余不

基于新冠防疫期景观偏好的居住区绿地规划

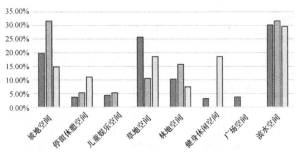

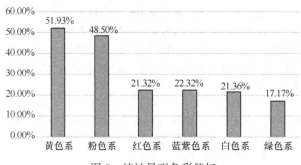

图 8　植被景观色彩偏好

■ 已足不出户两周以上　■ 1～2 周内均无外出　□ 大约三日一次的必要日常采购，其余不外出

图 6　出行情况与景观空间类型偏好

外出"的人群，除对自然场地的偏好外，健身休闲空间的偏好比例有所上升，可能是有规律的外出频率降低了对纯自然空间的需求，而对户外自然空间下更多样功能空间的需求度增加。

从焦虑度与景观偏好分析，3 种不同程度焦虑的居民对 8 种景观空间类型的偏好显示出相似的规律（图 7），不同程度等级的焦虑受访者都表现出对滨水空间、草地空间和坡地空间的极大需求，随着焦虑度的增加，草地空间偏好减少，坡地空间与滨水空间偏好增加；而硬质场地中的儿童娱乐空间与健身休闲空间偏好减少，广场空间和停留休憩空间的偏好则没有较大变化。由上可以看出，焦虑的人们更渴望城市中软质场地，也更倾向于能够产生平静（滨水空间）、向上（坡地空间）等更积极心理暗示的景观空间类型。再者，本次受访者焦虑的主要原因是新冠病毒，且研究显示日常通风环境下，空气中不会有新冠病毒存在，故而通风较好的开敞软质空间成为焦虑受访者的首选。这也说明开敞的滨水空间、草地空间及草坡空间对居民焦虑有着较好的调节作用，这与现有研究结果一致[20-22]。

植物景观更受喜欢；51.93％的受访者偏好于黄色系植物景观，接近一半、约 48.5％受访者偏好粉色植物景观，受访者认为看到黄色和粉色植物景观更能让人产生愉悦感；受访者表现出对红色系、蓝紫色系和白色系植物景观的相似偏好度，22.32％的受访者认为蓝紫色系和红色系能让人产生愉悦感，略高于白色系给受访者的愉悦感受；仅 17.17％的受访者认为纯绿色也可以让他们开心，产生愉悦情绪。

进一步将焦虑程度与植物色彩的偏好进行分析（图 9）：能让低焦虑度受访者产生愉悦感是黄色系（27.78％）＞粉色系（26.39％）＞白色系（12.50％）＝红色系（12.50％）＞紫色系（11.11％）＞绿色系（9.72％）。而随着焦虑度的增加，红色系与紫色系比绿色系和白色系更能让人感受愉悦；能让高焦虑度受访者产生愉悦情绪的是黄色系（30.53％）、粉色系（25.26％）、红色系（12.63％）与紫色系（11.58％）。这表明焦虑度的增加使受访者更加偏好暖色调的植物景观，且一定程度上对更高明度的色彩偏好性增强，这也进一步说明户外景观空间中增加如黄色、粉色，红色和蓝紫色的彩色植物，能有效增强景观色彩对比度，有助于人们产生愉悦感，从而缓解焦虑情绪。

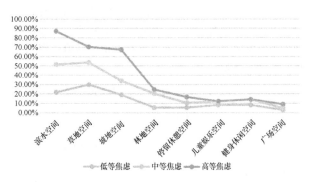

—○— 低等焦虑　—○— 中等焦虑　—○— 高等焦虑

图 7　焦虑程度与景观空间类型偏好

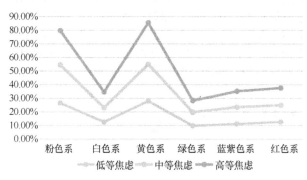

—○— 低等焦虑　—○— 中等焦虑　—○— 高等焦虑

图 9　焦虑程度与植被景观色彩偏好

2.3.2　植被景观色彩

色彩是园林绿地的重要观赏特征之一，是视觉刺激的最重要的因素[23]，英国色彩规划专家 Lancaster 提出了"色彩景观"的概念，将色彩作为城市因子的控制性规划和设计，来表现地域化、个性化的城市景观[24]。不同色彩为主的园林景观能带给人不同的感受，现有研究表明，彩色植物有助于转移注意力，进而创造快乐、舒适和平静的感觉。

调研结果如图 8 所示，相对于纯绿色系，黄色和粉色

2.3.3　彩色植物比例

为能更加明确地指导绿地规划设计，定量确定绿地中彩色植物的种植规模，对不同比例情景下的彩色植物的心情调节作用进行深入分析。调研结果如图 10 所示，受访者对彩色植物比例的偏好为中比例＞中低比例＞高比例＞低比例，40％的受访者认为中等彩色植物比例的景观能让自己感到愉悦，约 20％受访者认为高比例彩色植物景观能令人感到开心，这表明同一景观空间中，彩色植

物比例越高，并不一定就越令人感到放松或愉悦。

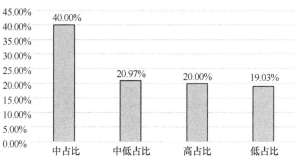

图10　彩色植物比例偏好

将焦虑程度与彩色植物比例的偏好进行分析，不同程度焦虑人群显示出相似的规律，即3种焦虑程度居民都表现出了对中比例彩色植物景观的偏好，认为中比例彩色植物能让他们感受到愉悦、开心。从图11中可见，高焦虑度受访者与低焦虑度受访者第一偏好仍然是中比例情景，但对于其他彩色植物情景的偏好存在差异：低焦虑度受访者的偏好随彩色植物比例的增加而逐渐减小，高焦虑度受访者的偏好则在一定程度上与之相反。这表明彩色植物比例是影响焦虑度的缓解程度的重要因素，随着焦虑度提高，对彩色植物比例的偏好也随之上升。对中比例彩色植物情景进行深入分析：虽然植物整体的色彩选择在明度上并不突出，比例也不是最高的，但其彩色植物色彩的搭配更为合宜，这说明一定程度上于各类彩色植物间色彩的协调性有可能影响人们的心理感受。

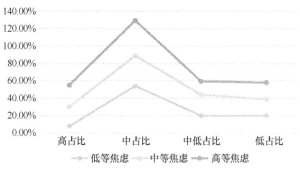

图11　焦虑程度与彩色植物比例偏好

3　总结

3.1　防疫期居民景观偏好小结

基于问卷调查发现，2月29至3月2日，疫情防控期间的湖北省居民显示出不同程度的焦虑情绪，但大多数居民处于中度焦虑程度，处于疫情中心区的武汉市居民的焦虑程度高于周边其他地区。

相比绿地中的硬质场地，自然软质场地具备较好的心理调节作用，开敞的滨水空间、草地空间和坡地空间受到疫情防控期主要居民的偏好，这些空间能够让人产生平静、向上的积极心理作用，进而能有效缓解人们的焦虑情绪。居民对黄色和粉色植物景观表现较为显著的偏好，高焦虑度受访者也显现出对红色系和蓝紫色系植物景观

的偏好，这表明户外种植增加暖色调的植物，增强植物景观对比度，提升愉悦感，从而缓解人们的焦虑情绪。彩色植物比例方面，居民表现出对中比例彩色植物的明显偏好，中比例彩色植物景观表现出较好的心理调节作用，对于不同程度焦虑受访者而言具备较好的缓解作用。

3.2　后疫情时代居住区绿地规划设计优化建议

面对这次突发的公众健康事件，让我们重新思考绿地与人的关系，探究非常态下人们对绿色空间需求以及绿地对调节人们焦虑情绪作用，深入思考，如何规划建设居住区绿地，使得居住区绿地能更好地在平时和突发事件情况下为居民服务，改善居民的焦虑或压力情绪，促进居民的健康生活。

本次问卷调查也显示，开阔的水面是防疫期间居家居民十分向往的户外空间类型，这表明开阔水面景观有助于缓解人们的焦虑情绪，与de Vries团队2016年研究荷兰蓝绿空间对调节人们精神压力作用的结论一致：水域空间能有效缓解人们的精神压力[25]。武汉市素有百湖之城的美誉，拥有众多自然的湖泊，且长江从南至北穿城而过，丰富的水资源为城市提供了大量的水岸线，为营造更多眺望的水域景观成为可能，故而对于城市水域周边应合理安排居住用地，控制建筑高度、朝向及间距，将湖陆风引入城市内，增加周边建筑间的空气流通，且让更多居家人们能看到开阔水景，改善人们的精神状态。

研究表明，日常通风环境下，可降低新冠病毒感染的风险，这也说明，对于控制传染性疾病的扩散，户外开敞空间应作为居住区绿地规划设计的首选，以应对类似的突发公共健康事件。居住区绿地尤其是与建筑紧邻的宅间绿地，应以开敞的自然景观为主，可以利用微地形营建舒适的草坡空间，种植少量分支点高的高大乔木，同时减少种植枝叶茂盛的大灌木，构建通风良好的开敞空间，或通风顺畅的林下空间，为居民提供短时、安全、可停留的户外空间。在居住区规模较大的组团绿地或小区游园中，可以尝试以开阔水景设计或自然开敞的坡地设计，以高大乔木及低矮灌木为主，构建通透的开敞活动空间，同时可以规划预留一部分用地用于开敞草地，作为应对突发事件的弹性空间，提升居住区的应急能力。

绿色植物可以使人们感到贴近自然，有益于缓解压力，Elsadek研究团队发现绿色—黄色和明亮的绿色观叶植物即能形成对比关系的植物景观可以吸引人们的注意力[26]，创造快乐、舒适和平静的感觉。基于调研结果，居住区可以增加一些彩色植物的种植，尤其黄色和粉色为主的花灌木，相比纯绿色的景观，白色、蓝紫色和红色系列的植物也可以进行适当的种植。在人口较为密集的宅间绿地，为不阻挡通风，构建较为开阔的空间，所有灌木应当以低矮灌木（1.5m以下）为主，依据灌木形态并结合多样的布局，营建丰富的植被景观。同时应兼顾季相，实现四季有花。尤其是冬季，开花植物较少的情况下，可以采用观叶常绿灌木进行补充，以满足人们对户外景观的心理需求，发挥积极的调节作用。

同一空间中，彩色植物规模建议在25%～50%，这样的植物色彩比例关系有助于缓解人们的焦虑情绪，舒

缓压力，改善精神。然而，对于现代居住区越来越多的高层住宅小区而言，中高层的居民从窗口向外眺望时，对楼间绿化的更多感受可能来源于无/少量乔木遮挡的灌木丛或者乔木林冠线和色彩的比例关系，故而小区种植规划设计应该考虑从高处眺望的景观效果以及色彩比例关系，也应当思考乔木生长的快慢以及冠幅的尺度的变化对空间效果的影响，这对树种的选择提出了更高的要求。

4 结语

本次调研工作主要在湖北疫情防控任务依然严峻的状况下开展，考虑到身处疫情中心人们的复杂心情，问卷的推送主要还是网上自愿进行，样本数据以武汉市为主，湖北省其他城市的样本数据偏少，样本数据多样性稍微不足。再者，本次调查中并没有涉及防疫期居家的人们对绿地的渴望程度及绿地对焦虑的改善程度研究，后续将对武汉市居住区实行抽样调查，进一步分析现有居住区绿地在疫情防控期间的优势与不足，并结合问卷深入研究绿地对改善人们压力、缓解焦虑的量化程度，探究能有效应对突发公众健康事件的居住区绿地规划设计途径，提升居住区绿地的弹性，发挥绿地的综合作用，构建可持续发展的社区环境。

参考文献

[1] 杨赛丽. 城市园林绿地规划 [M]. 北京：中国林业出版社，2016.

[2] Twohig-Bennett C, Jones A. The health benefits of the great outdoors: A systematic review and meta-analysis of greenspace exposure and health outcomes[J]. Environ Res, 2018, 166: 628-637.

[3] Grilli G, Mohan G, Curtis J. Public park attributes, park visits, and associated health status[J]. Landscape and Urban Planning, 2020, 199: 103-814.

[4] White M P, Alcock I, Grellier J, et al. Spending at least 120 minutes a week in nature is associated with good health and wellbeing[J]. Scientific Reports, 2019, 9(1): 7730.

[5] Silveira I H d, Junger W L. Green spaces and mortality due to cardiovascular diseases in the city of rio de janeiro[J]. Revista de Saude Publica, 2018, 52: 49.

[6] Tamosiunas A, Grazuleviciene R, Luksiene D, et al. Accessibility and use of urban green spaces, and cardiovascular health: Findings from a kaunas cohort study[J]. Environmental Health, 2014, 13(1): 20.

[7] Gascon M, Triguero-Mas M, Martínez D, et al. Residential green spaces and mortality: A systematic review[J]. Environ. Int. 2016, 86: 60-67.

[8] van den Berg M, Wendel-Vos W, van Poppel M, et al. Health benefits of green spaces in the living environment: A systematic review of epidemiological studies[J]. Urban For. Urban Green. 2015, 14: 806-816.

[9] Thompson Coon J B, K Stein K, Whear R, et al. Does participating in physical activity in outdoor natural environments have a greater effect on physical and mental wellbeing than physical activity indoors? A systematic review[J]. En-viron. Sci. Technol, 2011, 45: 1761-1772.

[10] Gascon M, Triguero-Mas M, Martinez D, et al. Mental health benefits of long-term exposure to residential green and blue spaces: A systematic review [J]. International Journal of Environmental Research and Public Health, 2015, 12(4): 4354-4379.

[11] Houlden V, Weich S, de Albuquerque J P, et al. The relationship between greenspace and the mental wellbeing of adults: A systematic review[J]. PLoS One, 2018, 13(9): (000)02-03.

[12] Coldwell D F, Evans K L. Visits to urban green-space and the countryside associate with different components of mental well-being and are better predictors than perceived or actual local urbanisation intensity[J]. Landscape and Urban Planning, 2018, 175: 114-122.

[13] Yigitcanlar T, Kamruzzaman M, Teimouri R, et al. Association between park visits and mental health in a developing country context: The case of Tabriz, Iran[J]. Landscape and Urban Planning, 2020, 199: 103-805.

[14] Hazer M, Formica M K, Dieterlen S, et al. The relationship between self-reported exposure to greenspace and human stress in baltimore, md[J]. Landscape and Urban Planning, 2018, 169: 47-56.

[15] Jiang B, Chang C-Y, Sullivan W C. A dose of nature: Tree cover, stress reduction, and gender differences[J]. Landscape and Urban Planning, 2014, 132: 26-36.

[16] Young C, Hofmann M, Frey D, et al. Psychological restoration in urban gardens related to garden type, biodiversity and garden-related stress [J]. Landscape and Urban Planning, 2020, 198: 103-777.

[17] Shanahan D F, Bush R, Gaston K J, et al. Health benefits from nature experiences depend on dose[J]. Scientific Reports, 2016, 6: 28-551.

[18] Liu Y, Wang R, Xiao Y, et al. Exploring the linkage between greenness exposure and depression among Chinese people: Mediating roles of physical activity, stress and social cohesion and moderating role ofurbanicity[J]. Health Place, 2019, 58: 102-168.

[19] Gascon M, Sanchez-Benavides G, Dadvand P, et al. Long-term exposure to residential green and blue spaces and anxiety and depression in adults: A cross-sectional study [J]. Environ Res, 2018, 162: 231-239.

[20] Wang X, Rodiek S, Wu C, et al. Stress recovery and restorative effects of viewing different urban park scenes in Shanghai, China[J]. Urban Forestry & Urban Greening, 2016, 15: 112-122.

[21] Van den Berg A E, Joye Y, Koole S L. Why viewing nature is more fascinating and restorative than viewing buildings: A closer look at perceived complexity[J]. Urban Forestry & Urban Greening, 2016, 20: 397-401.

[22] Gascon M, Sanchez-Benavides G, Dadvand P, et al. Long-term exposure to residential green and blue spaces and anxiety and depression in adults: A cross-sectional study [J]. Environ. Res., 2018, 162: 231-239.

[23] Chang C Y. The effect of flower color on respondents' physical and psychological responses [A]. Interaction by

design：Bringing people and plants together for health and well-being：Aninternational symposium［C］．Iowa Ames：Iowa State Press，2002.

［24］ Michael Lancaster. Colorscape［M］. london：Academy Editions，1996.

［25］ de Vries S，Ten Have M，van Dorsselaer S，et al. Local availability of green and blue space and prevalence of common mentaldisorders in the Netherlands［J］. BJPsych Open，2016，2(6)：366-372.

［26］ Elsadek M，Sun M，Fujii E. Psycho-physiological responses to plant variegation as measured through eye movement，self-reported emotion and cerebralactivity［J］. Indoor Built Environ，2016，26(6)：758-770.

作者简介

李雨奇，男，汉族，山东德州，华中农业大学园艺林学学院园林专业在读本科生。电子邮箱：992184153@qq.com。

刘佳雯，女，汉族，河北石家庄，华中农业大学园艺林学学院园林专业在读本科生。电子邮箱：1565439077@qq.com。

胡雨婕，女，汉族，湖北武汉，华中农业大学园艺林学学院园林专业在读本科生。电子邮箱：974116254@qq.com。

梁天傲，男，汉族，辽宁调兵山，华中农业大学园艺林学学院园林专业在读本科生。电子邮箱：2384048002@qq.com。

章莉，女，汉族，江苏如皋，博士，华中农业大学风景园林系讲师，农业农村部华中都市农业重点实验室，研究方向为绿地与气候、绿地与健康研究。电子邮箱：lizhang. wh @ foxmail. com。

国际历史文化街区研究热点及趋势的知识图谱分析^①

Knowledge Mapping Analysis of Hotpots and Trends Historic Conservation Area Research

赵　煦　李静波 *

摘　要：国际上对历史文化街区已经进行了深入且系统的体系构建与研究积累，对其进行梳理与总结有助于客观掌握该学科当前的热点与动态。以 Web of Science 核心数据集中历史文化街区有关文献作为研究对象，运用 CiteSpace 科学知识图谱软件，结合传统文献梳理方法，系统分析从 1990-2019 年间的 1420 篇文献，对近 30 年来国际历史文化街区的国家分布特征、学科分布特征、关键词共现、研究热点以及发展趋势进行分析。得出以下结论：①历史文化街区研究领域的发文量呈递增趋势；②研究热点及研究趋势从最开始对历史文化街区的规划与保护转变成了对增加社会空间活力、历史建筑的建筑病理学研究以及电脑信息技术在这些方面应用的研究等。以期为以后的相关研究提供有力的参考与借鉴。

关键词：科学知识图谱；CiteSpace；历史文化街区；文献综述

Abstract: In-depth and systematic system construction and research on historical and cultural districts have been carried out in the international arena, and sorting out and summarizing them can help to objectively grasp the current hotspots and dynamics of this discipline. In this paper, we take the literature on historical and cultural districts from the Web of Science core data set as the object of research, use CiteSpace scientific knowledge atlas software, combine with traditional literature combing method, systematically analyze 1420 literature from 1990-2019, and analyze the national distribution characteristics, discipline distribution characteristics, keyword co-currence, keyword analysis, and keyword analysis of international historical and cultural districts in the past 30 years. Research hotspots and research trends were analyzed. The following conclusions are drawn: (1) the number of publications in the field of historical and cultural district research is on the rise; (2) research hotspots and research trends have shifted from the initial planning and preservation of historical and cultural districts to research on increasing the vitality of social space, architectural pathology of historical buildings, and the application of computer information technology in these areas. It is hoped that this will provide a powerful reference and reference for future Research.

Key words: Knowledge Mapping Analysis; CiteSpace; Historic Conservation Area; Literature Review

引言

保护历史文化街区就是保护这座城市文化传承的不可或缺的物质性载体。随着相关研究进程推进，相关文献等数量大幅度增长，传统的文献整理方式不再适合这样的研究宽度与广度。CiteSpace 直接把抽象信息与数据变换为可视化的空间结构与知识图谱，它是一款着眼于分析科学文献中蕴含的潜在知识，并在科学计量学、数据和信息可视化背景下逐渐发展起来的一款多元、分时、动态的引文可视化分析软件[1]。

1　数据的收集与处理

我国的名城保护体系的中观层面概念起源于 20 世纪 80 年代中期。"历史文化街区"在 2002 年随着《中华人民共和国文物法》的颁布取代"历史文化保护区"，成为我国历史文化名城保护体系中观层面的核心概念。在 2005 年前后形成了以"历史文化街区"为核心概念"历史城区""历史地段"等在内的拓展概念群[2]。因而根据《雅典宪章》《威尼斯宪章》《华盛顿宪章》以及选取为了可以得到历史文化街区相关领域最全面的文献，确定如下检索式。因为 CiteSpace 只能识别与分析 Web of Science 核心合集，因此选择 Web of Science 核心合集，选择高级检索，使用检索式[TS=（"historic area * " or "historic urban area * " or "historic monument * " or "urban historic area * " or "historic district * " or "historic site * " or "historic block * " or "historic street * " or "historic neighborhood * " or "urban historic conservation area * " or "historic conservation area * "）AND 语种：（English）AND 文献类型：（Article or Review）]进行检索[3]。

将文献数据导入 CiteSpace 进行去重处理后得到文献 1420 篇（图 1），从图中可见，1990 年之前的文献量很小。尝试关键词分析、共被引分析等，发现 1950-1990 年间几乎没有网络结构的出现。而到获取数据时间为止，2020 年还没有完全结束，这一年的文献量不能够被用于分析。因而将分析年段定在 1990-2019，共 30 年。

---
①　基金项目：教育部人文社会科学研究青年基金项目（项目批准号：17YJC760038）。

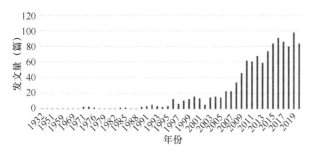

图1 文献数量的时间分布

2 数据结果分析

2.1 历史文化街区研究文献的总体概况

2.1.1 国家分布特征

对历史文化街区的研究共分布在 44 个国家或地区，如图 2 所示，美国发文量最大，共 218 篇，占总发文量的 15.35%，并且中介中心性排名第二，开始研究的时间比较早；而排名第二的中国（占 8.8%），中介中心性排名第九；其中值得注意的是，以英国为代表的包括意大利、西班牙、法国、德国等欧洲国家与美国的中介中心性和关联度都比较高，证明他们关于历史文化街区的研究联系密切。而中国虽然发文量最大，并且开始时间较晚，但是中介中心性较低且与其他国家关联度较低，说明中国独立研究的能力较强，已具备较完善的独立研究体系。

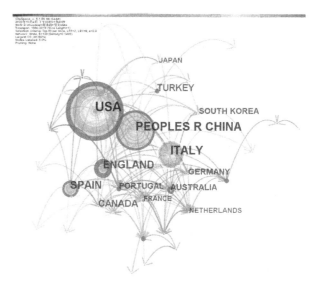

图2 主要国家合作网络图

2.1.2 学科分布特征

从主要学科合作图谱（图 3）中可以了解到，当前研究历史文化街区的文献涵盖了 82 个学科，其中文献量最大的环境科学与生态学、环境研究、工程、城市研究、环境科学与社会科学等学科，并且从图中可以看出各学科之间合作联系较为紧密。

值得注意的是，计算机科学、地理与物理、化学、生态这几个学科，虽然发文量不高，但是拥有很高的中介中心性（表 2），首次出现时间也相对较晚，证明这些学科在历史文化街区的研究中是近些年新兴的前沿性学科，并且应该还会继续蓬勃发展。

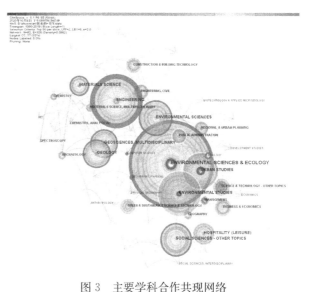

图3 主要学科合作共现网络

各国发表文献数量与中介中心性表　　**表 1**

国家或地区	年份	发文量	发文量占比	中介中心性	中介中心性排序
USA	1991	218	15.35%	0.27	2
CHINA	2007	125	8.80%	0.1	9
ITALY	1999	119	8.38%	0.08	10
SPAIN	2005	83	5.85%	0.11	7
ECUADOR	2018	81	5.70%	0.01	17
ENGLAND	1999	81	5.70%	0.35	1
CANADA	2004	38	2.68%	0.07	12
TURKEY	2007	34	2.39%	0.16	3
AUSTRALIA	2009	31	2.18%	0.13	5
GERMANY	2000	26	1.83%	0.02	16

各学科相关文献中介中心性与数量表　　**表 2**

学科	年份	中介中心性	发文量	发文量排序
ENGINEERING	1998	0.49	164	3
ENVIRONMENTAL SCIENCES & ECOLOGY	1992	0.33	293	1
COMPUTER SCIENCE	2008	0.17	22	33

学科	年份	中介中心性	发文量	发文量排序
ENVIRONMENTAL SCIENCES	1992	0.16	138	5
GEOLOGY	1999	0.15	114	7
GEOSCIENCES, MULTIDISCIPLINARY	2001	0.15	112	8
MATERIALS SCIENCE	2000	0.12	97	9
GEOGRAPHY, PHYSICAL	2000	0.11	23	32
SOCIAL SCIENCES - OTHER TOPICS	2007	0.1	121	6
CHEMISTRY	2004	0.1	47	22
ECOLOGY	2005	0.1	27	28

2.1.3 期刊共被引分析

对共被引期刊的分析（图4）可以得知历史文化街区研究领域知识传播的主要来源，值得注意的是期刊主要分为了两大类，一类的高共被引并且高中心性期刊主要是 *Annals of Tourism Research*、*Urban Studies*、*Cites*、*Landscape Urban Plan* 等城市研究与景观规划等方面的期刊，另一类的高共被引并且高中心性期刊主要是 *Bulding And Environment*、*Construction And Building Materials*、*International Biodegradation & Biodegradation*、*Science* 等建筑材料与生物退化与生物降解等方面的期刊，可以发现，对于建筑病理学与遗产修复等方面国外有着很高的研究比重。

图4 期刊共被引图谱

2.2 历史文化街区研究的研究热点与研究趋势

一篇文献的关键词代表着这篇文献的论述重点，是其核心思想及内容的浓缩与提炼，在一定程度上反映了其学科结构。使用关键词共现网络能够将学科结构清晰地展示出来。每个节点代表1篇文献，节点越大代表该关键词的词频越高，与主题的相关性越大，从一定程度上可以反映出研究热点。通过关键词出现年份、关键词的共现网络以及聚类并结合相关文献，可以展现该领域的研究发展脉络与发展趋势。

2.2.1 研究热点分析

在一定时间内，有内在联系的、数量较多的一组文献所探讨的科学问题或专题称为研究热点。关键词共现网络图谱（图5）呈现关键词间关联度较强的特点，其中"Cultural Heritage（文化遗产）"出现频次最高，85次；后面几位按频次排序的高频关键词为："Conservation（保护）"76次、"City（城市）"71次、"Modle（模型）"62次、"Tourism（旅游业）"55次、"Meritage（遗产）"52次、"Biodeterioration（生物退化）"50次。为了有效显示目前研究文献的结构特征与研究热点的发展过程，对共现图谱进行聚类，图中聚类序号越小，则聚类越大、所含节点越多，聚类标签是从文章关键词（Key Words）中提炼并采用LSI作为标签提取算法，最终生成历史文化街区研究热点聚类图谱（图6）。可以发现聚类虽有重叠但是各有侧重，主要聚类为：♯0 Biodeterioration（生物退化）、♯1 Conservation（保护）、♯2 Social Impact（社会影响）、♯3 Cultural Heritage（文化遗产）、♯4 Place Attachment（场所依赖）、♯5 Gentrification（绅士化）、♯6 Building Rehabilitation（建筑修复）、♯8 Thermal Transmittance（热投射）、♯10 Digital Photogrammetry（数字摄影测量）等。

图5 关键词共现网络

（1）生物退化（Biodeterioration）。这一聚类的研究中主要研究了通过微生物沉积的碳酸盐层即生物沉积来

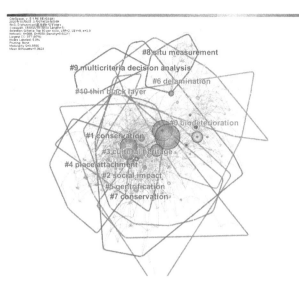

图6 关键词共现网络聚类图谱

保护装饰石材。石材的变化和风化基本上是由自然和人为影响决定的，石材的生物降解与几乎所有环境诱导的降解过程相关，可以使用合适且可靠的方法来检测生物降解过程。研究者们也讨论了使用微生物诱导的碳酸盐作为粘合剂材料，即生物胶凝以提高抗压强度和修复裂缝等[4-6]。

（2）保护（Conservation）。这一聚类研究了对历史文化街区各个方面以及利用各种手段进行的保护。研究者们使用从遥感的激光雷达数据中得到的高分辨率数字高程模型（DEM）、分析网络过程（ANP）等模型分析方法，研究了旅游业与历史文化街区更新保护之间的关系以及对其造成的压力[7,8]。同时也有大量的文献研究了历史建筑的保护措施，如建筑物表面被蓝细菌定殖，形成生物膜，进而引起美学和结构的破坏等问题[9]；还有对传统建筑的修复与保护，同时推动对其的尊重，转化为新的经济或社会用途等。

（3）社会影响（Social Impact）。在这一聚类中，研究者发现城市复兴可以依靠长期的经验传统。通过对历史建筑进行自适应再利用，探索了社区引发的城市更新的独特案例；同时也有很多研究表明，通过房地产为主导和大量投资进入的历史街区的保护与更新带来了很多的社会问题，因而政府与社区居民等多方的干预显得尤为重要。研究者们通过数据建立模型来判断游客或居民的参与度、满意度、旅游地的景观质量与旅游意向等条件之间的关系，以期望在历史文化街区的改造与更新中寻求一个居民与游客之间的平衡点，从而最大程度提高历史文化街区的社会活力[10-12]。

（4）文化遗产（Cultural Heritage）。这一聚类从保护历史文化街区文化与自然的完整性、结合经济发展后原有的独特性、平衡价值、兴趣和需求后的可持续性等方面出发，为历史文化街区在失去原有功能后，还可以为其提供将历史资源与社区经济发展和可持续性概念化、处理和整合的有效方法。

（5）场所依赖（Place Attachment）。这一聚类认为地点的意义是由人们在逐渐体验的过程中创造出来的，而历史文化街区是人们长期参与、历史事件的发生以及社会互动的场所，因而这一公共空间的归属感和骄傲感被高度承认，这同时也是居民场所身份认同感的重要来源方面。而对于游客来说，研究认为地点结合是个体与某一特点地点产生的积极情感，这正是旅游研究中所缺之的。学者认为，人们可能会基于他们之前在类似环境中的经历，对他们第一次访问的目的地形成最初的联系，因而建议应努力向城市灌输保护历史文化街区价值的意识，以适应当地居民和游客的需求。

（6）绅士化（Gentrification）。近些年历史文化街区旅游业的扩张已成为一个日益严重的社会问题和政治问题。研究者们探讨了这些既定居民及其附近社区之间不断变化的关系，并洞悉了他们日益面对的不满甚至无助感。这样的现象会将原住民"挤走"，造成绅士化情况，从而使得社会空间的活力降低。为了解决这样的问题，研究者们对市政当局的更新项目提出了批判性的观点，认为要结合开发商、政府和居民等多方的同时协调才能达到共赢，从而保证社会活力的最大化。

（7）建筑修复（Building Rehabilitation）。本聚类的研究内容主要是研究微生物对建筑材料的危害以及利用微生物水泥、外部粘贴的复合材料等对历史建筑进行的修复[13,14]。例如通过依赖于细菌诱导的相容性和高度连贯的碳酸盐沉淀物的形成，并且用于人工或自动修复混凝土中的裂缝；对外部加固梁中玻璃过程的动力学的研究，通过数值研究根据载荷、位移、粘合剂层中的应力以及跨黏性界面的界面牵引力变化来量化动态脱胶过程[15]。

（8）热投射（Thermal Transmittance）。这一聚类的研究主要是集中在对历史遗迹建构等方面的监测。例如使用结构健康监测（SHM）来控制[16]、验证和通知历史建筑结构状况或变化，这使得对建筑物的结构元素进行集中和可靠的全局监控成为可能；从历史建筑的壁画取样检测绘画的粉尘中存在的真菌属，有助于历史古迹调查的保护阶段，通过持续监测室内小气候以及良好的卫生与通风，成功减缓木制教堂纪念碑内油漆的降解。可见通过现代信息技术手段对遗迹的内部构造的数据获取和健康检测等方面的研究越来越多，也越来越全面。

（9）数字摄影测量（Digital Photogrammetry）。该聚类的研究主要是运用卫星遥感（RS）、全球卫星定位系统（GPS）、地理信息系统（GIS）等数字信息技术对历史古迹进行监测以及数据的收集等工作。例如结合GPS和调查问卷开发多项式模型logit模型来识别影响游客的因素目的地选择[17]，改进对游客流量的监管以及对目的地的合理设计和管理；将RS与GIS整合到一个多学科方法中，对文化遗产和古迹提供集成监控以及同时储存和处理大量空间和属性数据[18]；此外还可以通过地面激光扫描对传统地质力学进行补充，将山顶古镇文化遗产的不稳定地质的裸露表面的整体3D测量与在历史中心下方延伸的地下洞内壁的扫描线结合在一起，提取岩体不连续性的几何形状，并绘制最关键的失稳机制等[19]。这些数字摄影测量技术，极大地提高了对地形测量的工作效率与工作精度，也使得原本无法实现的评估变得轻而易举。

2.2.2 研究趋势与前沿分析

使用 CiteSpace 对文献进行关键词共现分析，得到关键词提取共 388 个，根据共现的年份与数量制图（图7）。从图中可以看出研究主要分为 2 个阶段：起始阶段（1990-2007 年），这一阶段的共现词数较小且平缓，其中词频最高的是"Cultural Heritage（文化遗产）""Conservation（保护）""City（城市）""Model（模型）""Tourism（旅游）"等词汇；大幅增长与波动阶段（2008-2018 年），这一时间段的共现词汇数出现快速大幅度增长与波动，说明这一期间关键词丰富、研究内容开始呈现多样化，本领域处于迅速发展的阶段。该时期学者的关注点主要在"Community（社区）""Gentrification（更新）""Building（建筑）""Concrete（混凝土）""GIS（地理信息技术）""Masonry（石造建筑）"等；可以看到研究已经从最开始对历史文化街区的规划与保护转变成了对历史街区更新、历史建筑的修复以及电脑信息技术在这些方面应用的研究。

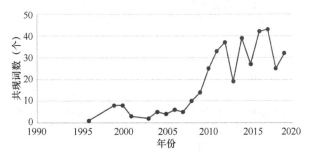

图 7　共现词数的时间分布

使用 CiteSpace 的突发性检测（Burst Detection）功能，可以计算出新兴且处于上升阶段的突发性节点，对揭示科学领域的新趋势有前沿性和时效性，研究前沿并非该领域已经有显著的趋势，而是某一阶段初现态势的新动向。通过对历史文化街区研究领域进行突发性检测，得到共现关键词突发性检测结果，以时间排序大致可得到以下几个阶段（图8）：第一阶段（1990-2000 年），主要研究内容为城市规划层面对历史文化街区等古迹的修复与保护；第二阶段（2001-2006 年），这一阶段对历史建筑石材的保护与修复成为当下的研究热点；第三阶段（2007 年至今），研究热点延展到更加微观的层面，包括

Top 14 Subject Categories with the Strongest Citation Bursts

Subject Categories	Strength	Begin	End	1990 - 2019
city	4.2682	1990	2008	
singapore	3.8939	1997	2005	
conservation	5.0545	1997	2010	
biodeterioration	8.4274	1997	2010	
monument	4.5676	2000	2013	
landscape	3.7093	2004	2011	
stone	8.3428	2006	2012	
limestone	4.8402	2006	2011	
biomineralization	3.4779	2009	2014	
deterioration	4.1149	2009	2014	
concrete	3.5125	2010	2012	
microorganism	4.102	2010	2013	
place	4.5309	2010	2014	
behavior	4.0818	2011	2014	

图 8　共现关键词突发性检测示意图（按起始时间顺序排列）

微生物对历史建筑石材的破坏、复合混凝土对建筑的修复以及历史遗迹的油漆、壁画中的真菌菌型等。与此同时，对历史文化街区的保护措施也逐渐转变到社会空间的层面，并且通过研究旅行者的行为偏好来调整保护规划措施，以提高历史街区的社会空间活力。以突发性强度排序可得（图9），排名前几位的生物腐蚀、石头与石灰石等关键词都与历史建筑的修复有关，显而易见，建筑病理学的内容是现今具有前沿性的研究方向。

Top 14 Subject Categories with the Strongest Citation Bursts

Subject Categories	Strength	Begin	End	1990 - 2019
biodeterioration	8.4274	1997	2010	
stone	8.3428	2006	2012	
conservation	5.0545	1997	2010	
limestone	4.8402	2006	2011	
monument	4.5676	2000	2013	
place	4.5309	2010	2014	
city	4.2682	1990	2008	
deterioration	4.1149	2009	2014	
microorganism	4.102	2010	2013	
behavior	4.0818	2011	2014	
singapore	3.8939	1997	2005	
landscape	3.7093	2004	2011	
concrete	3.5125	2010	2012	
biomineralization	3.4779	2009	2014	

图 9　共现关键词突发性检测示意图（按强度顺序排列）

3　结语

本文通过对 Web of Science 在 1990-2019 年这 30 年的文献数据，进行主要国家分布和关键词共现等分析，可以看出：①历史文化街区这一研究领域已形成完整的研究体系。在这一领域的研究，美国开始的最早，欧美等国家之间相关的学术合作关系十分紧密。而我国的研究则有自己的一套较为完善的研究体系。②在学科合作方面，当前研究历史文化街区的文献量最大的为环境科学与生态学、环境研究、工程、城市研究、环境科学与社会科学等学科，并且从图中可以看出各学科之间合作联系较为紧密。③历史文化街区研究的热点主要是历史建筑的修复、历史文化街区的绅士化以及结构健康监测和数字摄影测量等方向。研究的脉络大致是分为 2 个阶段：起始阶段（1990-2007 年），这一阶段的共现词数呈现小幅度的波动，主要侧重"Space（空间）""Heritage（遗产）"等词汇；大幅增长与波动阶段（2008-2019 年），这一时间段的共现词汇数出现快速大幅度增长与波动，说明这一时期关键词丰富、研究内容开始呈现多样化，本领域处于迅速发展的阶段。可以看到研究已经从最开始对历史文化街区的规划与保护转变成了对历史街区更新、历史建筑的修复以及电脑信息技术在这些方面应用的研究。④通过对关键词共现网络的突发性检测可知，历史文化街区领域的研究前沿为历史建筑的修复技术。

通过以上研究提出以下建议：①对于历史文化街区的保护与发展应继续保持跨学科交流合作的状态，多利用数字信息技术对遗迹进行监测以及数据的收集工作。这方面的进度极大地提高了对地形测量的工作效率与工作精准度。②同时要加强对历史遗迹的修复技术的研究，包括对建筑物石材的保护与修复、微生物诱导进行建筑的黏合修复等方面，这是我们国内在历史文化街区相关研究中较少接触的部分。③我国在历史文化街区的科学研究与国外的交流不紧密，为了防止出现闭门造车的情况，我国应多多加强与各国的沟通与合作。因为相较于国外的历史文化街区研究，我国的相关研究虽然起步比较晚，但是也已经构成了较为完整的体系，并且开始结合我国国情等实际问题，不再是生搬硬套，且在此期间产出了大量的学术成果与实践经验。在之后的研究中，还是要时刻注意据聚焦中国特征与中国国情，甚至聚焦每一个历史文化街区所在的城市，以改造出当地居民与游客都感到满意且都能找到属于自己归属感的、社会空间分化程度适宜的、各阶层并存且互不干扰的历史文化街区。

参考文献

[1] 李杰. CiteSpace：科技文本挖掘及可视化第2版[M]. 陈超美. 北京：首都经济贸易大学出版社，2017.

[2] 李晨."历史文化街区"相关概念的生成、解读与辨析[J]. 规划师，2011，27(04)：100-103.

[3] Chen C. Science Mapping：A systematic review of the literature[J]. 数据与情报科学学报：英文版，2017，2(2)：1-40.

[4] De Muynck W，De Belie N，Verstraete W. Microbial carbonate precipitation in construction materials：A review[J]. Ecological Engineering，2010. 36(2)：118-136.

[5] De Belie N. Microorganisms versus stony materials：A love-hate relationship[J]. Materials and Structures，2010，43(9)：1191-1202.

[6] Warscheid Th，Braams J. Biodeterioration of stone：A review[J]. International Biodeterioration & Biodegradation，2000，46(4)：343-368.

[7] McCoy Mark D，Asner Gregory P，Graves Michael W. Airborne lidar survey of irrigated agricultural landscapes：An application of the slope contrast method[J]. Journal of Archaeological Science，2011，38(9)：2141-2154.

[8] Cui S H，Yang X A，Cuo X H，et al. Increased challenges for world heritage protection as a result of urbanisation in Lijiang City. International Journal of Sustainable Development & World Ecology：Growth，world heritage and sustainable development：the case of Lijiang City，China，2011，18(6)：480-485.

[9] Ramirez M，Hernandez-Marine M，Novelo E，et al. Cyanobacteria-containing biofilms from a Mayan monument in Palenque，Mexico[J]. Biofouling，2010，26(4)：399-409.

[10] Jover Jaime，Díaz-Parra Ibán. Gentrification，transnational gentrification and touristification in Seville[J]. Spain Urban Studies，2019，1-16.

[11] Pinkster Fenne M，Boterman Willem R. When the spell is broken：Gentrification，urban tourism and privileged discontent in the Amsterdam canal district[J]. Cultural geographies，2017，24(3)：457-472.

[12] Karaman O，Islam T. On the dual nature of intra-urban borders：The case of a Romani neighborhood in Istanbul[J]. Cities，2012，29(4)：234-243.

[13] Atamturktur S，Hemez F M，Laman J A. Uncertainty quantification in model verification and validation as applied to large scale historic masonry monuments[J]. Engineering Structures，2012，43：221-234.

[14] Ceroni F，de Felice G，Grande E，et al. Analytical and numerical modeling of composite-to-brick bond[J]. Materials and Structures，2014，47(12)：1987-2003.

[15] Capozucca R. Experimental FRP/SRP-historic masonry delamination [J]. Composite Structures，2010，92（4）：891-903.

[16] Blanco H，Boffill Y，Lombillo I，et al. Monitoring propping system removal in domes and tie-rod slackening from a historical building. Journal of Structural Engineering，2019，145(5).

[17] Li Y，Yang L H，Shen H，et al. Modeling intra-destination travel behavior of tourists through spatio-temporal analysis[J]. Journal of Destination Marketing & Management，2019，11：260-269.

[18] Hadjimitsis D，Agapiou A，Alexakis D，et al. Exploring natural and anthropogenic risk for cultural heritage in Cyprus using remote sensing and GIS[J]. International Journal of Digital Earth，2013，6(2)：115-142.

[19] Fanti Ri，Gigli G，Lombardi L，et al. Terrestrial laser scanning for rockfall stability analysis in the cultural heritage site of Pitigliano（Italy）[J]. Landslides，2013，10（4）：409-420.

作者简介

赵煦，1996年2月，汉族，河南安阳，在读硕士研究生，华中农业大学园艺林学学院风景园林系，研究方向为游憩社会学。电子邮箱：1025738425@qq.com。

李静波，1982年10月，男，汉族，四川成都，博士，华中农业大学园艺林学学院风景园林系，副教授，研究方向为游憩社会学。电子邮箱：jingbol@mail.hzau.edu.cn。

国际历史文化街区研究热点及趋势的知识图谱分析

城市生物多样性

生物友好型住区建筑及外部空间设计导引研究
——以成都市金牛区为例

Research on Design Guidance of Bio-friendly Residential Buildings and External Space：
Take Jinniu District of Chengdu as an Example

杜咸月　吴莹婕　毕凌岚*

摘　要：住宅建筑是人日常生活使用最多的空间，本文提出从生物友好型住区营造的角度进行住宅设计引导，从而营造人与生物共享的空间。在 14 个小区中选取鸟类作为指示物种开展调研，分析住区内鸟类多样性及其偏爱的活动空间，从而总结出活动空间受建筑立面材料、开窗面积、凹凸情况及屋顶绿化等因素影响，以此从建筑立面材质、构件、阳台、窗户以及屋顶等方面提出构建生物友好型住区建筑设计引导策略，为城市住区建筑设计提供生态学依据。

关键词：生物友好设计；住区；建筑设计；外部空间

Abstract：Residential buildings are the space most used by people in daily life. This article proposes to guide the design of residences from the perspective of bio-friendly settlements, so as to create a space shared by people and creatures. Birds were selected as indicator species in 14 communities to conduct surveys, analyze the diversity of birds in the residential areas and their preferred activity spaces, and conclude that the activity spaces are affected by building facade materials, window area, unevenness and roof greening, etc. In this way, a bio-friendly residential building design guidance strategy is proposed from the aspects of building facade materials, components, balconies, windows and roofs to provide an ecological basis for urban residential building design.

Key words：Bio-friendly Design；Residential Area；Architectural Design；Outside Space

引言

城市生物多样性是城市生态系统服务功能的重要体现，对于维护城市生态平衡，改善城市人居环境有着重要意义[1]。然而，随着无序蔓延的城市建成区向郊区日益扩散，使得生物的自然栖息地不断减少。城市密集建成区中环境的改变、不同生物种群的生存适应性及人类活动的干扰对城市中的生物种群进行了选择，导致许多物种已不能在城市中生存，从而导致城市生物多样性减少。近年来，全球重大灾害频发，人们逐渐意识到人与自然的平衡关系被打破，生态安全受到破坏，人类的生存受到威胁。当前国家大力推行生态文明建设，相继提出建设海绵城市、低碳城市、生态园林城市等措施来增强城市应激和恢复能力，但对于城市内部的微观空间，尤其是建筑层面却很少涉及，而基于人与生物共享空间的设计策略更少提及。

在高密度的城市建成环境中，密集的建筑是城市生物多样性保护的重要一环。住宅建筑是城市建筑中的重要组成部分，因此，本文选择从住宅建筑入手，既能为改善城市生物多样性创造条件，又能更好地体现人与生物的互动关系，实现人与生物的资源共享，营造城市中生物友好型空间，从而改善城市人居环境。

1　生物友好型住区的表现形式

1.1　生物友好型设计既有案例分析

公认的"花园城市"新加坡已经由"花园城市"转变为"花园中的亲生态城市"，致力于将城市及人口与周围环境产生互动关系，并从中获益，认为生物多样性城市有助于应对极端天气适应气候变化、降低空气污染及改善公民的身心健康[2]。在生物友好型景观设计方面已有显著的研究成果。

新加坡海军部社区是一个较为成熟的范例：从社区的景观设计上充分体现生物友好型设计。该社区的生物友好设计手法包括：①充分利用社区原有地形，保护社区原有自然特征，为蝴蝶、蜻蜓及鸟类等野生动物创造栖息条件；②在垂直和水平方向上体现多样性的景观结构；③设置雨水花园，调节微气候，营造出一个人与自然亲密接触的生物友好型社区[3]。

该社区运用生物友好的手法，从住宅外部环境和景观设计上营造生物友好型住区，从而改善高密度城市建成环境对城市生态带来的影响。海军部社区的设计是一个很好的开端，它为城市生物多样性保护提供一种新的视角，即城市住区环境建设可以向人与生物共存的生物友好型住区转变。

1.2 生物友好型住区表现形式

依据生态系统的"关键物种"理论，蝴蝶和鸟类的种群大小常常作为指示物种来衡量生物多样性，是重要的指标之一[4]。鸟类是生态金字塔顶端的上层物种，能够反映其下层生物的状况，在住区中人对鸟类的容忍度较高，国内外很多案例都将鸟类作为指示物种进行研究[5]。因此，本文以鸟类作为指示物种，探讨基于鸟类基本生存条件的生物友好设计模式，从而促进城市生物多样性的发展，实现人与自然的和谐互动，探索设计一种新的住区模式——生物友好型住区。

鸟的基本生存包括"吃""喝""玩""宿"4个方面，"吃"和"喝"指鸟类的食物来源和水源。通过本研究前期实地调研结果的相关研究经验及文献探索，鸟类多样性与植物结构、植物多样性、植物层次、植物招鸟性、绿地斑块面积呈现正相关关系[1,5,6]。这些影响因素都是从植物的角度直接影响鸟类的食物来源和栖息空间，可以通过植物配置进行改善，从而增加鸟类多样性。而与住区物质空间建设密切相关的是"玩"和"宿"，即鸟类主要活动空间。因此，就住区而言，生物友好型空间的表现形式有3种不同尺度空间（图1）：①居住区层面，从规划指标控制层面，探究适宜鸟类活动的住区容积率和绿地率；②住区公共空间层面，从住区外部空间环境设计方面探究适宜鸟类活动的开敞空间，其主要影响要素是住宅建筑围合方式、公共绿地形式、住区水系岸线形式等；③建筑层面，从住宅建筑设计方面探究适宜鸟类栖居及活动的空间，如屋顶花园、建筑立面构建筑物等。本次研究主要针对建筑设计进行探究，分析鸟类在城市住区中的生存现状，从住宅建筑设计方面提供精细化的细部设计，从而营造利于生物生存的生物友好型住区。

图1 生物友好型住区表现形式

2 生物友好型设计的研究现状

对生物友好的亲生物设计在西方国家早已兴起，它是将人类对自然的亲和力融入建筑环境设计当中，寻求人和自然和谐共生的空间设计。美国的 Living Building Challenges 和 WELL Building 建筑体系及新加坡的 Attributes to a Sustainable Built Environment 政策都是利用原有环境要素及仿生学形态，将自然融入建筑环境，实现人与自然的互动[7]。

国外的住宅建筑设计已经考虑将生物友好理念融入，如瑞典马尔默在一个地块设计中，明确要求居住建筑设置立体绿化，包括屋顶绿化和立面垂直绿化，并且在建筑立面上设置燕巢及其他鸟巢，同时也为蝙蝠和部分昆虫提供筑巢空间等[8]。米兰出台保护动物的法令，要求在建筑施工过程中必须保护已有的燕巢，不能保留的，需设置人工鸟巢补偿[9]。德国提出将雨燕、鸽子和蝙蝠等野生动物栖居空间纳入建筑更新改造中[10]。这些政策对于生物友好空间建设有很大的益处，但还未能形成完善的系统性政策。

国内，叶颂文等提出在建筑环境设计中采用亲生物设计模式，从生物多样性屋顶，对生态负责的立面及亲生态的空中花园3个方面来改善城市生物多样性[7]。这是国内研究亲生物设计问题探讨的开端，为生物友好型住区研究提供重要的理论基础。

3 以成都市金牛区为例的居住建筑外部设计研究

3.1 研究区域

本研究选择成都市金牛区较为集中的14个小区作为研究区域。按照主要影响因素的选择原则，14个居住小区从时间上遵循建设年代相近的原则，从空间上遵循小区选址集中分布的原则及居住人群职业结构和阶层差别不大的原则，以减少小区周边环境（公园、水域、绿带以及行道树等）及其他社会因素影响研究结论。

3.2 调查方法

本次研究以鸟类为指示物种，调研对象主要是鸟类多样性及其生存状况。鸟类多样性包括住区内鸟的种类及种类的数量，鸟类生存状况包括鸟类的活动空间及营巢空间。前者是以鸟为调研主体，采用鸟类最常用的调查方法——样线法和样点法。每个小区划定一条调研行走路线及若干个停留点（图2）：以每个小区为一个调研单元，每个单元设1~3个固定点及一条调查样线，每组调研以步行速度1km/h速度沿能够穿越整个样区的线路（线路间的间隔大于100m）匀速行进，对两侧20m内鸟类的种类、数量、行为、出现地点、出现频率及环境特征进行观察记录，每个样点停留10min，详细记录鸟的种类、数量和活动情况。调查时间为晴朗天气的早上7:00~10:00，调研周期为春夏秋冬4个季度，每季度保证12次有效数据。后者采用实际观察法，观察并记录鸟类活动地点的物质空间具体特征。

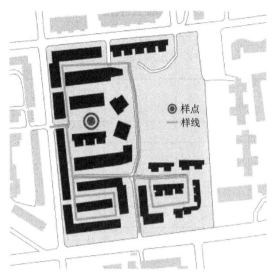

图 2 调研单位样线与样点图

3.3 研究发现

3.3.1 住区内鸟类多样性情况

通过一年的调查数据统计，调研区域中各个调研单位中鸟的种类相似度极高，可分为 3 个等级：最为常见的属麻雀、山雀、棕头鸦雀、白颊噪鹛、白头鹎 5 种，其次是朱颈斑鸠、白鹡鸰、喜鹊、棕背伯劳等 4 种，较为少见的是黄腹柳莺和白鹭，多见于植被覆盖率高且结构丰富、自然水系流畅、环境清幽住区内（图 3）。各个调研单位内鸟类的数量差别较大，与小区内绿地形式、水系及鸟类的活动空间密切相关。城市环境不同于自然环境，外界人类干扰、噪声、高密度的建构筑物和鸟类自身的敏感性以及对栖息条件的选择[11]，使得城市中的鸟的种类及数量与自然环境中相比鸟类多样性明显低很多，即总体上看，城市住区中鸟类多样性较差，仅适应性强的麻雀、喜鹊等杂食性动物成为优势物种，在城市中常见[12]。

■ 鸟类数量（只）　■ 鸟的种类（种）

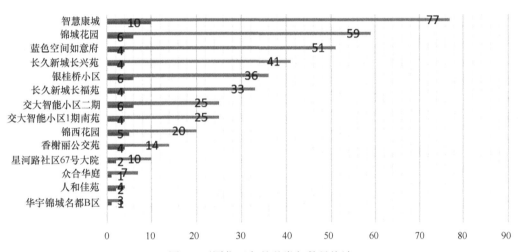

图 3 不同住区鸟的种类与数量统计

3.3.2 鸟类活动空间情况

鸟类活动空间为观察中鸟类频繁出现的地点。根据实际调研情况，绘制鸟类活动空间统计表（表 1）。城市住区中鸟的活动空间分为两类，一类是住宅建筑外表面空间，包括阳台、窗台、雨棚、立面管道、空调外机孔洞等建筑立面外构建及屋顶花园；另一类则是住宅外部环境空间，包括绿地、空地等开敞空间。从 14 个小区的调研数据来看，住区中鸟类的活动情况可以分为三类：一

是鸟类活动空间集中在住宅外部环境空间，包括星河路67号大院、锦城花园、银桂桥小区 3 个住区，在住宅建筑表面活动的鸟类数量很少；二是鸟类活动空间在住宅建筑表面与住宅外部空间活动的数量相差不大的情况，包括蓝色空间如意府、长久新城长福苑、交大智能小区二期、香榭丽公交苑 4 个住区；三是鸟类的活动空间在住宅外部活动的数量多于建筑表面的情况，包括智慧康城、锦西花园、众合华庭等 7 个住区。

鸟类活动空间汇总表　　　　　　　　　　　　　　　　表 1

编号	小区名称	住宅建筑表面鸟类活动数量（只）							住宅外部环境鸟类活动数量（只）						总计（只）
		雨棚	阳台	窗台	屋顶花园	管道	孔洞	小计	电线	草坪	地面	低空飞过	树上	小计	
1	华宇锦城名都 B 区	—	—	1	—	—	—	1	—	—	—	—	2	2	3
2	人和佳苑	—	—	1	1	—	—	2	—	—	—	—	2	2	4
3	众合华庭	—	—	1	0	—	—	1	—	—	—	4	2	6	7

编号	小区名称	住宅建筑表面鸟类活动数量（只）							住宅外部环境鸟类活动数量（只）						总计（只）
		雨棚	阳台	窗台	屋顶花园	管道	孔洞	小计	电线	草坪	地面	低空飞过	树上	小计	
4	星河路社区67号大院	—	—	—	—	—	—	0	—	—	—	—	8	8	8
5	香榭丽公交院	1	2	4	1	—	—	8	—	—	—	1	5	6	14
6	锦西花园	—	—	5	0	—	—	5	—	4	—	2	9	15	20
7	交大智能小区1期南苑	2	—	3	4	—	—	9	—	—	—	—	16	16	25
8	交大智能小区二期	—	1	1	10	—	—	12	—	10	1	—	2	13	25
9	长久新城长福苑	2	—	7	5	—	1	15	—	—	1	—	17	18	33
10	银桂桥小区	—	—	—	2	—	—	2	—	—	2	—	32	34	36
11	长久新城长兴苑	5	9	—	—	—	—	14	—	—	—	5	22	27	41
12	蓝色空间如意府	—	6	2	16	2	2	28	2	—	—	7	14	23	51
13	锦城花园	—	—	—	—	—	—	0	—	—	—	15	44	59	59
14	智慧康城	2	5	5	4	—	2	18	—	—	—	12	47	59	77

从鸟类活动的三类不同情况可知，当住区绿地形式及植物丰富度、植物结构等不利于鸟类活动时，住区的建筑表面则成为鸟类赖以生存的一线之地。当建筑表面与住区环境都利于鸟类生存时，鸟类的多样性会逐渐增加。因此，对于建筑的生物友好设计变得很重要。

建筑立面玻璃面积越大，对鸟类影响越大，建筑立面的粗糙程度能影响鸟类的活动，越粗糙对鸟类越有利。根据14个小区鸟类偏爱活动空间的实际情况，将建筑立面按各种要素对鸟类活动的重要影响程度分为"很差、较差、一般、较好、很好"5个等级，并赋予相应的"1、3、5、7、9"的得分（表2）。

3.3.3 住宅建筑表面的鸟类偏爱活动空间特征分析

（1）住宅建筑表面的鸟类活动空间特征分析

各小区建筑立面情况　　　　　　　　　表2

	华宇锦城名都B区	人和佳苑	众合华庭	星河路67号大院	香榭丽公交苑	锦西花园	交大智能小区1期南苑	交大智能小区2期	长久新城长福苑	银桂桥小区	长久新城长兴苑	蓝色空间如意府	锦城花园	智慧康城
墙面材质	瓷砖	瓷砖	瓷砖	水泥抹泥墙	瓷砖	瓷砖	瓷砖	瓷砖	水泥抹灰墙	水泥抹灰墙	水泥抹灰墙	瓷砖	瓷砖	瓷砖
墙面附着物	—	—	—	—	—	墙面藤本植物	—	—	墙面藤本植物	—	墙面藤本植物	—	—	墙面藤本植物
粗糙与否	很光滑(1)	较光滑(3)	较粗糙(7)	较粗糙(7)	较粗糙(7)	较粗糙(7)	较粗糙(7)	较粗糙(7)	较粗糙(7)	较粗糙(7)	较粗糙(7)	较光滑(3)	较光滑(3)	较粗糙(7)
立面玻璃面积	很大(1)	较大(3)	一般(5)	较大(3)	一般(5)	较大(3)	一般(5)	一般(5)	较小(7)	较大(3)	较小(7)	一般(5)	较大(3)	一般(5)
窗台有无雨棚	无(1)	有(5)	有(5)	有(5)	有(5)	有,较少(3)	有,较多(7)	有(5)	有(5)	有,较多(7)	有,较多(7)	有,较多(7)	无(1)	有(5)
阳台是否凸出	是(5)	否(1)	否(1)	是(5)	否(1)	否(1)	否(1)	否(1)	否+绿植(3)	否+杂物(3)	是+杂物(7)	是+绿植(9)	否(1)	是+绿植(9)
有无屋顶绿化	无(1)	无(1)	无(1)	无(1)	有,较少(3)	有,较少(3)	有,较少(3)	有(5)	有(5)	有(5)	有(5)	有且多(7)	无(1)	有且多(7)
鸟类活动数量（只）	3	4	7	10	14	20	25	25	33	36	41	51	59	77

以鸟的数量为因变量，建筑表面介质为自变量，探究建筑立面各个要素对鸟的活动数量的影响，结果显示建筑立面的墙面材质及其粗糙程度、立面玻璃面积、窗台的延伸情况、是否有雨棚、阳台是否凸出及是否有屋顶绿化等要素显著影响着鸟类的数量（图4）。因此，这类与鸟的数量成正相关关系的建筑外部各个要素构成了鸟类的偏爱活动空间。对此，本研究对影响鸟类数量的要素特征进行归纳分析。

斯皮尔曼 Rho			鸟的活动数量（只）	建筑立面生物友好程度
	鸟的活动数量（只）	相关系数	1.000	0.542*
		Sig.（双尾）		0.045
		N	14	14
	建筑立面生物友好程度	相关系数	0.542*	1.000
		Sig.（双尾）	0.045	
		N	14	14

* 在 0.05 级别（双尾），相关性显著

图 4　鸟类数量与建筑立面各要素的相关性分析

（2）住宅建筑表面的鸟类偏爱空间特征总结

例如智慧康城：其鸟类多样性最丰富，建筑立面生物友好程度也最高，有较为粗糙的墙面材质并覆盖有藤本植物，有雨棚成为鸟的活动平台，阳台凸出且有绿植覆盖，屋顶绿化丰富，对鸟类的吸引较大。因此，鸟类偏爱空间特征如下：

①墙面材质上：越粗糙的墙面材质，越有利于鸟类，而墙面有藤本植物等附着物能增加墙面的粗糙度；②立面窗户玻璃面积：玻璃面积越大，玻璃的反光造成鸟类的不适，而鸟类遭受撞击的可能性越大，故玻璃面积较小有利于鸟类活动；③窗台雨棚情况：与无雨棚建筑相比，有雨棚的建筑更能吸引鸟类；④阳台情况：凸出的外阳台比凹阳台更能吸引鸟类，且阳台上有杂物堆积或绿植丰富的阳台，更是鸟类经常活动的空间；⑤有屋顶绿化且绿植结构丰富的空间，鸟类活动频发，给鸟类提供了很好的栖息空间。

4　居住建筑外部设计策略

4.1　建筑立面设计

4.1.1　立面材质

建筑立面材质是影响住区鸟类活动的重要因素，是改善住区鸟类多样性的重要途径之一。

2000 年以前的居住建筑外墙材质多采用瓷砖，21 世纪 10 年代后的居住建筑外墙材质以经济耐污染、施工简单的涂料、油漆为主。这类材质的使用使得建筑表面较光滑，不利于鸟类的活动。生物友好型住区建筑设计要求建筑墙面除保证外墙的保温隔热、分割空间及美化等基本功能外，还应考虑鸟类在建筑立面的活动。因此，可在立面材质方面，保证不影响建筑外墙基本功能的前提下，加入新型材料，建筑立面设计结合垂直绿化或合理利用外墙面伸缩缝的拉伸、错位，以此增加建筑立面的粗糙度。

现代建筑立面为了美观，多使用大面积的玻璃幕墙，不仅是办公建筑和商业建筑，现代居住建筑的大面积落地窗也随处可见。在建筑高密集的城市建成环境中，大面积的玻璃幕墙导致鸟类撞击现象频繁。因此，住宅建筑的窗户设计上，保证室内宜人的日照通风外，应合理设置开窗面积，尽量避免大面积玻璃幕墙在住区出现，防止光线反射及镜面反射给鸟类带来危险。

4.1.2　立面构建

（1）立面孔隙空间

建筑墙面因上下水管道、伸缩缝及空调外机放置处等形成有深度的孔洞，以及因建筑外墙材质间的拼接产生的凹凸空间是鸟类偏爱的活动"场所"，例如麻雀和喜鹊的筑巢空间就多喜欢选择在孔洞等较为隐蔽的空间。因此，在不影响建筑的美观需求和人类审美体验的前提下，应对建筑外墙上的孔隙空间从生物栖居的角度进行高效利用，发挥其最大的作用。在利用这些空间时，为使其不成为负面空间影响美观更甚至造成清洁困难，应该结合立面色彩和立面材质，融入仿生手段做成较为隐秘的鸟巢，为鸟类创造生存栖息空间。

（2）阳台空间

1）阳台类型

阳台是室内空间的延伸，属于半开敞空间，同时也是鸟类经常活动的"场所"。目前，阳台分为三种类型：凹阳台、凸阳台及凹凸复合阳台；从形式上分为全封闭式和半封闭式阳台。凹阳台使建筑立面较为单一，凸阳台使立面变化丰富。为了营造鸟类友好空间，本设计保证安全的前提下提倡多层住宅采用半封闭式凹凸复合阳台，既有利于室内通风，又使人能更好地与自然接触。

2）阳台绿化

多高层建筑不利于人类宅家，提倡设置阳台绿化：大平台式立体种植果园、菜园或者花园，不仅能够提供家庭室外活动空间，丰富建筑立面，增加建筑美观效果，减少空气污染，降低噪声影响[13]，还能够为鸟类、蝴蝶等提供栖息空间，增加生物多样性。

（3）窗户空间

对人类而言，窗户是建筑内部获得采光和通风的重要途径，对于鸟类而言，延伸的窗台也是密集建成区中活动的一方天地。窗的形式有三种：平面窗、凸窗以及凹窗。其中有窗台延伸的凸窗增大房间的面积的同时也有利于鸟类的活动，凸窗与墙面有一定距离，使得建筑立面造型更加丰富，平面加上窗台雨棚也能成为鸟类飞上天空的落脚点。

4.2　建筑顶部

4.2.1　屋顶绿化

立体绿化不仅能够增加住区绿化面积补偿城市绿化，而且立体绿化也是鸟类、蝴蝶、蜻蜓和其他飞行动物的垫脚石[2]。英国为了鸟类的生存而精心设计了棕色覆土屋顶。美国纽约给鸟类、蝴蝶等设计独特的屋顶提供自然栖息地[7]。我国可根据居住建筑的特征进行屋顶绿化设计，提倡屋顶绿化开放式和非开放式两种。开放式屋顶绿化

作为小区公共空间使用，既丰富人的室外活动空间，同时给鸟类等生物提供活动空间。非开放式屋顶绿化，可作为私人农业种植场所，满足人类食物需求的同时，也是鸟类食物来源的一种途径。

4.2.2 屋顶装饰性细部

住宅建筑屋顶往往会设计装饰性的构筑物来增加建筑美感，但实用性不大。在生物友好型住区中，这些细部空间远离人类干扰，合理利用能成为鸟类栖息的重要场所。提倡在设计上融入仿生手法，丰富构筑物外表形式，增加构筑物的层次感，为鸟类提供能遮风避雨的筑巢空间，同时还可选择野葡萄、紫藤、多花蔷薇等藤本植物覆盖构筑物表面，既为鸟类提供食源，也创造自然栖息场所。

5 结语

总而言之，以营造生物友好型住区为目的的住宅建筑及其外部设计，是在建筑外观的实用性、经济性和美观性的基础上增加生物友好的设计理念，使之成为未来绿色建筑设计的一个新的方向，为生物的基本生存提供便利的空间，从而改善城市生物多样性。人们获得亲近自然的机会，从人的本性上唤醒生态意识，从可持续发展的角度，改善城市生态环境。

参考文献

[1] 干靓. 城市建成环境对生物多样性的影响要素与优化路径[J]. 国际城市规划，2018，33(04)：67-73.

[2] 林良任，陈莉娜. 增进城市地区生物多样性：以新加坡模式为例[J]. 风景园林，2019，26(8)：25-34.

[3] 安博戴水道原创项目，生物友好型养老设计模式下的未来景观-新加坡海军部社区，2018.

[4] 傅伯杰，于丹丹，吕楠. 中国生物多样性与生态系统服务评估指标体系[J]. 生态学报，2017，37(02)：341-348.

[5] 福井亘. 城市的生物多样性与环境——以日本城市与近郊的鸟类指标为例[J]. 西部人居环境学刊，2019，34(3)：8-18.

[6] BLAKE J G, KARR J R. Breeding birds of isoland woodlots-Aerea and habitat relationships[J]. Ecology, 1987, 68(6): 1724-1734.

[7] 叶颂文，余文娟. 高层高密度城市下的亲生物设计模式研究[J]. 住宅产业，2016(05)：26-30.

[8] Emilsson T, Persson J, Mattsson J E. A Critical Analysis of the Biotope-focused Planning Tool: Green Space Factor[EB/OL]. https://www.researchgate.net/publication/259200418, December 2013.

[9] 国际城市规划公众号：[意]米兰出台法令保护建筑翻新施工中的燕巢(2020.2).

[10] Werner P, Groklos M, Eppler G, et al. Schutz Gebaudbewonhnender Tierarten vor dem Hintergrund Energetischer Gebaudesanierung. hintergrunde, Argumente, Positionen. in und Gemeinden[R]. TechnicalReport for BFN, August. 2016.

[11] 刘珺. 中国城市公园鸟类物种多样性与群落结构的分布格局及其机制[D]. 呼和浩特：内蒙古大学，2019.

[12] 徐沙，许志强，崔进，等. 城市化对西安市不同景观鸟类多样性的影响[J]. 野生动物学报，2013，34(6)：327-330.

[13] 靳茹，于冰清. 立体绿化在高层住宅建筑中的应用形式研究[J]. 河南城建学院学报，2019，28(1)：24-28.

作者简介

杜成月，1995年8月，女，汉族，重庆，本科，西南交通大学在读研究生，研究方向为生态城市。电子邮箱：1289318749@qq.com。

吴莹婕，1997年9月，女，汉族，四川资阳，本科，西南交通大学在读研究生，研究方向为生态城市。电子邮箱：2578390175@qq.com。

毕凌岚，1972年5月，女，汉族，四川成都，博士，西南交通大学，教授/博士生导师，研究方向为生态城市。电子邮箱：bilinglan@home.swjtu.edu.cn。

城市生物多样性

基于生物多样性社区理念的城市生态廊道规划设计研究^①

——以广钢工业遗产博览公园为例

Planning and Design of Urban Ecological Corridor Based on the Concept of Biodiversity Community：

Taking Guangzhou Steel Industrial Heritage Park as an Example

江海燕　陆　剑　蔡云楠[*]　江朵拉

摘　要：在全球进入城市世纪的背景下，生物多样性丧失和生态系统退化对人类生存和发展构成重大风险。城市内部各类绿地是生物多样性最主要承载空间，探索人与自然和谐共生的生命共同体设计理论和方法刻不容缓。论文首先通过辨析生物社区、生态社区、自然社区的基本概念和要素构成，梳理生态学、城市规划学在社区尺度的生物多样性设计理论基础；接着通过辨析城市景观、生态景观、自然景观、荒野景观的概念和要素构成，进一步明晰生态学、风景园林学在景观设计及其表征特点方面对生物多样性设计的影响。以此为基础，通过总结国外城市生物多样性规划设计指引、规范以及行动计划，构建生物多样性设计方法体系。最后，以广钢工业遗产博览公园生态专项设计实践为例，落实城市生态廊道功能定位，提出生物多样性社区设计理念和设计指引。本文突破以往生物多样性研究集中在大型城市公园或城市外围自然空间，提出了位于城市内部建成环境的、社区尺度的城市功能区生物多样性设计理念和方法，对促进从城市外围到城市内部、从大尺度绿地到中小尺度社区，建构完整的生物多样性规划设计体系具有实施层面的理论和创新意义。
关键词：生物多样性社区；生态廊道；规划设计；广钢工业遗产

Abstract: In the context of the global urban century, the loss of biodiversity and the degradation of ecosystems pose major risks to human survival and development. Various green spaces in cities are the most important space for biodiversity. It is imperative to explore the design theories and methods of the life community in which man and nature live in harmony. The article first analyzes the basic concepts and element composition of Biological Community, Ecological Community, and Natural Community, sorts out the theoretical basis of biodiversity design at the community scale of Ecology and Urban Planning; then analyzes Urban Landscape, Ecological Landscape, Natural Landscape, and Wild Landscape. The concept and element composition of the landscape further clarify the impact of Ecology and Landscape Aarchitecture on the design of biodiversity in terms of landscape design and its characteristic features. On this basis, by summarizing the guidelines, norms and action plans of foreign urban biodiversity planning and design, a method system for biodiversity design is constructed. Finally, taking the special ecological design practice of the Guangzhou Steel Industrial Heritage Park as an example, the functional positioning of the urban Ecological Corridor is implemented, and the design concept and design guidelines for the Biodiversity Community are proposed. The thesis breaks through the previous biodiversity research focused on large-scale urban parks or urban peripheral natural spaces, and puts forward the concept and method for the biodiversity design of urban functional areas located in the built environment of the city and at the community scale from large-scale green spaces to small and medium-scale communities, constructing a complete biodiversity planning and design system has theoretical and innovative significance at the implementation level.
Key words: Biodiversity Community; Ecological Corridor; Planning and Design; Guangzhou Steel Industrial Heritage Park

引言

　　生物多样性是人类赖以生存和发展的重要基础。在全球进入城市世纪的背景下，尽管城市基础设施不断得到改善，但城市内部绿地条件特别是生物多样性却日益恶化^[1]。城市生物多样性正是大部分人类能够体验的唯一生物多样性，其来源包括城市内部的各类公园、附属绿地、开放空间等^[2]。研究表明，城市绿地的价值不仅在于提供娱乐服务，而且还可以作为生物多样性保护区域^[3]。

同时也有大量文献研究支持野生动植物对城市居民健康系统、城市生态系统、城市伦理等方面的正向作用^[2]。我国居民对城市生物多样性保护也持积极态度，并愿意为此支付一定费用^[4,5]。然而，随着城市化进程的不断推进，原本高度分层的、由大量植物组成且主要是本地植物种类的绿地现已简化为以外来植物种类为主的更开放的城市景观^[6,7]。各类城市绿地以满足人类需求为首要目的，以人为中心的城市园林改良和引种植物的大量运用、人工硬质环境的营造、均质单一景观类型的组合等，导致城市内部本地物种多样性降低、物种同质化和景观结构

──────────
　　① 基金项目：国家自然科学基金面上项目；基于协同理论的城乡边缘区开放空间规划与实施研究（51478124）；国家自然科学基金青年项目；基于城乡互动发展的乡村生产性景观发展策略研究——以珠三角基塘为例（51708127）。

均质化等问题，使得城市绿地很难成为本地自然野生动植物的栖息地。城市结构的均质化通常只对极少数物种有利，这些物种在人类诱导效应下，种群数量难以控制而急剧增长，演变成害虫或入侵物种[8]。

由于大型绿地空间提供更多的服务、支持更多的生物多样性以及包含更多的自然植被，针对城市公园、郊野公园、城市湿地等较大尺度绿地的生物多样性研究更加受到关注和重视[9-11]，而社区尺度的邻里公园、口袋公园、附属开放空间、微绿地等这些小小的绿色补丁所扮演的角色常常被忽视。这种忽视不仅改变了社区景观、侵蚀了生物多样性，而且改变了社区对绿地的态度，忽视和低估了小型绿地空间所能提供的生态服务。尽管大型绿地空间支持更多的生物多样性，但周围较小的斑块有助于将由于建筑环境而被隔离的大型绿地空间连接起来，从而为各种类群提供资源和栖息地。尽管社区绿地不大，难以单独支持生物多样性，但它们可以充当垫脚石，通过促进鸟类、昆虫等脆弱类群的活动，在区域范围内增加生物多样性[12-14]。社区绿地作为生物多样性的重要空间，可以加强生态系统的健康以及向社会尤其是在社区范围内提供服务[15,16]。因此，有必要重视社区绿地的景观特征和栖息地对斑块内外生物多样性的影响，并通过主动的社区参与和规划设计提升其生物多样性。

1 城市社区生物多样性设计的理论基础

生物多样性设计指通过规划、设计以及联系生物多样性和生境效应的方法。这类基于景观的系统规划设计有利于指导包括城市森林、私有和公有绿地、社会开放空间系统等城乡配套设施的生境保护、生境修复、城市形态以及景观提质。城市社区生物多样性设计的基础理论既包括城市生物多样性设计的景观生态学理论，也包括城市生态社区规划设计理论，还包括生态景观设计理论。其中，景观生态学从生物社区的基本原理提出影响生物多样性的生境系统要求，生态社区从绿地规模和内外网络等层面规定影响生物多样性的生境数量和结构，生态景观设计从地形、植被、工程措施等层面提出建设生境的具体策略。

1.1 社区与生物多样性

与社区尺度生物多样性构建相关的理论有生物社区（Biological Community）、生态社区（Ecological Community）和自然社区（Natural community）。通过表1的辨析发现，生物社区是生物多样性设计的基础，自然社区是构建生物多样性社区的蓝本，生态社区则只能部分实现生物多样性。通过对生态社区评价指标体系研究发现，与生物多样性建构相关的指标集中在绿地规模和植物配植的丰度两个方面[17]，规划设计层面强调内外生态网络联系、日照、通风[18]以及低碳、循环利用、雨水管理、能源管理等，极少涉及生物多样性策略和指标目标[19]。生物社区和自然社区大小不一，从池塘或树木中很小的组合，到在生物群落中巨大区域或全球生物联系。以生物社区和自然社区理论为基础，社区生物多样性规划需要遵循斑块—廊道—基质模式、景观异质性和多样性、景观连接度和连通性等景观生态学原理。有研究表明，增加斑块和基质数量即增加绿地面积和比例、增强生境斑块连通性和生态网络连接度、增加斑块密度和生境斑块边周比、增加植被种类和本地植被比例、增加植被丰度和树冠高度等都有利于提高生物多样性。具体策略包括：2个大型自然斑块是保护某一物种的最低斑块数量，4～5个同类型斑块能维持物种长期健康和安全[20]；斑块形态指数越小越有利，即形状越简单、对鸟类受干扰越小越有利；乔灌草复层种植结构中重点关注乔木层和地被层，乔木平均高度越高对鸟类越有利；提高地被覆盖率和地被种类，对生物多样性有利；构建"集中绿地＋连通廊道＋小尺度踏脚石"的生境链系统，通过控规实现[2,9]；景观多样性和复杂性通过较多的地形变化、不同类型的水体、多层次变化丰富的植被结构等微观生境营造实现。

基于生物多样性建构的社区类型辨析 表1

类型	基本概念	要素构成	与生物多样性关系
生物社区[21,22]	指在特定区域和时间共存的相互作用生物（相同或不同物种）的集合。社区其两个主要属性是社区结构和社区功能；社区结构与生物组成有关，而社区功能与能量流动、弹性和群落抵抗力有关	动物、植物和微生物及成员之间彼此的丰度、分布、适应和生存状况	物种多样性、物种相互作用、空间结构、周期性、生态交错边缘效应和生态演替等
生态社区[23]	通过整合生态设计、生态建筑、绿色产品、可供选择的能源、社区建设等实践活动，调整人居环境生态系统内生态因子和生态关系，使小区成为具有自然生态和人类生态、自然环境和人工环境，通过社会环境与低冲击生活方式的结合达到可持续生活的目的	自然生态环境、居住条件、能源和水资源利用、废弃物管理、建筑材料、配套设施、社区居民、管理制度	绿地规模、植物配植的丰度、内外生态网络联系
自然社区[24]	在特定环境中天然动植物的组合，其人为造成的干扰很小，或者自然界已从该干扰中恢复过来。在每个自然社区中，植物、动物、地质、自然过程、水和许多其他因素以某种可预测的方式关联，方便对其进行分类和命名	天然动植物、地质、自然过程、水和其他环境因素	本地自然物种、稳定生境

1.2 景观与生物多样性

城市景观经历了人工精致化、节约粗放化以及生物多样性和生物友好设计的过程。荒野景观为城市生物多样性构建提供了极其珍贵的参照、基因库和蓝本，与自然景观一道，通过潜在植被理论（宫协造林）或土壤种子库理论，获取近自然的动植物群落信息、土壤光照等生存环境条件、野生植物种子基因库等，采用移植、模仿等手段进行生物多样性生境及其物种设计[25]。传统生态设计形成的生态景观更重视受保护物种和敏感生态系统的最小化影响，而近自然设计和荒野景观再造的景观生物多样性方法则寻求更全面更综合的策略，引导能够显著增强

建成环境内部的自然生物多样性[26]。城市景观在植物选择和配置上以人的审美为出发点，而自然景观则更关注生物物种本身的构成和生存环境；城市景观需要经常的修剪、喷洒药物以维护景观的精致性，而自然景观则是低维护的自然野趣式管理；城市景观人类干扰程度高，而自然景观则是低休憩压力或无人类干扰的城市荒野；城市景观人工化程度高的水景、假山和硬质铺地，而自然景观则是以泥潭、沙生峭壁、土洞、地表、林冠层的枯木、矮灌丛以及岩石形成多样化的微型生境，创造停留、觅食或巢穴空间，增加生物栖居界面，为生物多样性提供庇护所等[27]（表2）。

基于生物多样性建构的景观类型辨析　　　　　表2

类型	基本概念	要素构成	与生物多样性关系
城市景观[28]	是由人与城市环境之间的关系形成的系统，是城市中各种物质形体环境（包括城市中的自然环境和人工环境）通过人的感知后获得的视觉形象	自然环境、人工环境、文化活动、生活方式	城市人工影响后的自然环境具备生物多样性构建的潜力
生态景观[29]	是一种设计、建造和维护景观的方法，该方法考虑了场地的生态并创建了可以改善周围环境的花园，以造福人类和生态系统中的所有其他生命	人、动物、植物、水、土壤、昆虫和野生生物等	通过研究生物、非生物和环境之间的相互关系，以及适当的设计和实施，可以保护生物多样性和环境
自然景观[30]	是人类文化对其施加作用之前存在的原始景观。但是在21世纪人类活动完全不影响的景观极少存在，因此有时会提及景观中的自然程度	自然动植物及其生存环境	近自然或恢复稳定的景观是生物多样性构建的蓝本，利用潜在植被理论或土壤种子库理论修复生物多样性
荒野景观[31]	指未经过人为干预、制约的陆地自然环境，是一种原始自然，湿地景观、原始深林、草原等均属于荒野景观的一种	野生动植物及其栖息地	极其珍贵的生物多样性构建蓝本

2　国外城市生物多样性设计方法

建成环境在支持和增强生物多样性方面发挥着至关重要的作用，尤其是在人口密集的城市地区，新的开发多多少少会对野生动植物以及人们体验和享受自然的效果产生重大影响。为此，国外城市或机构专门制定"生物多样性规划设计指南"或"生物多样性规划"，旨在确保新开发项目和现有建成环境都能够充分利用各种机会来促进生物多样性，并最大限度地提高其对人们生活质量的贡献。其中，AECOM公司发布《景观多样性规划和设计系统技术报告（2013）》，通过生境面积、生境多样性、生

境质量、生境斑块/廊道尺度和形状、生境连接性5个维度10个指标，用于评估开发方案对生物多样性的影响[26]。英国伊斯灵顿政府发布的《实践指南4——建成环境中的生物多样性（2012）》从安装人工鸟巢、创造生境、照明、材料和构筑物分布等提出具体措施指引，并于2020年制定了《伊斯灵顿生物多样性行动计划（2020—2025）》[32]。利彻斯特大学在2019年公布的《生物多样性设计指引》中，从保留植被和栖息地、创造新的生境、种植新的树木、多功能绿色基础设施、野生植物友好种植、人工照明、可持续排水系统、连接性、目标物种、管理10大方面提出设计指引[33]（表3）。

生物多样性规划设计策略和方法　　　　　表3

设计维度	设计策略和方法
创造栖息地	针对目标物种提供隐藏、觅食和其他生活史特征（包括关键物种相互作用）的栖息地[26,32] 促进生境内外的物种移动、迁移、分布、演替和繁殖[26] 提供物种适应的自然模式和环境，包括季节性洪水、栖息地结构、栖息地邻接、阴影和光照[26] 减少对野生生物生存的威胁，包括入侵物种、与生境相邻的不适当土地用途以及光污染[32] 创建潮湿的灌木丛和池塘原生林地[32]
提高栖息地连通性	连接绿色空间以使野生动植物安全通过，绿色楔形或走廊可以是自然形态（如树木、灌木、树篱和河流），也可以是人造（如铁路）[32] 障碍物可以是道路和围栏，也可以是人造照明[32]

设计维度	设计策略和方法
合理规划种植	尽量保留现有的植被和栖息地[32]
	应按原样（在适用/可行的情况下）替换移除的内容，并在现场尽可能多地安装[32]
	种植方案还应反映周围环境的特征，例如河流附近的湿地植物[32]
	种植包括夜间香味植物在内的、不同季节开花的多种开花蜜源植物，提供全年的颜色和花蜜[33]
	提供良好的植被结构，种植生产浆果的灌木或攀缘植物或乔木提供给鸟类天然食物和庇护所[33]
	冬季减少清理草地，每2～3年清理草地，以进一步增强结构的多样性；草甸与草坪可多产90%的花朵，无脊椎动物的生存率可提高25%以上[32]
循环利用材料	将草皮堆成一角，使它们成为昆虫或刺猬的居住地[32]
	创建小堆鹅卵石或挖沟并用石头填充等多孔隙结构，由鱼类、两栖类、蜘蛛和其他昆虫使用[32]
	可以放置没有结构问题的枯树，以鼓励昆虫和鸟类（如啄木鸟或猫头鹰）栖息[32]
建造可持续排水系统	减少和减缓径流，并可以引导到池塘等功能区中，并以食草鱼类等迁徙功能为导向[32]
	通过使用渗透性铺装、绿色屋顶、雨林和过滤条控制或接近源头的降雨[32]
	控制来自滞留区和保留区、沼泽或其他地面要素中源控制要素的径流[32]
	利用地形（如沼泽和水渠）控制水流，以最大限度地增加野生动植物和人类利益[32]
创建绿色屋顶	通过使用不同的天然材料来创建多样化的（马赛克）野生动植物栖息地，如沙丘—砖块（干净）—浅水盘或石堆—原木—鸟箱[32]
	结合太阳能电池板，让植物生长而不遮挡面板光线，最大程度增加生物多样性和能源效率[32]
建筑一体化改造与设计	建筑考虑使用鸟巢砖，增强野生动物的内置（整体）功能[32]
	巢穴盒子置于墙壁或垂直表面、屋檐下、树木上，也可以并入新建筑物的织物中[33]
	巢箱的位置要考虑支持的物种、高度、阳光直射和盛行风等影响[33]
合理规划人工照明	仅在确实需要的地方使用照明，并确保在准则允许的情况下光线不足[33]
	使用低压钠灯或高压钠灯代替汞灯或金属卤化物灯[33]
	尽量使用较短的照明柱，以确保照明保持在较低水平[33]

3 基于生物多样性社区理念的城市生态廊道规划设计——以广钢工业遗产博览公园为例

3.1 公园概况

广钢工业遗产博览公园位于广州市荔湾区广钢新城中央位置，原主要为广州钢铁厂区道路、绿地和部分堆场设施，总面积约35hm²，宽度100～200m，长约1.8km；现存工业遗产约3.7万m²，包括工业建构筑物遗存以及高炉重力除尘器、煤气柜、传送带、铲煤机械、吊车梁、热风炉、高炉、火车头、烟囱等（图1、图2）。广州钢铁厂在广州市退二进三的大背景下，于2013年整体搬迁完毕。7年多以来，广钢大部分用地已规划建设成平均层高100m左右的居住区，中央长带形用地规划为组团级生态廊道，定位为广钢工业遗产博览公园。为加强对工业遗产的保护与活化利用，荔湾区住房和城乡建设局于2019年11月组织开展"广钢公园保护与活化利用深化研究"工作。其中，由广东工业大学景观规划与生态修复研究中心负责的"生态廊道与微气候优化研究专项"需要衔接落实《广州都会区生态廊道总体规划与东部生态廊道概念规划》对广钢公园要求，协调生态开敞空间与工业遗产保护与活化利用，创新生态廊道在服务于城市公共空间、工业遗产、文化生活、新型业态等方面的土地精准化利用和精细化管理新机制，为公园建设提供生态技术支撑，本文为该项研究的部分成果。

3.2 城市生态廊道与生物多样性社区的关系

根据《广州都会区生态廊道总体规划与东部生态廊道概念规划（2015-2025）》，生态廊道包括带状生态空间及其联系的面状生态区，是以连接和贯通为特征的由水系、农田、山林地、各类城市绿地及部分低密度、低强度建设地区构成的空间网络体系。为实现以网络型生态廊道建设来隔离城市组团，将广州都会区生态廊道体系划分为3个层次，即"区域生态廊道—组团生态廊道—城市绿道"，广钢公园为组团生态廊道。

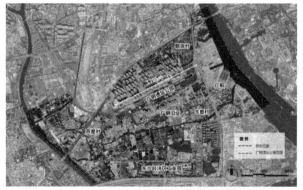

图1 广钢公园遗产博览公园区位图

图 2 广钢公园遗产博览公园现状鸟瞰图

根据 2020 年 9 月最新"广钢公园保护与活化利用深化研究"成果，广钢生态廊道控制性详细规划用地情况如下（图 3）：规划行政办公用地（A1）、文化设施用地（A2），用地面积 26284m²，建筑面积为 57656.1m²；规划公园绿地（G1）用地面积 270803m²，配建 1 处公交首末站、2 处居民健身场所、1 处地下停车场、1 处 110kV 变电站（建筑面积：3374.5m²）以及 400 个地上和地下停车位，建筑面积 14000m²；另外，公园绿地包括东、中、西区其他工业遗存建筑面积约 37000m²。从控规来看，该公园既存在较多工业遗存建构筑物，也存在城市功能用地；这有别于传统的城市公园，是两侧为高密度城市居住区、内部有较多城市公共服务、商业业态与公园绿地共存的城市中心低密度建设区。

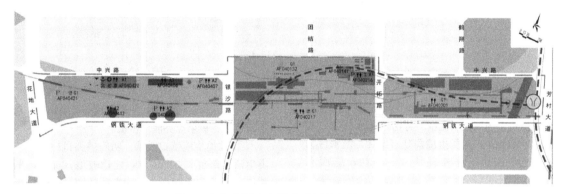

图 3 广钢公园遗产博览公园控规总平面图

综合该公园组团级生态廊道和低密度城市工业遗存活化区的双重身份，将该公园在生态建设层面定位于城央生物多样性社区（Biodiversity Community）。生物多样性社区不是以城市景观为特征的城市公园，也不是物种单一的乡野公园；是坚持生态廊道功能定位、以生物多样性提升为导向，根据目标物种创造适宜的生活栖息环境，采用生物友好型设计和材料，协调动植物生存空间、人类休闲空间、工业遗存保护与活化利用空间的城市新型生态空间，是生态社区的更高级形式。生物多样性社区是城市生物生存空间的最小单元，生物多样性社区可复制、可推广，由点及面，形成"生物多样性社区和生物多样性城市"。

3.3 规划设计指引

（1）构建区域连续的无界生态系统和生物吃住行娱体系

首先，通过广钢 30～200m 宽度的连续廊道，串联花地河—广船—珠江生态廊道及周边绿道、碧道、紫道等，形成区域范围内连续无界的自然生态环境；并规划若干大小不等的异质性动物生境斑块、层次丰富和功能显著的乡土植物群落、物质和能量流顺畅的食物链、生物友好的生态工程和设施。其次，根据不同焦点物种的生活习性，对场地中的觅食地、栖息地、繁殖地、交往地等生境、迁徙路线进行规划，确保人与自然的生存空间与距离（图 4）。

（2）构建三生和谐的空间分区

将社区空间划分为生物生活区、睦邻友好区和人类

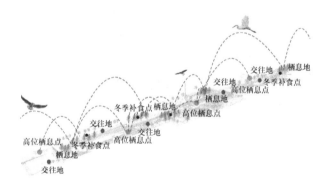

图 4 不同类型生境规划示意图

活动区，保证人与自然的活动空间并和谐相处（图 5）。①生物生活区为多类型生境、多乡土植物、多层次高密度结构的生态空间。植物选种要求能够反映岭南地区本土群落结构特征；种植层次和密度满足动植物生活需求；植物种类包括能够满足一年四季食源的、包括夜间香味植物在内的、不同季节开花的多种开花蜜源植物，良好的植被结构、种植生产浆果、核果等灌木或攀缘植物或乔木提供给鸟类天然食物和庇护所，以及满足鱼类和两栖类的水生、湿生草本植物。②睦邻友好区为精致友好、以人为本的休闲生活空间。植物配置以精致友好、以人为本为原则，协调人使用的安全性、舒适性与生物多样性的关系。③人类活动区为展现工业遗产形态大美、工业科技创新之美、工业历史奋斗之美的城市"生产"空间，协调工业遗产保护、人使用的安全性、舒适性与生物多样性的关系（图 6，图 7）。根据生物多样性设计原理，规划不同生

图5　空间分区示意图

境斑块数量和面积如下：鸟类生境斑块（林地为主）：大斑块 3 块，总面积约 4.2hm²；中、小斑块 51 块，总面积约 0.5hm²；昆虫生境斑块（花境、野花野草地为主）：42 块，总面积约 4.8hm²；鱼类生境斑块（水体、滨水区为主）：深潭斑块 3 块，浅滩斑块 1～2 块，总面积约 0.6hm²。

图6　人类活动区意向效果图

图7　生物生活区意向效果图

（3）营造目标物种适宜的生境

① 鸟类生境营造要求：为了提高园区的鸟类多样性，在结合公园景观设计的基础上，从植物群落、水源和鸟类友好设施 3 个方面，开展鸟类生境的营造。植物群落营造的措施包括阔叶林、林沿线和林中空（草）地、水边草地等群落类型的设计和建植；鸟类水源的营造包括引鸟溪流和浅水池；鸟类友好设施包括冬季补饲点、人工巢穴、木桩落脚点、观鸟台等；并结合目标鸟类物种，配置四季丰沛浆果、核果等乔灌木植被。

② 蝶类生境营造要求：明确蝶类目标物种，根据蝶类生活、繁殖、交配需求，建设坡地、谷地、平地等不同地形以及开敞栖息空间、半开敞栖息空间、半开敞保育空间和垂直保育空间；并配置相应的寄主植物和蜜源植物。

③ 鱼类和两栖类生境营造要求：确定目标物种，根据目标物种生活需求，进行生态工程和植物友好型设计和建设，合理选择深潭浅滩、多孔隙驳岸、两栖动物庇护所、湿地泡等生物友好工程以及适宜草本植物配置。

（4）创建生物友好型设施

① 排水系统：使用渗透性铺装、绿色屋顶控制降雨收集和排放；利用地形控制水流和减缓径流，并以食草鱼类等迁徙功能为导向引导到水池等生境。

② 材料选择：创造小堆鹅卵石、多孔隙结构材料、枯树、鸟巢砖、巢穴盒子、巢箱等，鼓励鱼类、两栖类、昆虫、鸟类使用。

③ 人工照明：使用低压钠灯或高压钠灯代替汞灯或金属卤化物灯；尽量使用较短的照明柱，以确保照明保持在较低水平；仅在确实需要的地方使用照明，并确保在规范允许的情况下光线不足，以减少对生物的干扰。

（5）构建充满乐趣的自然研学功能体系和生态规则保障公约

首先，通过"养花种草—招蜂引蝶、挖池筑泡—养鱼引蛙、筑巢造林—引鸟安家"的生境工程体系，构建室内外自然研学空间；利用广钢工遗博览公园建立自然研学平台，以各功能空间作为户外学堂、博物馆、展览馆、温室、雨水花园等研学载体，策划科研团队、中小学生、公司党团建、NGO 组织不同受众研学内容，构建生物多样性社区无界自然学校（图8）。其次，通过镌刻生物多样性社区公约、制作宣传册、各类讲座、定期研讨等方式，贯彻实施完善行为规则。

城市生物多样性

图8　自然研学功能空间意向效果图

4　结语

　　生态廊道作为城市低密度建设的生态空间，既不同于传统的各类公园绿地，也不同于传统的城市功能建设区，其规划建设模式少有成熟的研究。本文以组团级生态廊道广钢公园为例，通过比较社区层面的生物社区、生态社区和自然社区以及城市景观、生态景观、自然景观和荒野景观4种不同景观类型，从中提取生物多样性社区构建的理论基础；并在总结国外城市生物多样性设计的方法和策略基础上，以广钢公园为例提出生物多样性社区具体设计指引。该指引将作为广钢公园生态规划建设的指导性文件，通过进一步的施工设计，实现生物多样性社区营建。

参考文献

[1] Fontana S，Sattler T，Bontadina F，et al. How to manage the urban green to improve bird diversity and community structure[J]. Landsc Urban Plan. 2011；101：278-285.

[2] 干靓. 城市建成环境对生物多样性的影响要素和优化路径[J]. 国际城市规划，2018，33(4)：67-73.

[3] Borgstrom S，Lindbog R，Elmqvist T. Nature conservation for what？[J]. Analyses of Urban and Rural Nature Reserves in Southern Sweden 1909-2006. Landsc Urban Plan. 2013，117：66-80.

[4] 熊立春，程宝栋，曹先磊. 居民对城市生物多样性保护态度及其影响因素[J]. 城市问题，2017，(10)：97-103.

[5] 曹先磊，张颖. 城市生物多样性保护的支付意愿及其影响因素[J]. 城市问题 2016，(11)：68-76.

[6] Nagendra H. Nature in the City：Bengaluru in the Past，present and Future[M]. Oxford University Press，2016.

[7] Nagendra H，Gopal D. Tree diversity，distribution，history and change in urban parks：Studies in Bangalore，India.

Urban Ecosyst. 2010；https：//doi. org/10. 1007/s11252-010-0148-1.

[8] 毛齐正，马克明，邬建国，等. 城市生物多样性分布格局研究进展[J]. 生态学报，2013，33(4)：1051-1064.

[9] 干靓，吴志强，郭光普. 高密度城区建成环境与城市生物多样性的关系研究——以上海浦东新区世纪大道地区为例[J]. 城市发展研究，2018，25(4)：97-106.

[10] 陈波，包志毅. 城市公园和郊区公园生物多样性评估的指标[J]. 生物多样性，2003，11(2)：169-176.

[11] 郝晟，王春连，林浩文. 城市湿地公园生物多样性设计与评估——以六盘水明湖国家湿地公园为例[J]. 生态学报，2019，39(16)：5967-5977.

[12] Matteson K C，Langallotto G A. Butterfly movement into and between New York City community gardens[J]. Cities Environment (CATE) 2012，5：1-12.

[13] Lizee M H，Manel S，Mauffrey J F，et al. Matrix configuration and patch isolation influences override the species-area relationship for urban butterfly communities [J]. Landsc Ecol，2012，27：159-169.

[14] Heezik Y M，Dickinson K J M，Freeman C. Closing the gap：Communicating to change gardening practices in support of native biodiversity in urban private gardens[J]. Ecol Soc，2012，17：34.

[15] Caceres D M，Tapella E，Quetier F，et al. The social value of biodiversity and ecosystem services from the perspectives of different social actors[J]. Ecology Society，2015，20：62-74.

[16] Swamy S，Nagendra H，Devy S. Building biodiversity in neighbourhood parks in Bangalore city，India[J]. PLOS ONE，2019，14(5)：1-18.

[17] 周传斌，戴欣，王如松，等. 生态社区评价指标体系研究进展[J]. 生态学报，2011，31(16)：4749-4759.

[18] 高晓明，许欣悦，刘长安，等. "从摇篮到摇篮"理念下的生态社区规划与设计策略——以荷兰PARK20/20生态办

公园区为例[J]. 城市发展研究，2019，26(3)：85-106.

[19] 畅琰瑛，郗善文，逯非，等. 国内外生态城市规划建设比较研究[J]. 生态学报，2018，38(22)：8247-8255.

[20] 丁圣彦，曹新向. 让城市生态——城市生物多样性保护的景观生态学原理和方法[J]. 生态经济学.

[21] Odum E P. Fundamentals of Ecology[M]. Second edition. Philadelphia and London，1959.

[22] W. B. Saunders Co. Community and Ecosystem Dynamics，2019.

[23] ahney，S.，Benton，M. J.. Recovery from the most profound mass extinction of all time[J]. Proceedings of the Royal Society B：Biological Sciences，2008，275（1636）：759-765.

[24] Bartgis R. Natural community descriptions. Breden TF. 1989. A preliminary natural community classification for New Jersey.

[25] 李树华，王勇，康宁. 从植树种草，到生态修复，再到自然再生——基于绿地营造视点的风景园林环境生态修复发展历程探讨[J]. 中国园林，2017，(11)：5-12.

[26] AECOM Technology Corporation. Landscape Biodiversity Planning & Design System Technical Report[R]. 2013.

[27] 干靓，吴志强. 城市生物多样性规划研究进展评述与对策[J]. 规划师，2018，34(1)：87-91.

[28] Jalali N M，Massoud M. Urban landscape and climate[J]. Special Issue of Current World Environment，2015，10.

[29] Gardening Basics. The Basics of Ecological Landscaping，Oct 20，2008.

[30] Carl O Sauer. The Morphology of Landscape. University of California Publications in Geography，[J]. 1925，2 (2)：37.

[31] 吴颖. 生态视角下的荒野景观[J]. 大众文艺，450(24)：132-133.

[32] University of Leicester. SI01 Biodiversity Design Guide[M]. 2019.

[33] Islington Government. Good Practice Guide 4-Biodiversity in the Built Environment. 2012. Retrieved from https：// www. islington. gov. uk/.

作者简介

江海燕，1973年生，女，汉族，湖北京山，博士，广东工业大学建筑与城市规划学院，副院长，教授，研究方向为开放空间规划与设计、生态修复规划与设计。电子邮箱：jianghy2002@163. com。

陆剑，1981年生，男，壮族，广西南宁，博士，广东工业大学建筑与城市规划学院，讲师，研究方向为园林植物种质资源与应用、生态修复规划与设计。电子邮箱：lujian@gdut. edu. cn。

蔡云楠，1969年生，男，汉族，上海，博士，广东工业大学建筑与城市规划学院，院长，教授，研究方向为生态城市规划、城市更新。电子邮箱：caiyunnan 2000@163. com。

江朵拉，2000年生，女，汉族，湖北京山，University of British Columbia，Canada，本科生，研究方向为城市景观与生态。电子邮箱：duolajiang617@gmail. com。

城市生物多样性

生物友好型住区评价体系研究

——以成都市为例

Research on Evaluation System of Bio-Friendly Settlements:

The Example of Chengdu City

吴莹婕　杜咸月　毕凌岚*

摘　要：住区既是人类常态生活空间，又是城市野生生物重要栖居场所，为实现人与生物的良好友好共生，需要对城市住区生物友好水平进行客观科学的评价。因此，本研究运用层次分析法建立了由 4 个维度、17 个指标组成的生物友好型空间评价体系，并以成都市金牛区14 个典型住区为样本开展实证研究，探究评价体系的适用性，同时对比不同指标下各社区生物友好住区评分，得出生物友好型住区的最适规划指标，为城市住区规划建设提供生态学依据。

关键词：生物友好；住区；评价体系；规划指标

Abstract: Settlements are both normal living spaces for humans and important habitats for urban wildlife, and in order to achieve good and friendly coexistence between humans and organisms, objective and scientific evaluation of the biofriendly level of urban settlements is needed. Therefore, this study uses hierarchical analysis to establish a biologically friendly spatial evaluation system consisting of 4 dimensions and 17 indicators, and conducts an empirical study on 14 typical settlements in Jinniu District, Chengdu to investigate the applicability of the evaluation system and compare the scores of biologically friendly settlements in each community under different indicators, so as to obtain the optimal planning indicators for biologically friendly settlements and provide ecological information for urban settlements planning and construction. Rationale.

Key words: Biofriendly; Settlements; Evaluation System; Planning Indicators

引言

改革开放以后，城市规模不断扩大，城市住区作为人类私密性生活空间与城市生物主要栖息空间，人与生物间交互频繁，两者间生存矛盾愈发尖锐。而城市生物多样性是城市自然生态亚系统的重要支撑[1]，是维持生态系统动态稳定的自然本底，因此协调人与动植物间对立统一关系，评价城市住区生物友好水平成为研究热点之一。

国际上住区评价主要以"绿色住区"为重点研究对象，其中以美国 LEED[2]、英国 BREEAM-Communities[3]、日本 CASBEE 绿色住区评价体系[4]为代表，主要以住区为单元对社会-经济-自然复合生态系统进行科学系统性评估[5]。近年来，国内住区评估领域同样取得了一定的发展，行业领域相继发布《绿色生态住宅小区建设要点与技术导则》[6]与《中国生态住区技术评估手册》[7]，学界也对住区评价了深入研究，张烨、古小东、叶青等对国内外住区评价标准进行对比研究并提出优化策略[8-10]，刘启波、崔军等改进现有评价指标并结合实际住区评价结果进行评价体系的修订[11,12]。当前住区评价的研究焦点主要集中于社区的绿色可持续发展，对社区生态系统链网与生物多样性评价的相关研究尚不成熟。因此本研究以城市生物为视角，运用层次分析法构建生物友好型住区评价体系，为实现城市生物命运共同体整体可持续发展

提供科学依据。

1　生物友好型住区评价指标体系构建

1.1　评价体系构建原则

评价体系的构建应当遵循科学性、系统性与实用性三大原则。科学性原则要求生物友好型住区评价指标体系遵循生态学基本规律。系统性原则要求评价体系综合反映生物友好型住区各维度状况，构建系统性评价体系。而实用性原则要求研究者聚焦城市典型社区，选取具备代表性、易收集、易量化、易分析的指标。

1.2　评价体系内容

1.2.1　评价框架构建

评价系统框架需运用层次分析法分解复杂的评价目标，从而搭建递阶层次结构。本研究主要将评价框架分解为目标层、准则层与指标层三个层级。目标层主要明确生物友好型社区评价的总体目标，即实现城市住区生物友好共处；准则层是将目标层进行细化，明确实现目标层所需的中间环节；最低层级为指标层，主要进行具体评价指标筛选，通过评估测算具体指标实现生物友好住区整体评价，如图 1 所示。

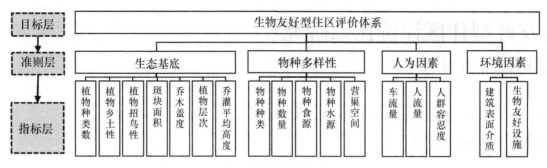

图1 评价体系框架图

1.2.2 评价指标选取

评价体系细分有4个准则层,其一是生态基底,即生物生存繁衍的自然本底,主要评价城市住区生态用地状况与植被生长格局,现有研究表明生物基底与生物多样性密切相关,其中鸟类多样性与斑块面积、植物盖度、植物水平结构丰富度呈正相关关系[13-15],在一定条件下,昆虫多样性也与植物丰富度呈正相关关系[16]。考虑各类因子的重要性与可操作性,具体选取的评价因子有植物种类数、植物乡土性、植物层次、植物招鸟性、斑块面积、乔木盖度以及乔灌平均高度。

其二是物种多样性,主要评价城市住区生物生存活动状况和生存环境质量。具体指标有物种种类、数量以及食源、水源、营巢空间等基本生存条件。物种种类与数量能够以具体生物为指示物种,直接反映住区生物水平的优劣程度,而物种食源、水源与营巢空间则是生物生存发展的必要条件。

其三是人为因素,主要指人群对生物的干扰程度和人群对生物的容忍度,研究显示人类活动频率与鸟类的多样性呈负相关关系[17],而人群对生物的容忍度则决定了住区居民主观干扰或保护生物的意愿。因此具体筛选的指标有人流量、车流量和人群容忍度。

最后是环境因素,主要指人工物质空间环境,涵盖建筑表面介质与生物友好设施,用以评价生物在人工环境中生存的适宜程度。这四项准则与17个单项评价指标共同构建一个多层次的生物友好型住区评价指标体系。

1.2.3 指标量化分级

单项评估指标需按照其代表的生物友好水平进行量化分级。其中定性指标主要通过问卷采集的形式获取数据并进行相应标准的划定,而定量指标主要通过总结现有研究并类比相关标准明确其标准值,例如植物种类数,常与生物多样性呈正相关关系[18],则赋以2～10分的正相关等级。通过此类方法将实际数据转化为可度量的数值,将各独立的单一指标综合计算以保证住区生物友好水平评估的科学性。

1.2.4 指标权重确立

指标权重是以数值形式表征指标层对目标层的影响重要程度,不同指标对评估目标的影响程度不同,其权重数值也会有所差异。本研究主要运用德尔菲法确定权重,即制定相应调查问卷,通过咨询规划、景观以及生态等相关领域专家确定各个评价指标因子的影响权重,由专家排序打分来衡量该指标对住区生物友好水平影响的重要程度(表1)。

生物友好住区评价体系　　　　　　　　　　　　表1

目标层	评价准则	准则层权重	评价指标	指标层权重	综合权重	评价标准及赋值	评价方法	评价意义
城市住区生物友好共处	生态基底	0.29	植物种类数	0.15	0.0435	0～40种2分;41～60种4分;61～80种6分;81～100种8分;100种以上10分	调查指标	植物多样性
			植物乡土性	0.11	0.0319	0～19%2分;20%～39%4分;40%～59%6分;60%～79%8分;80%～100%10分	调查指标	植物适宜度
			植物层次	0.17	0.0493	无乔木,只有零散的灌草覆盖2分;较少的乔木,较少面积的灌草覆盖4分;较少的乔木,较大面积的灌草覆盖6分;较多的乔木,有一定面积的灌草覆盖8分;丰富的乔木,较大面积的灌草覆盖10分	定性指标赋值量化	植物丰富度
			植物招鸟性	0.13	0.0377	0～3种2分;4～6种4分;7～10种6分;10～14种8分;15～18种10分	调查指标	动植物协调度
			斑块面积	0.14	0.0406	<400m²2分;400～800m²4分;800～1200m²6分;1200～1600m²8分;1600m²以上10分	测量指标	动物活动空间
			乔木盖度	0.17	0.0493	小于10%2分;10%～20%4分;20%～30%6分;30%～40%8分;40%以上10分	测量指标	

目标层	评价准则	准则层权重	评价指标	指标层权重	综合权重	评价标准及赋值	评价方法	评价意义
城市住区生物友好共处	生态基底	0.29	乔灌平均高度	0.13	0.0377	1～6m 2分；7～9m 4分；10～12m 6分；13～15m 8分；15m以上10分	调查指标	动物活动空间
	物种多样性	0.22	物种种类	0.18	0.0396	0～3种2分；4～7种4分；8～12种6分；13～16种8分；16种以上10分	样点法、样线法	动物丰富度
			物种数量	0.22	0.0484	0～10只2分；11～20只4分；11～30只6分；31～40只8分；大于40只10分	样点法、样线法	动物量级
			物种水源	0.21	0.0462	无水源2.5分；静止水深大于1.5m水源5分；静止水深小于1.5m水7.5分；仿自然岸线曲折流动水源10分	定性指标赋值量化	动物基本生存条件
			物种食源	0.2	0.044	0～3种2分；4～6种4分；7～10种6分；10～14种8分；15～18种10分	调查指标	
			营巢空间	0.19	0.0418	0～3种2分；4～7种4分；8～12种6分；12～15种8分；15～18种10分	调查指标	
	人为因素评价	0.24	车流量	0.37	0.0888	0～10辆10分；10～20辆8分；20～30辆6分；30～40辆4分；40以上辆2分	统计指标	人群干扰度
			人流量	0.33	0.0792	0～10人10分；10～20人8分；20～30人6分；30～40人4分；40以上人2分	统计指标	
			人的容忍度	0.3	0.072	容忍度很高10分；容忍度较高8分；容忍度一般6分；容忍度较低4分；容忍度很低2分	问卷调查	人群接受度
	环境因素评价	0.25	建筑表面介质	0.54	0.135	光滑玻璃幕墙2分；瓷砖贴面，无构筑物4分；涂料表面，无构筑物6分；瓷砖贴面，有构筑物8分；涂料表面，有构筑物10分	定性指标赋值量化	空间吸引力
			生物友好设施	0.46	0.115	未布置生物友好设施0分；有布置生物友好设施10分	定性指标赋值量化	生物友好实践力度

2 成都市生物友好型住区评价实证

2.1 成都市样本住区选取

本次调查时间为2019年9～12月，具体样本住区选取原则如下：时间维度上尽量保证年代相同或相近，空间维度上尽可能集中分布，以减弱时空差异所造成的生物水平变化。成都市金牛区属成都密集建成区范围，人群居住密度高，且住区所属时空分布较为集中，能够很好的作为研究范围。综合以上原则，运用控制变量法，选取了成都市金牛区内14个典型住区进行生物友好水平评价。

2.2 成都市生物友好型住区评价结果

针对成都市样本住区实地调研，选取鸟类作为关键物种，这是由于鸟类所处生物链网营养层级较高，同时相较于昆虫、爬行类等物种更易观测。本次实证过程运用样点法与样线法获取鸟类数量等动态指标，各社区动态指标均在不同时段调研3次，计算综合平均数以减弱误差。调研完成后，依据生物友好型住区评价标准对实地数据进行量化分级并赋值，计算生物友好型住区总评分（表2）。评价结果显示成都市金牛区整体生物友好水平处于4～7分段，处于中层，且在各住区的用地面积、绿地率、容积率与管理力度等因素的影响下，生物友好水平分值分布较为不均衡。

成都市生物友好型住区评价结果统计　　　　表2

编号		1	2	3	4	5	6	7	8	9	10	11	12	13	14
住区名称		华宇锦城名都B区	人和佳苑	众和华庭	星河路社区67号大院	香榭丽公交苑	锦西花园	交大智能小区1期南苑	交大智能小区二期	长久新城长福苑	银桂桥小区	长久新城长兴苑	蓝色空间如意府	锦城花园	智慧康城
单项指标得分	植物种类数	2	2	2	4	4	6	4	6	4	2	4	8	6	8
	植物乡土性	6	10	6	4	10	10	10	10	8	10	8	10	6	10
	植物层次	6	4	4	6	6	6	6	6	6	4	4	8	8	10
	植物招鸟性	8	6	6	10	8	10	10	8	6	8	10	10	10	10
	斑块面积	10	6	6	2	10	10	10	10	2	2	2	6	10	10
	乔木盖度	10	6	6	6	10	6	8	6	8	8	4	8	8	10
	乔灌平均高度	10	6	6	4	10	6	8	10	6	8	4	8	10	10
	物种种类	2	2	2	2	2	4	4	4	4	4	4	4	4	4
	物种数量	2	2	2	2	6	6	6	6	6	8	10	10	10	8
	物种水源	5	2.5	2.5	2.5	2.5	2.5	2.5	2.5	2.5	2.5	2.5	10	10	10
	物种食源	6	6	6	10	10	10	6	10	8	8	10	6	6	8
	营巢空间	4	4	2	4	6	6	4	6	6	6	6	6	8	6
	车流量	10	8	10	8	10	10	10	10	8	10	10	10	10	10
	人流量	4	4	8	2	6	10	4	2	8	2	2	6	10	10
	人的容忍度	6	8	2	4	4	2	6	6	4	8	8	4	2	2
	建筑表面介质	4	4	4	4	4	8	4	4	6	8	8	4	6	6
	生物友好设施	0	0	0	0	0	10	0	0	0	0	0	0	0	0
生物友好型住区总评分		5.1668	4.3797	4.4107	4.4843	5.4377	7.5653	5.1699	5.2985	5.8891	4.8863	5.9955	6.4262	6.6546	7.2334

3　生物友好型住区规划指标研究

3.1　绿地率

将样本住区按绿地率升序排列，同时添加绿地率与总评分的多项式趋势线以分析两者间的相关关系。如图2

所示，样本住区生物友好水平总评分趋势随住区绿地率的增长呈正增长态势。这是由于绿地率的提升使得自然生态用地范围扩大，从而形成完整连续的生境，以缩短人群干扰界面，减弱外界冲击力，同时利于生物在各生态位间流动，并通过环境调节与生物保育增加物种丰富度，形成人类与动植物友好共生的住区环境。因此在控制性详细规划编制层面应当对绿地率进行合理增量，以实现生

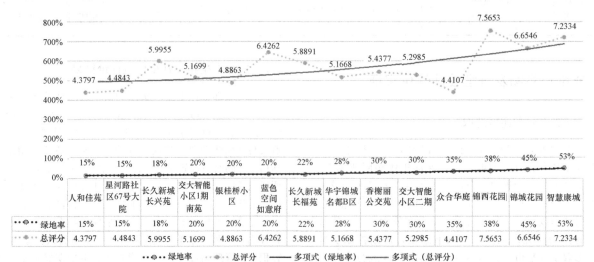

	人和佳苑	星河路社区67号大院	长久新城长兴苑	交大智能小区1期南苑	银桂桥小区	蓝色空间如意府	长久新城长福苑	华宇锦城名都B区	香榭丽公交苑	交大智能小区二期	众合华庭	锦西花园	锦城花园	智慧康城
绿地率	15%	15%	18%	20%	20%	20%	22%	28%	30%	30%	35%	38%	45%	53%
总评分	4.3797	4.4843	5.9955	5.1699	4.8863	6.4262	5.8891	5.1668	5.4377	5.2985	4.4107	7.5653	6.6546	7.2334

•••••绿地率　•••••总评分　——多项式（绿地率）　——多项式（总评分）

图2　样本住区绿地率与总评分趋势图

物友好型住区建设总目标。

3.2 容积率

通过比较各住区的综合分数变化趋势，可以明晰生物友好型空间评价的综合分数存在波折式变化，其趋势线呈抛物线式发展，如图3所示，其顶点值为容积率为2，因此生物友好型住区最适容积率为2，生物共生质量达到最优状态。因此在城市规划编制时，应当严格管控容积率的控制标准，以生态环境为基底，同时考虑社会因素与经济因素，构建一套科学合理、因地制宜的长效管控模式。

3.3 建筑密度

建筑密度的增加将切割挤压原始生境面积，使得住区生境碎片化而连通度下降，从而影响生物生理特征与常态行为模式。因此本研究选取建筑密度涵盖13%～58%的样本住区，通过两者的趋势线探究其相关性。如图

4所示，生物友好水平总评分有一定的起伏波动，其整体趋势线呈抛物线状，当建筑密度处于33%时，生物友好水平达到峰值。由此得出结论：生物友好型住区最适建筑密度控制指标为33%。因此，在控制性详细规划阶段可参考该数值对建筑密度进行控制，以实现生物友好型住区模式的基础架构，同时实现人与生物共存模式最优解。

3.4 用地面积

依据生态学"种-面积关系"理论，在一定地域内物种数量与面积之间存在一定的函数关系，即物种丰度会随着绿地面积增加而提升[18]。同时生态用地的扩张能够营造更为健全的动植物群落，从而增强住区生态系统对外界干扰的抵抗力与消解力。本研究选取了用地面积在$0.71\sim8.17hm^2$的典型样本住区，并对其展开生物友好型住区评估。如图5所示，生物友好水平总评分趋势随着用地面积的增加而增加，两者呈正相关关系，即在规划设计时可通过拓展住区用地面积提升生物共存健康品质。

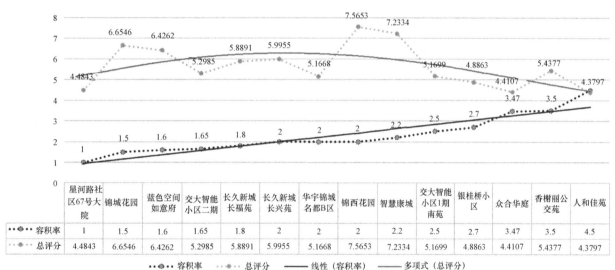

	星河路社区67号大院	锦城花园	蓝色空间如意府	交大智能小区二期	长久新城长福苑	长久新城长兴苑	华宇锦城名都B区	锦西花园	智慧康城	交大智能小区1期南苑	银桂桥小区	众合华庭	香榭丽公交苑	人和佳苑
容积率	1	1.5	1.6	1.65	1.8	2	2	2	2.2	2.5	2.7	3.47	3.5	4.5
总评分	4.4843	6.6546	6.4262	5.2985	5.8891	5.9955	5.1668	7.5653	7.2334	5.1699	4.8863	4.4107	5.4377	4.3797

容积率 · · · 总评分 —— 线性（容积率） —— 多项式（总评分）

图3 样本住区容积率与总评分趋势图

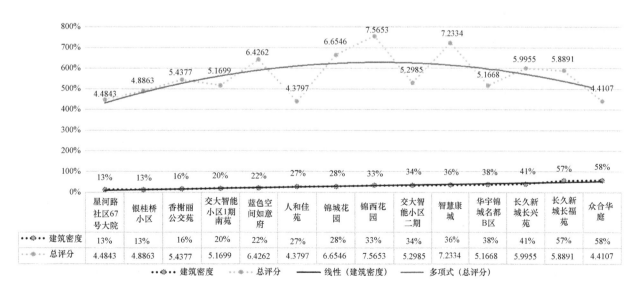

	星河路社区67号大院	银桂桥小区	香榭丽公交苑	交大智能小区1期南苑	蓝色空间如意府	人和佳苑	锦城花园	锦西花园	交大智能小区二期	智慧康城	华宇锦城名都B区	长久新城长兴苑	长久新城长福苑	众合华庭
建筑密度	13%	13%	16%	20%	22%	27%	28%	33%	34%	36%	38%	41%	57%	58%
总评分	4.4843	4.8863	5.4377	5.1699	6.4262	4.3797	6.6546	7.5653	5.2985	7.2334	5.1668	5.9955	5.8891	4.4107

建筑密度 · · · 总评分 —— 线性（建筑密度） —— 多项式（总评分）

图4 样本住区建筑密度与总评分趋势图

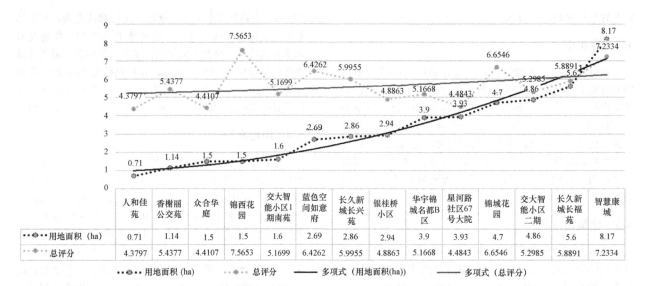

	人和住苑	香榭丽公交苑	众合华庭	锦西花园	交大智能小区1期南苑	蓝色空间如意府	长久新城长兴苑	银桂桥小区	华宇锦城名都B区	星河路社区67号大院	锦城花园	交大智能小区二期	长久新城长福苑	智慧康城
用地面积 (ha)	0.71	1.14	1.5	1.5	1.6	2.69	2.86	2.94	3.9	3.93	4.7	4.86	5.6	8.17
总评分	4.3797	5.4377	4.4107	7.5653	5.1699	6.4262	5.9955	4.8863	5.1668	4.4843	6.6546	5.2985	5.8891	7.2334

••••• 用地面积 (ha)　　••••• 总评分　　——— 多项式（用地面积(ha)）　　——— 多项式（总评分）

图5　样本住区用地面积与总评分趋势图

4　结论

本次研究基于城市生物共生内在机制构建生物友好型住区评价体系，该评估体系可为常态下城市住区生物生存品质与人与生物间和谐度开展评估，经过评估实证应用，该评估体系具有相当的可操作性，同时可以根据评估结果优化住区植被结构与物质空间环境，包括重构植物配置模式、安置自然型水体、营造多空隙生境、设计生态型建筑立面等，形成多维度多节点优化体系，有效提升城市住区生物共存健康品质以及生物承载效能。同时本文基于评价体系研究住区规划建设指标与生物友好程度间的相关关系，引导建立完善的生物友好型住区规划指标体系，为城市住区控制性详细规划指标的制定提供生态学依据。

参考文献

[1] 李先会，周青，张光生. 生物多样性对城市生态系统服务功能的影响[J]. 生态经济(学术版)，2008(01)：411-414.

[2] 黄献明. 精明增长＋绿色建筑——LEED-ND绿色住区评价系统简介[J]. 城市环境设计，2008(03)：80-84.

[3] 杨敏行，白钰，曾辉. 中国生态住区评价体系优化策略——基于LEED-ND体系、BREEAM-Communities体系的对比研究[J]. 城市发展研究，2011，18(12)：27-31.

[4] 干靓，丁宇新. 从绿色建筑到低碳城市：日本"CASBEE-城市"评估体系初探[A]. 中国城市科学研究会，中国建筑节能协会，中国绿色建筑与节能专业委员会. 第8届国际绿色建筑与建筑节能大会论文集[C]. 中国城市科学研究会、中国建筑节能协会、中国绿色建筑与节能专业委员会：中国城市科学研究会，2012，10.

[5] 田静，姚建. 生态住区及其指标体系研究[J]. 工业建筑，2004(02)：10-12.

[6] 建设部住宅产业促进中心. 绿色生态住宅小区建设要点与技术导则[J]. 住宅科技，2001.

[7] 聂梅生. 中国生态住区技术评估手册[J]. 北京：中国建筑工业出版社，2007.

[8] 张烨. 中美绿色住区标准比较研究[D]. 武汉：华中科技大学，2016.

[9] 古小东. 国内外绿色社区评价指标体系比较研究[J]. 建筑经济，2013(11)：83-87.

[10] 叶青，赵强，宋昆. 中外绿色社区评价体系比较研究[J]. 城市问题，2014(04)：74-81.

[11] 刘启波，周若祁. 绿色住区综合评价指标体系的研究[J]. 新建筑，2003(01)：27-29.

[12] 崔军，钦佩. 生态住区评价指标体系初探——以南京市龙江小区为例[J]. 现代城市研究，2005(05)：53-57.

[13] Blake J G，Karr J R. Breeding birds of isoland woodlots—Aerea and habitat relationships [J]. Ecology，1987，68(6)：1724-1734.

[14] Tilghman N G. Characteristics of urban woodlands affecting breeding bird diversity and abundance[J]. Landscape and Urban Planning，1987，14：481-495.

[15] 杨刚. 多尺度下的城市公园生境格局对鸟类群落的影响[D]. 上海：华东师范大学，2014.

[16] 肖琨. 绵阳城市园林中不同类型绿地与昆虫多样性关系的研究[J]. 现代园艺，2015(20)：10-11.

[17] Fernández-Juricic E. Bird community composition patterns in urban parks of Madrid The role of age，size and isolation [J]. Ecological Research，2000(15)：373-383.

[18] 干靓. 城市建成环境对生物多样性的影响要素与优化路径[J]. 国际城市规划，2018，33(04)：67-73.

作者简介

吴莹婕，1997年9月生，女，汉族，四川资阳，在读硕士研究生，西南交通大学，研究方向为生态城市规划理论。电子邮箱：2578390175@qq.com.

杜咸月，1995年8月生，女，汉族，重庆，在读硕士研究生，西南交通大学，研究方向为生态城市规划理论。电子邮箱：1289318749@qq.com.

毕凌岚，1972年5月生，女，汉族，四川成都，博士，西南交通大学，教授，研究方向为城乡规划与设计理论、生态城市规划理论。电子邮箱：bilinglan@home.swjtu.edu.cn.

基于 CiteSpace V 的生态补偿与生态效益评估知识图谱分析①

Knowledge Mapping of Ecological Benefit Assessment Based on CiteSpace V

袁轶男　金云峰*　崔钰晗　梁引馨

摘　要： 生态补偿与生态效益评估是对生态文明建设的重要实践与补充，对于提高生态系统的稳定性与完整性、增加生物多样性有着重要作用。通过 CiteSpace V 软件对 Web of Science 核心合集中"生态补偿与生态效益评估"的文献进行共被引分析，得到 13 个代表性聚类，通过对于文献信息高被引状况与突显性的研究，得知 ♯0 ecosystem services/生态系统服务、♯1 north cape oil spill/北开普省漏油事件、♯6 landscape function/景观功能三个聚类在该研究领域内占据重要位置，对其进一步分析研究得到该领域内的学术前沿与方向分别为：①通过对生态系统功能分类整理，构建生态系统功能与社会、经济、文化之间的联系，建立综合考虑生态系统功能、服务和价值之间相互依存关系的框架与模型；②通过海洋健康的角度，为构建评估海洋健康与海洋生态系统服务功能的框架提供灵活、标准化的方法；③正确的引导人们管理生态系统，以生产更多不同生态系统服务的可靠供应；④通过建立可比较的数据库，构建社会-生态系统（SES）分类框架；⑤研究生态系统与生物多样性之间关联的复杂性，采取有力措施减少目前的物种损失和入侵，对管理地球生态系统及其所含多种生物群的能力至关重要。

关键词： 风景园林；生态补偿；生态效益评估；生态服务功能；生物多样性

Abstract: Ecological compensation and ecological benefit assessment is an important practice and supplement to the construction of ecological civilization. It plays an important role in improving the stability and integrity of ecosystem and increasing biodiversity. By means of CiteSpace V software, the co-citation analysis of "ecological compensation and ecological benefit evaluation" of Web of Science core concentration is carried out, and 13 representative clusters are obtained. Through the research on the high citation status and bursts of literature information, informed that ♯0 ecosystem services, ♯1 north cape oil spill/ and ♯6 landscape function three clusters occupy an important position in this research field, Through further analysis and research, the academic frontiers and directions in this field are as follows: ①By sorting out the functions of ecosystem, the relationship between ecosystem function and society, economy and culture can be constructed and the researchers need to establish a framework and model that takes into account the interdependence of ecosystem functions, services and values; ② Through the perspective of marine health, providing a flexible and standardized approach to the establishment of a framework for assessing the functions of marine health and marine ecosystem services; ③ To guide people to manage ecosystem correctly in order to produce more reliable supply of different ecosystem services; ④To construct classification framework of social-ecosystem(SES) by establishing comparable database; ⑤To study the complexity of the relationship between ecosystem and biodiversity and to take effective measures to reduce the current species loss and invasion, which are essential to the ability of managing the Earth ecosystem and its multiple biota.

Key words: Landscape Architecture; Ecological Compensation; Ecological Benefit Assessment; Ecological Service Function; Biodiversity

引言

世界银行中国论文系列中《2020 年的中国——宏观经济情景分析》的报告提出过去 20 年中中国已经进入到世界空气污染和水污染最严重的国家之列，中国每年污染所带来的经济损失占 GDP 的 3%～8%[1]。生态问题所带来的损失可以通过量化的途径让人们意识到生态破坏的严重性与紧迫感[2]，生态补偿与生态效益评估领域的研究至关重要。生态补偿与生态效益评估是近年来生态学领域研究的热点问题，《环境科学大词典》将自然生态补偿（Natural Ecological Compensation）定义为生物有机体、种群、群落或生态系统受到干扰或破坏时，所呈现出的中和干扰、调节自身状态，使整体生态系统得以维持的能力，或者可以看作生态负荷的还原能力[3]。"加快建立

生态补偿机制"在 2005 年党的十六届五中全会《关于制定国民经济和社会发展第十一个五年规划的建议》首次被提出，是建设生态文明的重要制度保障。2010 年，国家将研究制定生态补偿条例列入立法计划，并在草原、湿地、森林、流域、海洋等重点生态功能区域取得了初步的实施进展。积极探索生态补偿机制建设，在森林、草原、湿地、流域和水资源、矿产资源开发、海洋以及重点生态功能区等领域取得积极进展和初步成效，生态补偿机制建设迈出重要步伐[4]。与此同时，生态补偿与生态效益评估方面的研究也在逐步开展。直观来说，生态效益指的是人类从生态系统获取的益处，它不像经济效益可以直接通过市场交易价格来进行定量的估量，研究者一般选取一定的指标对生态效益进行评估[5]。本文通过 CiteSpace V 软件对于当下国际研究进行综合梳理，为该领域的研究整理出可视化的知识图谱，并分析当下较为重要的研

---

①　基金项目：国家自然科学基金（51978480）。

究方向与趋势，从而为生态补偿与生态效益评估实践提供更加科学的方法论[6]。

1 数据来源与研究方法

本文的研究数据来源于 Web of Science（下文简称 WOS）网站的 Web of Science 核心合集的数据。通过对多位专家的咨询，并经过多次检索对比，最终确定数据检索策略为：主题＝"Ecological Compensation" and 主题＝"Benefit"，文献类型＝Article，时间跨度为 1986-2020 年，检索一共得到 2236 条数据。通过 CiteSpace V 软件对 2236 条研究数据进行量化与可视化分析。CiteSpace 软件的开发者为美国德雷塞尔大学的美籍华裔学者陈超美教授，是一款对学科特定领域的文献进行统计分析的软件。该软件能够抽取和分析挖掘文献数据的隐含信息，并通过可视化知识图谱展现该研究领域的演进历程，以及不同研究热点之间的相互关系；同时将标识图谱上的引文节点文献和共引聚类所体现的研究前沿自动标识，了解和预测学科领域的研究热点、交叉学科和未知领域[7]。通过 CiteSpace 软件的共被引分析功能对"生态效益评估"相关研究是本研究采用的主要方法。

2 生态补偿与生态效益评估研究总体概况

WOS 中对于文献信息的国家/地区分析与出版年分析如图 1，选取该研究领域发文量排名靠前的 15 个国家，其中发文量最多的为美国，发文量为 703 篇，中国的发文量排名第二为 280 篇，发文量紧随其后的分别为英国（263 篇）、澳大利亚（228 篇）、德国（198 篇）、加拿大（189 篇）等国家。研究的发文量信息可以直接的反映出生态效益评估研究的发展状态与速度。图 2 可以看出，本文选取的研究数据从 2002 年开始，呈现逐年增长的趋势，增长速度呈现缓慢—迅速的变化趋势，尤其是 2010 年至今，发文量增长速度极快。值得注意的是，我国作为对生态补偿与生态效益评估研究在国际研究排名第二的国家，以 2005 年为起点，将生态补偿机制建设列入为年度工作要点，并于 2010 年将研究制定生态补偿条例列入立法计划。说明生态补偿机制作为建设生态文明的重要制度保障，各相关专业学者对于其十分重视，在国际范围内占有一席之地。

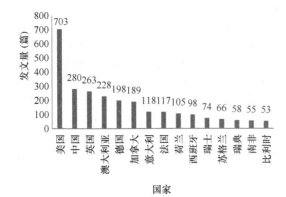

图 1 排名前 15 的国家/地区研究发文量

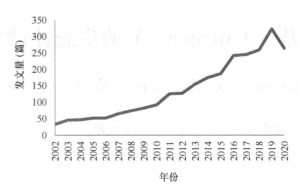

图 2 国际研究发文量

3 生态补偿与生态效益评估研究进展

3.1 生态补偿与生态效益评估研究聚类视图分析

CiteSpaceV 软件最为核心的功能为对研究文献进行共被引分析，形成明确清晰的聚[8]。本文通过对 WOS 核心数据库 2131 条文献信息进行共被引分析，得到关于生态补偿与生态效益评估研究的聚类视图 3，共得到 13 个主要聚类，分别为聚类 ♯ 0 ecosystem services/生态系统服务、♯ 1 north cape oil spill/北开普省漏油事件、♯ 2 monitoring/监控、♯ 3 millennium ecosystem assessment/千年生态系统评估、♯ 4 freshwater macroinvertebrates/淡水大型无脊椎动物、♯ 5 socioeconomics/社会经济学、♯ 6 landscape function/景观功能、♯ 7 integrated risk assessment/综合风险评估、♯ 8 cost-benefit analysis/成本效益分析、♯ 9 decision criteria/决策衡量准则、♯ 10 revegetation/再种植、♯ 11 making/制造、♯ 12 climate fluctuation/气候波动。

图 3 生态补偿与生态效益评估研究聚类视图

这 13 个聚类直接体现了生态补偿与生态效益评估研究在研究时段内出现的影响力较为突出的 13 个主题，其聚类大小、同质性与平均年份如表 1 所示。其中，聚类大小表示了该聚类种所包含的文献数量，如表1中聚类♯0 ecosystem services/生态系统服务的聚类大小为56，为生态补偿与生态效益评估研究聚类视图中研究数量最大的聚类；同质性代表了整个聚类中研究文献的相似性，如聚类♯10 revegetation/再种植的同质性为0.987，说明聚类♯10中所有文献所代表的研究意义较为统一，与聚类名revegetation关联较大。同时，13个聚类的同质性均在0.8以上，所有聚类的同质性指数均足够大，有明确的主题，其代表的研究内容有研究意义；平均年份则代表了该聚类种引用文献的远近，平均年份距今越近，说明该聚类的研究较为新兴，聚类♯12 climate fluctuation/气候波动的平均年份为2013，为所有聚类中研究最靠前的聚类[9]。

聚类信息表   表1

聚类名称	大小	同质性	平均年份
♯0 ecosystem services/生态系统服务	56	0.89	2006
♯1 north cape oil spill/ 北开普省漏油事件	39	0.817	1998
♯2 monitoring/监控	28	0.882	1998
♯3 millennium ecosystem assessment/ 千年生态系统评估	26	0.881	1999
♯4 freshwater macroinvertebrates/ 淡水大型无脊椎动物	25	0.902	1992
♯5 socioeconomics/社会经济学	24	0.914	2001
♯6 landscape function/景观功能	23	0.886	1999
♯7 integrated risk assessment/ 综合风险评估	21	0.969	1996
♯8 cost-benefit analysis/成本效益分析	18	0.809	1999
♯9 decision criteria/决策衡量准则	18	0.898	1987
♯10 revegetation/再种植	11	0.987	1999
♯11 making/制造	4	0.937	2004
♯12 climate fluctuation/气候波动			

3.2 生态补偿与生态效益评估研究文献代表性参数解读

对生态补偿与生态效益评估研究聚类最具代表性的参数引文数量、中介中心性及突现值以及Sigma指数进行分析，从而对13个聚类中的重点内容进行分析，归纳总结出该研究的重点内容[10]。

3.2.1 最高被引文献分析

其中如表2中列出了所有聚类中最高被引的10篇文献，最高被引文献代表了生态补偿与生态效益评估研究领域中被引最多的文献，对整个研究区域起到了奠基的作用[11]。按引文数量排列的排名最高的文献是第1聚类中的Costanza R 1997年在Nature上发表的文章，引用次数为114。10篇最高被引文献中，有8篇为聚类♯0 ecosystem services/生态系统服务中的文献，同时结合聚类♯0的平均年份为2006年，足以说明聚类♯0在整个生态

补偿与生态效益评估研究中起到重要的奠基作用，且在时间维度上研究热度持续持久。

高被引文献信息表   表2

被引次数	文献信息	聚类号
114	Costanza R，1997，NATURE，387，253	1
69	Shiffman S，2008， ANNU REV CLIN PSYCHO，4，1	0
66	de Groot R，2002，ECOL ECON，41，393	6
57	de Groot R，2010，ECOL COMPLEX， 7，260	0
56	Fisher B，2009，ECOL ECON，68，643	0
52	Millennium EA（，2005， EC HUM WELL BEING SY，0，0	0
41	Carpenter SR，2009， P NATL ACAD SCI USA，106，1305	0
38	Boyd J，2007，ECOL ECON，63，616	0
30	Nelson E，2009， FRONT ECOL ENVIRON，7，4	0
30	Ostrom E，2009，SCIENCE，325，419	0

3.2.2 高中介中心性（Centrality）文献分析

中介中心性（Centrality）作为CiteSpace聚类网络中相当重要的一个基础性指标，它衡量了文献的重要性，具有高中介中心性的文献代表了两个不同领域的关键枢纽，因此也成为转折点，其计算公式为：

$$BC_i = \sum_{s \neq i \neq t} \frac{n_{st}^i}{g_{st}}$$

式中，g_{st}表示节点s到节点t的最短路径的数量，n_{st}^i表示节点s到节点t的g_{st}表示最短路径中经过节点i的最短路径的数量[12]。照按中介中心性的高低进行排序，选取中介中心性最高的10篇文献（表3），代表了生态补偿与生态效益评估研究中最为重要的研究。其中，中介中心性最高的文献为聚类♯3中Vitousek PM 1997年在Science上发表的文献，共有♯1、♯2、♯3、♯5、♯6、♯8 6个聚类出现了中介中心性最高的10篇文献，这10篇文献代表了生态补偿与生态效益评估研究中最为核心的内容，对于进行生态补偿与生态效益评估的研究有着重要的基础性作用。

高中介中心性文献信息表   表3

中介 中心性	文献信息	聚类号
0.32	Vitousek PM，1997，SCIENCE，277，494	3
0.28	de Groot R，2002，ECOL ECON，41，393	6
0.27	Costanza R，1997，NATURE，387，253	1
0.27	Holling CS，1978， ADAPTIVE ENV ASSESSM，0，0	1
0.21	Villa F，2002，CONSERV BIOL，16，515	8

中介中心性	文献信息	聚类号
0.19	Boyd J，2007，ECOL ECON，63，616	0
0.18	Champ MA，2000，SCI TOTAL ENVIRON，258，21	1
0.17	Cote IM，2001，J FISH BIOL，59，178	5
0.17	Johnson BL，1999，CONSERV ECOL，3，8	2
0.12	Hooper DU，2005，ECOL MONOGR，75，3	5

3.2.3 高突现值（Bursts）文献分析

高突现值（Bursts）的文献是指那些被引用的频率在某一时间内出现突增的文献，包含了突现值和突现时间两个层次的含义，突现值（Bursts）高的文献代表了在其相应的时间区间内受到格外的重视与关注，这也意味着高突现值的文献代表了该研究在相应的突现时间区间内的前言与热点问题[13]。如图4选取了与研究主题相关突现值最高的10篇文献，其中最高突现值的文献为de Groot R于2018年在Ecological Economics上投稿的文献，并在2013-2019年间得到了重点的关注。10篇高突现文献中，有8篇来自聚类♯0 ecosystem services/生态系统服务，可见该聚类在生态补偿与生态效益评估研究中处于十分重要的奠基性位置。同时，可以看出，10篇高突现值文献的突现时间区间集中在2011-2019年这8年中，这个时间区间内，有关生态补偿与生态效益评估的研究受到了格外的关注，代表了全球范围内在对于该领域研究的关注度提升。

Top 10 References with Strongest Citation Bursts

References	Cluster	Year	Strength	Begin	End	2002-2019
de Groot R, 2010, ECOL COMPLEX, V7, P260	0	2010	10.08	2013	2019	
Costanza R, 2014, GLOBAL ENVIRON CHANG, V26, P152	1	2014	9.40	2016	2019	
Bennett EM, 2009, ECOL LETT, V12, P1394	0	2009	8.88	2014	2019	
Daily GC, 2009, FRONT ECOL ENVIRON, V7, P21	0	2009	8.49	2014	2017	
Chan KMA, 2012, ECOL ECON, V74, P8	0	2012	7.67	2014	2017	
Boyd J, 2007, ECOL ECON, V63, P616	0	2007	7.53	2011	2017	
Fisher B, 2009, ECOL ECON, V68, P643	0	2009	6.80	2013	2016	
Raudsepp-Hearne c, 2010, P NATL ACAD SCI USA, V107, P5242	0	2010	6.73	2016	2019	
Hein L, 2006, ECOL ECON, V57, P209	0	2006	6.42	2014	2017	
Ostrom E, 2009, SCIENCE, V325, P419	6	2009	5.85	2012	2019	

图4　高突现值文献信息图

3.3 生态补偿与生态效益评估研究时间线视图分析

CiteSpace软件的时间线视图是对一定时间区间内研究主题进行观察分析最为直观的工具，通过对生态补偿与生态效益评估这一研究主题进行时间线视图的分析，可以直观看出各个聚类的起始时间，以及在哪个时间段出现过最高影响力的研究[14]。从图5中可以看出，历史上出现过较大影响的聚类有聚类♯0 ecosystem services/生态系统服务、♯1 north cape oil spill/北开普省漏油事件、♯6 landscape function/景观功能，其中，聚类♯0、♯1的研究热度一直延续至今，聚类♯12 climate fluctuation的研究时间线虽然也延续至当今，但从未出过影响力高的研究。结合上文的高被引文献与高突现值文献信息，可以看出聚类♯0、♯1、♯6是生态补偿与生态效益评估研究中最为重要的3个聚类，通过对该3个聚类中的文献进行通读分析并重点研究高被引文献以及高突现值文献，可以对生态补偿与生态效益评估方向的研究进行充分的解读，并分析出当前该领域的研究热点与方向[15]。

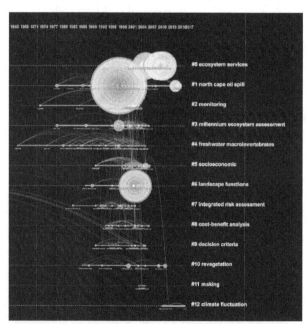

图5　生态补偿与生态效益评估研究时间线视图

城市生物多样性

3.4 生态补偿与生态效益评估研究关键词分析

通过 CiteSpace V 对生态补偿与生态效益评估进行分析，可以对研究时段内的文献关键词进行提取，得到相应时间段内最常出现的关键词，如图 6 所示。

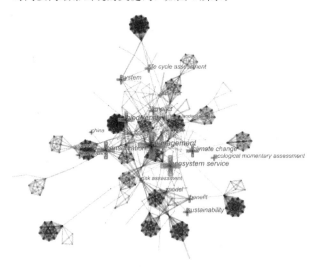

图 6 关键词共现网络视图

选取最高频率的 15 个关键词，如表 4 所示，分别为 Management/管理、Ecosystem Service/生态系统服务、Conservation/保护、Biodiversity/生物多样性、Climate Change/气候变化、Impact/影响、System/系统、Sustainability/可持续性、Life Cycle Assessment/生命周期评估、Model/模型、Benefit/效益、Framework/框架、Ecological Momentary Assessment/生态瞬时评价、Land Use/土地利用、Risk Assessment/风险评估。关键词共现网络的意义在于，可以通过对高频出现的关键词的统计，初步把握该研究领域的大概走向，同时可以与聚类视图以及时间线视图的分析结果相结合，进而分析生态补偿与生态效益评估领域内的重点研究方向与热点研究问题[16]。

高频率关键词信息表　　表 4

Keyword/关键词	Freq/频次
management/管理	300
ecosystem service/生态系统服务	238
conservation/保护	206
biodiversity/生物多样性	205
climate change/气候变化	153
impact/影响	120
system/系统	115
sustainability/可持续性	110
life cycle assessment/生命周期评估	104
model/模型	95
benefit/效益	86
framework/框架	83
ecological momentary assessment/生态瞬时评价	81
land use/土地利用	75
risk assessment/风险评估	67

3.5 生态补偿与生态效益评估研究热点及趋势分析

通过 CiteSpace V 的 Save Cluster Information 功能提取生态补偿与生态效益评估研究各聚类中代表性文献进行分析、归纳与总结，同时结合聚类视图和时间视图以及关键词共现网络，重点分析节点数较大或形成时间距今较近的 3 个重要聚类♯0、♯1、♯6 内的文献信息，结合高频出现的关键词，分析该研究领域内的重要关注点与研究前沿[17]。结果表明，该研究的前沿领域可拓展为以下几个研究分支：

（1）构建完善的生态系统服务功能框架。通过对生态系统功能分类整理，构建生态系统功能与社会、经济、文化之间的联系，建立综合考虑生态系统功能、服务和价值之间相互依存关系的动态模型[18]。从生态-经济和系统的角度出发构建生态系统服务评价框架，在研究生态系统和社会经济系统之间的相互作用方面发挥重要作用，从而能够更广泛和更全面地了解生态系统所带来的好处及其开发所造成的代价[19]。

（2）海洋健康与海洋保护区内的生态经济评估。通过海洋健康的角度，通过耦合社会-生态系统的角度，为构建评估海洋健康与海洋生态系统服务功能的框架提供灵活、标准化的方法，推进生态系统管理的重要组成部分，包括海洋空间规划、生态系统服务评估和综合生态系统评估[20]。将生态系统服务纳入淡水和海洋生境，有助于确保较不明显的生态系统服务及其相关的生态系统功能在淡水和海洋生境的水保方面得到充分的承认和保护[21]。

（3）正确的引导人们管理生态系统，以生产更多不同生态系统服务的可靠供应。生态系统服务研究的关键领域包括确定相关生态系统服务的共同集合，以及对其内部景观和管理制度的研究。需要研究人员更好地了解多种生态系统服务的动态，并制定有关生态系统服务之间关系的一般规则。量化多种服务的提供与它们之间的权衡和协同作用的研究，以及检查连接服务的生态系统过程将有助于更好地理解生态系统服务之间的关系如何随时间和空间变化。这种理解可能使操纵系统减少权衡，增强协同作用，并促进生态系统服务的复原力和可持续利用[22]。

（4）社会-生态系统（SES）是人类使用的所有资源镶嵌综合体，由多个子系统和内部变量组成，这些子系统和内部变量在多个层面上，类似于由器官、组织器官、细胞组织、蛋白质细胞等组成的生物体。当前，生态和社会科学呈现独立发展的状态，理解复杂的整体需要了解特定变量及其组成部分的相关性，这需要一个共同的分类框架，以促进多学科的努力，通过建立可比较的数据库，以加强有关影响世界各地森林、牧场、沿海地区和水系可持续性的进程的研究结果的收集[23]。

（5）生物多样性与生态系统功能之间的关系对于整体生态系统的发展十分重要，对其进一步研究需要整合关于生态系统特性的生物和非生物控制的研究，同时需要将生态知识与理解潜在管理做法的社会和经济制约因素结合起来。生态系统产品和服务以及它们所源自的生态系统属性取决于广泛定义的生物多样性。物种的功能特征是生态系统特性的重要驱动因素，物种组成、丰富度、均匀度和相互作用都会影响和影响生态系统属性。了解生态系统与生物多样性之间关联的复杂性，采取有力措施减少目前的物种损失和入侵，是负责任地管理地球生态系统及其所含多种生物群的能力的重要一步[24]。

4　结论与讨论

（1）基于WOS核心数据库，关于生态补偿与生态效益评估研究从2006年左右开始呈现明显的增加趋势，并于2010年左右开始文献增长速度加速。这与中国2005年开始的"加快建立生态补偿机制"是紧密关联的，同时也代表着关于生态补偿与生态效益评估的学术研究是十分必要的，对于该领域的科学实践有着重要作用与意义。在所有文献的发表国家中，美国发文量最多，中国、英国、澳大利亚紧随其后，说明国内对于该领域的研究紧随国际研究的步伐，在国际范围的研究中占领一席之地。

（2）通过CiteSpace V软件的共被引分析功能共得到生态补偿与生态效益评估研究领域最具代表性的13个研究聚类，其中聚类♯0 Ecosystem Services/生态系统服务、♯1 North Cape Oil Spill/北开普省漏油事件、♯6 Landscape Function/景观功能中出现过具有较强影响力的重要文献，通过对研究所有文献信息的总体把握以及对于该3个聚类中代表性文献的重点研究，发现该领域的文献研究主要集中在构建完善的生态系统服务功能框架、海洋健康与海洋保护区内的生态经济评估、正确引导人们管理生态系统以生产更多不同生态系统服务的可靠供应、社会-生态系统（SES）综合体分类框架的构建、生物多样性与生态系统功能之间关系5个层面上。这5个研究维度在一定程度上代表了该领域在实践层面的重要成分，是当前对于生态补偿与生态效益评估实践中需要重点关注的部分。

（3）通过对关键词网络的分析，出现频率最高的5个关键为Management/管理、Ecosystem service/生态系统服务、Conservation/保护、Biodiversity/生物多样性、Climate Change/气候变化。结合共被引分析的结果可以看出，当前关于生态补偿与生态效益评估的研究侧重于对于生态系统服务功能的研究以及人为对于生态系统的管理，重点在于构建一个具有广泛适用意义的框架，其目的在于对于生态系统完整性以及生态多样性的维护与提升。

（4）当前，生态文明建设在我国如火如荼地进行，有关生态补偿与生态效益评估的实践也受到了格外的重视，对于该领域的研究对于指导实践的进行尤为重要。研究表明，美国对于生态补偿与生态效益评估领域的研究在国际范围内处于领先水平，对其理论研究以及实践的学习对于我国生态文明建设有着重要的参考意义。本文通过对于国际范围内研究文献的可视化，提出了基于生态系统服务功能、生态系统管理、生物多样性等不同纬度的前沿性研究，对于生态补偿与生态效益评估的实践工作有着重要的指导意义。

参考文献

[1]　叶晗. 内蒙古牧区草原生态补偿机制研究[D]. 北京：中国农业科学院，2014.

[2]　金云峰，杜伊，陈光. 新型城镇化进程中新区规划建设"生态转型"研究[J]. 中国城市林业，2015，13（03）：1-5.

[3]　李光辉. 吉林省森林生态效益评估及其生态补偿研究[D]. 长春：吉林大学，2009.

[4]　徐绍史. 国务院关于生态补偿机制建设工作情况的报告——2013年4月23日在第十二届全国人民代表大会常务委员会第二次会议上[C]，2013.

[5]　王效科，杨宁，吴凡等. 生态效益评价内容和评价指标筛选[J]. 生态学报，2019，39（15）：5442-5449.

[6]　袁轶男，刘兴诏，聂晓嘉，等. 国际城市森林研究知识图谱——基于CiteSpace V共被引分析[J]. 生态学报，2019，39（20）：7780-7787.

[7]　刘则渊，王贤文，陈超美. 科学知识图谱方法及其在科技情报中的应用[J]. 数字图书馆论坛，2009，10（10）：14-34.

[8]　谭清月，许明祥，李彬彬，等. 中国生态系统服务研究发展过程解析[J]. 水土保持研究，2018，25（04）：330-337.

[9]　李洪远，杜志博. 基于CitespaceV的城市生态修复研究的可视化分析[J]. 安全与环境学报，2018，18（03）：1209-1214.

[10]　陈晓红，周宏浩. 城市化与生态环境关系研究热点与前沿的图谱分析[J]. 地理科学进展，2018，37（09）：1171-1185.

[11]　黄晓军，王博，刘萌萌，等. 社会-生态系统恢复力研究进展——基于CiteSpace的文献计量分析[J/OL]. 生态学报，2019（08）：1-11.

[12]　李杰，陈超美. citespace科技文本挖掘及可视化[M]. 北京：首都经济贸易大学出版社，2016.

[13]　陈悦. 引文空间分析原理与应用[M]. 北京：科学出版社，2014.

[14]　柯丽娜，阴曙升，刘万波. 基于CiteSpace中国海洋生态经济的文献计量分析[J]. 生态学报，2018，38（15）：5602-5610.

[15]　冯扬，张新平，刘建军，等. 基于CiteSpace的国内外城市生态修复研究进展以及对西北地区的启示[J]. 中国园林，2018，34（S1）：76-81.

[16]　陈昱，马子涵，古洁灵，等. 环境成本研究：合作、演进、热点及展望—基于CitespaceV的可视化分析[J]. 干旱区资源与环境，2019，33（06）：11-22.

[17]　张洪，孙雨苗，司家慧. 基于知识图谱法的国际生态旅游研究分析[J]. 自然资源学报，2017，32（02）：342-352.

[18]　Rudolf S，de Groot，Matthew A．Wilson，et al．A typology for the classification，description and valuation of ecosystem functions，goods and services[J]．Ecological Economics，2002（41），393-408.

[19]　HaYha T，Franzese P P．Ecosystem services assessment：A review under an ecological-economic and systems perspective[J]．Ecological Modelling，2014，289：124-132.

[20]　Chen D，Li J，Zhou Z，et al．Simulating and mapping the spatial and seasonal effects of future climate and land-use changes on ecosystem sercices in the Yanhe watershed，China[J]．Environmental Science & Polltation Research，

2017.

[21] Doulton A J, Ekebom J, Gislason, et al. Integrating e-cosystem services into conservation strategies for freshwater and marine habitats: A review[J]. Aquatic Conservation: Marine and Freshwater Ecosystems, 2016, 26 (5): 963-985.

[22] Bennett E M, Peterson G D, Gordon L J. Understanding relationships among multiple ecosystem services[J]. Ecology Letters, 2009, 12(12): 1394-1404.

[23] Ostrom E. A General framework for analyzing sustainability of social-ecological Systems [J]. Science, 2009, 325 (5939): 419-422.

[24] Hooper D U, Chapin F S, Ewel J J, et al. Effects of biodiversity on ecosystem functioning: A consensus of current knowledge [J]. Ecological Monographs, 2005, 75 (1): 3-35.

作者简介

袁轶男, 女, 1994 年生, 安徽, 同济大学建筑与城市规划学院景观学系在读博士生, 研究方向为风景园林规划设计方法与技术、景观更新与公共空间、绿地系统与公园城市。电子邮箱: kathyyyn@163.com。

金云峰, 男, 1961 年生, 上海, 同济大学建筑与城市规划学院景观学系副系主任、教授、博士生导师, 研究方向为风景园林规划设计方法与技术、景观更新与公共空间、绿地系统与公园城市、自然保护地与文化旅游规划、中外园林与现代景观。电子邮箱: jinyf79@163.com。

崔钰晗, 女, 1999 年生, 汉族, 陕西, 硕士, 同济大学建筑与城市规划学院景观学系, 在读硕士, 研究方向为景观更新与公共空间。电子邮箱: cuiyuhan9936@163.com。

梁引馨, 女, 1999 年生, 汉族, 广西, 同济大学建筑与城市规划学院景观学系在读硕士。研究方向为绿地系统与公园城市、自然保护地与文化旅游规划、景观更新与公共空间。电子邮箱: 517734863@qq.com。

寒地城市湿地公园植物群落偏好的季相特征研究[①]

Seasonal Characteristics of Plant Community Preference in Urban Wetland Park in Cold Region

张佳妮　朱　逊[*]　张雅倩

摘　要：生物多样性服务与游憩功能的平衡是关系到城市湿地公园可持续发展的重要问题。本文以寒地城市湿地公园为例，通过对爬取的社交媒体评论照片进行游客驻足点校正和内容分析，获得公园游客驻足空间分布和景观要素偏好并分析其季节差异，通过语义分割提取要素并进行 K-均值聚类分析，得到 8 种典型寒地城市湿地公园植物群落组合景观模式。结果表明，游客整体偏好与人工设施相结合的自然环境；冬季与其他三个季节的驻点分布及景观偏好差异显著，偏好白桦林与列植樟子松；春季偏好先发芽、开花的早春乔灌群落；夏季偏好以水域为主体的挺水、浮水植物及岸线湿生植物群落；秋季则以陆地槭树科为主要偏好群落。

关键词：湿地公园；景观偏好；季相差异；语义分割；寒地城市

Abstract：the balance between biodiversity services and recreational functions is an important issue related to the sustainable development of urban wetland parks. In this paper, taking the cold city wetland park as an example, the spatial distribution and landscape element preference of the park visitors were obtained by correcting the visitors' stop points and analyzing the content of the social media review photos. The elements were extracted by semantic segmentation and K-means clustering analysis, and eight typical plant community combination landscape patterns were obtained. The results showed that tourists preferred the natural environment combined with artificial facilities; in winter, there were significant differences in standing point distribution and landscape preference between winter and other three seasons, preferring Betula platyphylla forest and Pinus sylvestris; in spring, they preferred early spring arbor shrub communities which germinated and flowered first; in summer, they preferred emergent, floating plants and shoreline hygrophyte communities, while in autumn, Aceraceae was dominant It was the main preference community.

Key words：Wetland Park; Landscape Preference; Seasonal Difference; Semantic Segmentation; Cold City

城市湿地公园是解决湿地保护与开发的有效途径[1]，也是城市宝贵的自然资源和财富，当前面临着生物多样性减少，游憩空间开发不合理以及湿地公园的教育功能薄弱等一系列问题。国内外对城市湿地公园的研究主要集中在定义、模式、类型、作用、定位、内容、功能等方面[2-6]，就湿地生物多样性的分析多从植物类型、群落结构及空间布局进行定量研究[7]，部分学者利用问卷方式对湿地植物的景观偏好进行了评价[8]。

对于照片评论的数据运用在景观偏好的研究领域已较为成熟，研究证明[9-14]，使用社交媒体作为附加数据源可以很好地补充传统方法，带有地理标签的照片数据可以更深层次的挖掘游客的空间偏好信息，这有助于对场地空间设计策略的精准提出。因此，本文基于 VERP 理论框架，结合实地调研对带有地理标签的照片评论数据进行分析，通过归纳游客驻足空间分布和植物群落偏好，提出依托空间聚集特征的植物群落优化策略，充实城市湿地公园研究的相关理论。

1　研究内容与研究方法

1.1　研究区域概况

本研究以哈尔滨群力湿地公园、哈尔滨文化中心湿地公园、长春北湖湿地公园以及长春南溪湿地公园为研究对象，该公园地理位置处于城市内部，交通便利、门票免费、湿地资源丰富，具有良好的生态基底，所处地域均为严寒地区，气候类型相似，且在微博、六只脚以及两步路等社交媒体平台有大量的游客评论照片数据，因此选其作为研究对象（图 1）。

1.2　基础数据采集方法

评论照片等主管数据的采集是通过利用 Phthon 等网络爬虫工具在微博、大众点评、六只脚以及两步路等进行 2017-2020 年时段的照片爬取，包括带有地理位置信息照片 1927 张。对于城市湿地公园客观植物群落数据的获取则是在 2019-2020 年选取春、夏、秋、冬的季节中晴朗无风、植被特征明显的时段进行现场调研，结合文献资料调研进行物种识别记录和空间位置确认。

城市生物多样性

---

①　基金项目：住房和城乡建设部科技示范项目（项目编号：S20190788）、黑龙江省教育科学十三五规划课题（项目编号：GJB1320074）。

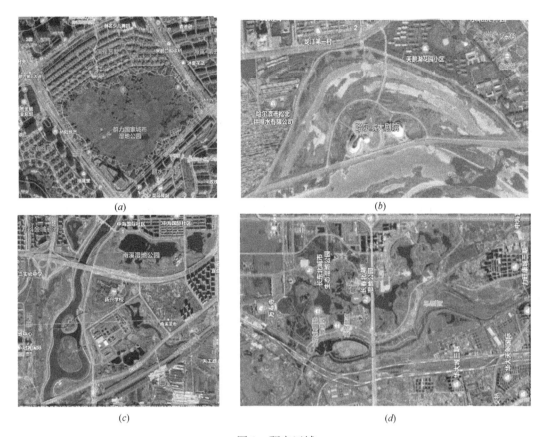

图 1 研究区域
(a) 哈尔滨群力湿地公园; (b) 哈尔滨文化中心湿地公园;
(c) 长春北湖湿地公园; (d) 长春南溪湿地公园

1.3 数据分析方法

研究通过利用 Lightroom 的"地图"模块对评论照片的空间位置进行识别校正,并将其空间信息链接到 Arc-GIS 中,对游客驻点进行可视化分析(图 2)。

在照片数据方面,利用 SegNet 对照片进行语义分割的工作原理对爬取的 1927 张照片进行内容分析(图 3),得到偏好元素分为自然元素(动物、植物、水面、自然驳岸、冰雪、天空以及落日)和人工元素(公园设施、人工景观、道路交通)共 2 大类 17 个,其中,湿地公园的植物群落主要由水生植物(沉水植物、飘浮植物、浮叶植物、挺水植物)、岸线湿地植物(水岸的植物和生态交错带的部分水生植物)以及湿地陆生植物(乔-灌-禾本植物)[4]。

2 研究结果及讨论

2.1 游客驻足点空间分布

通过对游客的社会信息进行爬取统计和分析,发现男性占总人数的 37.78%,女性多于男性,为 62.22%。4 个公园共进行空间位置校正驻点 1927 个。对于游客驻足空间聚集总体来看,驻点整体随路径较为均匀分布在湿地公园内,聚集区域集中在 8 个区域,即公园主要入口处、景观构筑物附近、水陆交汇区域、宽阔水域岸边、陆地乔灌木群落种植区、栈道游憩区域、沙滩游憩区以及人工娱乐区域。

就不同季节的空间聚集分布来看(图 4),春季游客驻点主要集中在建筑广场、沙滩游憩区以及入口广场、宽阔的水域岸边等空旷的场地,这与春季进行的放风筝活动的场地选择是完全符合的,湿地水域生境驻点较少,主要集中在陆地乔-灌-禾等不同的陆地生境区域,以陆地植物作为主要观赏景观元素。

夏季是游客数量较多的季节,也是湿地公园水位较高的时期,从夏季的照片空间分布图可以看出,游客驻点主要集中在水域生境区域,包括江边沿岸大面积水域、湿地水生物分布水域以及水陆交汇过渡区域小水域。

秋季为湿地公园植物群落颜色丰富,多种湿地植物展现出别具特色的秋季季象特色,成为吸引游客前来的主要原因之一。就秋季驻点分布来看,主要集中在对湿地水生植物的生长区域,包括水岸交汇处芦苇生境、湿地斑块生境以及靠近主干道的荷花-浮萍生境。

冬季是湿地游客最少的季节,大部分游客以前来观看剧院演出为目的,主要驻点主要集中在建筑广场内以及沙滩游憩区,在木栈道以及入口处有少量分布。冬季照片主要分布在地面园路、主要入口附近 300m,构筑物较少,该分布可能与冬季空中栈道的安全性有关。

2.2 视觉偏好元素统计结果

将已有的照片元素进行语义分割后计算其百分比,

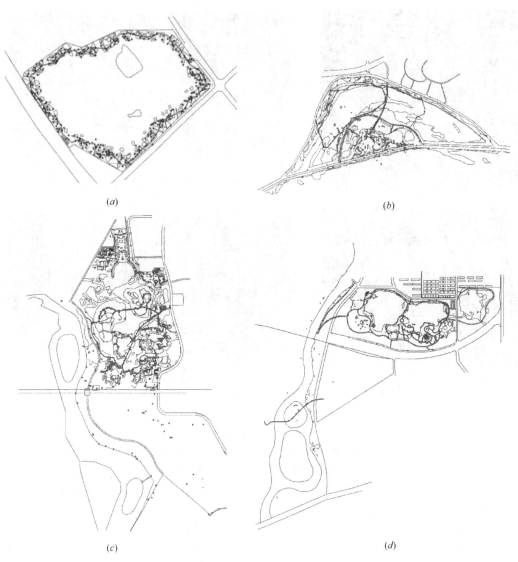

图2　4个公园空间驻足点分布
(a) 哈尔滨群力湿地公园；(b) 哈尔滨文化中心湿地公园；
(c) 长春北湖湿地公园；(d) 长春南溪湿地公园

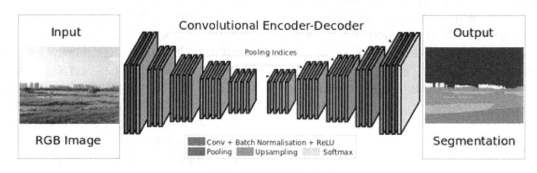

图3　图片数据语义分割

并输入 SPSS 进行描述性统计，发现游客四季偏爱的元素整体强度排序如下，即蓝天＞乔木＞草坪＞水面＞硬质铺装＞灌木群＞楼体＞水生植物＞构筑物＞木栈道＞花草＞其他植物＞空中走廊＞设施＞台阶＞木桩＞结构（栏杆等）。

人们对于湿地公园内的自然元素偏好程度高于人工

元素，这种情况不管是在物种色彩丰富的春、夏、秋季，还是颜色较为单一的冬季都吻合。

游客在夏季对于植物的关注度最高，其次是冬季、秋季、春季；对于人工元素的关注度在夏季最高，其次是冬季、春季、秋季，这说明人们在冬季游览湿地公园时，虽然植物种类单调，但人们其实更加关注对于植物和人工

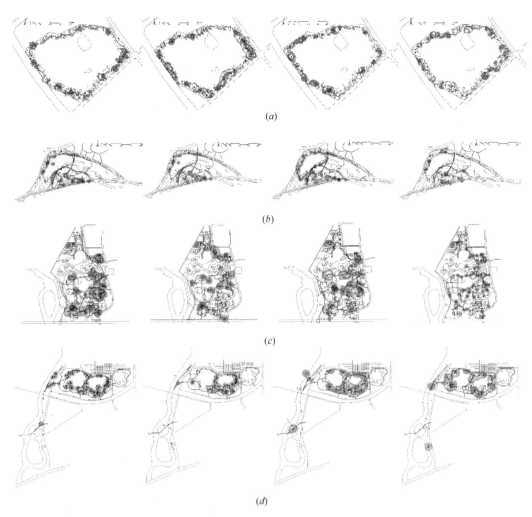

图4　4个公园四季照片空间密度图
(a) 哈尔滨群力湿地公园；(b) 文化中心湿地公园；(c) 长春北湖湿地公园；(d) 长春南溪湿地公园

景观的建设（图5）。

在自然元素的偏好中，可以看出春季自然元素关注度由高到低为植物＞水面＞天空＞驳岸＞落日；夏季自然元素关注度为植物＞水面＞天空＞驳岸＞动物＞落日；秋季自然关注元素为植物＞水面＞天空＞落日＞动物＞驳岸；冬季则为冰雪＞植物＞冰面＞天空＞落日＞动物。

2.3　湿地公园植物群落偏好

湿地公园植物是游客第一偏好元素，季相变化是湿地植物群落的景观特征的主要表现之一，不同季节对于植物群落的偏好有着显著的差异。在爬取的1927张照片中，春季有644张，占644%；夏季占27%；秋季占22%；冬季出游人数最少，350张，占总数的18%。

春季，人们更加偏好还未发芽的水生植物，对于植物的兴趣度也较高，由于春季湿地较少有水面，因此对于湿地的特色水泡景观拍摄数量最少，但并不代表人们对湿地水泡景观不感兴趣。高大的树木以及草坪的占比较高，此处的草坪是指陆地上的禾本科植物类。对于湿地公园中的树木，人们主要关注植物为乔木的新芽及早春开花的连翘、榆叶梅等花灌木。

夏季是湿地公园植物群落景观较为丰富的季节，到访游客大幅度上升。随着水位的上升，水生植物是最受欢迎的植物群落，如荷花类的挺水植物和浮萍类浮水植物以及千屈菜、芦苇等岸线湿生植物；陆地花卉亦是游客青睐的植物景观种类之一，林下空间的玉簪、路旁丛植波斯菊、场地活动空间中的萱草以及二月兰、四季秋海棠等花卉受偏好程度较高。夏季游客对于乔木的偏好一般，主要偏好远景的乔灌草植物景观。

秋季最受偏好的植物群落为芦苇群落景观，其果实与秋季季相特征成为湿地典型的植物景观；对于地被植物，人们偏好松果菊、勋章菊、美女樱、千日红、波斯菊等植株较高，颜色艳丽的花卉，景天与狗尾巴草的组合也受到游客的喜爱；对于乔灌木的关注，主要集中在叶色变化明显的槭树科树木，如美国红枫等，白桦于湿地种植较多，树干与叶色均为游客所偏好。

冬季植物单一，但白桦作为东北区域特有的湿地树种，成为游客偏好度最高的植物景观，群植的白桦树林、列植的常绿乔木樟子松以及二者的混合种植成为关注度最高的植物景观偏好群落；灌木中红瑞木因其枝干的颜色也备受关注；湿地的芦苇等湿生植物虽已枯萎，但残留的部分与雪景形成了独特的冬季季相景观。

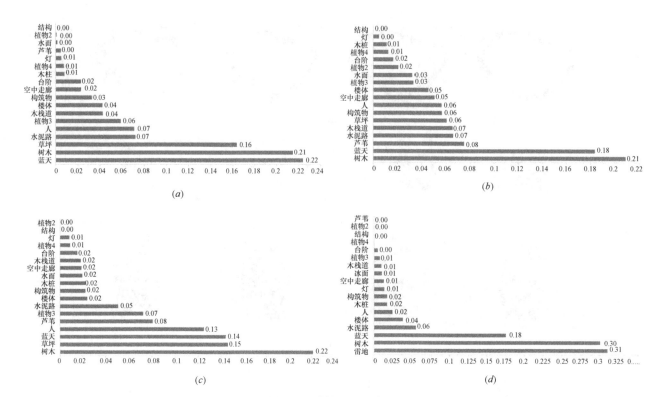

图5 四季景观元素偏好

(a) 春季景观元素平均值；(b) 夏季景观元素平均值；(c) 秋季景观元素平均值；(d) 冬季景观元素平均值

2.4 植物群落景观组合聚类结果

通过对得到的视觉偏好元素进行 K-均值聚类，得到游客偏好的 8 种景观组合模式，其中 5 种为植物群落，分别为陆地草本、地被花卉、陆地灌木、陆地乔木、水生植物，另外 3 种以人工元素为主，分别为道路与乔草组合、设施与植被组合、高参与互动景观（表 1）。

另外要说明的是，陆地草本组合景观是指冬季覆雪草地、草坪为主要景观成分的景观类型；地被花卉植物为

主景，是游客关注的陆地禾本植群落，玉簪、萱草、秋季海棠、景天、波斯菊等植物成为游客关注较多的地被花卉植物。

道路与乔草组合景观是指道路、硬质铺装、木栈道以及空中走廊为主要视觉构成元素与植物群落或水体等自然元素及其他人工元素组合形成的景观模式类型；设施与互动景观模式则是以公园设施为主景关注物，搭配以不同的植物群落类型形成的景观类型，其中，我们将雕塑、垃圾箱、座椅及路灯纳入公园设施中；高参与互动景观模式是通过对包含人物摄影的图片进行分析得到的景观模式，该种模式中，自然元素与人的组合有利于促进游客与湿地公园的体验和互动。

景观组合聚类结果　　　　　　　　　　　　　　　　　　　　表 1

陆地草本群落组合	地被花卉群落组合	陆地灌木群落组合
（1）草地/雪地＋乔木 （2）草本＋水域 （3）草本＋人工设施 （4）草本＋道路	（1）地被花卉＋乔木 （2）地被花卉＋道路 （3）地被花卉＋构筑物	（1）陆地灌木＋道路 （2）陆地灌木＋水域 （3）陆地灌木＋乔木＋草本

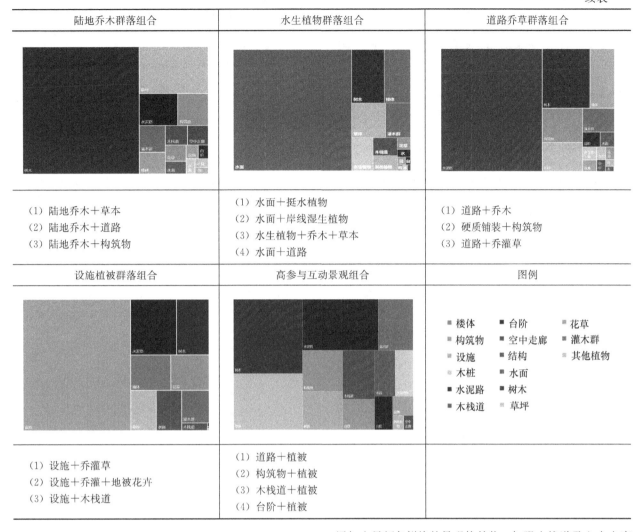

陆地乔木群落组合	水生植物群落组合	道路乔草群落组合
（1）陆地乔木＋草本 （2）陆地乔木＋道路 （3）陆地乔木＋构筑物	（1）水面＋挺水植物 （2）水面＋岸线湿生植物 （3）水生植物＋乔木＋草本 （4）水面＋道路	（1）道路＋乔木 （2）硬质铺装＋构筑物 （3）道路＋乔灌草
设施植被群落组合	高参与互动景观组合	图例
（1）设施＋乔灌草 （2）设施＋乔灌＋地被花卉 （3）设施＋木栈道	（1）道路＋植被 （2）构筑物＋植被 （3）木栈道＋植被 （4）台阶＋植被	■楼体　■台阶　■花草 ■构筑物　空中走廊　■灌木群 ■设施　■结构　■其他植物 ■木桩　■水面 ■水泥路　树木 ■木栈道　草坪

3 结论与展望

自然元素最受游客喜爱，但因季节不同，驻足点存在差异。春季集中在早春开花的乔灌木植物群落；夏季植物丰富，挺水植物及岸线湿生植物最受关注，因此驻足点多在水陆交汇处及水域岸边；秋季芦苇、槭树科及白桦树成为最受欢迎的自然元素，驻点随之集中在水陆交汇处以及陆地乔灌木群落种植区；冬季偏好最高的植物为白桦林及樟子松林。

人工元素在春季的关注度最高，主要集中在公园入口处、景观构筑物附近；秋季主要集中在木栈道游憩区域，对设施与乔灌组合景观偏好较高；冬季游客驻点主要分布于入口广场、园路，对于木栈道、空中走廊等游憩设施关注度较低。

整体来看，游客更偏好于有人工元素设计的自然环境中进行拍照等互动式参与。因此，在进行湿地公园植物设计时，春季可增强公园主要入口处、陆地乔灌木群落种植区开花时间较早的乔灌木，提高春季植物种类色彩丰富度；夏季可加强挺水植物与岸线湿生植物的过渡带种植密度，丰富陆地游憩路径的地被植物，加深游客对湿地植物认知；冬季可于公园入口及建筑物附近增加白桦、樟子松混植，添加少量颜色鲜艳的景观构筑物，加强木栈道及空中走廊的安全性；增加交通空间、景观构筑物及设施周边的植物丰富度设计，提高游客在湿地公园的参与度。

该研究结果可作为寒地城市湿地公园规划设计与管理的决策依据，兼顾湿地生物多样性保护与游客体验，同时加强湿地的生态教育功能[15]、审美功能与休闲游憩功能，为创造可持续的城市湿地公园提供基础理论支撑。研究的不足之处在于照片数量以及对湿地植物群落的识别尚有欠缺，将在今后的研究中继续深入完善。

参考文献

[1] 汪辉，欧阳秋．中国湿地公园研究进展及实践现状[J]．中国园林，2013，29(12)：112-116．

[2] 骆林川．城市湿地公园建设的研究[D]．大连：大连理工大学，2009．

[3] 陈颖．城市湿地公园资源评价及其生态旅游设计研究[D]．北京：中国农业科学院，2016．

[4] 孙平天，牟婷婷，冯剑羽．严寒地区城市湿地公园设计策略研究[J]．北京园林，2018，34(04)：22-26．

[5] 冯沁薇，郝培尧，董丽，等．基于栖息地的城市湿地公园生物多样性特征与指标研究[J]．风景园林，2019，26(01)：37-41．

[6] 张凯莉，周曦，高江菡．湿地、国家湿地公园和城市湿地公

园所引起的思考[J]. 风景园林, 2012(06)：108-110.

[7] 刘亚恒, 曾亚鹏, 赵洪波. 白莲河国家湿地公园植物多样性及群落特征研究[J]. 绿色科技, 2019(08)：19-20.

[8] 殷菲, 柏智勇, 何洪城. 基于湿地植物群落的游客景观偏好研究——以洋湖湿地公园为例[J]. 中南林业科技大学学报(社会科学版), 2013, 7(02)：37-41.

[9] 曾真, 朱南燕, 尤达, 等. 基于模糊综合评价法的城市湿地公园游憩功能评价研究——以三明市如意湖湿地公园为例[J]. 中国园林, 2019, 35(01)：51-55.

[10] Oleksandr K, António A B V, Mart K, et al. Landscape coherence revisited：GIS-based mapping in relation to scenic values and preferences estimated with geolocated social media data[J]. Ecological Indicators, 2020, 111.

[11] Baran P K, Smith W R, Moore R C, et al. Park use among youth and adults [J]. Environment & Behavior, 2014, 46(6)：768-800.

[12] Meester F D, Delfien Van D Does the perception of neighborhood built environmental attributes influence active transport in adolescents? [J]. International Journal of Behavioral Nutrition and Physical Activity, 2013, 10(1)：38-38.

[13] Zhu X, Gao M, Zhao W, et al. Does the presence of bird-songs improve perceived levels of mental restoration from park use? Experiments on parkways of Harbin Sun Island in China[J]. International Journal of Environmental Research and Public Health, 2020, 17(7).

[14] Zhao W, Li H Y, Zhu X, et al. Effect of birdsong soundscape on perceived restorativeness in an urban park. [J]. International Journal of Environmental Research and Public Health, 2020, 17(16).

[15] 崔心红. 建设湿地园林, 改善生态环境——上海市湿地园林建设的探索[J]. 中国园林, 2002(06)：61-64.

作者简介

张佳妮, 1995 年 11 月生, 女, 汉族, 硕士, 哈尔滨工业大学建筑学院, 寒地城乡人居环境科学与技术工业和信息化部重点实验室, 研究方向为风景园林规划设计及其理论. 电子邮箱：1457752456@qq.com。

朱逊, 1979 年 7 月生, 女, 满族, 副教授, 博士生导师, 哈尔滨工业大学建筑学院, 寒地城乡人居环境科学与技术工业和信息化部重点实验室, 研究方向为风景园林规划设计及其理论. 电子邮箱：zhuxun@hit.edu.cn。

张雅倩, 1997 年 4 月生, 女, 汉族, 硕士, 哈尔滨工业大学建筑学院, 寒地城乡人居环境科学与技术工业和信息化部重点实验室, 研究方向为风景园林规划设计. 电子邮箱：18804503301@163.com。

城市生物多样性

以目标物种为导向的城市生境网络构建

Target Species Oriented Construction of Urban Habitat Network

赵 静 梁尧钦 梅 娟

摘 要：本文以城市生物多样性保护为出发点，结合景观生态学、城市规划学、动物行为学等，提出以目标物种为导向的城市生境网络构建方法，即通过国际公认的保护物种名录、实地调查、民间观测数据、历史文献等多种方法，综合选取城市目标物种，进而基于目标物种行为特征研究，提取生物导向因子和物种栖息因子。一方面，将生物导向因子转化为生态格局指标，结合生境网络现状和规划合理性，共同引导宏观城市生境网络系统的构建；另一方面，将物种栖息因子转化成为生境营造指标，结合栖息生境现状条件，共同指导微观栖息生境的营造。以岳阳为例，构建目标物种导向的生境网络系统，以及栖息生境的营造，提高城市生物多样性，共筑人与生物和谐共生的栖居空间。

关键词：目标物种；城市生境网络；生物多样性；岳阳

Abstract: Based on the protection of urban biodiversity, combined with landscape ecology, urban planning, animal behavior, etc., we proposed a method to guide the construction of urban habitat network with target species in cities. Target species in the city are selected through a variety of methods including the internationally recognized list of protected species, field survey, folk observation data and historical documents. The behavioural characteristics of target species were further studied to extract biological orientation factors and species habitat factors. On one hand, biological guidance factors were transformed into ecological pattern indicators. Indicators of ecological pattern, current conditions and planning rationality jointly guide the construction of macro urban habitat network. On the other hand, species habitat factors were transformed into habitat construction indicators, and current habitat conditions were combined to guide the construction of microscopic habitat. Take the ecological project of overall urban design of Yueyang City as an example. Take Yueyang City as an example, we built a targeted species-oriented habitat network system and habitat construction, thus to improve urban biodiversity and build a living space where people and creatures coexist harmoniously.

Key words: Target Species; Urban Habitat Network; Biodiversity; Yueyang City

引言

"生物多样性"（Biological Diversity 或 Biodiversity），在《生物多样性公约（1992 年）》中将其定义为：陆地、海洋和其他水生生态系统及其构成的生态综合体中生物体的变异性，包括物种内、物种之间和生态系统的多样性。

《中国生物多样性保护战略与行动计划（2011-2030年）》定义"生物多样性"为：生物（动物、植物、微生物）与环境形成的生态复合体以及与此相关的各种生态过程的总和，包括生态系统、物种和基因 3 个层次。

城市生物多样性（Urban Biodiversity），作为全球生物多样性的特殊的组成部分，指城市范围内除人以外的各种活的生物体，在有规律的结合在一起的前提下，所体现出来的基因、物种和生态系统的分异程度。

城市生物多样性保护也是生态系统保护的一个重要部分，其真正意义并非在于绝对的"保护"，而是通过保护与合理的绿地建设使城市生物多样性趋于丰富，最终达到城市生态系统的稳定，使城市具有可持续发展的潜力，对于落实生态文明发展理念和维护人居环境的可持续发展也具有现实的指导意义。

1 城市生物多样性的保护途径

我国学者针对生物多样性的保护问题提出了各种理念和方法。其中具有代表性的是俞孔坚等提出生物多样性的 2 种景观规划途经：一种是以物种为核心的景观途径；一种是以景观元素保护为出发点的途径。本文基于以物种为核心的景观途径，深入探讨城市中的生物多样性的保护方法。

以物种为核心的景观途径，首先需要科学、准确的选取确定物种，然后根据物种的生物特性、行为特征等来设计生态格局，以此基础来设计针对特定物种的景观保护格局。规划过程是从物种到景观格局。一个整体优化的生物保护景观格局是由多个以单一物种保护为对象的景观最佳格局的叠加与协调。

在城市中构建起保护网络，不仅要求在城市宏观层面构建整体的生境网络系统，也要求在微观层面构建有益于物种的栖息生境，因此，总结出以目标物种引导城市生境网络构建的方法十分必要。

2 以目标物种引导城市生境网络构建的方法研究

2.1 选取目标物种

本文将城市中需要保护的物种定义为目标物种，而对用以指导城市生境网系统构建和生境营建的目标物种的类型也有特殊要求。比如，目标物种应具备一定的区域流动性、肉眼可观测、栖息地质量高等条件。根据食物链原理，构建满足目标物种的生境条件，能够涵盖其他生物的生境条件，因此城市目标物种的选取，主要集中在鸟类、鱼类、两栖类、爬行类和小型兽类。

2.2 构建技术路线

通过国际公认的保护物种名录、实地调查、民间观测数据、查阅历史文献等多种方法综合选取城市目标物种，研究目标物种的行为特征，提取生物导向因子和物种栖息因子。一方面，将生物导向因子转化生态格局指标，结合生境网络现状条件和规划合理性，共同引导宏观城市生境网络的构建；另一方面，将物种栖息因子转化成为生境营造指标，结合栖息生境现状条件，共同指导微观栖息生境的营造。

构建途径：选取目标物种—提取设计因子—转化设计指标—指导设计，详见图1。

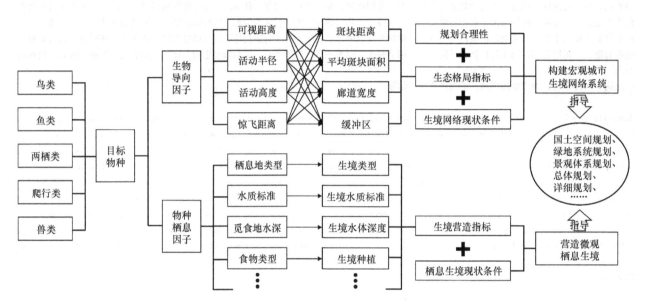

图1 技术路线图

目标物种：该物种具备位于城市生物食物链的上端、对栖息生境条件要求较高、能够与城市生境和谐共生等特点，一般视为现存数量较少，或曾经在该地域出现过，或能够代表地域特征的物种。

规划合理性：由具有丰富设计经验和实践经验的城市规划师、景观设计师等专业设计团队综合评估完成。

生境网络现状条件和栖息生境现状条件：来源于设计团队对基础资料的充分调研和客观评价，结合城市"双评价"或者开展充分的生物多样性调研和现状调研。

3 岳阳总体城市设计生态专项案例研究

3.1 岳阳市生态基底现状

岳阳市紧邻洞庭湖东岸，位于中国湖南省，是长江经济带上的重要城市。长江流域在中国生态安全系统中起着至关重要的作用，对全球生物多样性的可持续发展（维育）起着重要作用。洞庭湖是中国第二大淡水湖，是全球候鸟越冬的重要集中地。随着全球气候的变化和快速城市化带来的种种城市问题，造成城市生态空间质量下降，

这对候鸟越冬区的影响也至关重要。

根据相关研究和文献的历史数据记载，洞庭湖湿地越冬候鸟数量呈现总体上升的趋势。但岳阳主城区的鸟类和数量呈现逐年减少的趋势，这跟城市生态环境不适宜鸟类栖息和行为有很大的关系。

通过调研发现，城市规划区周围"斑块—廊道—基质"结构较好，但城市规划区内部生境空间之间缺乏有效连接，斑块都破碎化，廊道的连接性差，未能形成系统的生境网络。

3.2 科学比选确定目标物种

项目中采用综合比选的方法，选取适合作为岳阳市的目标物种。综合考虑国际公认的保护物种名录、实地调查、民间观测数据、历史文献4种选取途径，筛选适合岳阳市的目标物种。

3.2.1 基于洞庭湖保护物种名录选取目标物种

查阅《中国濒危动物红皮书》《国家重点保护野生动物名录》《世界自然保护联盟（IUCN）世界濒危动物红色名录》《华盛顿公约》等保护物种名录，筛选洞庭湖地区目标物种（表1）。

保护物种名录选取目标物种汇总表　表1

	选取途径	选取目标物种结果
1	《中国濒危动物红皮书》	鸟类：朱鹮、白琵鹭、大天鹅、小天鹅、疣鼻天鹅、中华秋沙鸭、白头鹤、白枕鹤、白鹤、黑尾塍鹬 鱼类：中华鲟、胭脂鱼 两栖类：虎纹蛙
2	《国家重点保护野生动物名录》	鸟类：一级：黑鹳、中华秋沙鸭、白头鹤、白鹤； 二级：白琵鹭、红胸黑雁、白额雁、天鹅、灰鹤、白枕鹤 鱼类：一级：中华鲟；二级：胭脂鱼 两栖类：二级：虎纹蛙 兽类：麋鹿
3	《世界自然保护联盟(IUCN)世界濒危动物红色名录》	鸟类：白鹤(极危)、中华秋沙鸭(濒危)、红胸黑雁(濒危) 兽类：麋鹿 鱼类：江豚(极危)、中华鲟(濒危)
4	《华盛顿公约》	鸟类：白鹤(濒危)、中华秋沙鸭、红胸黑雁 兽类：麋鹿 鱼类：中华鲟(极危)、江豚(极危)

结论：岳阳地区主要涉及的各类保护物种约有20种，其中以中华秋沙鸭、红胸黑雁为代表的鸟类，主要为东洞庭湖湿地鸟类，适宜作为城市目标物种的动物主要有：鸟类：白鹤、小天鹅、朱鹮等；两栖类：虎纹蛙。

3.2.2　基于生态本底调查选取目标物种

以传统生物多样性调查方法为主，由多位擅长不同生物类群调查人员，在同一区域以样地、样线、样方等形式进行生物多样性调查，本文筛选其中能够作为目标物种的生物类（表2）。

岳阳市生态本底调查表　表2

分类		目标物种筛选结果
鸟类	冬季候鸟(124种)	特殊鸟类：红胸黑雁(迷鸟) 数量上较多：白额雁、鹤类、鸭子、鹭类、鸻鹬类、雁鸭类、椋鸟 敏感性：鹤、鹳、琵鹭、鸻鹬类 重点保护类：红胸黑雁、中华沙秋鸭、白鹤、小天鹅、白琵鹭、朱鹮
	夏季林鸟(44种)	领角鸮、松雀鹰
两栖类		约12种，虎纹蛙、黑斑侧褶蛙、金线侧褶蛙、泽陆蛙等
爬行类		约6种，短尾腹、赤链蛇、红纹滞卵蛇、银环蛇(剧毒)、无蹼壁虎等
鱼类		约60种，四大家鱼、鲤、鲫、鲶、鳗鲡、黄鳝、翘嘴鲌、大眼鳜、鳜等

结论：根据岳阳生物多样性本底调研，观察到的动物约有840种。其中适宜作为城市目标物种的动物主要有：鸟类：鹭类、白鹤、领角鸮；两栖类：虎纹蛙；爬行类：无蹼壁虎。

3.2.3　基于民间观测数据选取目标物种

依靠民间观测数据、历史文献记录、民间观赏记录等方式，总结衡量岳阳特定环境的指示物种和亲人类观赏互动物种（表3）。

岳阳民间观测代表性物种表　表3

分类	目标物种筛选结果
环境指示类	白鹤，是对栖息地要求最特化的鹤类，对浅水湿地的依恋性很强。 中华秋沙鸭，系环境指示物种，对栖息环境——特别是水质要求十分苛刻。 鸻鹬类，是湿地质量的指示物种，也是一些昆虫的天敌。 雁鸭类，被认为是湿地生态系统稳定性的指示物种。 两栖动物，常作为监测栖息地环境质量的物种
观赏互动类	湿地鸟类：白鹤、黑尾塍鹬、黄苇鸦、白腰文鸟、须浮鸥、红胸黑雁、游隼、红隼、大白鹭、红嘴巨鸥、斑鱼狗、斑姬啄木鸟、大斑啄木鸟、赤红山椒鸟 江岸鸟类：灰头麦鸡、珠颈斑鸠 河湖鸟类：池鹭、牛背鹭、绿鹭、夜鹭、鹭类、鸻鹬类、雁鸭类 森林公园鸟类：松雀鹰、领雀嘴鹎、黑脸噪鹛、黑脸噪鹛、灰喜鹊 两栖类：金线侧褶蛙、泽陆蛙、虎纹蛙(国家级保护动物) 爬行类：无蹼壁虎，中国特有的爬行动物 鱼类：胭脂鱼被称为"亚洲美人鱼"

3.2.4　基于历史文献及相关研究选取目标物种

通过查阅岳阳市统计局网站、市志、研究论文等与岳阳城市生物多样性相关的文献，对不同时代岳阳生态环境演变特点的研究，总结其中适宜作为城市目标物种的动物主要有：鸟类：小白额雁、白鹤；两栖类：虎纹蛙；爬行类：无蹼壁虎。

3.2.5　建立岳阳目标物种体系

以白鹤、中华秋沙鸭、小白额雁、松雀鹰、领角鸮、虎纹蛙、无蹼壁虎、长江江豚、胭脂鱼为目标物种，建立岳阳目标物种体系，对应城市湿地、林田、湖泊、森林、河流等生境类型，用以指导岳阳市构建整体层面的生境网络系统和微观生境营建（表4）。

鸟类								两栖类	爬行类	水栖类	
夏季林鸟	夏季水鸟	冬季林鸟	冬季水鸟					蛙科	壁虎类	鲤形目	江豚
领角鸮	松雀鹰	鹭类	椋鸟	白鹤	中华秋沙鸭	鸻鹬类	小天鹅	虎纹蛙	无蹼壁虎	胭脂鱼	

白鹤　　中华秋沙鸭　　领角鸮　　大白鹭　　小天鹅　　无蹼壁虎

黑尾塍鹬　　江豚　　松雀鹰　　椋鸟　　虎纹蛙　　胭脂鱼

3.3　构建宏观城市生境网络系统

洞庭湖地区，从远古时代的"云梦泽"演变至今成为湖泊型湿地的地貌类型。岳阳市如今也呈现以静水生态系统为主、水流速慢、水生植物群落相对稳定的地貌特征。针对此地貌特征，本文选定以白鹤为代表性目标物种，论述以目标物种引导城市宏观生境网络系统构建的方法。

3.3.1　白鹤行为特征研究

白鹤，为大型涉禽，被《世界自然保护联盟（IUCN）世界濒危动物红色名录》及《中国濒危物种红皮书》分别列为极度濒危及濒危物种，在我国被列为国家Ⅰ级重点保护野生动物。白鹤是一种迁徙性鸟类，主要分布在亚洲大陆，目前全世界约有3500余只，东部种群在西伯利亚东北部繁殖，在长江中下游越冬，越冬地主要在鄱阳湖和洞庭湖。典型特征研究详见表5。

白鹤典型特征总结表　　表5

分类	典型特征总结
身体特征	大型涉禽，全长130～140cm，翅：54～60cm，嘴峰16～20cm，跗蹠24～26cm，因为其脚趾和喙比其他鹤类的长，这些特征使得白鹤比较适应在浅水区的淤泥中行走和取食
迁徙行为	白鹤10月底至11月初到达越冬地，12～1月成小群活动，2月下旬至3月，成大群迁走，越冬期150天。平均飞行速度62km/h，最高时速可达112km/h
栖息行为	白鹤是对栖息地专一性最高的鹤类，它只在湿地筑巢、觅食和栖息，与其他鹤类截然不同，喜欢大面积的淡水和开阔的水面，以家庭为单位，多在2～30cm的浅水区活动，活动半径约为7～15km，日常活动高度约20～50m

续表

分类	典型特征总结
觅食行为	白鹤在越冬期间，以取食水下泥中的苦草、马来眼子菜、野荸荠、水蓼等水生植物的地下茎和根为主，约占食量的90%以上，其次也吃少量的蚌肉、小鱼、小螺等，随城市化进程，也以水稻、莲藕、紫云英为食
越冬期昼间行为	白鹤整个越冬期昼间各行为所占其活动总时间的比例，取食80.9%、警戒10.5%、理羽4.0%、游走3.9%以及其他0.7%；惊飞距离10～25m

3.3.2　提取生物导向因子

可视距离：城市常见鸟类可视距离3～20km。
活动半径：白鹤活动半径7～15km。
活动高度：城市常见鸟类日常活动高度20～50m。
惊飞距离：城市常见鸟类惊飞距离10～25m。

3.3.3　转化生态格局指标

在生物导向因子的共同作用下，形成对于斑块距离、平均斑块面积、廊道宽度和连通性、缓冲区进行控制的生态格局指标（图2）。

3.3.4　构建宏观城市生境网络系统

根据岳阳生物多样性本底调查，明确白鹤在岳阳的现状栖息地，并分析城市潜在的白鹤栖息生境。结合城市目标物种生态格局指标，同时叠加生境网络现状条件和规划合理性设计，共同指导构建岳阳城市"核—斑—廊—岛"的生境网络系统。

3.4　营造微观栖息生境

提取物种栖息因子，将其转化成为生境营造指标，用以指导微观栖息生境的营造，仍以白鹤的栖息生境为例。

城市生物多样性

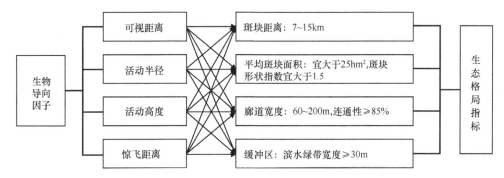

图2 生物导向因子转化为生态格局指标

3.4.1 提取物种栖息因子

栖息地类型：淡水湿地、开阔的水面。

水质标准：Ⅲ类水质。

觅食地水深：2～30cm。

食物类型：苦草、马来眼子菜、野荸荠、水蓼等。

缓冲区类型：以农田为主。

3.4.2 转化生境营造指标

在生境网络系统的基础上，深化小型生物栖息地的设计。将物种栖息因子对应转化为生境类型、生境水质标准、生境水体深度、生境种植类型、周边农田类型等生境营造指标（图3）。

3.4.3 指导微观生境的营造

根据提取的生境营造指标，叠加栖息生境现状条件，共同营造适宜的微观栖息生境（图4）。

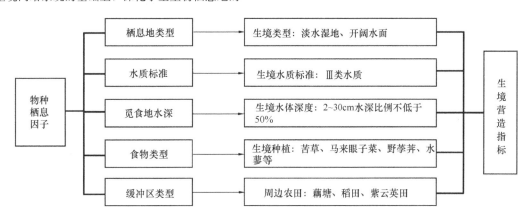

图3 物种栖息因子转化为生境营造指标

图4 生境营造示意图

以目标物种为导向的城市生境网络构建

4 总结

本文基于以物种为核心的景观途径，深入探讨了目标物种导向的城市生境网络构建方法。通过分析目标物种的生物属性、行为特征、活动范围、敏感程度等因素，提取生物导向因子和物种栖息因子，并将其转化为指导生境网络构建和微观栖息生境营造的指标，指导国土空间规划、生态景观设计等类型项目实践。倡导专业团队在设计过程中加强对生物友好型生态环境的设计，使城市生物多样性得以丰富和延续，营造人与动物和谐共生的良好栖居环境。

参考文献

[1] 刘伟，孙富云，高翔. 东洞庭湖湿地优势鹬类物种栖息地适宜性研究[J]. 野生动物学报，2017，38(04)：603-607.

[2] 鲍明霞，杨森，杨阳，等. 城市常见鸟类对人为干扰的耐受距离研究[J]. 生物学杂志，2019，36(01)：55-59.

[3] 俞孔坚，李迪华，段铁武. 生物多样性保护的景观规划途径[J]. 生物多样性，1998(03)：3-5.

[4] 向泓宇，梁婕，袁玉洁，等. 东洞庭湖湿地越冬候鸟与环境因子的关系研究[J]. 中南林业科技大学学报，2017，37(11)：154-160.

[5] 吴人韦. 城市生物多样性策略[J]. 城市规划汇刊，1999(01)：3-5.

[6] 胡文芳. 城市生物多样性保护规划编制研究[D]. 北京：北京林业大学，2011.

[7] 史成琳. 东营市城市生物多样性保护规划研究[D]. 泰安：山东农业大学，2020.

[8] 徐荣. 城市生物多样性保护的景观战略[A]. 北京园林学会，北京市园林绿化局，北京市公园管理中心. 2008北京奥运园林绿化的理论与实践[C]. 北京园林学会，2009，4.

作者简介

赵静，1986年10月生，女，汉族，黑龙江伊春，本科，北京清华同衡规划设计研究院有限公司，工程师、注册城乡规划师，主要研究方向为生态规划与景观规划、城乡规划、国土空间规划。电子邮箱：258289383@qq.com。

梁尧钦，1982年9月生，女，汉族，河北石家庄，硕士，北京清华同衡规划设计研究院有限公司，高级工程师，注册城市规划师，主要研究方向为生态规划与景观规划设计。电子邮箱：yaoqinliang@126.com。

梅娟，1984年1月生，女，汉族，江苏盐城，本科，北京清华同衡规划设计研究院有限公司，园林一所副所长，高级工程师，注册城乡规划师，研究方向为风景园林规划与设计。电子邮箱：185817730@qq.com。

基于 InVEST 模型的区域生境质量评价与优化分析

——以 2015-2018 年雄安新区为例

Evaluation of Regional Habitat Quality and Optimization Analysis Based on InVEST model：

A Case of Xiong'an New Area from 2015 to 2018

周 凯 郑 曦

摘 要：在对城市可持续发展和生物多样性保护中，城市生境质量的时空研究具有重要意义。以雄安新区为例，基于 2015 年和 2018 年土地利用类型图，采用土地利用转换分析和 InVEST 模型分析等方法，对雄安新区土地利用格局变化和生境质量进行评价。结果表明：①雄安新区整体用地类型以耕地为主，2015-2018 年，雄安新区白洋淀湿地面积增加 25.88%，证明 2017 年实施的引黄入淀等生态措施，有效地改善了白洋淀湿地生境质量。②雄安新区的工程建设，在一定程度上增加了建设用地，降低了区域生境质量，林地和草地面积变化不明显，"千年秀林"工程需继续培育林地，提升平原区域生境质量。③雄安新区生境质量变化的最主要驱动要素是水域和沼泽湿地，在未来城市建设中，雄安新区需重点注意白洋淀湿地的保护，促进生境质量的良性发展。

关键词：风景园林；InVEST 模型；生境质量；土地利用变化；城市生物多样性

Abstract：The spatio-temporal study of urban habitat quality is of great significance for urban sustainable development and biodiversity conservation. Taking Xiong'an New Area and Baiyangdian Wetland as examples, the land use change and habitat quality in Xiong'an New Area were evaluated based on the land use type diagrams in 2015 and 2018 and the methods of land use conversion analysis and InVEST model analysis were adopted. The results show that：① From 2015 to 2018, the wetland area of Baiyangdian lake increased by 25.88%, which proves that the ecological measures implemented in 2017, such as the introduction of Yellow River into Baiyangdian Lake, effectively improved the habitat quality of Baiyangdian Lake wetland. ② The construction of Xiong'an New Area, to a certain extent, has increased the construction land and reduced the regional habitat quality, and the woodland and grassland area have not changed significantly. Therefore, the "Millennium Xiulin" project needs to continue to cultivate the woodland and improve the terrestrial habitat quality. ③ The most important driving factors of habitat quality change in Xiong'an New Area are water area and swamp wetland. In future urban construction, Xiong'an New Area should focus on the protection of baiyangdian wetland to promote the benign development of habitat quality.

Key words：Landscape Aarchitecture；InVEST Model；Habitat Quality；Land Use Change；Urban Biodiversity

1 背景

城市生境是城市生态和生物多样性的重要基础[1]。良好的城市生境可有效促进城市可持续发展，积极发挥生态系统服务功能。雄安新区作为京津冀协同发展战略的关键一环，是优化区域发展，疏解北京非首都功能，探索生态城市建设的重要样本[2]。在此背景下，探究雄安新区土地利用格局变化及生境质量评价，对建设雄安绿色生态宜居新城具有重要意义[3]。

生境质量能够反映某一区域提供物种生存条件能力的高低，通过分析其在雄安新区及白洋淀湿地的变化因素和时空分布特征，可对未来区域景观格局优化、绿色基础设施建设以及生物栖息地保护提出指导依据。针对城市生境变化的生态模型及研究方法主要包括 HIS、IDRIS 软件中生物多样性评价模块、SolVES 模型、InVEST 模型等，使用较多的方法包括生境适宜性等[4]。InVEST 模型中的生境质量模块（Habitat Quality Model）将土地利用类型与威胁源建立联系，对不同景观格局下的生境退化情况及质量分布进行评价[5,6]。

本文以 2015 年和 2018 年雄安新区土地利用类型的变化为基础，通过 InVEST 生境质量模型运算，对 2015 年和 2018 年区域生境退化程度和质量变化情况进行分析。通过对比雄安新区成立前后的生境质量变化，探究现阶段新区建设和生态措施对原有区域生境质量的影响，识别需重点关注的生境敏感地带，并据此为新区大规模开发提供生境质量优化和生态建设的策略和建议[7,8]。

2 研究区域

雄安新区位于华北平原西北部（38.6°—39.1°E，115.6°—116.3°N），远期控制区面积约 2000km²，地势西北稍高，东南低缓，整体位于大清河水系的冲积扇上，属于太行山山麓平原向冲积平原的过渡地带。雄安新区属典型的北温带半湿润大陆性季风气候，四季分明。年降水量约 560mm，降水季节分配不均，主要集中在 7 月、8 月[9,10]。位于新区境内的白洋淀湿地总面积约为 366km²，是华北平原最大的淡水湖泊，其在维持区域生境质量、提供生态系统服务等方面发挥了巨大作用[11,12]。

3 研究方法

3.1 土地利用数据

目前，具有二级分类土地利用的最新数据截至 2018 年，因此选取 2015 年和 2018 年中国科学院地理空间数据云平台的 30m×30m 精度土地利用数据作为数据源。根据雄安新区实际用地情况，建立二级分类体系表（表 1）。同时根据新区行政区划的矢量文件确定研究范围，进而分析研究区域内生境质量情况。

土地利用分类体系 表 1

一级地类	二级地类
耕地	水田
	旱地
林地	其他林地
草地	高度盖度草地
水域	河渠
	湖泊
	水库
	滩地
城乡、工矿、居民用地	城镇用地
	农村居民点
	其他建设用地
未利用土地	沼泽湿地

3.2 生境质量计算方法

本文运用 InVEST3.8.9 模型中评估生态环境质量的子模块——生境质量评估模块对雄安新区进行生境质量的定量评估。InVEST 通过分析土地利用类型及对生物多样性产生威胁的各类威胁因子，将生境质量与各类威胁源构建联系，对区域生境质量进行总体评价。模型运行结果是反映生物多样性威胁程度的重要指标[13]。

在 InVEST 模型中，生境被定义为：存在于一个地区的资源和条件，为给定的生命有机体提供栖息地。InVEST 模型假定生境质量越好，生物多样性越丰富，同时其恢复能力也越强[14]。模型处理所需数据包括：当前的土地利用数据、生境对威胁的敏感性、生境与威胁之间的距离以及受保护的程度。若要得到生境质量指数，首先需要计算生境退化程度，其计算公式为：[15]

$$D_{xj} = \sum_{r=1}^{R} \sum_{y=1}^{Y_r} (W_r / \sum_{r=1}^{R} W_r) r_y i_{rxy} \beta_x S_{jr} \quad (1)$$

$$i_{rxy} = 1 - \left(\frac{d_{xy}}{d_{r\max}}\right) \quad (2)$$

式中，D_{xj} 代表生境退化程度；W_r 代表不同威胁源权重；r_y 代表威胁源强度；i_{rxy} 代表威胁源 r_y 在生境的每个栅格

x 中产生的影响；β_x 代表生境的抗干扰水平以及 S_{jr} 代表每种生境 j 对不同威胁源 r 的相对敏感程度；d_{xy} 代表生境栅格 x 与威胁源栅格 y 的距离；$d_{r\max}$ 为威胁源 r 的影响范围。其中 r 为生境的威胁源，y 为威胁源 r 中的栅格。

生境质量的定义为基于生存资源可获得性，生态系统为生物繁殖与存在数量提供适合个体和种群的生存条件的能力。生境退化程度和生境适宜度决定了生境中每个栅格的生境质量。

$$Q_{xj} = H_j \left(1 - \frac{D_{xj}^z}{D_{xj}^z + k^z}\right) \quad (3)$$

式中，H_j 为土地利用 j 的生境适宜度；D_{xj} 为土地利用 j 中栅格 x 的生境退化度；k 为半饱和常数，即退化度最大值的 1/2；z 为归一化指数，为模型的默认参数。

生境受到每种土地利用类型威胁的敏感度不同，且主要以人类活动对于生境质量改变为主，因此在综合模型推荐的参考值及雄安新区实际情况下，本文将城镇用地、农村居民点、其他建设用地和耕地定义为生境的威胁源，并确定各威胁源影响范围及权重（表 2）[16]。

生境威胁源影响范围、权重及其退化类型 表 2

威胁源	影响范围	权重	退化类型
城镇用地	10	1.0	指数型
耕地	8	0.7	直线型
农村居民点	5	0.6	指数型
其他建设用地	3	1.0	指数型

根据已有文献研究及雄安新区、白洋淀湿地的相关资料，将最接近生态自然系统的林地、河渠、湖泊和水库的生境适宜度定义为 1，较适合作为自然生境的高覆盖度草地定为 0.8，沼泽、滩地定为 0.6，研究区域面积最大、最易受人类影响的生境——耕地，适宜度定为 0.4，城镇用地、农村居民点用地及其他建设用地作为纯人工环境的用地类型，适宜度定为 0。综上，确定生境适宜度及生境对各类威胁源的敏感度（表 3）[17,18]。

生境适宜度及其对威胁源的敏感度 表 3

用地类型	生境适宜度	耕地	城镇用地	农村居民点	其他建设用地
耕地	0.4	0.3	0.5	0.35	0.1
其他林地	1	0.9	1	0.95	0.7
高覆盖度草地	0.8	0.4	0.6	0.45	0.2
河渠	1	0.65	0.85	0.7	0.45
湖泊	1	0.7	0.9	0.75	0.5
水库	1	0.7	0.9	0.75	0.5
滩地	0.6	0.75	0.95	0.8	0.55
城镇用地	0	0	0	0	0
农村居民点用地	0	0	0	0	0
其他建设用地	0	0	0	0	0
沼泽	0.6	0.3	0.5	0.35	0.1

城市生物多样性

4 结果与分析

4.1 土地利用变化

2018 年雄安新区主要的用地类型按面积由大到小依次为：耕地、建设用地、未利用土地、水域和林草地。其中未利用土地为白洋淀水域周边的沼泽湿地，该地地势平坦低洼，长期潮湿，具有季节性积水或常见积水，表层生长湿生植物。由表 4 可知，2018 年未利用土地，即沼泽湿地大幅增加。水域转变为沼泽湿地的面积变化最大，为 99.94km²，占沼泽湿地总面积的 70.6%。耕地转变为沼泽湿地的变化为 39.80km²。2018 年水域与沼泽湿地的面积较 2015 年增加 45.56km²。说明雄安新区成立后，城市发展采取的引黄入淀、退耕还湿和人工补水等多项生态措施发挥了积极作用。白洋淀湿地总面积较 2015 年增加了 25.88%。同时府河、唐河、白沟引河等上游河流面积增加，水系得到有效疏通。耕地面积在 3 年间减少 5.6%，其主要转化为沼泽湿地和建设用地，与雄安新区的工程建设主要集中在原有耕地范围内相关。

2015-2018 土地利用转移矩阵图　　表 4

土地利用类型		2018 年						2015 年合计
		草地	耕地	建设用地	林地	水域	未利用土地	
2015 年	耕地	1.26	992.44	23.40	0.41	17.17	39.80	1074.47
	建设用地	0.26	11.37	278.77	0.06	2.11	1.76	294.34
	林地	0.38	1.75	0.81	6.49	0.01	——	9.43
	水域	1.87	8.25	5.15	0.01	60.81	99.94	176.03
2018 年合计		3.76	1013.80	308.13	6.98	80.09	141.49	1554.26

4.2 生境退化程度

2015 年生境退化程度最高的为白洋淀湿地周边范围以及白沟引河、府河等境内河流。白洋淀水域与平原的交界处生境退化程度十分突出，红色区域几乎连成一线，说明白洋淀湿地邻岸地带几乎所有生境都出现较为严重的退化，尤其是萍河、漕河和唐河与白洋淀水域的交汇处。生境退化程度较高的区域主要集中在白洋淀湿地北侧和西侧形成的环淀生境退化带，其受耕地、农村居民点等影响较大。

2018 年，白洋淀湿地周边生境退化程度明显减弱，河流汇入白洋淀水域的交汇区生境退化程度有所改善，但仍有部分区域生境退化程度较高，同时白洋淀西侧水域的恢复，大幅度减弱了周围生境退化程度，打破了环淀生境退化带的进一步形成，但 2015-2018 年雄安新区境内的河流生境一直出现较为严重的退化。

4.3 生境质量变化

将 2015 年和 2018 年的生境质量指数计算结果按

0.00~0.20、0.20~0.43、0.43~0.89 和 0.89~1.00 共分为 4 个层级，分别为：较低、一般、较高和高。并计算每一层级生境质量所占区域面积的百分比[18]。

较低生境质量的范围主要以建设用地为主要土地利用类型，一般生境、较高生境和高品质生境分别以耕地、林草地、沼泽湿地和水域为主要土地利用类型。由表 5 可知。2015-2018 期间，以建设用地为主的较低品质生境略有上升，以耕地、林草地为主的一般和较高品质生境略有下降。以水域和沼泽湿地为主的高品质生境呈上升趋势。通过对比 2015 年和 2018 年的生境质量变化，2018 年较低品质生境比 2015 年上升 0.01%。2018 年较高品质生境比 2015 年下降 0.03%，2018 年高品质生境则比 2015 年上升 0.03%。同时雄安新区北侧友谊河水量增加，生境质量由一般品质上升为高品质（图 1）。

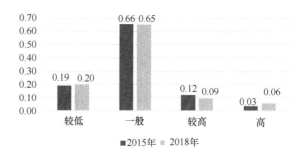

图 1　2015 年和 2018 年生境质量面积所占百分比

2015 年生境质量一般品质的占比 0.66%，2018 年则为 0.65%。由此可见，雄安新区整体生境质量以一般品质为主，说明雄安新区境内耕地用地类型对区域整体生境质量影响较大。

5 结论与讨论

5.1 区域生境质量问题与提升策略

2015-2018 年，雄安新区土地利用格局变化，表现了其以生态先行的建设目标，整体城市生境质量略有提高。随着启动区的建设，未来雄安新区的生境质量营造与优化需要关注区域生态要素的动态演变，强调对区域生境质量和生态要素的远期时空规划。

（1）白洋淀湿地面积增长显著，2018 年较 2015 年增加 25.88%。境内河流得到有效疏通，形成生态连通性较好的区域水网体系。湿地范围内生境质量的改善，为城市绿色发展及湿地生物多样性保护的打下了良好的生态基底。

目前，湿地生境质量虽得到一定优化，但河流与白洋淀交汇区域生境退化问题仍然显著。未来湿地建设在水质、水量提升的前提下，需重点关注河流与白洋淀水域的交汇区域，依托现有水系营建绿色空间，构建周边生态缓冲区，提升区域栖息地适宜性[19]。白洋淀湿地与平原的交界带仍需重点关注，坚持退耕还湿、植树造林等生态策略。

（2）现阶段，耕地占雄安新区总面积的 65% 以上，作为该区域最大的土地利用类型，决定了区域的生境质量以一般品质为主，但由于启动区、雄安站等项目建设占用部分耕地，导致以耕地为主要用地类型的一般品质生境占比下降。同时以建设用地为主的较低生境质量有所上升。根据以耕地为主的土地利用类型及预期未来大规模的城市开发和生态建设，需重点把握新区开发建设次序，合理实施区域土地资源的生态用地补偿机制。

（3）"千年秀林"植树造林工程于 2017 年实施，但由于苗木树龄以 2~5 年为主，现阶段对整体生境质量影响较小。2019 年底整体城市森林面积建成达 406km²，提升北侧平原生境质量[20]。未来雄安植树造林工程，以林地为主的绿色空间可依托现有的河流、道路要素，营建绿色生态廊道，提升不同生境和生态要素间的连通度，形成以白洋淀湿地和"千年秀林"林地为绿心、蓝绿生态廊道串联的景观格局，大幅提升城市区域整体生境质量。

5.2 问题与展望

基于 InVEST 模型的生境质量评价方法，其相关参数设定在借鉴模型使用指南的推荐参数和前人研究成果基础上，结合研究区域现状进行调整，在一定程度上，威胁源的影响范围、强度和生境敏感性等参数，没有标准的确定方法。

将研究范围作为雄安新区及白洋淀湿地生境质量评价的边界，暂未将白洋淀湿地整体的周边土地利用类型和生态空间纳入评价内容，未来应继续探索白洋淀湿地全域尺度范围的评价。

参考文献

[1] 王向荣. 城市荒野与城市生境[J]. 风景园林，2019，26（01）：4-5.
[2] 贾玉娜，张文超，康会涛，等. 2016—2019 年雄安新区土地覆盖变化研究[J]. 测绘通报，2020（09）：76-79.
[3] 徐烨，杨帆，顾昌宙. 基于景观格局分析的雄安城市湿地生态健康评价[J]. 生态学报，2020，（20）：1-11.
[4] 邹天娇，倪畅，郑曦. 基于 CA-Markov 和 InVEST 模型的土地利用格局变化对生境的影响研究——以北京浅山区为例[J]. 中国园林，2020，36（05）：139-144.
[5] Wang H, Tang L, Qiu Q, et al. Assessing the impacts of urban expansion on habitat quality by combining the concepts of urban land, landscape, and habitat in two urban agglomerations in China[J]. Sustainability, 2020, 12.
[6] 郝月，张娜，杜亚娟，等. 基于生境质量的唐县生态安全格局构建[J]. 应用生态学报，2019，30（03）：1015-1024.
[7] Abreham B A, Tomasz N, Teshome S, et al. The InVEST habitat quality model associated with land use/Cover changes: A qualitative case study of the Winike watershed in the Omo-Gibe Basin, Southwest Ethiopia[J]. Remote Sensing,

2020, 12(7).
[8] 陈妍，乔飞，江磊. 基于 InVEST 模型的土地利用格局变化对区域尺度生境质量的影响研究——以北京为例[J]. 北京大学学报（自然科学版），2016，52（03）：553-562.
[9] 杨苗，龚家国，赵勇，等. 白洋淀区域景观格局动态变化及趋势分析[J]. 生态学报，2020，（20）：1-10.
[10] 石英杰. 雄安白洋淀湿地景观格局分析及生态规划研究[D]. 保定：河北农业大学，2020.
[11] 温静，黄大庄. 白洋淀流域景观结构和格局时空变化规律及其与地形因子关系[J]. 河北农业大学学报，2020，43（03）：86-95.
[12] 王晓琦，吴承照. 基于 InVEST 模型的生境质量评价与生态旅游规划应用[J]. 中国城市林业，2020，18（04）：73-77＋82.
[13] 褚琳，张欣然，王天巍，等. 基于 CA-Markov 和 InVEST 模型的城市景观格局与生境质量时空演变及预测[J]. 应用生态学报，2018，29（12）：4106-4118.
[14] 刘志伟. 基于 InVEST 的湿地景观格局变化生态响应分析[D]. 杭州：浙江大学，2014.
[15] Bhagawat R, Roshan S, Ripu K, et al. Effects of land use and land cover change on ecosystem services in the Koshi River Basin, Eastern Nepal [J]. Ecosystem Services, 2019, 38.
[16] He J H, Huang J L, Li C. The evaluation for the impact of land use change on habitat quality: A joint contribution of cellular automata scenario simulation and habitat quality assessment model[J]. Ecological Modelling, 2017, 366.
[17] 程鹏，匡丕东，王在高，等. 基于 InVEST 模型的安徽省芜湖市生境质量对土地覆被变化的响应[J]. 安徽科技，2020（04）：37-43.
[18] 张梦迪，张芬，李雄. 基于 InVEST 模型的生境质量评价——以北京市通州区为例[J]. 风景园林，2020，27（06）：95-99.
[19] 杨萌，廖振珍，石龙宇. 雄安新区多尺度生态基础设施规划[J/OL]. 生态学报，2020（20）：1-9[2020-10-05]. http://kns.cnki.net/kcms/detail/11.2031.q.20200826.1455.036.html.
[20] 侯春飞，韩永伟，孟晓杰，等. 雄安新区 1995-2019 年土地利用变化对生态系统服务价值的影响[J/OL]. 环境工程技术学报：1-11[2020-10-05]. http://kns.cnki.net/kcms/detail/11.5972.X.20200525.1110.002.html.

作者简介

周凯，1997 年 2 月，男，河北保定，北京林业大学园林学院在读硕士研究生，研究方向为风景园林规划设计与理论。

郑曦，1978 年，男，北京，博士，北京林业大学园林学院副院长，教授，研究方向为风景园林规划设计与理论。电子邮箱：zhengxi@bjfu.edu.cn。

城市生物多样性

绿色基础设施

市域冗余生态网络的重要性评价方法研究

Research on the Importance Evaluation Method of Urban Redundant Ecological Network

安文雅　吴　冰　刘晓光

摘　要： 在国土空间规划体系改革的背景下，需要解决生态、农业、城镇建设空间协同问题，要求各空间系统具有明确的等级结构。其中结构合理的市域生态空间是实现健康生活的必要支撑，是构建绿色基础设施的基础。"双评价"作为当前生态空间规划的主要参考，未能划定市域生态空间等级结构。本研究将市域生态空间分为骨干生态网络和冗余生态网络两个部分，在识别市域冗余生态网络的基础上，提出市域冗余生态网络重要性评价方法：①利用最小阻力模型识别市域生态网络，并剔除省域传导骨干网络结构，提取市域冗余生态网络；②从冗余网络斑块入手，对斑块类型、面积、形状、整体连接度重要性及周边土地利用影响进行量化，利用层次分析法确定冗余网络斑块及廊道重要性，并对评价结果分级，从而为市级国土空间规划的生态、农业、城镇建设空间协同提供依据。

关键词： 市域生态空间；冗余生态网络；重要性评价

Abstract： In the context of the reform of land spatial planning system, it is necessary to solve the spatial coordination problems of ecology, agriculture and urban construction, which requires that each spatial system has a clear hierarchical structure. Among them, the city ecological space with reasonable structure is the necessary support for the realization of healthy life and the foundation for the construction of green infrastructure. As the main reference of the current ecological space planning, the "Dual-Evaluation" fails to define the urban ecological space hierarchy. In this study, the urban ecological space is divided into two parts: backbone ecological network and redundant ecological network. Based on the identification of urban redundant ecological network, the importance evaluation method of urban redundant ecological network is proposed: (1) the minimum cumulative resistance is used to identify the urban ecological network, and the provincial transmission backbone network structure is removed to extract the urban redundant ecological network; (2) Starting from the redundant network patches, this paper quantifies the patch type, area, shape, importance of overall connectivity and surrounding land use impact, determines the importance of redundant network patches and corridors by using analytic hierarchy process (AHP), and classifies the evaluation results, so as to provide the basis for spatial coordination of ecology, agriculture and urban construction in municipal land spatial planning.

Key words： Urban Ecological Space；Redundant Ecological Network；Importance Evaluation

引言

当前国土空间规划体系改革的背景下，将资源环境承载能力评价和空间开发适宜性评价（以下简称"双评价"）作为基础工作，意在摸清国土空间资源环境本底[1]。然而"双评价"作为现状评价工具，虽然对国土空间的垂直关系评估做了详尽的分析，但对水平空间特别是空间结构未做评估，无法为3个空间的协同划定提供指导。2019卢卓等[2]针对省域生态网络的结构与功能特点，提出利用边介数提取骨干生态网络的方法，为省域生态空间的结构构建提供了依据，也为市域生态空间重要性划分及确定不可替代结构的划定提供了依据。当前市域生态空间，除骨干结构外的生态空间缺乏结构组织与对于自身结构等级的划分，无法满足《市级国土空间规划编制指南》当中要求多方协同，亟需对市域冗余生态空间的重要性评价方法进行研究。

对于生态斑块重要性评价的研究，学者从景观结构角度出发，基于斑块移除实验确定某一斑块对于景观连接度的贡献，从而确定斑块重要性[2]，其中被应用最广泛的连接度指标 Pascual-Hortal 和 Saura[5] 提出了基于图论

的景观功能连接度指数：整体连接度指数（IIC）、可能连接度指数（PC）。随着研究的深入，研究多倾向于综合多指标对斑块重要性进行评价。2013年邱尧等[6]从斑块面积和连接度两个维度，识别了对维持深圳景观功能具有重要意义的斑块；2017年吴银鹏等[7]选用斑块面积、斑块中介中心度、斑块的连接度重要性、植物覆盖度以及水体面积来构建 GI 斑块重要性评价体系，并采用 AHP 法构建指标体系；2018年刘伊萌等[8]从节点的结构和功能特性出发，选取度中心性、介数中心性、接近中心性、脆弱性等4个图论中的测度指标，并引入成本距离作为评价节点在网络中的重要性的依据。斑块作为市域生态空间的重要组成部分，其自身特征对生态空间整体功能具有较大的影响[9]，但当前重要性评价对块自身特征的关注度不高，对于斑块类型、面积和形状等特征的量化有待进一步完善。

破碎化导致市域生态空间多以斑块的形式存在[10]，为了生态文明背景下对于健康生活的目标，需要对当前生态空间进行组织，并划定合理结构，作为构建绿色基础设施的基本依据。对于市域生态空间的重构基于现存的生态斑块，当现状条件不对允许某些斑块进行保留时，其相关的重构廊道路由也不存在，因此应对生态斑块的重

要性进行评价，并依据评价结果判定其相关廊道的重要性。本研究利用传统方法识别的市域生态网络，对省级传导的骨干生态网络部分以外的冗余生态网络部分进行重要性评价，对斑块类型、面积、形状、整体连接重要性、周边用地影响等因素进行量化，并通过层次分析法对冗余网络节点进行评价，根据评价结果确定廊道重要性，整合评价结果为实现生态空间与市域其他空间系统的协同提供依据。

1 研究方法

市域生态空间作为绿色基础设施构建的基础，在保障基本生态安全、实现健康生活目标的过程中扮演重要角色。合理的生态空间的结构对实现健康生活目标起到关键作用。相应的，市域生态空间应划分为省域传导骨干网络与市域冗余生态网络，骨干网络作为不可替代结构不可触动，对于市域冗余生态网络等级结构的划定尤为重要，本研究对市域冗余生态网络重要性评价方法进行探究，主要分为两部分内容：①提取市域冗余生态网络；②冗余生态网络重要性评价（图1）。

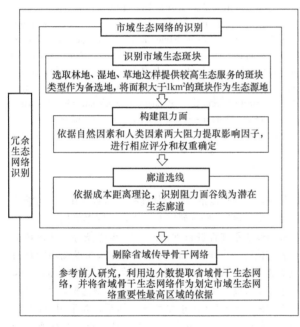

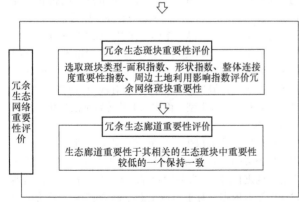

图 1 市域冗余生态空间构建方法技术路线

1.1 市域冗余生态网络结构识别

1.1.1 市域生态网络的识别

最小累计阻力模型是指从"源"经过不同阻力的景观所耗费的费用或者克服阻力所作的功[11]。可以获得每一单元至距离最近、成本最低源的最少累积成本。在利用最小阻力模型识别市域生态网络时包括以下步骤：

（1）源的定位：将生态红线以内生态空间以及面积大于 $1km^2$ [12]的林地、湿地和草地斑块作为市域生态源地。

（2）阻力面生成：综合自然因素和人为因素建立成本因子分布矩阵即阻力面的确定，公式如下：

$$MCR = f_{min} \sum (D_{ij} \times R_{ij}) \quad (i = 1,2,3\cdots n, j = 1,2,3\cdots m)$$

其中，f 是一个单调递增函数，反映了根据空间特征，从空间中任一点到所有源的距离关系。D_{ij} 是从空间任一点到源 j 所穿越的空间单元面 i 的距离。R_i 是空间单元面 i 可达性的阻力值。

（3）潜在路由的识别：生态源地间的潜在生态廊道路由可通过 ArcGIS 中的成本距离工具计算。

1.1.2 提取冗余生态网络部分

市域生态空间包括省域传导骨干生态网络结构与冗余生态网络两个部分（图2）。其中骨干生态网络的提取参考 2019 年卢卓等[2]的研究，在省域范围内利用边介数在最小阻力模型所识别的生态网络的基础上提取骨干网络结构。

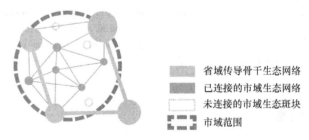

图 2 市域冗余生态网络结构示意图

前文所识别的市域生态结构，分辨率较高，筛选出的生态斑块数量更多，所识别的网络结构更加复杂，省域传导骨干网络结构也包括在内，市域范围内的骨干网络结构重要性高于所有冗余网络结构。将骨干网络结构剔除后，剩余网络结构即为冗余生态网络结构，作为后续冗余生态网络重要性评价的基础。

1.2 市域冗余生态网络重要性评价

1.2.1 指标选取与计算

在实际对景观生态网络模型的模拟和构建当中，通常需考虑斑块本身的属性特征[12]。从景观单个单元的角度出发评价市域生态斑块点的重要性，斑块特征包括类型、大小、形状[9]，三者对生物多样性产生影响[13]。除自身特性以外，景观结构的完整性对于整体景观功能的发挥起促进作用[14]。在实际空间当中，生态斑块周边用

绿色基础设施

地情况对于斑块发生连接的可能性产生影响，最小累计阻力模型可以对周边用地影响进行量化。因此本研究提出斑块类型-面积指数与周边用地影响指数，并结合形状指数与整体连接度指数作为量化斑块自身特征属性的指标（表1）。

测度指标及其含义　　　　表1

	公式	公式释义
类型-面积指数	$TA(i) = A_i \times e_i$	A_i：斑块i的面积；e_i：斑块i相应的生态系统服务当量因子
形状指数	$S(i) = \dfrac{P_i}{4\sqrt{A_i}}$	P_i：斑块i的周长
整体连接度重要性指数	$IIC = \left(\sum_{i=1}^{n}\sum_{j=1}^{n}\dfrac{a_i a_j}{1+nl_{ij}}\right)\dfrac{P_i}{4\sqrt{A_i}} / A_L^2$ $dX_i = 100 \times \dfrac{X-X'}{X}$	n：景观中斑块总数；a_i、a_j：斑块i和斑块j的面积；nl_{ij}：斑块i与斑块j之间的连接数；A_L：背景景观的面积；X：移除斑块i之前的整体连接度；X'：移除斑块i后的整体连接度
周边用地影响指数	$LI(i) = \dfrac{\sum_{j=1}^{n_j}MCR_j}{n_j}$	n_j：斑块i作为源地与j的连接数；MCR_j：斑块i与斑块j连接的最小成本距离

（1）类型-面积指数（TA）：生态系统服务价值当量可以体现不同土地利用类型对生态服务贡献相对大小的潜力，可用于对于生态斑块类型的量化当中。本文引用谢高地在2010年修订的单位面积生态系统服务价值当量[15]，单位面积生态系统服务价值当量需与斑块面积相结合，因此本文提出类型-斑块指数对特定斑块做出评价，从而对不同土地覆盖类型的生态源地进行区分，实现对于斑块类型与面积的量化。

（2）形状指数（S）：形状指数反映现状生态斑块对景观中物质扩散、能量流动和物质转移等生态过程的影响。值越大形状越复杂，与外界联系越紧密，生态源地内部生境越稳定[16]。

（3）整体连接度重要性指数（$dIIC$）：这里采用反映景观结构信息的整体连接度指数（IIC），对景观全局的连通性进行评价，根据斑块移除实验确定各冗余网络斑块的重要性，斑块重要性指数$dIIC$用于指示单个斑块对景观连接度的贡献量[5]。

（4）周边用地影响指数（LI）：对周边土地利用类型对斑块产生的影响进行量化，首先将以其为源地的所有潜在路由的最小成本距离平均值作为判断周边土地利用对连接影响大小的指标。

1.2.2　基于层次分析法的斑块重要特征识别

利用层次分析法并引入专家意见为指标赋予权重并识别生态斑块重要性。针对以上指标构造成对比较矩阵

（表2），通过一致性检验，最终确定各因子权重（表3）。为使多个指标之间的单位相互统一并根据指标特征，选用离差标准化方法进行无纲量计算，将处理结果通过权重计算得到重要性评价结果。

因子评分表　　　　　　表2

	类型-面积	形状	整体连接度重要性	周边用地影响
类型-面积	1	2	4	4
形状	1/2	1	2	2
整体连接度重要性	1/4	1/2	1	1
周边用地影响	1/4	1/2	1	1

因子权重表　　　　　　表3

因子	类型-面积（TA）	形状（SI）	整体连接重要性（$dIIC$）	周边用地影响（LA）
权重	0.500	0.250	0.125	0.125

1.2.3　廊道重要性评价

根据生态节点的重要性评价结果确定生态廊道的重要性，为生态廊道赋予与其相关生态斑块中重要性较低的一方相同的重要性等级。

整合冗余网络廊道和斑块的重要性评价结果，利用自然断点法对市域冗余生态网络重要性评价结果分为5级。

2　案例研究

2.1　研究区域概况

鹤岗市位于黑龙江省东北部，总面积14684km²，地处小兴安岭与三江平原地带，下设6区、2县、9镇、12乡。煤炭开采对生态环境造成了严重破坏，生态环境破碎化直接导致鹤岗市生物多样性的降低，且不利于生态文明背景下健康生活目标的实现。

2.2　数据来源与预处理

（1）基础数据收集：鹤岗市30m×30m DEM数据、鹤岗市生态红线数据、鹤岗市2010年土地覆盖数据。

（2）基础数据预处理：利用ArcGIS平台对土地覆盖数据进行整理，将其分为农田、森林、草地、湿地、荒漠、水域和建设用地这6类；从中提取阻碍景观和能量流动的部分，得到分级的河流、道路、主城区、矿产点的矢量数据；利用DEM数据进行坡度、坡向的运算，得到相应的分级栅格数据。

2.3　鹤岗市冗余生态网络识别

参照鹤岗市生态红线，并分析处理鹤岗土地覆盖数据，以1km²为下线识别出180处包括林地、湿地、草地

等类型的生态源地；计算人类和自然两类阻力因子构建景观阻力面；最后以生态源地的中心作为源汇点，识别得到潜在生态路由25506条。

提取黑龙江省骨干生态网络，并在鹤岗市生态网络的基础上剔除市域范围内省域传导骨干网络，保留冗余部分，作为后续冗余生态网络重要性评价的基础。

2.4 鹤岗市冗余生态网络重要性评价

对斑块分别进行类型-面积指数、形状指数、整体连接度重要性指数、周边用地影响指数计算。

通过层次分析法将各指数评价结果进行整合。将各指标进行无纲量处理，根据前文判定的权重，分析鹤岗市冗余网络斑块重要性评价结果。

根据冗余斑块评价结果确定鹤岗市冗余廊道评价结果，将二者进行整合得到市域冗余生态网络重要性评价结果，通过自然断点法将市域冗余生态网络重要特征分为五类。

冗余斑块中重要性最高的分布于绥滨县境内的松花江和黑龙江流域附近，类型以的湿地、林地斑块鹤岗北部，鹤岗市中部地区斑块重要性较低。对生态空间的重构，能够缓解鹤岗市生态环境破碎化的问题，重要新评价结果为鹤岗市生态空间划定合理结构，从而为构建绿色基础设施打下基础，为实现健康生活目标提供支撑。

3 结论

本文以鹤岗市域生态空间为例，对冗余生态网络重要性评价方法进行探讨：通过传统方法识别市域生态网络，并确定由省域骨干生态网络传导的不可替代结构；为了确定冗余部分的重要性，提出类型-面积指数与周边土地利用影响指数，并结合形状指数与整体连接度重要性指数，通过层次分析法分析冗余网络斑块重要性。提取出鹤岗市域冗余网络斑块168个，冗余生态廊道25506条，利用自然断点法将生态网络结构分为5级，划定具有合理层次结构的生态空间提供依据，作为鹤岗市绿色基础设施构建的基础。

本研究在指标选取方面重点关注斑块自身的类型和面积特性，引入生态系统服务价值当量，提出为斑块类型的量化提供具体的操作方法。除此之外，对周边用地对斑块影响进行量化，将实际用地类型对斑块发生连接的可能性的影响考虑在内，使得重要性评价更具现实意义。冗余生态网络重要性评价，为市域生态空间自身结构等级的划定提供依据，为市域国土空间规划的生态空间与其他空间系统的相互协同提供了可协调方案，从而达到生产、生活、生态空间相宜的效果，为实现健康生活的目标提供支撑。

本文是通过斑块重要性作为判定生态廊道重要性的依据，尚需从廊道功能角度出发对生态廊道重要性评价方法以及生态网络冗余度的量化方法进一步进行研究，从而进一步提高生态空间等级划分的精度，促进国土空间农业、生态、城镇建设空间的精准协同。

参考文献

[1] 李彦波，邓方荣，罗道."双评价"结果在长沙市国土空间规划中的应用探索[J].规划师，2020，36(7)：33-39.

[2] 卢卓，吴冰，刘晓光，等.基于边介数的省域生态廊道构建方法优化[J].环境科学研究，2020，33(03)：700-708.

[3] Urban D，Keitt T. Landscape connectivity：A Graph-theoretic Perspective[J]. Ecology，2001，82(5)：1205-1218.

[4] Jordán F，Báldi A，Orci K M，et al. Characterizing the Importance of Habitat Patches and Corridors in Maintaining the Landscape Connectivity of a Pholidoptera transsylvanica (Orthoptera) Metapopulation[J]. Landscape Ecology，2003，18(1)：83-92.

[5] Pascual-Hortal L，Saura S. Comparison and development of new graph-based landscape connectivity indices：Towards the priorization of habitat patches and corridors for conservation[J]. Landscape Ecology，2006，21(7)：959-967.

[6] 邱瑶，常青，王静.基于MSPA的城市绿色基础设施网络规划——以深圳市为例[J].中国园林，2013，029(005)：104～108.

[7] 吴银鹏，王倩娜，罗言云.基于MSPA的成都市绿色基础设施网络结构特征研究[J].西北林学院学报，2017，32(04)：260～265.

[8] 刘伊萌，杨赛霓，倪维，等.生态斑块重要性综合评价方法研究——以四川省为例[J].生态学报，2020，40(11)：3602-3611.

[9] 王仰麟，赵一斌，韩荡.景观生态系统的空间结构：概念、指标与案例[J].地球科学进展，1999(03)：3-5.

[10] 张明娟，刘茂松，徐驰，等.南京市区景观破碎化过程中的斑块规模结构动态[J].生态学杂志，2006(11)：1358-1363.

[11] 王瑶，宫辉力，李小娟.基于最小累计阻力模型的景观通达性分析[J].地理空间信息，2007，5(4)：45-47.

[12] 池源，石洪华，丰爱平.典型海岛景观生态网络构建——以崇明岛为例[J].海洋环境科学，2015，34(03)：433-440.

[13] 林世滔，谢弟炳，刘郁林，等.景观格局特征与区域生物多样性的关系研究[J].生态环境学报，2017，26(10)：1681-1688.

[14] 李春平，关文彬，范志平，等.农田防护林生态系统结构研究进展[J].应用生态学报，2003(11)：2037-2043.

[15] 谢高地，张彩霞，张昌顺，等.中国生态系统服务的价值[J].资源科学，2015，37(09)：1740-1746.

[16] 邬建国.景观生态学 格局、过程、尺度与等级(第2版)[M].北京：高等教育出版社，2007.

作者简介

安文雅，1996年7月，女，汉族，山东聊城市，在读硕士，哈尔滨工业大学建筑学院，学生，寒地城乡人居环境科学与技术工业和信息化部重点实验室。电子邮箱：1260769726@qq.com。

吴冰，1968年9月，男，汉族，黑龙江哈尔滨，博士，哈尔滨工业大学建筑学院，寒地城乡人居环境科学与技术工业和信息化部重点实验室，高级工程师，博士生导师，研究方向为生态空间规划。电子邮箱：wubing@hit.edu.cn。

刘晓光，1969年生，男，汉族，黑龙江哈尔滨，博士，哈尔滨工业大学建筑学院，寒地城乡人居环境科学与技术工业和信息化部重点实验室，副教授，硕士生导师。研究方向为景观规划研究。电子邮箱：lxg126@126.com。

绿色基础设施

粗放型屋顶绿化雨水滞蓄研究趋势与展望

Prospects for Research on Rainwater Retention in Extensive Roof Greening

蔡君一

摘 要：粗放型屋顶绿化能够有效减少径流量、延缓产流时间、降低径流峰值，是海绵城市建设中的重要组成部分。屋顶特性（如坡度、朝向）、研究地区的气候条件、基质、植被等都是影响粗放型屋顶绿化滞蓄效应的重要因素。本文以近年来国内外对粗放型屋顶绿化雨水滞蓄能力的研究为主体对象，总结了相关的研究过程与理论成果，将几类重要因素进行了分类和讨论，提出未来粗放型屋顶绿化的滞蓄效应探索应该更注重地域性研究、宏观应用研究和综合因素研究，使理论成果更具有实践性和指导性。

关键词：粗放型屋顶绿化；屋顶径流；影响因子；雨水调控

Abstract: Extensive roof greening can effectively reduce runoff, delay runoff time, and reduce runoff peaks. It is an important part of sponge city construction. Roof characteristics (such as slope, orientation), climatic conditions in the study area, substrate, and vegetation are all important factors that affect the storage effect of extensive roof greening. Taking the research on rainwater retention capacity of extensive roof greening at home and abroad in recent years as the main object, the related research process and theoretical results are summarized, several important factors are classified and discussed, and the retention of extensive roof greening in the future is proposed. Effect exploration should pay more attention to regional research, macro application research and comprehensive factor research, so that the theoretical results are more practical and instructive.

Key words: Extensive Roof Greening; Roof Runoff; Influence Factor; Rainwater Regulation

引言

在世界范围内，城市化地区正在迅速取代自然植被，导致不透水表面的大量增加，从而引发了极具复杂性和综合性的城市雨水问题。据统计，我国有 400 多座城市供水不足，110 座城市严重缺水。然而，根据国家防汛抗旱总指挥部统计数据显示，2013-2015 年全国平均每年有 180 座城市发生内涝，2013 年达 234 座。有学者指出，城市水文系统必须应对高度波动的地表径流水量，这些水量在降雨期间可能变得非常高，而在其余时间则保持低水平。全球性气候变化可能会进一步加剧这些波动，特别是洪水风险将进一步增加[1]。增加雨水可渗入的绿色区域是回应这一问题的重要手段。屋顶绿化作为城市绿地补给和海绵城市系统建设中的重要组成部分，在雨水的滞蓄方面发挥着重要作用，其中粗放型屋顶绿化具有建造简单、养护频率低、成本低等优点，更易于推广。因此，充分了解粗放型屋顶绿化的径流调控作用，对缓解城市水环境问题有重要意义，同时也能为城市规划者和屋顶绿化的建设者提供更有效的参考价值。

1 粗放型屋顶绿化的雨水滞蓄能力研究

1.1 粗放型屋顶绿化的雨水滞蓄能力

粗放型屋顶绿化（Extensive Green Roof），又称拓展型屋顶绿化、草坪式屋顶绿化，具有易建造、低养护、免

灌溉等特点。据资料显示，在德国，屋顶绿化仅 20％为屋顶花园，其余 80％都为粗放型屋顶绿化[2]。1985 年德国文献首次提到绿色屋顶的保水能力，其后大量研究证实，与传统的裸露屋顶相比，屋顶绿化在减少雨水径流量，推迟初雨径流，降低并推迟洪峰等方面具有显著的作用。主要的径流调控作用机制包括：植物的蒸腾作用、植物叶片表面拦截雨水、基质的空隙以及基质中的吸收剂吸收渗入的雨水。

1.2 研究方法

1.2.1 实地实验法

研究初期，大部分学者都采用实地实验法，选取某一区域的屋顶绿化进行长期观察，取得真实可靠的一手资料，保证数据的真实性和客观性。Nicholaus D[3]通过两项实验研究发现，粗放型绿色屋顶雨水平均滞蓄率可达82.8％，显著高于碎石铺垫屋顶。Bruce G. Gregoire 和 John C. Clausen[4]总结了北美和欧洲相关的研究测试，结合在康涅狄格大学屋顶的实验研究发现，粗放型绿色屋顶可以拦截、保留和蒸发 34～69％的降水，平均滞蓄率为 56％。De Nardo 等[5]从 2002 年 10 月至 11 月的 7 次降雨中收集的降雨和屋顶径流数据表明，粗放型绿色屋顶平均能延迟产流 5.7h，延迟径流峰值 2h，在评估的 7 场降雨事件中，绿色屋顶平均滞蓄率为 45％（范围从19％～98％）。由于自然降雨时长和强度不可控，部分实验研究会采取人工模拟降雨的方式完成实验数据的收集。

1.2.2 模型演绎法

随着计算机技术和研究方法的更新和进步，国内外学者在前人研究和实地观察的基础上，开始利用参数化模型对屋顶绿化的雨水滞蓄效应进行推理研究，不仅可以针对单个屋顶绿化进行研究，还能有效评估规模化应用后的整体效益。Mentens[1]等人在布鲁塞尔地区应用经验模型推导出的年径流关系表明，仅在10%的建筑上进行粗放型屋顶绿化，就可以帮助该地区减少2.7%的径流，个别建筑甚至能减少54%。王书敏等[6]利用SWMM模型模拟研究发现，在屋顶占城市区域总面积的比例为25%、降雨持续时间15min、降雨强度14.8mm/h的条件下，当区域内屋顶全部绿化时，峰值降雨径流可降低5.3%，城市径流总量可降低31%。这一方式可以为城市规划者提供有力的数据参考，但目前使用者较少，处于起步阶段，关于模型的选用和精确度的矫正还存在较多问题。

2 粗放型屋顶绿化对径流调控的影响因素

屋顶绿化和城市雨水的地域性特征和变化多样的特性使得不同研究之间的结果差异较大，不同的研究方法产生的量化数据也有较大偏差。屋顶绿化的雨水滞蓄能力受到多种因素的影响，目前针对屋顶绿化的滞蓄影响因子，国外已经开始展开对外部因素的研究（如建筑坡面、降雨强度、季节气候等的干预），但国内的相关研究还是集中在自身系统要素方面，通过研究植被（植物的类型和植被组合方式）方式、基质层（基质深度、基质组成类型、基质含水量等）和其他构造层对雨水滞蓄效应的影响[7]。

2.1 基质

2.1.1 基质厚度

屋顶绿化雨水滞蓄能力最大的影响因素是基质厚度。随着基质厚度增加，基质内部可以蓄水的空间变大，因此蓄水能力更强[8]。纵观以往不同类型屋顶绿化的雨水滞蓄研究，不难发现，密集型屋顶绿化的滞蓄能力往往大于粗放型屋顶绿化，除了植被丰富度和覆盖度的影响以外，基质的厚度是最重要的影响因子。Mentens[1]等通过分析总结过去已发表的相关文献，发现密集的绿色屋顶由于其厚的基底层的存储能力，在减少径流方面比粗放型的绿色屋顶更有效，基质厚度为150mm的密集型绿色屋顶的平均滞蓄率为75%，而基质厚度为100mm的粗放型绿色屋顶的平均滞蓄率为45%。Andrea Nardini 等[9]在意大利东北部的一个实验性绿色屋顶中研究了基质厚度和植被类型对雨水径流减少的相对贡献，没有栽植植物的基质，120mm厚的能减少63%的径流，而200mm厚的能减少83%的径流。Nicholaus D 等[3]研究发现，通过将基质深度从25mm增加到40mm，可以增加屋顶绿化模拟平台的保水能力，但不同对照组的雨水滞蓄能力差异小于3%。张彦婷[10]在上海粗放型屋顶绿化基质层对雨水的滞

蓄影响研究中发现，对比基质厚度为100mm和200mm的粗放型屋顶绿化小试装置，当基质厚度为300mm时，小试装置对雨水的滞蓄率最高，产流时间推迟最久，滞蓄率平均最高可达到57.52%，产流时间最高可推迟80min。陈兴武[8]在希腊雅典市开展了不同植被类型与基质深度的屋顶绿化雨水滞蓄作用的影响试验，结果表明16cm基质处理组的吸收比例分别达到了98.5%和95.8%，显著高于相应8cm基质处理组。刘明欣[11]等以广州市为例，通过13个月的实验研究表明，粗放型屋顶绿化的截流能力随着基质厚度的增加而增大，基质厚度30mm、50mm和70mm粗放型屋顶绿化的降雨滞留率分别为27.2%、30.9%和32.1%，平均峰值减少量为18.9%、26.2%和27.7%。唐莉华[12]等建立了描述绿化屋顶降雨产流过程的一维入渗模型HYDRUS-1D，利用实验数据进行了模型的率定和验证，实验和模拟结果表明10cm土层厚度的绿化屋顶在不同降雨条件下的蓄滞量可达到16.1～21.6mm，随着土层厚度的增加，蓄滞效果更明显。

2.1.2 基质类型

粗放型屋顶绿化的栽培基质主要采用人工配比的轻型基质。基质成分一般是由有机质土壤（如田园土、轻质泥炭土、堆肥）和一些无机矿质材料（如陶粒、沙、浮石、珍珠岩、蛭石等）配比而成。其组成成分和各组成物质之间配比的量对绿色屋顶的雨水滞蓄能力也有重要影响。对于基质要素配比的影响研究，大部分通过"土壤理化性质分析"的方法，观察基质的总孔隙度、湿容重、土壤水分的渗透速率、对雨水的滞蓄力和对产流的推迟时间，以此作为其保水能力和雨水滞蓄能力的衡量参数。小粒径颗粒物的含量越高，基质的雨水截流能力越好[13]。基质配比中直径小于1mm颗粒比例的增加可以提高保水率，因为细颗粒会填充较大颗粒之间的孔隙，从而产生更多的保水孔隙，提升基质的雨水滞蓄能力[14]。翟丹丹[15]等分别使用田园土、超轻量基质和改良土（轻砂壤土、腐殖土、珍珠岩、蛭石按2.5：5：2：0.5的比例混合而成）作为屋顶绿化的基质，经测试发现，与超轻量基质和田园土相比，改良土在削减雨水径流、延缓产流、削减和延后等方面的能力更强。张华[16]等通过人工模拟降雨试验，探究了不同基质类型对屋顶绿化雨水滞蓄效果的影响。实验结果表明，总孔隙度较大的基质其最大含水量也相对较大，但基质层持水性与颗粒不均匀系数有关，颗粒越均匀，其持水性能越低。与此同时，也有不少研究发现，基质的有机质含量也是影响其滞蓄能力的重要因素。Savi[17]等在地中海地区的特定气候环境下，研究了不同的屋顶绿化类型对植物可用水量的影响，种植基质由富含有机材料（堆肥和泥炭）和矿物质（火山砾和沸石）的混合物组成，其有机质含量为3.8%，颗粒尺寸为0.005～20mm，排水速率为13.5mm/min。经测试，研究中使用的基质显示的持水量高于屋顶绿化常用的天然沙土或者黏土，滞蓄能力也更好。同样，Claire Farrell[18]等的研究也指出，生物炭是增加屋顶绿化基质保水量以此提高雨水滞蓄能力而不增加基质重量的有效途径，向基质中增添40%的生物炭可以显著提高基质的雨水保持能力。

2.2 植被

植物是绿色屋顶与环境之间的关键界面，但对于它们在雨水径流调节功能中的确切作用尚具有争议。理论上讲，植被层是屋顶绿化产生滞蓄效应的第一层级，植物的叶片会对部分雨水起到拦截作用[7]，同时植物的蒸腾作用和生长代谢也可以吸收和消耗雨水。虽然有许多研究认为植物的类型和植被组合方式对屋顶绿化的雨水滞蓄能力并无显著影响，但由于实验区域、实验方法和植被选择的不同，仍有不少实验研究表明植被会对屋顶绿化的滞蓄能力产生重要影响。Eline Vanuytrecht[19]等使用水平衡模型评估了气候变化对两种绿色屋顶（green roof）类型（一种为景天苔藓植被，一种为草本植物）和标准沥青屋顶对植被干旱胁迫和雨水滞留的影响，在夏季3种类型的屋顶分别可以减少76%、64%和10%的雨水径流，草本绿色屋顶比景天苔藓绿色屋顶减少的径流更多，但对增加的干旱压力更敏感。Nagase等[20]的实验研究结果表明，粗放型屋顶绿化不同植被类型之间产生的径流量存在着显著差异。植物的大小和结构显著影响径流量。植株高、地径大、根茎生物量较大的植物物种在减少绿色屋顶的径流方面更有效。草本植物的滞蓄能力最强，其次是禾本科植物，最差的是景天科植物。Clark[21]也比较了不同植被类型对雨水的拦截效果，结果表明，高大的植物要比低矮的植物能拦截更多的雨水，因为相比低矮植物，高大植物暴露的土壤表面积更小，且叶片数层更多可更有效地拦截雨水。陈兴武[8]选取了千佛手、克里特奥勒冈和高羊茅3种类型的植被，研究植物类型对粗放型屋顶绿化滞蓄能力的影响，在初夏灌溉条件下，基质深度为16cm时，克里特奥勒冈和高羊茅的雨水吸收比例分别达到了98.5%和95.8%，而千佛手仅有54.8%。北京建筑大学的张贤魏[22]在北京市气候特征下，进行实验研究发现，植物种类对绿色屋顶滞蓄能力具有显著影响，佛甲草和八宝景天滞蓄效果较好，三七景天和红叶景天滞蓄效果一般。

再者，就植被类型和植物的多样性对屋顶绿化雨水滞蓄能力的影响而言，植被种类繁杂、结构类型多样的屋顶绿化或许能更有效地滞蓄雨水。Lundholm等[23]选取了生命形态不同的15种植物（矮草、藤本灌木、多肉植物等），研究了单一植被和三种、五种类型的植被混植的屋顶绿化系统对雨水的滞蓄效果，结果发现，组合的植物比单种植物的持水能力和蒸散作用更好，能滞蓄更多雨水。然而，也有一些研究报告指出，植被的丰富度对于屋顶绿化的雨水滞蓄并无显著影响，如上文所提到的Nagase等人的研究中，植物多样性和物种丰富度并没有显著影响雨水径流量。查阅相关文献资料，相比较于其他几类影响因素，基于植物多样性方面对屋顶绿化雨水滞蓄能力的研究还甚少，有待进一步的探索和发现。

2.3 坡度

一般认为，屋顶绿化的雨水滞蓄能力还与屋面坡度有着密切的联系，大部分情况下随着坡度的增加，绿色屋顶的滞蓄能力会有所减小，许多研究测试也证实了这一

点。Kristin L. Getter[24]等为了量化屋顶坡度对绿化屋顶雨水滞留的影响，对在4个坡度（分别为2%、7%、15%和25%）上构建的12个粗放型绿色屋顶平台进行了径流分析。数据显示平均滞蓄率在坡度为25%时最小（76.4%），而在坡度为2%时最大（85.6%）。Nicholaus D[3]等人的研究也得出了同样的结论，覆盖植物的粗放型绿色屋顶在基质深度为4cm，屋顶坡度为2%时滞蓄能力最强，合并所有降雨事件，其平均滞蓄率最高能达到87%。Chow等[25]在马来西亚研究发现，坡度对粗放型屋顶绿化中的雨水滞留和峰值流量衰减性能有重大影响。在这项研究中，对屋顶绿化的不同坡度（0°、2°、5°和7°）进行了雨水测试，结果表明，雨水滞蓄率随着坡度的增加而降低，平坦的屋顶绿化延缓径流峰值时间最长，而7°坡度的则最短。

2.4 降雨量和降雨强度

屋顶绿化的雨水滞蓄表现受到降雨量和降雨强度的影响，随降雨量和降雨强度的增大，屋顶绿化的雨水滞蓄能力减弱。徐田婧[26]等研究发现，雨量和雨强是影响径流削减效应的关键因子，与径流削减率均呈显著负相关关系（$P<0.01$），径流削减率随降雨量增加呈递减趋势，粗放型绿化屋顶全年对暴、大、中、小雨的径流削减率分别为14.6%、38%、73.1%、99.1%。Lee[27]等通过定量研究发现，粗放型屋顶绿化在降雨量<20mm/h时有很强的保水能力。但随着降雨强度的增加，保水能力下降。Simmons等[28]在美国德克萨斯州的实验研究表明，粗放型屋顶绿化可以保留大量的降雨，其雨水滞蓄能力受降雨事件的大小的影响。中型和大型降雨事件的最大径流保持力分别为88%和44%，在小雨（降雨量<10mm）降雨事件中，绿色屋能够保留大部分雨水径流。同样，郑美芳等[29]对成都市两个粗放型屋顶绿化的监测结果显示，绿色屋顶的截留能力随雨强的增大而减弱，日雨量<10mm时，两绿色屋顶截流率为99.7%，暴雨时仅有30.9%，约为小雨时的三分之一。张华等[30]基于37次模拟降雨实验，归纳了降雨产流的一般过程、规律和特性，建立了产流时间数学模型，结论与上述研究结果一致，粗放型屋顶绿化降雨产流时间与降雨强度呈负相关。

2.5 季节及气候

不同季节降雨强度、气候条件等发生变化，屋顶绿化的滞蓄能力也会随之发生改变，特别是由于冬季和夏季的温度差异较大，雨水的蒸发速度和植物的生长代谢速率会发生改变。Schroll[31]等评估了冬季降水为主美国西北太平洋地区的粗放型绿色屋顶的雨水滞蓄性能，结果表明冬季绿色屋顶的滞蓄能力要远远低于夏季，夏季绿色屋顶能够消减65%的屋顶径流，而冬季仅为26%[31]。同样，Spolek的报告指出，波兰绿色屋顶的冬季平均雨水滞蓄率为12%，而同一屋顶的夏季降雨的平均雨水滞蓄率达到42%[32]。该研究对两个不同的粗放型绿色屋顶进行了近3年的持续监测，相对于夏季而言，冬季雨水滞蓄率的降低是一致的。Mentens等[1]对德国绿色屋顶的相关研究数据进行总结后得出的结论同样是，冬季相对于

夏季绿色屋顶的滞蓄率较低[1]。但徐田婧等的研究结果恰好相反，他们将亚热带季风气候区作为研究区域，基于1年现场观测数据及水量平衡方程，采用SCS-CN模型计算绿化屋面的径流曲线，结果显示，粗放型屋顶绿化径流削减效应的四季排序为春季＞冬季＞秋季＞夏季，平均径流削减率依次为78.6%、47.5%、33.2%、32.9%[26]。不同季节对屋顶绿水滞蓄能力的影响主要在于降雨量和蒸散量，因此不同区域可能会导致研究结果截然不同。

3 未来研究趋势的探索与展望

3.1 粗放型屋顶绿化雨水滞蓄效应的地域性研究

粗放型屋顶绿化的滞蓄影响因子众多，但无论是基质类型、植物的选择，还是区域气候的干扰，都具有地域性特征。尤其在植物筛选方面，粗放型屋顶绿化生长环境较为极端，要选择抗旱、抗寒、抗贫瘠、耐湿热的本土性植物，同时对筛选出的本土植物进行雨水滞蓄研究。目前相关的研究结论争议较大，需要以地区为例进一步明确影响因素，构建雨水滞蓄更为高效的植物配置模式。除此之外，在不同的气候区，例如温润多雨的四川与干旱少雨的西北各省，绿色屋顶的截流能力及规律也会有所差异。因此，以具体城市的屋顶为主要研究对象，根据其所在地区的地理气候条件筛选适宜的植被和屋顶构建模式更具实践意义。

3.2 宏观视角下粗放型屋顶绿化雨水滞蓄效应的价值评估

目前的研究对象主要是一些单体建筑屋顶或小型模拟屋顶实验模型，大多数学者都是从微观个体的角度出发研究其雨水滞蓄的相关性质，理论成果也颇为丰富。但是在宏观视角下，即城市区域尺度内，大规模应用粗放型屋顶绿化后的雨水滞蓄总体效应研究还尚少，难以精确衡量粗放型屋顶绿化在城市雨洪管理中所作出的贡献，未来这一方向的深入研究可以为城市规划者和屋顶绿化的建设者提供更具参考性的理论依据。

3.3 基于多因素的粗放型屋顶绿化雨水滞蓄效应综合研究

据不完全统计，屋顶绿化雨水滞蓄能力的影响因素多达17个，除了上文所述的几类研究较多的方面，还包含了屋顶所在建筑高度、屋顶面积、朝向、屋顶运行时间、基质保水剂含量、基质初始含水量等更为详细的因素。多种因素之间的相互作用可能是导致实验结果差异较大的重要原因，例如在研究植被类型对雨水滞蓄能力影响的同时，还需考虑到植物自身在不同季节的生长状况的变化，不同的季节研究结果可能会截然相反。王红兵[33]等人通过文献调研，提取国内外有关屋顶绿化的实验数据并根据因素之间的互作关系，分析推导屋顶绿化的径流量公式，最后提出要控制基质有机质含量、基质初始湿度、基质厚度、生物量、降雨强度等关键指标。但目前这类研究还处于起步阶段，文献数量较少，大部分研究依旧还停留在单个因素的对照分析，对于多因素的综合

作用，无论是研究方法还是研究结论都有待进一步探索。

参考文献

[1] Jeroen Mentens, Dirk Raes, Martin Hermy. Green roofs as a tool for solving the rainwater runoff problem in the urbanized 21st century[J]. Landscape and Urban Planning, 2005, 77(3).

[2] 米文精，张晋英，樊兰英. 粗放型屋顶绿化系统的结构与功能[J]. 山西林业科技，2012，41(01)：12-14.

[3] VanWoert Nicholaus D, Rowe D Bradley, Andresen Jeffrey A, Rugh Clayton L, Fernandez R Thomas, Xiao Lan. Green roof stormwater retention: effects of roof surface, slope, and media depth[J]. Journal of environmental quality, 2005, 34(3).

[4] Bruce G. Gregoire, John C. Clausen. Effect of a modular extensive green roof on stormwater runoff and water quality[J]. Ecological Engineering, 2011, 37(6).

[5] De Nardo JC, Jarrett AR, Manbeck HB, et al. Storm-water mitigation and surface temperature reduction by green roofs[J]. Transactions of the American Society of Agricultural Engineers, 2005, 48: 1491-1496.

[6] 王书敏，李兴扬，张峻华，于慧，郝有志，杨婉奕. 城市区域绿色屋顶普及对水量水质的影响[J]. 应用生态学报，2014，25(07)：2026-2032.

[7] 黄胤，骆天庆. 中国屋顶绿化滞蓄效应研究进展及其对海绵城市建设贡献展望[C]. 中国风景园林学会. 中国风景园林学会2018年会论文集，2018：409-413.

[8] 陈兴武. 屋顶绿化植被类型与基质深度对雨水的滞蓄作用影响研究[D]. 北京：北京林业大学，2016.

[9] Influence of substrate depth and vegetation type on temperature and water runoff mitigation by extensive green roofs: shrubs versus herbaceous plants [J]. Urban Ecosystems, 2012, 15(3).

[10] 张彦婷. 上海市拓展型屋顶绿化基质层对雨水的滞蓄及净化作用研究[D]. 上海：上海交通大学，2015.

[11] 刘明欣，代色平，周天阳，阮琳，张乔松. 湿热地区简单式屋顶绿化的截流雨水效应[J]. 应用生态学报，2017，28(02)：620-626.

[12] 唐莉华，倪广恒，刘茂峰，孙挺. 绿化屋顶的产流规律及雨水滞蓄效果模拟研究[J]. 水文，2011，31(04)：18-22.

[13] 陈小平，黄佩，周志翔，高翅. 绿色屋顶径流调控研究进展[J]. 应用生态学报，2015，26(08)：2581-2590.

[14] Abigail Graceson, Martin Hare, Jim Monaghan, Nigel Hall. The water retention capabilities of growing media for green roofs[J]. Ecological Engineering, 2013, 61.

[15] 翟丹丹，宫永伟，张雪，罗姝清，闫旭颖，杨萌，张悦. 简单式绿色屋顶雨水径流滞留效果的影响因素[J]. 中国给水排水，2015，31(11)：106-110.

[16] 张华，袁密，刘栓，申科. 屋顶绿化基质雨水滞蓄效果影响因素研究[J]. 长江科学院院报，2017，34(04)：33-37.

[17] Tadeja Savi, Sergio Andri, Andrea Nardini. Impact of different green roof layering on plant water status and drought survival[J]. Ecological Engineering, 2013, 57.

[18] Cuong T. N. Cao, Claire Farrell, Paul E. Kristiansen, John P. Rayner. Biochar makes green roof substrates lighter and improves water supply to plants[J]. Ecological Engineering, 2014, 71.

[19] Eline Vanuytrecht, Carmen Van Mechelen, Koenraad Van

Meerbeek，Patrick Willems，Martin Hermy，Dirk Raes. Run-off and vegetation stress of green roofs under different climate change scenarios[J]. Landscape and Urba-n Planning，2014，122.

[20] Ayako Nagase，Nigel Dunnett. Amount of water runoff from different vegetation types on extensive green roofs：Effects of plant species，diversity and plant structure[J]. Landscape and Urban Planning，2011，104(3).

[21] Clark OR. Interception of rainfall by herbaceous vegetation [J]. Science，1937，86：591-592.

[22] 张贤巍. 北京市气候特征下简单式绿色屋顶植物生长及径流雨水调控规律研究[D]. 北京：北京建筑大学，2020.

[23] Lundholm J，MacIvor JS，MacDougall Z，et al. Plant species and functional group combinations affect green roof ecosystem functions. PLoS One，2010，5(3)：e9677.

[24] Kristin L. Getter，D. Bradley Rowe，Jeffrey A. Andresen. Quantifying the effect of slope on extensive green roof stormwater retention[J]. Ecological Engineering，2007，31 (4).

[25] M F Chow，M F Abu Bakar，M H Mohd Razali. Effects of slopes on the stormwater attenuation performance in extensive green roof[J]. IOP Conference Series：Earth and Environmental Science，2018，164(1).

[26] 徐田婧，彭立华，杨小山，何云菲，姜之点. 亚热带季风区城市典型绿化屋顶的径流削减效应[J]. 生态学报，2019，39(20)：7557-7566.

[27] LeeJ Y，Moon H J，Kim T I，Kim H W，Han M Y. Quantitative analysis on the urban flood mitigation effect by the extensive green roof system. [J]. Environmental pollution (Barking，Essex：1987)，2013，181.

[28] Mark T. Simmons，Brian Gardiner，Steve Windhager，Jeannine Tinsley. Green roofs are not created equal：the hydrologic and thermal performance of six different extensive green roofs and reflective and non-reflective roofs in a sub-tropical climate[J]. Urban Ecosystems，2008，11(4).

[29] 郑美芳，邓云，刘瑞芬，米家杉，罗先满. 绿色屋顶屋面径流水量水质影响实验研究[J]. 浙江大学学报(工学版)，2013，47(10)：1846-1851.

[30] 张华，李茂，张沣，曹金露，袁密. 简单屋顶绿化的滞蓄特性[J]. 土木建筑与环境工程，2015，37(04)：135-141.

[31] Erin Schroll，John Lambrinos，Tim Righetti，David Sandrock. The role of vegetation in regulating stormwater runoff from green roofs in a winter rainfall climate[J]. Ecological Engineering，2010，37(4).

[32] Graig Spolek. Performance monitoring of three ecoroofs in Portland，Oregon[J]. Urban Ecosystems，2008，11(4).

[33] 王红兵，谷世松，秦俊，胡永红. 基于多因素的屋顶绿化蓄截雨水效果可比性研究进展[J]. 中国园林，2017，33(09)：124-128.

作者简介

蔡君一，1996 年 7 月，女，汉族，四川自贡，在读硕士，西南交通大学，学生，研究方向为屋顶绿化相关研究。电子邮箱：779277464@qq.com。

防疫视角下的城市边缘区防灾避险绿地选址探究
——以北京市浅山区为例

Study on Site Selection of Disaster Prevention and Risk Avoidance Green Space in Urban Fringe Areas from the Perspective of Epidemic Prevention:
Take Beijing Shallow Mountain Area as an Example

蔡怡然　郑　曦*

摘　要：城市边缘区的山区易受到自然灾害的威胁，自然灾害可造成人类生存环境的生态失衡，易导致传染病的流行，因此，城市边缘区的山区存在灾后公共卫生事件的威胁，此类区域的防灾避险绿地规划应关注灾后传染病控制。本研究构建的防疫视角下的防灾避险绿地选址模型，纳入了预防水源性传染病、呼吸道传染病以及生物媒介传播疾病三方面卫生防疫需求。研究结果表明：防疫视角下防灾避险绿地高适宜区占地1122km²，占浅山区总面积的23.2%，主要位于部分山脚地带以及沟壑区域，满足95.1%的现状人居点1500m范围内拥有防疫视角下防灾避险绿地高适宜区，对于新公共卫生时代下，基于交叉学科思想的健康风景园林学科建设发展具有重要意义。

关键词：城市边缘区；防灾避险绿地；公共卫生事件；防疫；选址

Abstract: Mountainous areas in urban fringe areas are vulnerable to the threat of natural disasters. Natural disasters can cause ecological imbalance of human living environment and easily lead to the prevalence of infectious diseases. Therefore, the mountainous areas in urban fringe areas are threatened by public health events after disasters. The planning of disaster prevention and risk aversion green space in such areas should pay attention to the control of infectious diseases after disasters. In this study, the Green Space Site Selection Model for natural disaster prevention and risk aversion was constructed from the perspective of epidemic prevention, which included three aspects of health and epidemic prevention needs of water borne infectious diseases, respiratory infectious diseases and biological vector borne diseases. The results show that: from the perspective of epidemic prevention, the high suitable area for disaster prevention and risk aversion green space covers an area of 1122 square kilometers, accounting for 23.2% of the total area of shallow mountain areas. It is mainly located in some mountain foot areas and gully areas. 95.1% of the existing human settlements have high suitability area for disaster prevention and risk avoidance green space within the scope of 1500m. In the new era of public health, it is of great significance for the planning and development of healthy landscape architecture based on interdisciplinary ideas.

Key words: Urban Fringe Area; Disaster Prevention and Risk Avoidance Green Space; Public Health Events; Epidemic Prevention; Site Selection

新型冠状病毒肺炎疫情席卷全球，在造成重大人员及财产损失的同时重塑着城市绿地规划思想。除了本次造成重大影响的突发公共卫生事件，自然灾害、事件灾害以及突发公共安全事件与突发公共卫生事件共同被称为大城市灾害[4]。其中，自然灾害除了带来破坏性的影响之外，还会引发公共卫生事件。在城市边缘的山区由于其自然环境的脆弱性决定了山区自然灾变事件多样而频繁，而山区人文环境的脆弱性决定了山区发生自然灾害的可能性大大增加[1]。城市周边山区发生的洪水、泥石流等自然灾害易造成人类生存环境的生态失衡并引起传染病流行，引发公共卫生事件，容易导致灾后死亡[1]。因此，加强山地自然灾害风险管理，完善灾后防疫策略是风景园林行业所面临的一项重要任务[2]。

以风景园林绿地为代表的绿色基础设施被誉为"自然生命的支持系统"[3,4]。在此次疫情的影响下，城市周边的绿色基础设施规划除了应承担防灾避险的重要功能外，更应关注如何预防灾后传染病流行，将控制传染病流行纳入城市边缘区山地防灾避险绿地规划目标，与城市建成区内公园绿地共同承担防疫抗疫功能，充分发挥生态系统调节和供给作用[5]，调动生态系统调节抑制传染病的机制[6]，提供安全的防灾避险空间，进而构成城市边缘区的生态系统服务体系，建立城市边缘区自然灾害的防疫处理方案。

1　研究区域

北京市位于东经116°20′，北纬39°56′，地处华北平原与太行山脉和燕山山脉交界地带，两条山脉主要分布在北部和西部的边缘地带，在北京市内呈东北—西南走向。其中北京市浅山区位于山区与平原的过渡地带，生态环境优美、生物物种多样、资源矿藏丰富、文化底蕴深厚，是首都重要的生态源地和生态屏障。本次的研究区域北京市浅山区总面积约4833km²，占市域面积的29.5%。涉及10个区，共61个镇乡街道，548个行政村。

2 研究方法与数据来源

2.1 构建防疫视角下的防灾避险绿地选址模型

传统的山地防灾避险规划研究集中在如何计算避灾绿地的承载量[7]、服务半径[8]以及交通可达性[9]等层面，注重其在城市中的避险功能而忽视了城市边缘区自然灾害所带来的卫生防疫问题[10]。由专业特性决定，风景园林无法直接作用于传染病本身，只能作用于环境。因此，风景园林抗疫的本质是针对性地通过多种策略手段来营造或改造环境[6]，或是在规划防灾避险场所时选择具有不利于传染链完整、但方便居民到达和转移的环境空间，起到提升城市边缘区绿地的防灾避险防疫能力，加强城郊绿色基础设施系统的安全性、生态性，从而起到保障人居环境安全性的作用[11]。因此，本文构建的防疫视角下的防灾避险绿地选址模型将综合考虑城市边缘区绿地的防灾避险功能与卫生防疫功能，基于文献综述集成包含的交通可达性与服务半径的防灾避险需求评价，以及集成预防水源性传染病、呼吸道传染病以及生物媒介传播疾病的卫生防疫效益评价[12]。

2.1.1 防灾避险功能

基于社会层面考虑影响城市边缘区防灾避险绿地选址的影响因素，主要从防灾避险绿地的交通可达性和满足服务半径需求两方面进行研究。

城市边缘区的防灾避险绿地作为自然灾害发生后的应急避难场所，需要拥有较为便利的对外交通，方便后续救援工作的实施。距离道路的距离已被广泛用于评价交通可达性，利用北京市现状道路数据作为交通可达性的评价依据，使用 ArcGIS 软件进行欧氏距离计算，得到浅山区内各区域距离道路的距离，获得评价交通可达性数据。

城市边缘区防灾避险绿地主要服务于浅山区内的村庄，因此可以作为社区级避灾绿地。社区级避灾绿地作为紧急就近避难场所，应保证避难人员在 10~30min 内到达社区级避灾绿地，则社区级避灾绿地的服务半径为 500~1500m[8]。使用 ArcGIS 软件对现状浅山区人居点做 1500m 缓冲区分析，得到满足服务半径需求的避灾绿地潜在范围数据。

2.1.2 卫生防疫功能

基于生态层面考虑影响城市边缘区防灾避险绿地选址的影响因素，基于文献对灾后传染病类型的统计，主要从预防水源性传染病、呼吸道传染病以及生物媒介传播疾病 3 个方面卫生防疫能力进行研究。

在自然灾害后，由于供水系统常遭到不同程度的破坏，导致灾民的引用水源常常遭到细菌、病毒的污染，易引起腹泻类传染病的传播。因此，为保障灾后饮用水安全，防灾避险绿地应尽量靠近水源[2]。将北京市现状水系作为水源地数据，使用 ArcGIS 软件进行欧氏距离计算，得到浅山区内各地距离水源的距离，作为评价预防水源性传染病的评价指标。

自然灾害还会造成灾区大量房屋倒塌和损坏，受灾人群大规模转移和临时安置在帐篷或过渡性板房等临时设施。居住环境拥挤、人群密度大，密切接触的机会增加，造成呼吸道传播的传染病发生风险加大。通风良好的场所可以保持场地内空气循环，降低呼吸道疾病传染风险。因此，利用北京市风速数据作为预防呼吸道传染病的评价指标。

另一方面，例如泥石流等自然灾害会对自然环境造成山崩毁林、河流堰塞和改道等影响，造成蚊虫栖息地的变化并促进其繁殖，进而引起生物媒介传染病的传播。因此，基于泥石流发生点以及各类环境因子利用 Maxent 最大熵模型对浅山区内泥石流易发区进行模拟，得到易发生自然灾害引发生物媒介传染病的区域，作为评价预防生物媒介传播疾病的预防指标。

2.2 评价方法与指标权重

对防灾避险功能以及卫生防疫功能的重要性进行比较分析，并进一步采取层级分析法并结合专家意见得出 5 个评价指标因子之间的重要性，得出交通可达性、服务半径、预防水源性传染病、预防呼吸道传染病与预防生物媒介传播疾病的指标权重分别是 0.13、0.27、0.18、0.20、0.22。通过 ArcGIS 平台对 5 个评价指标因子进行加权叠加分析，并按照自然间断点法将结果分为 3 类，分别为高适宜区、中适宜区以及低适宜区，作为防疫视角下的山区防灾避险绿地选址依据（表1）。

防疫视角下的防灾避险绿地选址模型及数据来源　　表1

评价类型	评价指标	指标权重	数据名称	数据来源
防灾避险需求	交通可达性	0.13	道路数据	国家测绘地理信息局
	服务半径	0.27	浅山区人居点	国家测绘地理信息局
	预防水源性传染病	0.18	水体数据	国家测绘地理信息局
	预防呼吸道传染病	0.20	风速数据	世界气象数据库 World Clim
卫生防疫效益	预防生物媒介传播疾病	0.22	泥石流出现点	北京市国土资源局 2016 年山地灾害统计
			生物气象数据	世界气象数据库 World Clim
			高程/坡度/坡向	地理空间数据云平台/GIS 处理
			土地利用/覆盖数据	地理空间数据云平台/ENVI 解译
			岩性/断裂带	《北京山洪泥石流》

3 结果

3.1 防灾避险功能需求评价

叠加交通可达性与服务半径需求，得出北京市浅山区的防灾避险功能需求较高的区域，主要位于地势较为平缓的浅山区与平原区交界的山脚区域。例如海淀区、昌平区、怀柔区、密云区、顺义区与平谷区的山脚区域。另一方面，部分沟域区域防灾避险需求也较高，主要位于西部 G108 和 G109 与北部 G110 和 G111 的沿线地区。山脚区域地势较为平坦，适宜人们开展生产生活等活动，因此拥有大量人居点，同时交通设施较为完善，交通可达性较高。北京三面环山，沟域中重要交通干道承担着北京与西部和北部地区的交通联络功能，交通可达性较强，同时此类山谷区域坡度较为平缓，为人居点的发展提供了适宜环境。

3.2 卫生防疫功能效益评价

叠加预防水源性传染病功能、预防呼吸道传染病功能与预防生物媒介传染病功能，得到北京市浅山区卫生防疫功能效益较高的区域，主要集中在浅山区与平原区交界地带，例如房山、海淀区以及昌平的山脚区域，同时浅山区与深山区交界地带的卫生防疫功能效益也较高，例如怀柔、昌平区、门头沟区以及房山的山区。浅山区与平原区的交界地带由于地处山区河水的汇集地，可以作为优良的灾后水源地，以及拥有较低的地质灾害风险威胁和蚊虫叮咬传播疾病的风险，因此在预防水源性传染病和生物媒介传染病两方面具有较高效益。浅山区与深山区交界地带处于常年风力较大区域，空气流通性较好，并且地质灾害风险较低，导致因山崩林毁造成的蚊虫叮咬传播疾病的风险较低，因此在预防呼吸道传染病和生物媒介传染病两方面具有较高效益。

3.3 防疫视角下防灾避险绿地选址

综合考虑防灾避险功能需求以及卫生防疫功能效益，得出防疫视角下防灾避险绿地建议选址区域。本研究建议的防灾避险绿地高适宜区占地 1122km²，占浅山区总面积的 23.2%，主要位于平谷区、顺义区、昌平区、海淀区、丰台区以及房山区的山脚地带。山脚地带因现状人居点较为密集，因此防灾避险需求较高，同时，山脚地带拥有优良的水源以及受地质灾害影响风险较小，在抵抗灾后水源性传染病以及生物媒介传染病方面有较强的预防功能。另一方面，浅山区的部分沟域地带也较适宜作为防疫视角下防灾避险绿地的选址，沟域区域拥有部分人居点，对防灾避险绿地有一定需求，并且依托穿越山谷的河流以及作为风力较大的风口，拥有较为良好的预防水源性传染病以及呼吸道转染病的效益。

将现状 548 个人居点做 1500m 缓冲区，其中 521 个人居点在缓冲区范围内拥有防疫视角下的防灾避险绿地选址高适宜区，因此，本研究选取的防灾避险绿地满足了北京市浅山区内 95.1% 的现状人居点灾后防疫绿地需求，

为大部分村庄提供了风景园林视角下的自然灾害防疫处理方案。

4 结论与讨论

在近代城市建设发展的历史长河中，通过改善人居环境来应对流行病事件的努力从未间断。山区处于生态敏感区，因此山区的防灾避险绿地除了应考虑自然灾害带来的直接威胁外，还应将预防灾后传染病纳入防灾避险绿地规划流程中。因此，基于防疫视角的山区防灾避险绿地规划研究，在当今气候变化引起更多自然灾害和传染病的背景下具有重要的现实意义。本研究的意义主要集中在以下几个方面：（1）制定了适应山区的防灾避险绿地规划模型，弥补了城市边缘区防灾避险绿地体系规划策略缺失的现状，使城市内部与城市边缘区的绿地体系构成完整的城市绿地网络，充分发挥风景园林的作用，（2）将防疫思想纳入防灾避险绿地规划体系，引入预防水源性传染病、呼吸道传染病以及生物媒介传播疾病三大灾后防疫重点，运用交叉学科思想，辅助新公共卫生时代下的健康风景园林规划发展。（3）针对三类传染病提出基于自然系统的解决方案，将环境因子纳入防灾避险绿地选址模型，辅助防灾避险绿地发挥防疫功能，发挥风景园林应对传染病所起的作用。

除此之外，防疫视角下城市边缘区防灾避险绿地选址，还应注意以下问题：（1）防灾避险绿地选址完成后应根据坡度、现状用地等因素，衡量其作为防灾避险绿地的可行性。（2）防灾避险绿地的规模大小应充分考虑满足周边村镇实际需求，满足承载力要求。（3）考虑城市边缘区内山区复杂的道路情况，优化交通可达性评价标准。（4）防灾避险绿地内部空间、设施及植物设计也应具有防疫功能。

作为构建人居环境的重要学科，风景园林专业在"新公共卫生时代"下，将站在更高的高度，融合相关学科研究成果，建立更加健康的城乡空间公共安全体系。

参考文献

[1] 陈勇，谭燕，茆长宝．山地自然灾害、风险管理与避灾扶贫移民搬迁[J]．灾害学，2013，28(02)：136-142.

[2] 刘真．地震灾难中传染病控制措施及关键技术研究[D]．重庆：第三军医大学，2011.

[3] 王军浩，秦宏伟，张进保．特大自然灾害后如何做好卫生防疫工作[J]．中国初级卫生保健，2012，26(04)：61-62.

[4] 刘祥，申世广，李灿柳．公共健康视角下的城市风景园林建设策略研究[J]．园林，2020(04)：76-80.

[5] 郑曦．新公共卫生时代的健康风景园林[J]．风景园林，2020，27(09)：6-7.

[6] 李雄，张云路，木皓可，章瑞．初心与使命——响应公共健康的风景园林[J]．风景园林，2020，27(04)：91-94.

[7] 钟乐，邱文，钟鹏，沈辰庆，薛飞．防御传染病的风景园林应对策略设想——基于打破传染链的视角[J]．中国园林，2020，36(07)：37-42.

[8] 施益军，王培茗，刀认．山地小城市应急避难场所布局优化研究——以云南剑川为例[J]．现代城市研究，2016(05)：92-99.

[9] 张震，秦晨娟，段晓梅，欧阳婳，李煜. 云南山地城市避灾绿地体系构建研究[J]. 绿色科技，2017(21)：5-9.

[10] 胡强. 山地城市避难场所可达性研究[D]. 重庆：重庆大学，2010.

[11] 丁一波，曹广文. 水系灾害相关疫情防控工作的回顾与进展[J]. 中国卫生资源，2019，22(05)：339-341+345.

[12] 马晓暐. 由当今疫情出发思考未来风景园林[J]. 中国园林，2020，36(07)：20-25.

作者简介

蔡怡然，1996 年生，女，汉族，北京，在读硕士，北京林业大学园林学院学生，研究方向为风景园林规划设计。电子邮箱：caiyiran1996@126.com。

郑曦，1978 年生，男，汉族，北京，博士，北京林业大学园林学院，教授，博士生导师。研究方向为风景园林规划设计。电子邮箱：zhengxi@bjfu.edu.cn。

防疫视角下的城市边缘区防灾避险绿地选址探究——以北京市浅山区为例

广义基础设施理论的融合与发展
——绿色基础设施与基础设施建筑学

Integration and Development of General Infrastructure Theory：
Green Infrastruture and Infrastructure as Architecture

陈启光

摘　要：在我国经历了高速城镇化之后，逐渐暴露出一些系统化且多元的问题，单一学科在面对这些问题的时候往往显得单薄且无力，在我国学科分类的基础上进行学科交叉与碰撞，是进一步拓宽研究路径的必然走向。从针对城市环境下的人居空间营造问题诞生的绿色基础设施到基础设施建筑学，本文着重讨论了针对城市人居环境问题所诞生的一系列交叉理论的发展历程，以期为建筑学与风景园林学科理论发展提供一些新方向。

关键词：绿色基础设施；景观都市主义；生态基础设施；基础设施建筑学；广义基础设施

Abstract: After China has experienced rapid urbanization, some systematic and diverse problems have gradually been exposed. A single discipline often appears thin and weak when facing these problems. Crossing and colliding disciplines based on the classification of disciplines in China is a further step. The inevitable trend of broadening the research path. From landscape urbanism to infrastructure as architecture, which was born in response to the problem of human settlement space creation in the urban environment, this article focuses on the development of a series of intersecting theories born in response to the problem of the deterioration of urban human settlement environment, hoping to be a subject theory development provides some new directions.

Key words: Green Infrastructure；Landscape Urbanism；Ecological Infrastructure；Infrastructure as Architecture；Generalized Infrastructure

1　从景观设计到城市设计

　　长久以来，人类一直热衷于改善自己生存的环境。汉代的画像砖中已经能够看到非常完整的典型农村产业模型，古代的人们通过有目的的选择植物、开辟水渠来浇灌农作物，改善居住环境的同时解放更多的生产力（图1）。

后来人们开始发展自然环境的审美价值，埃及的内巴蒙陵墓壁画是已知最早的园林设计（图2），它已经可以追溯到公元前1500年，文艺复兴或巴洛克式的园林中体现着西方古代园林对于几何式构图的追求，显示着人对于改造自然能力的向往；东方的园林则更偏向于模仿自然，匠人使用巧妙的技巧掩盖人工的痕迹。

图2　内巴蒙陵墓壁画
（来源：大英博物馆维基百科）

图1　汉代画像砖中的农村产业
（来源：《汉唐动物雕刻艺术》）

无论社会如何变迁，人们对于自然环境的需求与喜爱从未改变。在19世纪的欧洲，工业革命极大地推进了生产力的发展，同时污染也带来了城市人居环境的恶化，人们对于自然环境的需求被极大地激发，图画式的城市公共园林开始大范围出现，由让·查尔斯·阿尔潘德（Jean-Charles Alphand）设计的肖蒙山丘公园采用了不同于凡尔赛宫经典几何式园林的不规则布局（图3）。在美国，纽约中央公园的著名设计师Frederick Law Olmsted在芝加哥新滨河开发项目中大胆的使用了完全不同以往的设计手法，用蜿蜒的街道围合田园式的花园洋房（图4），希望为城市生活带来和平宁静的乡村感受。在这之后园林景观设计逐渐成为了城市设计开发的重要部分之一。

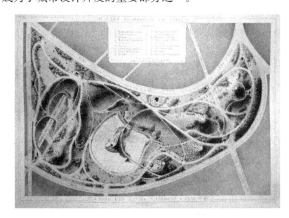

图3　肖蒙山丘公园方案
（来源：法国国家图书馆）

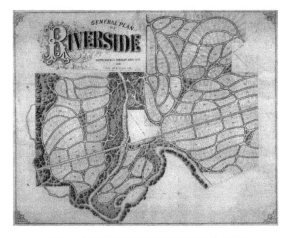

图4　伊利诺伊州里弗赛德市总体规划
（来源：Les Promenades de Paris）

2　绿色基础设施理论发展概述

2.1　绿色基础设施理论的发端——景观都市主义

第二次世界大战结束之后，郊区的无序蔓延问题席卷了欧美国家，城市之中的贫民窟降低了城市空间品质，中产家庭选择搬迁到风景优美的郊区，导致部分地区税收减少，教育与公共服务质量下降，陷入恶性循环。有学者为了解决这一问题提出绿化带理论，即使用带状的绿地景观分割城市地块，以此改良城市公共空间品质，但是

绿化带理论中片面地将城市景观等同于绿地景观，在城市中置入绿化景观并不能解决根本问题，即便如此，这一种开创性的城市空间结构日后也成为了景观都市主义的关键手法。

20世纪20年代，景观学界发展出了景观生态学，景观不再作为城市人造物相对的概念，而是作为人类生活空间的全部空间和视觉实体的镶嵌体：是环境、生存系统和人造物的综合体[1]。宾夕法尼亚大学设计学院的詹姆斯·康纳教授在1990年提出了景观都市主义的核心论点，即重新审视城市的构成元素，将广义概念的景观作为城市设计的单元，而不是像传统做法一样使用建筑作为传统的构成单元，以这种方式重新组织城市空间和自然系统的关系。詹姆斯的思想起源可以追溯到帕特里克·格迪斯（Patrick Geddes）、本顿·麦凯（Benton MacKaye）、路易斯·芒福德（Lewis Mumford）及伊恩·麦克哈格（Ian McHarg）等的生态规划方法[2]。以往城市设计把城市绿化作为城市建造物的对立面，而景观都市主义开创性的将城市绿化作为主要结构进行操作。

景观都市主义理论的出现为城市设计带来了崭新的视角。首先，景观都市主义提出城市形态的演化发展是一种"时空过程"（Processes in Space and Time），城市形态的形成是长时间演化的结果，因此影响城市发展的重点不是城市的空间形态或表面特征，而是动态的"过程"——事物是如何在时空格局中运作的[3]。这种动态规划的思想，解决了传统规划中针对静态城市格局的规划与实际的动态城市发展过程不匹配的矛盾，在城市空间规划中，起决定作用的往往不是城市空间的具体形态或者不同用地性质地块之间的比例关系，而更多的是受到发展规律和全球环境的影响；另外，景观都市主义认为城市与自然环境一样体现出生态性，这种生态性决定了城市之中的各个元素并不是孤立或者静止的，而是在整个系统网络中相互耦合；城市中的各种状态只是整个生态系统所呈现出的暂时表象，它不会长时间固定在某种状态之中不变，其中包含着非常复杂的作用因素，任何问题都不能在片面的或者与整体割裂的状态下思考，而是应该将其放置在城市这一个类生态系统之下统筹考虑。

2.2　景观都市主义的延伸——绿色基础设施与基础设施生态学

传统基础设施仅关注其功能性需要，低估了它对城市空间结构和城市生活的影响力。绿色基础设施理论是在景观都市主义理论框架内发展出来的：景观都市主义将传统的街道、基础设施、绿色景观等元素囊括进广义的景观概念中，绿色基础设施理论在这一基础上，进一步将城市生活服务类基础设施纳入研究范畴，关注其传统功能的同时，将其审美和文化层面的内涵也纳入考量。俞孔坚等学者在此基础上定义了生态基础设施："城市的可持续发展所依赖的自然系统，是城市及其居民能持续地获得自然服务（Natures Services）的基础"[4]。通过对绿色基础设施的概念凝练，生态基础设施更加关注的是构成城市整体生态系统中的城市景观绿地、生产农业耕地、自然文化遗产等对象。在绿色基础设施理论的基础上，通过将研究对象归纳为"生态基础设施"（Ecological Infra-structure），使其更具实践指导意义。

传统基础设施领域在绿色基础设施理论与生态学的基础上，推广出了基础设施生态学的理论框架。传统基础设施研究主要针对工程技术领域以及其指标体系的构建，而基础设施生态学理论则吸纳了生态学理论，注重研究基础设施系统网络的宏观框架，以及其中各个子系统之间的作用关系。基础设施生态学认为区域基础设施系统是复杂的人工生态系统，遵循着自然生态系统的一般演化规律[5]。基于生态学原理的基础设施系统研究拥有更为宏观的研究思路，能够更好地拓展基础设施学科在国土空间规划方面的作用。

3 绿色基础设施理论与基础设施建筑学

绿色基础设施理论率先将传统意义上的基础设施纳入研究范畴，使基础设施这一概念形成了非常丰富的外延，广义的基础设施不仅包括传统意义上为城市生活服务的市政设施系统，还包括绿色景观、文化景观等领域。随着我国经济发展进入新常态，大型公共建筑建设活动日趋放缓，以往作为城市设计参与者的建筑师开始感受到脱离中心的焦虑，急于寻找能够持续保证建筑学在城市建设方面话语权的新研究方向。同时，轻轨交通、仓储物流、停车设施、通信设施这种传统意义上的"灰色建筑"全面快速覆盖城市空间，悄然改变着城市空间结构，野蛮扩张极易产生消极影响。建筑学从基础设施生态学等理念中得到启发，开始将研究范围扩展到这些领域中。

3.1 基础设施建筑学的理论研究概况

建筑学将基础设施纳入研究范畴其实并不是完全在基础设施生态学等理念提出后才开始的，在 20 世纪后半段已经有学者针对建筑学领域内的基础设施展开研究，建筑学语境下的基础设施研究分为班纳姆的"生态观"与瓦尼里斯的"网络观"[6]两种观点，前者的观点是通过研究传统建筑学领域中的基础设施这一物质内容而形成的，主要针对狭义基础设施在城市物质空间中所形成的影响而展开；而

后一种观点则是以建筑学作为广义基础设施的一部分为视角，针对其生态网络化的影响关系而展开的研究。

基础设施建筑学最早进入国内学术界视野是以新城市主义理论或者 TOD 发展理论的伴随概念而被知晓的，而近些年来城市内涝等相关问题的越发严重，重新引起了学界对于基础设施建设的关注。国内针对基础设施建筑学的研究中，任翔、乔婧等学者是在传统建筑学的视域下，针对以往处于论题边缘的基础设施建筑进行的研究，提出建筑基础设施，是通过建筑学层面的积极调解、介入和扰动复杂流变的"因子网络系统"，重新搭建起一种新的公共场域关系[7]；谭峥等学者，在基础设施网络观的基础上，尝试针对基础设施建筑学的语境进行剖析，提出了边界、地形、全景、触媒等基础设施建筑需学关注的核心问题，论述了建筑基础设施作为整个基础设施系统的"代理人"，将基础设施的性能合理转化为相应的体验的功能[8]。还有许多其他学者进行了实践项目的研究，但基本都是在基础设施生态观与基础设施网络观这两者的方向上发展。

3.2 基础设施建筑学与绿色基础设施的融合与实践

3.2.1 纽约高线公园保护更新

纽约高线公园在诞生之初是作为工业区域直接到达交通枢纽的铁路系统，为了避免过多干扰地面交通系统而采用了架空铁路的形式，在经过 40 年左右的运营后于 1980 年停运，由于城市区域的迭代更新和产业升级，落后的食品加工工业搬离了地价逐渐昂贵的市区，周边的底层工业建筑逐渐被改造成为精品服装店，高线铁路的再开发项目在 2006 年正式启动。整个高线铁路过长的线状形态为改造带来了很多约束，詹姆斯·康纳利用高线铁路架空的特性，将他们与周边部分改造成功的工业遗产进行连接，构成了非常独特的城市公共空间体验，使得当地社区一度成为纽约市最具活力的社区之一。纽约高线公园的成功，证明了基础设施投入带动当地活力，从而促进个人投资的良性循环模式是十分有效的，基础设施对于城市空间品质提升所起到的触媒作用毋庸置疑(图5—图7)。

　　图 5　高线公园总平面　　　　　图 6　高线公园透视　　　　　图 7　高线公园鸟瞰

（来源：图 5 华盛顿邮报官网；图 6、图 7 高线公园官网）

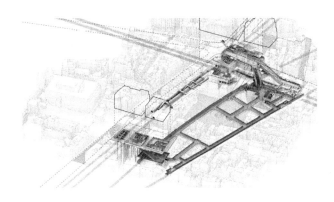

图 8 伊丽莎白线托特纳姆法院路站分解图
（来源：Hawkins \ Brown Architects LLP）

3.2.2 伦敦"横贯铁路"系列项目

伦敦横贯铁路系列项目是由数个地铁站更新实践组合而成的，包括 10 余个新建站点以及 30 余个旧有站厅的再改造，希望通过城市轨道交通建设激活城市片区，一定程度上解决伦敦市民的就业和贫富分化问题。在横贯铁路系列项目中，站厅的改造或设计所表现出的，并不是传统建筑设计主导的空间操作，而是将地铁站打造成为能够促进城市空间中能量转换的一种基础设施建筑网络群。横贯铁路项目中所体现出的基础设施建筑学思想，是将城市空间认知成为一种承载着信息、资本、使用者和能量的"基质"网络，而其中的建筑基础设施是一种具有催化性质的物质表层，这种表层并不消耗城市之中的资源，而是促进城市"基质"的流动与转换，虽然建筑基础设施没有产生新的"基质"，但是它加快了城市整体的运行速率，横贯铁路项目中的地铁站，通过与其周边环境的衔接，构建了一种多层次的、非等级的、开放的、随时间演化的、策略性的人工生态，他们共同组成"嵌合体"，织布城市脉络，打开城市结构积极演进的更多可能性[9]。

3.3 基础设施城市主义

基础设施城市主义（Infrastructure Urbanism）是对广义基础设施理论在城市宏观层面的展开。在消费主义盛行的时代中，建筑呈现出一种逐渐商品化的趋势，建筑设计在资本的推动下成为符号的兜售，而基础设施城市主义则将建筑看作是基础设施网络系统的单元，或者基础设施生态结构的具体物质化体现的部分，建筑物无论其功能几何都是作为基础设施网络单元而发挥作用的，不能够片面地将其孤立于系统外进行分析，而是应该将其放置在网络化的整体氛围内进行研究。斯坦·艾伦（Stan Allen）所著的《点＋线——关于城市的图解与设计》中对基础设施城市主义做了描述性的定义，认为基础设施是多专业协同设计下诞生的骨骼化网状类生态系统，为城市未来的建设活动提供功能性的支撑，调节城市"斑块"之间的能量流动，并且处在有机的发展之中不断适应。同建筑设计不同，基础设施工作的重点在于整体的宏观把控和模型构建，具体细部的形式并不是它的重点，但是并不忽视具体细部的形式的合理性[10]。

基础设施城市主义带给传统建筑学的是一种生态观与网络观。以往的传统建筑设计仅是在中观层面的物质环境中进行的，而基础设施城市主义是对建筑学核心地位的消解，通过与其他学科的再融合，构成为新的价值体系指向和一种网络化的生态时空观念。

4 总结

学科交叉点往往就是科学新的生长点，新的科学前沿，这里最有可能产生重大的科学突破使科学发生革命性的变化[11]。本文围绕风景园林、基础设施、城市设计和建筑学之间的学科交叉，简要介绍了景观都市主义、绿色基础设施、基础设施建筑学等理论的谱系关系。在生产力飞速发展的今天，人居环境所表现出的问题已经不再是传统单学科领域可以独立解决的简单问题，面对全球化带来的各种城市机遇与挑战，建筑学应积极寻找传统学科价值体系以外的发展突破口，从不断涌现的新问题中，寻找和扩充自身的理论内核，重新找回当代建筑学的话语权。

参考文献

[1] James C，Eidetic Operations，New Landscapes"in Corner，ed.，Recovering Landscape：Essays in Contemporary Landscape Architecture. New York：Princeton Architectural Press，1999：153-169.

[2] 杨沛儒.流动地景：大尺度城市景观的生态设计方法[J].世界建筑，2010(01)：80-84.

[3] 翟俊.基于景观都市主义的景观城市[J].建筑学报，2010(11)：6-11.

[4] 刘海龙，李迪华，韩西丽.生态基础设施概念及其研究进展综述[J].城市规划，2005(09)：70-75.

[5] 邵志国，韩传峰，刘亮.基于生态学原理的区域基础设施系统可持续性研究[J].城市发展研究，2015，22(01)：72-78.

[6] 支文军.基础设施建筑学建筑介入城市运作的策略[J].时代建筑，2016(02)：1.

[7] 任翔，乔婧.作为城市嵌合体的建筑基础设施 英国伦敦"横贯铁路"系列建筑工程项目(2008-2019年)[J].时代建筑，2016(02)：28-34.

[8] 谭峥.寻找现代性的参量 基础设施建筑学[J].时代建筑，2016(02)：6-13.

[9] 斯坦·艾伦.点＋线：关于城市的图解与设计[M].北京：中国建筑工业出版社，2007.

[10] 路甬祥.学科交叉与交叉科学的意义[J].中国科学院院刊，2005(01)：58-60.

[11] 巴内特.城市设计 现代主义、传统、绿色和系统的观点[M].北京：电子工业出版社，2014.

[12] 刘群阅，李奕成，池梦薇，等.文化生态学视角下的城市文化基础设施体系构想[J].城市发展研究，2017，24(5)：68-73.

[13] 谭峥.有厚度的地表 基础设施城市学视野下的都会滨水空间演进[J].时代建筑，2017，0(4)：6-15.

[14] 杨鑫.从生态规划到景观城市主义[J].城市发展研究，2009，16(7)：I0007-I0010.

[15] 于长明，郝石盟.基于城市设计与风景园林相融合的可持续土地利用模式研究[J].风景园林，2017，0(4)：14-20.

[16] 张梦，李志红，黄宝荣，等．绿色城市发展理念的产生、演变及其内涵特征辨析[J]．生态经济，2016，32(5)：205-210.

[17] 张红卫，夏海山，魏民．运用绿色基础设施理论，指导"绿色城市"建设[M]．中国园林，2009，25(9)：28-30.

作者简介

    陈启光，1995 年 2 月生，男，汉族，河南郑州，重庆大学建筑学硕士研究生在读，研究方向为建筑设计及其理论。电子邮箱：365869264@qq.com。

金衢盆地古堰坝灌区研究

——以金华市白沙溪三十六堰为例

Analysis on the Green Space Network of the Ancient Weir Irrigation Area in the Jinqu Basin：

Taking the 36 Weirs of Baishaxi River in Jinhua City as an Example

方濒曦

摘　要： 本研究以探讨绿色基础设施发展途径为目的，以浙江省金衢盆地古堰坝灌区为研究对象提出对绿色空间网络构建的理解。文章以灌区尺度为切入，将以古堰坝水文干预为基底的自然环境、农业、聚落进行系统论述。首先，文章梳理了金衢盆地古堰坝灌区概况，明确基本分类与特征。灌区共有单堰型、多堰合一型、主子堰堰群型、大型河道堰群型 4 个类型。接着，将金华市白沙溪三十六堰作为案例，首先对整体绿色空间网络形成的生态本底——当地的传统水利兴修进行梳理，接着将农业与聚落作为水利兴修的结果阐述灌区的生产、生活功能。最后综合阐述以乡村景观体系为基础的灌区绿色空间网络特征与发展潜力，提出位于城郊地区的古堰坝灌区绿色空间网络可为绿色基础设施系统构建提供良好条件。

关键词： 绿色基础设施；传统人居环境；盆地灌区景观；古堰坝；金衢盆地

Abstract： The purpose of this research is to explore the development approach of green infrastructure, taking the ancient weir irrigation area of Jinqu Basin in Zhejiang Province as the research object to propose an understanding of the construction of green space network. This paper takes the scale of irrigation area to penetrate, and systematically discusses the natural environment, agriculture, and settlements that based on the hydrological intervention of ancient weirs. The paper begins with sketching out the general situation of the ancient weir irrigation areas in the Jinqu Basin, clarifying the basic classification and characteristics. There are four types of irrigation areas: single weir, multiple weirs merging into one weir, main-sub weir group, and large-scale weir group on river. Next, taking the 36 Weirs of Baishaxi River in Jinhua City as a case, firstly, dig in the ecological background which has formed the overall green space network-the local traditional water conservancy. Secondly, regarding agriculture and settlements as the result of water conservancy construction to summarize the function of production and life in the irrigation area. Finally, comprehensively expound the characteristics and development potential of the green space network of irrigation area on the basis of rural landscape system, and put forward that the green space network of the ancient weir irrigation area located in the suburban area may provide good conditions for the construction of green infrastructure system.

Key words： Green Infrastructure; Traditional Living Environment; Landscape of Basin Irrigation Area; Ancient Weir; Jinqu Basin

1　背景

当今在公园城市建设理念的号召下，绿色基础设施的构建方略成为重要议题。其建构的重心是以具有生产、生活、生态功能的绿色空间网络为基本骨架引导城市规划与建设。近年来，风景园林学科中有关于传统人居环境的研究对绿色基础设施的相关议题做出回应。研究所架构的自然山水环境与人为营建环境相互耦合的特征认知体系正是探讨传统营建中城市格局、绿色空间体系营建的一种尝试。相较于建筑学中微观的乡土聚落研究、地理学及相关人文社会学科中的宏观研究，风景园林学对于传统人居环境的解译注重宏观地理单元与微观社区单元间中观尺度空间网络的建构，这与绿色基础设施议题强调的绿色空间网络尺度较为契合。该类研究通常基于某种传统土地开发、资源管理方式进行环境生发过程探究及特征总结，并提出相应保护发展、规划设计建议。如以

某一地理单元、行政区域为对象，对水利、农田、聚落系统等特征进行梳理，并结合案例研究整体解析传统景观格局的研究有李倞等（2019）的《临汾—运城盆地以水为线索的传统地域景观特征和发展启示》[1]；从某一类传统农田水利工程入手探讨景观体系的研究有如郭巍、侯晓蕾（2018）的《宁绍平原圩田景观解析》[2]、刘克华（2016）的《珠江三角洲桑基鱼塘景观遗产研究》[3]。

本研究将盆地灌区作为研究对象探讨传统人居环境营建可充分体现自然-人文环境系统的耦合关系，并且帮助进一步明确绿色空间在城市中的体系性与结构特征。"盆地"限定了地理单元及其相应自然环境特点，体现自然条件对传统人居环境的影响，展现空间的生态功能。"灌区"则将目标集中于以水利工程为基础建设的社区单元，体现人为营建对传统人居环境的影响，展现空间的生产、生活功能。盆地灌区中的水利系统为支撑区域发展的基础设施，农田、聚落系统以及风景要素皆以此为依托而产生。

2 金衢盆地古堰坝灌区

2.1 研究对象及时间范围

本文整体论述的空间范围为金衢盆地。金衢地区位于浙江省中西部，是钱塘江流域最大的走廊式盆地。流域划分上，金衢盆地是自钱塘江流域的富春江出水口处起的兰江上游流域，在浙江省境内的占地面积约为 1.51 万 km²。主要关注对象为兰江上游流域范围内介于会稽山-大盘山山脉、仙霞岭山脉、千里岗山脉之间的低山丘陵、河谷平原部分，由金华江、衢江、兰江冲积而成。西起衢江区沟溪乡，东至东阳巍山镇，东西长 230km，南北宽 15~20km，面积约 3500km²。行政单位包括金华市的金东区、婺城区、东阳市、兰溪市、义乌市，衢州市的衢江区、柯城区、龙游县[4,5]。

研究关注的古堰坝所辖灌区，由相应行政村辖区范围及小尺度流域范围划定。古堰坝为单个或由若干堰坝组成的堰坝群。研究涉及的古堰坝为通过对古代方志、现代水利志、相关专著及史料汇编的整理确定。由于总量过大，设定筛选条件为：①现存使用或有遗迹留存；②灌溉面积 1000 亩（约为 0.67km²）以上；③研究资料相对充分。著名、历史悠久而不完全符合上述条件者也筛选入研究对象范围。

古堰坝灌区景观体系特征总结的时间范围为快速城市化前。相较而言，该时期乡村地区的格局与历史资料中所记述格局较为接近。文字、舆图资料来源主要为明清、民国时期的文献，以及现代出版的史料汇编，并结合了与 20 世纪 60 年代末 70 年代初的历史卫星照片、20 世纪 40 年代左右的测绘地图的比对。

2.2 金衢盆地古堰坝灌区分布特征及类型

经初步筛查，得出古堰坝灌区共 64 处，其中金华市 25 处，衢州市 39 处（图 1）。根据所处地理位置条件、灌区的构成与变迁特征可将 64 处古堰坝灌区分为 4 种类型——单堰、主子堰堰群、多堰合一、大型河道堰群(表 1)。

图 1　金衢盆地古堰坝灌区类别与分布（图片来源：作者根据 USGS 历史卫星地图及文字图像资料自绘）

金衢盆地古堰坝灌区类型统计表　　　　　　　表 1

序号	名称	建成/记载年代①	保存状况	旧时灌溉面积（亩）②	灌区涉及地名
一、单堰型					
单堰多村					
1	石板堰	明/	有	2000	金华原金华县：含香乡石板堰村
2	臣武堰	/	有	2500	金华原金华县：下伊、上竹园、山下陈、祝家店边等村
3	赤塘畈官堰	/	有	1000 余	金华兰溪市：官堰头村
4	铜山堰	/	有	/	金华兰溪市：仙童、大坞、豁里、高家、蒋宅等村
5	大石子堰	/	有	1000 余	金华义乌市：楼下、前塘等村
6	三源堰	宋/	有	/	金华东阳市：白坦村、燥塘村

① 堰坝的年代，查找史料记载了建成年代的则按"年代/"记录建成年代，未记载的按"/年代"记录记载了堰坝信息史料的年代。
② 旧时灌溉面积指 20 世纪 60 年代附近广泛进行的水利工程改造之前所记载的灌溉面积。

序号	名称	建成/记载年代①	保存状况	旧时灌溉面积（亩）②	灌区涉及地名
7	黄泥堰	老堰	有	/	衢州原衢县：云溪乡
8	杜村堰	老堰	有	1400	衢州原衢县：莲花乡杜村
9	支堰	老堰	有	2100	衢州原衢县：樟潭镇南山底村
10	小黄巢堰	老堰	有	1180	衢州原衢县：清水乡童何村
11	青石堰	明/	有	上万	衢州原衢县：全旺乡双盈头村、高家乡、安仁乡
12	关王堰	老堰	有	2500	衢州原衢县：石梁镇祝家山村
13	鸡鸣堰	/明	有	1000	衢州龙游县：范家、小高山、大溪桥、唐尧、上垄、张王、上田铺、上昌、后大路、青田铺等村
14	桐都堰	/明	有	1200	衢州龙游县：雅村、唐家村、王村、钱家村等
15	金岗堰	民国/	有	1000	衢州龙游县：兰塘村、凤基坤村
16	唐寺山堰	民国/	有	1800	衢州龙游县：箬塘村、鸿陆夏村
17	庆丰堰	清/	有	1200	衢州龙游县：上圩头村、魏家村
单堰邻近灌区衔接					
1	李渔堰+龙山堰	清+宋/	有	3500余	金华兰溪市：夏李、毛沿口、厚伦胡、姜坞底村
2	华亭堰+洪光堰	明/	有	2000余	金华义乌市：石塔、西河、市口、上殿下、荷村、流村、鲍宅村等
3	大田堰+下水台堰+声闻堰	老堰	有	4000余	金华义乌市：吴溪叶、大田、下市、佛堂、雅畈、田心四村等村
4	鱼水堰+五尺堰+苏堰+柿树堰	宋/清	有	数千	金华东阳市：厦程里村、东山村、蒋村桥村、巍山镇下甲村、沈良村
5	环清堰+溪西堰	明/清	有	数十	金华东阳市：巍山镇、巍山四村
6	长林堰+塘石堰	/清	有	500余	金华东阳市：北江农场、时雅、方村、歌山、王家村等村
7	草鞋堰+桃枝堰+清潭堰+千斤堰	宋、元、明/	有	十万余	衢州原衢县：外黄乡、莲花乡、峡川乡
8	上硃堰+下硃堰	/清	有	两万余	衢州原衢县：云溪乡
9	王郑堰+蚂蚁堰	清+老堰/	有	3800	衢州原衢县：横路乡毛家村、横路村、樟潭镇
10	项家桥堰+牛头井堰+东江堰	老堰	有	/	衢州原衢县：廿里镇塘湖村、廿里村、上宇乡盈头村
11	官堰+龙穴堰+新堰+芝堰	清/清	有	9000余	衢州龙游县：溪底杜、龙迴陈、十里坪、东金、塘下、湖镇等村
12	平山桥堰+道士堰	民国/	有	5500	衢州龙游县：夏金村、石亘村
13	迴山堰+上步堰	清/	有	4500	衢州龙游县：凤林村、汪家垄村
14	上碓坝+傅家门前坝	民国/	有	2000	衢州龙游县：高桥村、傅家村
二、多堰合一型					
1	石室堰+杨赖堰+黄陵堰	宋/明	有	6万余	衢州原衢县：花园、石室、下张、汪村、黄家、柯城等乡
2	姜席堰	元/	有	2万余	衢州龙游县：官潭乡大堰头村与寺后乡山头外村间

---

① 堰坝的年代，查找史料记载了建成年代的则按"年代/"记录建成年代，未记载的按"/年代"记录记载了堰坝信息史料的年代。

② 旧时灌溉面积指 20 世纪 60 年代附近广泛进行的水利工程改造之前所记载的灌溉面积。

序号	名称	建成/记载年代①	保存状况	旧时灌溉面积（亩）②	灌区涉及地名
三、主子堰堰群型					
1	洲义堰	东汉/	有	3000 余	金华东阳市：李宅镇、红旗乡，案卢、单良、上蒋、圳口等村
2	东迹堰	南宋/明	有	3.7 万余	衢州原衢县：下张乡、樟潭镇
四、大型河道堰群型					
1	白沙溪三十六堰	东汉/	有	十万余	金华市原汤溪县：白龙桥镇、琅琊镇，后金、琅琊徐、泉口、古方、让长、大圩、临江、东俞等村

资料来源：各地水利志、地名志等。

单堰型中的古堰坝灌区存在两种常见情况。一种是以一个堰坝灌溉附近多个村落的情况：如金华市的臣武堰坐落于派溪李村村东的厚大溪上，灌溉厚大溪东侧的下伊、上竹园、山下陈、祝家店边等村庄的村田；另一种为邻近单个堰坝间的灌区重合或衔接的情况：如位于金华义乌市铜溪镇的华亭堰与洪光堰所辖灌区在石塔村附近存在重合。

主子堰堰群由一处主堰坝及多处副堰坝构成。根据《东阳水利史料》记载，金华东阳市的洲义堰主堰坐落于古东阳府城边，现上蒋村附近，原来为护河河的一段。而在其所辖灌区——从东阳江与白溪江交汇处的案卢村向东至主堰处有 16 处子堰，旧时灌溉周边农田 3000 余亩（约 2km²）[6]。

多堰合一型堰坝涉及灌区变迁过程中堰址的迁易及合并。如同位于衢州市乌溪江上的石室堰、黄陵堰、杨赖堰。《石室堰新旧堰坝图》中记载了石室堰的新旧堰址及黄陵堰的渠道所在。石室堰原址于黄荆滩，现衢州市花园乡堰头村旁，清嘉庆年间改建于上游三里处，今为花园乡响春底村旁。旧时石室堰总渠以西有支渠 36 条，东北

有支渠 52 条，所辖灌区向北直至旧衢州府城边，共约 20 万亩（约 133.33km²）田地（图 2）[7]。根据清康熙《衢州府志》记载，黄陵堰原本位于石室堰上游不远处，康熙年间因洪泛湮塞，于响谷山下通水入堰[8]。民国《衢县志》又载黄陵堰迁址于九龙山。杨赖堰则位于石室堰下游[9]。1956-1958 年对灌区堰坝重新整修、新建水电站之时，石室堰灌溉农田减少为 5 万亩（约 33.33km²），同时供给生活用水、工业用水，并与杨赖堰、黄陵堰合而为一[10]。

大型河道堰群在众多研究对象中仅有一例，即金华市白沙溪三十六堰。河流依地形由山区流入平原，同一条河道筑多条堰坝以拦水灌溉周边田亩为一般规律。而现如今金衢盆地的古堰坝留存情况参差不齐，有些因中华人民共和国成立后现代化水利工程的推进或城镇化影响而被废弃或改建，周边灌区的结构多少也有变化。白沙溪三十六堰作为东汉时期兴建的大型堰坝群，其水利系统至今有着良好的保存及运行状况，所辖范围内的自然资源、文旅资源也具有相当开发价值，且正在准备申遗工作，故单独列为一类，在下一节详细探讨。

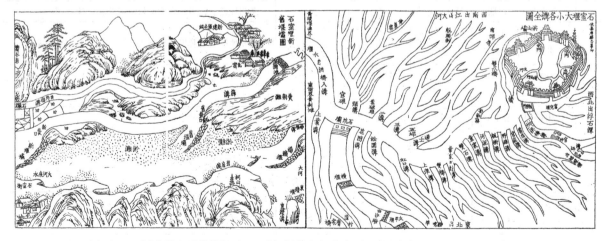

图 2　《石室堰新旧堰坝图》与《石室堰大小各沟全图》（图片来源：民国《衢县志》）

① 堰坝的年代，查找史料记载了建成年代的则按"年代/"记录建成年代，未记载的按"/年代"记录记载了堰坝信息史料的年代。
② 旧时灌溉面积指 20 世纪 60 年代附近广泛进行的水利工程改造之前所记载的灌溉面积。

3 大型河道堰群：白沙溪三十六堰

3.1 生态本底：水利兴修

　　白沙溪三十六堰群位于金华市南山白沙溪，为东汉初期卢文台所创建，是浙江省内最早的水利工程设施之一（图3）。由于采用了"篾笼装石垒"的做法使得堰体牢固，经久不衰，至今仍发挥着效用。现有许多可考文献记载了旧时堰群发挥的重要作用，如南宋《白沙昭利庙记》中记述："三十六堰首衔辅仓，尾跨古城。大水至时，不受其溃"；明嘉靖《金华县志》中载道："汉辅国将军卢文台开堰三十六处，灌溉金华、汤溪、兰溪三县土地，为利甚博。农多赖之"。堰坝规模之大使得三十六堰的水利管理措施也一直受到重视。民间保存的《白沙第一堰总录》中记载了许多与堰坝管理养护相关的内容，如指出需构建科学严密的渠系灌溉网络以惠及灌区民众，不允许私搭乱设："第一堰大堰之上有小堰不一，此等豪强之徒堰长可指名具禀，究治施行"；要贯彻坝体的安全性和灌区的生态保护："灌区两岸高山要封山育林保护植被，以防水土流失堵塞渠道"；加强防汛工作与河面管理："每年农历二月春社……即着手上述护堰工作……严格规定堰水首先必须满足农田灌溉需要"。

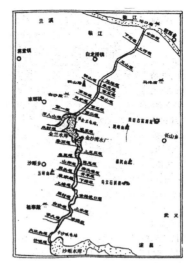

图3　白沙溪三十六堰示意图（图片来源：《白沙古堰的历史与传说》）

　　中华人民共和国成立后，由于新建水利工程有17座堰坝消失、废弃，改造或保有旧貌继续发挥作用的堰坝有19处。其中，位于本研究限定盆地范围内的堰坝为金兰水库下游的第一堰、第二堰、第三堰、风炉堰、第四堰、华山堰、第五堰、洞山堰、旱龙堰、马坛堰、玉山堰、上河堰、下河堰、中济堰（表2）[11]。

白沙溪三十六堰现状统计（金衢盆地范围内）　　　　　　　　　　表2

序号	名称	保存状况	旧时灌溉面积（亩）	所属灌区/灌溉区域涉及地点	中华人民共和国成立后工程
1	第一堰	有	3.2万	琅琊滕村东南	金兰水库灌区干渠；受益琅琊、古方、下杨（今古方乡内）、金兰、镇江（二乡今合并为临江乡）等
2	第二堰	有	3万余	泉口、长山等村	多次改建
3	第三堰	外堰无	/	原：后金、马坦等村	1968废
4	风炉堰	有	2万余	古方、临江二乡	屡次修建
5	第四堰	有	600	古方、后杜、新昌桥等村	
6	华山堰	有	250	幽兰里、古方等村	
7	第五堰	有	1000余	天姆山、让长村下游与第二堰、旱龙堰同灌区	
8	洞山堰	有	800余	古方、新昌桥、大圩村	
9	旱龙堰	有	3000	让长、大圩等村；下游与第五堰同灌区	改建
10	马坛堰	无		原：东里、大圩二村	1963年废
11	玉山堰	有	3000	白龙桥、叶店、东俞村	明嘉靖重修，1965年重修
12	上河堰	有	800	临江村	改建
13	下河堰	有	600余	临江村	改建
14	中济堰	无	20余	原：东俞村	引用玉山堰水后，1954年废

资料来源：《白沙古堰的历史与传说》《金华县水利志》①。

---

① 《金华县水利志》编纂委员会编. 金华县水利志 [M]. 杭州：浙江人民出版社，1994.

3.2 生产、生活：农业与聚落

白沙溪三十六堰灌溉两岸肥沃良田近30万亩（约200km²），是当地的生存维系根基。粮食丰收后利用堰坝提供水力带动水碓加工稻谷，金华-兰溪-汤溪"三角地带"也由此成为金华地区的重点产粮区，进而推动了经济发展、聚落建设。

受第二堰堰水东注灌溉的长山村是白沙溪流域规模最大的村，包括4个行政村。金兰水库及一批小型水库建成后，形成"星罗棋布、长藤结瓜"的灌溉网络。从琅琊镇后金村的风炉堰到新昌桥村的马坛堰处，共2km的河流段落上有7座古堰坝。该段被称作洞山段，为白沙溪三十六堰中最为重点的段落，对河流两岸农业发展起着举足轻重的作用。根据1960年金兰水库建立后的数据统计，该段灌溉田占比为整体堰群的73%。受益农田有马海畈1万亩（约6.67km²）以上，白水畈2万亩（约13.33km²）以上，长山村等处也具有一定灌田面积，涵盖受益村落古方村、后杜村、新昌桥村、大圩村等十多处（图4）[11]。村落布局也与堰坝灌渠紧密结合，交通道路与水网相互组织，并以农田为基底构成村落风貌。如西溪渎、黄鳝渎、相公强渎、农家渎四条水渎自西向东引入第一堰水灌溉，水渠穿过琅琊徐村（图5）[12]。

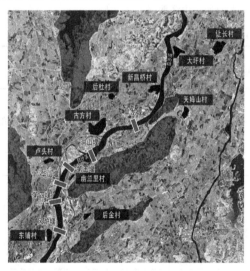

图4 白沙溪三十六堰洞山段（图片来源：作者根据USGS历史卫星地图及文字图像资料自绘）

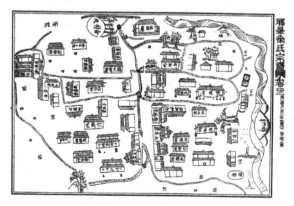

图5 琅琊徐村舆图（图片来源：《琅琊徐村志》）

3.3 以乡村景观体系为基础的灌区绿色空间网络

以水利兴建为基础带动农业、聚落发展，白沙溪两岸灌区内的村落、农田、水网、丘陵低山共同构成乡村景观系统，由北部金华市城区起向南边乡镇延伸，呈现线状绿色空间结构。两岸具有丰富文化、自然景观资源，生态环境优越。灌区内有以白沙庙为主体的古寺庙群，以及文保单位若干，还有"琅峰山风景名胜区"等，可谓集文化、生态、旅游资源为一体[13]。

此外，灌区内还存在着许多有价值却未被重视的绿色空间资源。《关于开发白沙溪荒弃湿地、保护文化遗产的调查报告》中提到20世纪60年代以后现代水利工程的兴建使得大部分农田受水库水源灌溉，不再依赖三十六堰。水库下游在枯水期时河床长期干枯，加之采石场、养殖场等的开垦，大片溪滩湿地被废弃未受到合理规划开发。当从河道疏浚、堰坝整修开始治理相应片区，打好基础后适当结合文旅，保障空间生态环境的同时为居民提供休闲场所[14]。

4 结语

在现代城市，绿色基础设施的体系化构建仍面临难题。通常其需要一定尺度空间或提升技术做法去保障基本的生态功能，而在城市环境中由于产权、投资、其他规划建设要素制约等原因，绿色空间网络在中心片区常常较为破碎。在这种情况下，利用城郊已经具备一定条件的绿色空间资源构建绿色基础设施来补充城中心绿色空间的缺乏与破碎不失为一种便捷的方式。依托古堰坝形成的灌区景观空间具有较为完备的生态功能，并且能够整合生产、生活功能，具有良好的开发潜力。

参考文献

[1] 李倞，宋捷. 临汾—运城盆地以水为线索的传统地域景观特征和发展启示[J]. 风景园林，2019，26(12)：28-33.

[2] 郭巍，侯晓蕾. 宁绍平原圩田景观解析[J]. 风景园林，2018，25(09)：21-26.

[3] 刘克华. 珠江三角洲桑基鱼塘景观遗产研究[D]. 华南理工大学，2016.

[4] 浙江师范大学地理系. 金衢盆地地理研究[M]. 北京：气象出版社，1993.

[5] 虞湘.1997-2004年浙江省金衢盆地湿地动态变化分析和生态健康评价[D]. 浙江大学，2011.

[6] 东阳市政协文史资料委员会，东阳市水利局. 东阳文史资料选辑：第20辑 东阳水利史料[M]. 杭州：浙江大学出版社，2004.

[7] 浙江省衢州市水利志编纂委员会. 衢州市志丛书 衢州市水利志[M]. 北京：中国文史出版社，2016.

[8] （清）杨廷望，衢州府志[M]. 衢州. 衢州市档案局.

[9] （民国）郑永禧，衢县志[M].

[10] 浙江水利志编纂委员会. 浙江省水利志[M]. 北京：中华书局，1998.

[11] 张柏齐，崔士文. 白沙古堰的历史与传说[M]. 杭州：浙江工商大学出版社，2013.

[12] 徐卫庆. 琅琊徐村志[M].1998.

[13] 崔士文，张柏齐．关于开发白沙文化生态旅游资源的调查报告[R]．2009．

[14] 金华市机关离退休干部调研组．关于开发白沙溪荒弃湿地、保护文化遗产的调查报告[R]．2011．

作者简介

　　方濒曦，1996 年 1 月生，女，汉族，湖南，研究方向为风景园林规划与设计。电子邮箱：610347819@qq.com。

基于生态系统服务供需的城市绿色基础设施网络构建研究[①]

——以北京市通州区为例

Study on Urban Green Infrastructure Network Construction Based on Supply and Demand of Ecosystem Services：

A Case Study of Beijing Tongzhou District

高　娜　郑　曦

摘　要： 绿色基础设施（GI）作为生态系统服务（ES）的重要载体，对于完善城市生态系统结构与服务功能，提升人居环境舒适度和人类健康福祉的程度具有重要意义。本研究以北京市通州区为例，从供给与需求两个层面对生态系统服务进行定量评估，并利用 Getis-Ord GI＊热点分析法并结合通州区绿地规划识别网络中心，连接生态廊道构建绿色基础设施网络。得出得到通州区未来 GI 网络中心 44 个，面积达 247.5km²，其中 37.8％分布于已有的森林及公园绿地。生态廊道 48 条，沿潮白河、北运河及亦庄形成"西北-东南"三线，长 24.85km。通过对北京市通州区绿色基础设施网络的构建，明确了城市内生态保护与修复的重点区域，以期为未来的生态建设及修复规划提供空间指引，提升人类福祉。

关键词： 生态系统服务供需；绿色基础设施；Getis-Ord GI＊热点分析；生态廊道；北京市通州区

Abstract: Green infrastructure (GI), as an important carrier of ecosystem services (ES), is of great significance for improving the structure and service functions of urban ecosystems, and enhancing the degree of comfort of human habitat and human health and welfare. This study takes Tongzhou District of Beijing as an example to quantitatively evaluate ecosystem services from both supply and demand perspectives, and builds a green infrastructure network by using Getis-Ord GI＊ hotspot analysis and linking ecological corridors with the Tongzhou Greenland Planning and Identification Network Center. There are 44 future GI network centers in Tongzhou, covering an area of 247.5km², of which 37.8％ are located in existing forests and parks. Through the construction of the green infrastructure network in Beijing Tongzhou District, the key areas for ecological protection and restoration in the city are identified, in order to provide spatial guidance for future ecological construction and restoration planning and to enhance the human capital. well-being.

Key words: Supply and Demand for Ecosystem Services；Green Infrastructure；Getis-Ord GI＊ Hotspot Analysis；Ecological Corridors；Tongzhou District, Beijing, China

引言

在城市化进程不断加快的过程中，城镇用地的无序扩张导致一系列生态环境问题，如城市热岛效应、空气污染及城市内涝等，同时也给公众健康带来一定程度的负面影响。绿色基础设施（GI）作为一种可以保存自然生态系统的功能及价值，并为人类提供一系列生态系统服务的相互关联的绿地空间网络[1]，是维持城市生态系统稳态、缓解城市问题、促进人类健康与福祉的重要途径[2]，因此构建城市 GI 网络在区域可持续规划过程中发挥积极影响。目前 GI 网络构建方法通常基于景观生态学对廊道连通性进行评估，得出最优解[3]；基于生态学"千层饼"模式进行生态要素叠加，找出最佳 GI 格局[4]；基于形态学格局分析方法（MSPA），提取关键要素进行 GI 网络构建[5]；以生态系统服务为切入点，对 GI 空间规划进行指导[6,7]。其中对以生态系统服务空间分布为基础构建 GI 网络研究集中在供给方面[8]，并通常从某种单一生态系统服务功能进行分析[9]，对人类的生态系统服务需求考虑较少，可能会导致评估结果与社会经济系统的脱节。本文选取面临着社会经济发展、人口增长与生态保护多重压力的北京市副中心通州区为研究对象，基于构建世界一流生态宜居城市的规划目标，选取水源涵养、水质净化、保持生物多样性、缓解热岛效应及游憩娱乐 5 项典型生态系统服务供给指标进行评估，并充分考虑人口密度及人均 GDP 表示生态系统服务需求，对供给和需求指标进行量化评估，利用 Getis-Ord GI＊热点分析法识别绿色基础设施的网络中心，基于最小阻力模型提取廊道构建 GI 网络，旨在对可提供健康高效的生态系统服务功能的城市 GI 网络规划方法进行探索，为副中心绿地规划提供借鉴。

绿色基础设施

① 国家重点研发计划，"村镇乡土景观绩效评价体系构建"，编号 2019YFD11004021，2019/11/01-2022/12/31。

1 研究区域与数据来源

1.1 研究区域概况

北京市通州区位于东经 116°66′，北纬 39°90′，地处北京市中心城区东南部，地势平坦，面积达 906km²，占北京市总面积的 5%，用地类型以耕地及建设用地为主。城市污染及环境问题严重，人均公园面积未达到全市平均水平，生态系统服务缺失。作为北京城市副中心，打造生态保护与休闲游憩深度融合的示范区，构建以大尺度的绿色基础设施为主体的景观格局是通州区域层面规划目标。

1.2 数据来源

本研究所需数据包括土地利用数据、气候数据、土壤数据、DEM 数据、人口数据等，结合生态系统服务评估模型 INVEST 及地理空间分析软件 ArcGIS 进行指标评估及数据处理（表1）。

所需数据及数据来源表　　　表 1

所需数据	数据来源
土地利用与覆被	清华大学地球系统科学系宫鹏教授团队 http://data.ess.tsinghua.edu.cn/
DEM 高程模型	地理空间数据云 http://www.gscloud.cn
年降雨量	资源环境科学与数据中心 http://www.resdc.cn
潜在蒸散发量	Figshare 科研数据共享平台（https://figshare.com/）
土壤数据（包括土地厚度、质地等）	国际粮食与农业组织 http://www.fao.org/soils-portal/soil-survey/soil-maps-and-databases/harmonized-world-soil-database-v12/en/
地表温度	Landsat8 2017 遥感影像
人口空间分布数据集	资源环境科学与数据中心 http://www.resdc.cn
GDP 空间分布数据集	资源环境科学与数据中心 http://www.resdc.cn

2 研究方法

本研究通过对北京市通州区生态系统服务供给、需求层面进行定量评估，运用 Getis-Ord GI* 热点分析工具识别提供生态系统服务功能较强、等级较高的绿色基础设施，即 GI 网络中心[10]，进一步基于通州区地理环境、用地性质等形成阻力评价体系，构建阻力面。并运用最小积累阻力模型，以各 GI 网络中心的几何中心为生态节点，提取网络中心之间的最小积累成本路径作为 GI 廊道。通过对结构要素 GI 网络中心、生态廊道及生态节点的识别，构建通州区生态网络。

2.1 网络中心识别

2.1.1 生态系统服务供给定量评估

本研究采用 INVEST 模型，选取水源涵养、水质净化、生物多样性维持、缓解热岛效应及游憩娱乐 5 项服务对通州区生态系统服务供给进行定量评估。其中水源涵养量计算采用水量平衡法[11]，在应对雨洪灾害、削弱雨水径流方面起重要作用，水源涵养量越高，对于雨洪管理供给性越高；水质净化能力采用 InVEST 模型中的水质净化模块（NDR），缓解城市水环境污染，土壤氮、磷含量越低，水质净化供给性越高；生物多样性维持采用 InVEST 模型中的生境质量模块[12]，生境质量高值区域，生物多样性供给性越高[13]；缓解热岛效应能力通过 Landsat8 遥感影像进行地表温度进行评价[14]，地表温度越低则对于缓解热岛效应供给性越高；游憩娱乐服务可以舒缓心理压力，提升人类健康福祉，以城市公园绿地可达性进行评价，距离越近则游憩娱乐供给性越高（表 2）。

生态系统服务指标评估方法及基本原理　　表 2

所需数据	数据来源
土地利用与覆被	清华大学地球系统科学系宫鹏教授团队 http://data.ess.tsinghua.edu.cn/
DEM 高程模型	地理空间数据云 http://www.gscloud.cn
年降雨量	资源环境科学与数据中心 http://www.resdc.cn
潜在蒸散发量	Figshare 科研数据共享平台（https://figshare.com/）
土壤数据（包括土地厚度、质地等）	国际粮食与农业组织 http://www.fao.org/soils-portal/soil-survey/soil-maps-and-databases/harmonized-world-soil-database-v12/en/
地表温度	Landsat8 2017 遥感影像
人口空间分布数据集	资源环境科学与数据中心 http://www.resdc.cn
GDP 空间分布数据集	资源环境科学与数据中心 http://www.resdc.cn

2.1.2 生态系统服务需求定量评估

生态系统服务需求指人类对生态系统所提供服务的偏好需求，本研究选取人口、经济方面指标对生态系统服务的需求进行表征。其中，选取人口密度反映人类对生态系统服务需求的数量，人口密度越高，需求越高；选取地均 GDP 反映人类对生态系统服务需求的偏好，地均 GDP 越高，需求越高。

2.1.3 Getis-OrdGi* 热点分析法

基于对生态系统服务供给与需求定量评估，根据全球生态系统服务价值中各项生态系统服务在生态资产中的比重为依据[15]，确定各项生态系统服务的权重进行加权叠加分析[16]，得到通州区综合生态系统服务，进一步利用 Getis-OrdGi* 统计热点分析工具（Hotspot Analysis），通过计算各个斑块之间的 Z 得分、P 值和置信度来识别具有统计意义的高值区（热点区域）与低值区（冷点区域）的集聚[17]。一般来说，$p<0.05$ 时置信度可达到 95%，则被定义为具有统计显著性[18]，因此本研究中我们以 95% 以上的置信度来识别生态服务热点区域，在此基础上补充通州区规划绿地面积，作为 GI 网络中心。

2.2 最小累积阻力面

物种在水平空间的运动以及生态功能的流动与传递，主要受自然环境和人类活动影响，即生态阻力面[19]，其中用地性质、地理环境及城市扩张等均是 GI 网络中心扩散受到阻力的主要来源。因此选择通州区高程、坡度、土地利用类型、距建设用地距离及距水体距离作为阻力因子，并采用层次分析法（AHP）构建阻力评价体系（表3）。

阻力因子及阻力值表　　　　　　　　　　　　　　表3

序号	评价指标	权重	阻力值			
			1级	2级	3级	4级
1	高程（m）	0.18	<100	100~200	200~300	>300
2	坡度	0.23	<7	7~15	15~25	>25
3	土地利用类型	0.3	林地（针/阔）、水体	灌木、草地	耕地、其他用地	建设用地
4	距建设用地距离（m）	0.13	>1500	1000~1500	500~1000	<500
5	距水体距离（m）	0.16	<500	500~1000	1000~1500	>1500

2.3 廊道提取

廊道是相邻 GI 网络中心之间联系性最强的低阻力生态因子通道，具有保持生态功能服务、保证生态因子有效流通的功能。本研究利用最小阻力模型结合 GI 网络中心空间分布情况，生成最小积累成本距离，形成生态廊道[20]。计算公式如下：

$$MCR = f_{\min} \sum_{j=n}^{i=m} D_{ij} \times R_i$$

式中：MCR 为最小累积阻力值；f 表示生态过程与最小累积阻力为正相关关系；D_{ij} 为生态源地斑块 j 到景观单元 i 的空间距离；R_i 为景观单元对生物物种迁徙的阻力系数[21]。

3 结果与分析

3.1 生态系统服务供给、需求空间识别

本研究通过运用 INVEST 模型及 ENVI、ArcGIS 软件定量评估水源涵养量、水质净化、生境质量、缓解热岛效应及游憩娱乐 5 项生态系统服务对通州区生态供给空间进行识别，得到其空间分布格局。水源涵养服务高值区域主要分布在通州区中南部及东部林地区域；水质净化功能高值区域分散分布在城市及村镇建设用地周围，植被覆盖度较高的区域；生物多样性维护功能高值区域沿通州区大运河、潮白河、减河等城市河网分布，以水体及湿地为主；缓解热岛效应服务高值区域集中在通州区东南部，以耕地及林地为主；休闲游憩服务高值区域集中分布在通州区西部，围绕大型公园绿地东郊森林公园、大运河森林公园、台湖公园为中心 1000m 辐射范围（图2）。

从生态系统服务需求来看，通州区人口密度及人均 GDP 空间分布特征较为一致，即西北部中心城区人口密度大，经济发展迅速生态系统服务需求相对较大，东南部人口分布稀疏，经济发展主要以农耕为主，生态系统服务需求相对较低。

3.2 基于"网络中心-生态廊道-生态节点"的绿色基础设施网络构建

基于生态系统服务供给与需求的冷热点空间分布及通州区规划绿地面积，得到通州区未来 GI 网络中心 44 个，面积达 247.5km²，沿潮白河及北运河等河流沿岸最为聚集，并宋庄、亦庄及新市镇形成四大组团，其中 37.8% 分布于已有的森林及公园绿地。基于最小阻力模型，以各网络中心的几何中心为生态节点（共 44 个）联通各个 GI 网络中心，形成生态廊道 48 条，从空间角度上呈"H"形格局，沿潮白河、北运河及亦庄形成"西北-东南"三线，其中亦庄线廊道沿农田及村镇居民点分布，潮白河、北运河线沿城镇用地及水系分布。

通过识别 GI 网络中心、提取生态廊道及生态节点等步骤，通州区绿色基础设施网络如图5所示。沿东北部水域及西南部耕地为主的 GI 网络中心通过沿耕地、建设用地及水系分布的生态廊道进行连接，构成了点线面生态要素结合的绿色基础设施网络。区域绿色基础设施的构建是改善生态系统服务供给、满足人类对生态系统服务需求，实现区域生态可持续发展的基础生态构架，因此，对于通州副中心实现构建国际一流的水准来构建大尺度的绿色空间，形成多组团集约紧凑发展的生态城市布局具有重要意义。

4 结论与讨论

北京市通州区作为首都副中心，城市化程度逐渐升高，规划潜在的 GI 网络中心、生态廊道及生态节点，是保护区域生态安全，缓解首都"大城市病"的有效措施。本研究通过对生态系统服务的供给与需求空间进行识别，得到 GI 网络中心多分布于已建成的公园绿地及沿河滨水绿带，因此在通州区未来生态规划建设中，需重点建设具有突出生态效益的大型生态绿地，保障充足的生态空间

为通州区提供益于自然环境及人类福祉的生态系统服务。在 GI 网络中心识别的基础上，基于通州区完善的绿色基础设施网络，未来对生态廊道的规划可以绿地间的连接地带、道路附属绿带、沿水绿带为主，提升新区各生态源地之间的连通性。

基于生态系统服务供需关系，更加精准的构建通州区多层次、多功能并具有"点线面"多要素结构的城市绿色基础设施网络，能保护城市生态环境及生物栖息地，并可有效解决城市生态环境问题，改善人居适宜程度，提升人类健康福祉。其闭合度大则有利于能量、物质在网络中流通，因此未来规划建设过程中应加大构建力度。

通州副中心可以通过建设高质量 GI 网络中心、高连接性生态网络及湿地修复等措施来确保通州区生态安全，以实现快速城镇化及可持续发展目标。但区域生态安全不仅与内部生态结构优化有关，同时与外部区域的物质、能量流动有关，也关系到各生态系统服务之间的权衡关系，并且从生态系统服务需求的角度来说，也与土地利用开发程度有关。因而基于多目标的角度，对绿色基础设施网络进行构建并优化，是对于通州区生态安全下一阶段的需要研究的内容。

参考文献

[1] 贝内迪克特·马克·A，麦克马洪·爱德华·T. 绿色基础设施：连接景观与社区 [M]. 北京：中国建筑工业出版社，2010.

[2] 李开然. 绿色基础设施：概念，理论及实践 [J]. 中国园林，2009(10)：98-100.

[3] 张红卫，夏海山，魏民. 运用绿色基础设施理论，指导"绿色城市"建设 [J]. 中国园林，2009，25(9)：28-30.

[4] 陈丹阳，张寿元，范睿思，等. 基于 GIS 的城市绿色基础设施网络构建——以花垣县为例 [C]. 2018 中国城市规划年会.

[5] 高宇，木皓可，张云路，等. 基于 MSPA 分析方法的市域尺度绿色网络体系构建路径优化研究——以招远市为例 [J]. 生态学报，2019，39(20).

[6] Assessing and mapping ecosystem services to support urban green infrastructure[J]. the Case of Barcelona, Spain.

[7] Ecosystem services mapping for green infrastructure planning [J]. the Case of Tehran.

[8] 肖华斌，施俊婕，盛硕，等. 生态系统服务优化导向下城市绿色基础设施构建研究——以济南市西部新城为例 [J]. 上海城市规划，2019，144(01)：45-50.

[9] Kremer P，Hamstead, Zoé A，Mcphearson T. The value of urban ecosystem services in New York City：A spatially ex-plicit multicriteria analysis of landscape scale valuation sce-narios[J]. Environmental Science & Policy，2016：57-68.

[10] 程帆. 基于多功能评估的城市绿色基础设施网络构建[D]. 合肥：安徽建筑大学，2019.

[11] Bai Y，Ochuodho T O，Yang J. Impact of land use and climate change on water-related ecosystem services in Ken-tucky, USA[J]. Ecological Indicators，2019，102：51-64.

[12] 陈妍，乔飞，江磊. 基于 InVEST 模型的土地利用格局变化对区域尺度生境质量的评估研究——以北京为例[J]. 北京大学学报(自然科学版)，2016，52(003)：553-562.

[13] 刘阳，倪永薇，郑曦. 基于 GI-ES 评估模型的城市绿色基础设施供需平衡规划——以北京市中心城区为例[C]. 中国风景园林学会 2019 年会.

[14] 高艳. 基于辐射传输方程和分裂窗算法的 Landsat 8 数据地表温度反演对比研究[J]. 甘肃科技，2016，32(002)：43-45.

[15] Rudolf, de, Groot, et al. Global estimates of the value of ecosystems and their services in monetary unit[J]. Ecosys-tem Services，2012.

[16] 佚名. 秦巴山脉区域生态系统服务重要性评价及生态安全格局构建[J]. 中国工程科学，22(1)：64-72.

[17] Yingjie L I，Liwei Z，Junping Y，et al. Mapping the hotspots andcoldspots of ecosystem services in conservation priority setting [J]. Journal of Geographical ences，2017(27)：681-696.

[18] Bryan B A，Raymond C M，Crossman N D，et al. Targe-ting the management of ecosystem services based on social values：Where，what，and how？ [J]. Landscape & Urban Planning，2010，97(2)：111-122.

[19] Teng M，Wu C，Zhou Z，et al. Multipurpose greenway planning for changing cities：A framework integrating prior-ities and a least-cost path model[J]. Landscape & Urban Planning，2011，103(1)：0-14.

[20] 张继平，乔青，刘春兰，等. 基于最小累积阻力模型的北京市生态用地规划研究[J]. 生态学报，2017(19)：28-36.

[21] 和娟，师学义，付扬军. 基于生态系统服务的汾河源头区域生态安全格局优化[J]. 自然资源学报，2020，035(004)：814-825.

作者简介

高娜，1993 年，女，汉族，内蒙古，硕士，北京林业大学园林学院学生，研究方向为风景园林规划设计与理论。电子邮箱：120816370@qq. com。

郑曦，1978 年，男，汉族，北京，博士，北京林业大学园林学院，教授，博士生导师，研究方向为风景园林规划设计与理论。电子邮箱：zhengxi@yfu. edu. cn。

基于热环境改善的街道绿化研究进展①

Research Review on Street Greenery Based on Improvement of Thermal Environment

郭晓晖　包志毅　吴　凡　晏　海*

摘　要： 在全球气候变化和城市快速发展的背景下，城市热岛效应问题日趋严重。城市街道作为市民使用频率较高的公共场所，其热环境关乎人民的使用体验及安全舒适。街道绿化已被证明可以有效改善街道的热环境，因此本文总结了树木改善城市户外热环境的机理、行道树对城市街道热环境的影响、植物配置模式及树木布局方式对城市街道热环境的影响等3个方面的研究进展，以期为热环境改善的街道绿化研究提供参考借鉴。

关键词： 街道绿化；热环境；热舒适度；树木特征因子；种植模式

Abstract: In the context of global climate change and rapid urban development, the urban heat island effect is becoming more and more serious. As a public place with a high frequency of use, the city streets have a hot environment and a safe and comfortable experience. Street greening has been proven to effectively improve the thermal environment of the street. Therefore, the paper improves the mechanism of urban outdoor thermal environment from trees, the influence of street trees on urban street thermal environment, the pattern of plant configuration and the influence of tree layout on urban street thermal environment. The research status of each aspect is to provide reference for the study of street greenery based on the improvement of thermal environment.

Key words: Street Greenery; Thermal Environment; Thermal Comfort; Tree Feature Factor; Plant Configuration

随着城市化的快速发展，城市气候逐渐发生变化，其中城市热岛效应作为城市气候最为显著的特征一直备受人们的关注[1]。城市热岛效应增加了城市夏季能源消耗，提高了空气污染水平，危害人体健康，严重威胁了人居环境和城市的可持续发展[2]。伴随全球气候变暖和新一轮的城市化发展，城市热环境问题将更加突出和严重。

城市街道是城市户外环境的重要组成部分，也是市民使用频率最高的城市户外公共空间之一[3]。城市街道热环境对行人的使用感受、安全舒适及建筑能耗都有极其重要的影响。不合理的城市规划以及建筑物和交通流量的不断增加，使得街道热环境日趋恶化，严重影响到广大市民的生活质量和身心健康[4]。已有研究表明，城市街道热环境受到街道的空间布局与几何特征、下垫面属性、街道绿化等多种因素的影响[5-7]。

合理的行道树树种选择及街道绿化配置可以有效改善城市街道热环境，提高行人的热舒适度水平[8]。因此，基于热环境改善的街道绿化研究展开研究，不仅在提高城市居民热舒适度方面，更是在城市应对气候变化，实现可持续发展方面意义重大。

1　树木改善城市户外热环境的机理研究

树木对城市户外热环境的改善，主要缘于其遮荫和蒸散作用，树木遮荫和蒸散作用遮荫作用可以有效改善对

树木周围的微气候环境[9-12]。

1.1　树的遮荫作用研究

Brown 和 Gillespie[13]研究发现，单层树木叶片就可以吸收80%并反射10%的可见光；同时其还可以吸收20%和反射50%的红外光。对于正常生长的整株树木，依据其叶片密度、叶片的特征与布局，大致可以有效拦截70%～90%的太阳辐射[14,15]。树木的遮荫可以有效降低太阳的短波辐射以及天空和周围表面的长波辐射，减少到达地面的能量，进而降低地表温度和近地面空气温度，从而对周围热环境起着调节作用[37-40]。Kotzen[20]研究了内盖夫当地6种乡土树木发现，这些树木树冠下的微气候明显优于周围环境。Berry[21]等测量了3栋建筑的周围空气温度和表面温度发现，受高大树木遮荫的建筑其周围空气温度较之无树木遮荫的建筑低1℃，两者墙面温差甚至达到了9℃。Morakinyo[22]等研究树木对建筑的影响时发现，没有树木遮荫的建筑室内外温差的最大值达到了5.4℃，而有树木遮荫的建筑室内外温差最大值仅为2.4℃。除去直接影响热环境外，树木遮荫还可以间接影响建筑能耗[23]。Simpson 和 McPherson[24]通过调研和模拟研究树荫对于住宅的影响时发现，平均每颗树每年可以通过树木遮荫节约14美元（约92元人民币）的电费。Carver 等[27]通过 CITYgreen® 软件模拟发现树木遮荫密的旧社区比新社区空调能耗更低。Gomez-Muñoz 等[28]研究

①　基金项目：国家自然科学基金项目"基于局地气候区分类的城市热环境时空变化特征及其主要景观驱动因子研究"（51508515），中国博士后科学基金面上项目（2015M581959），浙江农林大学科研发展基金项目（2016FR007）。

干热气候区的树木遮荫对住宅节能的影响时发现，大树可以在春秋两季为住宅提供 70% 的遮荫，进而节约大量的能耗。

1.2 树的蒸散作用研究

蒸散作用是树木产生降温效应的另一个主要原因。在白天，树木吸收的大部分太阳辐射能都以蒸散作用的方式转化为潜热，进而增加环境湿度，降低空气温度[49-51]。Taha 等[32]在加州在一颗孤植树周围测量其空气温度，发现在树的迎风处空气温度最多可以降低 4.5℃。Mao 等[33]研究了南京 4 条街道的树木，发现无论是常绿乔木还是落叶乔木通过遮荫作用和蒸散作用均对街道热环境起到改善作用。Qiu 等[34]则发现城市树木的蒸散作用可以有效缓解城市热岛效应。值得一提的是，树木的蒸散作用主要发生在树冠的顶部，由于与下层空气缺乏足够的交换而对树冠下的温度影响相对有限[11]。例如，在德国慕尼黑，Rahman[35]测量树木周围 3 高度的空气温度时发现，树木周围距地面 4.5m 高处空气温度比 1.5m 高处低 1℃。

总的来说，树木的遮荫效应和蒸散作用可以有效地降低夏季高温时段的气温，提高热舒适度，进而为市民提供更加舒适的城市户外热环境[6,8,36]。

2 行道树对城市街道热环境的影响研究

2.1 行道树的降温作用研究

行道树是街道绿化的重要组成部分，对街道的热环境起着重要的调节作用。增加行道树覆盖面积也被认为是降低街道空气温度、提高热舒适最为有效的策略[37-40]。Vailshery 等[41]探究行道树对街道热环境的影响时发现，有行道树路段的平均空气温度比空旷路段低了近 5.6℃。在希腊，Tsiros[42]调查行道树对城市街道热环境的影响时发现，午后 14：00 树荫下温度可以降低 0.5～1.6℃，而在 17：00，树荫下气温可以降低 0.4～2.2℃。其他学者通过软件也得出类似结论。例如，Shashua-Bar 等[43]使用 Green CTTC 模型对希腊三条城市街道研究模拟研究发现，街道内树冠的覆盖率是提高街道热环境的关键。Wang 等[44]通过 ENVI-met 模拟软件研究树木对蒙特利尔街道热环境时发现，增加行道树的比例可以有效降低街道温度，缓解城市热岛效应。

2.2 行道树改善街道热舒适度研究

行道树的遮荫效应也会通过改变街道热辐射特性及行人的热感温度，提高街道热舒适度水平[65-68]。在我国香港，Cheung 和 Jim[49]研究发现，夏季一棵大榕树对空气温度、热舒适指标 PET（生理等效温度）和 UTCI（通用热气候指数）日均最大降温强度分别为 2.1℃、18.8℃和 10.3℃，这种降温效果甚至比混凝土遮阳板的降温效果还好很多。在荷兰乌特勒支，Klemm 等[50]对九条相似几何结构的街道进行微气候实测和分析，结果表明行道树遮荫对街道内热舒适度具有显著影响，增加街道内

10% 植被覆盖率可以降低街道 1℃平均辐射温度。其他学者通过软件模拟也得出类似结论。在加拿大温哥华，Aminipouri 等[51]以 6 个局地气候区为例，通过 ENVI-met 模型模拟了增加行道树覆盖率对区域热环境的影响，结果发现当行道树覆盖率增加到区域总面积 1% 时，白天区域内平均辐射温度能够降低 3.2～6.3℃；而直接站在树下的行人其经历的平均辐射温度能降低 15.5～17.3℃。Thoms 等[51]使用 SOLWEIG 模型增加街道行道树覆盖率对郊区微气候的影响时发现，在行道树正下方平均辐射温度最多可以降低 18.7℃。

2.3 行道树挡风效应研究

此外街道峡谷中的行道树会阻碍街道内空气流通并降低风速[52-55]，这会影响街道内的空气质量。此外，行道树的挡风效应会对街道峡谷内的热舒适性具有负面影响[23,53,55]。在街道峡谷中，树木会增加湍流强度并降低平均风速，进而影响人类的舒适度，尤其是在风速相对较低的城市和炎热的夏天，例如我国香港。Heisler[54]观察到树木的覆盖与上风方向和郊区居住区平均风速的降低有很强的相关性。与空旷地区相比，密集排列的树木树冠下的风速较之树冠顶部要低 90%[1,57]。

Park 等[53]研究发现在街道峡谷中，4 棵行道树木就可以将树冠下的风速降低多达 51%。因此为了减少树木对热舒适性的负面影响，在街道景观设计中选择具有适当形状和大小的树木非常重要。

综上所述，虽然行道树行道树会阻碍了街道内空气流通并降低风速影响街道内热舒适度，但其对街道内热环境的改善作用仍占据主导地位[8]，因此种植行道树是改善街道热环境的重要策略。

3 树木特征因子及街道结构对行道树热效益的影响研究

3.1 树木特征因子对行道树热效益的影响研究

不同行道树种对热环境参数及热舒适度的调节能力存在明显差异。这主要由于树木遮荫效果和蒸散速率受到其形态、冠层结构、枝叶特征等树木特征因子的影响，因而不同的树木具有不同的热环境效应[39,58]。Lin 和 Lin[58]调查了我国台湾地区 10 种乔木与 2 种竹类的降温能力，发现树木的叶色、叶片厚度、叶表面质感、枝叶密度都会影响其降温效果。De Abreu-Harbich 等[60]通过比较热带地区 12 种树木在不同时间和不同季节的热环境效应发现，树冠的大小和形态、树高、叶片的大小和形状以及枝叶密度等因子都会影响树木的降温效果。Sanusi 等[58]采用植物面积指数（Plant area index，PAI）来定量树木的冠层结构和枝叶特征，比较分析了 3 种不同行道树种在夏季的热环境效应，结果发现，PAI 对树木的热环境效应具有重要的影响，PAI 越高，树木对热环境改善能力越强，进而能更为有效的提高热舒适度水平。Morakinyo 等[61-63]利用软件模拟了香港常见树种对户外温度和热舒适度的调节能力，统计分析发现叶面积指数是影响树木

热环境效应的主要因子，其次是冠下高、树高和冠幅，此外 Morakinyo 还发现在叶面积指数相同的情况下，树木树冠上垂直分布的叶面积密度不同也会影响树木对热环境地方的影响能力。

3.2 街道结构特征对行道树热效益的影响研究

行道树对街道热环境的调节作用也受到街道结构特征的影响。这主要是不同的街道结构会太阳辐射和通风产生不同程度的影响，此外，街道中的建筑遮荫和树木遮荫也会相互影响[64-65]。街道朝向和高宽比会影响行道树的热效益，例如，Sanusi 等[66]在夏季分别测量了 4 条街道（其中行道树遮荫较密的 E-W 朝向和 N-S 朝向街道各一条，行道树遮荫较少的 E-W 朝向和 N-S 朝向街道各一条）发现，行道树在 E-W 朝向的街道最多可以降温 2.1℃，而在 N-S 朝向的街道则只能降温 0.9℃。在澳大利亚墨尔本，Coutts 等[67]研究不同高宽比的城市街道时发现，随着街道峡谷几何形状的变浅和变宽，行道树的降温幅度随之增加。在以色列，Shashua-Bar 等[68]通过 CT-TC 模型研究街道峡谷微气候也得出相同结论，树木在 E-W 朝向的街道内降温幅度低于 N-S 朝向的街道，而街道峡谷的高宽比增加会减弱街道内树木的降温幅度。天空可视因子（SVF）也是影响行道树热效益的重要因素。在我国香港，Tan 等[70]通过实测和模拟研究夏季行道树对街道户外热环境热舒适度的影响时发现，行道树在不同天空可视因子的区域降温幅度不同，在高天空可视因子种植行道树在晴天可以降低 30℃的平均辐射温度，而在高天空可视因子种植行道树则只能降低 23℃当代平均辐射温度，模拟实验也验证了行道树在高天空可视因子的街道降温能力更强。此外，研究街道结构对行道树热效益的影响时需要对街道结构进行综合分析，Shashua-Bar 等[69]在研究街道峡谷几何和街道朝向对行道树降温能力的影响时发现，在 E-W 朝向的街道峡谷中种植树木降低街道峡谷的开敞程度可以抵消街道朝向对热环境的影响。

总而言之，行道树对街道热环境具有明显的调节作用，且这种调节能力受到行道树树木特征因子和街道结构的影响。然而，到目前为止，树木特征因子与热环境的定量关系，及其关键影响因子还不十分明确。因此，针对特定的街道环境，探究树木特征因子与热环境参数之间的定量关系，揭示其降温机制及其主要影响因子，是合理选择行道树种类，从而更为有效的改善城市街道热环境的基础。

4 植物配置模式及树木布局方式对城市街道热环境的影响研究

4.1 植物配置模式对行道树热效益的影响研究

不同植被类型、群落结构及其配置模式对城市街道热环境有着不同的调节效果。赵敬源和刘加平[71]比较了乔木、灌木和草坪等植被形态对街谷热环境的影响，结果发现，3 种常见绿化形式中，树木的改善作用最为明显，草坪次之，灌木最差。刘青等[72]调查了几种常见城市街道绿化结构类型对温湿度的影响，发现植被结构对降温

增湿作用有显著影响，最佳的结构是乔灌草复层结构，其次是两行行道树结构，最后是多行行道树结构。Song 和 Wang[73]研究了无乔木＋无草坪、无乔木＋草坪、乔木＋无草坪 4 种植物配置对街道峡谷环境的影响，结果显示乔木＋草坪对街道峡谷内的热环境提升最明显。Lee 等[74]研究了 4 种植物配置对热环境的影响，结果显示树木＋草坪的植物配置模式较之仅有树木或草坪的植物配置模式降温能力明显更强。Sodoudi 等[76]比较了由 5 种不同植被类型和 5 种配置模式组合成的 25 种绿化方案对小气候和热舒适的影响，结果发现绿地的空间配置和植被类型都对其降温效应起着调节作用，其中，有着大树冠乔木结合顺风向绿带的绿化方案降温效果最好。

4.2 树木布局方式对行道树热效益的影响研究

树木的种植密度以及布局方式也对街道热环境有着重要的影响。行道树株距的选择对线性街道中阴影的连续性具有重要的影响，选择合适的株距可避免夏季行人在街道空间活动中被太阳直接照射而引起不舒适。Langenheim 等[75]结合行人行走的时间和线路对行道树种植设计展开研究，提出树木的布局应充分考虑行人的遮荫，其次考虑其景观性。Zheng 等[78]发现，在东西走向的街道上，行道树间距等于其冠幅时，行人的热舒适最好。当夏季建筑阴影无法覆盖街道时，也可以通过行道树种植位置的合理布局，进而在一定程度上改善街道热环境[25,39,66]。利用数值模拟的方法，Zhao 等[79]调查树木种植位置和布局方式对户外小气候和热舒适度的影响时发现，由于遮荫的重要作用，两株树木等距排列的方式改善小气候及提高热舒适的效果最好，其次是没有树冠重叠的树群布局方式。

5 结论

街道绿化树种及其绿化配置模式对城市户外热环境有着重要影响，而街道绿化树种和配置模式都可以通过风景园林规划设计来加以调节和改善。因此，探求街道绿化对城市户外热环境的调控机制及其影响因子，进而科学合理地选择街道绿化树种和配置模式，从而最大限度地实现城市街道热环境改善，是风景园林从业者需要时刻关注的焦点。

参考文献

[1] Grimm N B, Faeth S H, Golubiewski N E, et al. Global change and the ecology of cities[J]. Science, 2008, 319(5864): 756-760.

[2] Levermore G, Parkinson J, Lee K, Laycock P, Lindley S. The increasing trend of the urban heat island intensity[J]. Urban Climate, 2018, 24: 360-368.

[3] 邱书杰. 作为城市公共空间的城市街道空间规划策略[J]. 建筑学报, 2007, 1(3): 9-14.

[4] Lin TP, Chen YC, Matzarakis A. Urban thermal stress climatic mapping: Combination of long-term climate data and thermal stress risk evaluation[J]. Sustainable Cities and Society, 2017, 34(1): 12-21.

绿色基础设施

[5] Yan H, Fan S, Guo C, Wu F, Zhang N, Dong L. Assessing the effects of landscape design parameters on intra-urban air temperature variability [J]. the Case of Beijing, China. Building and Environment, 2014, 76(2): 44-53.

[6] 刘滨谊, 彭旭路. 悬铃木行道树夏季垂直降温效应测析[J]. 中国城市林业, 2018, 16(5): 15-20.

[7] Rodríguez-Algeciras J, Tablada A, Matzarakis A. Effect of asymmetrical street canyons on pedestrian thermal comfort in warm-humid climate of Cuba[J]. Theoretical and Applied Climatology, 2018, 133(3-4): 663-679.

[8] Salmond J A, Tadaki M, Vardoulakis S, et al. Health and climate related ecosystem services provided by street trees in the urban environment[J]. Environmental Health, 2016, 15 (1): 95-111.

[9] Armson D, Rahman M A, Ennos A R. A comparison of the shading effectiveness of five different street tree species in Manchester, UK [J]. Arboriculture & Urban Forestry, 2013, 39(4): 157-164.

[10] Dimoudi A, Nikolopoulou M. Vegetation in the urban environment: microclimatic analysis and benefits[J]. Energy and Buildings, 2003, 35(1): 69-76.

[11] Peters E B, McFadden J P. Influence of seasonality and vegetation type on suburban microclimates[J]. Urban Ecosystems, 2010, 13(4): 443-460.

[12] Amani-Beni M, Zhang B, Xu J. Impact of urban park's tree, grass and waterbody on microclimate in hot summer days: A case study of Olympic Park in Beijing, China[J]. Urban Forestry & Urban Greening, 2018, 32(7): 1-6.

[13] Brown R D, Gillespie T J. Microclimatic landscape design: creating thermal comfort and energy efficiency[M]. Wiley, 1995.

[14] Shahidan M F, Jones P. Plant canopy design in modifying urban thermal environment: Theory and guidelines. PLEA 2008-25th Conference on passive and low energy architecture, Dublin[J]. 22nd to 24th October, 2008, 35(8): 1866-1869.

[15] De Abreu-Harbich L V, Labaki L C, Matzarakis A. Effect of tree planting design and tree species on human thermal comfort in the tropics[J]. Landscape and Urban Planning, 2015, 138(7): 99-109.

[16] Bourbia F, Awbi H B. Building cluster and shading in urban canyon for hot dry climate[J]. Renewable Energy, 2004, 29 (2): 291-301.

[17] Sailor D J, Rainer L, Akbari H. Measured impact of neighborhood tree cover on microclimate [J]. 1992, 32 (1): 69-74.

[18] Rchid A. The effects of green spaces (Palme trees) on the microclimate in arides zones, case study: Ghardaia, Algeria [J]. Energy Procedia, 2012, 18: 10-20Salmond J A, Tadaki M, Vardoulakis S, et al. Health and climate related ecosystem services provided by street trees in the urban environment[J]. Environmental Health, 2016, 15(1): 95-111.

[19] Georgi N J, Zafiriadis K. The impact of park trees on microclimate in urban areas[J]. Urban Ecosystems, 2006, 9(3): 195-209.

[20] Kotzen B. An investigation of shade under six different tree species of the Negev desert towards their potential use for enhancing micro-climatic conditions in landscape architectural development[J]. Journal of Arid Environments, 2003, 55

(2): 231-274.

[21] Berry R, Livesley S J, Aye L. Tree canopy shade impacts on solar irradiance received by building walls and their surface temperature[J]. Building and Environment, 2013, 69 (8): 91-100.

[22] Morakinyo T E, Balogun A A, Adegun O B. Comparing the effect of trees on thermal conditions of two typical urban buildings[J]. Urban Climate, 2013, 3(3): 76-93.

[23] Simpson J R, McPherson E G. Simulation of tree shade impacts on residential energy use for space conditioning in Sacramento[J]. Atmospheric Environment, 1998, 32 (1): 69-74.

[24] Simpson J R. Improved estimates of tree-shade effects on residential energy use[J]. Energy and Buildings, 2002, 34 (10): 1067-1076.

[25] Raeissi S, Taheri M. Energy saving by proper tree plantation[J]. Building and Environment, 1999, 34(5): 565-570.

[26] Akbari H, Pomerantz M, Taha H. Cool surfaces and shade trees to reduce energy use and improve air quality in urban areas[J]. Solar Energy, 2001, 70(3): 295-310.

[27] Carver A D, Unger D R, Parks C L. Modeling energy savings from urban shade trees: an assessment of the CITYgreen® Energy Conservation Module [J]. Environmental Management, 2004, 34(5): 650-655.

[28] Gomez-Muñoz V M, Porta-Gándara M A, Fernández J L. Effect of tree shades in urban planning in hot-arid climatic regions[J]. Landscape and Urban Planning, 2010, 94(3-4): 149-157.

[29] Oke T R, Cleugh H A. Urban heat storage derived as energy balance residuals [J]. Boundary-Layer Meteorology, 1987, 39(3): 233-245.

[30] Konarska J, Uddling J, Holmer B, et al. Transpiration of urban trees and its cooling effect in a high latitude city[J]. International journal of biometeorology, 2016, 60 (1): 159-172.

[31] Kjelgren R, Montague T. Urban tree transpiration over turf and asphalt surfaces[J]. Atmospheric Environment, 1998, 32(1): 35-41.

[32] Taha H, Akbari H, Rosenfeld A. Heat island and oasis effects of vegetative canopies: micro-meteorological field-measurements[J]. Theoretical and Applied Climatology, 1991, 44(2): 123-138.

[33] Mao L S, Gao Y, Sun W Q. Influences of street tree systems on summer micro-climate and noise attenuation in Nanjing City, China[J]. Arboricultural Journal, 1993, 17(3): 239-251.

[34] Qiu G, LI H, Zhang Q, et al. Effects of evapotranspiration on mitigation of urban temperature by vegetation and urban agriculture[J]. Journal of Integrative Agriculture, 2013, 12 (8): 1307-1315.

[35] Rahman M A, Moser A, Gold A, et al. Vertical air temperature gradients under the shade of two contrasting urban tree species during different types of summer days[J]. Science of the Total Environment, 2018, 633(8): 100-111.

[36] Peters E B, McFadden J P. Influence of seasonality and vegetation type on suburban microclimates[J]. Urban Ecosystems, 2010, 13(4): 443-460.

[37] Lai D, Liu W, Gan T, et al. A review of mitigating strategies to improve the thermal environment and thermal com-

fort in urban outdoor spaces[J]. Science of the Total Environment, 2019, 12(3): 337-353.

[38] Oke T R. The micrometeorology of the urban forest[J]. Philosophical Transactions of the Royal Society of London. B, Biological Sciences, 1989, 324(1223): 335-349.

[39] Norton B A, Coutts A M, Livesley S J, et al. Planning for cooler cities: A framework to prioritise green infrastructure to mitigate high temperatures in urban landscapes [J]. Landscape and Urban Planning, 2015, 134(11): 127-138.

[40] Jamei E, Rajagopalan P, Seyedmahmoudian M, et al. Review on the impact of urban geometry and pedestrian level greening on outdoor thermal comfort[J]. Renewable and Sustainable Energy Reviews, 2016, 54(9): 1002-1017.

[41] Vailshery L S, Jaganmohan M, Nagendra H. Effect of street trees on microclimate and air pollution in a tropical city[J]. Urban Forestry & Urban Greening, 2013, 12(3): 408-415.

[42] Tsiros I X. Assessment and energy implications of street air temperature cooling by shade tress in Athens (Greece) under extremely hot weather conditions[J]. Renewable Energy, 2010, 35(8): 1866-1869.

[43] Shashua-Bar L, Tsiros I X, Hoffman M E. A modeling study for evaluating passive cooling scenarios in urban streets with trees. Case study: Athens, Greece[J]. Building and Environment, 2010, 45(12): 2798-2807.

[44] Wang Y, Akbari H. The effects of street tree planting on Urban Heat Island mitigation in Montreal[J]. Sustainable Cities and Society, 2016, 27(6): 122-128.

[45] Matzarakis A, Rutz F, Mayer H. Modelling radiation fluxes in simple and complex environments—application of the RayMan model[J]. International Journal of Biometeorology, 2007, 51(4): 323-334.

[46] Ali-Toudert F, Mayer H. Effects of asymmetry, galleries, overhanging facades and vegetation on thermal comfort in urban street canyons [J]. Solar Energy, 2007, 81(6): 742-754.

[47] Johansson E, Spangenberg J, Gouvêa M L, et al. Scale-integrated atmospheric simulations to assess thermal comfort in different urban tissues in the warm humid summer of São Paulo, Brazil[J]. Urban Climate, 2013, 6(7): 24-43.

[48] Correa E, Ruiz M A, Canton A, et al. Thermal comfort in forested urban canyons of low building density. An assessment for the city of Mendoza, Argentina[J]. Building and Environment, 2012, 58(6): 219-230.

[49] Cheung P K, Jim C Y. Comparing the cooling effects of a tree and a concrete shelter using PET and UTCI[J]. Building and Environment, 2018, 130(9): 49-61.

[50] Klemm W, Heusinkveld B G, Lenzholzer S, et al. Street greenery and its physical and psychological impact on thermal comfort[J]. Landscape and Urban Planning, 2015, 138(1): 87-98.

[51] Thom J K, Coutts A M, Broadbent A M, et al. The influence of increasing tree cover on mean radiant temperature across a mixed development suburb in Adelaide, Australia [J]. Urban Forestry & Urban Greening, 2016, 20(6): 233-242.

[52] Aminipouri M, Knudby A J, Krayenhoff E S, et al. Modelling the impact of increased street tree cover on mean radiant temperature across Vancouver's local climate zones[J].

[53] Mochida A, Tabata Y, Iwata T, et al. Examining tree canopy models for CFD prediction of wind environment at pedestrian level[J]. Journal of Wind Engineering and Industrial Aerodynamics, 2008, 96(10-11): 1667-1677.

[54] Heisler G M. Mean wind speed below building height in residential neighborhoods with different tree densities [J]. ASHRAE Transactions. 96 (1): 1389-1396. , 1990, 96(1): 1389-1396.

[55] Heisler G M, Grimmond S, Grant R H, et al. Investigation of the Inf luence of Chicago's Urban Forests on Wind and Air Temperature Within Residential Neighborhoods [J]. Chicago's Urban Forest Ecosystem: Results of the Chicago Urban Forest Climate Project, 1994, 19(7): 99-109.

[56] Skelhorn C, Lindley S, Levermore G. The impact of vegetation types on air and surface temperatures in a temperate city: A fine scale assessment in Manchester, UK [J]. Landscape and Urban Planning, 2014, 121(5): 129-140.

[57] Derkzen M L, van Teeffelen A J A, Verburg P H. Quantifying urban ecosystem services based on high-resolution data of urban green space: an assessment for Rotterdam, the Netherlands[J]. Journal of Applied Ecology, 2015, 52(4): 1020-1032.

[58] Zheng S, Guldmann J M, Liu Z, et al. Influence of trees on the outdoor thermal environment in subtropical areas: An experimental study in Guangzhou, China[J]. Sustainable Cities and Society, 2018, 42(5): 482-497.

[59] Lin B S, Lin Y J. Cooling effect of shade trees with different characteristics in a subtropical urban park[J]. HortScience, 2010, 45(1): 83-86.

[60] DeAbreu-Harbich L V, Labaki L C, Matzarakis A. Effect of tree planting design and tree species on human thermal comfort in the tropics[J]. Landscape and Urban Planning, 2015, 138(5): 99-109.

[61] Sanusi R, Johnstone D, May P, et al. Microclimate benefits that different street tree species provide to sidewalk pedestrians relate to differences in Plant Area Index[J]. Landscape and Urban Planning, 2017, 157(6): 502-511.

[62] Morakinyo T E, Lam Y F. Simulation study on the impact of tree-configuration, planting pattern and wind condition on street-canyon's micro-climate and thermal comfort[J]. Building and Environment, 2016(2), 103: 262-275.

[63] Morakinyo T E, Lau K K L, Ren C, et al. Performance of Hong Kong's common trees species for outdoor temperature regulation, thermal comfort and energy saving[J]. Building and Environment, 2018, 137(4): 157-170.

[64] 李京津, 王建国. 南京步行街空间形式与微气候关联性模拟分析技术[J]. 东南大学学报: 自然科学版, 2016, 46(5): 1103-1109.

[65] 邬尚霖, 孙一民. 广州地区街道微气候模拟及改善策略研究[J]. 城市规划学刊, 2016, 6(1): 56-62.

[66] Sanusi R, Johnstone D, May P, et al. Street orientation and side of the street greatly influence the microclimatic benefits street trees can provide in summer[J]. Journal of Environmental Quality, 2016, 45(1): 167-174.

[67] Coutts A M, White E C, Tapper N J, et al. [J]. Theoretical and Applied Climatology, 2016, 124(1-2): 55-68.

[68] Shashua-Bar L, Hoffman M E. Quantitative evaluation of passive cooling of the UCL microclimate in hot regions in

summer，case study：urban streets and courtyards with trees［J］．Building and Environment，2004，39（9）：1087-1099.

［69］ Shashua-Bar L，Hoffman M E. Geometry and orientation aspects in passive cooling of canyon streets with trees［J］. Energy and Buildings，2003，35(1)：61-68.

［70］ Tan Z，Lau K K L，Ng E. Planning strategies for roadside tree planting and outdoor comfort enhancement in subtropical high-density urban areas［J］. Building and Environment，2017，120(5)：93-109.

［71］ 赵敬源，刘加平．城市街谷绿化的动态热效应［J］．太阳能学报，2009，30(8)：1013-1017.

［72］ 刘青，刘苑秋，赖发英．几种常见城市绿色廊道结构类型对温度和相对湿度的影响［J］．湖北农业科学，2009（11）：2712-2715.

［73］ Song J，Wang Z H. Impacts of mesic and xeric urban vegetation on outdoor thermal comfort and microclimate in Phoenix，AZ［J］. Building and Environment，2015，94（5）：558-568.

［74］ Lee H，Mayer H，Chen L. Contribution of trees and grasslands to the mitigation of human heat stress in a residential district of Freiburg，Southwest Germany［J］. Landscape and Urban Planning，2016，(9)148：37-50.

［75］ Milošević D D，Bajšanski I V，Savić S M. Influence of changing trees locations on thermal comfort on street parking lot and footways［J］. Urban Forestry & Urban Greening，2017，23：113-124.

［76］ Sodoudi S，Zhang H，Chi X，et al. The influence of spatial configuration of green areas on microclimate and thermal comfort［J］. Urban Forestry & Urban Greening，2018(3)，34：85-96.

［77］ Langenheim N，White M，Tapper N，et al. Right tree，right place，right time：A visual-functional design approach to select and place trees for optimal shade benefit to commuting pedestrians［J］. Sustainable Cities and Society，2020，52：101：116.

［78］ Zheng B，Bernard BEDRA K，Zheng J，et al. Combination of Tree Configuration with Street Configuration for Thermal Comfort Optimization under Extreme Summer Conditions in the Urban Center of Shantou City，China［J］. Sustainability，2018，10(11)：4192.

［79］ Zhao Q，Sailor D J，Wentz E A. Impact of tree locations and arrangements on outdoor microclimates and human thermal comfort in an urban residential environment［J］. Urban Forestry & Urban Greening，2018，32(6)：81-91.

作者简介

郭晓晖，1996 年 10 月生，男，汉族，浙江东阳，浙江农林大学硕士研究生在读，研究方向为城市景观微气候。电子邮箱：2289682836@qq. com。

包志毅，1964 年 10 月生，男，汉族，浙江东阳，浙江农林大学，教授，研究方向为植物景观规划设计、园林植物资源和产业化、现代家庭园艺等领域的科研和教学。电子邮箱：bao99928@188. com。

吴凡，1991 年 10 月生，女，杭州，河北唐山，浙江理工大学，讲师，研究方向为园林植物应用与园林生、花卉种植资源与遗传育种方面的研究工作。电子邮箱：landscapewufan@163. com。

晏海，1984 年 6 月生，男，汉族，四川成都，浙江农林大学，副教授，研究方向为园林生态与植物景观规划设计方面的研究工作。电子邮箱：jpvhai@126. com。

高速铁路建设对沿线区域土地利用和景观格局的影响[①]

——以京广高铁湖北段为例

Impact of High-Speed Railway Construction on Land Use and Landscape Pattern in Surrounding Areas：

A Case Study of Hubei Section of Beijing-Guangzhou High-Speed Railway

殷利华 *　　杭　天　杜慧敏

摘　要：我国已建成高速铁路对沿线区域环境造成的土地利用和景观格局影响亟待跟踪研究。本文以京广高铁湖北段（全长 292.4km）为中心线，两侧各 15km 缓冲区为研究区域，通过遥感影像和地理信息技术，将研究区划分为耕地、林地、建设用地、水体和其他用地 5 种土地利用类型，定量分析京广高铁湖北段在建设前（2004 年）、建成初期（2013 年）和建后近期（2018 年）三个时期沿线区域的土地利用及景观格局变化。结果表明：①土地利用方面：建前最主要的土地利用类型为其他用地和林地，初期的建设用地呈增长趋势，近期综合土地动态变化更明显。表明高铁建设初期即有效推进了沿线区域的城镇建设与发展，且随时间推移，高铁对沿线区域的土地利用类型影响更全面，其中耕地面积减少最多。②景观格局方面：建设用地的景观分形维数先减少后增加。表明在建设初期建设用地的形状变化较为规则，后期更加复杂多样。林地和耕地的分形维数指数均为先上升后降低，其形状变化为先简单后复杂；研究区的景观多样性在高铁建设前期呈下降趋势，而在高铁稳定运营后逐渐提高，表明建设前期对沿线区域生态环境及景观格局干扰较大；其他用地的景观破碎度指数逐年上升，而耕地、林地、建设用地与水体均为先减少后增加。

关键词：景观格局；生态环境；高速铁路；遥感影像；土地利用

Abstract：In recent years, the construction of China's high-speed railway has been continuously promoted. The impact of completed high-speed railway on regional environment along the line remains to be tracked and studied, so as to provide reference for construction of sustainable high-speed rail network system. In this paper, the Hubei section of Beijing Guangzhou high speed railway (292.4km in length) is taken as the center line, and the radius of 15 km wide buffer zone on both sides is taken as the research area According to the land use dynamic change index and landscape pattern index, the land use and landscape pattern changes of Hubei section of Beijing Guangzhou high speed railway were quantitatively analyzed in three periods: before construction (2004), initial operation (2013) and recent normal operation (2018). The results showed that: ① in terms of land use, the most important land use types before construction were other land use and forest land, the initial construction land showed a growth trend, and the recent comprehensive land dynamic change was more obvious. The results show that the high-speed rail has effectively promoted the urban construction and development of the areas along the line in the early stage of construction, and with the development of time, the impact of high-speed rail on land use types along the line is more comprehensive, with the largest reduction of cultivated land. ② Landscape pattern: the fractal dimension of construction land first decreased and then increased. It shows that the shape change of construction land is more regular in the initial stage of high-speed rail construction, and more complex and diversified in the later stage. The fractal dimension index of forest land and cultivated land increased first and then decreased, and the shape change was simple and then complex. The landscape diversity of the study area decreased in the early stage of high-speed railway construction, but gradually increased after the stable operation of high-speed railway, which indicated that the ecological environment and landscape pattern along the line were greatly disturbed in the early stage of high-speed railway construction; the landscape fragmentation index of other land increased year by year, while that of cultivated land increased year by year The landscape fragmentation index of land, woodland, construction land and water body decreased first and then increased.

Key words：Landscape Pattern；Ecological Environment；High-Speed Railway；Remote Sensing Image；Land Use

引言

2020 年我国"新型基础设施建设"政策的提出，代表"中国品牌"的高速铁路（以下简称"高铁"）建设将会迎来持续高速发展[1]。高铁出行大大节约了时间成本，有效推动了社会经济可持续发展，但也对沿线区域生态环境造成了一定影响[2]，如阻断水渠、破坏农田、占用耕地、降低农作物产量及植被多样性等，致使高铁沿线区域土地利用格局发生变化，引发系列生态环境问题[3,4]。

①　本文受国家自然科学基金《桥阴海绵体空间形态及景观绩效研究》（NO. 51678260）、华中科技大学院系自主创新研究基金《桥阴海绵体空间形态及景观研究》（NO. 2016YXMS053）、教育部 2019 年第二批产学合作协同育人项目（NO. 201902112040）共同资助。

绿色基础设施

国内对于生态环境影响的监测评价及景观格局变化的研究多集中于城市区域[5-10]，对跨越多区域的高铁生态环境影响研究成果相对较少，主要集中在高铁沿线区域生态影响监测指标体系构建及技术方法研究[11-13]和建成后高铁沿线区域的风险及生态影响评价[14-16]，对高铁沿线区域土地利用及景观格局变化的研究相对较少，且缺乏针对性。本研究尝试选取京广高铁湖北段为研究对象，通过遥感数据及地理信息技术，定量分析高铁沿线区域土地利用及景观格局在建设前（2004年）、建成初期（2013年）、建后近期（2018年）3个典型时间节点间的土地利用时空变化，为高铁建设的路线选址及高铁沿线生态环境保护提供理论依据。

1 研究区域概况

京广高铁是我国《中长期铁路网规划》中"四纵四横"的"一纵"[17]，也是世界上运营里程最长的高速铁路[18]。京广高铁全线开通进一步加强了环渤海经济圈、中原经济区、武汉城市群、长株潭城市群和珠三角经济圈五大经济区间的联系[19]。京广高铁于2005年开始建设，并于2012年12月全线通车，共由京石线、石武线（均为2012年12月通车）和武广线（2009年12月通车）三部分组成，自北京西站至广州南站，共设37个站点，途径北京、河北、河南、湖北、湖南、广东6省，全程2298km，设计时速350km/h[20]。

本次研究对象为京广高铁湖北段。湖北省作为"中部崛起战略"的重要地区，更是长江经济带上的重要省份，有着承东启西、贯穿南北的独特区位优势[21]。京广湖北段经过山地、林地、田野、自然河湖水体、城镇段，地形地貌均具有典型代表性[22]，由北至南依次为孝感北站、武汉站、咸宁站和赤壁北站，全长292.4km。本文以湖北段高铁线为中心线，沿线两侧各拓宽15km的缓冲区作为研究区域，面积约9478km²。

2 研究方法

2.1 数据源及预处理

多源、多时相的遥感影像数据是对高铁沿线区域土地利用与景观格局变化进行监测最直接有效的数据源[23]。本文通过OpenStreetMap开源平台获取京广高铁湖北段的高铁矢量数据，并选取京广高铁湖北段建设前（2004年）、建成初期（2013年）和建后近期（2018年）3个时间节点的Landsat遥感影像为基础数据源，且三期遥感影像数据的含云量均小于10%。通过Envi软件进行数据预处理，包括辐射定标、大气校正、图像裁剪与镶嵌等，图像均采用WGS-84-UTM-50N投影坐标系[23]。

2.2 土地利用信息提取

根据土地利用分类标准及研究区域实际情况，将京广高铁湖北段沿线区域土地利用划分为耕地、林地、建设用地、水体和其他用地5种类型[23]。耕地是指以种植农作物为主的土地类型，包括水田、水浇地和旱田等；林地是指以种植乔灌木、竹类、果园和防护林等为主的土地类型；建设用地是指以居民用地为主的土地类型，包括城镇住宅用地、农村宅基地、商服用地、道路基础设施、工业用地和特殊用地等[24]；水体主要包括河流、湖泊、水库、坑塘以及水利设施用地等[25]；其他用地是指空闲地、未利用地以及裸露的山头等。

通过Envi软件对预处理后的遥感影像数据进行监督分类，训练样本选取遵循分布均匀、辨识度高且具有代表性的原则，经反复训练与筛选后最终确定分离度较好、分类精度较高的训练样本。根据归一化植被指数NDVI、影像波段信息及人工目视解译进行土地利用分类与调整，最终得到京广高铁湖北段沿线区域土地利用信息提取结果[23]。对2004年、2013年及2018年三期的土地利用类型分类结果进行精度评价，总分类精度分别为93.78%、97.84%、92.86%，Kappa系数分别为0.8893、0.9524、0.8611，三期遥感影像土地利用类型分类结果较为理想，满足研究需求。

2.3 土地利用变化分析方法

2.3.1 土地利用转移矩阵

土地利用转移矩阵是衡量两个时期不同土地利用类型之间的相互转化数量及转化率的动态变化指标[26]。转移矩阵既能表征研究初期及末期土地利用结构，又能掌握研究初期各类型土地的流失去向以及研究末期各土地利用类型的来源与构成[27]。其表达式为：

$$S_{ij} = \begin{bmatrix} S_{11} & S_{12} & \cdots & S_{1n} \\ S_{21} & S_{22} & \cdots & S_{2n} \\ \cdots & \cdots & \cdots & \cdots \\ S_{n1} & S_{n2} & \cdots & S_{n3} \end{bmatrix} \quad (1)$$

式中，S代表面积；n代表土地利用类型总数；S_{ij}表示由i地类转移到j地类的面积[28]。

2.3.2 土地利用类型动态度

（1）单一土地利用类型动态度

单一土地利用类型动态度是衡量某种土地利用类型动态变化的指标[7]，表达了某种土地利用类型在一定时间范围内的变化情况，表达式为：

$$K = \frac{U_b - U_a}{U_a} \times \frac{1}{T} \times 100\% \quad (2)$$

式中，K为研究时段内某一土地利用类型动态度；U_a、U_b分别为研究期初及研究期末某一种土地利用类型的数量；T为研究时段长，当T的时段设定为年时，K的值就是该研究区某种土地利用类型年变化率[29]。

（2）综合土地利用类型动态度

综合土地利用类型动态度是在一定时间内衡量某研究区综合土地利用类型数量变化程度指标[7]，描述了一定时间范围内整体土地利用类型的变化程度，其表达式为：

$$LC = \left[\frac{\sum_{i=1}^{n} \Delta LU_{i-j}}{2 \sum_{i=1}^{n} LU_i} \right] \times \frac{1}{T} \times 100\% \quad (3)$$

式中，LU_i 为监测起始时间第 i 类土地利用类型面积；ΔLU_{i-j} 为监测时段第 i 类土地利用类型转变为非 i 类土地利用类型面积的绝对值；T 为监测时段长，当 T 设定为年时，LC 的值就是该研究区域土地利用年综合变化率[17]。

2.4 景观格局指数分析方法

2.4.1 分形维数

分形维数定量描述了研究区核心面积的大小及边界线的曲折性[14]，通过周长与面积的相关关系进行计算。当周长与面积比分维数值越大，景观形状越复杂。其表达式为：

$$PAFRAC = \frac{2N\sum_{i=1}^{m}\sum_{j=1}^{n}\ln p_{ij}^2 - 2(\sum_{i=1}^{m}\sum_{j=1}^{n}\ln p_{ij})^2}{N\sum_{i=1}^{m}\sum_{j=1}^{n}\ln p_{ij}\ln a_{ij} - \sum_{i=1}^{m}\sum_{j=1}^{n}\ln p_{ij} \times \sum_{i=1}^{m}\sum_{j=1}^{n}\ln a_{ij}} \quad (4)$$

式中，p_{ij} 为第 i 景观类型第 j 个斑块周长；a_{ij} 为第 i 景观类型第 j 个斑块面积；m 为景观类型总数；n 为景观斑块总数；$PAFRAC$ 为景观类型的分形维数[30]。

2.4.2 多样性指数

多样性指数是衡量系统结构支撑复杂程度的景观水平指数[23]，能有效反映区域内一个景观中不同景观类型分布的均匀化和复杂化的程度[7]。其表达式为：

$$H = -\sum_{k=1}^{m}(p_k) \times \ln(p_k) \quad (5)$$

式中，m 为景观元素数目；p_k 为第 k 类景观元素所占的面积比例。

2.4.3 破碎度指数

景观破碎能在一定程度上能反映人类活动对研究区景观的干扰程度[4]，其表达式为：

$$C_i = \frac{N_i}{A_i} \quad (6)$$

式中，C_i 为景观类型 i 的景观破碎度；A_i 为研究区景观类型 i 的景观总面积；N_i 为景观类型 i 的斑块数[4]。

3 结果与分析

3.1 土地利用动态变化分析

3.1.1 土地利用转移矩阵

根据研究区三期遥感影像解译结果，分别计算各土地利用类型的面积和所占比重，得出研究区土地利用变化总表（表1）。由表可知：①林地、建设用地均为先明显上升，再下降的特点；②耕地、水体、其他用地均为明显骤然下降再明显回升的特点，5 种土地利用类型变化幅度各有不同。

研究区在 2004-2018 年的土地利用类型转移矩阵如表 2 和表 3 所示。在京广高铁湖北段建成运营前后（2004-2013 年），耕地主要转移为林地和水体，转移面积分别为 341.75km² 和 172.30km²，退耕还林政策的推行是导致耕地面积缩减的主要原因；其他用地是转移为建设用地最多的土地类型，其次为耕地与林地。该结论表明，京广高铁沿线在规划初期多占用其他用地，少部分占用耕地与林地。

2013-2018 年，交通设施与城市建设等占用林地，使其向建设用地共转移 459.62km²；其他用地多转移为林地，转移面积为 432.34km²；同时林地向耕地转移 793.58km²，主要表现为毁林开垦等行为。

研究区土地利用变化　　　　　　　　　　　　表1

土地利用类型	2004 年		2013 年		2018 年	
	面积（km²）	比例（%）	面积（km²）	比例（%）	面积（km²）	比例（%）
耕地	722.84	7.62	187.88	1.98	**1177.86**	12.43
林地	3467.08	36.58	**6419.77**	67.73	4992.41	52.67
建设用地	856.44	9.04	**1357.30**	14.32	1174.47	12.01
水体	781.93	8.25	520.98	5.50	**995.68**	12.39
其他用地	3650.53	38.51	992.89	10.47	**1138.40**	10.50
总计	9478.82	1	9478.82	1	9478.82	1

注：加粗数据表示强调与前一年度值相比为增加项。

研究区 2004-2013 年土地利用类型转移矩阵　　　　　　表2

2004 年土地利用类型	2013 年土地利用类型转移（km²）				
	耕地	林地	建设用地	水体	其他用地
耕地	52.38	341.75	55.47	172.30	100.27
林地	33.36	2951.06	51.92	37.88	387.63
建设用地	23.67	328.14	267.97	105.22	130.71
水体	12.56	182.96	9.24	566.50	10.04
其他用地	65.89	2615.23	136.35	102.20	728.59

研究区 2013-2018 年土地利用类型转移矩阵　　　　　　　　　　表 3

2013 年土地利用类型	2018 年土地利用类型转移（km²）				
	耕地	林地	建设用地	水体	其他用地
耕地	46.03	63.22	27.77	31.61	19.38
林地	793.58	4315.24	459.62	172.36	681.87
建设用地	47.38	78.79	342.67	14.76	37.84
水体	44.51	102.78	71.19	751.78	14.96
其他用地	246.32	432.34	273.13	22.26	384.29

3.1.2 土地利用动态度分析

为了研究各土地利用类型在不同时期变化程度，根据式（2）和式（3），分别计算得出单一土地利用类型动态度（图1）和综合土地利用类型动态度。由图可得，2004-2013年和2013-2018年的土地利用类型总体变化趋势相反。在2004-2013年间，建设用地面积呈增加趋势，而其他用地不断减少，动态度分别为6.5%和-8.09%。结合表2可说明高铁建设有利于快速带动城市及周边建设用地的发展，且城市发展多占用空闲地和未利用地。

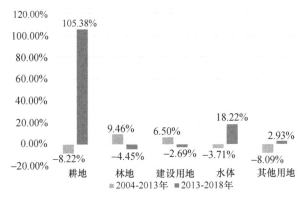

图 1　研究区单一土地利用类型动态度

2013-2018年间，建设用地增长呈缓慢降低趋势，说明高铁建成后对带动城市建设会逐渐趋于饱和。从综合土地利用动态度的视角来看，2004-2013年与2013-2018年的综合土地动态度分别为5.75%和7.67%，表明高铁在稳定运营后对沿线区域的土地利用类型影响程度更明显。

3.2 景观格局动态变化分析

3.2.1 景观分形维数分析

通过 Fragstates 软件和式（4）计算得出研究区域的景观分形维数（图2）。由图可得，建设用地的分形维数先减少后增加，表明高铁建设初期建设用地的形状变化较为规则，城市扩张主要受高铁线路的影响，而在高铁稳定运营后建设用地的扩张主要受城市自发性机制的影响，形状变化更加复杂多样。其他用地的分形维数则为持续减少，表明用地形状复杂度增加。

林地和耕地均为先增加后减少，表明其形状变化为先简单后复杂，也说明高铁建设会增加林地和耕地的形

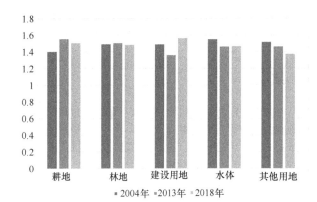

图 2　研究区景观分形维数指数

状复杂度。

3.2.2 景观多样性分析

通过 Fragstates 软件计算得出研究区的景观多样性指数（表4）。研究结果表明，2004-2013年研究区内的景观多样性指数降低，表明京广高铁湖北段在建设期间对沿线的生态环境与景观格局干扰较大，直接导致景观多样性降低；而在2013-2018年景观多样性程度逐渐提高，表明在高铁稳定运营后对生态环境与景观格局的干扰逐渐减弱，建成后注重了高铁沿线环境的恢复和主动修复。

研究区景观多样性指数　　　　　　表 4

时间	2004 年	2013 年	2018 年
景观多样性指数	1.3547	1.0173	1.3467

3.2.3 景观破碎度分析

通过 Fragstates 软件和式（6）计算得出研究区域的景观破碎度指数（图3），以此反映人类活动对研究区景观格局的干扰程度。由图可知，其他用地的景观破碎度指数呈逐年上升趋势，主要是高铁基础设施与城镇建设等人为活动因素加强了对其他用地的开发与分割，从而导致其破碎度指数不断上升。而耕地、林地、建设用地与水体的景观破碎度指数均为先减少后不同程度的增加，说明建成后的高铁沿线随着时间推移，人类活动对其干扰度也表现出总体增加趋势。其中，耕地、建设用地在2018年出现强势反弹增加，反映这两类用地的人为参与干扰度最强，这与现行耕地保护政策、城镇城市化进程快速推进影响直接相关。

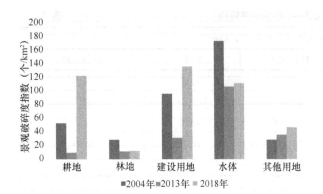

图 3 研究区景观破碎度指数

4 结论

本文以京广高铁湖北段为研究对象，通过遥感影像和地理信息技术定量分析了京广高铁湖北段在建设前、建成初期和建后近期 3 个时期的沿线区域土地利用情况及景观格局变化，得出以下结论：

（1）通过土地利用转移矩阵和土地利用动态度，分析了京广高铁湖北段对沿线区域土地利用类型的影响，揭示了土地利用动态变化的规律及趋势：①建设前期最主要的土地利用类型为其他用地和林地，建设用地呈增长趋势，主要来自耕地与其他用地的转移，高铁建设推进了沿线区域的城镇建设与发展；②2004-2013 年的综合土地动态度高于 2013-2018 年，分别为 5.75％和 7.67％，表明高铁在稳定运营后对沿线区域的土地利用类型影响程度更大，其中受影响程度最大的为耕地。

（2）通过景观分形维数、景观多样性指数和景观破碎度指数对研究区景观格局变化进行定量分析，发现：①建设用地的景观分形维数先减少后增加，表明在建设初期建设用地的形状变化较为规则，后期形状变化更加复杂多样。林地和耕地均为先增加后减少，其形状变化为先简单后复杂；②研究区的景观多样性在高铁建设前期呈下降趋势，而在高铁稳定运营后逐渐提高，表明高铁建设前期对沿线区域生态环境及景观格局干扰较大，建成后逐渐恢复；③其他用地的景观破碎度指数呈逐年上升趋势，而耕地、林地、建设用地与水体的景观破碎度指数均为先减少后增加，但耕地和建设用地变化最剧烈，说明高铁沿线这两类用地中的人类活动干扰度最强。

综上，高铁建设对沿线的土地利用和景观格局有不同程度的影响，在建成初期的指标变化非常明显，说明高铁建设时对周边用地的干扰度很高。因此，若能在高铁线规划设计之初关注并尽量采取措施减少干扰，将有利于缩短建成后生态环境的恢复期。此外，若在"保护永久性农田和耕地""减少水体等原良好生态环境扰动""尽快恢复良好生态环境"的基础上，允许一定范围内的动态平衡和调整，将会有利于我国绿色可持续基础设施体系和"美丽中国"建设。

参考文献

[1] 郑拓. 我国高速铁路与经济发展研究[J]. 铁道学报，2020，42(07)：34-41.

[2] 肖建华，邬明权，周世健，等. "一带一路"重大铁路建设生态与经济影响遥感监测[J]. 科学技术与工程，2020，20(11)：4605-4613.

[3] Kevin M G，William H，Romme，et al. Cumulative effects of roads and logging on landscape structure in the San Juan Mountains，Colorado（USA）[J]. Landscape Ecology，2001，16(4).

[4] 国巧真，蒋卫国，王志恒. 高速铁路对周边区域土地利用时空变化的影响[J]. 重庆交通大学学报（自然科学版），2015，34(04)：133-139.

[5] 王甜，闫金凤，肖睿铭. 槟城土地利用及景观格局动态变化分析[J]. 北京测绘，2020，34(07)：982-986.

[6] 王蛀. 大连市土地利用和生态景观格局变化[J]. 绿色科技，2020(08)：4-6.

[7] 朱亚楠，蒲春玲. 乌鲁木齐市土地利用景观格局变化及生态安全分析[J]. 生态科学，2020，39(02)：133-144.

[8] 袁先强. 基于遥感的营口市土地利用景观格局动态变化及生态环境评估[D]. 大连：辽宁师范大学，2017.

[9] 封建民，李晓华，文琦. 榆林市土地利用变化对景观格局脆弱性的影响[J]. 国土资源科技管理，2020，37(03)：25-36.

[10] 夏成琪，毋语菲. 盐城海岸带土地利用与景观空间格局动态变化分析[J/OL]. 西南林业大学学报（自然科学）：1-10[2020-09-25]. http：//kns. cnki. net/kcms/detail/53. 1218. S. 20200910. 1843. 006. html.

[11] 宋珺. 铁路建设项目生态环境影响监测指标及技术方法研究[J]. 铁路节能环保与安全卫生，2018，8(02)：61-63+106.

[12] 李忻璞. 高速铁路建设生态环保目标规划与监测方法研究[J]. 科技与创新，2017(18)：112+115.

[13] 张小余. 基于 GIS 的高速铁路建设生态风险评价研究[D]. 长沙：中南大学，2010.

[14] 朱勇，杨睿，李德生，等. 京沪高速铁路建设项目区域环境影响综合评价[J]. 铁道学报，2015，37(11)：117-121.

[15] 马利衡. 沪宁城际高速铁路振动及其对周围环境影响研究[D]. 北京：北京交通大学，2015.

[16] 孙涛，张妙仙，李苗苗，等. 基于对应分析法和综合污染指数法的水质评价[J]. 环境科学与技术，2014，37(04)：185-190.

[17] 京广高铁全线开通运营[J]. 铁路工程造价管理，2013，28(01)：62.

[18] 李春妍，张宁，黄泽峰，等. 京广高铁站点区位对周边地区开发建设的影响[J]. 福建建筑，2016(10)：82-85.

[19] 基于空间场能的高铁沿线城市群空间结构研究——京广高铁沿线中原城市群为例[A]. 中国地理学会经济地理专业委员会. 2017 年中国地理学会经济地理专业委员会学术年会论文摘要集[C]. 中国地理学会经济地理专业委员会：中国地理学会，2017，1.

[20] 吕新发，耿幸宏. 以京广高铁为依托打造保定对接京津特色产业隆起带研究[J]. 保定学院学报，2015，28(03)：127-132.

[21] 李明，黄荣. 湖北省环境标准体系研究[J]. 中国质量与标准导报，2020(04)：33-36+82.

[22] 邹铂杰，景朝霞，刘攀，等. 植被和气象指数在湖北省干旱评估中的应用探讨[J]. 人民长江，2020，51(07)：20-25+45.

[23] 刘长龙，常军，刘娜，等. 高速铁路的建设对沿线区域土地利用变化影响研究——以京沪高铁山东段为例[J/OL].

西安理工大学学报：1-11［2020-09-30］.http：//kns
cnki.net/kcms/detail/61.1294.N.20200831.1556.004.html.

［24］ 朱宇婕，李加林，冯陈晨.宁波市海岸带景观格局变化研究［J］.上海国土资源，2017，38（2）：54-58.

［25］ 郭漩，任圆圆，张学雷.基于不同空间粒度的土壤和地表水体分布多样性及其相关性分析［J］.河南农业科学，2017，46（4）：55-60.

［26］ 刘瑞，朱道林.基于转移矩阵的土地利用变化信息挖掘方法探讨［J］.资源科学，2010，32（08）：1544-1550.

［27］ 吴健生，曹祺文，石淑芹，等.基于土地利用变化的京津冀生境质量时空演变［J］.应用生态学报，2015，26（11）：3457-3466.

［28］ 王秀兰，包玉海.土地利用动态变化研究方法探讨［J］.地理科学进展，1999（01）：3-5.

［29］ 吴丽娟，周亮，王新杰，李俊清.北京城市绿地系统景观多样性分析［J］.北京林业大学学报，2007（02）：88-93.

作者简介

殷利华，1977年生，女，汉，湖南宁乡，博士，华中科技大学建筑与城市规划学院，副教授，研究方向为工程景观学、景观绩效、场地生态设计、植景营造。电子邮箱：yinlihua2012@hust.edu.cn。

杭天，1997年生，女，汉，河南三门峡，华中科技大学建筑与城市规划学院景观系硕士研究生在读，研究方向为景观绩效、城市生态系统服务。电子邮箱：dimplet@qq.com。

杜慧敏，1998年生，女，汉，河南新乡，华中科技大学建筑与城市规划学院景观系硕士研究生在读，研究方向为工程景观学。电子邮箱：2587719952@qq.com。

高速铁路建设对沿线区域土地利用和景观格局的影响——以京广高铁湖北段为例

基于 MSPA 与电路理论的城市绿色基础设施网络构建与优化研究[①]
——以福州市为例

Research on Construction and Optimization of Urban Green Infrastructure Network based on MSPA and Circuit Theory：

A Case Study of Fuzhou，China

黄 河　平潇菡　高雅玲　闫 晨　许贤书　谢祥财[*]

摘 要：目的——城市绿色基础设施网络是促进城市生态系统健康、提高生态服务供给、维持物种多样性以及实现城市可持续发展的有效途径，对该网络的构建与优化研究可为相关规划提供理论与方法借鉴。方法——利用 MSPA、斑块重要性评价、最小累积阻力模型、电路理论等方法构建和优化福州市绿色基础设施网络。结果表明：①福州主城区绿色基础设施总量较少，且分布不均。②定量分析出 10 个重要生态斑块作为绿色基础设施节点，与 17 条廊道构成了福州市绿色基础设施网络。③通过电路中心度量化了节点重要性，1、8 号节点重要性最高作为一级保护节点，其次为 3、7、9 等节点；通过"夹点"识别了廊道中 9 处"夹点"作为重要保护区域；"障碍"点探测出廊道中可改善区，将改善区分为三级，为廊道优化提供明确方向。结论——MSPA 方法是当前研究相关景观网络空间格局的有效方法，其识别出的 7 类景观类型深刻揭示了绿色基础设施空间结构意义；斑块重要性评价、修正阻力面及 MCR 模型是构建城市绿色基础设施网络的科学方法，使网络构建结果更为客观；利用电路理论中节点中心度、"夹点"识别、"障碍点"探测评价和优化了绿色基础设施网络节点和、廊道，划定了绿色基础设施保护等级、保护范围以及改善区域，为绿色基础设施网络优化建设和管理提供明确方向。

关键词：绿色基础设施网络；形态学空间格局；电路理论；最小累积阻力模型

Abstract：Objective：Building and optimizing the urban green infrastructure network is an effective way to promote the health of urban ecosystem，improve the supply of ecological services，maintain species diversity and realize the sustainable development of a city. And，it also can provide theoretical and methodological references for correlative plan. Method：Urban Green Infrastructure of Fuzhou was constructed and optimized by methods and theories of MSPA，evaluation of patch importance，Minimum Cumulative Resistance model，Circuit Theory and etc. results：show that：①The total amount of green infrastructure in the main urban area of Fuzhou is small and unevenly distributed. ②10 important ecological patches are analyzed quantitatively as green infrastructure nodes，and 17 corridors constitute the green infrastructure network of Fuzhou. ③The importance of nodes is quantified by the degree of circuit centrality. The highest value of nodes 1 and 8 is the primary protected node，followed by nodes 3，7 and 9. And nine points in the corridor were identified as important protected areas by "Pinch Points". Moreover，"Barrier Points" detected the improvement areas in the corridor and divided the improvement into three levels，and it provides a clear direction for the corridor optimization. Conclusion：There are many islet and branch in the study area，indicating that the green infrastructure is fragmented；The use of patch importance evaluation and MCR model is an effective method to construct urban green infrastructure network，which optimizes the landscape pattern of the study area and ensures the health of the urban ecosystem.

Key words：Green Infrastructure Network；Morphological Spatial Pattern Analysis；Circuit Theory；Minimum Cumulative Resistance Model

引言

　　作为城市生态系统的重要组成部分，城市绿色基础设施不仅是居民的绿色休闲空间，同时提供了各类生态服务，是改善城市生态环境因素的主要因素[1]。然而，随着社会经济快速发展，城市建设中不可避免地对绿色基础设施产生破坏，如绿色基础设施空间被侵占、廊道切断等的破坏[2]，人口的城市化加剧了其面积减少、破碎化程度[3]。近年来，针对城市生态问题，各国政府部门对绿色基础设施进行相关规划和管理[4]，较早的如 1990 年美国马里兰州的绿图计划，其规划构建了覆盖全州的绿色基础设施网络[5]。在我国也开展了相关规划建设，如绿色基础设施网络相关的城市双修、海绵城市、森林城市等[6]。绿色基础设施网络规划建设成为当前缓解城市环境问题主要方向，对绿色基础设施网络研究具有重要意义。

　　绿色基础设施网络结构主要由节点和廊道构成[7]。

---

　　① 基金项目：福建省高校产学项目（编号 2019N5012）资助。

绿色基础设施

在节点选取方面，传统的方法如王海珍等人为地选择面积大的绿地、风景名胜区、森林公园等自然保护地[8-10]。近年来，有学者利用形态学空间格局分析（Morphological Spatial Pattern Analysis，简称MSPA）方法结合连通性量化分析选取较优的斑块作为网络节点，是当前较为科学的节点选择方法。MSPA方法是将二值图像分割成核心（Core）、孤岛（Islet）、环（Loop）、桥接（Bridge）、穿孔（Peforation）、边缘（Edge）以及分支（Branch）等7类具有空间结构意义的指示类型[11,12]，MSPA在林业、生态、区域规划等领域均有运用，如森林景观格局变化[13]、绿色基础设施景观格局[14]、生态网络构建[15]等方面的研究。廊道的提取最为经典的方法为俞孔坚[16]引入的最小累积阻力模型（MCR），其以图论为基础，同时考虑了景观过程。但MCR需要给研究区中各景观栅格设置阻力值形成阻力面，阻力值设置对廊道的选线具有重要影响[17]，阻力值一般根据用地类型直接赋值，没有考虑空间的差异性（如地形的差异），且主观性较强，因此，本研究利用地形因子进行修正，得到更客观的阻力面和廊道，进而构建合理的网络。

绿色基础设施网络评价与优化方法最常用的是基于图论的网络分析法[18,19]，其利用 α、β、γ 等指数对网络结构性连接进行评价，该方法通过量化节点和廊道数量及其比例关系来评价网络连通度，但没有考虑景观过程。近年来，有学者利用电路理论研究景观格局和景观连通性等[20,21]，即利用电荷的自由行走来模拟物种在景观中迁移扩散过程，以识别维持整体连通性的重要区域，修复某些区域将较大提高网络的功能连接性，以此为依据来优化网络功能连接和保证景观过程。

本研究基于 Envi、GIS、Guidos、Confer 等平台，利用MSPA、斑块重要性评价、最小累积阻力模型构建了福州市绿色基础设施网络，利用电路理论及其支持的 Circuitscape、Linkage Mapper 等软件，量化福州市绿色基础设施中的节点中心度、识别廊道中的"夹点"和障碍点，为研究区绿色基础设施网络优化提供科学依据。

1 研究区与数据来源

1.1 研究区概况

本研究以福州市主城区为研究区，总面积 24665km²。福州为福建省省会，地处东南沿海，地理环境以"枕山、襟江、面海"为特征，主城区地势较为平坦，海拔在 0—200m，闽江流经主城区经福州琅岐汇入台湾海峡。福州属于中南亚热带海洋性季风气候区，常年温暖湿润、雨量充沛、阳光充足，在优越的自然条影响下，原生植被种类繁多、类型复杂，植物多样性高[22]。

1.2 数据来源与预处理

数据下载自地理空间数据云网站 2018 年的 landsat8 ETM遥感影像及 DEM 高程数据，空间分辨率均为30m；利用 ENVI5.1 与 GIS 软件，将 ETM 影像进行预处理，其步骤为：①辐射定标—大气较正—多光谱融合—裁剪；②利用监督分类与目视解译方法，并通过精度检验，最终获得研究区土地利用现状图，将研究区土地利用类型分为建设用地、水域、林地、裸地、农田等5大类；③利用GIS的投影变换工具，将 DEM、土地利用分类图等矢量图形转换为 WGS84 投影坐标。

2 研究方法

绿色基础设施网络构建的关键在节点和廊道的提取，而区域现状中绿色基础设施要素是其主要来源，网络构建可分为3步：①绿色基础设施空间格局现状分析；②节点的选取；③廊道的提取。节点和廊道的确定即构建了绿色基础设施网络，节点和廊道在网络中的作用大小不同，通过电路理论可以识别其中关键和不足区域，以优化绿色基础设施网络，优化过程分为3步：①节点保护等级划分；②廊道优先保护区域划分；③廊道改善区识别和等级划分。绿色基础设施网络构建和优化思路见图1。

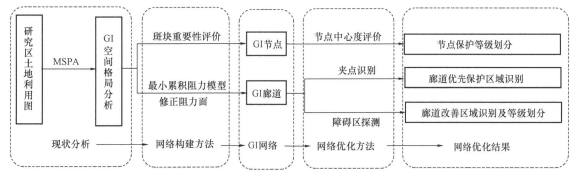

图 1 绿色基础设施网络构建与优化思路

2.1 基于 MSPA 的绿色基础设施格局分析

MSPA 处理过程为：①二值图的准备，将土地利用分类土中林地、农田作为绿色基础设施，设置为前景色，其他用地类型为背景色，利用 GIS 软件导出 GeoTif 格式二值图，栅格大小为 30m；②参数的设置，将二值图导入 MSPA 分析软件 Guidos toolbox 2.8 中分析，参数设置考虑城市景观的复杂性及前人研究成果[23]，邻域规则设置为8，因本研究没有假设某类物种，边缘宽度设为1（30m）；③MSPA 的处理，利用 Guidos 中 Pattern 模块对二值图进行处理，得到对应的 MSPA 景观类型 Geotif 图。

2.2 绿色基础设施网络节点选取

根据岛屿生物学理论，节点的质量由斑块面积、连通性、物种多样性等决定[7]。由于研究区面积较小，且属高密度建城区物种较为一致，采用核心区面积（A）、可能连通性指数（PC）、整体连通性指数（IIC）等指标定量化描述斑块重要性（dI），斑块重要性越高表明其质量越好[24]，以此为选取节点的依据。根据斑块重要性分为极重要、重要、一般3个等级，提取排名前10的斑块作为绿色基础设施网络节点。连通性指标通过Confer2.6计算，指标计算公式为：

$$PC = \frac{\sum_{i=1}^{n} \sum_{j=1}^{n} a_i a_j \overset{*}{p}_{ij}}{A_L^2} \quad (1)$$

$$IIC = \frac{\sum_{i=1}^{n} \sum_{j=1}^{n} \frac{a_i a_j}{1+n l_{ij}}}{A_l^2} \quad (2)$$

$$dI（\%）= 100 \times \frac{I - I_{remove}}{I} \quad (3)$$

式中，n表示景观中斑块总数量，a_i和a_j是斑块i和斑块j的贡献值，nl_{ij}指i和j之间的连接数量，p_{ij}^*是物种在i与j之间扩散的最大可能性。I为景观连接度指数值，I_{remove}为某斑块移除后景观的连接度值。

另外，在confer中距离阈值设置不同其连通性指标结果不同，研究采用500m、1000m、1500m、2000m、3000m、4000m、5000m、6000m、7000m 9个阈值，选择具有代表性的6个斑块进行实验，根据连通性（dPC和dIIC）变化趋势及稳定性来确定阈值[25]。

2.3 基于MCR的绿色基础设施廊道提取

2.3.1 景观阻力面构建

物种的迁移扩散过程中会遇到各种阻力，这种阻力大小由不同景观对物种迁移的阻碍作用强弱决定。根据研究区域现状，并结合专家访谈，对各用地类型赋予基础阻力值。在此基础上，考虑地形对物种迁移也具有一定的影响，坡度越大阻力就越大，因此利用坡度对基础阻力面进行修正，其公式为[26]：

$$R'_j = R_j \times (1 + i) \quad (4)$$

式中，R'_j为斑块j修正后阻力值，R_j为斑块j基础阻力值，i为j斑块坡度值（为百分比）。

2.3.2 最小累积阻力模型

最小累积阻力模型（Minimal Cumulative Resistance model，简称MCR）用于模拟物种迁移最佳路径的方法，其广泛运用于区域保护规划领域，其计算公式为[16]：

$$MCR = \min \sum_{j=n}^{i=m} (D_{ij} \times R_j) \quad (5)$$

式中，MCR即为物种从源地至目标地所需克服的最小累积阻力值，i与j均为不同栅格单元，D_{ij}为生态流，如物质、能量、信息从i栅格至j栅格所耗费的距离，R_j是第j栅格对生态流的加权阻力值。

2.4 基于电路理论的绿色基础设施网络结构评价

电路理论认为电荷具有随机游走的特性[27]。将电路中的电荷看作复杂景观中的生态流，电阻就是景观栅格中对物种扩散的阻力，电阻值一般使用MCR中的阻力面[20,21]。通过计算和分析电荷在电路中游走特性来模仿复杂景观中物种的迁移路径及其规律，模拟过程结构表达为图2所示。本研究以电路理论为基础，通过Circuitscape、Linkage Mapper量化绿色基础设施网络中的节点中心度、"夹点"及"障碍区"。

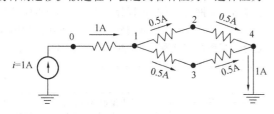 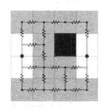

图例 Legend
~~~ 电阻 Resistor
● 节点 Node
▨ 电阻 Resistor
□ 零电阻 Zero resistance
■ 无穷大电阻 Infinite resistance

图2 电路理论的景观栅格数据结构表达
（图片来源：McRae et al.，2014）

2.4.1 节点中心度（centrality degree）分析

节点中心度越高表明节点对整体网络的连接度贡献越大[28]。由于Centrality Mapper下测度的中心度是通过电荷模拟生态流的扩散过程，可以量化节点与最小累积阻力路径在维持整个网络连通性方面的重要性，因此，该方法优于社会网络分析方法[29]。其原理为将1A（安培）电流输入任意一个节点，其他节点（任意）接地，测量网络中各节点的电流为A_{i1}，依次对剩余的网络节点迭代计算，将每个节点的电流进行累积为Z_i，即为中心度值，累积计算公式为：

$$z_i = \sum_{j=1} A_{ij} \quad (6)$$

式中，Z_i为第i个节点的电流累积值，A_{ij}为第i个节点第j次电流值。

2.4.2 廊道"夹点"识别

"夹点"是电荷最为集中的区域，若移除该区域则对网络的整体连通性有较为严重的影响，因此绿色基础设施网络中的"夹点"对维持区域整体连通性具有重要作用。本研究利用GIS中的Pinchpoint Mapper模块，采用多对一模式，既一个节点接地，其他节点各输入1A电流，依次迭代，最后计算廊道中栅格的电流值，电流高的将识别为"夹点"。

2.4.3 网络"障碍"区分析

在电路理论中,"障碍"点是对电荷移动具有较强阻碍作用区域,移除该"障碍"将较大的促进网络的连通性。"障碍"区的探索在 GIS 中进行,且需设置一定搜索半径,考虑在城市区域绿色基础设施廊道不会太宽,而半径设置 30m 以内将有较大误差[29],故本研究根据研究区特点和栅格大小将搜索半径设置为 60m。利用移动窗口方法搜索整个景观区域,并计算移除某一区域后可改善整体连通性的大小,计算公式如下[29]:

$$\Delta LCD = LCD_0 - LCD_1 \quad (7)$$

$$IS = \frac{\Delta LCD}{D} \quad (8)$$

式中,LCD_0 为研究区最小累积阻力值,LCD_1 为移除某障碍点后研究区的最小累积阻力值,ΔLCD 为移除某障碍点后的最小累积阻力降低值,D 为 Barrier Mapper 中的搜索半径,IS 为移除某障碍点的连通性改善值。

3 结果与分析

3.1 绿色基础设施空间格局分析

经 MSPA 处理后,对 7 种结构类型进行相关统计(表 1)。由表 1 可知,绿色基础设施总面积 5366.38hm²,占研究区面积的 21.76%,其主要分布于研究区的西北侧和南侧。绿色基础设施结构类型面积最大的为核心区,共 1919.42hm²,占绿色基础设施的 34.19%。桥接面积为 401.95hm²,占研究区面积的 4.13%,在北部分布最为密

集,其次为南部。边缘结构要素共 1270.4hm²,数量为 462。孤岛面积仅次于核心与边缘共 924.19hm²,数量最多,共 3245 个。穿孔面积为 55.85hm²,数量为 43。环道面积为 178.17hm²,数量有 199 个。支线面积为 616.4hm²,数量较多为 2192 个。

基于 MSPA 的绿色基础设施网络空间结构分类及统计信息　　　　表 1

结构要素	面积(hm²)	数量(个)	占 GI 总面积(%)	占总面积(%)
核心	1919.42	625	34.19	7.84
孤岛	924.19	3245	19.70	4.52
穿孔	55.85	43	1.07	0.25
边缘	1270.40	462	26.42	6.06
环道	178.17	199	1.99	0.46
桥接	401.95	400	4.13	0.95
支线	616.40	2192	12.51	2.87

3.2 绿色基础设施网络节点选取

在 conefor2.6 中采用预设的 9 个阈值进行实验,得到连通性(dPC 和 dIIC)变化趋势(图 3)。图中显示,距离阈值在 2000m 以内 dPC 和 dIIC 变化较大,2000m 及以上时指标变化较小,故选择 2000m 作为距离阈值进行分析。

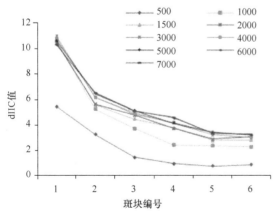

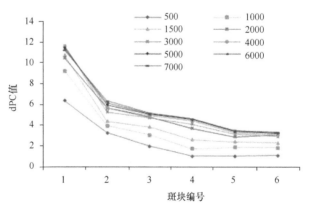

图 3　斑块随距离阈值连通性变化趋势

根据公式(4)计算,并对斑块重要性进行排序和分级,选择排名前 10 的斑块作为节点(表 2)。斑块重要性分级及其空间分布,10 个节点是其中极重要的斑块,南部有 4 个和北部 6 个,中部无节点,节点呈明显的边缘化和两极化。重要斑块主要分布在北部边缘地带,其特点为连通性较好,但面积不大。重要性一般的斑块较多,但中东部基本没有,其他地区均有分布,特点为面积较小、连通性一般。

3.3 绿色基础设施廊道的提取

3.3.1 阻力因子选择及阻力面的构建

本研究以用地类型和 MSPA 类型为赋值对象,根据研究区现状、相关文献、专家访谈等为依据对各景观类型进行赋值[30,17],以此作为基础阻力值(表 3)。利用研究区坡度数据进行修正,得到修正后的阻力面。图中显示阻

力值从 1 至 617 不均匀分布，阻力较小的主要在核心区和廊道区域，其次为水系及其周边用地，城市建设用地阻力较高。

斑块重要性指数排序结果   表2

排序	斑块编号	dA	dIIC	dPC	排序	斑块编号	dA	dIIC	dPC
1	1	13.666	28.374	30.698	6	4	3.751	5.642	4.750
2	8	9.590	18.159	15.486	7	3	2.669	4.773	4.292
3	10	8.905	13.935	12.159	8	7	2.1967	3.728	3.346
4	9	6.384	10.994	10.289	9	6	1.802	3.100	2.640
5	2	5.202	10.478	11.354	10	5	1.829	2.915	2.788

3.3.2 福州市绿色基础设施廊道提取

基于修正阻力面，利用最小累积阻力模型提取廊道，并结合网络节点得到福州市绿色基础设施网络。其中，在中部区域节点和廊道分布较少，且大多数廊道走向沿着河流水系。由表 4 得知研究区绿色基础设施廊道共 17 条，研究区廊道总长度为 110km，各廊道长度在 422～15704m 之间（平均长度为 6482m）。

表 4 显示廊道长度、阻力等统计结果，成对节点间的廊道累积阻力越小表明节点间物种信息交互可能性越高，

研究区各节点间最小累积阻力平均值为 572077。节点 4 与 5 之间廊道（编号 9）累积阻力最小（阻力为 38418），有利于物质能量交互。其他廊道累积阻力从小到大依次为 1、2、17、11 号廊道等，累积阻力最大为 15 号廊道，阻力值 1417085。平均阻力指廊道平均每米长度的阻力值，廊道平均阻力值越小则该廊道沿线生态条件越好，表 4 显示 3 号廊道平均阻力值最低为 37，其次为 9 号和 17 号廊道，1 号和 4 号廊道平均阻力最大。

福州市生态阻力因子赋值   表3

阻力因子	亚类	阻力值	阻力因子	亚类	阻力值
节点	—	1		河流	200
	极重要	1		湖泊	150
核心	重要	10	水体	河流湖泊100m缓冲	80
	一般	20		其他水体	100
桥接	极重要	1	农田	—	50
	重要	10	裸地	—	70
	一般	20	道路	—	250
林地	—	30	建设用地	—	300

基于 MCR 的廊道提取结果信息统计   表4

廊道编号	位置	累积阻力	廊道长度（m）	平均阻力	廊道编号	位置	累积阻力	廊道长度（m）	平均阻力
1	1-2	59988	422	142	10	5-7	433745	3566	122
2	1-3	73281	996	74	11	6-8	259728	2290	113
3	1-4	343020	9295	37	12	6-9	507086	4088	124
4	1-7	560548	4249	132	13	6-10	563122	7182	78
5	2-7	625346	5600	112	14	7-8	1297007	10601	122
6	2-8	865082	10428	83	15	7-9	1417085	14020	101
7	3-6	990067	15704	63	16	8-9	698636	6418	109
8	3-8	809755	10632	76	17	9-10	183401	3886	47
9	4-5	38418	824	47					

3.4 福州市绿色基础设施网络优化结果

3.4.1 基于电路中心度的重要节点评价与保护分级

表 5 显示研究区绿色基础设施网络节点的电路中心度量化结果，10 个节点的电流值在 11.5～26.1 之间，

其中，中心度最高的为 1 号和 8 号节点，中心度分别为 26.1 和 20.2，与前文斑块重要性评价结果一致。10 号节点中心度最低，但在斑块重要性评价中表现较好。其他中心度较高的有 3、6、7 号节点，分别为 18.3、18.6、17.9，该 3 个节点虽各自连通性一般（表 2），但电路中心度值较高。节点中心度较低的有 9、4、2、5 及最低的 10 号节点。

福州市绿色基础设施网络节点
电路中心度量化表   表5

节点编号	中心度	节点编号	中心度
1	26.1	4	15.7
2	15.6	5	14.4
3	18.3	6	17.9
7	18.6	10	11.5
8	20.2		
9	17.0		

3.4.2 基于"夹点"识别的廊道重要性评价与保护

显示研究区(pinchpoint mapper)识别出绿色基础设施网络中的"夹点"共9处,其主要分布于研究区的南北的仓山区和晋安区。9处"夹点"在网络中的位置,并非所有廊道都存在"夹点",如4、5、11、13、15等廊道。MSPA要素类型的点区域对应的MSPA大多为核心要素,其次为桥接和支线等,而MSPA中背景基本没有"夹点"。

3.4.3 基于"障碍"点识别的绿色基础设施网络优化

障碍区识别结果,利用自然断点法将障碍点按改善可能性大小分为四级:值较低的(87.7以下)的为非障碍区,共1891.8hm²;改善值在87.7以上按值的大小分为一、二、三级改善区,共595.9hm²。识别出一级改善区共68处,面积共73.59hm²,占改善区的12.4%,其分布在8号节点周围最多,其次为7号节点周边。二级改善区数量较多,共149处面积为203.4hm²,占改善区的34.1%,其中14号廊道分布最多,其次为10、15号廊道。三级改善区共463处,共319hm²,占改善区的53.5%。三级改善区除了9号廊道外,在每条廊道上均有分布,其中14和15号廊道分布最多,在7、3、17、13号等廊道分布较少。

4 讨论

4.1 福州市绿色基础设施空间格局特征

高密度城区是受人类生产、生活活动影响最为激烈的区域,景观组成复杂,总体上以人类建设用地为主。本研究基于MSPA的绿色基础设施格局分析,研究区内绿色基础设施用地总量偏少,且在中东部区域绿色基础设施较少,主要与城中心和城郊发展不均有关。核心区作为绿色基础设施重要结构,是区域物种主要的栖息地,研究区内核心区明显呈南北分化,应加强两区域的联系和交流,其中,核心区在北部集聚分布的主要原因是该区域为鼓山余脉,且基本属于城市边缘,人类干扰相对较少,南部集聚的原因为该区域是研究区最迟发展的仓山区,建设开发程度不如北部的鼓楼区和台江区,故保留了较多较大的绿地。中部基本无核心区主要原因是该区域为福州市建筑、人口密度最高的区域,人类干扰最大,在后期建设中应加大该区域的绿色基础设施建设,如依托水系、文物保护单位等加大绿化建设。此外,核心区面积在研究区中所占比例来看其优势度不高,表明研究区绿色基础设施破碎化严重,需要加大绿色基础设施建设。桥接作为绿色基础设施中连接不同核心区之间的廊道,同样呈南两极化分布,表明研究区南北两侧绿色基础设施连通性较好,而中部、特别是南北之间的联系应通过建设桥接(廊道)来实现,这也是本研究构建绿色基础设施网络的主要议题之一。

4.2 福州市斑块重要性评价及节点选取

斑块重要性评价能定量描述区域内斑块的生态质量,包括物种栖息地的适宜性和物种迁移扩散的可能性[15,17,31]。通过MSPA提取桥接和核心,利用面积、可能连通性、整体连通性指数定量描述研究区绿色基础设施斑块重要性并进行相关排序和分级,进而选择网络节点。结果显示研究区北部极重要和重要斑块分布最多,表明该区域斑块质量总体上较好,这些斑块连通性较好,物质、能量交互可能性较大[23]。从重要性分布来看整体上研究区绿色基础设施斑块质量北部最好、南部其次、中部最差,原因与人类活动强弱直接相关。从节点分布可知,研究区中东部没有节点,在网络构建中联系南北绿色基础设施间的廊道将会较长,且不利于生态流的交互,在后期建设中应加大中东部斑块的生态建设,以形成节点或踏脚石。

4.3 福州市绿色基础设施廊道的提取

阻力值的设定对廊道提取结果有重要影响,本研究根据研究区现状、相关文献和专家访谈对各景观类型进行阻力赋值。水体对绿色基础设施廊道选线有复杂性影响,研究区水体大致可分为4类,其特征不同对物种迁移的阻力不同,如穿城而过的闽江因其宽广、流速较快对物种阻碍作用较大,故阻力赋值较大;湖泊阻力次于河流;而河流湖泊两岸是生态、景观的保护区,有利于生态廊道的构建,故阻力较小;其他水体主要指城市内部宽度较窄、流速较慢的内河及小型池塘,对物种具有一定的阻碍作用,但也是城市重要的生态治理区域,可结合两岸陆地建设生态廊道,故阻力相对较小。因子阻力赋值有较大的主观性,且除用地类型等景观类型外,地形对生态流扩散影响较大,且与景观类型因子无重复,因此本研究利用地形因子对基础阻力面修正,得到较为客观的修正阻力面。当前相关研究中阻力因子及其赋值主观性普遍较强(包括本研究),后续可更深入的探讨不同阻力因子和赋值方法对廊道选线的影响,为构建科学客观的阻力面提供依据。

绿色基础设施廊道特征对网络节点间生态流流通具有重要影响,廊道的长度和阻力大小直接影响了物质、能量等信息交互的可能,廊道的阻力过大,如大面积的河流或建筑等的隔离将阻碍生态流的流通,以及廊道距离过长则不利于某些物种扩散迁移[32]。研究区绿色基础设施廊道提取结果表明,北部廊道要优于南部廊道(在数量和平均长度上),说明北部斑块连通性好于南部。而连接南北部的廊道长度较长(平均为12.3km),不利于物种迁移扩散,后期建设中应在廊道中间加设踏脚石,踏脚石的增设可根据距离等分或加权阻力等分适当设置,以促进生态流的交互。此外,廊道中的阻力过大将影响生态流的交互,如1号廊道长度较短(422m),但其阻力较大,平均阻力达142,原因是该廊道所经线路为建设用地,应加大该廊道上的生态建设。

绿色基础设施廊道应具有一定的宽度,一般情况下,廊道越宽越好[33,34],但廊道宽度常受经济成本和用地紧张等众多因素限制。绿色基础设施廊道功能是保证生态流的正常流通,不同物种对廊道宽度敏感度不同(与边缘效应相关)[35],此外廊道宽度应与长度成正比[7]。因缺乏详细物种信息，本研究未指定廊道宽度，后续研究应在较为详细的区域生态、经济条件评估的基础上提出廊道宽度的划定方法和依据。

4.4 基于电路理论的福州市绿色基础设施网络优化

节点的电流值越高则节点中心度值越大，中心度值越大对网络整体连通性的贡献度越大[20,21,28,29]。节点中心度评价结果表明1号和8号节点中心度最高，且与前文斑块重要性评价结果一致，表明该两个节点不仅是研究区中质量最好的斑块，同时对研究区整体连通性贡献最为突出，应对其进行优先保护。而10号节点中心度最低，且与斑块重要性评价不一致（排序第三），其主要原因为斑块重要性评价是以区域中所有斑块进行计算连通性（共779个），10号周围有较多小斑块，连通性较高，而在构建的绿色基础设施网络中主要评价网络节点和廊道，因10号地理位置最为偏僻，与其他节点相距较远，故节点中心度最低，表明节点个体连通性好并不一定对网络整体连通性贡献大。根据节点中心度大小可将网络节点的保护等分为三级，一级为优先保护节点1和8号，二级为中心度较高的节点，包括3、6、7号节点，三级保护节点为2、4、5、9、10号。

绿色基础设施网络中的"夹点"对节点间及周边景观过程具有促进作用，在维持整个景观网络的连通性中非常重要[20,21,29]。因此，这些"夹点"不仅是绿色基础设施重要组成，其对维持整个绿色基础设施网络连通性具有重要作用，应作为重点保护区域。

"障碍"区是研究区对生态流传输具有较大阻碍作用的区域，移除该区域对优化网络连通性具有较大的改善作用[20,29]。"障碍点"探测结果表明，在68处一级改善区中改善值最大，表明移除这些障碍点（即改善这些区域的生态条件）将对研究区绿色基础设施网络整体连通性具有较强的促进，是研究区中改善需求最为迫切的区域，根据网络优化的需求大小依次为改善一级、二级、三级区域。非障碍区是网络中基本无需改善的区域，如据探测结果9号廊道全线为非障碍区，表明研究区绿色基础设施廊道中该廊道现状条件最好，在绿色基础设网络规划管理过程中主要是对其进行保护。

5 结论

（1）形态学空间格局分析（MSPA）过程对景观尺度较为敏感[23]，栅格大小不同不仅在前期影响用地类型的数量，且在MSPA中的边缘宽度等参数设置是以栅格大小作为基本单位。在Guidos中边缘宽度（Edge）大小的设将影响MSPA中各要素的数量，进而影响绿色基础设施及其网络。本研究根据前人研究、研究区大小和目的，将影像栅格的最小单元30m作为边缘宽度值。MSPA方法能有效评价景观的结构、形态、空间分布状况及数量等特征，为空间格局研究与分析提供新视角。

（2）节点选取方法中利用斑块重要性评价定量选取区域内质量较好的斑块，基于MSPA结果提取斑块源，保证了斑块的生态价值和结构性功能，结合dPC和dIIC评

价，定量描述斑块重要性进而选取节点。相比传统依靠经验主观选取网络节点，斑块重要性评价方法具有较大的改进。但是，本研究因范围较小和所处城市区域等原因，没有将物种多样性纳入重要性评价指标，在今后相关研究中特别是在物种差异性高的研究区域中，应对其进行评价。

（3）利用MCR模型，经地形因子修正阻力面，提取研究区绿色基础设施廊道，结合选取的节点，构建了绿色基础设施网络。MCR是在综合空间距离和生态过程的基础上识别出区域中的最优廊道，是当前较好的模拟生态流扩散过程方法，但阻力面存在主观性强的缺点，利用地形因子对其修正，在一定程度上提升了该方法的客观性。

（4）利用电路理论优化绿色基础设施网络，将生态流扩散过程看作电荷自由行走，利用电荷分布规律来描述绿色基础设施网络中生态流扩散状况，是量化网络功能状况的有效方法，也是相关网络评价和优化的新方法。本研究利用电路理论下Circuitscape软件进行模拟，通过节点中心度测度、"夹点"识别、"障碍点"探测，有利于明确绿色基础设施网络中的保护区域和保护等级，划定网络中需要优化的区域及其优化级别。

参考文献

[1] Newman G，Dongying L I，Zhu R，et al. Resilience through Regeneration：The economics of repurposing vacant land with green infrastructure[J]. Landscape Architecture Frontiers，2019，6(6).

[2] Vallecillo S，Polce C，Barbosa A，et al. Spatial alternatives for Green Infrastructure planning across the EU：An ecosystem service perspective[J]. Landscape and Urban Planning，2018，174：41-54.

[3] 甄江红，王亚丰，田圆圆，等. 城市空间扩展的生态环境效应研究——以内蒙古呼和浩特市为例[J]. 地理研究，2019，38(05)：1080-1091.

[4] Gashu K，Gebre-Egziabher T . Spatiotemporal trends of urban land use/land cover and green infrastructure change in two Ethiopian cities：Bahir Dar and Hawassa[J]. Environmental Systems Research，2018，7(1)：11.

[5] 吴伟，付喜娥. 绿色基础设施概念及其研究进展综述[J]. 国际城市规划. 2009，24(05)：67-71.

[6] 谢于松，范惠文，王倩娜，罗言云，王霞. 四川省主要城市市域绿色基础设施形态学空间分析及景观组成研究[J]. 中国园林，2019，35(07)：107-111.

[7] Benedict M A，Mcmahon E. Green infrastructure：Linking landscapes and communities [J]. Natural Areas Journal. 2017，22(3)：282-283.

[8] 王海珍，张利权. 基于GIS、景观格局和网络分析法的厦门本岛生态网络规划[J]. 植物生态学报. 2005，29(01)：144-152.

[9] 郭微，俞龙生，孙延军，陈平. 佛山市顺德中心城区城市绿地生态网络规划[J]. 生态学杂志，2012，31(04)：1022-1027.

[10] 许文雯，孙翔，朱晓东，等. 基于生态网络分析的南京主城区重要生态斑块识别[J]. 生态学报，2012，32(04)：260-268.

[11] Soille P，Vogt P . Morphological segmentation of binary patterns[J]. Pattern Recognition Letters，2009，30(4)：

绿色基础设施

456-459.

[12] Vogt P, Kurt H. Riitters, Iwanowski M, Estreguil C, Kozak J, Soille J, Mapping landscape corridors[J]. Ecological Indicators, 2007, 7(2): 481-488.

[13] Kang S, Choi W. Forest cover changes in North Korea since the 1980s[J]. Regional Environmental Change, 2014, 14(1): 347-354.

[14] Wickham J D, Kurt H. Riitters, Timothy G. Wade, et al. A national assessment of green infrastructure and change for the conterminous United States using morphological image processing[J]. Landscape & Urban Planning, 2010, 94(3): 186-195.

[15] 王玉莹, 沈春竹, 金晓斌, 等. 基于 MSPA 和 MCR 模型的江苏省生态网络构建与优化[J]. 生态科学, 2019, 38 (02): 138-145.

[16] 俞孔坚, 李伟, 李迪华, 等. 快速城市化地区遗产廊道适宜性分析方法探讨——以台州市为例[J]. 地理研究. 2005, 24(01): 69-76+162.

[17] 许峰, 尹海伟, 孔繁花, 等. 基于 MSPA 与最小路径方法的巴中西部新城生态网络构建[J]. 生态学报, 2015, 35 (19).

[18] 史娜娜, 韩煜, 王琦, 等. 青海省保护地生态网络构建与优化[J]. 生态学杂志. 2018, 37(06): 1910-1916.

[19] 张远景, 俞滨洋. 城市生态网络空间评价及其格局优化[J]. 生态学报, 2016, 36(21): 6969-6984.

[20] 宋利利, 秦明周. 整合电路理论的生态廊道及其重要性识别[J]. 应用生态学报, 2016, 27(10): 3344-3352.

[21] 李慧, 李丽, 吴巩胜, 周跃, 李雯雯, 梅泽文. 基于电路理论的滇金丝猴生境景观连通性分析[J]. 生态学报, 2018, 38(06): 2221-2228.

[22] 黄柳菁, 王齐, 林丽丽, 张增可, 刘兴诏, 苏志民, 黄华顿. 城市化背景下公园木本植物多样性的分布格局[J]. 安徽农业大学学报, 2017, 44(06): 1052-1059.

[23] 于亚平, 尹海伟, 孔繁花, 等. 南京市绿色基础设施网络格局与连通性分析的尺度效应[J]. 应用生态学报, 2016, 27(7): 2119-2127.

[24] Saura S, Josep T. Conefor Sensinode 2.2: A software package for quantifying the importance of habitat patches for landscape connectivity [J]. Environmental Modelling & Software, 2009, 24(1): 135-139.

[25] 杜志博, 李洪远, 孟伟庆. 天津滨海新区湿地景观连接度距离阈值研究[J]. 生态学报, 2019, 39(17): 1-11.

[26] 张青萍, 杨柳, 焦洪赞. 基于最小累积阻力模型的西南山地城市建设用地扩展路径研究——以贵阳市为例[J]. 西南大学学报(自然科学版), 2016, 38(12): 89-94.

[27] Doyle P, Snell J. Random walks and electric networks[J]. Mathematical Association of America, 1984, 22 (2): 595-599.

[28] 滕明君, 周志翔, 王鹏程, 等. 景观中心度及其在生态网络规划与管理中的应用[J]. 应用生态学报, 2010, 21(4): 863-872.

[29] McRae BH, Shah VB. Circuitscape User's Guide[EB/OL]. (2014-03-28) [2016-03-11]. http://www.circuitscape.org.

[30] 尹海伟, 孔繁花, 祈毅, 王红扬, 周艳妮, 秦正茂. 湖南省城市群生态网络构建与优化[J]. 生态学报, 2011, 31 (10): 2863-2874.

[31] 杨志广, 蒋志云, 郭程轩, 等. 基于形态空间格局分析和最小累积阻力模型的广州市生态网络构建[J]. 应用生态学报, 2018, 29(10): 3367-3376.

[32] 郑好, 高吉喜, 谢高地, 等. 生态廊道[J]. 生态与农村环境学报, 2019, 35(02): 137-144.

[33] Noss R F. Corridors in real landscapes: a reply to Simberloff andCox[J]. Conservation Biology, 1987, 1 (2): 159.

[34] Smith D S, Hellmund P C. Ecology of greenways: design and function of linear conservation areas [J]. Whole Earth, 1993.

[35] Rich A C, Niles D L J. Defining Forest Fragmentation by Corridor Width: The Influence of Narrow Forest-Dividing Corridors on Forest-Nesting Birds in Southern New Jersey [J]. Conservation Biology, 1994, 8(4): 1109-1121.

作者简介

黄河, 1986 年 1 月生, 男, 汉族, 江西樟树, 博士, 福建农林大学教师, 讲师, 风景园林规划设计. 电子邮箱: fafuhh @126. com。

平潇菡, 1999 年 4 月生, 女, 汉族, 河南濮阳, 在校本科生, 风景园林专业. 电子邮箱: 869527804@qq. com。

高雅玲, 1986 年 2 月生, 女, 汉族, 福建漳州, 博士生, 福建农林大学金山学院教师, 研究方向为风景园林规划设计. 电子邮箱: gyl. xu@qq. com。

闫晨, 1987 年 10 月生, 男, 汉族, 福建南平, 博士生, 福建农林大学教师, 研究方向为风景园林公共健康. 电子邮箱: ethanyan@qq. com。

许贤书, 1967 年 10 月生, 男, 汉族, 福建罗源, 福建农林大学教师, 研究方向为风景园林规划设计. 电子邮箱: fjxxs @126. com。

谢祥财, 1974 年生, 清华大学博士后, 副教授, 研究方向为风景园林规划设计研究方向. 电子邮箱: 249095838@qq. com。

基于景观格局表征的绿色基础设施降温效应研究①

——以太原市六城区为例

Research on Cooling Effect of Green Infrastructure Based on Landscape Pattern Index:

A Case Study of Six Districts in Taiyuan City

黄俊达　王云才*

摘　要： 伴随全球变暖、城市内涝、大气污染等生态问题的日趋严重，如何在有限的城市空间内规划具有最佳降温效果的绿色基础设施，以缓解城市热岛效应与满足居民福祉的需求，是目前亟待解决的问题。然而，现有研究缺乏对其降温效应的定量分析。因此，本文立足太原市两大区域——密集建成区和绿环，通过景观格局指标量化绿色基础设施，并计算其降温阈值。本文发现：①增加城市森林与绿环草地的单位面积，布置聚集性的绿色空间能够较好的降低地表温度；②在 $1.5km^2$ 范围内，密集建成区中 $4.5hm^2$ 森林，以及绿环中 $9hm^2$ 森林、$2.25hm^2$ 草地拥有最佳的降温效果。

关键词： 绿色基础设施；降温效应；阈值；密集建成区；绿环

Abstract： Along with global warming, urban flooding, air pollution and other ecological problems are becoming more and more serious, how to plan green infrastructure with the best cooling effect in the limited urban space to alleviate the urban heat island effect and meet the needs of residents' well-being is an urgent problem to be solved. However, existing studies lack quantitative analysis of its cooling effect. Therefore, this paper quantifies the green infrastructure through landscape pattern indicators and calculates the cooling threshold based on two major areas in Taiyuan City, namely the centralized built-up area and the green ring. This paper finds：①increasing the unit area of urban forest and green ring grassland, and laying out agglomerated green space can better reduce surface temperature；②within $1.5km^2$, $4.5hm^2$ forest in densely built-up area, and $9hm^2$ forest and $2.25hm^2$ grassland in green belt have the best cooling effect.

Key words： Green Infrastructure; Cooling Effect; Threshold; Densely Built-up Area; Green Belt

引言

随着中国城镇化的持续推进，人口从农村向城市转移，各类产业形成集聚，越来越多的城市生态问题开始出现[1]。其中，城市热岛效应作为城市化最为显著的特征之一，已经严重影响城市的正常运作，如加速能源消耗，降低生物多样性，增加极端气候事件的频率，甚至影响城市居民的健康和生活舒适度[2]。因此，从全球城市化的环境可持续性和人类福祉出发，深入分析如何减轻城市热岛效应的影响，是一项前所未有的紧迫任务。绿色基础设施（Green Infrastructure，GI）作为城市生态系统中重要的组成部分，已经被广泛论证其规模、形态和空间结构会带来不同程度的降温效果，并揭示了相关指标与地表温度（Land Surface Temperature，LST）之间的关系。例如，城市冷岛效应受森林植被面积、空间配置、冷岛的景观组成以及大城市周边热环境的影响[3]。基于 Austin 社区环境的研究得出，较大且连通度更好的景观空间格局与低 LST 呈正相关，而孤立的 GI 与低 LST 呈负相关[4]。花利忠等人通过对厦门 15 个公园的监测分析，证明公园面积及其建设用地面积是影响其平均温度的关键因子，并计算得出阈值在 $55hm^2$ 左右[5]。

现有的研究主要聚焦在 GI 的形态，或空间分布与其降温效应之间的相关性，未能明确的建立相互之间的定量关系。且多数研究倾向于选择沿海的发达城市，并将研究对象作为一整块区域进行集中研究，缺少对部分内陆干旱城市 GI 的对比研究。因此，本文以中国中部的太原市六城区为例，在筛选以往研究中与 LST 相关性强、适应性广的景观空间指标的基础上，对不同区域的 GI 格局进行分析，探讨其存在的最佳降温格局与规划策略，为城市的可持续发展与新城镇化建设提供一定参考。

1　研究区域与数据的收集、处理

1.1　研究区域

太原（$111°30'\sim113°09'E$，$37°27'\sim38°25'N$）位于黄土高原东部，具有典型的北温带大陆性季风气候特征，年平均降雨量 456mm，主要分布在 7 月和 8 月。由于早期煤炭开采、金属冶炼、火电等重工业的快速发展，绿色基

① 基金项目：国家重点研发计划资助（项目编号：2019YFD1100405）。

绿色基础设施

础设施又受限于河谷平原局促的土地资源，导致极端天气事件频发，加之水资源的匮乏与现状不合理的绿地布局，使中心城区内局部地区地表温度有明显上升，对居民的健康和生活舒适度产生较大影响，进而恶化区域环境的健康，威胁着整个太原盆地生态格局的稳定。

本研究选取山西省太原六城区为研究对象，区域覆盖1460km²，人口275万人，城市化率84.7%。其中，位于汾河流域平原的密集建成区面积为618km²，人口密度较高（3750人/km²）。绿地面积小，分布较为分散。受大陆季风气候影响，9条支流常年干涸。相反，密集建成区周边的绿环人口密度较低（522人/km²），人类活动主要围绕点状村落开展，没有大规模建设，具有嵌套模式的森林和草原是GI的主要类型。水体主要为水库和支流的上游。该区域是重要的生态保障用地，为密集建成区提供重要的生态系统服务。因此，根据人口密度、环城路、山体边界等特征，将大六城区划分为两个区域对比研究：密集建成区与其周围的绿环区。

1.2　数据的收集、处理

基础数据主要包括landsat8卫星数据（http://earthexplorer.usgs.gov/）、太原六城区规划（2011-2030年）和太原市六城区土地利用分类数据集（全国第三次全国土地调查）。通过ENVI5.3对landsat8数据进行预处理[6]，导入ArcGIS确定太原六城区范围，并与太原市六城区的土地利用数据进行人机解译，最终将土地覆被分为5类：①农田（年耕地、轮作土地）；②水体；③森林（大面积森林、生产林、灌丛等）；④草地；⑤城市土地、道路土地和其他不透水表面。基于太原的实际情况与研究目的，考虑到农田占地广泛，水体降温效果显著，因此将农田、水体、森林和草原作为GI的组成类型进行研究。

2　太原市六城区绿色基础设施降温效应的研究

2.1　区域地表温度的反演

本研究采用大气校正方法反演太原市LST[7]，辐射传递方程如下：

$$L_\lambda = [\varepsilon B(T_S) + (1-\varepsilon)\tau + L\uparrow_\lambda \qquad (1)$$
$$B(T_S) = [L_\lambda - L\downarrow_\lambda - \tau(1-\varepsilon)L\downarrow_\lambda]/\tau\varepsilon \qquad (2)$$

式中，ε 为表面发射率，$B(T_S)$ 为黑体的热辐射亮度，T_S 为真实地表温度（K），$L\uparrow_\lambda$ 为大气上行辐射率，$L\downarrow_\lambda$ 为大气下行辐射率，τ 为平均大气传输。

T_S 通过普朗克定律函数转换，公式如下：

$$T_S = \frac{K_2}{\ln\left(\frac{K_1}{B(T_S)}\right) + 1} \qquad (3)$$

式中，K_1 和 K_2 分别为校准常数，当对象为 Landsat8 TIRS Band 10 时，$K_1 = 774.89 W/(m^2 \cdot sr \cdot \mu m)$，$K_2 = 1321.08K$；$\varepsilon$ 通过 NDVI 阈值法进行计算[8]。

因此，计算真实 LST，需要获得两个参数：大气剖面参数和地表比辐射率 ε。前者通过 NASA 官网（ht-tp://atmcorr.gsfc.nasa.gov/），输入 landsat8 数据获取时间以及区域中心经纬度（112.53E、37.87N），得到 $L\uparrow_\lambda$：1.37W/(m² · sr · μm)，$L\downarrow_A$：2.37W/(m² · sr · μm)，τ：0.83。后者通过植被覆盖度和归一化植被指数计算得到[9]，并从大气亮度温度值（K）转换为摄氏度（℃）。

2.2　绿色基础设施的格局指标的选择

基于前人对绿色基础设施格局的研究，本研究从空间构成和景观配置两个维度中选择3个相关指标来表征GI的景观格局，分别为：斑块密度（patch density，PD）、景观分裂指数（landscape division index，DIVISION）和百分比景观指数（percent of landscape，PLAND）。

空间结构指标由 PD 和 DIVISION 组成。一方面，城市空间的不同形态、复杂程度对 LST 有显著的影响，PD 代表 GI 斑块的分布密度，即计算在单位面积中制定斑块的数量多少，反映的是在特定的景观空间中 GI 的异质性[10]。另一方面，DIVISION 通过计算两个随机选取的对象不在同一个斑块中的概率来反映聚合程度[11]。而 PLAND 作为生态研究中量化景观配置常用指标之一，是研究地表覆被与 LST 之间相关关系的重要因子，能够有效表征不同绿地类型情况对 LST 的影响程度。在本研究中，PLAND 能够较为直观的反映 GI 在密集建成区和绿环的分布规律，以及验证不同 GI 类型是否存在降温阈值。

2.3　绿色基础设施的区域降温效应

首先，通过 fragstats4.2 中8个领域的移动窗口法，将 GI 作为前景，不透水面作为背景。考虑到太原市平均 GI 斑块约为 0.29km²，85% 的斑块小于 1km²，采取不同的窗口尺寸（0.9km、1.2km、1.5km、1.8km），最终选择 1.5km×1.5km，进行景观格局的计算。由于城市中农田和水体受人类活动影响比其他类型更大[12]。因此，选择森林和草原为主要研究对象。

六城区内 GI 共有 864.96km²，约占总面积的 59.2%。其中密集建成区 209.8km²，绿环 655.16km²，约 75.8% 的 GI 分布于绿环的山地中，以有林地、灌木林地为主；建成区内主要为农田，以及少量公园绿地（表1）。建成区相比于绿环，表现出更高的区域 LST，尤其在老城区的东南、东北部，我们发现3处较大的组团状热岛，分别为城南住宅区与高校区集聚地，城北太原钢铁集团有限公司以及城西太原重型机械集团公司。此外，还有一部分斑块呈现较高 LST，如北山太原工业园区，南部铁路沿线的学校。几乎所有的高温区域都分布在建成区内，主要是工业园、高密度住宅和学校。绿环中零散分布着点状热岛，主要是一些村庄和采矿地，以及南部的在建开发区。公园、湿地和大片农田与森林等 GI 区域的 LST 则普遍较低。结果表明，研究区中部和南部 GI 资源较少，热岛效应显著，同时又分布多个居民聚集点，因此，需要在保障绿环现有绿色资源的基础上，增加密集建成区中部和南部区域的绿色基础设施建设。

2019 年太原市 LST 的描述性统计　表 1

区域	LST（℃）			GI 的平均温度（℃）			
	最大值	最小值	平均值	农田	森林	草地	水体
密集建成区	54.31	27.33	34.93	32.92	30.44	31.67	28.63
绿环	38.24	26.29	31.59	30.64	29.17	30.03	27.13

皮尔逊相关系数能够定量表达多个因变量与自变量之间的关联程度，对于认知 GI 格局对所在区域 LST 的影响程度具有重要的意义[13]。本研究基于 SPSS 软件，导入 PD、DI-VISION 与 PLAND 为自变量，导入 LST 为因变量，对密集建成区与绿环分别进行偏相关计算，并筛选 $p<0.001$ 的对象进行分析（表 2）。同时，为了更加直观的反映 GI 降温效应，采用最小——最大归一化方法（min-max Normalization method）计算降温效果[14]，设定区域平均 LST 为 ΔT（m），降温效应的计算公式为：$\Delta LST=\Delta T(g)-\Delta T(m)$，式中 $\Delta T(g)$ 代表每个移动窗口的平均 LST。

由表 2 可知，密集建成区的森林 DIVISION 与 PLAND 与区域 LST 呈现显著相关，绿环的森林 DIVISION 与 PLAND，以及草地 PLAND 与区域 LST 呈现显著相关。即在 1.5km×1.5km 范围内，当密集建成区和绿环的森林分布越离散，面积越大，对区域的降温效应越强；当绿环的草地面积越大，其降温效应也相应增加。通过对比现状土地利用情况与卫星遥感影像，密集建成区内森林离散度较大，主要集中在沿汾河两侧，以及与绿环的交界线附近，距离热岛区域较远，并且相比于农田、草地等面积偏少。而绿环内森林呈现大面积的连片分布，离散度较低，占地面积较大，并与部分热岛区域呈现相互嵌套关系。草地则以点状斑块的模式分布于居民点附近。

整体而言，绿环的 GI 能够提供远高于建成区的降温效应，相关性的数值也能证明这点。因此，在提高建成区的森林面积与聚集度的同时，继续推进周边山地的生态修复与土地整治，集中森林布局，不仅能提高绿环作为外围生态保障区的降温效应，还为密集建成区提供综合性的生态系统服务。

森林、草地与降温效应之间的相关关系　表 2

区域	指标	GI 类型	相关性指数	p
密集建成区	FDI	森林	0.015	0.876
		草地	0.070	0.735
	DIVISION	森林	−0.276**	0.000
		草地	−0.097	0.260
	PLAND	森林	0.396**	0.000
		草地	0.134	0.118
绿环	FDI	森林	0.042	0.359
		草地	−0.081	0.345
	DIVISION	森林	−0.656**	0.000
		草地	0.084	0.063
	PLAND	森林	0.743**	0.000
		草地	0.323**	0.000

注：**代表在 0.01 水平上（双尾），显著相关；*代表在 0.05 水平（双尾），显著相关。

2.4　绿色基础设施格局的降温阈值

通过上述分析森林与草地对区域 LST 产生重要影响的因素，聚焦 PLAND 与 DIVISION 的降温效应。基于"边际效用递减法则"[15]，本研究通过计算每个移动窗口中格局指标与平均 LST，进行对数化处理，得到降温强度，并探究其是否存在降温阈值。即随着指数数值的增加，在未达到阈值点之前，曲线斜率较大，△LST 上升显著。一旦超过阈值点后，随指数数值的增加，曲线斜率降低，△LST 上升幅度减缓。

在密集建成区中，当森林面积占研究窗口小于 2% 时，即 4.5hm²，降温效果曲线斜率十分陡峭，表明在该区间内，随着森林面积比例的增加，降温效果迅速提高。但随着森林面积继续增加，曲线逐渐趋于水平，意味着冷却效果的下降，并最终趋于定值（图 1、图 2）。根据太原市的自然地貌特征，识别建成区现有公园、水系等生态要素，依托汾河的临近湿地、城市边缘的林地，以及现有绿地中的林地斑块，构建分布集中、单个斑块面积在 4.5hm² 左右，能够辐射 1.5km 的森林绿地，形成具有空间聚集属性的 GI 网络体系。

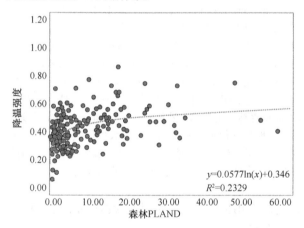

图 1　密集建成区中森林 PLAND 的降温曲线

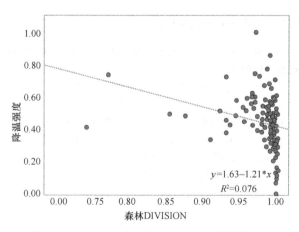

图 2　密集建成区中森林 DIVISION 的降温曲线

相较于密集建成区，绿环内森林存在更为显著的降温效果。一方面，森林的面积占比与降温效果之间存在对数函数关系，当 PLAND 超过 4% 后，曲线斜率开始显著下降，因此，具有最佳降温效果的森林面积为 9hm²。另一方面，本研究中草地 PLAND 与降温效果呈显著正相关，并在 1% 数值处出现曲线斜率的变化，表明在 1.5km×1.5km 范围内，2.25hm² 的草地能够提供最佳效率的冷却效果（图3~图5）。因此，对绿环的森林与草地进行格局优化，在保障现有森林群落的基础上，构建形态简单、结构紧凑、斑块密度低的 GI 格局，实现其作为建成区生态屏障的重要功能。但受限于样本数量，相关性研究可能不能完全反映草地对 LST 的影响，因此，该结论与一些现有研究存在冲突，有待进一步论证[16]。

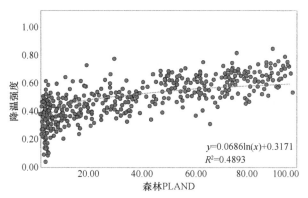

图3　绿环中森林 PLAND 的降温曲线

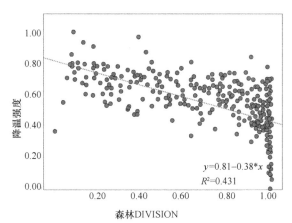

图4　绿环中森林 DIVISION 的降温曲线

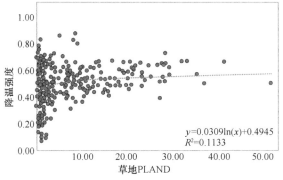

图5　绿环中草地 PLAND 的降温曲线

3　结论与讨论

3.1　结论

太原作为资源型城市的代表，城市发展过分依赖于

矿产资源，忽视了对密集建成区和绿环的 GI 建设。同时，盆地地形也局限了土地资源的利用，干旱气候导致水资源匮乏。因此，在有限的六城区空间中合理布局绿色基础设施，缓解热岛效应，有利于实现城市的绿色转型与可持续发展。本研究通过对密集建成区和绿环内 GI 格局降温效应的比较分析，得出以下结论：（1）在密集建成区中，GI 对降低 LST 的效果要明显高于绿环；（2）形态简单、结构紧凑、斑块密度低的 GI 降温效果更好；（3）在 1.5km×1.5km 范围内，密集建成区中面积为 4.5hm² 的森林拥有最佳降温效果；而在绿环中森林面积为 9hm²，草地为 2.25hm²。

3.2　讨论

城市尺度的 GI 规划是不断权衡城市土地利用和环境可持续性的结果，由于城市规划者不可能通过拆除现有的建筑物和不透水面来实现区域降温，需要寻求。因此，本研究基于"效用递减规律"[17]，聚焦于森林和草地景观格局的降温阈值，研究结果不仅对合理、有效的 GI 规划与设计具有一定的指导意义与实践价值。

在城市尺度的研究中，往往选择遥感影像作为分析的基础数据。本研究选择一幅 2019 年夏季凌晨的卫星影像数据。已有研究表明，绿地的降温效果受到季节和昼夜的影响[18]。因此，后续的研究中考虑 GI 的季节变化和昼夜差异，对同一研究区域长时间的土地演变进行对比研究。

此外，本研究虽然得到了森林与草地的最佳降温阈值，为太原市六城区的绿地系统规划提供了参考，但仍需考虑到不同气候区对 GI 的影响。由于太原为干旱缺水城市，本研究未对其农田和水体进行研究。在后续研究中，可围绕对现状 GI 进行综合评估，指导国土空间规划的实践与应用，例如国土空间整治与管控、生态空间的划定、生态修复策略等，推进城市的绿色转型和可持续发展。

参考文献

[1] 陈燕红，蔡芜镔，仝川．基于遥感的城市绿色空间演化过程的温度效应研究——以福州主城区为例[J]．生态学报，2020.07：2439-2449．

[2] 王云才，申佳可，彭震伟，象伟宁．适应城市增长的绿色基础设施生态系统服务优化[J]．中国园林，2018，34(10)：45-49．

[3] 邓毅．景观生态学视角下城市公园的选址布局研究[J]．建筑科学，2008，24(3)：165-169．

[4] Kim, J. H., Gu, D., Sohn, W., Kil, S. H., Kim, H., & Lee, D. K. (2016). Neighborhood Landscape Spatial Patterns and Land Surface Temperature: An Empirical Study on Single-Family Residential Areas in Austin, Texas[J]. International Journal of Environmental Research and Public Health, 13(9).

[5] 花利忠，孙凤琴，陈娇娜，唐立娜．基于 Landsat-8 影像的沿海城市公园冷岛效应——以厦门为例[J]．生态学报，2020，22．

[6] Masek, J. G., Vermote, E. F., Saleous, N. E., Wolfe, R., Hall, F. G., Huemmrich, K. F., Feng, G., Kutler,

J., & Teng-Kui, L. (2006)[J]. A Landsat surface reflectance dataset for North America, 1990-2000. IEEE Geoscience and Remote Sensing Letters, 3(1), 68-72.

[7] Jiao, L., Xu, G., Jin, J., Dong, T., Liu, J., Wu, Y., & Zhang, B. (2017). Remotely sensed urban environmental indices and their economic implications[J]. Habitat International, 67, 22-32.

[8] Julien, Y., & Sobrino, J. A. (2010). Comparison of cloud-reconstruction methods for time series of composite NDVI data[J]. Remote Sensing of Environment, 114(3), 618-625.

[9] 何迎东, 马瑞峰. 基于 Landsat-8 TIRS 数据的兰州市地表温度反演[J]. 测绘与空间地理信息, 2019, 42(09): 43-46.

[10] 阿娜古丽·麦麦提依明, 阿里木江·卡斯木, 买尔孜亚·吾买尔. 基于移动窗口法的乌鲁木齐市建成区景观格局变化分析[J]. 中国水土保持科学, 2018, 05: 31-38.

[11] Timm, B. C., McGarigal, K. (2012). Fine-scale remotely-sensed cover mapping of coastal dune and salt marsh ecosystems at Cape Cod National Seashore using Random Forests [J]. Remote Sensing of Environment, 127, 106-117.

[12] 童晨, 李加林, 叶梦姚, 童亿勤, 田鹏, 王丽佳, 刘瑞清, 周子靖. 东海区海岸带景观格局变化对生态系统服务价值的影响[J]. 浙江大学学报(理学版), 2020, 04: 492-506+520.

[13] 彭凯锋, 蒋卫国, 侯鹏, 孙晨曦, 赵祥, 肖如林. 三江源国家公园植被时空变化及其影响因子[J]. 生态学杂志, 2020, 7.

[14] Zhou, W., Cao, F., Wang, G. (2019). Effects of Spatial Pattern of Forest Vegetation on Urban Cooling in a Compact Megacity[J]. Forests, 10(3).

[15] Fan, C., Myint, S. W., Zheng, B. (2015). Measuring the spatial arrangement of urban vegetation and its impacts on seasonal surface temperatures[J]. Progress in Physical Geography-Earth and Environment, 39(2), 199-219.

[16] Yu, Z., Guo, X., Jorgensen, G., Vejre, H. (2017). How can urban green spaces be planned for climate adaptation in subtropical cities? [J] Ecological Indicators, 82, 152-162.

[17] Peng J., Jia J., Liu Y., Li H. Wu J. (2018). Seasonal contrast of the dominant factors for spatial distribution of land surface temperature in urban areas. [J]Remote Sensing of Environment, 215, 255-267.

作者简介

黄俊达, 1991 年生, 男, 浙江, 硕士, 同济大学建筑与城市规划学院景观学在读博士, 研究方向为生态修复与城市绿色基础设施。电子邮箱: 543190451@qq.com。

王云才, 1967 年生, 男, 陕西, 博士, 同济大学建筑与城市规划学院景观学系研究副主任、教授、博士生导师、同济大学建筑与城市规划学院生态智慧与生态实践研究中心副主任, 同济大学高密度人居环境生态与节能教育部重点实验室, 研究方向为图式语言与景观生态规划设计教学、科研和工程实践。电子邮箱: 854792273@qq.com。

城市慢行系统规划视角下的绿色基础设施优化策略研究

——以重庆市永川区为例

Research on Optimization Strategy of Green Infrastructure from the Perspective of Urban Slow Traffic System：

A Case Study of Yongchuan，Chongqing

蒋一心

摘　要： 2020年初全球新型冠状病毒疫情的暴发使城市健康的话题受到前所未有的关注。本文关注城市慢行系统的规划设计和绿色基础设施建设，探讨两者之间的承载关系；通过对城市慢行系统的再分类引出专用慢行系统和复合慢行系统，并从人居环境视角和绿色技术视角探索城市慢行系统中子系统的绿色基础设施的优化策略，提出相应的管控导引，倡导公园城市的建设，以实现安全舒适的慢行空间、健康宜居的城市生活。

关键词： 城市慢行系统；绿色基础设施；优化策略；人居环境；绿色技术

Abstract: At the beginning of 2020, the outbreak of the COVID-19 makes the topic of urban health receive unprecedented attention. This paper focuses on the planning and design of urban slow traffic system and the construction of green infrastructure, and discusses the bearing relationship between the two. Through the reclassification of urban slow traffic system-appropriative system and composite system. And from the perspective of human settlements and green technology, it explores the optimization strategy of green infrastructure of those two sub-systems so that we can put forward corresponding control guidance to advocate the construction of Park City and realize the safe and comfortable slow space as well as healthy city life.

Key words: Slow Traffic System; Green Infrastructure; Optimization Strategy; Human Settlements; Green Technology

随着全球新冠肺炎的暴发，给社会发展和运行带来巨大的阻碍和冲击，人们越来越意识到生态、生产和生活空间相宜的重要性，对于自然环境和人工环境和谐共融的"公园城市"愿景也愈加强烈。自然环境过去常常作为与人工环境的对立面进行讨论和研究，而随着景观生态学、生态基础设施等理念的提出和实践应用，两者之间的结合愈加紧密，其中绿色基础设施理念在欧美国家的实践证明了对于自然过程的维系包括生物多样性的维护、水土的涵养、水系自净能力的增强以及对人居环境的改善等多方面的应用存在必要性[1]，这对于建设公园城市、倡导健康生活意义重大。

而在过去的发展中，基础设施奠定了当今社会赖以依存的根基[2]。随着我国的快速城镇化过程，城市交通系统和其他基础设施一样维持着与自然割裂、功能单一的发展路线，导致现实与人们对于交通方式多样化、交通空间舒适化的需求之间的矛盾日益凸显。为响应2018年《国务院关于加强城市基础设施建设的意见》中提出的"城市交通应树立行人优先的理念，优化城市交通环境，建设城市绿道，从根本上改变过度依赖机动车出行的交通体系"[3]，社会政府已经意识到城市慢行系统成为城市交通拥堵、大气污染、热岛效应等问题的破局关键[4]，笔者重在关注其构建过程中相关绿色基础设施的规划和建设，使两个系统相互协同作用从而实现一举多得的效果。

1　相关概念解读

1.1　城市慢行系统的定义

2002年，在《上海城市规划白皮书》中首次提出"慢行交通"的概念[5]，之后北京、上海、杭州等城市依次颁布城市慢行交通系统相关规划。在《上海市中心城慢行交通系统规划研究》中将慢行交通定义为"步行或自行车等以人力为空间移动动力的交通"[6]；其通过交通的出行方式对慢行交通进行了重新定义，认为慢行交通是包括步行与非机动车交通在内的总和。而慢行系统相较于慢行交通的范围有所延展，其定义为：出行速度不大于15km/h，以步行、自行车和低速环保助动车等组成的低碳可持续的交通出行方式[7]，它是包括城市步行、非机动车、慢速机动交通系统及其相关配套的软硬件设施的总称[8]，其不仅具有交通的基本功能，还应当包含公共交往、休闲游憩、设施引导的多元化功能。

1.2　不同视角下绿色基础设施的综合发展

绿色基础设施（Green Infrastructure，以下简称GI）即一个相互联系的绿色空间网络[9]，是国家自然生命保障系统，其从不同尺度、不同深度以及不同视角解释并没有一个统一的概念。从人居环境视角看，GI是公园绿地发展至高级阶段的产物，超越了开放空间与绿道的范畴，是一种土地保护策略；从生态保护视角看，GI是生态基础设施理论的扩展，是生物保护为核心的理论方法，包括保护自然与人文复合生态系统的理论方法；从绿色技术视角看，GI是传统灰色基础设施的绿色化，即通过绿色和生态技术手段对市政基础服务的绿色化[10]。

因此GI是多领域、多学科的发展和融合后的中和产物，本文意在慢行系统的构建过程中探索GI的应用视角和设计策略。而在此之前，需要理解城市慢行系统与GI的相互关系。

2 城市慢行系统与GI的承载关系

2.1 城市慢行系统的重构

将绿色基础设施理念引入城市慢行系统规划设计具有可行性，城市慢行系统作为城市基础设施的本质决定了其成为绿色基础设施建设中一个必不可少的承载系统，两者场地的重合性决定了它们在城市中的运作是互促并存的[11]。然而绿色基础设施的应用视角和具体方式并非单一模式，同时慢行系统也是一个复杂的城市系统，因此对于城市慢行系统首先应当进行对象的重构。

城市慢行系统包括城市步行、非机动车、慢速机动交通系统及其相关配套设施，其中部分城市步行、非机动车交通及其配套设施可共同构成城市专用慢行交通系统，其与城市绿道相类似，依托于城市开敞空间，是城市绿地系统中的重要组成部分；而其余依托于传统城市道路交通系统的慢行交通可构成复合慢行交通系统，其中包括步行、非机动车以及公交系统及其配套设施。其构成关系如图1所示。

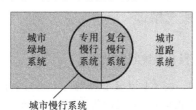

图1 城市慢行系统构成图

2.2 专用慢行系统中GI的应用视角及其意义

专用慢行系统是从人居环境视角出发，考虑城市内外部的绿色开敞空间，包括溪谷、山脊、河滨、公园风景道路等自然和人工廊道的建立，通过步行、骑行路线的设置及其相应配套设施的建设和管控形成基于GI的绿色空间网络，以提供舒适的休闲游憩场所以及改善城市生态环境。

2.3 复合慢行系统中GI的应用视角及其意义

复合慢行系统是从绿色技术视角出发，其空间网络依托于城市传统道路系统，在旧的交通网络下为实现以人为本、以慢行为主导，通过绿色和生态技术实现其灰色基础设施的绿色化，以此降低工程设施带来的生态干扰和胁迫，并改善和恢复城市的生态系统服务功能，包括城市热岛、暴雨洪涝等城市病。

2.4 小结

通过对城市慢行系统的重构形成针对其专用慢行系统和复合慢行系统的GI应用方向。以下以重庆市永川区慢行系统规划中GI应用的具体优化策略为例，探索城市绿色基础设施建设的方法。

3 永川区城市慢行系统的构建内容

永川将慢行系统的规划作为城市交通系统下的重要组成部分，是解决城市交通问题主要手段之一，依托慢行系统进行GI的优化与管控就必须明晰地认知永川慢行系统的网络构建模式。研究范围包括以永川主城区域中心城区，以永川主城区为主体，还包括邻近各功能组团与需要加强土地用途管制的空间区域。

3.1 慢行系统构建原则与目标

该规划以生态优先原则、生活健康原则、未来可持续原则为基准，以促进绿色低碳交通出行、保障公服设施慢性可达、贯通城区内外绿色空间、带动关联产业经济发展为主要目标。

3.2 慢行系统构建

依据慢行系统构建原则和目标，通过构建专用慢行系统和复合慢行系统共同组成永川区慢行系统网络骨架。其构建模式以城市原有交通网络体系和城市绿地体系为依托，互有交叉、协同发展，从而实现绿色基础设施在两个系统间的耦合作用。

3.2.1 构建专用慢行系统

连接城市内部自然环境，为城市提供便捷舒适的城市慢行开敞空间。利用专用慢行道自由灵活的选线优势，依托城市蓝绿空间和现有绿道，联系织补城区生态廊道与绿地系统，亲近自然，积极发展以步行、骑行为主的出行方式，构建专用慢行系统。对现有专用慢行道的梳理和整合，通过增补的方式形成连续的网络空间，并依据城市区域、蓝绿空间串联度、人流规模进行分类分级划分。其在空间形式上表现为"环城绿网滨水林荫慢行空间"。

3.2.2 构建复合慢行系统

以城市道路为骨架，挖掘提升其慢行空间。为解决城市片区内休闲、通勤、生活的慢行需求以及片城市区间出行的换乘需求，与专用慢行系统相互补充。依托城市道路，复合慢行系统应当发挥其原有的交通能力，弥补专用慢行系统的城市基础的支撑服务功能，通过起讫点串联，增进生活交流。

4 永川区慢行系统规划不同视角下GI优化策略

4.1 专用慢行系统中的GI优化与管控

从人居环境角度出发，专用慢行系统的GI优化应从游憩、文化与历史保护、美学和生态保护等多方位的人居环境需求进行考虑。因此保留原有路线网络结构，从功能结构的再分类、断面形式的优化、配套设施的管控来实现提供舒适出行环境和改善城市生态环境质量的目的。在慢道建设选线上，要优先考虑自然生境，对斑块、水塘、沟渠、洼地的系统化构建布局，注重水系连通与微地貌的保护利用，避免建设改造性破坏。

4.1.1 实现复合而全面的慢行功能

全面考虑城市内部不同功能的慢性需求。首先，围绕休闲游憩功能串联城市自然环境空间，包括河滨、绿地公园等，形成各有特色生态环境空间的慢行路线；其次，围绕历史文化功能串联城市历史记忆，以专用慢行系统为纽带对城市内部原有历史文化街区、文保单位建筑等历史文化绿色基础设施进行串联[11]，从而构成历史文化特色路线；最后，围绕便利生活功能优化打通原有巷道空间等。

4.1.2 不同功能要求下的断面设计

依据对城市专用慢行系统的再分类，基于 GI 从人居环境角度对相应功能的慢行路线提出相应的断面设计要求。滨河段：有条件河段拓宽滨河绿化带，并增设亲水设施、自行车道、步行设施等，自行车道与人行道之间通过设施整合带进行隔离，与建筑之间通过绿化带隔离；绿地段：临山保护边缘生态景观环境，依次设置人行道、设施整合带、自行车道，并与车行道通过机非隔离带进行分隔，同时山体上可设置栈道，打造独特的山地慢行空间环境；历史文化段：在空间上倡导引入丰富的文化设施活动，形成人与文化的互动，断面形式以具体空间情况设置；城市巷道段：打通街区间步行阻断，设计安全舒适的步行环境，建筑与道路之间设置绿化隔离，必须设置自行车道与人行道（图2）。

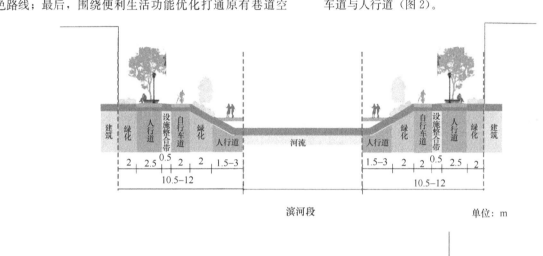

滨河段　　　　　　　　　　　　　　　　　　　单位：m

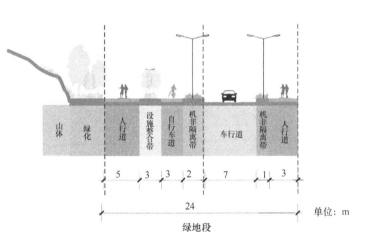

绿地段　　　　　单位：m

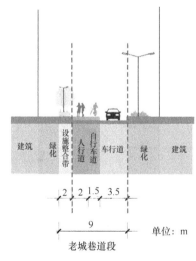

老城巷道段　　　单位：m

图 2　永川区专用慢行系统断面图

4.1.3 提出相应景观设施导引

根据具体功能分段提出相应的管控导则，针对专用慢道与绿化缓冲带间的宽度把控、微地貌与生境保护提出较为普遍的基于 GI 的专用慢行系统下的街道家具和绿化植被的导则指引。其中街道家具以结合绿地、提供遮荫、生态透水、教育科普等功能提出建议；而绿化植被以恢复城市生态环境、加强海绵城市建设为目的提出建议。

专用慢行系统内景观设施管控导引　　　　表1

城市家具	管控导引
座椅、休息区	与绿地、种植池结合，可回收材质
避雨遮阴	增加植被遮阴，增加景观连廊避雨
临时活动区	生态科普、花草广告、公共艺术
道路铺装布置	人工透水防滑铺装、砾石自然材质

城市家具	管控导引
绿化植被	遮阴要求大冠幅乔木（香樟、栾树），季相增景（银杏、水杉、蓝楹花、杜鹃、紫藤）；招鸟类乔灌木（火荆）；海绵设施的下沉式种植区，增加多层次灌草，突出本土挺水类植被（鸢尾、水竹、蕨类、滴水观音、芦苇）

4.2 复合慢行系统中的GI优化与管控

从绿色技术视角出发，复合慢行系统的GI优化应以原有交通道路为基础，通过生态与绿色技术手段实现其道路的绿色化[12]。其在不同道路尺度下的优化策略也有所不同，因此选取永川区典型慢行城市道路进行相关优化和管控措施的探索。

4.2.1 不同尺度下的城市道路断面设计

首先对于城市主干道的慢行功能优化，对现有控规道路红线范围内，宽阔绿带配置海绵设施，包括对断面尺度的精细化调整，在大宽度绿色隔离带内设置海绵设施，以及交叉路口的细节设计；其次对于城市次干道的慢行功能优化，适度拓展骑行道与人行道，建议机动车与非机动车间设置大宽度绿化隔离带，增加植物等慢行配套设施以提升遮阴率；最后，对于城市支路的慢行功能优化，对其断面设置进行精细化调整，雨水管网配合海绵设施的过滤净化作用后再排入河道，摒弃原有河道渠化的手段而进行生态化驳岸设计，增加城市家具的功能补充等。

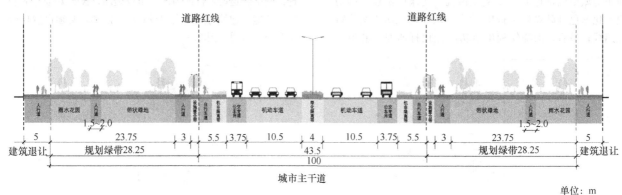

图3 永川区复合慢行系统断面图

4.2.2 提出相应景观设施导引

从生态道路工程的几项指标对复合慢行系统下的GI建设提出相应设施的管控导引。①对于道路路侧各功能带的宽度提出明确的管控范围；②从舒适度评价上，要求停留性区域的遮阴率达到95%，如过街等候区、林荫大道、临停区，而通过性区域遮阴率达到80%，并考虑季节需求；③对于植物配置要求，选取适合当地的本土植物，适度冬季调试郁闭度过高乔木，增加落叶色叶花香类植被，高明度、多色阶的花草灌；④对于慢道的铺装，城区内防滑透水铺装达到70%～80%，避免塑胶类不耐高温、非环保材料，城区外郊野铺装就地取材，突出乡村生态特质。

道路断面指标管控导引	表2
构成内容	管控要求
单侧步行区宽度	2.0～7.0m
单侧绿化带宽度	1.5～5m（结合景观设施、海绵设施）
单侧设施带宽度	2.0～2.5m（结合公交站台和自行车停放点）
单侧骑行区宽度	2.4～3.6m（双向单项设区分）

5 结语与展望

本文从城市慢行系统规划着手，引入绿色基础设施理念，并从GI不同的发展视角对城市慢行系统进行再分类形成专用慢行系统、复合慢行系统两个子系统，以重庆市永川区为例分别从人居环境视角和绿色技术视角对两个子系统下的绿色基础设施进行优化措施的探索，对不同尺度下的慢行道路进行道路断面的优化设计以及提出相应景观设施的管控导引，实现两个系统的互促与融合，以期对未来依托于城市道路交通系统以及城市绿地系统下的绿色基础设施建设提供一定的思考视角和借鉴意义。

后疫情时代下，人们将会越来越关注城市的健康问题，公园城市的建设以及健康生活的倡导都会成为未来城市发展中不变的旋律，随着绿色基础设施建设方法的不断进步，笔者也期望能够体验到更加舒适美丽的慢行空间和无灾无害的城市生活。

参考文献

[1] Ben Joseph, Eran. Changing the Residential Street Scene: Adapting th shared street(Woonerf) Concept to the Suburban Environment[J]. Journal of the American Planning Association, 61(4): 504-515.

[2] 张晋石. 绿色基础设施——城市空间与环境问题的系统化解决途径[J]. 现代城市研究. 2009(11): 81-86.

[3] 国务院关于加强城市基础设施建设的意见[J]. 江苏建材, 2014, (2): 1-4.

[4] Weber T, Wolf J. Maryland's green infrastructure-using landscape assessment tools to identify a regional conservation strategy. Environmental Monitoring and Assessment, 2000, 63(1): 265-277. DOI: 10.1023/A: 1006416523955.

[5] 上海市人民政府. 上海市城市交通发展白皮书[Z]. 上海: 上海市政工程管理局, 2001.

[6] 云美萍, 杨晓光, 李盛. 慢行交通系统规划简述[J]. 城市交通, 2009, 7(2): 57-59. DOI: 10.3969/j. issn. 1672-5328. 2009.02.011.

[7] 丘银英, 李乐园, 路启, 等. 城市道路功能分类新说[C]. 中国城市规划学会. 2009中国城市规划年会论文集. 2009: 526-526.

[8] 卢江林. 慢行网络导向的城市设计方法研究及实例评价[D]. 重庆: 重庆大学, 2015.

[9] Seiler A, Eriksson I M. Habitat Fragmentation & Infrastructure and the Role of Ecological Engineering. Maastricht & DenHague, 1995: 253-264.

[10] 刘海龙, 李迪华, 韩西丽. 生态基础设施概念及其研究进展综述[J]. 城市规划, 2005, 29(9): 70-75.

[11] 施伊晟. 基于绿色基础设施理念的城市慢行系统规划设计策略研究[D]. 杭州: 浙江大学, 2020.

[12] 柴民伟, 王鑫. 绿色基础设施研究进展[J]. 生态学报, 2017, 37(15): 5246-5261.

作者简介

蒋一心，1995年8月生，男，汉族，浙江浦江，重庆大学建筑城规学院，在读研究生，城乡规划学山地城市生态学方向。电子邮箱：199508013@qq.com。

城市公园公共交通可达性对居住区房价的影响评价分析
——以北京市为例

Evaluation and Analysis of the Impact of Public Transport Accessibility in Urban Parks on Housing Prices：
Illustrated by the Case Study of Beijing

兰亦阳* 郑 曦

摘 要：城市公园是城市绿色基础设施之一，是实现城市可持续发展的重要保障，近年来对城市公园可达性的研究逐渐成为热点。本文以北京市 8932 个居住区为例，通过计算居住区城市公园的步行与公共交通可达性，基于享乐价格模型，定量分析公共交通可达性对房价的影响，结果表明，城市公园公共交通可达性对居住区房价是有显著的正效应影响的，可达性每增加 1%，房价平均增加约 0.2%。研究可以为定量分析绿色基础设施规划对使用者的影响提供思路与参考。

关键词：居住区；城市公园；可达性；享乐价格模型

Abstract：Urban park is one of the urban green infrastructure and an important guarantee for sustainable urban development. The research on the accessibility of urban parks has gradually become a hot topic in recent years. Taking 8932 residential in Beijing as an example, the study calculated the walking and public transport accessibility. And based on the hedonic price model, it made quantitative analysis of the public transport accessibility influence for the housing price. The results show that the accessibility of public transport of urban parks has a significant positive effect on the housing price. The average price increases about 0.2% for every 1% increase in the accessibility. The research can provide ideas and references for quantitative analysis of the impact of green infrastructure planning on users.

Key words：Residential District；Urban Park；Accessibility；Hedonic Price Model

引言

城市公园是位于城市范围之内经专门规划建设的绿地[1]，是城市绿色基础设施之一[2]，是实现城市可持续发展的重要保障，具有重要的生态[3]和社会效应[4]，是紧凑型大都市发展中不可缺少的元素[5]。现代城市生活中，随着生活节奏与压力的日益增加，城市居民对城市公园的需求也与日俱增，不仅仅是对公园数量的需求，城市公园可达性也成为当下关注的热点[6]。

对汽车日益增强的依赖给人类生理健康[7]和环境健康[8]都带来了不可忽视的负面影响，因此公共交通的普及使用正变得越来越重要[9]，尤其是在紧凑型大都市的绿色基础设施规划中，城市公园良好的公共交通可达性是不能忽视的。

可达性的定义是指在一定交通系统中，到达某一地点的难易程度，是在一段时间内选择通过某种交通方式到达目的地的能力[10]。早期研究对城市公园可达性的评估主要有 3 类问题：①忽略了路网的现实分布，采用直线几何距离计算可达性；②集中于单种出行方式的可达性研究；③评估结果没有对可达性与使用者关系的深层次探讨[11]。为了解决第一个问题，随着地理信息系统（GIS）网络分析模块的发展，更先进的基于矢量的道路网络距离评估法被应用于风景园林专业研究之中[13]。但对于后 2 个问题，这些

基于地理信息系统的网络分析方法的研究仍基本集中于单种出行方式（大部分为步行与机动车）可达性的评估，虽然有一些研究已经考虑到了公共交通的可达性，但大部分都关注于具有公共卫生功能的目的地，而非城市公园[14]；并且在目前对于城市公园与出发地关系的研究中，尽管已有关于北京城市绿地与房地产价值之间关系的研究[15]，但只考虑了步行模式下绿地对居住区的影响，未考虑公共交通模式与更远处的城市公园可达性，也无法量化城市公园可达性对居住区的全面影响。

本文以北京市内居住区为例，使用地理信息系统分别计算北京市内各大城市公园的步行可达性与公共交通可达性，采用享乐价格模型，明确不同影响因子对居住区房价的影响程度，定量表达城市公园公共交通可达性对居住区房价的影响。以期此次研究能作为案例，为量化分析绿色基础设施建设对使用者的影响提供参考，为未来城市绿地规划提供更为科学的依据和参考。

1 研究区域

北京是紧凑型大都市代表之一，全市下辖 16 个区，其中东城区、西城区、朝阳区、海淀区、丰台区、石景山区为中心城区。截至 2018 年，北京市总面积 16410.54km²，常住人口 2153.6 万人[16]。

截至 2018 年底，北京公交拥有运营车辆 22989 辆，

运营线路1266条[17]。由于北京市对私家机动车的配额制度以及较高的公共交通供应等，将北京作为探索城市公园公共交通可达性影响的案例是可行的。

对城市公园的选择，主要依据北京市公园管理中心发布的注册公园名录[18]，基于高德地图与15m分辨率Landsat8卫星影像数据，对公园数量、区位和面积等空间及属性信息进行修正和增补。

2 研究方法

研究使用ArcGIS中的网络分析工具箱和多级模型，

计算公共交通与步行模式下居住区的城市公园可达性，采用享乐价格模型，选用房屋结构、可达性两大类因子，房屋建设年代、小区热度、城市公园公共交通可达性与城市公园步行可达性共4个变量，基于SPSS软件平台，对影响房价的因子与房价进行回归分析，定量分析了北京城市公园公共交通可达性对居住区房屋价格的影响，并与影响房屋价格的其他主要因子进行了分析比较。研究方法如图1所示。

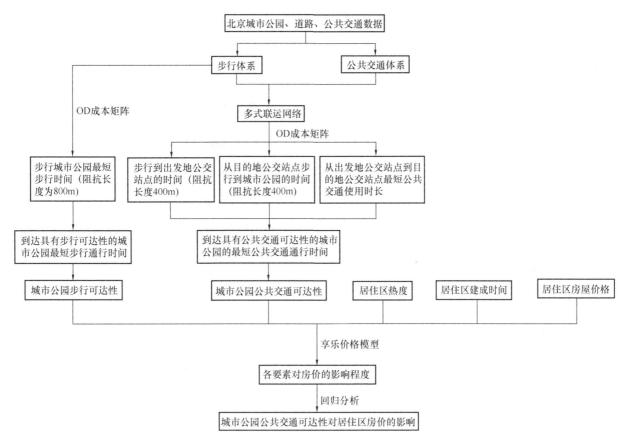

图1 研究技术路线

在ArcGIS网络分析工具箱中，路网和公共交通数据被设置成为组成部分，以创建一个多式联运网络。多式联运网络利用最大出行距离作为阻抗建立OD成本矩阵，根据1.2m/s的平均步行速度和9m/s的公交平均行驶速度，计算出每条线路段的公共交通出行时间[19]。

享乐价格法自Griliches[20]和Rosen[21]创建以来，可以用于评价风景园林美学价值等非市场因素价值与服务。该方法的优势在于能够将市场因素引入模型之中，并从广泛的信息中提取出对主体影响显著的因子[22]。本文引入享乐价格模型，在可达性计算结果的基础上能够定量表示城市公园公共交通可达性对居住区房价的影响程度。

在享乐价格模型中，房屋结构因子是影响房屋价格的重要传统因子，也是决定房屋价格的根本性内在因子[23]，由于研究对象以居住区为单位，此次所有样本居住区朝向均为南，因此排除房屋结构因子中的卧室数量、

客厅数量、朝向等因子，选取房屋建设年代、小区热度作为房屋结构的代表因子。

2.1 数据处理

2020年公共交通数据从政府网站（http://www.bjbus.com/home/index.php）和高德地图爬取。由于到城市公园的行程极少在深夜或凌晨，所以排除公交线路中的夜班线，最后得出此次研究涉及的1232条公交线路。步行路网与公园分布数据基于15m分辨率Landsat8卫星影像数据进行提取，参考高德地图街景系统和实地考察对数据进行核对和验证。考虑到部分大型城市公园入口位置距离相差较大，此次研究采用真实公园入口作为公园入口。

2020年北京居住区数据（包括房屋建成年代、小区热度与2020年10月实时房价）爬取自安居客官网（https：//beijing. anjuke.com/? pi＝PZ-baidu-pc-all-biaoti），并使用 15m 分辨率 Landsat8 卫星影像数据进行配准，共获得样本数据 8932 个，定位时均以小区的中心作为样点的位置。

2.2 城市公园步行可达性

在研究中，我们认为 800m 是居民从居住区步行到城市公园的最大可能步行距离[24]，即居住区与城市公园之间的距离小于 800m 时，会使用步行模式到达。如果距离较远，则采公共交通模式。城市公园步行可达性具体计算公式为[25]：

$$PT_j = \sum_{n=1}^{n} \left[Min(PT_{ij}) \right]$$

式中，PT_j 为从居住区 j 到 800m 内所有城市公园的步行时间平均数；min（PT_{ij}）为从居住区 j 至 800m 内城市公园 i 的步行时间。

2.3 城市公园公共交通可达性

公共交通出行时间包括 4 个部分：步行到出发地公交站点的时间；候车时间；从出发地到目的地公交站点的公共交通使用时长；从目的地公交站点步行到城市公园的时间。其中距居住区和城市公园入口 400m 以内的公交站点被认为是可到达的[26]。通过公共交通到达城市公园的最快出行时间计算公式为：

$$Min(PT_{ij}) = Min(CS_{jj}) + Min(SS_{ij}) + Min(SP_{ii}) + W_t$$

式中 PT_{ij} 是从居住区 j 到城市公园 i 通过公共交通的最快出行时间；CS_{jj} 是从居住区 j 入口到出发地公交站点的最短步行时间；SP_{ii} 是从目的地公交站点到城市公园的最短步行时间，由于部分大型公园具有多个入口，同一居住区到达同一公园时，采用出行时间最短的方案。研究中为了简化计算，方程中忽略了交通堵塞等交通因素，将由步行改为乘坐公交车的候车时间作为一个静态变量。W_t 是候车时的平均等待时间，根据相关研究[27]将其设置为 7min。

在此基础上，城市公园步行可达性具体计算公式为：

$$PT_j = \sum_{i=1}^{n} (Min(PT_{ij}))$$

式中，PT_j 为从居住区 j 到所有可达城市公园的出行时间平均数；Min（PT_{ij}）为从居住区 j 至城市公园 i 的最短出行时间。

2.4 享乐价格模型

享乐价格模型的公式为：

$$P = P(Z_1, Z_2, Z_3, \cdots, Z_n)$$

式中，P 为居住区房屋价格；Z 为居住区房屋价格影响因子，研究共选取两大类共 4 种影响因子（表 1）。

享乐价格模型主要因子 表 1

因子分组	变量	预期的变量作用	定义
房屋结构因子	AGE	负效应	房屋建设年代
	HEAT	正效应	基于网络的居住区搜索热度
可达性因子	WTP	正效应	城市公园步行可达性
	PTTP	正效应	城市公园公共交通可达性

大多数城市公园的实证研究采用享乐价格模型中的线性模型和半对数模型或双对数模型[28]（表 2）。Rosen 指出，预想房价与其周围环境因子之间很难呈现线性关系，非线性才更符合预期，购房者不会将房价影响因子看作是离散的数据[29]，而通常是选择能够满足自身需求的房屋组合[30]，因此本文采用半对数模型与双对数模型。

享乐价格模型的主要形式 表 2

模型形式	表达式
线性模型	$P = a_0 + a_1 Z_1 + a_2 Z_2 + a_3 Z_3 + \cdots + a_n Z_n + \xi$
双对数模型	$lnP = a_0 + a_1 ln(Z_1) + a_2 ln(Z_2) + a_3 ln(Z_3) + \cdots + a_n ln(Z_n) + \xi$
半对数模型	$lnP = a_0 + a_1 Z_1 + a_2 Z_2 + a_3 Z_3 + \cdots + a_n Z_n + \xi$

3 结果分析

3.1 城市公园可达性分析

居住区到城市公园的公共交通可达性总体分布不均匀，显示出强烈的空间极化，总体从城市中心城区向边缘区域递减。可达性最佳的斑块较为集中分布在城市中心城区。城市外围地区有少量的具有高城市公园公共交通可达性的区域，但大部分地区可达性较差。

3.2 回归结果分析

基于 SPSS 软件平台，使用回归分析，采用最小二乘法，对影响房价的 4 个因子与房屋价格进行了回归分析（表 3）。

享乐价格模型回归结果 表 3

自变量	双对数模型			半对数模型		
	系数	T 值	P 值	系数	T 值	P 值
（常量）	128.979	12.602	0.000	26.137	19.334	0.000
AGE	−1.533	−11.538	0.000	−0.008	−11.276	0.000
HEAT	0.017	1.865	0.062	0.004	3.987	0.058
WTP	0.034	4.342	0.026	0.006	3.591	0.028
PTTP	0.006	2.693	0.017	0.003	0.002	0.019

注：$R = 0.537$，$R^2 = 0.288$，调整后 $R^2 = 0.280$ $R = 0.569$，$R^2 = 0.324$，调整后 $R^2 = 0.320$。

表中的 P 值为回归关系显著性系数，本文主要用 P 值来分析各变量与房屋价格关系的显著程度。如果 $P \leqslant 0.01$，说明回归关系具有强显著性；如果 $0.01 < P < 0.05$，回归关系具有显著性；如果 $P \geqslant 0.05$，说明回归关系显著性弱。

在房屋结构因子中，房屋建成年代这一变量的 P 值在 2 种模型中都小于 0.01，说明房屋建成年代对房价的影响极为显著，同时房屋建成年代的系数为负值，说明二者呈负相关关系，房龄越长房屋价格越低。小区热度这变量在 2 个模型中 P 值均大于 0.05，说明基于网络的小区搜索热度对实际居住区房价影响作用不大。

在可达性因子中，城市公园步行可达性与公共交通可达性的系数均为正值，说明两者对房屋价格的影响都是正面的，其中公共交通可达性的 P 值在双对数模型与半对数模型中分别为 0.017 与 0.019，表现出强显著性；步行可达性的 P 值在双对数模型与半对数模型中分别为 0.026 与 0.028，对房屋价格之间有显著影响关系，但比公共交通可达性的显著性小。

通过观察 4 个影响因子的 P 值可以看出，对房屋价格影响最大的是房屋建成年代。表现出较强影响的有城市公园步行可达性与公共交通可达性，小区热度对房屋价格的影响都较小。为了对变量与房价之间的关系进入深入分析，通过 SPSS 软件将共线性指标移除（表4）。

消除共线性指标的享乐价格模型回归结果　表 4

自变量	双对数模型			半对数模型		
	系数	T 值	P 值	系数	T 值	P 值
（常量）	130.422	10.207	0.000	26.693	19.834	0.000
AGE	−1.717	−11.705	0.000	−0.008	−11.690	0.000
WTP	0.033	4.315	0.000	0.006	3.481	0.001
PTTP	0.006	2.722	0.007	0.002	0.190	0.005

注：$R=0.635$，$R^2=0.403$，调整后 $R^2=0.401$ 　$R=0.630$，$R^2=0.397$，调整后 $R^2=0.392$。

在移除共线性指标的双对数模型与半对数模型中，房屋建成年代与城市公园步行可达性 P 值接近于 0，说明二者在消除共线性指标后对房屋价格的影响极为显著。城市公园公共交通可达性在模型消除共线性指标后半对数模型的 P 值也得到了降低，双对数模型和半对数模型的 P 值分别为 0.007 与 0.005。

半对数模型可以用来表达因子浮动对房价浮动的影响，由表 4 可知，房屋建成时长每增加 1%，房价平均增加 0.8%，城市公园的步行可达性与公共交通可达性每增加 1%，房价平均约增加 0.6% 和 0.2%。

4　结论与讨论

本文通过基于矢量的道路网络距离评估法，得到北京城市公园的步行可达性与公共交通可达性，采用享乐价格模型，定量分析了城市公园公共交通可达性对房屋价格的影响程度。研究结果表明：①目前北京城市公园集中分布在中心城区，公园公共交通可达性呈现由城市中心城区向边缘区域递减，非中心城区居民获得更多公园的机会较中心城区少；②北京居民区分布显示出明显的接近城市公园的倾向，可以看出城市公园的分布可以对城市结构产生变化；③城市公园公共交通可达性与步行可达性均对房屋价格有显著的正效应，两者每增加 1% 时，房价平均增加约为 0.6% 和 0.2%，步行可达性对房价的影响较公共交通可达性更明显，这可能是因为北京大量城市公园分布在居住区周围，相对少量在步行不可达区域，导致大部分居民步行前往城市公园的频率要大于使用公共交通的频率。

通过对城市公园可达性的分析，可以给未来城市绿色基础设施规划以下启示：①对于已有的城市绿色基础设施，在未来城市公共交通规划时，应对其尽可能地进行覆盖，增加设施可达性，提高绿色基础设施的利用率；②针对步行不可达的绿色基础设施，可通过增加其公共交通可达性，激发其活力，带动周边绿地；③在进行新的城市绿色基础设施建设时，需要考虑到多种可达性的共同作用，同时注意绿色基础设施与居住空间、社会空间等规划的统一协调，以增加绿地规划的公平性，合理引导城市发展的方向。

参考文献

[1] 陶晓丽，陈明星，张文忠，等. 城市公园的类型划分及其与功能的关系分析——以北京市城市公园为例[J]. 地理研究，2013，32(010)：1964-1976.

[2] Wolf K L. Ergonomics of the City：Green Infrastructure and Social Benefits. In：C. Kollin ed. Engineering Green：Proceedings of the 11th National Urban Forest Conference [C]. Washington D. C. ：American Forests，2003. 110 - 115.

[3] Liang H，Chen D，Zhang Q. Assessing urban green space distribution in a compact megacity by landscape metrics[J]. Journal of Environmental Engineering and Landscape Management，2017，25(1)：64-67.

[4] Van Dillen S M，De Vries S，Groenewegen P P，et al. Greenspace in urban neighbourhoods and residents' health：Adding quality to quantity[J]. Journal of Epidemiology and Community Health，2012，66.

[5] Barbosa O，Tratalos J A，Armsworth P R，et al. Who benefits from access to greenspace? A case study from Sheffield，UK[J]. Landscape and Urban Planning，2007，83：187-195.

[6] 刘常富，李小马，韩东. 城市公园可达性研究——方法与关键问题化[J]. 生态学报，2010，30(019)：5381-5390.

[7] Paulley N，Balcombe R，Mackett R，et al. The demand for public transport：The effects of fares，quality of service，income and car ownership[J]. Transport Policy，2006，13：295-306.

[8] Gorham R，Black W，Nijkamp P. Car dependence as a social problem. In：Black WR and Nijkamp P (eds) Social Change and Sustainable Transport. Bloomington[J]. IN：Indian University Press，2002，107-115.

[9] Hensher D A. Sustainable public transport systems：Moving towards a value for money and network-based approach and away from blind commitment[J]. Transport Policy，2007，14：98-102.

[10] Xing L J，Liu Y F，Liu X J. Measuring spatial disparity in accessibility with a multi-mode method based on park green spaces classification in Wuhan，China[J]. Applied Geography，2018，94：251-261.

[11] Kang C-D. The effects of spatial accessibility and centrality to land use on walking in Seoul，Korea[J]. Cities，2015，46：94-103.

[12] La Rosa D. Accessibility to greenspaces：GIS based indicators for sustainable planning in a dense urban context[J]. Ecological Indicators，2014，42：122-134.

[13] Kuta A A，Odumosu J O，Ajayi O G，et al. Using a GIS-based network analysis to determine urban greenspace accessibility for different socio-economic groups, specifically related to deprivation in Leicester，UK[J]. Civil and Envi-

ronmental Research，2014，6：12-20.

[14] Widener M J，Farber S，Neutens T，et al. Spatiotemporal accessibility to supermarkets using public transit：An interaction potential approach in Cincinnati，Ohio[J]. Journal of Transport Geography，2015，42：72-83.

[15] 张彪，谢高地，夏宾，等. 北京城市公共绿地对房地产价值的影响研究[J]. Journal of Resources and Ecology，2012（03）：53-62.

[16] 国家统计局. 中国统计年鉴2018[M]. 北京：中国统计出版社，2018.

[17] 北京公共交通集团. 集团简介[M]. http：//www. bjbus. com/home/fun _ about _ index. php? uSec＝00000156&. uSub＝00000156. 2018 [2002-10-05].

[18] 北京市公园管理中心[EB/OL]. http：//gygl. beijing. gov. cn/. 2019 [2002-10-5].

[19] Liang H L，Zhang Q P. Assessing the public transport service to urban parks on the basis of spatial accessibility for citizens in the compact megacity of Shanghai，China[J]. Urban Studies，2017，3：1-17.

[20] Griliches Z. Price Indexes and Quality Change[M]. Cambridge，MA：Harvard University Press，1971.

[21] Rosen S. Hedonic prices and explicit markets ：Production differentiation in pure competition[J]. J. Pol. Econ. ，1974，82：34-55.

[22] 尹海伟，徐建刚，孔繁花. 上海城市绿地宜人性对房价的影响[J]. 生态学报，2009，29(008)：4492-4500.

[23] 沈体雁，于瀚辰，周麟，等. 北京市二手住宅价格影响机制——基于多尺度地理加权回归模型(MGWR)的研究[J]. 经济地理，2020(3).

[24] National Highway Traffic Safety Administration，National Survey of Pedestrian and Bicyclist Attitudes and Behaviors [J]. Washington，DC：US Department of Transporta-tion. 2002.

[25] Geertman S C，Ritsema van Eck J R. GIS and models of accessibility potential：An application in planning[C]. International Journal of Geographical Information Systems 1995，9：67-80.

[26] El-Geneidy A M，Tetreault P，Surprenant L J. Pedestrian access to transit：Identifying redundancies and gaps using a variable service area analysis[C]. Transportation Research Board 89th Annual Meeting，Washington，DC. Washington，DC：Transportation Research Board of the National Academies. 2010.

[27] 上海社会科学院［EB/OL］. http：//www. sass. org. cn/ 2017[2002-10-5].

[28] Bolitzer B，Netusil N R. The impact of open space on property values in Portland[J]. Journal of Environmental Management，2000，59 (3)：185-193.

[29] Rosen S. Hedonic prices and explicit markets：Production differentiation in pure competition[J]. J. Pol. Econ. ，1974，82：34 - 55.

[30] Liisa T B. The amenity value of the urban forest：An application of the hedonic pricing method[J]. Landscape and Urban Planning，1997，37：211 - 222.

作者简介

兰亦阳，1997 年 4 月生，女，汉族，湖北黄石，硕士，北京林业大学园林学院风景园林学在读研究生，研究方向为风景园林规划与设计。电子邮箱：598921411@qq. com。

郑曦，1978 年 8 月生，男，汉族，北京，博士，北京林业大学园林学院副院长，教授，博士生导师，研究方向为风景园林规划设计与理论。电子邮箱：zhengxi@bjfu. edu. cn。

徐州市潘安湖湿地生态系统服务价值评估

Evaluation of ecosystem service value of Pan'an Lake Wetland in Xuzhou City

李 娜

摘 要：以徐州市潘安湖湿地为研究对象，确定生物多样性、蒸腾吸热等11个服务类型和相应的评价指标，构建了潘安湖湿地生态系统服务价值评估体系，采用市场价值法、成果参照法等7个评估方法，研究结果表明：①潘安湖湿地生态系统服务总价值为821718706.9元/a，单位面积价值为1088369.2元/(hm²·a)；②价值类型中，直接使用价值最高671832131.8元/a，占比81.8%，其次为间接使用价值和非使用价值，占比14.5%和3.7%；③服务类型中，休闲旅游价值最高448410000.0元/a，占比54.6%，其次为蒸腾吸热和水源涵养，占比13.0%和12.0%；④价值构成中，文化服务价值最高481298666.5元/a，占比58.6%，其次为调节服务、供给服务和支持服务，占比25.7%、14.2%和1.5%。评估潘安湖湿地生态系统服务价值可以提高管理者和公众对城市湿地生态价值的认知和判断，实现城市湿地资源的合理保护和开发，促进徐州公园城市建设和城市环境的可持续发展。

关键词：徐州；采煤塌陷地；潘安湖国家湿地公园；生态系统服务；价值评估

Abstract: In this study, Pan'an Lake Wetland in Xuzhou City was selected as the research object, 11 service types and corresponding evaluation indexes such as biodiversity, transpiration and endothermic heat were determined, and 7 evaluation methods such as market value method and achievement reference method were adopted. The results show that: ① The total value of Pan'an Lake wetland ecosystem services is 821718706.9 yuan/a, and the unit area value is 1088369.2 yuan/(hm²·a); ② Among the value types, the highest direct use value is 671832131.8 yuan/a, accounting for 81.8%, followed by indirect use value and non-use value, accounting for 14.5% and 3.7%; ③ The highest value of leisure tourism was 448410000.0 yuan/a, accounting for 54.6%, followed by transpiration and water conservation, accounting for 13.0% and 12.0%; ④ among the value components, the highest value of cultural services was 481298666.5 yuan/a, accounting for 58.6%, followed by regulation services, supply services and support services, accounting for 25.7%, 14.2% and 1.5%. The evaluation of Pan'an Lake wetland ecosystem service value can improve the managers and the public's cognition and judgment of the urban wetland ecological value, realize the reasonable protection and development of urban wetland resources, and promote the sustainable development of Xuzhou Park City Construction and urban environment.

Key words: Xuzhou; Coal Mining Subsidence; Pan'an Lake National Wetland Park; Ecosystem Services; Value Evaluation

引言

生态文明理念下公园城市建设和绿色空间布局往往依托相互关联、有机统一的绿色基础设施（GI，Green Infrastructure）。湿地生态系统作为城市绿色基础设施的重要组成部分，可以为人类生产生活提供一系列的条件，人们将直接或间接的从中受益。它具有管理雨洪、净化水质和空气、调节气候、提供生态栖息地、维持生物多样性、减缓城市热岛效应、提供游憩空间等生态系统服务功能[1]。近年来，生态系统服务价值评估研究逐渐成为风景园林学科的研究热点，国内外关于生态系统服务价值的研究对象多是宏观的自然生态系统，如森林、草原、海洋、自然湿地等[2]，关于人工湿地，特别是城市内部的湿地资源评价和生态系统服务价值相关研究开展较少[3,5]，尤其体现在非使用价值评估上[6]。

绿色基础设施的核心是"生态技术"，徐州作为国家生态园林城市，从生态功能出发转变土地利用模式，将潘安湖采煤塌陷地等昔日城市生态伤疤建设成为具有生态效益的城市湿地公园，具有重要示范意义。潘安湖作为徐州塌陷时间最长、面积最大、程度最深的塌陷地[7]，在治

理上借鉴德国鲁尔矿区生态修复经验，首创了"基本农田整理、采煤塌陷地复垦、生态环境修复、湿地景观开发"四位一体的徐州特色创新治理模式[8]，带动了徐州周边乡村旅游的发展，产生了良好的生态、经济和社会效益。潘安湖综合整治工程始于2010年，之后对潘安湖采煤塌陷地的理论与实践研究逐渐展开，自2013年国家林业局批准建设潘安湖国家湿地公园（试点）后，研究趋势于2014—2015年达到高峰。近期，刘希朝等[9]进行了潘安湖湿地修复后的生态效应测度研究，刘洁等[10]进行了潘安湖湿地生态修复后的土地增值溢出效应测度研究，常江等[11]研究了潘安湖生态修复规划体系和效应，杨瑞卿等[12]调查与分析了潘安湖湿地的植物多样性，刘文君等[13]基于TSP方法对潘安湖湿地进行了旅游路线优化等。以上主要集中在生态修复、旅游开发、水质和植物评价等方向，全面地评估潘安湖湿地建成后生态系统服务价值的研究尚未出现。

本文以徐州潘安湖湿地为例，评估其生态系统服务价值，以期提高管理者和公众对城市湿地生态价值的认知和判断，实现城市湿地资源的合理保护和开发，促进徐州公园城市建设和城市环境的可持续发展。

1 研究对象

潘安湖位于江苏省徐州市贾汪区西南部，地理坐标117°36′9″E，34°36′09″N。地处北亚热带与暖温带过渡带，为湿润至半湿润季风气候区，年相对平均湿度71%，年平均降水量869.9mm，年平均气温14.2℃，最热月平均气温31.6℃，最冷月平均气温−4.1℃。研究区域分为生态旅游休闲区（北部）、湿地核心景观区（中部）、民俗文化区（西部）、旅游度假区（南部）、生态保育及河道景观区（东部）等5区。湖面由主岛、蝴蝶岛、醉花岛、颐心岛、鸟岛、文化岛等19个岛屿划分而成。研究区域总面积7.55 km²，绿化面积3.67km²，南北长约2888.57m，东西宽约3645.35m。G310国道将其分为南北两片，北片区占地5km²，水域面积为3.51km²（湿地0.96km²），南片区占地约2.5km²，水域面积1.21km²（湿地0.20km²）。总体水域面积达4.72km²（湿地1.16km²），平均水深约4m，最大水深8m，蓄水量约1500万m²。潘安湖共有209种鸟类（白鹭、鸿雁等），还拥有600多种植物（100种乔木、200种灌木及地被、300种湿地植物）、44种鱼类（银鱼、草鱼等）、12种哺乳动物（刺猬、野兔等）、13种爬行类（乌龟、蛇等）、6种两栖类（蝾螈、青蛙等）[14]，具有丰富的生物多样性。潘安湖以其独特的湿地生态景观，先后获得国家湿地公园（试点）、国家水利风景区、省级生态旅游示范区等荣誉称号，并以拓展城市生态空间的形式构建了"南有云龙湖，北有潘安湖"的生态发展格局。

2 研究方法

2.1 评估体系

根据生态学、生态经济学和生态系统服务分类方法，结合实际调查情况，针对潘安湖湿地生态系统的特点，确定了11种服务类型和相应的评价指标，潘安湖主要的生态系统服务价值为生物多样性、蒸腾吸热2类间接使用价值，水质净化、水源涵养、物质生产、就业机会、休闲旅游、文教科研6类直接使用价值，以及存在价值、选择价值、遗产价值3类非使用价值，以此为基础构建了潘安湖湿地生态系统服务价值评估体系（图1）。

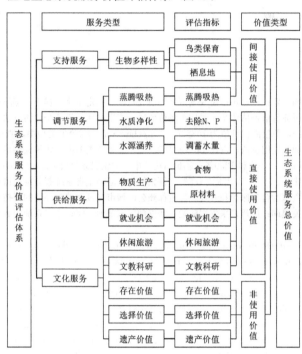

图1 潘安湖湿地生态系统服务价值评估体系

2.2 评估方法

根据潘安湖湿地建设情况和研究区域城市发展状况，考虑计算方法的可行性和数据来源的准确性，主要采用了市场价值法、成果参照法、等效益替代法、污染防治成本法、影子工程法、旅行费用法、条件价值法7个评估方法（表1）。

潘安湖湿地生态系统服务价值评估方法　　　　　表1

价值类型	服务类型	评估指标	评估方法	计算公式
直接使用价值	水质净化	去除N、P	污染防治成本法	(1) $V_{WP} = \sum(W_iC_i) \cdot s$，$V_{WP}$（元/a）为水质净化价值，$W_i$（kg/hm²）为单位湿地面积中第$i$类污染物的平均去除量，$C_i$（元/kg）为单位质量生活污水中第$i$类污染物的去除成本，$s$（hm²）为水体面积
	水源涵养	调蓄水量	影子工程法	(2) $V_{wc} = VC_w$，V_{wc}（元/a）为水源涵养价值，v（m³）为湿地常水位蓄水量，c_w（元/m³）为建设单位蓄水量容库的年投入成本，取6.6元/m³
	物质生产	食物	市场价值法	(3) $V_f = \sum Y_iP_iS_iV_f$（元/a）为食物生产价值，Y_i（kg/（m²·a））为第i类食物的单位年产量，P_i（元/kg）为第i类食物的市场价格，S_i（m²）为第i类食物的生产面积
		原材料	市场价值法	(4) $V_m = \sum Y_iP_iS_i$，V_m（元/a）为原材料生产价值，Y_i（kg/（m²·a））为第i类原材料的单位年产量，P_i（元/kg）为第i类原材料的市场价格，S_i（m²）为第i类原材料的生产面积

价值类型	服务类型	评估指标	评估方法	计算公式
直接使用价值	就业机会	就业机会	市场价值法	(5) $V_d=12n\overline{W}$，V_d（元/a）指为事业编制和其余服务（售票员、导游、司机、餐饮、绿化、保洁、保安）等人员提供就业机会的价值，$\overline{W}$（元/（人·月））为员工平均工资，n（人）为员工人数
	休闲旅游	休闲旅游	旅行费用法	(6) $V_r=(V_{tr}+V_{tv}+V_{cs})\cdot P$，$V_t$（元/a）为休闲旅游价值，$V_{ct}$（元/人）为景点门票、宾馆收入、旅游商品、停车费等旅游费用支出，V_{tr}（元/人）为旅行时间价值＝每小时工资标准（元/（h·人））×旅行总小时数（h），V_{cs}（元/人）为消费者剩余价值＝实际支付－意愿支付，P（人/a）为年均游客接待数量
	文教科研	文教科研	成果参照法	(7) $V_c=Aw_c$，V_c（元/a）为文化科教的价值，A（hm²）为研究面积，w_c（元/（hm²·a））为单位面积文化科教价值，参考陈仲新和张新时提出的中国湿地平均科研价值 382 元/（hm²·a）[15]和Costanza等提出的全球湿地科考旅游价值 881 美元/（hm²·a）的平均值[2]
间接使用价值	生物多样性	鸟类保育	市场价值法	(8) $V_c=\sum P_iR_i$，V_c（元/a）为鸟类保育服务价值，R_i（只）为第 i 级鸟类的数量，P_i（元/只）为第 i 级鸟类的市场价格，i（级）为鸟类保护等级（$i=1$ 国家Ⅰ级，$i=2$ 国家Ⅱ级，$i=3$ 国家Ⅲ级及省重点）
		栖息地	成果参照法	(9) $V_n=Aw_n$，V_n（元/a）为栖息地价值，A（hm²）为研究面积，w_h（元/（hm²·a））为单位面积栖息地价值，参考谢高地得出的中国单位面积湿地栖息地价值 2212.2 元/（hm²·a）[16]和Costanza得出的全球单位面积湿地栖息地价值 304 美元/（hm²·a）[2]的平均值
		蒸腾吸热	等效益替代法	(10) $V_t=\sum\left(\dfrac{CE_i\Delta T_i}{360}\right)\cdot P\cdot S$，$V_t$（元/a）为蒸腾吸热价值，$C$（J/（kg·℃））为水的比热容 4.2×10^3J/（kg·℃），E_i（mm）为城市湿地当月蒸发水量，ΔT_i（℃）为湿地当月水温与 100℃ 的差值，P（元/（kW·h））为当地居民用电市场价格，s（hm²）为水体面积
非使用价值	存在价值	存在价值	条件价值法	(11) $V_c=V_{WTP}NP_c$，V_c（元/a）为城市湿地各项功能长期持续存在人们愿意支付的价值，V_{WTP}（元/（户·a））为人均愿意支付价值，N（户）为实际愿意支付人数，P_i（%）为存在价值在非使用价值中的比例
	选择价值	选择价值	条件价值法	(12) $V_o=V_{WTP}NP_o$，V_o（元/a）为将来可以随时选择使用城市湿地的一些服务功能人们愿意支付的价值，W_{WTP}（元/（户·a））为人均愿意支付价值，N（户）为实际愿意支付人数，P_o（%）为选择价值在非使用价值中的比例
	遗产价值	遗产价值	条件价值法	(13) $V_{he}=V_{WTP}NP_{he}$，V_{he}（元/a）为保证子孙后代继续享有城市湿地人们愿意支付的价值，W_{WTP}（元/（户·a））为人均愿意支付价值，N（户）为实际愿意支付人数，P_{he}（%）为遗产价值在非使用价值中的比例

3　统计与分析

3.1　直接使用价值

3.1.1　水质净化价值

水质净化主要以去除水体中的 N、P 为主，单位面积湿地中 N 的平均去除量为 3980kg/hm²，P 的平均去除量为 1860kg/hm²，单位质量生活污水中 N 的去除成本为 1.5 元/kg，P 的去除成本为 2.5 元/kg[17]，水体面积为 472hm²，利用表 1 中公式（1）计算得到水质净化总价值为 5012640.0 元/a，单位面积价值为 6639.3 元/（hm²·a）。

3.1.2　水源涵养价值

塌陷后的潘安湖是天然的蓄水库，常水位的蓄水量约为 1500 万 m³，利用表 1 中公式（2）计算得到潘安湖水源涵养总价值为 99000000.0 元/a，单位面积价值为 131125.8 元/（hm²·a）。

3.1.3 物质生产价值

潘安湖中的食物主要为银鱼（*Hemisalanx prognathus Regan*）、青鱼（*Mylopharyngodon piceus*）、草鱼（*Ctenopharyngodon idellus*）、鲢鱼（*Hypophthalmichthys molitrix*）等，单位年产量平均为 0.75kg/m²，徐州市场价格平均为 6.5 元/kg，生产面积为 4720000m²，利用表 1 中公式（3）计算得到潘安湖食物生产价值为 23010000.0 元/a。潘安湖湿地的原材料主要为芦苇，根据其单位生物量可知单位年产量为 3.7317 kg/m²[18]，生产面积约为 39129.8m²，市场价格为 0.6 元/1 kg，代入表 1 中公式（4）计算得到潘安湖原材料总价值为 87612.3 元/a。因此，潘安湖湿地的物质生产总价值为 23097612.3 元/a，单位面积价值为 30592.9 元/（hm²·a）。

3.1.4 就业机会价值

潘安湖景区事业编制人员约 100 人，潘安湖采煤塌陷区涉及西段庄、权台、潘安、西大吴、马庄、唐庄等 6 个村庄，其生态修复使得近 2000 多名村民由以煤为生向保安、餐饮、保洁等服务行业转变，据 2020 年徐州市薪资水平报告显示，平均工资 3726 元/（人·月），利用表 1 中公式（5）计算得到潘安湖国家湿地公园提供的就业机会总价值为 93895200.0 元/a，单位面积价值为 124364.5 元/（hm²·a）。

3.1.5 休闲旅游价值

据调查（2020 年 8～9 月进行，共发放 240 份问卷），潘安湖旅游费用支出平均为 144.98 元/人，旅行总小时数平均为 3.25h，消费者剩余价值平均为 25.6 元/人，每小时工资标准参考徐州市执行江苏省二类地区的非全日制用工的每小时工资标准 16.5 元/（h·人），潘安湖 2019 年均接待国内外游客约 200 万人次/a，利用表 1 中公式（6）计算得到潘安湖休闲旅游价值为 448410000.0 元/a，单位面积价值为 593920.5 元/（hm²·a）。

3.1.6 文教科研价值

研究面积为 755 hm²，首先计算单位面积文化科教价值的平均价值为 3200.9 元/（hm²·a）（2020 年 9 月 7 日 1 美元兑换人民币为 6.8329 元），再利用表 1 中公式（7）计算得到文化科教价值为 2416679.5 元/a，单位面积价值为 3200.9 元/（hm²·a）。

3.2 间接使用价值

3.2.1 生物多样性价值

潘安湖鸟岛位于东侧生态保育区，是目前国内鸟类规模最大、品种最全的人工湿地鸟岛。岛上共有 209 种鸟类，列入国家与国际附录公约保护一级、二级鸟类共 30 多种，国家三有保护及省重点保护野生鸟类 40 多种。实地观测到的鸟类物种和数量见表 2，其中国家一级保护鸟类 6 种（58 只），国家二级保护鸟类 13 种（265 只）。2020 年市场价格根据《陆生野生鸟类资源保护管理费收费办法》确定分别为 135072.50 元/只和 17409.44 元/只[19]。利用表 1 中公式（8）计算得到鸟类保育价值为 12447706.6 元。研究面积为 755 hm²，首先计算单位面积湿地栖息地的平均价值为 2144.7 元/（hm²）（2020 年 9 月 7 日 1 美元兑换人民币为 6.8329 元），再利用表 1 中式（9）计算得到栖息地价值为 184748.5 元/a。因此，潘安湖湿地的生物多样性总价值为 12632455.1 元/a，单位面积价值为 16731.7 元/（hm²·a）

潘安湖湿地鸟类观测物种和数量　　表 2

序号	物种	保护等级	最大数量（只）
1	赤麻鸭 *Tadorna ferruginea*	二级	32
2	斑头雁 *Anser indicus*	一级	2
3	白鹤 *Grus leucogeranus*	一级	1
4	灰鹤 *Grus grus*	二级	2
5	黄嘴鹮鹳 *Mycteria ibis*	二级	3
6	白枕鹤 *Grus vipio*	二级	2
7	秃鹫 *Aegypius monachus*	二级	1
8	天鹅 *Cygnus*	二级	100
9	疣鼻天鹅 *Cygnus olor*	二级	1
10	鸿雁 *Anser cygnoides*	二级	8
11	鸵鸟 *Struthio camelus*	二级	2
12	加拿大雁 *Branta canadensis*	一级	6
13	孔雀 *Pavonini*	一级	36
14	粉红背鹈鹕 *Pelecanus*	二级	8
15	红腹锦鸡 *Chrysolophus pictus*	二级	2
16	鹦鹉 *Psittaci formes*	二级	103
17	火烈鸟 *Phoenicopteridae*	一级	11
18	赤颈鹤 *Ardea antigone*	一级	2
19	红隼 *Falco tinnunculus*	二级	1

3.2.2 蒸腾吸热价值

潘安湖最热月 7～9 月平均月蒸发量分别为 159.1 mm、169.5 mm、152.4 mm[20]，平均月气温分别为 27.1℃、26.3℃、21.7℃，徐州居民用电市场价格为 0.5383 元/（kW·h），水体面积为 472 hm²，利用表 1 中公式（10）计算得到蒸腾吸热总价值为 106782133.0 元/a，单位面积价值为 141433.3 元/（hm²·a）。

3.3 非使用价值

潘安湖不仅是城市湿地，还是权台煤矿和旗山矿塌陷地遗址，具有重要的非使用价值。据统计（2020 年 8～9 月进行，共发放 240 份问卷），受访者对潘安湖湿地非使用价值的支付意愿样本为 152 份，支付意愿率为

绿色基础设施

63.3%，支付意愿平均值为 118.2 元/（户·a）。对支付意愿样本进行频率分析（表3），支付意愿主要分布在 1 元/（户·a）、10 元/（户·a）、20 元/（户·a）、50 元/（户·a）、100 元/（户·a），分别占支付意愿样本的 14.5%、19.1%、15.8%、12.5%、11.2% 以上均超过 10%，但均低于平均值。因此采用累计频度中位数法，与中位累计频率 50% 最接近的累计频率为 38.2% 和 53.9%，对应的支付意愿为 10（元/户·a）和 20（元/户·a），利用线性方程得到中位累计频率 50% 对应的支付意愿为 17.5 元/（户·a），即人均支付意愿。根据 2019 年统计年鉴，徐州市常住人口总户数为 275.08 万户，结合潘安湖支付意愿率 63.3%，计算得到潘安湖非使用价值为 30471987.0 元/a，单位面积非使用价值为 40360.2 元/（hm²·a）。

潘安湖受访者支付意愿频率分布表　表3

支付意愿 ［元/（户·a）］	绝对频数 （户）	频率 （%）	累计频率 （%）
1	22	14.5	14.5
5	7	4.6	19.1
10	29	19.1	38.2
20	24	15.8	53.9
50	19	12.5	66.4
80	8	5.3	71.7
100	17	11.2	82.9
200	6	3.9	86.8
300	6	3.9	90.8
500	2	1.3	92.1
600	3	2.0	94.1
800	9	5.9	100.0
合计	152	100.0	—

受访者对潘安湖湿地非使用价值评价中，存在价值、选择价值和遗产价值在非使用价值中的比例分别为 73.3%、46.7% 和 63.3%，归一化处理结果为 40.0%、25.5% 和 34.5%。将非使用价值分解后，存在价值、选择价值和遗产价值分别对应 12185470.0 元/a、7763457.7 元/a、10523059.3 元/a，单位面积存在价值、选择价值和遗产价值分别为 16139.7 元/（hm²·a）、10282.7 元/（hm²·a）、13937.8 元/（hm²·a）。

4　研究结果

根据潘安湖湿地生态系统服务价值评估结果（表4）和服务功能价值构成（图2），本研究认为：

（1）潘安湖湿地生态系统服务总价值为 821718706.9 元/a，单位面积价值为 1088369.2 元/（hm²·a）。总价值相当于徐州市贾汪区生产总值（330.57 亿元）的 2.5%，旅游总收入（30.2 亿元）的 27.2%，说明潘安湖塌陷地的生态转型，不仅产生生态效益，还为徐州市和贾汪区带来客观的经济和社会效益。

（2）价值类型中，直接使用价值最高，为 671832131.8

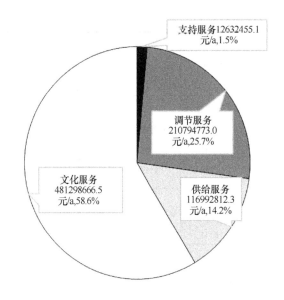

图2　潘安湖湿地服务价值构成

元/a，占比 81.8%，间接使用价值次之，为 119414588.1 元/a，占比 14.5%，非使用价值最低，为 30471987.0 元/a，占比 3.7%。说明潘安湖湿地不仅为人们带来资源、机会、娱乐和教育，还有维持生物多样性、减缓城市热岛效应等重要的生态调节功能，但是游客对于湿地可以实现城市可持续方面的认知水平有待进一步提高。

（3）服务类型中，休闲旅游价值最高，为 448410000.0 元/a，占比 54.6%，其次为蒸腾吸热和水源涵养，占比 13.0% 和 12.0%。说明潘安湖湿地以旅游度假为主的同时，兼顾了水文循环维持功能，对空气和水质改善起到一定作用。

（4）价值构成中，文化服务价值最高，为 481298666.5 元/a，占比 58.6%，其次为调节服务和供给服务，占比 25.7% 和 14.2%，支持服务最低，占比 1.5%。说明物质供给不是潘安湖湿地的主要功能，潘安湖在文化体验和环境调节等方面具有更高的生态系统服务价值。

潘安湖湿地生态系统服务价值评估结果　表4

价值类型	服务类型	总价值 （元/a）	单位面积价值 ［元/（hm²·a）］	小计占比 （%）	总计占比 （%）
直接使用价值	水质净化	5012640.0	6639.3	0.7	0.6
	水源涵养	99000000.0	131125.8	14.7	12.0
	物质生产	23097612.3	30592.9	3.4	2.8
	就业机会	93895200.0	124364.5	14.0	11.4
	休闲旅游	448410000.0	593920.5	66.7	54.6
	文教科研	2416679.5	3200.9	0.4	0.3
	小计	671832131.8	889843.9	100.0	81.8

徐州市潘安湖湿地生态系统服务价值评估

价值类型	服务类型	总价值（元/a）	单位面积价值［元/(hm²·a)]	小计占比（%）	总计占比（%）
间接使用价值	生物多样性	12632455.1	16731.7	10.6	1.5
	蒸腾吸热	106782133.0	141433.3	89.4	13.0
	小计	119414588.1	158165.0	100.0	14.5
非使用价值	存在价值	12185470.0	16139.7	40.0	1.5
	选择价值	7763457.7	10282.7	25.5	0.9
	遗产价值	10523059.3	13937.8	34.5	1.3
	小计	30471987.0	40360.2	100.0	3.7
生态系统服务价值	总计	821718706.9	1088369.2	—	100.0

5 小结

本研究基于生态系统服务的相关理论，参考了国内外相关学者对城市湿地生态系统服务价值的研究，根据实际情况构建了潘安湖湿地生态系统服务价值评估体系，对潘安湖生态系统服务价值进行了较为全面的估算，此结果反映了潘安湖湿地在城市生态系统中所扮演的角色，它有利于提高政府和公众对潘安湖湿地生态价值的判断和认知能力，促使建设者基于科学数据和理性思维对城市湿地资源进行合理保护和开发，发挥绿色基础设施的生态作用，推进公园城市建设和城市环境的可持续发展。本研究得到的初步评估结果较为合理，但也存在一定的计算误差，计算结果较实际状况而言整体偏低，主要影响因素有：评估体系的建立多以MA体系为基础，关于城市湿地生态系统服务价值尚未形成统一的评估标准和计算规范；数据获取途径和采集时间受到限制，数据内容不够完善、取值相对保守；评估方法多参考各类生态系统，计算方法的复杂化一定程度上会产生重复计算或误差累积；调研样本数量和统计结果与实际情况的偏差也会对计算产生影响。以上因素对于初步定性判断潘安湖湿地的生态系统服务价值可粗略不计，但未来需对潘安湖生态系统服务价值的定量计算方法进一步完善和深化。

参考文献

[1] 张炜，杰克·艾亨，刘晓明. 生态系统服务评估在美国城市绿色基础设施建设中的应用进展评述[J]. 风景园林，2017(2)：101-108.

[2] Costanza R，d'Arge R，de Groot R，et al. The value of the world's ecosystem services and natural capital[J]. Nature, 1997，387(6630)：253-260.

[3] 董金凯，贺锋，吴振斌. 人工湿地生态系统服务价值评价研究[J]. 环境科学与技术，2009，32(8)：190-196.

[4] 沈万斌，赵涛，刘鹏，等. 人工湿地环境经济价值评价及实例研究[J]. 环境科学研究，2005，18(2)：70-74.

[5] Yang W，Chang J，Xu B，et al. Ecosystem service value assessment for constructed wetlands：A case study in Hangzhou，China[J]. Ecological Economics，2008，68(1-2)：116-125.

[6] 徐洪. 城市湿地资源评价和生态系统服务价值研究[D]. 北京：中国地质大学，2013.

[7] 叶东疆，占幸梅. 采煤塌陷区整治与生态修复初探——以徐州潘安湖湿地公园及周边地区概念规划为例[J]. 中国水运（下半月），2011，11(9)：242-243.

[8] 姜疆. 生态建设促城市转型的探索[J]. 新经济导刊，2017(06)：49-54.

[9] 刘希朝，李效顺，钟鹏宇，等. 资源枯竭区乡村湿地修复生态效应测度研究——以苏北潘安湖建设为例[J]. 土地经济研究，2019(01)：95-118.

[10] 刘洁，崔梦影，温超，等. 城区采煤沉陷湖生态修复的土地增值溢出效应测度研究——以徐州市潘安湖为例[J]. 住宅与房地产，2019(21)：1-2.

[11] 常江，胡庭浩，周耀. 潘安湖采煤塌陷地生态修复规划体系及效应研究[J]. 煤炭经济研究，2019，39(09)：51-55.

[12] 杨瑞卿，王千千，徐德兰. 徐州潘安湖湿地公园植物多样性调查与分析[J]. 西北林学院学报，2018，33(03)：285-289.

[13] 刘文君，高巍，邓森元. 基于TSP对徐州潘安湖风景区游览路线的优化设计[J]. 韩山师范学院学报，2019，40(03)：17-24+108.

[14] 周文馨，王宝玉. 徐州潘安湖煤矿塌陷地湿地景观生态修复[J]. 江苏建设，2016(04)：57-61.

[15] 陈仲新，张新时. 中国生态系统效益的价值[J]. 科学通报，2000，45(1)：17-22.

[16] 谢高地，鲁春霞，冷允法，等. 青藏高原生态资产的价值评估[J]. 自然资源学报，2003，18(2)：189-196.

[17] 王国新. 杭州城市湿地变迁及其服务功能评价：以西湖和西溪为例[D]. 长沙：中南林业科技大学，2010.

[18] 邵学新. 杭州湾潮滩湿地3种优势植物碳氮磷储量特征研究[J]. 环境科学，2013，3434(9)：3451-3457.

[19] 龙娟，宫兆宁，赵文吉，等. 北京市湿地珍稀鸟类特征与价值评估[J]. 资源科学，2011，33(07)：1278-1283.

[20] 闵骞，刘影. 鄱阳湖水面蒸发量的计算与变化趋势分析（1955-2004年）[J]. 湖泊科学，2006(05)：452-457.

作者简介

李娜，1996年1月生，女，汉族，贯山东滕州，江苏徐州人，北京林业大学园林学院风景园林学在读硕士研究生，研究方向为风景园林历史与理论、风景园林规划与设计，电子邮箱：975590636@qq.com。

基于绿色基础设施评价的城市湿地营造路径研究

——以北京市内永定河平原城市段为例

Research on the Construction Path of Urban Wetland Based on the Evaluation of Green Infrastructure：

Taking the Plain Urban Section of the Yongding River in Beijing as an Example

李亚丽　汤大为　徐拾佳　马　嘉*　张云路

摘　要：城市湿地作为城市绿色基础设施的重要组成部分，承担着多元化的生态系统服务功能。永定河是北京市西南地区重要的绿色生态走廊与生态屏障，同时也是居民亲近水体的重要场所。但近几年，尤其是平原城市段，由于人为因素的过度干扰面临严峻的生态问题。因此，本文选取生物多样性保护、城市环境安全、城市环境品质提升和生态游憩与环境教育 4 个一级维度共 12 个二级指标构建了平原城市段绿色基础设施评价体系，并对评价结果的空间分部特征和分异原因进行分析，最后从营建城郊绿色基底、构建城市绿色基础设施体系、优化多元绿地斑块 3 方面提出绿色基础设施优化路径，以期构建区域绿色基础设施网络体系，为永定河的生态系统服务价值提升提供参考。

关键词：绿色基础设施；城市湿地；生态系统服务功能；永定河；平原城市段

Abstract：As an important part of urban green infrastructure, urban wetland bears diversified ecosystem service functions. Yongding river is an important green ecological corridor and ecological barrier in southwest of Beijing, and it is also an important place for residents to get close to the water. However, in recent years, especially the plain urban section, due to the excessive disturbance of human factors, they have faced severe ecological problems. Therefore, this paper selects four primary dimensions of biodiversity protection, urban environmental safety, urban environmental quality improvement, and ecological recreation and environmental education, and a total of 12 secondary indicators to construct a green infrastructure evaluation system for plain urban section, and evaluate the evaluation results. The spatial division characteristics and the reasons for differentiation are analyzed, and finally, the green infrastructure optimization path is proposed from three aspects: building a green suburban base, constructing an urban green infrastructure system, and optimizing multiple green patches, in order to build a regional green infrastructure network system, and provide a reference for the improvement of the ecosystem service value of Yongding river.

Key words：Green Infrastructure；Urban Wetland；Ecosystem Services Function；Yongding River；Plain Urban Section

1　城市湿地作为城市绿色基础设施的意义

《国际湿地公约》将湿地定义为既包括天然或人工、长久或暂时性的沼泽、泥炭地或水域，也包括静止或流动的淡水、半咸水、咸水，还包括低潮时水深不超过 6m 的水域[1]。而城市湿地是指在满足上述条件的基础上，同时是在城市范围内分布，包括城市生态系统中的沼泽地、河流湖泊、滨海滩涂等，也包括具有防洪、游憩等功能的自然、半自然或人工湿地生态系统。但城市湿地由于人类干扰因素的介入，生态学属性发生了变化，具体表现为湿地斑块的破碎程度增加；功能由原来的以生态支持服务功能为主逐渐转变为以生态游憩和环境教育为主等[2,3]。城市湿地作为城市绿色基础设施的重要组成部分和城市生态环境中重要的蓝绿空间，承担着调节城市环境安全、提升城市环境品质、支持生物多样性保护、提供生态游憩场所等多元化的功能[6]。对于构建连接城市内部绿色开放空间与外部自然区域的网络体系[4,5]、塑造城市弹性景观空间和协调人与自然和谐共生具有重要意义。

永定河作为北京市的母亲河，不仅是北京市西南地区承担着生物迁徙、栖息、生存等功能的京西绿色生态走廊与城市西南生态屏障[7]，同时也是北京市内居民亲近水体的重要场所。但近几年，尤其是平原城市段，河流及周边由于过度开发、人口密集等干扰因素而面临水资源短缺、水体断流等严峻的生态问题，导致河流生态承载力不断缩减，生物多样性降低，生态系统服务功能价值下降[8,9]。因此，本文基于绿色基础设施评价对平原城市段进行评价分析研究，以期为永定河的生态系统服务价值提升提供参考。

2　研究区域及方法

2.1　研究区域

本文选取的研究区域为北京市内永定河平原城市段，研究范围南北分别以三家店拦河闸和南六环路为界，东西侧以现状的城市道路为界，面积约 12294hm² 。区域内主要包括水域、林地、耕地、草地、裸地和建设用地 6 种土地利用类型，其中，水域占比 5.9%，林地占比14.56%，耕地占比 19.46%，草地占比 19.70%，裸地占比 0.01%，建设用地占比最高为 40.37%，总体开发建设程度较高（图 1）。

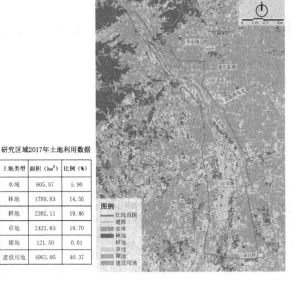

研究区域2017年土地利用数据

土地类型	面积（ha²）	比例（%）
水域	605.97	5.90
林地	1789.83	14.56
耕地	2392.11	19.46
草地	2421.63	19.70
裸地	121.50	0.01
建设用地	4963.05	40.37

图例
红线范围 道路 水体 林地 耕地 草地 裸地 建设用地

图 1 研究区域概况

2.2 基础数据来源

文章所用遥感数据来源为地理空间数据云平台中美国陆地资源卫星 Landsat8 OLI_TIRS 卫星数字产品 2017年 7 月的卫星影像，格网分辨率为 30m×30m。基于 EN-VI5.2 平台对获取的遥感影像进行辐射定标、大气校正、波段融合、裁剪等预处理，运用最大似然法的监督分类方式进行用地类型提取，并结合场地调研对各类用地实测点通过混淆矩阵对解译数据进行精度验证，最终得到研究区域的土地覆盖数据。DEM 数据通过地理空间数据云平台中 GDEMDEM 30M 分辨率的数字高程数据获取，河流、道路的矢量数据来源于 Open Street Map，文化设施、旅游点等 POI 数据通过网络爬虫获取，生物点分布来源于 Global Biodiversity Information Facility（https://www.gbif.org/）网站获取的公开数据。以上数据均被统一到 WGS_1984 的坐标系和 UTM 投影中，所有数据统一为 30m×30m 的栅格数据。

2.3 评价方法

城市湿地作为城市绿色基础设施的重要组成部分，承担的服务功能也与绿色基础设施的生态系统服务功能相似（图 2）。因此，本文依据绿色基础设施生态系统服务功能的 4 个方面：支持服务、供给服务、调节服务和文化服务，结合平原城市段的现状条件，最终选取生物多样性保护（生物点分布、景观边缘密度、斑块丰富度密度）、城市环境安全（NDVI、土地类型、湖泊密度、汇水区域）、城市环境品质提升（地表温度、距水面距离）和生态游憩与环境教育（文化设施密度、旅游点密度、距道路距离）4 个一级维度共 12 个二级指标，并采用层次分析法确定因子权重，建立基于绿色基础设施评价的城市湿

地适宜性评价指标体系（表 1）。

在此基础上，利用 ArcGIS 平台对城市湿地适宜性进行评价，并运用自然间断点法将评价结果划分为适宜性良好、适宜性一般和适宜性较差 3 个等级，分析绿色基础设施的空间分布特征及主要成因，并提出城市湿地营造路径。

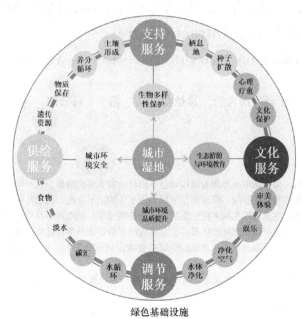

图 2 城市湿地与绿色基础设施生态系统服务的关系

基于绿色基础设施评价的城市湿地适宜性评价指标

表 1

一级维度		二级指标		基础数据类型
因子	权重	因子	权重	
城市环境品质提升	0.20	地表温度	0.50	ENVI
		距水面距离	0.50	Open Street Map
生态游憩与环境教育	0.22	文化设施密度	0.38	网络爬取
		旅游点密度	0.33	网络爬取
		距道路距离	0.29	Open Street Map
生物多样性保护	0.24	生物点分布	0.42	GBIF
		景观边缘密度	0.27	遥感数据解译
		斑块丰富度密度	0.31	遥感数据解译
城市环境安全	0.34	NDVI	0.26	ENVI
		土地类型	0.21	遥感数据解译
		湖泊密度	0.21	Open Street Map
		汇水区域	0.32	数字高程数据

3 研究结果

3.1 基于绿色基础设施评价的城市湿地适宜性分析

研究区域内城市湿地适宜性分析结果显示，3 个等级

绿色基础设施

在空间上呈现适宜性随着距永定河两侧距离的增加而逐渐下降的分布特征，但总体上3者之间的面积占比较为均衡（表2）。

基于绿色基础设施评价的城市湿地适宜性空间分异及占比　表2

等级	面积（hm²）	占比（%）
适宜性良好	3011	24.49
适宜性一般	5331	43.36
适宜性较差	3952	32.15

其中，适宜性良好区域的面积约为3011hm²，占区域总面积最低（24.49%），从区段上游的三家店水库及周围的生态绿地等水源较为充足的地区至大宁水库及周边的滩涂地与绿地基本连续分布，区段下游京良路西侧和南六环路北部的位置也分布有较大的斑块。适宜性一般区域的面积约为5331hm²，占区域总面积最高（43.36%），空间上环绕在适宜性良好区域的外侧分布且斑块之间较为连续。依托介质主要是现有的园博园、森林公园、郊野公园等城市绿地，少部分面积小且较为破碎的斑块主要依托靠近建设用地的农田、草地等分布。适宜性较差区域的面积约为3952hm²，占区域总面积的32.15%，主要位于上游永定河东侧高强度开发的建设用地周围、大宁水库南侧区域以及下游永定河东侧的建设用地范围。

从分布的空间格局来看，适宜性良好的区域分布较为集中，且靠近河流两侧，斑块面积适中。适宜性一般的区域包围适宜性良好的区域向南呈大面积且较为连续的斑块状分布。适宜性较差的区域则环绕适宜性一般的区域集中成片分布。整体来看，不同适宜性空间的斑块分布较为连续，少部分区域存在破碎化、割裂化现象。

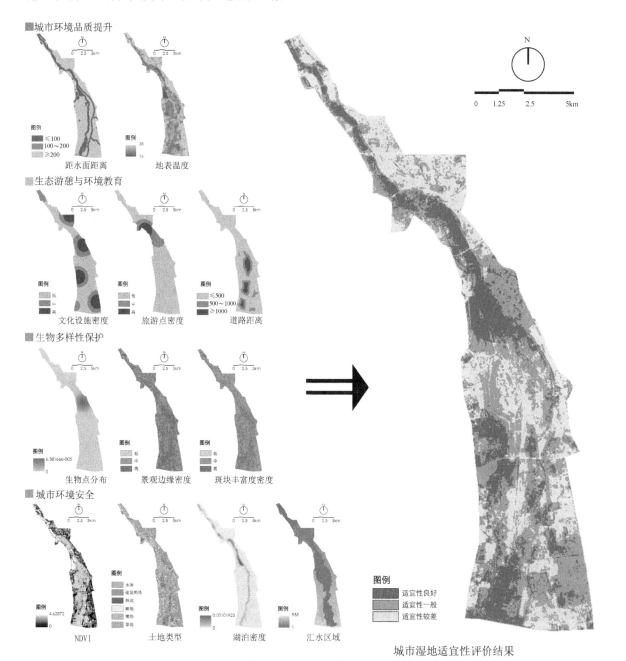

图3　基于绿色基础设施评价的城市湿地适宜性分析结果

3.2 基于绿色基础设施评价的城市湿地适宜性空间分异原因

通过对上述不同等级城市湿地适宜性空间分布特征的分析，结合上述评价指标中的影响因子，探讨造成不同适宜性等级的城市湿地出现空间分异的原因。

适宜性良好区域的整体分布特征主要是因为距水面距离较近，湖泊密度较大，植被覆盖率也相对较高，而且大宁水库及周边本身也是现状生物点分布的主要区域，区域内本身的环境品质良好，对生物而言也是相对较好的栖息地场所选择。京良路西侧出现适宜性良好斑块主要是因为周边文化设施密度较高且道路可达性良好。

适宜性一般区域的斑块面积较大且较为连续，是因为受到生物点分布和文化设施密度影响程度较大。对于生物性保护而言，周边的文化设施和旅游点密度较高，外界干扰因素较大，也无法形成良好的栖息地环境。而对于生态游憩与环境教育而言，即使周边具备丰富的文化设施和旅游点，但是因为距水面距离较远等因素导致的城市环境品质不佳也无法形成良好的生态游憩空间。

适宜性较差区域分布相对集中，主要原因是区域内大部分是永定河水系的汇水区域，受城市环境安全影响较大。其次是适宜性较差的区域大部分是现状的建设用地，人为干扰因素较大。其中，大宁水库南侧斑块面积较大的成因更为综合，从生物多样性保护的角度来说，景观边缘密度和斑块丰富度密度都较低，尚未满足栖息地的环境条件。从生态游憩与环境教育的角度来说，文化设施和旅游点密度较低且道路可达性较差，也不能满足居民的游憩需求。

4 基于绿色基础设施评价的城市湿地营造路径

4.1 营建城郊蓝绿基底，修复城市湿地生态环境

以永定河为核心，梳理周边的湿地、农田、林地、草地等生态要素。将大宁水库作为水源保护地，结合周边覆盖湿地、林地、草地等适宜性良好的区域，通过严格控制开发建设程度，形成水源保护地的缓冲区。外围的河床、林地等区域作为重要的水源涵养地，通过自然生态恢复、承担水体净化、雨水调蓄等功能，保障城市提供水环境安全。最外层的建设用地，结合区域内农田、草地等营建湿地公园、都市农业园等绿色空间，打造田园风光的生态景观。实现整个区域由近郊蓝色空间到城市绿色空间的过渡。

4.2 构建城市绿色基础设施体系，提升区域生态系统服务功能

以城市湿地为核心，打造城市蓝绿廊道，构建城市绿色基础设施网络体系，实现城市生态空间的联通与融合，提升区域整体的生态系统服务功能。一方面，为生物打造栖息和迁徙廊道。串联现状的河网及湿地等生物栖息地斑块，促进斑块间的物质循环和能量流动，为生物迁徙和栖息提供完整的生态廊道[10]。另一方面，构建绿色慢行空间体系。通过低影响开发的景观步道串联湿地公园等蓝绿开敞空间，为居民提供绿色线性的活动空间。同时，利用防护绿地和道路附属绿地形成横向空间，通过下穿式通道或绿桥营造纵向的绿色通道，实现城市灰色基础设施向生态化转变。

4.3 优化多元绿地斑块，营造人与生物和谐共生的城市宜居环境

依托农田、林地、草地等自然斑块和城市绿地等人工景观斑块，构建多元绿地斑块。一方面，利用微地形，运用北京本地固有种植物模拟营造近自然植物群落，优化提升植物群落结构稳定性。另一方面，在自然生长的近自然植物群落基础上，营造适宜的生物栖息地环境，将部分硬质驳岸改为软质驳岸，创造多样化的驳岸形式，形成适宜不同生物栖息、觅食、生存的环境，在适宜性较差的区域适当融入自然教育、生态体验、文化休闲等功能，形成生态教育和自然科普场所。同时，在城市建设密集的区域，利用公园绿地、防护绿地等城市内部绿地，统筹谋划生物栖息、居民游憩等功能，营造人与生物和谐共生的宜居环境。

5 结语

城市湿地对于城市绿色基础设施网络体系建设、城市弹性景观空间塑造和协调人与自然和谐共生具有重要意义。本文依据绿色基础设施的4大生态系统服务功能构建了城市湿地适宜性评价指标体系，并对空间分布特征及分异原因进行分析，最后从营建城郊绿色基底、构建城市绿色基础设施体系、优化多元绿地斑块3方面提出城市湿地的营造路径，以期为永定河的生态系统服务价值提升提供参考。

参考文献

[1] 王凌，罗述金．城市湿地景观的生态设计[J]．中国园林，2004(01)：44-46.

[2] 潮洛蒙，李小凌，俞孔坚．城市湿地的生态功能[J]．城市问题，2003(03)：9-12.

[3] 孙广友，王海霞，于少鹏．城市湿地研究进展[J]．地理科学进展，2004(05)：94-100.

[4] 李开然．绿色基础设施：概念，理论及实践[J]．中国园林，2009，25(10)：88-90.

[5] 吴伟，付喜娥．绿色基础设施概念及其研究进展综述[J]．国际城市规划，2009，24(05)：67-71.

[6] 王建华，吕宪国．城市湿地概念和功能及中国城市湿地保护[J]．生态学杂志，2007(04)：555-560.

[7] 朱晓博，高甲荣，李诗阳，等．北京市永定河生态系统服务价值评价与研究[J]．北京林业大学学报，2015，37(04)：90-97.

[8] 王绍瑛．永定河的治理成就与存在问题[J]．北京水利，1997(03)：25-27.

[9] 张连伟，张琳．北京永定河流域生态环境的演变和治理[J]．北京联合大学学报(人文社会科学版)，2017，15(01)：

118-124.

[10] 谢于松，王倩娜，罗言云．基于 MSPA 的市域尺度绿色基础设施评价指标体系构建及应用——以四川省主要城市为例[J]．中国园林，2020，36(07)：87-92.

作者简介

李亚丽，1996 年生，女，汉族，河北，北京林业大学园林学院硕士研究生在读，研究方向为风景园林规划与设计。电子邮箱：1851841207@qq.com。

汤大为，1995 年生，男，土家族，湖北，北京林业大学园林学院硕士研究生在读，研究方向为风景园林规划与设计。电子邮箱：1479099219@qq.com。

徐拾佳，1995 年生，女，汉族，河北，北京林业大学园林学院硕士研究生在读，研究方向为风景园林规划与设计。电子邮箱：1448902645@qq.com。

马嘉，1989 年生，女，汉族，北京，北京林业大学园林学院讲师，研究方向为风景园林规划与理论。电子邮箱：majiaaaa@hotamil.com。

张云路，1986 年生，男，汉族，重庆，北京林业大学园林学院副教授，城乡生态环境北京实验室，研究方向为风景园林规划设计理论与实践、城乡绿地系统规划。电子邮箱：zhangyunlu1986829@163.com。

基于绿色基础设施评价的城市湿地营造路径研究——以北京市内永定河平原城市段为例

681

以 DEMATEL 方法探讨绿色基础设施景观韧性评价

Discussion on the Landscape Resilience Evaluation of Green Infrastructure by DEMATEL Method

林沛毅

摘　要：近年来，在气候变迁的背景下，景观韧性相关研究应运而生。现有景观韧性评价方法未能充分考虑其多目标决策特性。本研究通过相关文献进行梳理，归纳出相理论及研究方法，进一步提出新的景观韧性定义、指标及其景观韧性内涵。进行专家问卷调查，以模糊层次分析法及模糊决策试验与评价实验室方法进行数据分析，改进了传统方法无法确定因子相依性的缺点。

关键词：景观韧性；绿色基础设施；模糊理论；层次分析法；决策试验与评价实验室法

Abstract: In recent years, in the context of climate change, research on landscape resilience has emerged. Existing landscape resilience evaluation methods fail to fully consider its multi—objective decision—making characteristics. This study sorts out related literature, summarizes related theories and research methods, and further proposes new definitions, indicators and connotations of landscape resilience. In this regard, we conducted expert questionnaire surveys, and used fuzzy analytic hierarchy process, fuzzy decision—making experiment and evaluation laboratory methods for data analysis, which improved the shortcomings of traditional methods that cannot determine factor dependence.

Key words: Landscape Resilience; Green Infrastructure; Fuzzy Theory; AHP;DEMATEL

1　动机与目的

尽管景观韧性研究已有部分成果，然而，关于绿色基础设施（Green Infrastructure，简称 GI）的景观韧性研究较少，且现有研究聚焦于雨洪灾害，未能全面呈现 GI 对于缓解全球灾害类型的助益，并且，对于如何借由 GI 提升景观韧性，以及提升何种景观韧性，没有明确的答案。近世纪以来，由于城市急骤扩张和极端气候变迁，导致全球各地灾害不断，更凸显 GI 在城市治理应有新的思维和作为[1]。如何通过有系统的、具准则的方法评价 GI 的景观韧性，并建立一套科学化的评价体系，为重要的课题（图 1）。

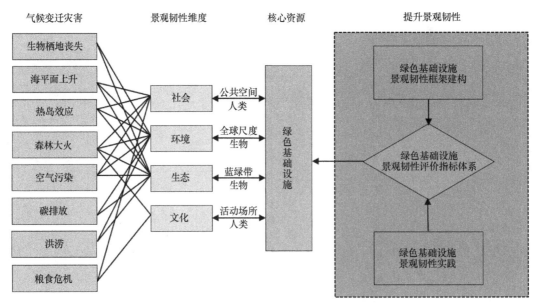

图 1　GI 景观韧性评价指标体系逻辑图

绿色基础设施

2 理论与方法

2.1 理论基础

2.1.1 绿色基础设施

GI 的概念从 19 世纪在国际上开始产生，发展至今存在综合绩效评估及其标准的研究较少[2,3]及人文领域研究介入不足[2]等问题。在国外研究方面，朗格迈尔[4]等通过空间多准则决策分析提供了灵活的筛选，指导城市的市政政策；文特尔[5]等通过地表温度 LST、土地覆盖类型，进而以 NDVI 进行热发病率的研究统计，将 GI 与人类健康作结合研究。GI 除能提供优美景观、生态价值、休憩空间，提升人类生活与身心灵健康，还具有防洪防灾等作用，这些功能与景观韧性提供的价值相辅相成。

2.1.2 韧性城市

韧性城市相关研究为城市规划关注的重点，以学科交叉综合为途径，重视跨学科的集成研究，为韧性城市的核心理念。其中，GI 扮演重要角色。许多学者关注于城市整体的韧性指标评价，或是管理模式以促进物理及社会韧性，如阿萨德[6]或高[7]等通过发展城市防灾减灾指标和城市防灾选择策略，以及安全、可持续的城市规划。这些评价方法为本研究提供参考。

2.1.3 景观韧性

景观韧性（Landscape Resilience）的特性包括：在不断变化、多重压力、长期和不确定的情况下，维持所需的生态功能、强健的本地物种多样性及关键过程的能力[8,9]、具有灵活性，能从突变或渐变中恢复能力[10-12]以及具备维持可持续性所需的强度；为一个具有多重维度的复杂的适应系统[11,13,14]。王敏[15]等认为，"动态非平衡"的"演进韧性"，反而可以通过环境扰动的过程，为原来的旧系统提供改变的机会以及增加多样性。综合以上所述，本研究的景观韧性定义如下：景观在跨时空尺度的背景下，面对扰动时能迅速恢复到期望值的功能，并能快速转换当前限制，进而演进系统以适应未来变化的能力。

2.2 研究方法

2.2.1 GI 景观韧性评价指标体系建构

本研究的景观韧性评价体系建立，需通过大量的文献回顾来确定评估因子与准则，因此选择 SCI 科学引文索引（Web of Science）英文出版物库，以"韧性"为关键词在摘要和关键词中进行搜索，共得到 81120 篇文章。限缩文献于"科学技术"及"社会科学"领域文章，得到 54936 个结果。聚焦"景观"及"GI"相关的主题领域，共计 81 篇，针对被引数最多的 9 篇文章进行梳理，同时参考联合国千年生态系统评估报告（Millennium Ecosystem Assessments)[16]定义的生态系统指标，总结得到 GI 景观韧性指标。（表 1）

景观韧性评价指标初拟表 表 1

维度	评价要项	指标	景观韧性内涵	指标来源
社会	社会制度与管理	农业	农业经济在城市经济体系中，与景观韧性的主要关联为食物供给。如果一个城市中具有足够规模且生产稳定的农业，除了塑造自然优美的农村景观环境，意味着面对粮食短缺或天灾的冲击时，能迅速提供食物，恢复生产，稳定社会经济	[16] [17] [18] [19] [20]
		参与式规划治理	参与式规划治理即为民众直接或间接的参与 GI 相关的规划或建设，制定气候变化适应和减缓战略，以提供更具韧性的应对措施。在人口稠密的城市或大都会区，如何排布不同规模的城市绿地依然是一项挑战，规划目标经公众认可确保日后执行的落地性	[19] [20] [21]
	社会场所与活动	GI 的可达性	GI 的可达性或使用程度，对于提升景观韧性的意义在于：在环境遭受冲击，无论是面对天灾或是人为事件，短期内可作为避难空间或临时庇护场所。长期来说，容易到达利用的景观空间，不仅提供人们日常的修养身心、活动健身，更促进公共卫生与福祉	[20] [21] [22]
		精神价值	通过景观环境的游览体验，能纾解人类的心理压力、增进身心健康。GI 除可提供日常性的使用，于灾难来临时可以缓解人群压力	[16] [18] [19]
生态	景观生态格局	景观连通性	GI 作为城市中的生态网络，具备生物栖地的功能。连通性对支持景观韧性的重要性取决于整个景观环节的布局和强度。连通度越高，面对灾害或冲击，可提供庇护的网络就越多。多样及复杂的景观分布和空间类型，为物种提供一系列可栖息的环境	[18] [21] [22]

维度	评价要项	指标	景观韧性内涵	指标来源
生态	景观生态格局	栖地多样性	栖地多样性意味着 GI 具有城市中足够的生态网络，且具备生物栖地的功能，面对灾害或冲击，可提供生物庇护。栖地多样性高的地方，面对灾难时的生态环境更有可能恢复原貌	[18] [19] [23]
	生态冲击与保护	控制水土侵蚀	景观环境的环境敏感地区，在面对扰动时能否迅速恢复到期望值，为景观韧性研究的重要目的。要能快速转换当前限制，包括海岸恢复力及生态脆弱度等，皆为重要指标	[16] [21] [24]
		物种多样性	物种多样性意味着 GI 具有城市中足够的庇护空间以及食物来源，面对灾难时，越丰富的物种多样性意味更多的基因传递机会，受到冲击更能恢复原生态	[19] [21]
环境	环境冲击缓解	调节气候	GI 可以创造小气候，缓解城市中的热岛效应，在短、中、长期的气候变迁及空间环境变化下，其具有吸收以及缓解的重要功能。对于提升景观韧性为重要指标	[16] [17] [18] [22]
		调节水源	城市中的暴雨及水文调节等水文循环等现象，都与 GI 有关。景观韧性评价中的准备、吸收、响应能力和适应新条件的能力的各种阶段，以及时间方面的恢复、即适应和即转变等观点，皆为本指标的重要功能	[16] [17] [18] [24] [25]
	环境污染吸收	调节空气品质	GI 可以改善空气品质，引入品质良好的空气，对于改善人类健康具有帮助。生态系统捕获和消除低层大气中空气污染物的潜力，对于长期的空气污染具有缓解的功能	[16] [18] [19] [22] [24]
		碳汇	景观生态系统通过调节大气中的温室气候活性气体（特别是二氧化碳）对全球气候的影响，借此达到稳定微气候的能力	[17] [21] [24] [25]
文化	文化感知与学习	支持城市环境教育	GI 可提供户外教育与研究场所，促进认知与理解。通过教育的过程，使用者在参与规划或讨论时，能对于 GI 的改善或提升提出更符合需求的建议	[17] [18]
		景观审美评值	对于美好景观的感知与判断，能促进心理对于文化景观的认同，进而提升精神的理解，有助于地方意象与文化的保护与创造	[16] [17] [19]
	文化利用与保护	休闲和生态旅游	景观韧性的内涵从缓解城市环境中的负面生态影响，扩展到提供文化服务的休憩功能，以此来支持城市的整体韧性。GI 可以提供人类纾解压力、提升健康的景观环境，有助于提升公共健康、经济发展以及社会稳定	[16] [17] [19] [25]
		遗产保护	文化遗产是景观中较为脆弱敏感的环境，但其同时具有促进经济发展、带动生态旅游的潜力，通过 GI 中的遗产保护，可提供户外教育与研究场所，促进认知与理解，并促进区域经济发展	[16] [17] [18] [19]

2.2.2　多标准决策

在众多的评估方法中，模糊理论能考虑语言变量的不确定，结合层次分析法（AHP）能进行权重分析，已被广泛的应用于城市规划以及景观相关研究中，为了进一步解决因子间关系不明确的问题，本研究导入决策试验与评价实验室法（DEMATEL）[26]有助于理解决策过程中的因果关系[27]，提供可行的解决方案。本研究通过新的模糊数建构法[28]，结合模糊化的 AHP 方法[29-31]及 DEMATEL 方法，进行指标评价体系建构。

2.2.3　问卷设计与分析

针对景观、建筑、城市规划、环境与交通等邻域的专家学者进行问卷调查，共计 12 名受测对象。问卷内容包括：①基本资料填写；②说明各阶段问卷调查方法；③针对 FAHP 答题方式进行举例说明；④针对 FDEMATEL 答题方式进行举例说明。

其次，借由 FAHP 法及 FDEMATEL 法决定指标权重与因子关系。

（1）以 FAHP 法将问卷结果转化为模糊数，在本研究中使用 9 个基本语言术语[32]加以定义。通过专家评价的分数，在层次系统的维度中构建所有元素间的成对比较矩阵。接着，使用几何平均技术来定义每个标准的模糊几何平均值和模糊权重。然后进行去模糊化[28,29]得到指标权重。

（2）以 FDEMATEL 法将问卷结果转化为模糊数，首先建立语言与模糊尺度，将问卷语言分成 5 个等级[33]。

通过专家评值的两两比较得到初始直接关系矩阵，以平均值计算模糊直接关系矩阵，然后对初始直接关系矩阵进行归一化处理，从中获取总关系矩阵。接着，将模糊数据转换为清晰分数[34]，计算 D＋R 及 D－R 以绘制因果关系图。研究框架如下图（图 2）。

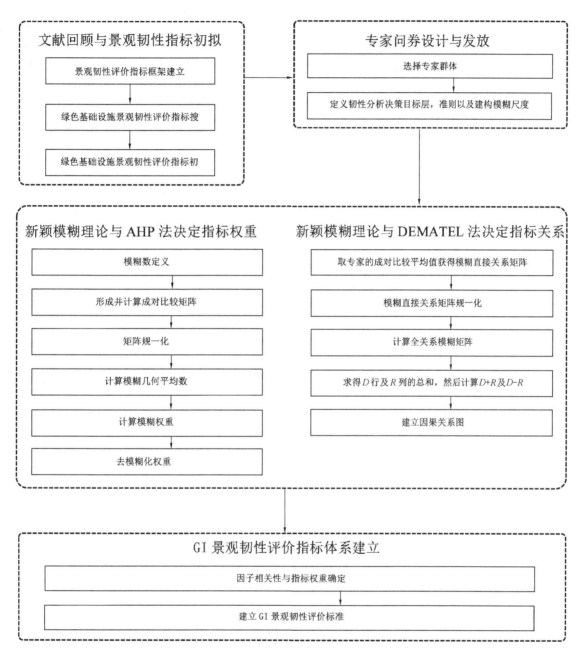

图 2　GI 景观韧性评价指标体系建构流程图

3　结果与讨论

3.1　因子关联

通过 FAHP 及 FDEMATEL 法得到指标层权重与因子关联数据（表 2），并通过 Scilab 软件，将矩阵计算结果绘制成为关系图（图 3）。（D＋R）表示此服务属性影响及被影响的总程度，根据此值可显现该属性 k 在所有问题中的核心程度。（D－R）表示此属性影响及被影响的差异程度。当 j ＝ i 时，如果（D－R）为正，则因子 i 影响其他因素，如果（D－R）为负，则因子 i 受其他因素的影响（图 4）。根据表 2，取（D＋R）平均值 A ＝（2.4635＋2.4116）/2 ＝ 2.4376 为（D＋R）的中心度，与 X 轴＝0 形成原因组和效果组（图 4）。

指标层权重与因子关联数据关联数据表　表2

指标	权重	D	R	$D-R$	$D+R$
X1 农业	0.0688	1.2101	1.2247	−0.0147	2.4348
X2 参与式规划治理	0.0928	1.2098	1.2118	−0.0019	2.4216
X3 GI 的可达性	0.0321	1.2401	1.2082	0.0320	2.4483
X4 精神价值	0.0093	1.2096	1.2199	−0.0103	2.4295
X5 景观连通性	0.1152	1.2224	1.1892	0.0332	2.4116
X6 栖地多样性	0.0796	1.2274	1.1998	0.0277	2.4272
X7 控制水土侵蚀	0.0911	1.2265	1.2051	0.0214	2.4315
X8 物种多样性	0.0588	1.2193	1.2046	0.0148	2.4239
X9 调节气候	0.0911	1.2176	1.2147	0.0029	2.4323
X10 调节水源	0.1278	1.2209	1.1953	0.0256	2.4162
X11 调节空气品质	0.0543	1.2128	1.2146	−0.0017	2.4274
X12 碳汇	0.0569	1.2126	1.2024	0.0102	2.4149
X13 支持城市环境教育	0.0586	1.2225	1.2410	−0.0185	2.4635
X14 景观审美评值	0.0156	1.2040	1.2405	−0.0365	2.4445
X15 休闲和生态旅游	0.0259	1.2092	1.2451	−0.0359	2.4543
X16 遗产保护	0.0270	1.1863	1.2345	−0.0482	2.4209

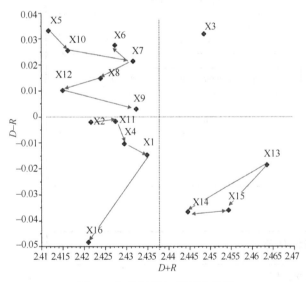

图 3　FDEMATEL 因子关系图

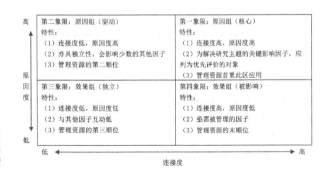

图 4　FDEMATEL 象限说明图

3.2　讨论

3.2.1　FDEMATEL 象限分析

根据 FDEMATEL 关系图可知：①GI 的可达性（X3）位于第一象限，具有最高的（$D+R$），这意味着其对整个系统的影响大于从其他因素得到的影响。此外，其（$D+R$）为 0.0320，在所有因果组指标中排第二，GI 的可达性对其他因素有极显著的影响；②景观连通性（X5）、栖地多样性（X6）、控制水土侵蚀（X7）、物种多样性（X8）、调节气候（X9）、调节水源（X10）及碳汇（X12）等指标位于第二象限，表明其对其他因素有显著的影响，并且较不受其他原因影响，是改善系统时次要考虑的因子。其中，景观连通性（X5）在此最为重要，影响所有因子；③农业（X1）、参与式规划治理（X2）、精神价值（X4）、调节空气品质（X11）及遗产（X16）位于第三象限，重要性低且易受其他因子影响，改善这些指标无法有效提升整个系统；④支持城市环境教育（X13）、审美价值（X14）及休闲和生态旅游（X15）等指标位于第四象限，重要性较低且易受其他因子影响，改善这些指标无法提升整个系统，是最后需考虑改善的指标。

综上所述，GI 的可达性（X3）、景观连通性（X5）、栖地多样性（X6）为影响建构 GI 景观韧性评价指标体系最重要的几个指标。从分析结果来看，支持城市环境教育（X13）、精神价值（X4）、景观审美评值（X14）、休闲和生态旅游（X15）及遗产保护（X16）等指标位于效果组的末位，其（D_k-R_k）的值最低，表示这些指标在系统中可能较不重要，就算加以改善对于整个系统并不会造成重大改变。然而，"支持城市环境教育"及"休闲和生态旅游"同时具备效果组里最大的（D_k+R_k）评值，表示这两个指标仍然具备优先改善的必要性。

3.2.2　FDEMATEL 方法的全面性

如照传统的 FAHP 方法，根据各专家对于本研究的指标权重综合评价，第一层级的生态与环境维度是专家普遍认为影响绿色基础设施景观韧性建构最重要的指标维度，而社会与文化维度较低。如果单就维度层面评价，可能忽略了其他维度重要指标的评价，事实上，根据研究结果显示，在维度层面排名第三的社会维度，却包含了在 16 个指标中排序第 3 的"参与式规划治理"指标；在维度层面排名第二名的环境维度，却包含了在 16 个指标中排序为第 11 的"调节空气品质"；文化维度虽然是排名最后的维度指标，却包含了在 16 个指标中排序为第 9 的"支持城市环境教育"。显示本研究通过分层的方式来评价绿色基础设施景观韧性，可以避免忽略潜在重要因子。例如，要提升"调节水源"指标，包括"农业""景观连通性"及"栖地多样性"等都会影响其功能，这些因子间的关系在 FAHP 中不易观察。因此，本研究结合 FAHP 与 FDEMATEL 方法，可以更全面的理解指标的重要性。

4 结论与建议

4.1 研究方法总结

本研究结合 FDEMATEL 方法，改进了传统的 FAHP 无法呈现因子间相互关系的缺点，通过构建景观韧性评价层次框架并提出基于专家意见的分析方法，有助于理解景观韧性的维度、指标性质与属性，并提供一个有效和可靠的分层框架。

4.2 针对政府规划体系纳入景观韧性机制的探讨

景观韧性理论仍属于较新的研究体系，其定义与原理仍有扩展的空间。在目前的各种政府规划中，是否能将此研究课题纳入，是未来城市面对各种极端气候或是突发冲击时重要的环节。在现有的基础上建构的景观韧性框架，更具有提升城市环境的全面性观点。

4.3 未来研究建议

4.3.1 实证基地的验证

根据本研究专家法的景观韧性指标架构，可以明确各个景观韧性的重要性以及因子关系。未来可将此指标体系应用于实证基地，以完善整体景观韧性框架。

4.3.2 景观韧性相关指标持续更新

GI 的景观韧性研究仍在起步阶段，全球关于景观韧性指标研究持续进行中，后续研究宜针对文献回顾持续补充最新的研究进展，以完善景观韧性框架及体系。

参考文献

[1] 王小璘，林沛毅. 公园绿地系统与城市治理[J]. 造园景观季刊，2019(1)：82-95.
[2] 栾博，柴民伟，王鑫. 绿色基础设施研究进展[J]. 生态学报，2017，37(15)：5246-5261.
[3] 付喜娥. 绿色基础设施规划及对我国的启示[J]. 城市发展研究，2015，04：52-58.
[4] Langemeyer J，Wedgwood D，Mcphearson T，et al. Creating urban green infrastructure where it is needed - A spatial ecosystem service-based decision analysis of green roofs in Barcelona[J]. Science of the total environment，2020，707.
[5] Venter Z S，Krog N H，Barton D N. Linking green infrastructure to urban heat and human health risk mitigation in Oslo，Norway [J]. Science of the Total Environment，2020，709.
[6] Asadzadeh A，Kötter T，Zebardast E. An augmented approach for measurement of disaster resilience using connective factor analysis and analytic network process (F'ANP) model [J]. International Journal of Disaster Risk Reduction，2015，14：504-518.
[7] Kao L S，Chiu Y H，Tsai C Y. An Evaluation study of urban development strategy based on of extreme climate conditions [J]. Sustainability，2017，9(2)：284.
[8] Beller E，Robinson A，Grossinger R，et al. Landscape resilience framework：Operationalizing ecological resilience at the landscape scale. Prepared for Google Ecology Program[J]. A Report of SFEI-ASC's Resilient Landscapes Program，Publication，2015，752.
[9] Rachel D. Field，lael parrott，multi-ecosystem services networks：A new perspective for assessing landscape connectivity and resilience[J]. Ecological Complexity，2017，32(A)：31-41.
[10] 尼尔·G·科克伍德，刘晓明，何璐. 弹性景观——未来风景园林实践的走向[J]. 中国园林，2010，26(07)：10-14.
[11] Sara B. Resilientscapes：Perception and resilience to reduce vulnerability in the island of Madeira. Procedia Economics and Finance，2014，18：513-520.
[12] Cerreta M，Panaro S. From perceived values to shared values：A multi-stakeholder spatial decision analysis (M-SSDA) for resilient landscapes[J]. Sustainability，2017(7). 7-9.
[13] Cumming G S，Olsson P，Chapin F，et al. Resilience，experimentation，and scale mismatches in social-ecological landscapes[J]. Landscape Ecology，2013，28(6)：1139-1150.
[14] Doriana B. Landscape quality and sustainability indicators. Agriculture and Agricultural Science Procedia，2016，8：698-705.
[15] 王敏，彭唤雨，汪洁琼，等. 因势而为：基于自然过程的小型海岛景观韧性构建与动态设计策略[J]. 风景园林，2017(11)：73-79.
[16] Millennium EcosystemAssessmentEcosystems and Human Well-being：Current States and Trends[M]. Island Press，Washington，DC，USA，2005.
[17] Lovell S T，Taylor J R. Supplying urban ecosystem services through multifunctional green infrastructure in the United States[J]. Landscape Ecology，2013，28(8)：1447-1463.
[18] Ahern J. Urban landscape sustainability and resilience：The promise and challenges of integrating ecology with urban planning and design[J]. Landscape Ecology，2013，28(6)：1203-1212.
[19] Camps-Calvet M，Langemeyer J，Calvet-Mir L，et al. Ecosystem services provided by urban gardens in Barcelona，Spain：Insights for policy and planning[J]. Environmental Science & Policy，2016，62：14-23.
[20] Barau A S. Perceptions and contributions of households towards sustainable urban green infrastructure in Malaysia [J]. Habitat International，2015，47：285-297.
[21] Raymond C M，Frantzeskaki N，Kabisch N，et al. A framework for assessing and implementing the co-benefits of nature-based solutions in urban areas[J]. Environmental Science & Policy，2017，77：15-24.
[22] Meerow S，Newell J. Spatial planning for multifunctional green infrastructure：Growing resilience in Detroit[J]. Landscape and Urban Planning，2017，159：62-75.
[23] Pakzad P，Osmond P. Developing a sustainability indicator set for measuring green infrastructure performance[J]. Procedia-social and Behavioral Sciences，2016，216：68-79.
[24] Liquete C，Kleeschulte S，Dige G，et al. Mapping green infrastructure based on ecosystem services and ecological networks：A Pan-European case study[J]. Environmental Science and Policy，2015，54：268-280.
[25] Kremer P，Hamstead Z A，Mcphearson T. The value of

urban ecosystem services in New York City: A spatially explicit multicriteria analysis of landscape scale valuation scenarios[J]. Environmental Science & Policy, 2016, 62: 57-68.

[26] A. Gabus, E. FontelaPerceptions of the World Problematique: Communication Procedure, Communicating with Those Bearing Collective Responsibility[J]. DEMATEL Report No. 1, Battelle Geneva Research Center, Geneva, Switzerland, 1973.

[27] Bhaskar B G, Rakesh D R, Balkrishna N. Modelling the challenges to sustainability in the textile and apparel (T&A) sector: A Delphi-DEMATEL approach[J]. Sustainable Production and Consumption, 2018, 15: 96-108.

[28] Cheng Chi-Bin, Fuzzy process control: Construction of control charts with fuzzy numbers[J]. Fuzzy Sets and Systems, 2005, 154(2): 287-303.

[29] Chou Y C. Evaluating the criteria for human resource for science and technology (HRST) based on an integrated fuzzy AHP and fuzzy DEMATEL approach[J]. Applied Soft Computing, 2012, 12(1): 64-71.

[30] Chan F T S Kumar N. Global supplier development considering risk factors using fuzzy extended AHP-based approach [J]. Omega-International Journal of Management Science, 2007, 35(4): 417-431.

[31] Pourghasemi H R. Application of fuzzy logic and analytical hierarchy process (AHP) to landslide susceptibility mapping at Haraz watershed[J]. Natural Hazards, 2012, 63(2): 965-996.

[32] Kannan D. Integrated fuzzy multi criteria decision making method and multi-objective programming approach for supplier selection and order allocation in a green supply chain [J]. Journal of Cleaner Production, 2013, 47: 355-367.

[33] Zhou Q. Identifying critical success factors in emergency management using a fuzzy DEMATEL method[J]. Safety Science, 2011, 49(2): 243-252.

[34] Opricovic S, Tzeng G H. Defuzzification within a multicriteria decision model[J]. International Journal of Uncertainty Fuzziness and Knowledge-Based Systems, 2003, 11(5): 635-652.

作者简介

林沛毅，1977 年 10 月生，男，汉，中国台湾彰化，博士，笛东规划设计（北京）股份有限公司，上海部研究中心设计总监，研究方向为景观韧性、绿色基础设施。电子邮箱：3040761854@qq.com。

已建公园的绿色基础设施设计途径探析

——以广西百色市半岛公园为例

The Exploration of Design Approaches of Green Infrastructure for Built Park：

A Case of Bandao Park of Baise in Guangxi

谭　琪　刘丽君

摘　要：已建公园具有重要的雨洪调蓄功能，是海绵城市建设的重要内容，也是公园城市系统的主要组成部分。总结国内已建公园绿色基础设施建设面临的挑战，提出了绿色基础设施建设应从目标导向和问题导向两个层面进行指引。阐述了已建公园绿色基础设施建设的典型问题，提出了构建"自上而下"和"自下而上"双向反馈的公园绿色基础设施设计体系。通过针对性的项目进行设计实践，并且运用SWMM水文模型对公园绿色基础设施设计后的效果进行模拟评估，以期为我国城市已建公园绿色基础设施的设计提供实践技术支撑。

关键词：绿色基础设施；雨洪管理；已建公园；海绵城市；百色

Abstract：Built park has the important function of stormwater management, which is a key content of spongy city construction, and is the main component of park of city system. The challenges of green infrastructure design for built parks in China are summarized. The green infrastructure construction for built park should be guided from two aspects: goal oriented and problem oriented are proposed. The typical questions of green infrastructure construction for built park are expounded. The design system of green infrastructure with "top-down" and "bottom-up" as a two-way feedback are proposed. Design practice through targeted projects, and then the effect of green infrastructure design of built parks are evaluated by SWMM hydro model simulation. It is expected to provide practical technical support for green infrastructure of built parks in China.

Key words：Green Infrastructure；Stormwater Management；Built Park；Spongy City；Baise

1　绿色基础设施建设的背景及意义

1.1　我国绿色基础设施建设的背景

自2013年中央城镇化会议提出海绵城市建设理念以来，绿色基础设施越来越受到行业的重视，其作为重要的生态措施在各项城市建设中得到了广泛应用和实践，并且大量新建或改造项目也将绿色基础设施建设作为一项基础性工作融入规划设计中[1]。

绿色基础设施具有重要的雨洪调蓄功能，作为城市雨洪管理系统的一部分，通过模拟自然对雨水的吸收和储存过程，在城市公园、居住小区、道路与广场等地块的建设中，包括下凹式绿地、生物滞留设施等技术措施和绿地空间所构成的雨水调蓄系统[2]。这对于改善城市人居环境、维护城市生态安全具有重要意义。同时，绿色基础设施规划建设理念也是对中国近40多年城镇化进程的反思和进步，将在未来很长一段时间内引领城市公园乃至公园城市的建设。因此，如何更好地推进城市公园绿色基础设施规划设计及实施，必将成为未来公园城市发展建设的重点。

1.2　我国绿色基础设施建设的重要意义

随着中国城市化水平的不断提高，许多大城市已经

步入郊区化乃至逆城市化阶段，各大城市的建成区发展已经趋近饱和，已建项目的规模和数量已经远大于新建或待建项目。因此，将绿色基础设施融入已建项目的建设中提升其生态价值，已经成为公园城市建设的重要组成部分。

在已建项目类型中，公园作为城市生态系统的主要组成部分，是城市重要的生态基础设施，这是城市中其他用地类型所无法比拟的[3]。然而，在过去几十年的公园建设中，由于设计理念不同、相关规范要求等诸多因素的影响，致使许多城市公园设计与绿色基础设施建设理念具有较大差异，包括未考虑所属流域雨水的总体控制、公园内产生的大部分雨水径流排往市政管网、采用不透水路面等问题[4]，公园由此成为漂亮的"盆景"，与区域水系统发生了割裂，失去了作为城市中重要的生态基础设施本应发挥的生态价值和社会价值[5,6]。因此，对城市已建公园进行绿色基础设施的系统设计以恢复其生态效应，对于提升城市生态环境、保障城市雨洪生态安全具有重要的意义。

然而，我国在已建公园绿色基础设施建设过程中仍存在一定程度的设计方法的欠缺。（1）绿色基础设施建设的碎片化；（2）尚未提出具体的绿色基础设施雨洪调蓄设计目标；（3）设计过程中绿色基础设施未与周边绿地环境进行衔接。其中，关键问题是如何构建系统的绿色基础设施体系，如满足建设目标、解决现状问题、提升公园生态

价值。故本文结合项目实践重点探讨已建公园的绿色基础设施系统设计途径。

2 半岛公园现状特点与问题

2.1 项目概况

2.1.1 地理区位

半岛公园位于广西百色市右江区龙景片区，四周由环岛路包围，北邻右江，南连大型居住区。公园占地总面积为 24.26hm²，地理位置优越、交通便利，目前已经成为百色市市民的一处重要的休闲运动场所。

2.1.2 气候特征

百色市为亚热带季风气候，年平均降雨量为 1114.9mm，通过对近 30 年（1983-2013 年）的日降雨数据进行整理，构建出百色市设计降雨量发生累计频率图（图 1）。由此可以看出，百色市降雨呈现出"小降雨大频率，大降雨小频率"的典型特征。

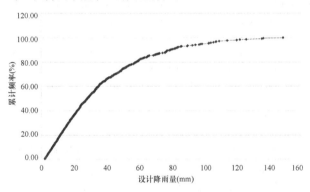

图 1　百色市降雨量发生累计频率图

2.2 半岛公园现状特点与问题

2.2.1 公园现状问题解析

随着城市更新发展，半岛公园在实际使用过程中已出现了诸多问题：

（1）公园内尚未形成系统的绿色基础设施体系，积水现象严重。半岛公园产生的地表径流依靠竖向形成重力流，并且公园现状无排水管网，导致径流的无组织排放。基于场地地形，应用 ArcGIS 对公园进行水文模拟分析，同时结合现状场地调研发现，公园积水点多数集中在径流交汇处和道路交叉口处（图 2），雨季积水现象严重。

（2）公园局部竖向不合理，阻碍地表径流的排放。公园内整体地势东南高、西北低、坡度缓和、不利于径流的排放；并且大部分绿地高出道路与广场（图 3），导致地表径流难以进入绿地进行下渗或排放，极易产生积水和内涝。

（3）中心景观湖未与公园整体进行联动，未充分发挥雨洪调蓄功能。中心景观湖占公园总面积的 5%，但是由于景观湖只汇集周边部分区域的地表径流，未对公园其

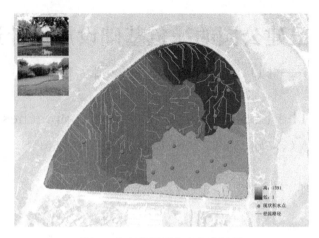

图 2　半岛公园现状水文分析图

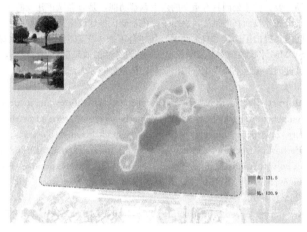

图 3　半岛公园现状高程分析图

他区域产生的径流起到调控作用。而且，由于景观湖湖底竖向设计不合理，使得各个水体之间无法有效连通，导致公园 20% 的水体时常处于干涸状态（图 4）。

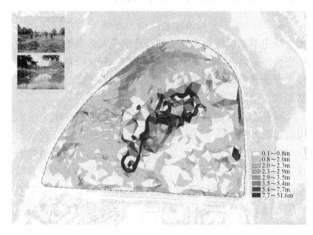

图 4　半岛公园现状坡度分析图

（4）公园缺少初期雨水控制设施，雨水利用率较低。公园现状道路和场地均为硬化铺装，材质多为沥青和石材铺装，地表初期径流污染较大[7]，由于缺乏控制措施容易对周边环境产生影响。同时，中心湖区周边的地形较陡，道路坡度较大，暴雨时径流污染物直接进入湖区，造

成湖区水质恶化（图5）。公园雨水以简单排放为主，缺乏对雨水资源的回收利用。

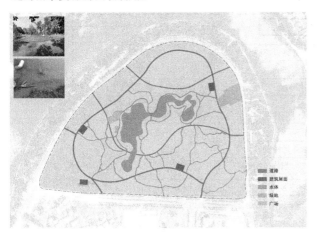

图5　半岛公园现状下垫面分析图

2.2.2　半岛公园现状汇水分析

为了针对性地进行公园绿色基础设施建设，根据半岛公园现状整体地形、坡度、水文、建筑道路等场地条件，结合ArcGIS水文分析结果，进一步将半岛公园划分为15个汇水分区。将各汇水分区的下垫面进行统计，通过加权平均法计算得出各汇水分区的综合径流系数（图6）。

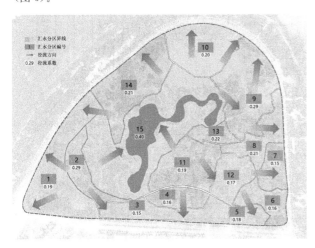

图6　半岛公园汇水分区划分示意图

将15个汇水分区进行加权平均计算得知，半岛公园现状综合径流系数为0.26，可知公园现状年径流总量控制率为74%，远低于《百色市海绵城市专项规划》中提出的年径流总量控制率为87%的指标要求。因此，在绿色基础设施建设过程中应结合公园自身条件及现存问题，选取适宜的绿色基础设施及其组合，提升公园内绿地的雨洪调蓄能力，切实解决公园的积水问题。

3　半岛公园绿色基础设施设计总体路径

笔者通过多项公园绿色基础设施建设的项目实践，系统总结出已建公园的绿色基础设施设计途径。即从"问题导向"和"目标导向"两个层面出发，构建"自下而上"和"自上而下"的两套设计系统，并将两套系统进行双向反馈融合，最终形成一个完整的设计体系，将其应用于半岛公园绿色基础设施设计实践中。

3.1　以"问题导向"为主的半岛公园绿色基础设施设计体系

半岛公园在实际运行过程中，其核心问题为公园的积水现象与排水问题。因此，在绿色基础设施建设实践过程中，应从解决公园实际问题出发，针对性的对建筑、绿地、道路与广场、水体等选用适宜的绿色基础设施并提出相应的控制指标，并确定绿色屋顶、雨水花园、下凹式绿地等绿色基础设施及其组合的布局和规模，最终形成一套"自下而上"的问题解决方案。

以问题为导向的半岛公园绿色基础设施设计，其本质上是一种合成策略方案。虽能解决实际问题，但仅仅局限于公园自身，无法从宏观层面考虑半岛公园绿色基础设施建设对于周边环境乃至城市的影响，存在一定的技术风险，同时也容易造成工程建设的浪费和投资的不确定性。

3.2　以"目标导向"为主的半岛公园绿色基础设施设计体系

通过上位规划分析可以看出，半岛公园建设必然受到城市总体规划、给排水规划、绿地系统规划、海绵城市专项规划等众多上位规划的约束和要求，其中受到《百色市海绵城市专项规划》的直接影响，半岛公园现状尚不满足海绵城市专项规划中提出的建设指标要求。因此，在半岛公园绿色基础设施设计过程中，将满足海绵城市指标要求作为核心设计目标。

在具体设计中，根据半岛公园自身情况，将与水生态、水环境、水资源等相关的主要指标做进一步的分解和落实，确定半岛公园绿色基础设施设计的核心指标为年径流总量控制率；将核心指标做进一步的分解和落实，确定单位面积控制容积、下凹式绿地率及下凹深度、透水铺装率为3个主要基础控制指标。在此基础上，结合场地现状条件，设计能够满足各项基础指标要求的绿色屋顶、雨水花园、生物滞留池等绿色基础设施，构建一套"自上而下"的目标解决方案。

以目标为导向的半岛公园绿色基础设施系统设计，其本质是一种分解策略方案。虽能满足上位规划提出的宏观指标要求，但是由于上位规划宏观指标的制定更多关注的是城市整体问题或某些共性问题的解决，而非具体场地的问题，因此如果仅依靠上位指标的要求进行设计，极易忽略公园本身的问题需求，导致对原有基底环境破坏、设计图纸不落地、工程投资不到位等情况的发生。

3.3　构建双向互馈的半岛公园绿色基础设施设计体系

以上两种设计系统在实际应用过程中均具有一定的局限性，因此在半岛公园绿色基础设施设计过程中，将"自上而下"的目标系统和"自下而上"的问题系统，进行双向互馈设计（图7）。如此，不仅能够满足上位规划的指标控制要求，实现区域乃至城市的整体目标，又可有效地解决公园自身的问题，提高半岛公园绿色基础设施建设的针对性和落地性。

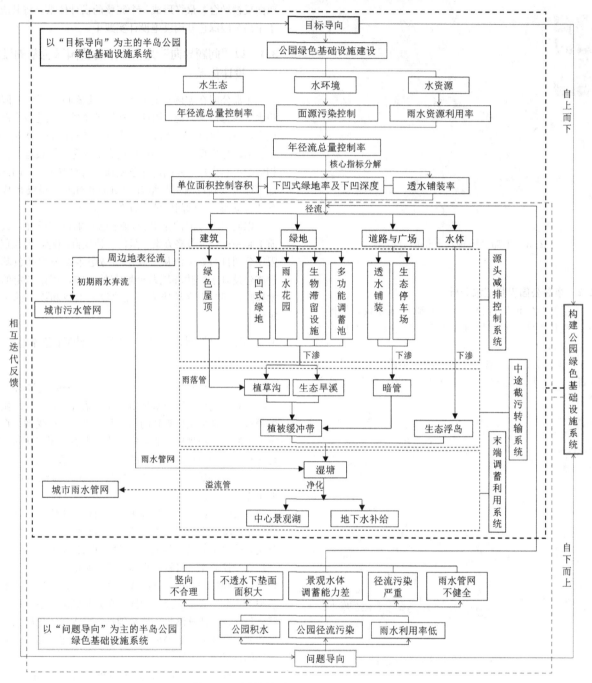

图 7 已建公园绿色基础设施系统网络图

在具体规划设计过程中，从上位规划要求和问题解决诉求两个层面出发，结合百色市当地气候、土壤等条件，明确半岛公园绿色基础设施建设核心指标和需要解决的主要问题，并选取适宜的"源头""中途""末端"等绿色基础设施及其组合，并进行初步布局和规模设计；将"目标导向"和"问题导向"两个层面的设计结果进行双向反馈，并将反馈结果进行迭代循环调整，以满足两个层面绿色基础设施的设计目标。在此基础上，应用模型模拟对绿色基础设施建设后的效果进行评估，以确保和验证设计方案的合理性，有效提升半岛公园的雨洪管理能力，

实现绿色基础设施的建设目标。

3.4 半岛公园绿色基础设施系统设计

在整体设计思路的指导下，半岛公园进行了一系列绿色基础设施以及相关技术措施的规划设计。

3.4.1 半岛公园绿色基础设施建设目标

半岛公园紧邻右江，属于百色市流域分区中的半岛流域，是整个流域最核心的雨水径流和污染控制区，根据《百色市海绵城市专项规划》中的规定，半岛公园年径流总量控制率要达到87%以上，对应的设计降雨量为38.8mm（图8），这远高于百色市年径流总量控制率为75.41%的总体要求。因此，半岛公园也是百色市海绵城市近期建设的重点地块，具有重要的示范效应。

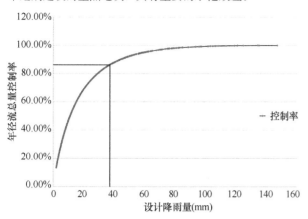

图8 百色市年径流总量控制率与对应设计降雨量关系图

3.4.2 确定汇水分区建设指标

以半岛公园绿色基础设施建设、海绵城市建设的指标要求和问题需求为导向，同时结合各汇水分区特征及建设要求，最终确定15个汇水分区的设计指标（表1）。

各汇水分区绿色基础设施建设目标指标表　表1

汇水分区编号	目标年径流总量控制率（%）	汇水分区编号	目标年径流总量控制率（%）
1	86	9	85
2	82	10	86
3	87	11	85
4	85	12	88
5	88	13	86
6	88	14	86
7	85	15	92
8	84	—	—
加权平均（%）		87	

在各汇水分区满足建设指标的基础上，对半岛公园汇水分区进行联动，共同完成绿色基础设施的设计指标要求。

3.4.3 选择适宜的绿色基础设施及规模布局

根据半岛公园场地特征及各汇水分区建设指标要求，采取"灰—绿"结合的设计手段，系统地布置各项绿色基础设施及其组合，构建出半岛公园绿色基础设施系统的空间布局（图9）。

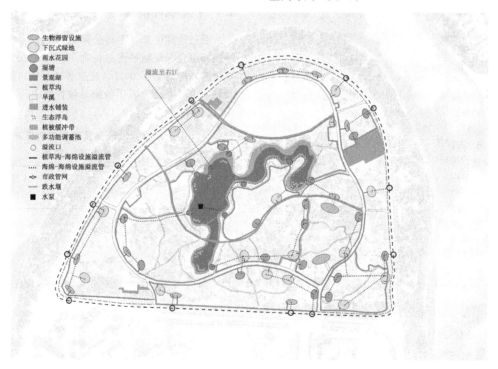

图9 半岛公园绿色基础设施平面布局示意图

结合现状分析结果，在半岛公园径流集中汇集处设置下凹式绿地、雨水花园等源头减排设施；通过植草沟等中途转输设施完成径流转输，保证公园径流路径的完整性；将景观湖作为公园雨水系统的末端调蓄设施，使地表径流经沉淀池拦截、净化后汇集到景观湖，构建完整的公园绿色基础设施雨水调蓄系统。

此外，为有效提升景观湖的雨洪管理能力，通过设置雨水连接管、溢流管、过路顶管等灰色基础设施与外围市政管网及自然水体进行衔接，提升半岛公园应对大降雨事件的雨洪管理能力；同时调整湖底竖向，在景观湖设置3处跌水堰，在恢复各水体连通性、打造丰富跌水景观的同时，又能够增加水体含氧量，维持水体生态系统的平衡。

3.4.4 绿色基础设施规模设计

根据绿色基础设施的空间布局和各汇水分区的建设指标要求，采用容积法计算各绿色基础设施的调蓄容积，以此确定各绿色基础设施的空间规模（表 2）。

各汇水分区绿色基础设施规模及调蓄容积表　表 2

汇水分区编号	设施类型	设施规模 (m²)	调蓄深度 (mm)	各设施控制径流量 (m³)
1	简易型生物滞留设施	340	150	45.9
	下凹式绿地	1000	100	90
	植草沟	183.8	—	—
	渗管	310（m）	—	—
2	简易型生物滞留设施	170	150	22.95
	下凹式绿地	300	100	27
	植草沟	165	—	—
	渗管	300（m）	—	—
3	雨水花园	160	300	43.2
	下凹式绿地	168	100	15.12
	简易型生物滞留设施	140	150	18.9
	植草沟	268.5	—	—
	渗管	500（m）	—	—
4	雨水花园	90	300	24.3
	下凹式绿地	273	100	24.57
	植草沟	85.5	—	—
	渗管	160（m）	—	—
5	雨水花园	37	300	9.99
	下凹式绿地	182	100	16.38
	植草沟	55.5	—	—
	渗管	110（m）	—	—
6	雨水花园	98	300	26.46
	下凹式绿地	386	100	34.74
	植草沟	93.5	—	—
	渗管	200（m）	—	—
7	雨水花园	125	300	33.75
	下凹式绿地	—	100	—
	植草沟	98	—	—
	渗管	190（m）	—	—
8	雨水花园	229	300	61.83
	下凹式绿地	304	100	—
	植草沟	93.5	—	—
	渗管	180（m）	—	—
9	雨水花园	600	300	162
	下凹式绿地	700	100	63
	简易型生物滞留设施	500	150	67.5
	植草沟	365	—	—
	渗管	700（m）	—	—
10	雨水花园	450	150	60.75
	下凹式绿地	650	100	58.5
	植草沟	208	—	—
	渗管	400（m）	—	—
11	雨水花园	500	300	135
	下凹式绿地	700	100	63
	植草沟	212	—	—
	渗管	400（m）	—	—
12	雨水花园	147	300	39.69
	下凹式绿地	308	100	27.72

汇水分区编号	设施类型	设施规模 (m²)	调蓄深度 (mm)	各设施控制径流量 (m³)
	植草沟	78	—	—
	渗管	150（m）	—	—
13	雨水花园	190	300	51
	下凹式绿地	113	100	10.17
	植草沟	89	—	—
	渗管	170（m）	—	—
14	雨水花园	495	300	133
	下凹式绿地	736	100	66.24
	简易型生物滞留设施	170	150	22.95
	植草沟	352.5	—	—
	渗管	700（m）	—	—
15	雨水花园	—	300	—
	简易型生物滞留设施	32	150	4.32
	植草沟	596	—	—
	沉淀池	72	600	38.88
	景观湖	12054	500	6493.78
	渗管	1200（m）	—	—
合计		—	—	7993

4 绿色基础设施设计评估

4.1 核心指标校核

通过计算可知，半岛公园通过设置多种绿色基础设施及其组合，控制径流总量为 7993m³，公园总体年径流总量控制率达到了 89%，超过了《百色市海绵城市专项规划》中对半岛公园年径流总量控制为 87% 的指标要求（表 3）。

各汇水分区设计调蓄容积与对应年径流
总量控制率一览表　　表 3

汇水分区编号	设计控制径流总量	实际年径流总量控制率 (%)	目标年径流总量控制率 (%)
1	135.9	85	86
2	49.95	81	82
3	77.22	87	87
4	48.87	87	85
5	26.37	90	88
6	61.2	89	88
7	33.75	84	85
8	61.83	87	84
9	292.5	83	85
10	119.25	81	86
11	198	93	85
12	67.41	89	88
13	61.17	85	86
14	222.19	91	86
15	6536.98	98	92
合计	7993	89	87

4.2 水文模型模拟评估

根据广西新一代暴雨强度公式计算暴雨强度[8]得知，广西地区短历时暴雨雨型常见为单峰型，且单峰型降雨中峰值在降雨过程前部居多。由此，采用芝加哥雨型法，选取重现期 2 年、5 年、10 年一遇的场降雨数据，运用 SWMM 水文模型对半岛公园绿色基础设施设计方案进行模拟评估（表 4）。

不同重现期下设计前、后模拟结果对比表 表 4

情景	总径流量 (mm)			径流削减百分比 (%)			峰值流量 (m³/s)			与现状相比峰值削减百分比 (%)			峰值出现时间 (min)		
重现期	2a	5a	10a	2a	5a	10a	2a	5a	10a	2a	5a	10a	2a	5a	10a
设计前	59.8	72.3	81.7	49.2	42.2	37.8	5.7	7.2	8.1	—	—	—	62	61	54
设计后	37.1	39.7	41.2	62	54.9	50.5	2.4	3.6	4.6	48.7	41.9	35.8	92	78	65

对比发现，在重现期为 2 年一遇、5 年一遇、10 年一遇的情况下，半岛公园绿色基础设施设计后相比设计前对公园的总径流量削减效果分别提高了 12.80%、12.73% 和 12.66%，峰值流量削减效果分别提升了 57.69%、50.10% 和 43.67%；峰值出现的时间分别延迟了 30min、17min 和 11min。由此看出，半岛公园绿色基础设施设计对公园峰值流量的削减效果更加显著，可有效缓解半岛公园面临的积水和内涝的核心问题。

5 结论与建议

已建公园的绿色基础设施建设正逐渐成为城市公园乃至公园城市建设的重要举措，其发挥的生态价值已初见成效。在已建公园绿色基础设施设计过程中，应在目标导向和问题导向双重层面的指导下，应用规划、景观、生态、市政、水利等多学科知识理论，构建"自上而下"和"自下而上"的公园绿色基础设施系统，保障城市公园绿色基础设施建设的有效实施，充分发挥城市公园的水生态价值，进而推进我国绿色基础设施建设和公园城市的推广。

参考文献

[1] 栾博，柴民伟，王鑫. 绿色基础设施的发展、研究前沿及展望[J]. 生态学报，2017，37(15).

[2] 刘丽君，王思思，张质明，等. 多尺度城市绿色雨水基础设施的规划实现途径探析[J]. 风景园林，2017，000(001)：123-128.

[3] 陈曦. 雨洪管理系统在城市绿色基础设施建设中的运用——以城市公园为例[J]. 工程技术（文摘版）·建筑：00160-00160.

[4] 刘龙志，黄戚，李亮，吴昊，杜垚. 基于海绵城市理念的玉溪东风广场改造及效果[J]. 中国给水排水，2019，35(12)：1-6.

[5] 吴漫，陈东田，王洪涛，范雯雯，韩鑫. 城市公园绿地的海绵化改造策略研究[J]. 建筑经济，2019，40(05)：98-102.

[6] 吴漫. 城市公园海绵化改造设计研究[D]. 济南：山东农业大学，2019.

[7] 郝丽岭，张千千，王效科，张进忠，金向阳. 重庆市不同材质路面径流污染特征分析[J]. 环境科学学报，2012，32(07)：1662-1669.

[8] 周绍毅，罗红磊，苏志，李强. 南宁市新一代暴雨强度公式与暴雨雨型研究[J]. 气象研究与应用，2017，38(02)：1-5+9.

作者简介

谭琪，1988 年 12 月生，男，汉族，山东青岛，硕士研究生，北京市水利规划设计研究院，工程师、注册城乡规划师、注册咨询工程师，现主要从事城市景观设计、海绵城市规划设计、河流生态修复等。电子邮箱：394948676@qq.com。

刘丽君，1989 年 11 月生，女，汉族，河北保定，硕士研究生，北京京林联合景观规划设计院有限公司，工程师，现主要从事景观设计、城市水生态设计。电子邮箱：1052744056@qq.com。

重庆两江新区绿色基础设施网络格局时空变化特征研究

Spatial and Temporal Change Characteristics of Green Infrastructure Network in Chongqing Liangjiang New Urban District

冉 玥

摘　要：以重庆市两江新区为研究区域，通过 2010 年、2015 年、2020 年研究区遥感影像数据的解译及分类，获取三期土地利用类型图，基于形态学空间格局分析（MSPA）、景观生态学理论和图谱理论，利用 ENVI5.3、ArcGIS10.7、Guidos、Conefor2.6 和 Fragsats4.0 等软件平台，从 GI 整体特征、核心区演变、网络特征三方面，对三时段 GI 时空格局变化进行定量描述及对比研究，分析总结其特征及规律。结果表明：2010～2020 年，两江新区 GI 总体规模呈加速减少趋势，缩减区域以核心区为主，且多发于缓坡地带；GI 由集聚型向分散型发展，整体破碎化程度加剧，内部空洞与外缘蚕食同时发生；GI 网络整体连接度水平先增后减，总体水平较低，东西向连接度低，局部呈复杂连接状网络格局。

关键词：绿色基础设施 GI；形态学空间格局分析 MSPA；两江新区；图谱理论；连接度

Abstract：Based on morphological spatial pattern analysis (MSPA), landscape ecology theory and map theory, and using envi5.3, arcgis10.7, guidos, conifor2.6 and fragsats4.0 software platforms, three phases of land use type maps were obtained through the interpretation and classification of remote sensing image data in 2010, 2015 and 2020 From the three aspects of core area evolution and network characteristics, this paper quantitatively describes and compares the spatial and temporal pattern changes of GI in three periods, analyzes and summarizes its characteristics and laws. The results show that: from 2010 to 2020, the overall scale of Liangjiang New Area is accelerating to decrease, and the reduction area is mainly in the core area, and most of them occur in the gentle slope area; GI develops from the centralized type to the decentralized type, the overall fragmentation degree is intensified, and the internal cavity and external erosion occur at the same time; the overall connectivity level of GI network first increases and then decreases, the overall level is low, the East-West connection degree is low, and some parts are complex The network pattern of hybrid connection.

Key words：Green Infrastructure GI; Morphological Spatial Pattern Analysis MSPA; Liangjiang New Area; Atlas Theory; Connectivity

重庆市两江新区作为典型的山地型国家级城市新区，同时也是典型的快速城市化区域，高速高强度的土地开发建设更易产生生态环境问题，影响城市可持续发展。为引导城市空间健康有序发展，生态网络规划被认为是在有限条件下提升城市生态系统空间质量的有效方法（Cook，1991）。如今，生态网络规划被纳入国土空间规划作为重要组成部分，以网络化生态空间支撑、引导城市发展成为未来城市规划的发展方向。而绿色基础设施（Green Infrastructure，GI）作为城市的自然生命支撑系统，核心理念正是科学组织生态空间使其成为由网络中心（hubs）和连接廊道（links）组成的天然与人工化绿色空间网络系统[1]，研究其空间格局演变特征，可为后续构建、优化 GI 网络提供重要的研究支撑，指导生态网络系统的规划及建设，对生态保护及修复工作也具有重要参考意义。

目前，国内外针对 GI 空间格局演变的定量研究逐渐增多，其中景观指数评价、景观连通性分析、形态学空间分析（Morphological Spatial Pattern Analysisi，MSPA）等方法被国内外学者广泛运用。其中，MSPA（Vogt，2007）作为一种基于开运算、闭运算等数学原理对平面栅格图形的空间格局类型进行识别和划分的图像分析方法，可快速识别结构性生态斑块及生态廊道，被广泛应用于区域、城市尺度 GI 格局特征及连通性的研究。Wickham

J D[2]运用 MSPA 方法对比全美多年的景观类型数据变化情况，用以监测生态网络的变化特征，指导生态保护及修复工作；于亚平等[3]将 MSPA 结合景观连通性分析，对比研究南京市 GI 网络格局演变的特征。

基于以上背景，本文以两江新区为研究对象，使用 2010 年、2015 年、2020 年三个时段的 Landsat 遥感影像，基于 ArcGIS、ERDAS、Guidos 和 Conefor 等分析平台，结合 MSPA 分析、景观格局指数评价和景观网络连通性分析，定量分析和对比两江新区 GI 时空格局和 1000m 连通阈值下 GI 网络连通性水平的变化情况。研究成果可为两江新区 GI 的生态保护、修复及规划优化提供参考。

1　研究区域及研究方法

1.1　研究区概况

两江新区是中国内陆首个副省级的国家级新区，位于重庆市北部，临长江、嘉陵江，总面积为 1200km²。气候属亚热带季风气候，四季分明，年均降水量较丰富，区内水系发达，多呈树枝状结构；地形地貌属川东平行岭谷地貌，境内有明月山、铜锣山、龙王洞山三条南北向山脉穿过，总体地势自北向南缓缓倾斜，北部为中山，中部为低山，南部多浅丘。

1.2 数据获取及预处理

本义研究使用的数据包括：重庆市两江新区 2010 年 5 月 Landsat5 遥感影像，2015 年 5 月及 2018 年 6 月 Landsat8 OLI 遥感影像（数据来源：美国地质调查局 USGS 官网 https://earthexplorer.usgs.gov/），30m DEM 栅格数据，水系矢量数据及两江新区行政边界线矢量数据。

首先，基于 ENVI5.3 对各年份遥感波段分别进行拼接裁剪、辐射定标和多光谱融合，坐标系统一使用 WGS1984 地理坐标系和 UTM 投影方式。其次，利用波段工具（Band Math）计算三个时段的归一化植被指数（NDVI），并基于 ArcGIS10.7 的空间分析将两江新区用地类型划分为绿地、水域、建设用地 3 大类。最后，将绿地及水体作为前景要素，其余用地作为背景要素，制作两江新区 2010 年、2015 年、2020 年栅格大小为 30m×30m 的二值栅格图。

1.3 研究方法

1.3.1 MSPA 形态学分析方法

使用研究区 2010 年、2015 年、2020 年二值栅格图，基于 Gudios Toolbox 工具进行 MSPA 分析，采用八领域法，边缘宽度在考虑研究区尺度及生态廊道宽度的情况下设置为 30m，获取三时段两江新区景观类型的分析成果，并对其格局变化进行定量分析（表1）。

MSPA 景观类型及生态含义 　　　　表 1

景观类型	生态学含义
核心区	前景像元中较大的生境斑块，可以为物种提供较大的栖息地，对生物多样性的保护具有重要意义，是生态网络中的生态源地
孤岛	不与其他绿地斑块相连的孤立、破碎的斑块，连接度较低，对外进行物质、能量、信息交流和传递的可能性比较小
穿孔	核心区和内部非绿色景观斑块之间的过渡区域，即斑块内部边缘
边缘	核心区与外部非绿色景观斑块之间的过渡区域，即斑块外部边缘
连接桥	连通不同核心斑块的狭长区域，代表生态网络中连接斑块的廊道，对生物迁移和景观连接具有重要生态学意义
环	同一核心斑块之间的连接廊道，代表同一核心区内物种迁移的途径
分支	只有一端与边缘区、连接桥、环或孔隙相连的区域

1.3.2 景观格局指数评价

本次研究从规模、形态和空间分布三方面构建景观格局评价指标体系，定量分析 GI 景观格局的变化特征。首先，利用斑块总数（NP）、平均斑块面积（MPS）、斑块密度（PD）和最大斑块指数（LPI）反映 GI 核心区斑块的规模变化特征。第二，计算核心区形状指数（周长面积之比），反映核心区空间形态变化特征。最后，分析统计核心区聚集度指数（AI）和景观形状指数（LSI），量化 GI 空间分布的离散程度。

1.3.3 GI 连通性指标分析

基于 ArcGIS 提取面积大于 1hm^2 的核心区（core），设斑块连接阈值为 1000 米，利用 Matrix Green 分析，生成 3 个时段的 GI 网络图谱，依据下列公式计算网络的 α、β 和 γ 指数：

$$\alpha = (L - V + 1)/(2V - 5) \quad \cdots\cdots \quad (1)$$
$$\beta = L/V \quad \cdots\cdots \quad (2)$$
$$\gamma = L/3(V - 2) \quad \cdots\cdots \quad (3)$$

其中，L 为连接数；V 为节点数。

2 结果与分析

2.1 景观类型构成变化

由分析可见，研究区 2010 年、2015 年、2020 年 GI 总面积分别为 975.74km^2、855.86km^2、604.72km^2，总体呈缩减趋势，且缩减速度逐渐加快。主要景观类型为面积占比超过 60% 的核心区，其次是边缘（约占 16%）、穿孔（约占 6%）、分支（约占 4%）、孤岛（约占 3%）、桥（约占 3%）、环（约占 3%）。

2010～2020 年，随着城市建设用地向北部及东部的扩展，研究区内核心区显著减少，平均每年减少 43.72km^2，同时景观类型面积占比大幅降低；边缘面积占比持续上升，孤岛和桥持续增长，穿孔和环呈现先减少再增多的趋势。根据 MSPA 变化分析，表明两江新区的建设过程中，绿色基础设施出现了核心区域规模缩减，整体形状及边缘趋于复杂化的现象。这一现象的主要原因包括两点，一是城市边缘地带的建设蚕食、分割景观核心区域，导致核心区边缘受侵蚀，进而产生破碎化的小型景观斑块和复杂化的边界；二是核心区内部受人为活动干扰，产生众多空洞和孤岛，空洞逐渐扩大的过程中加剧景观破碎化程度。

2010-2020 年两江新区 MSPA 景观类型面积变化统计表 　　　　表 2

	景观类型	2010 年		2015 年		2020 年	
		面积（hm^2）	面积占比（%）	面积（hm^2）	面积占比（%）	面积（hm^2）	面积占比（%）
1	边缘	3286	3.37	5981	6.99	9744	16.11
2	穿孔	7990	8.19	3174	3.71	3537	5.85
3	分支	885	0.91	1454	1.70	2469	4.08
4	孤岛	488	0.50	971	1.14	2002	3.31

景观类型		2010 年		2015 年		2020 年	
		面积（hm²）	面积占比（%）	面积（hm²）	面积占比（%）	面积（hm²）	面积占比（%）
5	核心	82623	84.68	72056	84.19	38894	64.32
6	环	1618	1.66	907	1.06	1831	3.03
7	桥	681	0.70	1041	1.22	1991	3.29
	合计	97573	100.00	85586	100.00	60471	100.00

2.2 GI 核心区空间格局变化分析

2.2.1 核心区尺度类型变化

按面积大小将核心区斑块划分为 4 个尺度类型：0～1km² 小型斑块、1～5km² 中型斑块、5～10km² 大型斑块和大于 10km² 的巨型斑块，分类进行面积统计。分析结果表明，2010 年、2015 年、2020 年 3 个时期，景观数量上均以小型斑块为主，数量占比均大于 99%；其他尺度类型斑块数量少，巨型斑块面积占比最大。可见，两江新区核心景观面积大小分布不均匀，由少量巨型、大型斑块和众多小型斑块组合而成。其中，巨型核心景观面积减少而数量增加，其他类型斑块数量及面积上升，说明其内部随着时间发展产生严重的分割现象。

核心景观尺度类型变化分析　　表 3

尺度	2010 年		2015 年		2020 年	
	斑块数	面积（km²）	斑块数	面积（km²）	斑块数	面积（km²）
巨型	1	776.32	3	703.07	5	258.50
大型	3	21.66	2	12.78	1	6.93
中型	5	8.20	11	23.12	23	57.66
小型	1141	23.90	1929	41.39	3374	66.89

2.2.2 核心区空间分布变化

（1）核密度分析

研究区多中、小型斑块，本文使用核密度分析进行研究，以判断 3 个时段景观的空间分布特征及变化趋势。根据绿地数量的核密度分析，可知两江新区的景观空间分布特征逐渐从集聚演变为分散。2010 年，离散型绿地集聚分布在南部江北区及中部回兴等地，整体景观以北部巨型斑块为主，3 条南北向山脉间连通性良好，拥有大片内部生境。2015 年，复兴、复盛等区域集中发展制造业，导致东、西两翼出现大片核心斑块转为破碎小型斑块的现象出现。至 2020 年，研究区全域均存在大量分散的中、小型斑块，尤其是明月山西北部破碎化严重，出现山体受侵蚀的现象。

（2）地形耦合分析

作为典型的山地区域，2010-2020 年两江新区绿色基础设施的核心区域主要在缓坡区域减少，占比约 73%，其次为平地（22%）和陡坡（4%）。缩减区域主要分布于 3 大片区，包括嘉陵江沿线的蔡家岗、水土、复兴、双龙

湖、悦来区域，明月山西侧沿线区域和龙兴、复盛、鱼嘴片区，总体呈南北向走势，与南北向槽谷地形基本一致，部分分布在中山区域（龙王洞山南部、明月山西部及明月山中部）。

核心缩减区域地形耦合分析　　表 4

坡度	平地		缓坡		陡坡
	0～2°	2～6°	6～15°	15～25°	>25°
缩减面积（hm²）	850.41	5683.32	14930.19	6163.2	1190.79
面积占比（%）	2.95	19.72	51.81	21.39	4.13

2.2.3 核心区景观格局变化分析

利用 Fragstats 和 GIS 对景观核心区域进行相关景观指数的计算。结果表明：2010-2020 年间，两江新区斑块数量大幅增加，平均斑块面积（MPS）、平均形状指数、最大斑块指数（LPI）和聚集度指数（AI）持续降低。说明核心区域内主要受人为活动干预的为大型斑块，GI 逐渐由少数大斑块为主的集聚型景观向更多小斑块组成的离散型景观演变，景观破碎化程度逐渐加剧；其次，核心区域总体形状指数偏小，说明生态斑块与外界连接度较差，需要加强生态廊道建设以加强其与外界的连接度。

景观格局评价指数体系　　表 5

时间（年）	规模指数				集聚程度指数		
	NP	MPS（hm²）	MSI	LPI（%）	PD	AI（%）	LSI
2010	1150	72.63	0.1139	93.46	1.36	95.60	43.24
2015	1945	37.31	0.1121	75.91	2.68	96.18	35.17
2020	3403	11.46	0.1120	33.18	8.73	89.87	67.56

2.3 整体景观连通性时空变化分析

由图表分析结果可见，两江新区 2010 年、2015 年、2020 年 GI 网络环度（α 值）、线点率（β 值）和网络连接度 γ 值呈现先增后减的趋势，且均大于 1，表明研究区内 GI 网络连接水平呈复杂网状结构。早期（2010-2015 年）研究区 GI 网络随着景观破碎化现象的发展趋于复杂化，连接廊道增加，网络连接水平也随之增长，此阶段建设区域中部景观破碎化明显，建设区域内部 GI 网络结构进一步复杂化，内部绿地斑块的连接重要性逐渐增加，边缘绿地及内部绿地都对整体连通性起重要作用。而后期（2015-2020 年）研究区 GI 网络进一步受景观破碎化的影

响，斑块间廊道转化为内部孤岛或外部分支，导致整体连接水平下降；其中，北部龙王洞山及铜锣山区域由于破碎化程度严重，出现局部极复杂的网状结构；同时建设范围内绿地的连通重要程度逐渐降低。

2010 2015 2020 年 GI 网络图谱连接水平评价　表 6

时间 （年）	连接数 L	点数 V	网络闭合度 α	线点率 β	网络连接度 γ
2010	5831	1150	2.04	5.07	1.69
2015	12883	1945	2.82	6.62	2.21
2020	20876	3403	2.57	6.13	2.05

3 结论与讨论

本文基于遥感影像，采用 MSPA、景观指数和网络连接指数相结合的方式，从图形结构层面识别结构性 GI 网络，从规模、形态和集聚程度 3 方面构建景观评价体系，对 2010 年、2015 年、2020 年两江新区绿色基础设施网络的演变进行了定量分析及比较，结果表明：①两江新区 GI 总体规模呈持续缩减趋势。其中，景观类型中缩减趋势最为显著的是的核心区，尤其是大于 $10km^2$ 的巨型斑块被分割现象明显；其次，对缩减区域进行坡度分析的结果表明，两江新区建设过程中侵占最多的为缓坡范围内的绿地，平地与陡坡较少。②两江新区 GI 逐渐由集聚型趋于离散化，整体破碎化程度加剧，内部空洞与外缘蚕食同时发生，重要山体区域有破碎分割现象产生，且逐渐由南向北发展。③研究区整体连通性水平较低，建设区内部、城市建设边缘区和山体等局部由于破碎化严重而产生极复杂的网状结构。

参考文献

[1] Mark A B, Edward T M. Green Infrastructure: Smart Conservation for the 21st Century[M]. The Conservation Fund. Sprawl Watch Clearinghouse, 2001.

[2] Wickham J D, Riitters K H, Wade T G, et al. A national assessment of green infrastructure and change for the conterminous United States using morphological image processing [J]. Landscape and Urban Planning, 2010, 94 (3-4): 186-195.

[3] 于亚平，尹海伟，孔繁花，王晶晶，徐文彬. 基于 MSPA 的南京市绿色基础设施网络格局时空变化分析[J]. 生态学杂志，2016，35(6): 1608-1616.

[4] 王越，林箐. 基于 MSPA 的城市绿地生态网络规划思路的转变与规划方法探究[J]. 中国园林，2017，33（05）: 68-73.

[5] 陈利顶，徐建英，傅伯杰等. 斑块边缘效应的定量评价及其生态学意义[J]. 生态学报，24(9): 1827-1832.

[6] Zetterberg, A., U. Mörtberg, and B. Balfors. 2010. Making graph theory operational for landscape ecological assessments, planning, and design[J]. Landscape and Urban Planning 95(4): 181-191.

作者简介

冉玥，1996 年生，女，土家族，重庆市，学士，重庆大学建筑城规学院，研究方向为城市生态规划与技术方向。电子邮箱：13452266887@163.com。

重庆两江新区绿色基础设施网络格局时空变化特征研究

基于科学知识图谱的中国城市绿地系统研究现状与进展①

Research Status and Progress of Urban Green Space System in China based on Scientific Knowledge Atlas

王雪原　周　燕*

摘　要：城市绿地系统研究迅速增长与多学科交叉的特性使其传统总结式的文献综述难以在大量数据中较为全面严谨地提取出其知识结构与演进特征。本文基于 1998-2020 年 CNKI 与 WOS 数据库中"城市绿地"主题相关研究的文献样本，利用科学知识图谱 CiteSpace 软件，通过关键词共现分析、突现词探测、聚类分析等方法与传统文献梳理评述方法相结合，首现梳理了国内外城市绿地基础理论与体系架构，并归纳为 5 个群组：①城市绿地功能机制及与现实问题的耦合效应机理；②响应绿地系统的不同规划体系与实现手段；③绿地空间的特定组构研究；④城市绿地规划设计及评估方法；⑤绿地建设目标的政策条例响应研究。其次通过 TIMELINE 与 TIMEZONE 图谱分析总结我国城市绿地系统研究的发展进程；整合关键词突现图谱分析，解析我国研究中高突现强度的研究主题与政策导向的对应关系；最后综合持续突现主题文献与高被引文献总结我国城市绿地的研究热点。

关键词：城市绿地系统；文献计量；科学知识图谱；CiteSpace；研究聚类群组

Abstract: The rapid growth and interdisciplinary characteristics of urban green space system make it difficult to extract the knowledge structure and evolution characteristics of urban green space system from a large amount of data. Based on the literature samples of the related research on the theme of "Urban Green Space" in CNKI and WOS database from 1998 to 2020, and using the CiteSpace software, by combining the methods of co-occurrence analysis of key words, detection of emergent words and cluster analysis with the traditional literature review, the basic theory and system framework of urban green space at home and abroad are presented for the first time, and summarized into five groups: ① Urban Green space function mechanism and the coupling effect mechanism with the reality question. ② respond to the green space system different planning system and the realization means. ③ the Green Space Specific Organization Research. ④ the urban green space planning design and the appraisal method. ⑤ the Green Space Construction Goal Policy Regulation Response Research; Secondly, it summarizes the development process of Urban Green Space System Research in China through TIMELINE and TIMEZONE map analysis, and analyzes the corresponding relationship between the research theme of high emergent intensity and policy orientation by integrating keyword emergent map analysis Finally, the paper summarizes the research hotspots of urban green space in China by synthesizing the literature on the theme of Continuous Emergence and the highly cited literature.

Key Words: Urban Green Space System; Bibliometrics; Atlas of Scientific Knowledge; Citespace; Research Cluster Group

1　研究背景

伴随着我国城镇化建设大幅推进，空间开发与生态环境保护的矛盾使城市绿地系统规划作为城市建设的重要环节，愈发地成为解决诸多城市问题如内涝、热岛、雾霾、棕地等的空间载体。城市绿地系统的深入研究对于解决诸多城市问题尤为重要。把控未来绿地系统研究的主要方向需要建立在详尽的绿地系统研究内容的综述上，而以往相关研究成果中对于绿地系统研究的代表性综述内容多基于对相关文献资料的归纳和总结。例如，王保忠等在近 10 年国内外城市绿地领域论文检索的基础上，总结了城市绿地生态系统、发展特征、效益评估等方面的研究成果；车生泉等在论述城市绿地概念的基础上，将绿地的发展演化按时间分段，并对绿地在当代城市中的功能和作用进行了探讨[1,2]。

绿地系统研究迅速增长与快速更新的特性，使得传统总结式的文献综述难以在大量数据中较为全面与严谨地提取出其知识结构与演进特征。伴随信息化不断加速发展以及网络应用的全面推广，学者们逐步通过文献数据信息整合、绘制科学知识图谱来实现学科知识的可视化，以此进行研究理论发展、学科领域分布、学科结构演进识等方面的研究[3]。常见的信息可视化分析软件包括 ArnetMiner[4]、PaperLens[5] 和 CiteSpace 等。

本文利用 CiteSpace 软件、文献计量方法与传统文献梳理相结合的方法，理清我国城市绿地系统研究研究热点及知识群组、研究起源与演进脉络及延伸趋势，以此推进绿地系统研究的纵深化与多元化发展。

①　国家自然科学基金青年科学基金项目（编号 51708426）；健康城市导向的绿色空间布局与景观特征前沿研究（中央高校基本科研业务费专项，2020 年的武汉大学海外人文社会科学研究前沿追踪项目，项目批准号 2020 HW007）。

绿色基础设施

2 研究方法与数据

2.1 科学知识图谱方法及 CITESPACE 工具解析

科学知识图谱是显示科学知识的发展进程与结构关系的一种图形[6]。它的兴起，一方面是揭示科学知识及其活动规律的科学计量学从数学表达转向图形表达的产物，另一方面又是显示科学知识地理分布的知识地图转向以图象展现知识结构关系与演进规律的结果[7]。CITESPACE 作为制作科学知识图谱的代表性工具，主要用于计量和分析科学文献数据的信息可视化，并且其在绘制研究领域发展的知识图谱同时能够更加直观地展现出科学知识领域的信息全景[8,9]。与其他软件相比，Citespace 软件融合了共词分析、聚类分析、社会网络分析、多维尺度分析等方法，侧重于探测和分析学科研究前沿的演变趋势、研究前沿与其知识基础之间的关系，以及不同研究前沿之间的内部联系[6]。运用 CiteSpace 能够对城市绿地系统研究领域、研究热点及群组、研究起源与演进脉络、前沿热点及延伸趋势进行分析，并对其整体研究进程进行总结，因此对把控未来绿地系统研究方向具有较大的应用价值。

2.2 图谱分析的数据来源及处理

本文基于 1998-2020 年的 CNKI 数据库以及 Web of Science 核心合集数据库的文献源，综合了信息可视化方法、文献计量方法和数据挖掘算法，以可视化的方式显示城市绿地研究领域的发展进程与结构关系。

与城市绿地相关的许多概念，如绿色基础设施、绿色开放空间、生态基础设施、生态网格、人居网络、绿色通道、绿道等，分别从不同角度对城市绿地进行了分类界定与解读，这些理念经过不断的理论研究与实践反馈，是对城市绿地客观发展规律及规划主观意识逐渐深入挖掘的结果。使用的 CNKI 检索词包括主题"绿地系统"或含"绿地""城市绿地"或"绿道"等以上绿地相关概念，去重后共计 13794 篇有效文献；WOS 检索去重后共计 16745 篇有效文献。检索信息总体表明国内外绿地系统的研究愈加深入，其研究领域具有良好的发展趋势。并对所得文献数据进行初步的年度分布统计分析（图 1）、学科分类分析（表 1）和文献出版来源分析（表 2）。

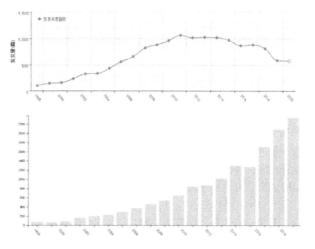

图 1 CNKI 与 WOS 数据库关于"城市绿地"
主题的文献数量变化（1998-2020）

"城市绿地"主题发文高频次排名前 10 的学科领域类别（1998-2020） 表 1

学科发文量排名	学科	文献数（篇）	学科	文献数
1	城乡规划与市政	8516	ENVIROMENTAL SCIENCES ECOLOGY	8917
2	林学	2282	ENGINEERING	3178
3	城市经济	2267	GEOGRAPHY	2092
4	观赏园艺与园林	945	BIODIVERSITY CONSERVATION	1744
5	环境	796	AGRICULTURE	666
6	生态	557	UBAN STUDIES	434
7	水利工程	256	FORESTY	313
8	测绘	213	PLANT SCIENCES	295
9	生物	170	SCIENCE THCHONOLOGY	279
10	交通运输	121	BUSINESS ECONOMICS	249

发文频次排名前 10 的出版来源（1998-2020） 表 2

出版来源发文量排名	文献出版来源	文献数（篇）	文献出版来源	文献数
1	中国园林	401	LANDSCAPE AND URBAN PLANNING	500
2	生态学报	262	URBAN FORESTY URBAN GREENING	487
3	城市环境与城市生态	220	SUSTAINBILITY	266
4	城市规划	220	ACTA ECOLOGICA SINICA	290

出版来源 发文量排名	文献出版来源	文献数 （篇）	文献出版来源	文献数
5	生态学杂志	210	THE SCIENCE OF THE TOTAL ENVIRMENT	177
6	中国环境科学	190	SCIENCE OF THE TOTAL ENVIRMENT	175
7	城市规划汇刊	185	ACTA HORITICULTURAE	165
8	北京林业大学学报	172	URBAN ECOSYSTEMS	151
9	现代园林	164	INTERNATIONAL JOURNAL OF ENVIRONMENTAL RESEACH AND PUBLIC HEALTH	141
10	地理科学	139	BULDING AND ENVIRMENT	134

观察期内 1998-2020 年的相关研究文献数量总体持续上升，国内外绿地系统的研究持续拓展与丰富。从研究的学科分布来看，我国发表文献数量最多的三大学科为城乡规划与市政、林学、城市经济。城乡规划与市政的文献发表量远在其他学科之上。其次为观赏园艺与园林、生态、水利工程、测绘、生物、交通运输等领域。国际上为环境与生态科学、工程学、地理学为主，总体来看绿地系统研究成为多学科共同关注的研究主题。按被引文献出版来源来看，排名前十位的被引期刊来源包括中国园林、生态学报、城市环境与城市生态、LANDSCAPE AND URBAN PLANING、URBAN FORESTY URBAN GREENING、SUSTAINABILITY 等，皆是以景观规划、生态环境、资源保护研究为主题，该结果反映绿地系统研究的权威文献主要集中于规划、生态、农业、环境及资源相关的研究层面，而在经济和社会维度上的研究仍处于发展阶段。

3　图谱绘制结果及解读

研究具体分析内容包括：①总结了国内外城市绿地的主要研究分支与内容；②梳理了我国绿地系统研究的起源与演进脉络；③辨析了我国绿地系统研究的突现主题与政策导向关系；④分析了我国绿地系统的研究热点及延伸趋势。

3.1　国内外城市绿地的主要研究分支与内容

关键词作为学术论文研究主题的精炼表达，其相互间关联性一定程度上可以揭示学科领域中知识的内在联系。本文首先通过关键词共现分析来鉴别城市绿地研究的主要研究分支与内容，并对该研究领域主题结构的发展变化做出判断[10]。具体操作方式如下：时间切割设置为 3 年一个切片，阈值选择 TOP30，得到关键词共现网络图谱、共现的关键路径（图 2）及关键词统计表（表 3）。对图谱结果进行分析和信息的提取，出现频率与中介中心性较高的关键词在一定程度上体现了此研究时段国内外城市绿地研究的热点主题。中介中心性是测度节点在网络中重要性的一个指标，Citespace 中使用此指标来发现和衡量节点的重要性，具有高中介中心性的节点通常是连接两个不同节点的关键枢纽。半衰期在文献计量学中用来描述研究的衰老速度。同时对关键词进行聚类分析（图 3），并对分析结果进行统计（表 4）。

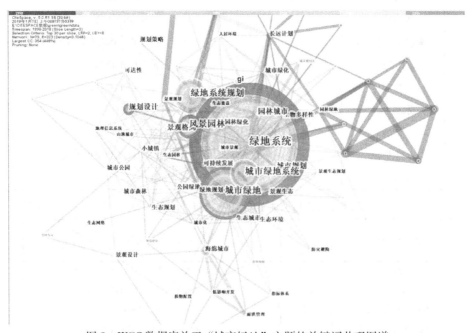

图 2　WOS 数据库关于"城市绿地"主题的关键词共现图谱

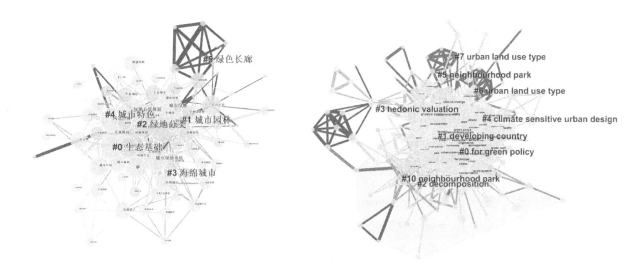

图 3 CNKI 与 WOS 数据库关键词共现聚类分析的网络图谱

频次排名前 20 的关键词的共现频次及中心性统计 表 3

频次排名	频次	中介中心性	Sigma	关键词	发表年份	半衰期	Freq	Centrality	SIG	Keyword	Year	Half-life
1	641	0.59	5.72	绿地系统	1998	11	612	0.02	1	Green Space	2003	13
2	457	0.18	1	城市绿地	1998	12	570	0.09	1	Enviroment	2002	13
3	284	0.09	1	城市绿地系统	1998	11	506	0.14	1	City Area	1999	16
4	247	0.11	1	风景园林	1999	11	457	0.04	1	Healthy City	2000	16
5	228	0.03	1	绿地系统规划	1998	12	454	0.05	1	Biodiversity	2004	12
6	163	0.07	1	规划设计	1998	13	448	0.07	1	Low Impact	2003	13
7	123	0.07	1	城市绿地系统规划	1998	11	443	0.01	1	Ecosystem Service	2005	11
8	118	0.06	1	景观格局	2004	6	442	0.08	1	Urbanization	2001	14
9	105	0.03	1.15	景观生态学	2001	7	431	0.05	1	Vegetation	2002	13
10	104	0.06	1	城市规划	1998	12	415	0.19	2.46	Urban	1998	17
11	92	0.07	1	可持续发展	2000	8	408	0.1	1	Landsacape	2000	15
12	89	0.09	10.5	长远计划	1998	5	394	0.04	1	Management	2004	12
13	88	0.08	1.32	公园绿地	2007	5	371	0.17	1	Model	1998	18
14	88	0.04	1.32	绿地规划	1999	9	362	0.06	1.87	Landuse	2001	13
15	86	0.06	1.25	小城镇	2001	11	335	0	1	Green Lnfrastructure	2010	6
16	81	0.03	1	绿色基础设施	2001	10	330	0	1	Climate change	2010	6
17	80	0.02	2.15	海绵城市	2016	1	314	0.01	1	Greenroof	2008	8
18	58	0.04	1.18	景观生态	2001	6	312	0	1	Physicalactivity	2010	6
19	58	0.02	1	城市绿化	1998	10	311	0.03	1	China	2003	13
20	56	0.07	1	园林绿化	1998	11	270	0.04	1	conservation	1999	15

WOS 数据库关键词聚类命名 表 4

ClusterID	Size	Sihouette	Mean (year)	Lable（LLR）
8	6	1	1998	nutrient intake（56.06，1.0E-4）；iron（51.12，1.0E-4）；vitamin a（32.31，1.0E-4）；
9	6	1	2000	blue green algae（74.9，1.0E-4）；nutrient（59.69，1.0E-4）；zooplankton（46.67，1.0E-4）；
11	3	1	1998	dna damage（70.11，1.0E-4）；tadpole（34.78，1.0E-4）；ranaclamitan（34.78，1.0E-4）；
12	3	1	1999	macrophyte（33.82 1.0E-4）；alternative stable states（33.82，1.0E-4）；tool（33.82，1.0E-4）；

ClusterID	Size	Sihouette	Mean (year)	Lable (LLR)
13	2	1	2001	bioavailability (26.48，1.0E-4)；zlnc-specific biosensor (23.13，1.0E-4)；binding (23.13，1.0E-4)；
14	2	1	2001	network (27.77. 1.0E-4)；3 urban area (26.01，1.0E-4)；support (22.2，1.0E-4)；
15	2	1	2000	integrated pestmanagement 121.09，1.0E-4)；stephanitis pyrioide (27.09，1.0E-4)；rhododendron (27.09，1.0E-4)；
7	9	0.949	1999	wind (52.95，1.0E-4)；air humidity (52.95，1.0E-4)；global radiation (52.95.1.0E-4)；
10	5	0.927	2001	irritability (50.18，1.0E-4)；distinction (30.03，1.0E-4)；family violence (30.03，1.0E-4)；
5	11	0.899	2001	impact (94.65，1.0E-4)；consumption (20.78，1.0E-4)；histology (18.77，1.0E-4)；
6	11	0.796	1999	leaf massestimation (57.87，1.0E-4)；biogenic hydrocarbon emissions inventory (57.87. 1.0E-4)；leaf mass of urbancf. forest tree (57.87，1.0E-4)；
3	22	0.756	2000	model (86.4，1.0E-4)；sediment (81.1，1.0E-4)；biosensor (71.92，1.0E-4)；
4	18	0.701	2004	temperature (128.19，1.0E-4)；climate (127.86，1.0E-4)；urban heat island (121.54，1.0E-4)；
2	24	0.668	2001	heavy metal (73.28，1.0E-4)；palladium (35.23，1.0E-4)；accumulation (35.23，1.0E-4)；

反映聚类有效性的指标 silhouette 用来衡量网络中聚类成员的同质性，在 0-1 之间取值，越接近 1 同质性越高，研究筛选 silhouette 值在 0.9-0.5 之间为有效聚类，使用关键词提取聚类命名，综合有效聚类、关键词频次、关键词中介中心性、关键词半衰期四者总结对于国内外城市绿地的研究内容主要集中在以下 5 个聚类群组（表 5）[11-17]。

基于 CNKI 与 WOS 数据库的城市绿地研究聚类群组　　　　　　表 5

群组	聚类	主要内容
第一聚类群组	城市市绿地系统功能与相关原理、实际城市问题的耦合效应与机理	✓ 绿地系统可达性评价及应用 ✓ 实现生物多样性的绿地系统格局 ✓ 绿地的低影响开发应用 ✓ 绿地的防灾避险功能 ✓ 绿地消减城市热岛效应原理与方法 ✓ 绿地与绿色基础设施研究 ✓ 绿地实现雨洪管理功能研究 ✓ 绿地空间布局与人类活动亲和性影响机制 ✓ 绿地系统乡土树种应用 ✓ 人性化空间为主题的开放空间设计 ✓ 影响人的生活方式视角的绿地系统空间布局研究 ✓ 绿地系统影响城市小气候的原理及规划设计方法 ✓ 绿地系统的自主更新 ✓ 绿地系统生境多样性营造
第二聚类群组	绿地系统不同规划实际手段	✓ 城市绿地系统专项规划 ✓ 城市绿地系统专业规划 ✓ 生态规划与生态红线 ✓ 公园规划 ✓ 景观生态规划
第三聚类群组	城市绿地系统的主要构成	✓ 考虑服务半径的公园绿地 ✓ 服务特定人群满足特定功能需求的居住区绿地 ✓ 具有共享特性的公共空间 ✓ 具有防灾避险功能的防灾公园 ✓ 发挥净化、修复雨洪管理等特定作用的功能湿地 ✓ 沿河、湖泊、海具有边缘效应的滨水区廊道 ✓ 具备联通性及隔离等功能的环城公园 ✓ 满足市民活动需求为主的城市公园 ✓ 维护城市生态功能的城市森林 ✓ 探索新生活方式的慢行系统 ✓ 合理布局的绿道网络 ✓ 耦合交通系统的多功能街旁绿地

群组	聚类	主要内容
第四聚类群姐	城市绿地系统的规划设计方法及评估方法	✓ 绿地系统结构布局方法 ✓ 城市绿线的规划原理 ✓ 绿地系统规划中绿地分类 ✓ 城市绿地系统建设管理方法 ✓ 绿地系统生态效益、生态系统服务评价体系
第五聚类群组	城市绿地建设目标的政策导向响应研究	✓ 以人为本背景　绿地系统加强了对社区公园、可达性的深入探寻 ✓ 城乡一体化 ✓ 城乡统筹　城镇绿地系统、城郊乡村绿地系统、小城镇绿地系统的规划的研究成为热点 ✓ 可持续发展　绿地系统领域的研究更加关注生态系统优化、生态安全格局、城市绿化低碳发展等内容 ✓ 园林城市 ✓ 公园城市　促使绿地系统的研究在城市规划领域中的地位逐渐升高 ✓ 海绵城市　绿地系统雨洪管理功能的发挥、低影响开发建设联合绿地系统应用等成为研究重点

3.2　我国城市绿地系统研究演进脉络

词频的时间变化趋势也代表了该研究的发展趋势[5]。通过分析词频时间变化，得出1998-2020年城市绿地相关研究发展的时间序列分析图谱（图4），可以看出该领域的

生命周期和不同时期高频词的发展轨迹，其中关键词节点连线表示关键词之间的关联关系。结合图谱及系统导出信息表进行分析，发现近二十年我国城市绿地系统相关研究可分为5个发展阶段：

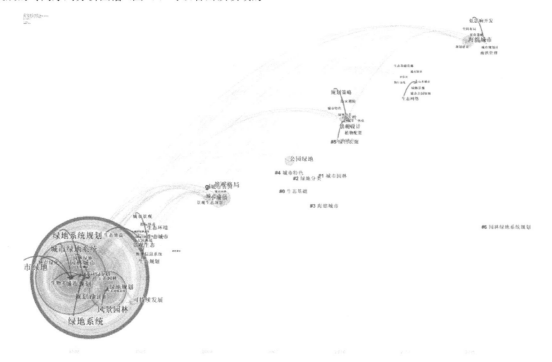

图4　CNKI数据库"城市绿地"主题关键词TIMEZONE图谱

第一阶段（1998-2000年）：城市绿地系统研究的初级阶段。在此时间段及以前，研究内容主要关注于绿地系统的规划设计主体，风景园林学科更多参与到规划中，同时也开始关注生物多样性及可持续发展。第二阶段

（2001-2003年）：城市绿地系统的研究开始聚焦于生态环境与生态规划，对于绿色基础设施的应用开始发展，同时对于人居环境、城市景观、开敞空间的关注也开始增多。第三阶段（2004-2009年）：对于城市绿地系统的研究聚

焦于景观格局、绿色基础设施、景观生态规划，并持续成为重点，同时对于小城镇绿地系统以及公园绿地的关注开始增多。第四阶段（2010-2013年）：在这一阶段对于城市绿地系统的可达性、防灾避险功能以及生态基础设施等内容聚焦较多，在人居环境的研究领域内更聚焦于慢行系统、城市绿道网络、城市公园绿地等。第五阶段（2014-2020年）：在这一时期，海绵城市、低影响开发、雨洪管理、公园城市主题等成为突出的研究关注点。对于绿地系统的优化策略、空间布局的研究也十分突出。

区别于西方发达国家已经进入的绿地研究精细化稳定发展阶段，我国城市绿地研究仍具有由结构完善到分支细化的明显趋势，近二十年对于城市绿地系统的研究由规划体系的丰富转变到对于生态环境的聚焦，逐步将绿色基础设施、景观格局、景观生态规划等内容纳入城市

绿地系统的研究范畴，同时伴随着对慢行系统、低影响开发、绿道网络的关注，对绿地系统的可达性、雨洪管理、防灾避险等功能的发掘逐渐成为城市绿地系统研究的重点。

3.3 我国城市绿地系统研究突现主题

关键词突现图谱可以反映一段时间内影响力较大的研究内容。其基本原理是根据标题、摘要、关键词等的词频增长率来确定热点主题，从而识别研究热点与发展趋势[5]。通过 CiteSpace 的突现检测功能获得多个突现关键词（表6），说明这些学科在突现时间段出现了研究热潮，另外，可以发现近年来关键词出现频次处于持续明显增多状态的有13个（表7），这些关键词将会持续成为未来一段时间内的研究重点。

CNKI 数据库"城市绿地"主题突现的关键词

表 6

关键词	突现强度	突现起始年份	突现结束年份	1998-2020 年
长远计划	28.3817	1998	2005	
系统规划	4.6831	1998	2003	
城市绿化	7.2336	1998	2009	
园林绿地	13.6488	1998	2006	
园林绿化	5.0787	1998	2004	
生态绿地系统	4.1487	1999	2003	
绿地规划	3.6456	1999	2004	
生态园林	6.5183	1999	2003	
地理信息系统	4.2452	2001	2006	
人居环境	5.9333	2001	2006	
景观生态	8.0378	2001	2007	
城市景观	6.0585	2001	2009	
生态城市	10.3246	2002	2008	
可持续发展	3.7609	2002	2006	
城市形态	3.7283	2004	2006	
城市森林	4.3233	2004	2008	
城市园林	3.7283	2004	2006	
景观生态规划	6.7269	2004	2008	
生态规划	4.2914	2005	2007	
城市化	7.3765	2005	2008	
景观规划	5.7777	2007	2012	
生态效益	5.5347	2007	2012	
绿地分类	5.0976	2010	2012	

关键词	突现强度	突现起始年份	突现结束年份	1998-2020 年
公园绿地	7.831	2010	2013	
防灾避险	7.1461	2010	2012	
植物配置	7.4049	2010	2015	
总体规划	6.1211	2010	2012	
城乡一体化	4.5863	2010	2012	
城市特色	5.5256	2010	2011	
小城镇	5.2847	2012	2015	
绿地景观	5.1671	2013	2015	
生态基础设施	5.1671	2013	2015	
山水城市	4.5915	2013	2015	
居住区	4.9056	2013	2014	
慢行系统	4.5915	2013	2015	
生态环境	6.2229	2013	2015	
城市绿道	4.5915	2013	2015	
城市绿地公园	5.1671	2013	2015	

CNKI 数据库"城市绿地"主题近年持续突现的关键词   表 7

关键词	突现强度	突现起始年份	突现结束年份	1988-2020 年
景观设计	10.4864	2015	2020	
可达性	9.7746	2016	2020	
生态网络	7.5014	2016	2020	
绿色基础设施	13.8761	2016	2020	
雨洪管理	8.9341	2016	2020	
公园城市	4.4537	2016	2020	
低影响开发	11.9359	2016	2020	
城市规划区	5.447	2016	2020	
规划建设	5.447	2016	2020	
空间布局	5.447	2016	2020	
山地城市	6.9986	2016	2020	
优化策略	4.9502	2016	2020	
海绵城市	40.5448	2016	2020	
指标体系	4.1538	2016	2020	

综合突现强度与突现持续时间分析，得出以下结论：①"长远计划、城市绿化、园林绿化"集中出现于1998-2009年。这一时期以栽种植物为核心的"绿化"成为绿地系统的研究重点，城市空间中的绿色空间从数量上逐步增加；后期"城生态绿地系统、生态园林、景观生态"集中出现呈现出绿地系统研究关注点逐渐由"绿化"转向"生态"的趋势。②"公园绿地、防灾避险、植物配置、总体规划"集中突现于1998-2015年，这一时期突现的城市灾害例如地震、台风等，其巨大影响使得绿地系统研究开始关注防灾避险功能，并将其纳入法定规划的内容当中；2002年，中国共产党第十六次全国代表大会提出将"可持续发展能力建设"作为全面建设小康的目标之一，因此绿地系统在这一阶段对于促进可持续城市发展的推动作用愈发被强调；③"城市特色、景观设计、可达性、绿色基础设施"等在2010-2020年被持续关注，绿地系统作为绿色基础设施重要实现部分的相关理论应用研究延伸发展，同时对于城市特色的研究也受到了关注；④"山水城市、居住区、慢行系统、生态网络、城市绿道"等出现于2013-2020年，并持续形成高突现强度，这一时期对于绿地系统作为人居环境的重要组成部分的研究成为热点，绿地系统的活动使用功能受到了持续关注；⑤"雨洪管理、低影响开发、公园城市、空间布局、山地城市、海绵城市、指标体系"等出现于2016-2020年，并持续形成高突现强度。频发的城市问题例如城市内涝促使了海绵城市、低影响开发等政策的实施，绿地系统的雨洪管理功能的研究逐步深入，同时伴随着对绿地系统空间布局、优化策略、指标体系的重点关注。

3.4 我国城市绿地系统研究热点

结合突现主题分析中在现阶段持续形成高突现强度的研究主题，与绿地系统研究内容相关的高被引频次重要文献（据上选择被引频次大于150次的108篇高被引文献）作为该领域的研究热点进行分析，形成以下4组研究热点。

（1）绿色空间的生态效益评估

这一研究群组基于特定的现实背景，伴随城市化进程的加快出现的一系列环境问题，城市绿色空间生态效益逐渐成为了热点研究。基于对绿色植物的生态机理研究，对城市绿道、通风廊道等空间的效应影响研究以及城市绿地结构对城市气候影响的研究，展开了对于绿地系统的生态效应的系统分析与评价的进一步研究。在这一组研究中，三维绿量、生态服务功能两概念及其相关研究成为高频研究重点[18-22]。

（2）景观可达性作为城市绿地系统特定功能衡量标准

这一研究群组以空间可达性作为研究基础，具备评价到达难易程度功能的景观可达性成为了衡量绿地系统服务功能的一项重要评价指标。相关研究包括了城市绿地可达性和公平性的探讨、公园绿地可达性指数的评价、对其可达性及服务面积的空间分布研究、对可达性应用于城市绿道的初步研究等。同时对景观引力场探索深入，以及使用GIS工具进行可达性功能分析研究[23-32]。

（3）景观生态学理论应用

该群组主要包括：城市绿地内发生的多种生态过程与非生态过程相关研究、绿地结构的景观格局、景观安全格局理论在绿地中的应用。生态过程是指生态系统中维持生命的物质循环和能量转化过程。城市绿地作为特殊的生态系统，依靠大量的人工物质及能量输入并具有较高的脆弱性和敏感性，因此研究城市绿地的生态过程对绿地结构规划具有重要意义；景观格局作为一种能够反映大小、形状不同景观要素在空间上分布组合格局，其研究对绿地系统空间规划至关重要；景观安全格局由若干关键部分及其空间关系组成，对维护城市绿地系统内生态过程具有重要意义。三者共同的理论支持是景观生态学，表明将现代景观生态学理论与城市规划理论和实践相结合是城市规划、生态规划的重点。该群组的研究内容包括对景观生态学在城市规划和管理中的应用研究、城市景观生态过程和格局的连续性、远郊区景观格局的变化、在特定城市环境下的绿地景观格局分析以及对城市森林的景观格局分析的研究等，对景观过程应用于城市自然保护与生态重建的研究，以及景观生态学在城市规划和管理中的研究[33-37]。

（4）特定功能或特定区域的绿地系统空间格局研究

具体包括城市绿道空间结构的研究、景观生态安全结构在生物保护中的应用，如对大运河等的区域生态基础设施及实施途径的研究，对不同绿地景观结构的滞尘效应、热岛消减、雨洪管控等研究等[38-40]。

4 总结与讨论

剖析我国绿地系统研究的发展进程，运用可视化知识图谱和多元统计分析对我国城市绿地系统的从主要研究分支、发展演进脉络、突现主题、研究热点四个方面进行了可视化解读与综述。总结在未来的城市绿地系统研究中，将延续以下三个方向：

（1）多样的研究聚类及分支体现出，为应对多样的城市环境问题及适应复杂的土地类型组合，城市绿地越来越成为解决诸多城市生态环境问题如热岛效应、雨洪管控、防灾避险、生物多样性保护、空气及其土壤环境质量提升等的空间载体。城市生态系统和城市绿地系统的多学科交叉性研究趋势明显。从生态学与地理学的角度认识绿地的作用和功能，通过分析城市绿地在人类健康、气候变化、空气质量、城市热环境等方面的多学科交叉细化发挥作用机制，从而对现有绿地的功能发挥状况评价，综合构建符合发生过程与耦合机制的绿色空间结构，是精细化构建城市绿地的可行的重要研究方向。

（2）城市规划作为应用学科，其科学研究能够直接为指导绿地规划建设提供决策依据及优化策略，城市绿地系统相关研究在规划设计的应用落实方法上将得到持续的关注。从宏观的共性研究转向区域的特性与机制研究，并重视对绿地系统研究尺度、空间类别的区分。精细化探索绿地响应诸多生态环境问题的途径，需要明确该生态过程或景观过程的运行规律，建立二者的耦合机制，从而对城市绿地从规模、结构、格局、绿量、类型等多种角度来进行控制。加强如绿化带、公园系统、绿道、绿色链、

绿色基础设施

绿色网格等不同的绿地实现方式的深入研究。

（3）加强量化、信息化技术应用于城市绿地规划设计建设过程。我国对城市绿地定量研究内容及技术方法大多源于生态学自然环境等领域，而在城市规划领域对于绿地的应用与分析仍然以定性研究为主流，这也限制了城市绿地在规划应用中科学性。信息化时代的到来，城市绿地相关研究得到了如 RS 与 GPS 技术、GIS 平台、复杂数学模型、计量模型、数值模拟、大数据等技术方法的广泛应用，为今后城市绿地的定量分析方法提供高效的工具支持。

参考文献

[1] 王保忠，王彩霞，何平，等．城市绿地研究综述[J]．城市规划学刊，2004(2)：62-68.

[2] 车生泉，王洪轮．城市绿地研究综述[J]．上海交通大学学报(农业科学版)，2001(3).

[3] 陈晓红，周宏浩．城市化与生态环境关系研究热点与前沿的图谱分析[J]．地理科学进展，2020，37(9).

[4] 余有成．研究者社会网络搜索与挖掘系统 ArnetMiner[J]．高科技与产业化，2013，9(10)：70-73.

[5] Lee B，Czerwinski M，Robertson G，et al. Understanding Eight Years of InfoVis Conferences using PaperLens[C]// IEEE Symposium on Information Visualization. IEEE，2004.

[6] 侯剑华，胡志刚．CiteSpace 软件应用研究的回顾与展望[J]．现代情报，2013，33(4).

[7] 梁秀娟．科学知识图谱研究综述[J]．图书馆杂志，2009(6)：58-62.

[8] 陈悦，刘则渊．悄然兴起的科学知识图谱[J]．科学学研究，2005，23(2)：149-154.

[9] 陈悦，陈超美，刘则渊，等．CiteSpace 知识图谱的方法论功能[J]．科学学研究，2015，33(2).

[10] 肖明，陈嘉勇，李国俊．基于 CiteSpace 研究科学知识图谱的可视化分析[J]．图书情报工作，2011，55(6)：91-95.

[11] Jim C，Chen S．Comprehensive greenspace planning based on landscape ecology principles in compact Nanjing city，China[J]．Landscape & Urban Planning，2003，65(3)：95-116.

[12] Mitchell R，Popham F．Greenspace，urbanity and health：Relationships in England[J]．Journal of Epidemiology & Community Health，2007，61(8)：681-683.

[13] Kong F，Yin H，Nakagoshi N，et al. Urban green space network development for biodiversity conservation：Identification based on graph theory and gravity modeling[J]．Landscape & Urban Planning，2010，95(1-2)：0-27.

[14] Richardson E A，Pearce J，Mitchell R，et al. Role of physical activity in the relationship between urban green space and health[J]．Public Health，2013，127(4)：318-324.

[15] 李敏．城市绿地系统与人居环境规划[M]．北京：中国建筑工业出版社，1999.

[16] 肖荣波，周志翔，王鹏程，等．3S 技术在城市绿地生态研究中的应用[J]．生态学杂志，2004，23(6)：71-76.

[17] 胡楠，李雄，戈晓宇，等．因水而变——从城市绿地系统视角谈对海绵城市体系的理性认知[J]．中国园林，2015，31(6)：21-25.

[18] 车生泉，王洪轮．城市绿地研究综述[J]．上海交通大学学报(农业科学版).2001.

[19] 刘立民，刘明．绿量——城市绿化评估的新概念[J]．中国园林，2000.

[20] 李锋，王如松．城市绿色空间生态服务功能研究进展[J]．应用生态学报，2004.

[21] 王保忠，王彩霞，何平，等．城市绿地研究综述[J]．城市规划汇刊，2004.

[22] 蔺银鼎．城市绿地生态效应研究[J]．中国园林，2003.

[23] 胡志斌，何兴元，陆庆轩，等．基于 GIS 的绿地景观可达性研究——以沈阳市为例[J]．沈阳建筑大学学报(自然科学版)，2005.

[24] 周志翔，邵天一，王鹏程，等．武钢厂区绿地景观类型空间结构及滞尘效应[J]．生态学报，2002.

[25] 周志翔，邵天一，唐万鹏，等．城市绿地空间格局及其环境效应——以宜昌市中心城区为例[J]．生态学报，2004.

[26] 周廷刚，郭达志．基于 GIS 的城市绿地景观引力场研究——以宁波市为例[J]．生态学报，2004.

[27] 尹海伟，孔繁花，宗跃光．城市绿地可达性与公平性评价[J]．生态学报，2008.

[28] 李博，宋云，俞孔坚．城市公园绿地规划中的可达性指标评价方法[J]．北京大学学报(自然科学版)，2008.

[29] 马林兵，曹小曙．基于 GIS 的城市公共绿地景观可达性评价方法[J]．中山大学学报(自然科学版)，2006.

[30] 肖华斌，袁奇峰，徐会军．基于可达性和服务面积的公园绿地空间分布研究[J]．规划师，2009.

[31] 刘常富，李小马，韩东．城市公园可达性研究——方法与关键问题[J]．生态学报，2010.

[32] 胡剑双，戴菲．中国绿道研究进展[J]．中国园林，2010.

[33] 肖笃宁，高峻，石铁矛．景观生态学在城市规划和管理中的应用[J]．地球科学进展，2001.

[34] 高峻，杨名静，陶康华．上海城市绿地景观格局的分析研究[J]．中国园林，2000.

[35] 吴泽民，吴文友，高健，等．合肥市区城市森林景观格局分析[J]．应用生态学报，2003.

[36] 俞孔坚，段铁武，李迪华，等．景观可达性作为衡量城市绿地系统功能指标的评价方法与案例[J]．城市规划，1999.

[37] 赵振斌，包浩生．国外城市自然保护与生态重建及其对我国的启示[J]．自然资源学报，2001.

[38] 刘海龙，李迪华，韩西丽．生态基础设施概念及其研究进展综述[J]．城市规划，2005.

[39] 俞孔坚，李迪华，李伟．论大运河区域生态基础设施战略和实施途径[J]．地理科学进展，2004.

[40] 莫琳，俞孔坚．构建城市绿色海绵——生态雨洪调蓄系统规划研究[J]．城市发展研究，2012.

作者简介

王雪原，1995 年 10 月，女，汉族，黑龙江双鸭山，博士研究生在读，东南大学建筑学院景观学系，水域生态景观。电子邮箱：597372322@qq.com。

周燕，1980 年 2 月生，女，汉族，湖北咸宁，博士、副教授，武汉大学城市设计学院城市乡划系，水域生态景观。电子邮箱：joyeezhou@whu.edu.cn。

黄浦江滨水景观空间对周边工人新村小区的经济效益影响探究

The Influence of Waterfront Landscape of Huangpu River on the Economic Benefits of Nearby Workers Village

杨　奕　阿琳娜

摘　要：随着上海黄浦江滨江贯通的完成，被激活的两岸公共空间为城市带来了诸多方面的利好。本文从公共空间的经济效益房价增值部分出发，综合运用现有计算方法房产价值法（REA）与特征价格法（HPM），以黄浦江滨江公共空间与周边工人新村为研究对象，从设计与规划角度切入，综合分析公共空间及其景观要素与房价增值之间的相关性，旨在更好地促进及引导城市开放空间建设。研究发现：①黄浦江滨江公共空间对其周边工人新村小区的经济价值具有影响；②部分滨水景观特征因素与其周边工人新村小区房价相对环比增长率有明显的相关性；③大体呈现距离越近，各景观特征要素相关性越高的趋势。

关键词：公共空间；滨水景观；经济效益；黄浦江；工人新村

Abstract: With the completion of Shanghai Huangpu River Waterfront connection, the public space alongside the river has brought many benefits to the city. Based on the economic benefits of public space in rising housing price, this research comprehensively uses the existing calculation methods of REA and HPM, taking Huangpu River waterfront public space and surrounding workers villages as the research object, from the perspective of design and planning, to analyze the correlation between public space and its landscape elements and house price appreciation, so as to better promote the development of public space And guide the construction of urban open space. The results show that: 1) the waterfront public space of Huangpu River has an impact on the economic value of the surrounding workers village; 2) some waterfront landscape features have obvious correlation with the relative month on month growth rate of housing prices in the surrounding workers villages; 3) generally, the closer the distance is, the higher the correlation of each landscape feature element is.

Key words: Public Space; Waterfront Landscape; Economic Benefits; Huangpu River; Workers Village

　　1980年代以来，全球城市化的快速发展使开放空间成为城市经济的关注焦点[1]。通过建立开放空间特征与经济效益之间的相关性，加深对两者内在成因的认知，从经济增效角度为城市开放空间争取地位，为更好地指导城市设计与规划，并为城市决策者提供行之有效的行动方针和政策指导[2]。

　　黄浦江作为上海的母亲河，是上海最重要的公共空间之一。浦江两岸滨江岸线贯通工程于2016年启动，2017年年底核心岸线45km的全线开放，为上海这座城市带来了诸多方面的利好。对于黄浦江滨江公共空间，多见审美、生态、政策、工程等方面的相关研究，目前尚未有经济相关的研究。

1　开放空间与经济效益研究进展

　　关于开放空间与经济效益相关计算主要有3类，包括常规市场评估技术（Conventional Market Approaches）、显示偏好法（Revealed Preference Method）与表达偏好法（Stated Preference Method），研究因变量与自变量均有明显差异。基于黄浦江滨江开放空间及其周边环境特征，本文将房价作为研究对象，用房价代表部分经济效益，研究开放空间的经济效益。

　　城市开放空间与房产价值，现有研究结论概括为3个

方面：①增值程度方面，目前已有大量研究表明，开放空间对房产价值具有正效应。增值程度差异较大，其增值系数集中分布在5%～20%。②影响因素方面，现已研究且具有相关性的包括：距离、类型[3]、绿地面积[4]、可达性（绿道一定距离内的开口数[5]）、视线可达性[5]、要素（水景[6]、绿色开敞空间[6]、林地面积[7]、树木种类[8]）等。③因素之间具有的联动性，因素的相关性不能直接叠加。比如，城市绿带政策在初期阶段在经济上是有效率的，但随着人口持续性增长和社会拥挤成本的提高，绿带政策在后期就会逐步失效；尽管城市滨水区的树木缓冲带有助于提高环境质量，但是遮挡了滨河景观视线，反而会使周边的房产价格下跌。现有建立房价与开放空间关系的主要途径如下：①房产价值法（REA），统计开放空间建成前后房价变动，计算房产的增值程度，简单易行，但难以找到完全符合要求的样本，且难以消除其他因子的影响；②特征价格法（HPM），全面考虑各影响因素进行计算，适用性广，但数据收集与处理繁琐。梳理文献发现，当前建立房价与开放空间联系存在两处短板。研究内容方面：①从纳入研究的影响因素可见，目前大多数因素主要基于规划的思想，更多地将开放空间作为一个整体讨论与周边环境的关系等，与景观设计的关系较弱；②研究针对特定景观因素，但研究普遍涉及因素较少，未成相对完整的体系，完整对比因素之间相关性程度。研究途径方

面，房产价值法（REA）与特征价格法（HPM）各有千秋，可根据实际情况调整研究途径，简化方式，提高准确度。

基于此，本研究通过建立相对完整的开放空间的设计相关因素，综合房产价值法（REA）与特征价格法（HPM）计算方式，以上海黄浦江滨江公共空间及其周边区域作为研究对象，尝试分析开放空间各设计相关要素与经济要素房价的相关性、相关程度等关联性要素，为公共空间具体设计、管理等提供依据。

2 研究对象与分析框架

2.1 研究对象与研究单元遴选

此次研究对象为黄浦江滨江公共空间景观特征要素

及周边工人新村房价增值，研究单元为某一公共空间及其周边的工人新村。具体研究单元的遴选以公共空间近期从无到有、公共空间已建成开放一段时间、公共空间景观特征多样化、周边街区成熟以及周边街区有一定规模为主要原则。通过对黄浦滨江两岸的整体遴选，最终此次研究共选择了7个研究单元：浦东世博片区的耀华滨江、浦东南码头片区的南码头公共空间、浦东塘桥片区的北栈滨江、浦东源深片区的新华滨江、黄埔滨江片区的浦西世博滨江、黄埔董家渡片区的董家渡滨江以及杨浦东外滩片区的杨浦滨江（图1，表1）。

其中，将研究小区限定为工人新村，主要原因为：①数量多、单个小区规模大，能够收集到最多的数据；②小区之间房屋特征相似；③建成时间长，多为成熟街区，周边配套设施建设完成。

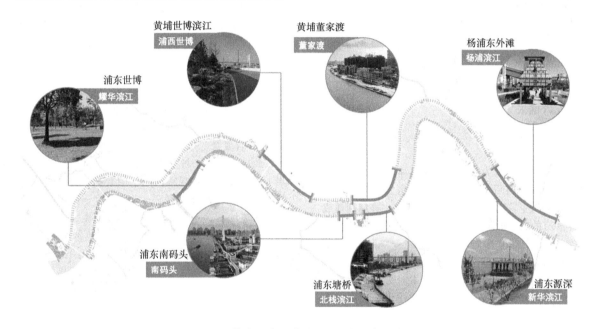

图1 黄浦江滨江公共空间研究对象分布

黄浦江滨江研究单元信息汇总   表1

编号	公共空间	街区	工人新村
1	耀华滨江	浦东世博	济阳二村/济阳三村/济阳一村/上钢八九村/德州七村/上钢十村/上钢七村/德州四村/上钢五村/上钢六村
2	新华滨江	浦东源深	西三小区/东三小区/银河小区/胶南小区/沂南路54弄/临沂二村/临沂一村/临沂三村/临沂五村/临沂六村/临沂七村/临沂八村
3	南码头	浦东南码头	微山三村/宁阳小区/塘桥小区/浦建小区/峨山小区/蓝村小区/港驳小区/文兰小区/塘东小区
4	北栈滨江	浦东塘桥	海院小区/梅园三村/光辉小区/梅园三街坊/梅园六街坊/梅园四街坊/松林小区
5	杨浦滨江	杨浦东外滩	荣丰花园/明园村小区/秦家弄小区/万登花苑/眉州路515弄/龙江路130弄/申泉小区/双喜家园/崇业小区/广杭苑/眉州路100弄
6	董家渡	黄埔董家渡	南花苑/黄家小区/陆家浜413弄/秀水苑/海潮新村/瞿溪新村/天柱山小区
7	浦西世博滨江	黄埔滨江	西凌新邨/中南小区/汝南街/丽园新村/丽园小区/丽园路574弄/局后小区/北蒙三小区/桥一小区/蒙自路395弄/蒙自路601弄

2.2 研究方法

此次研究使用景观特征要素回归分析法，构建滨江公共空间景观要素与周边街区工人新村房价增幅相关性。其中，研究中房价增幅与景观之间的函数关系为：

$$P = f(Z)$$

式中，因变量 P 为房价增幅，单位：元/m²，自变量 Z 为景观特征变量。

以公共空间景观特征与对应单个工人新村房价增幅为一组数据，通过一元线性回归分析，对每个研究单元进行线性回归，得出各景观要素与房价增幅的相关性（表2）。

黄浦江滨江研究单元信息汇总　　　表 2

P 因变量	P 财产增值	P_1 房价增幅		
Z 自变量	Z_1 整体尺度	Z_{11} 平均深度		
	Z_2 周边关系	Z_{21} 开口间距	Z_{22} 亲水率	Z_{23} 距离
	Z_3 场地构成	Z_{31} 绿地率	Z_{32} 硬地率	
	Z_4 活动布局	Z_{41} 步行道距离	Z_{42} 跑步道距离	Z_{43} 骑行道距离

2.3 研究数据采集

2.3.1 因变量

此次研究的因变量为财产增值，具体以工人新村在对应滨江绿地建成前后共两年内，小区房价相对环比增长率作为最终因变量数据。收集所研究小区，在绿地建成前后一年所有的成交价格，将小区房价的环比增长率，认为滨水空间建设是带来这个变化的原因之一。此外，收集同时段小区所在街区整体房价变化情况，通过减去同时段整体街区的增长率，以消除其他因素对整个地区房价的影响，从而进一步可认为滨水空间的建设是小区房价变化的主要原因，且得到最终因变量数据：小区房价相对环比增长率（图3）。

对每个工人新村所在小区，收集绿地建成前一年以及建成后一年共两年内所有的二手房成交价格，得到滨江绿地建成前一年内小区平均房价（$\overline{P_{a0}}$）和滨江绿地建成后一年小区平均房价（$\overline{P_{a1}}$），从而计算出小区房价在滨江绿地建成前后的房价环比增长率（ΔP_a），具体计算公式

$$\Delta P_a = \frac{\overline{P_{a1}} - \overline{P_{a0}}}{\overline{P_{a0}}} \times 100\%$$

式中，ΔP_a 为a小区房价环比增长率；$\overline{P_{a1}}$ 为a小区在对应滨江绿地建成后一年内平均房价；$\overline{P_{a0}}$ 为a小区在对应滨江绿地建成前一年内平均房价。

收集同时段小区所在街区的房屋价格变化情况，可以得到周边街区房价环比增长率（ΔP_0），结合先前得到的小区房价小区环比增长率（P_{a0}），可以求得最终自变量数据小区房价相对环比增长率（P）。计算方式如下：

$$P = \Delta P_a - \Delta P_0$$

式中，P 小区房价相对环比增长率，ΔP_a 为a小区环比增长率，ΔP_0 为周边街区房价环比增长率。

2.3.2 自变量

此次研究对于被遴选出的黄浦江滨江研究单元，收集了可以反映其景观特征因子的数据。其中包含可以反映场地整体尺度的因素——平均深度；体现滨江研究单元与周边场所关系的因素——开口间距、亲水率和住宅到公园的距离；还包括可以反映场地本身构成的因素——绿地率和硬地率；以及能够体现相关活动在滨江绿地布局的因素——步行到距离、跑步道距离和骑行道距离（图2、表3、表4）。

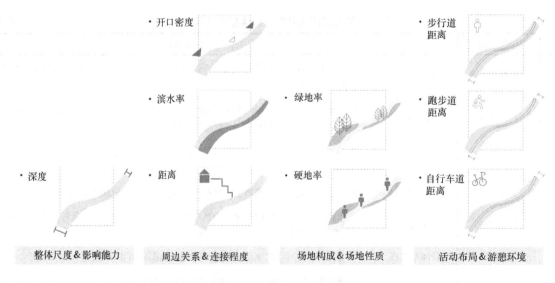

图 2　黄浦滨江研究单元自变量示意图

因子分组	自变量	预期的变量作用	定义
Z₁整体尺度	Z_{11}平均深度	不确定	滨水带状空间平均宽度（m）
Z₂周边关系	Z_{21}开口间距	负效应	滨水空间入口间隔距离（m）
	Z_{22}亲水率	正效应	人可亲水场地岸线占总岸线比率（%）
	Z_{23}距离	负效应	到周边工人新村小区的距离（m）
Z₃场地构成	Z_{31}绿地率	不确定	绿化垂直投影面积占滨水空间总面积比率（%）
	Z_{32}硬地率	正效应	可活动硬质场地面积占滨水空间总面积比率（%）
Z₄活动布局	Z_{41}步行道距离	不确定	步行道到滨水岸线的平均直线距离（m）
	Z_{42}跑步距离	不确定	跑布道到滨水岸线的平均直线距离（m）
	Z_{43}骑行道距离	不确定	骑行道到滨水岸线的平均直线距离（m）

黄浦江滨江研究单元（滨水空间自变量数据汇总） 表4

滨江研究单元	Z_{11}平均深度（m）	Z_{21}开口间距（m）	Z_{22}亲水率（%）	Z_{31}绿地率（%）	Z_{32}硬地率（%）	Z_{41}步行道距离（m）	Z_{42}跑步道距离（m）	Z_{43}骑行道距离（m）
耀华滨江	132	180	82.44	74.40	4.86	8.71	51.66	80.53
新华滨江	53	129	100.00	37.28	57.35	0.00	25.72	37.92
南码头	109	98	89.03	47.70	41.71	0.00	47.84	67.02
北栈滨江	165	66	100.00	67.63	31.01	0.00	85.95	85.95
杨浦滨江	47	401	69.75	32.92	28.34	10	74	83
董家渡	30	102	22.17	0.89	27.74	25	25	25
浦西世博滨江	47	141	21.08	24.09	25.03	31	31	46

3 黄浦江滨水景观空间对周边工人新村小区的经济价值影响分析

3.1 样本校验

本次研究主要收集了7处黄浦江沿岸新建滨水公共空间的9个景观因素特征数据与其周边工人新村小区在滨江公共空间建成前后的房价增幅，共收集了64个的小区有效数据。64个小区到对应滨水空间绿地的步行距离都小于2500m；房价相对环比增长率分布在−30%～30%之间，随着到滨水公共空间绿地的距离增长，房价相对环比增长率总体呈降低趋势。通过线性回归分析结果，模型整体显著性p=0.001小于0.05的显著水平，模型整体解释变异量达到显著水平，研究单元中，滨水景观空间的各项自变量共可解释房价增幅31.2%的变化量。

总而言之，可以认为黄浦江滨水景观空间的研究单元对其周边工人新村小区的经济价值具有影响。

3.2 黄浦江滨水研究单元对周边工人新村小区的经济价值影响分析

3.2.1 整体分析

从上述复回归分析结论可发现，开口距离、亲水率、绿地率、硬地率、跑步道距离以及骑行道距离共6个自变量与"增幅"的多元相关系数为0.559，多元相关系数的

平方为0.312，表示6个自变量共可解释"增幅"变量的31.2%的变异量。亲水率、骑行道距离的标准化回归系数为正数，对"增幅"的影响为正向；剩下4个变量：开口间距、绿地率、硬地率以及跑步道距离的标准化回归系数为负，说明对增幅的作用为负效应。

在回归模型中，对"增幅"有显著影响的预测变量为"开口间距""亲水率""绿地率""骑行道距离"，其中"绿地率"$p<0.001$极其显著。从标准转化回归系数来看，"亲水率""绿地率""骑行道距离"Bata系数绝对值较大，对"增幅"有较高的解释力。"平均深度"和"步行道距离"两因素由于存在一定共线性被排除（表5）。

回归分析摘要表 表5

预测变量	B	标准误差	Beta	t值
截距	−3.420	7.678	—	−0.445 n.s.p
Z_{21}开口间距（m）	−0.052	0.022	−0.535	−2.318
Z_{22}亲水率（%）	0.337	0.146	1.029	2.314
Z_{31}绿地率（%）	−0.972	0.282	−2.137	−3.450＊＊＊
Z_{32}硬地率（%）	−0.283	0.212	−0.409	−1.335
Z_{42}跑步道距离（m）	−0.183	0.179	−0.385	−1.023
Z_{43}骑行道距离（m）	0.698	0.301	1.449	2.318

$R=0.559$；$R^2=0.312$，调整后 $R^2=0.2396$；$F=4.309＊＊＊$；

n.s.p＞0.05；＊＊＊＜0.001

总的来说：①黄浦江滨水景观空间会影响周边工人

新村小区的房价相对环比增长率约31％的部分，对其周边工人新村小区的经济价值具有影响；②与房价增值具有相关性的要素有开口距离、亲水率、绿地率、硬地率、跑步道距离以及骑行道距离；③骑行道距离与亲水率为正影响，开口距离、绿地率、硬地率、跑步道距离呈负影响；④黄浦江滨水景观空间的各要素中，影响程度从高到低排列结果为：绿地率、骑行道距离、亲水率、开口间距、硬地率、跑跑步道距离。

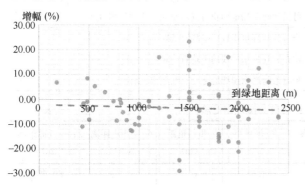

图3 工人新村小区房价相对环比增长率分布情况

3.2.2 滨水景观特征各因素对房价相对环比增长率的影响

线性回归分析表现了黄浦江滨水研究单元与房价相对环比增长率的相关性程度，说明房价相对环比增长率受多种滨水景观特征因素的不同影响。进一步利用简单散点图分析，滨水景观特征各因素与房价相对环比增长率两因素间的散点分布和拟合线形态与走向，可分析变量之间如何相互影响。

对显著影响房价相对环比增长率的6个滨水景观特征因素，结合房价相对环比增长率进行具体简单散点图分析，可以发现：①在散点图拟合线中，发现"骑行道距离"与"亲水率"两因素与房价相对环比增长率无明显相关性；②"绿地率"因素与房价相对环比增长率散点图拟合线呈下降趋势，随着绿化率增高，房价相对环比增长率不断降低；③"开口间距""硬地率""跑步道距离"3因素与房价相对环比增长率的散点图拟合线则呈上升趋势（图4）。

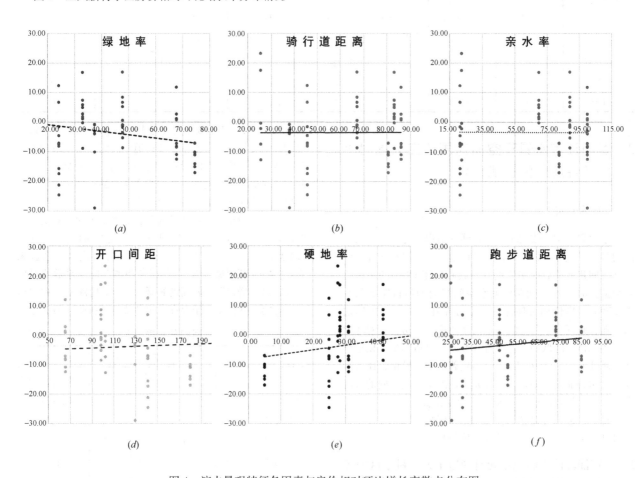

图4 滨水景观特征各因素与房价相对环比增长率散点分布图

(a)"绿地率"与P散点分布图；(b)"骑行道距离"与P散点分布图；(c)"亲水率"与P散点分布图；
(d)"开口间距"与P散点分布图；(e)"硬地率"与P散点分布图；(f)"跑步道距离"与P散点分布图

造成以上结果的原因可能如下：①从黄浦江滨水研究单元的具体情况来看，各项骑行道距离在实际滨水带的分布都处于远离岸线的状态。尽管由于滨水带宽度不同使得骑行道距离不同，但是骑行道离岸线较远的分布情况却未有变化。因而虽然"骑行道距离"不同，但是其与房价相对环比增长率的相关性还是较弱。②在黄浦江

绿色基础设施

滨水研究单元中，滨水景观空间的绿化率都需要满足规范，因而处于一个较高水平。此时若绿化率再高，则很有可能侵占了其他可供活动的硬质场地，或者仅有让人通行的功能。因此，较高水平的绿化率下，绿化率还在增高就可能会影响滨水活动空间的质量，从而可能使滨水活动空间整体价值变小，因而对周边的房地产价值的增值可能就较少。

3.2.3 滨水景观对周边小区经济价值影响与距离的相关性分析

将收集到的 64 个小区按照距离分类，分为距离相应滨水空间 500m 以内、500～1000m、1000～1500m、1500～2000m 以及 2000～2500m 5 类，去具体分析黄浦江滨水景观空间对周边特定范围距离内工人新村小区的经济价值影响情况。通过回归分析数据我们可以发现：①黄浦江滨水景观对不同距离内的工人新村小区的房价相对环比增长率可解释的变异量各不相同，但是大体呈现随距离越近，相关性越高的趋势。②黄浦江滨水景观对不同距离内的工人新村小区的房价相对环比增长率的显著影响因素也有较大差异，在不同距离中，同一影响因素对房价相对环比增长率的解释力排序也前后不一（表 6）。

滨水景观对周边小区经济价值影响与
距离的相关性分析　　　　　　表 6

范　围	样本数量	R^2	显著影响因素（按解释力排名）
500m 以内	7	0.724	亲水率＞硬地率
500～1000m	14	0.494	骑行道距离＞绿地率＞跑步道距离＞硬地率＞开口距离
1000～1500m	17	0.597	步行道距离＞硬地率＞绿地率＞开口间距＞骑行道距离
1500～2000m	19	0.561	步行道距离＞硬地率＞绿地率＞开口间距＞骑行道距离
2000～2500m	7	0.715	硬地率＞平均深度

4 结语与讨论

明确景观空间与经济效益间的关系，能更好地指导城市设计与规划，并为城市决策者提供行之有效的行动方针和政策指导。本次研究通过建立具体滨水空间景观特征要素与周边工人新村小区的房价相对环比增长率相关性关系，以黄浦江滨江部分区域为研究单元，探究了黄浦江滨水景观空间对周边工人新村小区的经济价值影响。

研究内容中，选取的自变量考虑了加强对景观设计因素的回应；研究途径中，通过提出相对房价相对环比增长率的相对概念，消除了部分误差以增加了结果可信度。

实例研究证明了景观特征因素与房价增幅具有相关性，黄浦江滨水景观空间会影响周边工人新村小区的房价相对环比增长率约 31％ 的部分。"绿地率""骑行道距离""亲水率""开口间距""硬地率"和"跑步道距离"与房价相对环比增长率显著相关，且影响力逐渐降低；其中除"骑行道距离"与"亲水率"为正影响外，其余显著因素呈负影响。

但是由于部分绿地手边满足要求的房屋成交量较少，最终收集的因变量数据有限，因而实验结果无法具有普遍意义。为了提高分析结果的客观性和普适性，需进一步思考和优化对房屋房价数据获取方式和处理方法，获得更多的有效数据样本。

参考文献

[1] 吴伟，杨继梅. 1980 年代以来国外开放空间价值评估综述[J]. 城市规划，2007(06)：45-51.

[2] 吴伟，付喜娥. 城市开放空间经济价值评估方法研究——假设评估法[J]. 国际城市规划，2010，25（06）：79-82＋91.

[3] 尹海伟，徐建刚，孔繁花. 上海城市绿地宜人性对房价的影响[J]. 生态学报，2009，29(08)：4492-4500.

[4] Brent，L，Mahan. Valuing urban wetlands：A property price approach[J]. Land Economics，2000.

[5] Nicholls S，Crompton J L. The Impact of Greenways on Property Values：Evidence from Austin，Texas[J]. Journal of Lsure Research，2005，37(3)：321-341.

[6] Luttik J. The value of trees，water and open space as reflected by house prices in the Netherlands[J]. Landscape & Urban Planning，2000，48(3-4)：161-167.

[7] Laverne R J，Winson-Geideman K. The influence of trees and landscaping on rental rates at office buildings[J]. Journal of Arboriculture，2003，29(5).

[8] Garrod G，Willis K. The amenity value of woodland in Great Britain：A comparison of economic estimates[J]. Environmental & Resource Economics，1992，2(4)：415-434.

作者简介

杨奕，1996 年 1 月生，女，汉族，上海，本科，同济大学建筑与城市规划学院，硕士研究生在读，园林设计方法。电子邮箱：ynn0118@163.com。

阿琳娜，1997 年 4 月生，女，藏族，四川，本科，同济大学建筑与城市规划学院，硕士研究生在读，大地景观规划与生态修复。电子邮箱：alinna_tongji@qq.com。

上海滨海盐碱地区环境适应性雨水花园结构优化[①]

Rain Garden Design as Rainwater Regulation Infrastructure with Environmental Adaptability in Shanghai Coastal Saline Area

于冰沁　车生泉　王　璐　胡绍颖

摘　要： 立足上海滨海盐碱地区土壤含盐量高的环境特征，针对盐碱地区绿色基础设施环境效益有限的瓶颈问题，通过人工降雨模拟实验和正交试验，在中观尺度上构建适合上海滨海盐碱地区的隔盐型雨水花园结构，并在微观尺度上提出绿地雨水源头调蓄设施种植介质土改良方案和具有环境抗性的植物种类筛选，以有效控制雨水滞留时间，削减径流峰值和初期雨水中的污染物，抑制土壤返盐对设施内植物生长的影响，实现隔盐型绿地雨水源头调蓄设施在临港国家级海绵城市建设试点的示范与应用，有效提升绿地的水文效益。

关键词： 风景园林；绿地雨水源头调蓄设施；雨水花园；滨海盐碱地区；上海

Abstract: For environmental characteristics in inshore saline area of Shanghai, to solve problems of green infrastructures construction, through the artificial rainfall simulation experiment and the orthogonal experiment, the salt-isolated rain garden structures were designed in medium scale, which were suitable for soil with high concentration of salt, and put forward soil improvement programs of planting soil layer in rainwater source storage facilities on the micro scale, as well as plant configuration modes with environmental resistance, in order to effectively control runoff retention time, reduce initial rainwater runoff pollutants and influence on plant growth in facilities. The results could be used to effectively improve the hydrological benefits of green space and realize the demonstration and application of salt-proof stormwater source regulation infrastructures in the construction pilot of national sponge city in Shanghai.

Key words: Landscape Architecture; Rainwater Source Regulation Infrastructure; Rain Garden; Coastal Saline Area; Shanghai

上海所代表的平原河网地区具有河网密度大、土地利用率高、地下水位高、不透水面积高、土壤渗透率低等"三高一低"的环境特点，以及滨海盐碱地区土壤返盐现象严重等海绵城市建设的瓶颈问题。上海南汇新城作为国家级海绵城市建设试点区，年降雨量均值为1109.6mm；降雨年内分配不均，5～9月汛期降雨量占全年的55.9%。且南汇新城主城区位于东南沿海，短历时暴雨的瞬时雨强约为16.8mm/h，大于上海主城区。地下水受潮汐影响较大，平均地下水位约1.40m；浅层地下水矿化度8g/L以上，盐分化学组成受海水的影响以氯化物为主[1]。土壤盐分组成中 Na^+ 约占阳离子的70%左右，Cl^- 约占阴离子的80%～90%；土壤酸碱度偏高，平均土壤 pH 为8.5，属碱性土壤。

本研究的目的是立足上海海绵城市建设的现实问题，构建多尺度的绿地雨水源头调蓄系统，实现中观尺度上环境适应性绿地源头调蓄设施的结构优化与微观尺度上具有环境抗性的植物筛选和种植介质土改良，对平原河网地区绿地源头调蓄设施的水文效益提升和上海海绵城市建设全域推进具有积极的影响。

1　人工降雨模拟实验与正交试验

针对试点区的现实问题，设计正交试验和人工降雨模拟试验，研究不同结构参数（隔盐材料、填料层厚度、隔盐层位置）对雨水花园隔盐效果、水文调蓄能力、水质净化能力的影响，以及不同配比的介质土对雨水花园种植层土壤的改良效果及对植物生长状况的影响。

1.1　正交试验设计

为了保障雨水花园的雨水调蓄等重要生态功能，其结构从下往上共包含6个部分：排水层、填料层、过渡层、种植土层、表面覆盖层、蓄水层。设置因素 A 隔盐层材料、因素 B 填料层厚度、因素 C 隔盐层位置3种变量因素，各因素选3个水平进行正交试验（表1），按照 L9 (33) 表形成9个正交试验组，为验证隔盐效果，同时设置无任何结构层的空白对照组10和无隔盐层的对照组11。

因素水平表　　　　　　　　　　　　表1

试验水平	试验因素		
	A	B (cm)	C
1	河沙	10	种植层与过渡层之间
2	沸石	20	填料层与排水层之间
3	陶粒	30	排水层与盐碱层之间

注：河沙粒径为 0.25～0.35mm，沸石粒径为 2～4mm，陶粒的粒径为 10～25mm。

① 基金项目：上海市科学科技委员会启明星计划"海绵城市建设中的源头调蓄系统构建与调度模式研究"（17QC1400200）。

1.2 人工降雨模拟实验

1.2.1 径流水文试验

人工降雨模拟试验装置包括降雨器、装置桶和返盐装置等。雨水花园装置桶内包含变量结构的填料层和隔盐层和常量结构的溢水口、蓄水层（15cm）、覆盖层（3cm，粒径1～2cm的砾石）、种植土层（25cm）、过渡层（3cm，土工布2层）、排水层（10cm，粒径为1～2cm的砾石）、打孔渗水管和盐碱土层（30cm的盐碱土）。同时，参照一维土柱试验装置设计返盐模拟装置，在设施底部盐碱层铺设采集自试点区的土壤，含盐量4.76g/L。参照试点区地下水环境，配制成分为（7gNaCl＋2gCaCl$_2$＋1gMgCl$_2$）/L的水溶液作为蒸发水源，埋深1.4m，由液位传感器和蠕动泵进行供水并控制水位[2]。

1.2.2 种植层土壤改良实验

雨水花园的种植层包括土壤和植被。基于已有研究成果[3]，试验设置7个试验组和4个对照组。其中，试验组1为盐碱土加入体积比为15%的草炭，试验组2加入体积比为17%的有机肥，试验组3加入体积比为11%的石膏，试验组4加入体积比为15%的黄沙原土，试验组5加入体积比为15%的污泥，试验组6加入体积比为10%的椰糠，试验组7加入体积比分别为4%的黄沙原土、6%的草炭、2%有机肥、2%污泥、2%的椰糠。对照组1为原盐碱土，对照组2为种植土，对照组3为无机轻质土，对照组4为有机介质土。

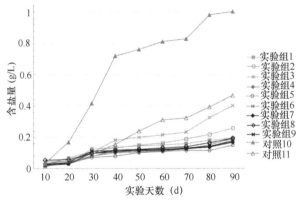

图1 返盐条件下装置组不同试验周期种植层含盐量变化

2 隔盐型雨水花园结构优化

2.1 雨水花园结构对隔盐效果的影响

应用独立样本t检验、显著性分析和HSD检验法[4]对三因素的不同水平分别在正交试验中不同时间段的种植层土壤含盐量进行定量分析（图1）。结果表明，加入隔盐层的雨水花园的隔盐效果明显优于常规结构的雨水花园。在3个月的返盐周期中，所有试验组均可以把种植土壤的盐分含量控制在0.2%以下，可以满足耐盐植物的生长需求。

且变量中影响雨水花园隔盐效果的主要因子为隔盐层材料和填料层的厚度。隔盐材料孔隙度越大，具有越多的孔穴通道，可吸附直径小于孔道的Na$^+$、Cl$^-$等盐离子[5]。例如，沸石和陶粒的隔盐效果明显优于河沙。而填料层厚度约大，雨水花园的结构层则越接近地下水，易导致更严重的返盐现象。

根据结构参数变量对应的隔盐效果分析结果，可得到3种隔盐效果分别为高、中、低的隔盐型雨水花园的结构组合（表2）。

隔盐效果较好的雨水花园结构　　表2

排序	结构参数		
	隔盐层材料	填料层厚度	隔盐层位置
高	沸石	10cm	种植层与过渡层之间
中	陶粒	20cm	填料层与排水层之间
低	河沙	30cm	排水层与盐碱层之间

2.2 雨水花园结构对水文效益的影响

根据不同因素的正交试验分别所得的径流总消减率的平均值、蓄水率及标准差绘制簇状柱形图（图2、图3）。柱形图的数值代表了各试验组在不同水平下对应的径流总消减率的平均值，图上的误差线指示了试验组的误差情况。

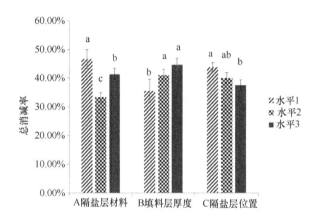

图2 各因素不同水平的径流总消减率

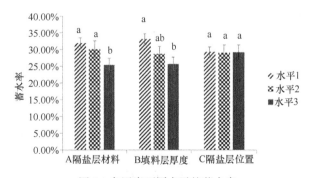

图3 各因素不同水平的蓄水率

试验数据分析可以发现，影响隔盐型雨水花园总消减率和蓄水率的主要因子包括：隔盐材料孔隙度和粒径大小以及填料层厚度。孔隙度和粒径小的材料使得径流下渗速率变慢，通过渗流设施流出体系的总径流量少，而且颗粒之间容易堆叠，从而形成更多的外部蓄水空间[6]。同样的，填料层厚度越大，设施内的蓄水空间越大。但填料层厚度对于蓄水率的影响并不是线性关系，填料层蓄水空间饱和后，增加填料层的厚度也会增加雨水花园的体积，从而造成蓄水比率的降低。

2.3 隔盐型雨水花园的应用模式

根据上海南汇新城土壤的取样调查结果，试点区包含4个梯度的土壤分布区域，分别为盐碱地返盐问题严重的重度盐碱地区、内涝严重但污染较轻的中轻度盐碱地区、径流污染严重但雨洪压力较轻的中轻度盐碱地区和雨水径流量大且污染严重的中轻度盐碱区域[7]。根据前文的试验结果，现状盐碱土分布可以对应4种隔盐型雨水花园应用模式，分别是强隔盐型雨水花园、调蓄隔盐型雨水花园、净化隔盐型雨水花园和综合隔盐型雨水花园。

强隔盐型雨水花园适用于重度盐碱地区（含盐量≥0.6%），需要具备较好的隔盐效果，即前文筛选出的隔盐能力较强的结构参数：隔盐层材料为沸石、隔盐层位置位于种植层与过渡层之间，填料层厚度10cm（图4）。

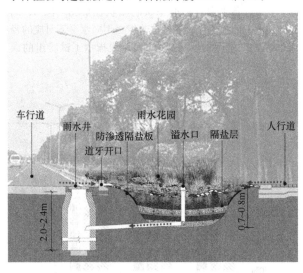

图4　适合道路绿地的强隔盐型雨水花园示意图

调蓄隔盐型雨水花园适用于地表径流较多但径流污染较轻的中度盐碱地区（含盐量0.3%～0.6%）和轻度盐碱地区（含盐量0.1%～0.3%）。基于对总消减率、蓄水率等水文调蓄效益和隔盐效果的综合评价，筛选出结构参数：隔盐材料是沸石，位置在填料层与排水层之间，填料层厚度为20cm。

净化隔盐型雨水花园适用于硬质化程度高、径流污染严重的中度盐碱地区（含盐量0.3%～0.6%）和轻度盐碱地区（含盐量0.1%～0.3%）。基于对水质净化功效和隔盐效果的综合评价，筛选出结构参数为：采用河沙作为隔盐层材料，隔盐层位置在填料层与排水层之间的结构参数，填料层厚度为30cm。

综合隔盐型雨水花园适用于径流量较大且污染较严重的中度盐碱地区（含盐量0.3%～0.6%）和轻度盐碱地区（含盐量0.1%～0.3%）。因此，该类型雨水花园在满足隔盐的

同时，还具有良好的径流调蓄和径流净化功能。基于对水文水质的评价结果筛选结构参数，即采用沸石作为隔盐层材料，位置在填料层与排水层之间，填料层厚度为30cm。

3 隔盐型雨水花园介质土改良

3.1 介质土对降低全盐量的影响

根据Tukey HSD a, b方法对不同介质土两两比较得知，不同介质土的全盐量两两差异较显著（图5）。试点区现状盐碱土的全盐量很高，达到了13.3g/kg。在混入介质土之后，全盐量除了加入石膏介质以外均有下降，其中混入黄沙原土后下降最为明显，含盐量仅为3.0g/kg。可能的原因是黄沙原土主要成分是SiO_2，对介质土全盐量有一定的稀释作用，而石膏的主要成分是硫酸钙，两种离子均为全盐量检测离子[8]，所以土壤全盐量反而出现了上升的情况。

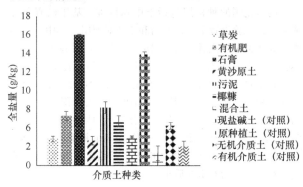

图5　土壤全盐量柱状分析图

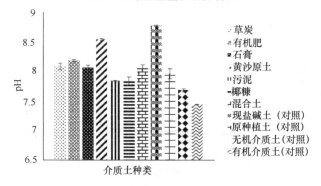

图6　土壤pH柱状分析图

3.2 介质土对降低pH的效果分析

通过对不同试验组中介质土的pH进行方差分析，结果表明，介质土的变化的显著性小于0.01，因此可见雨水花园介质土的变化对pH的影响极显著。由图6的Tukey HSD a, b方法对不同介质土两两比较得知，试点区现状盐碱土的pH为8.78，在加入不同介质土后，pH均有所降低，使土壤趋向于中性，其中pH变化最大的是试验组是加入椰糠的介质土，变化量为0.96。

3.3 介质土对植物生长效果的影响

根据雨水花园介质土对植物生理影响的实验，得到

不同介质土下百子莲光合速率的柱形图。如图7所示，不同介质土对百子莲光合速率两两差异较显著。其中对照组种植土中百子莲光合速率为1.6（$\mu \cdot mol \cdot m^2$）/s，加入有机肥、石膏、椰糠等介质，使得百子莲光合速率增加，其中加入石膏后光合速率增加最为明显为4.4（$\mu \cdot mol \cdot m^2$）/s，是原种植土的2.8倍；但加入草炭、黄沙原土、污泥、混合土等介质，使得百子莲光合速率有着不同程度的下降，其中加入混合土后，光合速率下降不明显，仅为0.2（$\mu \cdot mol \cdot m^2$）/s，加入草炭、污泥、黄沙原土等介质，使得光合速率下降0.6~1.2（$\mu \cdot mol \cdot m^2$）/s。但与对照组盐碱土相比较，加入不同的介质土材料，植物的光合速率均由比较大程度的提升。

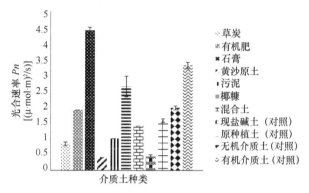

图7 百子莲光合速率柱状分析图

3.4 雨水花园介质土改良方案

根据试点区盐碱土壤的分布，以及对应的隔盐型雨水花园的功能，强隔盐型雨水花园适用于离海距离近、地下水位高、土壤盐碱度高的区域，如港口岸段、海湾岸段、岛屿岸段等。因此，强隔盐型雨水花园种植层应具有良好的盐碱土改善能力，即加入体积比为15%的黄沙原土。

调蓄隔盐型雨水花园适合土壤盐碱度适中但净流量较大的区域，例如城市公园、居民小区等，应具备良好的水文调节能力。种植层土壤中建议加入体积比分别为4%黄沙原土、6%草炭、2%有机肥、2%污泥、2%椰糠。

净化和综合隔盐型雨水花园适用于土壤盐碱度较轻但径流有一定污染物的区域，如道路绿地等，种植层土壤建议加入体积比为15%的草炭。

4 隔盐型雨水花园抗性植物筛选

强隔盐型雨水花园的植物配置上应主要考虑重度盐碱地的场地情况，选择耐盐性较强的雨水花园常用植物，如芒属（*Miscanthus*）、荻属（*Triarrhena*）、狼尾草属（*Pennisetum*）等耐性强的植物[9]。保证雨水花园植物在高盐碱度环境下能够成活，既可以维持景观质量，还可以降低后期植物养护或更换的成本。

调蓄隔盐型雨水花园主要用于径流污染较轻但地表径流较多的中轻度盐碱地区，这一类雨水花园应对强暴雨时会有短期水淹现象，但自身下渗能力较好，可以较快的削减降雨径流，所以在进行植物配置时，应考虑到植物

的短期耐涝性和长期耐旱性[10]。适用的草本植物品种有：铜钱草（*Hydrocotyle chinensis*）、千屈菜（*Lythrum salicaria*）、吉祥草（*Reineckia carnea*）、翠芦莉（*Ruellia brittoniana*）、斑叶芒（*Miscanthus sinensiss ' Zebrinus '*）、细叶芒（*Miscanthus sinensis* cv.）、晨光芒（*Miscanthus sinensis ' Morning Light '*）、石菖蒲（*Acorus tatarinowii*）、金边麦冬（*Liriope spicata* var. 'Variegata'）、花叶芒（*Miscanthus sinensis ' Variegatus'*）。

净化隔盐型雨水花园主要用于盐碱化程度较轻地区的径流污染问题严重的场地，如硬质面积大的广场、道路、停车场等。植物主要通过生物截留和根系吸附作用来稳固土壤、净化水体，在对应植物选择过程中，应着重考虑到所选植物的去污能力、耐污能力、景观效果和管理难度，特别是对于应用在道路和停车场的净化隔盐型雨水花园，在植物的选择上应偏向于能提升景观效果、便于管理和养护，同时具有很强去污耐污能力的多年生草本植物[11]。选择去污能力较强且景观效果相对较好的一类植物如：花叶玉簪（*Hosta undulata ' Bailey'*）、千屈菜、佛甲草（*Sedum lineare*）、吉祥草、金边麦冬、兰花三七（*Liriope cymbidiomorpha*）、铜钱草、萱草（*Hemerocallis fulva*）、斑叶芒、蓝羊茅（*Festuca glauca*）。

综合隔盐型雨水花园使用范围最广泛，应综合考虑植物的抗旱性、耐涝性和景观效果，如佛甲草、金边麦冬、吉祥草、晨光芒、细叶芒、兰花三七、狼尾草（*Pennisetum alopecuroides*）、千屈菜、花叶芒、斑叶芒、花叶玉簪、萱草、铜钱草、紫穗狼尾草（*Pennisetum orientale* 'purple'）、蓝羊茅等。

5 结论

本文针对上海南汇新城海绵城市建设的现实问题和盐碱土的分布特征，有针对性地提出具有环境适应性的隔盐型雨水花园技术，提升了中观尺度绿地雨水源头调蓄设施的环境功能，实现了设施种植层介质土的含盐量下降20%~30%，有机质增加20%~30%，对洪峰的累积削减率提高10%~20%；同时，在微观尺度提出雨水花园等设施中适合配置的抗性植物筛选；在多尺度上有助于径流量质高效调控与效能提升技术，实现了长效、高效、低能耗绿地源头调蓄技术的研发，提升绿地雨水源头调蓄设施的能效，延长使用周期，降低养护成本。

参考文献

[1] Guo J K, Yu B Q, Zhang Y, et al. Predicted models for potential canopy rainfall interception capacity of landscape trees in Shanghai, China [J]. European Journal of Forest Research, 2017, 2, 136.

[2] 王璐, 于冰沁, 陈嫣, 等. 上海滨海盐碱地区雨水花园适应性结构设计——以临港海绵城市建设示范区为例 [J]. 上海交通大学学报（农业科学版）, 2019(8): 29-36.

[3] 胡绍颖, 于冰沁, 陈嫣, 等. 滨海盐碱地区的雨水花园介质土对水文特征的影响——以上海临港新城为例 [J]. 上海交通大学学报（农业科学版）, 2019(6): 61-67.

[4] Dewaelheyns V, Elsen A, Vandendriessche H, et al. Garden

management and soil fertility in Flemish domestic gardens [J]. Landscape & Urban Planning, 2013, 116(3): 25-35.

[5] 陈舒. 适用于上海地区的雨水花园结构筛选与应用模式研究[D]. 上海：上海交通大学，2015.

[6] 臧洋飞，陈舒，车生泉. 上海地区雨水花园结构对降雨径流水文特征的影响[J]. 中国园林，2016，32(04)：79-84.

[7] Yu B Q, Che S Q, Xie C K, et al. Understanding Shanghai residents' perception of leisure impact and experience satisfaction of urban community parks: An integrated and IPA method[J]. Sustainability, 2018, 4 (10): 01050-01067.

[8] Yu B Q, Che S Q, Xie C K. Effects of tree root density on soil total porosity and non-capillary porosity using a ground-penetrating tree radar unit in Shanghai, China[J]. Sustainability, 2018, 10 (12): 4640-4660.

[9] 臧洋飞. 上海地区雨水花园草本植物适应性筛选及配置模式构建[D]. 上海：上海交通大学，2016.

[10] 车生泉，陈丹，于冰沁. 海绵城市理论与技术发展沿革及构建途径[J]. 中国园林，2015，31(06)：11-15.

[11] Yu B Q, Guo J K, Tian S, et al. How to calculate stormwater management and storage capacity for urban green space: Multidisciplinary methods used in Shanghai City[J]. Journal of Shanghai Jiao Tong University (Science), 2020, (3).

作者简介

于冰沁，1984 年 12 月生，女，满族，辽宁，博士，上海交通大学设计学院风景园林系，副教授，研究方向为景观水文、生态社区与风景园林历史。电子邮箱：yubingchin1983 @ sjtu. edu. cn。

车生泉，1968 年 11 月生，男，汉，山东，博士，上海交通大学设计学院，副院长，研究方向为可持续生态设计。电子邮箱：chsq@sjtu. edu. cn。

王璐，1994 年 8 月生，女，汉，山东，硕士，上海交通大学硕士研究生，研究方向为景观水文、海绵城市适应性技术。电子邮箱：845960100@qq. com。

胡绍颖，1991 年 7 月生，男，汉，山西五台，硕士，大秦铁路股份有限公司，工程师，研究方向为环境工程。电子邮箱：394150281@qq. com。

基于高光谱遥感技术的城市绿地构成要素快速识别①

Rapid identification of urban green space elements based on Hyperspectral Remote Sensing Technology

张桂莲 易 扬 张 浪* 邢璐琪 郑谐维 林 勇 江子尧

摘 要： 本研究采取面向对象的轮廓识别方法，结合地物的高光谱端元波谱特征，对城市绿地构成要素进行分类识别，有效避免了"椒盐效应"及边界地物错分现象，提高了城市绿地资源分类的效率和精度。结果表明：植被的波谱特征显著区别于其他地物，在500～600nm和750～950nm有明显的反射峰，且植物物种之间的波谱存在差异；研究区内乔灌木面积占比最大（45.32%），七叶树（1998.78m²）和实生马褂木（1967.15m²）面积最大，木槿株树最多（711株）。该方法为城市绿地精细化管理提供了技术支撑。

关键词： 高光谱遥感技术；城市绿地；快速识别

Abstract: In this study, the object-oriented contour recognition method was adopted, combined with the hyperspectral endmember spectral characteristics of ground features to classify and identify the elements of urban green space, which effectively avoided the phenomenon of "salt and pepper effect" and boundary feature misclassification. It could improve the efficiency and accuracy of urban green space resource classification. The result showed that the spectral characteristics of vegetation were significantly different from other ground objects. There were obvious reflection peaks at 500 nm～600 nm and 750 nm～950 nm, and the spectrum of different species was different. The area of trees and shrubs in the study area was the largest (45.32%), of which, the area of Aesculus chinensis (1998. 78 m²) and Liriodendron (1967. 15 m²) were the largest, and Hibiscus syriacus had the most plants (711). This method provides technical support for the fine management of urban green space.

Key Words: Hyperspectral Remote Sensing Technology; Urban Green Space; Rapid Identification

高光谱遥感技术因其具有成像通道多、光谱分辨率等优势，能将遥感技术从定性分析逐步发展为定量或半定量分析阶段[1-3]，目前已在农业、地质矿产、海洋和国防科技等方面有广泛的应用[4]。城市绿地树种繁多，且生长形态各异，空间结构和纹理特征复杂，高光谱遥感技术在植被特征及物种识别方面的进展相对缓慢[5,6]。近年来，随着数字图像处理技术、人工智能和深度学习的迅速发展，高光谱遥感技术在城市绿地的信息获取、动态监测和参数反演等方面带来巨大的提升[7-9]。本研究以上海市奉贤区邬桥实验基地为对象，利用高光谱遥感技术，对植被和非植被区域进行分割，在轮廓识别的基础上，对地物进行分类，结合景观格局指数分析城市绿地不同构成要素的空间分布特征，为城市绿地的资源调查、质量评估及精细化管理提供科学高效的技术支撑。

1 研究区概况

研究区位于上海市奉贤区邬桥实验基地（121.41°E，30.96°N），研究区面积约2.84 hm²，植物种类丰富，包括七叶树（*Aesculus chinensis*）、马褂木（*Liriodendron chinense*）、木槿（*Hibiscus syriacus*）、香樟（*Cinnamomum camphora*）、垂丝海棠（*Malus halliana Koehne*）等

20多种乔灌木品种。

2 数据来源与研究方法

2.1 数据来源

本研究采用大疆M600 Pro无人机载Cubert S185高光谱数据采集系统，获取125个有效波段的高光谱数据，使用Photoscan软件，导入影像数据及其对应的经纬度和高程，经过影像对齐、建立密集点云、网格生成和纹理生成等步骤后，获得高光谱正射影像数据[10]。高光谱影像采集系统如图1所示。

2.2 研究方法

2.2.1 阈值分割

使用归一化植被指数（Normalized Differential Vegetation Index，NDVI）对研究区的植物区域（乔木、灌木和草地）和非植物区域进行区分，NDVI计算公式为[11]：

$$NDVI = (NIR - R)/(NIR + R) \tag{1}$$

式中，*NIR*为近红外波段的反射值；*R*为红光波段的反射值；*NDVI*值的范围是－1-1。利用阈值分割，可将植

① 资助项目：上海市经济和信息化委员会信息化专项基于融合感知的城市绿地智能监测与质量评估系统研制（201901024）；上海市科委科研计划项目"上海"四化"生态网络空间区划及其系统构建关键技术研究与示范（19DZ1203300）。

图1 高光谱影像采集系统

物区域和非植物区域区分。

2.2.2 影像分割

本文利用形态学开闭操作标定梯度图像中的极值，进而采取分水岭变化分割，使图像轮廓识别精度更高。

（1）形态学开闭运算及极值标定

形态学开启操作是利用结构元素 B 对图像 A 进行先腐蚀后膨胀的操作[12]，公式为：

$$POEN(A,B) = A \bigcirc B = (A \ominus B) \oplus B \qquad (2)$$

开启操作可以把比结构元素小的像元去除，使对象的边缘变得平滑，也可去掉图像内部的部分噪声，使图像更加清晰。

形态学闭合操作是利用结构元素 B 对图像 A 进行先膨胀后腐蚀的操作[12]，公式为：

$$CLOSE(A,B) = A \cdot B = (A \oplus B) \ominus B \qquad (3)$$

闭合操作可以填补边缘的细小缺口，也可将对象内部小于结构像元的空洞去掉，起到平滑对象的作用。

（2）分水岭变换分割

分水岭变换分割是将灰度图像看作地形图，把像素的灰度值看作地形图上相应点位的高程值，其基本思想是将影像看作是拓扑地貌，影像中每一个像元的灰度值表示该点的海拔高度，局部的极小值及其周围区域为集水盆地，极大值及其周围区域为高地，其计算过程是一个迭代标注的过程[13]。

2.2.3 波谱角填图分类

对地物样本区标准地物进行最小噪声分离变换（Minimum Noise Fraction，MNF），在此基础上利用像元纯净指数（Pixel Purity Index，PPI）及 n 维可视化端口（n-D Visualizer）寻找端元，将这些端元作为地物的代表性像元，绘制端元波谱曲线并录入库，作为波谱角填图分类的数据库[14]。

波谱角填图属于监督分类中的一种，具体方法如下[15]：

$$P\alpha = \cos^{-1}\left[\frac{\sum_{i=1}^{n} t_i r_i}{(\sum_{i=1}^{n} t_i^2)^{\frac{1}{2}} \times (\sum_{i=1}^{n} r_i^2)^{\frac{1}{2}}}\right] \qquad (4)$$

式中，α 为未知波谱空间向量 t 与样本波谱空间向量 r 之间的夹角对比结果，t_i 和 r_i 分别代表第 i 个波段上未知波谱 t 和样本波谱 r 的数值，参考波谱库中的端元光谱，n 为波段数。计算结果值为 $0 \sim \pi/2$，值越接近 0，表示测试像元与参考光谱越接近。对于一个像元光谱，与所有的参考光谱都计算光谱角，其所属地物类别即为所有计算结果中 α 最小参考光谱所代表的地物类别。

2.2.4 景观格局指数选取

景观格局指数被广泛运用于描述地物的空间结构和分布特征[16,17]，利用这些指数可以定量分析城市绿地中构成要素的情况，如不同植被物种的占地面积、株树、树冠大小、形态和分布特征。本文选取斑块数量（NP）、斑块密度（PD）、景观形状指数（LSI）、面积周长分维数（PAFRAC）、散布与并列指数（IJI）、斑块结合度（CHOESION）、景观分割度（DIVISION）、有效粒度尺寸（MESH）、聚集度（AI）等景观格局指数进行分析研究。

2.3 精度评价

本文提取了不同地物（水泥地、水体、屋顶、乔灌木、草地、耕地和裸地）和不同物种（香樟、七叶树、樱花和紫薇等）的端元波谱曲线，用于对地物分类和物种识别。地物分类总体精度为 92.62%，Kappa 系数为 0.91，物种识别总体精度为 87.35%，Kappa 系数 0.85。

3 结果分析

3.1 植被和非植被区域分布特征

通过归一化植被指数计算，将研究区土地类型划分为 7 个等级，其中，$0 \sim 0.35$ 为非植被区域，主要由裸土、水泥地、水域和屋顶等土地利用类型组成，占地面积为 $14465.96m^2$；$0.35 \sim 0.45$ 为草地分布区域，面积为 $1044.32m^2$，$0.45 \sim 0.95$ 区域植被覆盖度比较高，包含竹子、乔木和灌木，面积为 $12857.45m^2$（图2）。

3.2 地物端元波谱特征

通过 MNF 降噪处理后，提取每种植物贡献量 85% 的特征波段，进行迭代处理，选取纯净像元，绘制不同植物 $450 \sim 950nm$ 的端元波谱曲线。不同植物的端元波谱曲线具有相似的变化特征，明显区别于其他地物（大棚、水泥路、水体和屋顶等）。大多数乔木和灌木植物的端元波谱曲线在 450nm 左右有一个蓝光的吸收带，在 $500 \sim 600nm$ 出现第一个小峰值，即在可见光的绿波段出现第一个反射峰；在 670nm 左右有一个红光的吸收带；在红边波段（$700 \sim 750nm$）的光谱反射值急剧上升；在 $750 \sim 950nm$ 出现第二个反射峰，即在红边波段到近红外波段出现第二个反射峰。这是由于植被主要利用可见光中的蓝光和红光进行光合作用，产生化学能量进行生长，所以植被对蓝光和红光的吸收作用较强，而对绿光反射作用较强。植被对红外线的反射作用最强，是因为红外线能使物体产

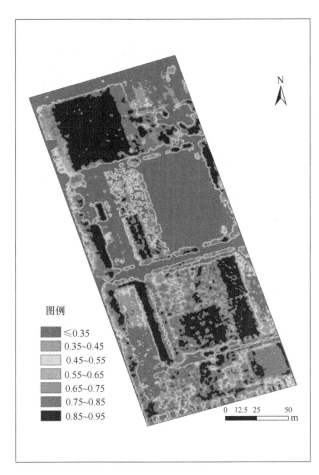

图2 归一化植被指数分布特征

图例
- ≤0.35
- 0.35~0.45
- 0.45~0.55
- 0.55~0.65
- 0.65~0.75
- 0.75~0.85
- 0.85~0.95

0 12.5 25 50 m

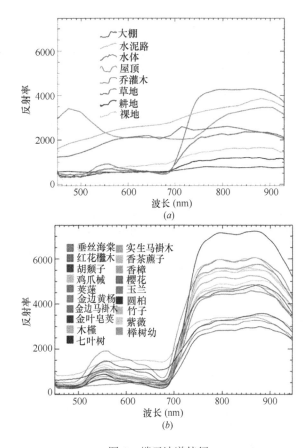

图3 端元波谱特征

（a）地物端元波谱特征；（b）物种端元波谱特征

生受迫振动而产生热能，而植物在光照强烈时对红外线有较高的反射能力，能避免植物因高温而丧命。对于非植被的地物而言，端元波谱曲线变化趋势比较平缓，具体因地物的材质和颜色有所区别（图3）。

3.3 地物景观特征

经过轮廓识别和地物分类，并结合景观格局指数运算，获得研究区地物信息及其分布特征（图4和表1）。研究

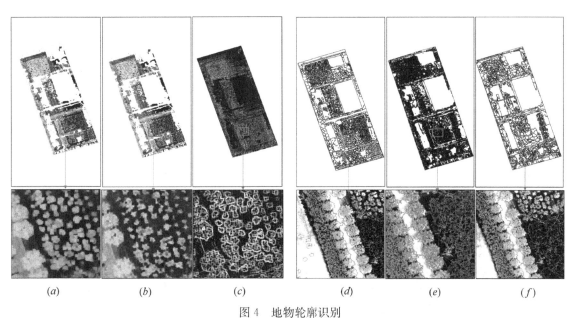

图4 地物轮廓识别

（a）形态学开运算；（b）形态学闭运算；（c）形态学梯度重建；

（d）目视解译；（e）分水岭分割；（f）本文分割

基于高光谱遥感技术的城市绿地构成要素快速识别

723

尺度	类型	NP	PD	LSI	PAFRAC	IJI	COHESION	DIVISION	MESH	AI
类型尺度	裸地	182	235.16	35.58	1.30	41.38	99.83	0.99	0.03	98.03
	乔灌木	2771	2155.17	29.76	1.16	46.02	99.85	0.96	0.12	98.73
	水泥地	82	406.71	19.50	1.30	72.13	99.75	1.00	0.00	97.94
	草地	75	718.16	20.24	1.26	51.75	99.39	1.00	0.00	97.02
	屋顶	17	569.86	4.30	1.09	71.59	99.34	1.00	0.00	99.04
	大棚	2	5.59	2.33	—	55.78	99.92	0.99	0.03	99.89
	水体	26	634.80	14.21	1.29	71.42	99.00	1.00	0.00	96.72
	耕地	14	337.42	6.21	1.16	54.42	99.38	1.00	0.00	98.73
景观尺度	总体	3169	1117.37	26.41	1.22	50.55	99.82	0.94	0.18	98.54

区内乔灌木占地面积为 12857.45m²，平均斑块面积 4.64m²；草地占地面积 1044.33m²，平均斑块面积 13.92m²；耕地占地面积 414.91m²，斑块平均面积 29.64m²；大棚占地面积 3581.00m²，斑块平均面积 1790.51m²；水泥地总面积 2016.19m²，平均斑块面积 24.59m²；水体总面积 409.58m²，平均斑块面积 15.75m²。裸地总面积 7739.54m²，平均斑块面积 42.52m²。屋顶总面积 298.32m²，平均斑块面积 17.55m²。

从景观尺度来看，试验区总共有 3169 个斑块，PD 为 1115.85 块/hm²，LSI 为 26.41，PAFRAC 为 1.22，IJI 为 50.55%，CHOESION 为 99.82%，DIVISION 为 0.94，MESH 为 0.18，AI 为 98.54%（表 1）。从类型尺度来看，NP 从高到低依次为：乔灌木（2771 块）＞裸地（182 块）＞水泥地（82 块）＞草地（75 块）＞水体（26 块）＞屋顶（17 块）＞耕地（14 块）＞大棚（2 块）；PD 从高到低依次为：乔灌木（2155.17 块/hm²）＞草地（718.16 块/hm²）＞水体（634.80 块/hm²）＞屋顶（569.86 块/hm²）＞水泥地（406.71 块/hm²）＞耕地（337.42 块/hm²）＞裸地（235.16 块/hm²）＞大棚（5.59 块/hm²）；LSI 最高为裸地（35.58），最低为大棚（2.33）；PAFRAC 最高为裸地（1.30），IJI 最高为水泥地（72.13%），最低为裸地（41.38%）；COHESION 最高为大棚（99.92%），最低为屋顶（99.34%）；DIVISION 和 MESH 最低值都为乔灌木，分别为 0.96 和 0.12；AI 的最高值为大棚（99.89%），最低值为水体（96.72%）。

3.4 物种分布特征

进一步对地物分类中乔灌木区域进行分析，基于不同物种的端元波谱曲线，利用波谱角填图的方法进行识别（图 5 和表 2）。对识别的不同乔灌木物种进行统计，其中，香樟共 115 株，多分布在道路两旁，占地面积为 1603.89 m²，平均树冠投影面积为 13.47m²，最大树冠投影面积为 20.12 m²，最小树冠投影面积为 0.20 m²，平均树冠投影周长为 25.62 m，最大树冠投影周长为 32.54 m，最小树冠投影周长为 2.70 m（图 5）。

不同物种占地面积由大到小依次为：七叶树（1998.78 m²）、实生马褂木（1967.15 m²）、木槿

香樟特征分析
数量：119棵
占地面积：1603.89m²
占地百分比：5.69%
平均树冠面积：13.47m²
最大树冠面积：20.12m²
最小树冠面积：0.20m²
平均树冠周长：25.62m
最小树冠周长：32.54m
最小树冠周长：2.70m
分布特征：多集中在道路两旁
其他：最大树冠(第4株)；最小树冠(第26株)

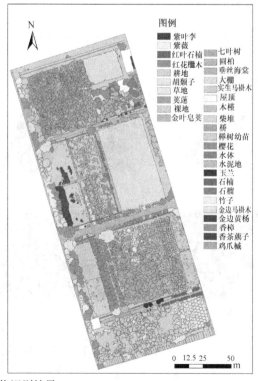

图例
紫叶李　七叶树
紫薇　圆柏
红叶石楠　垂丝海棠
红花檵木　大棚
耕地　实生马褂木
胡颓子　屋顶
草地　木槿
荚蒾　柴堆
裸地　桥
金叶皂荚　榉树幼苗
　　　　樱花
　　　　水体
　　　　水泥地
　　　　玉兰
　　　　石楠
　　　　石榴
　　　　竹子
　　　　金边马褂木
　　　　金边黄杨
　　　　香樟
　　　　香茶藨子
　　　　鸡爪槭

图 5 研究区地物识别结果

（1653.46 m²）、香樟（1603.89 m²）、垂丝海棠（1550.40 m²）、其他（1336.44 m²）、金边马褂木（672.55 m²）、竹子（377.46 m²）、樱花（277.67 m²）、紫薇（264.62 m²）、金叶皂荚（250.82 m²）、紫叶李（210.16 m²）、红叶石楠（143.19 m²）、荚蒾（127.22 m²）、香茶藨子（84.02 m²）、鸡爪槭（79.78 m²）、胡颓子（78.83 m²）、金边黄杨（65.98 m²）、玉兰（48.85 m²）、红花檵木（29.62 m²）、榉树幼苗（20.62 m²）、石榴（10.32 m²）和圆柏（5.62 m²）。其中，七叶树、实生马褂木、木槿、香樟和垂丝海棠为研究区主要物种，占乔灌木面积的68.24%。木槿（711株）、七叶树（589株）、实生马褂木（391株）和垂丝海棠（316株）的株树最多，占研究区乔灌木植株的72.43%。圆柏最少，仅有1株。平均树冠投影面积能反映物种长势和年龄，平均树冠周长能反映树冠的形状复杂程度，研究区不同物种平均树冠投影面积和周长排序基本一致。其中，竹子、金叶皂荚、樱花最大，榉树幼苗、荚蒾和紫薇最小（表2）。

研究区植物种类组成特征　表2

物种	占地面积（m²）	株数（株）	平均树冠投影面积（m²）	平均树冠投影周长（m）
香樟	1603.89	115	13.47	21.9
垂丝海棠	1550.40	316	4.91	15.02
红花檵木	29.62	6	4.94	10.07
红叶石楠	143.19	4	8.42	6.88
胡颓子	78.83	118	0.67	3.19
鸡爪槭	79.78	9	8.86	15.4
荚蒾	127.22	61	2.09	6.96
木槿	1653.46	711	2.33	9.45
香茶藨子	84.02	24	3.5	15.04
金边黄杨	65.98	24	2.75	8.98
金边马褂木	672.55	110	6.23	14.29
金叶皂荚	250.82	11	19.29	33.68
榉树幼苗	20.62	17	1.21	4.8
七叶树	1998.78	589	3.34	14.87
石榴	10.32	1	2.58	10.9
实生马褂木	1967.15	391	4.96	15.07
樱花	277.67	18	15.4	30.94
玉兰	48.85	5	9.97	15.26
圆柏	5.62	1	5.62	11.59
紫薇	264.62	125	2.12	8.21
紫叶李	210.16	20	10.51	25.22
竹子	377.46	8	41.94	41.71
其他	1336.44	87	15.36	28.63

4　讨论与结论

近几年来，遥感技术用于植被分类/识别的文章呈指数增长的趋势，学者们利用多源遥感数据和各种方法对植物物种进行识别。大多数案例出自北美地区和欧洲，占遥感国际主流期刊的一半以上[18-20]。相关研究表明，遥感技术在分类识别中尚存难点，如多光谱遥感影像无法获取地物连续的光谱反射率曲线，识别能力有限[21]；基于像元的分类方法，没有利用地物的空间和几何信息，"椒盐现象"严重[22]；光学遥感中，成像光线被完全或者部分遮挡而产生的阴影，使分类受到干扰[23]；遥感技术需要地面实际参考数据，建立样本作为分类的基础[24]；庞大的遥感数据对算法技术和基础设备的要求，限制了可操作性[25,26]。本文利用高光谱数据，获取地物连续的光谱反射数据，基于面向对象的光谱特征分类识别，有效的避免了"椒盐现象"和阴影干扰，提高了识别精度，且不同地物的端元波谱特征能用于其他区域的分类识别中。

本研究以上海市郊桥实验基地为对象，运用高光谱遥感技术，结合景观指数，对区域内的地物组成进行了分类统计。从数量分布特征来看，非植被区域面积为14465.96 m²，植被区域面积为13901.77 m²，其中，草地面积为1044.32 m²，乔木和灌木面积为12857.45 m²。从景观格局特征来看，研究区总共有3169个斑块，PD为1117.37块/hm²，AI为98.54%，景观聚集度较高。不同地类中，乔灌木斑块占比最多，共有2771个斑块，PD为2155.17块/hm²。从不同植物类型分布特征来看，占地面积最大的物种是七叶树（1998.78 m²）和实生马褂木（1967.15 m²），其次为木槿（1653.46 m²）、香樟（1603.89 m²）和垂丝海棠（1550.40 m²）等。通过本文的研究，提出了一种基于高光谱遥感影像的地物分类方法，能快速识别城市绿地植物物种，为城市绿地精细化管理和决策提供了理论基础和数据支撑。

参考文献

[1] 韩万强，靳瑰丽，岳永寰，王惠宁，刘文昊，马健，雷亚欣. 基于高光谱成像技术的伊犁绢蒿荒漠草地主要植物识别参数的筛选[J]. 草地学报，2020，28(04)：1153-1163.

[2] 梁尧钦，曾辉. 高光谱遥感在植被特征识别研究中的应用[J]. 世界林业研究，2009，22(01)：41-47.

[3] 杨龙，孙中宇，唐光良，林志文，陈燕乔，黎喻，李勇. 基于微型无人机遥感的亚热带林冠物种识别[J]. 热带地理，2016，36(05)：833-839.

[4] 陈向宇，云挺，薛联凤，刘应安. 基于激光雷达点云数据的树种分类[J]. 激光与光电子学进展，2019，56(12)：203-214.

[5] 杜培军，夏俊士，薛朝辉，谭琨，苏红军，鲍蕊. 高光谱遥感影像分类研究进展[J]. 遥感学报，2016，20(02)：236-256.

[6] Xiu Y C, Liu W B, Yang W J. An improved rotation forest for multi-feature remote-sensing imagery classification[J]. Remote Sensing, 2017, 9(11): 1205.

[7] 胡健波，张健. 无人机遥感在生态学中的应用进展[J]. 生态学报，2018，38(01)：20-30.

[8] 郭庆华，刘瑾，陶胜利，薛宝林，李乐，徐光彩，李文楷，吴芳芳，李玉美，陈琳海，庞树鑫．激光雷达在森林生态系统监测模拟中的应用现状与展望[J]．科学通报，2014，59(06)：459-478.

[9] 林勇，易扬，张桂莲，张浪，邢璐琪．高光谱遥感技术在城市绿地调查中的应用及发展趋势[J]．园林，2020(06)：70-75.

[10] 唐志尧，蒋旻炜，张健，张新悦．航空航天遥感在物种多样性研究与保护中的应用[J]．生物多样性，2018，26(08)：807-818.

[11] 毛学刚，陈文曲，魏晶昱，范文义．分割尺度对面向对象树种分类的影响及评价[J]．林业科学，2017，53(12)：73-83.

[12] 刘媛媛，孙嘉慧，王跃勇，于海业．Otsu和形态学相结合的人参叶斑图像分割系统[J]．吉林农业大学学报：1-9.

[13] 吴天冬，戚澍．基于OpenCV的桉树人工林林木株数识别与统计研究[J]．林业科技，2020，45(05)：37-38.

[14] 于龙，周宇峰，丁丽霞，邹红玉．基于波谱角分类的土地利用动态监测[J]．浙江农林大学学报，2014，31(03)：386-393.

[15] 李光辉，王成，郑照军，习晓环，岳彩荣．机载高光谱数据冰川分类方法研究——以"中习一号"冰川为例[J]．遥感技术与应用，2013，28(05)：766-772.

[16] Yi Y, Shi M C, Liu C J, et al. Changes of ecosystem services and landscape patterns in mountainous areas: A case study in the mentougou district in Beijing[J]. Sustainability, 2018, 10(10): 3689.

[17] Yi Y, Zhao Y Y, Ding G D, et al. Effects of urbanization on landscape patterns in a mountainous area: A case study in the Mentougou district, Beijing, China[J]. Sustainability, 2016, 8(11): 1190.

[18] 孔嘉鑫．基于无人机遥感影像的亚热带常绿落叶阔叶混交林树种分类与识别[D]．上海：华东师范大学，2020.

[19] Cao J J, Leng W C, et al. Object-based mangrove species classification using unmanned aerial vehicle hyperspectral images and digital surface models[J]. Remote Sensing, 2018, 10(2): 89.

[20] Franklin S E, Ahmed O S. Deciduous tree species classification using object-based analysis and machine learning with unmanned aerial vehicle multispectral data[J]. International Journal of Remote Sensing, 2017, 1-10.

[21] 孔嘉鑫，张昭臣，张健．基于多源遥感数据的植物物种分类与识别：研究进展与展望[J]．生物多样性，2019，27：796-812.

[22] 吴艳双，张晓丽．结合多尺度纹理特征的高光谱影像面向对象树种分类[J]．北京林业大学学报，2020(6)：91-101.

[23] 柳晓农，江洪，汪小钦．构建植被区分阴影消除植被指数提取山地植被信息[J]．农业工程学报，2019，35(20)：135-144.

[24] 傅锋．高分二号影像树种识别及龄组划分研究[D]．北京：北京林业大学，2018.

[25] 李哲，张沁雨，邱新彩，等．基于高分二号遥感影像树种分类的时相及方法选择[J]．应用生态学报，2019，30(12)：4059-4070.

[26] 马鸿伟，刘海，姚顺彬，等．基于林业遥感的树种分类应用分析与展望[J]．林业资源管理，2020(03)：118-121.

作者简介

张桂莲，1976年9月生，女，汉族，山西太原，博士，上海市园林科学规划研究院，碳汇中心主任、上海城市困难立地绿化工程技术研究中心、城市困难立地生态园林国家林业局重点实验室高级工程师，研究方向为林业碳汇计量监测、城市绿地系统生态网络构建。电子邮箱：zgl@shsyky.com。

易扬，1990年3月生，女，汉族，江苏兴化，博士，上海交通大学，助理研究员，研究方向为城市遥感、城市可持续性发展。电子邮箱：shuibaoyiyang@163.com。

张浪，1964年7月生，男，汉族，安徽，博士，上海市园林科学规划研究院，教授级高级工程师、博士生导师、上海领军人才、享受国务院特殊津贴专家、上海市园林科学规划研究院院长、上海城市困难立地绿化工程技术研究中心主任、城市困难立地生态园林国家林业局重点实验室主任，研究方向为生态园林规划设计与技术。电子邮箱：zl@shsyky.com。

邢璐琪，1993年4月生，女，汉族，山西定襄，硕士，上海市园林科学规划研究院，助理工程师，研究方向为城市森林碳汇。电子邮箱：x522874591@163.com。

郑谐维，1979年11月生，男，汉族，浙江台州，本科，上海市园林科学规划研究院，工程师，研究方向为城市森林碳汇信息化管理。电子邮箱：zxw@shsyky.com

林勇，1976年4月生，男，汉族，上海，硕士，上海市园林科学规划研究院，副院长、高级工程师，研究方向为遥感与林业信息化。电子邮箱：ly@shsyky.com。

江子尧，1994年3月生，男，汉族，上海，本科，上海市园林科学规划研究院，助理工程师，研究方向为地理信息数据处理、城市林业碳汇计量监测。电子邮箱：843267632@qq.com。

基于康养资源服务评价的森林康养步道选线与优化研究
——以福建清流为例

Research on Route Selection and Optimization of ForestWellness Trails Based on the Evaluation of Wellness Resources Service：

Take Qingliu，Fujian as an Example

张子灿　冯　悦　张云路*　马　嘉

摘　要：在生态文明建设的背景下，森林康养作为新时期公园城市发展的重要组成部分，对创建宜居环境和提升居民健康福祉都具有重要意义。但目前森林康养基地建设多以定性为主，缺乏一个科学可行的步道选线方法。本研究以清流县森林康养基地作为研究对象，运用GIS平台构建康养资源服务评价体系，最终筛选出的4类影响因子。评价结果经过重分类得到阻力面，根据最小阻力模型计算生成森林康养步道体系。本文用定量数据结合定性分析，构建了康养资源服务评价系统和森林康养步道选线方法体系，为未来森林康养基地建设提供了科学的参考。

关键词：森林康养；步道；因子分析；最小阻力

Abstract：In the context of ecological civilization construction, as an important part of the development of park cities in the new era, forest wellness is of great significance for creating a livable environment and improving the health and well-being of residents. However, the current construction of forest wellness bases is mostly qualitative, there is no scientific and feasible route selection method. This research takes Qingliu Forest Wellness Base as the research object, uses GIS platform to construct the wellness resource service evaluation system, and finally selects 4 types of impact factors. The evaluation results are reclassified to obtain the resistance surface, and the forest wellness trail system is calculated according to the least resistance model. This article uses quantitative data combined with qualitative analysis to build a wellness resource service evaluation system and a forest wellness trail selection method system, which provides a scientific reference for the future forest wellness base construction.

Key words：Forest Wellness；Trails；Factor Analysis；Minimum Resistance

引言

近年来随着城市化进程的快速发展，自然环境的恶化与社会生活的压力给城市人居环境建设和人民健康带来了巨大的挑战[1]。如何创建人与自然和谐共生的宜居环境，保障人们的健康生活，成为了全世界广泛关注的热点。与此同时，随着亚健康群体、老年群体人数的不断递增，人们对于休闲度假、保健养生的需求也越来越大。许多研究证实森林环境有助于维持和恢复人们的身体机能，同时对心理健康也具有正向作用[2]，这使得越来越多的人走进森林进行游憩娱乐、修身养性的活动。因此，森林康养作为新时期公园城市发展的重要组成部分，满足了人们追求绿色健康生活的意愿，森林康养基地也迎来了巨大的发展空间[3]。

自2016年开始，为了响应国家生态文明建设，我国发布了一系列有关森林康养建设的文件。这些文件中明确了森林康养的发展目标，对森林康养展开了全面且详细的布局，为我国的森林康养产业的发展提供了理论基础和技术支持。但目前来看，我国的森林康养产业与发达国家相比仍处于探索建设阶段，存在制度规范不健全、基础设施不完善的问题。森林康养基地盲目开发建设的情况时有发生，且尚未形成一套完善且合理的康养资源评估体系[4]。步道作为森林康养活动的重要基础设施之一，涉及生态环境保护、康养资源开发、人群游憩需求等多方面要素。此前的步道选线方法多为普适性的研究，无法满足森林康养的特殊性需求，如何建立一个科学适宜的森林康养步道选线方法体系是现阶段的首要问题[5]。

本文选取三明市清流县森林康养基地为研究区域，尝试运用适宜性评价和最小阻力模型，用定量数据辅助定性分析的选址方法构建森林康养资源评估体系，最终得到森林康养步道的选线。本文研究为森林康养步道的选线提供了科学可行的理论方法，弥补了传统森林康养步道选线中科学性不足的缺陷，对森林康养基地的建设具有现实的指导意义。明确森林康养步道的选线方法能有效利用和保护森林康养资源，进一步为建设生态宜居、健康美好的城市生活环境做出贡献。

1　基于适宜性评价的森林康养步道选线方法

1.1　评价因子体系

根据《国家康养旅游示范基地标准》，依据多学科理论体系，参照森林、旅游资源评价等现有的研究成果和各类森林康养基地建设适宜性评价指标体系，结合三明市清流县林地的实际情况，确定了以下森林康养评价指标体系[6]。影响因素共分为以下四大类型，共 14 个影响因子。

1.1.1 开发适建程度评价

根据三明市清流县的场地现状和以往的研究，将开发适建性分为生态因素和社会因素 2 个方面。从生态因素来看，应充分考虑清流县的山地特点对开发建设的影响，选取高程、坡度、坡向这 3 个因子。研究表明，场地的平均高程越低、平均坡度越小，工程建设的难度越小[7]，其坡向值越大采光效果越好，因此也越适宜建设。从社会因素的角度出发，场地离道路的距离决定着运输成本，距交通干线越近则越节省区域开发材料运输成本。因此，距交通干线距离的指标值越小的地块越适宜开发[8]。

1.1.2 森林景观质量评价

森林景观质量的好坏直接影响人的感官体验，从而对康养的效果产生影响。本次研究选取树高、灌木层高、草本层高、郁闭度这 4 个因子作为森林景观质量评价的指标。研究发现，在阔叶林中，乔木是提高森林景观美感的重要因子之一，景观质量会随着树高的增加而提高。灌木和草本的高度也影响着美景度，大灌木能够丰富植物群落的层次，给人们带来多维度、多层次的景观体验。较高的草本层会给人一种近自然的观感，但过高的则会给人不安全感并影响视野[9]。另外森林郁闭度也会影响森林景观的质量，较高的郁闭度会给人们一种回归自然的浓厚森林分为，但密度过高则会产生一种压抑感，同时还会影响林下植物的生长[10]。

1.1.3 森林游憩功能评价

森林游憩是现代居民休闲旅游的重要组成部分，是森林资源的可持续利用，是游憩活动生态化的表现[11,12]。研究发现，影响森林游憩功能的因素主要包括区位、自然、社会这 3 个方面。区位因素指的是村庄距离，决定着游憩的可达性，距村镇距离越近，受到村镇区域的辐射力越强，越方便游憩体验。自然界不同的地类对森林的游憩功能也有着不同的影响，景观类型的丰富性和多样性能够增强人们的森林游憩体验。同时游憩服务设施和基础设施也会影响森林游憩功能[13]。

1.1.4 森林康养功能评价

人们在森林中通过五官感知环境，森林康养由此对人体产生效果。森林康养是由多种因子综合作用的结果，在这里我们选取清流县固有因子和特有因子作为研究对象进行研究。森林中固有的负氧离子和植物精气与森林康养效果正相关，杀菌降尘的同时还能够增强身体的免疫力[14]。流动的水体有降温、增加空气湿度等作用，周围负氧离子浓度也更高，景观和康养效益共存。同时，不同的地块有其特有的康养资源，清流县独特的温泉资源蕴含着较高的经济和旅游价值。因此我们选取水体距离

和特色资源（温泉）距离这 2 个特有因子，对地块的康养功能进行研究[15]。

1.2 评价方法及结果

森林康养资源评价是根据现场勘探、资料收集及多方意见整合，选择合适的影响因子并赋值叠加得到适宜性评价结果，以研究区域内森林康养资源的质量。运用层次分析法（AHP）将森林康养资源评价因子体系分为 2 级，通过各级因子两两比较相对重要性得出各自的权重值。使用 GIS 中的加权总和工具设置各因子的权重值，叠加重分类的图层后，计算得出各区域的综合得分。进一步对生成的栅格图层重分类，根据得分将森林康养资源从极好到不良划分为 5 个层级，最终生成森林康养资源评价图。计算公式如下：

$$W = \sum_{i=1}^{n} P_i \times N_i$$

式中，W 为山地公园选址适宜性；i 表示指标类型；P_i 为第 i 个指标的权重；N_i 为第 i 个评价指标赋值。

1.3 运用评价结果构建森林康养步道

本文在适宜性评价的基础上，运用最小累计阻力模型（MCR）指导森林康养步道选线，形成完整的方法体系（图 1）。将森林康养资源评价图重分类后作为阻力面数据，根据上位规划和实地调研确定节点作为步道的控制点，利用 GIS 中的成本距离和成本路径分析工具，最终生成最小阻力的森林康养步道。计算公式如下：

$$MCR = f_{\min}\left(\sum_{j=n}^{i=m} D_{ij} \times R_i\right)$$

式中，MCR 为最小累计阻力值；D_{ij} 表示从源地 j 到目的地 i 的运动距离；R_i 为区域中目的地 i 对某运动产生的阻力系数；m、n 分别表示目的地 i 与源地 j 的数量。

2 清流县森林康养基地的步道选线适宜性评价实践

2.1 研究区域概况

研究区域地处三明市清流县嵩口镇、嵩溪镇交界，总面积 2128.5hm²，南侧为乡道，北侧有县道，泉南高速穿过中部，交通较为便利。清流县属于中亚热带季风气候区，四季分明、气候温和、夏长冬短、温热湿润，适合森林康养基地的建设。场地总体地形起伏较缓，北部拥有丰富的丹霞地貌景观，南部具有特色的温泉溪流景观。区域内森林以成熟的大树、高树为主，体感舒适度良好，森林康养资源潜力巨大。

2.2 数据获取与处理

本文研究的基础数据包括区域高程、坡度、坡向、路网、村庄点、地类分布、乔灌草高度、郁闭度、水体分布图等。数据获取来源主要通过谷歌地球卫星影像图、当地政府机构提供资料、网络爬取、文献查阅以及实地调研绘制。以上述数据为参考构建研究的数据库，数据经过预处理后在 ArcGIS10.4.1 中建立矢量图层，进一步完成分析

与图示化。

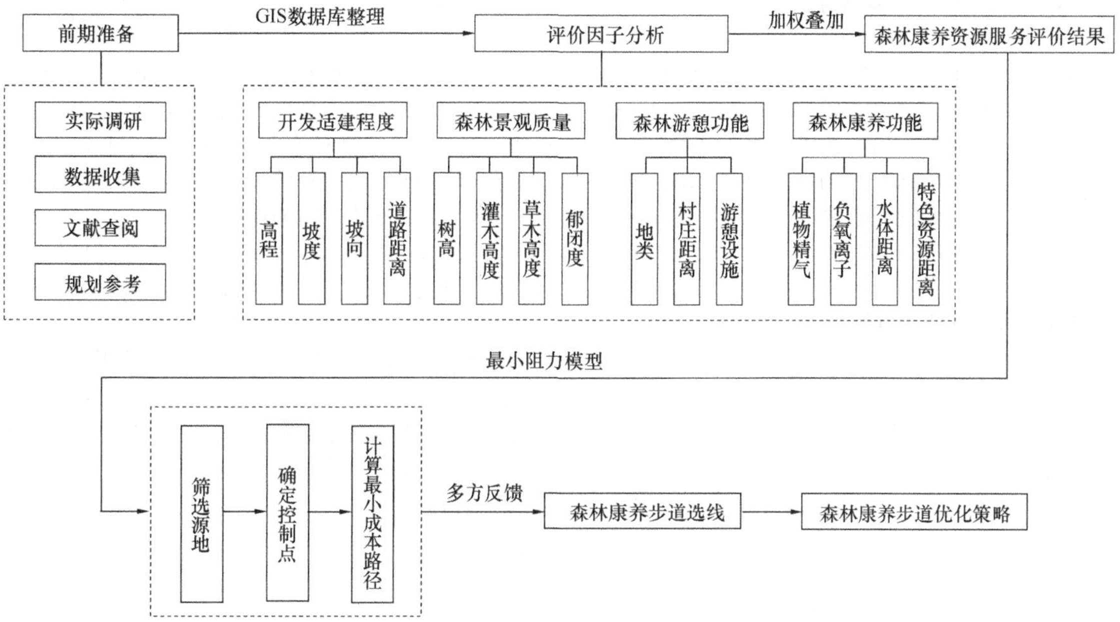

前期准备 →(GIS数据库整理)→ 评价因子分析 →(加权叠加)→ 森林康养资源服务评价结果

前期准备：实际调研、数据收集、文献查阅、规划参考

评价因子分析：
- 开发适建程度：高程、坡度、坡向、道路距离
- 森林景观质量：树高、灌木高度、草本高度、郁闭度
- 森林游憩功能：地类、村庄距离、游憩设施
- 森林康养功能：植物精气、负氧离子、水体距离、特色资源距离

最小阻力模型

筛选源地 → 确定控制点 → 计算最小成本路径 →(多方反馈)→ 森林康养步道选线 → 森林康养步道优化策略

图1　基于康养资源服务评价的森林康养步道选线方法

2.3　森林康养步道适宜性评价

本文依据适宜性评价方法得到各因子的权重，形成康养资源服务的评价体系（表1）。结合上位规划与实地调研，运用 GIS 的加权叠加工具分析得到最终的森林康养资源服务评价结果。根据最终评价结果可以看出，森林康养资源服务质量高的地方集中在南部温泉区和东北部的七星岩景区等景观质量高、负氧离子浓度高的区域。交通、城镇用地附近，林分单一、群落结构简单的区域森林康养资源服务质量较差，不适宜进行步道建设。

评价指标因子得分及权重分配　　　　　　　　　　　　　　　　　　　　表1

一级指标/权重	二级指标/权重	适宜等级得分				
		1	2	3	4	5
开发适建程度/0.198	高程/0.343	>480m	430~480m	380~429m	330~379m	<330m
	坡度/0.277	>35°	25°~34°	15~24°	5~14°	0~4°
	坡向/0.227	坡向值越大，分值越高				
	道路距离/0.153	>50m	30~50m	20~30m	10~20m	<10m
森林景观质量/0.263	树高/0.224	<5m	5~11m	11~16m	16~21m	21~30m
	灌木高度/0.341	<30cm	150~250cm	90~150cm	250~450cm	30~90cm
	草本高度/0.248	150~200cm	100~150cm	<20cm	50~100cm	20~50cm
	郁闭度/0.187	0~0.3	0.3~0.5	0.9~1.0	0.5~0.7	0.7~0.9
森林游憩功能/0.227	地类/0.327	非林地	未成林造地	疏林地	毛竹林	灌木林地
	游憩设施/0.384	无	>5%	<0.2%	3%~5%	0.2%~3%
	村庄距离/0.289	>150m	100~150m	80~100m	30~80m	0~30m
森林康养功能/0.312	植物精气/0.235	浓度越高功能越好				
	负氧离子/0.328	浓度越高功能越好				
	水体距离/0.187	>500m	200~500m	50~200m	10~50m	<10m
	温泉距离/0.259	>200m	150~200m	100~150m	50~100m	<50m

2.4 基于最小阻力模型的森林康养步道选线

根据前期调研和上位规划参考，选取森林康养资源服务评价3～5级的区域作为康养源地，并将必经的节点作为步道的控制点。运用GIS中的成本距离和成本路径工具，计算得到森林康养步道的最小成本路径。结合实地情况和各方意见进一步优化步道选线，最终确定清流县森林康养基地的步道规划设计方案。

2.5 森林康养步道建设与优化策略

2.5.1 森林康养步道建设策略

（1）坚持生态优先，限度开发建设：森林康养步道的建设需尊重自然山水基底，把生态与森林资源保护放在首位，坚持低影响开发建设。

（2）突出地域特色，融入本土文化：森林康养步道的建设应突出地域特色，步道体系的详细设计可融入当地传统文化元素和构筑形象，展现具有各地域代表性的地脉、林脉、文脉。

（3）以需求为导向，明确多样功能：森林康养步道依托建设区域实际资源特点和不同使用者需求设计多种类型，承担康养漫步、登山运动、森林探索、生态感知等多种功能，利用不同的坡度及服务设施满足人们的多元化的康养需求。

（4）选材绿色环保，符合建设标准：步道建设宜以现有城市道路、林间步道、护林防火道和生产性道路等为基础，新建步道铺装及设施选材选用本地木材、竹材、砖瓦等乡土环保材料，最大限度降低森林康养步道体系的能耗与影响。

（5）建设合理防护，保证使用安全

森林康养步道选线应考虑需确保环境安全，无崩塌、滑坡、泥石流、地裂缝等地质灾害隐患。并应配备急救助系统及监控等与人身安全密切相关的配套设施，保证步道的使用安全，保障康养参与者的人身安全。

2.5.2 森林康养步道绿化策略

（1）满足林上空间的需求

森林康养步道在建设过程中，植被整体应兼顾遮荫、景观、交通安全等需求。根据郁闭度对森林康养步道周边的植物进行疏减或补植，景观植物配置中优先选用适应性强、景观好、低维护的植物种类，整体植物群落需要注意季相变化，重要节点处多配植彩叶树种与花灌木。康养步道出入口和交通接驳处应采取通透式种植，以便来往游人及时观察交通状况。

（2）丰富林下植被的设计

森林康养步道的林下区域应进行绿化以营造良好的生态和景观环境，保障森林康养步道发挥其基本功能。同时森林康养步道两侧需设计植草沟，有利于收集、输送、排放并净化径流雨水，结合周边绿化可以提升步道雨水径流控制、污染控制和内涝调蓄等功能。

（3）发挥康养植物的功能

森林康养步道周边应配植丰富的康养植物以支撑人们的康养活动。在步道沿线种植观赏型康养植物，丰富人们的视觉、嗅觉、听觉体验。通过负氧离子浓度、植物精气度的提高与置身自然之中的感受，达到舒缓心情、调节平衡身心健康的康养效果。需要注意靠近游径的区域应避免选用有毒、有硬刺的植物，以保障人们的人身安全。

（4）维护生态群落的稳定

森林康养步道建设的同时，需要维护区域内生态系统的健康与稳定。应最大限度的保护和利用现有的自然和人工植被，防止外来物种入侵造成生态灾害。应保护森林康养步道两侧的自然地形地貌和生态基底，防控水土流失、水环境的污染和生态破坏。对生态退化或已遭到破坏的区域，应采用生态技术手段及时修复，实施绿化以保障周边区域的良性发展。

3 总结与讨论

在国家大力发展生态文明的背景下，森林康养作为建设绿色健康生活的重要抓手，对居民身心健康和城市可持续发展具有重要的研究意义。目前森林康养基地中步道的选线仍以定性分析为主流，缺乏科学严谨的定量研究。因此，建立基于康养资源服务评价的步道选线方法十分重要。本文研究基于GIS平台构建了康养资源服务评价体系，根据以往研究和清流县实况选取了开发适建程度、森林景观质量、森林游憩功能、森林康养功能4类影响因子。运用GIS工具、AHP层次分析法和最小阻力模型，最终得到清流县森林康养基地康养资源服务评价结果和步道选线方案。本文的森林康养步道选线研究方法主要有以下创新点：①系统的评价体系：通过现场调研和文献查阅，筛选出适宜的因子构建康养资源服务评价体系，同时结合了定量数据和定性分析。②科学的步道选线方法：通过前期资料准备和康养资源服务评价，运用最小阻力模型得到森林康养步道的选线，比传统的步道选线方式更科学严谨。③多方参与反馈：通过参考上位规划、实际情况与多方意见反馈，修改完善森林康养步道体系，保障了未来的可实施性。

但由于笔者能力有限，本文还存在以下不足：①康养资源服务评价因子体系及其权重存在主观性，仍需根据实际进行调整；②森林康养步道选线源地与控制点的确定仍需更详尽的实际勘察工作。笔者希望这些问题在今后进行进一步深化研究与完善。

参考文献

[1] 吴良镛. 规划建设健康城市是提高城市宜居性的关键[J]. 科学通报，2018，63（11）：985.

[2] 晏琪，刘苑秋，文野，潘洋刘，古新仁. 基于因子分析的森林康养空间评价指标体系研究[J]. 中国园林，2020，36（01）：81-86.

[3] 段金花，李平. 森林康养产业发展研究综述[J]. 四川林业科技，2019，40（02）：105-108.

[4] 黄雪丽，张蕾. 森林康养：缘起、机遇和挑战[J]. 北京林业大学学报（社会科学版），2019，18（03）：91-96.

[5] 温全平，宋婉．森林康养步道设计理论探讨[J]．工业设计，2019(11)：79-81.

[6] 潘洋刘，曾进，文野，晏琪，刘苑秋．森林康养基地建设适宜性评价指标体系研究[J]．林业资源管理，2017(05)：101-107.

[7] 段鹏，郑伯红．基于 GIS 的山地城市建设用地适宜性评价——以湘西花垣县为例．长沙：湖南省城乡规划学会，2010.

[8] 曹波．康养理念下的山地森林旅游度假区规划研究[D]．南京：南京林业大学，2018.

[9] 罗仁明．基于环境心理学的城市滨水区植物空间尺度研究[D]．福州：福建农林大学，2016.

[10] 周阳超，王瑞辉，周璞，符伟男，钟呈，周义罡．湘东常绿阔叶林内景观质量评价与分析[J]．林业资源管理，2019(03)：163-168.

[11] Bells. Forest recreation and nature tourism[J]. Urban Forestry & Urban Greening, 2010, 9(2): 69-70.

[12] 易逸瑜，张庆贺，安齐，等．城市森林游憩发展探讨[J]．中国城市林业，2018, 16(1): 7-10.

[13] 张凯旋，范雯，施佳颖．上海郊野森林游憩适宜性评价及开发引导途径[J]．自然资源学报，2019, 34 (11)：2270-2280.

[14] 李慧．贵州省部分森林公园空气负氧离子资源初步研究[D]．贵阳：贵州大学，2008.

[15] 张艳丽，王丹．森林疗养对人类健康影响的研究进展[J]．河北林业科技，2016(03)：86-90.

作者简介

张子灿，1997 年生，女，汉族，山西，北京林业大学园林学院硕士研究生在读，研究方向为风景园林规划与设计。电子邮箱：836943624@qq.com。

冯悦，1997 年生，女，汉族，河南，北京林业大学园林学院硕士研究生在读，研究方向为风景园林规划与设计。电子邮箱：804901005@qq.com。

张云路，1986 年生，男，汉族，重庆，北京林业大学园林学院副教授，城乡生态环境北京实验室，研究方向为风景园林规划设计理论与实践、城乡绿地系统规划。电子邮箱：zhangyunlu1986829@163.com。

马嘉，1989 年生，女，汉族，北京，北京林业大学园林学院讲师，研究方向为风景园林规划与理论。电子邮箱：majiaaaa@hotamil.com。